D1620528

Stefan Zima

Kurbeltriebe

Konstruktion,
Berechnung und Erprobung
von den Anfängen bis heute

Vieweg

Stefan Zima

Kurbeltriebe

**Konstruktion,
Berechnung und Erprobung
von den Anfängen bis heute**

Mit 153 Abbildungen im Text
und 179 Bildern auf 55 Übersichtsseiten

vieweg

Die Deutsche Bibliothek – CIP-Einheitsaufnahme

Zima, Stefan:
Kurbeltriebe: Konstuktion, Berechnung und Erprobung von
den Anfängen bis heute / Stefan Zima. – Braunschweig;
Wiesbaden: Vieweg, 1998
  (ATZ-MTZ-Fachbuch)
  ISBN 3-528-03115-8

http://www.vieweg.de

Umschlaggestaltung: Ulrike Posselt, Wiesbaden
Technische Redaktion: Wolfgang Nieger, Wiesbaden
Satz und Bildbearbeitung: Publishing Service Helga Schulz, Dreieich
Druck und buchbinderische Verarbeitung: Lengericher Handelsdruckerei, Lengerich/Westf.
Printed in Germany

ISBN 3-528-03115-8

Vorwort

Der Kurbeltrieb ist die zentrale, den Bewegungsablauf und die Kraftentfaltung unzähliger Maschinen bestimmende Funktionsgruppe. Er steht in seiner Bedeutung für die technische Entwicklung und in seiner allgemeingeschichtlichen Bedeutung der des Rades wohl kaum nach. In der Dampfmaschine trug er dazu bei, die Industrialisierung zu begründen, im Verbrennungsmotor verhalf er den Menschen zur individuellen Mobilität und erschloß ihnen die dritte Dimension.

Man sollte deshalb meinen, daß der Werdegang des Kurbeltriebs zum Gegenstand unzähliger Abhandlungen geworden sei – in allen Aspekten beschrieben, erläutert und erörtert. Doch dem ist nicht so! Wahrnehmung von und Interesse an einer Sache gehen keineswegs konform mit ihrer Bedeutung. Allenfalls das Offensichtliche, das Augenscheinliche werden bemerkt, lediglich die Spitze des Eisbergs wird gesehen!

Das Interesse von Technikern beschränkt sich meist nur auf das unmittelbar Erforderliche, auf Auslegung, Berechnung, Fertigung und Erprobung. Der heutige Stand des Wissens ist so selbstverständlich, daß wohl kaum jemand über Ursprünge und Werdegang reflektiert - verständlicherweise, denn in der Anspannung des Tagesgeschäftes, unter dem Druck von Sachzwängen, anstehenden Problemen, knappen Terminen und wieder neuen Aufgaben bleibt dafür kaum Zeit.

Dennoch, das Wissen um Ursprünge, gedankliche Hintergründe, Werdegang, Irrtümer, Fehler und Mißerfolge, um Einflüsse und Randbedingungen ist auch eine Grundlage für die Weiterentwicklung einer Technik.

Obwohl der Kurbeltrieb, wie er in Millionen von Kraftfahrzeugmotoren im Einsatz ist, nur aus fünf Elementen besteht, der Kolbengruppe, dem Pleuel, der Kurbelwelle, der Lagerung und dem Schmiermittel, ist er außerodentlich vielschichtig in Funktionsweise, Betriebsverhalten und in der Zusammenarbeit mit Maschine und Maschinenanlage. Das hat seine Entwicklung nachhaltig bestimmt. Diese Komplexität gilt es zu erkennen, zu verstehen und bei neuen Entwicklungen zu berücksichtigen. Technikgeschichte als Summe des Geschehenen und des Erfahrenen ist nicht nur wert, weitervermittelt zu werden; sie ist auch von unbestreitbarem Nutzen: Schließlich müssen Fehler von einst nicht wiederholt, und das Rad kein zweites Mal erfunden werden. Von dem, was einst erdacht, aber aus verschiedenen Gründen nicht verwirklicht werden konnte, ist heute manches möglich geworden.

Mit diesem Buch möchte ich das Interesse für die Technik des Kurbeltriebs mit ihrer Geschichte wecken, solcherart technische Sachverhalte, Zusammenhänge, Erscheinungen und Vorgänge veranschaulichen und diese eben aus der geschichtlichen Entwicklung einsehbar machen. Vor allem möchte ich - auch Nicht-Spezialisten – vermitteln, wie interessant, ja spannend die Technik des Kurbeltriebs ist, und wie die Beschäftigung mit ihr bereichernd sein kann – im „Selbstversuch" erfahren: auf dem Fahrstand schwerer Fahrzeuge und im Maschinenraum von Schiffen, in der Motorenentwicklung und schließlich am Lehrpult und im Motorenlabor.

Bad Nauheim, im August 1998   *Stefan Zima*

Inhalt

Abkürzungen

ABOAG	Allgemeine Berliner Omnibus-Aktiengesellschaft
Abt.	Abteilung
AEG	Allgemeine Elekrizitätsgesellschaft
AG	Aktiengesellschaft
Alcoa	Aluminium Company of America
ALGOL	Algorithmic Language
Anmerk.	Anmerkung
API	American Petroleum Institute
apl.	außerplanmäßig(er Professor)
Atm.	Atmosphäre
ATZ	Automobiltechnische Zeitschrift
AVL	Anstalt für Verbrennungsmotoren Prof. Hans List
B & W	A/S Burmeister & Wains Motor og Maskinfabrik
BASF	Badische Anilin- und Sodafabrik
BASIC	Beginners All Purpose Symbolic Instruction Code
Bd.	Band
BHW	Braunschweiger Hüttenwerk GmbH
BICERA	British Internal Combustion Engines Research Institute
BMW	Bayerische Motorenwerke AG
BR	Baureihe
bzw.	beziehungsweise
ca.	circa
CAD	Computer Aided Design
Chr.	Christus
CIMAC	Congrés International de Machines à Combustion
CoCom	Coordinating Committee for East-West Trade Policy
CNC	Computer Numerical Controlled
Co.	Company
d. h.	das heißt
DB	Daimler-Benz AG
DB	Deutsche Bundesbahn
DBAG	Daimler-Benz AG
DBP	Deutsches Bundespatent
DD	Detergent-Dispersant(-Zusätze)
DDC	Detroit Diesel Corporation
DDR	Deutsche Demokratische Republik
DE	Direkteinspritzung
dgl.	desgleichen
DIN	Deutsches Institut für Normung
Diss.	Dissertation
DKW	Firmenname, anfängliche Bedeutung: *Dampfkraftwagen,* dann: *Des Knaben Wunsch* und schließlich: *Das kleine Wunder.*
DMS	Dehnmeßstreifen
DRP	Deutsches Reichspatent
DVL	Deutsche Versuchsanstalt für Luftfahrt
DWF	Deutsche Waffen- und Munitionsfabriken
DWK	Deutsche Werft Kiel
D-Zug	Durchgangszug
e.V.	eingetragener Verein
EC	Elekronmetall GmbH Cannstatt
EDV	Elektronische Datenverarbeitung
ENIAC	Electronic Numerical Integrator and Computer
ESG	Elektronenstrahl-geschweißt
etc.	et cetera

E.V.A.	Eisenbahn-Verkehrsmittel AG
F&E	Forschung und Entwicklung
F.I.A.T	Field Information Agency, Technical
Fa.	Firma
FB	Forschungsbericht
FEM	Finite Element Methode
FH	Fachhochschule
FKFS	Forschungsinstitut für Kraftfahrwesen und Fahrzeugmotoren und Motoren an der Technischen Hochschule Stuttgart
Fortran	Formula Translator
FVV	Forschungsvereinigung Verbrennungkraftmaschinen e.V.
GEH	Gestaltänderungsenergie-Hypothese
GG	Grauguß
ggf.	gegebenenfalls
GGG	Sphäroguß; Grauguß, globular
GGL	Grauguß, lamellar
GL	Germanischer Lloyd
GM	General Motors
GmbH	Gesellschaft mit beschränkter Haftung
GMC	General Motors Corporation
GMT	Grandi Motori Trieste
HD	Hochdruck(-Stufe)
HD	Heavy Duty (-Öl)
HP	Horse Power
Hrsg.	Herausgeber
i.a.	im allgemeinen
i.e.	id est
IBM	International Business Machines Corp.
IDE	Indirekte Einspritzung
Invar	invariabilis
IT	ISA-Toleranz (ISA International Federation of Natinaol Standardizing Associations)
Jabo	Jagdbomber
JFM	Junkers Flugzeug- und Motorenwerke AG
Jumo	Junkers Motor
Kfz	Kraftfahrzeug
KG	Kommandit-Gesellschaft
Kgl.	Königlich
KHD	Klöckner- Humboldt Deutz AG
KS	Karl Schmidt GmbH, heute: Kolbenschmidt AG
KW	Kurbelwinkel
LD	Long-Distance-(Öl)
Lfg.	Lieferung
Lo-Ex	Low-Extension
Lok	Lokomotive
Ltd.	Limited
LZ	Luftschiffbau Zeppelin
M.	Mark
M.M.	Maybach Motorenbau GmbH
MAN	Maschinenfabrik Augsburg-Nürnberg AG/MAN Aktiengesellschaft/MAN B & W Diesel
MB	Mercedes-Benz AG
MBD	MAN B&W Diesel
MD	Mitteldruck (-Stufe)
MD	Maybach Diesel
MG	Metallgesellschaft AG
MIL-L	Military Lube
M.I.T.	Massachusetts Institute of Technology
MTU	Motoren- und Turbinen Union Friedrichshafen GmbH
MTZ	Motortechnische Zeitschrift

MWM	Motoren-Werke Mannheim AG
NAG	Nationale Automobil-Gesellschaft AG
NC	Numerical Controlled
ND	Niederdruck (-Stufe)
Nfz	Nutzfahrzeug
Nkw	Nutzkraftwagen
NN	nomen nescio (den Namen kenne ich nicht)
Nr.	Nummer
NTC	Negative Temperature Coefficient
Nüral	Aluminiumwerke Nürnberg GmbH
o.a.	oben angeführt
OMW	Otto-Mader-Werk (Junkers)
OT	Oberer Totpunkt
PC	Personal Computer
Pkw	Personenkraftwagen
Pse	effektive Pferdestärken
Psi	indizierte Pferdestärken
pV	Druck-Volumen(-Diagramm)
PVD	Physical Vapor Deposition
Rep.	Reparatur (stufe)
S.E.M.T.	Societé d'Études des Machines Thermiques
SAE	Society of Automotive Engineers, Inc.
S-Boot	Schnellboot
SKL	(VEB) Schwermaschinenbau „Karl Liebknecht"
SM	Siemens-Martin-(Stahl)
STG	Schiffsbautechnische Gesellschaft
TH	Technische Hochschule
TU	Technische Universität
TÜV	Technischer Überwachungsverein
U-Boot	Unterseeboot
UdSSR	Union der sozialistischen Sowjetrepubliken
UIC	Union International des Chemins de Fer
USA	United States of America
U.S.S.	United States Ship
usw	und so weiter
UT	Unterer Totpunkt
v	vor
v. Chr.	vor Christus
VB	Versuchsbericht
VDI	Verein Deutscher Ingenieure
VEB	Volkseigener Betrieb
Verf.	Verfasser
VI	Viskositäts-Index
Vol.	Volume (Band)
VT	Viskositäts-Temperaturverhalten
VT	Dieseltriebwagen (Kurzbezeichnung der Deutschen Bundesbahn)
VW	Volkswagen AG
z.B.	zum Beispiel
z.Ex.	zum Exemplum
z.T.	zum Teil
ZFM	Zeitschrift für Flugtechnik und Motorluftschiffahrt
ZR	Zeppelin Rigid (Starrluftschiff)
ZVDI	Zeitschrift des Vereines Deutscher Ingenieure
ZWB	Zentralstelle für wiss. Berichtswesen über Luftfahrtforschung des Generalluftfahrzeugmeisters Berlin-Adlerhof

1 Einleitung

Der Kurbeltrieb war noch vor wenigen Jahrzehnten in Gestalt des (Dampf)-Lokomotivtriebwerks jedermann gewärtig, und wohl kaum einer der an Technik Interessierten konnte sich der Faszination einer Dampflokomotive entziehen, deren mächtige Triebwerksteile erst langsam, dann schneller schwingend, einen langen schweren Zug in Bewegung setzten. Daß der Kurbeltrieb als Maschinengruppe bewußt von so Vielen wahrgenommen wurde, liegt sicher daran, daß seine Konstruktion und Funktion gerade in der Lokomotive auch dem technischen Laien einsichtig waren, und sein Bewegungsablauf mit dem Auge verfolgt werden konnte. Das Arbeiten eines Triebwerks, optisch wie akustisch wahrgenommen, vermittelte den Eindruck von Kraft und Geschwindigkeit.

Die Dampfmaschine mit ihrem Triebwerk war im 19. Jahrhundert schlechthin zum Symbol für moderne Technik geworden. Sie weckte euphorische Hoffnungen und düstere Befürchtungen, sie kündete das Ende der alten und den Beginn einer neuen Zeit an. Noch in der ersten Hälfte des zwanzigsten Jahrhunderts, als die Dampfmaschine ihre Bedeutung weitgehend verloren hatte, diente der Kurbeltrieb im Film mit seinen bewegten Bildern als Metapher der Veränderung, des Unausweichlichen, als Sinnbild für hektischen Arbeits- und Lebensrythmus.

Ganz anders die Vorstellungen, die sich heute mit dem Kurbeltrieb verbinden; nun gilt er eher als Sinnbild für eine veraltete Technik, im schnellaufenden Fahrzeugmotor, mehr aber noch im langsamlaufenden Zweitakt-Diesel-Großmotor, in dem sich gewaltige Massen gemächlich mit 60 bis 100 Umdrehungen in der Minute bewegen. Scheinbar ein Anachronismus in einer Zeit, da Strömungsmaschinen mit Drehzahlen im zig-Tausend-Bereich kompakte Antriebseinheiten ermöglichen, deren Masse nur noch einen Bruchteil der leistungsstarker Hubkolbentriebwerke ausmacht. Verständlich also, daß technische Laien da von „kinematisch unglückliche(r) Lösung", von „museale(r) Triebwerkskonstellation" sprechen, sich mit dergleichen Unfreundlichkeiten mehr über den Kurbeltrieb äußern und sich wundern, weshalb an eine so alte Maschinenart so viel Mühe „verschwendet" wird. Und wirklich, aus der Tatsache, daß ein bestimmtes technisches Prinzip angewendet wird, darf man nicht unbedingt folgern, es gäbe kein besseres. Aber es wird nur allzu leicht übersehen, daß der Kurbeltrieb eine Baugruppe ist, die sich trotz ihrer unbestreitbaren kinematischen Nachteile – vor allem – in der Kolbenmaschine bis heute überaus erfolgreich hat behaupten können. Die Gründe für den „Erfolg" des Kurbeltriebs bis heute sind vielschichtig und nicht ohne weiteres zu erkennen.

Obwohl – oder vielleicht gerade weil – der Kurbeltrieb so allgegenwärtig ist, wird auch in einschlägigen Werken der Fachliteratur – wenn überhaupt – nur oberflächlich auf seine Entstehung und Entwicklung eingegangen. Dafür gibt es mehrere Gründe, deren am schwersten wiegender sicher der ist, daß sich Techniker im allgemeinen nur wenig für die Historie ihres Metiers interessieren. Ihr Blick ist nach vorne gerichtet, die Gegenwart mit ihren Aufgaben und Problemen interessiert, nicht die Vergangenheit: *Über gelöste Probleme spricht man nicht mehr!* Der Blick zurück weist – so denken viele Techniker – in die falsche Richtung.

Technikern die Bedeutung der Geschichte ihres Fachs, Technikgeschichte also, vermitteln zu wollen, ist – nicht immer, aber oft – ein schwieriges Unterfangen. Der Umgang vieler Firmen mit ihrer eigenen Historie zeugt davon. Es werden aufwendige Konzepte entwickelt, die Identifikation der Mitarbeiter mit dem Unternehmen und seinen Produkten zu wecken und zu stärken, doch auf die eigenen technischen Leistungen in der Vergangenheit besinnt man sich nicht; Gelegenheiten, sie aufzuzeigen und herauszustellen werden vertan. Zum Glück gibt es aber auch Unternehmen, die mit vorzüglich ausgestatteten Archiven, sogar mit eigenen Firmenmuseen einen wesentlichen Beitrag zur Erhellung der Geschichte der Technik leisten.

Ingenieure beklagen immer wieder, daß ihre intellektuellen Leistungen in der Gesellschaft nicht nur nicht gewürdigt, sondern überhaupt nicht wahrgenommen werden. Nun ist in der Tat die Ansicht, daß Technik und Kultur nichts, allenfalls nur sehr wenig miteinander zu tun haben, weit verbreitet. Technik genießt in Deutschland heute nur geringes Ansehen. Man kann aber nicht erwarten, daß etwas wertgeschätzt wird, das nicht oder nur unzureichend bekannt ist. Hier stehen die Techniker in der Bringschuld!

Es gibt in der breiten Öffentlichkeit durchaus ein Interesse an Technik, doch beschränkt sich dieses auf das Oberflächliche, auf das Spektakuläre, letzteres ist oft gleichbedeutend mit dem Negativen: „Die Technik" zerstört unseren Planeten, dient ausschließlich dem Profit Weniger, verstärkt die Ungleichheit unter den Menschen und wirkt sich am schlimmsten im Krieg aus. Kurzum, alles Unheil in dieser Welt ist „irgendwie" auf die Technik zurückzuführen. Macht man sich diese Vorstellung zu eigen, dann spielte die Kolbenmaschine – und damit natürlich auch der Kurbeltrieb – als Antrieb von Fahrzeugen, Schiffen und Flugzeugen einen unheilvollen Part.

Schon immer hat es Schwankungen in der Wertung von Technik gegeben; Euphorie und überzogene Erwartungen haben mit Pessimismus und Untergangsstimmung gewechselt. Man soll deshalb weder das eine, noch das andere überbewerten. Vielmehr kommt es darauf an, Erscheinungen und ihre Entwicklung transparent zu machen, Verlauf, Ursachen und Hintergründe technischer Entwicklungen aufzuzeigen und verständlich zu machen; zu erklären, welche Alternativen es gab und welchen Zwängen sie ausgesetzt waren, warum sie so und nicht anders verlaufen sind. Kurzum, es gilt, Interesse und Verständnis für die Geschichte von Technik zu wecken.

Die Technikgeschichte kann dem Techniker nicht nur Orientierung über den eigenen Standpunkt geben, sie hat auch einen ganz konkreten Nutzen, weil sie den Blick weitet. Die Beschäftigung mit dem Alten kann überraschende Einsichten in das Neue vermitteln. Manches von dem, was früher erdacht und ersonnen wurde, mißlang, weil die Zeit dafür noch nicht reif war: Es gab noch nicht die geeigneten Werkstoffe und Fertigungsverfahren, oder es mangelte an anderen Bedingungen. Später wieder aufgegriffen, führte der Gedanke zum Erfolg. Mit anderen Worten: Das Rad ist mehrfach erfunden worden! Die Technikgeschichte – wie Geschichte allgemein – liefert keine Handlungsanweisungen für die Gegenwart und die Zukunft, aber man kann aus ihr lernen, aus den Erfolgen, und mehr noch aus den Mißerfolgen. Die Geschichte von Technik zu verfolgen, heißt, den Lernprozeß von Generationen von Technikern im Zeitraffer nachzuvollziehen: Technikgeschichte kann somit zu einem „Lehrbuch" besonderer Art werden!

Die Geschichte der Technik kann aus verschiedenen Blickwinkeln betrachtet und mit unterschiedlicher Intention untersucht werden. Ungeachtet der Klagen, daß sie sich zu wenig dafür interessieren, waren es früher fast nur Techniker, die sich mit dem Werdegang von Industrien, Maschinengattungen, Werkstoffen und Fertigungsverfahren befaßten und diese beschrieben und dokumentierten. Verständlicherweise führte das zu einer einseitigen, weil vorwiegend auf die Artefakte gerichteten Betrachtungsweise. Nach dem zweiten Weltkrieg, in den 1960er und 1970er Jahren, gewannen zunehmend auch Fachhistoriker Interesse an Technikgeschichte; mit der Einrichtung von entsprechenden Lehrstühlen bekam Technikgeschichte eine institutionelle Grundlage. Historiker gehen von anderen Voraussetzungen und Ausgangspunkten aus; sie betrachten Technik, das Entstehen von Technik und die Auswirkungen von Technik, unter einem weiteren Blickwinkel. Vereinfachend lassen sich die Standpunkte von Technikern und Historikern so polarisieren: Hier „die Techniker" mit einer vorwiegend auf das Technische gerichteten Betrachtungsweise, dort „die Historiker" mit der Betonung nicht-technischer Aspekte der Technik: Ihre Auswirkungen auf Gesellschaft, Wirtschaft, Politik oder Kultur. Die Folgerung, daß es beider Sichtweisen bedarf, und daß beide „richtig" sind, wird nicht schwerfallen.

Stand früher also der technische Aspekt im Vordergrund („reine Faktologie"), so schlägt heute das Pendel weit in die andere Richtung. Technik wird vielfach nur als Schwarze Kiste („black box") gesehen, deren Inhalt letztlich belanglos ist, wichtig allein sind ihre Wirkungen. Zudem verleitet der Wunsch nach einfachen Erklärungen für vielschichtige und schwer zu durchschauende Sachverhalte oft zu einer eindimensionalen Betrachtung, die ungeachtet ihrer scheinbaren Plausibilität der Wirklichkeit nicht gerecht wird. Das gilt auch und gerade für technische Entwicklungen, deren physikalischer Hintergrund entweder nicht bekannt oder – weil schwer erkennbar – nicht berücksichtigt wird. Statt dessen werden bisweilen einzig nicht-technische Einflüsse, seien es wirtschaftliche, gesellschaftliche oder politische – neuerdings auch geschlechtsspezifische – als entscheidend und den Gang der Dinge bestimmend angesehen. Doch trotz der unbestreitbaren Bedeutung von Politik, Wirtschaft, Frieden und Krieg, Prosperität und Notzeiten, nationalem Ehrgeiz und nicht zuletzt auch des menschlichen Verhaltens für eine Entwicklung, entscheidend ist stets die Technik geblieben, genauer gesagt ihre physikalischen Grundlagen. Um auf den Gegenstand dieser Arbeit zurückzukommen: Die Gesetze der Thermoydynamik, der Maschinendynamik oder der Gestaltfestigkeit sind allen anderen Einflüssen übergeordnet und haben letztlich die Entwicklung des Kurbeltriebs bestimmt. Dieser an sich triviale Sachverhalt wird bisweilen in technikgeschichtlichen Arbeiten übersehen, was dann zu erstaunlichen Folgerungen und Thesen führt. Das Vordergründige verleitet oft zu falschen Schlüssen, und *logisch denken* ist nicht immer gleichbedeutend mit *richtig denken*. Technische Entwicklungen sind multifaktoriell; sie ergeben sich – um bei dieser mathematischen Metapher zu bleiben – gleichsam als Produkt verschiedenartiger, teils sich verstärkender, teils abschwächender oder gar aufhebender Faktoren, so daß das Endergebnis je nach Kombination und Ausmaß der einzelnen Einflußgrößen höchst unterschiedlich ausfallen kann. Ungenügende Kenntnisse der physikalischen Grundlagen führen nur allzu leicht zu Fehlinterpretationen. Aus diesem Grund wurde in dieser Arbeit, wo es für das Verständnis einzelner Entwicklungsschritte geboten erschien, näher auf physikalisch-technische Grundlagen eingegangen.

Die Entwicklung des Kurbeltriebs als Bestandteil von Dampfmaschinen und Motoren begann in England, wurde dann aber bald mit der Verbreitung der Dampfmaschinen auch in anderen Industrieländern aufgegriffen. Genauso international gestaltete sich die Motorenentwicklung. Wenn in dieser Arbeit vorzugsweise die Entwicklung in Deutschland behandelt wird, dann sollen mit dieser Sicht nicht etwa die Leistungen in anderen Ländern geringgeschätzt, sondern nur eine bei der Fülle des Stoffs gebotene Beschränkung erreicht werden. Da einerseits Deutschland eine wichtige Rolle bei der Entwicklung des Kurbeltriebs gespielt hat, andererseits eine so weitgespannte Entwicklung über einen Zeitraum von zweihundert Jahren immer nur exemplarisch verifiziert werden kann, wird durch eine solche Beschränkung das Bild nicht verzerrt. Eine in die Tiefe gehende Beschreibung von Entwicklungsschritten muß sich aus originären Quellen speisen; dafür boten sich natürlich in erster Linie Archive in Deutschland an. Wo es geboten war oder sich anbot, wurde Bezug auf ausländische Entwicklungen genommen. Auf die wichtigen Bereiche der Werkstoff- und der Fertigungstechnik, Voraussetzungen der Entwicklung des Kurbeltriebs, wird nur punktuell eingegangen, denn auch in dieser Hinsicht ist eine Beschränkung notwendig.

Scheinbare Nebensächlichkeiten werden ausführlicher behandelt, als vielleicht sonst üblich ist. Damit soll der tatsächlichen Bedeutung von Detailentwicklungen Rechnung getragen werden, auch läßt sich oft im Kleinen das Große zeigen (wie auch die Umkehrung gilt). Großer Wert wurde darauf gelegt, dem Leser die einer Konstruktion, einem Versuch oder einer Betrachtungsweise zu Grunde liegenden Gedanken, Vorstellungen, Erkenntnisse, Absichten und Erfahrungen nahezubringen. Sprachliche Eigenarten und Nuancen der zitierten Quellen vermitteln einen lebendigeren Eindruck von den Zuständen und Schwierigkeiten der jeweiligen Situation, als es durch eine Beschreibung im nachhinein möglich ist. Zudem ist die Sprache auch ein Spiegelbild des jeweiligen Standes der Technik. Benennungen veralten und werden durch zeitgemäße Ausdrücke ersetzt, so daß auch im Wandel der Sprache technische Veränderungen erkennbar werden.

Die verwendeten Quellen sind unterschiedlicher Art: Technische Zeichnungen, Versuchs-, Erfahrungs-, Schadens- und Reiseberichte, firmeninterne Denkschriften und Konstruktionsberichte als originäres Material sind Grundlage dieser Arbeit, außerdem wissenschaftliche Publikationen, Fachbücher, Fachaufsätze, allgemeine Veröffentlichungen, Firmendokumentationen und Werbeschriften. Last not least konnte auf eigene, in der Entwicklung von Kurbeltrieben schnelllaufender Hochleistungsmotoren gewonnene Erfahrungen zurückgegriffen werden. Bei dem Umfang des Materials mußte selbstverständlich eine Auswahl getroffen werden; dabei läßt sich trefflich darüber diskutieren, warum das eine und nicht das andere Vorkommnis, der eine oder andere Schaden oder die eine oder andere Konstruktion behandelt worden sind, aber das gilt letztlich für jede Arbeit: Eine absolute Objektivität gibt es nicht!

Eine Entwicklung wie die des Kurbeltriebs läßt sich nicht streng chronologisch aufzeigen. Deshalb wurde sie thematisch gegliedert mit dem zeitlichen Ablauf als ordnendes Kriterium; Überschneidungen sind dabei nicht zu vermeiden.

Bei einer solchen Arbeit ist man stets auf Hilfe und Unterstützung angewiesen. Dafür zu danken ist mir Bedürfnis und Pflicht gleichermaßen: Dem *Hessischen Ministerium für Wissenschaft und Kunst* sowie dem Fachbereich *Maschinenbau, Gießereitechnik, Werkstofftechnologie der Fachhochschule Giessen-Friedberg, Bereich Friedberg* für die Gewährung eines Forschungssemesters – letztlich also dem Steuerzahler; den Firmen *Mercedes-Benz AG, MAN* – insbesondere möchte ich mich hier bei Frau *Gerda Krug* und Herrn *Josef Wittmann* (Historisches Archiv/ MAN Museum) bedanken –, *MTU-München GmbH, MTU-Friedrichshafen GmbH, Mahle GmbH, Kolbenschmidt AG* und *Alcan, Goetze AG, Maschinenfabrik Alfing Kessler GmbH* für die Benutzung ihrer Archive, den Firmen *Dr. Geislinger & Co. Schwingungstechnik GmbH, Hasse & Wrede GmbH, Metallgesellschaft AG, Miba Gleitlager AG, Glyco-Metall-Werke* für technische Unterlagen, dem Deutschen Museum für die Benutzung der Sondersammlungen und Archive sowie allen Firmen und Institutionen, die mit einer Anzeige in diesem Buch dazu beigetragen haben, daß es überhaupt herausgegeben werden kann.

2 Voraussetzungen, Wurzeln und Hintergrund der Entwicklung des Kurbeltriebs: Die Entwicklung der Entwicklung

Wiewohl schon älter, wird an dem Kurbeltrieb seit mehr als zweihundert Jahren gearbeitet. In seinem Grundaufbau nur geringfügig verändert, ist er das Ergebnis einer ebenso intensiven wie vielschichtigen Entwicklung. Bei allen äußerlichen Unterschieden zwischen dem Kurbeltrieb von einst und heute sieht man ihm viele Entwicklungsschritte nicht an, weshalb sie oft überhaupt nicht wahrgenommen werden. Aufmerksamkeit erregt nun einmal das Augenfällige, das Aufsehen Erregende. Die Fortschritte in der Werkstoff- und in der Fertigungstechnik, in den Berechnungs- und Versuchsverfahren sind unmittelbar nicht zu erkennen. Entwicklungsschritte sind ihrerseits das Ergebnis einer Entwicklung, denn ausgehend vom Stand der Technik haben sich Procedere und Instrumentarium der Entwicklung ebenfalls verändert. Diese *Entwicklung der Entwicklung* ist Grundlage und Voraussetzung für den sich beschleunigenden Fortschritt in der Technik allgemein, hier des Kurbeltriebs im besonderen. Der Kurbeltrieb als zentrale Funktionsgruppe der Kolbenmaschinen, erst der Dampfmaschinen, dann der Verbrennungsmotoren, ist in der gesamten Maschinentechnik verwurzelt: Diese Wurzeln reichen tief und sind weit verzweigt. Deshalb verlief der Werdegang des Kurbeltriebs in enger Wechselwirkung mit allen Bereichen der Maschinentechnik, diese in ihrer Entwicklung fördernd wie von diesen gefördert.

Entwicklungen haben viele Facetten: Wie in einem Kaleidoskop bei jeder Drehung ein Bild zerfällt und dafür ein neues entsteht, so bieten sich beim Kurbeltrieb im Rückblick auf seine Entwicklung immer wieder andere Einsichten und Erkenntnisse.

Entwickeln heißt, eine Reihe aufeinander folgender und ineinander greifender Aufgaben zu lösen. Die letzte dieser Aufgaben knüpft wieder an die erste an. Konkret: Zuerst muß die Funktion für eine bestimmte Betriebszeit sichergestellt werden. Nachdem das erreicht ist, geht es darum, weitere sekundäre, der Hauptfunktion nachgeordnete Eigenschaften zu verbessern. Ist dieses gelungen, werden die Anforderungen höher geschraubt, und der Vorgang beginnt von neuem. Das alles ist grundsätzlich an technische Voraussetzungen gebunden, nämlich an: Grundwissen um elementare Wirkungen und Zusammenhänge, geeignete Werkstoffe und eine entsprechende Fertigungstechnik. Zusammenfassend läßt sich das mit „Stand der Technik" beschreiben, als Summe dessen, was man weiß, was machbar und beherrschbar ist, und was wirtschaftlich vertretbar ist. Der Stand der Technik ist also Grundlage und Voraussetzung für jede Neu- oder Weiterentwicklung, eine *conditio sine qua non*! Andererseits stellt er auch eine Barriere, ein Hindernis für den Fortschritt dar, das umgangen oder übersprungen werden muß. Bei der Entwicklung einer Technik sind immer wieder Rückkopplungs-Effekte zu beobachten; der jeweilige Stand der Technik bestimmt den nachfolgenden Entwicklungsverlauf. Die Tatsache, daß eine anspruchsvolle Technik vielfältige Probleme aufwirft, erschwert ihre Entwicklung, fördert sie aber auch eben dadurch und verleiht ihr eine eigene Dynamik. Um Schwierigkeiten und Hemmnisse bei Beginn der Entwicklung des Kurbeltriebs zu verstehen, muß man sich den besagten *Stand der Technik* um die Wende zum 19. Jahrhundert vergegenwärtigen.

Die Fertigung war vorwiegend handwerklich geprägt; doch gab es neben den Handwerksbetrieben Manufakturen und auch schon Fabriken. Im Maschinenbau wurde noch viel mit Holz gearbeitet.

„ ... Als SMEATON in der zweiten Hälfte des 18. Jahrhunderts die ersten eisernen Wellen für Wind- und Wasserräder ausführte, haben ihn die Praktiker ausgelacht. Man wollte nicht glauben, daß ‚Eisen' halten solle, wo kaum das ‚beste Zimmerholz' genügte ..." [1].

Das begann sich jetzt zu ändern. Wiewohl Holz ausgezeichnete Eigenschaften hat und sich außerdem „gutmütig"[1] verhält, reichte seine Festigkeit nicht mehr für die gestiegenen Belastungen aus. Schubstangen und Balanciers stationärer Maschinen, anfangs noch aus Holz, wurden Schritt um Schritt aus Eisen gefertigt. Die hohen Drücke und Temperaturen, großen Kräfte und Geschwindigkeiten der Dampfmaschinen stellten schärfere Anforderungen an Werkstoff und Konstruktion als bisher. Das betraf die Bauteile, die ganze Maschine und schließlich auch die Systeme und Bauwerke, welche die Maschinen zu tragen hatten. Die Triebwerksteile von Dampflokomotiven waren von Anfang an aus Eisen gefertigt. Die Verwendung von Eisen zog weitreichende Folgen nach sich, denn allein die Gewinnung und Bearbeitung dieses Werkstoffs gestaltete sich schwierig und aufwendig, verlangte zudem ein spezielles Wissen, das auf langer Erfahrung beruhte. Fortschritte in der Eisen- und Stahlherstellung und -verarbeitung führten zu besseren Werkstoffqualitäten, größerem Angebot und niedrigeren Kosten. So kommt zu Recht die Bedeutung des Eisens für Leistung, Geschwindigkeit und Belastbarkeit im Namen der Maschinengattung, die wie keine andere einen entscheidenden Wandel in der Technik symbolisiert – der Eisenbahn[2] – zum Ausdruck. Eisen wurde zum Werkstoff, „aus denen Maschinen sind".

Andererseits erschwerten Festigkeit und Härte der Eisenwerkstoffe ihre Bearbeitung. Dabei bereitete nicht nur die Bearbeitung Schwierigkeiten, sondern auch die Genauigkeit, die jetzt verlangt werden mußte. In der Literatur über die Entwicklung der frühen Dampfmaschinen findet man eindrucksvolle Beschreibungen, welche Schwierigkeiten das Ausbohren der Zylinder bereitet hatte, und wie ungenau Maße und Formen waren [2; 3]. In einem Standardwerk über Dampfmaschinen aus dem Jahre 1827 wird der diesbezügliche Stand der Technik zu Beginn der Industrialisierung wie folgt beschrieben:

"… The old boring machines, which were made previously to Mr. Smeaton's time, were all defective in strenght; and were consequently incompetent to bore large cylinders in a proper manner; for though the boring head had four or six cutters, they were necessarily adjusted to a circle rather smaller than the diameter of the rough cylinder (if it was a large one) and therefore they could not cut or bore all round interior circumference of the cylinder at the same time. If the cutters for a large cylinder had been adjusted to a circle of the full size, in order to cut all round, the the resistance to the motion of all cutters at once, would have been grater than the mill could have overcome, consistently with steadiness and regularity of motion; neither could the cylinder have been retained steadily on its carriage, to have endured such complete boring …" [4].

Dreißig Jahre später, als die mechanische Bearbeitung im Vergleich zu der Zeit von JOHN SMEATON (1724 bis 1792) und JAMES WATT (1736 bis 1819) bereits hoch entwickelt war, kann man im *Handbuch der mechanischen Technologie* von KARL KARMASCH (1803 bis 1879) noch folgendes über die Schwierigkeiten beim Ausdrehen von Zylindern lesen:

„ … Ein Hinderniß des genauen Runddrehens ist die Biegung oder Federung, welche bei langen und verhältnißmäßig dünnen Arbeitsstücken durch den Druck des angreifenden Drehstahls entstehen kann … Indem diese Biegung oder dieses Nachgeben an verschiedenen Stellen in ungleichem Maße Statt hat (z. B. bei einem an beiden Enden gehaltenen Zylinder am stärksten in dessen Mitte), dann tritt in der That eine, und zwar für verschiedene Stellen ungleich große, theilweise und vorrübergehende Änderung der Drehungsachse … auf. – Ungleiche Härte des Materials, also ungleiche Widerstandsfähigkeit gegen das Eindringen des Drehstahls, kann, wenn sie

---

[1] Jeder, der im Bergbau vor Ort im Streb gearbeitet hat, weiß die „Gutmütigkeit" des Holzes zu schätzen, das bei Überlastung durch sichtbare Verformung der Stempel und – bei Stille auch durch Geräusche hörbar – den Bergmann warnt, bevor es bricht, anders als Stahlstempel, die schlagartig wegbrechen.

[2] Die Bedeutung von Werkstoffen überhaupt kommt auch darin zum Ausdruck, daß sie als Charakteristikum ganzer Epochen menschlicher Entwicklung gelten: *Steinzeit, Bronzezeit* und *Eisenzeit*.

auf einem und demselben Umkreise des Arbeitsstücks vorhanden ist, eine Ursache des unvoll-kommenen Runddrehens sein … Die unwandelbare oder feste Stellung des Drehstahls gegen die Drehungsachse der Arbeit kann nie erreicht werden, wenn man das Werkzeug mit der Hand hält …" [5]

Laufgenaue, d. h. über die ganze Länge runde Kolben und Zylinder beeinflußten entscheidend Betriebsverhalten und Effizienz der Dampfmaschinen; somit kam der Bearbeitung eine Schlüs-selrolle für die Entwicklung der Dampftechnik und darüber hinaus dem gesamten Maschinen-bau zu. Das Problem des Herstellens ebener Flächen wurde von HENRY MAUDSLEY (1771 bis 1831) durch Abschmirgeln von drei Richtplatten gelöst; formgenaue Drehflächen erreichte er durch die Festführung des Drehstahls (Kreuzsupport).

Will man sich ein Bild machen, wie vor zweihundert Jahren Maschinen entwickelt wurden, so muß man sich von unseren heutigen Vorstellungen frei machen. Eine Entwicklung im heutigen Sinn von Berechnung, Konstruktion und Versuch gab es kaum. Die Dimensionierung von Maschinenteilen erfolgte in Hinblick auf Funktion und Festigkeit. Dabei verließ man sich weit-gehend auf Erfahrung und technisches Gefühl. Die Maschine wurde erdacht, es wurde mit den Arbeitern gesprochen, doch schon damit hatte es Schwierigkeiten. Das ist ein grundsätzliches Problem von Kommunikation, denn von dem, worüber man spricht, muß eine Vorstellung vor-handen sein, anderenfalls ist eine Verständigung bzw. ein Verständnis nicht möglich.

„ … Wollte man Arbeiter heranziehen, und dazu war man bald gezwungen, so hieß es den Leu-ten die ihnen gänzlich unbekannten Teile verständlich zu machen. Eine Zeichnung zu lesen ver-mochten anfangs nur wenige. SMEATON pflegte deshalb vielfach die Teile in Holz zu schnitzen, d. h. kleine Modelle anzufertigen [1].

Später wurden eine oder einige Skizzen gemacht und danach gefertigt. Unterlagen hierüber gibt es kaum, verständlich, bedenkt man, daß Entwurf und Fertigung meistens in einer Hand lagen, mithin eine Dokumentation nicht nötig war[3]. Zeigten sich nach Inbetriebnahme Mängel, wur-den sie, so gut es eben ging, beseitigt. Praktisch alles, was heute Entwicklung ausmacht, mußte erst noch geschaffen werden. Der Antrieb hierzu erwuchs vor allem aus der Dampfmaschine und ihren Anwendungen. Dabei stützte man sich auf vorhandenes Wissen und Erfahrungen, und diese dürfen nicht unterschätzt werden. Doch brachten die Dampfmaschinen mit der *Geschwin-digkeit* ein neues Element ins Spiel, was eine andere Betrachtungsweise als bisher erforderte, weil das Auffangen von Belastung durch Vergrößern der tragenden Querschnitte nach dem Grundsatz „Viel hilft viel" – mit dem man auch im Bauwesen an Grenzen gestoßen war – im Maschinenbau nicht mehr praktiziert werden konnte.

„ … Bei dem Baue der Maschinen und Gebäude ist es von Wichtigkeit, allen Theilen eine sol-che Stärke und Festigkeit zu geben, damit sie bei ihrem Gebrauche nicht zerreissen, sich nicht übermässig biegen oder gar brechen; dagegen dürfen diese Theile auch nicht so stark und mas-siv gemacht werden, dass sie den Kostenaufwand unnöthig vermehren, oder durch ihre zu gros-se Schwere die Widerstände der Bewegung vergrössern, oder wohl gar durch ihr eigenes Ge-wicht brechen …" [6].

Das Versagen eines Bauteiles brachte nicht nur die Maschine zum Stillstand, sondern konnte un-gleich schwerer wiegende Folgen zeitigen, weil sich nun die Kraft und die Geschwindigkeit der Maschine gegen sie selbst richteten und zur Selbstzerstörung führten – oft unter dramatischen Umständen! Um die Forderungen nach ausreichendem Querschnitt und geringer Masse in Ein-klang zu bringen, waren Kenntnisse nötig, die den meisten Maschinenbauern damals abgingen.

---

[3] Ganz abgesehen davon, daß solche „trivialen" technische Unterlagen auch heute nur in Ausnahmefällen über einen längeren Zeitraum aufgehoben werden.

Eine anwendbare Festigkeitslehre gab es noch nicht, aber die letzten drei Jahrhunderte waren außerordentlich fruchtbar für die Mechanik gewesen. GALILEO GALILEI (1564 bis 1642) hatte mit Überlegungen über die Tragfähigkeit und Bruchfestigkeit von Balken einen Anfang gemacht. ROBERT HOOKE formulierte mit der – zunächst als Anagramm[4] verschlüsselten – Aussage *ut tensio sic vis* das Grundprinzip elastischen Verhaltens. JAKOB BERNOULLI (1655 bis 1705), LEONHARD EULER (1707 bis 1783) und CHARLES AUGUSTIN COULOMB (1736 bis 1806) entwickelten die Theorie der Balkenbiegung, zu der schließlich LOUIS MARIE HENRI NAVIER (1785 bis 1836) Entscheidendes beitrug. NAVIER war es auch, der ausgehend von Arbeiten von THOMAS YOUNG (1773 bis 1829) den Elastizitäts-Modul, wie wir ihn heute kennen, einführte. AUGUSTIN LOUIS CAUCHY (1789 bis 1857) formulierte den Spannungsbegriff, Grundlage jeder Festigkeitsberechung [7]. Die analytische und technische Mechanik hatte in Frankreich entscheidende Anstöße erfahren. Damit waren Grundlagen geschaffen, doch waren diese noch nicht soweit ausgearbeitet, daß sie dem praktisch tätigen Maschinenbauer konkrete Hinweise für die Auslegung der Bauteile seiner Maschinen hätten geben können. Weder besaßen die Männer der Praxis Zugang zu diesen Arbeiten, noch verfügten sie über die nötigen mathematischen Kenntnisse dafür. Es fehlte eine *Technische Mechanik* mit anschaulicher Darstellung der Grundlagen der Bauteilfestigkeit und Berechnungsverfahren für die einzelnen Belastungsarten. Um so bemerkenswerter ist deshalb die von JOHN FAREY, Verfasser des bereits zitierten Werks über Dampfmaschinen, beschriebene Vorgehensweise von JAMES WATT[5]:

"… Mr. Watt proportioned all the parts of his patent rotative-engines so judiciously, that after a few year's practice in making those engines, he ascertained the proper proportions for every part, and established standards for the dimensions of engines of all sizes; these dimensions have been followed ever since, by the best engineers and makers of steam-engines, with very few deviations, because long experience has proved that those standards were extremely well proportioned. In this part of his subject, Mr. Watt was greatly assisted by several ingenious workmen and operative engineers, who had been educated under his own eye, in the manufactory at Soho, and who had acquired a stock of experience in the course of practice. The calculations which were required for proportioning the dimensions of engines, were commonly intrusted to Mr. Southern, who was a skilful mathematician … Mr. Watt, with the assistance of Mr. Southern, investigated all the circumstances which can affect the proportions of each part of the steam engine; and thence formulae were deduced by which the dimensions could be calculated for each individual case. The dimensions so ascertained were communicated to the workmen for their guidance, but the rules themselves, or the priniples of calculation which were followed, are little known …"[8].

Der Bau von Maschinen und ihr Betrieb vermittelte Erfahrungen, die der weiteren Entwicklung zugute kamen, allein schon eine statistische Auswertung von Bauteilabmessungen lieferte Anhaltspunkte für neue Konstruktionen[6], und so schreibt FAREY weiter:

"… The author, at his first entrance into business, made it his particular study to acquire a complete knowledge of the structure of Mr. Watt's steam-engines, and of the proportions and dimensions of all their parts; as being in every respect the very best course of instruction for a practical

---

[4]   Ein *Anagramm* ist ein Buchstabenversetzrätsel, bei dem durch Umstellen der Buchstaben eines Wortes oder einer Wortgruppe ein neues Wort entsteht. In diesem Fall hatte HOOKE die Aussage *ut tensio sic vis* (wie die Auslenkung, so die Kraft) als *ceiiinosssttuv* verschlüsselt.

[5]   Siehe hierzu auch: E. MEYER: *Hat Watt sich zur Bemessung seiner Maschinenteile der Festigkeitslehre bedient?* in *Beiträge zur Geschichte der Technik und Industrie.* Berlin (1909)

[6]   Das ist übrigens ein heute noch übliches Verfahren; so werden die Konstruktionsdaten von Kolben gesammelt, mittels EDV statistisch aufbereitet und auf dieser Grundlage Vorentwürfe für Neukonstruktionen direkt mittels CAD erstellt.

mechanician. With this view, in the years 1804 and 1805, he examined and took exact drawings of a number of those engines of all sizes, with their dimensions; and after having accumulated a sufficient collection of observations, they were arranged and compared, to find out the proportions that the different dimensions bear each other; which being ascertained, corresponding rules were formed for calculating the dimensions, in every case, either by common arithmetic, or by the sliding rule …"[8].

So konnten sich in England maschinentechnische Kenntnisse auf die Praxis in Gestalt einer Vielzahl von gebauten und – nach dem Stand der Technik – bewährten Maschinen stützen. Das Grundprinzip des *Lernen durch Tun* erwies sich als außerordentlich erfolgreich.

Ganz anders stellte sich Anfang des 19. Jahrhunderts die Situation in den deutschen Ländern dar. Sie waren technisch unterentwickelt. Das hatte mehrere Gründe. Einer davon lag sicher in der territorialen Zersplitterung in kleine und kleinste Herrschaftsgebiete („Duodezfürstentümer")[7] mit zahlreichen administrativen Hemmnissen, deren offensichtlichste die vielen Zollgrenzen waren. Eine Folge der Viel- und Kleinstaaterei mit direkter Auswirkung auf die Technik waren die unterschiedlichen Maßsysteme: Es gab einen *Rheinländer Fuß,* einen *Preussischen* (oder *Berliner) Fuß,* den *Neuen österreichischen Fuß,* die *böhmische Elle* und andere mehr. Das Bezugsmaß für Techniker war der *englische Fuß,* schließlich kamen die ersten Dampfmaschinen aus England. Später gab man aus gutem Grund dem französischen Maßsystem den Vorzug:

„ … Der Meter, das Kilogramm und der französische Franc sind die Einheiten, auf welche sich alle Angaben beziehen. Es ist wohl nicht nöthig, mich wegen der Wahl dieser Einheiten zu entschuldigen …" [9]

Der sich in den deutschen Ländern zaghaft entwickelnde Maschinenbau hatte mit vielen Widernissen zu kämpfen. Da war die schier übermächtige englische Konkurrenz, deren technischer und wirtschaftlicher Überlegenheit man nichts entgegenzusetzen hatte. Es mangelte an Facharbeitern und Ingenieuren. Zwar gab es gut ausgebildete und fähige Handwerker, doch die Zünfte vertraten eine rückwärts gerichtete Haltung und waren dem Neuen abhold, und eine Ingenieurausbildung mußte erst noch geschaffen werden. Um den Rückstand gegenüber England, Belgien und Frankreich aufzuholen, galt es technisches Wissen zu erwerben und zu verbreiten. So wurden England, aber auch das hoch entwickelte Belgien zu bevorzugten Zielen von Wissensdurstigen aus Deutschland, die sich informieren und auf diese Art Technologie transferieren, d.h. „mit den Augen stehlen" wollten. Gegen diese Industriespionage suchte man sich in England zu wehren, durch das Verbot der Auswanderung technischen Personals (bis 1825) und der Ausfuhr von technisch wichtigen Maschinen[8] (dieses Verbot galt sogar bis 1842). Die Entstehungsgeschichte der ersten in Deutschland gebauten Dampfmaschine, der Hettstedter „Feuermaschine", ist ein Beispiel dafür, wie man sich damals die nötigen Kenntnisse verschaffte. So erhielten der Oberbergrat WAITZ VON ESCHEN und Bergassessor CARL FRIEDRICH BÜCKING den Auftrag

„ … bey eurer bevorstehenden Reise, euch in Engelland, besonders mit der Construction dieser Maschinen, deren Effect, und Aufwand der Feuerung bekannt zu machen, und durch den p. Bückling, die genauesten Polier-Riße davon anfertigen zu lassen, damit bey eurer Zurückkunft, darnach sowohl der oeconomische Nutzen derselben, in Verhältnis anderer Maschinen, berechnet, als auch die Maschinen selbst, nach diesen Rißen, errichtet werden können …" [10].

---

7) Duodez (lat. duodecim: zwölf) ist eines der kleinsten Buchformate, bei dem der Bogen in 12 Blätter (24 Seiten) gefalzt wird. Dieses Kleinformat wurde spöttisch zur Charakterisierung der deutschen Kleinstaaten herangezogen.
8) Im kalten Krieg war die Ausfuhr strategisch wichtiger Güter in Länder des Warschauer Pakts und nach China streng untersagt. In der sogenannten COCOM-Liste waren diesbezüglich ‚sensible' Güter aufgelistet, doch wurde dieses Verbot wie seinerzeit in England immer wieder durchbrochen.

Immerhin wurden der Bau, Betrieb und – dem Stand der Technik und den Umständen nach – die betriebliche Bewährung der Hettstedter Maschine zu einem Beginn der Dampftechnik in den deutschen Ländern. Zur Wasserhaltung, als Betriebsmaschine und schließlich im Transportwesen zu Lande und zu Wasser, erst importiert, dann auch im Lande gefertigt, wurden Dampfmaschinen zu einer Grundlage der Industrialisierung. Durch Betrieb, Instandhaltung und schließlich auch durch eigenständige Entwicklungen gewann man praktische Erfahrungen mit dieser neuen Technik. Das führte dazu, daß sich auch „Theoretiker" damit befaßten, teils nur theoretisch, aber auch praktisch mit Konstruktion, Berechnung und Fertigung. Die erste – 1839 – eigenständig in Deutschland, genauer: in Sachsen, gebaute Dampflokomotive, die SAXONIA, wurde von einem Professor, JOHANN ANDREAS SCHUBERT[9], konstruiert, der sie auch auf der Eröffnungsfahrt fuhr, mithin alles andere als ein „reiner" Theoretiker war.

Langsam entwickelte sich eine technische Infrastruktur, unterstützt durch flankierende Maßnahmen einzelner Staaten. Insbesondere Preussen förderte das heimische Gewerbe. Mit den Reformgesetzen von 1807 und 1810 kamen die Aufhebung der Leibeigenschaft und die Gewerbefreiheit. Die Zollgesetze von 1818 erleichterten durch Entfall von Zollgrenzen zwischen Stadt und Land den binnenländischen Handel und Verkehr; ein Übriges tat der 1834 gegründete deutsche Zollverein. Ab etwa 1830 setzte die Industrialisierung in den deutschen Ländern durchgängig ein. 1837 gab es in Preussen 419 Dampfmaschinen, 1855 waren es schon 304! Wegen der Kosten des aufwendigen Betriebes konnte sich aber nur die „Großindustrie" solche Krafterzeuger leisten.

Die Verkehrswege wurden verbessert und ausgebaut. Lokal wurden eiserne Schienenwege gebaut, auf denen Pferde spurgebundene Wagen zogen. Die erste Eisenbahnverbindung im (heutigen) Deutschland von Nürnberg nach Fürth 1835 löste den Bau weiterer Bahnlinien aus, die sich rasch zu einem das ganze Land überziehendem Netz verdichteten. Nachdem bereits 1816 ein englisches Dampfschiff den Rhein befahren hatte, wurde 1827 ein regelmäßiger Dampfschiff-Betrieb aufgenommen. Der solchermaßen beschleunigte und verbilligte Transport von Personen und Gütern kam der gesamten Wirtschaft zugute, zudem rief der Bau von Eisenbahnen eine große Nachfrage nach Gleismaterial und rollendem Material hervor. Lokomotivfabriken, Eisenwerke, Walzwerke, Eisengießereien entstanden, das Berg- und Hüttenwesen entwickelte sich an Rhein und Ruhr, in Oberschlesien und an der Saar, Industrie-Zentren begannen sich zu formen.

Mit der Gründung des *Verein zur Beförderung des Gewerbefleißes* in Preußen 1821 durch CHRISTIAN PETER WILHELM BEUTH (1881 bis 1853) wurde ein Forum geschaffen, das den Wissenstransfer begünstigen sollte. Wichtiger noch war die Gründung von Gewerbeschulen, Gewerbeakademien und polytechnischen Schulen, denn deren Bedeutung erschöpfte sich nicht in der Ausbildung von dringend benötigten Fachkräften, sondern bestand auch darin, daß mit ihnen die technische Lehre institutionalisiert und den Lehrkräften die Möglichkeit zur wissenschaftlichen Arbeit gegeben wurde. Vor diesem Hintergrund ist die Entwicklung der Maschinentheorie in Deutschland durch FERDINAND REDTENBACHER (1809 bis 1863), FRANZ GRASHOF (1826 bis 1893) und FRANZ REULEAUX (1829 bis 1905) u. a. ab der zweiten Hälfte des 19. Jahrhunderts zu sehen.

Technische Bildung im weitesten Sinne fand somit auf verschiedene Weise statt: Durch Wissenstransfer aus technisch höher entwickelten Ländern, vulgo: Industriespionage, durch Anwerbung von ausländischen – namentlich englischen – Fachkräften, durch Ausbildung von Fachpersonal, durch Fertigung und Betrieb von Maschinen, durch technische Schulen und durch technische Publikationen.

---

[9] JOHANN ANDREAS SCHUBERT, 1808 bis 1870, lehrte an der *Technischen Bildungsanstalt Dresden,* der Vorgängerin der heutigen *Technischen Universität.* SCHUBERT konzipierte die Göltzschtal-Eisenbahnbrücke bei Mylau/Vogtland, die größte Ziegelbrücke der Welt.

Die Rolle von technischen Publikationen für Ausbildung und Wissensverbreitung kann gar nicht hoch genug eingeschätzt werden. Dabei nahm das von dem Chemiker und Fabrikanten JOHANN GOTTFRIED DINGLER (1778 bis 1855) 1820 gegründete „Journal" – *Polytechnisches Journal* – eine wichtige Stellung ein. DINGLER hatte sich die schnelle Information der Leser über neue Verfahren, Maschinen, Erfindungen usw. zum Ziel gesetzt. Das wurde durch ein Netz von Korrespondenten ermöglicht, welche die neuesten Veröffentlichungen in ausländischen, vornehmlich englischen, französischen und belgischen Blättern der Redaktion zukommen ließen [11]. Schüler des *Königlichen Gewerbeinstitutes* hatten 1846 in Berlin eine Vereinigung gegründet, welcher sie den Name *Hütte* als Symbol moderner Technik gaben. Mitglieder der *Hütte* gründeten zehn Jahre später, 1856, den *Verein Deutscher Ingenieure,* dessen Organ, die *Zeitschrift des Vereines Deutscher Ingenieure* (ZVDI) eine wichtige Rolle bei der Verbreitung technischen Wissens spielte.

Ein anderes Kommunikationsmittel von Technikern sind technische Zeichnungen. Diese sind der Transmissionsriemen zwischen Idee und Ausführung. Kann der Handwerker seine Vorstellung von dem, was er herstellen will, direkt in die Tat umsetzen, so braucht der Ingenieur oder der Konstrukteur ein Hilfsmittel, um seinen Gedanken so Ausdruck zu geben, daß andere sie realisieren können.

„ … Das Zeichnen ist für den Mechaniker ein Mittel, wodurch derselbe seine Gedanken und Vorstellungen mit einer Klarheit, Schärfe und Übersichtlichkeit darzustellen vermag, die nichts zu wünschen übrig läßt. Eine gezeichnete Maschine ist gleichsam eine ideale Verwirklichung derselben, aber aus einem Material, das wenig kostet und sich leichter behandeln läßt als Eisen und Stahl …" [12].

Das Arbeiten nach Zeichnung war im Bauwesen gang und gäbe gewesen, wobei es allerdings unterschiedliche Formen der Abstraktion gab. LEONARDO DA VINCI (1452 bis 1519) hatte seine Ideen durch perspektivische Skizzen dargestellt, die Aufbau und Funktion der Teile und Maschinen verdeutlichten, nicht aber als Fertigungszeichnungen dienen konnten.

Die Zeichnung ermöglicht Gestaltung, Berechnung und Fertigung; sie bietet Möglichkeiten, einen Entwurf auf dem Papier zu variieren und zu ändern; sie ist ein wichtiges Mittel der Entwicklung. Das Grundproblem jeder Zeichnung ist das Zurückführen der drei Dimensionen der gegenständlichen Welt auf die zwei der Zeichnungsebene. Durch ihre Abstraktion, die zu intensivem Durchdenken des Teils, der Maschine zwingt, wird sie zu einem Teil des Entwicklungsvorgangs; sie wurde deshalb im 17. Jahrhundert als *clavis machinarum* (Schlüssel zu den Maschinen) bezeichnet [13]. Darüber hinaus übt sie eine wichtige pädagogische Funktion aus, indem sie den schult, der sie erstellt, und auch jene, welche sie „lesen". Grundlage der technischen Zeichnung ist die *Darstellende Geometrie.* Zu deren Entwicklung leistete CASPARD MONGE (1746 bis 1818) einen wesentlichen Beitrag. Um allgemein in Gebrauch zu kommen, mußte sie didaktisch aufbereitet werden. I. N. HACHETTE von der *École Polytechnique* wendete 1811 in einem Lehrbuch als erster technische Zeichnungen auf den Maschinenbau an. Im deutschsprachigen Raum war es M. CREIZENACH, der 1821 mit *Anfangsgründe der darstellenden Geometrie oder Projektionslehre für Schulen* das erste Lehrbuch herausbrachte, das über MONGE hinausgeht *(Parallelprojektion).* Der Begriff *Technisches Zeichnen* wird seit etwa 1861 verwendet. Die technische Zeichnung wurde zur *lingua franca*[10] der Ingenieure, international verständlich. Im 19. Jahrhundert legte man noch großen Wert auf Anschaulichkeit von technischen Zeichnungen, die durch Schattierung und farbiges Anlegen erreicht wurde. Schrittweise fand dann eine Abstrahierung statt.

---

[10] Als *lingua franca* wurde das schlechte Italienisch bezeichnet, das zur Zeit der Herrschaft der Venezianer und Genuesen in der Levante gesprochen wurde und damals als Verkehrssprache diente. Im weiteren Sinne versteht man darunter eine international verstandene und gesprochene Sprache.

Dem Kurbeltrieb als kraftumwandelnde und -übertragende Funktionsgruppe der Kolbenmaschine erwuchsen aus seiner Dynamik andere Belastungen als bei Maschinenteilen bislang auftraten. Das setzte tiefergehende Kenntnisse voraus, als man billigerweise von Handwerkern und Mechanikern verlangen konnte. Um über den Einzelfall hinausreichende Einsichten und Erkenntnisse über Funktion und Verhalten der einzelnen Teile der Maschine, hier: des Kurbeltriebs, zu erhalten, bedurfte es einer Maschinentheorie. Diese – in ihren Grundlagen bereits im 18. Jahrhundert angelegt – hat viele tiefe und weitverzweigte Wurzeln in der klassischen Mechanik, insbesondere in der Statik und ihrer praktischen Anwendung, der Bautechnik[11] – sich stützend auf Erfahrungen aus Jahrhunderten.

Die deutschen Ingenieur-Wissenschaftler nahmen eine Mittelstellung zwischen der starken Betonung der Theorie in Frankreich und der der industriellen Praxis in England ein; die Titel ihrer Werke sind programmatisch: *Resultate für den Maschinenbau* (FERDINAND REDTENBACHER), *Vademecum des Mechanikers* (CRISTOPH BERNOULLI); *Der Konstrukteur* (FRANZ REULEAUX) oder *Lehrbuch der Ingenieur- und Maschinen-Mechanik* (JULIUS WEISBACH). Damit wurden dem „technischem Publikum" Hilfsmittel in die Hand gegeben, mit denen es – dem Stand der Technik und des Wissen von damals entsprechend – „etwas anfangen" konnte. Das Wissen für die Maschinenkonstruktion beruhte auf der analytischen und technischen Mechanik, praktische Erfahrungen rührten vor allem aus der Statik im Bauwesen, dann auch aus dem sich entfaltenden Maschinenbau her. In diesen Werken sind theoretische Grundlagen und praktische Erfahrungen (eben die besagten „Resultate" bei REDTENBACHER) zu einem Rüstzeug für Techniker entwickelt worden. Im Vorwort der *Resultate* hebt REDTENBACHER den Praxisbezug hervor:

„ … Eine Schule, welche in der mechanisch-technischen Richtung wirken will, kann keine Arbeiter und Werkmeister, sondern sie muss Zeichner, Constructeurs, Ingenieurs und Fabrikanten zu bilden suchen. Das Beste was eine Schule zur Erreichung dieses Zweckes bieten kann, ist zwar allerdings eine gesunde wissenschaftliche Grundlage, die ein Techniker dann besitzt, wenn er in den Geist der Prinzipien der Mechanik eingedrungen ist, und in der Anwendung derselben einen gewissen Grad von Gewandtheit und Sicherheit erlangt hat …" [14].

REDTENBACHER war es auch, der die *Technische Mechanik* zu einem Hauptfach für Ingenieure machte. Unter manchen Lehrern an den Gewerbeakademien herrschte wohl auch eine gewisse Distanz zur Praxis. Im Laufe der Jahre wurde an den polytechnischen Lehranstalten die Theorie stärker betont. So hilfreich und notwendig „die Theorie" ist, so unzulänglich muß sie bleiben, wenn jenseits des gesicherten Wissens neue Erkenntnisse gesucht werden, die sich nicht allein durch Überlegung, Abstraktion und Berechnung mit der nötigen Sicherheit gewinnen lassen. Hierüber hatte man sich schon im 18. Jahrhundert Gedanken gemacht:

„Bey dem so häufigen Misbrauche, den man in der Naturlehre von den Hypothesen zu machen pflegt; bei der wirklichen Gefahr, die damit verknüpft ist, wenn man unrechten Gebrauch von ihnen macht; haben sie dennoch einen in der That nicht unbeträchtlichen Werth und Nutzen zur Erforschung der Natur. Hätte man niemals Hypothesen gemacht, so würde die Naturlehre bey weitem noch nicht die Vollkommenheit erlangt haben, zu der sie wirklich gebracht worden ist. Ein jedes aus der Erfahrung hergeleitetes Naturgesetz ist ein Mal eine Hypothese gewesen; und selbst falsche Hypothesen haben ihren grossen Nutzen gestiftet. Hängt man ihnen aber auf der anderen Seite wieder zu viel nach, so verwandelt man die Naturlehre in einen Roman, und vertauscht gegen schwärmerische Grillen ewig gewisse Wahrheiten …" [15].

---

[11] Nicht nur in der Statik, auch bezüglich der Formgebung stützte man sich in der Anfangszeit des Maschinenwesens auf Vorbilder in Architektur und Bautechnik.

Ungeachtet unbestreitbarer Leistungen ihrer Vertreter hielt die Lehre nicht immer den wünschenswerten Kontakt zur Praxis. Da zudem noch stark mathematisiert, konnten sie dem im Beruf tätigen Ingenieur nur wenig geben. Klagen über diesen Zustand findet man immer wieder. Insbesondere das System der Verhältniszahlen, wie es gerade von REDTENBACHER propagiert wurde,

„ … Die Mehrzahl der Regeln geben nicht die absolute, sondern nur die relative Grösse der zu berechnenden Dinge, d. h. sie bestimmen das Verhältniss zwischen der zu suchenden und einer bereits bekannten Grösse. Diese Methode der Verhältniszahlen ist von jeher in der Architektur angewendet worden; sie leistet aber auch im Maschinenbau vortreffliche Dienste. Erst seitdem ich mich derselben bediene, bin ich zu einfachen leicht anwendbaren Regeln gelangt …" [16]

fand seinerzeit großen Anklang – nicht nur in Deutschland! W. D. MARKS, Professor an der University of Pennsylvania, verfaßte ein in mehreren Auflagen erschienenes Buch *The Relative Proportions of the Steam-Engine,* in dessen Vorwort er beklagt:

"… It is a source of regret … that none of the distinguished writers upon Mechanics or the steam-engine have undertaken to give, in a simple and practical form, rules and formulae for the determination of the relative proportions of the components of the steam-engines … A translation of Der Constructeur, by F. Reuleaux, would if made, add much to our knowledge of the proper proportions of the steam engine, as well as of other machines … A rational and practical method of determining the proper relative proportions of the steam-engine seems as yet to be a desideratus in the English literature of the steam-engine …" [17].

Nun ist das Prinzip der Verhältniszahlen keineswegs so abwegig, wie es heute erscheinen mag. Es beruhte auf den damaligen Erfahrungen mit der Auslegung von Maschinenteilen, zum anderen war es – wenn auch nicht unproblematisch – ein Mittel zur Dimensionierung, mit dem die in der technischen Praxis Tätigen etwas anfangen konnten. Es handelt sich hierbei im Grunde um ein Inter- und Extrapolieren. Wenn zwischen den in Bezug zueinander gebrachten Größen ein – wenn auch komplexer – kausaler Zusammenhang besteht, dann kann – vorausgesetzt man beschränkt sich auf den Rahmen der Erfahrung – eine solche Dimensionierung durchaus „richtig" sein. Selbst in heutigen Fachbüchern findet man solche „Verhältniszahlen", die zur Grobauslegung in Vorentwürfen sinnvoll angewendet werden können, so z. B. Hubzapfen- und Grundlagerzapfen-Durchmesser von Kurbelwellen in Relation zum Zylinderdurchmesser („Bohrung")[12] [18; 19]. In Fällen, da kein solcher kausaler Zusammenhang gegeben ist, wo es sich nur um formales Weiterrechnen handelt, führen Verhältniszahlen in die Irre und verlieren ihre Berechtigung.

Die Grundbegriffe der Festigkeitslehre, die uns heute so selbstverständlich sind, daß wohl kaum einer darüber reflektiert, mußten erst noch definiert und formuliert werden. In alten Fachbüchern findet man noch die Bezeichnungen *absolute Festigkeit* (Zugfestigkeit), *relative Festigkeit* (Biegefestigkeit) und *rückwirkende Festigkeit* (Druckfestigkeit bzw. Knickfestigkeit) sowie den *Widerstand der Körper gegen Drehung.* Unter dem *Tragmodul* verstand man „die Spannung, welche der Elastizitätsgrenze entspricht"; die *Theoretische Tragkraft* war „die Tragkraft, welche in einem von ihr irgendwie (auf Zug, Druck, Drehung, Biegung etc.) beanspruchten Körper in der stärkest gespannten Faser eine Spannung gleich dem Tragmodul hervorruft, also die Festigkeit des Körpers bis zur Elastizitätsgrenze in Anspruch nimmt". Die *Praktische Tragkraft* oder *Tragkraft schlechthin* wird dieselbe Kraft genannt, wenn sie jene Spannung nur bis zu einer beabsichtigten und für zulässig erachteten Höhe unterhalb der Elastizitätsgrenze

---

[12] Bei einer vorgegebenen Maschinengröße (Zylinderdurchmesser) muß der Hubzapfen eine bestimmte Kraft aufnehmen, also entsprechend dimensioniert sein. Somit ist abhängig von der Motorenart und -Größe sowie dem Entwicklungsstand ein direkter Zusammenhang zwischen Zylinderbohrung und Zapfendurchmesser gegeben.

treibt." [20]. Diese uns heute fremd erscheinenden Definitionen lassen erkennen, wie mühsam und keineswegs selbstverständlich der Prozess der Begriffsbildung auch in der Festigkeitslehre gewesen ist. Begriffe brauchen Benennungen, und diese geben Rückschlüsse auf den gedanklichen Hintergrund.

In der zweiten Hälfte des 18. Jahrhunderts waren in der Metallurgie große Fortschritte gemacht worden, deren wichtigster die Verwendung von Kohle bei der Stahlherstellung war. Um aus Roheisen schmiedbaren Stahl herzustellen, muß das Eisen „gereinigt" werden; man bezeichnet das als *Frischen* (oxidierendes Schmelzen). Das Ausschmelzen des Eisens aus dem Erz konnte mit Koks erfolgen, nicht aber die Umwandlung von Roheisen zu Schmiedeeisen, weil bei dem Frischfeuer Eisen und Brennstoff direkt in Kontakt kamen, wodurch das Eisen unerwünschte Bestandteile aus der Kohle aufnahm. Beim Frischen mit Holzkohle war das nicht der Fall, aber zu deren Herstellung brauchte man Holz – viel Holz! Das sicherte zwar den sogenannten Waldbauern und den Köhlern Lohn und Brot:

„ … Gar zu Gescheite sind gewesen, haben es mit Steinkohlen probiert, die tun's aber nicht; das rechte Eisen muß mit Holzkohlenfeuer gearbeitet werden, sonst ist's nichts nutz. Die Holzkohlen, die wir Bauern liefern, die machen es ja, daß steirisch Eisen in der Welt so gut estimiert wird …" [21].

Doch nahmen dadurch die Waldbestände dramatisch ab. Deshalb war das 1784 von HENRY CORT (1740 bis 1800) erfundene Flammofenfrischen mit der Trennung von Ofen und Schmelze ein großer Fortschritt, denn jetzt konnte man Kohle zum Herstellen von Stahl verwenden.

Bis in die sechziger Jahre des 19. Jahrhunderts herrschte das sogenannte Schweisseisen vor, das im Puddelverfahren[13] erzeugt wurde. Das Puddeln ist ein Rührfrischen, bei dem nicht die brennende Steinkohle, sondern nur die sauerstoffhaltigen Verbrennungsgase in Kontakt mit dem Eisen gelangen. Dabei wird das Eisen mit menschlicher Kraft umgerührt. Durch die Kohlenstoffabnahme wird das Eisen dickflüssig, es bilden sich einzelne Eisenkristalle, die sich zu Körnern zusammenklumpen und zu Boden sinken, die Schmelze wird immer teigiger. Der Puddler zerteilt es zu Luppen[14], welche dann zerschnitten, in „Paketen" aufeinandergelegt, auf Schweißhitze gebracht und unter Druck (Hämmern, Walzen) mit einander verschweißt werden. Dabei gleichen sich Unterschiede im Kohlenstoff-Gehalt aus, das Gefüge egalisiert sich, und Schlackeneinschlüsse lassen sich ausquetschen. Das Puddeln erforderte Geschicklichkeit und Erfahrung. Man kann sich vorstellen, wie anstrengend diese Arbeit war, und die Ausbeute war natürlich sehr begrenzt. Bezüglich der Festigkeit entsprach der Schweißstahl in etwa der heutigen Stahlsorte St 34.

So bestand natürlich ein starker Anreiz zur Entwicklung anderer, ergiebigerer Herstellungsverfahren. 1855 erfand HENRY BESSEMER (1813 bis 1898) in England ein Windfrisch-Verfahren, bei dem Luft nicht auf die Oberfläche des Schmelzbades, sondern von unten durch ein Siebblech eines drehbar gelagerten Behälters („Bessemer-Birne") geblasen wird. Auf diese Weise konnten unerwünschte Eisenbegleiter schnell verbrannt werden, die dabei freiwerdende Wärme hielt den Rohstahl flüssig. Zu Blöcken vergossen konnte dieser direkt weiterbearbeitet werden. Weil jetzt der Stahl in flüssigem Zustand erzeugt wurde, sprach man von Flußstahl. Dadurch daß die schwere Handarbeit des Puddelns entfiel und daß die Eisenbegleiter besser verbrannt wurden, konnte eine gleichmäßigere Qualität erreicht werden; auch war die Flußstahlherstellung ungleich rationeller: Wofür man im Puddelofen 24 Stunden benötigte, brauchte man mit dem Bessemer-Verfahren ganze 20 Minuten [22]. Allerdings verlangt das Bessemer-Verfahren phos-

---

[13] *to puddle* (engl.) Pfütze, Lache, mit Pfützen bedecken, in Matsch verwandeln, in Pfützen herumplantschen

[14] *Luppe* (franz. *loupe* = Klumpen im flüssigen Eisen) ist im Gießereiwesen die Bezeichnung für rohes, mit Schlacken durchsetztes Eisen.

phorarmes Eisen. Da in den kontinental-europäischen Ländern vorwiegend phosphorreiches Eisenerz gewonnen wurde, konnte das Bessemer-Verfahren dort vorerst nicht genutzt werden. Erst mit dem *Thomas*-Verfahren, von SIDNEY GILCHRIST THOMAS (1850 bis 1885) und seinem Vetter PERCY G. GILCHRIST 1879 entwickelt, das mit basischer Auskleidung des Konverters arbeitet (im Gegensatz zur sauren des Bessemer-Verfahrens) konnten auch phosphorhaltige Erze verarbeitet werden. Ein Abfallprodukt des Thomas-Verfahrens, das phosphatreiche Thomasmehl, erwies sich als wertvolles Düngemittel.

Ein weiterer Fortschritt war das 1883 von WILHELM SIEMENS und – unabhängig von diesem – von den Franzosen PIERRE und EMILE MARTIN eingeführte *Siemens-Martin*-Verfahren, das mit Regenerativ-Heizung arbeitet. Ein Vorteil dieses Verfahrens ist, daß man zusammen mit dem Roheisen auch Stahlschrott schmelzen kann, denn mit zunehmender Industrialisierung fiel immer mehr Schrott an, den wieder zu nutzen schon damals – ohne daß man diese Bezeichnungen kannte – als umweltfreundliches, weil Ressourcen- und Primärenergie-sparendes, Verfahren geschätzt wurde. Mit den Flußstahl-Verfahren war es möglich geworden, große Stahlmengen herzustellen, deren Eigenschaften man gezielt beeinflussen konnte. Der Bedarf an Stahl stieg mit der Industrialisierung gewaltig an: Eisenbahn, Maschinen, Brücken, Ingenieurbauten ganz allgemein brauchten Stahl – viel Stahl!

Die mit Flußstahl erzielbare Festigkeit und Härte ließen höhere Belastungen zu. Weil man aber dabei die Bedeutung der elastischen Eigenschaften unterschätzte, häuften sich Schäden. Wollte man hier Abhilfe schaffen, mußten die Werkstoffe auf ihre Eigenschaften untersucht werden; Schritt um Schritt wurde eine systematische Werkstoffprüfung eingeführt. Doch das allein genügte nicht, weil man auf diese Art nur im nachhinein Fehler feststellen konnte. Vielmehr kam es darauf an, der Produktionsprozeß durch chemische Analysen zu begleiten, um so die Herstellung zu überwachen. Deshalb begannen die Stahlwerke, ab 1860 eigene Laboratorien einzurichten und hierfür Chemiker einzustellen. Überhaupt nahm die Stahlentwicklung jetzt einen kräftigen Aufschwung, auch durch die Militärtechnik. Der Wettlauf zwischen *Granate und Panzerplatte* führte zu neuen, hochbelastbaren Nickel- und Chromnickelstählen. Um 1900 kamen die Schnellarbeitsstähle, wolfram- und kobaltlegierte Stähle auf. Der Einfluß von Zeit, Temperatur und Behandlung auf die Eigenschaften von Stahl wurde untersucht und zur Weiterentwicklung genutzt. 1885 entdeckte F. OSMOND die Allotropie[15] des Eisens, und die schon 1864 von SORBY vorgeschlagene Gefügeuntersuchung wurde 1878 von A. MARTENS eingeführt. 1900 stellte B. ROZEBOOM des Eisen-Kohlenstoff-Diagramm auf, das die Gleichgewichtsverhältnisse in den Legierungen von Eisen und Kohlenstoff erhellt.

Bevor die Dampfmaschine auf den Plan getreten war, hatte die Festigkeit von Eisenwerkstoffen ausgereicht. Das technologische Verhalten des Eisens, namentlich die gute Verarbeitbarkeit waren von Interesse; die Festigkeit spielte eine untergeordnete Rolle. Beurteilungskriterien waren das Bruchverhalten und das Aussehen der Bruchflächen. Immer wieder bemängelt wurden brüchiges, sprödes Gefüge mit Schlacken und Rissen, daher das Bemühen der Stahlhersteller, diese zu vermeiden. Was fehlte, waren Werkstoffkennwerte, an Hand derer ein Zusammenhang zwischen auftretender und ertragbarer Beanspruchung hergestellt werden konnte. Dieser Mangel wurde so drückend empfunden, daß schon im 18. Jahrhundert eine Reihe von Untersuchungen über das Werkstoffverhalten gemacht worden waren, so von COULOMB, REAUMUR und MUSSCHENBROCK. In England war es THOMAS TELFORD (1757 bis 1834), der für den Bau von

---

[15] Unter *Allotropie* versteht man das Auftreten eines Elements in verschiedenen Ausprägungen, z. B. amorph und kristallin. Beim Eisen kann die Gitterstruktur kubisch-raumzentriert oder kubisch-flächenzentriert sein, was seine Eigenschaften entscheidend beeinflusst.

Brücken und Aquädukten[16)] zuverlässige Materialwerte brauchte und deshalb um 1800 umfangreiche Versuche über „Zugfestigkeit, Streckgrenze, Dehnung und Einschnürung von ‚Schmiedeeisen' und ‚Stahl' …" unternahm [23].

„ … Das Eisen wird bei dem Maschinen- und Bauwesen immer mehr und mehr verwendet, und es hat in den letzteren Zeiten eine neue Anwendung bei dem Baue der Kettenbrücken gefunden. Aus dieser Ursache wurden auch in den letztern Zeiten sehr viele Versuche über Tragungsfähigkeit desselben gemacht …" [24].

In Preussen veröffentlichte der „königl. preuss. Oberlandesbaudirektor" J. A. EYTELWEIN 1808 eine Zusammenstellung von Versuchsergebnissen; umfasssende Angaben findet man auch in NAVIER's *Résumé des Leçons données a l'École des Ponts et Chaussées sur l'Applicaton de la Mécanique a l'Établissement des Constructions et des Machines* in der ersten Auflage von 1826 und – ergänzt – in der zweiten von 1833. Der Stand der Technik in der Werkstoffprüfung etwa um 1830 wird aus folgendem Hinweis aus dem *Handbuch der Mechanik* von VON GERSTNER deutlich:

„ … übrigens man aber auch bei keinem Eisenwerke für alle Fehler, die sich bei der Bearbeitung des Eisens ergeben können, gut stehen kann, macht es begreiflich, dass die vollkommene Sicherheit hinsichtlich der Qualität und nöthigen Festigkeit des Eisens nur dadurch erzielt werden kann, indem man dasselbe vorhin mit einer grössern Last beschwert, als es bei dem nachherigen Gebrauche zu tragen erhält. Dadurch wird nicht nur dem Bruche vorgebeugt, sondern auch noch die Eigenschaft des Eisens erzielt, dass durch die nachherige geringere Belastung die Gränze seiner Elastizität nicht mehr überschritten wird, sonach das Eisen nach abgenommenem Gewicht zu seiner vorigen Länge wieder zurückkehrt …" [25].

Allerdings durfte man Werkstoffkennwerten nicht ohne weiteres trauen, weil die Festigkeitswerte zu sehr schwankten, abhängig von der Eisen – bzw. Stahlherstellung. So warnt VON GERSTNER eindringlich:

„ … Am Schlusse dieser Abhandlung ist noch zu bemerken, dass man sich in keinem Falle nach den Erfahrungen, die über das Eisen in anderen Ländern gemacht wurden richten könne, sondern an jedem Orte alle Stäbe, welche man anwenden will, erst einer Probe sowohl hinsichtlich der Festigkeit als der Ausdehnung unterwerfen müsse. Diess betrifft selbst den Fall, wo ein Eisen von der besten Qualität verwendet wird. Die Ursachen hievon liegen in folgenden Umständen:

a) Die verschiedene Beschaffenheit der Erze, aus welchem das Eisen geschmolzen wird, und die zu grosse Verwandschaft dieses Metalles zum Kohlenstoff, zu andren Metallen und zu einfachen nicht metallischen Stoffen, mit welchen dasselbe in den Erzen angetroffen wird, ist die Ursache, dass es nie vollkommen rein dargestellt werden kann …

b) Der dreifache Zustand, in welchem Eisen aus den Erzen dargestellt und zum Gebrauche verarbeitet wird, ist hauptsächlich Ursache, dass selten ein Stab von ganz gleichförmigem Eisen angetroffen wird, und wenn zwei Stäbe aus derselben Hütte an mehreren Stellen gebrochen werden, so findet man aller Orten sehr auffallende Verschiedenheiten im Korne und in der Textur, wodurch sich die rohen, stahlartigen und faserigen Eisentheile unterscheiden, und dem Auge bemerklich machen.

c) Der Einfluss, den die sorgfältige Bearbeitung des Eisens durch wiederholtes Ausglühen, Schweissen und Strecken durch Hammer- und Walzwerke auf seine Qualität und Festigkeit hat, ist allgemein bekannt …" [25].

[16)] Die bekanntesten und eindrucksvollsten Brücken TELFORDS sind die Hängebrücken über den Conway und über die Menai-Straits zwischen Wales und der Insel Anglesey. Telford baute auch große Aquädukte, so das von Pontscyllite in Wales.

Als ROBERT STEPHENSON den Bau der Röhren-Brücken (Tubular Bridges) über die Menai-Straits und über den Conway (Wales) in Angriff nahm, brauchte er Aussagen über das Verhalten solcher Strukturen und des hierfür vorgesehenen Werkstoffs. In grundlegenden Versuchen gewannen der Maschinenbau-Ingenieur WILLIAM FAIRBAIRN und der Mathematiker EATON HODGKINSON Erkenntnisse, die den Bau dieser Brücken überhaupt erst ermöglichten. 1858 gründete DAVID KIRKALDY in London eine private Versuchsanstalt für Werkstoffprüfung, an die u. a. auch die Fa. *Krupp* mangels anderer Möglichkeiten Prüfaufträge vergab. 1862 richtete sich Krupp eine eigene „Probieranstalt" ein, deren Materialprüfmaschinen mangels deutscher Anbieter noch aus England importiert werden mußten.

In Deutschland konzipierte und entwarf JOHANN LUDWIG WERDER (1808 bis 1885) 1852 auf Anregung von Oberbaurat FRIEDRICH AUGUST PAULI eine Zerreißmaschine für 100 t Belastung, die von *Maschinenfabrik Klett & Comp.* gebaut wurde. Mit dieser sogenannten Werder-Maschine sollten die Zugbolzen für die Isarbrücke bei Großhesselohe untersucht werden.

Ab etwa dem letzten Drittel des 19. Jahrhunderts wurde deutlich, daß die bisherige statische Betrachtungsweise den Verhältnissen nicht mehr gerecht wurde, und daß eine andere, neue Sicht vonnöten war. Die dynamische Beanspruchung von Bauteilen konfrontierte die Techniker mit einem Phänomen, das sich nur schwer der Vorstellung erschließen wollte. Bislang stand die Beanspruchung von Bauteilen in Maschinen, z. B. in den Wasserkünsten des Bergbaus, im Einklang mit der Vorstellung, daß höhere Lasten größere Querschnitte oder/und festere Werkstoffe erfordern. Nun hatte die im Vergleich zu den bisherigen Maschinen hohe Arbeitsgeschwindigkeit der Dampfmaschine, insbesondere der Dampflokomotive, mit der Dynamik einen neuen Effekt ins Spiel gebracht.

Das Werkstoffverhalten entzog sich weitgehend der Berechnung und mußte deshalb experimentell untersucht werden, damit man die Bauteile entsprechend für die Beanspruchungen im Maschinenbetrieb dimensionieren konnte. Die Schwierigkeit lag nun darin, daß sich die Werkstoffe selbst unterschiedlich verhalten, je nach Werkstoffart, Legierungszusammensetzung, Gefüge und nach Art und Dauer der Beanspruchung. Versuchsergebnisse, unter bestimmten Bedingungen gewonnen, galten für eben nur diese; bei davon abweichenden konnte sich ein ganz anderes Verhalten zeigen. Die Ingenieure mußten sich vielfach auf bloße Annahmen stützen, dementsprechend hoch war das Risiko eines Versagens von Werkstoff und Bauteil. In der Erzählung „Berufstragik", einer verschlüsselten Schilderung des Baus und des Einsturzes (1879) der Brücke über den Firth of Tay[17] in Schottland, läßt der Ingenieur und Schriftsteller MAX EYTH die tragische Figur die Problematik der Ingenieure damals wie folgt zum Ausdruck bringen:

„ ... Ein Holzbalken mit seinen Fasern ist noch verhältnismäßig menschlich verstehbar. Aber weißt Du, wie es einem Block Gußeisen zumute ist, ehe er bricht, wie und warum in seinem Innern die Kristalle aneinander hängen; ob ein hohles Rohr, das Du biegst auf der einen Seite zuerst reißt oder auf der anderen vorher zusammenknickt, ehe es in Stücken am Boden liegt? ..." und weiter: „ ... Er war ganz wütend, wenn ich mit meinen Berechnungen kam, und er hatte nicht ganz unrecht. Denn mit scheinbar kleinen Annahmen bei zweifelhaften Punkten der Kalkulation läßt sich fast alles ausrechnen, was man haben will. Es war nicht die mathematische Gewißheit, die ich ihm entgegenhalten konnte. Festigkeitskoeffizienten unserer heutigen Mate-

---

[17] Die *Firth of Tay*-Brücke war aus Kostengründen schlecht geplant und schlecht gebaut. Als am Abend des 28. Dezember 1879 der fahrplanmäßige Zug von Edinburgh nach Dundee die Brücke überfuhr – es herrschte ein starker Sturm –, brach der mittlere Teil ein und riß den Zug in die Fluten des Firth. Alle 79 Insassen kamen ums Leben. Diese Katastrophe wurde – wie später der Untergang der *Titanic* – als ein Fanal empfunden, das die Hinfälligkeit aller menschlichen Werke beleuchtete. Der Dichter THEODOR FONTANE schrieb hierüber die Ballade *Die Brücke am Tay,* deren Quintessenz *Tand, Tand ist das Gebilde von Menschenhand* gerne aus ähnlichen Anlässen zitiert wird.

rialien, Winddruckfragen – alles ist so unsicher, daß man mit zehnfacher oder zwanzigfacher oder dreifacher Sicherheit rechnen kann, je nach der Stimmung, ohne sehr fehlzugehen. Jedenfalls läßt sich nicht beweisen, daß man fehlgegangen ist …" [26].

Weitere Versuche waren nötig, deren Ergebnisse in ein gedankliches Konzept eingefügt werden mußten, sollte der in der Praxis tätige Ingenieur etwas damit anfangen können. Langsam nur, durch Schäden, aber auch durch schwere Unfälle wurde man gewahr, daß sich Werkstoffe und Bauteile unter Einfluß wechselnder Belastungen anders – und das heißt: empfindlicher – verhielten, als man es gewohnt war. Es wurde beobachtet, daß Werkstoffe („Materialien") Eigenschaften zeigten, die man bis jetzt nur der belebten Natur zuzuschreiben gewohnt war: Die Werkstoffe „ermüdeten"; in dem damals weitverbreiteten BERNOULLI'SCHEN[18]) *Vademecum des Mechanikers* von 1865 heißt es:

„ … Das Arbeiten des Materiales besteht nun in der Wiederholung von Spannungswechseln. Je kleiner die Kräfte sind, um so öfters können sich diese Wechsel wiederholen. Der Stab wird diese aufeinanderfolgenden äußeren Einwirkungen so lange aushalten, bis sein ganzes Arbeitsvermögen durch die eingetretenen Arbeitsverluste erschöpft ist. Auf diese Schwächung und Erschöpfung des Materials hat indessen nicht nur die Größe der Spannungen und die Anzahl der Spannungswechsel, sondern auch die Dauer der Einwirkungen Einfluß …" [27].

Die Dauer der dynamischen Belastung beeinflußte das Tragvermögen von Bauteilen. Brüche von Triebwerksteilen, Eisenbahnachsen, Schienen, ja selbst von Brückenträgern machten diesen Effekt überaus deutlich. Zur Aufklärung von Achsbrüchen unternahm der Obermaschinenmeister der *Niederschlesisch-Märkischen Eisenbahnen,* AUGUST WÖHLER[19]) Dauerversuche an Eisenbahnachsen, für die er eine Umlaufbiege-Prüfmaschine entwarf. Mit diesen 1856 bis 1870 durchgeführten Untersuchungen wurden grundlegende Erkenntnisse über das Werkstoffverhalten unter lange während Wechselbelastung gewonnen. In einem nächsten Schritt unterzog WÖHLER nun nicht mehr ganze Maschinenteile, sondern Probestäbe einer Torsionswechselbelastung – ebenfalls mit einer von ihm entworfenen Prüfmaschine.

1870 richtete Prof. JOHANN BAUSCHINGER[20]) an der TH München ein mechanisch-technisches Laboratorium für Werkstoffprüfungen ein, in Stuttgart befaßte sich Prof. CARL BACH mit der Untersuchung des Werkstoffverhaltens abhängig von der Belastungsart und stellte dabei Unterschiede in der Zug-, Biege- und Torsionsfestigkeit fest. Die Werkstoffe mußten unter Betriebsbelastung untersucht werden, wollte man zuverlässige Ergebnisse erhalten. Versuche, von verschiedenen Stellen vorgenommen, ergaben abweichende Ergebnisse und machten deutlich, daß die Ergebnisse nicht nur von den Werkstoffen selbst, sondern auch von den Versuchen, Methoden und Versuchsmaschinen abhängen, mit denen sie geprüft werden. Deshalb regte CARL BACH 1881 die Vereinheitlichung von Werkstoff-Prüfverfahren an. JOHANN BAUSCHINGER und der Vorsteher der *Mechanisch-technischen Versuchsanstalt* in Berlin, ADOLF MARTENS, unterstützten

---

[18]) Bei den vielen berühmten BERNOULLI's tut Aufklärung not: Es handelt sich bei diesem Autor um CHRISTOPH BERNOULLI (1782 bis 1863), der ab 1818 Naturgeschichte, ab 1835 technische Wissenschaften an der Universität in Basel lehrte. Sein *Vademecum* wurde in vielen Auflagen gedruckt.

[19]) AUGUST WÖHLER, 1819 – 1914, wurde erst als Ingenieur bei *Borsig,* dann als Obermaschinenmeister bei der *Niederschlesisch-Märkischen Eisenbahngesellschaft* hinlänglich mit Schäden aller Art an Eisenbahnmaterial konfrontiert. Von 1856 bis 1870 führte WÖHLER Dauerfestigkeitsversuche durch, für die er die Prüfmaschinen selber entwickeln mußte.

[20]) JOHANN BAUSCHINGER (1834 bis 1893) wurde 1857 als Lehrer für Mathematik und Physik an die *Kgl. Gewerbeschule* in Fürth, 1868 als Professor für technische Mechanik und graphische Statik an die *TH München* berufen. BAUSCHINGER machte sich insbesondere auf dem Gebiet der experimentellen Mechanik und der Werkstoffprüfung einen Namen. Unter dem nach ihm benannten *Bauschinger-Effekt* versteht man die Erhöhung der Elastizitätsgrenze als Folge einer vorangegangenen Belastung.

BACH, so daß 1884 die erste *Conferenz zur Vereinbarung einheitlicher Prüfmethoden für Bau-und Constructionsmaterialien* in München einberufen wurde. In dieser und weiteren, auch als *Bauschinger-Konferenzen* bezeichneten Tagungen sollte die Rolle der Werkstoffprüfung als „ehrlicher Makler" zwischen Herstellern und Verbrauchern etabliert werden, in denen Werkstoff-Hersteller, Verbraucher und Vertreter der Werkstoff-Prüfanstalten gemeinsam die Prüfverfahren und -Modalitäten vereinheitlichten [28]. 1877 hatte die *Technische Commission des Vereins Deutscher Eisenbahn-Verwaltungen* in einer Denkschrift in der *Zeitschrift des Vereins Deutscher Ingenieure* „die Einführung einer staatlich anerkannten Classification von Eisen und Stahl" gefordert, wobei als Beurteilungskriterium die Zugfestigkeit herangezogen werden sollte:

„ … Die Festigkeit gegen das Zerreissen ist die einzig überhaupt existierende Festigkeit, indem alle anderen Arten von Widerständen fester Körper gegen Zerstörung lediglich aus der Zerreissungsfestigkeit, Elasticität und Zähigkeit einbegriffen, entspringen; daher giebt dieselbe den allein richtigen Anhalt für die hier in Frage stehende Qualitätsbestimmung …" [29].

Die Reaktion der Stahlhersteller erfolgte prompt: Es gäbe weder eine Notwendigkeit für eine solche Klassifikation, noch sei die Zerreissfestigkeit ein aussagekräftiger Kennwert für Stahleigenschaften. Vehement wurde abgelehnt, verbindliche Festigkeits-Angaben für Stähle zu machen; es entbrannte eine heftige Diskussion, die ihren Niederschlag in den *Annalen für Gewerbe & Bauwesen fand* [21].

Das sich aus der Notwendigkeit, Werkstoffeigenschaften zu definieren, quantifizieren und das Verhalten der Werkstoffe zu untersuchen, entwickelnde Materialprüfwesen beeinflußte das technisch-wissenschaftliche Denken in Deutschland nachhaltig, weil es erkennen ließ, daß sich hochkomplexe Zusammenhänge mit vielen, oft voneinander abhängigen Einflußgrößen nicht mit dem zur Verfügung stehenden theoretischen Rüstzeug erklären ließen. Nur das Experiment konnte weiterhelfen. Das verlieh diesem eine überragende Bedeutung, die von manchen Theoretikern nicht akzeptiert wurde, die Kluft zwischen Vertretern einer „reinen Theorie" und den der Praxis Verbundenen vertiefte und einen regelrechten Richtungsstreit auslöste. Als Exponent der „Theorie" gilt vor allem der Berliner Professor FRANZ REULEAUX (1829 bis 1905); die „Praxis" fand in dem Stuttgarter Professor CARL BACH (später: VON BACH) (1847 bis 1931) und dem Berliner Professor ALOIS RIEDLER (1850 bis 1936) engagierte Fürsprecher [22]. FRANZ REULEAUX, ein Schüler FERDINAND REDTENBACHERS, war 1854 durch eine zusammen mit C. L. MOLL veröffentlichte *Konstruktionslehre für den Maschinenbau* bekannt geworden; 1865 wurde er an das Gewerbeinstitut in Berlin, die spätere TH Charlottenburg berufen, wo er *Maschinenbaukunde* lehrte. REULEAUX's Lehrbuch *Der Constructeur,* in vier Auflagen und mehreren Nachdrucken gedruckt, galt lange Zeit als „Bibel" für die Maschinenbaustudenten. Einen Namen machte sich REULEAUX vor allem durch seine *Kinematik,* mit der er die Getriebelehre als wissenschaftliche Disziplin einführte. Als offizieller Besucher der Weltausstellung in Philadelphia 1876 fällte REULEAUX mit „billig und schlecht" ein hartes, wiewohl zutreffendes Verdikt über dort gezeigte deutsche Exponate.

CARL BACH (1847 bis 1931) wurde 1878 als ordentlicher Professor an die TH Stuttgart berufen, wo er bis 1922 – 48 Jahre – lehrte. 1884 richtete BACH an der TH eine Materialprüfungsanstalt ein und 1885 eine Ingenieur-Laboratorium; er setzte auch die Einführung eines einjährigen

---

21) Die Denkschrift und die sich daraufhin entwickelnde Auseinandersetzung in den *Annalen für Gewerbe & Bauwesen* sind als Faksimile in *Krankenhagen; Laube: Werkstoffprüfung. Reinbeck: Rowohlt 1983 (rororo TB 7710)* abgedruckt.

22) REULEAUX, RIEDLER und BACH waren große Ingenieure, und man würde ihnen nicht gerecht werden, wollte man ihre Bedeutung auf die Auseinandersetzung über den Wert von Theorie vs. Praxis verkürzen. Es sei deshalb auf ihre Biographien verwiesen.

Werkstattpraktikums für Ingenieurstudenten ein, was dann auch von anderen Hochschulen übernommen wurde. BACH leistete einen bedeutenden Beitrag zur Entwicklung der Werkstoffprüfung. Sein – auch aus heutiger Sicht noch – modern konzipiertes Lehrbuch Die *Maschinen-Elemente – Ihre Berechnung und Konstruktion mit Rücksicht auf die neueren Versuche,* 1880 erstmalig gedruckt, erschien in 13 Auflagen.

ALOIS RIEDLER (1850 bis 1936), hatte als Konstrukteur an der TH Wien mit JOHANN RADINGER (1842 bis 1901) zusammengearbeitet und wurde nach Zwischenstationen in München und Aachen 1888 an die TH Charlottenburg berufen, wobei ihm eine Nebentätigkeit in einem (privaten) Konstruktionsbüro an der TH zugestanden wurde – ein Novum damals. RIEDLER stieß mit seinen Vorstellungen über eine praxisgerechte Ausbildung auf heftigen Widerstand vor allem von REULEAUX, was sich zu einem „siebenjährigen Krieg", leidenschaftlich geführt, auswuchs. RIEDLER setzte sich energisch für die Gleichberechtigung der Technischen Hochschulen gegenüber den Universitäten ein; seinen Bemühungen ist mit zu verdanken, daß Kaiser WILHEM II. 1899 den Technischen Hochschulen das Promotionsrecht verlieh. Auf RIEDLERS Initiative kamen 1885 die *Aachener Beschlüsse* des VDI über Ingenieurlaboratorien und Ingenieurausbildung zustande. RIEDLER forderte, daß die Technischen Hochschulen neben der Lehre auch Aufgaben der Forschung wahrzunehmen hätten. 1896 konnte er an der TH gegen große Widerstände ein Maschinenbau-Laboratorium einrichten:

„ ... 1892 beantragte ich an der Berliner Hochschule als ersten Schritt ..., daß die große und vorzüglich eingerichtete Versuchsanstalt, die bisher nur als Materialprüfungsanstalt tätig war, auch für Unterrichtszwecke nutzbar gemacht werden durch Einführung einer besonderen Vorlesung der Materialienkunde, verbunden mit Übungen in der Versuchsanstalt. Die Neuerung fand Widerspruch, der in der glaubensstarken Behauptung gipfelte: ‚Wenn die Studierenden einmal durch eigene Versuche und Beobachtungen sehen, daß die großen theoretischen Sätze und die Praxis nicht übereinstimmen, dann glauben sie nichts mehr, dann geht der Unterricht zu Grunde.' ..." [30]

1907 gründete RIEDLER das *Institut für Verbrennungskraftmaschinen und Kraftfahrzeugtechnik,* das erste dieser Art in Deutschland, an der TH Berlin. RIEDLER verfaßte auch ein Lehrbuch über technisches Zeichnen – *Das Maschinenzeichnen* – zu dem er vermerkt:

„ ... Ein so geringschätzig behandeltes Gebiet zu bearbeiten, ist nach Ansicht vieler eine undankbare, ja ‚unwürdige' Aufgabe. Aber das Bestreben, die Jugend vor Schaden zu bewahren, in allen Einzelheiten statt Regeln[23] Begründungen zu bieten und allgemeine Gesichtspunkte hervorzuheben, mit den sich auch der Anfänger, je früher, je besser, vertraut zu machen hat, führt über den herkömmlichen Rahmen ebenso weit hinaus, wie das ‚Zeichnen' über der Handfertigkeit steht, und führt tief in sachliche Erörterungen hinein, weil das Zeichnen nicht von der Sache zu trennen ist ..." [31].

Diese o.a. Auseinandersetzung ist in verschiedener Hinsicht interessant, zum einen als Teil der Technik- und Wissenschaftsgeschichte, zum anderen wegen der Aktualität, die sie noch heute hat, und schließlich, weil hierin tiefgehende Besonderheiten des Maschinenbaus im allgemeinen und im besonderen des Kurbeltriebs angesprochen sind. Der Konflikt speiste sich aus mehreren Quellen: Da ist die Ausgangslage zu Beginn der Industrialisierung in Deutschland, als weder praktische Erfahrungen mit dem Betrieb von Maschinen in der Art wie in England vorlagen, gleichsam als Traggerüst einer Maschinenlehre, noch waren, abgesehen von solchen vorwiegend wissenschaftlichen Charakters, Veröffentlichungen des technisch höher entwickelten Auslands verfügbar. In [32] wird dieser Zustand wie folgt charakterisiert:

---

[23] Damit nimmt RIEDLER Bezug auf die REULEAUX'sche Maxime von *Regel – Vorbild – Gesetz.*

„ … Auf einer verschwindend schmalen wissenschaftlichen Grundlage, die insbesondere französische Gelehrte geschaffen hatten, wußte Redtenbacher seine Schüler in die Tiefen der Erkenntnis zu führen …" [32].

Die Theorie mußte Grundlagen liefern, und Hochschullehrer wie REDTENBACHER, REULEAUX oder GRASHOF haben hier Großes geleistet. Hinzu kommt, daß jeder Mensch eine besondere Prägung hat; entweder liegt ihm mehr das Abstrakte, Theoretische, oder aber er ist auf das Praktische ausgerichtet[24] [33], und daß sich mit dem Alter – im allgemeinen – Ansichten und Haltung verfestigen – ja verhärten, ist eine normale Erscheinung[25], was der Auseinandersetzung Schärfe verlieh. Mit anderen Worten, Sachliches vermischte sich mit Menschlichem[26]! Der Zwiespalt zwischen Theorie und Praxis führte an den Hochschulen zur Aufteilung der Lehrfächer in eine theoretische und eine praktische Maschinenlehre.

„ … Der Phrase von dem ‚Gegensatz zwischen Theorie und Praxis' wurde allerdings, wie ich nicht unerwähnt lassen darf, Vorschub geleistet durch die Einrichtung des Unterrichts an der Mehrzahl der Technischen Hochschulen. Man gliederte den Unterricht in ‚theoretische Maschinenlehre' und in ‚praktischen Maschinenbau' … In der theoretischen Maschinenlehre wurden die wissenschaftlichen Grundlagen des Maschinenbaus behandelt, soweit sie sich der mathematischen Behandlung zugänglich erwiesen und soweit der Vortragende sie selbst kannte[27] …" [34].

Doch der wirkliche oder scheinbare Antagonismus von Praxis und Theorie erschöpfte sich nicht in jenem Gelehrtenstreit. Die Wurzeln dieses „Konflikts" reichen tiefer: Bei allen Fortschritten in der Technik mußte man erkennen, daß man zwar mehr, aber bei weitem nicht genug wußte. Die Theorie und ihr wichtigstes Hilfsmittel, die Mathematik, reichten nicht aus, um komplexe Erscheinungen und Vorgänge hinreichend genau zu beschreiben und zu erklären. Das Experiment mußte weiterhelfen. Nun werden technische Versuche häufig als Notmaßnahme nur, als derzeit noch unvermeidbares Übel, angesehen, als offensichtlicher Ausdruck von Unvermögen, anstehende Probleme im Vorgriff zu lösen, letztendlich als etwas, das vermieden werden sollte, nicht aber als integraler Bestandteil des Entwicklungsvorganges. Hinzu kommt eine auch heute noch in Deutschland häufig zu beobachtende Geringschätzung der Praxis gegenüber der Theorie. In der Skala von allgemeiner Wertschätzung intellektueller Tätigkeiten auch auf naturwissenschaftlich-technischem Gebiet gibt es eine klare Rangfolge: Die Theorie steht über dem Experiment, dieses wiederum hoch über den Niederungen der Praxis. Technische Versuche bedurften deshalb offensichtlich schon immer einer begründenden Erklärung; der Eisenbahningenieur MAX MARIA VON WEBER[28] stellte hierzu fest:

---

[24] FRANZ GRASHOF hat schon in jungen Jahren, als er zur See fuhr, von sich festgestellt: „ … Jetzt weiß ich, daß ich zu einer praktischen Beschäftigung entweder von Natur nicht bestimmt, oder doch, wenn man an eine solche natürliche Anlage und Bestimmung nicht glauben will, durch die lange Gewohnheit des mit großer Neigung und einigem Erfolg betriebenen Studiums untüchtig geworden bin …" [33]

[25] Man braucht sich nur zu vergegenwärtigen, welche Widerstände bei der Einführung des rechnergestützten Konstruierens (CAD) gerade bei älteren Konstrukteuren zu überwinden waren.

[26] Einen Eindruck von diesen Auseinandersetzungen vermittelt eine Streitschrift von A. RIEDLER: *Wirklichkeitsblinde in Wissenschaft und Technik* und die Erwiderung von L. GÜMBEL: *Wer ist der Wirklich Blinde – Eine Frage im Interesse von Wissenschaft und Technik – Offener Brief an die Herren A. Riedler und St. Löffler.*

[27] In der Formulierung *soweit der Vortragende sie selbst kannte* kommt feinsinnig BACH's Einschätzung dieser *Vortragenden* zum Ausdruck.

[28] MAX MARIA FREIHERR VON WEBER (1822 bis 1881), Sohn des Komponisten CARL MARIA VON WEBER, hat sich als Ingenieur um das Eisenbahnwesen Verdienste erworben, insbesondere hatte er sich um die Verbesserung der Arbeitsbedingungen für das Eisenbahnpersonal bemüht. Dank seiner Bestrebungen wurden die Lokomotiven mit Führerhäusern zum Schutz von Lokführer und Heizer vor den Unbilden der Witterung und des Fahrtwindes ausgerüstet. Durch seine Schilderungen aus der Welt der Arbeit hat sich M.M. von Weber auch literarisch einen Namen gemacht.

„ … Die Natur gibt immer klare Auskünfte auf klar an sie gestellte Fragen. Das Experiment ist die Frage des Technikers an die Natur, und Goethe, der für Wahrheiten immer den deckenden Ausdruck fand, durfte daher das Experiment die „direkteste willkürliche Vermittlung zwischen Subjekt und Objekt" nennen. Aber es ist Sache des Talents und des Genies, die Form der Frage, die Anordnung des Experimentes zu finden, welche die Natur geneigt macht, ohne dunkle Orakelsprüche zu antworten. Der gebildete Techniker ist sich bewußt, daß der ganze Bereich seiner Tätigkeit eigentlich fast nur aus ungelösten Fragen besteht, daß die Zahl derer überaus klein ist, welche die Wissenschaft als erledigt registrieren kann, und daß er bei seinen wichtigsten Arbeiten fast stets mit halbbekannten Faktoren rechnet. Nur die Beschränktheit hält ihr Meinen für Wissen. Bloß unablässiges vielseitiges Prüfen, Beobachten, Experimentieren und gründliches Studium der gerade vorliegenden Fragen, redliches, ungefälschtes, nicht a priori gefaßten Meinungen huldigendes Darlegen der erhaltenen Resultate kann die Technik aus einer Entwicklungsperiode herausführen, in der praktisches Gefühl und Tatonnement[29) noch ebenso laut das Wort führen dürfen, wie die wissenschaftliche Folgerung …" [35].

Die allgemeine Situation in Deutschland zur Wende zum 20. Jahrhundert hatte sich im Vergleich zu der zu Beginn der Industrialisierung erheblich verändert: Aus dem politischen Flickenteppich war das große und starke Deutsche Reich geworden. Politisch geeinigt, wirtschaftlich gefestigt und militärisch erstarkt, hatte Deutschland seinen Lehrmeister England in verschiedenen Bereichen der technischen Entwicklung ein- und in manchen sogar überholt. Im Maschinenbau, mehr noch in der Chemie und in der Elektrotechnik, nahm Deutschland eine Spitzenstellung ein. Das Ausbildungswesen war vorbildlich, Technikerschulen, Höhere Fachschulen (die späteren Ingenieurschulen) und Technische Hochschulen sorgten für qualifizierten technischen Nachwuchs in allen Bereichen. Die Konzepte der Ausbildung waren in sich schlüssig und auf die technische Praxis ausgerichtet. Das mit der *Merchandise Marks Act* von 1887 zum Schutz britischer Käufer vor *billigen und schlechten* (REULEAUX) Waren aus Deutschland erlassene Gesetz, ausländische Erzeugnisse durch den Hinweis auf das Herkunftsland zu kennzeichnen, bewirkte auf Grund der des mittlerweile erreichten Qualitätsniveaus das Gegenteil: *Made in Germany* war zu einem Gütezeichen geworden! Das Hochgefühl im wilhelminischen Deutschland *Es ist erreicht* wurde auch in der Technik empfunden. Die Technik in Gestalt der Eisenbahn hatte Deutschland einen geholfen, Technik schuf Arbeitsplätze, und Technik bedeutete Fortschritt in jeder Hinsicht:

„ … Die Technik hat zwar schon zu allen Zeiten Kulturaufgaben gelöst, doch tritt sie heute hierin weit mehr wie je hervor. Durch ‚Feuer und Dampf' vermochte die ‚Intelligenz' des Ingenieurs dem Jahrhundert seine Charakteristik zu geben und mit der Lösung der ihnen von der Vorsehung zugewiesenen Kulturaufgaben dieselben zugleich auch zu vermehren und zu vergrössern. Durch die gemeinsame Arbeit der Menschheit unter Leitung der wissenschaftlichen Technik werden wir überhaupt erst der Lösung der grossen Frage über den Zweck und die Bestimmung des Menschengeschlechts näher kommen und die Wahrheit also immer mehr erkennen lernen. Zur Mitarbeit an der Lösung der socialen Frage der Gegenwart und noch mehr der Zukunft ist daher auch der Techniker in erster Linie berufen …" [36].

Ein Element der Technik, das im letzten Drittel des 19. Jahrhunderts immer stärker in das maschinentechnische Bewußtsein rückte, war die Geschwindigkeit; sie wurde zu einer dominanten Prämisse des Maschinenbetriebs und implizierte vielfältige Wirkungen. Die Geschwindigkeit in Gestalt der Dampfmaschinen revolutionierte Transport und Verbindungen. Entfernungen zu Lande und zu Wasser wurden schneller überwunden. Der Aktionsraum für die Menschen erweiterte sich; eine schnelle Post- und Nachrichtenübermittlung verbesserten die Kommunikation, und preiswerter, rascher Transport von Gütern aller Art und in großen Mengen förderte Wirtschaft

---

[29) *tâtonnement* (franz.): erste Versuche, Tasten, Versuchen, Zögern

und Wohlstand. Darüber hinaus begann Geschwindigkeit, zu einem Wert an sich zu werden, wenngleich der Wunsch, schneller als andere zu sein, uralt ist: Die Wagenrennen in der Antike zeugen davon! Die schnellste Lokomotive, das schnellste Schiff wurden im Bewußtsein der Öffentlichkeit zu Indikatoren des Fortschritts. Andererseits erfüllte das „überhandnehmende Maschinenwesen"[30] [37] die Menschen mit Sorge und löste ungläubiges Erstaunen aus, wenn sie zum ersten Mal damit konfrontiert wurden, wie aus dieser Schilderung von PETER ROSEGGER[31] herausklingt:

„ … ‚Oheim Jochem‘, sagte ich leise, ‚hört Ihr nicht so ein Brummen in der Erden?‘ ‚Ja, freilich, Bub‘, entgegnete er, ‚es donnert was! es ist ein Erdbiben (Erdbeben).‘ Da tat er schon ein kläglich Stöhnen. Auf der eisernen Straße kam ein kohlschwarzes Wesen. Es schien anfangs stillzustehen, wurde aber immer größer und nahte mit mächtigem Schnauben und Pfustern und stieß aus dem Rachen gewaltigen Dampf aus. Und hinterher – ‚Kreuz Gottes!‘ rief der Jochen, ‚da hängen ja ganze Häuser dran!‘ Und wahrhaftig, wenn wir sonst gedacht hatten, an der Lokomotive wären ein Paar Steirerwäglein gespannt, auf denen die Reisenden sitzen konnten, so sahen wir nun einen ganzen Marktflecken mit vielen Fenstern heranrollen, und zu den Fenstern schauten lebendige Menschenköpfe heraus, und schrecklich schnell ging's, und ein solches Brausen war, daß einem der Verstand still stand! Das bringt kein Herrgott mehr zum Stehen! fiel's mir noch ein. Da hub der Jochem die beiden Hände empor und rief mit verzweifelter Stimme: ‚Jessas, Jessas, jetzt fahren sie richtig ins Loch!‘ Und schon war das Ungeheuer mit seinen hundert Rädern in der Tiefe; die Rückseite des letzten Wagens schrumpfte zusammen, nur ein Lichtlein sah man noch eine Weile, dann war alles verschwunden, bloß der Boden dröhnte und aus dem Loch stieg still und träge der Rauch. Mein Onkel wischte sich mit dem Ärmel den Schweiß vom Angesicht und starrte in den Tunnel: Dann sah er mich an und fragte: ‚Hast du's auch gesehen, Bub?‘ ‚Ich hab's auch gesehen‘. ‚Nachher kann's keine Blenderei gewesen sein‘, murmelte der Jochem …" [38].

Die neue Technik wurde also zwiespältig wahrgenommen – mit Besorgnis, aber auch positiv bis hin zur unbedingten Bejahung. Der Umgang mit der Technik beeinflußte das Lebensgefühl derer, die mit ihr direkt zu tun hatten; ein Gefühl der Vertrautheit mit und des Stolzes auf die Technik entwickelte sich, und es ist sicher kein Zufall, daß gerade in England, wo die moderne Maschinentechnik entstanden und nun am längsten eingeführt war, solche Empfindungen literarischen Niederschlag fanden, wie in dem Gedicht *McAndrews Hymn* von RUDYARD KIPLING[32], in dem gerade auf Bauteile des Kurbeltriebs Bezug genommen wird [39]:

"Lord, Thou hast made this world below the shadow of a dream,
An' taught by time, I tak' it so – exceptin' always Steam.
From coupler-flange to spindle-guide I see Thy Hand, O God –
Predestination in the stride o'yon connectin'-rod …

My engines, after ninety days o' race an' rack an' strain
Through all the seas of all Thy world, slam-bangin' home again.

---

[30] In diesem Zusammenhang aus *Wilhelm Meisters Wanderjahre* (J.W. VON GOETHE) gerne und oft zitiert: „ … Das überhandnehmende Maschinenwesen quält und ängstigt mich; es wälzt sich heran, wie ein Gewitter, langsam, langsam; aber es hat seine Richtung genommen, es wird kommen und treffen …" [37].

[31] PETER ROSEGGER, 1843 bis 1918, österreichischer Schriftsteller, „religiös-konservativer" Heimatdichter, dessen Autobiographie *Als ich noch der Waldbauernbub war* einen Einblick in das Leben auf dem Lande im 19. Jahrhundert vermittelt.

[32] JOSEPH RUDYARD KIPLING, 1865 bis 1936, englischer Dichter, erhielt 1907 Nobelpreis für Literatur. KIPLING vertrat in seinen Kurzgeschichten einen „puritanischen Imperialismus". In Deutschland ist K. durch seine Tiergeschichten, hauptsächlich durch das *Dschungelbuch* bekannt geworden.

Slam-bang to much – they knock a wee – the cross-head gibs are loose,
But thirty thousand mile o' sea has gied them fair excuse …

Lord, send a man like Robbie Burns, to sing the song o' Steam!
To match wi' Scotia's noblest speech yon orchestra sublime.
Whaurto – upliftet like the Just – the tail-rocks mark the time.
The crank-throws give the double bass, the feed-pump sob an' heaves,
An' the main eccentrics start their quarrel on the sheaves:
Her time, her own appointed time , the rocking link-head bides,
Till – hear that note? – the rod's return whings glimmerin' through the guides …"

> Herr, die Welt hier unten geschaffen
> Hast Du als Schatten eines Traumes,
> und – belehrt durch die Zeit nehme ich an –
> gleichwohl mit Ausnahme des Dampfes.
> Vom Kupplungsflansch bis zum Wellenlager
> erkenne ich Deine Geschicklichkeit, o Herr,
> Die Vorbestimmung im Hub des Pleuels …
>
> Nach neunzig Tagen des Rasens und Rackerns und Plagens
> durch all die Meere Deiner Welt
> heimwärts stampfen meine Maschinen.
> Zuviel des Hin- und Her – sie schlagen ein wenig –
> die Kreuzkopfplatten sind lose,
> doch dreißigtausend Meilen sind Grund genug dafür.
>
> Einen Mann wie Robbie Burns[*], schicke Herr,
> das Lied vom Dampf zu singen!
> Um in Schottlands schönster Sprache
> mit dem hehren Orchester einzustimmen.
> Wobei – erhaben wie der Gerechte –
> die Schwinghebel den Takt anschlagen.
> Den tiefen Bass die Kurbelkröpfung singt,
> die Speisepumpe schluchzt und stöhnt.
>
> Die Hauptexcenter fangen an zu streiten
> auf ihren Scheiben:
> Seinen Einsatz, seinen ureigenen Einsatz,
> der schwingende Pleuelkopf erwartet ihn,
> Bis – hör den Ton – im Rücklauf das Pleuel
> durch die Führung fliegt schimmernd.

Geschwindigkeit ist ein vielschichtigeres Phänomen, als die umgangsprachliche Bezeichnung erkennen läßt. Als in der Zeit zurückgelegter Weg stellt sie sich in fortschreitender, drehender und schwingender Bewegung dar. Sie bewirkt eine Vielzahl physikalischer Effekte und ist in ihren Wirkungen höchst ambivalent. Geschwindigkeit ist Ziel, Mittel und Hindernis zugleich. Paradoxerweise sollte der Kurbeltrieb, der eine schnelle Bewegung ermöglichte, später zur Barriere werden, eben diese weiter zu steigern. Wie keine andere Funktionsgruppe zuvor „produ-

---

[*] Robert Burns, 1759 bis 1796, trinkfreudiger schottischer Dichter, Verfasser u.a. des bekannten (vertonten) Gedichtes *Auld lang syne*.
Es handelt sich hierbei um die do-it-yourself-Übersetzung des Verfassers; um Nachsicht wird gebeten!

zierte" der Kurbeltrieb Geschwindigkeit. Nun aber stieß man aber in neue Geschwindigkeitsbereiche vor, und das verlangte seinen Preis, vordergründig in Gestalt von entgleisenden Eisenbahnzügen, explodierenden Kesseln und Schwungrädern, durchgehenden Maschinen und kollidierenden Schiffen, hintergründig in technischen Schwierigkeiten und Problemen ohne Ende.

In der Fluidmechanik stellt Geschwindigkeit eine conditio sine qua non, eine Bedingung, ohne die „nichts geht", dar – im Kleinen wie im Großen! Die hydrodynamische Tragkraft im Schmierfilm ergibt sich aus der Relativgeschwindigkeit gegeneinander bewegter Teile; eine zu hohe Geschwindigkeit kann den Druck im Fluid unter den Dampfdruck sinken lassen und zu Kavitation mit allen ihren Folgen führen.

Das Wirkungsprinzip des Fliegens von Körpern „schwerer als Luft" beruht auf Druckdifferenzen am Tragflügel, hervorgerufen durch unterschiedliche Geschwindigkeiten; der Vortrieb wird durch die der Luft vom Propeller erteilte Geschwindigkeit erzielt. Gleichzeitig ruft diese Geschwindigkeit überproportinal Widerstand hervor und kann zum Abriß der Strömung am Propeller führen. Geschwindigkeit ist auch ein beherrschendes Element der Energieumwandlung: Strömungsenergie wird in mechanische umgewandelt und umgekehrt. In der Maschinentechnik macht sich Geschwindigkeit bei Bewegungsänderungen durch Massenwirkungen störend bemerkbar; sie wirkt aber auch ausgleichend durch Speicherung und Abgabe von mechanischer Energie. Dieser Aspekt des Maschinen-Schnellbetriebs wurden von dem Amerikaner CHARLES T. PORTER erkannt und mit der Porter-Allen'schen Dampfmaschine nachgewiesen. Das beeindruckte den österreichischen Professor JOHANN RADINGER so sehr, daß er sich ausgiebig mit Fragen des Schnellbetriebs befaßte und seine grundlegenden Erkenntnisse in einem Buch *Dampfmaschinen mit hoher Kolbengeschwindigkeit* veröffentlichte.

Bestimmendes Element in der Geschwindigkeit ist die Zeit, sie verleiht der Arbeit eine höhere „Qualität", denn größere Geschwindigkeit bedeutet mehr Leistung. Bei gleicher Leistung hingegen bewirkt Geschwindigkeit kleinere Kräfte, was wiederum eine leichtere Bauweise erlaubt und so den „Aufwand" verringert. Die Geschwindigkeit, d. h. Drehzahl des Kurbeltriebs, zog mannigfaltige Weiterungen nach sich: Die konstruktive Konzeption wurde durch die Notwendigkeit, den Arbeitsraum auf kleine und damit viele Einheiten aufzuteilen, und durch das Prinzip des gegenseitigen Ausgleichs bestimmt. Damit waren charakteristische Entwicklungsrichtungen vorgezeichnet.

Die Dimensionierung schnell bewegter Triebwerksteile unterliegt dem Zwang zum Leichtbau. Nun ist Leichtbau kein absoluter Begriff, vielmehr ist er in Relation zur Leistung zu sehen. Es gibt eine ganze Reihe von Kennwerten, die den Leichtbau charakterisieren; die eingängigste ist die Leistungsmasse als Quotient von Masse und Leistung. Sie zu verringern ist oberstes Ziel beim Leichtbau. Nun läßt sich ein Quotient durch Verkleinern des Zählers (Masse) und oder Vergrößern des Nenners (Leistung) vermindern. Wie der Name verrät, läßt sich Leichtbau durch Verwendung von leichten Werkstoffen, also solchen geringer Dichte, verwirklichen. Hierfür boten sich vor allem das Aluminium und seine Legierungen an.

Die ersten Versuche, Aluminium[33] rein darzustellen hatte 1808 bis 1812 der Engländer Sir HUMPHREY DAVY unternommen, von dem auch die Bezeichnung *aluminum* stammt. Den nächsten Anlauf machte 1825 der Däne HANS CHRISTIAN OERSTEDT; weiter kam 1827 der deutsche FRIEDRICH WOEHLER. Auf diesen Arbeiten aufbauend entwickelte der Franzose HENRI SAINTE-CLAIRE DEVILLE ein Verfahren, mit dem es ihm gelang, 1854 einen Aluminiumblock von großer Reinheit herzustellen. Allerdings war Aluminium sehr teuer, weshalb man vom *Silber aus Lehm* sprach. 1886 entwickelten der Amerikaner CHARLES MARTIN HALL und der Franzose PAUL

---

[33] Das Aluminium hat seinen Namen von der Alaunerde erhalten (lat. alumen). Kalialaun ist im Haushalt als Ätzmittel und als blutstillendes Mittel bekannt.

Toussaint Héroult Verfahren der elektrolytischen Gewinnung von Aluminium. Die dafür erforderliche elektrische Energie konnte nun dank der Fortschritte in der Elektrotechnik bereitgestellt werden, so daß daß der Preis für 1 kg Aluminium von 1000 Mark (1855) auf 110 Mark (1870) und 5 Mark (1896) fiel.

Die um die Wende zum 20. Jahrhunderts entstehende Luftschiffahrt war auf die neuen leichten Werkstoffe angewiesen; durch ihren Bedarf förderte sie deren Produktion – und deren Entwicklung durch die Erfahrungen mit dem Bau und Betrieb von Luftschiffen. Zunächst wurde reines Aluminium verwendet, dessen geringe Festigkeit durch das Auswalzen zu Winkelprofilen verbessert wurde. Durch Zulegieren von Zink, Kupfer, Magnesium und Nickel gelang es die Festigkeit zu erhöhen. Kurz nach der Jahrhundertwende entdeckte der Leiter der metallurgischen Abteilung der *Zentralstelle für wissenschaftliche Untersuchungen in Neubabelsberg,* Alfred Wilm, daß bestimmte Aluminium-Legierungen nach Erwärmung und Abschrecken mit nachfolgendem Auslagern bedeutend höhere Festigkeitswerte annehmen. Auf dieser Grundlage entwickelte Wilm eine vergütbare AlCu-Legierung, die unter dem Namen Duralmin bekannt wurde. In England entwickelte W. Rosenhain vom *National Physical Laboratory* 1917 eine aushärtbare Aluminium-Kupfer-Legierung, die Y-Alloy.

Aluminium-Silizium-Legierungen waren zunächst nicht brauchbar, weil das Silizium – in Form von Platten und Nadeln erstarrend – die Legierung spröde machte. Erst als es 1920 dem amerikanischen Metallurgen A. Pacz gelungen war, durch Zugabe von Natrium ein fein-disperses Gefüge zu erhalten („Veredelung"), erschlossen sich den Aluminium-Silizium-Legierungen, erst den eutektischen, dann auch übereutektischen viele Anwendungen, deren wichtigste in Hinblick auf den Kurbeltrieb die Kolben werden sollten. Anreiz bot die geringe Dichte von Aluminium-Legierungen; als eigentlicher Vorteil sollte sich aber ihre gute Wärmeleitfähigkeit erweisen, dank derer man die Motoren höher verdichten konnte, und das bedeutete: Mehr Leistung und bessere Wirkungsgrade!

Weil man die Masse nur begrenzt verkleinern kann, muß man – soll die Leistungsmasse wirksam gesenkt werden – die Leistung steigern. Beide Maßnahmen – Verringern der Masse und Steigern der Leistung – verlangen jedoch eine aufwendige Entwicklung, weil sich beim Leichtbau die bisher üblichen Sicherheitszuschläge verbieten. Jetzt mußten Beanspruchungen und Werkstoffverhalten genauer bestimmt werden. Geschwindigkeit verursacht Beanspruchungen, sie mindert die Belastbarkeit von Werkstoffen, auch verlangt sie eine andere Dimensionierung, weil herkömmliche Maßnahmen der Verstärkung von Querschnitten höhere Massenwirkungen zur Folge haben, letztlich also kontraproduktiv sind – eine Erfahrung, die man schon zu Beginn des Dampfmaschinenbaus hatte machen müssen! Geringe Sicherheitsmargen verlangen auch eine präzisere Bearbeitung, um die Schwankungsbreite der Bauteilfestigkeit einzuengen. Für Kraft- und Luftfahrzeuge ist der Leichtbau *die* Voraussetzung, so ist es nur folgerichtig, wenn der Dresdener Maschinenbauprofessor Karl Kutzbach (1875 bis 1942) die Postulate des Leichtbaus programmatisch unter *Der Leichtmotor als Lehrmeister des Maschinenbaus* zusammengefaßte:

„ … 1. Verwendung geeigneter Leichtbaustoffe, 2. Herabsetzung unnötig hoher Sicherheit, 3. Erhöhung des örtlichen Ausnutzungsgrades durch ideale Formgebung, 4. Höchster zeitlicher Ausnutzungsgrad, 5. Verminderung der leistungslosen Kräfte (Blindkräfte), 6. Entwicklung geeigneter Werkstattverfahren zur teilungsfreien Herstellung der Maschinenglieder und 7. Gewichtserleichterung durch Arbeitszellenverkleinerung … ." [40].

Eben diese Maßnahmen lassen sich in der Entwicklung der Triebwerksteile erkennen. Als Beispiel, wie Leichtbau auf die Spitze getrieben wurde, führt Kutzbach die Vorgehensweise bei der Entwicklung eines *Rolls-Royce*-Flugzeugmotors an:

„ … Die Sicherheit wird oft infolge Undurchsichtigkeit des Kräfteverlaufs … unnötig hochgetrieben. Hiergegen gibt es bekanntlich das beweiskräftigste, wenn auch teuerste Mittel, daß man die Maschine im Dauerversuch überlastet und dann dabei beobachtet, was dabei bricht. Diese Teile werden etwas verstärkt, während andere Teile solange erleichtert werden können, bis auch sie bei Dauerüberlastung brechen. Nach diesem Verfahren hat z. B. Rolls-Royce aus einen 900 PS-Flugmotor (Modell Bussard) einen 2350 PS-Rennmotor gezüchtet … Alle gebrochenen Teile wurden entsprechend verstärkt, bis sie bei Höchstlast wenigstens eine halbe Stunde lang (Dauer des Rennfluges) hielten …" [40].

Achs- und Bandagenbrüche waren Auslöser für die WÖHLER'schen Versuche gewesen. Da man an den Bruchstellen der Schadteile keine besonderen Formänderungen bemerken konnte, nahm man an, der Werkstoff sei „mit der Zeit spröde geworden". Doch die Untersuchung von Werkstoffproben aus den Schadteilen ergab gute Dehnungswerte. So schloß man, daß „durch innere Reibungsarbeit der Zusammenhang allmählich gelockert wird". Auf der Grundlage weitere Untersuchungen wurden nun die Schadensbilder richtig gedeutet: Kleine Risse als Ausgang vergrössern sich sukzessive, bis der restliche noch tragende Querschnitt nicht mehr ausreicht, und das Teil schlagartig bricht. Offensichtlich verhielten sich die Bauteile unter schwingender Beanspruchung anders als unter ruhender. Besonders Federn waren hiervon betroffen. WÖHLER, BAUSCHINGER und BACH befaßten sich ausführlich mit dieser Erscheinung. 1912 nahm E. PREUß umfangreiche Dehnungsmessungen vor, an Hand derer er mit dem Spannungs-Trajektorien-Verfahren[34] nachweisen konnte, daß Dauerbrüche auf – der Rechnung nicht mehr zugängliche – Spannungsspitzen zurückzuführen sind.

Der Leichtbau der Kraftfahrzeuge und Luftfahrzeuge, einschließlich ihrer Motoren und deren Triebwerke, verschärfte diese Probleme, weil die Werkstoffe sehr viel stärker ausgenutzt wurden. Es gab viele Schäden, weil Bauteile nicht beanspruchungsgerecht konstruiert waren. Je „knapper" dimensioniert, desto empfindlicher wurden sie gegen Werkstoff-, Fertigungs- und Auslegungsfehler. Schäden traten jetzt schon bei niedrigerer Belastung und nach kürzerer Zeit auf. Als Schaden auslösend und den Schadensfortschritt beschleunigend erkannte man konstruktiv- oder fertigungsbedingte Kerben[35]. Dabei stellt nicht die nur geringfügige Verringerung des Querschnitts das Problem dar, sondern die Spannungsspitzen, die sie hervorrufen. Die Erfahrung lehrte, daß spröde Materialien sehr viel empfindlicher auf Kerben reagieren als elastische. (In vielen Fällen nutzt man die Kerbempfindlichkeit zur gezielten Trennung, so z. B. durch Einritzen von Glas.) In den 1930er Jahren beschäftigte sich insbesondere H. NEUBER mit der Untersuchung von Kerbwirkungen.

Um Bauteile für eine bestimmte Belastung möglichst leicht zu gestalten, mußten man ihre Form sorgsam an die jeweiligen geometrischen und kinematischen Bedingungen anpassen. Das führte vielfach zu sehr starker Umlenkung der Kräfte; ein Übel, wie sich bald zeigen sollte, denn dadurch wurden Querschnitte ungleichmäßig belastet. Bei „Grenzdimensionierung" führte das zur Überlastung einzelner Partien. Die Metapher vom Kraftfluß charakterisiert diesen Effekt anschaulich: Die Kraftflußlinien können der vorgegebenen Geometrie nicht mehr folgen, es kommt – um bei der Vorstellung eines Strömungsvorgangs zu bleiben – zu „Ablösungen" und „Totwassergebieten". Die Kraftflußlinien verdichten sich und lassen die Beanspruchung zu Werten ansteigen, bei denen das Teil bricht. Die Bezeichnung Gestaltfestigkeit kennzeichnet diesen Problemkreis, der in den zwanziger Jahren des 20. Jahrhunderts bei Bauteilen komplizierter Struktur wie Kolben, Pleuel und Kurbelwellen, aber auch Kurbelgehäusen und Zylinderköpfen, aktuell wurde.

---

[34] Spannungstrajektorien sind Linien, die in jedem Punkt des Spannungsfeldes die Richtung der Hauptspannungen angeben. Entlang dieser Trajektorien verändern sich die Spannungen kontinuierlich.

[35] Kerben sind schmale, nach innen spitz zulaufende Vertiefungen.

„ … Man ist heute in der Lage, selbst bei eingeschränkter Anwendung von Legierungselementen hochwertige Stähle zu erzeugen, man hat einigermaßen gelernt, Prüfverfahren zu gebrauchen, die uns gute und schlechte Werkstoffe im allgemeinen voneinander unterscheiden lassen. Es fehlt aber immer noch die Brücke vom Werkstoff zur Konstruktion. Deshalb ist man noch nicht in der Lage, sinnvoll Werkstoffkennwerte der Festigkeitsrechnung zugrunde zu legen, deshalb kann man auch immer noch nicht sicher für ein bestimmtes Teil die richtige Werkstoffauswahl von vornherein ohne Erprobung im praktischen Betrieb treffen. Woran liegt das?

Der Werkstoff hat keine in allen Anwendungsfällen unveränderliche Festigkeitseigenschaften, wie man bisher meist voraussetzte. Sein Verhalten wird nicht nur durch seinen Aufbau, die Art seines Atomgitters, die Größe und Art der Kristallverbände bedingt, sondern auch durch die geometrische Form, in der man ihn anwendet. Mit veränderter Form ändert sich die Größe und Verteilung der Spannungen, durch die Form kann das Auftreten zusätzlicher Spannungen auch in Raumrichtungen, in denen kein Kraftangriff erfolgt, bedingt sein …" [41].

Zwar konnte man in den zwanziger Jahren mit mechanischen und mechanisch-optischen Feindehnungsmessern die Dehnungen von Bauteilen unter Belastung sehr genau messen, aber bei komplizierten Bauteilen wie z. B. Kolben oder Kurbelwellen erforderte das einen so großen Aufwand, daß er in der Regel nicht erbracht werden konnte. Da erwies sich das von 1924 von OTTO DIETRICH, Leiter der Versuchsanstalt der *Maybach-Motorenbau GmbH*, entwickelte Dehnungslinienverfahren als ein großer Schritt vorwärts, weil es einen Überblick über das Dehnungsverhalten auch komplizierter Bauteile unter Last ermöglichte. Bei diesem Verfahren wird das Bauteil mit einem speziellen Lack überzogen, der einerseits elastisch genug ist, am sich verformenden Bauteil zu haften, andererseits spröde genug ist, senkrecht zur größten Zugspannung zu reißen („Reißlackverfahren"). Diese Risse stellen eine Schar von Hauptspannungstrajektorien dar. Dort wo sich die Dehnungslinien häufen, konzentrieren sich die Spannungen, hier muß man dann gezielt messen. In den 1920er und 1930er Jahren waren mechanische und optische Feindehnungs-Meßgeräte für sehr kleine Meßstrecken entwickelt worden, mit denen man – umständlich zwar – aber genau messen konnte. Eine andere qualitativ-quantitative Versuchsmethode bietet die Spannungsoptik, um deren Entwicklung sich in Deutschland besonders G. OPPEL verdient gemacht hat. Bei den spannungsoptischen Verfahren nutzt man den Effekt aus, daß bestimmte Materialien, z. B. Araldit, im spannungsfreien Zustand optisch isotrop (einfach brechend) und im verspannten Zustand anisotrop (doppelt brechend) verhalten. Diese Doppelbrechung ermöglicht Rückschlüsse auf den Spannungszustand im Bauteil. Bei Durchgang von zirkular polarisiertem Licht durch den Körper sind die Isochromaten (Linien gleicher Farbe) ein Maß für die Hauptspannungsdifferenz, d.h. sie sind Linien gleicher Hauptschubspannungen. Verwendet man statt dessen linear polarisiertes Licht, werden die Isoklinen (Linien gleicher Hauptspannungsrichtungen) sichtbar.

Dehnmeßstreifen [42] 1938 von RUGE und SIMMONS in den USA entwickelt und im Kriege erfolgreich in der amerikanischen und englischen Flugzeug-Entwicklung eingesetzt, erwiesen sich als sehr viel einfacher, praktikabler und genauer zum Messen kleiner Dehnungen als mechanische Meßgeräte, so daß sie nach dem Kriege auch in Deutschland zu einem Standard-Meßmittel wurden. Der Messung mit Dehnmeßstreifen liegt der Effekt zugrunde, daß sich bei Längung eines elektrischen Leiters dessen Widerstand ändert, und zwar nicht nur entsprechend seiner Querschnittsänderung infolge der Querkontraktion, sondern auch der spezifische Widerstand. Dünne Drähte aus besonders geeigneten Werkstoffen wie z. B. Konstantan werden schleifen- oder mäanderförmig auf einen Träger aufgebracht, welcher auf das zu belastende Bauteil aufgeklebt wird. Die Dehnung des belasteten Bauteiles überträgt sich auf den Dehnmeßstreifen (DMS), dessen Widerstandsänderung der Längenänderung (im interessierenden Bereich) verhältig ist.

Verbrennungsmotoren stellten höhere Anforderungen an die Fertigungstechnik als Dampfmaschinen. Das wirkte sich nicht nur auf die Entwicklung und ihr Procedere aus, sondern auch auf die Fertigungs- und Werkstofftechnik und veränderte die Fertigungsstrukturen der einschlägigen Industrie. Dampfmaschinen wurden – wie früher Maschinen überhaupt – ausschließlich kommerziell genutzt, wobei der Begriff *kommerziell* in diesem Zusammenhang weiter gefaßt werden und die militärisch-maritime Nutzung einschließen soll. Die Stückzahlen waren klein, die Maschinen wurden meist den individuellen Anforderungen entsprechend hergestellt. Die „klassische" Dampfmaschinenfabrik bestand aus einer Gießerei mit angeschlossener Werkstatt für die mechanische Bearbeitung. Da langsamlaufend, waren die Maschinen – bezogen auf ihre Leistung – groß und schwer, dementsprechend auch die Maschinenteile, die in ihren Endmaßen individuell gefertigt wurden; für das Vereinheitlichen von Abmaßen und Passungen bestand keine Notwendigkeit! Das änderte sich auch mit dem Aufkommen der Verbrennungsmotoren noch nicht. Wenn man sich heute Fertigungszeichnungen aus den ersten Dekaden des zwanzigsten Jahrhunderts anschaut, wird man vergeblich nach jenen Maßangaben suchen, die heute als unverzichtbar für eine rationale Fertigung gelten[36]. Letztlich verlangen Motoren eine andere Fertigung, zum einen aus Gründen der Funktion, zum anderen wegen der größeren Stückzahlen. Hersteller von Dampfmaschinen, zum Teil mit eng regional begrenztem Kundenkreis und mit weitgehend auf den Einzelfall abgestellter Konstruktion und Fertigung, erkannten meistens nicht den sich abzeichnenden Wandel. Dabei war es für viele stationäre Anwendungen nicht der Verbrennungs-, sondern der Elektromotor, der ihnen den Rang ablief. Gestaltete sich der Übergang von der Dampfmaschine zum Verbrennungsmotor schon schwierig, und wurde nur von ganz wenigen bewältigt, so war der Schritt zum Elektromotor schon gar nicht zu schaffen: Die Welt der Elektrotechnik ist eine ganz andere! Viele einstmals prosperierende Unternehmen verkümmerten, und gingen dann zu Grunde, denn der Kunde verlangt nicht ein bestimmtes *Produkt,* sondern eine *Funktion*! Wenn diese Funktion auf andere Weise besser und billiger dargestellt werden konnte, dann gerieten ehemals erfolgreiche Wirkungsprinzipien ins Aus, und mit ihnen auch jene Hersteller, welche die Zeichen der Zeit nicht rechtzeitig erkannten[37].

Versuche sollen Erkenntnisse und Erfahrungen verschaffen, zu diesem Zweck werden die wirklichen Verhältnisse – auf welche Weise und wie genau auch immer – nachgeahmt. Nun stellt der eigentliche Betrieb der Maschinen die beste Versuchsmöglichkeit überhaupt dar, so daß die Auswertung von Betriebserfahrungen die zuverlässigsten „Versuchsergebnisse" liefert, zumal wenn nicht nur eine, sondern viele Maschinen die Grundlage solcher Erfahrungen bilden. Davon profitierten die großen Maschinenbetreiber. Im 19. Jahrhundert wurde die Dampfmaschine in allen Bereichen von Industrie und Wirtschaft eingesetzt, fand aber im Verkehrswesen, d. h. im Bahnbetrieb, ihre größte Verbreitung. Später kamen noch die Schiffahrt und vor allem die Kriegsmarine als Großabnehmer hinzu. Der Betrieb vieler gleichartiger Maschinen durch Großbetreiber wirkte sich in besonderer Weise auf die Entwicklung dieser Technik aus. Zum einen führte das zu vielen unterschiedlichen konstruktiven Richtungen – wirtschaftlich durchaus von Nachteil –, zum anderen konnte man eben diese verschiedenen Systeme erproben und so die am besten geeigneten herausfinden. Es gab im Deutschland des vorigen Jahrhunderts wegen der vielen Länder und Ländchen viele Eisenbahnverwaltungen, auch weil es sich um private Bahngesellschaften bestimmter Strecken handelte *(z. B. Köln-Mindener-Eisenbahn)*. Noch 1868 zählte man 73 Eisenbahnverwaltungen! Jede Bahn vertrat ihre eigene technische Richtung, doch

---

[36] Noch im zweiten Weltkrieg, als amerikanische Firmen die Produktion des englischen *Rolls-Royce-Merlin*-Flugmotors aufnahmen, mußten deren Ingenieure als erstes die englischen Zeichnungen mit Toleranzangaben versehen.

[37] Beispiele dafür gibt es viele: Man erinnere sich nur an den Niedergang der Uhrenindustrie im Schwarzwald und im Schweizer Jura. Wie sehr der Spruch tempora mutantur *(die Zeiten ändern sich)* gilt, erkennt man, wenn man z. B. die Jubiläumsschrift des namhaften Herstellers von Rechenschiebern, *Dennert und Pape,* aus dem Jahre 1962 liest.

war man zu gemeinsamer Arbeit und Normung gezwungen: Spurweite, Lichtraumprofil, Signal-
wesen, Kupplungen und Stoßvorrichtungen mußten angeglichen werden. Die einzelnen Bahngesellschaften machten zwar den Lokomotiv-Herstellern dezidierte Vorschriften und entwickelten eigene Bauarten, innerhalb ihres eigenen Bereiches waren sie aber sehr an Vereinheitlichung
interessiert:

„ … Ein Lokomotiv-Lieferungsvertrag aus dem Jahr 1843 zwischen der königl.-bayerischen Ei-
senbahn-Commission und den Lokomotivfabriken sieht vor, ‚daß im Allgemeinen sowohl, als
insbesondere in den mechanischen Theilen, den Gewinden etc. nach bestimmten Kalibern
gleich gearbeitet werden muß, so daß jedes Stück einer Maschine an dieselbe Stelle eines jeden
anderen so passen muß, als ob es ursprünglich dafür bestimmt worden wäre' …" [43].

In den Bahngesellschaften flossen die Erfahrungen mit dem rollendem und stationären Material
zusammen, wurden gesammelt und ausgewertet; sie halfen, die Wirtschaftlichkeit zu erhöhen,
Sicherheit zu verbessern und Leistung (Geschwindigkeit, Laufzeiten usw.) zu steigern. Man
konnte Vor- und Nachteile unterschiedlicher Systeme und Konzepte vergleichen, ebenso einzelner Geräte, Apparate und Maschinen. Das gezielte Sammeln technischer und betrieblicher
Erfahrungen, die Auswertung und der Austausch mit anderen Gesellschaften führten zu einem
allgemeinen Wissenstransfer in regelmäßigen Versammlungen des *Technischen Vereins deutscher Eisenbahnverwaltungen*. Neben allgemein verbindlichen Reglements für Bau und Betrieb
von Bahnen, der „Handhabung des Fahrdienst" und Sicherheitsmaßnahmen spielten die Wartung und Reparatur, d.h. die Instandhaltung, eine wichtige Rolle. In diesem Zusammenhang ist
der Werkstättendienst, der in den 1840er und 1850er Jahren eingerichtet wurde, hervorzuheben.
Es zeigte sich, daß vor allem das rollende Material einer sorgfältigen und regelmäßigen Pflege
bedurfte. In der *Technikerversammlung des Vereins Deutscher-Eisenbahn-Verwaltungen* wurde
1850 in den „Grundzügen für die Gestaltung der Eisenbahn Deutschlands" in einem gesonderten Abschnitt der Werkstättendienst behandelt. Die Laufzeiten der Lokomotiven wurden in „Re-
gistern" festgehalten und Überholungsintervalle vorgeschrieben, denn die Fahrzeug-Erhaltungs-
kosten machten einen erheblichen Teil der gesamten Betriebskosten aus, zumal Schienenfahrzeuge größerem Verschleiß unterworfen sind als stationäre Maschinen.

Der Betrieb vieler Maschinen lieferte den Bahngesellschaften aussagekräftige Daten, um hieraus für Bearbeitung, Reparatur und Entwicklung konkrete Folgerungen zu ziehen. Diese Art der
Erkenntnisgewinnung, dem technischen Laien nur allzuleicht als „Erbsenzählerei" erscheinend,
kommt eine immense Bedeutung zu, denn die „richtigen" Spiele und Sitze, die zulässigen
Toleranzen und Betriebsgrenzmaße, jenseits derer ein Teil getauscht oder nachgearbeitet werden
muß, können entscheidend Funktion, Betriebssicherheit und Lebensdauer einer Maschine bestimmen:

„ … Aus der Erkenntnis, daß für die Fahrzeuge mit hohen Geschwindigkeiten der Verschleiß
durch den Grad der Genauigkeit der Bearbeitung und des Zusammenbaus der einzelnen Teile,
durch die richtige Wahl von Spielen und Sitzen beeinflußt werden kann, ergibt sich für die Neufertigung und für die Ausbesserung die Forderung hoher Bearbeitungsgenauigkeit, die an Bearbeitungsmaschinen und Werkzeuge gestellt wird …" [44].

Hier haben die einzelnen Bahngesellschaften, später in der *Reichsbahngesellschaft* zusammengefaßt, und schließlich als *Deutsche Bundesbahn* Pionierarbeit geleistet.

Wenn man Geschwindigkeit als Phänomen mit vielfältigen Auswirkungen betrachtet, drängt
sich auch die Schattenseite ins Bild, ihre zerstörerische Kraft, die zu vielen Schäden und Unfällen führte. Aus Unkenntnis, Gleichgültigkeit und auch aus dem Bestreben, die Kosten der
Dampfmaschinen-Anlagen möglichst niedrig zu halten, wurden die Anlagen oft genug überlastet; Kontroll-, Wartungs- und Reparatur-Arbeiten wurden nicht oder nur nachlässig durchge-

führt. Die Folge davon waren Kesselexplosionen, durchgehende Maschinen und auseinanderfliegende Schwungräder. Solche Unglücksfälle forderten zahlreiche Opfer[38)], weshalb die Forderung, Kontrolle und Aufsicht nicht den privaten Betreibern dieser Anlagen zu überlassen, immer lauter erhoben wurde [45]. Zwar gab es schon früh Vorschriften über Werkstoffe, Aufstellung und Ausrüstung von Dampfmaschinen, aber die Einhaltung wurde nicht systematisch überwacht, so war 1856 in Preußen ein Gesetz erlassen worden, mit dem die Haftung der Dampfkesselbesitzer festgeschrieben sowie Vorschriften über die Revision von Dampfanlagen geregelt wurden. Hierzu wurden Dampfkessel-Revisions-Vereine gegründet, aus denen sich dann später die *Technischen Überwachungsvereine* (TÜV) entwickelten.

Sicherheitsprobleme in der Schiffahrt führten zur Gründung des *Germanischen Lloyd* (GL) als Überwachungsgesellschaft für den Bau und die Ausrüstung von Seeschiffen, der – seit 1894 vertraglich geregelt – eng mit der *See-Berufsgenossenschaft* in Sicherheitsfragen zusammenarbeitete. Sicherheit zu gewährleisten setzt Kenntnis der Gefahrenpotentiale voraus, diese wiederum eine intensive Forschung und – als Teil davon – eine Auswertung von Betriebserfahrungen. Anläßlich seines 125jährigen Bestehens beschrieb der GL seine Aufgaben wie folgt:

„ … Durch Herausgabe von Bauvorschriften, Prüfungen von Konstruktionszeichnungen und des den Werften zugelieferten Materials und Zubehörs, Überwachung des Baues auf den Werften und periodische Untersuchungen der in Fahrt befindlichen Schiffe, ist der GL das wichtigste Glied in der Qualitätssicherungskette des Schiffsbaues. Er dient damit vornehmlich der Sicherheit des menschlichen Lebens auf See … Zusätzlich zur Klassifikation wird Werften und Reedereien vom GL eine ‚Schiffstechnische Beratung‘ angeboten, um Projekte konstruktiv und in den Betriebssystemen zu optimieren …“ [46].

Die staatliche und „halbstaatliche“ Einflußnahme beschränkte sich aber nicht auf den Erlaß von Vorschriften, sondern sie versuchte auch, die Entwicklung durch Subventionen, Wettbewerbe und andere Förderungsmaßnahmen aktiv zu beeinflussen.

Die Bedeutung der Dampfmaschine in Gestalt der Lokomotive für schnellen Transport von Soldaten, Waffen, Munition und Nachschubgütern hatte sich im amerikanischen Bürgerkrieg 1861 bis 1865 gezeigt. Einer der Gründe für den Sieg der deutschen Truppen über die französischen im Krieg von 1870/71 lag in der besseren Logistik durch die deutschen Eisenbahnen. Kein Wunder also, daß die Militärs jetzt auch die Entwicklung des schienen-ungebundenen Verkehrs aufmerksam verfolgten und in ihrem Sinne zu steuern suchten. Um im „Ernstfall“ auch auf zivile Nutzfahrzeuge zurückgreifen zu können, wurden für Nutzfahrzeuge, die bestimmte Kennwerte (Nutzlast, Eigengewicht, Leistung, Abmessungen, Spurweite etc.) aufwiesen, Subventionen gezahlt. Schon 1898 hatten die Verkehrstruppen einige Lastwagen aufgekauft und Versuchsfahrten damit unternommen, 1907 fand ein Transportversuch statt, mit dem verschiedene Lastwagentypen auf ihre Brauchbarkeit für militärischen Einsatz untersucht wurden. Die Heeresverwaltung zahlte Käufern, die sich verpflichteten, einen Lastzug (Lastkraftwagen mit Anhänger) in „kriegsbrauchbarem Zustande“ zu erhalten, einen Beitrag zum Kaufpreis von 4000 Mark, sowie vier Jahre lang eine „Betriebsprämie“ von 1000 Mark. Diese Subventionierung war ein kräftiger Anreiz für Entwicklung, Kauf und Betrieb von Lastkraftwagen. Insbesondere die Fa. *Büssing* engagierte sich bei der Entwicklung solcher Subventions-Lastwagen und führte im Winter 1911 eine Erprobungsfahrt über 2000 km durch, auf Grund derer der Generalinspekteur des Militärverkehrswesen eine wissenschaftliche Untersuchung im *Laboratorium für Kraftfahrzeuge an der Kgl. Techn. Hochschule zu Berlin* unter Leitung von Prof. ALOIS RIEDLER veranlaßte [47].

[38)] Zwischen 1800 und 1870 kamen in England bei 1600 Kesselexplosionen 5000 Menschen ums Leben [45].

Um den Rückstand Deutschlands in der Flugtechnik gegenüber Frankreich aufzuholen, wurde von verschiedenen Stellen die Gründung einer Versuchsanstalt für Luftfahrt, wie sie in England im *Advisory Committee for Aeronautics* und in Frankreich im *Institut Aeronautique* bereits bestanden, angeregt; diese erfolgte 1912 mit der *Deutsche Versuchsanstalt für Luftfahrt* (DVL). Eine der ersten Tätigkeiten der *DVL* war die Organisation und Durchführung des *Kaiserpreis-Wettbewerbs*. Auch bei den Flugmotoren war Deutschland gegenüber dem „Erbfeind" ins Hintertreffen geraten. Die Motorenindustrie sah in entwicklungsaufwendigen Flugmotoren ohne eine entsprechende Nachfrage kein lohnendes Geschäftsfeld. Um hier Anreize zu schaffen, hatte der Kaiser auf Anraten des Kriegsministeriums einen Preis von 50.000 Mark (an dem sich noch andere Gremien beteiligten) für den besten deutschen Flugmotor ausgesetzt. Der erste Wettbewerb fand 1912, ein zweiter 1913 statt, der für 1914 geplante fiel dann wegen des Krieges aus. Neben der Untersuchung von Flugmotoren wurden mit diesen Wettbewerben wichtige versuchstechnische Erfahrungen gewonnen, vor allem für die Leistungsmessung.

Als Antrieb von Schienenfahrzeugen und Schiffen, schienenungebundenen Landfahrzeuge und für Luftfahrzeuge ist die Kolbenmaschine untrennbar in das militärische Geschehen der Zeitläufte eingebunden. Zwar ist der Krieg nicht der Vater der Kolbenmaschine, aber er hat ihre Entwicklung stark beeinflußt. Das gilt für die Dampfmaschine im Schiffseinsatz, mehr noch dann für die Verbrennungsmotoren. Das Wettrüsten vor und der im wahren Sinne des Wortes mörderische Wettbewerb in den beiden Weltkriegen trieb die Entwicklung um jeden Preis voran. Wirtschaftliche Überlegungen wurden hintangestellt, Kosten spielten keine Rolle. Der Fronteinsatz stellte eine Großzahl-Erprobung unter härtesten Bedingungen dar, deren Ergebnisse für Nachkriegsentwicklungen genutzt wurden:

„ … Für den Flugmotor bedeutet der Krieg eine gewaltige Beschleunigung des Fortschritts, hauptsächlich in Richtung auf Erhöhung seiner Leistung hin. Die Ergebnisse der an Motoren für Kriegsflugzeuge durchgeführten Arbeiten kommen nach Beendigung des Krieges den Verkehrsflugzeugen zugute …" [48].

Dieser extreme „Wettbewerb" der gegnerischen Ingenieure und Techniker ging Hand in Hand mit einem gegenseitigen „Erfahrungsaustausch", wie er in Friedenszeiten intensiver nicht stattfinden kann: Erbeutete Land-, See- und Luftfahrzeuge – dem jeweiligen Gegner, wenn auch unfreiwillig, gleichsam „frei Haus" geliefert – wurden gründlich untersucht, analysiert und Erkenntnisse daraus für eigene Entwicklungen nutzbar gemacht. In technischen Periodika findet man ausführliche Beschreibungen und Abhandlungen über die Technik der gegnerischen Staaten. Einem fünfzigseitigen Bericht des englischen *Ministry of Munitions/Technical Department/Aircraft Production* aus dem ersten Weltkrieg über den überbemessenen und überverdichteten Flugmotor[39]) *Maybach Mb IVa* ist zu entnehmen:

" … The 300 H.P. Maybach presents several unusual and interesting details, and as compared with the old 240 H-P. Zeppelin-Maybach design, the new engines are undoubtedly a great improvement in general design and efficiency. The quality of workmanship of every part, including the exterior finish throughout, is exceptionally good, and the working clearances are carried to very fine limits. Compared with any of the types of enemy engines, the workmanship is undoubtedly of a very much more finished nature; every part, nevertheless, shows the usual German characteristics of strenght and reliability, combined with standardisation of parts and ease manufacturing, in preference to the saving of weight …" [49].

---

[39]) *Überbemessen* und *überverdichtet* bedeuten, daß der Motor ein größeres Hubvolumen hat und höher verdichtet ist, als es der Nennleistung am Boden („Bodenleistung") mit Rücksicht auf das Klopfen enspricht. Der Motor muß deshalb in Bodennähe gedrosselt betrieben werden; erst ab 1800 m Höhe darf er ungedrosselt gefahren werden und erbringt dann – trotz des niedrigeren Luftdrucks – die volle Nennleistung.

Gut ein viertel Jahrhundert später kann man sich in der *Motortechnischen Zeitschrift* (MTZ), wie folgt, über Konzeption, Konstruktion und Leistungsverhalten des sowjetischen Panzer-Dieselmotors W2 informieren:

„ … Der Motor ist mit Rücksicht auf seinen Verwendungszweck auf geringes Gewicht und kleinste Abmessungen gebaut, ohne daß dabei jedoch die Forderung nach hinreichender Betriebssicherheit außer acht gelassen worden wäre. Rein äußerlich zeigt die Maschine eine bemerkenswerte Sauberkeit sowohl in bezug auf die Ausführung des Gusses als auch auf die Sorgfalt der mechanischen Bearbeitung …" [50].

Einen „Höhepunkt" fand dieser Technologietransfer in Gestalt des Technologieraubs, wie ihn die Siegermächte nach dem zweiten Weltkrieg in Deutschland trieben[40)] [51]. In sorgsam geplanten Aktionen wurde systematisch deutsches Wissen abgeschöpft und für eigene Zwecke verwendet. Als Beispiel diene ein F.I.A.T-Bericht über die deutsche (Gleit-)Lagerindustrie, herausgegeben vom *British Intelligence Objectives Sub-Committee;* darin heißt es u.a.:

" … The methods used in Germany for the production of sleeve bearings during the war were, in general, similar to those used in the United States … German manufactured copper-lead bearing practices, in some respects, depart from the usual United States methods and standards. Whereas most bearings of this type manufactured in the United States come under A.M.S No. 4820 Specification, which limits the lead content to between 26 percent and 31 percent with a maximum iron content of 0,25 percent, the more usual lead content of German bearings is 20 percent to 25 percent, while the allowance on the undisirable iron is under 0,7 percent …" [52].

Die Weltkriege, namentlich der erste, trieben auch Normung und Rationalisierung voran. Die Notwendigkeit, Waffen, Ausrüstung, Maschinen und Geräte in großer Stückzahl zu produzieren, zwang zum Verzicht auf konstruktive Individualität, worin sich die Alliierten in beiden Kriegen – im zweiten Weltkrieg auch die UdSSR – den Deutschen weit überlegen zeigten.

Ein anderer Aspekt ist der der Ausbildung: Durch die Ausbildung von Soldaten zu Kraftfahrern, Flugzeugführern und Maschinenmaaten kamen im ersten Weltkrieg Hunderttausende in Berührung mit einer ihnen bis dahin fremden Technik; sie lernten damit umzugehen, die nötigsten Wartungs- und Reparaturarbeiten durchzuführen und erwarben sich so technische Grundkenntnisse. Das begünstigte nach dem Krieg ganz erheblich die Entwicklung des Kraftfahrwesens und der Zivilluftfahrt.

Nach dem zweiten Weltkrieg stellte sich die Situation ähnlich dar. Durch den massenhaften Einsatz von Motoren unter den verschiedensten Bedingungen waren Erfahrungen gesammelt worden, die – wiewohl in jeder Hinsicht teuer bezahlt – der Nachkriegsentwicklung zugute kamen.

„ … So sehr die Kriegsverhältnisse der Weiterentwicklung der Dieselzugförderung in Europa hinderlich waren, so erbrachte die in diesen Jahren auf dem Motoren- und Getriebegebiet geleistete Arbeit eine Reihe neuer Erkenntnisse, die im Verein mit den eingangs geschilderten Erfahrungen eine sehr brauchbare Grundlage für die spätere Weiterentwicklung der Eisenbahnmotoren bilden sollten …" [53].

Die rasante Steigerung der Leistungswerte im zweiten Weltkrieg hatte den Kolbenmotor wie die von ihm angetriebene Maschine, die Luftschraube (Propeller), an Grenzen stoßen lassen, die nur mit dem Strahltriebwerk überwunden werden konnten[41)]. Der Kolbenmotor verlor deshalb in

---

40) So heißt es in [51]: " … Now Germany, one of the most scientifically advanced and mechanically literate of nations, is on her back like a broiled lobster. Her shell is cracked wide open, and the industrial strength and skill that nearly conquered the world is being made available to the countries she tried to conquer …"

41) Ähnliches spielt sich zur Zeit bei schnellen Schiffen ab. Der Propeller wird durch das Wasserstrahl-System (Water Jet) ersetzt; die für die Höchstgeschwindigkeit erforderliche Leistung wird mit schnellaufenden Hochleistungsdieselmotoren und Gasturbinen dargestellt.

der Luftfahrt an Bedeutung. Dafür verdrängte er in der Schiffahrt die Kolbendampfmaschine vollständig und die Dampfturbine weitgehend. Bei kommerziellen Nutzung stehen nicht Spitzenleistung um jeden Preis, sondern Wirtschaftlichkeit im Vordergrund. Der Rüstungswettlauf der großen Blöcke bis Ende der 1980er Jahre betraf den Kolbenmotor nur marginal in Hinblick auf Panzer- und Schnell- und U-Bootmotoren. Kräftigere Impulse als durch den Krieg erhielt die Motoren-Entwicklung jedoch durch Frieden und Wohlstand: Der wirtschaftliche Aufschwung ab den 1950er Jahren in den westlichen Ländern, der bei der Bundesrepublik Deutschland mit dem Begriff *Wirtschaftswunder* festgemacht wird, ermöglichte großen Teilen der Bevölkerung Besitz und Betrieb eines Kraftfahrzeugs. Die großen Stückzahlen gefertigter Fahrzeuge (und Motoren), der Wettbewerb – erst national, dann international und heute global – beflügelte die Entwicklung ungemein, zumal entsprechende Mittel – auf dem heimischen wie auf dem Weltmarkt verdient – dafür zur Verfügung standen.

Der Motor, und damit auch sein kinematisches Herz, der Kurbeltrieb, sind insofern Maschinen besonderer Art, als sie die Phantasie und die Emotionen von Menschen beflügeln, wie es bei kaum einer anderen Maschinengattung der Fall ist. Das liegt nicht nur an dem unmittelbaren Umgang vieler mit dieser Technik, schließlich sind Elektromotoren nicht minder weit verbreitet, man denke nur an die Motoren in Haushaltsmaschinen. Vielmehr sind es die Fortbewegung, die der Motor ermöglicht, das *Erfahren* von Geschwindigkeit, und die psychologische Wirkung von Fahrzeugen, Booten und Yachten mit ihren Motoren als Statussymbole. Werbetexte sprechen eine beredte Sprache:

„ … Dumpf tönt der sonore Klang des Motors von der Brückenwand wider. Steil führt die Strecke bergan. 55 PS treiben uns hinauf. Wir fühlen fast wie die elastische Kraft des Motors sich an der Strecke emporzieht. Mit mächtigem Satz, als wollten wir gerade in den blauen Himmel hineinstürmen, ist mühelos die Höhe erreicht. Gleichmäßig und ruhig wie zuvor klingt der Motor – wie der ruhige Atem eines starken Tiers …" (Opel 1936/37) [54].

oder

„ … Wer sich den Blick für das Besondere erhalten will, sollte sich auf das Wesentliche beschränken. Auf direkten, aktiven Dialog mit der Straße und der Natur. Vor sich haben Sie die lange Haube, darunter einen sportlichen Motor, der mit offensichtlicher Freude seinen Dienst tut, und über Ihnen ist nur noch der Himmel … Ein Triebwerk, das mit seinem Temperamentvollen Charakter und seiner innovativen Technik besonders gut zu diesem Traumwagen paßt …" (BMW 1996) [55].

Die Bedeutung dieser letztlich irrationalen Einstellung vieler zu einer Technik kann für die Entwicklung gar nicht hoch genug eingeschätzt werden, fließen ihr doch hieraus beträchtliche Mittel zu. Vor allem Luxusfahrzeuge sind als Innovationsträger anzusehen. Mittlerweile haben sich in manchen Bereichen die Grenzen zwischen militärischer und ziviler Anwendung verwischt, wie sie einst durch die Forderung hier nach Höchstleistung und dort nach Wirtschaftlichkeit gezogen waren. Im Freizeitbereich spielen die Kosten eher eine untergeordnete Rolle, so daß für luxuriös ausgestattete Geländefahrzeuge extrem starke Motoren verlangt werden, und Yachten, mit Schnellbootmotoren ausgerüstet, mittlerweile die Geschwindigkeiten von Marinefahrzeugen nicht nur erreichen, sondern auch übertreffen.

" … When we speak of yachts we mean large, elegant and uniqely outfitted motor yachts having an extended cruising range. We also think of fast yachts with performance characteristics comparable with those of modern high-speed patrol craft …" [56].

Die Energiekrisen in den 1970er Jahren und die immer stärker wahrgenommene Umweltproblematik lösten neue Entwicklungsschübe aus, die beweisen, daß das Entwicklungspotential der Kolbenmaschine noch lange nicht ausgeschöpft ist. Eine wichtige Rolle spielt dabei die Elektronik, mittels derer sich die Motorfunktion feinfühlig an die jeweiligen Erfordernisse von Leistung, Verbrauch und Schadstoffverhalten anpassen läßt.

Es zeigte sich, daß sich die Motoren-Entwicklung mit dem steigendem Entwicklungsstand immer aufwendiger gestaltete. Das Wesen vieler technischer Entwicklungen besteht darin, daß es zwar Ziele gibt, diese aber nie erreicht werden, weil sie immer weiter gesteckt werden. Wohl jeder kennt das Bild des Karrengaules, dem man eine an einen Stock befestigte Karotte als Stimulans vorhält, welche das Tier, so schnell es auch läuft, aber nie erreicht. So verhält es sich auch mit der Entwicklung! Wurden die Motoren anfangs konstruiert und gebaut, so zeigten Mängel und Schäden einerseits, die Forderung nach höherer Leistung und besseren Eigenschaften andererseits, daß es intensiverer Arbeit bedurfte, sie mußten „entwickelt" werden, und selbst das genügte nicht mehr, Forschung tat jetzt not. Je mehr man wußte, desto deutlicher erkannte man, daß man noch zu wenig wußte. Die Entwicklung wurde immer aufwendiger, die Forschung immer teurer, was sich schließlich nur noch große Motoren- und Fahrzeug-Hersteller leisten konnten. Gab es Anfang der 1920er Jahre in Deutschland über siebzig Fahrzeughersteller, so verringerte sich deren Zahl auf weniger als ein Dutzend (wofür es natürlich auch noch andere Gründe gibt.) Es fand aber auch noch eine andere Konzentration statt, nämlich die auf bestimmte Motorteile spezialisierte Hersteller. Wenn Entwicklung und Fertigung von Bauteilen so aufwendig wurden, daß sie von den Motor- bzw. Fahrzeughersteller nicht mehr wirtschaftlich durchgeführt werden konnten, übernahmen das sogenannte Unterlieferanten. Der im Deutschen eher negative Beiklang des Praefix *unter* täuscht über die Bedeutung der *Unterlieferanten:* Da sie – um Beispiele aus dem Kurbeltrieb zu wählen – Kolben oder Lager für alle Motoren-Hersteller fertigen, fließen bei ihnen die Erfahrungen aller ihrer Kunden zusammen und kommen wiederum allen zugute. Unterlieferanten sind Schaltstellen des Wissens und der Erfahrung, worauf mit berechtigtem Stolz hingewiesen wird:

„ … Es liegt in der Natur der Sache, daß wir als Spezialist mehr Kolben entwickelt haben als ein einzelner Motorhersteller. Daß wir mehr Kolben prüfen. Mehr Kolbentechnik betreiben. Daß wir mit Kolben der unterschiedlichsten Motoren befaßt sind. Daß wir versuchen, durch Versuch etwas Außergewöhnliches zu bewegen. Das alles – Erkenntnisse aus Tiefenarbeit in Bandbreite – fließt als Vorteil zurück in eine jeweils neue Aufgabenstellung …" [57].

Neben den Unterlieferanten sind in den letzten Jahren sogenannte Systementwickler entstanden; Teilaufgaben der Entwicklung werden als Dienstleistung von mittleren und kleinen Ingenieurunternehmen erbracht. Hierbei reicht die Bandbreite von konstruktiven rechnerischen zu experimentellen Arbeiten. Anfangs wurden solcherweise Kapazitätsengpässe der Motor-Hersteller überbrückt, z.B. mit Dauerläufen bei der Schmiermittel-Erprobung oder bei Festigkeitsuntersuchungen bestimmter Bauteile. Mittlerweile ist es vor allem der globale Wettbewerb – die deutschen Hersteller zu kürzeren Entwicklungszyklen und niedrigeren Kosten zwingend –, der zu Auswärtsvergabe von Entwicklungsaufträgen geführt hat, so daß sich solche Dienstleister fest etablieren konnten:

„ … die Kostenreduzierung und eine gesteigerte Entwicklungsgeschwindigkeit sind die entscheidenden Kriterien für eine Fremdvergabe von Leistungen. Denn gerade der Kostendruck im Wettbewerb macht die Ausnutzung von Einsparungspotentialen unabdingbar … So konnten die Entwicklungszeiten bei etwa 60 % der Betriebe um durchschnittlich 27 % reduziert werden. Dieses Ergebnis wäre ohne externe Dienstleister nicht erreichbar gewesen. Den 'Engineering Partners' kommt daher auf der Entwicklungsseite erhöhte Bedeutung zu, wenn es gilt, Innovationen rasch zur Markenreife zu führen …" [58].

Ein anderer Bereich, nämlich die grundlagenbezogene Forschung, wurde von übergeordneten Institutionen und von Hochschulinstituten wahrgenommen. Dabei spielte die *DVL* eine wichtige

Rolle; sie leistete wesentliche Entwicklungs- und Prüfarbeiten auf praktisch allen Gebieten der Luftfahrt. In Zusammenhang mit dem Thema dieser Arbeit von Interesse ist die Tätigkeit der *DVL*-Institute für *Triebwerkgestaltung, motorische Arbeitsverfahren, Triebwerkmechanik* und *Betriebsstofforschung.*

Auch Hochschulinstitute übernahmen einen bedeutsamen Part, insbesondere durch interdisziplinäre Forschungen und Untersuchungen. Das *Reichsverkehrsministerium, Abtlg. für Luft- und Kraftfahrwesen*, hatte 1921 auf Veranlassung von Ministerialrat PFLUG, unterstützt vom *Verein deutscher Motorfahrzeug-Industrieller* einen „Wettbewerb für Leichtmetallkolben" veranstaltet. Dieser Wettbewerb wurde unter der Leitung von Prof. GABRIEL BECKER in der *Versuchsanstalt für Kraftfahrzeuge an der TH Berlin* durchgeführt, um

„ … durch planmäßige Untersuchung der Kolbenbaustoffe und der Kolben in Automobilmotoren die motortechnischen und wirtschaftlichen Vorteile und die Betriebsbrauchbarkeit der Leichtmetallkolben festzustellen …" [59].

Der Kolben-Wettbewerb ist der eigentliche Beginn einer systematischen, wissenschaftlich fundierten Kolben-Entwicklung in Deutschland, dieses um so mehr, als die Vorgehensweise bei den Untersuchungen im Rahmen des Wettbewerbes richtungsweisend war. Das wurde auch von Zeitgenossen GABRIEL BECKERS erkannt. So schreibt der überaus kritische Prof. ALOIS RIEDLER in einer Buchbesprechung in der Zeitschrift des *Vereins Deutscher Ingenieure* (ZVDI):

„ … Der Wettbewerbsbericht Prof. Beckers sowie die vorgeschaltete Übersicht über die Fortschrittsmöglichkeiten enthält auf jeder Seite mannigfache Anregungen wissenschaftlicher Art, weil alle Grundlagen wissenschaftlich einfach und klar dargestellt sind, und er enthält zugleich ein Fülle von Anregungen zu neuen Gestaltungen, weil an allen wesentlichen Stellen Ausblicke in dieser Richtung geboten sind …" [60].

Die eingereichten Kolben wurden metallurgisch, chemisch, physikalisch und motortechnisch untersucht. Zu diesem Zweck mußten spezielle Versuchsapparaturen entwickelt werden: So zur Bestimmung der Wärmeaufnahme, des Wärmegefälles und der Wärmedehnung. Anhand von Werkstoffproben wurden die chemische Zusammensetzung, die Struktur der Werkstoffe, ihre Dichte und Härte ermittelt. Daneben wurden auch die fertigungstechnischen Merkmale der einzelnen Kolben geprüft, nämlich die Herstellungsart, der Materialaufwand für die Rohlinge, die Fertiggewichte und die Kolbenform. Der zweite Schwerpunkt des Wettbewerbes lag in der Untersuchung des Verhaltens der Kolben im Motor und des Einflusses der Kolben auf die Motorwerte. Zur Bewertung des motorischen Verhaltens der Kolben wurden das zulässige Verdichtungsverhältnis, die Motorleistung und der Verbrauch, die Wärmebilanz, das Schwingungs- und Leerlaufverhalten sowie die erforderlichen Kolbenspiele herangezogen.

Zur Förderung der Motorisierung in der deutschen Landwirtschaft ließ der Reichsminister für Ernährung und Landwirtschaft 1925 einen Wettbewerb für Kleinschlepper durchführen. Im Rahmen dieses Wettbewerbes wurden die Schlepper, aber auch einige ausländische Traktoren, an der *Versuchsanstalt für Kraftfahrzeuge an der TH Berlin* unter der Leitung von Prof. GABRIEL BECKER untersucht, geprüft und bewertet [61].

1930 baute Prof. WUNNIBALD KAMM[42)] an der TH Stuttgart ein nach privatwirtschaftlichen Grundsätzen arbeitendes *Forschungsinstitut für Kraftfahrwesen und Fahrzeugmotoren Stuttgart*

[42)] Prof. Dr.-Ing. WUNIBALD KAMM, 1893 bis 1966, war Konstrukteur und Versuchsingenieur unter PAUL DAIMLER und FERDINAND PORSCHE. 1926 wurde er Leiter der *DVL*, 1930 zum Professor für Kraftfahrwesen und Flugmotoren an der TH Stuttgart berufen, wo er das *Forschungsinstitut für Kraftfahrwesen und Fahrzeugmotoren* (FKFS) der TH Stuttgart leitete. Nach 1945 war Prof. KAMM in den USA tätig. 1955 kehrte er nach Deutschland zurück und übernahm die Leitung der Maschinenbauabteilung des *Battelle-Instituts* in Frankfurt/M, der deutschen Niederlassung eines privaten amerikanischen Forschungsunternehmens.

(FKFS) auf, das unter seiner Leitung zahlreiche Forschungsarbeiten – u. a. an Flugzeug- und Fahrzeugmotoren – durchführte. Das 1946 von Prof. HANS LIST (1896 bis 1996) 1946 in Graz gegründete Ingenieurbüro, aus der dann die *Anstalt für Verbrennungsmotoren Prof. Hans List* (AVL) entstand, ist ein leistungsfähiger Entwickler geworden, der neben kompletten Motoren-Entwicklungen auch in der Meß- und Prüfstandstechnik tätig ist. An der TH München entstand das *Institut für Motorenbau Prof. Huber GmbH,* an der TH Aachen die *FEV Motorentechnik;* darüber hinaus gibt es eine Vielzahl von Instituten und Unternehmen, die sich mit speziellen Aspekten der Motortechnik befassen.

Als Vereinigung von Herstellern von Verbrennungsmotoren und Gasturbinen, Wissenschaftlern und Anwendern, Reedern, Bahngesellschaften, Klassifikationsgesellschaften, der Zubehörindustrie und von Mineralölgesellschaften entstand 1951 der *Conseil International des Machines à Combustion* (CIMAC) zum Zweck des Austausches von wissenschaftlichen und technischen Informationen. In regelmäßigen Treffen von Fachleuten in Arbeitsgruppen sollen Lösungen für technische und wirtschaftliche Probleme gefunden und durch Berichte und Empfehlungen verbreitet werden. In Deutschland ist die *CIMAC* beim *Verband Deutscher Maschinen- und Anlagenbau e.V.* (VDMA) angesiedelt.

1956 wurde als Gemeinschaftsunternehmung der Motoren-, Turbinen und Zubehör-Industrie die *Forschungsvereinigung Verbrennungskraftmaschinen e.V.* (FVV) als Körperschaft des öffentlichen Rechts gegründet mit dem Ziel „die wissenschaftliche Forschung auf dem Gebiet der Verbrennungskraftmaschinen und deren technischem Zubehör zu fördern“, wobei die aus ihr gewonnenen Erkenntnisse als „Voraussetzung und Grundlage für die unternehmenseigene produktbezogene Entwicklung“ dienen können. Damit sollten Kräfte gebündelt, Doppelarbeit vermieden und größere Forschungsvorhaben, als sie einzelnen Herstellern möglich sind, durchgeführt werden können. Dabei verfügt die *FVV* nicht über ein eigenes Forschungsinstitut, wie es z. B. die *BICERA* in England darstellt, sondern die jeweiligen Forschungsaufgaben werden an Hochschul- und Forschungsinstitute sowie an einzelne Firmen delegiert. Ein wissenschaftlicher Beirat prüft die Anträge auf Forschungsvorhaben und vergibt die Aufträge. Es werden thematische Arbeitskreise gebildet werden, in welche die Firmen und Institute die entsprechenden Fachkräfte entsenden, die ihrerseits den Arbeitsumfang und -ablauf festlegen.

Aber auch in der Industrie wurde Entwicklung in einer neuen, umfassenden Art betrieben, die über das bisher Übliche hinausging, wobei die Grenzen zwischen Entwicklung und Forschung fließend sind. Das gilt insbesondere für solche Firmen, deren Gründer und/oder Miteigner selber fähige Ingenieure waren, bei denen die Einsicht in die Notwendigkeit, das Interesse an aufwendiger Entwicklung und die Fähigkeit, dieser auch selber den Weg zu weisen, mit der Möglichkeit Hand in Hand ging, ihre Ideen auch gegen Widerstände mannigfaltiger Art durchzusetzen. Beispiele hat es immer wieder dafür gegeben: Die Firmen *Junkers* mit HUGO JUNKERS, *Maybach-Motorenbau GmbH* mit KARL MAYBACH oder *Elektronmetall Cannstatt* (später: *Mahle Kom.-Ges.*) mit ERNST MAHLE. Die Vorgehensweise von HUGO JUNKERS wird wie folgt beschrieben:

„ … Zuerst schält er aus der Fülle der Erfahrungen die grundsätzlichen Probleme heraus, die einzeln gelöst werden müssen, bevor man zur Synthese der praktisch brauchbaren Maschine übergehen kann. Zur Lösung dieser Einzelprobleme entwickelt er Versuchapparate oder Versuchsmaschinen von ebenso überraschender Ursprünglichkeit wie Einfachheit. Diese Vorrichtungen sind so konstruiert, daß die verschiedenen Einflüsse, die Betriebsfähigkeit der komplizierten marktfähigen Maschine bestimmen, einzeln auf ihre Gesetzmäßigkeit erprobt werden können …“ Junkers selbst beschrieb das so: ‚Der Weg, um aus der Idee zur brauchbaren Maschine überzugehen, kann verschieden sein. Man könnte beispielsweise die Maschine, so wie man sie sich denkt, für die Praxis ausführen und nun ausprobieren; das ist aber im allgemeinen ein sehr undankbarer Weg, und er ist zum Schaden der Beteiligten leider sehr oft beschritten worden und hat zur Folge gehabt, daß manche an sich gute Sache einen Mißerfolg gehabt hat, von dem sie sich nicht wieder erholte. Die Gründe sind wohl darin zu suchen, daß eine Maschine, wie sie für die Praxis brauchbar ist, einer ganzen Reihe von Anforderungen zu genügen hat, die Maschine so kompliziert machen, daß sie nicht geeignet ist, die einzelnen Neuerungen auszuprobieren ... der geeignetste Weg ist der, daß man genau erwägt, welches die größten Schwierigkeiten sind. Diese Schwierigkeiten sind nun für sich zu untersuchen in geeigneter Weise, also derart, daß man Apparate schafft, die losgelöst sind von allem Beiwerk' ..." [62].

Ein anderer großer Ingenieur, KARL MAYBACH, brachte 1948 seine Gedanken zum Thema *Entwicklung* so zum Ausdruck:

„ ... Nachdem nun aber diese ... Maschinenarten ... jetzt mit diesen verhältnismässig einfachen Mitteln einen gewissen Höhepunkt erreicht haben, muss zu anderen Mitteln gegriffen werden, die dem Handwerker nicht mehr zugänglich sind. Wehe dem verantwortlichen Techniker, der dies nicht rechtzeitig erkennt und sich diesem gewaltigen Umschwung in der Technik anpaßt, ehe es zu spät ist. Aber nicht Anpassen führt zum Erfolg und zu anderen Wegen, sondern im Zuvorkommen und Vorausdenken liegt das Geheimnis für alle weiteren Fortschritte in der Technik. Für mich kann ich in Anspruch nehmen, das ich diese Wende schon im Jahre 1935 erkannte und durch Einstellung von Herrn *** entsprechend handelte. Es war nicht so selbstverständlich, einen reinen Wissenschaftler und dazu noch nur auf dem Gebiet der elektrischen Hochfrequenz ohne jede Konstrukteur-Erfahrung auf unserem Gebiet für die Leitung unserer Versuche vorzusehen ... Heute ist ein Motorenversuch ohne die Praxis der elektrischen Hochfrequenz einfach undenkbar, trotzdem diese Wissenschaft hierüber erst verhältnismässig jungen Datums ist. Morgen wird es genau so sein mit dem Wissenschaftler auf dem Gebiet der mathematischen Physik für das Konstruktionsbüro einer Motorenentwicklung. Es wird sehr bald die Zeit kommen, dass es genau so undenkbar ist, fortschrittliche Motoren und Kraftübertragungen zu konstruieren ohne die dauernde Mitarbeit solcher Wissenschaftler ..." [63].

Entwicklung ist ein vielschichtiger Begriff, der heute gerne im Zusammenhang mit Forschung verwendet wird und durch das modische Kürzel F&E zu einem griffigen Schlagwort geworden, eben deshalb zu einer nichtssagenden Stereotype verkümmert ist. Sucht man in Lexika nach einer Definition für *Entwicklung,* so findet man in älteren Ausgaben diesen Begriff nur im Zusammenhang mit biologischen Vorgängen erläutert, allenfalls mit militärischen *(eine Schlachtreihe entwickeln)* oder mit mathematischen *(eine Reihe entwickeln).* Erst in neueren Ausgaben, z. B. in Meyers Enzyklopädisches Lexikon von 1973, wird Entwicklung im Zusammenhang mit Technik gebracht: „Entwicklung (in der Industrie): Zweckforschung, durch die neue Produkte und Verfahren bis zur Serienreife entwickelt werden ..." [64]. Der Begriff von technischer Entwicklung ist also erst spät aufgekommen. Bekanntlich müssen Begriffe durch Benennungen sprachlich handhabbar gemacht werden. Diese sollen auf die Definition des Begriffs hinweisen, möglichst eine verkürzte Definition sein; doch je komplexer ein Begriff ist, desto weniger gelingt es, ihn durch die Benennung hinreichend zu erklären. Andererseits macht die Unschärfe einer Benennung auch ihre Stärke aus, weil sie dann vielfältig verwendet werden kann: Ihre genaue Bedeutung ergibt sich aus dem Zusammenhang. Genau das ist bei der Entwicklung der Fall. Das erklärt auch, warum man den Begriff *Entwicklung* in technischen Fachbüchern nur selten findet. Im *Dubbel – Taschenbuch für den Maschinenbau* – sucht man vergebens im Stichwortverzeichnis nach *Entwicklung.* Der Wandel in der Technik mit der zunehmenden Bedeutung von Entwicklung hat diese expressis verbis zum Gegenstand von Fachliteratur werden lassen. In EHRLENSPIEL: *Integrierte Produktentwicklung* findet man folgende Definition:

„ ... Man kann dem entsprechend die Entwicklungstätigkeit definieren als Tätigkeit, bei der ausgehend von den Anforderungen die geometrisch-stofflichen Merkmale eines technischen

Produkts mit allen seinen lebenslaufbezogenen Eigenschaften festgelegt werden. Dabei handelt es sich um einen Optimierungsprozeß bei zum Teil widersprüchlichen Zielsetzungen unter enger Einbeziehung von Musterbau, Versuch, Fertigung, Montage und Zulieferern ..." [65].

Die Entwicklung des Kurbeltriebs ist gekennzeichnet, daß einerseits das Wirkungsprinzip festliegt (ungeachtet aller Versuche, es durch andere zu ersetzen), damit auch die prinzipiellen „geometrisch-stofflichen Merkmale" der einzelnen Bauteile, andererseits die „Festlegung lebenslaufbezogener Eigenschaften" außerordentlich in die Tiefe gehende Arbeiten erfordert, für welche charakteristisch ist, daß sie sich nicht auf Überlegung und Berechnung beschränken lassen, sondern in großem Maße auf das Experiment als „methodisch -planmäßiges Herbeiführung von meist variablen Umständen zum Zwecke wissenschaftlicher Beobachtung" greifen muß.

Die Komplexität der Entwicklungsaufgaben ließ die Bedeutung des Experiments immer stärker in den Vordergrund rücken. Viele technische Zusammenhänge und Vorgänge sind das Produkt zahlreicher, sich teils verstärkender, teils abschwächender oder gar aufhebender Faktoren, so daß Ursachen und Wirkungen eines bestimmten Verhaltens oft nur sehr indirekt einander zugeordnet und im voraus nicht überschaubar sind. Deshalb war man gezwungen, die vielfältigen und gegenseitigen Zusammenhänge zu entwirren, um so möglichst an die eigentliche Ursache eines Effektes heranzukommen. Die Versuchsstrategie mußte deshalb zweigleisig angelegt sein: Erkenntnisse mußten das eine Mal über unmittelbare Eigenschaften/Verhalten des Objektes gewonnen werden (Beispiel: Festigkeits- oder Verformungsverhalten eines Bauteiles) und das andere Mal über das mittelbare Verhalten des Objektes im Zusammenwirken mit anderen Funktionsgruppen des Systems. Beispiel: Laufverhalten, Verschleiß, Geräusch, Lebensdauer etc.

Sichere Aussagen erhält man durch viele Versuche am wirklichen Objekt unter den wirklichen Bedingungen. Das ist aber nicht nur aufwendig und teuer, sondern in vielen Fällen gar nicht durchführbar, z. B. wegen der Größe des Objektes, der dafür benötigten Stückzahlen oder der erforderlichen Zeit. Deshalb muß man Abstriche von diesem Idealkonzept machen und Zahl, Art und Aufwand der Versuche reduzieren. Zu diesem Zweck bedient man sich einer unterschiedlich weit gehenden Simulation. Hierunter versteht man das „Vortäuschen" von Verhältnissen ähnlich denen, die in der Wirklichkeit vorliegen. Art und Ausmaß einer Simulation hängen von dem zu ergründenden Sachverhalt und den jeweils herrschenden Bedingungen ab. Dabei gibt es zwischen den Extremfällen rechnerische Simulation des Objektes, seines Verhaltens und der Betriebsbedingungen und Untersuchung einer Maschinenanlage im tatsächlichen Betriebseinsatz alle Zwischenstufen der Abstraktion[43]) von Versuchsobjekt und Betriebsbedingungen. Wie weit man in der Abstrahierung bzw. in Richtung „Wirklichkeit" gehen kann/muß, hängt auch davon ab, was man untersuchen will:

- Physikalisch eindeutig monokausale Zusammenhänge lassen sich mit genügender Genauigkeit an einfachen Modellen ergründen.

- Komplexe Eigenschaften werden – so weit das möglich ist – am wirklichen Objekt untersucht.

- Physikalisch nicht eindeutig beschreibbare Eigenschaften werden bei weitgehend realistischen Betriebsbedingungen an der vollständigen Maschine ermittelt. Ein markantes Beispiel hierfür sind die Schmiereigenschaften von Motorölen. Man weiß, wie wichtig sie sind, doch welche physikalischen Eigenschaften sich konkret hinter dem Sammelbegriff *Schmiereigenschaften* verbergen, weiß man nicht. Die Klagen über diesen Übelstand ziehen sich wie ein roter Faden durch die einschlägige Fachliteratur:

---

[43]) *abstrahieren:* das Allgemeine vom [zufälligen] Einzelnen absondern

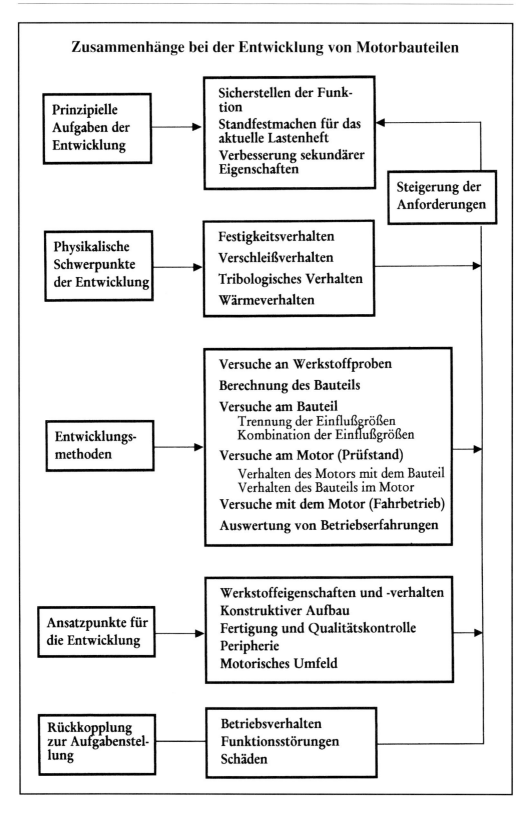

Zusammenhänge bei der Entwicklung von Motorbauteilen

Prinzipielle Aufgaben der Entwicklung → Sicherstellen der Funktion / Standfestmachen für das aktuelle Lastenheft / Verbesserung sekundärer Eigenschaften

Steigerung der Anforderungen

Physikalische Schwerpunkte der Entwicklung → Festigkeitsverhalten / Verschleißverhalten / Tribologisches Verhalten / Wärmeverhalten

Entwicklungsmethoden → Versuche an Werkstoffproben / Berechnung des Bauteils / Versuche am Bauteil (Trennung der Einflußgrößen / Kombination der Einflußgrößen) / Versuche am Motor (Prüfstand) (Verhalten des Motors mit dem Bauteil / Verhalten des Bauteils im Motor) / Versuche mit dem Motor (Fahrbetrieb) / Auswertung von Betriebserfahrungen

Ansatzpunkte für die Entwicklung → Werkstoffeigenschaften und -verhalten / Konstruktiver Aufbau / Fertigung und Qualitätskontrolle / Peripherie / Motorisches Umfeld

Rückkopplung zur Aufgabenstellung — Betriebsverhalten / Funktionsstörungen / Schäden

„ … Sollte es wirklich keine Möglichkeit einer einfachen Prüfung geben, die ein hochwertiges Öl von besserem Wasser unterscheidet? Analyse. spez. Gewicht, Stockpunkt, Flammpunkt, Viskosität, Säurezahl, Gehalt an Asche, Wasser, Asphalt und sonstigen schädlichen Bestandteilen, sind die Kennziffern eines Öls und lassen sich … nachprüfen. Trotzdem konnten sich die Öle, die sich darin als gleichwertig zeigen, bei verschiedener Provenienz und Verarbeitung in ihrer Schmierfähigkeit im Betrieb verschieden verhalten … Da gilt es also, eine andere zu finden, die eine Qualitätsabstufung eindeutig kennzeichnet …" [66].

In der Praxis maschinentechnischer Versuche bedeutet Simulation: Vereinfachen des Versuchsobjektes, Beschränken auf charakteristische, im Versuch darstellbare, d. h. vereinfachte Betriebsbedingungen und zeitliches Raffen der Versuche durch schärfere Bedingungen als in Wirklichkeit zu erwarten sind, z. B. durch höhere mechanische und thermische Belastungen.

Weil die Wirklichkeit so vielfältig ist, kann sie in den meisten Versuchen nur in verschiedenen Stufen der Unzulänglichkeit dargestellt werden, was die Aussagekraft einzelner Versuchsverfahren mehr oder weniger einschränkt.

Die Notwendigkeit, Einflüsse überschaubar zu machen, was schließlich bedeutet, Einflußgrößen zu reduzieren, und einzelne Kenngrößen, welche nur ein Teil des Spektrums erfassen und daher in ihrer Aussagekraft beschränkt sind, als Index für komplexe Eigenschaften heranzuziehen[44], verlangt eine Redundanz[45] in der Entwicklungsarbeit sowohl in der Breite als auch in der Tiefe. Je verwickelter also die Dinge sind, desto mehr und unterschiedliche Verfahren müssen angewendet werden, desto größer wird der Aufwand. Dabei sind zwei Nebenbedingungen zu beachten, die bisweilen einander ausschlossen: Das Untersuchungsverfahren (Rechenmodell, Versuchskonfiguration) soll der Wirklichkeit gerecht werden, und es muß praktikabel sein! So haben sich zwei gegenläufige Tendenzen in der Versuchstechnik herausgebildet:

● Die eine geht dahin, durch Trennung der Einflußgrößen und durch Untersuchung des Objektes bei jeweils einer Einflußart weniger Absolutwerte als vielmehr Vergleichsmöglichkeiten zu gewinnen, aus denen sich dann prinzipielle Folgerungen ziehen lassen. Hierzu gehört auch, störende Einflüsse (z. B. Verschmutzung, Reibung, Luftwiderstand) auszuschließen, weil andernfalls dadurch Ergebnisse verschleiert oder gar verdeckt werden können.

● Die andere führt in die entgegengesetzte Richtung: Verschiedene Belastungsarten werden kombiniert, um so den wirklichen Verhältnissen möglichst nahe zu kommen. Dabei dürfen Zufälligkeiten und Einzelerscheinungen nicht ausgeschlossen werden, will man ein aussagekräftiges Ergebnis erhalten. Einflüsse dieser Art können sein: Toleranzen, vom Auslegungszustand abweichende Bedingungen, atmosphärische Bedingungen, Zustand der Maschine: Einlaufzustand, Schmierung, Dichtheit, Rückwirkungen von Zubehör und Hilfseinrichtungen oder Rückwirkungen von anderen Teilen der Maschinenanlage.

Versuchsergebnisse bei vielschichtigen Vorgängen können stark von Einzelfaktoren geprägt sein, so daß ein Versuch allein noch nichts aussagt. Zur Bestimmung von Werkstoffeigenschaften müssen viele Proben untersucht werden, weil das Werkstoffverhalten von zahlreichen Größen wie Legierungszusammensetzung, Gefügeausbildung usw. abhängt. Um mit der nötigen Sicherheit Aussagen machen zu können, bedarf es sehr vieler Proben. Man nannte das deshalb

---

[44] *Härte* wird vielfach als Kenngröße für den Verschleißwiderstand von Werkstoffen herangezogen, obgleich Verschleiß von Werkstoffpaarung, Schmierzustand, Gleitgeschwindigkeit, Anpreßdruck, Filterung des Schmiermittels u.a. mehr abhängt.

[45] Redundanz: Überreichlichkeit, Überfluß. Im technischen Sinne: Vorhandensein von an sich überflüssigen Elementen, die keine zusätzliche Funktion haben, sondern lediglich den beabsichtigten Effekt unterstützen bzw. sichern: „Hosenträger und Gürtel"-Methode!

zutreffend „Großzahlversuche"! Wenn sich kleine Proben in großer Stückzahl untersuchen lassen, so stößt diese Vorgehensweise mit zunehmender Größe des Versuchsobjektes rasch an Grenzen, wie folgendes Zitat über die Erprobung des Schnelltriebwagens *Fliegender Hamburger* in den 1930er Jahren erkennen läßt:

„ … Mancher kann nicht verstehen, daß man die Erprobungen von solchen Triebwagen vor der Inbetriebsetzung nicht so weit durchführt, daß nach der Inbetriebsetzung schwere Rückschläge nicht mehr vorkommen können … Bei Triebwagen ist es aber ganz ausgeschlossen, reine Erprobungsfahrten mit entsprechender Ausdehnung durchzuführen. Wenn es uns gelang, unsere Probefahrten bis zu 10.000 km für einen neuen Triebwagen durchzuführen, so war damit nahezu das äußerste erreicht, was mit Rücksicht auf die Kosten und mit Rücksicht auf die Freihaltung einer Versuchsstrecke erreicht werden konnte. Die gründliche Erprobung einer Triebwagenanlage bedarf aber Streckenleistungen von zum Beispiel 100.000 km mit mindestens 2 bis 3 solcher Zugeinheiten. Es ist einleuchtend, daß Probefahrten in dieser Ausdehnung niemals möglich sein werden. Die Folge davon ist, daß man die ersten Betriebsperioden als Haupterprobung ansehen muß … ." [67]

Der nächste Schritt in diesem Sinne ist der gegenständliche Modellversuch, an einer mehr oder weniger stark vereinfachten Nachbildung des wirklichen Untersuchungsgegenstandes[46)] sinnvoll bei komplizierten und bei großen Objekten (z. B. Fahrzeuge, Flugzeuge, Schiffe, Gebäude etc.). Auch hier gibt es verschiedene Stufen der Vereinfachung betreffend die

- Geometrie (komplizierte Teile werden durch einfachere ersetzt z. B. dreidimensionale durch zweidimensionale), Beispiele: Um einen Überblick über die Beanspruchung komplizierter Bauteile zu bekommen, bedient man sich u. a. spannungsoptischer Modelle: Von dem zu untersuchenden Teil wird ein maßstäbliches Modell aus geeignetem Kunstharz auf eine bestimmte Temperatur erwärmt und dann belastet. Beim Abkühlen bleibt die durch die Verformung entstandene Anisotropie, erkennbar an den Isochromaten, erhalten; sie ist gleichsam „eingefroren".

- Größe (das Modell ist eine maßstäbliche Verkleinerung des Objektes).

- Werkstoff (statt eines hochfesten wird ein weicherer Werkstoff verwendet, um z. B. Verformungsverhalten schon bei kleinen Belastungen sichtbar zu machen.

  „ … Hier ist eine einfache Gips-Gießform der fertigen Pleuelstange angefertigt und mit Silicone-Kautschuk ausgegossen worden. An der Verschiebung der aufgezeichneten Rasterlinien unter Last ist zu erkennen, daß die beiden oberen Ecken sich kaum verformen … Der Erfolg des Verfahren liegt im geringen Aufwand und der Möglichkeit, den Erfolg von Änderungen sehr schnell zu überprüfen …" [68])

Ausgehend von vereinfachten Modellen kann man sich der Wirklichkeit beliebig nähern:

- Einzelteil: Wenn der Formeinfluß komplizierter Teile berücksichtigt werden muß, dann liefern Versuche am „richtigen" Bauteil natürlich genauere Aussagen.

- „Vereinfachte" Maschine: Es wird nur der Teil/Bereich einer Maschine für Versuche herangezogen, der für den zu untersuchenden Vorgang unbedingt notwendig ist. Beispiel: Um Gemischbildung und Verbrennung eines Verbrennungsmotors zu untersuchen, braucht man nicht alle Zylinder des Motors, deshalb baut man sich hierfür besondere Einzylinderversionen (Einzylinderaggregat).

- Vollständige Maschine auf dem Prüfstand: Das Zusammenarbeiten der einzelnen Funktionsgruppen oder das Betriebsverhalten kann man nur an der vollständigen Maschine erkennen. Diese wird dann – auf dem Prüfstand aufgebaut – gefahren. Dabei können relevante Parame-

---

[46)] Auch gedankliche Nachbildungen von Objekten werden als Modell bezeichnet: Rechenmodell!

ter variiert und in ihrem Einfluß auf die Maschine überprüft werden. Beispiel: Lager- und Kolbenfeinauslegung.

- Vollständige Maschinenanlage im regulären Maschinenbetrieb. Es gibt viele Eigenschaften, die sich nur im tatsächlichen Betriebseinsatz herausfinden lassen. Zu diesem Zweck müssen an der Maschinenanlage bzw. der Maschine im Betriebseinsatz Versuche durchgeführt werden. Beispiel: Dieselmotoren in Rangierlokomotiven sind häufigen extremen Lastwechseln unterworfen, wodurch sich Kolben und Zylinder ungleich ausdehnen. Da man befürchtete, daß Kolbenspiel könne sich unzulässig verkleinern, nahm man im Lokomotivbetrieb Temperaturmessungen an Zylinder und (laufenden) Kolben vor.

Neben dem Versuchsobjekt werden auch Betriebsverhältnisse mehr oder weniger wirklichkeitsgetreu simuliert, z. B.

- dynamische Belastung durch Hydropulser mit vereinfachten oder weitgehend wirklichkeitsgtreuen Belastungskollektiven,
- thermische Belastungen durch periodische Thermo- und Kälteshocks oder
- Leistungsabgabe von Motoren durch hydraulische oder elektrische Leistungsbremsen oder Schräglagen durch Schwenkprüfstände [69].

Die Theorie[47] ist ein Fundament der Erkenntnisgewinnung. Als „System wissenschaftlich begründeter Aussagen zur Erklärung bestimmter Tatsachen und Erscheinungen und der ihnen zugrunde liegenden Gesetzmäßigkeiten" [70] dient sie nicht nur der Erklärung bestehender Verhältnisse und Zustände, sondern ermöglicht – darüber hinausgehend – auch Voraussagen. Zuerst muß eine physikalische Vorstellung von dem Vorgang oder der Erscheinung gebildet, dann ein mathematisches Modell und schließlich müssen mathematische Lösungsmöglichkeiten gefunden werden. In der Technik muß sich die Theorie immer wieder an der Praxis überprüfen lassen, so daß die Umkehrung des aus den Geisteswissenschaften stammenden Spruches gilt, daß, wenn Theorie und Praxis nicht übereinstimmen, es um so schlimmer für die Praxis sei. Bezeichnenderweise heißt es im Motorenbau: „Der Motor hat das letzte Wort". Techniker werden von „der Natur" gnadenlos auf Fehler in Entwurf, Ausführung und Wartung hingewiesen. ALOIS RIEDLER beschrieb das so: „ … Maschinenbau, in welchem jeder Theil, sobald sich die Maschine regt, sofort den Urheber jedes begangenen Fehlers zeiht …" [71]. Störungen, Schäden, Unfälle und Katastrophen sind unerbittliche Lehrmeister.

Für das Versagen von Theorie gibt es beliebig viele Beispiele, aber es gibt auch viele für die Überlegenheit der Theorie über die Praxis. Theorie, an der Praxis verifiziert, ist der Leitfaden von technischen Entwicklungen überhaupt. Für die Ambivalenz von Theorie und Praxis gibt es mehrere Gründe: Die Verhältnisse in der Praxis sind oft zu komplex und unübersichtlich, als daß sie sich mit einer schlüssigen Aussage erfassen ließen. Zum anderen bedarf es für diese Aussagen einer speziellen Sprache: Die Formulierung und Quantifizierung von Sachverhalten, Zusammenhängen und Vorgängen in der Technik geschieht also weitgehend mit Hilfe der Mathematik. Als verbindendes Element und gemeinsame Sprache aller Wissenschaften bietet sie durch Abstraktion, Verallgemeinerung und Quantifizierung erweiterte „Ausdrucksmöglichkeiten" und ermöglicht über das bloße Beschreiben hinaus ein Vorhersagen. Mathematik erfordert ein abstraktes Denken, das nicht jedem liegt, auch verlangt sie profunde Kenntnisse und ein intensives Befassen mit ihr; sie ist also nicht jedermann zugänglich, und der Zugang ist für die meisten – auch Ingenieure – nicht einfach. Wie keine andere wissenschaftliche Disziplin vermag die Mathematik Grenzen, allerdings sehr spezieller intellektueller Fähigkeiten deutlich zu machen. So stößt man immer auf Klagen über eine als zu abstrakt empfundene mathematische

---

[47] Theorie (griech.-lat.) von griech. *theoria* das Anschauen, das Angeschaute

Behandlung technischer Probleme. Dennoch, ohne theoretische Durchdringung und mathematische Verarbeitung der anliegenden Probleme gäbe es keinen Fortschritt, denn wenn vorangehend ausführlich die Notwendigkeit und die Bedeutung von Versuchen hervorgehoben wurde, so müssen diese doch auf einem wohldurchdachten theoretischen Hintergrund beruhen.

Die Anschauung, die Vorstellung, das „sich ein Bild machen" ist ein zentraler Teil der Erkenntnisgewinnung und Arbeit von Ingenieuren. Der amerikanische Maschinenbauingenieur und Professor EUGENE S. FERGUSON spricht in diesem Zusammenhang von dem „inneren Auge" des Ingenieurs [72]. Die visuelle Denk- und Arbeitsweise stößt sich natürlich an der Abstraktion durch Theorie und Mathematik. Komplizierte funktionale Zusammenhänge, aber auch große Datenmengen wollen sich nicht ohne weiteres der Vorstellung und damit dem Verständnis erschließen. Aus diesem Grund ist man auf die graphische Darstellung als Mittel der Visualisierung angewiesen. Das gilt keineswegs nur für die Technik; auch in Naturwissenschaften, Medizin und Wirtschaft kommt man ohne solche Verständnishilfen nicht aus. Das kartesische Diagramm, bei dem auf der Fläche zwischen den senkrecht aufeinander stehenden Koordinatenachsen der Verlauf der abhängigen von der unabhängigen Variablen aufgetragen wird, ist fast jedermann geläufig. Richtungsabhängige Größen wie z. B. Lagerkräfte im Kurbeltrieb werden in Polardiagrammen dargestellt, wie überhaupt durch geschickte Wahl der Darstellungsart die Anschaulichkeit erhöht und Aussagekraft verbessert werden können. Aus der graphischen Darstellung sind dann weitergehend Lösungsmethoden für ingenieurtechnische Aufgaben entwickelt worden. In dem in dieser Arbeit behandelten Bereich der Maschinentechnik ist das Mohr'sche Verfahren zur Ermittlung der Durchbiegung von, vornehmlich abgesetzten Wellen wohl jedem Ingenieur geläufig, der noch in der Vor-EDV-Zeit studiert hat. Solche Verfahren bieten nicht nur den Vorteil einfacher Lösungsmöglichkeit von analytisch sonst nur schwer zugänglichen Aufgaben; sie sind zudem anschaulich und liefern eine Selbstkontrolle, z. B. durch die Gleichheit von Flächen oder daß sich Vektorpolygone schließen usw. Graphische Verfahren sind auch zur Lösung dynamischer Aufgabenstellungen geschaffen und erfolgreich angewendet worden.

„ … Die analytische Dynamik lieferte wohl mehr oder weniger verwickelte Gleichungen, ließ aber den Ingenieur in dem Augenblicke im Stich, in dem die rechnerische Ausbeutung dieser Gleichungen beginnen sollte. Dem Ingenieur ist mit solchen oft unlösbaren Gleichungen nicht gedient, er darf nicht unterwegs stehen bleiben und die weitere Lösung dadurch erzwingen, daß er unbequeme Glieder in den Gleichungen vernachlässigt. Er muß schließlich das Resultat seiner Untersuchungen in gebrauchsfertigen Zahlen erhalten … Dies hat in der Kinematik schon längst dazu geführt, den Weg der Rechnung zu verlassen und die graphischen Methoden zu bevorzugen, die in überraschender Einfachheit und Übersichtlichkeit die gestellten Aufgaben selbst in verwickelten Fällen lösen … das … Buch … will die graphische Dynamik in derselben Weise in die Ingenieurkreise einbürgern, wie es der graphischen Statik seit geraumer Zeit gelungen ist …" [73].

Anleitungen zum graphischen Differenzieren und Integrieren findet man in Fach- und Lehrbüchern noch bis in die zweite Hälfte des 20. Jahrhunderts. Zur Vereinfachung graphischer Methoden ist eine Reihe von mathematischen Instrumenten entwickelt worden, so das Polarplanimeter von OTT, mit dem man den Flächeninhalt geschlossener Kurven bestimmen kann (z. B. den Flächeninhalt eines pV-Diagramms als Maß für die indizierte Arbeit von Kolbenmaschinen aller Art) oder der harmonische Analysator von MADER-OTT. Für die Auswertung funktionaler Beziehungen zwischen zwei oder mehr Veränderlichen zu gegebenen Werten der übrigen Veränderlichen bediente man sich der Nomographie mit Netz-, Funktions- und Fluchtlinientafeln.

Rechnen – das Berechnen von Funktion und Verhalten von Maschinenteilen und Maschinen – ist als praktizierte Anwendung von Theorie ein fundamentaler Teil des Entwicklungsvorgangs in der Technik. Doch leider ist die Wirklichkeit zu verwickelt, als daß sie sich mit dem Hilfsmittel der Mathematik in allen Fällen genau genug beschreiben läßt. Mit Rücksicht darauf mußte man die Probleme auf einfachere Modelle zurückführen, um sie überhaupt mathematisch behandeln zu können. Hatte man ein Problem mathematisch formuliert, zeigte sich oft genug, daß man es nicht lösen konnte, und wenn es zwar theoretisch Lösungen gab, diese aber wegen des großen damit verbundenen Rechenaufwands nicht gefunden werden konnten. Viele Aufgaben waren zwar leicht lösbar, erforderten aber so viele Rechenschritte, daß sie sich deshalb äußerst mühselig gestalteten. Deshalb mußte man sich also wie in den Fällen, da die körperlichen Fähigkeiten des Menschen für die anstehenden Arbeiten nicht ausreichten, auch zur Lösung von Rechenaufgaben Hilfsmittel schaffen.

Man sollte deshalb annehmen, daß Rechenmaschinen eine ähnliche Rolle wie die Werkzeugmaschinen für und in der Industrialisierung gespielt hätten; dem ist aber nicht so. Bedarf an der Durchführung von vielen, sich wiederholenden einfachen Rechenoperationen bestand vorwiegend im Handel und in der Finanzwirtschaft. Hier wurden schon lange vor der Industrialisierung Rechenhilfen eingesetzt, deren bekannteste der Abakus[48] ist. Der Maschinenbau, von Handwerkern betrieben und auf Erfahrung fußend, kam praktisch ohne Berechnung aus. Das Aufblühen der Naturwissenschaften in der Renaissance führte zu neuen Erkenntnissen, die abzusichern und weiterzuentwickeln dann umfangreiche Rechnungen notwendig wurden. Das betraf damals vor allem die Astronomie.

Als Rechenmaschinen kamen nach dem Stand der Technik natürlich nur mechanische Systeme in Frage. Die Voraussetzungen für die Entwicklung solcher Maschinen waren günstig, denn mit dem Uhrenbau war eine hochentwickelte Feinmechanik entstanden. Zu welchen Leistungen man hier fähig war, kann man an einer Vielzahl von Automaten[49] erkennen. Unter Automaten sind in diesem Zusammenhang zu verstehen: „ … selbst bewegende mechanische Vorrichtung, die eine Zeitlang ohne Einwirkung von außen, durch im Inneren verborgene Kräfte (Federn , Gewichte etc.) in Bewegung gesetzt wird … im engeren Sinn ein mechanisches Kunstwerk, welches vermittelst eines inneren Mechanismus die Thätigkeit lebender Wesen, der Menschen oder Thiere, nachahmt, und meist auch an Gestalt diesen nachgebildet ist" [74]. Solche Automaten – selbsttätig agierende Puppen wie Akrobaten, Musiker, Clowns –, wurden insbesondere nach der Erfindung der Taschenuhr (1500 in Nürnberg) gebaut. Im 18. Jahrhundert schuf der Mechaniker JACQUES DE VAUCANSON in Frankreich außerordentlich kunstvolle und raffinierte Automaten, deren Bewegungen und Bewegungsfolgen auch heute noch staunen machen[50]. Mit dem Bau solcher Androiden[51] machten sich der Schweizer JAKOB DROZ, in Frankreich die Gebrüder MAILLARDET und in Deutschland ENSLEN und SIEGMAYER einen Namen. Doch die Auftraggeber dieser Kunstwerke, Adlige und Reiche, waren mehr an Amusement und Sensationen interessiert und weniger an der Möglichkeit, solche Mechanismen für die Lösung von Rechenaufgaben bauen zu lassen. So gingen die Impulse für den Bau von Rechenmaschinen von einzelgängerischen Tüftlern aus. Anregungen für die Konstruktion von Rechenmaschinen kamen gleichfalls von den walzengesteuerten Musikinstrumenten und auch von dem mit Lochkartensteuerung arbeitenden Jacquard'schen Webstuhl.

Das Grundprinzip mechanischer Rechenmaschinen besteht darin, daß die zehn Ziffern von Null bis Neun durch die Zähne eines Zahnrads dargestellt werden; es handelt sich also um „Digitalrechner". Eine, wahrscheinlich sogar die erste dieser Maschinen wurde in Tübingen von dem Professor für Astronomie und biblische Sprachen WILHELM SCHICKARD (1592 bis 1635) für den

---

48) Rechenbrett mit 6 bzw. 9 Rinnen (oder auch an Drähten) beweglichen Steinen von zweierlei Farben.
49) Automat (griech.): Aus eigenem Antriebe handelnd
50) Eine Sammlung schöner Automaten findet man im *Museum of Automata* in York (England).
51) Androide = künstlicher Mensch

Astronomen JOHANNES KEPLER gebaut. Diese Maschine war als „Vierspeziesmaschine" für die vier Grundrechnungsarten ausgelegt; sie ging aber verloren, so daß lange Zeit die 1642 von dem französischen Mathematiker, Physiker und Philosophen BLAISE PASCAL (1623 bis 1662) entwickelte Maschine als Ahnherr der mechanischer Rechenmaschinen galt. Man konnte damit Additionen und Subtraktionen ausführen.

Der Universalgelehrte GOTTFRIED WILHELM LEIBNIZ (1646 bis 1716) entwarf für die vier Grundrechnungsarten eine Rechenmaschine mit verschiebbaren Staffelwalzen, Zahnrädern in Walzenform, deren Zähne von gestufter Länge sind. Wiewohl richtungsweisend, hat diese Maschine nie richtig gearbeitet. LEIBNIZ leistete aber einen wichtigen Beitrag zur Entwicklung der späteren Rechner, indem er das System der Dualzahlen schuf. Die erste praktisch brauchbare Rechenmaschine baute der württembergische Pfarrer PHILIPP MATTHÄUS HAHN (1739 bis 1790). Er wollte damit langwierige astronomische Berechnungen vereinfachen. Die HAHN'sche Maschine war eine Vierspeziesmaschine und arbeitete ebenfalls mit Staffelwalzen. Im 19. Jahrhundert versuchte in England der Mathematiker und Philosoph CHARLES BABBAGE (1791 bis 1871) eine Differenzenmaschine[52] zu bauen, ohne sie aber zu vollenden. Statt dessen entwarf er eine neue, leistungsfähigere Maschine, die *Analytical Engine,* vom Konzept her ein programmierbarer Digitalrechner mit arithmetischem Vierspezies-Rechenwerk und Lochkartensteuerung, der seiner Zeit weit voraus war. Auch diese Maschine wurde nicht vollendet. In Schweden entwarfen Vater und Sohn GEORG bzw. EDVARD SCHEUTZ (1785 bis 1873 bzw. 1821 bis 1881) eine Differenzenmaschine, von der zwei funktionsfähige Maschinen gebaut wurden. Bedeutung im Sinne einer praktischen Anwendung erlangte aber erst die 1820 vom dem Franzosen CHARLES XAVIER THOMAS (1785 bis 1870) patentierte Maschine, die unter der Bezeichnung *Arithmometer* in großer Stückzahl, ca 30.000, gefertigt und angewendet wurde. Man konnte mit dieser Maschine mit den vier Grundrechnungsarten rechnen. In St. Petersburg verbesserte der schwedische Mechaniker W. T. ODHNER die *Arithmometer;* diese wurde in Deutschland unter dem Namen *Brunsviga* hergestellt.

Ende des 19. Jahrhunderts gab es also schon eine Reihe von Rechenmaschinen, doch konnten sich diese in der Technik nicht allgemein durchsetzen. Das lag nicht nur am Preis, der (Stand: 1896) zwischen 300 *(Brunsviga)* und 2000 Mark betrug, sondern auch daran, daß es für die meisten Aufgaben in der Technik, anders als z. B. in der Buchführung, nicht auf ein exaktes Ergebnis ankommt. Die Aufgabe, Triebwerkskräfte auf eine oder mehrere Stellen genau hinter dem Komma zu berechnen, ist obsolet angesichts der Schwankungen der Dampf- bzw. Gaskräfte im Zylinder. Die Genauigkeit von Rechnungen auf dem Rechenschieber ist im allgemeinen für den Techniker ausreichend. Einen Rechenschieber hatte ein Ingenieur immer bei sich, im Konstruktionsbüro, in der Montagehalle oder auf der Baustelle; er gehörte zum Ingenieur wie das Stethoskop zum Arzt. Der Preis betrug 1896[53] 6 bis 7 Mark. Der Rechenschieber erleichterte dem Ingenieur zwar die Arbeit, zwang ihn aber, die Größenordnung abzuschätzen, weil beim Rechnen die Kommastellen nicht berücksichtigt werden. Damit ist eine gewisse Kontrolle gegeben. Der amerikanische Bauingenieur und Professor HENRY PETROSKI beschreibt das in seinem lesenswerten Buch *To Engineer is Human* wie folgt:

" … We also learned how to estimate the order of magnitude of our answers, for the slide rule could not supply the decimal point to the product of 0,346 and 0,16892, and we had to develop

---

[52] Die Differenzen zwischen den einzelnen Gliedern einer Folge ändern sich nach bestimmten Gesetzmäßigkeiten, so daß man im Umkehrschluß aus diesen Differenzen die Glieder der Folge bestimmen kann. Das machte sich BABBAGE mit seiner Maschine zunutze; Voraussetzung dafür war aber, daß die Differenzen zwischengespeichert werden konnten.

[53] Die Preisangaben von 1896 stammen aus *Otto Luegers Lexikon der gesamten Technik,* Ausgabe 1896. Natürlich muß man sie in Bezug zu dem Preisniveau jener Zeit setzen.

a feel for the fact that the answer was about 0,06 rather than 0,6 or 0,006. These requirements on our judgement made us realize two important things about engineering: first, answers are approximations and should only be reported as accurately as the input is known, and, second, magnitudes come from a feel for the problem and do not come automatically from machines or calculating contrivances ..." [75].

Als Erfinder des Rechenstabs gilt der englische Mathematiker, Geodät und Astronom EDMUND GUNTER (1581 bis 1626). Durch logarithmische Teilung des Stabs („Logarithmenlineal") und Abgreifen der Strecken mit dem Stechzirkel wurden Multiplikation und Division auf Addition und Subtraktion zurückgeführt.

1621 ordnete WILLIAM OUGHTRED (1575 bis 1660) die Skalen verschiebbar an, und 1654 wurde ein Rechenschieber mit verschiebbarer Zunge von ROBERT BISSAKER hergestellt. MATTHEW BOULTON und JAMES WATT verbesserten den Rechenschieber durch höhere Genauigkeit der logarithmischen Teilung.

" ... At the same time Mr. Watt employed logarithmic scales, on a sliding rule, for performing calculations relative to steam-engines and machinery. These instruments had been long in use amongst gaugers and officers of the excise, and were also used by carpenters; but they were very coarsely and inaccurately divided, and required some improvements to render them serviceable to engineers. Mr. Watt and Mr. Southern arranged a series of logarithmic lines upon a sliding rule, in a very judicious form, and they employed the most skillful artists to graduate the original patterns, from which the sliding rules themselves were to be copied. These sliding rules were put into the hands of all foremen and superior workmen of the Soho factory, and through them, the advantage of calculating by means of the sliding rule has become known amongst other engineers ... but the habit of using it upon all occasions, is almost confined to those who have been educated at Soho ..." [76].

Diese Rechenschieber, die *Soho Slide Rules,* erwarben sich einen guten Ruf. 1815 führte der englische Arzt MARK ROGEL (1779 bis 1865) die doppelt-logarithmische Teilung ein, mit der man potenzieren und radizieren konnte. 1859 baute der Franzose AMÉDÉE MANNHEIM einen Rechenschieber mit einseitigen Skalen und verschiebbarem Läufer, der Amerikaner WILLIAM COX führte den durchsichtigen, beide Seiten umfassenden Läufer ein, so daß beide Seiten des Rechenschiebers genutzt werden konnten („Zweiseiten-Stab"). Mitte der 1930er Jahre wurden an der TH Darmstadt von dem Leiter des *Instituts für praktische Mathematik,* Prof. ALWIN WALTHER, weitere Verbesserungen vorgenommen. Dieser Rechenschieber, *System Darmstadt,* wurde in Deutschland bis zum Beginn der EDV-Ära benutzt [77; 78].

Doch zurück zur Rechner-Entwicklung. HERMAN HOLLERITH (1860 bis 1929) wendete im Zusammenhang mit einer Volkszählung in den USA das Lochkarten-Prinzip des JACQUARD'schen Webstuhls im großen Stile für Zähl- und Sortiervorgänge an. Aus der 1896 von HOLLERITH gegründeten *Tabulating Machine Company* ging auf Umwegen später der bekannte Rechner-Hersteller *IBM* hervor.

Im 20. Jahrhundert wurde die Mechanik in Rechenmaschinen durch elektrische Elemente ersetzt: Relais, Elektronenröhren, Halbleiter und schließlich Mikroprozessoren. Das steigerte die Möglichkeiten, den Umfang und die Geschwindigkeit von Berechnungen ins schier Unermeßliche. Besondere Schubkraft erhielt die Rechner-Entwicklung durch die Kriege und den Rüstungswettlauf der beiden großen militärischen Blöcke in der zweiten Hälfte des 20. Jahrhunderts, namentlich die Luft- und Raumfahrt trieben die Rechner-Entwicklung voran.

Analogiegeräte, wie auch der Rechenschieber eines ist, hatten als Rechner weite Anwendung gefunden. Analogrechner reduzieren die Rechnung nicht auf die Summation einfachster Rechenschritte, sondern lösen die Aufgabe durch Nachahmen, durch Simulation eines Vorgangs.

Die mathematischen Gleichungen für mechanische und elektrische Schwingungen entsprechen sich, so daß man mit einem elektrischen Schwingkreis mechanische Schwingungsprobleme simulieren kann. Solche Analogien wurden viel zur Lösung spezieller Aufgaben angewandt: Beim elektrolytischen Trog nutzt man Analogiebeziehungen zwischen den physikalischen Eigenschaften des thermischen und elektrischen Feldes aus; man machte sich zunutze, daß sich die Differentialgleichungen des elektrischen und des Temperaturfeldes formal entsprechen.

1931 wurde in den USA der erste Analogrechner gebaut, in Deutschland schuf KONRAD ZUSE (1910 bis 1995) 1941 einen programmgesteuerten Relaisrechner (Z3), in England wurde 1942 auf der Grundlage der Arbeiten des Mathematikers ALAN MATHISON TURING (1912 bis 1954), der eine Theorie der Rechnerschaltungen entwarf, der Digitalrechner *Colossus* gebaut, doch schließlich übernahmen die USA die Führerschaft bei den Rechnern. Professor HOWARD HATHAWAY AIKEN (1900 bis 1973) konzipierte den speicherbaren Relais-Rechenautomaten *Harvard Mark I*. Der nächste Schritt in der Rechner-Entwicklung war der Übergang auf die Elektronenröhre. 1946 wurde der erste Rechner dieser Art in Betrieb genommen *(ENIAC)*; dieser brauchte für seine 18.000 Elektronenröhren eine Leistung von 147 kW und wog 30 Tonnen [78]. Anfang der fünfziger Jahre entwickelte S. A. LEBEDEV in der UdSSR den Elektronenrechner BESM1.

Für die Rechner wurden spezielle, auf deren Bedürfnisse abgestimmte künstliche Sprachen geschaffen: FORTRAN, ALGOL, BASIC und andere mehr. Die neuen Techniken ließen die erst zimmer-, dann schrankgroßen Geräte kleiner werden; nun konnten sie auch für zivile Zwecke eingesetzt werden, zuerst als Zentralrechner, schließlich kamen mit fortschreitender Miniaturisierung Anfang der 1970er Jahre die ersten Tischrechner auf, die bis Ende dieser Dekade auf Taschenformat schrumpften. In den 1990er Jahren trat der Personal Computer (PC) seinen Siegeszug an. Hatte durch die großen Zentralrechner eine weitgehende Zentralisierung der Berechnungsarbeiten in den Firmen stattgefunden, so zeichnete sich jetzt ein gegenteiliger Trend ab: Die Berechnung kam wieder zum Konstrukteur zurück, denn die immer leistungsfähiger werdenden PC ermöglichen den Einsatz bedienungsfreundlicher Programme. Der „gewöhnliche" Benutzer eines Rechners muß sich nun nicht mehr die Programme für seine Aufgaben selber schreiben, sondern kann auf komfortable, für die jeweilige Anwendungsart zugeschnittene Programme zurückgreifen. Hinzu kommt, daß die heranwachsende Generation (nicht nur) von Ingenieuren schon „von Kindesbeinen" im Umgang mit Rechnern vertraut ist; Computerspiele – von vielen Pädagogen verdammt – sind die „Einstiegsdroge"!

Die Leistungsfähigkeit großer Rechner erlaubt die Verarbeitung von gewaltigen Datenmengen, so daß die Simulation hochkomplexer Zustände und Vorgänge in der Strukturmechanik, Hydro- und Aerodynamik, der Schwingungen usw. möglich geworden ist. Damit lassen sich nicht nur viel Versuchsarbeit (und Kosten) einsparen; auch kann man gezielt alternative Lösungen untersuchen und daraus die optimale auswählen. Stellten einst bestimmte mathematische Aufgabenstellungen unüberwindliche Barrieren dar, so können diese jetzt mit Hilfe der EDV überwunden werden. Mit Hilfe numerischer Rechenverfahren lassen sich früher unlösbare Differentialgleichungen bearbeiten, weil die Zahl der Rechenschritte, die einer Bearbeitung im Wege standen, heute „kein Thema" mehr sind.

Besondere Bedeutung kommt dabei den Rechenverfahren der *Finite-Elemente-Methode* (FEM) zu, die darauf beruhen, daß das zu berechnende Bauteil durch ein Rasternetz in eine große Zahl von „finiten" Elementen, d. h. begrenzten Elementen, zerlegt wird. Diese Elemente sind durch die ihrer Konfiguration entsprechenden Knotenpunkte miteinander verbunden. Sie können je nach Art des zu berechnenden Körpers unterschiedliche Formen haben: Stab-, Balken-, Platten-, Schalen oder sonstige Raumelemente. Unter Einwirkung äußerer Kräfte und Temperatur verschieben sich die Knoten. Durch geeignete Funktionen wird der Zusammenhang zwischen dem Verschiebungszustand innerhalb des Elementes und den Knotenverschiebungen hergestellt, wobei sogenannte Verträglichkeitsbedingungen eingehalten werden müssen. Die Verschiebungsfunktionen beschreiben den Dehnungszustand innerhalb eines Elementes in Abhängigkeit von den Knotenverschiebungen. Die Dehnungen liefern zusammen mit den elastischen Eigenschaften des Werkstoffes den Spannungszustand im Element und an seinen Grenzen. Man erhält also ein System von Gleichungen, die das Gleichgewicht der inneren Spannungen mit der äußeren Belastung angeben. Wegen der großen Anzahl von Unbekannten läßt sich dieses Gleichgewichtssystem nur mit Hilfe der EDV lösen. Vorteile der FEM sind die Anwendbarkeit auf alle statischen, dynamischen und thermischen Belastungsfälle von Bauteilen, sowie auf aero- und hydrodynamische Probleme, die hohe Genauigkeit der Ergebnisse, die durch Art und Zahl der finiten Elemente beeinflußt werden kann, und die Möglichkeit, Alternativ-Lösungen zu untersuchen.

Bei allen Vorteilen, welche die EDV für die Lösung ingenieurtechnischer Aufgaben bietet, muß man sich doch ihrer Grenzen bewußt sein. Ein Rechenprogramm kann nur das leisten, was ihm implementiert ist. Programme unterliegen programmiertechnischen Einschränkungen und entsprechen oft weniger den physikalischen als vielmehr den rechentechnischen Gegebenheiten.

„ … Die Ingenieure, die sich gegen einen Computer ‚zur Wehr‘ setzen, haben begriffen, daß die Software viele Annahmen enthält, die ihre Benutzer nicht leicht entdecken können, obwohl sie die Gültigkeit der Ergebnisse beeinflussen. Es gibt in jedem komplexen Computerprogramm tausend zweifelhafte Punkte. Erfolgreiches computergestütztes Entwerfen erfordert Wachsamkeit und dieselbe visuelle Kenntnis und ein intuitives Gefühl für Stimmigkeit, auf das erfolgreiche Entwerfer sich immer verlassen haben, wenn sie wichtige Entscheidungen in bezug auf ihren Entwurf trafen …“ [79].

3 Der Kurbeltrieb in Kolbenmaschinen: Ein Überblick

Der Kurbeltrieb ist das kinematische Herz vieler Maschinen, seine wichtigste Anwendung hat er in der Kolbenmaschine als Kraft- und Arbeitsmaschine gefunden. Darunter versteht man umgangssprachlich Maschinen, die „Kraft abgeben" und Maschinen, die „Arbeit leisten". Als Arbeitsmaschinen kommen Kolbenpumpen und Kolbenverdichter in Betracht, als Kraftmaschinen solche, die mit Dampf betrieben, ihre Energie aus einer Verbrennung außerhalb der Maschine („äußere Verbrennung") beziehen: Dampfmaschinen, und solche, bei denen die Verbrennung innerhalb der Maschine stattfindet („innere Verbrennung"). Letztere werden allgemein als *Verbrennungsmotoren* oder kurz als *Motoren* bezeichnet. Für die Entwicklung des Kurbeltriebes waren vor allem die Kraftmaschinen, also Dampfmaschinen und Verbrennungsmotoren maßgeblich, so daß in dieser Arbeit der Kurbeltrieb im Zusammenhang mit den Kraftmaschinen behandelt wird.

Das Alter eines Funktionsprinzipes muß seiner Anwendung und Bedeutung nicht im Wege stehen, schließlich bilden die mechanischen Elemente *Hebel, schiefe Ebene, Keil, Schraube* und *Rad* die Grundlage unserer mechanischen Technik. Dennoch ist erstaunlich, wie erfolgreich der Kurbeltrieb allen Versuchen, ihn durch andere Kinematiken zu ersetzen, widerstehen konnte. Dafür gibt es eine einleuchtende Erklärung: Der Bewegungsablauf des Kurbeltriebs – die wirkungsgradgünstige Umwandlung von oszillierender (hin- und hergehender) Bewegung in eine Drehung (und umgekehrt) – ermöglicht – zumindest bis jetzt – in unübertroffener Weise die Verwirklichung von thermodynamischen Prozessen, die bezüglich Wirkungsgrad, Arbeitsausbeute und technischer Realisierbarkeit bei dem jeweiligen Stand der Technik ein Optimum darstellten, erst in der Dampfmaschine – so niedrig der Wirkungsgrad des Dampfprozesses auch gewesen ist – dann im Verbrennungsmotor. Große langsamlaufende Zweitakt-Dieselmotoren in Kreuzkopf-Bauweise, gerne als Indiz für den Anachronismus des Kurbeltriebs angeführt, erreichen heute, in der zweiten Hälfte der 1990er Jahre effektive Wirkungsgrade von über 50 %, und nicht genug damit: Diese Motoren „erzeugen" ihre Leistung aus minderwertigsten Kraftstoffen, die sonst allenfalls in Kesselanlagen verfeuert werden können.

Die im Vergleich zu den kurzen Entwicklungszyklen heutiger Techniken unglaublich lange Entwicklungszeit des Kurbeltriebes im Verein mit der jeweiligen Maschinengattung wirft natürlich die Frage auf, warum es bei praktisch unverändertem Grundprinzip überhaupt einer solchen langwierigen und aufwendigen Entwicklung bedurfte. Man bedenke doch nur, welche Fortschritte in anderen Bereichen der Technik in sehr viel kürzeren Zeiträumen erreicht worden sind, in der Elektronik etwa, der Raumfahrt oder in der Medizintechnik. Was also sind die Hemmnisse im Werdegang dieser Funktionsgruppe, und wodurch wurden sie hervorgerufen? Es sind komplexe physikalische Probleme, erschwert durch das Zusammenwirken des Kurbeltriebs mit den anderen Funktionsgruppen der gesamten Maschinenanlage, welche sich einer klaren Lösung so hartnäckig widersetzten.

Der Begriff *Problem* ist jedermann geläufig, schließlich wird das Wort Problem umgangssprachlich für alles und jedes benutzt: *Ich habe ein Problem, es gibt Probleme, da wäre noch ein kleines Problem* usw. usf. Doch *Problem* ist ein vielschichtiger Begriff, gekennzeichnet durch eine unbefriedigende oder unerwünschte Situation, die zu beseitigen Hindernisse überwunden werden müssen, vor allem insofern, als die Mittel zur Behebung des unerwünschten Zustandes noch nicht bekannt sind [80]. Das *Unerwünschte* eines *Zustands* kann sich auf verschiedene Weise darstellen: In mangelnder Leistung, Unwirtschaftlichkeit, kurzer Lebensdauer oder in un-

Entwicklungsstufen des Kurbeltriebs

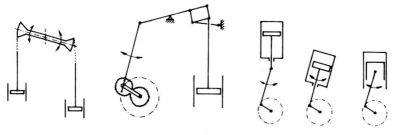

Konstruktive Entwicklung

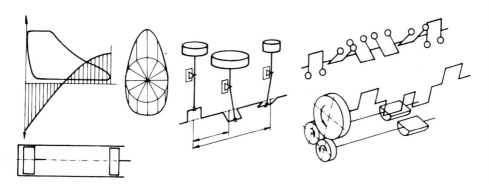

Massenwirkungen und Massenausgleich

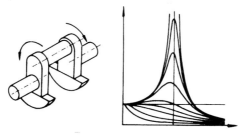

Drehschwingungen

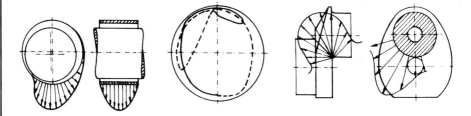

Tribologie   Gestaltfestigkeit

zureichender Betriebssicherheit. Letztere manifestierte sich unübersehbar durch Störungen, Schäden, ja auch in Katastrophen! Diese zu vermeiden, tunlichst auszuschließen oder zumindest in ihren Auswirkungen zu begrenzen und die zuvor genannten Eigenschaften zu verbessern, bedurfte es langwieriger Entwicklungsarbeit in vielen Schritten, die, sobald sie erfolgreich getan war, neue Probleme aufwarf. Entwicklung – und das gilt natürlich nicht nur für den Kurbeltrieb – gleicht dem Kampf des HERAKLES mit der HYDRA[54]): Für jeden abgeschlagenen Kopf wachsen zwei neue nach!

Hindernisse bei einer Entwicklung haben durchaus ambivalenten (doppeldeutigen) Charakter: Sie erschweren natürlich die Entwicklung, weil sie eine intensive theoretische Durchdringung der Materie mit aufwendiger experimenteller Verifizierung erfordern, begünstigen sie aber gleichzeitig, weil solchermaßen Voraussetzungen für eine erfolgreiche Weiterentwicklung geschaffen werden; bildlich gesprochen: Muskeln stärken sich nur im harten Training!

Die Entwicklung des Kurbeltriebes verlief in mehreren Schüben in zeitlich versetzten Ebenen. Auf jeder Stufe der Entwicklung traten neue Probleme auf, die für diese Phase typisch waren, aber auch solche, die sich wiederholten, wenngleich auf „höherem Niveau“, was heißen soll, sie waren schwieriger geworden. Die Entwicklung des Kurbeltriebs ist gekennzeichnet durch Entwicklungen im Detail, was leicht den Blick auf das Grundsätzliche verstellen kann. Gerade Detailprobleme haben sich oft als außerordentlich hartnäckig und schwer zu lösen erwiesen. Die Redensart, wonach der Teufel im Detail stecke, bringt das auf den Punkt. Dennoch wird die Bedeutung von Arbeit am Detail meist nicht erkannt, geschweige denn gewürdigt. Eine andere System-immanente Schwierigkeit liegt in der Wirkungsabfolge der einzelnen Teile des Kurbeltriebs, oder um es technisch auszudrücken, in seiner Reihenschaltung. Auch dieser Sachverhalt läßt sich mit einer Redensart veranschaulichen: Eine Kette ist so stark wie ihr schwächstes Glied! Nicht nur, daß sich bei komplexen Systemen die Schwierigkeiten mit den Einzelteilen kumulieren, es kommen noch weitere durch das Miteinander hinzu.

Zunächst galt es, den entscheidenden Schritt von der rein oszillierenden Kraftübertragung der ersten Dampfmaschinen zum Kurbeltrieb zu tun, dann schrittweise den Kurbeltrieb konstruktiv an die Anforderungen einer sich wandelnden Maschinengattung anzupassen, erst für die Dampfmaschinen, später für die Verbrennungsmotoren. Bessere Konstruktionen ließen höhere Drehzahlen zu, die ihrerseits entsprechende Massenwirkungen hervorriefen. Diese galt es in ihren negativen Wirkungen zu beherrschen, aber auch ihre positiven Wirkungen zu erkennen und auszunutzen. Als sich mit dem Verbrennungsmotor dem Hubkolbentriebwerk ein neues, weiter gefächertes Anwendungsgebiet erschloß, verschärften sich die Arbeitsbedingungen für die einzelnen Bauteile des Kurbeltriebs. Weit höhere Drücke und Arbeitstemperaturen traten auf, zusätzlich wurde die Drehzahl weiter gesteigert. Wieder galt es der Massenwirkungen Herr zu werden. Zudem gab es mit den Drehschwingungen zusätzlich einen Effekt, der noch schwerer zu erkennen und zu durchschauen war als Massenkräfte und -Momente. Gleichzeitig wurde man mit den „Tücken“ der Tribologie[55]) konfrontiert. Die Funktion des Schmiermittels als „Maschinenele-

---

[54]) In der griechischen Mythologie ist die HYDRA ein vielköpfiges Ungeheuer aus dem Sumpf Lerna, das von HERAKLES (Sohn des ZEUS und der ALKMENE) getötet wurde. Die HYDRA hatte neun Köpfe; der mittlere davon war unsterblich. Als HERAKLES mit diesem Ungeheuer kämpfte, erwuchsen aus jedem abgeschlagenen Kopf zwei neue. Daraufhin brannte HERAKLES die Stümpfe der abgeschlagenen Köpfe mit glühenden Baumstämmen aus; das unsterbliche Haupt vergrub er unter einem schweren Felsen.

[55]) Der Ausdruck *Tribologie* wurde in den sechziger Jahren in Großbritannien geprägt (JOST-Report) und dient zur summarischen Bezeichnung aller Vorgänge und Zustände von Schmierung und Reibung. Er ist wie folgt definiert: *Tribologie ist die Lehre und wissenschaftliche Erfahrung und praktische Anwendung von Oberflächenpaarungen, die in Relativbewegung zueinander stehen.*

ment" mußte erst verstanden werden. Neben den Lagerungen verlangte auch das Schmiermittel eine aufwendige Entwicklung. Dabei sollte es sich als eine Hürde erweisen, daß man die für seine Funktion relevanten Merkmale nicht – im Sinne physikalischer Eigenschaften – präzise definieren kann. Und schließlich stellte sich die Dynamik der Beanspruchungen als ein unheilvolles Charakteristikum der instationär belasteten Bauteile im Kurbeltrieb heraus. Jetzt, da Erfahrungen, Kenntnisse und früher ungeahnte Möglichkeiten in Rechnung und Experiment zur Verfügung stehen, sind die Anforderungen an die Entwicklung nicht nur weiter gestiegen, es sind auch neue hinzugekommen, denn auch der Kurbeltrieb muß seinen Teil dazu beitragen, Energie zu sparen, Schadstoff- und Geräuschemissionen zu senken.

Die einzelnen Bauteile der Funktionsgruppe Kurbeltrieb sind in vielen Schritten entwickelt worden. Vergleicht man z. B. Kurbelwellen verschiedener Maschinenarten und Entwicklungsstandes, dann sind konstruktive Fortschritte offensichtlich. Aber diese sind nur vordergründig – weil ein Ergebnis von Erkenntnissen und Erfahrungen, die sich nicht direkt in Gestalt und Form manifestieren. Jede Technik beruht auf einem gedanklichen Hintergrund, auf Vorstellungen, die man sich von Funktion, Beanspruchung und Verhalten machte. Diese Vorstellungen sind nicht „von selbst" entstanden, vielmehr haben sie sich mühsam entwickelt mit vielen Umwegen und Irrwegen. Die Vielschichtigkeit der Kurbeltrieb-Technik ließ immer wieder Aufgaben zu Problemen werden, zu deren Lösung es erst ein geeignetes Procedere zu finden galt. Widersprüchliche Erscheinungen mußten richtig gedeutet werden als notwendige, keineswegs aber hinreichende Voraussetzung für eine Lösung. Die Erkenntnisse aus verschiedenen Stufen der Abstraktion mußten in Einklang mit anscheinend oder scheinbar widersprüchlichen Erfahrungen des praktischen Maschinenbetriebs gebracht werden, erschwert durch Verständigungsprobleme mannigfaltiger Art: *Theoretiker* konnten sich *Praktikern* nicht verständlich machen, hatten oft genug auch gar kein Interesse daran: *Praktiker sind Leute, die nichts von Mathematik verstehen!* Die gleiche Auffassung kommt – vice versa – in dem Spruch: *Mit akademischem Geschwätz ist noch kein Motor zum Laufen gekommen* zum Ausdruck.

Neben intellektuellem Hochmut behinderten auch soziale Barrieren eine Verständigung. Der Ingenieur, der Techniker, der Mechaniker standen in der sozialen Hierarchie unter dem Gelehrten, auch war das Interesse vieler Gebildeter an konkreten Problemen des Maschinenbetriebs gering. Maschinen waren laut und schmutzig, die Nöte des Personals mit ihren Maschinen ließen sich nicht ohne weiteres in interessante wissenschaftliche Fragen kleiden, die zu lösen gereizt hätte. Oft waren auch unter den Technikern Bereitschaft und Interesse zum Austausch von Erfahrungen nur schwach ausgeprägt; Hindernisse hierbei ergaben sich schon aus den „unterschiedlichen Welten" des Schiff-, Eisenbahn- oder Fabrikbetriebes, in diesem Jahrhundert kamen noch die wiederum anders gearteten Bereiche des Kraftfahrzeugs und des Flugzeugs hinzu. Alles das hat die Entwicklung des Kurbeltriebs beeinflußt.

Zu Beginn des 18. Jahrhunderts begann mit der *atmosphärischen Maschine* („Feuermaschine") von Thomas Newcomen (1663 bis 1729) die Ära der Dampfmaschine; natürlich hatte es Vorläufer gegeben, hier sind vor allem Denis Papin (1647 bis 1712) und Thomas Savery (1650 bis 1715) zu nennen, doch die Newcomen'sche Maschine war die erste dieser Art, die Verbreitung fand. Sie hatte noch keinen Kurbeltrieb: Die oszillierende (hin- und hergehende) Bewegung des „Kraft"-Kolbens wurde mittels eines Balanciers (Waagebalken) auf den ebenfalls oszillierenden „Arbeits"-Kolben einer Pumpe übertragen. Dieser Maschine hafteten noch viele – aus dem Stand der vorindustriellen Technik erklärliche – Mängel an. Die Niederdruckdampfmaschine von James Watt aus dem Jahre 1776 hatte kinematisch den gleichen Aufbau; erst die doppeltwirkende Maschine von 1788 wich von dem herkömmlichen Prinzip der Kraftübertragung ab. Pumpen- oder arbeitsmaschinenseitig wurde die Hubbewegung mittels eines Planetengetriebes in eine Drehbewegung umgewandelt. Nach Erlöschen des einschlägigen Patents wurden das Planetengetriebe durch den

Kurbeltrieb ersetzt. Auch die Balancier-Bauart mit ihren großen bewegten Massen und Raumbedarf wurde zunehmend von anderen Bauarten abgelöst: Die Kurbelwelle wurde oberhalb der Maschine angeordnet, die Kraftübertragung erfolgte durch Winkelhebel sowie zwei- und einarmige Seitenhebel. Verschiedene Arten der Geradführung des Kurbeltriebs wurden angewendet. Lokomotivmaschinen wurden liegend mit Kreuzkopfführung des Triebwerks ausgebildet. Bei Schiffsmaschinen wollte man den Einbauraum verringern, vor allem bei Kriegsschiffen war man interessiert, die Maschinen zum Schutz vor Beschuss unterhalb der Wasserlinie anzuordnen. Hierzu mußte die Bauhöhe verringert werden, was durch Entfall der Kreuzkopfführung des Triebwerks möglich wurde. Andererseits sollten die Maschinen mit Doppelwirkung arbeiten, was kinematisch dadurch ermöglicht wurde, daß man die Zylinder beweglich lagerte, so daß sie der Kolbenstangenbewegung folgend, schwingen konnten: „Oszillierende Maschinen". Die Bemühungen, Masse und Bauraum der Dampfmaschinen zu verringern, gingen weiter. Es folgten die Trunkmaschine, die T-Plattenmaschine und schließlich die direkt wirkende Maschine, bei der der Kolben unmittelbar über Kolbenstange, Kreuzkopf, Pleuelstange auf die Kurbelwelle arbeitet. Erst noch mit oben liegender, dann als Hammermaschinen mit unten liegender Kurbelwelle.

Ein anderer Entwicklungsschritt bestand in der Mehrfachexpansion, bei der die Expansion des Dampfes auf zwei Zylinder aufgeteilt wurde. Hoch- und Niederdruck-Kolben wirkten entweder auf die selbe oder auf beide Seiten des Balanciers; bei balancierlosen Maschinen gemeinsam auf eine oder zwei gleichgerichtete Kröpfungen. Bei Verbundmaschine arbeiten die Hoch- und die Niederdruckstufen mit einem Receiver (Dampfaufnehmer) zwischen den einzelnen Zylindern auf zwei um 90° zueinander versetzten Kröpfungen, was den Anlauf der Maschine erleichterte. Bei großem Leistungsbedarf stationärer Anwendungen baute man Zwillingsmaschinen (parallel angeordnete Zylinder) und Tandemmaschinen (zwei hintereinander angeordnete Kolben arbeiten auf eine gemeinsame Kolbenstange). Bei den größer werdenden Abmessungen erwies sich die liegende Bauart als raumsparend, wartungs- und reparaturfreundlich. Um Einbauraum zu sparen, wurden Dampfmaschinen mit *rückführender* Schubstange gebaut. Da zum Antrieb von Kolbenpumpen keine drehende Bewegung erforderlich ist, wurden hierfür spezielle kurbeltrieblose Dampfmaschinen gebaut, bei denen der dampfbeaufschlagte „Kraft"-Kolben den wasserfördernden „Arbeitskolben" der Pumpe direkt über eine Kolbenstange antrieb: Worthington-Pumpe. Der Drang zu höheren Leistungen führte zu Drei- und Vierfachexpansions-Maschinen in Kreuzkopfbauweise mit unten liegender Kurbelwelle und auf A-förmigen Ständern angeordneten Zylindern, sogenannte Hammermaschinen. Kleine Schnelläufer wurden einfachwirkend als Tauchkolbenmaschinen ausgeführt. Damit war schon im letzten Drittel des 19. Jahrhunderts – was die Grundkonzeption des Antriebsmechanismus anbelangt – die Endstufe des Kurbeltriebs erreicht. Dem entsprach der Verbrennungsmotor in seinen ersten Ausführungen, der atmosphärischen Gaskraftmaschine. Hieraus entwickelte OTTO den nach dem Viertakt-Verfahren arbeitenden Gasmotor. Dieser war als liegende Tauchkolbenmaschine ausgebildet. Kleine Gasmotoren wurden als Tauchkolbenmaschinen, große in Kreuzkopfbauart, meist liegend als Einzylinder- oder Zwillingsmaschinen sowie in Tandembauart hergestellt. Eine Besonderheit ist die von OECHELHÄUSER'sche Gasmaschine mit zwei gegenläufigen Kolben („Gegenkolbenmaschine"): Der eine Kolben arbeitet auf die mittlere, der andere über ein Querjoch auf die beiden benachbarten, um 180° versetzten Kröpfungen. Gleichsam eine Steigerung dieser Triebwerkskonfiguration ist die Gegenkolben-Tandem-Dieselmaschine von HUGO JUNKERS.

Flüssige Kraftstoffe machten die Motoren ortsunabhängig, die Motoren wurden als Antrieb von Land-, Luft- und Wasserfahrzeugen mobil. Die hierfür nötige Leistungsdichte ließ sich nur auf dem Weg über höhere Drehzahlen und mehr Zylinder erreichen. Das hatte natürlich weitgehende Auswirkungen auf den Kurbeltrieb, die schnell aufgezählt sind: Massenwirkungen, Drehschwingungen, Probleme mit der Festigkeit und der Tribologie.

Wurden Dampfmaschinen stets kommerziell oder – als Antrieb von Kriegsschiffen – auch militärisch[56] genutzt, so erschloß sich der Verbrennungsmotoren ein neues Anwendungsgebiet, nämlich das des Freizeitvergnügens Wohlhabender. Die Konstrukteure von solchen Motoren waren nun weniger den strengen Zwängen der Wirtschaftlichkeit unterworfen; im Gegenteil die Forderung nach hoher absoluter und spezifischer Leistung stand jetzt im Vordergrund. So konnten die Konstrukteure ihre konstruktive Phantasie ausleben, mit zum Teil recht ausgefallenen Ergebnissen. Die einseitige Ausrichtung auf hohe Leistungsdichte führte auch zu extremen Konstruktionen. Der für Fahrzeug- und Flugzeugmotoren nötige Leichtbau verlangte Tauchkolbentriebwerke. Ein wesentlicher Unterschied zu den Triebwerken von schnellaufenden Dampfmaschinen bestand in der Zylinderzahl: Fahrzeugmotoren hatten anfänglich zwar auch nur ein, dann zwei Zylinder; aber sehr rasch stieg die Zylinderzahl auf vier und sechs an. Flugzeugmotoren wurden auch mit sternförmiger Anordnung der Zylinder gebaut. Dabei stellten die sogenannten Umlaufmotoren eine kinematische Besonderheit dar: Das Kurbelgehäuse rotierte, die Kurbelwelle stand fest und nahm die Reaktionen auf. Schon vor dem ersten Weltkrieg entstanden Motoren in V- und in W-Bauweise, letztere auch als Fächermotoren bezeichnet. Die Umlaufmotoren verschwanden mit Ende des ersten Weltkrieges, die neuen 12- und 16-Zylinder-V-Motoren waren leistungsfähiger.

Kurz vor der Wende zum 20. Jahrhundert war der Dieselmotor entstanden. Sein konstruktiver Aufbau entsprach dem der Hammer(dampf-)maschine: Der Zylinder stützt sich über einen A-förmigen Ständer auf der Grundplatte ab, auf der die Kurbelwelle gelagert ist. Die Geradführung des Triebwerks erfolgt durch einen Kreuzkopf. Die Leistung der Dieselmotoren wurde ebenfalls über die Zylinderzahl gesteigert, die Motoren wurden mit zwei, drei, vier und sechs Zylindern gebaut, anfangs in Einzelständerbauweise mit entsprechend großen Zylinderabständen, respektive Kröpfungsabständen der Kurbelwelle. Das ergab „weiche" Strukturen, weshalb man die Einzelständer konstruktiv miteinander zum Kurbelgehäuse verband. Einen regelrechten Entwicklungsschub lösten die U-Boote aus mit ihrem Bedarf an leistungsstarken und kompakten Motoren; der erste Weltkrieg gab dieser Entwicklung kräftige Impulse. 1918 baute die MAN[*] Viertakt-Reihenmotoren mit zehn Zylindern, wozu noch die zwei Zylinder des Einblaseluft-Verdichters kamen. Wegen der beengten Raumverhältnisse in U-Booten wurden diese Motoren in Tauchkolbenbauweise ausgeführt. Große Zweitakt-Kreuzkopfmotoren wurden mit sechs Zylindern gebaut.

Nach dem ersten Weltkrieg begann eine stürmische Entwicklung der Kfz-Motoren: Sechs- und Achtzylinder-Reihenmotoren für Pkw und Nfz, dann acht-, zwölf- und sogar sechzehnzylindrige V-Motoren für Pkw, wobei weniger der Leistungsbedarf als vielmehr der Wunsch nach großer Laufruhe der eigentliche Grund für diese Zylinderzahlen war.

Die Entwicklung von luftgekühlten Sternmotoren wurde vor allem in England *(Bristol)* und in den USA *(Pratt & Whitney* und *Curtiss-Wright)* vorangetrieben. Wegen der Restriktionen durch den Versailler Vertrag bzw. das Londoner Luftfahrtabkommen gerieten die deutschen Hersteller mit der Entwicklung leistungsstarker Sternmotoren in Rückstand, der aber bis zum zweiten Weltkrieg mit dem Doppelsternmotor BMW 801 aufgeholt werden konnte. Neben großen Sternmotoren wurde der 12-Zylinder-V-Motor zur Standard-Version, in England, Amerika und in der Sowjet-Union mit stehenden, in Deutschland mit hängenden Zylindern. Außerdem gab es verschiedene Sonder-Konstruktionen wie die W-, X- und H-Motoren. Bei Stern- und Mehrreihen-

---

[56] Auch in Gestalt der Lokomotive wurde die Dampfmaschine militärisch genutzt, aber es gab keine speziell für militärische Zwecke konzipierten Lokomotiven.

[*] Die korrekte Firmenbezeichnung eines über hundert Jahre „alten" Unternehmens wie der MAN hat sich im Laufe der Zeit mehrfach geändert; um den Leser nicht zu verwirren, wird die Bezeichnung MAN durchgehend beibehalten.

motoren gibt es mehrere konstruktive Möglichkeiten, die Pleuel an der Kurbelwellenkröpfung angreifen zu lassen. Jede dieser Konstruktionen hat ihre Vor- und Nachteile, deren Wichtung sich aber mit der Zeit und dem Entwicklungsstand der Motortechnik geändert hat.

Die Triebwerke der Dampfmaschinen waren gleitgelagert; eine andere Möglichkeit gab es damals gar nicht. Das änderte sich mit der der Entwicklung der Wälzlager. Angesichts massiver Probleme mit Gleitlagern in Verbrennungsmotoren setzte man auch Wälzlager im Triebwerk ein, zeitweilig wurde das Wälzlager als verheißungsvolle Alternative zum oft problematischen Gleitlager angesehen. Doch führten grundsätzliche Nachteile, höhere Kosten, aber auch Fortschritte in der Entwicklung von Gleitlagern dazu, daß Wälzlager – von Sonderfällen abgesehen – nicht mehr in Kurbeltrieben eingesetzt werden. Es bedurfte aber einer intensiven und langwierigen Entwicklung, damit die Gleitlager den Anforderungen im Triebwerk genügten. Nach dem ersten Weltkrieg wurden immer mehr Dieselmotoren in der Schiffahrt und auch als Stationärmotoren zum Antrieb von Stromerzeugern und Arbeitsmaschinen eingesetzt, als Vier- und Zweitakt-Kreuzkopfmotoren, einfach- und in Anlehnung an die Dampfmaschinen auch doppeltwirkend.

Kolben in Verbrennungsmotoren sind nicht nur höheren Drücken als in Dampfmaschinen, sondern auch der direkten Einwirkung der kurzzeitig über 2000 °C heißen Verbrennungsgase ausgesetzt. Anfangs ausschließlich aus Gußeisen gefertigt, wurden sie schon in den Flugmotoren im ersten Weltkrieg zum leistungsbegrenzenden Bauteil. Abhilfe versprach der Leichtmetallkolben wegen seiner besserer Wärmeleitfähigkeit, doch dessen Entwicklung war mühsam, aufwendig und wurde von manchen Rückschlägen begleitet. Die große Wärmedehnung der Leichtmetalle mußte konstruktiv und betriebsmäßig beherrscht werden. Neben der thermischen und mechanischen Beanspruchung war es bei den Kolben in Pkw-Motoren das lästige „Kolbenklappern", dessen Beseitigung bzw. Vermeiden außerordentliche Anstrengungen erforderte.

Die Kolben großer Dieselmotoren waren mehrteilig aus Stahl- und Gußeisen gefertigt und mußten deshalb gekühlt werden. Das bedeutete eine beträchtliche konstruktive und betriebsmäßige Komplizierung des Motors. In der zweiten Hälfte der 1930er Jahre hielt der Leichtmetallkolben Einzug auch in diese Motorengattung; somit konnte die Kolbenkühlung entfallen. Auch hier wieder spielten U-Bootmotoren eine Vorreiterrolle. Als die Schiffsdieselmotoren immer höher aufgeladen wurden, zeigte sich, daß nun auch Leichtmetallkolben nicht mehr ohne Kühlung auskamen. Der Schwerölbetrieb, für den die Schiffsmotoren ab Ende der fünfziger Jahre sukzessive ausgelegt wurden, erschwerte den Kolben die Arbeitsbedingungen so nachhaltig, daß man ab Ende der 1960er Jahre wieder auf gebaute Kolben, jetzt aber aus Leichtmetallschaft und Stahloberteil bestehend, überging. Zünddrücke um 150 bar und noch darüber verlangen extrem steife Strukturen, die man durch Monobloc-Kolben (einteilige Sphäroguß-Kolben) oder gebaute Kolben mit Sphäroguß-Unter- und Stahloberteil erreichen will.

Vielfach übersehen, spielt das Schmiermittel eine entscheidende Rolle bei der Funktion nicht nur des Kurbeltriebs. Es muß nicht nur die Reibung verringern, sondern auch Kräfte übertragen, deshalb ist es ebenso ein „Bauteil" des Kurbeltriebs wie Kolben, Pleuel, Kurbelwelle oder Lager. Schmiermittel müssen unter denkbar schlechten Bedingungen „funktionieren": Innerhalb eines weiten Temperaturbereiches – bei niedrigen Temperaturen kalter Winter bis zu den hohen Temperaturen in südlichen Wüstengebieten und in den Tropen –, bei unzulänglicher Filterung, zudem der Einwirkung korrosiver und aggressiver Verbrennungsrückstände ausgesetzt, müssen sie instationäre Kräfte übertragen. Somit mußte das Schmiermittel genau so aufwendig entwickelt werden wie die anderen Bauteile des Kurbeltriebs.

4 Entwicklung des konstruktiven Aufbaus: Von der Balanciermaschine zum Tauchkolben-Triebwerk

Der Kurbeltrieb ist eine alte Funktionsgruppe. Das Prinzip der Umwandlung einer Drehung in eine Translation wurde in seiner einfachsten Form in Gestalt der Handkurbel zum Heben von Schöpfeimern aus Brunnen und zum Antrieb von Winden und Mahlsteinen schon in der Antike, wahrscheinlich noch früher, angewendet. Bei JACOB LEUPOLD[57] findet man folgende Hinweise zur Funktion des Kurbeltriebs:

„ … Eine Kurbel ist nichts anders als ein Hebel, so in die Runde beweget wird … .Die Figur oder der Arm der Kurbel ist entweder gerade, oder krumm. Der Effekt aber der krummen und geraden Arme ist, wenn solche einerley Weite oder Abstand vom Centro und Zapffen haben, allezeit einerley … die krumme Kurbel, dem wirklichen Effekt nach, nicht anders anzusehen, als wenn sie gerade … wäre; nutzet also die Länge und Krümme zum Effekt gar nichts. Daß man solche aber krumm gemacht, erachte ich, daß es daher entstanden sey: Weil die Handwercker allezeit im Wahn gestanden, und auch noch, die Kurbel werde dadurch länger, und tue viel mehr Effect … Von dem Effect der Kurbel ist zu erinnern, wenn solche durch ein Rad oder auf andere Art von der Krafft in die Runde umgetrieben wird, daß sie eine gerade Bewegung machen soll … allda fället wegen der Ungleichheit der Krafft und des Vermögens gar viel zu erinnern vor … Denn weil die Bewegung der Kurbel nur noch einen Teil entweder über sich … oder unter sich … gehet, und ihre empfangene Krafft dahin treibet, und also die Directions-Linie allezeit einerley bleibet, inzwischen aber die Kurbel bey jedem Umgang zweymal zur Linie der Ruhe, und zweymal zum weitesten Abstand kommt, so folget, daß die Krafft ungleich zu arbeiten hat." [81].

Bevorzugt diente der Kurbeltrieb zum Antrieb von Arbeitsmaschinen wie Schleifstein, Töpferscheibe, Drehbank, Drechselbank, Spinnrad, später auch Nähmaschine, bei denen die Hände für die zu verrichtende Arbeit freigehalten werden mußten. Durch Betätigung eines wippenartigen Fußtrittes wurde über Schubstange und Kurbel ein Rad – gleichzeitig als Schwungrad die Bewegung vergleichmäßigend – angetrieben, Bild 1.

Ein anderes, jedermann geläufiges Element des Kurbeltriebs ist die Tretkurbel des Fahrrads.

Detaillierte Angaben über den Kurbeltrieb im Sinne einer Schubkurbelkette findet man in einer Beschreibung von Kolbenpumpen zur Wasserhaltung in Bergwerken des 16. Jahrhunderts von GEORGIUS AGRICOLA (GEORG BAUER[58]); 1494 bis 1555). Der Antrieb (Drehbewegung) erfolgte durch ein Wasserrad, das über ein Vorgelege (Zahnrad und Ritzel mit Triebstockverzahnung), einen Krummzapfen (Kurbel) mit angelenkter Kolbenstange den Pumpenkolben in Bewegung setzte, Bild 2.

„ … Die siebente Bauart der Pumpen wurde vor zehn Jahren erfunden, sie ist von allen die kunstvollste, die dauerhaftetste und zweckdienlichste und kann ohne großen Aufwand hergestellt werden. Sie besteht aus mehreren Pumpensätzen … Die Kolbenstangen aller Pumpensätze hebt und senkt gleichzeitig ein Wasserrad von 15 Fuß Durchmesser, dessen Schaufeln durch den

---

57) JACOB LEUPOLD, 1674 bis 1727, war Mechaniker und verfaßte mit dem *Theatrum Machinarum* ein umfassendes Werk über den Maschinenbau.

58) GEORG BAUER, 1494 bis 1555, hatte, wie zu seiner Zeit vielfach üblich, seinen Namen latinisiert, d.h. er bediente sich der lateinischen Übersetzung des Namens (GEORGIUS AGRICOLA). BAUER hatte eine geisteswissenschaftliche und medizinische Ausbildung genossen und den Grad eines Doktors der Medizin erlangt. Er war Stadtarzt in der Bergbaustadt Joachimsthal und interessierte sich sehr für Bergbau und Hüttenwesen. Mit dem Werk *De re metallica libri XII* gab er einen umfassenden Überblick über den Stand der Technik seiner Zeit über dieses Gebiet.

 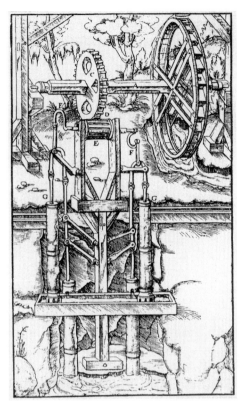

Bild 1 Drehbank mit Wippenantrieb der Kurbel im
Pioneer Settlement-Freilichtmuseum in Swan Hill
(Victoria)

Bild 2 Wasserpumpe mit Antrieb durch Wasserrad und
Kurbeltrieb (16. Jahrh.)

Stoß des durch den Berg zugeleiteten Wassers getroffen werden und es in Umdrehung versetzen. Die Arme des Rades sitzen auf der 6 Fuß langen und 1 Fuß starken Welle. Ihre beiden Enden sind mit eisernen Ringen umbunden. In das eine ist ein Zapfen eingesetzt, in das andere
aber ein Eisen, wie der letztere Teil des Zapfens, 1 Finger stark und so breit wie das Ende der
Welle selbst. Dann ist es rund und etwa 3 Finger stark und steht zunächst 1 Fuß lang gerade heraus, soweit es die Stelle des Zapfens vertritt. Dann ist es umgebogen und steht sichelförmig gekrümmt 1 Fuß lang heraus, endlich bleibt es wieder 1 Fuß lang gerade. Auf diese Weise beschreibt dieser Teil, wenn die Welle gedreht wird, einen Kreis von 2 Fuß Durchmesser. Am äusseren Ende des runden Eisens hängt das erste breite Gestänge …" [82].

Auch zum Ziehen von Eisendraht mit Hilfe der Kraft eines Wasserrades bediente man sich des
Kurbeltriebs. Der Draht wurde mittels einer gekröpften Welle und eines Gurtes durch das Zie-
heisen gezogen (1540) [83]. Ein anderes Anwendungsgebiet bestand in der weiträumigen
Kraftübertragung in Gestalt sogenannter „Stangenkünste", bei denen ein Wasserrad über Kur-
beltrieb und Gestänge eine – bisweilen mehrere Kilometer entfernte – Pumpe antrieb. Solche
Energieübertrager waren noch bis Mitte des 19. Jahrhunderts in Betrieb, so z.B. zwischen
Schwalheim und Bad Nauheim (Hessen). Seine eigentliche Bedeutung erlangte der Kurbeltrieb
aber in Kolbenmaschinen: Dampfmaschinen, Verbrennungsmotoren, Pumpen und Verdichtern.
Millionenfache Anwendung fand der Kurbeltrieb auch im häuslichen Bereich als Antrieb von
(mechanisch betriebenen) Nähmaschinen, Bild 3.

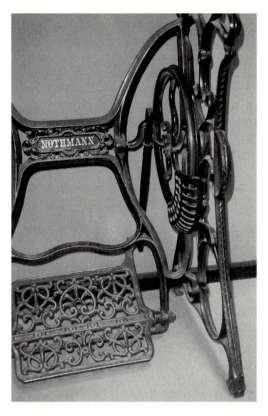

Bild 3
Der Kurbeltrieb im häuslichen Einsatz, wohl jedem
noch vertraut, der in der Vor-Wohlstandszeit aufgewach-
sen ist, als die Mutter noch mit der fußbetriebenen Nähmaschine Kleidung nähte.

Kinematisch betrachtet ist der Kurbeltrieb[59] eine viergliedrige Gelenkkette, bestehend aus einem feststehenden Glied („Gestell"), einer Kurbel und einer Schwinge, sowie einer Koppel,
welche Kurbel und Schwinge verbindet. Beweglich verbunden sind die einzelnen Glieder durch
Drehpaare. Ein (zentrisches) Schubkurbelgetriebe entsteht, wenn ein Drehpaar dieser Gelenkkette durch ein Schiebepaar ersetzt wird, Bild 4.

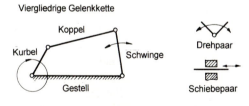

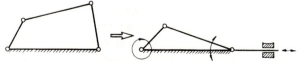

Bild 4 Elemente des Kurbeltriebs (Schema): Viergliedrige Gelenkkette mit einem feststehendem Glied (Gestell), aus
dem ein zentrisches Schubkurbelgetriebe wird, wenn der Drehpunkt der Schwinge im Gestell im Unendlichen
liegt und ein Drehpaar durch ein Schiebepaar ersetzt wird.

---

[59] Das Wort Kurbel läßt sich bis ins 15. Jahrhundert zurückverfolgen; es stammt vom mittelhochdeutschem *Kurbe* her
und wurde aus dem Französischen *(courbe)* entlehnt. Ursprung ist das lateinische *curva* (= gekrümmt).

Mit dem Schubkurbelgetriebe läßt sich eine oszillierende Bewegung in eine Drehbewegung – und umgekehrt – umwandeln. Obwohl das Prinzip des Kurbeltriebes an sich bekannt war und sich bewährt hatte, wurde der Kurbeltrieb im Dampfmaschinenbau in einzelnen Schritten aufs Neue entwickelt und eingeführt. Ein Beispiel dafür, wie vorhandenes Wissen entweder verloren ging oder wegen großer räumlicher Entfernung nicht transferiert wurde; auch beispielhaft dafür, wie gedankliche Schwierigkeiten Wissen- und Erfahrungstransfer behindern und Entwicklungen verlangsamen können.

Ihren stärksten Antrieb erfuhr die Entwicklung der Dampfmaschine aus den Nöten mit der Wasserhaltung in englischen Bergwerken. Die Kolben der hierfür verwendeten Pumpen führten eine oszillierende Bewegung aus. Da sich andererseits der Kolben im Dampfzylinder ebenfalls oszil-

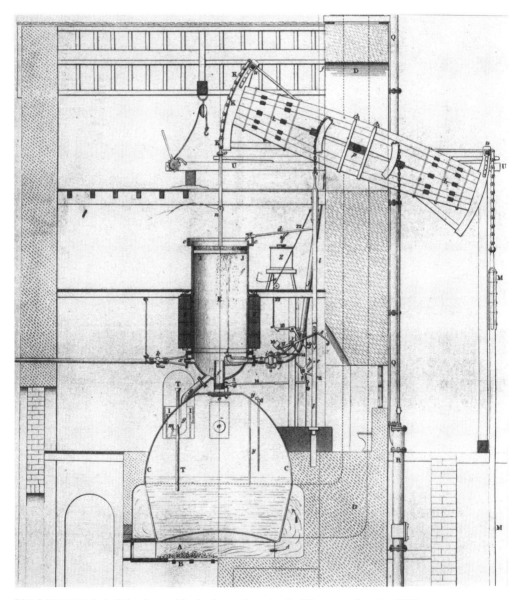

Bild 5 NEWCOMEN'sche Balanciermaschine in einer verbesserten Ausführung von Smeaton, 1772

lierend bewegte, ließ sich die Bewegung von Dampfmaschinen- und Pumpenkolben mittels eines Balanciers (Waagebalken) direkt koppeln („beam-engine"). Um trotz der Schwenkbewegung des Balanciers den Kolben geradezuführen, waren die Balancierenden als Bogensegmente ausgebildet. Hierüber liefen Ketten, an denen die Kolbenstangen befestigt waren (THOMAS NEWCOMEN; 1663 bis 1729), Bild 5.

Die NEWCOMEN'sche Maschine wies noch manche konstruktive Mängel auf. Zahlreiche Verbesserungen wurden von dem Ingenieur JOHN SMEATON (1724 bis 1792) vorgenommen, angefangen von der Dimensionierung der Bauteile über Verbesserungen konstruktiver Details bis hin zur fertigungstechnischen Ausführung.

Nun verlangte aber der überwiegende Teil der Arbeitsmaschinen in der Textil-, Holz- und Metallverarbeitung einen drehenden Antrieb, den die damals praktisch einzige Kraftquelle, das Wasserrad, auch lieferte, nicht aber die Feuermaschine[60]. Man benutzte deshalb Feuermaschinen zum Antrieb einer Pumpe, die ihrerseits in ein Reservoir förderte, von dem aus ein Wasserrad, das dann die Drehbewegung lieferte, beaufschlagt wurde. Das war natürlich eine umständliche Konfiguration – vom Wirkungsgrad ganz schweigen –, hatte aber den Vorteil, daß das Reservoir als Speicher bei Betriebsunterbrechungen diente und überhaupt die Förderung vergleichmäßigte. Es bestand also der Wunsch nach einer direkten Umwandlung von oszillierender in rotierende Bewegung.

1736 hatte ein JONATHAN HULLS (1699 bis 1758) aus London das Patent Nr. 556 für einen Heckrad-Dampfer, angetrieben durch eine atmosphärische Dampfmaschine, mit dem man Schiffe gegen Wind und Tide in den Hafen ziehen konnte, bekommen. In der Patentschrift ist zwar von einer Kurbel (crank) die Rede, nicht aber im Zusammenhang mit der Umwandlung der oszillierenden Bewegung des Kolbens in eine Drehbewegung:

"… This machine, instead of fans, works by two cranks fixed to the hindmost axis, to which cranks are fixed two shafts of proper length to reach the bottom of the river, and which move alternately forward from the motion of the wheels by which the vessel is carried on …" [84].

Dennoch wird HULLS in der technischen Literatur als ein früher, wiewohl verkannter Anwender des Kurbeltriebs beschrieben.

" … This new method was the application of the crank, which now, it is well known, enables us to employ the steam engine as a prime mover in almost every species of machinery …", aber: "… Unfortunately, the public mind was not sufficiently matured to interest itself in the project; and, in consequence, Hulls and his patent were so completely forgotten, that the invention has been subsequently claimed by Mr. Watt …" [85][61]

1757 machte KEAN FITZGERALD, „a gentleman of great scientific acquirements" einen Vorschlag, mittels verzahnter Bogensegmente und eines Sperrklinken-Schaltwerks die gewünschte Drehbewegung zu erreichen [85]. Er wollte damit ein Gebläse (Ventilator) für die Grubenbewetterung (Belüftung) antreiben. Dafür benötigte er eine kontinuierliche Drehbewegung, zudem noch eine Übersetzung von den etwa 12 Hüben der Feuermaschine auf 50 bis 60 Umdrehungen in der Minute. Von dieser Maschine existiert nur eine Beschreibung in den *Philosophical Transactions,* gebaut wurde sie nicht. Dennoch wurde das Prinzip des Zahnstangenantriebs von Rädern oder Bogensegmenten mit Sperrklinke und Freilauf in verschiedenen Varianten vorgeschlagen und angewendet, so erhielt 1797 MATTHEW WASBROUGH ein Patent für Verbesserungen an der Feuermaschine, denen ein solcher Mechanismus zugrunde lag. Dabei sah WASBROUGH

---

[60] Da die atmosphärischen und die Dampfmaschinen ihre Energie „aus dem Feuer" bezogen, wurden sie anfangs als *Feuermaschinen* bezeichnet.

[61] Die letzte Behauptung in diesem Zitat trifft nicht zu, JAMES WATT hatte niemals den Kurbeltrieb als seine Erfindung bezeichnet.

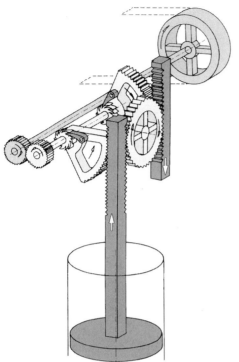

Bild 6
Umwandlung einer hin- und hergehenden Bewegung in eine
Drehung mittels eines Zahnstangengetriebes von Fitzgerald
bzw. Wasbrough (1797)

als erster ein Schwungrad für eine Feuermaschine vor, das – auf einer zweiten Welle gelagert –
mittels eines Vorgeleges angetrieben wurde:

"… The advantage of this auxiliary proved so great in practice, that Mr. Wasbrough was enable
to make a few of these engines, which were used for some time; one was in his own workshop at
Bristol for turning lathes; anonther were made for grinding corn …" [86].

Auf diesen Mechanismus näher einzugehen, lohnt sich, weil man daran erkennt, was der Kurbeltrieb mit der Umwandlung von oszillierender in rotierende Bewegung leistet, und wie unbe-
holfen und aufwendig Mechanismen sind, die ihn ersetzen sollten[62]. Die Wasbrough'sche Maschine, Bild 6, funktionierte wie folgt:

Die mit einer Verzahnung versehene Kolbenstange kämmt mit einem Zahnrad, auf dessen Ge-
genseite eine zweite Zahnstange eingreift; somit bewegen sich die beiden Zahnstangen gegenläufig. Beide Zahnstangen sind auf der der verzahnten Seite benachbarten Seite nochmals
verzahnt und treiben damit je ein verzahntes Bogensegment an. Diese Bogensegmente sind auf
einer gemeinsamen Welle gelagert und übertragen ihre Schwenkbewegung mittels einer Sperrklinke so auf die Welle, daß beim Aufwärtsgang der Zahnstangen die Welle angetrieben, beim
Abwärtsgang der Freilauf wirksam wird. Wenn sich die Kolbenstange nach oben bewegt, treibt
sie die Welle über das besagte Bogensegment an; das Bogensegment der sich auf der anderen
Zahnradseite abwärtsbewegenden Zahnstange ist im Freilauf. Bei Bewegungsumkehr der
Kolbenstange läuft deren Bogensegment im Freilauf, die Zahnstange auf der anderen Seite
bewegt sich nach oben und treibt die Welle an.

---

[62] Das Gleiche gilt auch für andere Fundamental-Mechanismen wie z. B. das Rad: Welchen Aufwand man treiben
muß, um das Rad zu ersetzen, zeigt die Magnetschienenbahn *Transrapid*.

Unter anderen wurde ein solche Maschine 1780 in Birmingham aufgestellt, deren Räderwerk sich als so störanfällig erwies, daß das Maschinenpersonal das Räderwerk durch einen Kurbeltrieb ersetzte:

"… the ratchet work was all removed, and a simple crank substituted, the fly wheel only being retained. The engine answered so much better than any thing which had been tried before, that the same principle has been followed ever since …" [86].

Das war eine bedeutende Besserung, nicht zuletzt auch dadurch, daß der Kurbeltrieb – gleichsam selbsttätig – den Hub des Kolbens begrenzte. Denn damit hatte es erhebliche Schwierigkeiten gegeben, wenn nämlich der Kolben zu heftig an den Zylinderdeckel schlug; das beanspruchte natürlich auch das Balancier, Bild 7.

„… Da eine Hubbegrenzung in dem Arbeitsgang der Maschine ohne weiteres nicht gegeben war und das ‚Aufsetzen‘ oder ‚Durchschlagen‘ der Maschine bei den ersten Ausführungen sich unangenehm bemerkbar machte, so kam man auf die Idee, die Enden des Balanciers innerhalb seiner Hublänge mit Stricken an dem Gebäude festzubinden. Die Gewalt, mit der diese Stricke bei zu langen Hüben beansprucht wurden, wird gezeigt haben, wie ungenügend diese Einrichtung war. Die Stricke wurden deshalb bald durch federnde Holzbalken ersetzt, auf die am Balancier angebrachte Vorsprünge aufschlagen mußten, sobald der normale Hub überschritten wurde …" [87].

Man kann sich vorstellen, wie sehr das die Maschinenteile beansprucht haben muß; so nimmt es nicht wunder, daß man sukzessive dazu überging, die Maschinenteile aus Eisen zu fertigen, zuletzt wurde auch das Balancier auf Eisen umgestellt.

Auch JAMES WATT hatte sich bei seinen ersten Niederdruckmaschinen – als Pumpenantrieb vorgesehen – mit oszillierendem Abtrieb begnügt. Das oben beschriebene harte Aufschlagen des Balanciers nährte die Befürchtung, daß mit Überbeanspruchung und Selbstzerstörung der Ma-

Bild 7 Balancier einer einfach wirkenden Pumpenmaschine von *Boulton & Watt* (1777)

schine zu rechnen sei, wenn man den Hub, der – wie man glaubte – vom Dampfdruck bestimmt werde, durch einen Kurbeltrieb begrenze. Dennoch war sich JAMES WATT der Vorteile des Kurbeltriebs sehr wohl bewußt, zumal ihn sein Partner, der Fabrikant MATTHEW BOULTON (1728 bis 1809), dazu überredete, Dampfmaschinen mit drehendem Abtrieb („rotative engine") zu bauen. Gleichzeitig wollte WATT die Leistung seiner Dampfmaschinen durch wechselseitiges Beaufschlagen der Kolbenober- und -Unterseite steigern („doppeltwirkende Maschine"), mit dem Nebeneffekt, daß sich dadurch die Kraftabgabe vergleichmäßigte und die Maschine ruhiger lief. Es stellten sich ihm also zwei grundsätzliche Aufgaben, die Umwandlung der oszillierenden Bewegung des Dampfkolbens in eine Drehbewegung und die Auslegung der Kraftübertragungsteile für Zug und Druck. Die erste Aufgabe ließ sich mit dem Kurbeltrieb lösen. JAMES WATT selbst bemerkte hierzu:

"… the true inventor of the crank rotative motion was the man, whose name, unfortunately, has not been preserved, who first contrived the common foot-lathe. The applying to the steam-engine was merely taking a knife to cut cheese which had been made to cut bread …" [88].

Doch es gab die erwähnten Bedenken, ob und wie ein Kurbeltrieb mit dem Kolben zusammenarbeiten könne:

"… However, neither Watt nor anyone else realised how a flywheel in combination with the crank would regulate the stroke of the piston and carry the crank over the dead centres …" [89].

Nun hatte sich 1780 ein Birminghamer Knopffabrikant, JAMES PICKARD, den Kurbeltrieb patentieren lassen[63] [88], so daß WATT nach Wegen suchen mußte, dieses Patent zu umgehen. Das gelang ihm mit einem Planetengetriebe. Bei dieser Anordnung kämmt ein mit der Pleuelstange starr befestigtes Zahnrad („Planetenrad"), das mit seiner Achse in einer kreisförmigen Nut geführt wird, mit dem gleich großen Sonnenrad. Aufgrund des Bewegungsablaufes dieser Konstruktion drehte sich das Sonnenrad mit der doppelten Drehzahl eines „normalen" Kurbeltriebes. Dadurch konnte das Schwungrad leichter gehalten werden, Bild 8.

Kinematisch entspricht dieses Getriebe dem Kurbeltrieb. CHRISTOPH BERNOULLI bemerkt hierzu in seiner *Dampfmaschinenlehre* treffend:

„ … Übrigens ist genau betrachtet das sogenannte Planetenrad (sun and planet wheel), das er statt derselben anbrachte, nichts anderes als eine maskierte Kurbelvorrichtung …" [90].

Nach Erlöschen des PICKARD'schen Patents ging WATT zum normalen Kurbeltrieb über, weil das Planeten-Getriebe aufwendig und – beim damaligen Stand der Fertigungstechnik – auch betriebsmäßig problematisch war. Anscheinend wurde das PICKARD'sche Patent nicht allzu sehr respektiert, denn FAREY vermerkt hierzu: "It does not appear that Mr. Pickard's patent was acted upon, although engines with a simple crank and fly-wheel began to be used very soon after …" [86].

Der Kurbeltrieb stellt eine entscheidende Verbesserung der Kolbenmaschine dar. GALLOWAY spricht in diesem Zusammenhang von "the beautiful addition of the crank to the steam engine" [91]. Der Kurbeltrieb ist uns heute so selbstverständlich, daß man sich nicht vorstellen kann, welche gedanklichen Schwierigkeiten er vor zweihundert Jahren bereitet und welche Vorbehalte gegen ihn bestanden hatten. Ein wenig kann man sie aus der Ausführlichkeit, mit der FAREY in seinem Buch über die Dampfmaschine hierauf eingeht, erahnen.

"… The effort which the piston can exert upon the crank and fly-wheel to turn it continuously, is extreme variable throughout the difference periods of the stroke. At the first beginning of the stroke, the crank being in line with the spear of connecting rod, the force of the piston begins to

---

[63] In [88] wird das – ohne Namen zu nennen – wie folgt geschildert: "… It was a mertorious application, however, devised by Watt …, and was stolen from him by a man who spied out the design from a sketch and conversation of Watt's workmen …"

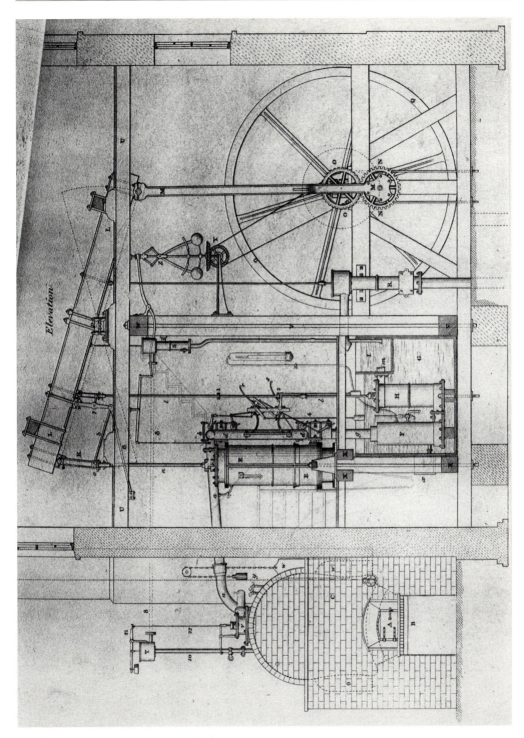

Bild 8 Mr. WATT's Patent Rotative Steam Engine

operate upon the crank to turn it round, and this operation increases with the angle at which the connecting rod acts upon the crank, until near the middle of the stroke, when they are at right angles to each other, the whole force of the piston becomes operative to turn the crank. As the motion continues onwards in the circle, the crank begins to approach again towards the line of the connecting rod, and therefore the power which the latter can exert upon the crank to turn it round, diminishes until the end of the stroke, when they come once more into a line, and then there can be no farther action to turn the crank …" [86].

Als Vorteil des Kurbeltriebs wurde nicht nur die Umwandlung der oszillierenden in rotierende Bewegung, sondern vor allem das „genaue Abmessen" des Kolbenhubs hervorgehoben, was einen kleineren schädlichen Raum[64] zuließ. Bislang mußte man – eben wegen der kinematisch nicht eindeutigen Totpunkte des Kolben aus Sicherheitsgründen den Abstand zum Zylinderdeckel größer wählen. Der Kurbeltrieb verbesserte also auch die Bedingungen für den thermodynamischen Prozeß. Und schließlich erkannte man, daß der Kurbeltrieb in der Lage war, (kinetische) Energie zu speichern: "by the action of the crank, all their energy is faithfully transmitted by the crank to the fly-wheel, in aid of its motion" [92]. Mit der Formulierung *faithfully* sollte der zur Zeit der Einführung des Kurbeltriebs verbreiteten Befürchtung, der Kurbeltrieb bewirke einen Leistungsverlust, entgegengetreten werden.

Beim doppeltwirkenden Kolben werden die Kraftübertragungs-Elemente in beiden Richtungen, also auf Zug und auf Druck, beansprucht. Das bisher angewendete Prinzip der Bogensegmente mit Ketten zur Geradführung der Kolben konnte deshalb nicht mehr angewendet werden. Kolbenstange und Balancier mußten jetzt formschlüssig miteinander verbunden werden. Das verlangte gesonderte Maßnahmen zur Geradführung des Kolbens, denn die Stopfbuchsendichtung im Zylinderdeckel erlaubt keine Schwenkbewegung der Kolbenstange. WATT löste diese Aufgabe ingeniös mit einer – seitdem nach ihm benannten – Parallelführung: Die Kreisbogenbewegung des Anlenkpunktes der Kolbenstange am Balancier wird durch die ebenfalls kreisförmige Bewegung eines gegenläufigen Lenkers kompensiert, wobei der Lenker mittels vier Verbindungsstangen („Parallelogramm") mit dem Balancier gekoppelt ist, Bild 9.

Allerdings liefert ein solches Parallelogramm keine exakte, sondern nur eine angenäherte Geradführung. Die Ungenauigkeit liegt aber im Bereich der Lagerspiele, so daß sie sich nicht störend bemerkbar machte.

„ … WATTS Lösung war nur angenähert, und trotz der Bemühungen vieler angesehener Mathematiker blieb das Problem der Konstruktion eines Gelenkmechanismus, der einen Punkt genau auf einer Geraden bewegt, ungelöst … Es gab eine große Überraschung, als im Jahre 1864 der französische Marineoffizier PEAUCELLIER einen einfachen Gelenkmechanismus erfand, der das Problem löste …" [93].

Neben der WATT'schen gab es noch andere Formen der Geradführung, denen mit der WATT'schen gemeinsam die ihnen zu Grunde liegende technische Kreativität ist.

- Bei der Geradführung von EDMUND CARTWRIGHT (1743 bis 1823) von 1797 arbeitet der Kolben über eine T-förmige Kolbenstange auf zwei Pleuelstangen, die gegenläufig über Kurbeln zwei Zahnräder antreiben, welche ihrerseits das Abtriebsrad mit dem Schwungrad antreiben. Die Geradführung erfolgt also durch den gegenseitigen Ausgleich der Seitenkräfte zweier Triebwerke, Bild 10.

---

[64] Der *schädliche Raum* ist der Raum zwischen dem Kolben in der Totlage (OT, bei doppeltwirkenden Maschinen auch UT) und dem Zylinderdeckel. Er wird als *schädlich* bezeichnet, weil er den Dampfverbrauch erhöht, also den Wirkungsgrad verschlechtert.

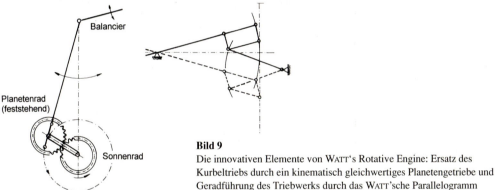

Bild 9
Die innovativen Elemente von WATT's Rotative Engine: Ersatz des
Kurbeltriebs durch ein kinematisch gleichwertiges Planetengetriebe und
Geradführung des Triebwerks durch das WATT'sche Parallelogramm

- HENRY MAUDSLEY (1771 bis 1831) baute 1807 seine sogenannte Tischmaschine mit einer Geradführung durch Rollen. Der Zylinder ist auf einem Tisch angeordnet, unterhalb des Zylinders ist die zweihübige Kurbelwelle gelagert. Die nach oben gerichtete Kolbenstange trägt ein Querhaupt, das beiderseits mit Rollen in Führungsbahnen geführt wird. An dem Querhaupt ist auf jeder Seite eine Pleuelstange angelenkt, die auf die beiden Kröpfungen der Kurbelwelle arbeiten. Prinzipiell entspricht diese Konfiguration dem oberen Kolben mit Triebwerk der JUNKERS'schen Gegenkolbenmaschinen.

- Das Wirkungsprinzip der Geradführung von OLIVER EVANS (1755 bis 1818) besteht darin, daß eine Strecke, die mit ihren Endpunkten in zwei gleich langen, senkrecht zueinander angeordneten Geraden geführt wird, mit ihrem Mittelpunkt einen Kreis vom Durchmesser der Streckenlänge durchläuft. Führt man eine Lenkerstange mit dem einen Anlenkpunkt auf einer Geraden und zwingt den Mittelpunkt des Lenkers eine Kreisbewegung auf, dann vollführt der andere Anlenkpunkt des Lenkers eine geradlinige Bewegung. „Statt durch eine kurze Geradführung den einen Punkt waagerecht zu führen, ließ EVANS ihn mit genügender Genauigkeit um einen langen Hebelarm schwingen, den er zugleich als Tragstütze des ganzen Systems ausbildete ..." [94]. Die EVANS'sche Geradführung wurde vielfach angewendet, am

Geradführungen des Kurbeltriebs (1)

Bei doppeltwirkenden Kolbenmaschinen muß der Arbeitsraum mittels einer Stopfbuchsendichtung gegen die durch den Zylinderboden führende Kolbenstange gedichtet werden, was eine – in den Grenzen von Fertigungs- und Spieltoleranzen – geradlinige Bewegung der Kolbenstange voraussetzt. Diese kann kinematisch und konstruktiv auf verschiedene Weise dargestellt werden. Diese Geradführungen wurden aber schon seit der zweiten Hälfte des 19. Jahrhunderts zugunsten der Kreuzkopfführung aufgegeben.

Das Prinzip des WATT'schen Parallelogramms beruht darauf, daß bei Drehung eines Balanciers um seinen Auflagerpunkt sich der Anlenkpunkt einer Kolbenstange auf einem Kreis bewegt. Die Abweichung dieser Kreisbahn von der Geraden läßt sich durch die Kreisbahn eines Gegenlenkers ausgleichen. Raumsparender ist das WATT'sche Parallelogramm, bei dem am abtriebsseitigen Ende des Balanciers drei Stangen so mit einander beweglich angeordnet sind, daß sie zusammen mit einem Teilstück des Balanciers ein Parallelogramm bilden. Diagonal zum Anlenkpunkt dieses Parallelogramms mit dem Balancier greift eine Lenkerstange an, deren anderes Ende entgegengesetzt zum Drehpunkt des Balanciers am Gestell angelenkt ist. Die einander entgegengerichteten Bewegungen von Balancier und Lenker gleichen sich durch Verformung des Parallelogramms so aus, daß sich der Anlenkpunkt der Kolbenstange (nahezu) gerade bewegt.

Das Wirkungsprinzip der EVANS'schen Geradführung besteht darin, daß eine Strecke, die mit ihren Endpunkten in zwei gleich langen, senkrecht zueinander angeordneten Geraden geführt wird, mit ihrem Mittelpunkt einen Kreis vom Durchmesser der Strecken-

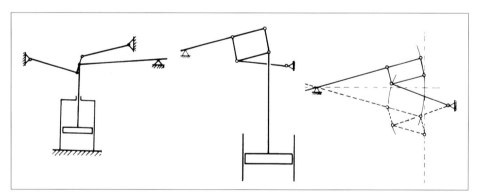

länge durchläuft. Führt man einer Lenkerstange mit dem einen Anlenkpunkt auf einer Geraden und zwingt dem Mittelpunkt des Lenkers eine Kreisbewegung auf, dann vollführt der andere Anlenkpunkt des Lenkers eine geradlinige Bewegung.

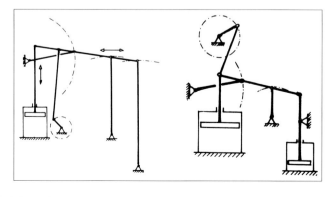

Geradführungen des Kurbeltriebs (2)

CARTWRIGHT ließ an den Endpunkten des Querbalkens einer T-förmigen Kolbenstange zwei Triebwerke gegensinnig angreifen, wodurch sich deren Seitenkräfte gegenseitig ausglichen und dadurch die gerade Bewegung der Kolbenstange bewirkten.

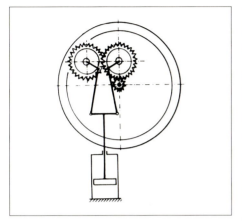
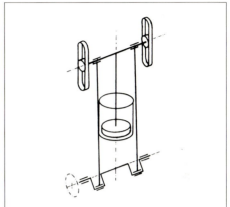

MAUDSLEY bewirkte die Geradführung durch eine Rollenführung der Kolbenstange, was prinzipiell einer Kreuzkopfführung entspricht.

Hypozykloiden-Geradführung

Jeder Punkt eines Kreises, der auf der Innenseite eines Kreises von doppeltem Durchmesser abrollt, beschreibt eine Gerade. Läßt man an der Eingriffslinie des kleine Kreises die Kolbenstange angreifen, dann bewegt sich diese rein oszillierend, und es findet keine Schwenkbewegung statt.

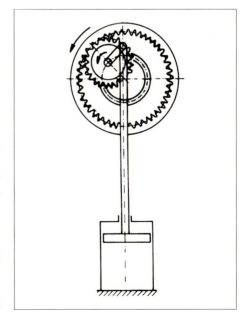

Kreuzkopf-Geradführung

Kolben- und Pleuelstange sind gelenkig miteinander verbunden, wobei dieses Gelenk in einer geraden Führungsbahn des Gestells läuft. Diese Führungsbahn nimmt auch die Seitenkraft des Triebwerks auf. Kreuzkopfführungen wurden bevorzugt bei Lokomotivmaschinen angewendet.

Beim Tauchkolbentriebwerk muß der Kolben die Geradführung des Triebwerks übernehmen, was allerdings eine ausreichende Führungslänge des Kolbens erfordert.

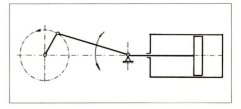

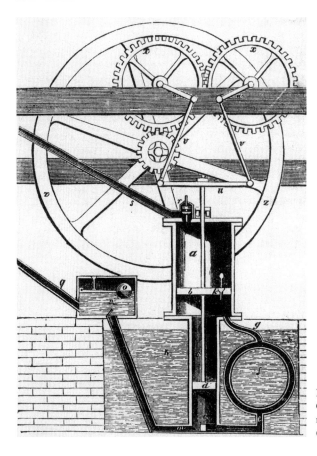

Bild 10
CARTWRIGHT's direkt wirkende Dampfmaschine
mit Geradführung durch Doppeltriebwerk
(1797)

markantesten wohl 1837 in den Antriebsmaschinen der britischen Fregatte *Gorgon,* mit 1150 to Wasserverdrängung damals das größte Kriegsschiff der Welt.

● MATTHEW MURRAY (1675 bis 1826) bediente sich 1802 einer JAMES WHITE zugeschriebenen Hypocycloiden-Geradführung, wie sie gut hundert Jahre später für Flugzeug-Umlaufmotoren von BUCHERER in Deutschland und BURLAT in Frankreich aufgegriffen wurde: Jeder Punkt eines Kreises, der auf der Innenseite eines Kreises von doppeltem Durchmesser abrollt, beschreibt eine Gerade. Läßt man an der Eingriffslinie des kleinen Kreises die Kolbenstange angreifen, dann bewegt sich diese rein oszillierend, und es findet keine Schwenkbewegung statt, Bild 11.

● 1800 wendete PHINEAS CROWTHER eine WATT'sche Geradführung an, bei der an den beiden Enden eines Schwenkhebels an der Verbindung von Kolben- und Pleuelstange je ein Schwinghebel, in entgegengesetzte Richtung wirkend, angriffen. Die Maschine arbeitete direkt, d.h. ohne Banlancier auf die oberhalb des Zylinders gelagerte Kurbelwelle: "… Mr. Crowther constructed several good engines on this plan, which were found to succeed very well …" [95].

Balancier-Maschinen wurden noch bis in die zweite Hälfte des vorigen Jahrhunderts gebaut. Ein Vorteil dieser Bauart war, daß man die Pleuelstange, aber auch den Kolbenhub lang ausführen konnte. Das bedeutete geringe Kolbenseitenkräfte, geringe Reibung und Abnützung der Zylinder, Vorteile, die offensichtlich sehr hoch eingeschätzt wurden. Gravierende Nachteile waren der enorme Raumbedarf solcher Maschinen, ihre große Masse und vor allem die großen bewegten

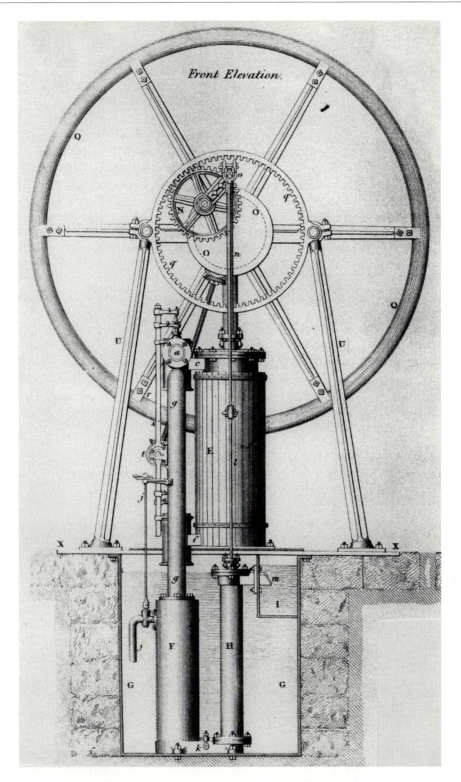

Bild 11 Dampfmaschine mit Hypocycloiden-Geradführung, gebaut 1802 von Fenton, Murray & Wood

Massen. Deshalb suchte man nach anderen Lösungen. Die direkt wirkende Maschine, Maschinen ohne Blancier, gab es schon sehr früh. CARTWRIGHT hatte bereits 1800 eine direkt wirkende Maschine mit obenliegender Kurbelwelle gebaut. Vornehmlich Lokomotivmaschinen mußten kompakt und leicht bauen, weshalb sich hier praktisch von Anfang an die direktwirkende Maschine – Kolben, Kolbenstange mit Geradführung durch Kreuzkopf, Pleuelstange und Kurbelachse – durchsetzte. Konstruktive Variationsmöglichkeiten boten die Lage und Zahl der Zylinder: Waagerecht oder schräg, innerhalb oder außerhalb des Lokomotivrahmens liegend. Somit liefen verschiedene Entwicklungsrichtungen parallel: Die gedrängte Lokomotivmaschine, die Balanciermaschine, die in verschiedenen Stufen in ihren Abmessungen verkleinert und in ihren Eigenschaften verbessert wurde, und die oszillierenden Maschinen. (Auf letztere wird später noch eingegangen.) Das ist insofern verwunderlich, weil man annehmen sollte, daß mit der direkt wirkenden Kreuzkopfmaschine der Weg vorgezeichnet gewesen sei. Aber wie auch später bei den Verbrennungsmotoren hat es – anscheinend – nur wenig Kommunikation und Erfahrungsaustausch zwischen unterschiedlichen Branchen, hier: Lokomotivbauer und Eisenbahngesellschaften, dort Betreiber stationärer Maschinen und Reedereien, gegeben. Sowohl für stationären Einsatz, als auch – und mehr noch – für den Schiffsbetrieb suchte man die Bauhöhe der Maschinen zu verringern.

„ … Die Schiffsmaschinen sind aus verschiedenen Gründen in ihrer Construction von den am Lande gebräuchlichen, stationären verschieden. Bei diesen ist man hinsichtlich des Raumes gar nicht beschränkt. Man kann den Condensator und die Luftpumpe in den Boden einlassen, und allen Theilen jede beliebige Dimension geben. Hier begrenzen die Lieger am Boden des Schiffes die Ausdehnung derselben nach unten zu; nach oben kann sie sich auch meistens nicht über das Deck erstrecken. Bei Kriegsschiffen sucht man die Maschine ganz unter den Wasserspiegel zu bringen, um sie gegen die Wirkung feindlicher Projektile möglichst vollständig zu schützen.- Jeder Fussbreit Raum, um welchen die Maschine verkürzt werden kann, kommt dem Schiff zu Gute, und wird für die Schiffsequipage, für Vorräthe, Kohlen, Passagiere und Waaren verfügbar …“ [96].

1802 entstand die Winkelhebelmaschine mit – wie der Name verrät – winkelförmigem Balancier, Bild 12.

In den USA gab man für Flußboote Maschinen mit hoch angeordnetem Balancier den Vorzug („Hochbalancier-Maschinen"), Bild 13.

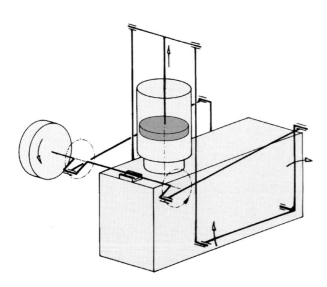

Bild 12
Winkelhebelmaschine (Schema)

Bild 13
Hochbalancier-Maschine zum Antrieb von
Flußbooten in den USA

Diese Maschinen waren in ihrer Größe eindrucksvoll. Das wurde auch damals so empfunden, wie aus Formulierungen einer Beschreibung im *Engineer* herauszulesen ist:

"… The engine is placed on the centre line of the vessel occupying a well enclosed space which extend up through the superstructure … through which the passengers may watch the solemn and stately movement of the great piston-rod and connecting-rod. The cylinder is of enormous size … A conspicious feature of the engine is the great working beam, or so called 'walking-beam'. The bearings of which are carried by pillow blocks supported on two high A-frames, or 'gallows-frames', having their feet built into heavy keelsons, which form a part of the hull framing. In the smaller and older boats theses frames are built up of massive timbers, but in larger vessels, they are of iron or steel in the form of box girders. On the lower part of the gallows-frames is formed the support for the main bearings of the shaft. The gallows frames project considerably above the uppermost deck, and the beam is usually in full view … No parallel motion is used at the head of the piston-rod, this having been eliminated by Stevens, who fittet girders for the crosshead and connected the crosshead to the beam …" [97].

In Europa favorisierte man Maschinen mit beiderseits der Maschine tiefliegenden Balanciers, sogenannte Seitenhebel-Maschinen. Zweck dieser Bauart war, Einbauhöhe für die Maschine zu sparen und eine günstigere, weil tiefere Schwerpunktslage zu bekommen. Da der Antrieb der Schiffe durch Schaufelräder erfolgte, mußte die Kurbelwelle hoch genug liegen, um die Schaufelräder direkt antreiben zu können. Mit Rücksicht auf die letzte Forderung wurden Balancier-Maschinen noch in Flußschiffe eingebaut, als sich bei seegehenden Schiffen der Schraubenantrieb durchgesetzt hatte. Bei den Seitenhebel-Maschinen gab es zwei Ausführungen:

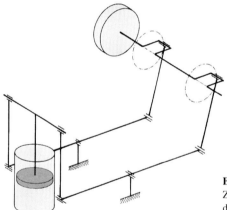

Bild 14
Zweiarmige Seitenhebelmaschine: Antriebsmaschine und Schema
des Dampfers Pacific (1849)

• Zweiarmig/zweiseitig mit in der Mitte gelagerten Seitenhebel, sie wiesen also beiderseits des
Drehpunktes einen Arm auf, was einen weitgehenden Massenausgleich ergab, so daß sich
diese Maschinen leicht anfahren ließen, Bild 14.

„ … Die zweiarmigen Seitenhebelmaschinen sind nachweislich zuerst von Boulton & Watt
für die kleinen Clydeboote ‚Prince of Orange' und ‚Princess Charlotte' im Jahre 1814 ausgeführt, und darauf fast ein halbes Jahrhundert hindurch mit ganz unwesentlichen Aenderungen
nicht nur von vielen englischen Schiffsmaschinenbauern, sondern auch von manchen Firmen
anderer Länder nachgeahmt worden … Zunächst waren die Gewichte ihrer bewegten Teile so
gut gegeneinander ausgeglichen, dass sich der Dampfkolben im Ruhezustande immer nahezu
im Gleichgewicht befand, es also nur eines geringen Dampfdruckes bedurfte, um ihn nach
der einen oder nach der anderen Richtung in Bewegung zu setzen. So lange die beiden Kurbeln zusammengekuppelt waren, sprangen diese Maschinen also sehr gut an, was heute noch
für den Schiffsbetrieb von größter Wichtigkeit ist … Die grosse Länge der Pleuelstange, wel-

che oft das fünffache des Kurbelradius überschritt … begünstigte eine gleichmäßige, mit wenig Verlusten verknüpfte Übertragung des Kolbendruckes auf die Kurbel. In Verbindung hiermit konnte bei der geringen, 1 m meist nicht viel übersteigenden Kolbengeschwindigkeit … innerhalb der Maschinen eine nur verhältnismäßig kleine Reibungsarbeit erzeugt werden, wodurch ihr Nutzeffekt gehoben und ihre Abnutzung und Ausbesserungsbedürftigkeit wesentlich beschränkt wurde …" [98].

- Einarmig/einseitig mit Lagerung des Seitenhebels an einem Ende. Dadurch ließ sich der Drehpunkt der Seitenhebel tief legen, was den Kraftfluß verbesserte, weil es ihn verkürzte: Die Kräfte konnten von den Lagern der Seitenhebel direkt auf das Schiffsfundament übertragen werden. Außerdem ließen sich die Kurbelwellengrundlager konstruktiv an das Zylindergehäuse anbinden, somit die Maschinenstruktur versteifen. Bei Stillstand der Maschine zogen die Seitenhebel durch ihr Gewicht den Kolben aus seinen Totlagen – sowohl aus dem oberen (OT) als auch aus dem unteren Totpunkt (UT) –, wenn man Pleuelstange und Balancier geschickt einander zuordnete. Die Maschine ließ sich jederzeit problemlos anfahren. Für Flußschiffe und Schlepper, in die solche Maschinen bevorzugt eingebaut wurden, ein nicht zu unterschätzender Vorteil.

   „ … Ein Vergleich der jüngeren einarmigen Seitenhebelmaschine mit der älteren zweiarmigen lässt bei der ersteren die Erfolge des Strebens nach einer gedrungeneren, weniger Raum und Gewicht beanspruchenden Konstruktion deutlich hervortreten. Durch die Verbindung der Kurbelwellenlagerarme mit den Cylindern, unter gleichzeitigem Fortfall von 4 Fundamentsäulen, ist ein festerer Aufbau geschaffen, als in den alten Maschinen erreicht werden konnte …" [98], Bild 15.

Einen Nachteil hatten die Seitenhebelmaschinen allerdings: Bei schweren Triebwerksschäden kam es vor, daß ein Seitenhebel, von seinen Bindungen befreit, den Schiffsboden durchschlug.

„ … bei den alten Maschinen mit doppelten, unten liegenden Balanciers, deren hinteres Ende durch ein T-förmiges Schmiedestück mit der Pleuelstange verbunden war, brach dieses sehr häufig, und oft führte das zum Untergang des Schiffes. Auch bei den großen Dampfern ‚Arctio‘, ‚Franklin‘, ‚Humboldt‘, über deren Ende man nie etwas erfahren hat, vermutet man den Bruch dieses T-Stückes als Ursache des Untergangs …" [99].

Von Kriegsschiffen wurde verlangt, daß ihre Maschinen vollständig oder möglichst tief unter der Wasserlinie angeordnet waren, um sie vor den Einwirkungen feindlichen Beschusses zu schützen. Das vertrug sich nicht mit der raumgreifenden Bauweise der Balanciermaschinen. Somit galt es einerseits niedrige Maschinen zu bauen, die aber andererseits in Hinblick auf geringe Geradführungskräfte (Gleitbahnkraft) ausreichend lange Pleuelstangen haben sollten. Durch Entfall dieses Balanciers kam man schrittweise zur direktwirkenden Maschine, bei der die Geradführung des Kolbens durch einen gleitschuhartigen Kreuzkopf erfolgte. Auch hier gab es verschiedene Lösungen: Der Kurbeltrieb wurde gleichsam „umgeknickt", Tiefanlenkung der Pleuelstange, rückkehrende Pleuelstange und die Trunkmaschine.

- Mit der bereits erwähnten Maudsley'sche Tischmaschine wird Bauhöhe dadurch gespart, daß Kolben und Kolbenstange nicht von der Kurbelwelle weg, sondern zu ihr hin angeordnet sind. Der Kurbeltrieb ist quasi „umgeknickt".

- Bei der T-Platten-Maschine hat der Kolben zwei Kolbenstangen, die durch Querjoch verbunden sind, dem sich senkrecht zum Kolben hin die Kolbenstange anschließt, so daß Querjoch und Stange die Form eines T haben. An dem kolbennahen Ende der Stange ist die Pleuelstange angelenkt. Damit wird erheblich die Bauhöhe verkürzt. Diese Bauart geht auf MAUDSLEY zurück, der zunächst zwei Zylinder so anordnete, daß ihre Kolbenstangen durch ein T-förmiges Querjoch verbunden waren. Das untere Ende des T lief in einer Kreuzkopf-Führung zwi-

schen den beiden Zylindern. Später wurde diese zylindrisch gestaltet und der Zylinder ring-
förmig um die Führung angeordnet. Das hat wohl Probleme mit der doppelten Dichtung des
Kolbens aufgeworfen, weshalb diese Bauart konstruktiv so abgeändert wurde, daß der senkrechte Steg verkürzt und der Kolben wieder zylindrisch gestaltet wurde. Als Vorteile dieser
Bauart galten die Aufteilung der Gesamtleistung auf zwei Zylinder und ihr gedrängter Aufbau trotz langer Hübe und Pleuelstangen, Bild 16.

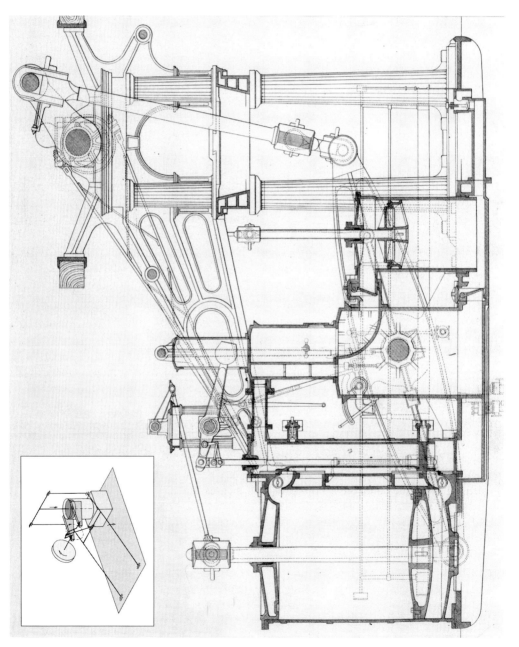

Bild 15 Einarmige Seitenhebelmaschine (Schema), Antriebsmaschinen der Dampfer *Clyde, Tweed* und *Teviot*

Der Kampf um die Bauhöhe direktwirkender Dampfmaschinen

Mit dem Übergang zur direkt wirkenden Dampfmaschine, also mit der Abkehr von Balancier- und Seitenhebelmaschinen, wurden die „alten" Geradführungen – WATT'sches Parallelogramm, EVANS'sche Geradführung usw. – hinfällig. Statt dessen führte man die Pleuelstange in Gleitbahnen verschiedener Ausführung. Diese hatten aber alle den Nachteil, daß sie die Maschinenhöhe vergrößerten. Das war – nicht nur – bei Schiffsmaschinen unerwünscht, weil man die Maschinenanlage – insbesondere bei Kriegsschiffen – unter der Wasserlinie halten wollte.

Um die Maschinenhöhe zu verringern, fand man verschiedene Lösungen, die zwar kinematisch interessant, aber betriebsmäßig insofern ungünstig waren, als sie die wirksamen Kolbenfläche verringerten, zusätzlich Reibungsverluste und Abdichtungsprobleme verursachten.

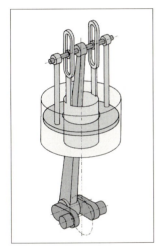 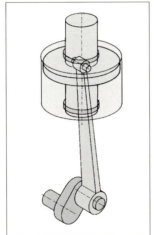 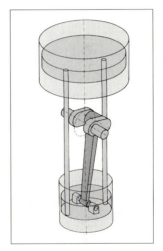

Der Kolben ist als kreiszylindrische Hohlscheibe ausgebildet. Die zwei entgegengesetzt zur Kurbelwelle gerichteten Kolbenstangen sind durch ein in Rollen geführtes Querhaupt verbunden, an denen die durch die hohle Kolbenscheibe reichende Pleuelstange angelenkt ist.

Trunkmaschine: Der Scheibenkolben wird durch einen kreiszylindrischen Innenteil in den Zylinderdeckeln geführt. In dem hohlen Kreiszylinder („Trunk") ist der Kolbenbolzen gelagert. Im Prinzip handelt sich es um ein Tauchkolbentriebwerk.

Der Kurbeltrieb mit „rückkehrender" Pleuelstange ist im Prinzip ein „umgeknicktes" Kreuzkopf-Triebwerk.

Gebläsemaschine mit Direktantrieb des Kolbengebläses durch die Kolbenstange. Zweiseitig rückkehrende Pleuelstange.

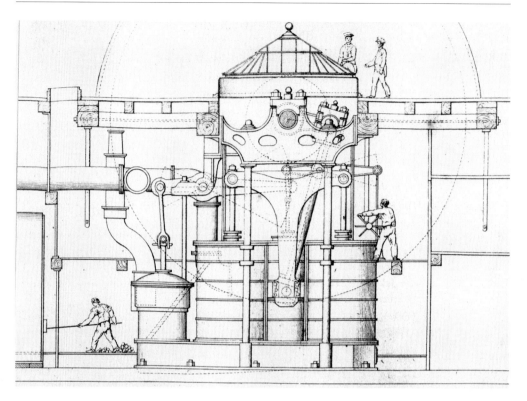

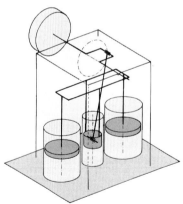

Bild 16
MAUDSLEY's T-Plattenmaschine (Ausführung und Schema)

- Trunkmaschine[65] (Schubrohr): Die Pleuelstange ist im Kolben in einer zylindrischen Führung angelenkt. Hierbei handelt es sich im Prinzip um ein Tauchkolben-Triebwerk. Die Abdichtung der seitlich ausschwingenden Pleuelstange der doppeltwirkenden Maschine wurde umgangen, indem man die Pleuelstange in einem Schubrohr (Trunk) im Kolben angreifen ließ. Kolben und Schubrohr bilden ein Teil und führen den Hub aus. Das Pleuel kann innerhalb des Schubrohrs schwingen, die Abdichtung erfolgt zwischen Zylinder und Außenseite des Schubrohrs. Diese Maschine entstand aus der Forderung, daß bei Kriegsschiffen die Antriebsanlage unterhalb der Wasserlinie liegen solle. Trunkmaschinen wur-

---

[65] *trunk* (engl.) Baustamm, Rumpf, Torso, Säulenschaft

den liegend eingebaut und in größerer Zahl von Maudsley und Penn hergestellt und in Kanonenbooten im Krimkrieg eingesetzt. Diese Einbaulage ergab sich durch den Übergang zum Schraubenantrieb, der nun eine tiefer liegende Kurbelwelle verlangte. Von Vorteil war die vergleichsweise einfache Herstellbarkeit, da die wichtigsten Teile rotationssymmetrisch, also auf der Drehbank bearbeitbar waren, außerdem natürlich die große Pleuellänge respektive Hub. Nachteilig an dieser Bauart ist, daß durch das Schubrohr wirksame Kolbenfläche verlorengeht, mithin die Zylinder entsprechend größer dimensioniert werden müssen. Das Schubrohr verursachte zusätzliche Wärmeverluste, außerdem gestaltete sich die Abdichtung des im Vergleich zu einer Kolbenstange großen Umfangs des Schubrohrs schwierig [100].

„ … Die Nachtheile der Trunkmaschine sind folgende: Der Arbeitsverlust, welcher bei festangezogenen Trunkstopfbüchsen durch die Reibung der Packung an den grossen Trunkflächen entsteht und den baldigen Verschleiss der Packungen resp. auch Warmlaufen des Trunks zur Folge hat. Erfahrungsgemäß kann diese Reibung durch fortwährendes Anziehen der Trunkstopfbüchsen so weit gesteigert werden, dass schliesslich die Maschine zum Stillstande kommt. Fährt man mit loser Trunkstopfbüchse, so dringt durch die Stopfbüchsen in die Vacuumseiten der Cylinder Luft ein, die Luftleere verschlechtert sich und die Widerstandsarbeit wird ebenfalls vergrössert …" [101].

● Maschine mit „verkehrter" oder *rückkehrender* Schubstange: Das Triebwerk dieser liegenden Maschine ist in der Geradführung (Kreuzkopf) gleichsam um 180° gedreht.

„ … Die Eigenthümlichkeit dieser Maschinen besteht darin, dass die Pleuelstange nicht wie gewöhnlich zwischen Cylinderdeckel und Kurbel, sondern auf der entgegengesetzten Seite liegt, wodurch diese letztere nur um etwas mehr als ihren Halbmesser von dem Deckel abzustehen braucht, weshalb die Maschine ohne Beeinträchtigung der Zugänglichkeit und Solidität möglichst compendiös wird … ." [102]. Maschinen mit rückkehrender Schubstange waren eine beliebte Bauart; um 1870 hatten die meisten Schiffe in der k.u.k. Kriegsmarine diese Maschinen, auch in der französischen, englischen und deutschen Marine wurden solche Maschinen verwendet.

„ … Die rückwirkenden Maschinen der englischen Panzerturmfregatte ‚Monarch' von 7800 HP und der ungepanzerten Fregatte ‚Raleigh' von 6100 HP haben an jedem Cylinder vier Kolbenstangen, 2 unten und 2 oben, welche nach dem Kreuzkopf führen. Es läßt sich bei Maschinen dieses Typs eine Pleyelstangenlänge erreichen wie bei keiner anderen horizontalen Maschine, indessen ergeben sie wegen der Kreuzkopfgleitbahnen in den meisten Fällen nicht so bequeme Condensator- und Pumpenarrangements, wie die direct wirkenden Maschinen. Ein anderer Nachtheil dieser Maschinen ist der, dass die Befestigung und Anbringung der beiden Kolbenstangen eine gewisse minimale Grenze des Cylinderdurchmessers zur Folge hat … Überhaupt zeigen die bewegten Theile dieser Maschine vielfach sehr eingezwängte Formen. Zieht man nun noch in Betracht, dass durch die doppelte Zahl der Kolbenstangen, Stopfbüchsen und damit zusammenhängenden Theile die einer Beschädigung unterworfenen Mechanismen vermehrt werden, so kommt man zu dem Schlusse, dass die direct wirkende horizontale Maschine, wo sie untergebracht werden kann, der rückwirkenden vorzuziehen ist. Der vorteilhafteren Hub- und Pleyelstangenlänge wegen werden die Maschinen unserer in Bau befindlichen Glattdeckscorvetten ‚G.' und Ersatz ‚Nymphe' sowie die Panzercorvette ‚E.' mit rückwirkenden Pleyelstangen ausgeführt …" [101].

Es gibt eine ganze Reihe von Ausführungsarten des Prinzips der rückkehrenden Pleuelstange. Ein schönes Exemplar, daß die Zeitläufte in der Abgeschiedenheit eines Seitentals im Sauerland überstanden hat, findet man in der Luisenhütte. Diese Maschine trieb ein direkt an die Kolbenstange gekuppeltes Kolbengebläse für einen Hochofen an, Bild 17.

 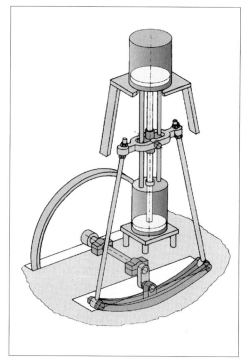

Bild 17 Gebläsemaschine mit rückkehrender Pleuelstange (Ansicht und Schema)

Die niedrigste Bauhöhe von Kolbenmaschinen erreicht man mit dem Tauchkolben-Triebwerk. Dem stand bei Doppeltwirkung das Problem der Abdichtung der Pleuelstange entgegen. Um dennoch den Anforderungen der Kinematik des Kurbeltriebs zu genügen, lagerte man den Zylinder drehbar, so daß er der Schwenkbewegung der Pleuelstange folgen konnte („oszillierende Maschine"[66]), Bild 18.

Diese Bauart kam um 1820 auf; in England von MANBY, in Frankreich von CAVÉ (1794 bis 1857) in Paris angewendet. Ungeachtet der erwarteten Schwierigkeiten mit der Dampfzufuhr und der Lagerung der schwingenden Zylinder erwiesen sich die oszillierenden Maschinen als unproblematisch und zuverlässig. JOHN PENN (1805 bis 1878) feilte die Konstruktion der oszillierenden Maschine so aus, daß sie den Anforderungen genügte. Geringer Raumbedarf und konstruktive Einfachheit durch Entfall der Geradführungsmechanismen waren gewichtige Vorteile, die sie für Kriegsschiffe empfahlen. Mit obenliegender Kurbelwelle wurden diese Maschinen senkrecht oder schräg in die Schiffe eingebaut; bei großem Leistungsbedarf ordnete man die Zylinder V-förmig an[67], eine Lösung, deren sich der große englische Ingenieur ISAMBARD KINGDOM BRUNEL 1858 bei der *Great Britain*[68] bediente: Je zwei unter 60° zueinander geneigte

---

[66] Die Bezeichnung „oszillierende Maschine" ist nicht korrekt, denn der Zylinder oszilliert nicht, sondern schwingt um die Achse seiner Lagerung.

[67] 1822 wurde Sir MARC BRUNEL, dem Vater von ISAMBARD KINGDOM BRUNEL das Patent auf eine sogenannte Dreiecksmaschine erteilt, bei der zwei unter 90° zueinander geneigte Zylinder gemeinsam auf eine Kröpfung arbeiten.

[68] Die *Great Britain* – 1845 in Dienst gestellt – hatte eine Verdrängung von 3675 ts und eine Antriebsleistung von 1000 PS. Sie war das erste aus Eisen gebaute Schiff mit Schraubenantrieb, das den Atlantik überquerte. 1886 wurde sie auf den Falkland-Inseln auf den Strand gesetzt und diente fortan als Lagerschuppen. 1970 wurde sie auf einem Ponton nach England zurückgebracht und nach 127 Jahren in ihrem einstigen Baudock in Bristol restauriert. Sie ist einmaliges technische Denkmal.

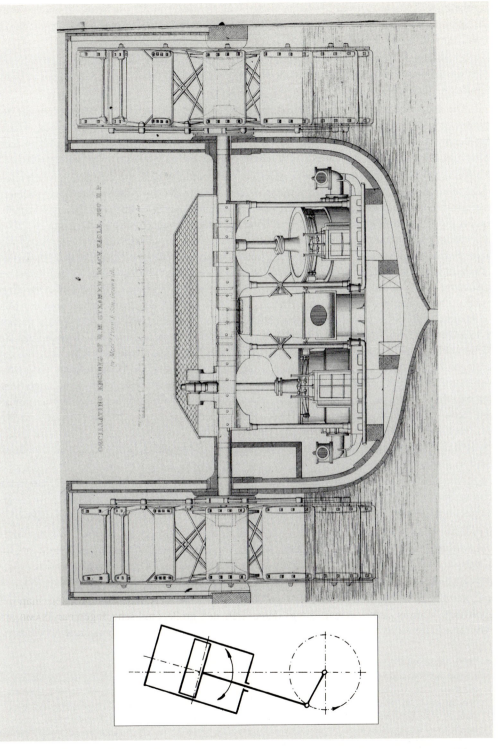

Bild 18 Oszillierende Dampfmaschine: Antrieb und Schema des Schaufelraddampfers Black Eagle (260 PS), Erbaut von Penn & Son, Greenwich

oszillierende Zylinder trieben über eine Kette, von 18 auf 53 min^{-1} ins Schnelle übersetzend, die Schraubenwelle der *Great Britain* an [103]. Diese Bauart war seinem Vater, MARC ISAMBARD BRUNEL[69], 1823 patentiert worden.

Die Tauchkolben-Bauweise der oszillierenden Maschine ermöglichte niedrige Bauhöhen und günstige Gewichte, weshalb sie sich noch bis zum Ende des 19. Jahrhunderts vor allem in Flußschiffen hat behaupten können.

„ … Die oscillirenden Maschinen findet man auf den Räderyachten der Staatsoberhäupter der modernen Seestaaten, auf den Radaviso's[70] der Kriegsmarinen und grossen, schnellen, immer nur kurze Reisen zurücklegenden Passagierraddampfern, überhaupt auf solchen Raddampfern, bei denen es auf einen grösseren oder geringeren Kohlenverbrauch nicht ankommt …“ [101.

Ab Anfang der 1860er Jahre begann sich der Schraubenantrieb gegenüber dem durch Schaufelräder durchzusetzen. Es waren gleich mehrere Vorteile, die den Propeller so attraktiv machten: Als erster davon natürlich der bessere Propulsionswirkungsgrad, der bei sonst gleichen Verhältnissen für den Antrieb deutlich niedrigere Leistung und weniger Brennstoff verlangte[71] [104]. Schwächere Maschinen waren billiger, auch kam man dank des geringeren Verbrauchs mit weniger Personal (Heizer, Trimmer) aus. Das Schiff baute ohne die weit ausladenden Radkästen schmaler, die Schiffsstruktur wurde steifer. Man konnte nun auch den Raum im Schiff besser ausnutzen, weil die das Schiff in Deckhöhe unterteilende Schaufelradwelle entfiel. Allerdings mußte eine Schiffsschraube schneller drehen als Schaufelräder, was eine Übersetzung der Maschinendrehzahl nötig machte. Das geschah mit Kettentrieben, so z. B. in dem ersten großen Schraubendampfer mit eisernem Rumpf, I. K. BRUNELS legendärer *Great Britain,* doch machten Kettentriebe erheblichen Lärm. Den zu vermeiden, wurden Zahnradgetriebe verwendet. Bei der geringen Fertigungsgenauigkeit, sowohl was die Teilung als auch die Geometrie der Zahnflanken betraf, erwiesen sich Zahnräder aus Eisen als nicht minder problematisch. Zahnradgetriebe mit einzeln eingesetzten Holzzähnen *(spur wheels)* liefen zwar ruhiger, waren besser zu schmieren, auch konnte man verschlissene oder schadhafte Zähne leicht ersetzen, doch zwang ihr hoher Verschleiß zu häufigen Reparaturen. Um die problematische Übersetzung zu vermeiden, mußten die Maschinendrehzahlen erhöht werden. (Auf die dynamischen Schwierigkeiten damit wird an anderer Stelle eingegangen.)

Bezüglich der Bauform setzte sich die gegenüber den Banlancier- und Seitenhebelmaschinen konstruktiv und betrieblich einfachere Hammermaschine durch, eine stehende Kreuzkopfmaschine mit oben angeordnetem Zylinder, der auf die unten gelagerte Kurbelwelle arbeitete, Bild 19.

Ihre Benennung leitet sich von dem NASMYTH'schen Dampfhammer ab, dem sie im konstruktiven Aufbau ähnelt. Zunächst gab es beträchtliche Vorbehalte gegen diese Bauart. Durch ihre im Vergleich zu liegenden Maschinen größere Höhe und Masse kam der Schwerpunkt hoch zu liegen, auch ragte sie durch mehrere Decks des Schiffs. Doch ihre Vorteile überwogen:

„ … konnten bei den glänzenden Vorzügen der Hammermaschine ihre allgemeine Verbreitung auch nicht hindern. Zunächst lässt sich die Hammermaschine stets mit langem Hub herstellen; sie erreicht also die selbe Kolbengeschwindigkeit bei einer geringeren Umdrehungszahl als die hori-

---

[69] MARC ISAMBARD BRUNEL, 1769 bis 1849, in Frankreich geboren, war als Ingenieur erst in den USA tätig, wo er Kanäle, Gebäude und Fabriken baute, 1799 siedelte er nach England über. Hier entwickelte und baute er Maschinen zur Herstellung von Flaschenzug-Blöcken für die Marine. BRUNEL baute einen Tunnel unter der Themse. Berühmter noch ist sein Sohn, ISAMBARD KINGDOM BRUNEL, 1806 bis 1859, einer der ganz großen Ingenieure des 19. Jahrhunderts, der sich durch großartige Eisenbahn- und Brückenbauten und Schiffe einen Namen machte.

[70] Ein Aviso ist ein schneller, leicht bewaffneter und ungepanzerter Dampfer der Kriegsmarine mit geringem Tiefgang für die „Reknogniszierung und den Depeschendienst".

[71] Das Schaufelradschiff *Scotia* benötigte eine Antriebsleistung von 4.200 PS um 13, 5 Knoten zu erreichen, das gleich große Propellerschiff *China* nur 2.200 PS für 12,5 Knoten (beide wurden von der *Cunard*-Reederei betrieben) [104].

Bild 19
Hammer-Maschine: Dreizylindrige
Verbundmaschine des 5359-t-Schiffs
Parisian mit einer indizierten Listung
von 6019 PS (ca. 1885).

zontale Maschine, und der weniger häufige Hubwechsel bedingt einen ruhigeren Gang. Die Arbeit, welche für den Aufhub des Gestänges (der Kolben und Schieber mit ihren Stangen) in der Hammermaschine geleistet werden muss, wird beim Niederhube wieder eingebracht, während das Gewicht dieses Gestänges in der horizontalen Maschine sowohl beim Hin- als auch beim Hergange nur auf die unterstützenden Flächen drückt, mehr oder minder grosse Arbeitsverluste durch Reibung hervorrufend. Ein Hauptgrund für die grosse Beliebtheit der Hammermaschine unter den Konstrukteuren liegt ferner darin, dass sie ihnen in der Anwendung und Ausführung aller Einzelteile eine viel grössere Freiheit gestattet als irgend eine andere der vorbesprochenen Maschinen. Hierzu kommt nun schließlich noch, dass die Hammermaschine infolge ihrer Zugänglichkeit auch für das Bedienungspersonal die bequemste Maschine ist … [98].

Die Kreuzkopfführung war bei den Lokomotivmaschinen schon früh im 19. Jahrundert zum „Stand der Technik" geworden; für stationäre Anwendungen stieß die Kreuzkopfmaschine anfänglich wegen ihrer Bauhöhe auf Vorbehalte. Hieraus erklären sich konstruktive Bauarten, bei denen die Pleuelstange durch eine zylindrisch Ausnehmung im Kolben hindurchführt und oberhalb des Kolbens durch Rollen geführt ist (MAUDSLEY).

Die ersten Mehrfach-Expansionsmaschinen wurden bereits um die Wende zum 19. Jahrhundert gebaut, doch bekannt wurde diese Bauart erst durch ARTHUR WOOLF. In Mehrfach-Expansionsmaschinen (zu damaliger Zeit handelte es sich um eine zweifache Expansion) expandiert der

Dampf erst in einem, dann im anderen Zylinder, wobei diese ganz unterschiedlich angeordnet sein können: Nebeneinander, jeder auf eine Seite des Balanciers wirkend oder hintereinander gemeinsam auf eine Kolbenstange („Tandem") wirkend. Gemeinsam ist diesen Maschinen, daß die Zylinder auf dieselbe Kurbelkröpfung arbeiten.

„ … Der wesentlichste Vortheil der Woolf'schen Maschinen besteht also darin, daß der Gang derselben viel gleichförmiger ist, und sie bei weitem kein so kräftiges Schwungrad erfordern. Dagegen müssen diese Maschinen an sich voluminöser, schwerer und vornehmlich complizierter seyn; da 2 Cylinder, 2 Kolben, 2 Kolbenstangen vorhanden; Steuerung und Parallelogramm sind zusammengesetzter. Sie werden daher leichter in Unordnung geraten, eine um so sorgfältigere und exaktere Construction verlangen – und aus all diesen Gründen theurer seyn …" [105].

Bei Verbundmaschinen arbeiten Hochdruck- und Niederdruckzylinder auf zwei um 90° zueinander versetzte Kröpfungen. Damit wurde der Gang der Maschine vergleichmäßigt und das Anlaufverhalten wesentlich verbessert. Stationäre Maschinen wurden anfangs meistens einzylindrig gebaut; bei Schiffsmaschinen kam es mehr auf Abmessungen und Gewicht an, außerdem auf sicheres Anlaufen, so daß man hier schon früh zweizylindrige Maschinen einsetzte.

„ … Ueber Zwillings- oder doppelte Maschinen. Man gibt diese Namen oft Maschinen, die nicht nur aus zwei Werkzylindern bestehen, sondern deren beide Kolben gemeinschaftlich eine Treibwelle und zwar mittelst verschränkt stehender Kurbeln in Bewegung setzten. Nicht jede 2cylindrige Maschine, nicht die gewöhnliche Woolf'sche z. B. ist also eine Zwillingsmaschine. Bei dieser spielen die Kolben nicht homolog; sie jagen einander nach, so daß der eine immer in der Mitte des Laufs ist, wenn der andere die Bewegung wechselt. Der nächste und vornehmste Zweck dieser Verbindung zweier Cylinder zu einer Maschine ist offenbar der, ohne Schwungrad die Ungleichförmigkeit der Kurbelbewegung zu korrigieren: daher kam diese Verdopplung zuerst bei Schiff- und Lokomotivmaschinen in Gebrauch, wo Schwungräder kaum oder gar nicht anwendbar sind … In neuerer Zeit wendet man dieses Prinzip mehr und mehr auch für stationäre Maschinen an, und namentlich für größere Expansionsmaschinen …" [105].

Die stürmische Weiterentwicklung der Dampfmaschine in der zweiten Hälfte des 19. Jahrhunderts erklärt sich gleichsam aus sich selbst heraus: Mit der Dampfmaschine stand zum ersten Mal ein von den unmittelbaren Naturkräften wie Wind und Wasser sowie von animalischer und menschlicher Arbeit unabhängiger Antrieb zur Verfügung. Das beflügelte die Entwicklung der Fabrikation gleichermaßen wie des Transports. Schiffe aus Eisen konnten größer gebaut werden als Holzschiffe, der Propeller ermöglichte den schnellen und sicheren Vortrieb seegehender Schiffe, somit entstand ein Bedarf an großen, leistungsfähigen Dampfmaschinen. Die Lokomotive überwand den Raum mit noch nie erlebter Geschwindigkeit. Die Steigerung der Transportleistung durch größere Zuggewichte und höhere Geschwindigkeiten verlangte ebenfalls größere Leistungen. Pumpenantriebe und Fördermaschinen für den Bergbau, Stromgeneratoren und Transmissionswellen, von denen aus eine Vielzahl von Werkzeugmaschinen angetrieben wurde, waren Anwendungsgebiete der Dampfmaschine mit unterschiedlichen Forderungen an Leistung und Drehzahl. Kurzum, die gesamte Industrialisierung mit der Prämisse eines schnellen und kostengünstigen Transports von Gütern und Personen verlieh der Entwicklung der Dampfmaschine einen ungeheuren Schub, wie andererseits die Dampfmaschine diese überhaupt erst ermöglicht hatte.

Neben der Leistung wurde auch die Wirtschaftlichkeit der Dampfmaschinen verbessert, durch Hochdruck, Heißdampf und Mehrfachexpansion. Die eindrucksvollsten Maschinen waren die großen Drei- und Vierfach-Expansionsmaschinen für seegehende Schiffe mit Leistungen von über 10.000 PS, Bild 20.

Bild 20 Dreifach-Expansions-Dampfmaschine für Schiffe der *Inman*-Linie, von denen die *City of Paris* durch einen spektakulären Maschinenschaden (Durchgehen der Maschine) bekannt wurde.

Gerade auf diesem Gebiet gelang es Deutschland, nicht nur den Anschluß an die bis dahin überlegene Technik der Briten zu gewinnen, sondern auch Maßstäbe zu setzen.

„ ... Bei sehr großen Maschinen muß ... der Niederdruckzylinder geteilt werden. Man baut dann die Maschine mit 5 Zylindern als Dreikurbelmaschine oder mit 6 Zylindern als Vierkurbelmaschine. Ein Beispiel der letzteren Anordnung ist die Maschine des Schnelldampfers 'Deutschland'. Erbaut für die Hamburg-Amerika-Linie von den Vulcan-Werken Hamburg und Stettin. A.G. i(m) J(ahre) 1908. Leistung jeder der beiden Maschinen N_4 = 17.000 Psi, n = 0 78 (min^{-1}). Zylinderdurchmesser 2 × 930, 1870, 2640, 2 × 2700 mm, Hub 1850 mm, Kesselspannung 15 at. Überdruck ..." [106].

Die Differenz zwischen Zylinder- und Kurbelzahl der Kurbelwelle erklärt sich daraus, daß z. B. Hochdruck- und Niederdruckzylinder als Tandem-Einheiten, also hintereinander auf eine gemeinsame Kolbenstange wirkend angeordnet wurden. Je nach Abmessungen der Zylinder und Aufteilung der Expansion auf die einzelnen Zylinder ergab sich die Kröpfungs- oder Kurbelzahl der Kurbelwelle.

„ ... Einen Typ für sich bilden die Maschinen der Schnelldampfer ‚Kaiser Wilhelm II‘ und ‚Kronprinzessin Cecilie‘, welche ebenfalls von den Vulcan-Werken, Hamburg und Stettin, in den Jahren 1903 und 1907 erbaut worden sind ... Jede der beiden Kurbelwellen hat im ganzen 6 Kurbeln. Die Reihenfolge der Zylinder, welche diese Kurbeln antreiben, von hinten angefangen ist: ND-Zylinder, MD II-Zylinder, MD I- und HD-Zylinder übereinander angeordnet; dann wieder MD I- und HD-Zylinder übereinander, MD II- und ND-Zylinder. Es werden also gewisser-

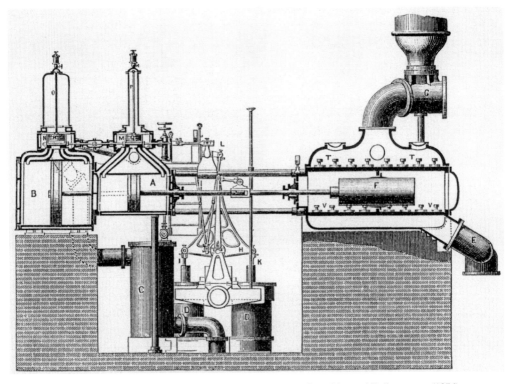

Bild 21 Worthington-Pumpe: Bauliche Zusammenfassung von Dampfmaschine und Kolbenpumpe (1876)

maßen die drei hinteren und die drei vorderen Kurbeln von je einer vollständigen Vierfachexpansionsmaschine in Bewegung versetzt. Ein wasserdichtes Schott trennt die hintere von der vorderen dieser Dreikurbelmaschinen …"[72] [106].

Hochleistungsmaschinen par exellence waren die Torpedobootmaschinen; hier kam es auf hohe Leistungen bei kompakter und leichter Konstruktion an. Deshalb wurden die Maschinen als ausgesprochene Schnelläufer gebaut:

„… Diese Maschinen sind zwecks guter Ausnutzung des disponiblen Maschinenraums in sehr eigenartiger Weise aufgebaut, und zwar so, daß die Kolbenstangen nicht in einer Ebene angeordnet sind, sondern unter spitzem Winkel zueinander geneigt stehen[73]. Leistung pro Maschine 2200 Psi bei 390 Umdrehungen. Zylinderdurchmesser: HD 483, MD 686, 2 ND-Zylinder von je 686 mm Durchm., Hub 406 mm. Dampfspannung im Kessel 14 ¾ …" [106].

Große Stationärmaschinen wurden liegend als Zwillings- oder/und Tandemmaschinen gebaut. Die liegende Anordnung beanspruchte weniger Raum respektive Höhe, und die Maschinen waren für Wartung und Reparatur leichter zugänglich.

In den Fällen, wo die Bewegung der anzutreibenden Arbeitsmaschine gleichfalls eine oszillierende war, konnte auf den Kurbeltrieb verzichtet werden. So wurde in England ein spezieller Pumpenantrieb entwickelt, die *Worthington*-Pumpe, bei der die Kolbenstange des dampfbeaufschlagten Kolben direkt mit dem Pumpenkolben verbunden war, Bild 21.

---

72) ND = Niederdruck(zylinder), MD = Mitteldruck, HD = Hochdruck. Die Ziffern in MD I und MD II besagen, daß diese Stufen auf zwei Zylinder aufgeteilt sind.

73) Das Bauprinzip der zueinander verschränkten Zylinder wurde in den zwanziger Jahren des 20. Jahrhunderts im Motorenbau von *Lancia* angewendet und als *Lancia-Prinzip* bekannt.

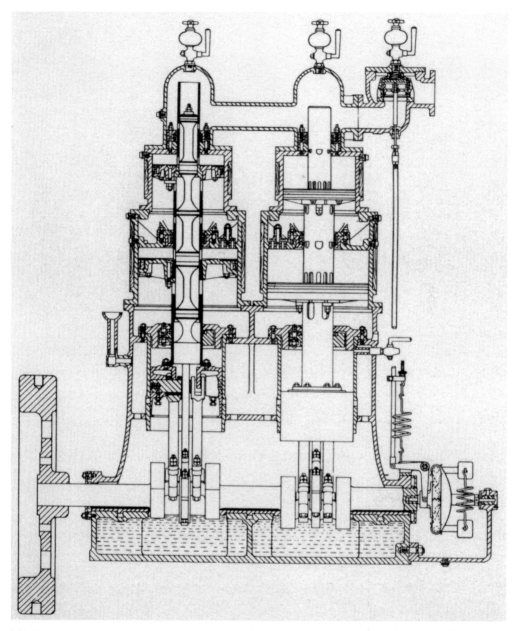

Bild 22 Zweikurblige Verbund-Dampfmaschine, Bauart WILLANS, mit zentralem Dampfventil zum Antrieb von Stromerzeugern (ca. 1885).

Eine andere vom Üblichen abweichende Konstruktion wurde von PETER WILLIAM WILLANS (1851 bis 1892) ausgeführt, der die Zylinder einer Dreifach-Expansionsmaschine – in Tandembauweise – übereinander anordnete, wobei zwei solcher Einheiten zu einer Zwillingsmaschine zusammengefaßt wurden, Bild 22.

Die ersten Verbrennungsmaschinen, atmospärische Gasmaschinen bereiteten mit dem Triebwerk erhebliche Schwierigkeiten:

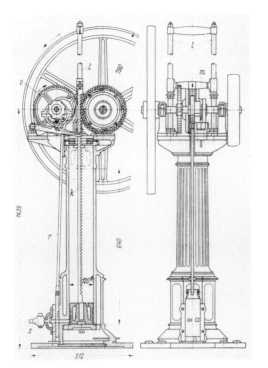

Bild 23 Zahnstangenantrieb der atmosphärische Gasmaschine von N. A. OTTO (1867): Längsschnitt und Detail: Sperr-
klinken-Mechanismus

„ ... Der Zustand, in dem sich die Maschine im Frühjahr 1864 befand, war nicht befriedigend.
Die Ursache der immer wieder auftretenden Störungen glaubte man in dem Kurbeltrieb zu sehen, der durch die von den Explosionen herrührenden Stöße zu stark beansprucht wurde. Man
kam zu der Überzeugung, daß die Verbindung zwischen dem Kolben und der Kurbel nachgiebig
sein müsse, solange die Explosion und die Verbrennung andauerten, und daß man nur dann den
Kurbeltrieb einschalten dürfe, wenn die langsamer wirkende Atmosphäre ihre Arbeit verrichte-
te. Ein Vorversuch bestätigte dies ..." [107].

Wie bei den Dampfmaschinen, so traute man auch in der Anfangszeit der Motoren dem Kurbeltrieb nicht zu, unter den obwaltenden Verhältnissen sicher zu funktionieren. Statt des Kurbeltriebs wendeten NIKOLAUS AUGUST OTTO und EUGEN LANGEN einen Zahnstangenantrieb mit
Sperrklinkensteuerung an, Bild 23, letztere bewährte sich überhaupt nicht, so daß LANGEN sie
durch einen Freilauf ersetzte. Aber schon bei seinem ersten Viertaktmotor von 1876 ging N. A.
OTTO wieder zu dem erfolgreichen Prinzip des Kurbeltriebs zurück, das von nun an untrennbar
mit dem Verbrennungsmotor verbunden bleiben sollte.

So wurde der letzte Schritt auf dem Weg zum heutigen Tauchkolben-Triebwerk im letzten Drittel des vorigen Jahrhunderts mit den einfachwirkenden, sogenannten Betriebsmaschinen[74] und
später mit den Gasmaschinen getan. Die Geradführung des Triebwerkes übernimmt hier der
Kolben, wozu man allerdings die Kolbenlänge gegenüber den bisherigen Scheibenkolben deutlich vergrößern mußte. Diese Bauart wurde aber als wenig vorteilhaft angesehen:

---

[74] Darunter versteht man solche Dampfmaschinen, die für keine spezielle Anwendung wie Schiff oder Lokomotive,
sondern für den allgemeinen Betrieb, vor allem im Kleingewerbe, konzipiert waren. Dementsprechend einfach war
ihr Aufbau.

„ … Kein Mensch wird eine kreuzkopflose Dampfmaschine für voll oder gar für ‚erstklassig‘ ansehen; im Gegenteil, die ortsfesten Trunkmaschinen sind so in Verruf gekommen, daß von den aus England und Amerika eingeführten oder jenen undeutschen Mustern nachgebildeten Betriebsmaschinen dieser Art eine nach der anderen vom Markte verschwunden oder aber zu einem unrühmlichen Dasein zurückgedrängt worden ist … Ein Quintchen von den in trüben Erfahrungen wurzelnden Mißtrauen des ersteren gegen alle Kreuzkopflosigkeit würde auch meinen engeren Fachgenossen sehr zu statten kommen …“ [108].

Bemerkenswert ist, daß man auch schon die Zylinder von Dampfmaschinen sternförmig angeordnet hat, in diesem Fall eine Dreizylindermaschine in Tauchkolbenbauart.

Die Konzeption des Kurbeltriebs hatte ihren Abschluß gefunden, als

- Tauchkolbentriebwerk und als
- Kreuzkopf-geführtes Triebwerk.

In diesen Ausführungen wird der Kurbeltrieb bis heute in Verbrennungsmotoren eingesetzt, wobei die Unterschiede im einzelnen sich auf konstruktive Details beschränken, auf die an anderer Stelle eingegangen wird.

5 Verbrennungsmotoren: Vorgaben und Optionen für das Triebwerk

Im letzten Viertel des vorigen Jahrhunderts hatte die Dampfmaschine einen hohen Entwicklungsstand erreicht. Als Lokomotive, in Dampfschiffen oder als Antrieb von Stromerzeugern und Arbeitsmaschinen aller Art war ihre Position unangefochten und dennoch: Ihre Zeit ging zu Ende! Im Bereich großer Leistungen mußte sie der Dampfturbine weichen, im Bereich kleiner Leistungen erwuchs ihr im Verbrennungsmotor ein rasch erstarkender Gegner.

Nun entspricht der Verbrennungsmotor als Kolbenmaschine in Kinematik und im Grundaufbau der Dampfmaschine, was nur allzuleicht zu dem Schluß verleitet, er stelle lediglich deren Weiterentwicklung dar. Eine solche Betrachtungsweise greift zu kurz, denn zwischen Verbrennungsmotor und Dampfmaschine besteht ein grundsätzlicher Unterschied: Der Motor arbeitet mit innerer Verbrennung, d. h. die Wärmeumwandlung (Verbrennung) vollzieht sich innerhalb der Maschine, im Gegensatz zur Dampfmaschine, wo sie in der Feuerkammer des Kessels, also außerhalb der Maschine stattfindet. Das Arbeitsmedium im Zylinder ist in dem einen Fall Wasserdampf, im anderen Fall sind es die Verbrennungsgase selbst. Das hatte weitreichende Folgen für die Triebwerksentwicklung (und natürlich auch auf die Entwicklung des gesamten Motors), denn die innere Verbrennung stellt ungleich schärfere Arbeitsbedingungen für eine Maschine dar durch:

- Hohe Prozessdrücke
  Der maximale Dampfdruck von Dampfmaschinen (bei Eintritt in Zylinder) lag um die Jahrhundertwende im Bereich von 6 bis 12 bar bei Stationärmaschinen, 10 bis 12 bar bei Lokomotiven und 7 bis 15 bar bei großen Schiffsmaschinen und Torpedobootmaschinen. Gasmotoren arbeiteten mit Spitzendrücken von 10 bis 20 bar, Fahrzeug- und Flugzeugmotoren erreichten damals immerhin 20 bis 25 bar und Dieselmotoren 40 bar.

- Hohe Temperaturen
  Die Dampftemperaturen lagen bei 300 bis 350 °C, Gastemperaturen in Motoren nehmen Werte über 2000 °C an, denen die Brennraum begrenzenden Bauteile direkt ausgesetzt sind. Außerdem beeinträchtigen korrosive und abrasive Verbrennungsprodukte die Funktion der Gleitpartner und des Schmiermittels. Der Wärmeumsatz der inneren Verbrennung läßt sich nur beherrschen, wenn soviel Wärme abgeführt wird, daß die Funktionsfähigkeit der wärmebeaufschlagten Teile (Kolben, Kolbenringe, Schmiermittel) und die Festigkeit der Bauteile nicht beeinträchtigt werden.

- Ungleichmäßige Kraftabgabe
  Dampfmaschinen sind doppeltwirkend ausgeführt, d. h. bei jedem Kolbenhub wird Arbeit abgegeben, Verbrennungsmotoren hingegen arbeiten im Zwei- bzw. als Viertakt: Nur jeder zweite bzw. vierte Hub ist ein Arbeitshub. Während bei Dampfmaschinen der Eintrittsdruck des Dampfes – je nach Füllungsgrad – konstant über etwa ein Viertel bis ein Drittel des Hubes auf den Kolben wirkt, treten bei Verbrennungsmotoren nur kurzzeitige Druckspitzen auf. Selbst bei Dieselmotoren mit Lufteinblasung des Kraftstoffs, die nach dem sogenannten Gleichdruckprozeß arbeiten, ist die Phase des konstanten Druckes ungleich kürzer als im Dampfprozess. Somit gestaltet sich die Kraftentfaltung über das Arbeitsspiel ungleichförmiger mit erheblichen negativen Folgen: Starke Drehmomentenschwankung mit ungleichmäßiger Abtriebsdrehzahl, ungünstige mechanische Belastung der Bauteile und Anregung des Triebwerks und des Abtriebsstrangs zu Drehschwingungen.

- Hohe Drehzahlen
  Um trotz kleiner Zylinderabmessungen ausreichende Leistung zu bekommen, ließ man die Motoren mit hoher Drehzahl laufen. Im Techniker-Jargon: Man ließ die Motoren schnell drehen. Mit 800 bis 1200 Umdrehungen in der Minute betrugen die Motordrehzahlen ein Mehrfaches der 100 bis 300 min^{-1} von Dampfmaschinen. Mit steigender Drehzahl trat das zeitabhängige Festigkeitsverhalten der Bauteile immer mehr in den Vordergrund. Die Dynamik der Beanspruchungen sollte gerade für das Triebwerk zu einem beherrschenden Problem werden.

Die Gasmaschine als die älteste Motorgattung entsprach in ihrem Grundaufbau:

- Ein- und Zweizylindermaschinen liegend oder in Ständerbauweise,
- doppeltwirkende Einzylinder-Maschinen oder
- Tandem-Maschinen

noch weitgehend dem der Dampfmaschinen. Doch das änderte sich, als mit dem Ottomotor – mit flüssigen Kraftstoffen betrieben – eine ortsbewegliche Kraftquelle entstanden war, mit der es möglich wurde, Fahrzeuge und schließlich sogar Luftfahrzeuge anzutreiben. Gerade diese Einsatzgebiete sollten die Motor- und Triebwerksentwicklung ungemein fördern. Nicht zu unterschätzen ist dabei, daß Fahrzeug- und Flugzeugmotoren zuerst sportlich genutzt wurden, als Freizeitvergnügen Wohlhabender, von einem überaus experimentierfreudigen Abnehmerkreis. Konstrukteure und Ingenieure konnten mithin ihrer Phantasie freieren Lauf lassen als bei Maschinen für kommerzielle Verwendung; später kam der militärische Einsatz als agens für die Entwicklung hinzu. Entwicklung und Bau von Fahrzeug- und mehr noch von Flugmotoren waren von Anbeginn an durch den Zwang zu hoher absoluter Leistung und niedriger Motormasse bestimmt, erreichbar nur über hohe Drücke, Temperaturen und Drehzahlen, also durch Vergrößerung der charakteristischen Parameter Druck, Temperatur und Geschwindigkeit. Gleichzeitig mußte diese Leistung mit einem Minimum an Masse (Gewicht) dargestellt werden. Die Schere öffnete sich nach zwei Seiten, weil hier Widerstrebendes – große Leistung und kleine Masse – vereint werden sollte.

Der einfachste Weg, die Leistung der frühen Motoren zu steigern, bestand darin, die Zylinderzahl zu erhöhen. Damit boten sich mehr Möglichkeiten, die Motoren konstruktiv zu gestalten als bei den „wenig-zylindrigen" Dampfmaschinen. Auch aus Gründen der Laufruhe – oder um den korrekten Terminus zu verwenden: Aus maschinendynamischen Gründen – sind mehr Zylinder vorteilhaft. Viele Zylinder können aber auch wiederum Schwierigkeiten bereiten, so daß es immer wieder darum ging, ein Optimum zu finden. Charakteristische Merkmale leichter Motoren[75], d.h Fahrzeug- und Flugzeugmotoren sind also:

- Viele Zylinder
  Hohe Drehzahlen verlangen den Gesetzen der Ähnlichkeitsmechanik zufolge die Aufteilung des Arbeitsraumes (Hubvolumen) auf mehrere – möglichst viele – kleine Einheiten. „ … Die neuzeitliche Entwicklung der Verbrennungskraftmaschinen besonders als Automobil-, Flugzeug-, Luftschiff- und Unterseebootmotoren läßt die Bedeutung der Mehrkurbelmaschinen (vorwiegend der Sechskurbelmaschinen) immer stärker hervortreten …" [109]
- Tauchkolben-Triebwerk
  Tauchkolben-Triebwerke bauen kurz, ergeben also niedrige, leichte Motoren.

---

[75] Das Attribut *leicht* ist natürlich relativ zu werten: Ein 20 t schwerer 20-Zylinder-Schnellbootmotor gilt als *leicht*, wohingegen ein 1 t schwerer Nkw-Motor als *schwer* gilt.

- Viertakt-Verfahren

  Scheinbar paradox, hat sich das „weniger leistungsintensive" Viertakt-Verfahren[76] vor allem bei solchen Motoren – von Ausnahmen abgesehen – durchgesetzt, bei denen es auf hohe Leistungsdichte ankommt.

Diese Prämissen bestimmten und beeinflußten die Triebwerks-Entwicklung in mannigfaltiger Weise, durch die Anordnung der Zylinder im Kurbelgehäuse, die Triebwerks-Konfiguration und die Kurbelwellenbauart und -lagerung, wobei zwischen diesen Einflußgrößen enge Wechselbeziehungen bestehen. Je nach Stand der Technik bürdete man der einen Baugruppe Probleme dadurch auf, daß man die andere entlasten wollte. Wegen seiner Eignung als Antrieb von Straßen- und Luftfahrzeugen wurde die Entwicklung des Verbrennungsmotors mit großem Nachdruck betrieben. Dabei wurden selbstverständlich auch Überlegungen angestellt, das Schubkurbelgetriebe durch Mechanismen anderer Kinematik zu ersetzen oder zumindest abzuwandeln, sind doch die Nachteile des klassischen Kurbeltriebes so offensichtlich, daß auch heute noch Erfinder und Tüftler nach besseren Lösungen suchen. Mit solchen Triebwerken sollten – abhängig von dem jeweiligen Stand der Technik – verschiedene Ziele erreicht werden, nämlich:

- einfache Konstruktionen,
- kompakte und leichte Motoren,
- bessere mechanische Wirkungsgrade,
- unterschiedliche Zeiten für die einzelnen Hübe des Arbeitsprozesses,
- motorinterne Reduktion der Abtriebszahl und
- oft auch nur andere, originelle Konstruktionen.

Besonders kompakte Triebwerke erhält man durch kreisförmig koaxial angeordnete Zylinder, bildlich gesprochen dadurch, daß man einen Reihenmotor zu einem kreisförmigen Motor „umbiegt", dann muß man allerdings andere Mechanismen als die Kurbelwelle für die Umwandlung der oszillierenden Bewegung in eine Drehung vorsehen. Hierfür gibt es verschiedene Möglichkeiten:

- Kurvenscheiben oder Kurvenbahnführungen für die Kolbenstangen. Hierbei kann die Drehachse der Abtriebswelle achsparallel oder senkrecht zu den Kolben verlaufen. Motoren mit solchen Triebwerken wurden bereits vor dem ersten Weltkrieg und in den 1920er und 1930er Jahren entwickelt.

  – Zwei kreiszylindrische Zylinderblöcke mit je sechs kreisförmig-achsparallelen Zylindern sind zu einer Einheit verschraubt. Je zwei sich gegenüberliegende Kolben sind miteinander verbunden und greifen mit Rollen an der sinusförmigen Kurvenscheibe an. Diese dreht sich unter den Kolbenkräften weg und treibt die Luftschraubenwelle an (Bauart *Herrman*, USA, 1935). Der französische *Laáge*-Motor aus den frühen 1920er Jahren ist ähnlich aufgebaut, nur daß die Rollen der Kolben in einer Kurvenbahn (Nut) geführt werden, wobei das Zylindergehäuse mit der Luftschraube in Drehung versetzt wird. Die Kurvenbahn ist so gestaltet, daß sich ungleiche Bewegungsabläufe für die einzelnen Hübe ergeben.

  – Starr mit dem Kolben befestigte Kolbenstangen werden in einer Kurvennut um einen elliptischen Drehkörper geführt. Vier Hübe der Kolben führen zu einer Umdrehung des Drehkörpers (statt zwei beim Kurbeltrieb), dadurch wird die Abtriebsdrehzahl reduziert. Durch stark desaxierte Zylinder ergeben sich verschiedenen Zeiten für die Kolbenhübe, wovon man sich Vorteile beim Ablauf des thermodynamischen Prozesses versprach (*Canda*, Frankreich, 1912).

---

[76] Das Zweitakt-Verfahren braucht für einen Arbeitstakt nur eine Kurbelwellenumdrehung, das Viertakt-Verfahren hingegen zwei. Somit erhält man – zumindest theoretisch – bei sonst gleichen Bedingungen aus dem Zweitakter die doppelte Leistung eines Viertaktmotors.

- Die Kolben wirken direkt über Rollen auf eine lemniskatenförmige Kurvenbahn. Da je zwei gegenüberliegende Kolben gegensinnig arbeiten, sind die Massen ausgeglichen. Auch hier kommt eine Umdrehung der Abtriebswelle auf das Viertakt-Arbeitsspiel; die Arbeitsspielfrequenz entspricht der Abtriebsdrehzahl, mithin wird die Drehzahl motor-intern untersetzt (*Fairchild-Caminez,* USA, 1925).

- Drei Kolben mit einem gemeinsamen Brennraum sind sternförmig angeordnet. Die Kolbenstangen greifen mit wälzgelagerten Rollen in der kurvenförmigen Nut *(Kurvenbahn)* des Motorgehäuses an: Große Rollen übertragen die Kolbenkräfte auf die äußere Bahn, kleine Rollen sorgen bei dem Kraftrichtungswechsel beim Anlassen (die Kräfte wirken nach innen) für den nötigen Formschluß zwischen Triebwerk und Kurvenbahn. Die Geradführung erfolgt durch Kreuzköpfe. Das Zylindergehäuse ist der Motorlagerung fest verbunden, die Trommel mit der Kurvenbahn dreht sich. Die Form der Kurvenbahn bestimmt den Bewegungsablauf des Triebwerkes, somit die thermodynamische Prozeßführung und die Kinetik des Motors. Da die Kurvenbahn sich aus sechs Abschnitten mit je einem Nieder- und Aufgang zusammensetzt, dreht sich die Trommel mit 1/6 der Arbeitsspielfrequenz der Kolben. Es findet also eine „Drehzahl"-Untersetzung von 6 : 1 statt (*Michel*-(Zweitakt-Diesel)Motor, Deutschland, 1922).

• Die Kräfte der kreisförmig-achsparallel angeordneten Kolben wirken auf eine schief (oder: schräg) auf der zentralen Abtriebswelle sitzende Scheibe (Schief- oder Schrägscheiben-Triebwerk), die sich unter den Kolbenkräften wegdreht (*Sterling*/England, *Michell*/Australien, *Hulsebos*/Holland, *Ali*/Schweden in den 1920er und 1930er Jahren).

Eine Variante dieses Prinzips ist das Taumelscheiben-Triebwerk: Achsparallele Kolben arbeiten auf eine schiefstehende Taumelscheibe. Diese ist in Wälzlagern auf einer schrägen, Z-förmigen Kröpfung der Hauptwelle gelagert. Die Taumelscheibe wird durch eine Drehmomentenstütze an der Drehung gehindert, dafür dreht sich die Z-förmige Welle unter der Taumelscheibe weg (*Bristol,* England, 1936).

• Beim Nocken-Triebwerk ist das Prinzip des Nockentriebs, wie er in der Steuerung angewendet wird, ins Gegenteil verkehrt: Statt daß Nocken über Stoßstange und Kipphebel das Ventil betätigen, wirken die Kolben über Schwinghebel mit Rollen auf eine Nockenwelle (*Svanmölle,* Dänemark, 1954).

• Kreisring-Zylinder: In einen Zylinder in Form eines geschlossenen Kreisringes (Torus) bewegen sich oszillierend vier Kolben, die zwei sich gegenüberliegenden gleichsinnig, die benachbarten gegensinnig, wodurch sich die Arbeitsräume vergrößern und verkleinern. Die Kolben wirken über ein Gestänge auf zwei Hohlwellen, welche ihrerseits über Treibstangen Zahnräder in Drehung versetzen. Diese Zahnräder treiben über ein doppelt so großes Zahnrad eine dritte Hohlwelle mit dem Ringzylinder und den Propeller an (*Esselbé,* Frankreich, 1912; *Bradshaw,* England, 1966).

• Hydrostatische Triebwerke: Nicht mehr eine Pleuelstange aus Stahl und Eisen, sondern eine Flüssigkeitssäule („hydrostatisches Gestänge") überträgt die Kraft vom Kolben auf die Abtriebswelle. Diese Welle, im Prinzip eine Exzenterwelle, wird mit dem Flüssigkeitsdruck beaufschlagt und dreht sich unter diesem weg. Versieht man die Welle in Umfangsrichtung mit zwei oder noch mehr solcher nockenförmigen Exzenter und beaufschlagt die einzelnen Exzenter – entsprechend getaktet – von einem oder mehreren Kolben mit Druck, erhält man nicht nur einen gleichmäßigeren Drehmomentenverlauf, sondern entlastet die Lagerung der Exzenterwelle von den Druckkräften. Die Abdichtung zwischen den drucklosen und druckbeaufschlagten Bereichen der Exzenterwelle erfolgt über radial wirkende Dichtleisten

(„Gleitsteine"). Man kann diese Dichtleisten aber auch axial wirkend anordnen; die Dichtleisten werden dann durch zwei äquidistante (gleicher Abstand) Kurvenbahnen geführt. Über diese Kurvenbahnen kann man das Bewegungsgesetz für den Kolben vorgeben (*Krupp*, Deutschland, 1968).

- Rotationskolben-Motoren haben gleichseitig-dreieckförmige Kolben mit konvexen (nach außen gewölbten) Kanten, die in einer trochoidenförmigen Kammer auf einem Exzenter der Abtriebswelle um den Exzentermittelpunkt rotieren. Ein am Motorgehäuse befestigtes Ritzel kämmt mit dem Innenrad im Kolben. Das Übersetzungsverhältnis beträgt 2 : 3. Der Schwerpunkt des Kreiskolbens dreht sich auf einem Kreis, gleichzeitig dreht sich der Kolben um sich selbst (*Wankel*, Deutschland, 1965).

Diese Aufzählung beschreibt nur einige der vielen Alternativkonstruktionen zum Kurbeltrieb. Daneben hat es viele Versuche gegeben, durch Abwandlung des Kurbeltriebs, Verbesserungen im gewünschten Sinne zu erreichen.

- Umkehrung des kinematischen Prinzips des Kurbeltriebs: Das Kurbelgehäuse rotiert und treibt die Luftschraube an, die Kurbelwelle steht still und nimmt die Reaktionen auf. Diese Umlaufmotoren wurden vor und im ersten Weltkrieg in großer Stückzahl gebaut und galten zeitweilig als das aussichtsreiche Flugzeugmotoren-Konzept (*Gnôme-Rhône*, Frankreich, 1910).

- Eine „Steigerung" dieses heute absonderlich wirkenden Motors ist der Gegenumlaufmotor, bei dem sich die Kurbelwelle in die eine, das Kurbelgehäuse in die andere Richtung drehen, teils mit gleicher Drehzahl (*Siemens*-Flugzeugmotor, 1915); teils mit unterschiedlicher Drehzahl (*Megola*-Motorradmotor, 1923).

- Knickpleuel-Triebwerk: Durch eine zusätzliche Anlenkung der zweiteiligen Pleuelstange soll die Kolbenbewegung beim Abwärtshub im Bereich des oberen Totpunktes verlangsamt werden, um so den thermodynamischen Prozeß wie auch die Kraftübertragung zu verbessern.

- Kurvenschleifen-Triebwerk: Läßt man die Kolbenstange direkt auf den Hubzapfen arbeiten, wobei der Formschluß zwischen Kolbenstange und Hubzapfen durch einen in einer Schlaufe laufenden Gleitstein gegeben ist, dann läßt sich die Bauhöhe des Triebwerks erheblich verkleinern. Kinematisch gesehen liegt dann ein Pleuelverhältnis von Null ($\lambda = r/l = 0$) vor. Die Bewegung des Kolbens über dem Kurbelwinkel verläuft symmetrisch.

- Triebwerke mit variablem Hub durch exzentrische Lagerung des Pleuels auf dem Hubzapfen oder durch verstellbare Kompressionshöhe des Kolbens.

Die Antwort auf die Frage, warum sich keine dieser Konstruktionen hat behaupten oder gar durchsetzen können, ist nicht nur im Zusammenhang mit dem Kurbeltrieb von Interesse, sondern kann auch Erkenntnisse über Entstehen, Erfolg, Mißerfolg und Niedergang von technischen Prinzipen, Konstruktionen, Systemen usw. vermitteln. Ohne auf die Gründe im einzelnen einzugehen, läßt sich zusammenfassend feststellen, daß es bei einer Konstruktion oder einem Wirkungsprinzip nicht so sehr auf einzelne, als vielmehr auf die *Gesamtheit* der Vorteile ankommt. Es genügt eben nicht, *ein* als wichtig angesehenes Kriterium zu optimieren, sondern die *Summe* der Eigenschaften ist entscheidend. Im einzelnen „scheiterten" die oben beschriebenen Konstruktionen aus verschiedenen Gründen:

- Ein mit großem konstruktiven Aufwand erkaufter Vorteil wurde durch die allgemeine Weiterentwicklung der Technik gegenstandslos.

Alternativen zum Kurbeltrieb (1)

Es hat immer wieder Versuche gegeben, den Kurbeltrieb durch andere – vermeintlich vorteilhaftere – Mechanismen zu ersetzen. Erreichen wollte man damit: Höhere Leistung und Leistungsdichte, Verbesserung des mechanischen Wirkungsgrades der Umwandlung von oszillierender in rotierende Bewegung, motorinterne Drehzahlreduktion für den Antrieb von Luft- und Schiffsschrauben und/oder Veränderung des Bewegungsgesetzes der Kolben zur Verbesserung des thermodynamischen Prozesses.

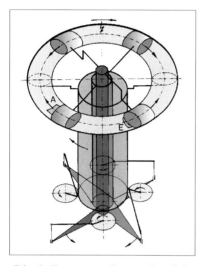

Ringkolbenmotor, Bauart Esselbé,
1912 Frankreich

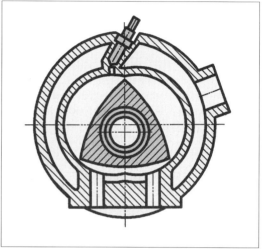

Kreiskolbenmotor, Bauart NSU-Wankel,
1961 Deutschland

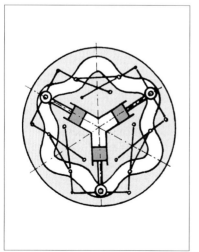

Kurvenbahnmotor, Bauart Michel
1923 Deutschland

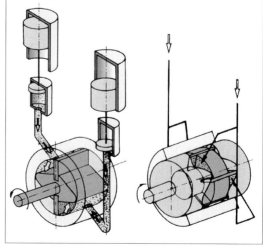

Hydrostatisches Triebwerk, Bauart Krupp,
1967 Deutschland

Alternativen zum Kurbeltrieb (2)

Kurvenbahnmotoren

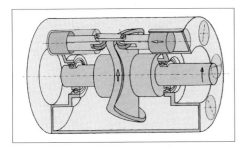 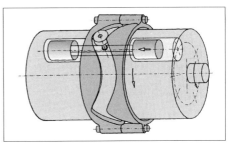

Bauart Herrmann, 1936 USA   Bauart Láage, 1923 Frankreich

Kurvenscheibenmotoren

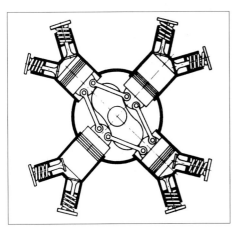 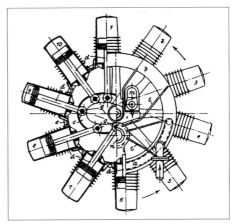

Bauart Fairchild-Caminez, 1926, USA   Bauart Canda, 1912 Frankreich

Taumel- und Schrägscheibenmotoren

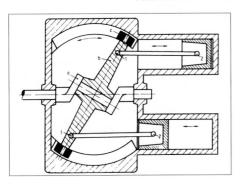 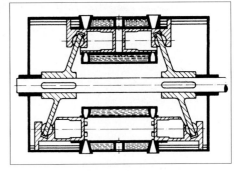

Taumelscheibenmotor   Schrägscheibenmotor

Alternativen zum Kurbeltrieb (3)

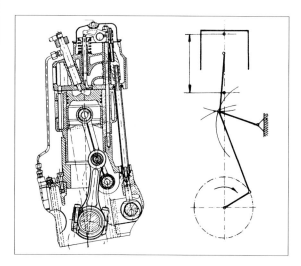

links:

Knickpleuel-Triebwerk

Durch Anlenkung mittels einer Schwinge am Kurbelgehäuse wird der Bewegungsablauf des Kurbeltriebs verändert.

unten:

Kurbelschlaufen-Triebwerk

Die Kolbenstange greift mit einer Schlaufe direkt am Hubzapfen an. Es findet keine Schwenkbewegung statt. Schema und Ausführung eines CCM-Triebwerks.

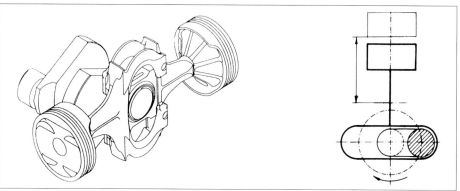

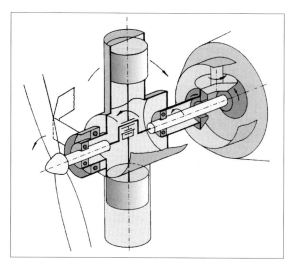

Gegenumlaufmotor

Bei Umlaufmotoren wird das kinematische Wirkprinzip des Kurbeltriebs in das Gegenteil verkehrt: Das Kurbelgehäuse rotiert, die Kurbelwelle steht still und nimmt die Reaktion auf. Bei Gegenumlaufmotoren drehen Kurbelgehäuse und Kurbelwelle gegensinnig mit gleicher oder mit unterschiedlicher Drehzahl. Beispiel: Schema eines Siemens Gegenumlaufmotors (1915).

- Ein als gravierend angesehener Nachteil, der mit konstruktiv aufwendigen, teuren und schadanfälligen Bauarten vermieden werden sollte, ist mittlerweile auch ohne diese Sonderkonstruktionen beherrschbar.

- Die einfache Kinematik des herkömmlichen Kurbeltriebes und seine beherrschbare Kinetik (Übertragung großer instationärer Kräfte) haben ihn bis jetzt seinen „Mitbewerbern" überlegen gemacht. Der vermeintlich schlechte mechanische Wirkungsgrad des Kurbeltriebes bei der Umwandlung oszillierender in rotierende Bewegung hat sich als besser erwiesen als der von anderen Mechanismen oder gar von hydraulischen und hydrostatischen Kraftübertragungen.

- Der Kurbeltrieb ist gut geeignet für die Durchführung jener thermodynamischen Prozesse für Wärmekrafkraftmaschinen, die sich bis heute als ein Optimum bezüglich Wirkungsgrad, Arbeitsausbeute und technischer Realisierbarkeit erwiesen haben,

Natürlich kommt dem Kurbeltrieb zugute, daß er seit zweihundert Jahren gebaut wird. Dank der Erfahrungen mit unzähligen Maschinen: Dampfmaschinen, Verbrennungsmotoren, Pumpen, Verdichter, dank intensiver und weitgefächerter Anstrengungen in Entwicklung, Konstruktion und Fertigung ist der Kurbeltrieb zu so hoher Vollkommenheit gebracht worden, daß er vermutlich nur durch eine ganz andere Bauart, ein innovatives Konzept also, das auch in andere thermodynamische Prozesse eingebunden ist, ersetzt werden kann [110].

6 Triebwerkskonfiguration: Zylinderzahl und -anordnung

Die ersten Dampfmaschinen waren einzylindrig gebaut. Als dann zur Verbesserung des Wirkungsgrades zur Mehrfachexpansion übergegangen wurde, erhöhte sich die Zylinderzahl auf zwei und drei. Die Frage der optimalen Zylinderzahl wurde im 19. Jahrhundert genau so lebhaft diskutiert wie heute; mit dem gleichen Ergebnis, nämlich daß eine klare Aussage zugunsten der einen oder anderen Zylinderzahl nicht möglich ist – zu sehr kommt es auf die jeweiligen Bedingungen an:

„ … Am 26. und 28. October 1853 habe ich mit zwei Dampfmaschinen … verschiedene Versuche angestellt, welche eine genaue Vergleichung zwischen zwischen den Maschinen mit einem und denen mit zwei Cylindern ermöglichen. Diese Versuche wurden mit dem Prony'schen Zaum … angestellt. Die erste Maschine, mit zwei Cylindern und von 30 Pferden Nominalkraft, welche 28 Umgänge in der Minute machte, wurde 6 Stunden lang mit einer Leistung von 38 Pferdekräften betrieben, und verbrauchte per Pferdekraft in der Stunde weniger als 1,15 Kilogramme gewöhnlicher Steinkohlen von Charleroi … Die zweite Maschine hat einen einzigen horizontalen Cylinder, macht 42 Umgänge in der Minute und hat ebenfalls eine Nominalkraft von 30 Pferden … Bei diesen beiden Versuchen waren die Dynamometer verschieden, ebenso die Heizer, die Maschinen arbeiteten Tag und Nacht seit mehreren Monaten … Man hat bis jetzt angenommen, daß die Maschinen mit zwei Cylindern weniger Dampf und folglich auch weniger Brennmaterial verbrauchen, als diejenigen mit einem Cylinder; meine Versuche zeigen aber, daß dies einzig und allein von den Verhältnissen und von der Constructionsweise abhängt, und daß für gleiche Umstände der Dampfanwendung, der Verbrauch bei beiden Systemen derselbe ist …" [111].

Dampflokomotiven hatten von Anfang an mindestens zwei Zylinder. Lokomotiven mit Mehrfachexpansion haben drei Zylinder, die auf eine Kurbelwelle (=Antriebswelle) arbeiten; darüber hinaus gibt es auch vierzylindrige Maschinen. Da für mehr Zylinder die Länge der Kurbelwelle bei Lokomotiven wegen der begrenzten Spurweite nicht ausreicht, wurden bei größerem Leistungsbedarf die Triebwerke in Reihe geschaltet. Bekanntes Beispiel für eine solche Lokomotive ist die legendäre „Big Boy", ein 500-to-Koloss der *Chesepeake and Ohio Railway Company* mit auf jeder Seite zwei hintereinander angeordneten Triebwerken, die in den 1940er Jahren zum Transport schwerer Kohlenzüge über die Alleghenny-Berge eingesetzt wurde[77]. Gekuppelte Maschinen („articulated locomotives") der Bauarten *Garrat, Mallet* und *Garratt-Mallet* haben vier, sechs, ja sogar acht Zylinder (letztere war bei der *Tasmanian Government Railways* im Einsatz). Große Schiffsdampfmaschinen wurden mit bis zu sechs Zylindern gebaut. Die meisten Dampfmaschinen wurden aber ein-, zwei- oder dreizylindrig ausgeführt.

Die Grundform des Verbrennungsmotors ist der Einzylinder; sowohl die ersten Ottomotoren, als auch der erste Dieselmotor waren einzylindrig. Um höhere Leistungen zu bekommen, die Kraftabgabe zu vergleichmäßigen und Massenwirkungen durch sich selbst auszugleichen, wird die überwiegende Mehrzahl an Motoren mehr- bis vielzylindrig gebaut. Im Laufe der Zeit haben sich bestimmte Zylinderzahlen durchgesetzt, wobei es immer Abweichungen nach oben wie nach unten gegeben hat. Im allgemeinen läßt sich aber – abhängig von der Motorenart – auch bei „gewöhnlichen" Motoren ein Trend zu mehr Zylindern feststellen.

---

[77] Ein Exemplar davon ist den Verschrottungsaktionen in den 1950er Jahren entgangen und nimmt heute einen Ehrenplatz im *Ford*-Museum in Detroit ein.

Bei Fahrzeugmotoren war es vor allem der Wunsch nach höherer Leistung; dieser ließ sich, wie erwähnt, am einfachsten mit mehr Zylindern erfüllen, zum einen weil sich die Leistung mit der Zahl der Zylinder multipliziert, zum anderen erlauben viele, weil kleine Zylinder höhere Drehzahlen und höhere spezifische Leistungen.

„ … Für kleine Zweisitzer genügt ein einzylindriger Motor. Mit einem zweizylindrigen Motor fährt der Wagen gleichmäßiger …, doch macht der Zweizylinder fast ebenso große Erschütterungen. Einem vierzylindrigen Motor oder gar einem sechszylindrigen ist immer der Vorzug zu geben. Man lasse sich nicht vorreden, daß der mehrzylindrige Motor unzuverlässiger ist … Je mehr Zylinder der Motor besitzt, desto gleichmäßiger ist sein Gang und seine Elastizität … Ferner läßt sich ein Mehrzylinder viel leichter andrehen als ein Einzylinder, bei dem es immer ein glücklicher Zufall ist, wenn er gleich anspringt …“ [112].

Andererseits machten viele Zylinder die Maschinen kompliziert und störanfällig; außerdem konnten sie dann nicht mehr ohne weiteres von Hand angeworfen werden. Der Zwiespalt, in dem man sich zu befinden glaubte, wird aus folgenden Zitaten erkenntlich:

„ … Es ist eine bekannte Tatsache, daß man eine Maschine um so schwerer im Stande zu halten vermag, je verwickelter sie in ihren Einzeltheilen und je größer die Zahl ihrer Zylinder ist. Darum liegt bei 5, 6, 7 und mehr Zylinder die Gefahr, daß eine Zündung in Unordnung gerät, weit näher als bei 4 oder 3 Zylindern …“ und „ … Die Vierzylinder-Reihenmaschine zeitigt hinsichtlich Gleichgang und Massenausgleich derartig gute Ergebnisse, daß sie im Automobil- und Luftschiffbetrieb zur vorherrschenden Maschine wurde und bereits beginnt, sich eine Stellung unter den Flugmaschinen zu erobern … Die Sechszylinder-Reihenmaschine arbeitet ohne irgendwelche nach außen wirkenden Massenwirkungen und zeigt schon bei verhältnismäßig leichtem Schwungrade einen Gleichgang, der allen Betriebsanforderungen gerecht zu werden vermag. Aber man könnte geneigt sein, schon diese Maschine als ‚mit zu vielen Zylindern behaftet‘ zu bezeichnen …“ . [?]

Ungeachtet dieser Bedenken erhöhte man die Zylinderzahl auf bis 16 Zylinder, wobei Motoren mit bis zu 8 Zylindern als Reihenmotoren gebaut wurden, darüber hinaus als V-Motoren. Der Achtzylinder-Reihenmotor wurde schon vor dem zweiten Weltkrieg durch die V-Bauweise abgelöst. Flugzeugmotoren wurden serienmäßig mit bis zu 28 Zylindern gebaut. Die Frage, auf wieviel Zylinder der Arbeitsraum des Motors am besten aufzuteilen sei, ist für alle Motorarten immer wieder diskutiert worden, wobei – je nach dem Stand der Technik und den jeweiligen Entwicklungszielen und -Prioritäten – durchaus verschiedene Antworten gefunden worden sind:

„ … Die Frage ‚Kleine und viele Zylinder, oder große und wenige Zylinder?‘ wird von den maßgebenden Fachleuten noch verschieden beantwortet. Die Verringerung der Zylinderabmessungen und Steigerung der Zylinderzahlen findet ihre natürliche Begrenzung durch die Forderung nach einfacher Wartung, leichter Zugänglichkeit und Auswechselbarkeit am Flugzeug, schneller Betriebsbereitschaft und, nicht zuletzt in den zunehmenden Herstellungskosten und dem steigenden Leistungsgewicht. Da die Höchstdrehzahl eines Motors durch die begrenzte Schnelläufigkeit der Ventilsteuerung und die größten im Zylinderkopf noch unterzubringenden Ventilquerschnitte festgelegt ist, kann in manchen Fällen auch von dieser Seite eine Beschränkung in der Verringerung der Zylinderabmessungen und Vermehrung der Zylinderzahl notwendig werden. Darin liegt auch eine gewisse Einschränkung für die gebräuchliche Annahme, daß zur Erreichung einer bestimmten Leistung bei kleiner werdenden Zylindereinheiten entsprechend der höheren Hubraumausnutzung immer weniger Gesamthubraum und damit weniger Baugewicht notwendig werde … “ [113].

Bei größeren und großen Motoren stellt sich die Situation etwas anders dar. Einer Zusammenstellung von *Kenndaten Deutscher Boots- und Schiffsdieselmotoren* von 1935 sind folgende Angaben zu entnehmen [114]:

Hersteller	Arbeitsverfahren	Wirkungsweise	Zylinderzahl	Bohrung	Hub
AEG	Viertakt	Einfach	2 bis 6	265 bis 550	350 bis 1000
DWK	Viertakt	Einfach	3 bis 8	180 bis 550	240 bis 900
Krupp Germania-werft	Viertakt	Einfach	6	230 bis 600	350 bis 1050
MAN	Viertakt	Einfach,	6	175 bis 600	220 bis 1110
MAN	Zweitakt	Einfach	6	520 bis 720	700 bis 1200
MAN	Zweitakt	Doppelt	6	600	1000
MWM	Viertakt	Einfach	1 bis 8	95 bis 460	150 bis 650

Vergleicht man diese Angaben mit denen neuerer Motoren, dann fällt auf, daß heute größere Motoren auch in V-Ausführung und Reihenmotoren mit mehr Zylindern als früher gebaut werden.

Hersteller	Arbeitsverfahren	Zylinderzahl	Bohrung	Hub
MAN B&W	Zweitakt	4 bis 12 Reihe	260 bis 900	980 bis 3065
MAN B&W	Viertakt	4 bis 9 Reihe 12 bis 18 V	200 bis 580	270 bis 640
Sulzer	Zweitakt	4 bis 12 Reihe	320 bis 840	100 bis 2500
Sulzer	Viertakt	4 bis 9 Reihe 12 bis 18 V	200 bis 400	300 bis 560
Wärtsilä-Vasa	Viertakt	4 bis 9 Reihe 12 bis 18 V	220 bis 460	240 bis 580
Stork-Wärtsilä	Viertakt	6 bis 9 Reihe 12 bis 18 V	280 bis 620	300 bis 660
Deutz-MWM	Viertakt	2 bis 9 Reihe 6 bis 16 V	105 bis 330	120 bis 450
MTU	Viertakt	4 bis 6 Reihe 6 bis 20 V	97,5 bis 230	133 bis 280

Die Triebwerke stationärer Motoren, vor allem von Dieselmotoren, mußten für den Spitzendruck im Zylinder ausgelegt werden. Das brachte vor allem bei Viertaktmotoren mit sich, daß das Triebwerk bzw. der Motor zeitlich – über ein Arbeitsspiel – nur sehr schlecht ausgenutzt wurde. Um den zum Antrieb der Arbeitsmaschinen nötigen Gleichgang zu erreichen, erhielten diese Motoren große (und schwere) Schwungräder. Für Einzylinder-Viertaktmotoren wurden für den vergleichsweise bescheidenen Ungleichförmigkeitsgrad $\delta = 1/20$ Schwungradmassen von 50 kg/PS Motorleistung als notwendig angesehen. Für eine einzylindrige 500 PS-Maschine machte die Schwungradmasse von 25.000 kg rund ein Drittel der Gesamtmasse des Motors aus! [115].

„ … Die Verteilung großer Leistung auf mehrere Zylinder ist namentlich bei Dieselmaschinen notwendig wegen der Massenwirkungen und Schwingungen, insbesondere bei Schiffsmaschinen … Bei Dieselmaschinen haben die Kolbendrücke, die wesentlich höher sind als bei Vergasermaschinen, größere hin- und hergehende Massen des Triebwerkes zur Folge, deren Ausgleichung Schwierigkeiten bereitet. Daher wird bei raschlaufenden Schiffsdieselmaschinen die sechszylindrige Bauart immer mehr ausgeführt." [116].

Umsteuerbare Viertaktmotoren müssen mindestens sechs Zylinder haben, damit sie aus jeder Kurbelstellung sicher angelassen werden können. Bei nicht-umsteuerbaren Motoren war es, wie oben erwähnt, der Gleichgang, sprich der gleichmäßige Drehkraftverlauf, dessentwegen die Zylinderzahl erhöht wurde. Ganz allgemein läßt sich sagen, daß Leistungserhöhungen über die Zylindergröße wegen der mechanischen und thermischen Beanspruchungen begrenzt waren, zudem die Fertigung großer Triebwerksteile sowohl von der Form- und Maßgenauigkeit als auch von der Werkstoffqualität problematisch war. Das alles begünstigte vielzylindrige Bauarten. Es entstanden Tandemmotoren (damals als Reihenmotoren bezeichnet) und Reihenmotoren (damals in Anlehnung an die Nomenklatur der Dampfmaschinen als Zwillings-, Drillings- und Vierlingsmaschinen bezeichnet). Außerdem gab es schon früh Zwei- und Vierzylinder-Boxermotoren („Gegenzwilling"; „Gegenvierling").

Nun lassen sich Kolben, Zylinder und Kurbelwelle(n) eines Motors auf vielfältige Weise miteinander kombinieren. Zu diesem Thema hat Prof. WUNNIBALD KAMM grundsätzliche Überlegungen angestellt:

„ … Mit der Aufteilung auf kleinere und mehrere Einheiten ist als notwendige Folge die Frage des zweckmäßigen Zusammenwirkens verbunden. Die dafür vorhandenen Möglichkeiten sind: Parallelschalten, Hintereinanderschalten und, wenn es sich um große Anzahlen handelt, die Kombination beider Systeme:

Parallelschalten erhöht die Sicherheit, da bei Ausfall des Einzelgliedes mit zusätzlicher Belastung der Mitglieder die Gesamtwirkung erhalten bleibt (Stahlseil). Diese Eigenschaft kann aber auch ausgenutzt werden, wenn z. B. aus Wirtschaftlichkeitsgründen das eine oder andere Glied abgeschaltet werden soll. Er vervielfältigt die Einzelwirkung durch Ansatz von Mehrheiten (Schraubenverbindungen) und verkürzt Planungs-, Entwicklungs- und Lieferzeiten durch parallelen Einsatz von Menschen und Maschinen.

Hintereinanderschalten wird ebenfalls zur Vervielfältigung der Einzelwirkung angewandt (Spulen). Sie hat aber den großen Nachteil, daß bei Versagen des Einzelgliedes die Gesamtwirkung ausfällt (Kette) und daß bei gegebener Stärke einer Einheit die Gesamtzahl der zum Einsatz kommenden Glieder beschränkt ist (Eisenbahnzug).

Die *Verbund-* oder *Gruppenanordnung* bietet die Möglichkeit, höhere Endwerte zu erzielen. Als Kombination der beiden Schaltungen ist sie denselben Gesetzmäßigkeiten unterworfen, und es ist kein Wunder, daß das Parallelschalten von Gruppen hintereinandergeschalteter Einheiten so oft angewandt wird. Die Kunst liegt im richtigen Abstimmen beider Systeme …" [117].

Die *Parallel-, Reihen-* und *Verbund*-Schaltungen bieten im Motorenbau folgende Möglichkeiten:

- Man kann die Zylinder in Reihe schalten, Bild 24, und zwar
  - in Zylinderachsrichtung: *Tandem-Motoren* und *Gegenkolben-Motoren,* und
  - in Kurbelwellenrichtung: Reihenmotoren.
- Läßt man die Zylinder konzentrisch auf eine Kurbelkröpfung wirken, dann erhält man *Sternmotoren.*
- Bei Taumelscheiben- bzw. Schrägscheibenmotoren sind die Zylinder achsparallel im Kreis angeordnet.
- Doppelmotoren: Zwei oder mehrere Motoren werden gemeinsam in einem Kurbelgehäuse zusammengefaßt.
- Polygonförmig angeordnete Zylinder mit mehreren Kurbelwellen: Drei- und Vierwellenmotoren.
- Zusammenfassung von zwei oder mehr Reihenmotoren zu V-; W-; X- und H-Motoren.
- Zusammenfassung von zwei oder mehr „Sternen" zu Doppel- und Mehrsternmotoren sowie Sternreihenmotoren.

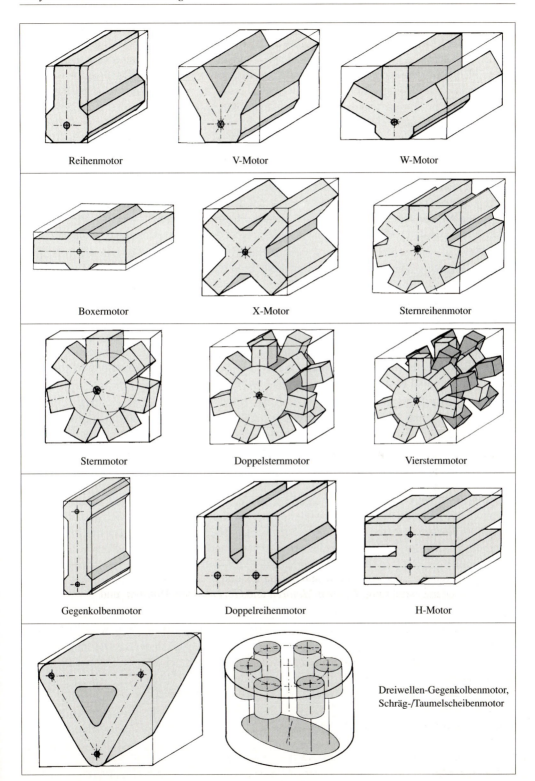

Reihenmotor   V-Motor   W-Motor

Boxermotor   X-Motor   Sternreihenmotor

Sternmotor   Doppelsternmotor   Viersternmotor

Gegenkolbenmotor   Doppelreihenmotor   H-Motor

Dreiwellen-Gegenkolbenmotor,
Schräg-/Taumelscheibenmotor

Bild 24 Zylinderkonfigurationen

Hinter dieser pedantisch erscheinenden Aufzählung verbergen sich tiefgreifende Entwicklungsrichtungen in der Motoren- und Triebwerkstechnik, die zeigen, wie komplex letztlich motortechnische Zusammenhänge sein können, wenn differierende Zielrichtungen zu verschiedenen Zeiten, d.h. bei unterschiedlichem Stand der Technik, und unter verschiedenen Randbedingungen verfolgt werden. Dafür, daß technische Fragen keineswegs nur rational behandelt werden, sondern daß auch ganz andere Momente mitspielen, und daß fachliche Inkompetenz, gepaart – wie so oft – mit Überheblichkeit zu folgenschweren Fehlentscheidungen führen können, bietet gerade die Frage nach der optimalen Zylinderzahl ein „schönes" Beispiel: Im ersten Weltkrieg zeigte sich bald, daß die Leistungen der Flugmotoren schnellstens erhöht werden mußten. Der technisch „richtige" Weg hierzu bestand im Übergang vom Sechszylinder-Reihen- zum 12-Zylinder-V-Motor. Doch der damals zuständige Leiter der *Inspektion der Fliegertruppen,* SIMON, lehnte das mit der Begründung ab, ein solcher zwölfzylindriger V-Motor sähe wie ein „Stachelschwein" aus. Damit geriet die deutsche Flugmotoren-Entwicklung gegenüber den Alliierten erheblich in Nachteil, was den *Junkers*-Mitarbeiter Prof. G. MADELUNG noch 1958 in einem Vortrag zu der bitteren Bemerkung veranlaßte:

„ … fühlen wir uns versucht, an den Charlatan Simon zu erinnern, der 1914/15 die Rolle eines Motoren-Diktators spielte und unsere Flugmotorenentwicklung zugrunde richtete, sodass uns bei Verdun, an der Somme und in Flandern das vollwertige Flugzeug fehlte! Leider konnte ihm das Handwerk nicht rechtzeitig gelegt werden. Ich selbst bin 1915 mit ihm zusammengestossen, konnte ihn aber leider nicht zu Fall bringen …" [118].

Welche Bedeutung der Frage der Zylinderzahl vor eben diesen Hintergrund beigemessen wurde, geht auch daraus hervor, daß in einem nach Ende des ersten Weltkrieges herausgegebenen zusammenfassenden Bericht über die motortechnischen Erfahrungen mit Flugmotoren von HEINRICH DECHAMPS und KARL KUTZBACH ausdrücklich hervorgehoben wird [119]:

„ … Dann aber folgt daraus unbedingt, daß das Mindestgewicht bei bestimmter Kolbengeschwindigkeit immer kleinere Zylinder verlangt, nicht aber Motoren mit wenigen großen Zylindern. Daraus folgt: Große Gesamtleistungen können mit kleinstem Gewicht nur durch Vermehrung der Zylinder in einem Motor oder durch Aufstellung mehrerer Motoren erreicht werden, nicht aber durch Motoren mit wenigen großen Zylindern. Je kleiner aber die Zylinder, desto höher die Drehzahl …" [119].

Die Diskussion über die jeweils vorteilhafte Zylinderzahl wurde immer wieder aufgenommen, wobei verschiedene Triebwerks- und Motorkonzepte in Hinblick auf aktuelle Schwerpunkte in der Motoren-Entwicklung untersucht und bewertet wurden. Nach den Energiekrisen der 1970er Jahre stand der Einfluß des Triebwerks durch den mechanischen Wirkungsgrad auf den Kraftstoffverbrauch im Vordergrund, so auch beim Vergleich der Vier- und Sechszylinderversion von Motoren:

„ … Die Berechnungsergebnisse für die gewählten Beispiele zeigen, daß die Zylinderzahl keinen wesentlichen Einfluß auf die mechanischen Verluste des Motors hat. Die Verluste des Sechszylindermotors sind sogar geringfügig kleiner als beim Vierzylindermotor. Da bei kleinerem Zylinderhubvolumen das zulässige Verdichtungsverhältnis und somit auch der innere Wirkungsgrad höher ist, ergeben sich hieraus Vorteile für den Sechszylinder … Die Verkleinerung der Zylinderzahl bei konstantem Hubvolumen und konstanter Leistung erscheint darum nicht als ein geeignetes Mittel zur Kraftstoffverbrauchsreduzierung …" [120].

Die Schwierigkeit solcher Betrachtungen liegt darin, daß das Ergebnis von den Prämissen der Betrachtung abhängt: Was soll alles berücksichtigt werden, auf welche Eigenschaften wird besonderer Wert gelegt, wo soll die Systemgrenze gezogen werden? Die spezifische Arbeit und der effektive Wirkungsgrad hängen einerseits von den Teilwirkungsgraden[78)] ab, andererseits

---

[78)] Wirkungsgrad des vollkommenen Motors η_V, Gütegrad η_G und mechanischer Wirkungsgrad η_m. $\eta e = \eta_V \, \eta_G \, \eta_m$.

wirkt sich die Zylinderzahl unterschiedlich auf diese Teilwirkungsgrade aus, woraus sich die differierenden, ja auch widersprüchlichen Ergebnisse solcher Vergleiche erklären.

Ohne die Systematik der o.a. Aufzählung einzuhalten, soll nachfolgend auf Vor- und Nachteile der wichtigsten Triebwerksanordnungen (Motorbauarten) eingegangen werden. Füllt man ein vorgegebenes Volumen, z. B. einen Würfel, mit „Motor" aus, dann bieten sich mehrere Möglichkeiten, das Volumen auszunutzen. Ein Reihenmotor nutzt die Länge gut aus, nicht aber die Breite. Umgekehrt verhält es sich mit dem Sternmotor: Gute Ausnutzung der Breite, schlechte der Länge. Besser kann man das Volumen mit einem H-, W- oder X-Motor, am besten mit einem Sternreihenmotor ausfüllen. Deshalb wurden überall dort, wo es auf hohe Leistungsdichte ankam, nämlich bei Flugzeugmotoren, solche Bauarten angewendet. Doch spielen neben der Kompaktheit noch andere Gesichtspunkte für die Entscheidung zugunsten einer bestimmten Bauart eine Rolle: Fertigungskosten, Zugänglichkeit bei Wartung und Reparatur, Integration des Zubehörs, Massenwirkungen, Betriebsverhalten, Störungsanfälligkeit u. a. mehr.

W-, H- und X-Triebwerke

Flugmotoren als die Hochleistungsmotoren par excellence arbeiteten mit hohen Drehzahlen. Diese wiederum lassen sich auf Grund übergeordneter Gesetzmäßigkeiten, der Ähnlichkeitsgesetze, nur mit kleinen Zylinderabmessungen realisieren. Um dennoch die gewünschte Leistung zu erhalten, wurden die Motoren vielzylindrig gebaut. Zwar gab es auch Vier-, Sechs- und Achtzylindermotoren für kleine Flugzeuge mit niedrigen Fluggeschwindigkeiten, aber die meisten Motoren hatten mehr Zylinder: 12, 16, 18, 24 und sogar 28 Zylinder. Mit steigender Geschwindigkeit wird es immer wichtiger, den Stirnwiderstand der Motoren zu verringern. Mit Rücksicht auf das Drehschwingungsverhalten des Triebwerkes sollten die Kurbelwellen steif, d. h. kurz sein. So entstanden Motoren mit kompakter H-, W- oder X-Anordnung der Zylinder. Konstruktiv und fertigungstechnisch aufwendig, zudem wenig wartungsfreundlich, wurden sie nur dort eingesetzt, wo die Forderung nach hoher Leistungsdichte und hoher absoluter Leistung unter Hintanstellung wirtschaftlicher Gesichtspunkte im Vordergrund stand, nämlich bei Flugmotoren, insbesondere bei Sondermotoren für den militärischen Einsatz.

H-Motoren bestehen im Prinzip aus zwei baugleichen V-180°-Triebwerken, die über ein Vorgelege auf die Abtriebswelle arbeiten. Besonders in England wurde diese Bauart geschätzt, wo die Fa. *Napier* den 16-zylindrigen *Rapier,* dann den 24-zylindrigen *Dagger* und schließlich – als einen Höhepunkt der Flugzeug-Kolbenmotoren-Entwicklung überhaupt – den ebenfalls 24-zylindrigen schiebergesteuerten *Sabre*[79] baute, Bild 25.

In Frankreich stellte *Hispano-Suiza* den 24 Z mit 24 Zylindern her. Anfang der siebziger Jahre entwickelte die *MTU-Friedrichshafen* zusammen mit *Amiot* (Frankreich) einen 40-zylindrigen Schnellbootdiesel in H-Ausführung. Bei diesem Motor konnte im Teillastbetrieb eine Motorhälfte abgeschaltet werden.

W-Motoren, d. h. Motoren mit drei auf eine gemeinsame Kurbelwelle arbeitenden Zylinderreihen wurden vor und im ersten Weltkrieg, aber auch noch in den zwanziger Jahren gebaut: In England war es der legendäre *Napier Lion* mit 12 Zylindern, in Italien von *Isotta-Fraschini* ein 18-Zylindermotor, in Frankreich der *Salmson* C 12 (12 Zylinder), der *Lorraine Orion* mit 18 Zylindern, der *Lorraine Courlis* wieder mit 12 Zylindern und der Farman 12 WE (12 Zylinder). Triebwerke in W-Anordnung findet man häufig im Kompressorbau. In den fünfziger Jahren ent-

---

[79] Der NAPIER SABRE II (Bohrung 127 mm; Hub 120,6 mm) leistete mit seinen 24 Zylindern 1530 kW (2080 PS) [Startleistung]. Eine ausführliche Beschreibung dieses bemerkenswerten Motors findet man in der *Motortechnischen Zeitschrift* (MTZ) 6 (1944) 7/8.

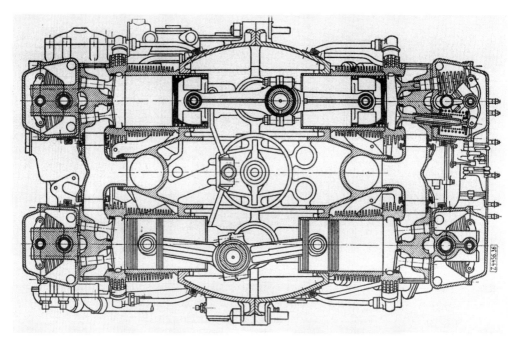

Bild 25 24-Zylinder-Zweiwellen-H-Motor, Bauart Napier Dagger (1938); P = 736 kW bei 4200 min⁻¹

wickelte MITSUBISHI in Japan einen 24-Zylinder-W-Zweitakt-Diesel als Schnellbootmotor[80]. Aber auch im Kfz-Bau hat es nicht an Versuchen mit W-Motoren gefehlt. So hatte der *Rumpler*-Tropfenwagen Anfang der 1920er Jahre einen W-6-Motor. Neuerdings hat die *Audi* einen 12-zylindrigen W-Motor von 260 kW entwickelt, der aber nicht in Serie gegangen ist, Bild 26.

Im Gegensatz zum H-Triebwerk arbeiten in der X-Anordnung die vier Zylinderreihen auf nur eine Kurbelwelle. Solche Motoren wurden in verschiedenen Ländern gebaut: In England von *Napier* der *Cub* mit 16-Zylindern und ungleichen Winkeln zwischen den einzelnen Motorreihen: 52,5° zwischen den beiden oberen, 127,5° zwischen den beiden unteren und 90° zwischen der jeweils oberen und unteren Reihe. Doch das blieb die Ausnahme, ansonsten waren die Motorreihen symmetrisch zueinander angeordnet. *Rolls-Royce* baute den *Exe* (24-Zylinder), *Eagle XVI* (16 Zylinder), und *Vulture* (24 Zylinder); in Frankreich stellte *Clerget* den 16 X (16 Zylinder) her, und in Deutschland hatte *Daimler-Benz* mit dem DB 604 einen 24-zylindrigen X-Motor (1835 kW (2500 PS) bei 3200 min⁻¹) entwickelt, in Italien Fiat einen 32-Zylinder, Bild 27.

Sternmotoren

Unter dem Gesichtspunkt der Raumausnutzung stellt der Sternmotor keineswegs ein Optimum dar. Die zum Reihenmotor „gegenteilige" Sternbauart mit konzentrischer Anordnung der Zylinder ergibt kurze leichte Motoren von allerdings großer Stirnfläche. Diese Eigenschaft ist – für sich allein betrachtet – für Flugmotoren wegen des hohen Luftwiderstandes ungünstig. Andererseits lassen sich sternförmig angeordnete Zylinder wegen der großen freien Anströmquerschnitte gut mit Luft kühlen. Luftgekühlte Motoren brauchen keine Wassermäntel, keine Wasser-

---

[80] *Mitsubishi 24 WZ:* Wassergekühlter Zweitakt-Diesel, gleichstromgespült, mit Abgasturboaufladung, 24 Zylinder, Bohrung 150 mm, Hub 200 mm, Höchstleistung 2200 kW (3000 PS), entsprechend einer spez. Arbeit von 0,995 kJ/dm³ und einer mittleren Kolbengeschwindigkeit von 10,66 m/s *[MTZ 1962; S. 213]*.

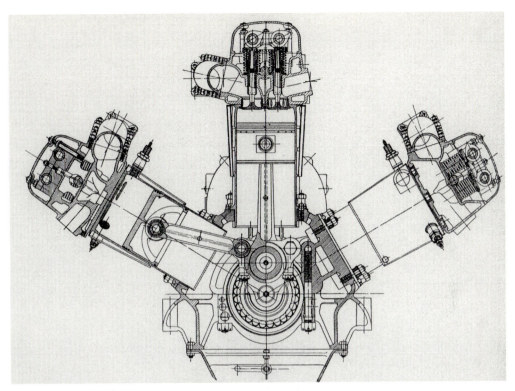

Bild 26 12-Zylinder-W-Motor, Bauart Napier Lion (1924); P = 360 kW bei 2200 min^{-1}

pumpe, keine Kühlmittelfüllung und vor allem keinen Kühler, was weiterhin die Motormasse verringert. Es muß jedoch eine ausreichende Anströmgeschwindigkeit der Luft zu den kühlenden Flächen gegeben sein. Das war bei den niedrigen Fluggeschwindigkeiten der Flugzeuge vor dem ersten Weltkrieg nicht der Fall, so daß damals Luftkühlung nur bei Umlaufmotoren angewendet werden konnte. Umlaufmotoren haben von fünf Zylindern aufwärts praktisch keine freien Massenwirkungen, ein weiterer Vorteil für die extrem leicht gebauten „Fliegenden Kisten" der Zeit vor dem ersten Weltkrieg! Das und der Schwungrad-Effekt des umlaufenden Gehäuses ließen sie extrem ruhig laufen. Kinematisch von Nachteil erwies sich die hohe Coriolis-Beschleunigung, der die Kolben unterworfen waren, und die Kreiselwirkung des rotierenden Motors, welche das Flugverhalten beeinträchtigte. Da die Umlaufmotoren bei der Leistungssteigerung aus mehreren Gründen mit den Standmotoren nicht mithalten konnten, andererseits mit zunehmender Fluggeschwindigkeit als Folge höherer Motorleistung die Luftkühlung auch bei „Standmotoren" beherrscht wurde, gerieten die Umlaufmotoren ins entwicklungstechnische Aus.

Die Entwicklung leistungsstarker luftgekühlter Sternmotoren wurde in den zwanziger Jahren in England und in den USA vorangetrieben. Erst in Lizenz, dann als Weiter- und schließlich als Eigenentwicklung wurden auch in Deutschland solche Motoren gebaut, als Neunzylinder-Einstern- (*BMW* 132) und als 14-Zylinder-Doppelsternmotoren (*BMW* 801), Bild 28.

Um bei Zwei- und Vielsternmotoren auch für die hintere(n) Zylinderstern(e) die Kühlung sicherzustellen, ordnete man die Sterne versetzt an. Gegen Ende des zweiten Weltkrieges entwickelte BMW noch einen flüssigkeitsgekühlten Vierfachsternmotor (*BMW* 803). In den USA bauten *Pratt & Whitney* sowie *Curtiss*, in England *Bristol* 18-Zylinder-Doppelsternmotoren.

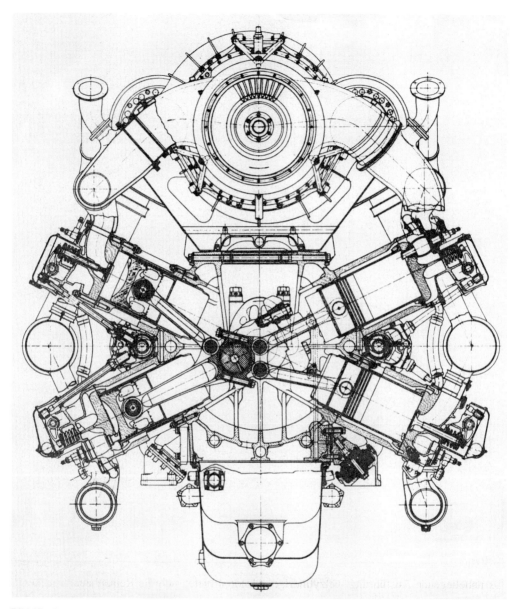

Bild 27 32-Zylinder-X-Motor, Bauart Fiat 560 (1961); P= 3309 KW bei n= 1700 min⁻¹

Höhe- und Schlußpunkt der Kolbenflugtriebwerke stellten die 28-zylindrigen Vierfachsternmotoren von *Pratt & Whitney* dar. Für Flugzeuge konzipiert, wurden Sternmotoren in einigen Fällen auch in Panzer eingebaut.

Die konsequente Weiterentwicklung des Mehrfach-Sternmotors ist der Sternreihenmotor. Solche Motoren müssen allerdings mit Wasser gekühlt werden, weil bei mehreren Sternen die hinteren Zylinder mit Luft nicht mehr ausreichend gekühlt werden können. Man ordnet deshalb die Zylinder hintereinander in Reihen an („Regelmäßiger Sternmotor"). Zu Beginn des zweiten Weltkriegs hatte die Fa. *Junkers* einen 24-Zylinder-Motor als Sechs-Stern-Vierzylinder-Reihenmotor entwickelt, den *Jumo 222,* von denen auch gut 200 Stück gefertigt worden sind. In den

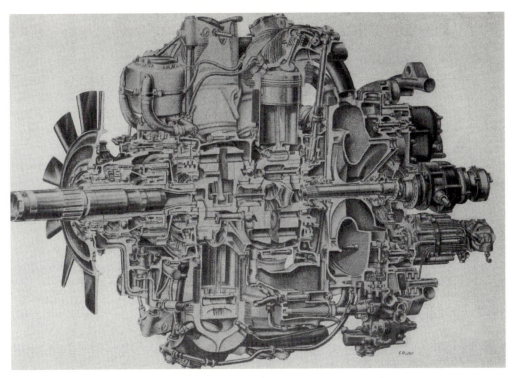

Bild 28 14-Zylinder-Sternmotor, Bauart BMW 801 (1941); P = 1176 kW bei 2700 min⁻¹

1960er Jahren wurde in der UdSSR eine Baureihe Sternreihenmotoren mit 6×7 und 8×7 Zylindern als Schnellbootantrieb gebaut (Tsch 16/17). Triebwerksmechanisch bereiten Sternmotoren keine Probleme. Für die üblichen Wartungsarbeiten, z. B. das Einstellen der Ventile, müssen Sternmotoren, wie auch H-, W- und X-Motoren von allen Seiten zugänglich sein. Bei Flugzeugen mit ihren aus dem Rumpf oder den Flügeln herausragenden Motorgondeln war das der Fall, in Fahrzeugen oder Schiffen hingegen nicht. Das erschwert Wartungs- und Reparaturarbeiten derart, daß unter diesen Bedingungen ein wirtschaftlicher Betrieb kaum möglich ist.

Reihenmotoren

Als naheliegende Ausführung vielzylindriger Motoren bietet sich die Reihenbauart an, deren einfache Struktur steife Kurbelgehäuse ermöglicht. Diese Eigenschaft – prinzipiell von Vorteil – wird um so wichtiger, je größer die Motoren sind. Das Triebwerk ist leicht zugänglich. Wartungs- und Reparaturarbeiten lassen sich einfacher durchführen als an allen anderen Bauarten. Diese Erfahrungen hatte man schon bei Dampfmaschinen gemacht. Man bedenke bloß, was es bedeutet, bei einem großen Schiffsmotor bei Seegang einen Kolben zu ziehen oder ein Pleuel auszubauen! Auch logistisch ist das Reihentriebwerk anderen Konfigurationen überlegen, weil es für alle Zylinder mit gleichen Pleuel und Pleuellagern auskommt.

Stationäre Motoren, Boots- und Schiffshilfsmotoren wurden als Ein-, Zwei- und Dreizylinder gebaut; mit steigenden Leistungsbedarf dann auch als Vier-, Fünf- und Sechszylinder. Bei Fahrzeugmotoren dominierten Vier- und Sechszylinder, in den zwanziger und dreißiger Jahren auch Achtzylinder-Reihenmotoren, für Pkw wie auch für Nkw *(Henschel)*. Der französische Automobil-Konstrukteur ETTORE BUGATTI hatte zwei Vierzylinder-Motoren in Reihe geschaltet, d. h.

ihre Kurbelwellen durch eine Kupplung verbunden, um so zu höherer Motorleistung zu kommen. Es gab aber Schwierigkeiten mit der Leistungsangleichung der beiden Motoren, so daß er diese Lösung aufgab und statt dessen einen Achtzylinder-Reihenmotor mit einer Kurbelwelle und einem Kurbelgehäuse baute. Gerade die langen Motorhauben der Achtzylinder-Reihenmotoren verliehen den Pkw in den 1920er und 1930er Jahren ihr unverkennbares Aussehen, bei den Nkw riefen sie den Eindruck bulliger Stärke hervor. Ungerade Zylinderzahlen, also Fünf- und Siebenzylinder, vermied man bei Viertakt-Pkw-Motoren. Ab den siebziger Jahren wurden fünfzylindrige Pkw-Motoren von *Daimler-Benz, Mitsubishi* und *Audi* gebaut. Neuerdings gibt es auch einen Dreizylinder-Viertaktmotor von *Opel:*

„ … Schon in der Konzeptphase bestand Konsens darüber, den Hubraum auf nur drei Zylinder aufzuteilen. Nur so ließen sich die maximalen Einsparungspotentiale beim Kraftstoffverbrauch wirklich ausschöpfen. Durch den Wegfall des vierten Zylinders verringert sich die motorinterne Reibung deutlich, außerdem ergeben sich durch die größeren Zyliderhubvolumina günstigere Abmessungen für die Brennräume …" [121].

Dreizylindrige Zweitaktmotoren hatte es schon früher gegeben; bekanntes Beispiel ist der DKW 3=6-Motor, dessen Bezeichnung zum Ausdruck bringen soll, daß ein dreizylindriger Zweitakter in seinem Drehmomentenverhalten eine sechszylindrigen Viertakter entspricht. Zweitakt-Dieselmotoren wurden mit auch mit drei, fünf und sieben Zylindern gebaut *(Krupp-Südwerke).* Mittelschnell- und langsamlaufende Schiffsmotoren gibt es in allen Zylinderzahlen von vier bis zwölf. Die triebwerksmechanischen Eigenschaften werden einerseits besser mit der Zylinderzahl (= Kröpfungszahl), andererseits aber auch schlechter. Konkret: Je mehr Zylinder ein Motor hat, desto weniger ungleichförmig ist sein Drehmoment, desto besser läßt sich der Massenausgleich gestalten. Allerdings werden – und das gilt gerade für Reihenmotoren – die Triebwerke mit der Zylinderzahl „weicher" und damit empfindlicher bezüglich des Drehschwingungsverhaltens. Bis in die zwanziger Jahre wurden auch Tandemmotoren gebaut, liegende Großgasmaschinen mit hintereinander geschalteten Kolben, die durch eine Kolbenstange verbunden, gemeinsam auf die Kurbelkröpfung arbeiten. Vorteil dieser aus dem Dampfmaschinenbau übernommenen Ausführung war die gute Zugänglichkeit des liegenden Triebwerkes und der geringe Raumbedarf in der Höhe.

V-Motoren

Als guter Kompromiß zwischen dem Wunsch nach vielen Zylindern, kompakter Bauweise und der für Wartung und Reparatur nötigen Zugänglichkeit zum Triebwerk hat sich die V-Bauweise (in älterer Literatur auch als *Gabelmotor* bezeichnet) erwiesen. Der V-Motor ist die bauliche Zusammenfassung zweier um einen bestimmten Winkel, dem V- oder Gabel-Winkel, zueinander geneigten Reihenmotoren, deren Triebwerke auf eine gemeinsame Kurbelwelle arbeiten – je zwei sich im V gegenüberliegende Zylinder auf eine Kröpfung. Diese Bauart wurde im Schiffsmaschinenbau schon Mitte der fünfziger Jahre des 18. Jahrhunderts angewendet; MARC IZAMBARD BRUNEL hatte sich 1823 ein Patent „for a very ingenious application of the steam engine, by which the connecting rods of two cylinders are made to give motion to the same crank" [122] erteilen lassen. Bei Verbrennungsmotoren wurde die V-Anordnung zum ersten Mal 1889 von GOTTLIEB DAIMLER und WILHELM MAYBACH bei dem Motor des sogenannten Stahlradwagens angewendet. Der V-Winkel dieser zweizylindrigen Maschine betrug 17°. 1895 baute PANHARD in Frankreich einen V-4-Motor und 1905 HENRY ROYCE in England einen V-8-Motor. Den ersten V-12 gab es bereits 1904 [123].

Jede Motorengattung hat ihre bevorzugten Triebwerkskonfigurationen, bei denen die Grenze zwischen der Reihen- und V-Anordnung ganz unterschiedlich verläuft, und es interessant, wie sich diese verschiebt. Pkw-Motoren wurden schon ab den 1930er Jahren mit acht Zylinder als V-Motoren gebaut. In den achtziger Jahren begann beim Sechszylinder die V-Bauweise dem Reihenmotor Konkurrenz zu machen, weil man V-6-Motoren wegen ihrer kurzen Länge quer im Pkw einbauen kann. Nicht nur Gesichtspunkte der Massenwirkungen beeinflussen die Entscheidung, sondern auch Fragen der Motorfunktion, der Fahrzeugauslegung und der Wirtschaftlichkeit. Wenn die Baureihe aus Vier- und Sechszylinder-Motoren besteht, dann sprechen starke wirtschaftliche Gründe für das Beibehalten des Reihen-Sechszylinders. Hat man aber auch einen Achtzylinder im Programm, dann kann die Baureihe genauso gut auch aus Sechs- und Achtzylinder-V-Motoren bestehen. So erweist sich der V-6 als ein guter Kompromiß zwischen Leistungsangebot und raumsparender Bauweise:

„ … Dabei ergibt sich, daß ein Sechszylindermotor in V6-Anordnung nur dann Vorteile aufweist, wenn sein Bauraumvorteil für das Fahrzeuggesamtkonzept von entscheidender Bedeutung ist. Dieser Kompromiß wird in der Regel bei frontangetriebenen Automobilen in Kombination mit Sechzylindermotoren getroffen …" [124].

Schnellaufende Hochleistungsmotoren werden ab sechs Zylindern als V-Motoren gebaut, Mittelschnelläufer werden ab zwölf Zylindern als V-, mit weniger Zylinder hingegen als Reihenmotoren ausgeführt.

V-Motoren bieten mehrere Möglichkeiten, die Pleuel der im V gegenüberliegenden Zylinder am Hubzapfen angreifen zu lassen:

- zentrisch: Die Pleuel arbeiten in einer Ebene.
  - Haupt-/Nebenpleuel (Anlenkpleuel): Das Hauptpleuel arbeitet direkt auf den Hubzapfen; das Nebenpleuel ist am Hauptpleuel angelenkt. Auf Grund ihrer Kinematik haben Haupt- und Nebenpleuel verschiedene Hübe.
  - Gabel-/Innenpleuel: Das eine Pleuel umfaßt gabelförmig („Gabelpleuel") die Lagerschale, das andere Pleuel stützt sich innerhalb („Innenpleuel") des Gabelpleuels auf dessen Lagerschale ab.
- exzentrisch: Die Pleuel arbeiten in zueinander versetzten Ebenen.
  Die Pleuel greifen nebeneinander am Hubzapfen an („Pleuel-neben-Pleuel"). Der dadurch bedingte „Pleuelversatz" zwingt zu gekröpften Kurbelgehäuse-Zwischenwänden, was den Kraftfluß im Kurbelgehäuse ungünstig beeinflußt.

Jede dieser Ausführungen hat ihre Vor- und Nachteile, deren Wichtung sich aber mit der Zeit und dem Entwicklungsstand der Motortechnik geändert hat. Die Pleuel-neben-Pleuel-Ausführung ist vom Triebwerk her die einfachste Lösung: gleiche Pleuel, gleiche Lager! Sie erfordert aber im Gegensatz zu den anderen Bauarten wegen des exzentrischen Angriffes der Pleuel am Hubzapfen („Pleuelversatz") gekröpfte Kurbelgehäuse-Zwischenwände; das beeinflußt den Kraftfluß im Kurbelgehäuse ungünstig. Da die Kurbelgehäuse-Zwischenwand an sich schon ein kompliziertes Gebilde ist, bei dem es formbedingt örtlich zu hohen Spannungsspitzen kommt, ist es verständlich, daß zu einer Zeit, als man noch nicht über die nötigen Kenntnisse vom Mechanismus dynamischer Beanspruchungen verfügte, geschweige denn in der Lage war, Bauteile wie das Kurbelgehäuse rechnerisch und experimentell zu untersuchen, bestrebt war, gekröpfte Zwischenwände zu vermeiden. Daß die Probleme damit lediglich von der einen Baugruppe, dem Kurbelgehäuse, auf die andere, nämlich das Triebwerk, verlagert wurden, sollte man erst später erkennen [125].

Charakteristische Größe der V-Motoren ist ihr V-Winkel („Gabelwinkel"). Vergleicht man nun V-Motoren diesbezüglich, dann wird man feststellen, daß praktisch alle Winkel vorkommen, von den Extrema $\delta = 0°$, d. h. Reihenmotor, bis hin zu $\delta = 180°$, eine Ausführung, die für Unterflurmotoren oder für die Teilmotoren von H-Motoren angewendet wird[81]. Beispiele für V-Winkel von Verbrennungsmotoren:

V-Winkel	Motorart	Verwendung	Hersteller	Typ	Bohrung	Bemerkung
o	–	–	–	–	mm	
2 ½	4-Takt-Otto	Pkw	*Röhr*	Röhr 8	60	
15	4-Takt-Otto	Pkw	*Volkswagen*	VR6	81	symmetrisch geschränkte Zylinder
14	4-Takt-Otto	Pkw	*Lancia*	Lambda		
17	4-Takt-Otto	Pkw	*Lancia*	Lambda		
24	4-Takt-Otto	Pkw	*Lancia*	Dilambda	79,4	
36	2-Takt-Diesel	Schiff/Bahn	*KHD*	T12M133	220	
40	4-Takt-Diesel	Schnellboot	*MTU*	20 V 672	185	ex: Mercedes-Benz MB 518
42	4-Takt-Diesel	Lokomotive	*Kolomna/ UdSSR*	5 D 49	260	
45	4-Takt-Diesel	Lokomotive	*Deutz MWM*	632	250	Für einen amerikanischen Lokomotivsteller entwickelt
50	4-Takt-Diesel	Schiff/ Stationär	*Sulzer MAN*	ZA 40 S V 40/45	400	
54	4-Takt-Otto	Pkw	*Opel*	Omega	86 85	
60	4-Takt-Diesel	Schiff/ Stationär	*MTU*	20 V 1163	230	
63	4-Takt-Otto	Pkw	*Tatra*			Drehschwingungsverhalten
63,5	2-Takt-Diesel	Fahrzeug/ Stationär/Boot	*DDC*	8 V 71	108	
72	4-Takt-Diesel	Schiff	*MTU*	16 V 595	190	
75	4-Takt-Diesel	Nkw	*Tatra*		120	
80	4-Takt-Diesel	Bahn	*Simmering*	R 12a	150	
90	4-Takt-Diesel	Bahn/Schiff/ Stationär	*Pielstick*	16 PA4 185	185	
120	4-Takt-Diesel	Schiff/ Stationär	*Deutz MWM*	816	142	
180	4-Takt-Diesel	Bahn	*Daimler-Benz*	OM 807	138	

---

[81] 180°-V-Motoren werden auch als Boxermotoren bezeichnet. Es gibt aber auch Boxermotoren, bei denen die sich gegenüberliegenden Zylinder jeweils auf eine eigene Kröpfung arbeiten. Dadurch ergeben sich längere Kurbelwellen und Motoren, weshalb diese Bauart nur bei kleinen Zylinderzahlen (bis vier) angewendet wurde. Bekanntestes Beispiel für einen solchen Boxer ist der VW-Käfer-Motor.

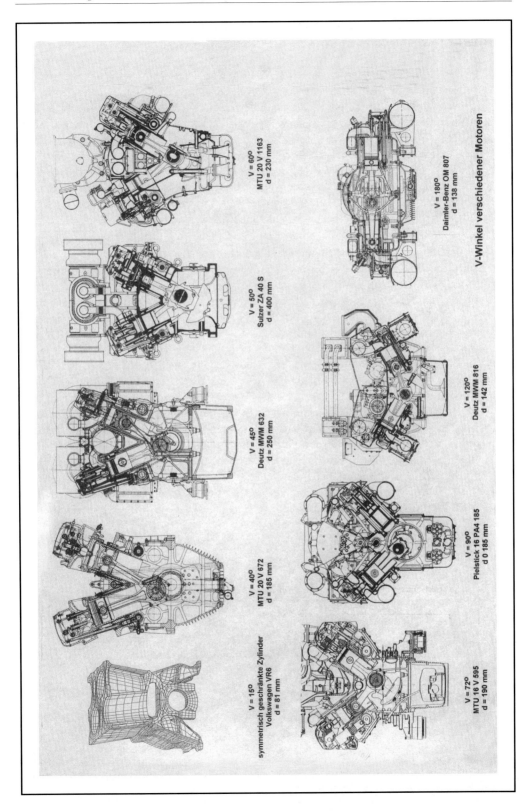

V = 60°
MTU 20 V 1163
d = 230 mm

V = 180°
Daimler-Benz OM 807
d = 138 mm

V-Winkel verschiedener Motoren

V = 50°
Sulzer ZA 40 S
d = 400 mm

V = 45°
Deutz MWM 632
d = 250 mm

V = 120°
Deutz MWM 816
d = 142 mm

V = 40°
MTU 20 V 672
d = 185 mm

V = 90°
Pielstick 16 PA4 185
d 0 185 mm

V = 15°
symmetrisch geschränkte Zylinder
Volkswagen VR6
d = 81 mm

V = 72°
MTU 16 V 595
d = 190 mm

Wie bei vielen konstruktiven Entscheidungen gibt es mehrere Gründe für ein bestimmtes Kriterium. Weil solche Gründe oft nicht exakt quantifizierbar sind, hängt das Ergebnis von der Wichtung, mithin auch von subjektiv geprägter Beurteilung ab. Gründe für die Wahl des V-Winkels sind: Gleiche Zündabstände, minimale Massenwirkungen, gutes Drehschwingungsverhalten, günstige Gestaltung der Aufladung und vor allem Begrenzung der Motorabmessungen in Hinblick auf beengte Einbauverhältnisse. Darüber hinaus gibt es in einzelnen Fällen noch besondere Gründe für die Wahl des V-Winkels. So wurde für die Detroit-Diesel-Zweitaktmotoren, Baureihe 71, ein V-Winkel von 63,5° gewählt, um bei den konstruktiven Gegebenheiten der Reihenmotoren dieser Baureihe möglichst viele Gleichteile für Reihen- und V-Motoren zu erhalten [126]. Kleine V-Winkel verlangen längere Pleuel (kleinere Pleuelverhältnisse $\lambda = r/l$), um den nötigen Freigang von Zylinder und Kolben zu gewährleisten. Das führt natürlich auch zu höheren Kurbelgehäusen, hat aber den Vorteil, daß die Kolbenseitenkräfte (Normal- oder Gleitbahnkräfte) als Folge des geringeren Pleuelschwenkwinkels kleiner werden.

Die Motorlänge ergibt sich bei Reihenmotoren – wie der Name sagt – durch Aneinanderreihung der Zylinder; sie ist praktisch die Summe der Zylinderdurchmesser plus einen entsprechenden Zuschlag für Wanddicken und Wasserräume usw. Rückt man nun die Zylinder in Motorquerrichtung etwas auseinander, dann lassen sich die Zylinder in Längsrichtung enger zusammenrücken. Man erhält damit zwar einen V-Motor mit kleinem V-Winkel, also eine ungleiche Zündfolge, was aber technisch keine Schwierigkeiten bereitet. Dieses Bauprinzip wurde Ende der zwanziger Jahre von *Lancia* mit dem 4-Zylinder-Pkw-Motor, Typ *Lambda,* praktiziert. Dieser hatte einen extrem engen V-Winkel von 14°, bei dem die Zylinder der einen Reihe gleichsam zwischen die der anderen geschoben sind, eine Bauweise, die als Lancia-Prinzip in die technische Literatur eingegangen[82] ist. Auf diese Weise kann man beide Zylinderreihen in einem Block (Zylinderbank) unterbringen, man kommt mit einem Zylinderkopf aus. Weil sich im V die Zylinder nicht gegenüberliegen, sondern eben in Längsrichtung zueinander versetzt sind, arbeitet jedes Pleuel auf eine eigene Kröpfung; das ermöglicht eine gleichmäßige Zündfolge. Aus dem *Lambda* wurde der achtzylindrige *Dilambda* mit einem V-Winkel von 24° abgeleitet [127]. Einen Schritt weiter mit diesem Prinzip ging *Volkswagen* mit dem VR6-Motor, der mit einem V-Winkel von 15° ausgeführt wurde. Um die Pleuellänge innerhalb sinnvoller Größen zu halten, rückte man die Zylinderreihen zusätzlich nach beiden Seiten auseinander, was durch Schränken des Kurbeltriebes ermöglicht wurde. Auf diese Weise gelang es, einen Sechszylindermotor so zu verkürzen, daß er quer in das Fahrzeug (Pkw) eingebaut werden kann [128]. Kleine V-Winkel führen zwar zu schmalen, dafür aber vergleichsweise hohen Motoren, weil die Pleuel so lang sein müssen, daß für die im V gegenüberliegenden Zylinder der nötige Freigang gegeben ist. Große V-Winkel ergeben niedrige und breite Motoren.

Triebwerksmechanisch stellt sich als erste Forderung die nach gleichen Zündabständen. Das verlangt bei Viertaktmotoren V-Winkel von $\delta = 720°$/Zylinderzahl (Zweitakt: 360°/Zylinderzahl). Gleiche Zündabstände sind nicht nur wegen eines gleichmäßigen Drehkraftverlaufes wichtig, sondern auch in Hinblick auf eine geringe Erregung von Drehschwingungen, „ … denn nur bei gleichmäßiger Zündfolge wird die hauptharmonische Ordnung des Grundreihenmotors durch eine Phasenverschiebung von halber Periodenlänge getilgt …" [129]. Für einen „singulären" Motor läßt sich also ohne weiteres der „richtige" V-Winkel bestimmen, so erhält man für den 8-Zylinder-Motor $\delta = 90°$. Achtzylinder-V-90°-Motoren – wie erwähnt – zum ersten Mal 1905 gebaut, sind besonders beliebt, zum einen wegen der gleichen Zündabstände, zum anderen weil sich bei $\delta = 90°$ die oszillierenden Massenkräfte I. Ordnung beider Zylinder durch

---

[82] Dieses Prinzip wurde bereits um die Jahrhundertwende von dem englischen Dampfmaschinen-Hersteller *Thornycroft* bei Torpedoboot-Maschinen angewendet.

ein mit Kurbelwellendrehzahl umlaufendes Gegengewicht vollständig ausgleichen lassen[83]. Der 8-Zylinder-V-Motor ist aus den Schwierigkeiten des Reihenmotors entstanden, dessen lange und „weiche" Kurbelwelle sehr drehschwingungsempfindlich ist und nicht ohne Schwingungsdämpfer auskam. 1931 baute die Fa. *NAG* mit dem 18/100 PS *NAG-V8* 1931 den ersten deutschen V-8-Fahrzeugmotor; bemerkenswerterweise übrigens mit nur dreifacher Lagerung der Kurbelwelle. Heute ist die V-8-Bauart weit verbreitet, seinerzeit bestanden aber erhebliche Vorbehalte dagegen:

„ … Diese Konstruktion bedingt ein äußerst sorgfältiges Ausbalancieren der Kurbelwelle und der hin- und hergehenden Massen der Pleuelstangen und Kolben und somit eine wesentlich genauere – und daher teuere – Werkstattarbeit als der Reihenmotor. Dies mag der Grund dafür sein, daß er bis auf wenige Ausnahmen (z.B. Cadillac und Lincoln) bisher nicht gebaut wurde. Die *NAG* hat sich nach jahrelangen Versuchen für den V-förmigen Achtzylinder entschieden …" [130].

Bei Baureihen, die aus Motoren verschiedener Zylinderzahl, z.B. 12, 16 und 20 Zylinder, bestehen, „stimmt" nur für einen Motor der V-Winkel, für die anderen bedeutet er ungleiche Zündabstände, was aber angesichts der Tatsache, daß solche vielzylindrigen Motoren per se mit Drehschwingungsdämpfern ausgerüstet sind, keine Rolle spielt. Da aber auch andere, eher praktische Gesichtspunkte berücksichtigt werden müssen, findet sich immer ein passabler Kompromiß. Interessant sind in diesem Zusammenhang die Begründungen der Motoren-Hersteller für den jeweils gewählten V-Winkel. Als der *Maybach-Motorenbau* Anfang der dreißiger Jahre den ersten schnellaufenden V-12-Dieselmotor für die Schienentraktion herausbrachte, wurde der V-Winkel logischerweise zu 60° gewählt. Die 60° behielt man dann Anfang der 1950er Jahre für die MD-Baureihe mit ihren 8-, 12-, 16- und 20-Zylinder-Versionen bei. Auch die nachfolgende, hubraumstärkere MC-Baureihe wurde mit folgender Begründung so ausgeführt:

„ … Für die MC-Motoren wurde einheitlich ein V-Winkel von 60° gewählt. Ausschlaggebend war dafür die Forderung nach guter Zugänglichkeit zu den Abgasrohren und Abgasturboladern sowie die Erfahrungen und Erkenntnisse, die mit den weitgehend verschleißfreien Viskositätsdämpfern gemacht wurden, so daß auch drehschwingungsmäßig für die in Frage kommenden Motorausführungen (12-, 16- und 20-Zylinder) günstige Bedingungen geschaffen wurden. Für die Wahl von 60° sprachen außerdem die sich dadurch einstellenden Zündabstände, wodurch sich besonders günstige Verhältnisse für die Abgasturboaufladung ergaben …" [131].

Die zur gleichen Zeit vorwiegend für die Schienentraktion entwickelte Baureihe VV23/23 der *MAN* wurde mit 50° V-Winkel ausgeführt:

„ … Der V-Winkel von 50° bedeutet einen günstigen Kompromiß zwischen den für gleiche Zündabstände optimalen Winkeln der 12- und 16-Zylinder-Maschine. Mit diesem für alle Zylinderzahlen gleichen V-Winkel ist es möglich, das erforderliche Abgasrohrwerk und die Aufladegruppen im V-Raum gerade noch unterzubringen … Wichtig ist besonders die geringe Breitenausführung, mit welcher die Motoren auch für Schmalspurlokomotiven hoher Leistung geeignet sind …" [132].

Auch die großen Schiffsmotoren der *MAN* haben den 50°-V-Winkel. Die 12- und 16-Zylindermotoren der *Deutz MWM*-Baureihe 816 für Schiffshaupt- und Hilfsantriebe sowie für Lokomotiven und stationäre Anwendungen hingegen haben einen V-Winkel von 120°:

„ … Die beiden Zylinderreihen des einteiligen Kurbelgehäuse-Oberteils sind unter einem Winkel von 120° angeordnet. Hierdurch ergibt sich die Möglichkeit, die wichtigsten Hilfsaggregate, wie Einspritzpumpe und Regler, Anlasser, Generator, Kühlwasserpumpe, Ölwärmetauscher, Schmierölzentrifuge und Kraftstoffilter von oben gut zugänglich innerhalb des V-Winkels unterzubringen …" [133].

---

[83] Die Ortskurve der oszillierenden Massenkräfte I. Ordnung der sich im V gegenüberliegenden Zylinder ist ein Kreis!

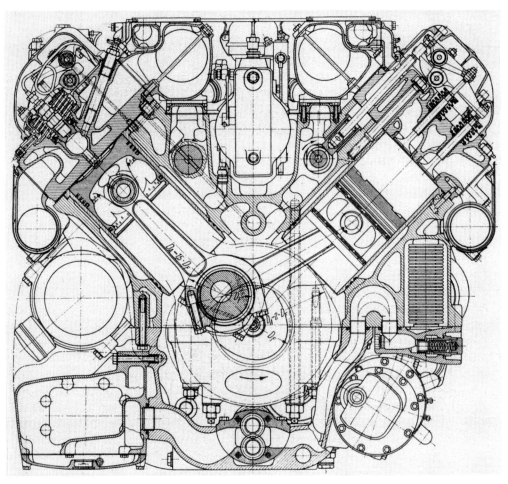

Bild 29 Die V-Bauweise ermöglicht die beste Ausnutzung eines gegebenen Bauraums für einen Motor, Beispiel: Motor
MTU MB 838 für den Kampfpanzer *Leopard 1*.

Man sieht, daß in vielen Fällen nicht triebwerksmechanische Eigenschaften, sondern Fragen des
Einbauraumes, der Zugänglichkeit u.a. mehr für die Wahl des V-Winkels ausschlaggebend sind,
Bild 29. Pkw-Motoren werden in der Regel nicht als Baureihen gefertigt, so daß man bei nur
einer Zylinderzahl den V-Winkel mit Rücksicht auf gleiche Zündabstände wählen könnte, wenn
das nicht bei den kleinen Zylinderzahlen von europäischen Pkw-Motoren, vier und sechs, mit
180° bzw. 120° weit ausladende Motoren ergäbe. Deshalb gibt man hier kleineren Winkeln den
Vorzug, erreicht aber dennoch eine gleichmäßige Zündfolge durch Kröpfung (Aufspreizung)
der Hubzapfen um den entsprechenden Differenzbetrag zur (gleichmäßigen) Zündfolge. Heute
werden z. B. Sechszylinder-V-Motoren von mehreren Herstellern mit gekröpften Hubzapfen,
d. h. gleichmäßiger Zündfolge gebaut *(Audi, Mercedes-Benz, Opel),* auch Nfz-Dieselmotoren
(Mercedes-Benz, Deutz). So vorteilhaft V-Motoren in Hinblick auf hohe Leistungsdichte sind,
so haben sie doch mit ihrer Triebwerkslagerung, namentlich den Pleuellagern, erhebliche
Schwierigkeiten bereitet. Diese wollte man vermeiden, indem man zwei komplette Triebwerke
in einem Motor („Zweireihenmotor") zusammenfaßte. Auf diese Weise ersparte man sich die
Entwicklung der damals problematischen Triebwerkslagerung von V-Motoren. Es gab verschie-

dene Ausführungen. Gegen Ende des ersten Weltkrieges baute die Fa. *Maybach* zwei Triebwerke ihres Höhenmotors *MbIVa* um 10° zueinander geneigt in ein gemeinsames Kurbelgehäuse ein (Motortyp: *Mb VII*); *Adler* baute einen 2 × 4-Zylindermotor und *King-Bugatti* in den USA einen Motor mit 2 × 8 Zylindern. Natürlich ist ein solcher Motor schwerer als ein „echter" V-Motor mit nur einer Kurbelwelle. Aber unter dem zeitlichen Druck einer Kriegsentwicklung – schließlich sollten die Motoren möglichst schnell frontreif sein – war das eine vernünftige Lösung.

Bei den Parallelmotoren sind die beiden Triebwerke parallel zueinander angeordnet wie in Lokomotivmotoren der *MAN*, Typ *2 × W6V 30/38*, in den dreißiger Jahren, und dem *Sulzer*-Motor (Bohrung 310 mm, Hub 390 mm; 1900 PS bei 670 min^{-1}), der noch bis in die 1950er Jahre gebaut wurde. Auch Nutzfahrzeugmotoren wurden so gebaut *(Henschel, Büssing)*, Bild 30.

Es wurde aber auch die „entgegengesetzte" Version gebaut, bei der die Motoren nicht parallel, sondern in Reihe „geschaltet" sind, so Anfang der dreißiger Jahre der Rennflugmotor *Fiat AS 12*, ein 24-zylindriger V-60°-Motor, bestehend aus zwei hintereinander angeordneten V-12-Zylinder-Motoren, die über ein Untersetzungsgetriebe je eine konzentrische Propellerwelle antrieben, Bild 31.

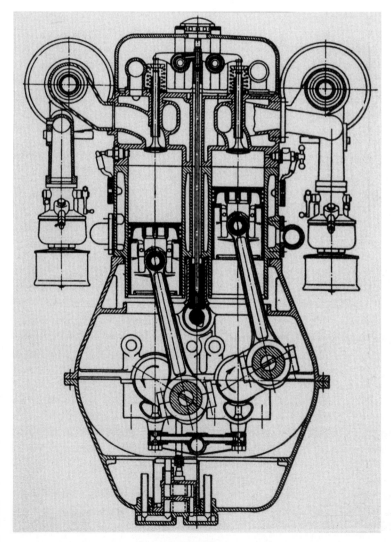

Bild 30
2 × 6 Zylinder-Zweiwellen-
Doppelreihenmotor,
Bauart Henschel (1930);
P = 184 kW bei 1500 min^{-1}

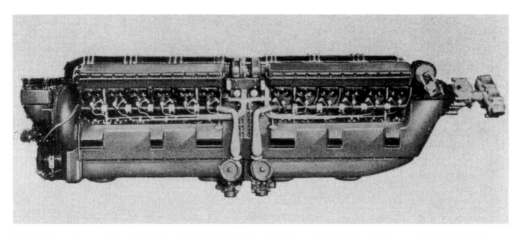

Bild 31 Doppelmotor Fiat AS 12 (P = 2279 KW bei 3400 min^{-1}): Zwei 12-Zylinder-V-Motoren AS 6 sind in Reihe zu einer Tandemanlage zusammengebaut.

Schließlich gab es noch sogenannte Doppelmotoren, das sind parallel zueinander angeordnete Motoren (*Daimler-Benz* Flugmotor *DB 606* im zweiten Weltkrieg, bestehend aus zwei 12-Zylinder-V-Motoren *DB 601*), Bild 32.

Die amerikanische Firma *Chrylser* baute im zweiten Weltkrieg – ebenfalls um die Entwicklungszeit zu verkürzen – einen sogenannten „Multibank-Motor", bestehend aus fünf sternförmig angeordnete Sechszylinder-Reihenmotoren mit gemeinsamem Kurbelgehäuse als Antrieb für Panzer.

Bild 32 Doppelmotor *Daimler-Benz DB 606* (P = 1985 kW bei 2700 min^{-1}): Zwei 12-Zylinder-Motoren *DB 601* sind parallel unter einem Winkel von 44° zu einer baulichen Einheit zusammengefaßt.

Gegenkolbenmotoren

Das von dem englischen Torpedobootbauer YARROW und anderen bei Dampfmaschinen angewendete Prinzip eines Massenausgleiches durch oszillierende Gegengewichte wurde durch WILHELM VON OECHELHÄUSER und HUGO JUNKERS bei ihren Großgasmaschinen insofern eleganter verwirklicht, als die oszillierenden Gegengewichte in Gestalt von Kolben zur Arbeitsleistung herangezogen wurden („Gegenkolbenmotoren"). Zwar hatte es schon Dampfmaschinen in Gegenkolben-Bauart gegeben, und 1877 hatte sich FERDINAND KINDERMANN den Gegenkolbenmotor patentieren lassen, doch es waren VON OECHELHÄUSER und JUNKERS, die ab 1893 solche Motoren erfolgreich bauten. Beim Gegenkolbenmotor arbeitet der untere Kolben über Kolbenstange, Kreuzkopf und Pleuelstange direkt auf die Kurbelwelle, während der gegenläufige obere Kolben über ein Querjoch und zwei Treibstangen auf die jeweils benachbarten, um 180° versetzten Kröpfungen wirkt. Das Gegenkolben-Prinzip hat nicht nur den Vorteil eines weitgehenden Massenausgleiches und damit eines extrem ruhigen Laufs, sondern bietet auch die Möglichkeit die vorteilhafte Gleichstromspülung zu realisieren, indem ein Kolben die Einlaß- und der gegenläufige die Auslaßschlitze steuert, wobei sich zudem durch Voreilen des Auslaß-Kolbens ein unsymmetrisches Steuerdiagramm verwirklichen läßt.

Einwellen-Gegenkolbenmotoren dieser Art wurden als große Schiffsdiesel in England, teils nach *Junkers*'scher Lizenz, teils auf Eigenentwürfen basierend, gebaut, von der Fa. *William Doxford* in Sunderland sogar bis in die 1960er Jahre. Auf Kundenwunsch hatte auch die dänische Fa. *Burmeister & Wain* einige Gegenkolbenmotoren gebaut. Um die bei solchen Gegenkolbenmotoren die für einen Zylinder nötigen drei Kurbelkröpfungen zu vermeiden, hatte die englische Fa. *Cammell-Laird-Fullagar* zwei mit 180°-Zündfolge arbeitende Zylinder so eng aneinander angeordnet, daß jeweils die oberen Kolben durch schräge Kolbenstangen mit den Kreuzköpfen der benachbarten Zylinder verbunden waren. Ein andere konstruktive Besonderheit stellt der von *Junkers* 1912 gebaute dreizylindrige Gegenkolben-Zweitakt-Dieselmotor in Tandem-Bauart dar. In jeweils einer Zylindereinheit arbeiten zwei Paare von Gegenkolben, also insgesamt vier Kolben. Kleine Einwellen-Gegenkolbenmotoren der Bauart *Junkers* wurden für vielfältige stationäre Zwecke von den 1920er Jahren an bis in die 1960er Jahre (DDR) hergestellt. Um die ungleichen Triebwerksmassen der Treibstangen von Einlaß- und Auslaßkolben zu kompensieren, arbeiteten diese mit verschiedenen Hüben. Die Fa. *Fried. Krupp* hatte in den 1930er Jahren eine Lizenz auf *Junkers*-Gegenkolben genommen und baute solche Motoren bis Anfang der 1950er Jahre in ihre Nutzfahrzeuge ein.

Mehrwellenmotoren

Üblicherweise besteht ein Triebwerk aus den Kolben, Pleuel und *einer* Kurbelwelle, doch es hat auch Motoren mit mehreren Kurbelwellen gegeben. Der Grund für solchen konstruktiven Aufwand lag in der Notwendigkeit, Leistung und Leistungsdichte der Motoren zu erhöhen, sei es über die Drehzahl, sei es über die Zylinderzahl.

Wegen der Masse des Triebwerksgestänges waren Einwellen-Gegenkolbenmotoren für höhere Drehzahlen wenig geeignet, weshalb die *Junkers*-Flugzeugdiesel als Zweiwellen-Gegenkolbenmotoren gebaut wurden. In großen Stückzahlen[84] hergestellt waren sie die einzigen serienmäßigen Diesel-Flugzeugmotoren überhaupt. Je sechs Kolben arbeiteten gegenläufig auf je eine eigene Kurbelwelle, welche ihrerseits über ein Vorgelege die Propellerwelle antrieben, Bild 33.

---

[84] Die Aussage „Stückzahlen" oder „große Stückzahlen" im Zusammenhang mit Motoren der Vorkriegs- und Kriegszeit ist natürlich nicht mit den Millionen Kfz-Motoren unserer Tage zu vergleichen. In diesem Fall handelte es sich um etwa 5000 Motoren.

Bild 33 Zweiwellen-Gegenkolbenmotor, Bauart *Junkers Jumo 205* (1943); P = 647 kW bei 2800 min^{-1}

Das Gegenkolben-Prinzip mit zwei Kurbelwellen lag auch englischen Panzermotoren der 1960er Jahre zu Grunde (*Rolls-Royce* R 60 und *Leyland* L 60 [134]). In den 1950er Jahren baute die Fa. *Napier* in England den sogenannten *Deltic*-Motor, bei dem drei Gegenkolbenmotoren baulich zu einer dreieckförmigen Einheit mit insgesamt drei Kurbelwellen zusammengefaßt worden waren[85]. Zunächst für marinetechnische Zwecke vorgesehen, wurde dieser Motor auch in Lokomotiven eingebaut, Bild 34.

Noch einen Schritt weiter war man im Kriege bei *Junkers* mit dem „Viereckmotor" Jumo 223[86] gegangen, einem Zweitakt-Gegenkolben-Dieselmotor mit 24 Zylindern, die auf vier Kurbelwellen arbeiteten.

---

[85] Der Verfasser hatte vor einigen Jahren Gelegenheit, einen *Napier-Deltic*-Motor auf dem Prüfstand zu sehen. Der Motor lief so ruhig, daß eine senkrecht darauf gestellte Shilling-Münze nicht umfiel.

[86] Jumo 223: 24-Zylinder-Gegenkolben-Motor, Zweitakt-Diesel, Bohrung 80 mm, Hub 2×120 mm, Startleistung 1835 kW (2500 PS) bei 4400 min^{-1}.

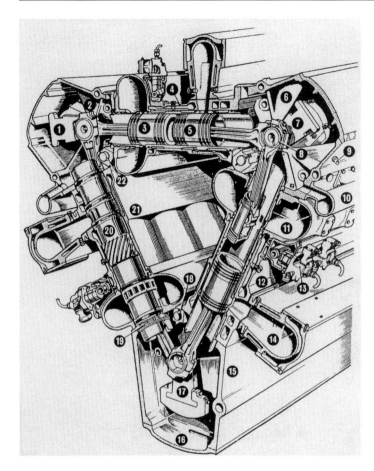

Bild 34
9- bzw. 18-Zylinder-Dreiwellen-
Gegenkolbenmotor,
Bauart *Napier-Deltic*, (1954);
$P = 1397$ kW bei 1900 min^{-1}
(18-Zyl.-Version, Lokomotive)

Lage der Zylinder

Die ersten Dampfmaschinen waren stehend angeordnet: Ein Zylinder trieb über ein Balancier die Wasserhaltungspumpe an. Stehende Zylinder hatten auch frühe Lokomotivmaschinen, so z. B. die *„Blenkinsop"* (1812), *„Puffing Billy"* (1813), GEORGE STEPHENSON's *„Killingworth"* (1816) oder die *„Locomotion Nr. 1"* (1825), doch erwiesen sich bald liegende, auch schräg geneigte Zylinder als vorteilhafter, so daß sie zur Standard-Bauart bei Dampflokomotiven wurden. Auch stationäre Dampfmaschinen (Betriebsmaschinen) wurden bevorzugt liegend angeordnet. Der *Benz*-Patentmotorwagen von 1886 hatte einen liegenden Zylinder, bei der *Daimler*-Motorkutsche von 1886 war der Zylinder stehend angeordnet. Großgasmaschinen, insbesondere Tandemmaschinen, wurden wegen ihrer Abmessungen liegend ausgeführt. Stehend wurden nur kleine Motoren gebaut, weil „sie weniger übersichtlich und weniger standfeste (sind), auch meist weniger bequem in Ordnung zu halten" [153]. Als Vorteil der stehenden Bauart wurde angesehen, daß das Kolbengewicht nicht einseitig wirkte, und die Kolbenschmierung sich einfacher gestaltete. Auch schrieb man stehenden Maschinen bessere mechanische Wirkungsgrade zu, weil die Reibungsarbeit des liegenden Kolbens durch sein Eigengewicht entfiel. Die Kolbenringe dichteten besser und die Triebwerkskräfte bzw. deren Reaktionen ließen sich in stehenden Maschinen gleichmäßig auffangen.

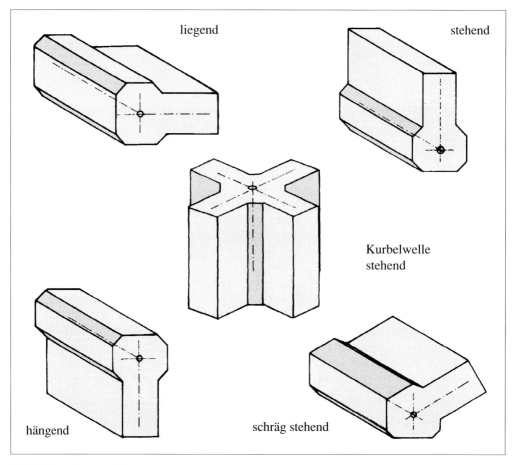

Bild 35 Einbaulage von Motoren

Moderne Pkw-Motoren werden vielfach schräg in die Fahrzeuge eingebaut, um mit Rücksicht auf den Luftwiderstandsbeiwert die Fahrzeugsilhouette niedrig zu halten. Liegende Motoren findet man als sogenannte Unterflurmotoren in Omnibussen, Triebwagen aber auch in anderen Nutzfahrzeugen. Die vor allem in Deutschland übliche Einbaulage in Flugzeuge für Reihen- und Mehrreihenmotoren (V-Motoren) war hängend[87]; hängende Motoren, d. h. „auf dem Kopf stehende" Motoren bieten dem Piloten bessere Sichtverhältnisse, auch ermöglichen sie größere, d. h. langsamer drehende Propeller mit besserem Wirkungsgrad ohne Verlängerung des Fahrwerks, Bild 35. Aber auch hier gilt: Alles schon einmal dagewesen, denn viele Dampfmaschinen waren hängend in Schiffe eingebaut, weil die Antriebswelle für die Schaufelräder oberhalb der Wasserlinie lag.

---

[87] Das inspirierte die Engländer im zweite Weltkrieg zu der Anekdote, die Deutschen hätten eine englische Flugmotorenzeichnung in die Hände bekommen und – unfähig sie zu lesen – verkehrt herum gehalten, so daß deshalb die deutschen Motoren auf dem Kopf stehend, also hängend, konstruiert worden seien.

7 Maschinendynamik

7.1 Massenwirkungen: Erkennen, Verstehen und Beherrschen eines Phänomens

Das Maschinenzeitalter verschuf in der ersten Hälfte des 19. Jahrhunderts den Menschen das Erlebnis der Geschwindigkeit, mittelbar und unmittelbar eine neue Erfahrung. Hatten bislang die Maschinen nur wenige Hübe und Umdrehungen gemacht, so änderte sich das jetzt. *Das Klappern der Mühle am rauschenden Bach* mit ihren 5 bis 8 Umdrehungen in der Minute, als beschaulich und anheimelnd empfunden, wich dem *Rasseln und Stoßen* der neuen Maschinen, deren höhere Arbeitsfrequenz (Hubzahl, Drehzahl) akustisch, aber auch optisch nachhaltig ins Bewußtsein drang. Mit der Eisenbahn wurden neue Bereiche des Empfindens von Geschwindigkeit *erfahren:* Das Vorbeieilen der Landschaft, der Fahrtwind, Stöße, Erschütterungen und Geräusche summierten sich zu einem überwältigenden Eindruck. Diese neuen Empfindungen bewirkten auch eine Änderung der Wahrnehmung. Die neue Wirklichkeit mußte begrifflich erfaßt werden und durch Benennungen sprachlich handhabbar gemacht werden; Bezeichnungen wie *lebendige Kraft* (für die kinetische Energie) geben Einblick in die Vorstellungswelt von damals. Die alten Maßstäbe für die Bewegung, der Lauf des Wassers, vom behäbigen Fluß bis zum reißenden Strom, der Wind von der Brise bis zum Orkan, die Gangart der Tiere, von der Schildkröte bis zum Galopp des Pferdes, bis zum Flug des Falken, erhielten durch die Maschinen ein neues Maß. Raum und Zeit standen zur Disposition, sie konnten jetzt „überwunden" werden. In diesem Sinn findet man in der *Allgemeinen Realencyclopädie oder Conversationslexicon für das katholische Deutschland* von 1847 folgende Definition:

„Geschwindigkeit (celeritas) heißt das Verhältniß des Raums, den ein Körper durchläuft, zu der Zeit, die er dazu nöthig hat … Man bezieht in der Physik bei der Bestimmung der G. die Räume auf eine Zeiteinheit, welche immer die Secunde ist, und nennt dann die G. oder eigentlich das Maß derselben: den in einer Secunde zurückgelegten Raum …" [136].

Die Geschwindigkeit der Maschine bzw. der Maschinenteile mußte nicht nur „erzeugt", sie mußte auch „vernichtet" werden. So wurde man mit einem weiteren Phänomen konfrontiert, der Massenträgheit. Hatte man bislang vor allem mit einer Eigenschaft von Masse, der Schwere, vulgo: Gewicht, zu tun gehabt, erwies sich jetzt die Massenträgheit immer mehr als eine Erscheinung, die schwierig zu beherrschen war; im Großen wie im Kleinen, im Abbremsen eines Eisenbahnzugs, in den Massenwirkungen oszillierender Teile des Triebwerks. Gelehrte hatten sich schon früher damit auseinandergesetzt und ihre gedanklichen Schwierigkeiten damit gehabt, wie aus folgendem Zitat hervorgeht:

„ … Eben so wirkt auch ein Körper, der in Bewegung ist, auf dasjenige zurück, was ihn in Ruhe setzen will; und es hat also das Ansehen, als ob in dem Körper etwas stecke, das ihn beständig in seinem gegenwärtigen Zustande zu erhalten sucht; als ob sich der Körper vermöge dieses Etwas der Ruhe widersetzte, zu der Zeit, da er in Bewegung ist; und der Bewegung, wenn er in Ruhe ist. Man hat dieß als eine dem Körper eigenthümliche Kraft angesehen und Trägheit, auch wohl selbst Kraft der Trägheit (inertia, vis inertia) genannt. Aber braucht denn ein Ding eine eigne Kraft, um das zu bleiben, was es einmal ist? … Noch weniger darf man die Trägheit … mit der Schwere für einerley halten …" [137].

Zum Erstaunen, zu der Bewunderung und der Freude kamen das Gefühl von Bedrohung und die Ahnung, daß diese Geschwindigkeiten nicht mehr sicher beherrschbar seien; und in der Tat, Unfälle, die es ja schon immer gegeben hatte, nahmen jetzt eine andere Dimension an, im Ausmaß für den Einzelnen wie auch als Gesamtereignis. Die Erfahrungen mit der Geschwindigkeit mußten ver- und aufgearbeitet, gedeutet und verinnerlicht werden, um Geschwindigkeit einzuschätzen und – daraus resultierend – richtig auf sie reagieren zu können[88]. Gerade der „Mann vor Ort", der Maschinist, mußte lernen, mit den immer schneller werdenden Maschinen umzugehen. Abgesehen von der Gefahr für Leib und Leben bereiteten höhere Geschwindigkeiten mehr Arbeit durch Störungen, Ausfälle und Schäden aller Art. Werkstoffe, Fertigungsweisen, Funktionsabläufe, über viele Jahrhunderte bewährt, stießen jetzt an unsichtbare Grenzen, deren Überschreiten schlimme Folgen zeitigte.

Die meisten aus der Geschwindigkeit herrührenden Schäden kündigten sich durch Vibrationen, Erschütterungen, Stöße und Geräusche an, so daß vielfach noch Zeit zu Gegenmaßnahmen blieb, doch kam es immer wieder vor, daß sich manche Schäden – wie Dampfkesselexplosionen – „aus heiterem Himmel" ereigneten. Der Ingenieur und Schriftsteller MAX EYTH schildert einen solchen:

„ … In dem Augenblick, als ich durch das Tor der Fabrik trat, brach das große Schwungrad des Schienenwalzwerks, und achthundert Zentner Gußeisen, in Stücken von einem bis zu hundert Zentnern, flogen wie aus Kanonen geschossen durch Dach und Wände. Im ersten Augenblick wußte niemand, was geschehen war. Etliche der fliegenden Stücke hatten Dampfröhren zerrissen, so daß das ganze Haus sich sofort mit einer zischenden, undurchdringlichen Wolke füllte, aus der Hunderte von Arbeitern herausstürzten. Eine Minute später fiel ein Stück des Dachs, dessen Träger durchschlagen waren, und verschwand in dem brausenden Nebel. Die Leute standen in einer dichten, lautlosen Gruppe etliche fünfzig Schritte von dem toll gewordenen Gebäude und warteten auf das nächste Ereignis. Die Ruhe dieser Gruppe war fast noch merkwürdiger als das Toben der entfesselten Kräfte. Das Schlimmste war übrigens vorüber. Zehn Minuten später konnte man eindringen, um zu sehen, wieviele Menschen unter den Trümmern begraben waren, und glücklicherweise war nur ein Mann tot und fünf mehr oder weniger verwundet …"[89] [138].

Langsam entwickelten sich Gefühl, Bewußtsein und Erkenntnis für das Phänomen der Geschwindigkeit über das bloße Empfinden für Gefahr hinaus zur Einsicht in maschinendynamische Vorgänge.

„ … Jede Maschine verursacht im Beharrungszustande eine regelmässige Folge von Geräuschen und Schlägen, welche sich entweder bei jedem Kolbenhube wiederholen oder zum Theile nur zeitweise auftreten. An die verschiedenen Arten dieser Geräusche muss sich das Ohr gewöhnen, um alsbald unterscheiden zu können, ob die Maschine normal arbeitet oder ob Fehler einzelner Theile den regelmässigen Gang stören oder gefährden … Maschinen, deren Kurbeln nicht direct durch Gegengewichte equilibrirt sind, schlagen leicht in der ersten Kupplung am Schneckenrad, besonders bei unregelmäßigem Gang der Maschinen, z.B. bei schwerem Seegange oder beim Ueberkochen und überhaupt beim Ansetzen der Maschine, bevor das Schiff in Fahrt kommt …" [139].

Bewegte Massen haben Wirkungen zur Folge, die teils erwünscht, teils unerwünscht, auf jeden Fall beherrscht werden müssen, soll die Maschine ordnungsgemäß laufen. Diese Wirkungen rühren von der Doppeleigenschaft der Masse – Schwere und Trägheit – her. Meist ist man sich dessen gar nicht bewußt, so daß man mit dem Begriff Massenwirkungen nur die infolge der Trägheit verbindet, nehmen doch die Massenwirkungen durch die Zentripetalbeschleunigung mit dem Quadrat der Drehzahl zu. Bis zur Dampfmaschinen-Ära war die Arbeitsgeschwindig-

---

[88] Daß das Gefühl von und für Geschwindigkeit keineswegs selbstverständlich ist, sieht man an Kindern, denen man das Einschätzen derselben für das Überleben im Straßenverkehr vermitteln muß.

[89] Daß der Ausgang eines Unglücks, das einen Toten und fünf Verletzte forderte, offensichtlich noch als glimpflich abgelaufen empfunden wurde, zeigt, daß man damals weit schlimmere Folgen solcher Ereignisse gewohnt war.

Bild 36
Massenausgleich an der Hettstedter-
Feuermaschine. Mit diesem – mittels
eines gesonderten Balanciers bewegten –
Gegengewicht sollten die ungleichen
Massen der Kraft- und der Arbeits-
maschine ausgeglichen werden.

keit von Maschinen aber so gering, daß es genügte – und auch darauf ankam –, die Wirkung der
Schwere auszugleichen: Schon in den alten Kulturen sorgte man durch einen an das eine Ende
des Ziehbalkens angebundenen Stein für einen Massenausgleich. Das erwies sich z. B. auch bei
der ersten (vollständig) in Deutschland gebauten Dampfmaschine, der Hettstedter Feuermaschine im Burggörner Revier (Mansfeld)[90] als notwendig. Diese Balanciermaschine trieb sechs an
der Schachtstange angehängte Pumpensätze an, deren Gewicht – zusammen mit den Wassersäu-
len – weit größer war als für den Aufwärtshub des Kolbens erforderlich. Deshalb wurde an das
Pumpengestänge ein Hilfsbalancier mit Gegengewicht angelenkt [140], Bild 36.

Doch selbst, wenn die Massen solchermaßen ausgeglichen waren, liefen sie alles andere als ruhig, weil die kurbeltrieblosen Balanciermaschinen keine kinematisch wirksame Hubbegrenzung
hatten:

„ … Das knarrte und ächzte, knallte und krachte, zischte und sauste, seufzte und stöhnte, bald
da, bald dort, als ob in jedem Winkel ein anderer Kobold säße. Alles aber übertönte der don-
nerähnliche Schlag in der Höhe, wenn der Schwingbaum *(Anmerk. d. Verf.: Balancier)* auf seine
Unterlage traf. Dem Schlag folgte fünf Sekunden lange feierliche Stille. Dann war es, als ob je-

---

[90] Mit den damals üblichen Mitteln (Wasserkünste, Pferdegöpel) wurde man des Wasserzuflusses im König-Friedrich-
Schacht im Burggörner Revier (Mansfeld) nicht Herr, weshalb – auf Kabinetts-Order von König Friedrich II. – nach
englischen Vorbildern eine „Feuermaschine" als Pumpenantrieb gebaut wurde. Diese Feuermaschine war die erste,
vollständig in Deutschland gebaute Dampfmaschine. Anläßlich des 200. Jahrestages ihrer Inbetriebnahme wurde
eine weitgehend originalgetreue, mit Fremdantrieb lauffähige Nachbildung (Maßstab 1 : 1) gebaut und im Mansfeld-
Museum in Hettstedt aufgestellt.

mand auf dem Boden auf ein Blech klopfte; langsam, widerwillig setzte der Schwingbaum sich wieder in Bewegung; unten im Schacht räusperten sich die Pumpen, und das grause Spiel, das Ächzen und Stöhnen, das Sausen und Zischen, das Knallen und Schlagen begann aufs neue …" [141].

Der Übergang von der Balanciermaschine zum Kurbeltrieb gestattete höhere Arbeitsspielfrequenzen (Drehzahlen): Große kurbeltrieblose Balanciermaschinen machten 6 bis 8 Hübe in der Minute, die ersten WATT'schen Maschinen mit Kurbeltrieb arbeiteten etwa doppelt so schnell, sie machten 15 bis 25 Umdrehungen/Minute. Mit steigender Drehzahl konnten die Maschinen kleiner gebaut werden, und schon um 1820 wurden Drehzahlen um 80 min^{-1} gefahren. Der eigentliche Antrieb, die Maschinengeschwindigkeit zu steigern, kam von der Eisenbahn, weil sich hier die Arbeitsspielfrequenz direkt in Fahrgeschwindigkeit umsetzte, 1830 immerhin etwa 40 km/h, zehn Jahre später waren es schon 60 km/h. So machten sich die freien Massenwirkungen des Triebwerks, bedingt durch die ungleichmäßige Verteilung rotierender Massen an den Treib- und Kuppelrädern und die ungleichförmige Bewegung der oszillierenden Triebwerksteile nachhaltig bemerkbar.

Man hatte feststellen müssen, daß von einer bestimmten Drehzahl, genauer: Kolbengeschwindigkeit, die Maschine „unruhig" lief. Die ungleichförmige Bewegung des/der Kolben rief (freie) Massenkräfte hervor, die sich auf das Fundament der Maschine, bei Dampflokomotiven über die Schienen auf das Gleisbett übertrugen und zum Teil zu erheblichen Erschütterungen der näheren Umgebung führten. Außerdem lösten sich Verbindungselemente der Maschine, und es gab auch Brüche einzelner Bauteile. Diese Massenwirkungen ergeben sich aus dem Produkt von Masse, Kurbelradius und dem Quadrat der Winkelgeschwindigkeit, so daß sie nicht von der Drehzahl bzw. von der Winkelgeschwindigkeit allein, sondern auch von der Masse und dem Abstand ihres Schwerpunkts von der Drehachse abhängig sind. Wie unklar und wie wenig gefestigt die Vorstellungen über die Vorgänge im Kurbeltrieb noch in der Mitte des vorigen Jahrhunderts waren, geht aus folgendem Zitat aus einem seinerzeit verbreiteten Lehrbuch hervor:

„ … sieht man, daß der Kolben, so wie er sich dem Ende des Laufes nähert, von selbst stufenweise seine Geschwindigkeit verliert und weniger Dampf verbraucht; und dieser Umstand ist um so beachtenswerter, weil daraus hervorgeht, daß die Umwandlung der hin- und hergehenden Kolbenbewegung bei der Dampfmaschine an sich keinen oder nur sehr geringen Verlust an Kraft verursachen kann. Sehr viele Mechaniker sind zwar immer noch der Meinung, daß so bequem und einfach mittelst der Kurbel diese Umwandlung erhältlich, sie den großen Nachteil mit sich bringe, wenigstens um $^1/_3$ den theoretischen Effekt zu vermindern …" [142].

Ausgelöst und begünstigt durch Forderungen nach Verbesserung von Eigenschaften der Maschinen, nach neuen Anwendungsmöglichkeiten und nach Anpassung an jeweilige Gegebenheiten war der Kurbeltrieb – wie aufgezeigt – zu den noch heute üblichen Bauformen weiterentwickelt worden. Gleichzeitig ging natürlich auch die Entwicklung der Dampfmaschine als solcher weiter. Das betraf den thermodynamischen Prozeß insofern, als man erkannte, daß es ungünstig ist, den Dampf mit vollem Druck („Spannung") während des ganzen Hubes in den Zylinder einströmen zu lassen. Vielmehr genügte nur ein Teil des Hubes hierfür, um nach Schließen der Einlaßorgane den Dampf im Zylinder expandieren zu lassen („Expansionsmaschine"). Diese Erkenntnis hatte sich schon JAMES WATT patentieren lassen, aber es dauerte, bis sich dieses Prinzip durchsetzte. Thermodynamisch von Vorteil, hatte die Expansion aber maschinentechnische Nachteile, weil nun der Kolben (zeitlich) ungleichmäßig belastet wurde. Angesichts des unruhigen Ganges der Maschinen scheute man sich, die Drehzahlen stationärer Maschinen über die bis Anfang der 1860er Jahre des 19. Jahrhunderts üblichen 50 bis 60 min^{-1} zu steigern, zumal – wie in o. a. Zitat anklingt – befürchtet wurde, die hierfür nötige Verstärkung der Bauteile bewirke einen „Kraftverlust". Auch das mag erstaunen, war der Nutzen von

Schwungmassen zur Vergleichmäßigung des Antriebes seit Jahrhunderten bekannt. Heißt es doch schon bei AGOSTINO RAMELLI[91] in der Beschreibung eines handbetriebenen Getreidemahlwerkes:

„... Dann wann sie die zwey Höltzer/so mit ihren Angelen in den Rincken umbgehen/welche in die zwone Balcken eingestecket seynd/wechselweise hinder und vor sich stossen/machen sie durch mittel der Handheben herumbzugehen/ den eisernen Baum welcher ... gekrümmet ist/und sich mit zweyen eisernen ärmlein in die Rincken füget/ so in gemelten Handheben eingestecket seynd/an welchen ein Baum zu unterst vier gegengewichte angehänget/ so seinen umbgang desto leichter machen ...“ [143].

Die Notwendigkeit eines Massenausgleiches wurde zuerst bei Lokomotiven deutlich,

- weil sich bei diesen die freien Massenwirkungen gravierend auf das Fahrverhalten auswirken, insbesondere im oberen Leerlauf („beim Fahren ohne Dampf“) und
- weil deren Drehzahlen mit 100 bis 200 deutlich über denen der von Betriebsdampfmaschinen mit 50 bis 60 min^{-1} lagen.

Zum besseren Verständnis der Problematik sei daran erinnert, daß die Bewegung eines Hubkolbentriebwerkes durch die oszillierende (d.h. hin- und hergehende) Bewegung des Kolbens mit Kolbenstange sowie Kreuzkopf und durch die rotierende Bewegung der Kurbelkröpfung bestimmt ist. Die Pleuelstange macht einerseits die oszillierende Bewegung des Kreuzkopfes und andererseits die Drehung der Kröpfung mit; insgesamt führt sie also eine Schwenkbewegung aus. Beim Ausgleich der solcherweise entstehenden Massenwirkungen lassen sich die der rotierenden Massen durch Gegengewichte völlig ausgleichen, Bild 37.

Darüber hinaus kann man – entsprechende Dimensionierung vorausgesetzt – mit der in Zylinderachsrichtung wirkenden Komponente der Gegengewichte die oszillierende Massenkraft (1. Ordnung) ausgleichen. Allerdings bleibt dann die Komponente senkrecht dazu „übrig“, welche ihrerseits infolge ihres Richtungswechsels die Lokomotivräder abwechselnd stärker auf die Schiene preßt und dann wieder entlastet bis hin zum Abheben von der Schiene.

„... Verticalstörungen, welche die Pressung zwischen Rad und Schiene so veränderlich machen, dass eine rasche und sehr nachteilige ungleichmässige Abnutzung der Bandagen und die Gefahr des Aufspringens eines Rades von der Schiene hervorgerufen wird ...“ [144].

Die nachteiligen Wirkungen von Massenkräften beschränkten sich aber nicht nur auf die Schienen, man führte auch Schäden an Brücken auf sie zurück,:

„... müssen Gegengewichte in die Räder gelegt werden. Die allein benötigten Horizontalcomponenten derselben sind aber ohne die gleichzeitig mitgeweckten Verticalkomponenten nicht zu erhalten, deren böse Wirkung zweiseitig auftritt. Nach oben wirkend begrenzt sie die Geschwindigkeit der Fahrt, nach unten gerichtet überlastet sie die Brücken. Da die Größe dieser Fliehkraft selbst bis zur Größe des Eigengewichtes der einen Maschinenseite steigen kann, wodurch sich die Belastung innerhalb einer halben Radumdrehung von Null bis zum doppelten Eigengewichte ändert und gleichzeitig im Tacte mit Hammerschlagswucht auf die Brücke wirkt, so erhellt die Gefahr schneller Fahrt über diese Objecte. Und wenn auch eine Geschwindigkeit bis zur Vollentlastung der Räder, und der unmittelbar darauf folgenden Doppelbelastung derselben nicht vorkommen mag, so erhöht doch wieder die früher angeführte Geradführungskomponente den örtlichen Druck. Daher muss man erkennen, dass eine Fahrt mit der Grenzgeschwindigkeit der Locomotive die Beanspruchung der Träger einseits unter der Maschine rund auf's Doppelte steigert ...“ [145].

---

[91] AGOSTINO RAMELLI, 1530 bis 1590, hatte Mathematik und Ingenieurwissenschaften (als Teilgebiet der Kriegskunst) studiert und verfaßte ein umfangreiches, reichhaltig illustriertes Werk über Maschinen aller Art: *Le diverse et artificiose machine de capitano Agostino Ramelli, dal Ponte della Tresia, ingeniero del christianissimo Re di Francia et di Pollonia.*

Bild 37 Massenausgleich an einem modernen Dampflokomotiv-Triebwerk

Lokomotiven wurden ja mindestens zweizylindrig, auf dem Kontinent – im Gegensatz zu England – zudem meist mit außenliegenden und fast ausschließlich mit liegend angeordneten Triebwerken[92] gebaut, so daß die freien Massenkräfte und Massenmomente unerwünschte, weil unangenehme Reaktionen der Maschine hervorriefen. Horizontal wirkende Kräfte verursachen das *Zucken,* senkrechte das *Wogen.* Drehende Bewegungen des Schwerpunktes um die Längsachse das *Wanken,* um die Querachse das *Nicken* und um die senkrechte das *Drehen* und *Schlingern* [146]. Die zeitgenössische Fachliteratur ist voller Hinweise auf hieraus erwachsende Probleme. So war in der Generalversammlung der *Institution of Mechanical Engineers* von 1848 der Massenausgleich an Rädern Gegenstand eines Vortrages von J. E. McCONNELL, in welchem dieser eingangs auf die Verdienste von GEORGE HEATON um den Massenausgleich hinwies. HEATON war 1810 von dem Besitzer einer Drehbank konsultiert worden, die – auf Antrieb durch eine Dampfmaschine umgestellt – derart unruhig lief, daß damit nicht gearbeitet werden konnte. HEATON sorgte für einen Massenausgleich (genauer: Auswuchten), indem er in die Riemenscheiben dieser Drehbank Löcher bohrte und mit Blei ausfüllte. In einem anderen Fall war es ein mit 1000 min⁻¹ drehendes Gebläserad für einen Schmelzofen, das erhebliche Schwierigkeiten bereitete:

"… when it approached that speed it shook the whole of the buildings, and shook itself loose from ist bearings. To obviate this position of affairs, the proprietors removed it into another position, and propped it with strong timbers, which strong timbers had their bearing under a heavy wall. When again set to work it shook the whole place as before, and made such noise, that the proprietors were threatened with a prosecution for nuisance …" [147]

---

[92] Eine der ganz wenigen Bauarten mit senkrechten Zylindern ist die amerikanische Shay-Lokomotive, bei der die Drehkraft des Triebwerkes über Kegelräder in die horizontale Richtung übertragen wurde.

HEATON gelang es, auch diesem Fall durch Massenausgleich das Übel abzustellen, ebenso wie 1831 bei einem dampfbetriebenen Straßenwagen durch Anbringen von Gegengewichten, wenn nicht Abhilfe, so doch Besserung zu erzielen.

Langsam entwickelte sich das Wissen um die Wirkung von unausgeglichenen Massen, und aus der Summe der Erfahrungen kristallisierte sich die konkrete Erkenntnis, wie sich die Unwucht, ihr Abstand vom Drehpukt und die Drehzahl – diese mit dem Quadrat – auf die Fliehkraft auswirken. In seinem von Demonstrationsversuchen begleiteten Vortrag hob McCONNEL die möglichen Auswirkungen unausgeglichener Massen im Eisenbahnbetrieb hervor: Periodische Ent- und Belastung der Treibräder, Flachstellen daran und Einbuße an Zugkraft. Bemerkenswert ist seine Feststellung:

"It is a fact worthy to notice, that two wheels cannot be balanced on the axle at the same time. One wheel requires to be put on and fairly balanced by itself; and when properly adjusted, the other is added; and precisely the same process must be again performed …"

Wenn nun durch umlaufende Gegengewichte die rotierenden Massenkräfte ausgeglichen werden konnten, dann lag der Gedanke nahe, dasselbe auch mit den oszillierenden zu tun. HEATON ließ sich das 1847 patentieren: Eine um 180° zur Arbeitskurbel am Triebrad angreifende Treibstange bewegte eine in einer geraden Führung laufende Gegengewichts-Rolle [148].

Der gebürtige Schweizer, aber in England tätige JOHANN GEORG BODMER, 1786 bis 1864[93], baute bereits 1830 eine stationäre Dampfmaschine in Gegenkolbenbauart. Auf 1833/34 sind Zeichnungen einer 1-A-Lokomotive[94] mit gegenläufigen Kolben datiert, von denen die hinteren wie üblich über Kreuzkopf und Pleuelstange auf die Kurbelachse wirken, die vorderen über ein Gestängesystem mit Kreuzköpfen und Schwinghebel auf die entgegengesetzt gerichtete Kröpfung der Achse. Offensichtlich wurde dieser Entwurf nicht verwirklicht. Anders hingegen Entwürfe von 1844/45, ebenfalls mit gegenläufigen Kolben. Bei diesem Triebwerk wird die Kolbenstange des vorderen Kolbens durch die hohle Kolbenstange des hinteren Kolbens geführt. Die beiden Kreuzköpfe laufen hintereinander in denselben Führungsschienen. Weil die Pleuelstangen bei dieser Anordnung unterschiedlich lang sind, ist auch der Bewegungsablauf der beiden Kolben – geringfügig – unterschiedlich, Bild 38.

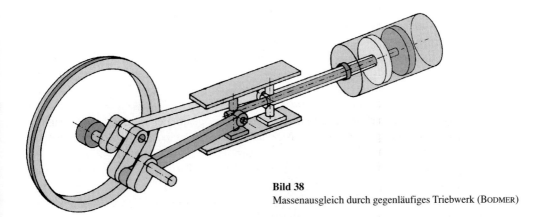

Bild 38
Massenausgleich durch gegenläufiges Triebwerk (BODMER)

---

[93] JOHANN GEORG BODMER, 1746 bis 1864, tüchtiger und einfallsreicher schweizer Mechaniker, der auf verschiedenen technischen Gebieten erfolgreich tätig war, unter anderem auch im Lokomotivbau.

[94] Nach UIC *(Union International des Chemins de Fer)* werden die Laufachsen mit Zahlen, die Treibachsen mit Buchstaben bezeichnet: 1A1 bedeutet also: vorne eine Laufachse, in der Mitte eine Treibachse und hinten eine Laufachse.

Eine Lokomotive dieses Entwurfs wurde an die *South Eastern Railway Company* ausgeliefert. Nach knapp einem Jahre entgleiste sie (durch Steine auf den Schienen), wobei der Lokführer ums Leben kam. Gerede kam auf, daß „the compensated mechanism" an dem Unfall schuld sei: „... This, of course, was not true, for the mechanical superintendent ... and also the firmeman of the engnine testified that it was the steadiest running locomotive in their experience ..." [149].

Zwei andere Maschinen liefen bei der *London, Brighton & South Coast Co.* Der gegenseitige Massenausgleich durch entsprechende Triebwerksanordnung wurde 1861 auch in Österreich von dem gebürtigen Engländer JOHN HASWELL in Gestalt einer vierzylindrigen Lokomotive *(Duplex)* mit je zwei übereinanderliegenden Zylindern auf jeder Seite, deren Triebwerke sich im Gegentakt bewegten, angewendet, Bild 39.

Die *Duplex* wurde sowohl an Ketten aufgehängt als auch im Fahrbetrieb untersucht und ihr Verhalten mit dem einer entsprechenden konventionell konzipierten Lokomotive verglichen. Dabei zeigte sich, daß die bis auf die Triebwerksanordnung baugleiche Lokomotive *Rokitzan* sowohl aufgehängt als im Fahrbetrieb unruhiger lief als die *Duplex:*

„ ... Die oben angeführten Versuche rechtfertigen die Annahme, daß bei Eilzuglocomotiven, bei welchen man eine ungewöhnlich große Geschwindigkeit erzielen will, die von Hrn. Haswell proponierte Anordnung mit 4 Cylindern und Doppelkurbeln zur Erzielung eines ruhigen Ganges der Locomotive wesentlich beiträgt. Diese Anordnung dürfte auch nicht unerheblich zur Erhaltung der Bahn beitragen." [150].

Der ruhige Lauf dieser 2-A-Maschine wurde aber durch einen (zu) kurzen Achsabstand und andere bauliche Nachteile konterkariert [151]. Etwa vierzig Jahre später (1891) klärte der bekannte englische Schiffbauer A. F. YARROW in einem Versuch die Wirkung oszillierender Gegengewichte auf das Laufverhalten eines Kurbeltriebwerks. Dreifach-Expansionsmaschinen liefen wegen der unterschiedlichen Zylinderabstände und der dadurch bedingten Massenmomente vergleichsweise unruhig; Versuche, dem abzuhelfen, daß man die Kolben gleich schwer gestaltete, konnten keinen Erfolg haben. Durch Anlenkung von gegenläufig oszillierenden Massen („bob weights") an beiden Enden der dreihübigen Kurbelwelle einer 1.100 PS-Torpedobootmaschine konnte das Laufverhaltens deutlich verbessert werden. Bemerkenswert ist, daß YARROW als erster – berücksichtigend, daß eine Pleuelstange sowohl an der oszillierenden Bewegung des Kolbens bzw. Kreuzkopfs als auch an der Rotation der Kurbelwelle teilnimmt – deren Masse in einen rotierenden und in einen oszillierenden Anteil umgekehrt proportional zum jeweiligen Schwerpunktsabstand aufteilte:

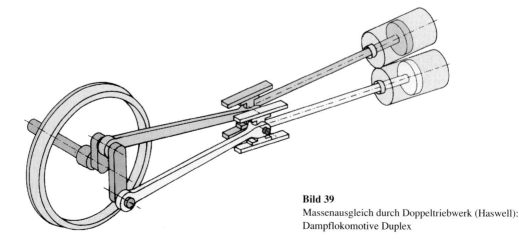

Bild 39
Massenausgleich durch Doppeltriebwerk (Haswell):
Dampflokomotive Duplex

"… How far each connecting-rod was balanced by rotary weights was determinded by its weight and the lateral movement of its centre of gravity; what remained unbalanced was balanced by the bob weights …" [152].

Die Maschine wurde erst ohne jeden Ausgleich, dann mit Gegengewichten an den Kurbeln und schließlich noch mit den oszillierenden Massen gefahren. Die Meßschriebe bewiesen eindrucksvoll den Nutzen eines vollständigen Massenausgleichs. Insgesamt konnte sich diese Form des Ausgleiches oszillierender Massenkräfte wegen des konstruktiven Aufwandes nicht durchsetzen. Dennoch, ab etwa 1840 hatte die Erkenntnis Raum gegriffen, daß sich das Fahrverhalten der Lokomotiven durch Massenausgleich nachhaltig verbessern ließ. Allerdings herrschte noch Unklarheit, wie weit man mit dem Massenausgleich gehen mußte, was zum Teil fatale Folgen zeitigte:

„… Der Ausgleich beschränkte sich auf die umlaufenden Teile … Fernihough … empfal im Jahre 1845 Gegengewichte von einer solchen Größe, daß auch die hin- und hergehenden Teile völlig ausgeglichen würden. Die auf diese Weise in der Lotrechten freiwerdenden überschüssigen Fliehkräfte hielt er irrigerweise für harmlos … In Frankreich tat man gelegentlich des Guten zuviel und glich bei den *Crampton*-Lokomotiven … auch die hin- und hergehenden Massen völlig aus. Das führte zu drei Entgleisungen, deren Ursache Couche aufdeckte …" [153].

Der französische Ingenieur Couche addierte in seiner Untersuchung die Gewichtskraft und die ihr periodisch entgegenwirkende Vertikalkomponente der Massenkraft und stellte fest, daß diese sich fast vollständig gegenseitig aufhoben:

„… Es erfährt also das Triebrad in dem Augenblick … wenn die Kurbel die tiefste Stellung erreicht hat, einen Verticaldruck von unten nach oben, welcher beinahe der auf dem Rad ruhenden Belastung gleichkommt, so daß schon ein geringes äußeres Hindernis genügen kann, um das Rad in diesem Augenblick über die Schiene hinwegzuheben …" [154].

Daß vornehmlich *Crampton*-Lokomotiven davon betroffen waren, darf nicht erstaunen, vergegenwärtigt man sich, daß diese die Achsanordnung 2A hatten, also zwei Laufachsen mit einer – hinter der Feuerbüchse angeordneten – Treibachse, die eben deshalb vergleichsweise niedrig belastet wurde und dementsprechend empfindlich gegen Entlastung durch die vertikale Massenkraft-Komponente war. Wie sich der von der Überlegung her so einleuchtende Massenausgleich in der Praxis wirklich auswirkte, wurde im Versuch ausprobiert, sei es an fahrenden Maschinen, sei es in einer in Hinblick auf genauere Ergebnisse günstigeren Versuchsdurchführung an ruhenden Lokomotiven.

In diesem Zusammenhang sind die Versuche des Maschinenmeisters Nollau von den *Holstein'schen Bahnen* aus dem Jahre 1847 hervorzuheben, auf die wegen eben ihrer vorbildlichen Klarheit näher eingegangen werden soll. Anlaß hierzu gab der Verschleiß an den Zug- und Stoßvorrichtungen zwischen Lokomotive und Tender, hervorgerufen durch Stöße dieser Fahrzeuge gegeneinander. Zuerst versuchte man diese durch Federn zu mildern, aber grundsätzlich kam man dem Übelstand so nicht bei. Da beobachtet wurde, daß diese Stöße im Takte der Triebwerksbewegung erfolgten, mußte die Ursache „in den Wirkungen der Zentrifugalkraft und des Trägheitsmoments bei der Rotazion der Triebachse zu suchen" sein. Nollau berechnete die Massenwirkung und kam zu dem Ergebnis:

„… Um also den Druck zu finden, der die Triebachse und folglich die ganze Lokomotive wechselweise vor und zurück zu schieben sucht, muß man sich das Gewicht des Kolbens nebst Allem, was seine Bewegung theilt, ferner die Kurbelstange und das reduzierte Gewicht der Kurbelschenkel am Warzenkreis vereinigt denken und den entsprechenden Zentrifugaldruck berechnen … Um die hieraus entstehenden Uebelstände zu beseitigen, müssen an den Treibrädern, der Kurbel gegenüber, Gewichte befestigt werden, welche dieselbe Fliehkraft erzeugen, folglich die gefundenen Pressungen neutralisieren …"

Lassen wir Nollau weiterberichten:

„ ... Um zuvörderst die Bewegung der Maschine, abgesondert von äußeren Einflüssen beobachten zu können, wurden an die vier Räder Eisenstangen befestigt und so die ganze Maschine in geheiztem Zustande an den Balken der Werkstätte aufgehängt. Die Räder standen einige Zoll von den Schienen ab und die vier Stangen gestatteten nicht nur freies Spiel in horizontaler Richtung, sondern durch die Elastizität der Balken war selbst eine senkrechte Bewegung möglich. Als die Treibräder sich mit der gewöhnlichen Geschwindigkeit drehten, oszillierte die Maschine in Übereinstimmung mit den Kolbenspielen ca. zwei Zoll vor und zurück, ein seitliches Schwanken der Feuerbüchse ließ sich kaum erkennen, dagegen war die auf- und niederstoßende Bewegung ziemlich bedeutend.. Letztere ist für gewöhnlich nicht bemerkbar, weil die Schienen es verhindern, aber der Umstand, daß die Tyres *(Anmerk. d. Verf.: Gemeint sind die Lokomotiv-Räder)* an der Seite der Kurbel gewöhnlich auch meistens abgenutzt sind, läßt sich hieraus erklären.

Die Gegengewichte, welche nun, um die Fliehkraft in senkrechter Richtung aufzuheben, angebracht wurden, waren 30 Zoll vom Achsmittel entfernt ... Jetzt war es selbst bei mehr als 250 Umdrehungen der Treibräder pro Minute nicht möglich, ein vertikales Stoßen zu bemerken, dagegen zeigte sich noch ein starkes Schwanken nach der Längsachse der Maschine. Dies wurde ganz beseitigt, als das Gewicht ... schwer gemacht wurde, nun stellte sich die senkrechte Bewegung wieder ein, auch schwankte der vordere Theil ziemlich seitwärts. Für den vertikalen Druck waren die Gegengewichte natürlich zu groß ... ." [155].

Die freien Massenwirkungen der Lokomotiv-Triebwerke waren ein hochaktuelles Problem, so daß von vielen Seiten daran gearbeitet wurde. Auf der theoretischen Seite taten sich besonders „die Franzosen" hervor, was insofern nicht wunder nimmt, als Frankreich vor dem Hintergrund der ... *École Polytechnique* gerade in der ersten Hälfte des vorigen Jahrhunderts eine Hoch-Zeit mathematisch-naturwissenschaftlicher Erkenntnis-Gewinnung erlebte. In diesem Zusammenhang ist L. Lechatelier zu nennen, der 1849 mit seinen *Études sur la stabilité de machines locomotives en mouvement* Fragen des Massenausgleiches gründlich erhellte, ebenso H. Résal 1853 mit *Notice sur la stabilité de machines locomotives*. Angeregt durch die Nollau'schen Versuche führte L. Lechatelier bei der *Comp. du Nord et d'Orléans* entsprechende Untersuchungen durch, ähnlich den Nollau's, und auf der Strecke – mit und ohne Gegengewichte.

„ ... blieb Herr Lechatelier mit den Resultaten seiner Berechnung nicht bei der Theorie stehen, sondern stellte auf der Nordbahn, sowie auf der Eisenbahn von Paris nach Orléans Versuche an, welche jene Resultate vollkommen bestätigten. Auf der Nordbahn erreicht eine mit Gegengewichten versehene Lokomotive eine Fahrgeschwindigkeit von 90 Kilometer in der Stunde, während in Hinsicht der Stabilität und Sicherheit des Ganges nichts zu wünschen blieb. Man nahm 4 Fünftheile der Gegengewichte weg und alsbald zeigte die Lokomotive Schwankungen, welche mit wachsender Geschwindigkeit dermassen zunahmen, daß die Spurkränze den Schienen Funken entlockten und die Fahrgeschwindigkeit ohne die äußerste Gefahr nicht über 50 Kilometer in der Stunde gesteigert werden konnte. Auf der Eisenbahn von Paris nach Versailles förderte die Locomotive *Hercules* ohne Gegengewichte auf einer Steigung von 1: 200 24 Wagen mit Maximalgeschwindigkeit von 24 Kilometern in der Stunde. Dieselbe Locomotive, mit Gegengewichten versehen, erreichte mit derselben Last ohne Anstand eine Geschwindigkeit von 40 Kilometer in der Stunde ..." [156].

Die Vorgehensweise von Nollau und Lechatelier verdient Respekt, sind hier doch grundlegende Berechnungen gezielt durch an sich einfache, aber den Kern des Problems erhellende Versuche verifiziert worden, erst – gleichsam – auf dem Prüfstand, dann im Fahrbetrieb. Eine solche Durchdringung von Theorie und Praxis war um 1850 im allgemeinen Maschinenbau noch nicht der Normalfall. Weitgehend von bloßer Empirie geprägt, erwies sich der Graben zwischen Theorie und Praxis für die meisten Techniker als tief, und das sollte sich so schnell auch nicht ändern, weil Konstrukteure und Techniker kaum über theoretische Kenntnisse verfügten. Begriffe wie die Beschleunigung mit den aus ihr erwachsenden Massenwirkungen, aber auch der kinetischen Energie bereiteten damals noch große gedankliche Schwierigkeiten. Man muß bedenken, daß die Ingenieure in einer (technischen) Begriffswelt ausgebildet worden waren, die durch das Prinzip der Verhältniszahlen und einer geometrischen Bewegungslehre, also von einer weitgehend statischen Sicht der Dinge, geprägt war:

„ … So hat denn auch der Kurbelmechanismus in den meisten Arbeiten … eine vorwiegend geometrische Behandlung erfahren, wobei die allgemeinen theoretischen Gesichtspunkte in den vorhandenen systematischen Darstellungen der rationellen Mechanik vollständig ausgebildet zur Verfügung standen … Fast alle Arbeiten auf diesem Gebiet zeichnen sich durch ein stark hervorgetretenes kinematisches Gepräge aus. Es hat sogar den Anschein, als ob ihre Verfasser ihre kinematische Behandlung des Kurbelproblems mit der dynamischen identificierten …" [157].

Von einer analytischen Untersuchung der Kurbeltrieb-Dynamik war man noch weit entfernt. Außerdem mußten latente Denkhemmnisse auf dem Wege des technischen Fortschrittes, als da waren: Gewohnheit, Trägheit und mangelnde oder unzutreffende Vorstellungen vom Wesen physikalischer Vorgänge, überwunden werden. „Die Theoretiker" interessierten sich nur wenig für die Praxis der Maschinentechnik, und in den Fällen, da sie es doch taten, verfaßten sie ihre Abhandlungen auf einem mathematischen Niveau, zu dem „die Praktiker" aus den oben angeführten Gründen keinen Zugang hatten. Ein schönes Beispiel dafür findet man – expressis verbis – in [158], worin es heißt: „… Die vorliegende Arbeit macht nun den Versuch, die kinetostatischen Verhältnisse des Kurbelgetriebes in möglichst strenger und vollständiger Weise darzustellen. Doch mag es dahingestellt bleiben, ob diese Formeln ohne weiteres für die allgemeine Praxis verwendbar sind …". Bezeichnenderweise heißt es in einer Besprechung der LECHATELIER'-schen Untersuchungen:

„ … Ungeachtet der Schwierigkeiten und Verwicklungen, welche der Gegenstand darbietet, wußte er seinen Zweck stets durch die einfachsten Rechnungsmethoden zu erreichen und seine Untersuchungen, indem er sich ausschließlich der geometrischen Analyse bediente, jedem praktischen Ingenieur zugänglich zu machen. Es ist ihm zwar dieses Bestreben von gewissen strengen Mathematikern zum Vorwurf gemacht worden, aber gewiß mit Unrecht, denn bei Behandlung eines Gegenstandes, der so vielfach und so tief in die Praxis eingreift, ist offenbar von größerem Werth, sich einer allgemein verständlichen, als der streng wissenschaftlichen Sprache zu bedienen, für die Werkstätten der Praktiker, als für die Bibliotheken der Gelehrten zu schreiben. Ja es dürfte in dieser Hinsicht das Beispiel eines so anerkannt verdienstvollen Mannes der Wissenschaft unseren Gelehrten im Allgemeinen zur Nachahmung empfohlen und ihnen der Rath ertheilt werden, ihre Spekulazionen durch mögliche Vereinfachung der angewandten Rechnungsmethoden auch dem Praktiker zugänglich zu machen, wenn sie dieselben nicht des größten, ja des einzigen Verdienstes der Anwendbarkeit berauben wollen …" [156].

Meistens bedurfte es eines äußeren, schwerwiegenden Anstoßes für solche Untersuchungen. Immer dann, wenn Schwierigkeiten, d. h. Störungen, Schäden oder gar Unfälle, akut werden, wird mit dem nötigen Nachdruck nach Abhilfe gesucht. Das setzt natürlich voraus, daß man Ursachen und Zusammenhänge kennt, kurzum, man wird gezwungen, sich eingehend mit der Materie zu befassen.

Eine Schwierigkeit des Wissentransfers von der „Theorie" zur „Praxis" bestand sicher auch darin, daß die „Theoretiker" in ihrem Streben nach exakten Lösungen das Triebwerk gedanklich nicht so vereinfachten („reduzierten"), daß sie zu unmittelbar in der Praxis umsetzbaren Lösungen hätten kommen können. Billigerweise muß man aber sagen, daß Erfahrungen, wie weit man ein Rechenmodell (hier: die Kinematik des Kurbeltriebes) vereinfachen kann, erst noch gewonnen werden mußten. Es ist in der Tat schon erstaunlich, wie vielschichtig und uneinheitlich technische Entwicklungen verlaufen können. Zur selben Zeit, als im Lokomotivbau und -betrieb die Bedeutung der Massenwirkungen erkannt und Lösungen der damit verbundenen Schwierigkeiten in Angriff genommen wurden, schien man bei stationären Maschinen diesbezüglich der Entwicklung weit nachzuhinken. In dem bereits zitierten Bericht NOLLAUS über seine Versuche heißt es :

„Was im Vorstehenden von Lokomotiven gesagt wurde, ist der Hauptsache nach auch bei gewöhnlichen Dampfmaschinen gültig, doch macht sich der Druck im todten Punkt wegen der langsameren Bewegung nicht so bemerklich …" [155].

Mit anderen Worten, ein Wissens- und Erfahrungsaustausch zwischen den verschiedenen Bereichen der Technik fand nur sehr begrenzt statt. So erklärt sich auch in dieser Phase der Kurbeltrieb-Entwicklung die immer wieder zu beobachtende Tatsache, daß bereits existente Problemlösungen erst viel später allgemein bekannt und angewendet werden. Hatte doch schon 1829 J. V. PONCELET in seiner *Mécanique appliquée aux machines* [159] von 1829 eine Theorie der Kurbeltriebdynamik entwickelt [160], die offensichtlich aber keine Auswirkungen auf die Praxis des Dampfmaschinenbaus hatte.

„ … Solch fruchtloser Kreislauf hat sich manchesmal in der Technik ereignet, und oft hat man solche Gleichgültigkeit gegen gesicherte Fortschritte beobachten müssen. Eine gewisse Eigenbrötelei der Ingenieure, mangelhafte Berichterstattung über Arbeiten des Auslandes, zuweilen aber auch eine zu gelehrte, den Mann der Praxis abschreckende Einkleidung der Ergebnisse sind schuld daran …" [153].

Im Schiffbau begann sich der Schraubenantrieb durchzusetzen; da Schiffsschrauben schneller drehen müssen, als es der Abtriebsdrehzahl der Schiffsmaschinen von ca. 20 min^{-1} entsprach, mußte ins Schnelle übersetzt werden. Bei dem damaligen Stand der Zahnradtechnik[95)] warf das erhebliche Probleme auf: Der Verschleiß war unerträglich hoch, ebenso die Geräuschentwicklung! Man wich deshalb auf Kettenantriebe aus, die zwar besser liefen als Zahnräder, aber insgesamt wurde die Situation als so unbefriedigend empfunden, daß man den Direktantrieb der Schraube anstrebte. Das verlangte jedoch zwei- bis dreifach so hohe Drehzahlen wie bisher. Bei den Betriebsdampfmaschinen zwang der Bau von Maschinen höherer Leistung zu höheren Drehzahlen. Auch hier machten sich diese durch „unruhigen Gang" der Maschine bemerkbar, wofür es gleich mehrere Gründe gab:

- Wirkung unausgeglichener Massen
- Unzulänglichkeiten in der Regulierung der Maschinen. Durch ihre intermittierende Betriebsweise ist der Drehmomentenverlauf über ein Arbeitspiel ungleichförmig, was an sich schon zu Drehzahlschwankungen führt. Bei Laständerungen muß durch entsprechende Änderung der Füllung für die gewünschte Drehzahlkonstanz gesorgt werden.
- Fertigungstechnische Mängel wie Unrundheit, Taumel und Schlag der Wellen usw. riefen Unwuchten hervor, die sich natürlich mit zunehmender Drehzahl immer stärker bemerkbar machten. So zeigte der Betrieb mit höheren Drehzahlen unbarmherzig alle Fehler und Mängel in Auslegung, Konstruktion, Fertigung und Betrieb der Maschinen auf. Solche Erscheinungen schrieb man dann eben dem Schnellbetrieb zu.

Gerade die Regulierung bildete den Ausgangspunkt für die Entwicklung schnellaufender Maschinen. In den USA hatte CHARLES TALBOT PORTER einen neuartigen Regler entwickelt, der bei

---

95) Die Zähne der Übersetzungsräder wurden aus Teakholz oder aus Pockholz hergestellt.

genügendem Arbeitsvermögen die Drehzahl – regeltechnisch stabil – innerhalb eines akzeptablen Ungleichförmigkeitsgrades halten konnte. Die so erreichte Laufruhe der Maschine ermutigte Porter mit der von ihm nach Patenten des Mechanikers JOHN ALLEN gebauten Dampfmaschine mit 150 min⁻¹ deutlich über die bis dahin üblichen 40 bis 60 min⁻¹ zu gehen. Zum Erstaunen der Fachwelt lief dieser Schnelläufer ungewöhnlich ruhig. Ein Grund für die Überlegenheit der PORTER-ALLEN'schen Maschine lag sicher in ihrer durchdachten Konstruktion. PORTER hatte – obwohl als Techniker Autodidakt – am Kurbeltrieb herkömmlicher Maschinen eine Reihe konstruktiver Schwachstellen ausgemacht, so z. B. die einseitige („fliegende") Lagerung des Hubzapfens, unnötig lange Hebelarme der am Hubzapfen angreifenden Kräfte zu den Lagerstellen u. a. mehr. Anschaulich kommt das in einem Aufsatz in *Engineering* aus dem Jahre 1868 über die *Allen*-Maschine zum Ausdruck:

"… The thought of high speed brings for every eye visions of hot and torn bearings, cylinders and pistons cut up, thumps and break-downs, and engines shaking themselves to pieces. The fact is, high speed is the great searcher and revealer of everything that is bad in design and construction. The injurious effect of all unbalanced action, of all overhanging strains, of all weakness of parts, of all untruth in form and construction, in all insufficiency of surface, increases as the square of the speed. Put an engine to speed, and its faults bristle all over. The shaking drum cries "Balance me, balance me!" the writhing shaft and quivering frame, "See how weak we are!" the blazing bearing screams "Make me round," and the maker says, "Ah, sir, you see high speed will never do …" [161].

PORTER erkannte – intuitiv –, daß für den ruhigen Lauf seiner Maschine wohl auch die Massenwirkungen verantwortlich seien:

„ … In dieser Weise benutzt vertreten die schwingenden Theile ein Kraftmagazin, genau so wie das Schwungrad eins ist. Sie sind nicht mehr bloss das Organ, mit Hilfe dessen wir die Kraft des Dampfes auf die Kurbel übertragen, sondern eine Art Zwischenmittel zu diesem Zwecke. Sie helfen dem großen Uebelstande der Kurbelbewegung ab, daß bei Beginn des Hubes die Gewalt des Dampfes mehr zur inneren Zerstörung der Maschine, als zur Drehung der Kurbel wirksam ist, und beseitigen den nicht gering zu achtenden Einwurf gegen das Arbeiten mit starker Expansion, daß die Maschine gewissermaßen stoßweise arbeite; sie decken Kurbel, Welle und Gerüst gegen den Einfluß der Stöße und vermitteln, daß die Maschine einen so ruhigen gleitenden Gang annimmt, daß der Beschauer völlig darüber erstaunt …" [162] und „ … Ihr Beharrungsvermögen entlastet die Kurbel von Stößen an den Totpunkten, verteilt den Druck gleichmäßiger auf sie durch den ganzen Hub und macht so die Schnelläufermaschine überhaupt erst möglich …" [163].

Den Nachweis, warum das so ist, erbrachte ein Bekannter PORTERS, FREDERICK J. SLADE, mit seinen „berühmten Dreiecken". Damit ist die grafische Darstellung des Massenkraft- bzw. des Beschleunigungsverlaufes über dem Kolbenweg gemeint, der die Abszisse schneidend, mit den Ordinaten zwei Dreiecke bildet.

„ … Eines Tages brachte er mir ein Schaubild, auf dem die beiden heute berühmten Dreiecke zu sehen waren und eine Erläuterung dazu, die er geschrieben hatte, und durch die er nachwies, daß, wenn man die Beschleunigungen oder Verzögerungen des Kolbens in jedem Punkt seine Hubes als Ordinaten auf der Maschinenachse als Abszissenachse aufträgt, sich eine Diagonale ergibt, die bei unendlicher Länge der Pleuelstange die Maschinenachse genau in der Mitte schneiden würde …" [163].

Die negative Massenkraft beim ersten Teil des Hubes baut den hohen Dampfdruck während des Einlasses ab. Das Triebwerk gibt dann in der Expansionsphase die so gespeicherte Energie ab, vergleichmäßigt also das Drehmoment der Maschine, ein durchaus positiver Effekt der ansonsten unerwünschten Massenkraft. Dieser *Janus*-Charakter[96] der Massenkraft sollte aber immer wieder gedankliche Schwierigkeiten bereiten.

Die 1867 in Paris ausgestellte PORTER-ALLEN'sche Maschine erregte die Aufmerksamkeit des offiziellen österreichischen Beobachters, JOHANN RADINGER[97] [164]. RADINGER verfaßte einen Bericht über diese Maschine und stellte seinerseits Überlegungen über die Vorteile des Schnellaufs an, die in einem grundlegenden Werk: *Über Dampfmaschinen mit hoher Kolbengeschwindigkeit* Niederschlag fanden.

Zum besseren Verständnis der Zusammenhänge werde ein wenig weiter ausgeholt: Die Massenwirkungen manifestieren sich – wie auch andere technische Zusammenhänge oder Vorgänge – auf verschiedene Weise: Materiell in Gestalt des Kurbeltriebs und immateriell in mehreren Ebenen der Abstraktion: In mathematischen Formeln, Diagrammen und Zeichnungen. Wie bereits erwähnt, war der Antagonismus zwischen Theorie und Praxis ein Hemmnis für das Verstehen maschinendynamischer Zusammenhänge gewesen. Die Abhandlungen und Ergebnisse waren von der mathematischen Behandlung und der Darstellung solcherart, daß Praktiker, also jene Ingenieure, welche die Technik „betrieben", damit nur wenig anfangen konnten. Es kam also darauf an, einerseits die Theorie zu vereinfachen, so daß sie überhaupt in der Praxis angewendet werden konnte, andererseits die Verhältnisse der Praxis auf einfache Modelle zurückzuführen, so daß sie berechnet werden konnten.

RADINGER untersuchte die Kinetik des Kurbeltriebes, wobei er – zunächst von starken Vereinfachungen ausgehend (Reduktion der Kurbeltriebmassen auf einen rotierenden Massenpunkt, konstante Winkelgeschwindigkeit u. a. mehr) – den Verlauf der Massenkraft analog zur Dampfkraft darstellte. Dabei erkannte er eine wesentliche Eigenart von Kolbenmaschinen, nämlich die instationäre Betriebsweise mit ihrem über ein Arbeitsspiel unterschiedlich ändernden Verlauf der Stoffkraft (hier: Dampfkraft) und der Massenkraft, und daß sich das Verhältnis von Dampf- und Massenkraft zueinander mit dem Betriebszustand (Vollast, Teillast) ändert.

Die Höhe des maximalen Dampfdrucks im Zylinder variiert zwar kaum zwischen Voll- und Teillast, wohl aber die Expansion. Bei Teillast wird die Dampfzufuhr in den Zylinder früher unterbrochen, so daß er nur kurz in voller Höhe auf den Kolben wirkt. Die Massenkraft ergibt sich aus der Kinematik des Triebwerks. Während einer Kurbelwellen-Umdrehung bewegt sich der Kolben vom oberen zum unteren Totpunkt, erst bis zu seiner Maximalgeschwindigkeit beschleunigt, dann wieder auf Null verzögert. Bei einer (hypothetisch) unendlich langen Pleuelstange vollzöge sich die Kolbenbewegung nach einer einfachen Cosinus-Funktion, die Pleuelstange würde sich – wie der Kolben – geradlinig hin- und herbewegen und der Kolben erreichte seine Maximalgeschwindigkeit bei 90° Kurbelwinkel (°KW). Die Kolbenbeschleunigung wäre in diesem Fall eine lineare Funktion von gleichem Betrag im oberen und unteren Totpunkt (Ihre graphische Darstellung ergibt die erwähnten „SLADE'schen Dreiecke"). Da die Pleuelstange natürlich nicht unendlich lang ist, verläuft die Bewegung etwas anders: Das Geschwindigkeitsmaximum wird schon vor 90 °KW erreicht, und die Beschleunigung im oberen Totpunkt ist größer als die im unteren. Zu den Formeln für die Beschleunigung gelangt man durch zweimaliges Differenzieren des Kolbenweges nach der Zeit. In der Kolbenweggleichung kommt nun ein Wurzelausdruck vor, der die Ausdrücke für Geschwindigkeit und Beschleunigung vergleichsweise unübersichtlich und unhandlich macht.

---

[96] JANUS ist ein Gott der römischen Mythologie, der mit einem Doppelgesicht – vorwärts und rückwärts schauend – abgebildet wird. Er war der Gott der Tür und des Torbogens und galt als Wächter der Himmelspforte.

[97] JOHANN RADINGER, 1842 bis 1901; nach dem Studium an der Wiener TH war RADINGER Adjunkt an der Lehrkanzel für Maschinenbau, 1876 wurde er zum außerordentlichen, 1879 zum ordentlichen Professor an der Wiener TH ernannt. RADINGER führte die dynamische Betrachtungsweise maschinentechnischer Probleme mit seinem Werk *Dampfmaschinen mit hoher Kolbengeschwindigkeit* in den Maschinenbau ein.

Bewegungsverhältnisse am Kurbeltrieb

Die einzelnen Teile des Kurbeltriebs vollziehen verschiedene Bewegungsarten:

- Der Kolben bewegt sich im Zylinder hin und her (oszillierend),
- das Pleuel,
  - mit dem kleinen Pleuelauge am Kolbenbolzen angelenkt, bewegt sich ebenfalls oszillierend,
  - das große Pleuelauge – am Hubzapfen angelenkt – macht dessen Drehbewegung mit,
  - der Pleuelschaft schwingt in der Kurbelkreisebene und die
- die Kurbelwelle macht eine Drehbewegung – sie rotiert.

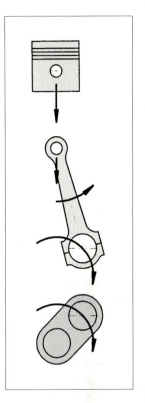

Der Kolben muß auf seinem Weg vom oberen zum unteren Totpunkt erst beschleunigt, dann verzögert werden. Die den Triebwerksmassen aufgezwungenen Beschleunigungen rufen Massenkräfte hervor, deren Größe und Richtung von den Bahnkurven der einzelnen Triebwerksteile bestimmt wird.

Die Kolbenbewegung wird durch die Kolbenweg-Gleichung. d. h. durch die Abhängigkeit des Kolbenwegs s vom Kurbelwinkel φ beschrieben.

$$s = l + r - r\left(\cos\varphi + \frac{1}{\lambda}\cdot\sqrt{1 - \lambda^2\cdot\sin^2\varphi}\right)$$

„exakte" Kolbenweggleichung mit $\lambda = \dfrac{r}{l}$

l = Pleuellänge   r = Kurbelradius   s = Kolbenweg   φ = Kurbelwinkel

Da der Wurzelausdruck in der Kolbenweggleichung in der „Vor-EDV-Zeit" umständlich zu handhaben war, hat man ihn – nach RADINGER – durch eine Reihe ersetzt,

$$\sqrt{1 + x} = 1 + \frac{1}{2}x - \frac{1}{8}x^2 + \frac{1}{16}x^3 - \dots\dots \quad \text{mit } x = -\lambda^2\cdot\sin^2\varphi$$

die nach dem zweiten Glied abgebrochen wird, weil sowohl λ als auch sin φ kleiner als 1 sind, mithin ihre Potenzen bzw. Produkte noch viel kleiner sind. Somit erhält man eine „vereinfachte" Kolbenweggleichung ohne Wurzelausdruck:

$$s = r\left(1 - \cos\varphi + \frac{1}{2}\lambda\cdot\sin^2\varphi\right)$$

Differenziert man diese Kolbenweggleichung nach der Zeit, so erhält man die Kolbengeschwindigkeit:

$$v = r\cdot\omega\cdot\left(\sin\varphi - \frac{\lambda}{2}\cdot\sin^2\lambda\right)$$

ein weiteres Differenzieren liefert die Kolbenbeschleunigung:

$$a = r\cdot\omega^2\cdot(\cos\varphi + \lambda\cos^2\varphi)$$

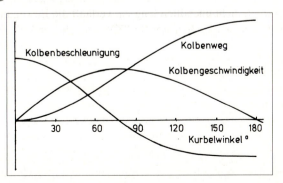

Dabei muß man sich in Erinnerung rufen, daß mathematische Formeln nichts anderes als eine Chiffre sind, d. h. in kürzeste Form gebrachte Aussagen. So beschreibt die Formel F = m × a – um ein einfaches Beispiel anzuführen – das NEWTON'sche Gesetz *Kraft = Masse × Beschleunigung*. Auch ein Laie kann hieraus erkennen, daß die Kraft linear mit der Masse oder der Beschleunigung zunimmt. Einfache Formeln gestatten es, Sachverhalte zu überschauen und Folgerungen daraus zu ziehen. Je verwickelter die Zusammenhänge, desto komplizierter sind die sie beschreibenden Formeln, desto schwerer zu durchschauen wird das Problem.

Das veranlaßte JOHANN RADINGER den Wurzelausdruck in der Kolbenweggleichung durch eine Potenzreihe zu ersetzen, die er nach dem zweiten Glied abbrach. Dadurch vereinfachen sich die Formeln für die oszillierende Massenkraft zu einer Summe aus zwei Gliedern, die als *Massenkraft 1. Ordnung* und *Massenkraft 2. Ordnung* bezeichnet werden. Im Fall der unendlichen langen Pleuelstange tritt nur die Massenkraft 1. Ordnung auf. Weil aber die Pleuelstange eine endliche Länge hat, gibt es auch eine Massenkraft 2. Ordnung – gleichsam als Korrekturglied –, die sich der 1. Ordnung überlagert wie bei einer Klavierseite die Oberschwingung der Grundschwingung. Der Betrag der Massenkraft 2. Ordnung beträgt etwa $\frac{1}{5}$ bis $\frac{1}{3}$ der 1. Ordnung. Während sich die Massenkraft 1. Ordnung im Takte der Kurbelwellenumdrehung (d. h. mit einfacher Kurbelwellenfrequenz) ändert, ändert sich die 2. Ordnung doppelt so schnell, also mit zweifacher Kurbelwellenfrequenz.

Wenn man die besagte Potenzreihe nicht schon nach dem zweiten Glied abbricht, dann erhält man noch Massenkraftanteile höherer Ordnung. Diese sind aber von ihrem Betrag her so klein, daß sie normalerweise vernachlässigt werden können. Die hier beschriebene Vereinfachung kommt nicht nur der Anschaulichkeit zugute, sondern hatte auch einen praktischen Nutzen, weil sie die Rechnung erleichterte. Im vorigen Jahrhundert wurden die Berechnungen „von Hand", d.h. mit dem Rechenschieber, durchgeführt. Und selbst damit gestalteten sich Berechnungen umständlich, weil man mit dem Rechenschieber nicht addieren und subtrahieren kann, also jedesmal, wenn eine Summe oder Differenz in der Formel auftritt, diese „von Hand" berechnen muß.

RADINGER untersuchte die Dampf- und die Massenkraft am Hubzapfen in ihrer Wirkung auf den Drehkraftverlauf bei verschiedenen Betriebszuständen der Maschine. Seine bildhafte Sprache gibt Einblick in seine Gedankengänge und zeigt vorbildlich, wie man komplizierte Zusammenhänge anschaulich darstellen kann.

„ … Betrachtet man aber nun ferner die Drücke, welche bei den äußersten Gangarten, bei der Minimalgeschwindigkeit Null oder nahe bei der zulässigen Maximalgeschwindigkeit auf die Kurbel gelangen, so ergeben sich an diesen beiden Grenzen starke Schwankungen, und insbesondere dann, wenn die Füllung klein ist. Bei geringer Geschwindigkeit sind die auf die Kurbel übertragenen Drücke zu Beginn des Hubes ansehnlich hoch, aber ermatten rasch mit der abnehmenden Spannung des stark expandirenden Dampfes; bei großer Geschwindigkeit wird aber fast alle Arbeit erst in der zweiten Hubhälfte auf die Kurbel geworfen, indem die Drücke trotz des sinkenden Dampfdruckes im Cylinder dennoch, und zwar in Folge des Ausschwingens der sich verzögernden Massen, hoch ansteigen.

Dieses einseitige und plötzliche Anschwellen und Wiederfallen des Druckes, der die Kurbel während jeden Hinganges und eines jeden Rücklaufes wie eine Springwelle trifft, kann auf den Gleichgang derselben nur von schlechtem Einflusse sein, und wenn auch das Schwungrad diese Veränderungen mit seiner Masse und dem Quadrat seiner Umfangsgeschwindigkeit zu beherrschen strebt, so kann es doch nicht hindern, dass die Transmission diese Ungleichförmigkeiten, wenn auch in noch so gemilderten Zuckungen, spürt und spüren macht …" [165].

Aus der Differenz der Drehkraftlinie der Kraftmaschine, hier: Dampfmaschine, und der anzutreibenden Maschinen (Arbeitsmaschine) ergibt sich der Arbeitsüberschuß bzw. der Mangel an Arbeit.

Massenkräfte und Massenmomente

Als Folge der ungleichförmigen Bewegung und unsymmetrischer Massenanordnung treten am Kurbeltrieb Massenkräfte und Massenmomente auf („Massenwirkungen").

An jeder Kröpfung wirken rotierende und oszillierende Massenkräfte. Diese Massenkräfte haben – entsprechend ihren Abständen vom Motorschwerpunkt – Momente („Massenmomente") zur Folge. Kräfte und Momente sind vektorielle Größen.

Die rotierende Massenkraft ist eine Zentripetalkraft, ihr Betrag ist (bei konstanter Drehzahl) konstant, ihre Richtung ändert sich mit dem Kurbelwinkel; ihre Ortskurve ist ein Kreis.

Die oszillierenden Massenkräfte I. und II. Ordnung (die höheren Ordnungen können im allgemeinen vernachlässigt werden) wirken in Zylinderachsrichtung, sie ändern ihre Größe und ihr Vorzeichen; die I. Ordnung mit einfacher, die II. Ordnung mit doppelter Kurbelwellenfrequenz. Die osz. Massenkraft II. Ordnung ist nur $\frac{1}{4}$ bis $\frac{1}{3}$ so groß wie die der I. Ordnung.

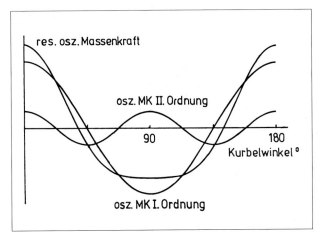

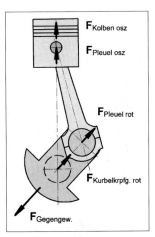

Durch vektorielle Addition der rotierenden und der oszillierenden Massenkräfte I. und II. Ordnung erhält man die resultierende Massenkraft eines Zylinders. Die Kraft- und Momentenvektoren der einzelnen Kröpfungen können in die Schwereebene des Motors verschoben und zu resultierenden Kräften und Momenten zusammengefaßt werden.

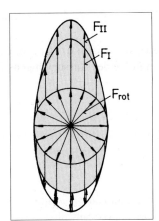

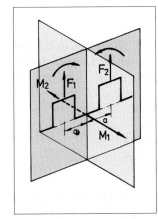

Ortskurve der resultierenden Massenkraft eines 1-Zylinder-Triebwerks aus rotierender sowie oszillierender Massenkraft I. und II. Ordnung.

Wirkungsebenen von Massenkräften und -momenten. Der Massenmomentenvektor steht senkrecht auf der Ebene der entsprechenden Kurbelkröpfung.

„ … Der Natur der Sache nach ist für jede volle Drehung des Schwungrades die Summe der positiven gleich jener der negativen Differenzflächen, wenn die Maschine im periodischen Beharrungszustande arbeitet …" und „ … Wir sehen, dass bei einer kleinen Geschwindigkeit die große Ueberschussarbeit der Füllungsperiode während eines kurzen Weges fast mit einem Stoß in das Schwungrad gedrängt und dann während eines langen Weges schleichend verzehrt wird; bei ganz großen Geschwindigkeiten jedoch wird die ganze Anfangsarbeit erst zum Hinausschuss der Massen verbraucht, und das Schwungrad muss bis über die halbe Hublänge hinaus die Last mitschleppen, während gegen das Hubende zu die durch den Zwang der Kurbelbewegung im Fortflug gehemmten Massen auf kurzem Wege ihre angehäufte Arbeit auf die Kurbel schleudern …" [165]

Aus dem schwankenden Verlauf der Tangentialkraft bestimmte RADINGER ihren zeitlichen Mittelwert über den Arbeitsüberschuß, indem er die Triebwerksmassen als Energiespeicher betrachtete.

„ … Wir erkennen daher endlich, dass die Massen des Gestänges die ausgleichende Wirkung des Schwungrades zu unterstützen und die Unterschiede zwischen auftretender und abfliessender Arbeit weniger grell zu gestalten vermögen, als es bei Außerachtlassung ihrer Wirkung erscheint …"

Weiterhin berechnete er die aus dem ungleichförmigen Tangentialkraftverlauf herrührende Drehzahlschwankung und zeigte, wie sich diese über die Größe des Schwungrades beeinflussen läßt. Die Bedeutung von RADINGERS Buch geht weit über die eines bloßen Fachbuches über eine spezielle Maschinengattung hinaus: Es weckte das Bewußtsein der Ingenieure für dynamische Probleme und bewirkte einen Wandel der Betrachtungsweise von der statischen zur dynamischen Sicht, wie kein Geringerer als der Physiker ARNOLD SOMMERFELD in einem Vortrag feststellte:

„ … RADINGER gebührt das große Verdienst, das dynamische Gewissen des Technikers geweckt zu haben. Er entdeckte im Maschinenbau den NEWTON'schen Grundsatz von neuem, wonach Masse mal Beschleunigung gleich Kraft ist. In der That bedarf es eigentlich nur dieses Grundsatzes, um einzusehen, dass die Masse der hin- und hergehenden Theile einer Kolbenmaschine die Wirkung des Dampfes in der einen Phase des Kolbens herabmildert, in der anderen Phase unterstützt, und dass man somit in der sog. Massenwirkung der Maschinenteile ein Mittel besitzt, um die Kraftübertragung in günstiger Weise zu beeinflussen … " [166].

Auch bei Schiffsmaschinen machten sich die Massenwirkungen stärker bemerkbar als bei stationären Maschinen, bei denen ja freie Massenkräfte vom Gestell bzw. vom Fundament aufgenommen werden. Man muß einmal Bilder oder Zeichnungen von Schiffsdampfmaschinen, selbst solcher moderner Bauart, beispielsweise aus den 1920er Jahren, betrachten, um einen Eindruck zu gewinnen, wie fragil und wenig struktursteif die Gestelle solcher Maschinen waren; ein Kurbelgehäuse wie Verbrennungsmotoren hatten Dampfmaschinen nicht. Im Inhaltsverzeichnis eines Standardwerkes über Schiffsmaschinen von CARL BUSLEY von 1886 sind die Begriffe *Gestell, Gerüst* oder gar *Kurbelgehäuse* nicht zu finden. Die Zylinder stützten sich über ein vergleichsweise leichtes Gestänge, bei größeren Maschinen über Einzelständer auf einem Maschinenrahmen ab; dementsprechend „weich" in sich waren die Maschinen denn. Kein Wunder also, daß es bei den Schiffsmaschinen mannigfaltige Probleme als Folge von Massenwirkungen gab. Vom Prinzip her das einfachste Mittel des Massenausgleiches, wenngleich im konkreten Fall konstruktiv nicht immer leicht zu realisieren, sind umlaufende Gegengewichte.

„ … Contre-Gewichte bringt man häufig … an den Kurbeln zweicylindriger horizontaler Schiffsmaschinen an. Dieselben müssen, wenn sie vollständig ihren Zweck erfüllen sollen, ein Gewicht besitzen, welches dem der hin- und herbewegten Massen gleich ist. Die Contregewichte werden entweder massiv oder hohl aus Gusseisen hergestellt und im letzteren Falle … mit Blei ausgegossen. Jedes Contregewicht ist mittelst eines starken, schmiedeeisernen Bügels befestigt, welcher warm um die Kurbel gelegt und angezogen wird … ." [167].

Eleganter ist der gegenseitige Ausgleich von Massenwirkungen durch geeignete Kröpfungsfolgen, bei dem der unerwünschte Effekt so angewendet wird, daß er sich selbst kompensiert. Bereits JACOB LEUPOLD hatte darauf hingewiesen.

„ … Hieraus erhellet die grosse Ungleichheit, so die Kraft bey Umwendung der Kurbel anzuwenden hat, so daß sie zweymal alles, und zweymal gar nichts zu tun hat; woraus denn die grosse Ungleichheit der gantzen Machine und Operation erfolget … Die Mittel hierwider anzuwenden, oder eine gleiche Bewegung mit der Kurbel zu erhalten, sind ohngefähr diese: 1. Ein Schwungrad. 2. Doppelte oder drey und merfache Kurbeln …" [168].

Dieses als *Prinzip des Kraftausgleichs* bezeichnete Verfahren gehört heute zu den Grundregeln methodischen Konstruierens, und es ist reizvoll, die LEUPOLD'sche Erkenntnis in heutiger, abstrahierender Diktion zu lesen:

„ … Das Prinzip des Kraftausgleichs sucht mit Ausgleichselementen oder mit Hilfe einer symmetrischen Anordnung die Hauptgrößen begleitenden Nebengrößen auf kleinstmögliche Zonen zu beschränken, damit Bauaufwand und Verluste so gering wie möglich bleiben …" [169].

Das läßt sich natürlich um so besser durchführen, je mehr Zylinder, d.h. Kröpfungen, die Maschine hat. Sehr anschaulich hat das ARNOLD SOMMERFELD in [166] erläutert:

„ … oder es mußten die Trägheitswirkungen der Maschinenteile, diese Feinde des Schiffskörpers, unschädlich gemacht werden. Da lag es nach einem alten politischen Grundsatze nahe, die Feinde unter sich zu entzweien und gegeneinander aufzuhetzen. Das wesentliche Mittel hierzu liefert eine geeignete Disposition über die Schränkungswinkel zwischen den verschiedenen Kurbeln, sowie eine geeignete Wahl der Massen- und Abstandsverhältnisse der einzelnen Getriebeebenen. In solcher Weise gelingt es, die Trägheitskräfte der Schiffsmaschinen sich gegenseitig zerstören zu lassen und den Schiffskörper von seinen Peinigern zu befreien …" [166].

Die freien Massenwirkungen verschwinden, wenn die Vektorsummen der Massenkräfte und der Massenmomente („Kraftpaare") zu Null werden. Das läßt sich konstruktiv erreichen durch Auslegung und Abstimmung der oszillierenden Massen, Kurbelradien, Kröpfungswinkel und Zylinderabstände. Anders ausgedrückt: Es gibt – zumindest theoretisch – unendlich viele Möglichkeiten, dieses Ziel zu erreichen. D. W. TAYLOR, ein Schiffsbauassistent der US-amerikanischen Marine, entwickelte ein praktikables Verfahren, die konstruktiven Parameter des Triebwerkes so zu bestimmen, daß ein vollständiger bzw. weitgehender Ausgleich erreicht wurde. Zur Ermittlung der Verhältnisse wurden die Massenkräfte und -Momente durch Seilzüge oder Seilpolygone dargestellt[98], wobei der Ausgleich vollkommen ist, wenn sich die Seilzüge schließen [170]. Der TAYLOR'sche Gedanke wurde in Deutschland von OTTO SCHLICK[99] aufgegriffen und zum Patent – DRP 80 974 – angemeldet, mit folgendem Anpruch:

„ … Kraftmaschine mit mehr als drei Kurbeln an einer und derselben Betriebswelle, deren Betriebstheile infolge richtiger Verhältnisbestimmung der Kurbelwinkelstellungen und Armlängen, der Entfernungen der Cylindermittel und der Gewichte der Betriebstheile und etwaiger sonstiger Bewegungsmassen derart auf die Welle einwirken, daß die Resultante der in irgend einer durch das Wellenmittel gelegten Ebene auf die Welle in der einen Richtung wirkenden Massendrucke und die Resultante aus den in dieser Ebene in der entgegengesetzten Richtung auf die

---

98) Es handelt sich hierbei um ein graphische vektorielle Addition.

99) OTTO SCHLICK, 1840 bis 1913, Ingenieur, war erst Direktor der *Norddeutschen Werft* in Kiel, dann Direktor des *Germanischen Lloyd*. SCHLICK förderte die Einführung des Eisens als Schiffswerkstoff. Bekannt wurde er vor allem durch seine Arbeiten auf dem Gebiet des Massenausgleichs und der Schiffsschwingungen.

Welle wirkenden Massendrucke bis auf eine durch die endliche Länge der Betriebsstangen bedingte Ungenauigkeit ganz oder nahezu gleich groß sind und in einer geraden Linie liegen."

Dieses Patent wurde dann zum Gegenstand langwieriger juristischer Auseinandersetzungen, in denen es nicht nur um den Inhalt des Patentes, sondern auch um grundsätzliche patentrechtliche Fragen ging[100] [171]. Ausgelöst wurde der Streit durch eine Nichtigkeitsklage der Werft F. Schichau in Elbing (Ostpreußen). In der Tat beinhaltet das SCHLICK'sche Patent nichts Neues: Die Gesetze des Massenausgleiches waren seit langem bekannt; der gegenseitige Ausgleich von Massenwirkungen durch entsprechende Anordnung der Triebwerksteile war von D. W. TAYLOR angegeben und schon praktiziert worden, auch von anderen. Mit der Beschreibung seiner bereits erwähnten Torpedobootmaschine in *Engineering* [152] hatte A. F. YARROW eine Diskussion ausgelöst, in der die dem SCHLICK'schen Patent zugrundeliegenden Gedanken expressis verbis ausgesprochen worden waren. In England wird der SCHLICK'sche Massenausgleich deshalb als *Yarrow-Schlick-Tweedy-System* bezeichnet. Die Entscheidung des Reichsgerichtes, das SCHLICK'sche Patent, wenn auch unter Beschränkung auf Schiffsdampfmaschinen, zu bestätigen, dürfte auf die Gutachten des streitbaren Professors ALOIS RIEDLER (TH Charlottenburg) zurückzuführen sein, der sich – in der offensichtlich zutreffenden Annahme des „Viel hilft viel", seine Gutachten schließlich von 26 (!) Professoren und 30 (!) Ingenieuren hatte unterzeichnen lassen. Die Klägerin in diesem Streit wurde von dem nicht minder streitbaren Aachener Professor JOHANNES LÜDERS[101] unterstützt. Beide, RIEDLER wie auch LÜDERS verfaßten Darstellungen dieses Prozesses aus ihrer Sicht [172; 173]. Von der Sache her dürfte die LÜDERS'sche Darstellung zutreffender sein, zumal das SCHLICK'sche Patent auch insofern problematisch ist, als es ja nicht nur einen „vollständigen Ausgleich" oder „keinen Ausgleich" gibt, sondern verschiedene Grade des Ausgleiches.

„ … Es bleibt also nichts weiter übrig, als durch Zugeständnisse nach allen Richtungen hin mittlere, praktisch brauchbare Verhältnisse zu schaffen; man wird sich auch nicht selten mit einem nur teilweisen Ausgleich begnügen müssen, immer bedenkend, daß starke Schwankungen der Drehkraftkurve ebensogut Ursache der Unruhe des Maschinensystems sein werden, wie unausgeglichene Massendrücke der geradlinig bewegten Massen …" [174].

Erfolgreiche Anwendung fand der TAYLOR/SCHLICK'sche Massenausgleich u. a. in den großen Schnelldampfern *Kaiser Wilhelm der Große* und *Deutschland*. Allerdings so ideal, wie in Veröffentlichungen dargestellt, ließ sich der SCHLICK'sche Ausgleich nicht durchführen. Ohne zusätzliche Ausgleichsmassen kam man auch bei den Maschinen des *Kaiser Wilhelm der Große* nicht aus; insgesamt 11 Tonnen Ausgleichsmassen, teils rotierend, teils als Zusatzmassen an dem Triebwerksgestänge der beiden mittleren Zylinder waren nötig, was die Argumente der Gegner des SCHLICK'schen Patentes unterstützt.

Dennoch, die Bedeutung, welche einem solchen Massenausgleich beigemessen wurde, geht aus der geradezu emphatischen Formulierung in dem bereits angeführten Vortrag ARNOLD SOMMERFELDS über den Stand der modernen technischen Mechanik hervor:

„ … dass die modernen Schnelldampfer, wie *Kaiser Wilhelm der Grosse* und *Deutschland*, mit dem SCHLICK'schen Massenausgleich ausgerüstet sind (*Kaiser Wilhelm der Grosse* mit dem vollständigen Ausgleich erster Ordnung, DEUTSCHLAND auch mit einem angenäherten Ausgleich zweiter Ordnung) und dass diese Meisterstücke deutscher Ingenieurkunst, die den Gegenstand unseres berechtigten nationalen Stolzes bilden, durch die Theorie und die Praxis des Massenausgleiches überhaupt erst möglich geworden sind …" [166].

---

[100] In diesem Prozeß hatte es das Reichsgericht abgelehnt, TAYLORS Abhandlung als Vorveröffentlichung im Sinne des Patentgesetzes anzuerkennen; in der Diskussion darüber ging es auch um die patentrechtliche Bedeutung von Theorien.

[101] J. LÜDERS griff mit dem 1913 verfaßten *Dieselmythus* auf eine in der wissenschaftlich-technischen Welt selten gehässiger Art RUDOLF DIESEL und sein Lebenswerk an.

Bei allen Vorteilen eines vollständigen Massenausgleiches darf man die bereits erwähnten positiven Aspekte von Massenkräften nicht übersehen. Schließlich gilt es, die Gesamtheit der Merkmale zu optimieren und nicht nur ein einzelnes. Da sich die Drehkraft, deren Verlauf man tunlichst vergleichmäßigen will, aus der Dampf (bzw. Gas-)- und der Massenkraft zusammensetzt, besteht die Gefahr, daß sich bei einseitiger Optimierung auf den Massenausgleich nicht nur nachteilige konstruktive Verhältnisse ergeben, sondern auch ein wenig günstiger Drehkraftverlauf. So sah sich der „Nestor der Maschinendynamik", Prof. MAX TOLLE, in [174] genötigt, auf die positiven Aspekte von Massenwirkungen hinzuweisen:

„ … Schließlich sei noch daran erinnert, daß die Massenwirkungen zur Erzielung einer möglichst gleichmäßig verlaufenden Drehkraftkurve nützlich sein können …"

Der SCHLICK'sche Ausgleich ließ sich erst bei Maschinen ab vier Kurbelkröpfungen verwirklichen, was dazu führte, daß man bei Dreifachexpansion die Niederdruckstufe auf zwei Zylinder aufteilte, so daß die Maschine vierzylindrig, d.h. vierkurbelig ausgeführt werden konnte. Im Schiffsmaschinenbau durchaus angewendet, war der SCHLICK'sche Ausgleich bei Lokomotiven nicht möglich, weil sich in diesem Fall durch die vorgegebenen Zylinderanordnungen ungünstige Kurbelstellungen ergeben hätten [175], denn die Wahl der Kurbelkröpfungswinkel wird durch die Forderung eingeengt, daß die Maschine aus jeder Kurbelstellung anlaufen können muß.

Die freien Massenwirkungen von Schiffsdampfmaschinen beeinträchtigten nicht nur die sie erzeugende Maschine, sondern das gesamte Schiff, weil sie die Schiffshülle – vom Prinzip her nichts anderes als ein gigantischer Resonanzkörper – zu Schwingungen anregen konnten. Zu Beginn der „Eisenzeit" im Schiffsbau bereiteten solche Schwingungen keine Probleme, weil die Schiffe vergleichsweise klein und steif waren, somit ihre Eigenfrequenzen weit über denen der Dampfmaschinen lagen. Als dann die Schiffe größer und weicher wurden, und gleichzeitig die Maschinendrehzahlen stiegen, kam man in Resonanzbereiche. Gerade die bekannten großen Schnelldampfer wie *Campania* und *Lucania* der *Cunard-Linie* waren davon betroffen. Das tückische solcher Erscheinungen ist, daß die Schwingungserregung von vielen Faktoren abhängt: Vom Aufstellungsort der Maschine, ob im Schwingungsknoten oder -bauch, ob Massenkräfte oder -momente die Schwingungen anregen, von der Eigenfrequenz des Schiffskörpers, die ihrerseits keine Konstante, sondern z.B. vom Beladungszustand des Schiffes beeinflußt wird, und anderen mehr. A.F. YARROW ging dieses Problem in der bereits erwähnten Untersuchung experimentell an, indem er eine Maschinenanlage mit Schiffsschraube als auch ohne laufen ließ und auf diese Art eindeutig die Dominanz der massenerregten Schwingungen nachwies [152]. Da die Schiffsmaschine(n) im Bereich der Eigenfrequenz des Schiffskörpers Schwingungen erregte(n), mußten – je nach den Verhältnissen – bestimmte Drehzahlbereiche der Maschine im Betrieb vermieden („gesperrt") werden:

" … In a vessel, such as a fast Atlantic liner, which is intended to run continuously at a nearly uniform speed (unless special means be taken to balance the machinery), it is the utmost importance to carfully avoid the number of revolutions of the engines per minute keeping time with or, in other words, synchronising with the normal vibrations of the hull …" [152].

Auch OTTO SCHLICK beschäftigte sich intensiv mit Problemen der Schiffsschwingungen, insbesondere ihrer Anregung durch die Schiffsschraube, und trug wesentlich zur Klärung dieser Vorgänge bei [176]. Um Schwingungen zu messen, bedurfte es geeigneter Geräte, die es natürlich noch nicht gab. So entwickelte SCHLICK einen Schwingungsschreiber, den sogenannten *Pallographen*. Das Gehäuse dieses Instrumentes wurde fest mit dem zu untersuchendem Teil verbunden. Darin waren zwei Massen horizontal und vertikal beweglich aufgehängt. Wurde das Gehäuse von der Schwingungsbewegung des zu untersuchenden Maschinenteils mitgenommen, dann führten die beiden Massen Relativbewegungen aus, die von einem Schreibmechanismus aufgezeichnet wurden.

SCHLICK erkannte, daß nicht nur Massenkräfte, sondern auch Massenmomente – abhängig vom Aufstellungsort der Maschinen – die Schiffsstruktur zu Schwingungen anregen konnten. Mit zunehmender Kolbengeschwindigkeit verschärften sich diese Probleme in jeder Hinsicht, so daß ein Ausspruch, den CHARLES TALBOT PORTER – weit vorausschauend – seinerzeit getan hatte, den Nagel auf den Kopf traf: „Wir müssen den Schnellbetrieb als unseren Lehrmeister betrachten …" [177][102].

Mittlerweile war das Interesse von Theoretikern an der Maschinendynamik geweckt, so daß in der Folge eine Reihe von Arbeiten über maschinentechnische Dynamik veröffentlicht wurden [157; 178]. Es war klar, daß, um die Leistung nennenswert zu steigern, die Drehzahl kräftig erhöht werden mußte. Da aber die Massenwirkungen damit quadratisch zunehmen, stellte die Schnelläufigkeit eine schwer zu nehmende Barriere dar, sicherlich auch deshalb, weil die maschinendynamischen Effekte, mit denen es man zu tun bekam, wenig anschaulich sind, sich somit dem Verständnis sperren.

Die Probleme mit dem Kurbeltrieb erst in Dampfmaschinen, dann in Verbrennungsmotoren, erwuchsen aus einer Kinematik, die für einen Schnellbetrieb denkbar ungeeignet ist. Zu nennen sind mechanische Beanspruchungen, Verformungen, welche die Funktion der Maschinenteile beeinträchtigen, Erschütterungen und Schwingungsanregung der Umgebung durch die Maschine und tribologische Probleme. Dabei lagen die Schwierigkeiten zuvorderst darin, die Probleme in ihrer Ursächlichkeit überhaupt erst zu erkennen. Das ist ein immer wieder zu beobachtendes erkenntnistheoretisches Problem: Auffällige Erscheinungen (im Klartext: Betriebsstörungen und Maschinenschäden) werden in das Raster der Erfahrungen und Kenntnisse eingeordnet, wobei Grenzen, die sich aus dem jeweiligen Stand der Technik erklären, oft zu Fehlschlüssen führen, zumal wenn es sich um komplexe Sachverhalte mit multifaktoriellen Einflüssen handelt. Ein Beispiel hierfür sind die in der technischen Literatur um die Jahrhundertwende vielfach behandelten „Stöße an Kurbel- und Kreuzkopfzapfen", denen man den starken Verschleiß an Wellenzapfen und Lagern in Pleuelstangen anlastete. Dieser Lagerverschleiß nahm solche Werte an, daß man ihn konstruktiv durch Nachstellvorrichtungen an den Lagern berücksichtigte. Als Ursache dafür sah man Stöße durch den Richtungswechsel der Stangenkraft an:

„ … Da man in den Zapfenlagern wegen der Schmierung stets ein kleines Spiel haben muß, so tritt im Augenblick des Druckwechsels der Schalenwechsel der Zapfen ein, d. h. die Zapfen lösen sich von der einen Lagerschalenhälfte ab, durchwandern das Spiel und legen sich an die andere Seite der Schale wieder an. Nach beendetem Schalenwechsel treffen naturgemäß Zapfen und Lager mit einer meist zwar kleinen, aber doch beachtenswerten gegenseitigen Geschwindigkeit aufeinander, so daß man es mit einem wirklichen Stoßvorgang zu tun hat. Gegenüber den regelrechten Zapfendrücken sind die bei diesem Stoß auftretenden Drücke unverhältnismäßig hoch; in schlimmen Fällen überschreiten sie die ersteren um das 5- bis 10fache … " [179].

Bei seinen Überlegungen, wie man diesem nicht zu überhörenden und in seiner Auswirkung nicht zu übersehenden Effekt begegnen könne, ging RICHARD STRIBECK von Vorstellungen der Festigkeits- und Elastizitätslehre aus:

„ … im übrigen wird sie (die Stoßkraft) aber einen um so höheren Betrag erlangen, je kürzer die Strecke ist, auf der sich die Vorgänge beim Stoß – die elastische und die bleibende Formänderung – abspielen …" [180]

Hieraus folgerte STRIBECK, daß der Stoß, d. h. letztlich der Richtungswechsel der Stangenkraft, tunlichst etwa auf halben Kolbenwege, keineswegs aber im Bereich der Totlagen erfolgen sollte. Andere Autoren kamen zum entgegengesetzten Ergebnis:

---

[102] Diese Erkenntnis hat – gut 60 Jahre später – Prof. KURT KUTZBACH für den Motorenbau mit seinen wesentlich höheren Drehzahlen in einem Aufsatz: „Der Leichtmotor als Lehrmeister des Maschinenbaus" zum Ausdruck gebracht [177].

„ ... Principiell soll der Druckwechsel an den Zapfen einer Dampfmaschine nur an den Todten Punkten stattfinden, wie dies in ihrem Wesen liegt, und wo es laut Erfahrung völlig stoß- und gefahrfrei geschehen kann ... [181]

In einer umfangreichen experimentellen Untersuchung gelangte HANS POLSTER zu grundlegenden Erkenntnissen der Schmierfilmtheorie, nämlich daß die Stoßstärke von dem Druckgradienten, dem Lagerspiel und der Schmierung abhängt. Gerade die Bedeutung der Schmierung erkannte er als entscheidend:

„ ... Die Art der Schmierung hat einen ganz wesentlichen Einfluß auf die Stoßstärke. Schlechte Schmierung bedingt harte Schläge. Es ist nur ein geringer Oeldruck nötig, um die Schläge ganz wesentlich zu mildern. Großer Oeldruck verbessert die Verhältnisse zwar noch mehr, aber nicht in gleichem Maße, wie der Oelverbrauch wächst." [182]

Damit wurde der Blick in die richtige Richtung gewiesen. Im Kapitel über die *Lagerungen* wird hierauf ausführlich eingegangen. Wenn auch grundsätzliche Probleme der Maschinendynamik in ihren Ursachen und Zusammenhängen erkannt worden waren, so war es nicht immer möglich, wirksame Abilfe zu schaffen: Man mußte mit ihnen leben! Ein solches Beispiel bietet der sogenannte Hammerschlag, den die Dampflokomotiven durch unvollständig ausgeglichene Triebwerksmassen auf die Schienen ausübten. Für die Möglichkeiten, die Massen auszugleichen, galt es einen Kompromiß zwischen den verbleibenden oszillierenden und rotierenden Massenwirkungen zu finden:

"... The reciprocating masses, however, ... give rise to a more or less surging motion, particulary at high speeds, if they are not balanced in any way ... Complete balancing of the reciprocating masses is not desirable, because it cannot be achieved without introducing considerable unbalance in the vertical plane, i. e. 'hammer-blow' on the rails ... A compromise is therefore effected between avoiding a surging action and hammer-blow ... Hammer-blow means that, instead of the pressure of the wheel on the rail remaining constant at the value due to the axle load, it fluctuates more or less violently ... In extreme cases, the wheel can be lifted momentanly off the rail. The principle objection to it, however, is that it has severe effect on the track, and is most undesirable on bridges. Railway civil engineers are thus much concerned with it and are anxious to reduce its incidence ..." [183].

In der Tat, Lokomotiven sind maschinendynamisch besonders ungünstige Maschinen, weil bei ihnen kein steifes Kurbelgehäuse die Massenwirkungen des Triebwerks aufnimmt, und es keine Möglichkeiten gibt, sie durch Dämpfung vom „Fundament", die Gleise und ihre Bettung, fernzuhalten. Die Wirkung des Hammerschlags zeigte sich in mechanischer Beschädigung der Schienen, die in Extremfällen, wie bei englischen Eisenbahnen geschehen, zur Erneuerung der Schienen ganzer Streckenabschnitte zwang.

Schlimmer noch konnte sich die von Lokomotiven ausgehende Anregung zu Schwingungen auf Brücken auswirken; der Einsturz einiger Brücken wird hierauf zurückgeführt, so der Mönchensteiner Brücke über die Birs bei Basel am 14. Juni 1891:

„ ... Der Zug bestand aus zwei Lokomotiven und zwölf Wagen. Der Zug war voll besetzt ... Etwa 500 m vor der Station überschreitet die Bahn den Fluss Birs vermittelst eines eisernen Brückenträgers von 41 m Oeffnung. Als die erste Lokomotive bereits das jenseitige Widerlager der Brücke erreicht hatte, brach die Brücke ein. Nach dem Berichte von Augenzeugen soll der Einsturz nicht plötzlich erfolgt sein, sondern die Brücke soll sich verhältnißmäßig langsam gesenkt haben. Die beiden Locomotiven und die sieben darauffolgenden Wagen stürzten mit der Brücke hinunter, wurden von der gewaltigen lebendigen Kraft des Zuges übereinander geschoben und in den Fluthen des ziemlich angeschwollenen Birs begraben ... Beim Einsturz wurde in der Umgebung ein fürchterliches Getöse und ein markerschütternder Aufschrei der sterbenden

Opfer gehört, dann war alles still und ein grauenerregendes Bild der Zerstörung bot sich dem Auge dar …“ [184].

Der Professor für Mechanik an der TH München, AUGUST FÖPPL, äußerte sich über die Ursache dieser Katastrophe, die 71 Menschen das Leben kostete, wie folgt in einem Schreiben an den Physiker ARNOLD SOMMERFELD:

„ … Die Mönchensteiner Brücke hatte eine Construction, bei der gewisse freie Schwingungen von verhältnismäßig sehr großer Schwingungsdauer möglich waren. Die Annahme, daß eine Resonanz(wirkung) den Unfall verschuldet habe, lag daher sehr nahe … .Bei der üblichen Art des Massenausgleichs bei den Lokomotiven (durch Anbringen eines ‚Gegengewichts‘) werden nämlich die horizontalen Kräfte ziemlich ausgeglichen, natürlich aber auf Kosten des Massen-ausgleichs in senkrechter Richtung. Der Raddruck der Lokomotive auf der Brücke ist daher (ab-gesehen von einem constanten Gliede) nach einer Sinusschwingung veränderlich und ein Ver-gleich der Zeiten, soweit er auf Grund der mir bekannten Daten möglich ist, zeigte, daß in der That eine Resonanz zwischen dieser erregenden Schwingung der Obergurts bestand. Ich bin da-her nachträglich noch mehr, als zur Zeit der Abfassung des Aufsatzes in der Meinung bestärkt worden, daß die Resonanzwirkung die Hauptursache für den Einsturz gebildet hat …“ [185].

Dieser Ansicht war auch JOHANN RADINGER, wunderte er sich in der dritten Auflage seines Bu-ches doch:

„ … Im Sommer 1891 brach die Eisenbahnbrücke bei Mönchenstein unter einem schnellst fah-renden von zwei Locomotiven gezogenen Train. In keinem der technischen Berichte darüber fand ich den Einfluß der Gegengewichte erwähnt oder erhoben …“ [186].

Als sich um die Jahrhundertwende mit dem Aufstieg des Verbrennungsmotors und der Dampf-turbine der Niedergang der (Kolben-)Dampfmaschine abzuzeichnen begann, verfügte man mitt-lerweile über einen Fundus theoretisch begründeter und durch Erfahrung gesicherter Kenntnisse über die Massenwirkungen. Damit stand dem Kolbenmaschinen-Konstrukteur ein geeignetes Rüstzeug auf allen Stufen wissenschaftlichen Niveaus – von der einfachen Faustformel bis zur abstrakten Abhandlung – zur Verfügung: Zu nennen sind vor allem die Arbeiten von J. RADIN-GER, F. WITTENBAUER, K. HEUN, O. KÖLSCH, H. LORENZ und M. TOLLE [187; 188; 189; 190; 191].

Außerdem war jetzt die technische Ausbildung besser geworden. Den steigenden Anforderun-gen an Kenntnisse und Können, damit auch an die Ausbildung der Techniker trug das sich leb-haft entwickelnde Bildungswesen Rechnung. Neue, eigenständige technische Disziplinen wie Werkstofftechnik und Materialprüfung, Maschinendynamik, Thermodynamik und Elektrotech-nik waren entstanden und wurden an den Technischen Hochschulen gelehrt. Die aus den po-lytechnischen Schulen hervorgegangenen Technischen Hochschulen, aber auch die ihnen „nachrückenden“ höheren technischen Lehranstalten vermittelten angehenden Ingenieuren die erforderlichen theoretischen Grundlagen. Das breit gefächerte technische Bildungswesen mit Hoch- und Mittelschulen sowie einer qualifizierten Lehrlingsausbildung bildete eine der Grund-lagen für die stürmische Entwicklung der Technik in Deutschland um die Jahrhundertwende. Die im praktischen Maschinenbetrieb gewonnenen Erfahrungen konnten immer besser in das Raster des theoretischen Wissens eingeordnet werden [192]. Maschinendynamische Kenntnisse schlugen sich in den einzelnen Bereichen der Kolbenmaschinen in konkreten Richtlinien für Auslegung und Konstruktion nieder; so z. B. schrieben die *Technischen Vorschriften des Vereins deutscher Eisenbahnverwaltungen* vor, daß die rotierenden Massenkräfte „tunlichst ganz, die hin- und her bewegten zu 15 – 60 %“, und zwar um so mehr“ ausgeglichen werden sollten, je kürzer der Radstand relativ zur Lokomotivlänge war. Dabei durfte die am einzelnen Rad auftre-tende Vertikalkraft nicht mehr als 15 % des ruhenden Raddruckes betragen.

Die ersten Verbrennungsmotoren, Gasmaschinen, Ein-, allenfalls Zweizylinder- oder Tandem-Maschinen, standen im Wettbewerb mit der hoch entwickelten Dampfmaschine, an deren ruhigen Lauf sie sich messen lassen mußten.

„ … Die Ruhe des Ganges, d. h. dass die Maschine auf dem Fundament nicht zuckt, ist bei den Gasmaschinen durch ein Gegengewicht ebenso leicht zu erreichen wie bei den Dampfmaschinen. Die Gasmotorenfabrik Deutz bringt das Gegengewicht bei liegenden Maschinen am Schwungradkranz an. Die vollkommenste Angleichung der hin- und hergehenden Massen ergiebt die Anbringung zweier zur Cylinderachse symmetrisch gelagerter Schwungräder mit je einem Gegengewicht. Derartige Maschinen bleiben selbst bei gelösten Fundamentankern ruhig liegen, ein Zeichen, dass der Schwerpunkt der Maschine sich nicht hin- und herbewegt …“ [193].

Diese Art der Gegengewichte – Zusatzgewicht im Schwungrad – ist konstruktiv bequem, weshalb man sie später auch bei schneller laufenden Ottomotoren anwendete, konnte aber hier bezüglich des Massenausgleiches nicht befriedigen.

Das maschinendynamische Verhalten von Kolbenmaschinen wird durch das Arbeitsverfahren, den „Stoffkraft“-Verlauf (Dampf- bzw. Gaskraft-Verlauf) und die Zylinderkonfiguration bestimmt. Die sogenannten Stoffkräfte sind innere Kräfte, die nach außen hin keine Wirkung zeigen: Der auf den Kolben wirkende Druck des Dampfs oder des Gases ist gleichzeitig gegen den Zylinderdeckel gerichtet, so daß er – zwar die Bauteile belastend – sich selbst aufhebt. Unausgeglichene Massenkräfte hingegen wirken als äußere Kräfte und versuchen das System *Maschinengehäuse/Fundament* gegenläufig zum Triebwerk zu bewegen, so daß der Maschinenschwerpunkt in Ruhe verharrt. Schließlich ruft das von der Kurbelwelle abgegebene Nutzmoment ein gleich großes, aber entgegengesetzt gerichtetes Reaktionsmoment hervor.

Bei Dampfmaschinen wird der Kolben beim Hin- als auch beim Rückhub mit dem Dampfdruck beaufschlagt, sie arbeiten „doppeltwirkend“. Anders (die meisten) Verbrennungsmotoren: Der Zweitakter arbeitet „einfachwirkend“, der Gasdruck wirkt nur während des Hin-Hubs. Das gleiche gilt für den Viertaktmotor, allerdings erstreckt sich dessen Arbeitsspiel über vier Hübe, d. h zwei Kurbelwellen-Umdrehungen. Hinzu kommt noch der ungleichmäßigere Gasdruckverlauf in Verbrennungsmotoren mit wesentlich höherem und sich schneller aufbauendem Spitzendruck (großer Druckgradient). Im Vergleich dazu hat die Dampfmaschine, selbst wenn mit Expansion gefahren wird, ein fülliges pV-Diagramm. Das alles läßt die Drehkraft eines Motors über ein Arbeitsspiel stark schwankend verlaufen; demzufolge pendelt auch die Abtriebsdrehzahl zwischen einem Höchst- und einem Niedrigstwert. Diese Drehzahldifferenz, bezogen auf die mittlere Drehzahl (vereinfachend: arithmetischer Mittelwert) wird als Ungleichförmigkeitsgrad bezeichnet; je kleiner dieser ist, desto ruhiger läuft die Maschine.

Ein altes Mittel, die Drehzahl zu vergleichmäßigen, ist das Schwungrad. Schon in der vorindustriellen Zeit hatte man sich dessen bedient, um die Differenz zwischen dem treibenden und benötigten Moment auszugleichen[103]. Die für einen bestimmten Ungleichförmigkeitsgrad erforderliche Schwungradgröße läßt sich – vereinfacht – nach RADINGER aus dem sogenannten Arbeitsüberschuss berechnen. Genauer ist das von F. WITTENBAUER angegebene graphische Verfahren des Massen-Wucht-Diagramms, bei dem auf der Abszisse die Trägheitsmomente der Triebwerksteile, auf der Ordinate der Arbeitsüberschuss (Energie) aufgetragen werden [194].

Die Triebwerks-Entwicklung im Motorenbau wurde vor allem durch den Verwendungszweck der Motoren als Antrieb von Fahrzeugen, Luftschiffen und Flugzeugen bestimmt. Einerseits wurden hohe Leistungen gebraucht, andererseits mußten die Motoren leicht sein und mußten ru-

---

[103] Ein Beispiel: Dem von einem mittelschlächtigen Wasserrad angetriebenen Walzwerk in Ohrdruf/Thüringen – heute ein technisches Denkmal – ist ein Schwungrad zu Vergleichmässigung der Zugkraft vorgeschaltet.

hig, d. h. ohne heftige Erschütterungen, laufen. Deshalb wurden die Motoren mit mehr Zylindern gebaut als Dampfmaschinen. Mehr Zylinder liefern ein gleichmäßigeres Drehmoment, allerdings nimmt mit der Zylinderzahl die Motorlänge zu.

Längere Motoren sind aber in sich weniger steif. Das machte sich bei allen Motorarten störend bemerkbar, bei Flugzeug- und Fahrzeugmotoren wegen der leichten Rumpfstruktur bzw. des Fahrzeugrahmens, bei stationären Maschinen, deren Kräfte ja von einem Fundament aufgenommen werden, waren es die Erschütterungen, die sich – vom Motor ausgehend – weit ausbreiten und störend bemerkbar machen konnten. Aus diesen Gründen mußte das Triebwerk in Motoren in steiferen Strukturen gelagert werden als in Dampfmaschinen. Man erreichte das durch geschlossene Gehäuse: Kurbelgehäuse und später durch Einbezug der Zylinder in die Struktur: Zylinderkurbelgehäuse!

Während beim Zweitaktmotor die Kröpfungsfolge der Zündfolge entspricht, schließlich wird bei jeder Kurbelwellen-Umdrehung gezündet, findet beim Viertaktmotor nur bei jeder zweiten Kurbelwellenumdrehung eine Zündung statt. Dadurch bieten sich für eine Kurbelwelle – zunehmend mit der Kröpfungszahl – mehrere Zündfolgen. Nun ist die Zündfolge von übergeordneter Bedeutung für Drehkraftverlauf, Massenwirkungen, Drehschwingungen, Belastung der Kurbelwelle und ihrer Lagerung, Füllung der Zylinder und für die Abgasturboaufladung. Es nimmt deshalb nicht wunder, daß man sich in den 1920er und 1930er Jahren ausgiebig damit befaßte [195], insbesondere Dr.-Ing. HANS SCHRÖN machte sich einen Namen auf diesem Gebiet [196; 197].

Wegen des vom Wirkungsprinzip her ungleichmäßigen Verlaufs des Gasdrucks über ein Arbeitsspiel müssen beim Verbrennungsmotor – um halbwegs erträgliche Verhältnisse zu bekommen – die Zündungen gleichmäßig über das Arbeitsspiel verteilt werden, und das bedeutet gleichmäßige Kröpfungsabstände [104]. Andererseits ist man mit Rücksicht auf Motorlänge und -Masse gezwungen, die Zylinderabstände [105] möglichst klein zu halten. Damit entfällt die Variation von Kröpfungswinkel und Zylinderabstand als Mittel des internen Massenausgleichs. Gleiche Zylinder- und Kröpfungsabstände vereinfachen zwar den Massenausgleich, beschränken ihn aber auch. Die im Vergleich zu Dampfmaschinen höheren Drehzahlen der Motoren verlangten unbedingt Maßnahmen, um die damit im Quadrat zunehmende Wirkung der Massen auf ein vernünftiges Maß zu begrenzen. Man griff deshalb immer mehr auf das Hilfsmittel „umlaufender Zusatzmassen", d. h. Gegengewichte, zurück. Solchermaßen konnte man die rotierenden Massenkräfte und – teilweise – die Massenkräfte 1. Ordnung ausgleichen. Aus Erfahrungen mit Lokomotiven wußte man, daß ein Optimum im 100 %igen Ausgleich der rotierenden und etwa 50 %igen Ausgleich der oszillierenden Massen liegt; man bezeichnet das als *Normalausgleich*.

Untersuchungen, an einer liegenden Einzylinder-Gasmaschine [106] mit verschiedenen Stufen des Ausgleiches durchgeführt, ergaben:

„ … Für den Massenausgleich durch Gegengewicht gilt also zusammengefaßt folgendes: Zunächst sind alle exzentrisch kreisenden Massen statisch voll auszugleichen. Der Ausgleich für die geradlinig bewegten Massen ist dann am vollkommensten, wenn das Gegengewicht ferner ein Überschussmoment erzeugt, dessen Gewicht, auf den Kurbelarm bezogen, halb so groß wie die hin- und hergehenden Gegengewichte ist …" [198].

Trotz dieser Erkenntnisse gab es offensichtlich massive Vorbehalte gegen den Massenausgleich durch Gegengewichte, denn man findet in der technischen Literatur bis in die 1920er Jahre

---

[104] Unter Kröpfungsabstand wird der Winkel verstanden, unter dem die einzelnen Kröpfungen im Umfangsrichtung aufeinander folgen.

[105] Der Zylinderabstand ist der Abstand von der Mitte des einen zur Mitte des benachbarten Zylinders.

[106] Bohrung 520 mm; Hub 650 mm; Drehzahl 170 min^{-1}; Leistung 100 bis 120 PS (73 bis 88 kW).

Drehkraftverlauf

Der Drehkraftverlauf eines Einzylinder-Triebwerks ist so ungleichmäßig, daß man die Motoren, von Ausnahmen abgesehen, mehrzylindrig baut, um einen ruhigeren Lauf (und auch mehr Leistung) zu bekommen. Die Drehkräfte der einzelnen Zylinder eines Mehrzylindermotors summieren sich von Kröpfung zu Kröpfung zur Gesamtdrehkraft des Motors an der Kupplungsseite. Durch diese Addition vergleichmäßigt sich der stark schwankende Verlauf, so daß schon bei einem Sechszylindermotor die Drehkraftschwankung auf weniger als die Hälfte der eines Einzylinders gesunken ist. Die Drehkraftschwankung – die Differenz wischen größtem und kleinsten Wert der Drehkraft – ist bestimmend für die Kurbelwellenbeanspruchung. Infolge der Drehkraftschwankung pendelt die Drehzahl zwischen einem Kleinst- und einem Größtwert.

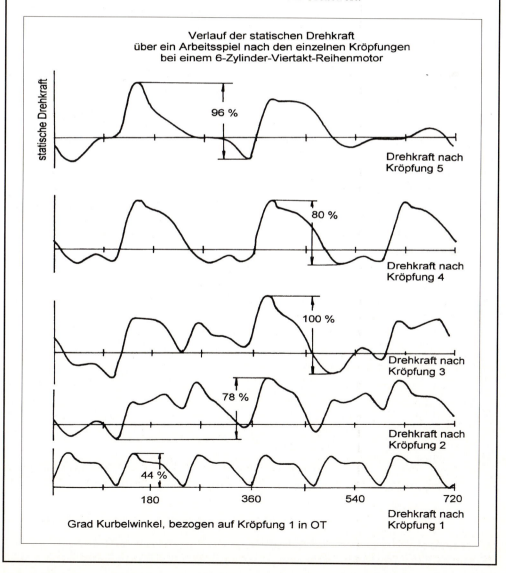

Verlauf der statischen Drehkraft
über ein Arbeitsspiel nach den einzelnen Kröpfungen
bei einem 6-Zylinder-Viertakt-Reihenmotor

statische Drehkraft

96 %

Drehkraft nach Kröpfung 5

80 %

Drehkraft nach Kröpfung 4

100 %

Drehkraft nach Kröpfung 3

78 %

Drehkraft nach Kröpfung 2

44 %

180   360   540   720

Grad Kurbelwinkel, bezogen auf Kröpfung 1 in OT

Drehkraft nach Kröpfung 1

immer wieder Argumente, mit denen solche Einwände ausgeräumt werden sollten. Die darin geltend gemachten Begründungen vermitteln unerwartete Einblicke in die Betrachtungsweise von damals:

„ … Für den Antrieb von Kraftwagen und Flugzeugen müssen die Maschinen jedoch noch vollkommen ausgeglichen sein und zwar deshalb, weil in diesen Fällen durchweg Maschinen mit leichtem Rahmen auf leichte Untergestelle gesetzt werden, so daß z. B. durch die stets verhältnismäßig großen Massenkräfte, wenn sie nicht gut gegeneinander ausgeglichen sind, leicht die gesamte Maschinenanlage in starke Erschütterungen versetzt werden kann. Nun ist beispielsweise ein Dauerflug heutigen Tages fast nur eine Frage der Widerstandsfähigkeit des Piloten. Anhaltende Erschütterungen aber wirken ermüdend und verursachen neben ihren schädlichen Einfluß auf den Motor und die übrigen Teile des Flugzeuges allmählich eine Zerüttung der Nerven des Piloten sowie des Beobachters …“ [199].

Eine andere Argumentation findet man in einem Fachbuch über schnellaufende Verbrennungsmotoren; es sind dieselben Begründungen, mit denen schon PORTER und RADINGER ihren Zeitgenossen die positiven Aspekte von Massenwirkungen verdeutlichen wollten.

„ … Die von diesen Maschinenteilen aufgenommene oder abgegebenen Energiemengen bedeuten aber keineswegs Energieverluste, weil bei der Verzögerung der Bewegung von Massen ebensoviel Energie abgegeben wird, als früher bei der Beschleunigung aufgenommen wurde. Die Endwirkung ist also nur eine Verschleppung oder Hinausziehen der Drücke, die, wie oben angeführt, auf einen Ausgleich und gleichmäßige Verteilung der Drücke hinwirkt …“ [200].

Als in den 1920er Jahren die Kolben von Fahrzeugmotoren von Grauguß auf Leichtmetall umgestellt wurden, konnte die Motordrehzahl erhöht werden. Hohe Drehzahlen wurden auch bei den damals beliebten Sport- und Rennsportfahrten gefahren, so daß nun zusätzliche Maßnahmen nötig wurden, vor allem bei Motoren, deren Kurbelwelle nur nach jeder zweiten Kröpfung im Kurbelgehäuse gelagert war. Außerdem machten sich jetzt die Massenkräfte 2. Ordnung stärker bemerkbar. Daß diese allgemein in das Blickfeld der Konstrukteure rückten, ersieht man auch an einschlägigen Veröffentlichungen in der Fachpresse [201]. Interessant ist, wie sich an solchen Teilbereichen generelle Trends abzeichnen. Hierzu einige Erläuterungen: In den zwanziger Jahren gab es in Deutschland über siebzig Hersteller von Kraftfahrzeugen (Pkw und Nkw); die Fertigung war vielfach handwerklich geprägt, Forschung und Entwicklung im heutigen Sinne gab es noch nicht. Der technische Stand der Pkw entsprach noch weitgehend dem der Zeit zu Beginn des ersten Weltkrieges. Die schlechte wirtschaftliche Lage nach dem Kriege sowie die Entwicklung im Ausland, namentlich in den USA, bewirkten auch in Deutschland einen Trend zum Gebrauchsfahrzeug. Neben nach wie vor großen Motoren mit sechs, acht und später sogar mit zwölf Zylindern wurden nun vermehrt kleine Motoren mit ein oder zwei Zylindern gebaut; zur häufigsten Bauform wurde der Vierzylinder-Reihenmotor. Bekannte Vertreter der Kleinwagen waren der *Hanomag 2/12 PS* („Kommißbrot“) und der *Opel 4/12 PS* („Laubfrosch“). Die Besteuerung der Pkw über das Hubvolumen begünstigte kleine, schnelldrehende Motoren. Zunehmend setzte sich die Limousine gegenüber dem Cabriolet und anderen offenen und halboffenen Bauarten durch. Motorgeräusche wurden von den Fahrzeug-Insassen stärker wahrgenommen, weshalb man jetzt höhere Ansprüche an die Laufruhe des Motors stellte. Ab 1926 wurden verstärkt amerikanische Pkw importiert bzw. in Deutschland montiert, die einen deutlich höheren technischen Standard aufwiesen als deutsche Fabrikate. Das zwang die deutsche Hersteller zu verstärkten Anstrengungen bei der Entwicklung ihrer Motoren.

„ … Ebenso bekannt ist, daß es viele und gute Motorkonstrukteure gibt, welche noch kein Massendiagramm aufgezeichnet haben und trotzdem an Konstruktion und Wert beste Resultate erzielten. Erst durch die Leichtmetalle und die damit immer steigende Tourenzahl des Motors bzw. durch die schärfere Konkurrenz und wieder auftretende Sport- und Rennveranstaltungen wurden hier die modernen Konstrukteure gezwungen, sich mit der Dynamik ihrer Motoren wieder eingehender zu befassen …" [202].

Die Situation bezüglich des Massenausgleichs damals stellt sich etwa wie folgt dar: Ein- und zweizylindrige Motoren erhielten Gegengewichte, weil sie anderenfalls zu unruhig liefen, wobei es durchaus zu einem Zielkonflikt zwischen Kröpfungs- und Zündfolge kommen konnte: Soll ein Zweizylinder-Viertaktmotor mit gleichmäßiger Zündfolge[107] arbeiten, dann müssen die beiden Kröpfungen gleichgerichtet sein, was natürlich bezüglich der Massenwirkungen von Nachteil ist. Der für den Massenausgleich günstige Kröpfungsabstand von 180 °KW wiederum führt zu ungleichen Zündabständen. Bei Reihenmotoren mit vier Zylindern wurde ein gesonderter Massenausgleich als unnötig angesehen, Sechs- und Achtzylinder sind in sich ausgeglichen, d. h. es treten keine freien Massenwirkungen auf. Dennoch:

„ … Wurden bisher Gegengewichte zum Massenausgleich nur bei Ein- und Zweizylindermotoren ausgewählt, so findet man diesen Massenausgleich heute bei fast allen Wagenbauarten, die auf besondere Geschmeidigkeit, ruhigen, gleichmäßigen Lauf des Motors auch bei niedrigen Umdrehungszahlen Wert legen. Führend und tonangebend waren auch hier wieder die amerikanischen Kraftfahrzeug-Fabriken …" [203].

Und in der Tat, in amerikanischen Automobil-Prospekten und Werbeanzeigen der 1920er Jahre findet man immer wieder maschinendynamische Hinweise: „ … Crankshaft: Double heat-treated alloy steel; statically and dynamically balanced and fitted with counterbalance weights …" (Duesenberg) oder: „ … Da! Der neue Chrysler 65 – Sein Tempo – 100 Stundenkilometer und mehr. Sein Motor – ‚Silberdom' – Hochleistungsmaschine – Sechszylinder, ausbalanciert, siebenmal gelagerte Kurbelwelle …" (Chrysler). Kein Wunder also, daß auch deutsche Hersteller diesen Aspekt hervorhoben: „ … Alle beweglichen Teile sind durch Gegengewichte ausgeglichen. – Im Leerlauf wie bei der Höchstgeschwindigkeit turbinengleiche Kraftabgabe …" (Maybach) oder: „ … Es ist selbstverständlich, daß ein Sechszylinder-Motor mit der gleichmäßigen, ununterbrochenen Folge der Kraftimpulse eine Gleichförmigkeit der Kraftabgabe ergibt, die bei geringerer Zylinderzahl einfach nicht erreichbar ist …" (Opel)

Der Fahrkomfort als Agens der Triebwerksentwicklung bei Pkw ist bei Flugmotoren nicht angesprochen. Hier ist es die Forderung nach extremem Leichtbau, der eine maschinendynamische Optimierung erzwingt, schließlich müssen freie Massenwirkungen durch steife, letztlich schwere Motoren aufgefangen werden. Bedenkt man, wie leicht und filigran die „fliegenden Kisten" einst waren, dann versteht man, warum gerade Umlaufmotoren in der Frühzeit der Luftfahrt so erfolgreich waren. Umlaufmotoren mit fünf und mehr Zylindern benötigen keinen Massenausgleich. Sie liefen so ruhig, daß man sie zu Probeläufen auf zweirädrige Karren montieren konnte. Fotos davon zeigen die von den Rippen der umlaufenden Zylinder gezeichneten Figuren als glatte konzentrische Kreise, Indiz für den außerordentlich ruhigen Lauf dieser Motoren. Hinzu kam noch die gleichmäßige Drehmomentenabgabe durch den Schwungrad-Effekt des rotierenden Gehäuses.

Konventionelle Sternmotoren („Standmotoren"), mit der üblichen Haupt-und Anlenkpleuel-Konfiguration haben kinematisch den Nachteil, daß die Anlenkpleuel nicht um die Kurbelwellenachse, sondern um den Anlenkpunkt rotieren. Zwar lassen sich die Massenkräfte erster Ordnung durch Gegengewichte einfach ausgleichen, es bleiben aber Massenkräfte zweiter Ordnung übrig. Bei Mehrsternmotoren mit versetzten Sternen ist jedoch ein Ausgleich auch dieser Kräfte möglich [204].

---

[107] Das Arbeitsspiel in Grad Kurbelwinkel durch die Zylinderzahl geteilt ergibt den (gleichmäßigen) Zündabstand: von $720°/2 = 360°$.

Bei neuen Zylinder-Konfigurationen mit entsprechenden Kröpfungsfolge, V-6; V-8, V-12 und V-16-Motoren, wurde die Kröpfungsfolge mit Rücksicht auf den Massenausgleich entsprechend abgestimmt. Schon vor dem ersten Weltkrieg wurden alle möglichen Kröpfungsfolgen in Hinblick auf ihr maschinendynamisches Verhalten untersucht; ab den 1920er Jahren findet man in der Fachliteratur Tabellen und Schaubilder, denen praktisch für jede Kröpfungsfolge die freien Massenwirkungen, rotierend, oszillierend erster und zweiter Ordnung zu entnehmen sind. Die meisten Motoren werden in Reihenbauart ausgeführt: Diese stellen – je nach Kröpfungszahl – unterschiedliche Anforderungen an den Massenausgleich. Insbesondere eine schon von OTTO SCHLICK bei Dampfmaschinen festgestellte Erscheinung, die Massenmomente, müssen berücksichtigt werden.

„ … Sobald die einzelnen Massenkräfte von Getrieben herrühren, die nicht sämtlich in einer einzigen senkrecht zur Kurbelachse liegenden Ebene schwingen, bedingen sie Momente, die man in der Praxis unter dem Namen Kippmomente kennt …“ [187].

Massenmomente treten an teilsymmetrischen Kurbelwellen und an solchen mit ungerader Kröpfungszahl auf. Ein vollkommener Massenausgleich verlangt nicht nur, daß die Summe aller Massenkräfte, sondern auch die der Massenmomente zu Null werden. Für den Massenausgleich bieten sich mehrere Möglichkeiten, von denen ganz unterschiedlich Gebrauch gemacht wurde.

Rotierende Massenkräfte lassen sich – zumindest vom Prinzip her – unproblematisch durch umlaufende Gegengewichte ausgleichen. Dasselbe Prinzip, Ausgleich durch gleichartig bewegte Gegenmassen, wurde auch für oszillierende Massenkräfte 1. Ordnung angewendet, von A. F. YARROW und anderen zuvor, und im Motorenbau mit der Gegenkolbenbauart. Zu nennen sind vor allem die *Junkers*-Motoren, große Schiffsmotoren in Tandembauweise, stationäre Motoren, Fahrzeugmotoren, alle als Einwellenmotoren mit Kraftübertragung vom gegenläufigen Kolben durch Querhaupt und Treibstangen auf die Kurbelwelle, wodurch die Kolben eines Zylinders auf drei Kurbelkröpfungen wirken. Zur Kompensation der ungleichen Massen der Pleuelstangen hatte der obere Kolben einen kleineren Hub. In Frankreich baute *Gobron-Brillié* Gegenkolben-Fahrzeug- und Flugzeugmotoren, deren Laufruhe legendär war, und in England stellte die Firma *Doxford* Gegenkolben-Schiffsmotoren noch bis in die 1960er Jahre her.

Der Ausgleich oszillierender Kräfte erster Ordnung durch rotierende Gegengewichte war schon Mitte des 19. Jahrhunderts bei Dampflokomotiven Stand der Technik gewesen und wurde selbstverständlich im Motorenbau übernommen. Von Nachteil ist, daß mit dieser Lösung lediglich der Teufel mit dem Beelzebub ausgetrieben wird, denn der Ausgleich wird durch eine Querkomponente erkauft. Diese läßt sich vermeiden, wenn man statt einer Gegenmasse („Gegengewicht") zwei halb so große, gegensinnig umlaufende Gegenmassen verwendet.

Ein 1896 von dem englischen Ingenieur Dr. L. W. Lanchester[108] konzipierter Motor hatte einen solchen vollkommenen Ausgleich (1. Ordnung) dergestalt, daß ein Kolben nicht auf eine Kurbelkröpfung, sondern mittels zweier schräg zu einander geneigter Pleuelstangen auf zwei Wellen arbeitete, die – durch Zahnräder verbunden – gegensinnig drehten. Die Vertikalkomponenten der an diesen Wellen angebrachten Gegengewichte glichen die oszillierende Massenkraft erster Ordnung aus, die Horizontalkomponenten hoben sich gegenseitig auf, Bild 40.

Später nutzte LANCHESTER das Prinzip gegenläufiger Gegengewichte auch zum Ausgleich der Massenkräfte zweiter Ordnung: Von einem Zahnrad auf der Kurbelwelle wurde ein Schneckenrad mit doppelter Drehzahl angetrieben, welches seinerseits zwei gegenläufige Räder mit Ausgleichsmassen antrieb („Harmonic Balancer"), Bild 41.

---

108) DR. FREDERICK WILLIAM LANCHESTER, 1868 bis 1946, englischer Ingenieur, führte den Massenausgleich 1. und 2. Ordnung durch Massenausgleichsgetriebe ein, ebenso den Reibungsschwingungsdämpfer. Berühmt wurde LANCHESTER vor allem durch seinen Beitrag zur Tragflügeltheorie.

Massenausgleich

Um unerwünschte Massenwirkungen zu verringern – tunlichst ganz auszuschließen – führt man den sogenannten Massenausgleich durch.

Rotierende Massenkräfte lassen sich einfach durch umlaufende Gegenmassen ("Gegengewichte") ausgleichen, wobei das statische Moment von auszugleichender und Ausgleichsmasse (Produkt aus Masse und Abstand von Drehachse) gleich sein müssen. Je weiter außen die Ausgleichsmasse angebracht werden kann, desto kleiner kann sie sein.

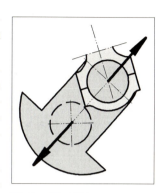

Die Wirkung oszillierender Massen läßt sich ebenfalls durch umlaufende Ausgleichsmassen kompensieren: Oszillierende Massenkräfte wirken in Zylinderrichtung ("Y-Richtung"). Die Massenkraft eines Gegengewichts an der Kurbelkröpfung setzt sich aus einer Y-Komponente ($m_G\, r_G\, \omega^2\, \cos\varphi$) und einer X-Komponente ($m_G\, r_G\, \omega^2\, \sin\varphi$). Ist die Y-Komponente gleich groß wie die oszillierende Massenkraft I. Ordnung ($m\, r\, \omega^2\, \cos\varphi$), dann ist letztere ausgeglichen, allerdings um den Preis, daß die Horizontalkomponente X "übrig" bleibt. Weil das Kurbelgehäuse in Hochrichtung (Y-Richtung) steifer ist als in Querrichtung (X-Richtung), verzichtet man auf einen vollständigen Ausgleich der oszillierenden Massenkraft I. Ordnung, um die freie X-Komponente der Ausgleichskraft nicht zu groß werden zu lassen. Als vorteilhaft hat sich ein 50%iger Ausgleich der I. Ordnung erwiesen, so daß man den 100%igen Ausgleich der rotierenden und den 50%igen Ausgleich der oszillierenden Massen-

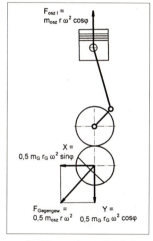

$F_{osz\,I} = m_{osz}\, r\, \omega^2\, \cos\varphi$

$X = 0{,}5\, m_G\, r_G\, \omega^2\, \sin\varphi$

$F_{Gegengew.} = 0{,}5\, m_{osz}\, r\, \omega^2$

$Y = 0{,}5\, m_G\, r_G\, \omega^2\, \cos\varphi$

kraft I. Ordnung als *Normalausgleich* bezeichnet. Vollständig läßt sich die oszillierende Massenkraft I. Ordnung durch zwei mit Kurbelwellendrehzahl gegensinnig umlaufende Gegengewichte ausgleichen. Genau so kann man mit dem Ausgleich der Massenkräfte II. Ordnung verfahren, wobei die Gegengewichte mit doppelter Kurbelwellendrehzahl umlaufen müssen.

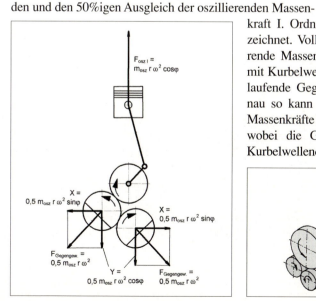

$F_{osz\,I} = m_{osz}\, r\, \omega^2\, \cos\varphi$

$X = 0{,}5\, m_{osz}\, r\, \omega^2\, \sin\varphi$

$X = 0{,}5\, m_{osz}\, r\, \omega^2\, \sin\varphi$

$F_{Gegengew.} = 0{,}5\, m_{osz}\, r\, \omega^2$

$Y = 0{,}5\, m_{osz}\, r\, \omega^2\, \cos\varphi$

$F_{Gegengew.} = 0{,}5\, m_{osz}\, r\, \omega^2$

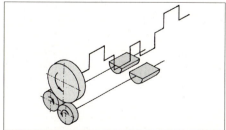

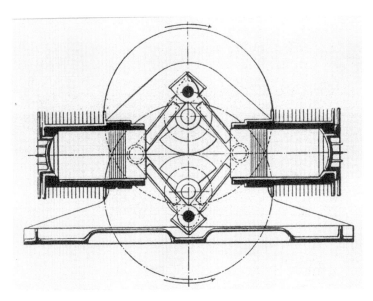

Bild 40
Ausgleich 1. Ordnung in einem
Fahrzeugmotor (1896) von Dr.
Lanchester

Solche Massenausgleichsgetriebe wurden zunächst nur in Ausnahmefällen angewendet, insbesondere als nachträgliche Notmaßnahme bei Großmotoren, aber auch bei Dampfmaschinen, wenn deren freie Massenwirkungen benachbarte, aber auch weiter entfernte Gebäude zu Schwingungen anregten:

„ … Ende 1914 wurde in der Königlichen Gewehrfabrik in Danzig eine liegende 650/850 PS-Tandem-Dampfmaschine aufgestellt. Beim Betrieb versetzte die Maschine zahlreiche Häuser in der Umgebung bis zu einer Entfernung von etwa 300 m in Schwingungen. Das Maschinenfundament selbst war durch einen waagerechten Riß in eine Ober- und eine Unterhälfte gespalten, die sich beim Gang der Maschine gegeneinander bewegten. Die freien Massenkräfte der Maschine betrugen in senkrechter und waagerechter Richtung etwa 10.000 kg … Aus der Tatsache, daß in den Häusern senkrechte Beschleunigungen nicht festzustellen waren, hatte man angenommen, daß longitudinale Wellen in der über der plastischen Schicht lagernden festen Boden-

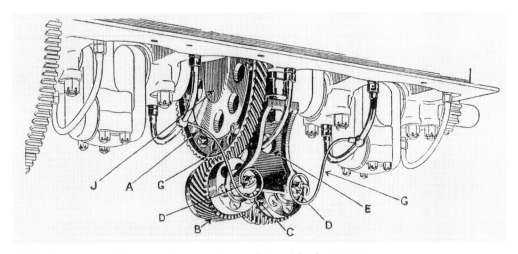

Bild 41 Massenausgleich 2. Ordnung durch ein Zusatzgetriebe nach Dr. Lanchester

schicht die Störungen verursachten, und hatte infolgedessen den Vorschlag gemacht, durch einen Kanal um das Fundament die Uebertragung der Erschütterungen zu verhindern. Diese Maßnahme, die in ähnlichen Fällen häufig versucht wurde, blieb regelmäßig erfolglos … Das einzige zuverlässige Verfahren ist jedoch, das Uebel an der Wurzel durch vollständigen Massenausgleich zu beseitigen … Dementsprechend wird die Grundschwingung durch zwei Massen … ausgeglichen, die sich mit der selben Umlaufzahl wie die Maschine drehen. Durch die Gegenläufigkeit hebt sich die Komponente der Fliehkraft, die senkrecht zur Richtung der hin- und hergehenden Massen liegt, auf. Aus dem gleichen Grunde und um keine Momente auftreten zu lassen, ist das Gewicht, daß die Oberschwingung ausgleicht, in vier Teile zerlegt, die sich mit doppelter Umlaufzahl der Maschine drehen … Da sie entgegengesetzt gerichtet sind und in derselben Ebene wie die freien Kräfte der Maschine angreifen, so werden theoretisch überhaupt keine Kräfte oder Momente auf die Gründung übertragen … Nach dem Einbau der Vorrichtung hörten die Bewegungen der Gründung und damit die Störungen der Nachbarschaft auf …" [205].

Diese Verfahren geht offensichtlich auf den *MAN*-Schwingungsexperten Dr. Josef Geiger zurück, der es ein Jahr zuvor (1913) bei einem Dieselmotor angewendet hatte:

„ … Allgemein ohne Änderung der Antriebsmaschine anwendbar und zugleich wissenschaftlich am befriedigsten ist die Aufhebung der freien Massenkräfte durch eine sogenannte Ausgleichsvorrichtung. Sie besteht aus zwei exzentrischen, um parallele Achsen entgegengesetzt umlaufende Massen … Kuppelt man daher die Ausgleichsvorrichtung mit der Kraftmaschine so, daß ihre Massenkräfte bestimmten Massenkräften der Maschine entgegengesetzt sind, so kann man ihre Wirkung auf die Umgebung unschädlich machen. Eine solche Ausgleichsvorrichtung hat die MAN im Jahr 1913 an einer liegenden doppeltwirkenden Dieselmaschine der Concordia-Spinnerei in Bunzlau mit Erfolg zur Beseitigung von Häuserschwingungen angewendet. Dieser Fall ist insofern wissenschaftlich beachtenswert, als die fraglichen Häuser auf Schwingungen 2. Ordnung wesentlich stärker als auf Schwingungen 1. Ordnung ansprachen … Auf meine Anregung wurden deshalb nur die Massenkräfte 2. Ordnung ausgeglichen, obwohl die fünfmal größeren Massenkräfte 1. Ordnung nicht im geringsten geändert worden waren …" [206].

Massenausgleichsgetriebe werden heute – konstruktiv modifiziert – für verschiedene Zwecke verwendet. Zunächst erhielten ab den siebziger Jahren Vierzylinder-Dieselmotoren für Traktoren einen solchen Ausgleich *(MWM, KHD)*, Bild 42.

Das mag verwundern, weil diese Motoren mit 2000 min^{-1} wesentlich langsamer drehen als Pkw-Motoren mit ihren 4500 bis 6000 min^{-1}, an die zudem weit höhere Anforderungen an die Laufkultur gestellt werden. Der Grund dafür ist, daß das Kurbelgehäuse mit dem daran angeflanschten Getriebe- und Achstriebgehäuse die tragende Struktur des Traktors bildet, mithin die Massenwirkungen direkt spürbar sind. Massenausgleichsgetriebe sind vor allem bei Ein-, Zwei- und Dreizylindermotoren nötig, um sie „ruhig zu stellen", bei ersteren geht es um den Ausgleich von Massenkräften, bei den anderen vor allem um den von Massenmomenten. Neuerdings werden zunehmend auch Vierzylinderreihen- und 6-Zylinder-V-Motoren damit serienmäßig ausgerüstet:

„ … Wesentliche Zielsetzung bei der Entwicklung des neuen Motors war es, das Geräusch- und Schwingungsverhalten des Motors und damit verbunden das Fahrzeuginnengeräusch zu verbessern.. Ausgleichswellen stellen ein geeignetes Mittel dar, um das vorgenannte Ziel zu erreichen …" [207].

und

„ … V6-Motoren mit einem Zylinderwinkel von 60° gelten in der Regel als laufruhig. Die freien Massenkräfte erster Ordnung lassen sich durch Ausgleichsgewichte an der Kurbelwelle kompensieren. Allerdings besitzen V6-Motoren mit diesem Zylinderwinkel und einem gleich-

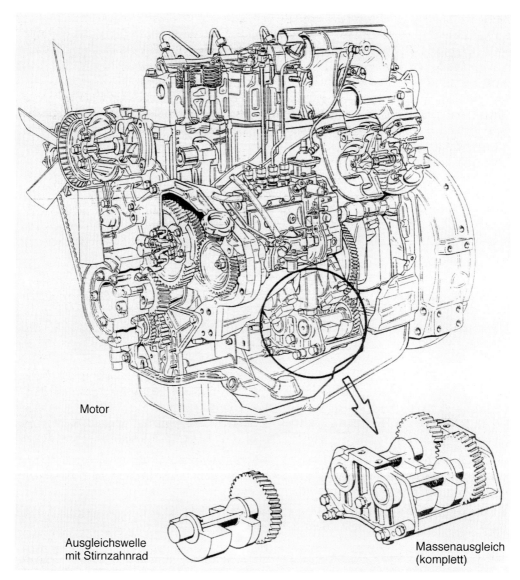

Motor

Ausgleichswelle
mit Stirnzahnrad

Massenausgleich
(komplett)

Bild 42 Vierzylinder-Reihenmotor mit Massenausgleichsgetriebe zum Ausgleich der Massenkräfte 2. Ordnung
(MWM TD 226-4)

mäßigen Zündabstand von 120° ein freies Massenmoment zweiter Ordnung. Mit einer Ausgleichswelle läßt sich dieses vollständig ausgleichen … Kommt ein solcher Motor jedoch mit
einem allradgetriebenen Fahrzeug zum Einsatz, so vergrößert sich die Masse des Antriebs-
strangs durch die zusätzlichen Massen des vorderen Antriebs und des 4 × 4-Zwischengetriebes.
Da diese als zusätzliche Schwungmassen wirken, wird der Antriebsstrang durch das freie Moment zweiter Ordnung zu Schwingungen angeregt. Um die hohen Komfortansprüche der Kunden zu erfüllen, werden diejenigen 4,0-l-V6-SOHC-Motoren, die im allradgetriebenen Explorer
eingesetzt werden, mit einer Ausgleichswelle ausgerüstet. Die Ausgleichswelle rotiert mit doppelter Motordrehzahl entgegen der Motordrehrichtung … Der Antrieb erfolgt mit einer Kette direkt vom freien Kurbelwellenende …" [208].

Als in den 1970er Jahren der Fünfzylindermotor in Pkw Einzug hielt, bedienten sich die einzelnen Hersteller unterschiedlicher Strategien, um der bei dieser Bauart dominanten Massenmomente zweiter Ordnung zu begegnen. *Mitsubishi* setzte ein Momentenausgleichsgetriebe der beschriebenen Art ein, *Daimler-Benz* hingegen beschränkte sich auf eine „weiche" Lagerung des Motors in der Fahrzeugkarosserie. Hierzu noch einmal ein Rückgriff auf die Zeit vor dem zweiten Weltkrieg: Im Bestreben, den Fahrkomfort zu erhöhen, hatte FRED ZEDER bei *Chrysler* in den USA 1931 einen – damals – neuen Weg eingeschlagen: Durch eine elastische Dreipunkt-Lagerung des Motors im Fahrgestell (Floating Power) unterband er die Weiterleitung von Erschütterungen des Motors auf das Fahrzeug[109]. Damit entfiel der wichtigste Beweggrund für die gewaltigen V12- und V16-Zylindermotoren von Firmen wie *Cadillac* oder *Marmon,* deren Zylinderzahl sich weniger aus dem Leistungsbedarf der Fahrzeuge als aus dem Wunsch nach exzellenter Laufruhe erklärt [209]. Im Grunde war es ein Wettlauf zwischen Hase und Igel gewesen: Wenn eine zufriedenstellende Laufruhe der Motoren durch Vermehrung der Zylinderzahl erreicht worden war, wurde im Zuge der Leistungserhöhung die Drehzahl angehoben, was dann wieder zu Lasten der Laufruhe ging. Mit der elastischen Motorlagerung war dieses Problem beseitigt. Das Prinzip einer optimal ausgelegten Motorlagerung wendete also *Daimler-Benz* in den 1970er Jahren bei dem Fünfzylinder-Pkw-Dieselmotor an:

„ … Fahrzeugmotoren werden heute allgemein elastisch gelagert, um das Fahrzeug weitgehend von den im Motor auftretenden Erregungen zu isolieren … Um die Differenzausschläge in den Motorlagern beim Anfahren und Abstellen nicht zu groß werden zu lassen, wurden beim Personenwagen 240 D 3.0 parallel zu den beiden vorderen Motorlagern zwei Stoßdämpfer angebracht … Dazu kommt heute in viel stärkerem Maß als zu Zeiten Föppls und Schröns der Einsatz von Gummi als elastisches, dämpfendes und isolierendes Element. So ist es möglich gewesen, mit dem Mercedes-Benz 240 D 3.0 mit 5-Zylinder-Dieselmotor ein Fahrzeug zu schaffen, dessen Laufruhe allgemeine Anerkennung findet …" [210].

Bei Fünfzylinder-Nutzfahrzeugmotoren wird heute das Momentenausgleichsgetriebe – je nach Einbaufall (Motorenanlagen mit angeflanschtem Getriebe und Retarder oder Busse wegen des Resonanzverhaltens des Fahrzeugkörpers) wahlweise angeboten.

V-Motoren stellen triebwerksmechanisch zwei unter einem Winkel zueinander geneigte Reihenmotoren dar, bei denen sich die resultierenden Massenkräfte durch vektorielle Addition der einzelnen Motorreihen ergeben. Abhängig vom V-Winkel beschreiben diese Resultierenden unterschiedliche Ortskurven: Die der resultierenden rotierenden Massenkraft ist ein Kreis, die der Resultierenden der oszillierenden Massenkräfte sind Ellipsen mit den beiden Grenzfällen *Kreis* und *Gerade.*

Einen solchen Sonderfall liefert der 90°-V-Winkel, bei dem sich die Ortskurve der resultierenden oszillierenden Massenkraft erster Ordnung als Kreis darstellt und sich somit einfach durch Gegengewichte ausgleichen läßt. Diese Konfiguration hatte CARL BACH bei der Konstruktion einer dampfbetriebenen Feuerspritze schon in den achtziger Jahren des 19. Jahrhunderts angewendet. Die zweite Ordnung wird bei einem V-Winkel von 60° zum Kreis. Insbesondere der 8-Zylinder-V 90°-Viertaktmotor bietet optimale Verhältnisse: Der (gleichmäßige) Zündabstand entspricht dem V-Winkel, die erste Ordnung läßt sich vollständig ausgleichen, außerdem baut der Motor kurz, paßt dank seiner schmalen Taille gut in den im vorderen Bereich engen Fahrzeugrahmen und kann im Motorsattel Zubehör aufnehmen, so daß man den Motor in seiner Gesamtheit kompakt gestalten kann. Wird ein Motortyp als Baureihe mit mehreren Zylinderzahlen

---

[109] Der Motor wurde an zwei Punkten vorne oben und hinten unten so gelagert, daß die Verbindungslinie durch den Motorschwerpunkt verlief. Die dadurch ermöglichten Schwingbewegungen um die Motorlängsachse wurden seitlich über eine Feder elastisch aufgefangen.

Massenkräfte bei V-Motoren

Wenn zwei unter einem Winkel δ zueinander geneigte Zylinder gemeinsam auf eine Kurbelkröpfung arbeiten („V-Motor"), addieren sich die Massenkräfte beider Zylinder vektoriell. Bedingt durch den V-Winkel δ arbeiten die beiden Treibwerke phasenverschoben, denn der Kolben des Zylinder B erreicht die OT-Stellung um δ ° Kurbelwinkel später als der des Zylinders A. Es ergibt sich ein resultierender Massenkraftvektor, der – abhängig vom V-Winkel und der Ordnung der Massenkraft (I. oder II. Ordnung) – unterschiedliche Ortskurven beschreibt. Die Ortskurve der rotierenden Massenkraft ist – wie beim Einzylinder-Triebwerk – ein Kreis, die Ortskurven der oszillierenden Massenkräfte sind Ellipsen, Kreise und Geraden.

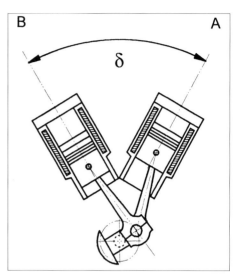

Die resultierende oszillierende Massenkraft II. Ordnung reduziert sich für den 180°-V-Winkel zu einem Punkt, d.h. die Kräfte der Zylinder A und B heben sich auf.

Bei einem V-Winkel von 90° wird die Ortskurve der oszillierenden Massenkraft I. Ordnung zu einem Kreis; sie läßt sich deshalb einfach durch mit Kurbelwellendrehzahl umlaufende Gegengewichte ausgleichen – ein erheblicher triebwerksmechanischer Vorteil dieser Bauart! Da beim 8-Zylinder-Motor zudem noch dieser V-Winkel dem gleichmäßigen Zündabstand entspricht (720°/8 = 90°), ist der 8-Zylinder-90°-Motor eine bevorzugte Bauart. In Hinblick auf den Quereinbau in Pkw werden zunehmend auch sechszylindrige Motoren als V-Motoren ausgeführt. Wenn Zylinderzahl und V-Winkel nicht korrespondieren, erreicht man dennoch gleiche Zündabstände durch „Aufspreizen" der Hubzapfen um die Differenz zwischen V-Winkel und Zündabstand *(split-pin-Kurbelwelle; gekröpfter Hubzapfen; Hubversatz).*

So werden heute 6-Zylinder-Pkw- und Nkw-Motoren mit V-Winkeln von 90° (z.B. Audi, Deutz, Mercedes-Benz), 60° (Ford) und sogar 54° (Opel) gebaut, was einen Kröpfungsversatz von insgesamt 30°, 60° bzw. 66° erfordert.

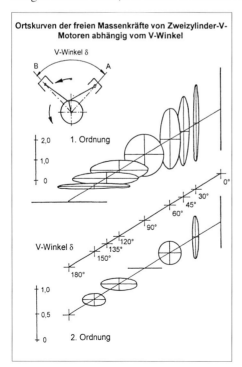

Ortskurven der freien Massenkräfte von Zweizylinder-V-Motoren abhängig vom V-Winkel

gebaut, z. B. mit 6, 8, 12 und 16 Zylindern, dann kann der V-Winkel – wenn die Kolben der sich im V gegenüberliegenden Zylinder gemeinsam auf eine Kröpfung arbeiten – hinsichtlich gleicher Zündabstände bestenfalls für eine Zylinderzahl „stimmen", 120° für sechs, 90° für acht, 60° für zwölf und für 45° sechzehn Zylinder.

Wenn Zylinderzahl und V-Winkel nicht einander entsprechen, kann man dennoch gleiche Zündabstände erreichen, indem man die Hubzapfen um den Differenzwinkel „aufspreizt" *(split-pin-Kurbelwelle; gekröpfter Hubzapfen; Hubversatz)*. Diese Lösung wird immer mehr bei Kfz-Motoren angewendet; so werden heute 6-Zylinder-Pkw- und Nkw-Motoren mit V-Winkeln von 90° (z.B. Audi, Deutz, Mercedes-Benz), 60° (Ford) und sogar 54° (Opel) gebaut, was einen Kröpfungsversatz von insgesamt 30°, 60° bzw. 66° erfordert.

Bei größeren Motoren (Lokomotive, Schiff) zwingen die Einbauverhältnisse zu engen V-Winkeln von 60°, 50° oder 45°. Von einer Aufspreizung des Hubzapfens wird aus Festigkeitsgründen abgesehen; ungleiche Zündabstände („lange" (δ + 360°) oder „kurze" Zündfolge (δ)) werden in Kauf genommen, zumal diese Motoren durchweg mit Drehschwingungsdämpfern ausgerüstet sind. Einen Sonderfall diesbezüglich stellt der 8-Zylinder-V-45°-Dieselmotor, Bauart SKL 8VDS24/24AL, mit 90° Kröpfungsversatz dar, bei dem wegen der bei Dieselmotoren dieser Größe hohen Belastung des Hubzapfens eine Wange zwischen den gekröpften Hubzapfen vorgesehen wurde [211].

Längs- und zentral-symmetrische Kurbelwellen (ab sechs Hüben) sind in sich völlig ausgeglichen, sie haben keine freien Massenwirkungen, weshalb sie ohne Gegengewichte gebaut wurden, was allerdings zu Problemen an Kurbelgehäuse und Grundlagern führte. Zur Erklärung: An einer solchen frei im Raum schwebend gedachten Welle gleichen die an den äußeren Kröpfungen angreifenden, nach oben gerichteten Massenkräfte die an den inneren Kröpfungen nach unten gerichteten Massenkräfte zwar aus, verformen aber die Kurbelwelle „fischbauchartig" (Die Welle ist statisch, nicht aber dynamisch ausgeglichen). Diese Verformung muß von den Kurbelwellenlagern im Motorgehäuse aufgenommen werden, was Lager wie Gehäuse gleichermaßen beansprucht. Bei längssymmetrischen Wellen wird das mittlere Lager durch die Massenkräfte der benachbarten gleichgerichteten Kröpfungen hoch belastet, was ebenfalls zu Schwierigkeiten geführt hat. Diese Erkenntnis, an zahlreichen Lagerschäden verifiziert, führte dann dazu, daß man auch einen inneren Massenausgleich durchführte, d. h. die Massenkräfte möglichst am Ort ihrer Entstehung, an jeder Kröpfung also, durch Gegengewichte ausglich. Ein markantes Beispiel hierfür sind die *Maybach*-Triebwagen-Dieselmotoren aus den dreißiger Jahren:

„ … Leider musste aber nach einiger Zeit aus den Ergebnissen im praktischen Betrieb der Schluß gezogen werden, dass die Laufdauer der Gehäuselager noch zu sehr beschränkt war … Demzufolge entschloß man sich, die Gehäuselager dadurch grundsätzlich zu entlasten, dass man Gegengewichte an den Hubarmen vorsah, die die Aufgabe hatten, einen grossen Teil der auf die Gehäuselager kommenden Zentrifugalkräfte aufzuheben. Der Gedanke, derartige Motoren mit Gegengewichten auszurüsten, war durchaus nicht unbekannt. Der M. M. hatte seine Benzin-Luftschiff-Motoren von vornherein mit Gegengewichten versehen. Diese Motoren erfüllten ja auch bekanntlich in weitgehendem Maße die gestellten Anforderungen … Beim Luftschiff-Motor waren die Gegengewichte auch seinerzeit nicht zum Schutze der Gehäuselager, sondern hauptsächlich zum Schutze der verhältnismässig schwachen Motorgehäuse angewendet worden. Bei den Triebwagen-Dieselmotoren hatte man von vornherein äusserst robuste Gehäuse gebaut und hatte damit zunächst das Recht, auf die Gegengewichte zu verzichten … Man hatte naturgemäß von Anfang an das Bestreben, die Gegengewichte so groß zu machen, dass ein möglichst weitgehender Ausgleich der Zentrifugalkräfte erzielt wurde. Es zeigte sich aber bald, dass zu schwere Gegengewichte ebenso schädlich sich auswirkten, als zu leichte Gegengewichte. Es mussten also für jeden Gewichtsausgleich mehrere Dauerläufe zu je 200 Stunden durchgeführt werden, bis man übersehen konnte, welcher Gewichtsausgleich die günstigste Einwirkung ergab …" [212].

Bezüglich der freien Massenwirkungen ist ein weitgehender Massenausgleich von Vorteil, er hat aber den Nachteil, daß Masse und Trägheitsmoment der Kurbelwelle größer werden, was bei schnelldrehenden Motoren natürlich unerwünscht ist, so daß insbesondere bei Flugzeugmotoren nach einer auch gewichtsoptimierten Lösung gesucht wurde, so z. B. für den *Junkers*-Motor Jumo 213:

„ … Als Welle mit günstigsten Massenausgleich wurde dabei die ‚neue 8-Gewichtswelle‘ mit geschrägten Wangen … und 8 nahezu gleich großen Gegengewichten erkannt. Die Verbesserung bezieht sich sowohl auf die Grundlagerkräfte als auch auf die das Kurbelgehäuse beanspruchenden Biegemomente und kann entweder zur Entlastung der genannten Teile, zur Verringerung des Kurbelwellengewichtes oder zur Drehzahlsteigerung benutzt werden …“ [213].

Auf die langen und deshalb teuren Versuchsläufe, um den Einfluß des Massenausgleichs auf das Betriebsverhalten der Lager zu ermitteln, wie sie früher notwendig waren, kann man heute verzichten, weil man den Schmierfilmverlauf anhängig von den Gaskraft- und Massenkraftkomponenten der Lagerkraft berechnen kann. Die Gehäuseverformung läßt sich mit der Finite-Element-Methode (FEM) direkt bestimmen.

Die sechshübige Welle von Viertaktmotoren ist wegen ihrer Symmetrie triebwerksmechanisch optimal; anders verhält es sich mit Zweitaktmotoren, bei denen wegen einer anderen Kröpfungsfolge nur noch Teilsymmetrie vorliegt, so daß hier erhebliche Massenmomente 2. Ordnung auftreten. Bei weniger als sechs Zylindern (genauer: Kröpfungen) treten zudem noch Massenwirkungen 1. Ordnung auf. Nun sind vielzylindrige Zweitaktmotoren – von Ausnahmen abgesehen – Großmotoren, bei denen sich ein zusätzlicher Ausgleich eben wegen der erforderlichen großen Massen aufwendig und bisweilen auch problematisch gestaltet:

„ … 5- und 6-Zylinder-Motoren bei Direktantriebs-Anlagen weisen erhebliche freie Massenkräfte auf. Man kann diese zwar durch den Anbau von Massenausgleichsgetrieben beseitigen, aber auch hier ergeben sich Probleme mit Drehschwingungen. Da diese Getriebe keine Nutzleistung übertragen, bedeuten Drehschwingungen hier zwangsläufig negative Drehmomente im Antrieb. Man muß demgemäß Vorsorge treffen, um diese negativen Drehmomente so klein als irgend möglich zu halten. Eine recht elegante Lösung hat Burmeister & Wain für dieses Problem gefunden. Die Ausgleichsgetriebe bestehen aus zwei Paar von exzentrischen Gewichten, die mit der doppelten Motordrehzahl umlaufen und von den beiden Enden der Nockenwelle aus mittels Zahnkette angetrieben werden. Das Kettenrad auf der Nockenseite wird über eine hochelastische Geislinger-Kupplung angetrieben …“ [214].

Diese Lösung wird heute allgemein, d. h. neben von *MAN B & W Diesel AG* auch von *Sulzer* und *Mitsubishi* angewendet.

Die Massenwirkungen von Schiffsmotoren können sich erheblich auf das gesamte Schiff auswirken. Man muß sich vor Augen führen, daß Schiffe letztlich nichts anderes als gewaltige Resonanzkörper sind, die nur allzu bereitwillig auf Schwingungsanregungen reagieren, wenn Erreger- und Eigenfrequenzen nahe genug beieinander liegen:

„ … Am bedenklichsten sind die vertikalen Biegeschwingungen mit 2 Knoten *(Anm. d. Verf.: Gemeint ist nicht die nautische Geschwindigkeitsangabe in ‚Knoten‘, sondern der Schwingungsknoten (Nulldurchgang der Schwingungsamplitude))*, und gerade mit diesem hatte es bei den Tankschiffen besondere Bewandtnis. Ihre Eigenschwingungszahl liegt nämlich je nach dem Beladungszustand etwa zwischen 70 und 95/min – und lag bei Teilladungen (bei Zwischenreisen und auf der Ballastfahrt) dazwischen. Je mehr Massen daher im Schwingungsbauch und an den Enden saßen, um so niedriger lag sie. Natürlich wurden die Resonanzausschläge um so größer, je geringer die Beladung war; bei stark entleertem Schiff hatte man manchmal das Empfinden, als bewege man sich im Resonanzgebiet an den schlimmsten Stellen um Dezimeter auf

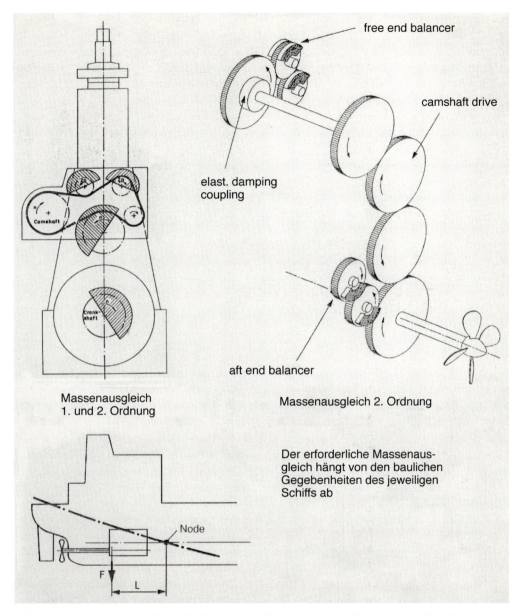

free end balancer

camshaft drive

elast. damping
coupling

aft end balancer

Massenausgleich
1. und 2. Ordnung

Massenausgleich 2. Ordnung

Der erforderliche Massenaus-
gleich hängt von den baulichen
Gegebenheiten des jeweiligen
Schiffs ab

Node

F

L

Bild 43 Massenausgleich an großen Schiffsdieselmotoren (Sulzer); der erforderliche Massenausgleich hängt von den baulichen Gegebenheiten des jeweiligen Schiffs ab.

und nieder. Es waren tatsächlich nur mehrere Zentimeter, aber ein Verharren in diesem Betriebs-zustand war für die Verbände des Schiffskörpers untragbar …" [215].

Angesichts dessen ist es verständlich, daß die Schwingungsverhältnisse für jeden Fall einzeln untersucht werden müssen. Bei Vorliegen kritischer Verhältnisse erhalten große Zweitaktmoto-ren einen zusätzlichen Massenausgleich erster oder/und zweiter Ordnung in Gestalt umlaufen-der Ausgleichsmassen, die durch Ketten von der Nockenwelle bzw. von der Kurbelwelle ange-trieben werden, Bild 43.

7.2 Drehschwingungen

Schwingungen spielen in der Technik eine wichtige Rolle, wobei sie einen durchaus ambivalenten Charakter haben: Vielfach unerwünscht, ja schädlich und gefährlich, bedient man sich ihrer andererseits in allen Bereichen. Die Technik stellt aber nur den Ausschnitt eines viel breiteren Spektrums dar, denn Schwingungen treten überall in der unbelebten und in der belebten Natur auf. Der Schwingungsexperte Dr. Josef Geiger[110] hat das mit einer für einen Techniker ungewöhnlichen Emphase im Vorwort zu seinem Werk *Mechanische Schwingungen und ihre Messung* hervorgehoben:

„ … Sie *(Anm. d. Verf.: Die Schwingungsvorgänge)* begegnen uns letzten Endes überall im täglichen Leben, wenn auch in den meisten Fällen ganz unbewußt. Der erste Lichtstrahl, der in das Auge des neugeborenen Säuglings dringt, der letzte Ton, der an das Ohr des müden Greises schallt, der Schritt, den, von der fürsorglichen Hand der Mutter geleitet, das Kind vollführt und der letzte Schlag unseres Herzens: alle sind letzten Endes Schwingungsvorgänge. Und unsere Sinne, die uns die allgütige Mutter Natur in weiser Voraussicht mit auf den Lebensweg gegeben hat, sind schließlich nichts anderes als Meßgeräte zum Feststellen von Schwingungen: beim Ohr von Luftschwingungen in dem Intervall von 30/sek bis zu einigen 10.000/sek und beim Auge, unserem wichtigsten Sinne, ohne den unser Leben öde und reizlos wäre, in dem Bereich von 487 Billionen in der Sekunde entsprechend dem äußersten Rot bis zu 764 Billionen entsprechend dem äußersten Violett …“ [216]; und weiter heißt es: „ … Die bedeutendste und häufigste Anwendung von Schwingungen machen wir, allerdings ohne daß wir uns dessen bewußt werden, beim Gehen mit unseren Beinen. Jeder Mensch geht nämlich im Takt der Eigenfrequenz seiner Beine; das Kind bewegt die Beine der kürzeren Länge wegen rascher als der Erwachsene. Natürlich ist diese Anwendung eine reine gefühlsmäßige und empirische: Wir gehen einfach so, wie es uns am wenigsten Mühe macht, und das ist, wie sich theoretisch unter Berücksichtigung der Dämpfung und Reibung zeigen läßt, das Gehen im Eigentakte der Beine …“ [216]

Man sieht also, ohne Schwingungen geht – im wahren Sinne des Wortes – nichts. Und in der Tat, einerseits sind Schwingungen ein Grundprinzip des Lebens, andererseits können Schwingungsvorgänge schlimme Wirkungen zeitigen, angefangen von der zerstörenden Kraft von Meereswellen bis hin zu katastrophalen Erdbeben mit Tausenden von Toten. Ähnlich verhält es sich in der Technik, kaum ein Bereich gibt es, in dem sie nicht genützt würden: In der Mechanik, Elektrotechnik/Elektronik, in der Hydro- und in der Aerodynamik! Schwingungen sind aber auch immer wieder eine Quelle von Störungen und Ursache von Schäden. Dabei ist die Schwierigkeit im Umgang mit technischen Schwingungen die, daß sie in vielen Fällen mit menschlichen Sinnen nicht wahrgenommen werden können, somit ein direkter Zugang zu diesem Phänomen versperrt ist. Ein anderes Hindernis ist, daß das Mittel zur ihrer Beschreibung, die Mathematik, vielen nicht im gewünschten Maße zugänglich, zudem auch wenig anschaulich ist.

„ … Wenn trotzdem bis vor wenigen Jahren in technischen Kreisen die Schwingungsvorgänge im allgemeinen nicht die ihnen entsprechende Würdigung gefunden haben, so dürfte das unter anderem auf folgenden Umstand zurückzuführen sein: Die vorhandene Literatur befaßte sich im wesentlichen mit der mathematischen Seite von Schwingungsformen. Der in der Praxis stehende Ingenieur, der normalerweise mit konstruktiven und wirtschaftlichen Fragen, mit der Erprobung von Maschinen oder der Verwaltung eines großen Betriebes usw. zu tun hat, verfügt naturgemäß auch dann, wenn er früher höhere Mathematik mit Begabung und ausgesprochener Vor-

---

[110] Dr.-Ing. Josef Geiger, 1885 bis 1970, war von 1909 bis 1945 bei der *MAN* in Augsburg, insbesondere auf dem Gebiet der Schwingungstechnik, tätig. Bekannt wurde er durch die von ihm entwickelten Schwingungsmeßgeräte sowie durch seine Veröffentlichungen.

liebe getrieben hat, nicht durchweg über eine solche Gewandtheit in mathematischen Dingen, daß ihm die Lektüre eines solchen Werkes einigermaßen leicht fallen würde. Hat er sich aber trotzdem und trotz seiner starken Inanspruchnahme mit dringenden geschäftlichen Aufgaben durch das dornenreiche Gestrüpp mathematischer Entwicklungen hindurch gearbeitet, so mußte er nicht selten finden, daß er mit den Ergebnissen in vielen Fällen nur recht wenig anfangen konnte und legte enttäuscht das Werk auf die Seite …" [216].

Schwingungen sind also vielfach – wiederum im wahren Sinn des Wortes – unbegreiflich. Somit mußte – ausgelöst durch unübersehbare Schäden – ein Phänomen erst einmal an seinen Folgen wahrgenommen werden, damit es in einem zweiten Schritt quantifiziert sowie seine Ursachen und Einflußgrößen ermittelt werden konnten. Schließlich galt es wirksam Abhilfe zu schaffen. Dieser Ereignis- und Handlungsablauf – in der Technik immer wieder zu beobachten – läßt sich an Hand von Drehschwingungen an Maschinenanlagen mit Kurbeltrieben geradezu exemplarisch aufzeigen. Ein technischer Laie kann sich beim Anblick der verwickelten mathematischen Gleichungssysteme durchaus vorstellen, wie schwierig die Lösung schwingungstechnischer Probleme ist, aber er wird kaum verstehen, welcher großen – zugegebenerweise abstrakten – Phantasie und Kreativität es bedurfte, diese Gleichungen zu formulieren, so umzugestalten und aufzulösen, daß man mit ihnen sinnvoll arbeiten konnte.

Das Triebwerk einer Kolbenmaschine ist ein schwingungsfähiges System, bestehend aus Federn und Massen: Die an die Kröpfungen angelenkten Pleuel mit Kolben stellen die Massen, die Kurbelkröpfungen die Federn dar. Dieses Schwingungssystem wird durch Gas- (früher auch: Dampf-) und Massenkräfte zu Schwingungen angeregt, die zu so großen Kurbelwellenausschlägen führen können, daß die Kurbelwelle überbeansprucht wird und bricht. Genau damit wurde man Ende des 19. Jahrhundert konfrontiert, als es immer wieder zu Wellenbrüchen an den Triebwerkssträngen von Schiffsdampfmaschinen kam. Anfänglich vermutete man, daß die Schiffsschraube Grundberührung gehabt habe oder an treibende Gegenstände gestoßen sei. 1886 erschien in der englischen Fachzeitschrift *Engineering* ein Aufsatz mit Schilderung folgender Situation:

"… No doubt, there are members of this Institution acquainted, and some personally, with vessels that have acquired the reputation of beeing notorious crankshaft smashers. It is no uncommon event for some vessels to require a new shaft every one or two years, and in the majority of vessels, seven years is considered a good life for a shaft. In very few vessels is the fear of breakage in the shaft minimised to the extent the fear of a boiler explosion is. Alarming as this unsatisfactory state of things appears, it is really astonishing how very little, until quite recently, marine engineers and shipbuilders have done to rectify the evil. In fact, although many devices and methods have from time been invented and suggested, none of them have come into practical use, chiefly, perhaps, through their being complicated and costly besides uncertain in their action. Thus is that in the majority of cases shipowners have come to look upon breakage of their crank and propeller shafts as an inevitable evil, consequent upon their failing from pure exhaustion caused by legitimate over-work …" [217].

Die Vermutung, die Wellenbrüche seien auf Überlastung zurückzuführen, wurde durch die Lage der Bruchstellen in den – rechnerisch – eben nicht hoch beanspruchten Hubzapfen und Wangen obsolet. Dazu heißt es:

"… This theory, however, I venture to say is inadmissable from the fact that in the majority of broken shafts fracture takes place, not in the fillets of the journal lenghts where the most intensive inseparable bending and twisting stresses should be concentrated, and therefore the point where fracture would most likely take place, but in the unlikely crank-pin or across the webs, where by rights no such great strains should exist. This fact of itself should convince shipowner

Drehschwingungen des Kurbeltriebs

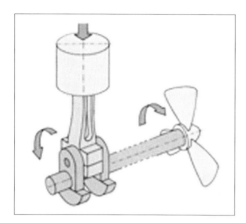

Schema: Antriebsanlage

Unter der Wirkung gegensinniger Kräfte – der Drehkräfte an den Kurbelkröpfungen einerseits und andererseits der Trägheit der anzutreibenden Masse bzw. den wirksamen Widerstandskräften – wird die Kurbelwelle tordiert. Dabei stellt das Kurbelwellen-System ein Feder-Masse-System dar, das durch die periodisch wirkenden Drehkräfte zu Schwingungen (schwingende Drehbewegung der auf der Welle aufgereihten Einzelmassen) angeregt wird, die sich der eigentlichen Drehbewegung der Welle überlagern. Stellt man den Verlauf der Schwingungsausschläge der einzelnen Massen

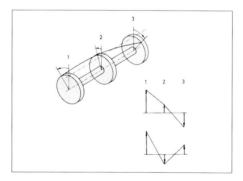

Beispiel: Drei-Massen-System

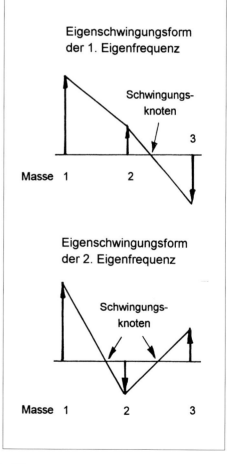

über der Länge der Welle als Kurvenzug dar, erhält man die sogenannte Schwingungsform. Nulldurchgänge dieser Kurve bezeichnet man als Schwingungsknoten. An diesen Stellen findet keine Drehschwingungsbewegung statt (sehr wohl aber Drehschwingungsbeanspruchungen). Je nach der Zahl der Freiheitsgrade des Systems gibt es mehrere unterschiedliche Schwingungsformen, bei der sich in jedem dreheleastischen Teilstück des Systems zwischen jeweils zwei benachbarten Drehmassen ein Knoten befindet (zwei benachbarte Massen schwingen dann in entgegengesetzte Richtung). Zu jeder möglichen Schwingungsform gehört je eine Eigenschwingungszahl (Eigenfrequenz), mit der das System in der betreffenden Schwingungsform freie Schwingungen ausführen kann. Die Schwingungsformen und die Eigenfrequenzen hängen von der Größe und von der Verteilung der Drehsteifigkeiten und der Drehmassen im System ab. Wird ein solches System von den periodisch einwirkenden Drehkräften an den Kurbelkröpfungen zu erzwungenen Schwingungen angeregt, dann schaukeln sich diese zu besonders starken Ausschlägen auf, wenn die erregende Frequenz mit einer der Eigenfrequenzen übereinstimmt (Resonanz). Dabei wirken in aller Regel mehrere erregende Frequenzen gleichzeitig, denn der Drehkraftverlauf stellt, da er nicht sinusförmig ist, eine Überlagerung aus einer Grundschwingung und einer großen Zahl von Oberschwingungen dar. Die erregenden Frequenzen sind also die Grundfrequenz (Zahl der Arbeitsspiele pro Zeiteinheit) und deren ganzzahlige Vielfache. Sie sind der Kurbelwellendrehzahl proportional. Alle diese erregenden Frequenzen können mit einer der Eigenfrequenzen Resonanz bewirken, woraus sich erhebliche Dauerbeanspruchungen der Kurbelwelle ergeben können, die bis zum Bruch der Welle nach mehr oder weniger langer Laufzeit führen.

Da sich die Schwingungsausschläge aus dem Gleichgewicht der erregenden, der Rückstell-, Dämpfungs- und Trägheitskräfte ergeben, setzt man durch „Verstimmen" des Systems oder durch Dämpfung die Schwingungsausschläge auf ein ungefährliches Maß herab.

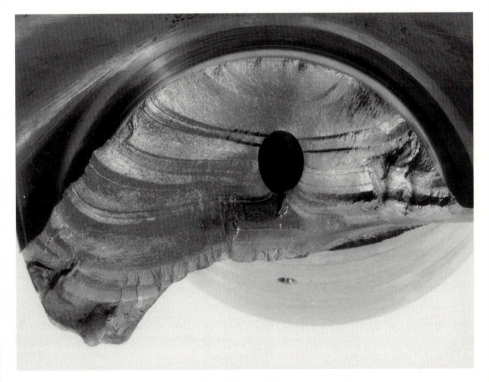

Dauerschwingbruch einer Kurbelwelle. Die feinkörnige Bruchfläche mit den ausgeprägten Rastlinien läßt auf einen langsamen Verlauf des Bruches schließen. Deutlich zu erkennen ist der Ausgang des Bruches an der Oberfläche.

that this shaft really break through over-work, but that there is something else radically amiss in there construction ..." [217].

Da es sich hierbei nicht um Konstruktionsmängel zu handeln schien, mußten die zerstörerischen Kräfte vom Maschinensystem selbst und seiner Betriebsweise herrühren. So begann man sie unter dem Blickwinkel solcher unerwünschten Wirkungen, nämlich der Drehschwingungen, zu untersuchen.

Was also spielt sich im Triebwerksstrang einer Kolbenmaschine ab? Die Kolbenkräfte wirken in gleichmäßigen Abständen stoßartig über die Pleuelstangen auf die Kurbelwelle und versetzen diese in Drehung. Weil die Kurbelwelle wegen der Massenträgheit der angekuppelten Massen (Wellenleitung mit Propeller) dieser Bewegung nicht folgen kann, gibt sie bzw. der Wellenstrang den gegeneinander wirkenden Antriebs- und Widerstandskräften nach und verformt sich elastisch. Hat diese Verformung ein gewisses Ausmaß angenommen, wird das elastische Rückstellmoment groß genug, daß es die anzutreibenden Massen so beschleunigt, daß sich die Welle rückverformt und der tordierte Triebwerksstrang zurückfedert, wobei die Massen infolge ihrer Massenträgheit über die Ausgangslage der Welle „hinausschießen": Das System gerät in Schwingungen. Sind die Schwingungsausschläge klein und die Schwingungsdämpfung des Systems groß genug, dann hält sich der Vorgang in erträglichen Grenzen. In dem Fall aber, daß die Anregung zu diesen Schwingungen, die Kolbenkräfte, im Takt der Eigenschwingungszahlen des Systems wirken, „schaukelt" sich die Schwingung auf, die Schwingungsausschläge werden so groß, daß die Welle die Verdrehbeanspruchung nicht mehr verkraftet und zu Bruch geht.

Eben das passierte mit den Schiffsantrieben. Als Ursache für diese Wellenbrüche wurde zwar von verschiedener Seite vermutet, daß in den Triebwerkssträngen Resonanz-Drehschwingungen aufträten, Genaues wußte man aber nicht:

„ ... Schon seit langen Jahren hat der Schiffsmaschinenbau mit rätselhaften Brüchen von Schrauben und Tunnelwellen zu kämpfen gehabt, die sich auf Seedampfern bei vollkommen ruhigem Wetter ereigneten und für welche eine stichhaltige Erklärung etwa durch die Voraussetzung fehlerhaften Materiales oder die Annahme, dass die Schraubenflügel an treibende Hindernisse geschlagen hatten, nicht gefunden werden konnten ... Die Eigentümlichkeit, dass die Bruchfläche der gebrochenen Wellen hin und wieder eigenartige Verdrehungsstrukturen zeigte, führte wohl zu der Vermutung, dass bei der Zerstörung sehr bedeutende Drehkräfte mit im Spiel gewesen sein müssten, aber niemand vermochte deren Entstehung zu erklären ..." [218].

Erste Einblicke in diese Vorgänge des Triebwerksstrangs ermöglichten Untersuchungen, über die G. BAUER 1900 vor der *Schiffsbautechnischen Gesellschaft* berichtete. BAUER hatte den Versuch unternommen, die „periodischen Schwankungen in der Umdrehungsgeschwindigkeit der Wellen von Schiffsmaschinen" rechnerisch und experimentell zu ermitteln. Er berechnete die Drehzahlschwankung aus dem Tangentialkraftverlauf – durch Indizieren bestimmt – und der Widerstandskurve des Propellers. Für die Messungen benutzte er eine Meßapparatur, deren Wirkungsprinzip schon von J. RADINGER angewendet worden war:

„ ... Um die Unregelmäßigkeit des Schwungrades, welche man bisher nur berechnet, aber nicht erhebt, graphisch zu erhalten, versuchte ich, eine schwingende Stimmgabel in bekannter Weise auf berusstes Papier schreiben zu lassen, welches um die Schwungradwelle selbst gespannt war ..." [219].

BAUER verbesserte die Meßapparatur, indem er eine elektromagnetische Schwinggabel mit gleichbleibender Schwingungsamplitude verwendete. Bei konstanter Frequenz zeichnet der Schreibstift einer solchen Stimmgabel auf der ungleichmäßig rotierenden Welle Kurven von schwankender Frequenz. Da der Abstand von einem zum folgenden Schwingungsmaximum einerseits der – konstanten – Schwingungsdauer der Stimmgabel, andererseits dem am Wellenumfang zurückgelegten Weg entspricht, hat man nun ein Maß für die tatsächliche Umfangsgeschwindigkeit der Welle. Die Messungen an Maschinenanlagen verschiedener Schiffe ergaben, daß die Schwankung der Umfangsgeschwindigkeit maschinenseitig größer war als propellerseitig, wobei dieser Unterschied mit der Länge der Propellerwelle zunahm:

„ … Eine eingehendere Betrachtung verdienen die Geschwindigkeits-Schwankungen des vorderen Theils der Welle, weil dieselben bei dünnen und langen Wellenleitungen ganz bedeutend grösser sind, als die des hinteren Wellenendes. Ohne Zweifel giebt die Untersuchung derselben ein Mittel an die Hand, um über die Wellenbeanspruchung wichtige Aufschlüsse zu erlangen. Einer besonderen Beachtung werth erscheinen die oben erwähnten Torsions-Schwingungen der Welle. Aus den rotierenden Massen am vorderen und hinteren Wellenende, den Tangentialkräften T und Q *(Anmerk. d. Verf.: Mit T ist die Tangentialkraft der Maschine, mit Q die des Propellerwiderstands gemeint)* des Propellers und der Elasticität der Welle werden sich diese Schwingungszustände rechnerisch erklären lassen, besonders wenn mit dieser Rechnung Versuche Hand in Hand gehen …" [220].

Das unternahm HERMANN FRAHM auf der Werft *Blohm & Voss.* FRAHM betrat damit Neuland, denn er mußte eine erfolgversprechende Versuchskonfiguration und die Meßgeräte dafür schaffen. Da sich die langen Propellerwellen im Schiff unter Einwirkung der wechselnden Momente verdrehen, mußte diese Verdrehung für eine quantitative Auswertung sichtbar gemacht, d.h. aufgezeichnet werden. An zwei möglichst weit entfernten Kupplungsflanschen der Propellerwelle wurden dünne Zinkbleche befestigt, auf die durch einen elektrischen Unterbrechermotor getaktete Schreibstifte angelegt werden. Die Stifte konnten durch eine Schraubenspindel axial verschoben werden. Zwei von einem genau regelbaren E-Motor angetriebene Unterbrecherscheiben öffneten und schlossen die Stromkreise zu den Schreibstiften, die bei Stromdurchgang auf der Zinkscheibe eine Markierung hinterließen. Nach Feststellung der (mechanisch) spannungslosen Nullage der Welle wurden im stationären Maschinenbetrieb die Schreibstifte angelegt. Man erhielt verschieden lange, unterbrochene Striche, aus denen sich die Weg-Zeit-Verläufe an den beiden Meßstellen ergaben. Die daraus ermittelten Geschwindigkeitskurven – phasengerecht übereinandergezeichnet – ließen die Geschwindigkeitsschwankung der Welle an den beiden Meßstellen erkennen. Hieraus konnten unter Berücksichtigung ihrer unterschiedlichen Durchmesser die Verdrehung der Welle und die Verdrehbeanspruchung errechnet werden: Es mußte eine drehschwingungsmäßig „gleichwertige" Welle bestimmt werden. Darunter versteht man eine Welle beliebigen Durchmessers, deren Länge („reduzierte Länge") dann so bestimmt wird, daß sie sich elastisch genau so wie die ursprüngliche Welle verhält.

Voraussetzung für eine genaue Berechnung der Verdreh- oder Torsionsbeanspruchung ist die Kenntnis des Schubmoduls des Wellenwerkstoffes. Mangels zuverlässiger Angaben wurden Versuche hierzu an Materialproben der Welle von der *Mechanisch-technischen Versuchsanstalt* in (Berlin-) Charlottenburg vorgenommen. Da der eigentliche Zweck der FRAHM'schen Versuche darin bestand, zu ermitteln, ob in der Wellenleitung Resonanzschwingungen auftraten, galt es zu klären, welcher Zusammenhang zwischen dem schwankenden Drehmoment der Antriebsmaschine und den Schwingungen der Welle bestand. Die Eigenschwingungszahl der Welle ließ sich berechnen, der Tangentialkraftverlauf als Erregung durch die Maschine läßt sich aber nicht in Form einer geschlossenen Funktion darstellen, so daß eine *Fourier*-Analyse, d. h. Zerlegung der Tangentialdruckkurve in harmonische (sinus-) Funktionen, vorgenommen werden mußte. Jede periodische Funktion kann man als Summe von harmonischen Funktionen unterschiedlicher Amplituden und Frequenzen darstellen. Diese Frequenzen werden auch als Ordnungen bezeichnet. Sie sind das ganzzahlige Vielfache der Grundordnung, in diesem Fall der Drehzahl. Mangels anderer praktikabler Methoden wurde die *Fourier*-Analyse graphisch vorgenommen.

Die Welle wird zu Resonanzschwingungen angeregt, wenn eine der erregenden Ordnungen mit der Eigenschwingungszahl (Eigenfrequenz) der Welle übereinstimmt, wobei das Ausmaß der Gefährdung von der Größe der Erregeramplitude abhängt, was bedeutet, daß auch Erregende höherer Ordnungen[111] gefährlich werden können.

„ … Bedenkt man, dass diese hohen Beanspruchungen dreimal während einer Umdrehung wiederkehren und noch dazu in der Zwischenzeit durch negative Spannungen abgelöst werden, so ist es nicht verwunderlich, wenn bei Maschinen, deren normale Umlaufzahl zufällig mit einer gefährlichen kritischen zusammenfällt, nach längerer oder kürzerer Zeit Wellenbrüche auftreten …“, hieraus folgerte FRAHM: „ … Die Hauptforderung, welche wir aus den bisher angeführten Versuchsergebnissen ableiten, besteht darin, dass in Zukunft bei der Konstruktion der Maschinen von vornherein auf die kritischen Umlaufzahlen Rücksicht zu nehmen und sie so zu legen sind, dass die normalen Umlaufzahlen genügend weit von ihnen entfernt bleiben …“ [218].

Heute sind diese Erkenntnisse Allgemeingut, doch um die Wende zum 20. Jahrhundert waren sie neu. Die Lösung einer Aufgabe wird bisweilen nicht auf direktem Wege gefunden, sondern auf Umwegen, von einem ganz anderen Ausgangspunkt her. Eine Schwierigkeit, mit der man damals noch zu kämpfen hatte, war, daß man bei großen Dampfmaschinen wohl die indizierte[112], nicht aber die effektive Leistung bestimmen konnte. Die bisher üblichen Methoden der Leistungsermittlung, sei es durch mechanisches, hydraulisches oder elektrisches Abbremsen der Maschine wie auch andere Meßprinzipien, ließen sich bei den mittlerweile gewaltigen Maschinenleistungen[113] nicht mehr praktizieren. Bei der *Stettiner Maschinenbau-Aktiengesellschaft „Vulcan“* entwickelte HERMANN FÖTTINGER[114] deshalb einen Leistungsmesser, der auf der Messung der Wellentorsion beruhte, ein Prinzip, dessen sich schon sechzig Jahre zuvor G. A. HIRN bedient hatte. Über die Torsion läßt sich das Drehmoment, und im Verein mit der Drehzahl die Leistung bestimmen. Um für genaue Messungen hinreichende Verdrehwege zu bekommen, verlängerte FÖTTINGER die Meßlänge durch ein auf die Welle aufgesetztes Rohr. Damit konnte die Torsion auch kurzer Wellenstränge genau gemessen werden, Bild 44.

Aus seinen Messungen ersah FÖTTINGER:

„ … Die Schwankungen der effektiven Drehkraft sind erstens viel grösser als die der Tangentialdrücke und dann theilweise denselben entgegengesetzt gerichtet … Die einzige Erklärung für diese, bei allen Tourenzahlen in einwandfreier Weise konstatierten Unterschiede ist das Zustandekommen von Torsionsschwingungen des Systems …“ [221].

Bislang waren Kurbelwellen und Abtriebswellen auf die Beanspruchung durch den Tangentialkraftverlauf, wie er sich aus der Dampf- und Massenkraft ergab, ausgelegt worden. Doch jetzt wurde man gewahr, daß zu dieser „statischen“ Drehkraft auch eine „dynamische“ hinzukam. Die FRAHM' und FÖTTINGER'schen Versuche hatten gezeigt, daß sich die Drehkraftschwankung

---

[111] In der Musik bezeichnet man das als Oberschwingungen.

[112] Unter der *indizierten Leistung* (indicere [lat.] anzeigen, offenbaren, bekannt machen) versteht man die vom Arbeitsmittel (Dampf, Gas) an den Kolben abgegebene Leistung; sie wird mit dem Indikator bestimmt („indiziert“), der die Änderung des Gasdrucks über dem Kolbenweg (entsprechend dem Hubvolumen) aufzeichnet („pV-Diagramm“). Die *indizierte Leistung* wird auch als *innere Leistung* bezeichnet, weil es sich hierbei um die Leistung im Arbeitsraum der Maschine handelt. „Auf dem Weg“ zum Kurbelwellenende verringert sich die indizierte Leistung um die mechanischen Verluste zur *effektiven Leistung*.

[113] Die Leistung jeder der sechszylindrigen Dampfmaschinen des Schnelldampfers „Deutschland“ betrug 17.000 PSi.

[114] HERMANN FÖTTINGER, 1877 bis 1945, Professor an der TH Berlin ist vor allem durch den nach ihm benannten „Föttinger-Transformator“, einem hydraulischen Getriebe, in dem Pumpe und Turbine baulich zu einer Einheit zusammengefaßt sind, bekannt geworden. Ursprünglich als Schiffsgetriebe entwickelt, weil die damaligen Zahnradgetriebe für die Untersetzung der hohen Drehzahlen der Dampfturbinen nicht geeignet waren, haben diese Getriebe ihre eigentliche Verwendung in stufenlosen Kfz- und Bahn-Getrieben gefunden. FÖTTINGER kam 1945 bei den Kämpfen um Berlin durch einen Granatsplitter ums Leben.

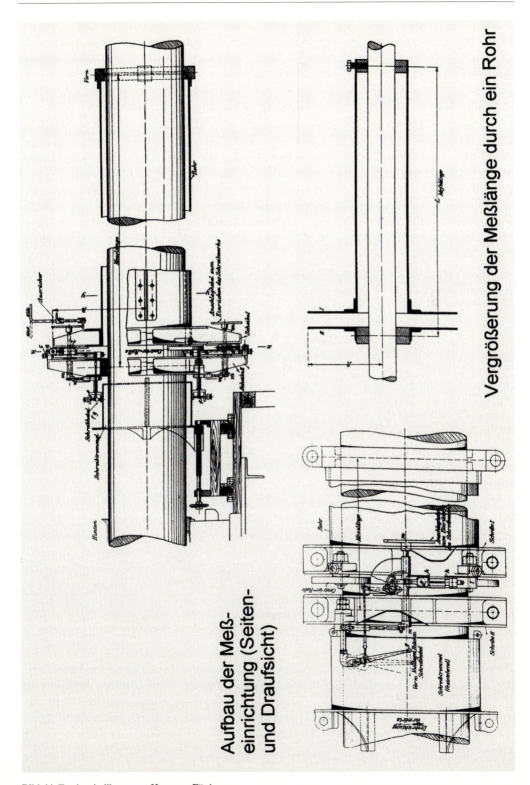

Bild 44 Torsionsindikator von Hermann Föttinger

während eines Arbeitsspiels in einem bestimmten Drehzahlbereich so stark aufschaukeln konnte, daß das von der Welle übertragene Drehmoment zeitweise negative Werte annahm, d. h. daß nicht die Antriebsmaschine die Schiffsschraube antrieb, sondern umgekehrt [222]. Was diesen Vorgang noch rätselhafter machte, war sein – scheinbar – willkürliches Auftreten. Von vielen Maschinenanlagen wußte man, daß sie bei bestimmten Drehzahlen „unruhig" liefen; der Bereich um diese Drehzahlen mußte deshalb bei Be- und Entlastung der Maschine schnell durchfahren werden.

„ … Es ereignet sich öfter, daß bei Inbetriebsetzung ganz nach dem üblichen Wege durchgerechneter und ausgeführter Maschinen Schwingungserscheinungen auftreten. Mitunter kommen sie nur während des Anlaufens vorübergehend vor, während die Maschine dann mit ihrer zugehörigen Umlaufzahl ruhig läuft, mitunter erscheinen die Schwingungen gerade bei der normalen Umlaufzahl der Maschine, was dann keinen geordneten Betrieb zuläßt. In einem solchen Falle zu Rate gezogen, konnte ich feststellen, daß es sich um Drillungsschwingungen in der Kurbelwelle handelte, deren Wechsel im zufälligem Gleichklang mit dem Umlauf der Maschine waren. Der sich so ergebende Resonanzfall führte dann zu sehr heftigen Erschütterungen in der ganzen Maschine …" [223].

Man hatte begriffen, daß viele der bisher unerklärlichen Wellenbrüche durch Drehschwingungen verursacht waren. Nun wurde an verschiedenen Stellen mit Eifer daran gearbeitet, Abhilfe zu schaffen, zumal die Probleme immer drängender wurden, je größer die Maschinenabmessungen und -leistungen wurden. Bekannte Beispiele hierfür sind die amerikanischen Kriegsschiffe der *Louisiana*-Klasse: *Minnesota, Kansas, Oklahoma* und *Texas,* – Zweischraubenschiffe mit Vierzylinder-Dreifach-Expansionsmaschinen und Leistungen von 17.000 bis 28.500 PS [224], bei denen es immer wieder zum Bruch der Propellerwellen gekommen war. Umfangreiche Versuche an den Maschinenanlagen der *Minnesota* und *Kansas* im Dock und im Wasser unter verschiedenen Betriebsbedingungen ergaben, daß bis zum Erreichen der kritischen Drehzahl – die ganz offensichtlich im Bereich der Nenndrehzahl lag – die Drehkraftschwankung in der Welle dem (statischen) Drehkraftverlauf der Dampfmaschine entsprach. Bei Erreichen der kritischen Drehzahl schwankte die Drehkraft so stark, daß sie auch negative Werte annahm. Die Auswirkungen davon müssen beeindruckend gewesen sein, wie aus dieser anschaulichen Schilderung hervorgeht:

"… To effectually describe the action of engines and hull of the U.S.S. Minnesota during the 'critical' speed performance of her engines is difficult owing to the impossibility properly to convey impressions stimulated by sound, vision and touch. The sound produced in the engines is of the grinding, clattering kind heard when hard bodies move eccentrically against, or abrupt strike, one another. This noise undoubtedly comes from the sudden reversal in the torque of the shaft, wherby blows are delivered by pins, journals and eccentrics to stub ends, eccentric straps and bearings. A crackling, somewhat enervating, noise is developed in the ship structure extending to the vicinity above and below the engines and shaft-alleys. A note of a low pitch was audible in the inner bottom under the engines due in a measure to vibration of the hull at this place.

The athwartship vibratory motion of the eccentric rods created a blurred picture and the irregularity could be plainly observed. Instead of a smooth, oscillating motion, the rods moved with a jar which produced rattling and severe vibration, the intensity of which increased with the approach to critical speed where it reached its maximum, and then again became practically normal just above 84 to 86 revolutions of the engines.

With respect to the main bearings, especially those designated as No. 5, beeing overhung and located bewteen I.P. and A.L.P. cylinders, a distinct movement could be observed, consisting of a partial screw motion together with an up-and-down motion of the ends …" [225].

Ausdrücklich wird noch hervorgehoben, daß im Gegensatz zu einer Bemerkung FRAHMS zu seinen Versuchen bei *Blohm & Voss,* derzufolge die Drehschwingungen nicht beobachtet, sondern nur gemessen bzw. an Hand eines Bruches festgestellt werden konnten, bei der *Minnesota* und *Kansas* der Fall ganz anders lag:

"… Contradistinctively hereto and in comparison with this statement it may be said that highly aggravated vibratory disturbances were plainly visible to the observers on the ships in question, and made highly impressive through both vision, touch and sound, during the entire period of operation corresponding to critical speed of engines." [225]

Die Bemühungen der Ingenieure konzentrierten sich gleichermaßen auf Theorie und Berechnung als auch auf Versuch und Messung. Die Verfahren zur Berechnung von Eigenfrequenzen der Schwingungssysteme in Maschinenanlagen wurden Schritt um Schritt weiterentwickelt. FRAHM ging in seiner bereits erwähnten Arbeit von einem Zwei-Massen-System aus, für das sich die Eigenschwingungszahl einfach berechnen läßt; P. ROTH 1904 von einem Drei-Massen-System [226] – auch das noch elementar behandelbar. HEINRICH HOLZER hatte bereits 1907 in [227] eine Lösung für beliebig viele Massen angegeben, „kam dabei aber zu derart komplizierten Formelgebilden, dass man keinem Praktiker zumuten kann, danach zu rechnen. Vor allem ist die Lösungsmethode von Holzer wegen ihrer Schwülstigkeit gänzlich ungeeignet, den Einfluss der einzelnen Grundgrössen der Massen und elastischen Konstanten zu erkennen …" [228].

In England hatte ROSENBERG eine Grundlage für eine praktikable Berechnung des Drehschwingungsverhaltens geschaffen, indem er das komplizierte Maschinensystem auf ein System von Scheiben, verbunden durch masselose Drehstäbe, reduzierte. LUDWIG GÜMBEL veröffentlichte in [229] ein Verfahren, bei dem – ausgehend von einer harmonischen Erregerkraft – eine harmonische Schwingung gleicher Frequenz erzeugt und die Schwingungsform (Amplituden) der einzelnen Massen graphisch bestimmt wird. Als Eigenfrequenz ergab sich nach Probieren diejenige, bei welcher sich der Schwingungszustand ohne Erregerkraft einstellt. JOSEF GEIGER verbesserte und vereinfachte in seiner Dissertation [230] das GÜMBEL'sche Verfahren.

Hand in Hand mit der Entwicklung der Rechenverfahren ging die von experimentellen Methoden, denn bei den komplexen Maschinenanlagen war die Berechnung noch zu unsicher, so daß deren Unwägbarkeiten durch Versuche ausgeglichen werden mußten. Als Hersteller großer Dieselmotoren wurde die Fa. *Sulzer* immer wieder mit maschinendynamischen Problemen konfrontiert. Deshalb wurde dort schon 1912 ein Drehschwingungsmeßgerät entwickelt, das nach dem Prinzip der seismischen Masse[115] arbeitete. Einen entscheidenden Schritt vorwärts gelang dem bereits erwähnten Dr. JOSEF GEIGER mit dem nach ihm benannten Torsiographen; auch dieser basiert auf dem Prinzip der seismischen Masse: Ein als Hohltrommel ausgebildetes Schwungrad wird mittels Riementrieb von der zu untersuchenden Welle angetrieben. (Um Schwingungsanregungen durch die Elastizität des Riementriebs auszuschließen, hatte Geiger zuvor umfangreiche Versuche mit verschiedenen Materialien gemacht.) In dem Schwungrad befindet sich eine Schwingmasse mit möglichst großem Trägheitsmoment, das durch Spiralfedern elastisch mit der Hohltrommel verbunden ist. Die von der zu untersuchenden Welle angetriebene Hohltrommel macht deren Schwingungen mit, während die Schwungmasse auf Grund ihrer Massenträgheit bestrebt ist, völlig gleichmäßig umzulaufen. Die relativen Bewegungen von Hohltrommel und Schwungmasse werden über ein entsprechend gestaltetes Hebelwerk auf einem kontinuierlich laufenden Papierstreifen aufgezeichnet [231], Bild 45.

---

[115] Dieser Begriff rührt von der Erdbebenkunde (Seismik) her. Zur Messung wird eine schwere Masse in einem Gehäuse leicht beweglich gelagert. Bei Auftreten eines Erdbebens bewegt sich das Gehäuse, die Masse hingegen verharrt infolge ihrer Massenträgheit in Ruhe. Die Relativbewegung zwischen Gehäuse und Masse wird aufgezeichnet.

Bild 45
Geiger-Torsiograph

Der *Geiger*-Torsiograph hat sich als einfaches, universell einsetzbares und zuverlässig arbeitendes Meßgerät – nicht nur in Deutschland – einen Namen gemacht. Der Nestor der Schwingungstechnik in England, W. KER WILSON, kennzeichnete ihn so: "The main contribution to the
experimental development of the subject during this period was the introduction of the Geiger
seismic torsiograph about 1916 …" [224].

Noch anfälliger für die Erregung zu Drehschwingungen als Kolbendampfmaschinen erwiesen
sich Verbrennungsmotoren: Höhere Gasdrücke und größere Druckgradienten, durch das Vier-
taktverfahren noch ungleichmäßigerer Druckverlauf, mehr Zylinder, längere und deshalb „weichere" Kurbelwellen, an die vergleichsweise große Massen in Gestalt des Rädertriebs und der
davon angetriebenen Hilfsmaschinen gekuppelt waren, sowie Kupplung und Generator bzw.
Schiffsschraube verschärften die Situation. Die Brüche verlagerten sich von der Schraubenwelle in die Kurbelwelle. Vor allen in Luftschiffanlagen machten sich Drehschwingungen bemerkbar. Gleichsam ein Menetekel[116], fiel schon der erste Motor der 1909 gegründeten *Luftfahrzeug-Motorenbau GmbH* (später: *Maybach-Motorenbau GmbH*) durch einen Drehschwin-
gungsbruch der Kurbelwelle aus: Die beiden hinteren Gondeln des Luftschiff *LZ IV* waren mit
zwei vierzylindrigen *Daimler*-Motoren ausgerüstet; in die vordere wurde im Mai 1910 der neu
entwickelte *Maybach*-Sechszylinder-Motor *AZ* eingebaut, wobei gleichzeitig eine neue Kraftübertragung mittels eines Stahlbands ausprobiert werden sollte. Diese erwies sich als so dreh-
starr, daß die Kurbelwelle des *AZ* – durch Drehschwingungen überbeansprucht – brach. Da keine Ersatzwelle für den neuen Motor vorrätig war, mußte eine seit langem geplante Fahrt nach
Wien anläßlich des Geburtstags von Kaiser FRANZ JOSEF abgesagt werden.

---

[116] *Mene, mene, tekel, upharsin* (aramäisch): *Gezählt, gezählt, gewogen und zerteilt!* (Bibel: Daniel 5, 25). Während
eines Festmals soll eine Geisterhand dem babylonischen König BELSAZAR diese Worte an die Wand geschrieben
und das Ende seines Reiches angezeigt haben. Dieses Thema ist auch Gegenstand eines Gedichtes *Belsazar* von
HEINRICH HEINE.

Luftschiff-Antriebsanlagen neigten generell zu Drehschwingungen: Mit 1100 bis 1400 min⁻¹ drehten sie schnell, und ihre die Antriebsstränge waren lang und dünn, demzufolge häuften sich Kurbelwellenbrüche.

Dem Bericht eines Außendienst-Ingenieurs der *Luftfahrzeug-Motorenbau G.m.b.H.* über Probeläufe der Motoren des Marineluftschiffs L.10 am 22. 6. 1915 in Nordholz ist zu entnehmen:

„ ... Nachdem ich mich von dem tadellosen Leerlauf sämtlicher L 10-Motoren überzeugt hatte, machten Herr Stahl und ich die beiden Versuchsfahrten mit. Erste Versuchsfahrt mit L 10, sämtliche Motoren mit Lorenzen-Propeller ausgerüstet: Der Motor in der vorderen Gondel lief mit diesem Propeller bis zu 900 Touren ganz ruhig, aber dann begann ein so starkes Schütteln und ruckweises Laufen des Getriebes, dass vom Tachometerzeiger gar nichts mehr zu sehen war. Bei 1150 bis 1400 Touren war der Tachometer ruhig. Der Motor wurde bei ganz offenem Vergaser mittelst auf 1300 Touren heruntergedrosselt; er lief auch in diesem Zustand sehr ruhig, aber der Gondelboden schlug derartig unter den Füßen, dass die Mannschaften auf die Dauer unmöglich aushalten können ... Der hintere Motor selbst schwankt mit den Zylinderköpfen bis zu 5 mm, sodass man meint, er würde aus dem Lager gerissen. Der Tachometer aber zeigt ganz ruhig an. Beim Steigern ist die gleiche Geschichte wie beim vorderen Motor ...“ [232].

Nicht minder prekär bezüglich ihres maschinendynamischen Verhaltens erwiesen sich U-Bootmotoren. Mit 400 bis 450 min⁻¹ waren sie für ihre Größe schnelldrehend; die Leistungen stiegen im ersten Weltkrieg rasch von 300 auf 850, 1200, ja sogar 1700 PS, und die großen Trägheitsmomente der direkt gekuppelten Drehmassen besorgten den Rest; es kam zu so vielen Anständen, daß man sogar von einer „Motorenkrise“ sprach.

„ ... Bei den ersten Diesel-Ubooten U 19 bis U 22 wurden Torsionsschwingungen an den Schraubenwellen festgestellt, die sich über einen größeren Geschwindigkeitsbereich erstreckten und die Marschfahrt auf max. 12 kn beschränkten. Das oftmalige Fahren mit Höchstgeschwindigkeit mußte außerdem vermieden werden, da dazu dieser kritische Bereich durchlaufen werden mußte, wobei die obengenannte Überbeanspruchung auftrat. Als Abhilfe wurde die Verstärkung der Schraubenwellen oder die Veränderung der rotierenden Massen (E-Anker und Kupplung) vorgeschlagen. Bei U 27 bis U 30 konnte durch Änderung des Schwungmomentes der Reibungskupplungen zwischen Diesel und E-Maschine die gefährlichsten kritischen Drehzahlen über die Drehzahl der Maschinenhöchstleistung hinaus verlegt werden ...“ [233].

Wegen der Drehschwingungsprobleme mit den U-Bootmotoren wurde Prof. MAX TOLLE[117] von der *Inspektion des Unterseebootwesens* beauftragt, ein Rechenverfahren zur Bestimmung der Eigenfrequenzen und Eigenschwingungsformen zu erarbeiten, mit dem Ziel, den Einfluss der einzelnen Größen zu erkennen, um so gezielt Änderungen an der Maschinenanlage vornehmen zu können. TOLLE entwickelte ein praktikables Verfahren, das er etwa zur gleichen Zeit – 1921 – wie HOLZER veröffentlichte [234; 235], Bild 46. Das *Holzer-Tolle*-Verfahren hat sich in der Praxis bewährt, auch deshalb, weil es einen Einblick in physikalische Zusammenhänge vermittelt: „ ... Das Verfahren zeichnet sich durch seine Durchsichtigkeit und dadurch aus, daß es zugleich die Schwingungsform und die Drillmomente liefert ...“ [236].

In seinem Gutachten über die speziellen Verhältnisse der Luftschiff-Antriebsanlagen hatte TOLLE aus seinen Berechnungen konkrete Schlüsse gezogen:

„ ... Torsionsschwingungen der Wellenanlagen treten bei allen untersuchten Anordnungen ... auf. Torsionsschwingungen erregende Momente gehen sowohl von dem Propeller wie vom Mo-

---

117) Hofrat und Professor MAX TOLLE, 1864 bis 1945, wurde 1921 als planmäßiger Professor an die TH Karlsruhe berufen, an der er bis 1933 den Lehrstuhl für Mechanik innehatte. TOLLE hat sich vor allem auf dem Gebiet der Maschinendynamik einen Namen gemacht, insbesondere durch das nach ihm benannte Rechenverfahren zur Bestimmung von Drehschwingungs-Eigenfrequenzen. Er verfaßte ein Standardwerk *Die Regelung der Kraftmaschinen*.

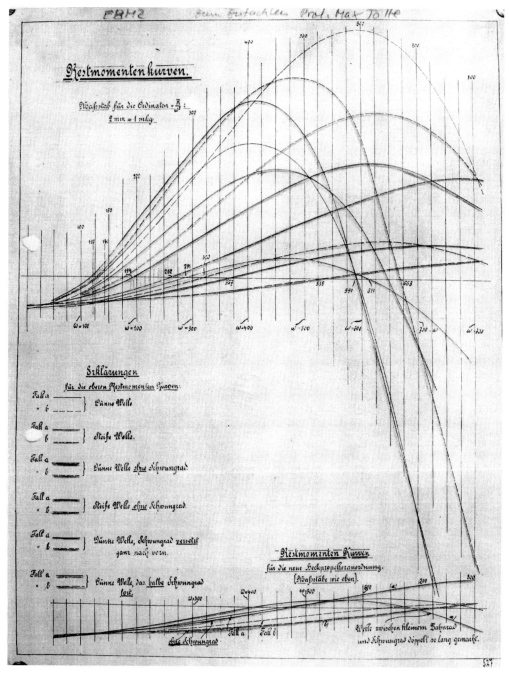

Bild 46 Restmomentenkurven (Auszug aus einem Gutachten von Prof. TOLLE 1915). Das *Restmoment* ist zur Aufrechterhaltung eines definierten Schwingungszustands nötige Drehmoment. Die Schnittpunkte der Restmomentenkurve mit der Abszisse liefern die Eigenfrequenzen des Schwingungssystems.

tor aus … Behufs Erzielung möglichst kleiner Schwingungsausschläge muss man zunächst bemüht sein, die Grössen der erregenden Momente so klein wie möglich zu halten. Unnötig grosse Momente liefern die Propeller dadurch, dass sie erstens verhältnismässig dicht am Schiff vorbeistreichen, und zweitens nicht genug steif sind … Infolge der Nachgiebigkeit der Kurbelwelle gleichen sich aber weder die Massendrücke, noch die betr. Kolbenkräfte vollkommen gegenseitig aus …; möglichste Steifigkeit der Kurbelwelle (auch im Gestell darf nicht allzusehr gespart werden), besonders der Kurbelarme sollte deshalb angestrebt werden …" [228].

Parallel zu diesen Berechnungen wurde eine Luftschiff-Antriebsanlage von Dr. GEIGER experimentell untersucht, der schon anhand des Schadensbilds der Kurbelwellen die Ursache erkannt hatte:

„ … Endlich war bei einer Kurbelwelle, die mir gezeigt wurde, die Bruchfläche bis auf einen geringen Rest ziemlich glatt gerieben und von schwärzlichem, oxydiertem Aussehen. Das beweist, dass der Bruch bis auf diesen geringen Rest allmählich erfolgte und dass die scharfen Kanten der Bruchflächen sich anscheinend dadurch glatt rieben, dass dieselben sich fortwährend relativ zueinander bewegten. Demzufolge ist der Bruch nicht durch eine einmalige zu grosse Beanspruchung, sondern durch fortwährend von einem positiven bis zu einem negativen Grösstwert wechselnde Spannung entstanden … Diese Beanspruchungsart ist aber die denkbar ungünstigste … folgt mit grosser Wahrscheinlichkeit, dass die Ursache der Brüche in Resonanzerscheinungen der Wellenleitung, hervorgerufen durch Verdrehungsschwingungen, zu suchen ist …" und weiter zu den Meßergebnissen heißt es: „ … Insofern zeigt sich auch hier in Übereinstimmung mit sämtlichen anderweitigen Versuchen, dass eine Berechnung der Wellenleitung auf Grund des ideellen Drehkraft-Diagramms ohne Berücksichtigung des elastischen Verhaltens der einzelnen Teile dem tatsächlichen Verhalten auch nicht einmal in roher Annäherung nahekommt. Das Kennzeichnende für alle diese heftigen Schwingungen ist, dass sie nur bei bestimmten Drehbereichen auftreten und hernach wieder völlig verschwinden …" [237].

Die Eigenfrequenzen der Kurbelwelle lagen zwar oberhalb der Betriebsdrehzahlen, doch wurden Drehschwingungen hauptsächlich von der Luftschraube erregt, deren Blätter sich wegen unterschiedlicher Abströmverhältnisse zwischen der Luftschiffseite und der entgegengesetzten Seite verformten. Das führte zu Schwankungen des Drehmoments, die sich bis auf die Kurbelwelle auswirkten. Erschwerend kam noch hinzu, daß die Biege-Eigenfrequenz der Propellerblätter nicht weit von der Betriebsdrehzahl lag, was diesen Effekt verstärkte, ebenso die langen Zwischenwellen und deren Lagerung in der wenig steifen Luftschiffgondel.

Die Probleme mit den U-Boot- und Luftschiffmotoren haben also die Drehschwingungstechnik, sowohl die Theorie in Gestalt der Berechnungsverfahren als auch die experimentellen Methoden in Gestalt der Meßtechnik ungemein beflügelt; sie haben sicher dem Dieselmotor geholfen, den Weg in die Handelsschiffahrt zu ebnen. Man kann sich vorstellen, daß so gravierende Drehschwingungsprobleme, die es ja auch in Motorschiffen der Handelsmarine gegeben hätte (und hat), dem Dieselmotor zur Last gelegt worden wären und seiner Verbreitung in der Seeschiffahrt wenig dienlich gewesen wären. So waren unter dem Druck der Kriegsereignisse – man entsinne sich, welche Bedeutung dem U-Bootkrieg zugemessen worden war – die Forschungen zielgerichtet und mit dem nötigen Nachdruck vorwärts getrieben worden, wie sehr, kommt – eher indirekt – in einem Diskussionsbeitrag zum Thema Drehschwingungen auf der Generalversammlung der amerikanischen *Society of the Naval Architects an Mechanical Engineers* im November 1925 zum Ausdruck:

"… As you probably know, the government departments knew abundantly well that when serious shaft failures startet to happen in Diesel-engine jobs some years ago, they found that the only people who then know much about torsional vibration in Diesel engines were the Germans.

They knew far more than anyone else knew. They had it down to a very fine science and were able to clear up a great many difficulties, clear them up very effectually, for the simple reason that they had gone through them …" [238].

In den 1920er Jahren erhielt die Drehschwingungstechnik weitere Anstöße durch die kräftig aufblühende Luftfahrt, genauer gesagt, durch zahllose Kurbelwellenbrüche in Flugmotoren, aber auch durch das sich entwickelnde Kraftfahrwesen.

Die Motoren wurden mit mehr Zylindern gebaut, Drehzahlen und Leistungen hatten kräftig zugenommen, damit auch die Empfindlichkeit gegenüber Drehschwingungen. An sich sind Kraftfahrzeugmotoren weniger gefährdet, weil die Motoren mit der anzutreibenden Masse – schon durch Kupplung und Reifen – vergleichsweise elastisch verbunden sind. Dennoch beobachtete man – vor allem bei Sechs- und Achtzylinder-Reihenmotoren – unangenehme Schwingungserscheinungen, die aber auf unzureichende Wuchtgüte zurückgeführt wurden. Als aber auch ein noch so weitgehendes Auswuchten[118] keine Besserung brachte, mußte man erkennen, daß Kfz-Motoren gleichfalls anfällig für Drehschwingungen sind [239]. Der Kfz-Betrieb gestaltete sich in den 1920er Jahren ein wenig anders als heute. Der Fahrer hatte sorgsam zwischen einzelnen Geräuschen zu unterscheiden: Dem *Klappern* der Leichtmetall-Kolben, dem *Klopfen* der diesbezüglich sehr empfindlichen seitengesteuerten Motoren, dem Knallen des Motors, wenn das Gemisch – damals noch von Hand – zu mager eingestellt war, und schließlich machten sich noch Drehschwingungen im Antriebsstrang bemerkbar:

„ … Das Anbringen eines Schwingungsdämpfers ist beim Automobilmotor nicht ganz einfach, als die kritische Tourenzahl auch noch von der anschließenden Kupplung, vom Kardan, von der Hinterachse und von den Pneumatiks abhängig ist. So hat sich z. B. gezeigt, daß beim leichten Anlüften der Kupplung während der Fahrt das Geräusch in der kritischen Tourenzahl verschwunden war, d. h. die kritische Tourenzahl wurde verlagert. Beim hierauf folgenden Einkuppeln trat sie wieder in Erscheinung. Im anderen Fall trat die kritische Tourenzahl mit einem stark rollenden Geräusch zwischen 75 – 85 km Wagengeschwindigkeit auf und konnte durch Reifenwechsel mit kleineren Hinterrädern auf 70 – 75 km und bedeutend weniger auftretendem Geräusch verlagert werden. Nicht selten waren auch jene Fälle, wo in einem Motor das Geräusch bzw. die kritische Tourenzahl erst nach 2000 km wieder auftrat …" [240].

Abgesehen von der Gefährdung der Kurbelwelle, wirkten sich Drehschwingungen auch in anderer Hinsicht unangenehm aus: Die Drehzahlschwankungen übertragen sich auf den Rädertrieb, es kommt zum „Räderklappern"; die Kinematik des Ventiltriebs wird beeinflußt, ebenso kann der Zündzeitpunkt beeinflußt werden. Das alles macht sich natürlich stärker bemerkbar, wenn der Rädertrieb vom freien Kurbelwellenende[119], wo die Drehschwingungsausschläge am größten sind, angetrieben wird. Das zwang zu Gegenmaßnahmen, teils sogar nachträglich an bereits gefertigten Motoren: Anfang der 1920er Jahre mußte der sechszylindrige *Maybach* W2-Motor im nachherein mit einem Schwingungsdämpfer versehen werden, der über den zweiten Kurbelarm der nach nur jeder zweiten Kröpfung gelagerten Kurbelwelle montiert wurde. Das Nachfolgemodell W 5/W6 erhielt von Anfang an einen Dämpfer. Die Probleme mit den Drehschwingungen beeinflußten dann auch Konzept und Konstruktion neuer Motoren; so erklärt sich der „Siegeszug" des V8-Motors auch von dieser Seite her.

Eine zuverlässige Information über technische Entwicklungen und die damit verbundenen, Schwierigkeiten erhält man aus der Fachliteratur: In Fachzeitschriften wie *ZFM, Der Motor-*

---

[118] Man unterscheidet zwischen *Massenausgleich,* die Kompensation von konstruktiv bedingten Unwuchten, und zwischen *Auswuchten,* den Ausgleich fertigungs- und montagebedingter (also ungewollter) Unwuchten.

[119] Das *freie Ende* einer Kurbelwelle ist das, an dem keine Leistung abgenommen wird, die sogenannte *Gegenkupplungsseite.*

wagen bzw. *ATZ, MTZ, ZVDI* usw. werden aktuelle Themen praktisch ohne zeitlichen Verzug behandelt. Fachbücher hinken im allgemeinen schon wegen der längeren Dauer und des größeren Aufwandes ihrer Herstellung der Entwicklung hinterher. Bei der Durchsicht der einzelnen Auflagen von Standardwerken wie: *Bussien: Automobiltechnisches Handbuch* oder *Peter: Der Kraftwagen* usw. kann man an den behandelten Themen erkennen, ab wann – ungefähr – ein Problem aktuell geworden ist. So findet man im PETER erst in den Auflagen der späten 1930er Jahre die Stichworte *Schwingungen* und *Schwingungsdämpfer,* ebenso im *Riedl* und im *Bussien,* ein Indiz dafür, daß im Kraftfahrzeugbau die Bedeutung von Drehschwingungen erst später wahrgenommen worden ist als bei Flugzeug- oder Schiffsdieselmotoren. Wie brennend bei letzteren die Drehschwingungsprobleme schon in den 1920er Jahren waren, läßt sich auch daran erkennen, wie gründlich – und die neuesten Erkenntnisse behandelnd – so z. B. in *Dubbel, H.: Oel- und Gasmaschinen. Berlin: Springer 1926,* darauf eingegangen wird. Dem in der Praxis tätigen Ingenieur wie auch dem Studierenden wurde damit ein brauchbares Rüstzug in die Hand gegeben, mit dem die anstehenden Aufgaben bewältigt werden konnten: Es wird aufgezeigt wie man mit einem Differenzenverfahren die *Fourier*-Analyse des Tangentialdruck-Diagramms vornehmen kann, Verfahren der Wellenreduktion bezüglich der Längen und Massen, Berechnung der Eigenfrequenzen und Mittel zur Beseitigung der Resonanz werden beschrieben.

Schiffsantriebe waren besonders gefährdet, und vielfach behalf man sich noch damit, daß bestimmte Drehzahlbereiche gesperrt wurden. In einem Fachbuch aus den 1950er Jahren wird rückblickend die Situation zwischen den Weltkriegen so beschrieben:

„ … Bei der Bedeutung der kritischen Drehzahlgebiete begnügte man sich natürlich nicht mit deren rechnerischer Ermittlung, sondern entnahm bei Anlagen solcher Größe von jeher bei der Probefahrt Torsiogramme. Richtiger gesagt, war man früher vorwiegend auf die nachträgliche Messung angewiesen und mußte nicht selten die Betriebsdrehzahl den Ergebnissen anpassen … Die gefährlichsten kritischen Gebiete sind durch das Rattern von Getrieben, Schlagen von Nocken oder Erschütterungen des ganzen Motors erkennbar, und – wenn der Betrieb dies zu beobachten gestattet – an der Erwärmung von Naben aufgekeilter Kupplungsstücke, Schwungräder u. dgl. Indessen können, wie gezeigt, namentlich bei hohen Drehzahlen, äußerlich nicht wahrnehmbare Kritische die Gesamtbeanspruchung unzulässig steigern, und so bedarf es eines sinnfälligen Hilfsmittels für das Personal, nämlich einer deutlichen Markierung auf dem Tachometer bezüglich der Lage der gefährlichsten Gebiete und ihrer Ausdehnung, welche bis zu ± 8% betragen kann …" [241].

Mitte der 1920er Jahre stand mittlerweile eine ganze Reihe von Berechnungsverfahren zur Verfügung. Zum besseren Verständnis der Entwicklung bedarf es vielleicht einiger Erläuterungen. Die Berechnung einer Kurbelwelle auf Drehschwingungen besteht im wesentlichen aus folgenden Schritten:

- Reduktion der Maschinenanlage auf ein einfaches, aber drehschwingungsmäßig gleichwertiges „Ersatzsystem",
- Aufstellen der Bewegungsgleichungen und Ermittlung der Eigenschwingungszahlen (Eigenfrequenzen) sowie der Eigenschwingungsformen bei Resonanz,
- Berechnung der Erregerkraftamplituden,
- Berechnung der maximalen Kurbelwellenausschläge bei Resonanz,
- Berechnung der Kurbelwellenbeanspruchung durch diese Kurbelwellenausschläge und
- Berechnung der kritischen Drehzahlen.

Nun galt es, die Rechenverfahren auf die Bedürfnisse der Praxis auszurichten. Zum einen strebte man das durch eine einheitliche und verbindliche Nomenklatur für Ausgangsgrößen und Berechnungsgrundlagen an: Die Ordnungszahl der Schwingungen wurde nach der Zahl der

Schwingungsknoten benannt, die kritischen Drehzahlen als Quotient von Eigenschwingungszahl und Ordnungszahl angegeben und die Voraussetzungen der Rechnung festgelegt, so z. B. daß die Massen der Wellenstücke vernachlässigt, die Massen auf den Kurbelhalbmesser bezogen und die Dämpfung nicht berücksichtigt werden [242]. Zum anderen wollte man die einzelnen Rechenschritte vereinfachen.

Da jede Berechnung auf Ausgangsgrößen beruht, kommt es darauf an, daß diese weitgehend zuverlässig die Realität beschreiben, d.h. das mathematische Abbild der Maschinenanlage muß in seinen drehschwingungs-relevanten Eigenschaften der Wirklichkeit entsprechen. Da der Sinn einer solchen „Reduktion" der Maschinenanlage eine Vereinfachung ist, ist damit notgedrungenerweise auch eine Ungenauigkeit verbunden, die sich aber verringern läßt, wenn diese Reduktionsformeln auf eine bestimmte Kurbelwellenbauart ausgerichtet sind.

Im Zuge der oben beschriebenen Arbeiten wurden deshalb die Reduktionsformeln für Kurbelkröpfungen überprüft; dabei stellte man zum Teil erhebliche Mängel fest, so daß DR. GEIGER „auf Grund von peinlich durchgeführten statischen Verdrehungsversuchen mit Spiegeln und Fernrohr" [243] eine neue, diesen Ergebnissen gerecht werdende Formel ableitete.

Die Trägheitsmomente lassen sich aus den Konstruktionszeichnungen der Einzelteile berechnen oder/und im Schwingversuch verhältnismäßig einfach bestimmen. Die Massenträgheitsmomente des Kurbeltriebs ändern sich während einer Kurbelwellenumdrehung, es mußten also Mittelwerte festgelegt werden. Anders sieht es mit der Elastizität der Kurbelwelle aus. Zwar ist es für eine vorhandene Kurbelkröpfung vom Prinzip her leicht, die reduzierte Länge zu ermitteln, indem man sie einem Verdrehversuch unterwirft: Aufzubringendes Moment und Verdrehwinkel liefern die Federkonstante, an Hand derer man dann die Länge des drehschwingungsmäßig gleichwertigen glatten Wellenstücks berechnen kann. Natürlich wurden die einzelnen Formeln experimentell – in statischen Verdrehversuchen – an Hand einer Vergleichswelle überprüft; dabei zeigten sich zum Teil erhebliche Abweichungen, die vor allem auf die Einspannung, Lagerung und Belastungsart zurückzuführen waren [244]. Die Ergebnisse differierten, je nachdem ob man die Welle ausgebaut oder in der Lagerung im Kurbelgehäuse untersuchte. Durch die Verdrehung verformt sich die Welle, was entsprechende Rückwirkungen der Lagerung hervorruft.

Nun hat jedes Schwingungssystem eine Eigendämpfung, bei Triebwerken hat die Ölverdrängungsdämpfung in den Lagern den größten Anteil daran [245]. Um einen, wenn auch nur groben Überblick über diese Dämpfung zu bekommen, setzte man die errechneten Schwingungsausschläge in Bezug zu den gemessenen. Überhaupt suchte man Erfahrungen zu bündeln und daraus allgemein gültige Folgerungen für die Konstruktion zu gewinnen. Hierzu war die *DVL* als übergeordnete Institution prädestiniert. Firmenneutrale Zusammenstellungen von Drehschwingungs-Kennwerten von Flugzeugmotoren vermittelten einen Überblick über den aktuellen „Stand der Technik" auf diesem Gebiet: Über Eigenschwingungszahlen, Ordnungszahlen der stärksten Kritischen, größte Schwingungsausschläge am freien Kurbelwellenende und der Beanspruchungen daraus. Außerdem wurden Hinweise auf die Wirkung von Schwingungsdämpfern gegeben: „ohne Schwing.-Dämpf. 1. Hubzapfen: Wiederholt gebrochen; mit Schwing.-Dämpf. 1. Hubzapfen: Nicht mehr gebrochen …" und „ …Motoren erst kurze Zeit im Luftverkehr; daher Beurteilung noch nicht möglich. Bisher kein Bruch bekannt." [246].

Nun wollte man ja die Maschinenanlagen schon im Entwurfsstadium berechnen, wozu die reduzierte Länge aus den Konstruktionsmaßen bestimmt werden mußte. Es entstand eine ganze Reihe von Formeln, u. a die von GEIGER und SEELMANN, wobei die geometrischen Größen der Kurbelkröpfung auf den Zapfendurchmesser bezogen werden [247]. Mitte der 1920er Jahre entwickelte DR. B. C. CARTER in England auf der Basis umfangreicher Versuche an Kurbelwellen

Reduktion des Kurbeltriebs

Technische Systeme sind im allgemeinen zu komplex, als daß sie ohne weiteres berechnet werden könnten. Deshalb muß man sie vereinfachen („reduzieren"), wobei man einerseits die Verhältnisse so wirklichkeitsgetreu wie möglich erfassen, andererseits die eingeschränkten Möglichkeiten von Berechnungsverfahren berücksichtigen muß. Voraussetzung einer solchen Reduktion ist, daß die für das zu untersuchende System relevanten Eigenschaften von wirklichem und reduziertem System übereinstimmen. Für die Drehschwingungsrechnung eines Motortriebwerks besteht ein solches Modell aus Massenträgheitsmomenten, Federsteifigkeiten und Dämpfern. Es werden die Massen und die Längen des Triebwerks reduziert.

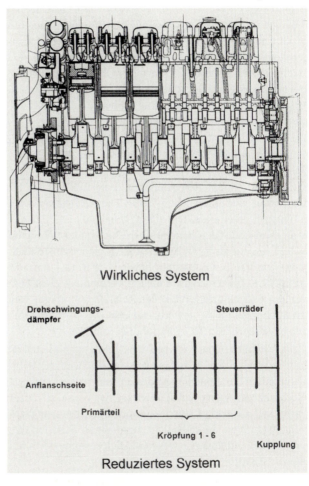

Wirkliches System

Reduziertes System

- Die Massenreduktion, d.h. der Ersatz der Kurbelwelle mit Pleuel und Kolben und den von ihr angetriebenen Massen (Rädertrieb, Schwungscheibe, Dämpfer etc), durch jeweils konstante Trägheitsmomente erfolgt unter der Prämisse, daß sich die potentielle und kinetische Energie von wirklichem und reduziertem System entsprechen.

- Die Kurbelkröpfung wird durch ein gerades Wellenstück vom Durchmesser des Kurbelwellen-Grundlagerdurchmessers ersetzt, dessen Länge so berechnet wird, daß die Kröpfung und das Wellenstück die gleiche Federkonstante aufweisen. Hierfür gibt es eine Reihe von Reduktionsformeln. Weil die Kurbelkröpfung auf Grund . ihrer Form relativ „drehweich" ist, ist ihre reduzierte Länge (gerades Wellenstück) länger als die Länge der Kröpfung.

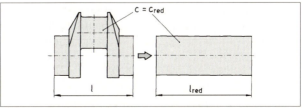

von Fahrzeug-, Flugzeug- und Schiffsdieselmotoren-Wellen eine Formel, die – im Aufbau der GEIGER'schen entsprechend – eben wegen ihrer empirischen Grundlage gute Übereinstimmung mit gemessenen Werten bot [248].

Da es sich bei Drehschwingungen um dynamische Vorgänge handelt, geht es zunächst darum, den Bewegungszustand des Systems zu beschreiben. Dieser ist durch den Verdrehwinkel der einzelnen Massen gegenüber dem Ausgangszustand charakterisiert. Man stellt hierzu die sogenannten Bewegungsgleichungen auf, gekoppelte lineare Differentialgleichungen 2. Ordnung mit konstanten Koeffizienten. Diese Bewegungsgleichungen sind die Summe der am System wirksamen Momente: Sie beschreiben das Gleichgewicht von Massenträgheits-, Rückstell- und Dämpfungsmomenten. Da sich hier die Dämpfung nur unwesentlich auf die Eigenfrequenzen auswirkt, kann man sie in erster Näherung vernachlässigen, was die Rechnung vereinfacht.

Weil es sich um „freie" Schwingungen, also solche ohne äußere Kräfte, handelt, liegen „homogene" Gleichungen vor, aus denen man die Eigenfrequenzen des Systems bestimmen kann. Das System „gekoppelter linearer Differentialgleichungen 2. Ordnung mit konstanten Koeffizienten" kann in ein System algebraischer Gleichungen überführt und gelöst werden. Prinzipiell ohne weiteres möglich[120], stößt man aber in der Praxis rasch an Grenzen, denn bei mehr als drei Massen gestaltet sich die Rechnung mühsam und unübersichtlich; wie sehr, kann man aus den Arbeiten von HEINRICH HOLZER ersehen [227; 249]].

Mittlerweile war eine Vielzahl von rechnerischen und rechnerisch-graphischen Verfahren zur Drehschwingungs-Berechnung geschaffen worden, weshalb sich 1936 die *Forschungsabteilung des Vereines Deutscher Ingenieure* veranlaßt sah, diese – siebzehn – Verfahren nach „einheitlichen Gesichtspunkten" darzustellen und am Beispiel des Flugmotors *BMW VI* auf „praktische Brauchbarkeit" zu untersuchen [250]. Die Verfahren lassen sich, wie in [251] aufgezeigt, in zwei Gruppen unterteilen. Die einen beruhen darauf, daß die Bewegungsgleichungen in ein System algebraischer Gleichungen überführt werden; die anderen gehen von der Aufteilung des Schwingungssystems in Teilsysteme aus, solchermaßen, daß die Teilsysteme die gleiche Eigenfrequenz wie das Gesamtsystem haben. Die Berechnung des Acht-Massen-Systems des *BMW VI* erforderte – je nach angewendetem Verfahren – zwischen drei und 40 Mannstunden! Bei der Bewertung darf natürlich nicht der Zeitaufwand allein, sondern es müssen auch Genauigkeit, „Narrensicherheit" usw. gewertet werden. So wird zu dem mit 27 Rechenstunden vergleichsweise zeitaufwendigen *Tolle*-Verfahren vermerkt:

„ … Das Verfahren von Tolle hat den Vorzug, daß die dabei erforderlichen Berechnungen sehr einfach und übersichtlich sind, so daß sie ohne weiteres Hilfskräften übertragen werden können. Die Ergebnisse der Berechnung der einzelnen Werte von ω kontrollieren sich beim Auftragen der Restmomentenkurve selbst in wirksamer Weise, so daß etwaige Fehler sofort zum Vorschein kommen. Der Zeitbedarf wächst nur etwa proportional zur Anzahl der zu berechnenden Eigenschwingungszahlen. Irgendwelche besonderen Schwierigkeiten, die zu Irrtümern führen können, sind nicht vorhanden … Auch die Schwingungsform kann leicht nach TOLLE aufgezeichnet werden …" [250].

In Deutschland wurde das *Holzer-Tolle*-Verfahren[121] bevorzugt, weil es nicht nur die Eigenfrequenzen, sondern auch die Schwingungsformen für diese Eigenfrequenzen liefert. Das Verfahren läßt sich nach einem einfachen und übersichtlichen Rechenschema durchführen, wobei strickmu-

---

[120] Das Dilemma, daß etwas zwar prinzipiell möglich, aber in der Wirklichkeit nur schwer oder überhaupt nicht realisierbar ist, kommt in den *Radio Eriwan*-Witzen der ehemaligen UdSSR markant zum Ausdruck. Der Kern dieser Witze besteht eben in dem Antagonismus von Theorie und Praxis.

[121] In der älteren Literatur wird dieses Verfahren auch als *Gümbel-Holzer-Tolle*-Verfahren bezeichnet, weil es auch auf den GÜMBEL'schen Arbeiten beruht.

sterartig das Ergebnis des einen Rechenschrittes in den anderen eingesetzt wird. Man spricht deshalb auch von einer „Strumpfrechnung" [252]. Der Grundgedanke dieses Verfahrens ist folgender:

Am Ende eines schwingungsfähigen Systems denkt man sich eine Wechselkraft angreifend, so daß das System erzwungene (ungedämpfte) Schwingungen ausführt; dabei wird die Größe der Amplitude dieser Wechselkraft („Erregerkraft-Amplitude") so bemessen, daß der Schwingungsausschlag der ersten Masse 1 betrage. Ändert man dann die Erregerfrequenz, dann ändert sich auch die zum Aufrechterhalten des Schwingungsausschlags 1 der ersten Masse nötige Erregerkraft („Rest-Erregerkraft"). Wenn nun die Erregerfrequenz mit einer der Eigenfrequenzen des Systems übereinstimmt, wird die Amplitude der erforderlichen Erregerkraft zu Null. Bei der Durchführung der Rechnung geht man so vor, daß man für verschiedene Erregerfrequenzen die zur Aufrechterhaltung des Schwingungsausschlags 1 der ersten Masse nötigen Rest-Erregerkraft berechnet und über der Erregerfrequenz aufträgt. Die Schnittpunkte der Erregerkraft-Kurve mit der Abszisse sind die gesuchten Eigenfrequenzen. Wenn man die Rechnung dann nochmals mit den Eigenfrequenzen durchführt, erhält man die jeweiligen Eigenschwingungsformen.

Die Anwendung grafischer Verfahren bedeutete angesichts der Umständlichkeit und des Zeitaufwandes numerischer Verfahren Vereinfachung und Zeitersparnis gleichermaßen. Ein anderer Weg, die Rechnung zu vereinfachen, bestand darin, die Zahl der Massen auf zwei oder drei zu verringern, indem z. B. die Kurbelwellenkröpfungen zu einer Masse zusammengefaßt wurden, so wie es schon H. Frahm und P. Roth getan hatten. Vorschläge dieser Art mit Modifikationen des Rechenverfahrens wurden immer wieder gemacht [253]. Das war bei den Maschinenanlagen früher noch statthaft, bei modernen, schnelldrehenden Motoren jedoch nicht mehr:

„ … Bei vielen Lösungen wird die Arbeit dadurch erleichtert, daß das Vielmassensystem zu einem System mit möglichst nicht mehr als drei Massen zusammengefaßt wird. Besteht das System aus einem homogenen Motor mit ein oder zwei Zusatzmassen, so ist dies durchaus möglich, und man erhält leicht die Eigenschwingungen I.° und II.°. Dies darf jedoch nicht darüber hinwegtäuschen, daß das System noch höhere Eigenschwingungen hat, die durchaus in Resonanz kommen können, wenn die Maschinendrehzahl hoch genug liegt. Vor allem aber ist zu warnen vor einem angenähertem Zusammenfassen von Zusatzmassen mit dem Ziel, die Zahl der in die Rechnung eingehenden Massen zu verringern. Bei längeren Wellenleitungen, wie sie z. B. in diesel-mechanischen Schiffsantrieben vorkommen, insbesondere wenn noch mehrgliedrige elastische Kupplungen zwischengeschaltet sind … sind nicht selten die Eigenschwingungen II.° und auch IV.° und V.° nachgewiesen worden …" [252]

Die Drehschwingungen werden durch die an den Hubzapfen angreifenden Tangentialkräfte erregt. Da sich die Gasdrehkraft abhängig von der Belastung (spezifische Arbeit) und Massendrehkraft abhängig vom Quadrat der Drehzahl auf das System auswirken, untersucht man ihren Einfluß getrennt, wobei die Schwierigkeit auftritt, daß die Gasdrehkraft sich nicht durch eine einfache Funktion beschreiben läßt und somit nicht ohne weiteres einer *Fourier*-Analyse unterzogen werden kann. Deshalb wurden verschiedene Verfahren der numerischen und grafischen *Fourier*-Analyse entwickelt, beispielsweise von C. Runge und von L. Zipperer: Die Integrale werden durch Summen ersetzt, so daß man die Berechnung „von Hand" durchführen kann. Nachdem die Notwendigkeit, praktisch jede Motorenanlage auf Drehschwingungen rechnerisch zu überprüfen, erkannt worden war, ging es darum, die Rechenverfahren so übersichtlich und praktikabel zu gestalten, daß sie auch tatsächlich in der Motorentwicklung routinemäßig angewendet werden konnten. Da war das *(Gümbel-)Holzer-Tolle*-Verfahren schon ein großer Fortschritt auf diesem Gebiet, ebenfalls die von L. Zipperer[122] entwickelte Methode der harmonischen Analyse (Fouri-

---

[122] Prof. Dr.-Ing. habil. L. Zipperer war Direktor der Ingenieurschule Mittweida und apl. Professor an der TH Dresden gewesen.

er-Analyse), so daß man mit den sogenannten *Zipperer-Tafeln* die Erregerkraft-Koeffizienten leicht bestimmen konnte. Ungeachtet dessen blieben Drehschwingungsrechnungen langwierige Unternehmen.

Nun genügt es ja nicht, gefährliche Drehschwingungszustände rechnerisch zu erfassen, man muß auch Abhilfe schaffen. Dabei gibt es grundsätzlich zwei Möglichkeiten, nämlich daß man Resonanz gar nicht erst auftreten läßt, oder daß man ihre Auswirkungen auf ein ungefährliches Maß reduziert. Die Maßnahmen hierzu sind allerdings von unterschiedlicher Wirksamkeit und Durchführbarkeit:

- Veränderung der Erregerarbeiten durch Variation der Zündfolge. Da die Zündfolge über die Kröpfungsfolge die Massenwirkungen beeinflußt und auch Gesichtspunkte des Ladungswechsels und der Aufladung berücksichtigt werden müssen, ist der Handlungsspielraum klein.

- Verändern von Massen und Federsteifigkeiten, um die Resonanzdrehzahl in ungefährliche Bereiche zu verschieben. Durch Änderung, gleichbedeutend mit Verstärken ihrer Abmessungen wird die Kurbelwelle steifer, somit lassen sich die Eigenschwingungszahlen höher legen. Davon wurde in den zwanziger Jahren tatsächlich Gebrauch gemacht, wie aus einer Beschreibung des 12-Zylinder-*Voisin*-Motors hervorgeht: „ … Die Kurbelwelle besitzt den grossen Durchmesser von 100 mm, um Torsionsschwingungen zu vermeiden …" [254]. Aber – abgesehen davon daß eine solche „mutwillige" Gewichtserhöhung im Gegensatz zu allen Bemühungen um Leichtbau, vornehmlich bei Flugzeugmotoren, steht – ist eine solche Maßnahme nichts anderes als ein Wettlauf zwischen Hase und Igel. „ … Wenn andererseits die Kurbelwelle durchweg stärker gemacht wird einschließlich der Zapfen, um die Wirkung der Drehschwingungen durch Hinaufsetzen der Resonanzschwingungszahl und durch Verringerung ihrer Ausschläge abzuschwächen, wächst das Gewicht der umlaufenden Teile, insbesondere das dicke Ende der Pleuelstange, und die Höchstdrehzahl, bei welcher die Maschine ohne Erschütterung laufen kann, geht zurück. Gleichzeitig suchen die Massenkräfte das Kurbelgehäuse in wachsendem Maße zu verwinden und rufen Erschütterungen hervor …" [255]. Ein scheinbar einfaches Mittel, die Eigenfrequenz abzusenken, besteht in der Vergrößerung des Trägheitsmoments des Schwungrads; gleichzeitig werden aber der Schwingungsknoten zum Schwungrad hin verlagert und die Wellenbeanspruchung vergrößert. TOLLE machte den Vorschlag, die kritische Drehzahl durch wahlweises Zuschalten einer Zusatzmasse zu verlegen: Durch Zuschalten einer Masse an das Schwingungssystem, und zwar am freien Ende, wo die Schwingungsausschläge am größten sind, wird die Eigenschwingungszahl des Systems herabgesetzt; bei Abkoppelung dieser Masse nimmt die Eigenschwingungszahl einen höheren Wert an. Gerät das System mit angekoppelter Zusatzmasse in Resonanz, dann muß die Zusatzmasse die Schwingungen des Systems mitmachen. Wenn – konstruktiv beabsichtigt – die kuppelnde Kraft nicht ausreicht, diese Bewegung zu übertragen, koppelt sich die Zusatzmasse ab, wodurch sich die Eigenfrequenz des Systems erhöht. Es wird „verstimmt", d. h. es befindet sich jetzt nicht mehr in Resonanz. Die Koppelung der Zusatzmasse kann mechanisch, hydrostatisch oder hydraulisch oder aber durch Federn mit linearer oder nicht-linearer Kennlinie erfolgen. Auch Kombinationen dieser Koppelmechanismen werden angewandt.

- Dämpfung der Schwingungsausschläge. Jede Antriebsanlage hat eine eigene Dämpfung: Werkstoff-Dämpfung, Reibungsdämpfung, Dämpfung durch den Schmierfilm in den Lagern usw. Es liegt also nahe, diese Effekte gezielt durch dämpfungserzeugende Bauteile auszunutzen. Solche Schwingungsdämpfer bewirken, daß dem System Schwingungsenergie entzogen wird. Das kann durch mechanische Reibung (Coulomb'sche Reibung), durch hydraulische Reibung von bewegten Massen in einer viskosen Flüssigkeit, durch Verwirbelung oder durch hydraulische Widerstände geschehen.

- Tilgung (Auslöschen) von Schwingungen durch die Gegenwirkung einer Masse: Ein auf eine bestimmte Schwingungszahl abgestimmtes, an das Schwingungssystem angelenktes Pendel geht bei Auftreten dieser Schwingung in Gegenphase und wirkt so dem erregenden Moment entgegen. Die Resonanzdrehzahl wird nach oben oder unten verlagert.

Zunächst hatte man versucht, das Drehschwingungsverhalten durch Maßnahmen am eigentlichen Schwingungssystem, also dem Kurbeltrieb und dem Abtriebsstrang, zu beeinflussen. Das einfachste Mittel ist das Sperren von kritischen Drehzahlen. Bei Verbrennungsmotoren genügt das in der Regel nicht, weil es ja Erregende verschiedener Ordnungen gibt, d.h. dieselbe Schwingungszahl kann bei verschiedenen Drehzahlen erregt werden. Man mußte erkennen, daß diese Mittel in ihrer Wirkung begrenzt sind und in vielen Fällen nicht ausreichen, um die dringend erforderliche Besserung zu erzielen.

Die erste Bauform der Dämpfer war der von F. W. LANCHESTER entwickelte Reibungsdämpfer: Die Motoren der englischen *Daimler-Company* genossen wegen ihres ruhigen Lauf durch die *Knight*-Schiebersteuerung einen ausgezeichneten Ruf. Um so erstaunter war man, als gerade der triebwerksmechanisch so vorteilhafte Sechzylinder-Motor extrem unruhig lief, was bei den Fahrzeugbetreibern erhebliche Irritationen hervorrief. F. W. *Lanchester,* damals als technischer Berater für *Daimler* tätig, erkannte, daß die Ursache des schlechten Laufverhaltens in dem wohl schon von HENRY ROYCE in ähnlicher Situation als Drehschwingungen erkannten Effekt liegen müsse. Als nachträglich anzubringende Abhilfe entwickelte LANCHESTER einen Schwingungsdämpfer, der am freien Kurbelwellenende angebracht wurde [256].

In seinem Patent Nr. 21.139 von 1910 ist der Hauptanspruch wie folgt formuliert:

"... Means for eliminating torsional vibration in the crank shaft of a high speed reciprocating engine comprising a rotational damper consisting of a body of adequate moment of inertia connected to the crank shaft by a yielding coupling operating by friction between surfaces or by fluid frictional or viscous action ..." [257].

Die Dämpfermasse ist als zweiteiliger Schwungring ausgebildet, dessen beide Hälften durch Federn an Reibbeläge angepreßt werden, wobei Dämpfermasse und Reibmoment auf die jeweiligen Gegebenheiten ausgelegt sind. Reibungsdämpfer können für verschiedene Frequenzen ausgelegt werden, sind aber nur für diese Resonanzdrehzahl wirksam. Der Reibwert hängt vom Belag und dessen Abnutzung ab. Wenn sich der im Laufe der Betriebszeit veränderte, änderte sich auch das Dämpfungsverhalten. Unter ungünstigen Bedingungen kam es zum Festfressen der Schwungmasse. Reibungsdämpfer sind auch in Mehrscheiben-Ausführung gebaut worden, Bild 47. Um den Verschleiß gering zu halten und gleichmäßige Reibungsverhältnisse sicherzustellen, wurden Reibungsdämpfer auch als im Ölbad laufende Lamellenkupplung mit Schwungmasse konzipiert.

„ ... Am hinteren Ende der Motorkurbelwelle ist ein sogenannter Schwingungsdämpfer eingebaut, welcher den Zweck hat, die infolge der unvermeidlichen Federung der Kurbelwelle auftretenden Verdrehungsschwingungen innerhalb kritischer Drehzahlen abzudämpfen. Auf der Kurbelwelle ist eine verhältnismäßig leichte Scheibe aufgesetzt, welche ohne weiteres diese Schwingungen der Kurbelwelle mitmacht. An ihrem äußeren Umfang sind einzelne Segmente von sogenannten Reibungsbelag (Juridmaterial) eingesetzt. Auf dieser Scheibe sind nun zwei nebeneinanderliegende schwere Schwungringe geführt, welche durch Federn gegen diesen Reibungsbelag der Scheibe gepreßt werden. Infolge ihrer großen Trägheit machen die Schwungringe die Schwingungen der Kurbelwelle nicht mit, und es entstehen so gewisse Relativbewegungen zwischen Schwungringen und der Reibscheibe des Schwingungsdämpfers. Die Federn der Schwungringe sind so abgestimmt, daß die aus den Relativbewegungen hervorgehenden Reibungskräfte das Aufkommen kritischer Drehzahlen in dem ganzen Drehzahlbereich des Motors

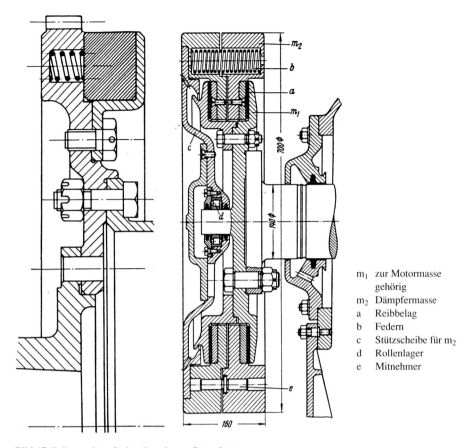

m₁ zur Motormasse
    gehörig
m₂ Dämpfermasse
a   Reibbelag
b   Federn
c   Stützscheibe für m₂
d   Rollenlager
e   Mitnehmer

Bild 47 Reibungsdämpfer im (*Lanchester*-Dämpfer.)

mit Sicherheit verhindern. Das im Innern des Motors vorhandene reichliche Schmieröl gewähr-leistet einen gleichmäßigen Reibungswiderstand des Schwingungsdämpfers. Eine Wartung des-selben während des Betriebs ist nicht erforderlich …" [258].

Nachteilig war, daß sich die Öleigenschaften mit der Temperatur und der Zeit veränderten; außerdem konnte Öl verlorengehen, deshalb verzichtete man auf das Ölbad und ließ die Rei-bungsdämpfer trocken laufen. Mangels besserer Lösungen waren Reibungsdämpfer in den 1920er und 1930er Jahren eine bevorzugte Bauart. Der Nachteil, nur für eine Resonanzdrehzahl wirksam zu sein, wurde in den zwanziger Jahren beim *Chrysler*-Dämpfer dadurch beseitigt, daß der Anpreßdruck auf die Reibbeläge durch einen keilförmig ausgebildeten Schwungring aus Gummi, mit Blei gefüllt, drehzahlabhängig verstärkt wurde [259]. Die Dämpfer waren aus den Nöten der Motorenpraxis entstanden; die theoretischen Grundlagen des Reibungsdämpfers wur-den erst später untersucht. LUDWIG GÜMBEL behandelte die Theorie und entwickelte ein Berech-nungsverfahren für solche Dämpfer [260].

Bei dem für größere und große Motoren entwickelten *Sandner*-Dämpfer wird der Kraftschluß zwischen Dämpfermasse (Sekundärteil) und Schwingungssystem, id est: Mitnehmer auf der Kurbelwelle (Primärteil) durch hydrostatischen Druck hergestellt. Der kurbelwellenseitige Teil trägt die ihn umgebende ringförmige Dämpfermasse. Diese kann sich in Umfangsrichtung rela-tiv zum Kurbelwellenteil bewegen, wobei der Kraftschluß zwischen den beiden Teilen durch zwei Paar ölgefüllte Kammern gegeben ist. Wenn der Primärteil mit der Kurbelwelle zu schwingen beginnt, wird Öl aus der einen Kammer durch ein System von Bohrungen mit Rückschlagventilen in die andere Kammer gedrückt. Durch ein Druckventil wird dieser Druck – einstellbar – begrenzt, damit auch das übertragbare Drehmoment. Bei Überschreiten dieses Drehmoments wird die Dämpfermasse (Sekundärteil) abgekuppelt. Durch den Druckaufbau und das nachfolgende Drosseln wird Schwingungsenergie in Wärme umgewandelt [261]. Die Strömungswiderstände wirken dämpfend. Zwei Blattfederpaare sorgen für das Rückstellmoment. Der Dämpfer ist an das Motorölsystem angeschlossen, so daß diese Wärme problemlos abgeführt werden kann, Bild 48.

Der *Sandner*-Dämpfer ist eine sehr komplizierte Konstruktion, und es nimmt nicht wunder, daß es Schwierigkeiten mit dieser Dämpfer-Type gegeben hat, wie aus einem Versuchsbericht der *MAN* hervorgeht: Auf dem Artillerie-Schulschiff *Bremse* waren acht *MAN*-Motoren M8Z30/44 von je 2610 kW (3550 PS) bei 600 min⁻¹ eingesetzt. Zunächst ohne Schwingungsdämpfer laufend, gab es bei diesen Motoren Kurbelwellenbrüche, weshalb man nachträglich Dämpfer einbaute:

„ … Im Oktober 1932 wurden Sandner-Dämpfer eingebaut, die jedoch zu vielen Störungen Veranlassung gaben … Es besteht die Wahrscheinlichkeit, dass die gefundenen Risse von dem Betrieb ohne Dämpfer bzw. mit Sandner-Dämpfer herrühren, weil beim Durchfahren der kritischen 8. und 4. Ordnung grosse zusätzliche Beanspruchungen auftreten …" [262].

Eine ganz andere Bauart stellen die Kammerdämpfer mit Quecksilber(!), Bleischrott oder Kupferspänen als Übertragungsmittel dar. „Die größte Einfachheit weisen die Kammerdämpfer auf, welche mit Quecksilber, Bleischrott oder Kupferspänen gefüllt sind. Zu der Veränderung der Eigenfrequenz kommt hier noch die Stoßenergie, welche beim Aufschlagen der Masse an den Querwänden der einzelnen Kammern auftritt, als dämpfende Kraft zur Wirkung …" Als nach-

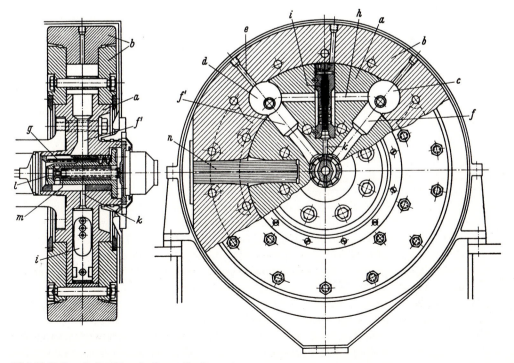

Bild 48 Hydostatischer Dämpfer, Bauart Sandner

teilig wurde das große primärseitige Trägheitsmoment dieser Dämpfer angesehen, weil es nicht nur die Eigenschwingungszahl des Triebwerks herabsetzte, sondern auch noch die Schwingungsausschläge vergrößerte [263]. Quecksilber-Dämpfer wurden in amerikanischen Fahrzeugen der Luxusklasse *(Duesenberg)* eingesetzt [259], aber auch in größeren Motoren. Bei der Antriebsanlage des beagten Artillerieschulschiffs „Bremse" hatte man feststellen müssen, daß das letzte Kurbelwellengrundlager immer wärmer war als die anderen, was man sich zunächst nicht erklären konnte. Durch gründliche Untersuchung fand man heraus, daß die Ursache für die höhere Lagertemperatur das Drehschwingungsverhalten der Kurbelwelle war, weil ein Schwingungsknoten – im Lager liegend – zu vermehrter Reibung führte. Als Gegenmaßnahme baute man einen Schwingungsdämpfer ein, dessen Wirkung auf der Drosselung von Öl beruhte. Dieser Dämpfer war aber recht kompliziert, zudem wurde seine Wirkung stark von Beschaffenheit, Luftgehalt und Temperatur des Öls beeinflußt. Man ersetzte ihn deshalb durch einen Gummidämpfer, der sich aber infolge der Hysterese des Gummis unzulässig erwärmte. Daraufhin baute man einen Flüssigkeitsdämpfer mit Quecksilber als Dämpferflüssigkeit ein. Dichtigkeitsprobleme, hohe Kosten (Quecksilber war teuer und kostete vor allem wertvolle Devisen!) sowie das hohe Gewicht ließen nach einer besseren Lösung suchen, die man schließlich mit dem Hülsenfederdämpfer fand [264].

In den 1920er Jahren waren Kurbelwellenbrüche in Flugmotoren zu einem ernsten Problem geworden.

„ … In den Jahren 1927/28 zeigte sich im deutschen Luftverkehr eine unangenehme Erscheinung, die alle an der Luftfahrt interessierten Stellen stark beunruhigte. Bei einer größeren Anzahl der im deutschen Luftverkehr verwendeten Motoren traten nach mehr oder weniger langer Betriebszeit Kurbelwellenbrüche ein, die die Sicherheit des Luftverkehrs in Frage stellten und dem fliegenden Publikum das Vertrauen nahmen. – Abgesehen davon war auch der Sachschaden durch Notlandungen und Reparaturen an Motoren und Zellen ziemlich bedeutend und beeinflußte die Wirtschaftlichkeit des Flugverkehrs ungünstig. Die Kurbelwellenbruchfrage war 1928 so wichtig geworden, daß die Deutsche Versuchsanstalt für Luftfahrt E.V. sich auf Drängen des Reiches veranlaßt sah, ihre Ursachen und die Möglichkeiten ihrer Beseitigung mit allen interessierten Kreisen zu untersuchen …" [265].

Zwar hatte es Kurbelwellenbrüche schon früher gegeben, vor allem an *BMW*- und *Junkers*-Sechszylinder-Reihenmotoren, doch nun häuften sie sich in einem Besorgnis erregenden Maße:

„ … Achillesferse der Muster L 2 und L 5 blieben die häufigen Kurbelwellenbrüche; solche Schäden wurden auch an BMW-Motoren beobachtet. Die Lufthansa verzeichnete von Oktober 1926 bis Oktober 1927 immerhin 33 Kurbelwellenbrüche, davon 24 von Junkers-Motoren …" [266].

Zunächst führte man solche Schäden auf Werkstoff- oder sonstige Fehler der Kurbelwellen zurück, was die Fa. *Junkers* schon Mitte der 1920er Jahre veranlaßt hatte, sich intensiv mit diesem Problemkreis zu befassen. Mit der für die Fa. *Junkers* typischen Systematik und Gründlichkeit wurden zunächst die Drehsteifigkeit der Kurbelwellen bestimmt und Schwingungsmessungen vorgenommen. Weil der *Geiger*-Torsiograph wegen seines Bandantriebs für Flugzeugmotoren nicht geeignet war, entwickelte *Junkers* einen eigenen Torsiographen. Dieser bestand aus einer gleichförmig rotierenden Masse am freien Kurbelwellenende, auf welche die Schwingungsbewegung des Kurbelwellenendes durch einen umlaufenden Schreibstift mit Vergrößerung in radialer Richtung aufgezeichnet wurde. Mit dem robusten und kompakten Gerät konnte auch während des Fluges gemessen werden. So wurde überprüft, ob und wie sich Eigendämpfung auswirkte, welche Bedeutung die Kurbelwellenlagerung für das Drehschwingungsverhalten hat, und andere interessierende Effekte mehr. Diese Meßergebnisse führten zu der Erkenntnis, daß

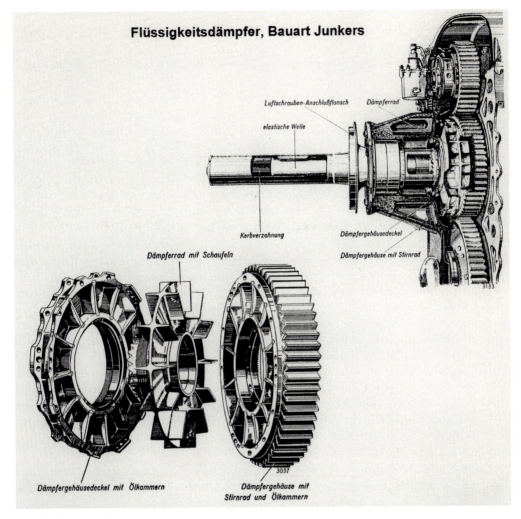

Bild 49 Flüssigkeitsdämpfer, Bauart *Junkers*

sich Drehschwingungen wirksam nur mit entsprechenden Dämpfern bekämpfen ließen. Folgerichtig begann *Junkers* mit der Entwicklung eines Schwingungsdämpfers, der – auch nachträglich – an *Junkers L2-*, *L5-* und an *BMW IV*-Motoren[123] angebaut werden konnte, Bild 49:

Auf dem freien Kurbelwellenende sitzt ein Dämpferrad (Primärteil), dessen Schaufeln in entsprechende ölgefüllte Kammern der Dämpfermasse (Sekundärteil) eingreifen. Mittels zweier Federpaare sind Dämpferrad und -masse so eingestellt, daß die Schaufeln um ihre Mittellage schwingen können. Bei Relativbewegung infolge der Drehschwingungen ändern sich die Volumina zwischen den Schaufeln, so daß Öl aus den sich verengenden in die sich erweiternden Spalte verdrängt wird, wodurch die Schwingung gedämpft wird. Die Strömungsverluste entziehen dem System Schwingungsenergie, welche als Wärme mit dem Öl in den Motorölkreislauf gelangt und solchermaßen im Ölkühler abgeführt wird. Die Wirkung des Dämpfers hängt auch

---

[123] Das ist kein Zufall, denn *Junkers* hatte sich mit bei der Konstruktion seiner Sechszylinder-Reihenmotoren stark an entsprechenden BMW-Typen orientiert: Der L2 basierte auf dem BMW III, und der L 5 auf dem BMW IV.

von der Ölviskosität und damit von der Motortemperatur ab. Der Dämpfer ist wartungsfrei. Als Nachteil muß angesehen werden, daß der Dämpfer der Kurbelwelle auch bei schwingungsfreier Beschleunigung und Verzögerung des Triebwerks Energie entzieht [265; 267] Immerhin bewährte sich dieser Dämpfertyp so gut, daß ihn auch die *Junkers*-Flugzeug-Dieselmotoren erhielten.

Antriebsanlagen mit kurzen Leitungssträngen und großen Antriebsmassen, z. B. Heckanordnung des Motors im Schiff mit Wende- und Untersetzungsgetriebe und kurzer Wellenleitung, waren besonders gefährdet, so man daß die fehlende Elastizität des Systems durch drehelastische Kupplungen ersetzte und damit die kritische Drehzahl unter die Betriebsdrehzahl drückte. Solche Kupplungen müssen im Antriebsstrang im oder nahe dem Knotenpunkt der Schwingung angebracht werden, denn hier tritt die höchste Beanspruchung bei Resonanz auf. Die Kupplung ist für das Motormoment ausgelegt; die Drehmomentspitzen bei Resonanz werden deshalb von der Kupplung nicht mehr übertragen, das schwingende System wird getrennt, die Eigenschwingungszahl wird verändert, das System „fällt aus der Resonanz heraus".

In den 1920er Jahren wurde die nach ihrem Erfinder, dem Engländer Frank Bibby, benannte *Bibby*-Kupplung viel verwendet: Die an- und abtriebsseitig angeordneten Kupplungshälften sind umfangsseitig verzahnt; ihre Verbindung erfolgt durch mäanderförmig geformte Flachstahlstäbe, wobei sich die federnde Länge mit der Durchbiegung verkürzt. Diese Kupplung baut vergleichsweise kurz und ist zur Übertragung auch großer Momente geeignet [268]. Angesichts der Schwingungsprobleme schien das eine günstige Lösung zu sein, derer sich auch in Deutschland verschiedene Motorhersteller bedienten, doch gab es mit dieser Kupplungsbauart einige Schwierigkeiten[124]. Für ihre großen Schiffsdieselmotoren modifizierte die Fa. *Doxford* die *Bibby*-Kupplung zu einem Drehschwingungsdämpfer: Auf die Primär- und Sekundärseite (Dämpfermasse) sind je ein Zahnkranz aufgeschrumpft, deren Zähne durch schlangenförmig gewundene Flachfedern verbunden sind. Im schwingungsfreien Zustand liegen sich Zahn und Zahnlücke gegenüber, bei Relativbewegung verschieben sich die Zahnflanken gegeneinander, wodurch sich die Flachfeder stärker anlegt, die freie Federlänge verkürzt sich, und das System wird steifer. Die Federkennlinie ist progressiv [269], Bild 50.

Im Laufe der Zeit entstand eine geradezu unübersehbare Vielzahl von Kupplungsbauarten mit den unterschiedlichsten Charakteristiken, bei denen das Moment entweder formschlüssig durch Gummiflansche, durch Stahlfedern oder andere Elemente, oder durch Kraftschluß hydraulisch übertragen wird. Flüssigkeitskupplungen mußten wegen der vergleichsweise geringen Viskosität des Fluids (Öl) ziemlich groß gebaut werden. Hermann Föttinger entwickelte eine hydraulische Kupplung nach Art einer hydraulischen Bremse. Die *Föttinger*-Kupplung wurde auf der *Vulcan-Werft* in Stettin gebaut; sie hatte einen guten Wirkungsgrad, etwa 97 bis 98 %. Im Versuch wurde nachgewiesen, daß sie keine Drehschwingungen überträgt, weil sie das Drehmoment hydraulisch, also nicht durch federnde Elemente, überträgt. Solche Kupplungen werden heute in praktisch allen Bereichen des Maschinenbaus und der Motortechnik für ein weites Leistungsspektrum eingesetzt.

Als einfache und wenig problematische Bauart erwiesen sich die auf Otto Föppl zurückgehenden Gummidrehschwingungsdämpfer, Resonanz-Schwingungsdämpfer, deren Wirkung darin besteht, daß sie das schwingende System verstimmen, weil sich die Schwungmasse des Dämpfers in Gegenphase bewegt. Statt einer hohen Resonanzspitze jeder Ordnung, gibt es zwei jeweils durch die Dämpfung verringerte Spitzen. Die Federkonstante des Gummis ändert sich mit

---

[124] Dabei muß man berücksichtigen, daß nicht nur, aber vorwiegend schlechte Erfahrungen dokumentiert werden. Versuche werden meist dann vorgenommen, wenn Schwierigkeiten auftreten. Demzufolge haben die Versuchsberichte in den Archiven meist Schäden, Störungen etc. zum Gegenstand.

Bild 50 *Falk-Bibby*-Kupplung

der Schwingungsweite (Amplitude), ist also nicht-linear. Weil einfach und billig, wurden Gummidrehschwingungsdämpfer vor allem in Kfz-Motoren verwendet: Auf die Kurbelwelle ist ein gepreßtes Blechteil aufgeschraubt, mit dem über eine Gummischicht die Schwungmasse so verbunden ist, daß die Schwungmasse – radial gehalten – in Umfangsrichtung schwingen kann. Der Gummi wird auf Schub beansprucht und wandelt die aufgenommene Schwingungsarbeit auf Grund seiner Hysterese in Wärme um. Das Schwingungsverhalten kann über die Größe der Schwungmasse, die Elastizität und die relative Dämpfung des Gummis beeinflußt werden.

Nachteilig ist die Temperaturabhängigkeit der Gummieigenschaften; das geht aus einer Beschreibung dieser Dämpferbauart ebenso hervor wie die zeitbedingten Umstände, unter denen sich diese so ungünstig bemerkbar machten:

„ … Die günstigste Abstimmung wird durch die Temperaturabhängigkeit der Elastizität des Gummis sehr erschwert, zumal die Dämpfer heute im eisigen Winter Rußlands und unter der heißen Sonne des Südens arbeiten sollen …" [270].

Eine gute Abstimmung der Dämpfereigenschaften mit dem Motor wurde in den 1960er Jahren mit Ölgummidämpfern erreicht, bei denen die Schwungmasse einerseits durch eine Gummilage und zusätzlich noch seitlich durch eine Silikonölschicht mit dem Dämpfergehäuse verbunden ist [271].

Die Wirkungsweise von Schwingungsdämpfern verlangt ihre Anordnung an Stellen mit großen Schwingungsausschlägen; normalerweise ist das freie Kurbelwellenende. Bei manchen Maschinenanlagen ist das aber nicht der Fall. Zudem sollen die kraftübertragenden Elemente von Dämpfern auf ein Bauteil von möglichst großem Trägheitsmoment und gleichförmiger Umlaufgeschwindigkeit wirken, und natürlich möchte man raum- und gewichtssparend bauen. Insbesondere bei Flugzeugmotoren nutzte man gerne die große Massenträgheit der Luftschraube oder des Laufrads des Laders mit seinem auf Kurbelwellendrehzahl reduzierten Übersetzungsgetriebe als Dämpfermasse [267]. So entstand eine Reihe von auch maschinendynamisch interessanten Konstruktionen. Flugzeugmotoren mit ihren – je nach Anordnung im Flugzeug – langen Abtriebswellen kamen zudem ohne ein drehelastisches Glied nicht aus, wobei die speziellen Bedingungen solcher Antriebsanlagen recht aufwendige Konstruktionen nötig machten, so z.B. der amerikanische *AllisonV 1710-C15* -Motor, der in den Jäger *Curtiss P-40* eingebaut war:

„ … Die Konstruktion ist vollständig unter dem Gesichtspunkt der Schwingungsdämpfung durchgeführt. Nach amerikanischen Angaben führte die lange Ausführung der Schraubenwelle zusammen mit der Untersetzung 1: 2 zu einer Drehschwingungsfrequenz der Kurbelwelle, die unterhalb der bisher bei Zwölfzylindermotoren bekannten lag. Die Unmöglichkeit, die Harmonische 1,5. Ordnung oberhalb des Betriebsdrehzahlbereichs zu halten, führte zur Konstruktion einer dünnen, elastischen Torsionswelle … Das durch das Gewicht auftretende Biegemoment wurde durch eine äußere, über die Torsionswelle geschobene Hohlwelle aufgenommen. Die äußere Welle ist mit der inneren nur am Abnahmepunkt des Drehmomentes durch die Luftschraube mittels Keilverzahnung fest verbunden; am hinteren Ende ist der schon erwähnte Reibungsschwingungsdämpfer mit zwei innenverzahnten und drei außenverzahnten Reibungsscheiben zur Dämpfung der gegenseitigen Verdrehung als Bindeglied vorgesehen …" [272].

Bei den *Junkers*-Flugzeug-Gegenkolbenmotoren – Zweitaktdieselmotoren – arbeiten die beiden Kurbelwellen über ein Vorgelege auf die Propellerwelle, wodurch die Verhältnisse schwingungsmäßig komplizierter werden, weil beide Kurbelwellen – als Folge ungleicher Drehkräfte[125] – entweder gemeinsam oder gegeneinander gegen die Propellermasse, schwingen können [273]. In Messungen mit insgesamt vier Torsiographen – an jedem Ende der beiden Kurbelwellen einer – konnten die Verhältnisse geklärt werden. Die Motoren wurden ebenfalls mit Flüssigkeitsdämpfern ausgerüstet, deren Gehäuse (Masse) in das Stirnrad integriert war, auf das die beiden Kurbelwellen arbeiten; das Dämpferrad saß auf der hohlen Luftschraubenwelle. Die Verbindung vom Stirnrad/Dämpfergehäuse und der Luftschraubenwelle erfolgte mittels einer elastischen Welle, die – konzentrisch durch die hohle Luftschraubenwelle verlaufend – in diese mit einer Kerbverzahnung eingriff [274], (siehe: Bild 49: Flüssigkeitsdämpfer, Bauart *Junkers*).

Ende der zwanziger Jahre sollte ein spektakulärer Schadensfall die Entwicklung von Theorie und Versuch gleichermaßen beflügeln. Wieder waren es Luftschiffmotoren, deren Kurbelwellen Drehschwingungen zum Opfer fielen. Das Luftschiff LZ 127 *Graf Zeppelin* war 1928 mit fünf neu entwickelten *Maybach* V-12-Zylinder-Viertakt-Ottomotoren (Typenbezeichnung: VL 2) ausgerüstet. Die Motoren waren in frei am Luftschiff aufgehängten Gondeln angeordnet und trieben über die als Schwungrad dienende Kupplung und eine 1,5 m lange Welle die Luftschraube an. Die Kraftübertragung mit der *Bibby*-Kupplung erfolgte elastisch über Pakete von Schraubenfedern, deren Vorspannung einstellbar war. Mit dieser Kupplung – richtig montiert – konnte das im Betriebsdrehzahlbereich von 1400 min^{-1} auftretende Torsionsmoment auf etwa ein Viertel reduziert werden [275], Bild 51.

Im Mai 1929 brach dieses Luftschiff zu seiner zweiten Fahrt in die USA auf. Bis zu diesem Zeitpunkt hatte es etwa 50.000 km zurückgelegt, was einer Laufzeit der Motoren von rund 500 Betriebsstunden entsprach. Nach acht bzw. elf Betriebsstunden fielen erst ein, dann noch ein Motor aus. Das Luftschiff brach daraufhin die Reise ab und kehrte um; weitere zwei weitere Motoren fielen aus. Unter widrigen Umständen mit nur noch einem laufenden Motor gelang die Landung in der Nähe von Toulon (Frankreich). Bei der Revision der Motoren stellte sich heraus, daß auch der fünfte Motor Anzeichen eines beginnenden Kurbelwellenschadens aufwies. Die Tatsache, daß die Motoren mit zum Teil mehr als hundert Stunden Laufzeit so kurz nacheinander ausgefallen waren, deutete auf außergewöhnliche Betriebsverhältnisse hin, welche man in einem abnormalen Drehschwingungsverhalten vermutete. Mit grundlegenden, sehr umfangreichen Untersuchungen durch namhafte Fachleute der theoretischen und experimentellen Schwingungstechnik, Prof. H. Thoma (TH Karlsruhe), Dr. Geiger (MAN), gelang es die Ursachen zu ermitteln und Abhilfe zu schaffen [276].

---

[125] Schlitzgesteuerte Zweitakt-Gegenkolben-Dieselmotoren bieten die Möglichkeit, das Steuerdiagramm unsymmetrisch zu gestalten, indem man den Auslaßkolben „voreilen" läßt, d. h. der Auslaßkolben erreicht eher den unteren Totpunkt als der Einlaßkolben. Das ermöglicht man durch einen Winkelversatz von entsprechenden Kröpfungen der beiden Wellen. Dadurch ergibt sich eine ungleiche Leistung bzw. Belastung der beiden gegenläufigen Kolben im Zylinder.

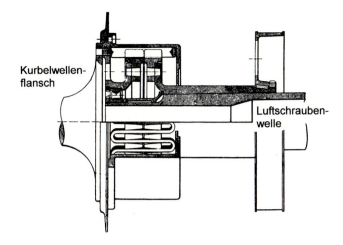

Kurbelwellen-
flansch

Luftschrauben-
welle

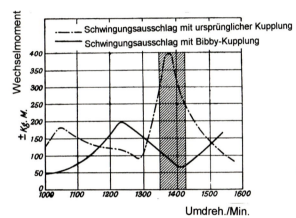

Wechselmoment

± Kg. M.

Schwingungsausschlag mit ursprünglicher Kupplung
Schwingungsausschlag mit Bibby-Kupplung

400
350
300
250
200
150
100
50
0

1000 1100 1200 1300 1400 1500 1600

Umdreh./Min.

Bild 51
Anordnung der Bibby-Kupplung in
den Maschinenanlagen des Luftschiffs
„Graf Zeppelin"

Die Meßeinrichtung von Prof. H. THOMA, TH Karlsruhe, basierte auf der „Kapazitätsänderung zweier in einem hochfrequenten Kreis eingeschalteten Meßplatten". Die Anzeige erfolgte verzögerungsfrei auf einem Oszillographen. Im einzelnen war die Meßanlage so aufgebaut: Zwei Zahnkränze, der eine auf einer Hülse befestigt, die in einigem Abstand zu diesem Zahnkranz auf der Kurbelwelle sitzt, der andere direkt auf der Kurbelwelle befestigt, kämmen mit Spiel ineinander. (Beide Zahnkränze sind zu ihrer Unterlage elektrisch isoliert.) Bei relativer Verdrehung der Zahnkränze infolge der Wellentorsion ändert sich deren Kapazität. Die Zahnkränze sind über Schleifringe an eine Hochfrequenzeinrichtung angeschlossen, so daß die Kapazitätsänderung als Maß für die Verdrehung der Welle gemessen und auf dem Oszillographenschirm sichtbar gemacht werden kann. Als Referenz wurden auch Messungen mit dem *Geiger*-Torsiographen gemacht. Die Torsiogramme zeigten eine starke Überhöhung der Oberschwingungen 3,5ter und 4,5ter Ordnung, durch welche die Kurbelwellen weit über das Erträgliche beansprucht und schließlich gebrochen waren. Die VL 2-Motoren hatten zwar Reibungs-Schwingungsdämpfer, deren Wirkung beschränkte sich aber nur auf die Hauptkritische, bot also in diesem Fall keinen Schutz. Die – scheinbar geringfügige – Ursache für diese Schwingungsüberhöhung lag darin, daß fürsorgliche Monteure des *Luftschiffbau Zeppelin* die Motorenanlagen vor der Amerikafahrt überprüft und – sicherheitshalber – die Schraubenfedern der Kupplung so stark vorgespannt hatten, daß die Kupplung zu starr wurde. Mit richtiger Vorspannung hatte die *Bibby*-Kupplung die Torsionsmomente im Betriebsbereich von 1400 min^{-1} auf ein Viertel ihres ursprünglichen Wertes reduziert [277].

Mit der Empfindlichkeit bezüglich richtiger Montage hatte die MAN ähnliche Erfahrungen gemacht, als sie 1928 versuchsweise einen 6V45/42-Motor[126) mit einer *Bibby*-Kupplung ausgerüstete:

„ … Es zeigte sich, dass die Kupplung beim Durchfahren kritischer Drehzahlen infolge des vorhandenen Federspiels von durchschnittlich 0,5 bis 0,6 mm unangenehm klapperte; ferner zeigte sich, dass die kritischen Drehzahlen in nicht bemerkbarer Weise verhindert oder vernichtet werden … Zur Beseitigung des Federspieles und damit des Klapperns wurden in die Nuten 0,5 mm Bleche eingelegt. Der Betrieb zeigte, dass hiermit das Klappern beim Durchfahren einer Kritischen bis auf ein Minimum herabgemindert werden kann. Eine Verminderung der kritischen Drehzahlen trat erwartungsgemäß nicht ein …" [278].

Der Bericht [279] über die Untersuchungen des Luftschiffmotoren-Schadensfalls ist auch insofern interessant, weil darin ein Einblick über die Vorgehensweise und die Möglichkeiten experimenteller Schwingungsuntersuchungen Ende der 1920er Jahre gegeben wird. Die Quintessenz der Erkenntnisse kommt in folgendem Passus zu Ausdruck:

„ … Im ganzen sind also die Schwingungsbilder derartiger Anlagen recht verwickelt und vielgestaltig … Für die Beurteilung der schwingungserregenden Kräfte kommt nicht das beim Zwölfzylinder-V-Motor sehr günstige Tangentialkraftdiagramm in Frage, sondern ein umgerechnetes Diagramm, worin der Tangentialdruck jedes Zylinders mit anderem Gewicht je nach seinem Abstand von einem Schwingungsknoten erscheint. Diese für die Grundwelle und jede weitere Oberwelle verschiedenartigen Diagramme sind sehr vielgestaltig, so daß Schwingungsimpulse wohl für jede ganz- oder halbzahlig mit dem Kurbelwellenumlauf verknüpfte Frequenz vorliegen.

Die halbzahligen Frequenzen rühren hier daher, daß beim Viertaktmotor der Steuerwellenumlauf oder zwei Umläufe der Kurbelwelle die Grundperiode des regelmäßig zündenden Motors darstellen. Jeder dieser zahlreichen Schwingungsimpulse könnte dabei grundsätzlich mit jeder Schwingungsmöglichkeit der Anlage, vor allem auch mit der Grundwelle, in Resonanz treten. Die bei der abgebrochenen Fahrt bei 1350 U/min kräftig auftretende Oberwelle, die dort $3\frac{1}{2}$ Schwingungen je Kurbelumlauf zeigt ($3\frac{1}{2} \times 1350 \approx 4700$) ist die minütliche Frequenz dieser Schwingung für Bordverhältnisse), tritt auch bei 1050 U/min mit $4\frac{1}{2}$ Schwingungen je Umlauf auf ($4\frac{1}{2} \times 1050$ wieder ≈ 4700). Weitere Verwicklungen ergeben sich daraus, daß die Kupplung teils Spiel, teils Vorspannung der Federn aufweist. Das Spiel läßt gelegentlich die Grundschwingung mit wesentlich niedrigerer Frequenz bei kleinen Amplituden auftreten. Beide Einflüsse bewirken die sonderbare Erscheinung, daß vielleicht die heftigen Schwingungen erst nach irgendeinem äußeren Anstoß, und dann gleich sehr kräftig, auftreten. Es handelt sich also bei der Luftschiffanlage nicht um einfache harmonische Schwingungen mit ihren allbekannten einfachen Gesetzen, sondern um verwickeltere Schwingungsformen, deren rechnerische Beherrschung nur angenähert möglich ist. Außerdem sieht man häufig Stoßerregungserscheinungen, die ebenfalls die gewöhnlichen, auf stationären Schwingungsbildern fußenden Berechnungen ausschließen …" [279].

Eine physikalisch sehr elegante Methode gegen Drehschwingungen anzugehen, ist die Schwingungstilgung:

[126) Es handelt sich hierbei um einen U-Bootmotor aus dem ersten Weltkrieg, der jetzt – zivil – mit einer Leistung von 882 kW (1200 PS) bei 450 min^{-1} eingesetzt wurde.

„ … Bei einer anderen Art von Schwingungsdämpfern, den sogenannten dynamischen oder Resonanzdämpfern wird die Erregungsenergie abgeleitet auf ein an geeigneter Stelle angebrachtes zusätzliches Nebensystem. Dabei wird eine bekannte Eigenschaft des Doppelpendels ausgenutzt. Wird nämlich eines seiner Teilsysteme mit einer Frequenz erregt, die gleich der Eigenfrequenz des zweiten Teilsystems ist, so wird die gesamte Erregungsarbeit von diesem bei begrenzten Ausschlägen aufgenommen und das erste bleibt in Ruhe …" [280].

Die Wirkung eines Fliehkraftpendels beruht ebenfalls auf dem Doppelpendel, es hat aber diesem gegenüber den Vorteil, daß seine Eigenfrequenz wegen der mit dem Quadrat zur Drehzahl zunehmenden Rückstellkraft seiner Drehzahl proportional ist; es kann deshalb auf die störende Harmonische der erregenden Kräfte ausgelegt werden. Im Motorbetrieb wirkt auf so ein Pendel die Fliehkraft. Wenn jetzt die Kurbelwelle eine Drehschwingung ausführt, macht das Pendel diese Schwingungsbewegung wegen seiner Massenträgheit nicht mit. Von der Verbindungsstange von Kurbelwange zu Pendelgewicht wirkt nun ein Rückstellmoment auf das Pendel, so daß es der Schwingungsbewegung entgegenwirkt. Dieses Prinzip wurde 1930 von MEISSNER und SARAZIN angegeben[127]. Wohl unabhängig davon wurde das Grundkonzept Anfang der 1930er Jahre von E. S. TAYLOR entworfen, von R. CHILTON konstruktiv verwirklicht und 1935 in einen *Wright-Cyclone* 9-Zylinder-Sternmotor eingebaut und erprobt. Danach wurden solche Tilger in verschiedenen Ausführungen von CARTER und SALOMON ausgeführt[128] [277; 281; 282]. Für die Wirksamkeit dieses Pendelgewichts sind bestimmte geometrische Verhältnisse erforderlich, die am besten mit einem Zwei-Faden-Pendel (Bilfilar-Pendel) realisiert werden können. Der bekannteste und meist angewendete Anwendungsfall für Pendelgewichte ist der Sternmotor, weil Fliehkraftpendel überall dort von Vorteil sind, wo neben einer „starken Hauptkritischen nur kleine oder verschwundene Nebenkritische" auftreten, Bild 52.

„ … Der Einbau eines Fliehkraft-Resonanzpendels bringt für die durch die Abstimmung ausgewählte Harmonische der erregenden Kräfte in Sternmotoren völlige Schwingungsruhe, in Reihenmotoren eine Erhöhung der störenden Resonanzfrequenz. Diese Resonanzverschiebung kann genügend weit getrieben werden …" [280].

Deshalb wurden *Taylor-Sarazin*-Zweifaden-Pendel (Bifilar-Pendel) in Verbindung mit der Rollenlagerung von CHILTON vor allem in den großen Mehrstern-Motoren von *Pratt & Whitney, Wright* und *Hispano-Suiza* eingebaut, aber auch in Motoren mit anderen Zylinder-Konfigurationen.

Fliehkraftpendel gab es auch als Rollpendel, bei dem eine kreiszylindrische Masse auf einem Bolzen abrollte: *Salomon*-Tilger, in Ausführungen mit Innen- und mit Außenrolle. Angewendet wurden solche Rollpendel in Sternmotoren von *Pratt & Whitney* und in dem hängenden Sechszylinder-Reihenmotor *De Havilland Gipsy*.

Als man im zweiten Weltkrieg im Zuge der Weiterentwicklung der Flugzeugmotoren die Leistungsgrenzen des *Junkers Jumo 213*-Triebwerks auslotete, plante man, die hohe Beanspruchung der Kurbelwelle durch eine Oberschwingung mittels eines Resonanzpendels – als Gegengewicht ausgebildet – zu verringern [283].

Doch Lagerung, Schmierung und Verschleiß dieser Tilger stellten eine Komplikation und Verteuerung dar, weshalb bei Reihenmotoren der erwünschte Effekt zuverlässiger und einfacher mit Schwingungsdämpfern erreicht wurde. Ungeachtet dessen hat man auch große Dieselmotoren mit solchen Tilgern ausgerüstet, so z. B. die Fa. *Sulzer* einen sechszylindrigen Viertaktmotor für eine Diesellokomotive. Bei diesem *Taylor-Sarazin*-Tilger – als Doppelpendel ausgebildet – tilgen je zwei gegenüberliegende Pendel eine Hauptordnung [284].

---

[127] Französische Patente 748 909; 768 000 und 783 734; DRP 597 091 vom 11.7.1931

[128] In der Literatur wird dieser Fliehkraftpendel-Tilger sowohl als *Taylor-Tilger* als auch als *Sarazin-Tilger* (oder -pendel) bezeichnet.

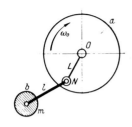

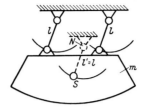

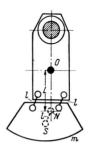

Taylor-Pendel
(Prinzip)

Schema eines
Zweifadenpendels

Kombination von
Zweifadenpendel
als Taylor-Masse
mit einer Kurbelwange

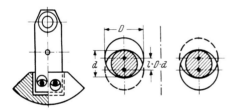

Anlenkung der Taylor-Masse
durch Bolzen, die in zylindrischen Bohrungen abrollen
(Verwirklichung einer kleinen
Pendellänge l)

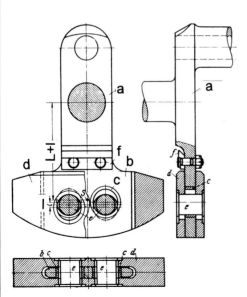

a	hinterer Kurbelschenkel
b	Fortsatz des Kurbelschenkels
c	gehärtete runde Buchsen
d	pendelnd aufgehängtes Gegengewicht
e	zylindrische Rollen
f	Ausschlagbegrenzung
S	Schwerpunkt der Pendelmasse
l	Pendellänge
L+l	Abstand des Schwerpunkts der Pendelmasse von der Drehachse

Taylor-Pendel

Bild 52 Das Prinzip des Zweifaden-Pendels und seine konstruktive Umsetzung durch *Chilton-Taylor*

Angesichts der Vielfalt von Berechnungsverfahren und bei dem Aufwand, den sie in der „Rechenschieberzeit" erforderten, wollte man natürlich wissen, wie zuverlässig diese Ergebnisse sind, wie zutreffend sie die wirklichen Verhältnisse beschreiben. Deshalb unternahm die *AEG,* damals auch Hersteller von großen Dieselmotoren, Referenzversuche, um die Übereinstimmung von Theorie und Praxis zu überprüfen. Dabei zeigte sich, daß die Differenz errechneter und gemessener kritischer Drehzahlen im Bereich von einigen Prozent lag [285]. Der Bedeutung von Drehschwingungsvorgängen in Maschinenanlagen trugen auch die Klassifikationsgesellschaften Rechnung. Als erste verlangte der *Germanische Lloyd* 1930 in seinen Vorschriften, daß das Drehschwingungsverhalten bei der Dimensionierung von Kurbelwellen berücksichtigt werden müsse [224]. Andere Gesellschaften schlossen sich dem an.

Wenn hier vorwiegend über die Entwicklung in Deutschland berichtet wird, so waren die Ingenieure anderer in der Luftfahrt-Entwicklung aktiven Länder mit denselben Problemen konfrontiert. In England beschäftigte sich vor allem das *Royal Aircraft Establishment* (R.A.E.) in Farnborough mit diesen Fragen und war auch bei der Entwicklung der Meßtechnik aktiv, so z. B. wurde ein optisch arbeitender Torsiograph entwickelt, mit dem auch schnell drehende Motoren – während des Betriebs – untersucht werden konnten, Bild 53.

Eine wichtige Erkenntnis, die damit nachgewiesen werden konnte, war das unterschiedliche Drehschwingungsverhalten ein- und desselben Motors auf dem Prüfstand, angeschlossen an die Leistungsbremse, und im Flugzeug, die Luftschraube antreibend. In den USA hatte das *M.I.T.* einen Torsionsindikator entwickelt, der nach dem Prinzip der seismischen Masse arbeitete. Dieser Indikator wurde von der Fa. *Sperry* gebaut.

In Deutschland entwickelte die *DVL,* wie zuvor schon *Junkers,* einen Torsiographen für schnelldrehende Motoren. Es handelt sich hierbei um ein Endmeßgerät zum starren Anflanschen an ein freies Kurbelwellenende, das mit einer Diamantspitze die Schwingungsbewegung des Kurbelwellenendes gegenüber einer seismischen Masse auf ein Filmband ritzt. Zeit- und Wegmarken ermöglichen eine genaue Bestimmung von Lage, Ordnung und Ordnungszahl der Kritischen. Diesen Torsiographen gab es in zwei Größen, für kleine und für große Motoren. Mit dem *DVL*-Verdrehungsschreiber wurde nicht die Änderung der Umdrehungsgeschwindigkeit, sondern die Verdrehung selbst, als Maß für die Wellenbeanspruchung, gemessen. Das Wirkungsprinzip entspricht dem der Torsionsindikatoren mit gegenseitiger Verdrehung der Meßquerschnitte [286]. In England entwickelte E. B. MOULLIN von *Engineering Laboratory* in Cambridge ein elektrisches Meßgerät hierfür [287], und schließlich befaßt sich auch das *Forschungsinstitut für Kraftfahrwesen und Fahrzeugmotoren an der TH Stuttgart* (FKFS) mit der Entwicklung eines schleifringlosen elektrischen Verdrehschwingungs-Schreibers, mit dem man die Schwingungen schon während der Messung auf dem Oszillographenschirm beobachten konnte. Dieses Gerät war spe-

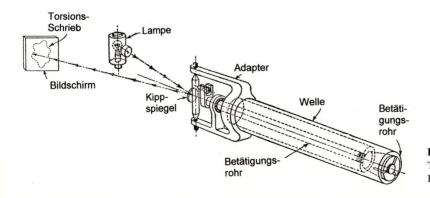

Bild 53
Torsionsindikator,
Bauart R.A.E.

ziell für Untersuchungen an DB 602-Dieselmotoren des Luftschiffs LZ 130 konzipiert worden. Es hatte den Vorteil, daß der Geber in der Hohlbohrung der Kurbelwelle angeordnet werden konnte [288]. Die Vielzahl an Aktivitäten auf dem Gebiet der Meßtechnik und die dafür erforderliche Meßgeräte-Entwicklung läßt die Bedeutung dieses Komplexes für die gesamte Triebwerksentwicklung erkennen. Dabei verlangten die immer schnelleren Vorgänge, die es zu erfassen galt, den Übergang von mechanischen zu optischen und schließlich zu elektrischen Meßprinzipien und -geräten, zumal diese den Vorteil bieten, daß die Meßsignale verzögerungsfrei weitergegeben, dargestellt und endlich auch ausgewertet werden können. Dabei kam in Deutschland Institutionen wie der *DVL* oder dem *FKFS* große Bedeutung zu, wie überhaupt die Flugmotorenindustrie eine Vorreiterrolle in der gesamten Triebwerks- und Motorenentwicklung spielte.

Nach dem zweiten Weltkrieg gab es in Deutschland keinen Flugzeug- und Flugmotorenbau mehr. Die Werke waren zum großen Teil zerstört, der Rest wurde demontiert und – vor allem – in die UdSSR abtransportiert. In den übrigen Werken wurden Fahrzeuge und Gerät für die Alliierten repariert; bestenfalls konnte – eingeschränkt durch zeitbedingte Widrigkeiten – die Fertigung von Kraftfahrzeugen und -motoren wieder aufgenommen werden. Kurioserweise bot gerade die Entwicklung von Panzermotoren durch *Maybach*[129] in der zweiten Hälfte der 1940er Jahre die Möglichkeit, technisch hochwertige und aufwendige Arbeiten durchzuführen, darunter auch die Entwicklung von Meßtechnik und -geräten auf dem Gebiet der Drehschwingungen [289]. Die Vorreiterrolle der Flugmotoren war nun auf schnelllaufende Hochleistungsdieselmotoren, wie sie in der Schienentraktion und für marinetechnische Spezialanwendungen eingesetzt wurden, übergegangen. Hier traten thermische, mechanische und dynamische Probleme auf, deren Lösung neue Wege und Methoden erforderte. So entwickelte die Fa. *Maybach* Anfang der fünfziger Jahre einen Torsiographen, bei dem eine zentrisch gelagerte rotationssymmetrische Masse über vier Spiralfedern mit dem umlaufenden System (Kurbelwelle) verbunden ist. Die Relativbewegung zwischen Masse und Kurbelwelle diente als Meßgröße, wobei diese induktiv über eine Brückenschaltung aufgenommen und über Schleifringe auf eine Trägerfrequenzbrücke gegeben wurde. Bei Torsiographen neuere Bauart zentriert sich die seismische Masse nicht mehr mechanisch über Federn am System, sondern berührungslos über eine Magnetkupplung [290], Bild 54.

Ein wichtiger Beitrag zur experimentellen Untersuchung von Bauteilbeanspruchungen – nicht nur durch Drehschwingungen – ist die Dehnmeßstreifentechnik, die in der zweiten Hälfte der 1930er Jahre in den USA entwickelt worden ist. Zunächst waren es Kohle-Widerstands-Dehnmeßstreifen, flache Streifen von etwa 30 mm Länge, 6 mm Breite und 1,5 mm Dicke. Diese waren aber noch sehr empfindlich in der Handhabung und verlangten eine individuelle Abgleichung, auch war ihr Meßbereich eng. Dennoch, sie lieferten viele Informationen über das Schwingungsverhalten von Maschinen. Diese Kohle-Dehnmeßstreifen wurden verbessert und ab 1942 durch den elektrischen Widerstands-Dehnmeßstreifen von CARLSON, SIMMONS und RUGE ersetzt. Dieser war kleiner, wies eine genügende Stabilität und einen hinreichenden Meßbereich auf und war weniger temperaturempfindlich. So setzte er sich schnell durch und spielte eine wichtige Rolle vor allem in der Motoren-Entwicklung im Kriege [224]. Neben der elektrischen Meßtechnik wurde auch die mechanische Versuchstechnik verbessert und immer mehr in Entwicklung und Fertigung (Qualitätskontrolle) eingesetzt. Drehschwingungsprüfstände – nach dem Stimmgabelprinzip arbeitend – wurden zur Überprüfung und Absicherung der dynamischen Festigkeitswerte von Kurbelwellen routinemäßig herangezogen.

---

[129] Auch die Franzosen nutzten deutsches Wissen, Können und Erfahrungen nach dem Krieg, um ihren technischen Rückstand aufzuholen. So kam es, daß KARL MAYBACH mit der Entwicklung eines Panzermotors eben das gutmachen sollte, was ihm als Verbrechen vorgeworfen worden war: Die Entwicklung von Panzermotoren!

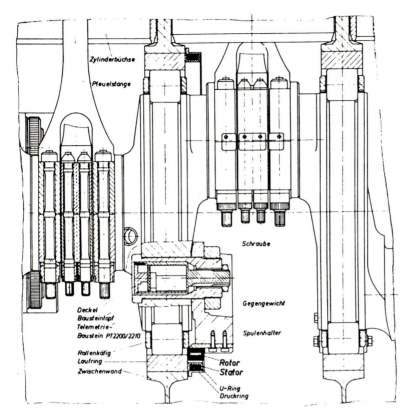

Zylinderbüchse

Pleuelstange

Schraube

Gegengewicht

Deckel
Bausteintopf
Telemetrie-
Baustein PT2200/2210

Spulenhalter

Rollenkäfig
Laufring
Zwischenwand

Rotor
Stator

U-Ring
Druckring

Bild 54
Berührungslose
Meßwertübertragung
(Telemetrie), System
Maybach, bei
Drehschwingungs-
Messungen am
laufenden Motor

„ … Trotzdem bekanntlich bei Prüfung nur eines Hubzapfens die auf der Prüfmaschine ermittelte Festigkeit zu grosse Werte ergibt, wurden die Reihe der Versuchsläufe zur Bestimmung der Form des Ölbohrungsauslaufs und der Hohlkehle aus Zeitgründen an Wellenstücken mit einem Hubzapfen durchgeführt. Der Vergleich der so erhaltenen Werte untereinander ergibt wohl zu hohe aber im Vergleich zueinander richtige Werte … Die Prüfung ergibt, dass die Bruchspannung bei der neuesten Ausführung des Hubzapfens an der Schrägbohrung, Schmierbohrung und an der Hohlkehle annähernd gleich ist … Die bisherigen Versuche zeigen aber, dass unbedingt auf eine einwandfreie, saubere Schmierbohrung, Ölbohrung und Einhaltung der 3er Radien an den kritischen Stellen Wert gelegt werden muss …" [291].

Angesichts der Drehschwingungs-Probleme mit Kurbelwellen von U-Bootmotoren im ersten Weltkrieg wurden die Wellen von Motoren der Weltkrieg-II-Boote diesbezüglich gründlich überprüft. Dabei ging es oft um die Entscheidung, welche fertigungstechnischen Unregelmäßigkeiten und Abweichungen noch zugelassen werden konnten. Wegen der prekären Situation in allen Bereichen war man natürlich bestrebt, möglichst wenig Wellen zu verausschussen:

„ … Bei Kurbelwellen der MV 40/46 werden bei der Prüfung mit dem Durchflutungsverfahren in steigendem Maße Risse festgestellt … Von dem Ergebnis dieser Untersuchung hängt es ab, ob der Einbau von Kurbelwellen mit Rißstellen gewagt werden kann oder ob diese Wellen verworfen werden müssen, was zu einer sehr ungünstigen Beeinflussung der Fertigung führen würde … Die Prüfeinrichtung muß in der Lage sein, ein schwingendes Drehmoment mit einer Amplitude bis zu ± 25.000 mkg aufzubringen, damit in der zu prüfenden Kröpfung Nennspannungen bis zu ± 10 kg/mm^2 hervorgebracht werden können …" [292].

Kurbelwellen-Verdrehprüfstand

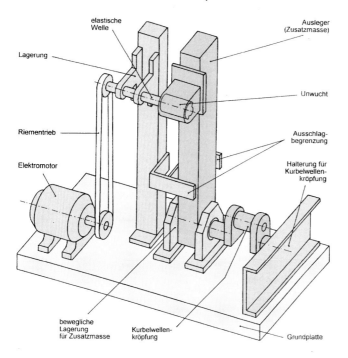

Bild 55
Kurbelwellenverdreh-Prüfstand
einfacher Bauart, im Rahmen
zweier studentischer Diplom-
arbeiten an der FH in Friedberg
erstellt.

Um die zum Zerbrechen der Kurbelwellen nötigen Käfte zu erzeugen, bedient man sich jener
Mittel, welche man letztlich bekämpfen will – der Drehschwingungen! Die Kurbelwelle bzw.
die Kröpfungen werden einseitig eingespannt, auf der anderen Seite wird ein Dreharm befestigt,
auf den umlaufende Unwuchten die erregende Wechselkraft erzeugen. Da auf dem ansteigenden
Ast der Vergrößerungskurve gefahren wird, genügen kleine Änderungen der Erregerdrehzahl,
um große Änderungen des Schwingungsausschlags hervorzurufen. Von diesen Prüfmaschinen
gibt es viele Abarten, entsprechend den jeweiligen Erfordernissen, Bild 55.

Mit dem elektrischen Torsiographen und dem zweistrahligen Kathodenstrahl-Oszillographen
hatte man Ende der 1930er Jahre eine Meßeinrichtung, welche direkt in der Entwicklung von
Schwingungsdämpfern eingesetzt werden konnte. Da bezüglich der Auslegung von Schwingungsdämpfern noch eine gewisse Unsicherheit herrschte, war man natürlich daran interessiert,
den Einfluß einzelner Parameter auf das Dämpfungsverhalten experimentell abzusichern. Mit
der o. a. Meßeinrichtung konnte man bei jeder Motordrehzahl den zeitlichen Verlauf der Drehschwingungen und auch die größte Amplitude messen. Reibungsdämpfer haben den Nachteil,
daß das dämpfende Reibungsmoment stark vom Reibwert abhängt. Ausgehend von einem maximalen Schwungmoment wurde dieses in Stufen verringert; dabei zeigte sich, daß es einen Bereich gibt, in dem das Reibmoment nur wenig vom Bestwert abweicht. Die Bandbreite dieses
Bereiches wird von der Größe der Schwungmasse beeinflußt [293]. Die Empfindlichkeit der
Reibungsdämpfer gegenüber Abnutzung dürfte sicher ein Grund gewesen sein, weshalb man der
Wirkung von Schwingungsdämpfern nicht so recht trauen wollte. Im Rückblick äußerte sich
HARRY RICARDO[130) wie folgt dazu:

---

130) Sir HARRY RICARDO, 1889 bis 1974, ist einer der Großen der Motorenentwicklung. Ricardo leistete Bedeutendes in
der Motortechnik und machte sich u. a. mit der Erforschung des Klopfvorgangs in Motoren einen Namen.

Bild 56
„Klassischer" Torsionsbruch
der Kröpfung einer
GGG-Pkw-Kurbelwelle auf
dem FH-Friedberg-Prüfstand
erzeugt.

„ … Nach Meinung des Verfassers ließen sich die Konstrukteure in der letzten Zeit zu sehr von der Furcht vor Drehschwingungen leiten und hatten wenig Zutrauen zu der Wirkung von Schwingungsdämpfer, so daß es üblich geworden ist, übermäßig schwere Kurbelwellen mit großen Lagerdurchmessern und hohen Reibungsverlusten zu verwenden und gleichzeitig die gesteuerte Motordrehzahl auf einen Höchstwert zu begrenzen, der etwa 10 % unterhalb der Kritischen 6. Ordnung liegt. Hätte man mehr Vertrauen gehabt und mehr Überlegung und Entwicklungsarbeit auf die Dämpferkonstruktionen verwendet, besonders unter dem Gesichtspunkt der Wärmeabfuhr, so würde es sich wahrscheinlich als möglich herausstellen, mit beträchtlich höheren Drehzahlen betriebssicher zu fahren und zugleich die Kurbelwellendurchmesser zu verkleinern und damit die Lagerreibungsverluste zu vermindern …" [294].

Das änderte sich nach dem zweiten Weltkrieg gründlich, weil nun die meisten Motoren ohne Schwingungsdämpfer gar nicht mehr auskamen. Mit dem von *Holset* (England) entwickelten Viskositätsdämpfer[131] stand eine Dämpfertype zur Verfügung, die sich gleichermaßen für schnellaufende Motoren wie für große Mittelschnelläufer eignete. In einem ringförmigen Dämpfergehäuse auf dem freien Ende der Kurbelwelle befindet sich eine darin beweglich gelagerte Schwungmasse. Die Kraftübertragung erfolgt über eine etwa 0,1 mm starke Schicht hochviskosen Silikonöls, wobei der Schwungring radial durch eingepreßte Bronzebuchsen geführt wird. Die Relativbewegung von Gehäuse und Schwungring ruft Schubspannungen im Silikonöl hervor, wodurch eine geschwindigkeitsproportionale Dämpfung bewirkt wird [295], Bild 57.

Solche Dämpfer sind wartungsfrei, weil Silikonöl in seinen Eigenschaften weitgehend stabil ist. Auch in diesem Fall folgte die Theorie der Praxis, indem man versuchte, die Verhältnisse dämpfungsgekoppelter Drehschwingungsdämpfer rechnerisch zu untersuchen. Wie auch in anderen

---

[131] Dieser Dämpfertyp wird in Deutschland von der Firma *Hasse & Wrede GmbH* (Berlin) gebaut.

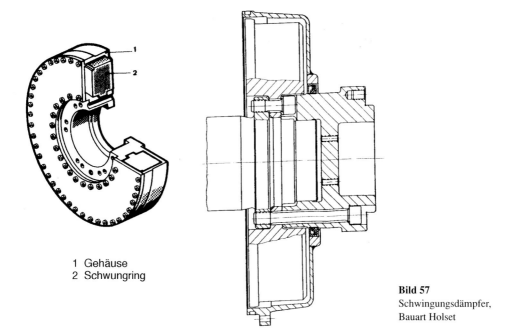

1 Gehäuse
2 Schwungring

Bild 57
Schwingungsdämpfer,
Bauart Holset

Fällen mußte man feststellen, daß eine vereinfachte Rechnung zwar der Theorie nur unzureichend genügte, aber mit der Wirklichkeit vergleichsweise gut übereinstimmte.

„ … Die üblichen Methoden zur Berechnung der Dämpfungskonstante führen nicht zu optimalen Dämpfungskonstanten, bei der die kleinstmögliche Schwingungsbeanspruchung in der Kurbelwelle auftritt. Es wird hier gezeigt, wie man diese optimale Dämpfungskonstante ermitteln kann. Sie unterscheidet sich aber bei den meisten Motoren nur unwesentlich von der nach einfacheren Methoden ermittelten Dämpfungskonstanten. Es besteht also keine Veranlassung, von den seitherigen Verfahren abzugehen …" [296].

Ein anderes Beispiel dafür, daß die Theorie bisweilen komplizierter sein kann als die Praxis verlangt, ergab sich im Zusammenhang mit den Reduktionsformeln für die Kurbelwellensteifigkeit. Die experimentelle Ermittlung der Steifigkeit von Kurbelkröpfungen im Verdrehversuch ist prinzipiell einfach, doch entspricht dieser Lastfall, wie R. Grammel in [297] 1933 aufgezeigt hat, nicht der tatsächlichen Belastung der Kurbelkröpfung. Diese wird nämlich zum einen durch das von der benachbarten Kröpfung durch sie hindurchgeleitete Drehmoment belastet (Torsionsmoment 1. Ordnung[132]) und zum anderen durch Momente, die aus den an den Hubzapfen angreifenden Tangentialkräften gebildet werden (Torsionsmoment 2. Ordnung) und ein andere Verformung der Kröpfung bewirken. Andererseits kam die Praxis gut mit den bisherigen offensichtlich auf unvollkommenen Annahmen beruhenden Rechenverfahren aus:

„ … Den Darlegungen … gegenüber hatte die Praxis jedoch immer wieder darauf hingewiesen, daß sie gute Übereinstimmung ihrer Messungen fand mit jenen Schwingungszahlen, die nach dem alten Verfahren errechnet wurden, d.h. unter Zugrundelegung … der Torsionssteifigkeit erster Art … .Es sagt aber, daß in gewissen, und zwar in vielen praktisch besonders wichtigen Fällen die einfache alte Betrachtungsweise nach Torsion erster Art … eine ausreichende Annäherung für die grundsätzlich richtige Betrachtungsweise mit Torsion zweiter Art … darstellt …" [298].

---

[132] Die Bezeichnung Ordnung in diesem Zusammenhang ist nicht mit der Ordnungszahl der Schwingungen zu verwechseln.

Ein Zwiespalt zwischen Theorie und Praxis liegt auch darin, daß die Wirklichkeit außerordentlich komplex ist, so daß man sie mit der Theorie, d. h. mit der Mathematik, in vielen Fällen nur unzulänglich erfassen kann. Gelingt es dann, einen Aspekt des Problems weitgehend zu erhellen, dann kann es sein, daß die scharfsinnige Überlegung, die genauere mathematische Formulierung nicht den erhofften Erfolg bringt, weil andere Ungenauigkeiten, notgedrungen vage Annahmen bei den Ausgangsgrößen die genaue Rechnung konterkarieren. Mit anderen Worten: Wenn man ein grob gerastertes Bild in der Zeitung mit dem Vergrößerungsglas betrachtet, bekommt man keine genauere oder gar zusätzliche Information; man sieht lediglich die einzelnen Rasterpunkte vergrößert!

Anfang der 1930er Jahre hatte es mit einer Maschinenanlage, bestehend aus einem doppeltwirkenden Zweitaktmotor und einem von diesem angetriebenen Turboverdichter erhebliche Schwierigkeiten gegeben, weil die Kupplung die unterschiedlichen Drehmomenten-Verläufe von treibender und getriebener Maschine nicht verkraftete. Sowohl dämpfende Reibungs- als auch *Bibby*-Kupplungen versagten; für eine hydraulische Kupplung war nicht genügend Einbauraum vorhanden. Deshalb entwickelte die *MAN* eine neuartige Federkupplung, die Hülsenfeder-Kupplung: Ein sternförmiger Innenteil ist mit der Kurbelwelle verbunden, die Verbindung zum Außenteil erfolgt durch geschlitzte Hülsenfedern, welche ihrerseits in Bohrungen im Außenteil sitzen. Bei Relativbewegung von Innen- und Außenteil werden die Hülsenfedern zusammengedrückt; sie legen sich kontinuierlich an den Bolzen an, so daß mit Verkürzen der freien Federlänge die Federkennlinie progressiv ansteigt. Zur Begrenzung des Ausschlags befindet sich ein Anschlagbolzen in dem Schlitz der Hülsenfedern. Die Federpakete arbeiten im Ölbad, das vom Motorölkreislauf aus versorgt wird. Das durch die Relativbewegung aus den Hülsenkammern verdrängte Öl wirkt dämpfend. Diese Eigenschaft machte man sich zunutze, indem man die Hülsenfeder-Kupplung zum Dämpfer weiterentwickelte [299; 300], Bild 58. Das Hülsenfeder-Prinzip hat sich bewährt und wird heute noch in Kupplungen und Schwingungsdämpfern im Motorenbau angewendet.

Die *Adam Opel AG* bzw. deren Mutterfirma *GMC* entwickelten für Fahrzeugmotoren ebenfalls einen Dämpfer mit Koppelung der Dämpfermasse durch Federn. Eine Mitnehmerscheibe auf der Kurbelwelle trägt gleichmäßig über den Umfang verteilt vier Bolzen, an denen sich beidseitig Blattfederpakete anlegen, die sich primär- und sekundärseitig abstützen. Wenn sich die Kurbelwelle relativ zur Dämpfermasse bewegt, verbiegen sich diese Federn und legen sich stärker an die Bolzen an. Dadurch verkürzt sich die freie Federlänge, und die Federcharakteristik wird steifer. Die Schwingungsenergie wird durch die Federblattreibung in Wärme umgewandelt [267], Bild 59.

Leonhard Geislinger, Mitarbeiter von Gustav Pielstick, erst bei der *MAN,* dann in Frankreich bei der *SEMT Pielstick,* entwickelte einen, nach ihm als *Geislinger*-Dämpfer benannten Dämpfertyp, der auch als Kupplung eingesetzt, für größere und große Motoren verwendet wird. Der elastische Formschluß zwischen Primär- und Sekundärteil ist durch über den Umfang verteilte, radial angeordnete Blattfederpakete gegeben. Die Federn sind im Außenteil eingespannt und stützen sich mit ihrem freien Ende im Innenteil ab. Bei Relativbewegung von Außen- und Innenteil verbiegen sich die Federn, wodurch das Öl in den Federkammern durch einen – die Kammern in Umfangsrichtung miteinander verbindenden Spalt – auf die andere Seite der Kammer gedrückt wird. Durch Dimensionierung des Spalts kann die Dämpfung beeinflußt werden, durch die der Federn das dynamische Verhalten. Der Dämpfer ist an die Ölversorgung des Motors angeschlossen, wodurch die in Wärme umgewandelte Schwingungsenergie problemlos abgeführt werden kann, Bild 60.

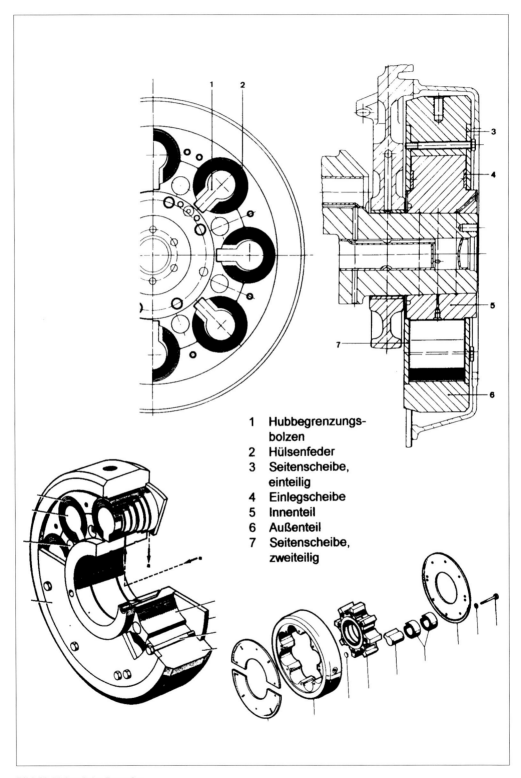

1 Hubbegrenzungs-
   bolzen
2 Hülsenfeder
3 Seitenscheibe,
   einteilig
4 Einlegscheibe
5 Innenteil
6 Außenteil
7 Seitenscheibe,
   zweiteilig

Bild 58 Hülsenfeder-Dämpfer

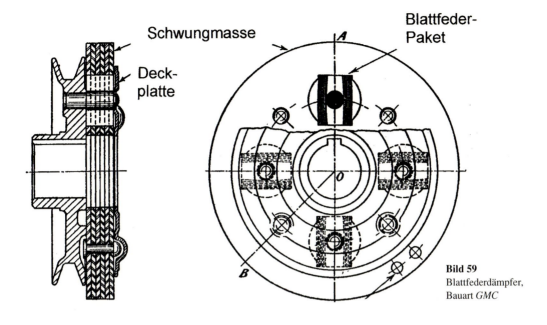

Schwungmasse

Deck-
platte

Blattfeder-
Paket

A

B

O

Bild 59
Blattfederdämpfer,
Bauart *GMC*

Bild 60
Blattfeder-Dämpfer,
Bauart *Geislinger*

Das Drehschwingungsverhalten von Motorenanlagen blieb Gegenstand intensiver theoretischer und experimenteller Untersuchungen, wobei man sich natürlich darum bemühte, beide miteinander in Einklang zu bringen. Hilfsmittel hierbei waren oft, wenn auch unerwünschterweise, Kurbelwellenbrüche, deren Verlauf Rückschlüsse auf das Schwingungsbild ermöglichte:

„ … Das Vorhandensein von 3 Knoten ist unverkennbar, und zwar so, dass im ersten Knoten nach der Schwungradseite die Brüche entgegen dem Motordrehsinn, im zweiten Knoten vorwiegend im Motordrehsinn folgen und schließlich im dritten Knoten wieder entgegen dem Motordrehsinn …“ [301].

Zur Erprobung, Untersuchung und Abstimmung von Schwingungsdämpfern wurde bei der *MAN* ein Prüfstand gebaut, bei dem die Torsionswelle mit Schwungmasse und Dämpfer von einem regelbaren Elektromotor über Exzenter, Treibstange und Schwinge angetrieben wurde. Dem freien Wellenende wurden dadurch bestimmte Ausschläge aufgezwungen („Wegerregung“). Der Dämpfer soll nun diese Ausschläge verringern. Meßgröße war die Relativbewegung von Schwungmasse zum Außenteil des Dämpfers, sowie die Relativbewegung zwischen Innen- und Außenteil des Dämpfers. Einflußparameter des Dämpfers waren die Zahl und Bauart der Federpakete sowie der Öldruck. Die Wirksamkeit des Dämpfers zeigte sich daran, daß er die durch die eingeleiteten Ausschläge auf das Zehnfache aufgeschaukelten Schwingungen auf ein Drittel bis ein Viertel herunterdämpfte [302].

Im Laufe der Zeit erkannte man, daß die Grundlage der Berechnungen, die Formeln für die Kurbelwellenreduktion, die tatsächlichen Verhältnisse nicht mehr mit der zu fordernden Genauigkeit wiedergaben. Eine Ursache dafür dürfte auch darin zu sehen sein, daß sich die Kurbelwellen selbst verändert hatten, weil höhere Leistungen respektive höhere spezifische Arbeit zu stärkeren Zapfendurchmessern und Wangen geführt hatten. Das veranlaßte die *British Internal Combustion Engine Research Association (BICERA),* die Formeln von CARTER, GEIGER, HELDT, JACKSON und KER WILSON an Hand der Kurbelwellen von Motoren unterschiedlicher Größe – die Bohrungen der Motoren lagen zwischen 105 und 380 mm – experimentell zu überprüfen. Dabei ergaben sich Abweichungen von –12 bis +10 %, die man vor allem auf die unterschiedlichen Formen der Kurbelwangen zurückführte. Eine daraufhin neu entwickelte Reduktionsformel lieferte deutliche bessere Ergebnisse mit Abweichungen von nur ± 3,5 % [303].

Auch in der Drehschwingungberechnung hat sich mit dem Aufkommen elektronischer Datenverarbeitungsanlagen (EDV) die Situation grundsätzlich geändert. Was einst Stunden konzentrierter Rechenarbeit verlangte, wird heute in Sekunden erledigt. Welchen Fortschritt das selbst bei den – aus heutiger Sicht – langsamen und umständlich zu bedienenden Rechner der frühen Jahre kommerzieller EDV-Anwendung bedeutete, wird aus [252] erkennbar:

„ … Steht eine programmgesteuerte Maschine, wie etwa der elektronische Magnettrommelrechner IBM 650, zur Verfügung, so kann man das Auffinden der Eigenfrequenzen eines Systems der Maschine selbst überlassen. Lediglich das Programm und die zu verarbeitenden Daten werden in die Maschine eingegeben. Nach dem Starten des Programmes errechnet die Maschine selbsttätig alle Eigenschwingungen, die bis zu einer beliebig vorgegebenen Frequenz auftreten. Die interessierenden Ergebnisse, hier also die Eigenfrequenzen mit den dazugehörigen auf 1 bezogenen Relativausschlägen der einzelnen Massen und die zwischen den Massen auftretenden Schwingungsmomente, werden auf Lochkarten ausgegeben. Damit ist der Ingenieur von den zeitraubenden und auch eintönigen Rechenarbeiten befreit, und die Drehschwingungsrechnungen nach dem *Tolle*-Verfahren haben ihre Schrecken verloren …“ [252].

Heute können solche Rechnungen als Übung von Studenten mit programmierbaren Taschenrechnern erledigt werden. Tempora mutantur!

Der Trend zu höherer Leistung und Drehzahl und – verstärkt durch Leichtbauweise – sorgte dafür, daß Drehschwingungsprobleme aktuell blieben. Dabei wurden die Schwingungssysteme immer komplexer: Die Motoren treiben Hilfsmaschinen über Nebentriebe an, mehrere Motoren werden zu Mehrmotoren-Anlagen zusammengefaßt („verzweigte Schwingungsketten"); das erweiterte das Spektrum möglicher Schwingungserscheinungen ungemein. Hinzu kommt, daß die Prämisse bisheriger Rechenverfahren, nämlich die Linearität der die Bewegungen beschreibenden Differentialgleichungen durch geschwindigkeitsproportionale Dämpfung und lineare Rückstellkäfte in Wirklichkeit nicht gegeben ist. Bei verzweigten Schwingungsketten liefern die „klassischen" Rechenverfahren zu ungenaue Ergebnisse bzw. die Rechnung gestaltet sich so kompliziert, daß sie nicht mehr praktikabel ist. In solchen Fällen erweiterte die EDV die Möglichkeiten der Berechnung durch Anwendung von speziellen Algorithmen [304]. Auch die Matrizenrechnung kann jetzt zur Lösung von solchen Schwingungsproblemen herangezogen werden [305].

Mit der Weiterentwicklung der Rechenverfahren wird immer wieder die Frage nach der Gültigkeit der Voraussetzungen, der Genauigkeit von Einflußgrößen gestellt. Ungenauigkeiten bzw. Schwankungen der Erregerkräfte, Nicht-Linearitäten von Dämpfung und Steifigkeit wirken sich natürlich auf die Zuverlässigkeit der Ergebnisse aus. Daß diese dennoch vergleichsweise gut mit der Wirklichkeit übereinstimmen ist erstaunlich:

„ … Angesichts der geschilderten Unsicherheiten in den Grundlagen der Berechnung ist es erstaunlich, daß meistens doch eine befriedigende Übereinstimmung zwischen Vorausberechnung und der Messung erreicht wird …" [306].

Eine ganz offensichtliche Ungenauigkeit in den Grundlagen der Berechnung kommt durch die Schwankung des Massenträgheitsmomentes der Triebwerksteile zustande. Im Laufe einer Kurbelwellenumdrehung ändert sich das Massenträgheitsmoment von Kolben und Pleuelstange erheblich. Diesen Einfluß auf das Drehschwingungsverhalten eines Vierzylindermotors zu untersuchen, wurde Mitte der 1970er Jahre zum Gegenstand eines Forschungsvorhabens der *FVV*. Auch in diesem Fall zeigte sich, daß die Abweichungen zur vereinfachten Rechnung nur gering sind [307].

Der Entwicklungsfortschritt manifestiert sich auf verschiedene Weise: Primär in höherer Leistung, wie sie z. B. ab den 1970er Jahren durch Hochaufladung und Ladeluftkühlung erreicht wurde, oder sekundär – weniger spektakulär – in längeren Wartungsintervallen. Beides hatte auch unerwünschte Nebenwirkungen, so z. B. auf die Lebensdauer von Viskositäts-Schwingungsdämpfern. Es häuften sich Schäden: Verschleiß an den Führungsringen, die Viskosität des Silikonöls änderte sich und damit auch das Dämpfungsverhalten. Aus diesen Gründen führte die *FVV* ein Forschungsvorhaben zur Klärung der Ursachen durch. Neben theoretischen Untersuchungen wurde auch ein Drehschwingungsprüfstand erstellt, mit dem das Betriebsverhalten dieser Dämpfer überprüft werden sollte. Dabei kam es zu einer in Versuchen der Motortechnik immer wieder auftretenden Schwierigkeit: Nämlich daß sich in der Praxis unerwünschte Effekte im Versuch nur sehr schwierig, wenn überhaupt, darstellen lassen:

„ … So schwierig es oft ist, Drehschwingungen da, wo sie ungewollt auftreten, zu beseitigen, so schwierig ist es umgekehrt, bei umlaufenden Teilen Drehschwingungen in gewünschter, eindeutiger Form und dosierter Amplitude mit den erforderlichen Prüfleistungen zu erzeugen …" [308].

Der Einzug der Elektronik und der EDV, nicht nur in die Meßtechnik, sondern auch in die Motortechnik allgemein, bietet nicht nur für die Entwicklung neue Möglichkeiten, sondern auch für den praktischen Motorbetrieb und die Motorüberwachung. Hersteller von Schwingungsdämpfern haben auf der Grundlage ihres Entwicklungs-Instrumentariums Überwachungssysteme geschaffen, mit denen man die Maschinenanlage im Betrieb auf kritische Schwingungsamplituden kontrollieren kann. Fehlzündungen von Zylindern[133] werden gemeldet, das Wechseldrehmoment des Schwingungsdämpfers sowie das statische und dynamische Drehmoment in der Kupplung gemessen und überwacht. Die Meßwerte werden verarbeitet, ausgewertet und auf einem Bildschirm angezeigt [309].

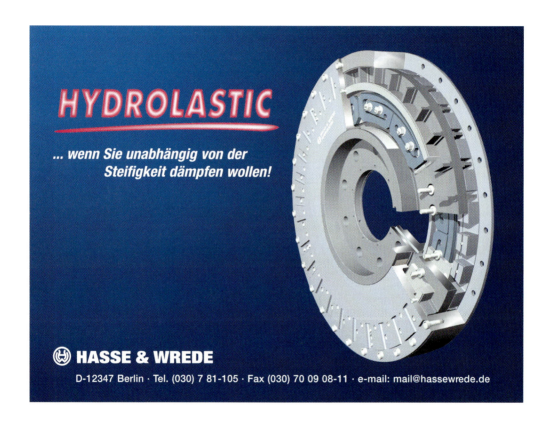

---

[133] Wenn ein Zylinder – aus welchen Gründen auch immer – nicht zündet, kann ein drehschwingungsmäßig gefährlicher Zustand auftreten.

8 Lagerungen im Kurbeltrieb

Drehende Maschinenteile müssen sich zur Übertragung von Kräften und Momenten in ruhenden oder ebenfalls beweglichen Maschinenteilen abstützen. Für die Verbindung relativ zu einander bewegter Teile verwendet man spezielle Elemente, die *Lager*. Der Ursprung dieses Fachwortes ist offensichtlich: „Lager: ein Ort zu liegen, eine Fläche, auf der ein Gegenstand aufliegt." In OTTO LUEGERS *Lexikon der gesamten Technik* von 1896 findet man folgende Definition:

„ … Lager, im Maschinenwesen, halten umlaufende oder schwingende Zapfen. Sie bilden neben den Führungen vorzugsweise die ruhende Unterstützung, Lagerung, der bewegten Teile einer Maschine, folgen aber auch z.B. an Pleuelstangen den gesetzmäßigen Bewegungen der Zapfen …" [310].

Lager sind die wichtigsten Maschinenelemente – ermöglichen sie doch das, was die Maschine zur Maschine macht: Bewegung! So wird in *Meyer's Konversations-Lexikon,* 2. Auflage von 1865, der Begriff Maschine wie folgt erläutert:

„ … Maschinen, mehr oder weniger zusammengesetzte Werkzeuge oder Instrumente, die zur Unterstützung, Ersparung oder zum Ersatz von Menschenkräften, sowie zur Erhöhung der Quantität, Qualität und Wohlfeilheit der Arbeit dienen. Die M. bestehen aus einer Verbindung beweglicher und unbeweglicher (fast ausschließlich) fester Körper, nehmen Kräfte auf, pflanzen sie fort oder gestalten sie auch nach Richtung und Größe derartig um, daß sie zur Verrichtung bestimmter mechanischer Arbeiten geeignet werden. Dabei dienen die M. entweder zur Erzeugung von Bewegungen, wobei sie allein Nebenwiderstände, wie Reibung, Seilbiegung, Luftwiderstand zu überwinden haben …" [311].

Als markantes Merkmal wird in dieser Definition also die Bewegung angeführt. Angesichts dessen sind Lager, die eine Bewegung von Maschinenteilen überhaupt erst ermöglichen, in Berichten, Beschreibungen, Abhandlungen und Fachbüchern geradezu stiefmütterlich behandelt worden. Deutlich wird das bei der Durchsicht alter Fach- und Lehrbücher. Bei GRASHOF, WEISBACH, REDTENBACHER oder REULEAUX findet man nur wenig Erhellendes zum Thema Triebwerkslager; allenfalls als Stehlager oder Hängelager für Transmissionswellen werden Lager behandelt, ohne daß etwas über ihre Funktionsweise ausgesagt wird. Im Zusammenhang mit dem Kurbeltrieb werden Lager als eigenständige Bauteile überhaupt nicht wahrgenommen. Dafür gibt es mehrere Gründe. Bis in die zweite Hälfte des 19. Jahrhunderts wurden Maschinen ganzheitlich behandelt, etwa der Art: *Von den Dampfmaschinen, Von den Pumpen* in *Bernoulli's Vademecum des Mechanikers* [312] oder *Anwendung des Dampfes als Motor* oder *Maschinen zum Heben der Flüssigkeiten* in BAUSCHINGER, J.: *Die Schule der Mechanik* [313]. Nach „Auflösung" der verschiedenen Maschinen in Maschinenelemente blieben Lager vielfach Stiefkinder der Autoren. Daran sollte sich – von Ausnahmen abgesehen – bis in die fünfziger Jahre des zwanzigsten Jahrhunderts wenig ändern.

Auch in Fachbüchern der Motortechnik wie in denen von HELDT, RIEDL, SASS und in den frühen Auflagen des DUBBEL und des BUSSIEN wird nicht auf Lager eingegangen, bestenfalls werden sie als Teil des Kurbelgehäuses (SASS) abgehandelt. Selbst in *Berechnung und Gestaltung der Triebwerke schnellaufender Kolbenkraftmaschinen* von MICKEL, SOMMER und WEIGAND kommen Lager nur im Zusammenhang mit dem Pleuel vor. Eine bemerkenswerte Ausnahme hierzu ist das in den USA bereits 1925 erschienene *Engine Dynamics and Crankshaft Design* von G.D. ANGLE [314].

Die offensichtliche Geringschätzung der Lager liegt sicher auch daran, daß Lager als ausgegossene Gehäuse- oder Pleuelbohrungen, die erst bei der Motormontage ihre endgültige Form erhielten, nicht als eigenständige Bauteile angesehen wurden. Auch die lange noch unklaren Vorstellungen über die Funktion des Lagers dürfte zu dieser Betrachtungsweise beigetragen haben; die Lagertheorie war für den Konstrukteur und den Versuchsingenieur zu wenig einsichtig, zu kompliziert und zu wenig aussagekräftig. Die schon erwähnte Kluft zwischen Theorie und Praxis war tief und nur schwer zu überwinden. ALOIS RIEDLER brachte das in der ihm eigenen, kräftigen Diktion zum Ausdruck:

„ … Vor einer so schmierigen Angelegenheit, obwohl sie Lebensbedingung aller Maschinenbetriebe ist, verhüllt die hehre ‚Wissenschaft‘ das Haupt, und ihre Vertreter fliehen weitab in die ‚reinen Gefilde‘ theoretischer Betrachtung …“ [315].

Reibung verbunden mit Verschleiß – unerwünschte Begleiterscheinung einer jeden Lagerung, die durch Schmierung zu verringern man sich seit je bemühte, verstellten den Blick auf die eigentliche Funktion des Schmierfilmes im Lager – nämlich Kräfte zu übertragen. „Das eigentliche kraftübertragende Maschinenelement, der Schmierfilm“, so hatte es einst GEORG VOGELPOHL[134]) prägnant formuliert [316]. Natürlich kommt dem Schmierfilm auch wegen seiner Funktion, Reibung zu vermindern, große Bedeutung zu: Bis zu $\frac{1}{4}$ und mehr der Antriebsenergie von Maschinen wird in Lagern in Reibungswärme umgewandelt, geht mithin also „verloren“. Thermodynamisch sind diese Reibungsverluste ein besonderes Ärgernis, schließlich wird ja mit der Verbrennung Wärme bei vergleichsweise schlechtem Wirkungsgrad in mechanische Energie umgewandelt, und nun geht ein Teil dieser wertvollen mechanischen Energie wieder als Reibungswärme verloren!

Dabei bereitet die dem Laien so einfach erscheinende Reibung – schließlich kennt und erfährt sie jeder täglich – große gedankliche Schwierigkeiten. Einerseits ist Reibung Hindernis für jede Bewegung und deshalb Gegenstand vielfältiger Bemühungen, sie zu verringern, andererseits gäbe es ohne Reibung keinen Halt und keine Bewegung; wer hätte nicht schon bei Glatteis diese fundamentale Erfahrung gemacht! Reibung hat viele Gesichter: Reibung der Ruhe (Haftreibung) und Reibung der Bewegung. Letztere unterteilt man in Gleitreibung, Rollreibung, Mischreibung, Flüssigkeitsreibung u.a. mehr. Die Norm (DIN), gleichsam Fixpunkt technischen Denkens, definiert Reibung so:

„ … Unter Reibung versteht man einen mechanischen Widerstand in der gemeinsamen Berührungsfläche, der eine Relativbewegung zwischen zwei aufeinander gleitenden, rollenden oder wälzenden Körpern hemmt (Bewegungsreibung) oder verhindert (Ruhereibung) [317].

Kommt es also in einem Falle auf genügend Reibung an, um einer Sache Halt zu geben oder sie abzubremsen, so ist es Aufgabe von Lagerungen, Reibung zu mindern. Ein weiterer Verlustposten durch Reibung ist der Verschleiß, der zu Fehlfunktionen und – daraus erwachsend – zu Maschinenschäden mit all ihren Folgen bis hin zu schweren Unglücksfällen führen kann. Obwohl Reibung einer der fundamentalen Effekte – nicht nur – der Technik ist, wurde sie von der Wissenschaft eher beiläufig behandelt, ALOIS RIEDLER zählt sie deshalb zu den *Stiefwissenschaften:*

„ … Große Wissenschaftsgebiete, auch allerwichtigste, werden schlechter als stiefmütterlich behandelt, sie werden ganz beiseite geschoben, darunter viele Wissenschaft, die unbequeme Wirklichkeit erfassen muß, ihren vielen wichtigen Bedingungen gemäß … Ein augenfälliges Beispiel bietet die Reibung … Starke und schließlich stärkste wissenschaftliche Betätigung während dreier Jahrhunderte, das ‚aufgeklärte‘, das ‚naturwissenschaftliche‘ und das ‚technische‘ genannt, hat dieses gewaltige Gebiet unbeackert gelassen! Und warum dieses stiefmütterliche Verhalten? Nur deswegen, weil die Reibungswirklichkeit nicht in die üblichen Verfahren paßt! …“ [315].

---

134) GEORG VOGELPOHL, 1900 bis 1975, war einer der führenden deutschen Tribologen und hat sich große Verdienste um die Erforschung von Reibungs- Verschleiß- und Schmierungsvorgängen erworben. Sein Lehrbuch *Das betriebssichere Gleitlager* war lange Zeit ein Standardwerk.

Der Art der Bewegung nach unterscheidet man Gleit- und Wälzlager. Gleiten und Wälzen (Rollen) sind umgangssprachlich geläufige Ausdrücke, so daß man sich wohl kaum Gedanken über das Wesen dieser elementaren Bewegungsvorgänge macht. Auch in der gängigen Fachliteratur findet man – von Spezialwerken der Getriebetechnik abgesehen – keine Definitionen [318]. Das Charakteristische des Gleitens ist, daß derselbe Punkt des einen Gleitpartners ständig mit anderen Punkten des anderen in Berührung kommt. Beispiel: Eine sich um eine feste Achse auf einer Fläche drehende Welle. Beim Wälzen hingegen dreht sich die Welle, wobei sich ihre Drehachse vorwärts bewegt. Es kommen laufend andere Punkte von Welle und Fläche in Berührung. Beispiel: Das rollende Rad [319].

Je nach den Anforderungen an die Lagerung und je nach der Entwicklung der Technik wurde der einen oder der anderen Lagerart der Vorzug gegeben. Bei dem noch niedrigen Stand der Gleitlagertechnik vor dem ersten Weltkrieg, wie er sich als Folge mangelnder Kenntnisse über die Wirkungsweise von Gleitlagern, als Folge geringer Belastbarkeit von Lagerwerkstoffen und unzulänglicher Fertigungsqualität darstellte, versuchte man die daraus entstehenden Schwierigkeiten durch Verwendung von Wälzlagern im Triebwerk zu umgehen. Daß aber Wälzlager im Triebwerk nicht unproblematisch sind, sollte man bald erfahren. Wenngleich also auch Wälzlager in Kurbeltrieben verwendet wurden, so dominiert doch das Gleitlager, weil sich Gleitlager auf Grund ihrer Funktionsweise – die man anfangs allerdings noch nicht durchschaute – besser für die Beanspruchungen im Triebwerk eignen.

Das Wort *gleiten* leitet sich aus dem mittelhochdeutschen *gliten* ab, wobei die Bedeutung von *rutschen, sich schwimmend bewegen* auf „blank, glatt sein" zurückgeführt wird [320]. Damit sind wesentliche Merkmale von Gleitpaarungen beschrieben, nämlich die für diese Bewegungsart erforderliche Oberflächenbeschaffenheit. Daß für eine solche Bewegung ein Gleitmittel (Schmiermittel) erforderlich ist, ist schon früh erkannt worden.

Der Begriff *Lager* ist mehrdeutig, weil man darunter den ganzen Komplex *Lager,* bestehend aus Lagerstuhl, Lager(schalen) und Zapfen wie auch nur das eigentliche Lager (Lagerschalen, Lagerbuchse) versteht. Lager sind Teil eines tribologischen Systems, bestehend aus Grundkörper (Lager), Gegenkörper (Zapfen), Zwischenstoff (Schmiermittel) und Umgebungsmedium (Atmosphäre). Diese Teile des Tribosystems stehen zum einen in Wechselwirkung zueinander, zum anderen sind sie von außen wirkenden Beanspruchungen ausgesetzt [321]. Hierbei ist das Schmiermittel ebenso ein Maschinenelement wie die Pleuelstange oder die Kurbelwelle. Man muß sich vergegenwärtigen, daß die Kräfte, zu deren Beherrschung kräftig dimensionierte Teile aus hochfesten Stählen wie eben Pleuel oder Kurbelwelle benötigt werden, durch Schmiermittelschichten von nur wenigen Tausendstel Millimeter Dicke übertragen werden! Kein Wunder also, daß Lager im Maschinenbau, besonders im Kurbeltrieb mit seiner instationären Belastung[135] schon immer Bauteile „sui generis" gewesen sind. Die komplexen Vorgänge im Gleitlager mit ihren vielen Einflußgrößen konstruktiver, fertigungstechnischer, werk- und schmierstofflicher Art waren anfangs nicht zu durchschauen. Es herrschten unklare Vorstellungen darüber, wie ein Gleitlager „funktioniert". Man stützte sich auf das, was offensichtlich war, und suchte auf dieser Grundlage zu bessern, wo Schwierigkeiten auftraten. Das alles behinderte die Lagerentwicklung nachhaltig, wie noch zu Beginn der 1920er Jahre in einem Fachaufsatz zum Ausdruck kommt:

„Betrachtet man die verschiedenen Lagerkonstruktionen, die von den einzelnen Firmen ausgeführt werden, so gewinnt man den Eindruck, daß keine allgemein anerkannten Richtlinien zugrunde gelegt sind und daß vielmehr die Ausbildung dieser Konstruktionen der Willkür des Ein-

---

[135] Instationäre Belastung bedeutet, daß sich die Kräfte während eines Arbeitsspieles sowohl der Größe als auch der Richtung nach ändern.

zelnen überlassen geblieben ist. Was den Fachmann am meisten verwundern muß, ist die Langsamkeit, womit auf diesem Gebiete der Techniker dem Theoretiker folgt. In jedem anderen Zweige des Maschinenbaues ist man gegenwärtig gerade das Entgegengesetzte gewöhnt. Kaum ist in den wissenschaftlichen Blättern etwas Neues veröffentlicht, so vernimmt man kurz darauf, daß dieses Neue hier oder dort in der Praxis schon verwendet worden ist. Diese auffallende Abweichung von dem gewöhnlichen Gang der Dinge ist nicht ohne Ursache und dürfte ihren Grund besonders in den Unstimmigkeiten haben, die anfänglich zwischen Theorie und Versuchen bestanden haben. Sie sind einerseits in den allzu einfachen Vorstellungen begründet, die der Theoretiker von den Vorgängen hatte, und andererseits von der Schwierigkeit des Versuchs …" [322].

Die Fähigkeit des Lagers, Kräfte zu übertragen, beruht auf der Keilwirkung des hydrodynamischen Schmierfilmes. Unter einer äußeren Kraft stellt sich der drehende Zapfen exzentrisch in der Bohrung ein. Das am Zapfen haftende Schmiermittel wird in den sich verengenden Spalt gezogen. GEORG VOGELPOHL spricht in diesem Zusammenhang von einer „geschenkten Geometrie". Es baut sich Druck im Schmiermittel auf, welcher der angreifenden Kraft das Gleichgewicht hält, der Zapfen schwimmt auf („Wasserski-Effekt"). Wenn sich der Zapfen zusätzlich noch radial verlagert, sich also auf die Bohrung zu bewegt, entwickelt sich infolge der Verdrängung des Schmiermittels ebenfalls Druck, dessen Größe von der Verdrängungsgeschwindigkeit abhängt. Der Schmierfilmdruck kann Spitzenwerte von einigen tausend bar erreichen. Damit sich ein solcher Druck zwischen Zapfen und Lagerschale überhaupt halten kann, darf der Schmierspalt, d. h. das Lagerspiel in diesem Bereich, einige Tausendstel Millimeter nicht übersteigen.

Damit kommt man schon in die Größenordnung der Rauheitsspitzen von Welle und Lagerschalen. Da sich beim instationär belasteten Lager Größe und Richtung der Lagerkraft im Laufe eines Arbeitsspieles ändern, ändert auch der engste Schmierspalt seine Größe und seine Lage; der Zapfen bewegt sich im Rahmen des Lagerspieles in der Lagerbohrung, er verlagert sich. Man spricht deshalb von der „Verlagerungsbahn" des Zapfens.

Diese zu bestimmen und an Hand von Erfahrungswerten auf zulässige bzw. unzulässige Werte zu überprüfen, ist ein Ziel von Lagerberechnungen („Schmierspaltberechnung"). Das – in wenigen Sätzen zusammengefaßt – ist ein Ergebnis von über hundert Jahre währenden Anstrengungen auf dem Gebiet der Gleitlagertechnik in Theorie und Praxis.

Die Entwicklung der Triebwerkslager[136], die hier in groben Zügen geschildert werden soll, besteht aus mehreren Teilbereichen, deren Aspekte der Reihe nach behandelt werden sollen, wiewohl sie sich – sachlich und zeitlich eng miteinander verknüpft – überlappen:

- Praxis des Maschinenbetriebs, vulgo: Lagerschäden
- Entwicklung der Lagerwerkstoffe
- Konstruktive Gesichtspunkte der Lagerentwicklung
- Entwicklung von Theorie und Versuch
- Entwicklung der Schmierung (Kapitel 9)
- Praxis des Maschinenbetriebs

Lager als Maschinenelemente hatten schon die ersten Maschinen: Töpferscheiben, Karren, Treträder, Pressen, Brunnen, Windmühlen und Wasserräder. Die einfachste Lagerung besteht aus dem sich in einer entsprechend geformten Ausnehmung der Stützfläche drehenden Zapfen. Um zu verhindern, daß sich der Zapfen in sein Lager einarbeitet, wurde es mit einem halbschalenförmigen Futter aus widerstandsfähigerem Material versehen, Bild 61.

---

[136] Eine ausgezeichnete und umfassende Geschichte der Tribologie: *History of Tribology,* wurde von D. DOWSON geschrieben. In der deutschsprachigen Literatur ist die *Geschichte des Gleitlagers* von O. R. LANG zu empfehlen.

Drücke und Kräfte in Triebwerkslagern

Bei Drehung des Zapfens im Lager wird Schmiermittel in den sich verengenden Spalt zwischen Zapfen und Lager hineingezogen, im Schmiermittel baut sich Druck auf: Druckanteil der *Drehung* p_D. Wenn zudem der Zapfen der angreifenden Kraft radial ausweicht, entsteht zusätzlich Druck: Druckanteil der *Verdrängung* p_V.

Diese beiden Druckanteile überlagern sich zum resultierenden Druck im Schmiermittel, der Werte von über 1000 bar anneh-

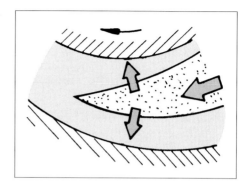

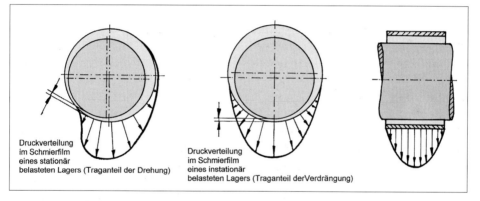

Druckverteilung im Schmierfilm eines stationär belasteten Lagers (Traganteil der Drehung)

Druckverteilung im Schmierfilm eines instationär belasteten Lagers (Traganteil der Verdrängung)

men kann. Weil sich der hohe Druck im Schmiermittel zu den Lagerenden hin auf den Atmosphärendruck im Kurbelraum abbauen muß, ergibt sich in axialer Richtung ein parabolischer Druckverlauf.

Die Tragkraft des Lagers, die der angreifenden Lagerkraft F das Gleichgewicht halten muß, setzt sich bei instationär belasteten Lagern also aus der Tragkraft der Drehung (stationär belastetes Lager) F_D und der Tragkraft der Verdrängung (instationärer Anteil) F_V zusammen.

Das Betriebsverhalten der Lager im Kurbeltrieb wird durch die Lagerkraft F, das relative Lagerspiel ψ, Lagerdurchmesser d und -breite b, die kinematische Zähigkeit des Schmiermittels η und die wirksame Winkelgeschwindigkeit ϖ bestimmt, die in einer dimensionslosen Kennzahl, der *Sommerfeld-Zahl* zusammengefaßt sind.

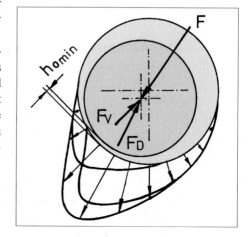

$$So = \frac{F \cdot \psi^2}{b \cdot d \cdot \eta \cdot \varpi}$$

Zapfenverlagerungsbahn

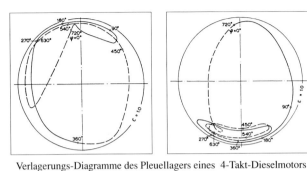

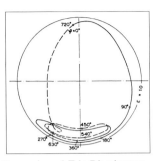

Verlagerungs-Diagramme des Pleuellagers eines 4-Takt-Dieselmotors

schalenfestes Diagramm   zapfenfestes Diagramm

Die Änderung der auf die Kurbelwellenzapfen wirkenden Kraft, der Lagerkraft, in Größe und Richtung bewirkt ein „Wandern" des Zapfens im Lager; der „Weg" des Zapfenmittelpunkts im Laufe eines Arbeitsspieles ist die Zapfenverlagerungsbahn. Der Abstand zwischen dem Zapfenumfang und der Lager-

schale entspricht der Schmierfilmdicke; man spricht deshalb auch vom Schmierspaltverlauf. An einer Stelle nimmt der Abstand von Zapfen zu Schale einen Kleinstwert an: Der minimale Schmierfilm beträgt bei hochbelasteten Lagern nur wenige Tausendstel Millimeter (μm). Zapfenverlagerungs-Diagramme werden zapfen- und schalenfest dargestellt, d. h. auf ein fest im Zapfen bzw. im Lager (d. h. im Gehäuse) ruhendes Koordinatensystem bezogen.

Für die Beurteilung des Lagers ist nicht nur die absolute Größe des engsten Schmierspalts von Bedeutung, sondern auch der Bereich, über den er sich erstreckt. Kurzzeitige örtlich begrenzte Belastungen, wie sie bei Dieselmotoren zum Zündzeitpunkt von der Gaskraft hervorgerufen werden, sind nicht so gefährlich wie die durch die Massenkraft, weil letztere über einen größeren Zeitraum des Arbeitsspiels wirksam ist, mithin sich massenkraftbedingte enge Schmierspalte über einen größeren Bereich erstrecken. Um den Einfluß von Gas- und Massenkraft aufzuzeigen, kann man die Schmierspaltrechnung nur mit Gaskraft- und nur mit Massenkraftbelastung durchführen. Deutlich zu erkennen ist auch der Einfluß des Massenausgleichs. Je weniger die Massen ausgeglichen sind, desto fülliger ist die Zapfenverlagerungsbahn. Das erklärt auch, warum bei Motoren mit längssymmetrischen Kur-

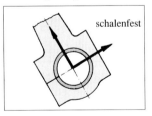

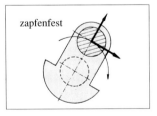

schalenfest   zapfenfest

belwellen das mittlere Grundlager, dessen benachbarten Kröpfungen gleichgerichtet sind, ungünstig belastet ist: Die Massenkräfte der benachbarten Kröpfungen sind gleichgerichtet.

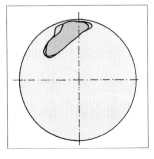

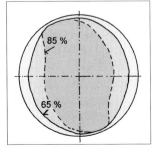

85 %

65 %

4-Takt-Dieselmotor: Verlagerungsbahnen (Grundlager)

links: nur Gaskraftbelastung

rechts: nur Massenkraft (65% bzw. 85% Ausgleich der rotierenden Massen)

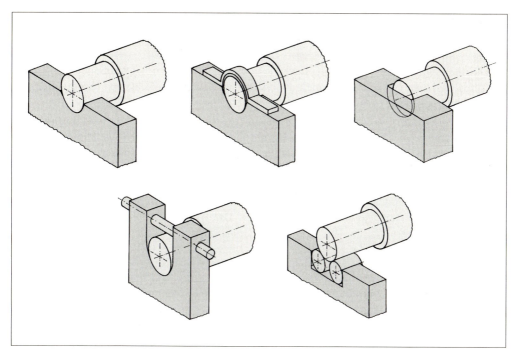

Bild 61 Grundformen von Lagerungen

„ … Die eisernen Zapfen der Welle laufen in eisernen Halbringlagern, die auf besonders starken Hölzern verlagert sind …" [323].

Die Erfahrung hatte gelehrt, daß sich bestimmte Metalle besser als Lagerwerkstoffe eignen als andere. So kannte man schon in der vorindustriellen Zeit als brauchbar für Lagerungen

- Bronzen (Kupfer-Zinn-Legierungen),
- Rotguß (Kupfer-Zinn-Zink-Legierungen) und
- Messing (Kupfer-Zink-Legierungen).

Diese Werkstoffe lassen sich gut vergießen und bearbeiten. Sie haben sich bei den bisweilen sogar recht hohen Belastungen wegen der vergleichsweise niedrigen Gleitgeschwindigkeiten gut bewährt, zumal sie nur geringe Anforderungen an die Bearbeitungsgenauigkeit der Zapfen und die Güte der Schmierung stellen. Das Antriebsmoment suchte man durch Schmierung mit vegetabilischen Ölen oder tierischen Fetten zu verringern.

Bergbau und Hüttenwesen, seit dem 15. Jahrhundert kräftig aufblühend, bewirkten einen beträchtlichen Aufschwung in der Technik. Das gilt besonders für die „Wasserkünste", Pumpenanlagen, die z. T. mit Kurbeltrieben arbeitend, zur Wasserhaltung und -Versorgung dienten. Größere Kräfte und Geschwindigkeiten ließen Reibung und Verschleiß so ansteigen, daß man sich eingehend mit Problemen von Lagerungen befassen mußte. Einen Überblick über einschlägiges Wissen im 18. Jahrhundert findet man bei JACOB LEUPOLD [324]:

„Wie der Friction abzuhelfen, und was solche verhindert …: Die vornehmste und beste Cur ist:

(1) Daß alle Flächen recht glatt polliret und harte seyn. Welches aber wegen der Materie und Kosten nicht allezeit thun lässet.

(2) Daß die noch rauhen Theile mit Baumöl oder Fett wohl eingeschmieret werden … Hierbey ist zu observieren, daß nicht allerley Materie allerley Schmiere und Fett verträget …"

1.) Daß die Achsen oder Wellen … recht rund und glatt seyn müssen.

2.) Daß die Achse von guten Eisen oder Stahl, und eingesetzt oder gehärtet sey. Denn ie härter ie glätter, und ie weniger kann eine Materie die andere angreifen.

5.) Daß die Lager, sie seyn von Holtz oder Meßing, in der Mitte auf beyden Seiten eine Grube haben, daß man Oel oder Fett hinein thun kann; weil nun solches allezeit an der Mitte des Zapfens lieget, wird es lange Zeit dauern, ehe sich alles verliehret …" [324]

Mit Beginn der Industrialisierung wurden Lager in Textil-, Werkzeug- und Bearbeitungsmaschinen immer wichtiger. Ungleich größer noch wurde ihre Bedeutung in den Dampfmaschinen in Schiffahrt und Eisenbahn. Eine Dampfmaschine war im Vergleich zu anderen Maschinen von damals außerordentlich komplex. Immer mehr Lokomotiven wurden in Betrieb genommen, und zu einer Lokomotive gehörte ein Zug, bestehend aus vielen Waggons, die ihrerseits mindestens je vier Achslager hatten. Je mehr Maschinenteile ein solches System, wie es ein Zug darstellt, hat, desto empfindlicher und störanfälliger wird es. Die Wahrscheinlichkeit, daß ein Teil ausfällt, nimmt mit deren Zahl zu. Um einen einigermaßen geordneten Maschinenbetrieb aufrecht erhalten zu können, mußte die Zuverlässigkeit der einzelnen Teile, hier der Lager, erhöht werden. Die Funktion der Lager wirkte sich direkt auf die Betriebssicherheit aus: Lagerschäden konnten zu katastrophalen Zugunglücken führen[137]; auch bei den Dampfmaschinen in der Schiffahrt konnten Lagerschäden im schlimmsten Fall zum Verlust des Schiffes führen. Kein Wunder also, daß sich der Komplex „Lager" nachdrücklich in Erinnerung brachte!

Reibung kostet wertvolle Antriebsenergie, wertvoll nicht nur wegen der Kosten, sondern auch weil die Maschinen beim Stand der Technik Mitte der fünfziger Jahre des 19. Jahrhunderts nicht genug davon erbrachten; wie wenig, geht aus einem Nebensatz in der Erzählung *Eine Winternacht auf der Lokomotive* von MAX MARIA VON WEBER hervor, in der es heißt:

„ … sich überzeugt, ob Öl in allen Schmiergefäßen, der Rost gehörig von Schlacke gereinigt … nichts zu locker und nichts zu klamm angezogen und sein ‚Greif' imstande sei, seine Riesenglieder geschmeidig spielen zu lassen, seine 150 Pferdekräfte frei zu entwickeln und seinen gewaltigen Leib mit der daran hängenden Last, über 2000 Zentner schwer, mit Adlerschnelligkeit durch die Sturmnacht fortzureißen …" [325].

Und Reibung verursachte Verschleiß mit allen seinen Folgen. So mußte die Entwicklung gleich an mehreren Punkten ansetzen: Suche nach geeigneten Werkstoffen für die Gleitpartner, geeignete Lagerkonstruktion, Verringerung von Reibung durch geeignete Schmiermittel und durch ausreichende Versorgung der Lager mit Schmiermittel. Dabei erwies sich das vielschichtige Phänomen der Reibung insofern als Hindernis, als der unterschiedliche Charakter von Trocken- und von Flüssigkeitsreibung noch nicht erkannt wurde. Kenntnisse erwuchsen aus Erfahrung, und das heißt: Versuch und Irrtum! Die Theorie hinkte der Praxis hinterher, ja es läßt sich geradezu – in Anlehnung an das Wort von den „zwei Kulturen"[138] [326] von zwei Bereichen technischer Erkenntnisgewinnung sprechen: Praxis und Theorie. Anders als in der Genesis stand in der Maschinenentwicklung die Tat am Anfang! Das Wort, id est, die Theorie, folgte später, und daß sie zum Teil erst soviel später folgte, lag sicher auch daran, daß es zwischen den Praktikern und den Theoretikern kaum eine Kommunikation gab, wie immer wieder – auch in anderen Bereichen – festzustellen ist. Erfahrungen aus der Praxis des Maschinenbetriebes, konsequent ausgewertet, hätten viele Hinweise für die Entwicklung der Theorie geben und helfen können, gedankliche Umwege und Irrwege zu vermeiden. Erfahrungen der Praxis und – dem Stand der

---

[137] Zugunglücke, ja Katastrophen, ausgelöst durch Lagerschäden hat es immer wieder gegeben. Heißgelaufene Lager, sogenannte *Heißläufer,* führten zu Achsbrüchen und zu Entgleisungen.

[138] CHARLES P. SNOW hatte 1959 in einer Rede mit dem Begriff *Zwei Kulturen* den Antagonismus der geisteswissenschaftlich und der naturwissenschaftlich geprägten Denkweise bezeichnet [326].

Technik entsprechend – brauchbare Handlungsanweisungen hingegen findet man bei Autoren, die aus der Praxis kamen und die mit der Praxis engen Kontakt hielten wie HEUSINGER, BUSLEY und früher noch z. B. MAIN und BROWN [327] oder SIRK [328]. Verfolgt man den Werdegang der Triebwerkslager vom Fundament unseres heutigen Wissens aus, dann ist man verblüfft, wie spät erst grundsätzliche Einflüsse auf das Lagerverhalten erkannt worden sind, und wie lange die Lagerentwicklung gleichsam „im Blindflug" verlaufen ist. Die Schwierigkeiten erschöpften sich nicht in den Lagerwerkstoffen und im Schmiermittel, sie lagen auch in Fertigung und Betrieb.

Doch nun wieder konkret zu Einzelheiten der Lagerentwicklung. Man muß sich vergegenwärtigen, daß man damals weder über unsere heutigen Kenntnisse bezüglich der Schmierfilmtheorie noch über unsere Fertigungsmöglichkeiten verfügte. Darüber, wie ein Gleitlager „funktioniert" herrschten noch unklare Vorstellungen, und gefertigt wurden die Lager einzeln durch Einschaben. Mit den Form- und Maßtoleranzen, Flucht, Taumel und Schlag, kurzum mit der Genauigkeit der Fertigung lag es – nach heutigen Maßstäben – im Argen.

Das Wissen um die Funktionsweise von Gleitlagern hatte sich zögerlich nur in kleinen Schritten entwickelt. Wichtigster Lehrmeister waren die Schäden, unübersehbare Hinweise dafür, daß etwas nicht in Ordnung war. Aus Erfahrung wußte man um 1850:

„ … Das Verhältniß f der Reibung zu dem Druck schmied- oder gußeiserner Zapfen in Zapfenlagern mit bronzenem Futter ist: 0,07 bis 0,08, wenn das Schmieren mit Baumöl, Schmalz oder Talg hinlänglich oft erneuert wird, so daß keine Erhitzung der Zapfen entsteht …" und „ … Die Zunahme der Abnutzung oder der Deterioration einer Dampfmaschine kann dreierlei Ursachen haben, nämlich:

1) Zu große Geschwindigkeit über die normale, d. h. über diejenige hinaus, für welche die Maschine bestimmt oder geliefert worden ist.

2) Die Erhöhung des Druckes über denjenigen, welcher der Normalleistung entspricht.

3) Einen außerordentlichen Betrieb über den vorschriftsmäßigen täglichen *[Anmerk. d. Verf.: Gemeint ist hiermit eine längere Betriebszeit]* …" [329].

Wenn man Berichte über die Praxis des Maschinenbetriebs im 19. Jahrhundert, ja auch bis in die erste Hälfte des 20. Jahrhunderts liest, vermittelt sich ein Bild, was die Maschinisten bei solch einer störanfälligen Technik geleistet haben, um die Maschinen in Betrieb zu halten und bei Störungen und Schäden zu reparieren. Während jeder[139] die Namen der großen Theoretiker kennt, sind die der Männer „vor Ort", die doch so viel für die Entwicklung der Lagertechnik geleistet haben, und deren unter schwierigsten Bedingungen gewonnenen Erfahrungen die Basis unseres heutigen Wissens bilden, unbekannt geblieben. Aus vielen Hinweisen und Ratschlägen in einschlägiger Fachliteratur kann man sich – ein wenig Vorstellungsvermögen vorausgesetzt – ein Bild von den Betriebsbedingungen an Bord machen:

„ … Wird nun nach eifrigem Schmieren das Lager noch immer wärmer und lässt die Temperatur befürchten, dass das Lagermetall … ausfliessen oder sich in die Schmierkanäle verlegen könnte, so muss das Lager abgekühlt werden. Besitzt die Lagerschale aussen schon die Temperatur des Speisewassers, so ist es auch schon notwendig, den Gang der Maschine zu hemmen und Wasser in hinreichender Menge laufen zu lassen. Das Oelgefäss des warmgelaufenen Lagers wird dann ausgehoben, Wasser in die Schmiervase selbst geleitet und das Lager ganz mit Wasser übergossen … Das Schmieren mit Oel ist einzustellen und das Lager läuft nun geraume Zeit nur mit Wasser, bis es vollkommen abgekühlt ist …" [330], oder „ … Wenn das Schiff heftig rollt oder Segel presst, müssen nicht nur die oberen und unteren Flächen der Lager, sondern auch die Sei-

---

[139] „Jeder" ist natürlich ein Euphemismus, denn welcher im herkömmlichen Sinne, also geisteswissenschaftlich Gebildete kennt die Namen HIRN, PETROFF, REYNOLDS, SOMMERFELD oder GÜMBEL?

tenspiegel, worauf sich die Anläufe der Achsen (Hervorragungen, um die Achse im Sinne ihrer Längsrichtung zu halten) stützen, gut geschmiert werden. Wenn das reichliche Schmieren mit Oel nicht hinreicht, die Lager kühl zu erhalten, so muss allsogleich Wasser angewendet, und nicht erst gewartet werden, bis dieselben schon sehr erhitzt sind, weil durch das plötzliche Aufgiessen von Wasser die Lagerdeckel und Lagerkörper leicht zerspringen. Das Wasser ist gegen Erhitzungen desswegen vorteilhafter anzuwenden, wie das Oel, weil es schon bei einer niedrigeren Temperatur siedet und bei der Verdampfung sehr viel Wärme verbraucht, welche der Achse und dem Lager entzogen wird …" [331], und „ … Ein Lager kann sich erwärmen: 1. Wenn die Lagerschalen oder Drehzapfen keine glatte Oberfläche besitzen. Die Reibung ist sodann eine vermehrte und die Gefahr des Warmlaufens verdoppelt. Erhitzt sich das Lager in diesem Fall, so ist es gerechtfertigt, gepulverten Schwefel oder fein gemalenen Grafit mit Oel zu mengen und in der Anhoffnung einzuspritzen, dass die fremden Bestandtheile sich in die Risse verschmieren und die Reibung vermindern würden …" [332].

usw. usf. Die Formulierung „in der Anhoffnung" läßt einiges von den Zuständen im Maschinenbetrieb von damals erahnen. Nicht nur dem Mimen, auch dem Maschinisten flicht die Nachwelt keine Kränze! Einen umfassenden Überblick über das, was man über Lager, deren Betriebsverhalten und Anfälligkeit gegen Unregelmäßigkeiten aller Art wußte, vermittelt das Kapitel *Regulieren der Lager* in [328]:

„ … Die Lagerschale muss dem Drucke des Zapfens gut widerstehen und sich nicht deformieren, sie muss ferner aus einem compacten, das heißt nicht porösem Metalle erzeugt sein, darf den Drehzapfen nicht abarbeiten und mit einer gewissen Quantität Oel wenig Reibungswiderstand bieten, damit keine merkliche Abnützung erfolge. Es darf sich aber auch die Lagerschale nicht zu rasch abnützen, weswegen eine genügend grosse Auflagefläche erforderlich ist … Ein allgemeines Kennzeichen, ob die Drehzapfen gut liegen, ist der ruhige gleichmässige Gang derselben, so dass man während des Betriebes mit voller Kraft keine merklichen Bewegungen der Lagerschalen oder Lagerständer wahrnehmen kann.

Die Lagerschale wird auf den Drehzapfen aufgepasst, indem man dieselbe auf den genauen Durchmesser abdreht und auf den Zapfen mit Minimum abrichtet. Lagerschalen sollen auf der Welle nicht in der ganzen Rundung, sondern nur in einem Viertel der ganzen Peripherie aufliegen, weil die Reibung sodann ohne Nachtheil eine geringere sein wird.

Die Erfahrung hat gelehrt, die Lagerschalen mit einer schmiegsamen Metallegierung dem sogenannten Lager-Metall auszugiessen, weil dieses Material den Zapfen besser erhält, die Lagerschale sich demselben gut anpasst und leichter bearbeitet wird. Das Lagermetall ist ferner sehr leicht schmelzbar und es soll dasselbe, wenn das Lager sich erwärmt, früher ausfliessen, bevor der Drehzapfen angegriffen wurde. Nachdem jedoch der Spielraum zwischen Drehzapfen und Lagerschale nur ein sehr geringer, z. B. ¼ mm, sein darf, so ist unter allen Umständen sehr sorgfältig zu achten, dass sich das Lager nicht erhitze, indem das geschmolzene Metall sich in den Schmiernuten absetzt und die Schmierung verhindert, so dass binnen kurzer Zeit die gesammte Masse des Lagers in Fluß gerät und sodann die blanke Fläche des Drehzapfens angreift. Bronce als Materiale der Lagerschale wird, wenn es sich bedeutend erhitzt, den Zapfen abarbeiten und Riffe oder Nuten in dessen blanker Oberfläche erzeugen – es wird sich der Zapfen verreiben. Derselbe Nachtheil tritt rascher, das ist bei geringerer Temperaturerhöhung, bei einem ausgegossenen Lager auch dann auf, wenn dasselbe durch Wasser abgekühlt wird, im Fall das Weissmetall schon ausgeflossen sein sollte, weil das Lagermetall sodann wieder erhärtet, die kleinen Theilchen erstarren und der Zapfen durch diese verrieben wird … Bei massiven Broncelagern, welche mit Wasser geschmiert werden, können Maschinen mit Sicherheit bis an die Grenze der Leistungsfähigkeit ausgenützt werden.

Die beiden Lagerschalen sollen stets zusammenstossen und zwischen denselben keine Luft haben, damit man den Drehzapfen nicht durch die Befestigungsschrauben drücken könne. Um die Manipulation des Lagerstellens und Nachziehens zu erleichtern, werden zwischen den Lagerschalen Beilagen einer festen Holzgattung oder aus Metall eingepasst …

Die Lagerschale soll vollkommen rund sein und dem Zapfen anpassen, so dass letzterer bei entsprechender Schmierung beständig in einem feinem Überzug von Oel arbeitet, welche bestimmt ist, den Reibungwiderstand zu vermindern und die gleitenden Flächen vor Abnützung zu bewahren. Damit sich das Schmiermateriale über die ganze Länge des Drehzapfens gleichmässig vertheilen könne, sind die Lagerschalen mit Schmiernuten oder Kanälen versehen, welche aber nicht bis an den Rand der Schale hinausreichen dürfen, weil sonst das Oel gleich abfliessen würde. Es sind ausserdem eine oder mehrere Schmiervasen für jeden Drehzapfen angebracht, in welchem ein Schafwolldocht das Oel durch ein Rohr in die Schmiernuten führt.

Um zu erkennen, wie viel ein Lager Luft hatte, wird dasselbe auseinander genommen, nachdem die Stellung der Schrauben des Lagerdeckels durch Körnerpunkte bezeichnet wurde. Sodann fügt man in die Mitte beider Lagerschalen einen schmalen Streifen Wachs oder Bleidraht ein und zieht das Lager auf seine alten Marken an. Das Blei oder Wachs wird auseinander gedrückt und zeigt sodann, wie viel Luft das Lager hatte …" [328].

Allein die Ausführlichkeit, mit der hier auf das Verhalten von Lagern eingegangen wird, zeigt, daß die Lager schon in den Dampfmaschinen neuralgische Bauteile gewesen sind. Auch ein anderer Gesichtspunkt ist zu beachten: Dampfmaschinen waren komplexe, aufwendige Maschinen, deren Probleme mit der Zahl der Anlagen zunahm, so daß vor allem die großen Betreiber, Eisenbahngesellschaften, Reedereien und Kriegsmarinen, damit konfrontiert wurden. Diese konnten sich ganz anders mit Fragen des Maschinenbetriebs auseinandersetzen, als es Betreibern einer oder zweier Maschinen möglich war. Erfahrungen wurden gesammelt, ausgewertet und als Betriebsanweisungen dem Maschinenpersonal an Hand gegeben; sie schlugen sich schließlich in einschlägiger Literatur nieder. Deshalb läßt sich auch aus den Beschreibungen von Störungen und Schäden das Entstehen des Wissens über Lager nachvollziehen.

Lagerschäden gab es immer wieder; diese entwickelten sich aber wegen des gutmütigen Verhaltens des Weißmetalls wenig dramatisch, weshalb oft Zeit zum Reagieren und Eingreifen blieb. So bat 1857 die Kammgarnspinnerei in Worms den Hersteller einer Dampfmaschine – die *C. Reichenbach'sche Maschinenfabrik Augsburg,* Vorgängerin der *MAN* – mit einer Depesche um Rat wegen des abnormen Verhaltens eines Lagers:

„ … Für 10 M. Antwort bezahlt. Dampfmaschine steht steht still. Lager vibriert. Wir erwarten von Ihnen schleunigst persönliche Untersuchung. Begründete Abhilfe dringend geboten. Rückantwort durch Telegraph wann und wer kommt. (gez.) Kammwollspinnerei …" [333].

Schwierigkeiten mit Lagern gab es natürlich auch mit Verbrennungsmotoren, allerdings zeigte sich hier eine Besonderheit, nämlich daß diese Maschinen nicht mehr nur kommerziell, sondern in Gestalt der Kraftfahrzeuge und Flugzeuge auch „privat" genutzt wurden. Selbst wenn die ersten Chauffeure und Piloten über hinreichende Kenntnisse verfügen mußten, um Fahrzeuge und Flugzeuge überhaupt betreiben zu können, so handelte es sich doch meist nicht um ausgebildetes Maschinenpersonal. Deshalb wurden dem Fahrzeugbetreiber („Autler") in einschlägiger Fachliteratur dezidierte Hinweise gegeben, wie im Fall einer Lagerstörung zu verfahren sei:

„ … Das Heißlaufen des Motors selbst tritt nie plötzlich auf, sondern es kündigt sich schon lange vorher an. Der Wagen läuft zunehmend langsamer, der Motor verliert an Kraft … Es kann aber auch die Pleuelstange … oder der Kurbelzapfen … heißlaufen. In diesen Fällen hilft nur die Demontage der Zylinder … Sind etwa die Öllöcher verstopft und war dieser Umstand Ursache des Heißlaufens, so ist dem Übel durch Reinigen der Öllöcher wieder leicht abgeholfen.

Man glättet alle Unebenheiten der sich reibenden Teile mit feinem Schmirgelleinen sorgfältig und stellt die Teile nach vorheriger Ölung wieder in gleicher Reihenfolge, wie auseinandergenommen, zusammen ..." [334].

Auch der Flugzeugführer („Aviatiker") hatte sich mit den Empfindlichkeiten von Motorlagern zu befassen, wobei die Folgen von Lagerschäden schwerer wogen als bei Kfz:

„ ... Die meisten Schwierigkeiten unter den eigentlichen integrierenden Bestandteilen des Motors bereiten jedenfalls die Lager, die sich einerseits mit der Zeit abnützen und infolge dessen nicht mehr festhalten und zu Störungen Anlaß geben, andererseits oft durch einen geringen Fehler in der Wartung ein Heißlaufen bedingen, als deren Effekt abermals eine weitgehende Reparatur notwendig zu werden pflegt. Der Aviatiker ist, genau so wie der Automobilist, gelegentlich darauf angewiesen, selbst Hand anzulegen, um bei einem Überlandfluge etwa eingetretene Störungen zu beseitigen ... ein schlecht geschmiertes und schlecht adjustiertes Lager hat nicht nur manchem schönen Flug ein unrühmliches Ende bereitet, ich glaube sogar behaupten zu dürfen, daß mancher schwerer Unglücksfall hierin seinen Grund gefunden hat ..." [335].

Einerseits waren Motorlager sehr empfindlich, andererseits erwiesen sie sich als erstaunlich „gutmütig". Vornehmlich Weißmetall-Lager liefen oft trotz massiver Beeinträchtigungen störungslos weiter, was die Autoren eines Fachbuchs zu folgender Äußerung veranlaßte:

„ ... Es wird häufig beobachtet, daß das Weißmetall rissig wird und schließlich von der Schale abbröckelt. Da das Metall, selbst wenn es lose geworden ist, aus den Lagern nicht herausfallen kann, so ist es nicht erforderlich, mit der Erneuerung des Weißmetallausgusses zu vorsichtig zu sein. Lager mit stark gerissenem Metall sind noch monatelang ohne Störung gelaufen ..." [336].

Diese Erfahrung hatte auch die *MAN* mit einem 1000 PS-Motor, Typ B4V90, gemacht, der einen Stromerzeuger in der elektrischen Zentrale im Werk Augsburg antrieb. 1913 in Betrieb genommen, wurde der Motor 1918 nach 6000 Betriebsstunden demontiert und befundet. Die Lager dieses Motors, mit Lagerwerkstoffen verschiedener Zusammensetzung und Hersteller ausgegossen, wiesen teilweise erhebliche Schäden auf:

„ ... Der Ausguss der unteren Schalenhälfte war in viele, kleine Stückchen zertrümmert. Der Ausguss der oberen Schale hat gleichfalls einige Risse ..." und „ ... Der Ausguss der unteren Schalenhälfte war stark rissig ... Die Lauffläche der unteren Schalenhälfte ist zum grossen Teil nicht glatt sondern stark rauh und sieht aus, als ob die Flächen durch Säure angegriffen worden wären, oder als ob sich kleine Stücke durch Hämmern abgelöst hätten ..." [337].

Ungeachtet solcher Schäden war der Motor anstandslos gelaufen, was sicher auch auf die Betriebsweise des Motors zurückzuführen ist. Daß Lagerschäden auch dramatische Folgen haben können, zeigt ein anderer Bericht der *MAN* aus dem Jahr 1918:

„ ... Wir gestatten uns der Kaiserlichen Marine Inspektion mitzuteilen, dass in der Fertigstellung der 3000 PSe-Maschinen für das obige Boot *(Anmerk. d. Verf.: Es handelt sich um das U-Boot B.U.354)* eine weitere Verzögerung dadurch eingetreten ist, dass bei den Vorproben der ersten Maschine ... eine Explosion in der Kurbelwanne erfolgte ... Die Maschine war ... ¾ Stunden mit Vollast gelaufen, nachdem die Belastung vorher in etwa ¾ Stunden allmählich auf Vollast gesteigert worden war ... Die Untersuchung der Maschine ergab, dass die Grundlager zwischen Zylinder 2 und 3 und zwischen 3 und 4 ausgelaufen waren. Der Kolben 2 hatte gefressen. Als Ursache der Explosion wurde festgestellt, dass zunächst die genannten Grundlager dadurch, dass Unreinlichkeiten mit dem Oel in die Lager gelangten, heiss gelaufen sind. Durch die einseitige Senkung der Kurbelwelle nach dem Auslaufen der Lager stellte sich der Kolben 2 schief, wodurch er zum Fressen kam. Die Bestätigung hierfür wurde in der Lage der Fressstellen des Kolbens an seinem unteren Teil in der Maschinenachse gefunden. Durch den heissgelaufenen Kolben wurde dann die Entzündung der Öldämpfe in der Maschine eingeleitet. Die Unreinlichkeiten im Oel bestanden in Sand, der in den Oelleitungen beim Biegen des Rohre festgebrannt war und sich allmählich während des Betriebes gelöst hatte. Bis zum Eintritt der Explosion hatte die Maschine eine Gesamtbetriebszeit von etwa 136 Stunden ..." [338].

Lagerschäden sind – bildlich gesprochen – der rote Faden[140] der Lagerentwicklung, unmißverständliche Zeichen für Mängel und Unzulänglichkeiten aller Art, ein in vielen Varianten sichtbar werdendes Menetekel, das häufig nicht richtig gedeutet wurde und – nach dem Stand der Technik – auch gar nicht richtig gedeutet werden konnte, weil man noch zu wenig über die Funktionsweise und die Vorgänge im Lager wußte. So mußte man mit Lagerschäden „leben" und versuchen, die Motoren am Laufen zu halten.

Das empfindliche Gleichgewicht zwischen Motorleistung, Lagerbelastung und Lebensdauer wurde praktisch bei jedem Entwicklungsschritt in der Motortechnik gestört und zog schwere Lagerschäden nach sich. Die Bedeutung von Gleitlagerschäden kann man auch daraus ersehen, daß Anfang der 1980er Jahre eine DIN-Norm herauskam, welche die „Begriffe, Merkmale und Ursachen von Veränderungen und Schäden" in Gleitlagern definiert und beschreibt [339]; erstaunlich, setzt man doch allgemein voraus, daß das Bestreben der Ingenieure dahin geht, Schäden von vorneherein auszuschließen und nicht, sie durch Katalogisierung gleichsam zu rechtfertigen. Dieses Paradoxon wird in der Norm wie folgt erläutert:

„ ... Gleitlagerschäden sind in allen praktischen Fällen auf ein Zusammenwirken mehrerer Schadensmechanismen zurückzuführen, wie sie als Folge von Mängeln, aber auch als Folge von Kompromissen aus Gründen der Wirtschaftlichkeit oder unvorhersehbaren Betriebsbedingungen bei der Auslegung, der Lager- oder Maschinenfertigung, der Montage, des Betriebs, der Wartung und Instandsetzung auftreten können. Infolge der Komplexität ist das Auffinden der primären Schadensursache oft sehr schwierig. Bei fortgeschrittenen Schäden oder gar Totalschäden ist die Zuordnung zu den primären Schadensmechanismen in aller Regel nicht mehr möglich. Sehr wichtig ist in allen Fällen die Kenntnis der tatsächlichen Betriebsbedingungen und des Wartungszustandes ..." [339].

Auch die Lagerhersteller geben solche Schadens-Kataloge heraus [340; 341; 342].

Weißmetall-Verbundlager, die in Flugzeug- und Fahrzeugmotoren bis Anfang der 1920er Jahre vergleichsweise problemlos ihren Dienst getan hatten, begannen nun immer häufiger auszufallen, weniger durch Verschleiß als vielmehr durch Werkstoffermüdung: „Zermürbung des Ausgusses, die zur Loslösung von der Schale führt". Dabei war man sich noch nicht im Klaren, ob bei diesem Schadensmechanismus der Schmierfilm durchbrochen wurde, mithin also Mischreibung vorgelegen hatte, oder aber ob die Kräfte im Ölfilm das Lagermetall überbeanspruchten. Solche Lagerschäden traten bevorzugt in Flugmotoren und in den neuen Fahrzeugdieselmotoren auf. Als motorische Auslöser der Schäden erkannte man die hohen Gasdrücke (Spitzendrücke: 40 bis 60 bar), hohe Drehzahlen und einen weitgehenden Leichtbau der Motoren. Es waren also stoßartige Belastungen im Verein mit Verformungen von Kurbelwelle, Lager und Lagerstuhl (Gehäuse), welche die Schäden auslösten.

„ ... Die Beschädigungen kommen fast ausschließlich in den Druckhälften der Lager und anfänglich als Haarrisse vor, die dann späterhin zu inselartigen Ausbröckelungen des Ausgusses führen ... hat sich gezeigt, daß die Haarrisse in den meisten Fällen auf der inneren Seite des Ausgusses ihren Anfang nehmen und dann allmählich immer tiefer bis zur Stützschale vordringen. In vielen Fällen setzt sich dann der Riß nicht etwa der Verbindungsfläche entlang fort, sondern innerhalb des Ausgusses, so daß dann nach einiger Zeit Teile aus dem Ausguß selbst

---

[140] Um Diebstähle zu verhindern – zumindest zu erschweren, ließ die englische Admiralität in die Taue ihrer Segelschiffe einen roten Faden einweben. Dieser zog sich sichtbar durch das ganze Tau, wodurch das Tau unübersehbar als Marineeigentum gekennzeichnet war.

herausbrechen … Alle diese Erscheinungen weisen darauf hin, daß es sich bei den Beschädigungen der Pleuellager um Ermüdungsrisse, also um Dauerbrüche handelt. Diese Erklärung wird noch durch die Tatsache bestätigt, daß die Risse erst nach einer bestimmten Anzahl von Betriebskilometern auftreten, während sie auf dem Prüfstande noch nicht festzustellen sind …" [343].

In den Archiven der *MAN* wie auch der *Daimler-Benz AG* (Mercedes), Firmen also, welche Anfang der 1920er Jahre die Nutzfahrzeugdiesel-Entwicklung aufgenommen und vorangetrieben haben, findet man viele Hinweise auf Lagerschäden. Bei *Mercedes* war man bei der Entwicklung des Diesels von serienmäßigen Ottomotoren ausgegangen und hatte diese auf Dieselbetrieb umgestellt; dabei zeigte sich, daß nicht nur die Lager, sondern auch die anderen Bauteile des Motors an die höheren Beanspruchungen des Dieselbetriebs angepaßt werden mußten: Kurbelgehäuse, Pleuelstangen und die Lagerabmessungen [344]. Die *MAN* mußte ebenfalls die Erfahrung machen, daß sich Lager in Diesel-Nfz-Motoren problematisch verhielten, besonders wenn die Pleuelstangen direkt mit Lagermetall ausgegossen waren:

„… Die Treibstange wurde 5mal neu ausgegossen und es betrugen die mit den einzelnen Lagern erreichten Betriebszeiten 120, 155, 171, 74 (schlecht ausgegossen) und 204 Stunden. Nach ca. 2/3 der obenstehenden Betriebszeiten (n = 1800) zeigten sich in Lagermitte quer durch das Lager gehende Risse, die sich allmählich vermehrten und auch Bruchstücke wurden vom Lagergrund lose …" [345].

Schäden haben also die Entwicklung der Gleitlager vorangetrieben, wobei Flugmotoren eine besondere Rolle gespielt haben, zum einen wegen der gravierenden Folgen hier, zum anderen weil das Flugzeug für die Kriegsführung von überragender Bedeutung ist. Kein Wunder also, daß sich mit der Massenfabrikation und dem massenhaften Einsatz von Flugzeugen in den Kriegen Lagerschäden häuften. Ursachen hierfür gab es viele: Durch die Kriegsproduktion bedingte Unzulänglichkeiten in Fertigung und Montage, forcierte Leistungssteigerung der Motoren, Fehler in Betrieb, Wartung und Reparatur der Flugmotoren. In einem Tätigkeitsbericht der *Junkers-Flugzeug- und Motorenwerke AG* für den Dezember 1943 wurden für den Motortyp Jumo 213 bei Dauerläufen als „wichtigste Störungen" Grundlagerschäden in sieben Motoren und Pleuellagerschäden in acht Motoren genannt [346]. Wie vielfältig die eigentliche Schadensursachen sein können, läßt sich am Beispiel von Hauptpleuellagerschäden an BMW 801-Motoren erkennen:

„… Wie Ihnen bekannt sein dürfte, treten bei BMW 801 C u. D-Motoren in FW 190-Maschinen immer noch Ausfälle infolge Hauptpleuellagerschadens in erheblichem Umfang auf … jedoch ist je nach Verwendungszweck der Flugzeuge eine deutliche Staffelung der Ausfallhäufigkeit festzustellen. Bei den JABO sind Hauptpleuelfresser so gut wie nicht aufgetreten, bei den Jagdverbänden sind die Ausfälle zurückgegangen, so dass sie nicht mehr allzusehr stören. Teils sind hier die Schäden auf hängenbleibende Regler oder auf Bedienungsfehler beim Starten (elektr. Starten) zurückzuführen … Vollkommen unerträglich sind die Ausfälle noch bei den Erg. Jagd-Gruppen. In Landes de Bousac wurden allein an einem Tage 5 Hauptpleuelfresser festgestellt und zwar immer bei Schülern, die erst kurz eingewiesen waren. Auch die Lehrer der Erg.-Gruppen haben weniger oder fast keine Hauptpleuel-Ausfälle. Aus dieser Feststellung geht also hervor, dass die Hauptpleuelfresser zum Teil von der Art des Fliegens (gerissene Kurven etc.) abhängen … Die Schaffung eines beschleunigungsunempfindlichen Schmierstoffbehälters ist aus diesem Grunde äusserst vordringlich geworden …" [347].

Die in der DIN 31 661 hervorgehobene Komplexität des Lagers und seines Betriebsverhaltens erschwerte immer wieder das Auffinden der wirklichen Ursachen von Störungen und Schäden. Hinzu kam, daß bei voll entwickelten Lagerschäden das Lager in einem solchen Zustand war, daß keine Aussagen mehr über eventuelle Ursachen möglich waren, Bild 62.

Bild 62
Lagerschaden eines Dieselmotors aus den 1970er Jahren. Es handelt sich hierbei nicht um ein Führungslager (Paßlager), sondern um ein bundloses Hauptlager, das im Verlauf des Schadenshergangs zwischen dem Grundlagerzapfen und der Gehäuse bohrung ausgewalzt wurde. Die Profilierung des solchermaßen ausgewalzten Bundes entspricht exakt der Hohlkehle der Kurbelwange.

In den 1970er Jahren häuften sich bei einem Motortyp, bei dem die Gemischbildung durch starken Luftdrall verbessert werden sollte, die Lagerschäden. Als Ursache wurde schließlich ermittelt, daß bei ungenügender Luftfilterung der Schmutz – durch den Luftdrall im Zylinder gleichsam auszentrifugiert – sich an den Zylinderwänden niederschlug und mit kondensiertem Kraftstoff oder mit dem Schmierfilm in die Kurbelwanne und somit in den Ölkreislauf gelangte. Insbesondere traten diese Schäden bei Fahrzeugen in Ländern des vorderen und mittleren Orients auf, wo einerseits die Pisten staubig, die Bereitschaft – auch die Möglichkeiten – zu regelmäßigem Filterwechsel gering waren. Damit die Motorleistung, von der jedes einzelne Kilowatt für die meist überladenen Fahrzeuge auf Steigungsstrecken dringend benötigt wurde, durch das Zusetzen der Luftfilter nicht abfiel, wurde im Filter durch einige Stiche mit dem Schraubenzieher ein Bypass für die Ansaugluft geschaffen! In einem anderem Fall, der zeigt, mit welchen Unwägbarkeiten bei Lagerschäden gerechnet werden muß, wurde ein Panzermotor, bei dem alle Grund- und Pleuellager gefressen hatten, an das Herstellerwerk zurückgeschickt. Der Schaden war von der Instandsetzungseinheit als „unerklärlich, vermutlich Herstellungsfehler" deklariert worden. Der Motor sei „ordnungsgemäß" überholt, nach Inbetriebnahme und kurzer Laufzeit „unerklärlicherweise" ausgefallen. Bei Demontage und Befundaufnahme im Herstellerwerk fiel auf, daß das Motoröl klar und sauber war, mithin wohl kaum im Motor gelaufen sein konnte. Schließlich kam zutage, daß nach der Überholung versäumt worden war, Öl in den Motor einzufüllen. Wohl jeder Motorhersteller kann mit solchen Berichten aufwarten!

Angesichts der großen Bandbreite von Motoren, deren Ende auf der einen Seite die Pkw-Ottomotoren, auf der anderen Seite die großen Zweitakt-Kreuzkopf-Dieselmotoren bilden, kann es nicht verwundern, daß es auch zwischen den Lagern dieser Motoren große Unterschiede gibt. Die Lager großer Motoren sind spezifisch deutlich niedriger belastet, allein schon wegen der

Forderung nach hoher Zuverlässigkeit und langen Laufzeiten. So haben sich Weißmetall-Lager bei diesen Motoren gut bewährt und wurden auch noch lange als Stahl-Verbundlager verwendet, als bei anderen Motoren schon längst die Stahl-Bleibronze-Lager Einzug gehalten hatten. Ein wesentlicher Vorteil des Weißmetalls als Lagerwerkstoff ist seine „Gutmütigkeit" gegen betriebliche Unregelmäßigkeiten aller Art:

" … All the bearings inside the crankcase of the Doxford engine are white metalled to minimize the danger of firing up and causing a crankcase fire or explosion …" [348].

Der Nachteil niedriger Belastbarkeit wurde durch entsprechende Dimensionierung kompensiert. Dennoch kam es bei Großmotoren immer wieder zu Lagerschäden:

„ … Aus statistischen Erhebungen über Schadensfälle geht hervor, daß, wenn auch die Kurbelwellen zu den Teilen gehören, die im allgemeinen ein gutes Betriebsverhalten zeigen, dieses nicht für die Lagerschalen ihrer Traglager zutrifft, deren Zerstörung häufig und oft sogar schwer ist. Es muß noch angefügt werden, daß bei einigen Schadensfällen, bei denen die Kurbelwellen selbst betroffen sind, der angegebene Grund in der ungenügenden Haltbarkeit ihrer Traglager gesucht worden ist. Die Zerstörungen an den Lagerschalen betreffen das zur Verminderung der Reibung aufgebrachte Material und haben meist das Aussehen örtlichen Fressens oder mosaikförmiger Brüche …" [349].

Es ist die Größe des Motors und der von ihm angetriebenen „Maschine", d. h. des Schiffs, welche in solchen Fällen die Schwierigkeiten bereiten. Man muß sich vergegenwärtigen, daß sich ein Schiff durch sein Eigengewicht, durch seine Beladung und durch den Seegang verformt, und zwar um beachtliche Beträge, damit ebenfalls die Grundplatte des Motors. Die Kurbelwelle wird verbogen und kommt in den Lagern einseitig zum Anliegen, wodurch die Lager überlastet werden. Das war schon früher bei Dampfschiffen der Fall.

„ … Denn diese Maschinen ruhen nicht auf unnachgiebigen Quaderfundamenten, sondern auf der federnden Schiffsschale, beeinflusst von der jeweiligen Schiffsbelastung und vom Seegange, wobei es unmöglich ist, trotz der stärksten Lagergrundplatten … sämmtliche Lager dauernd in einer Linie zu erhalten, sodass um der Gefahr des Heißlaufens zu begegnen, die Maschinisten sämmtliche Schrauben der Wellenlager sowie auch jene der Pleuelstangen-Lagerköpfe locker lassen, und sich an das dadurch verursachte Gepolter der Maschine so sehr gewöhnen, dass ihnen schließlich das Bewusstsein der Gefahr ganz abhanden kommt …" Dieser allgemeinen Feststellung schließt sich ein persönlicher Erfahrungsbericht an, der einen bemerkenswerten Eindruck vom Maschinenbetrieb in der Zeit vor hundert Jahren vermittelt: „ … Ich hatte mich gegen Mitternacht in den Maschinenraum begeben, um an der Seite des ‚Engineers' aus dem Labyrinthe von Pumpen, Röhren Schiebern, Hähnen usw. klug zu werden, konnte aber wegen des furchtbaren Lärmens, den die lockeren Lager verursachten, fast kein Wort von den Erklärungen meines Führers verstehen, dazu die jämmerliche Beleuchtung, das lebensgefährliche Herumkriechen auf den schmalen, schmierigen, nur aus Sprossen gebildeten Platten und die furchtbare Hitze einer mit Fettdunst geschwängerten dicken Luft …" [99].

Natürlich stellen sich heute die Verhältnisse an Bord anders dar, aber Schwierigkeiten mit der Ausrichtung der Lager gibt es immer noch:

„ … Zusammenfassend können wir feststellen, daß die Ausrichtung der Traglager von Kurbelwellen bei Dieselmotoren, die im Hinterschiff aufgestellt sind, dauernden, quasidauernden oder periodischen Veränderungen unterworfen sind, die im Mittelteil des Motors mehrere Millimeter erreichen können. Es ist sehr wichtig festzuhalten, daß die Mehrzahl dieser Veränderungen in dem Sinne vor sich geht, daß die Grundplatte des Motors sich nach oben aufwölbt …" [349].

Kein Wunder also, daß die Lager durch einseitiges Tragen überlastet wurden. Ein anderer Umstand im Zusammenhang mit Schäden an Schiffsmotoren allgemein ist der, daß sich die Betriebsbedingungen durch das Ausflaggen der Schiffe z. T. dramatisch verschlechtert haben. Viele Schiffe sind überaltert und haben mehrfach den Betreiber gewechselt; die Besatzungen stammen aus aller Herren Länder, können sich kaum untereinander verständigen und sind nicht oder nur unzulänglich ausgebildet. Wie unter solchen Umständen die Motoren betrieben und gewartet werden, kann man sich vorstellen. Immer wieder kommt es zu spektakulären Unfällen und Katastrophen, deren Ursachen letztlich in einem extremen Gewinnstreben zu sehen sind.

Aber nicht nur in Motoren, auch in Dampfmaschinen – in Deutschland als Lokomotiven in großer Zahl noch bis in die 1960er Jahre in Betrieb – waren Lager eine stetige Quelle von Störungen und Schäden:

„ … Trotz unverhältnismäßig hohen Schmierstoffverbrauchs gehören aber Lagerschäden auch heute noch zu den häufigsten Mängeln im Lokomotivbetriebe … Dem Konstrukteur sei darum geraten, dieser in der Vergangenheit etwas stiefmütterlich und traditionell behandelten Frage etwas mehr mit dem Rüstzeug neuerer Erkenntnisse1) gegenüberzutreten …" [350]. (Mit dem Fußnotenhinweis[1]) wird auf das FALZ'sche Werk: *Grundzüge der Schmiertechnik* verwiesen.)

Entwicklung der Lagerwerkstoffe

Von Lagerwerkstoffen werden gute Gleiteigenschaften, Anpassungsfähigkeit an den Zapfen, Einbettvermögen für Fremdkörper, Verschleißfestigkeit und mechanische Belastbarkeit verlangt. Da es sich hierbei um konträre Forderungen handelt, müssen Kompromisse zu Lasten der einen oder anderen Eigenschaft gefunden werden. Deshalb ist Lagermetallen gemeinsam, daß es sich um Legierungen mit Bestandteilen unterschiedlicher Struktur handelt, solchen mit weicher Grundstruktur und hartem Stützgitter (z. B. Zinnlegierungen) oder jenen mit harter Grundstruktur und weichen Einbettungen (z. B. Bleibronze). Schon im 19. Jahrhundert hatte man erkannt, daß man die einzelnen Aufgaben des Lagermetalls auf verschiedenen Legierungs-Komponenten aufteilen muß: Die weiche Komponente dient dem Laufverhalten und der Anpassung an den Zapfen, die harte sorgt für Verschleißwiderstand und Tragfähigkeit:

„ … Das Zinn, das Blei, das Antimon (regulus) und das Wismuth in verschiedenen Verhältnissen mit Kupfer legirt, geben Gemische, welche in verschiedenen Graden, je nach Zusammensetzung der Legirung, die Eigenschaft besitzen, der Reibung zu widerstehen. Das Kupfer für sich allein ist im Allgemeinen zu weich und verliert zu leicht seine Form. Durch Zusatz eines anderen Metalls erlangt es eine größere Härte, behält aber die hinreichende Weichheit für sich reibende Maschinentheile. Auch wird dadurch ein geringerer Preis des Materials erreicht, was für Etablissements, welche viel Zapfenlagermetall brauchen, beachtenswert ist …" [351].

Neben den Lagerwerkstoffen stand die Lagerkonstruktion, insbesondere die Schmiermittelversorgung, im Mittelpunkt der Bemühungen. In der technischen Literatur findet man eine schier unübersehbare Vielfalt der Ausführungen von Achsbuchsen, sicheres Indiz dafür, wie problematisch das Tribosystem „Eisenbahnlager" war. Mit dem Aufschwung des Eisenbahnwesens durch Vergrößerung des Schienennetzes, durch höhere Zuggeschwindigkeiten und Zugfrequenzen häuften sich Lokomotiv- und Wagenschäden durch heißlaufende Achsen („Heißläufer"). Man konnte sich deshalb nicht mehr mit den Kenntnissen aus Schäden begnügen, sondern suchte sie im Vorgriff durch Experimente zu erhalten. Die Ansichten über Vorgänge im Lager gingen von Trockenreibung aus. Was die Verhältnisse zusätzlich komplizierte, war daß – je nachdem – Misch- und Flüssigkeitsreibung im Lager auftraten. Der Verschleiß durch Mischreibung stützte die Vorstellung, im Lager herrsche Trockenreibung. Deshalb maß man dem Reibwert der Lagerwerkstoffe große Bedeutung bei.

„ … Die durch Reibung verzehrte mechanische Arbeit wird der Erfahrung zufolge, auf sehr verschiedene Weise verwendet und fortgeleitet. Ein bedeutender Theil derselben verursacht in den reibenden Körpern jene lebendige Kraft, welche theils in Molecular-Schwingungen als Wärme, theils in heftigem Zittern, jene an Wellen so häufig beobachteten Erschütterungen, sich fühlbar macht und in benachbarte Körper, in Luft, Wände und Fußboden, entweicht. Ein anderer Theil wird zur Überwindung der Cohäsionskraft der Molecule, zum Abreißen kleiner Körpertheilchen, zur Abnutzung der reibenden Körper verwendet. Eine nicht geringe Menge mechanischer Arbeit mag auch in Form elektrischer Strömungen, die wir ja in unseren Electrisier-Maschinen durch Reibung hervorrufen, verloren gehen, oder aber auf sonstige, uns unbekannte Weise …" [352].

So wurden ab Mitte des 19. Jahrhunderts von mehreren Eisenbahngesellschaften Versuche über das Reibungsverhalten von Achslagern veranlaßt bzw. durchgeführt. Der *königlich bayrische Oberbaurath* F. A. VON PAULI untersuchte in der *Eisenbahnwagen-Bauanstalt zu Nürnberg* das Laufverhalten schmiedeeiserner Achsen in Lagerungen aus verschiedenen Lagermetallen. VON PAULI prüfte, welche Legierungen den geringsten Widerstand verursachten, und welchen Einfluß die Größe der Lagerflächen auf die Reibung hatte. Der Antrieb der belasteten Achse erfolgte durch eine Dampfmaschine, wobei die Antriebskraft mittels eines Spiralfeder-Dynamometers (nach WHITE) gemessen wurde. Als Ergebnis erhielt er, daß sich Legierungen mit rund 90 % Zinn, 8 % Antimon, Rest Kupfer am besten bewährten. In den Eisenbahnwerkstätten Hannover nahm der Maschinendirektor KIRCHWEGER ähnliche Versuche vor, wobei Lagerwerkstoff und Schmiermittel variiert wurden; er stellte fest, daß die Reibung der Ruhe zehnmal so hoch wie die der Bewegung war, und daß mit abnehmender Belastung der Reibungskoeffizient anstieg. Die Ergebnisse solcher Versuche differierten z. T. ganz erheblich, was angesichts unterschiedlicher Versuchsbedingungen bei den vielen Einflußgrößen auf das Lagerverhalten und der damals noch herrschenden Unkenntnis hierüber nicht verwundern darf [353;354;355]. Für das Triebwerk von Dampfmaschinen hatten sich hochzinnhaltige-Legierungen (Bronzen) als vorteilhaft erwiesen. Nun gab es damals keine auf Lager spezialisierte Hersteller, weshalb diese von den Maschinen- und Lokomotivfabriken („Etablissements") selber hergestellt werden mußten; es gab zahllose Legierungen:

„ … Als Material der in die Stangenköpfe einzusetzenden Lagerschalen (Lagerfutter), welche den Zapfen umfassen, dienen, wie bei allen übrigen Lagern, Metallcompositionen der verschiedensten Zusammensetzungen, in Betreff so zu sagen jede Bahn ihre eigenen Erfahrungen macht. Es darf deshalb nicht Wunder nehmen, dass hier von einer absolut besten Composition, die sich überall gleichmässig bewährt hätte, nicht die Rede sein kann … Krauss[141] hat seinerzeit als beste Composition für Stangenlager eine Legierung von 80 Banca-Zinn, 10 Kupfer und 10 Antimon empfohlen, also auch hier ein Weißmetall (Zinncomposition)[142] …" [356].

Die von deutschen Bahngesellschaften im letzten Drittel des vorigen Jahrhunderts verwendeten Lagerwerkstoffe lassen sich in drei Gruppen einteilen [357]:

- Zinnlegierungen mit 42 bis 93 % Sn; 4 bis 17 % Sb; 1 bis 16 % Cu, ggf. mit 20 bis 40 % Pb;
- Rotgußlegierungen mit 75 bis 88 % Cu und 8 bis 20 % Sn, ggf. mit geringen Zusätzen an Zn oder Pb;
- Bleilegierungen mit 60 bis 88 % Pb, 4 bis 20 % Sb und je nach dem 12 bis 20 % Sn.

In England wurde die von ALEXANDER DICK entwickelte Bleibronze mit 80 % Cu, 10 % Pb und 10 % Sn zu einem Standard-Lagerwerkstoff für die Eisenbahn. 1839 wurde in den USA ISAAC BABBITT das Patent 1252 auf ein Lager erteilt; das hierin erwähnte Weißmetall mit einer Zusammensetzung von 89,5 % Zinn (Sn), 8,8 % Antimon (Sb) und 1,7 % Kupfer (Cu) stellt wegen seiner guten Laufeigenschaften einen „Innovationssprung" auf dem Gebiet der Lagerwerkstoffe

---

[141] Hiermit ist die Münchener Lokomotiven-Fabrik *Krauss* (später: *Krauss-Maffei*) gemeint.

[142] Dieses Weißmetall entspricht in etwa der heutigen Legierung Lg PbSn80.

dar. Die weiche eutektische Grundmasse enthält harte Einlagerungen von intermetallischen Verbindungen (SbSn) und sogenannten Metalliden (Cu$_2$Sb), die gleichsam ein Traggerüst bilden. Weißmetall läuft gut ein, d. h. es paßt sich plastisch der Zapfenform an und verhält sich bei betrieblichen Störungen „gutmütig": Der Freßvorgang verläuft nicht abrupt, auch wird beim Erweichen oder gar Schmelzen des Weißmetalls die Welle normalerweise nicht zerstört. Von Nachteil ist die geringe Festigkeit dieser Legierung, die BABBIT eben durch den eigentlichen Gegenstand seines Patentes, nämlich das Verbundlager, bei dem die Funktionen „Laufeigenschaften" und „Tragfähigkeit" auf jeweils hierfür besonders geeignete Werkstoffe aufgeteilt wurden, kompensieren wollte, Bild 63:

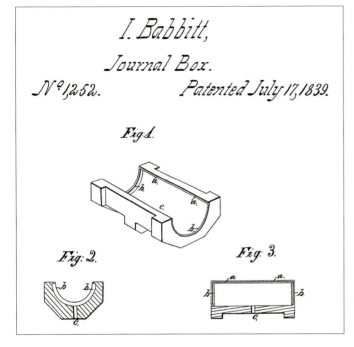

Bild 63
Auszug aus dem US-Patent 1.252
von I. BABBIT aus dem Jahre 1839

"… I prepare boxes which are to be received into housings … making them of any kind of metal, or metallic compound, which has sufficient strength, and which is capable of being tinned. The inner parts of the boxes are to be lined with any of the harder kinds of composition under the names of britannia metal or pewter of which tin is the basis. An excellent compound for this purpose I have prepared by taking about 80 parts of tin, five of antimony, and one of copper, but I do not intend to confine myself to this particular composition …" [358].

Die geringe Tragfähigkeit von Weißmetall suchte man auch in Deutschland durch Verbundlager, bestehend aus einer Stützschale aus Bronze und dem Weißmetallaufguß, zu umgehen. Allerdings erwiesen sich diese Verbundlager als problematisch, weil Bronze für Stützschalen zu weich war, zumal bei hohen Lagerdrücken. Deshalb gerieten solche Lager zu Beginn der 1860er Jahre „ziemlich in Mißkredit" [359]. Erst 1870 gelang es in England HOPKINS Verbundlager herzustellen, die den Anforderungen genügten. Wenn man das Prinzip der Aufgabenteilung bei Lagern anwendete, lag es nahe, die Aufgabe „Kräfte übertragen", noch festeren Werkstoffen als Bronzen, nämlich Gußeisen oder gar Stahl zuzuweisen. Schwierigkeiten mit der Bindung von Lager- und Stützmetall versuchte man auch durch formschlüssige Verbindungen (Verklammerung des Lagermetalls in Nuten der Stützschalen) zu entgehen.

„ … Vielfach werden die Lagerschalen aus Bronze oder gewöhnlichem Messing hergestellt und alsdann mit Weißmetall ausgegossen … Wenn man das Lager mit Composition ausgiesst, so hindert Nichts, die Schalen an und für sich aus Schmiedeeisen anzufertigen, wo dann das Ausgiessen des Lagers lediglich den Zweck hat, den Zapfen, welchen es umschliesst, ein weiches Auflager zu geben und denselben als den bei weitem kostspieligeren Theil vor Abnutzung zu bewahren. Dabei ist zu bemerken, dass diese weichere Legierung, wenn sie halten soll, stets mit Rippen eines härteren Metalls umrahmt sein muss, um nicht ausgequetscht zu werden. Findet letzteres nicht statt, sind also die Anläufe, Schmierlöcher, Nuthen etc. nicht mit einem härteren Metall (Rothguss etc.) eingefasst, so tritt namentlich bei stark angestrengten Lastzugmaschinen *(Anmerk. d. Verf.: Güterzuglokomotiven)* ein baldiges Verquetschen dieser Theile ein, wodurch die Oelzuführung gehindert und häufiges Warmlaufen, sowie hohe Reparaturkosten die Folge sind. Dass dieses bei schmiedeeisernen Lagern, wo die ganze innere Fläche als auch die Anläufe[143] mit Composition ausgegossen sind, um so häufiger eintritt, darf nicht überraschen, wohinzu der Nachteil tritt, dass bei etwaigem Ausschmelzen der Composition der Zapfen unmittelbar auf Schmiedeeisen zu liegen kommt, wodurch ein Liegenbleiben des Zuges selbstverständlich die nothwendige Folge ist …“ [356].

Für die besonders hoch belasteten Lager von Treibstangen und Lokomotiv-Kurbelachsen verwendete man auch zwei konzentrische Lagerbuchsen: die innere auf dem Zapfen laufende – aus dem eigentlichen Lagermetall und die äussere aus Stahl. Härte und Verschleißfestigkeit des Lagermetalls suchte man durch höhere Zinngehalte zu steigern, was aber zu Lasten der Gleiteigenschaften ging. So ließ man die Welle direkt in Bronzelagern mit 87,5 % Cu und 12,5 % Sn laufen. In den USA führte Dr. D. C. Dudley von der *Pennsylvanian Railroad* umfangreiche Versuche mit Lagermetallen durch, die zum Ergebnis hatten, daß Verschleiß und die Neigung zu Überhitzung und Fressen mit steigendem Bleigehalt abnahmen. Die technologische Schwierigkeit bei Bleibronzelegierungen mit höherem Bleigehalt bestand allerdings darin, eine gleichmäßige Bleiverteilung zu erhalten [360].

Die ersten Verbrennungsmotoren, erst Gasmotoren, dann auch Motoren mit flüssigen Kraftstoffen („Benzinmotoren“) hatten Massivlager aus Rotguß, Bronze oder Weißmetall. Zum Teil wurden die Lagerbohrungen direkt mit Weißmetall ausgegossen. Das sparte zwar Gewicht, hatte aber den Nachteil, daß im Reparaturfall das Ausgiessen vor allem der Kurbelwellen-Grundlager umständlich war. Die Lager wurden individuell gefertigt, d. h jedes Lager wurde speziell für den Wellenzapfen bearbeitet, den es aufnehmen sollte, sie wurden „eingeschabt“. Vor dem ersten Weltkrieg hatten Kfz-Motoren vielfach Stützschalen aus Rotguß, sogenannte Phosphorbronze[144], mit Weißmetall-Ausguß, dessen Zinngehalt von etwa 82 % mit steigender Belastung später auf 86 bis 87 % erhöht wurde. Auch Flugmotoren wurden mit solchen Lagern ausgerüstet, wenn man es nicht vorzog, die Pleuelbohrungen direkt mit Weißmetall auszugießen. Bezeichnend für den Stand der Lagertechnik vor dem ersten Weltkrieg ist ein Passus in den Abnahmevorschriften für Luftschiffmotoren, in denen es heißt:

„ … Die nach längerem Betrieb an den Weißmetall-Lagern auftretenden Risse gelten nicht als Materialfehler …“ und „ … von der Garantie ausgenommen sind folgende Teile: … sämtliche Lagerstellen …“ [361].

Im ersten Weltkrieg wurden die Motoren, also auch die Lager, hart beansprucht. Dabei trat eine ganze Reihe von Schwachstellen und Fehlern zu Tage, deren Ursachen nur zum Teil im Lager selbst, sondern vielmehr in der Lagerperipherie und in der Motorbetriebsweise lagen. In den

---

[143] Es handelt sich hierbei um Bundlager. Mit *Anläufe* sind die Lagerbünde gemeint.

[144] Dieser Werkstoff enthält Phosphor nicht als Legierungsbestandteil, sondern der geringe Phosphorzusatz (< 4%) dient zur Desoxidation beim Vergießen.

Luftschiffmotoren wurden die Lager einfach überlastet: Bei den Angriffsfahrten auf England liefen die Motoren viele Stunden mit Vollast[145], dem waren die unmittelbar mit Weißmetall ausgegossenen Lager nicht mehr gewachsen. Um die Bindung der Weißmetall-Laufschicht mit dem Bronzelager zu verbessern, wurden die Lager gestrählt[146]. Man erkannte, daß man die Festigkeit der Lager durch Verringern der Weißmetall-Laufschichtdicke (auf 1,5 mm) erhöhen konnte, auch gab man dem „Weißmetallfutter" durch Bunde seitlich im Lager Halt. Durch Einbau von Ölkühlern wurde die Öltemperatur wirksam abgesenkt, damit die Ölviskosität erhöht und die Tragfähigkeit der Lager verbessert [362]. Ebenfalls Schwierigkeiten bereitete der Mangel an Legierungsbestandteilen wie Zinn, unter dem das deutsche Reich durch die Blockade der Alliierten litt.

„ … Die immer grösser werdende Zinnknappheit wird daher in absehbarer Zeit dazu führen, dass die benötigte Zinnmenge nicht mehr voll zur Verfügung gestellt werden kann. Versuche mit Ersatzlagermetallen werden daher zur zwingenden Notwendigkeit. Ich ersuche, nunmehr sich ernstlich mit dieser Frage zu beschäftigen und sehe baldiger Einsendung eines Motors mit Ersatzlagerschalen zur Typenprüfung entgegen. Unabhängig von Ihnen werde ich im Adlershofer Betriebe entsprechende Versuche anstellen …" [363].

Diese Verhältnisse änderten sich auch nach dem Krieg noch nicht, weil die Blockade Deutschlands – ungeachtet des Waffenstillstands – nicht aufgehoben wurde. Außerdem war die wirtschaftliche Lage so desolat, daß es an Devisen für Importe mangelte. Das alles beeinträchtigte natürlich auch die Lagerentwicklung. Statt des bisherigen hochzinnhaltigen Weißmetalls WM 80 mit rund 80 % Sn ging man zu zinnärmeren Legierungen über, bestehend aus 75 % Blei, 15 % Antimon und 10 % Zinn. Anfang der zwanziger Jahre brachten die *Braunschweiger Hüttenwerke* das sogenannte *Gittermetall*-Lager auf den Markt, Bleibronzelager mit 0,3 bis 0,5 mm starkem *Gittermetall*-Ausguß. *Gittermetall* ist ein Lagermetall auf Bleibasis (73 %) mit Zusätzen von Zinn (10 %) und kleinen Mengen von Antimon und Kupfer sowie Graphit in feinster Verteilung. An sich geringer belastbar, bewährten sich solche zinnarmen Legierungen mit 0,3 bis 0,4 mm dicken Ausguß auf vergleichsweise dickwandigen Stützschalen aus mittelharter Bleibronze (Cu 77 %; Pb 15 %, Sn 8 %, Zusätze von Ni, Zn und Sb; Brinellhärte 40 bis 60 kg/mm²) sehr gut und trugen mit dazu bei, die Standzeit von Fahrzeug-Dieselmotoren auf ein für einen wirtschaftlichen Betrieb erforderliches Maß zu verlängern [364], denn als Ende der 1920er Jahre mit der „kompressorlosen Einspritzung"[147] der Dieselmotor auch zum Antrieb von Fahrzeugen herangezogen werden konnte, hatte man schon nach kurzen Laufzeiten Ermüdungsrisse in den Rotgußlagern des Triebwerks festgestellt. Großmotoren hatten erst Gußeisen- und Bronze-, dann Gußstahl- und schließlich Stützschalen aus Schmiedestahl mit Weißmetallausguß („Weißmetallfutter").

„ … Zweckmäßig ist, Stahlguß zu verwenden, auch benutzt man neuerdings geschmiedeten Stahl, der aus einer ebenen Platte gebogen wird, worauf man die Form der Schale herausschruppt … Die Schalen werden mit Weißmetall ausgegossen, eine Legierung, die zu 83 H aus Zinn besteht, während der Rest zu gleichen Teilen Kupfer und Antimon enthält …" [365].

---

[145] In welchem Maße Luftschiffmotoren gefordert wurden, kann man auch daraus ersehen, daß in der Betriebsanleitung des *BMW*-Flugzeugmotors *BMW Va* aus dem Jahre 1928 (also gut zehn Jahre später) hervorgehoben wird: „ … Das Pleuellager ist in üblicher Weise als Gleitlager ausgebildet und besonders reichlich bemessen, so daß es den hohen Anforderungen auf Zuverlässigkeit der Höchstleistung auf die Dauer von 1 Stunde in jeder Weise gewachsen ist, was gelegentlich der Baumusterprüfung durch Dauerläufe von insgesamt 5 Stunden nachgewiesen wurde, wobei ein Lauf allein eine Zeitdauer von 4 Stunden hatte …".

[146] *Strählen* (andere Schreibweise: *Strehlen*) stammt aus dem Althochdeutschen und wird heute noch mundartlich als Verb für *kämmen* gebraucht. In der Technik bezeichnet man das Aufbringen von Rillen damit. Der *Strehler* ist ein Werkzeug zum Herstellen von Gewinden.

[147] Kompressorlose Einspritzung, d. h. die hydraulisch-mechanische Einspritzung, führte zu einem höheren Gleichraumanteil an der Verbrennung, verbunden mit höheren Zünddrücken und steileren Druckanstiegen.

Auch hier wurde die Ausgußdicke der Weißmetallschicht verringert; allerdings nicht in dem Maße wie bei schnellaufenden Motoren, immerhin von einigen auf etwa einen Millimeter, ebenfalls aus der Erkenntnis, daß es nicht eines Formschlusses durch schwalbenschwanzartige Verklammerung bedurfte, sondern daß sich die Laufschicht mit der Stützschale durch Diffusion optimal verbindet. Dünne Laufschichten haben somit gleich zwei Vorteile, Entfall von Dauerbrüchen der Lagerschalen als Folge der Kerbwirkung durch die formschlüssige Verklammerung, und eine höhere Festigkeit, weil deren plastische Verformbarkeit eingeschränkt ist. Insgesamt aber zeichnete sich ab, daß Weißmetallager den Leistungssteigerungen vor allem in schnellaufenden Motoren, hier: Flugzeugmotoren, nicht mehr gewachsen waren.

„ … Im allgemeinen ist zu sagen, daß die Belastbarkeit der Motoren zwischen zwei Überholungen in ziemlich hohem Maße durch die Lebensdauer der Lager begrenzt wird. Das bezieht sich auf die heute noch üblichen Weißmetallager, aber auch z. T. auf die Rollen- und Kugellager. Die Lebensdauer von Lagern aus Weißmetall ist bei wassergekühlten Motoren 400 bis 600 h für die Grundlager der Welle und 300 bis 400 h für die Pleuellager bei Lagerbelastungen von $\approx$ 135 bzw $\approx$ 140 kg/cm^2 …" [366].

Den entscheidenden Entwicklungsschritt zum hochbelastbaren und – nach dem Stande der Technik – betriebssicheren Gleitlager stellt das Stahl-Bleibronzelager dar: Eine Stahlstützschale mit aufgegossener „weicher" Bleibronze (20 bis 30 % Pb, Rest Cu; Brinellhärte 25 bis 320 N/mm^2) [367]. Bei diesen Legierungstyp ist in die harte Grundmasse, das Kupfernetz, das weiche Blei eingelagert.

Die Motortechnik hatte durch das quantitative und qualitative Wettrüsten im ersten Weltkrieg große Fortschritte gemacht, vor allen bei den Flugmotoren (Flugzeug, Luftschiff). Bezeichnenderweise war es einer der leistungsstärksten und besten Flugzeugmotoren, der amerikanische *Liberty*-Motor, bei dem die Hauptpleuellager zum leistungsbegrenzenden Bauteil wurden. Bei diesem Zwölfzylinder-V-Motor arbeiteten je zwei sich im V gegenüberliegende Zylinder mittels Gabel- und Innenpleuel gemeinsam auf einen Hubzapfen. Das Gabelpleuellager war aus (Blei-)Bronze gegossen. Als die amerikanische Fa. *Allison* ein Exemplar dieses Motors mit einem 80/20-prozentigem Benzin-Benzol-Gemisch[148] von 450 auf 500 PS bringen wollte, gingen die Gabelpleuellager nach 20 bis 30 Stunden zu Bruch ("… only to thrash its bearings to junk in 31 hours."). Das gleiche passierte mit allen weiteren Motoren. Ein leitender *Allison*-Ingenieur, Norman Gilmann, erkannte als Ursache, daß sich die relativ weichen Lager unter der Pleuelstangenkraft stark verformten, so daß die Lager ungleichmäßig trugen, mit den erwähnten Folgen. Um die Steifigkeit des Gabelpleuellagers zu erhöhen, ließ Gilmann Stahlschalen mit Bleibronze ausgießen. Wiewohl das Prinzip des Verbundlagers nicht neu war, so lag die Innovation in der Fertigungstechnik. Für eine sichere Bindung muß die Stützschale vor dem Aufgießen der Bleibronze auf Rotglut erhitzt werden. 1926 wurde Allison auf das Fertigungsverfahren das US-Patent 1581083 erteilt [368], Bild 64.

Ein Indiz für die Überlegenheit dieses Verbundlagers ist, daß der englische Flugmotoren-Hersteller *Rolls-Royce* (Derby) sofort eine Lizenz darauf nahm, und daß Ende der zwanziger Jahre Stahl-Bleibronzelager zum wichtigsten *Allison*-Produkt geworden waren. In vielen Schritten weiterentwickelt, werden Stahl-Bleibronzelager bis heute in Kurbeltrieben eingesetzt. Die Überlegenheit des Stahl-Bleibronze-Verbundlagers gegenüber Massivlagern beruht auf mehreren Faktoren [369]: Eine hohe Festigkeit der Stahlschale („Stahlstützschale") erlaubt kleinere Wanddicken, was insbesondere Pleuellagern zugute kommt, und sie ermöglicht eine höhere, und zwar auch bei steigenden Temperaturen weitgehend gleichbleibende Preßpassung. Damit

---

148) Durch Zumischen von Benzol wird der Kraftstoff klopffester. Das erlaubt eine höhere Verdichtung, was wiederum mehr Leistung und weniger Verbrauch bedeutet.

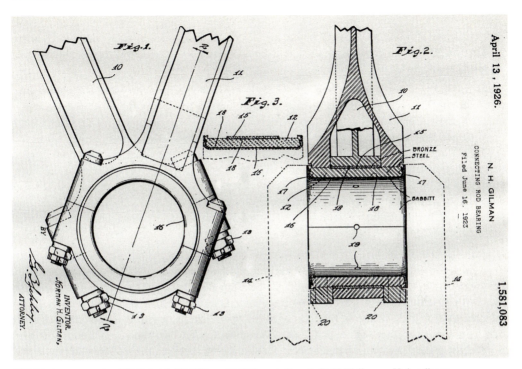

Bild 64 Auszug aus dem US-Patent 1.581.083 von N. H.GILMAN über da Stahl-Bleibronze-Verbundlager

die Lagerschalen fest in der Gehäusebohrung sitzen und sich im Motorbetrieb nicht verdrehen, müssen sie mit Überdeckung eingebaut werden („Preßpassung"). Bei massiven Bleibronzelagern kam es vor, daß sie sich bei Erwärmung stärker ausdehnten als die Lagerbohrung, wobei sie sich bleibend verformten und bei Abkühlung auf die Welle aufschrumpften. Weil die Stahlstützschale die Lagerkräfte auf den Lagerstuhl überträgt, mußte das Lagermetall nicht mehr mit Rücksicht auf seine Festigkeit, sondern konnte nach den Laufeigenschaften gewählt werden. Somit kommen die guten Laufeigenschaften, Anpassungsfähigkeit an den Zapfen und das Einbettvermögen von „weichen" Bleibronzen mit hohem Bleigehalt zum Tragen. Allerdings brauchen Bleibronzelager eine harte Zapfenlauffläche, d. h die Laufflächen mußten durch Nitrieren oder Flammhärtung mit dem Schweißgasbrenner (Doppelduro-Härtung) auf die nötige Härte gebracht werden. Aus Erfahrung wußte man, daß die Neigung zum Fressen um so geringer ist, je größer der Härtesprung der Gleitpartner ist. Die im Vergleich zu Weißmetallaufschichten größere Härte der Bleibronze machte sie aber empfindlich gegen Formungenauigkeiten, Verformungen und Verkantungen; das alles verlangte eine größere Fertigungsgüte („Feinstbearbeitung"):

„ … Die Lauffläche muß beim Einbau dem idealen Laufspiegel um so mehr entsprechen, je härter das Lagermetall ist. Die beste Fertigbearbeitung für Laufflächen ist das Feinbohren mit Diamant oder Widiaschneide auf Sondermaschinen … In letzter Zeit ist man bei Reihenmotoren darangegangen, nicht einzelne Lager, sondern zunächst die Lagerbrücken und anschließend, in der gleichen Aufspannung, die in das Gehäuse eingelegten Lagerschalen auf einmal feinzubohren, um das Fluchten mit höchster Genauigkeit zu gewährleisten …" [370].

In einer anderen Literaturstelle wird hierzu gesagt:

„ … Die hohe Drehzahl des Motors beansprucht die Lagerung der Kurbelwelle in hohem Maße. Die Hauptlager der Kurbelwelle müssen daher einen genügenden Halt gegen ein Verschieben der Lagerfluchtlinie haben. Aus diesem Grunde wurde das Motorgehäuse aus Grauguß gewählt, statt Leichtmetall. Hätte man das Gehäuse aus Leichtmetall hergestellt, dann wäre die Dimension der Wandstärken so groß ausgefallen, daß die Gehäuse als Ganzes schwerer geworden wären als ein Graugußgehäuse …" [371].

Stahl-Bleibronzelager waren höher belastbar als die bisherigen Lagertypen, was unter anderem kleinere Lagerabmessungen, id est: kompaktere Motoren ermöglichte, und sie hatten eine längere Lebensdauer, waren also betriebssicherer. Diesbezüglich wird in einer Literaturstelle erwähnt, daß solche Lager in den hoch ausgelasteten Dieselmotoren des Luftschiffes LZ 129 „Hindenburg" Laufzeiten von über 1600 Betriebsstunden erreicht hatten, ohne daß sie hätten ausgebaut werden müssen [372]. Wegen der hohen Ansprüche an die Fertigung gaben die meisten Motorenhersteller das Ausgießen der Lagerschalen auf und bezogen die Schalen halbfertig von hierauf spezialisierten Lagerherstellern. Zweieinhalb- bis dreimal so teuer wie herkömmliche Lager, wurden Stahl-Bleibronzelager vorwiegend in Flugmotoren eingebaut.

Die für das Dieselverfahren charakteristischen hohen Verdichtungsend- und Zünddrücke sind über einen größeren Zeitanteil (ausgedrückt in Grad Kurbelwinkel [°KW]) wirksam als selbst bei hochbelasteten Flugzeug-Ottomotoren; sie belasten also die Lager über einen größeren Zeitraum. Hinzu kommt, daß Dieselmotoren für Fahrzeuge leicht sein, mithin also schnell drehen müssen, was eine Erschwernis für die Lager im Vergleich zu denen in größeren und großen Schiffsmotoren bedeutet. Kurzum, Lager in schnellaufenden Dieselmotoren waren seit jeher Sorgenkinder der Entwicklungsingenieure. Nicht umsonst sagte man: „ … Schnellaufende Dieselmotoren bauen heißt: Lager bauen lernen …" [373], eine Erfahrung, wie sie auch schon bei schnellaufenden Dampfmaschinen gemacht worden war:

„ … Wenn eine Maschine eine grosse Tourenzahl erreicht, so ist es durchaus nicht notwendige Folge, dass die Lager warm laufen sollten. Es treten bei grosser Tourenzahl nur alle Fehler in der Lagerbehandlung und Schmierung viel rascher zu Tage, und es ist daher bei rasch gehenden Maschinen den Lagern verdoppelte Aufmerksamkeit in der Behandlung und Schmierung zuzuwenden …" [374] und „ … Im großen Ganzen erwächst aber die Erkenntnis, dass hochbelastete Zapfen für sehr hohe Umdrehungszahlen geradezu unausführbar sind.. Es ergeben sich damit Grenzen für die heutige Constructionsweise und dauernde künstliche Kühlung oder ganz andere entlastende Principien werden in den Maschinenbau eingeführt werden müssen, wenn der Anstieg der Maschinengrößen nicht eine nahe Rast finden soll …" [375].

So nimmt es nicht wunder, daß Stahl-Bleibronzelager bald Eingang in die bezüglich der Triebwerkslagerung anspruchsvollen Dieselmotoren fanden. Mit dem Stahl-Bleibronzelager hatte das Gleitlager gegenüber dem Wälzlager, das bei extremen Beanspruchungen, z.B. in Luftschiff- und Triebwagendieselmotoren, eingesetzt wurde, aufgeholt. Die Verbreitung des Stahl-Bleibronzelagers wurde ab Mitte der 1930er Jahre in Deutschland auch dadurch begünstigt, daß die *Überwachungsstelle für unedle Metalle* auf Verwendung zinnarmer Legierungen drängte. Ein Hindernis für die allgemeine Einführung von Stahl-Bleibronzelagern war der schwierige und hohen Ausschuß verursachende Fertigungsprozeß dieser Lager, der natürlich auch den Preis in die Höhe trieb. Wegen der gravierenden Folgen von Lagerschäden wurden die Lager von den Motorherstellern einer strengen Vorauserprobung unterzogen:

„ … Aufgrund der gewonnenen guten Lauferbenisse mit den Lagern der *Fürstlich Hohenzollern'schen Hüttenverwaltung* in unserem Versuchsbetrieb wurden 20 Satz dieser Lagerschalen in unserem Werk 90 Marienfelde als Vorserie angeliefert. Von bisher insgesamt 290 Schalen waren 50 Stück wegen nicht zeichnungsgemässer Ausführung Ausschuss. Von den restlichen 240 Schalen wurden 36 bei der Röntgenprüfung ausgeschieden, d. h. 15 %. Die Ausschussziffer ist also die gleiche wie bei den seinerzeit uns angelieferten Versuchssätzen und muss noch erheblich heruntergedrückt werden …" [376].

Um den Verbrauch von „Sparstoffen" zu verringern, wurde auch versucht, Leichtmetall (Aluminium-Legierungen) als Lagermetall zu verwenden, so hatte z. B. das Triebwerk des *Lanz-Bulldog*-Traktors Aluminium-Lager. Gleichwohl, Entwicklungen verlaufen oft nicht geradlinig, sondern auf Umwegen, und es dauert länger, als es in der Rückschau hätte sein müssen, bis sich ein neues, überlegenes Konstruktionsprinzip durchsetzen konnte. Konkret: Bei den Vorteilen des Stahlbleibronze-Verbundlagers wäre zu erwarten gewesen, daß sie durchgängig im Triebwerk von Nutzfahrzeug-, ja auch von Pkw-Motoren eingesetzt worden wären. Mitnichten, aus Kostengründen versah man in Dieselmotoren vielfach nur die durch Gasdruck höher belastete Oberschale im Pleuel damit, die Unterschale und die Kurbelwellengrundlager wurden als Stahllager mit Weißmetall-Ausguß ausgeführt. Die Crux ist eben die, daß sich Einsparungen durch eine billigere Konstruktion gegenüber einer aufwendigen Lösung auf Mark und Pfennig genau ausrechnen lassen; die Kosten hingegen durch Schäden, welche eine „billige" Lösung verursachen oder begünstigen können, und die den Wert der Einsparung um Größenordnungen übersteigen können, sind in der Vorausschau nicht erfaßbar. Sind dann durch Schäden und ihre Folge hohe Kosten entstanden, dann werden sie niemals den Protagonisten der „billigen" Lösung angelastet. Dieses Prinzip des „so wenig wie möglich, so viel wie nötig" wird gerade heute gerne angewendet, wie aus der Beschreibung eines Nfz-Motors hervorgeht:

„ … Die Haupt- und Pleuellager sind so dimensioniert, daß die belastete Seite als Dreistofflager und die unbelastete Seite als Aluminiumlager ausgeführt sind. Einzige Ausnahme bildet das Pleuellager der 125 kW-Variante, an dessen belasteter Seite ein Sputterlager zum Einsatz kommt …" [377].

Pkw-Motoren hatten z. T. bis in die 1950er Jahre Rotguß- oder Bronzelager mit Weißmetallausguß, der Motor des legendären VW-Käfers war mit Aluminium-Massivlagern aus AlSn20 versehen. Für Pleuelbuchsen (Kolbenbolzenbuchsen) verwendete man Zinnbronzen („harte Bronzen"), Rotguß oder Messing, weil deren per se starre Lagerungen diesbezüglichen Anforderungen dieser Legierungen genügen.

Bei allen Vorzügen der Verbundlager, sei es das hochwertige Stahl-Bleibronze-, seien es die niedriger belastbaren Weißmetall-Lager mit Stahl-, Rotguß- oder Bronzeschale, waren diese doch vergleichsweise aufwendig zu fertigen, ein Nachteil, der um so stärker ins Gewicht fiel, je größer die benötigten Stückzahlen waren. Das traf vor allem auf die USA mit ihrer seit je großen Fahrzeugproduktion zu. 1929 entwickelte HOPKINS (*Cleveland Graphite Bronze Co.* in Cleveland/USA) ein einbaufertiges dünnwandiges Stahllager mit Weißmetall-Ausguß. Ein von der Rolle ablaufendes Stahlband wurde kontinuierlich mit Weißmetall beschichtet, abgekantet und zu Halbschalen gepreßt. Ab 1934 wurden solchermaßen auch dünnwandige Stahl-Bleibronze-Lager hergestellt, und 1938 folgte das Dreistoff-Lager, bestehend aus der Stahlstützschale, dem Bleibronze-Ausguß und einer Weißmetall-Laufschicht. In Deutschland war es die Fa. *Glyco* (Wiesbaden), die – als erste – ab 1938 solche „Bandlager" fertigte, zuerst als dünnwandige Stahllager mit Weißmetall-Aufguß, dann auch mit Bleibronze.

Bandlager bieten mehrere Vorteile: Rationelle Fertigung und Materialersparnis, engere und zuverlässig einzuhaltende Toleranzen, einfachere Montage und dadurch insgesamt eine Kostenersparnis. Außerdem ermöglichen Bandlager leichtere Pleuelaugen. Die bedeutendste der *Clevite'*-schen Pioniertaten stellt das ab 1944 produzierte *Clevite 77*-Lager dar: Ein dünnwandiges Stahllager mit Bleibronze-Ausguß (0,35 mm) und extrem dünner Blei-Zinn-Laufschicht („overlay") von 0,025 mm. Weißmetall ist um so höher belastbar, je kleiner die Schichtdicke ist. Bei direkter

Beschichtung von Stahllagern mit Weißmetall kann die Schichtdicke aus technologischen Gründen nicht so klein wie erwünscht werden. Wenn zudem bei solchen Lagern die Weißmetallschicht durchbrochen wird, läuft Stahl auf Stahl, was unvermeidlich zum Fressen führt. Deshalb war das *Cleveland*'sche Dreistofflager ein solcher Fortschritt, zumal durch Aufgalvanisieren des Weißmetalls die Schichtdicke auf eben 0,025 mm reduziert wurde. Dreistoff-Lager mit dünner Laufschicht wurden zu einer Grundlage moderner Triebwerks- bzw. Motorentwicklung.

Wie schon der erste, so trieb auch der zweite Weltkrieg die Lagerentwicklung voran. Wieder waren es Flugmotoren, aber auch Panzermotoren, bei denen Lagerprobleme besonders drängend wurden. Die Amerikaner betrieben hier eine Sonderentwicklung, indem sie Dreistofflager, bestehend aus Stahlstützschale, Silber als Lagermetall und einer Laufschicht einsetzten. Nachdem die Silberschicht erst aufgegossen, aber auch aufplattiert worden war, ging man zur galvanischen Beschichtung über, weil sich solcherweise Schichtdicke wie Kornfeinheit besser steuern ließen. Die 0,3 bis 0,5 mm dicke Silberschicht zeigte sich bei niedrigen Belastungen und hohen Drehzahlen empfindlich gegenüber Anfressungen, so daß man sie mit einer elektrolytisch aufgebrachten Laufschicht aus Blei, Zinn oder Blei-Indium 0,02 bis 0,04 mm versah [378]. Hoch belastbar, wurden Silberlager ungeachtet ihres hohen Preises auch nach dem Krieg für Flugzeug-Kolbentriebwerke verwendet. Im Europa der Kriegszeit stand die Werkstoffknappheit der Verwendung von Silberlagern entgegen, wenngleich durchaus Versuche mit Silberlagern unternommen wurden, so z. B. von *BMW*. Als Vorteile solcher Lager, namentlich bei einer galvanisch direkt auf die Hubzapfenbohrung aufgebrachten Silberschicht wurden vor allem die im Vergleich zu Stahl-Bleibronzelagern einfachere Herstellung und das geringere Gewicht hervorgehoben. Diese Entwicklung wurde in Deutschland nicht weiterverfolgt [379].

Statt dessen konzentrierte man sich auf die Entwicklung hochbelastbarer Stahl-Bleibronzelager. Einen Schwerpunkt bildete hierbei die Gußtechnologie, von der gesagt wurde, „ … daß sie im Verlauf der letzten 25 Jahre sicherlich mehr geistigen und materiellen Aufwand beansprucht habe als irgendein anderer Schmelz- und Gießvorgang.." [380]. Welche Bedeutung dieser Technologie beigemessen werden muß, ist auch daraus zu ersehen, wie gründlich sich die Alliierten über diesbezügliches deutsches Wissen informierten. In einem F.I.A.T.-Bericht [52] wurde ein Überblick über den Stand der deutschen Lagerindustrie im Vergleich zu der U.S.-amerikanischen gegeben mit dem Fazit, daß in Deutschland ähnliche Verfahren in der Lagerherstellung angewendet wurden, wenn auch für kleinere Stückzahlen, mit niedrigerem Automatisierungsgrad und geringerer Qualität als in den USA – ungeachtet partikulärer Verbesserungen in Fertigungsqualität, Steigerung der Produktion und Einsparung von Material. Außerdem wurde in dem Bericht die geringere Vielfalt an Lagerlegierungen in Deutschland hervorgehoben.

Die Hauptpleuellager von Sternmotoren sind in jeder Hinsicht hoch und ungünstig belastet. Interessant ist in diesem Zusammenhang eine Lagerkonstruktion, bei der eine Hubzapfenbuchse mit Bleibronzeschicht auf dem Rücken auf den Hubzapfen aufgeschrumpft ist. Auf dieser Buchse läuft das unbeschichtete Hauptpleuellager [381]. Die übliche Lagerbauart war die, daß die Lagerschalen fest in der Aufnahmebohrung sitzen und mit Spiel auf der Welle laufen. Bei verschiedenen Sternmotoren hat man die Hauptpleuellager „schwimmend" gestaltet, d. h. das Lager – in diesem Fall eine Buchse – läuft mit Spiel auf der Welle und in der Pleuelbohrung. Die Schmierung des Lager- oder Buchsenrückens wird durch Bohrungen in der Buchse sichergestellt. Ein solche Buchse läßt sich natürlich nur dann montieren, wenn die Kurbelwelle „gebaut" ist.

„ … In den Pleuelkopf ist eine innen gehärtete und geschliffene Stahlbuchse eingepreßt und gesichert. Zwischen dieser und dem Kurbelzapfen ist eine Bronzebuchse eingeschoben, die innen mit Weißmetall ausgegossen und mit zahlreichen Schmierlöchern versehen ist. Diese Buchse gleitet einerseits in der Stahlbuchse der Hauptpleuelstange, andererseits auf dem Kurbelzapfen …" [382].

Diese für Hauptpleuel in Sternmotoren bevorzugte Konstruktion wurde 1934 von der Fa. *Büssing NAG* für einen Nutzfahrzeug-Dieselmotor übernommen. Da man die einteilige Kurbelwelle beibehielt, mußt die Buchse geteilt werden, so daß sich das Pleuel über zwei Lagerschalen aus Bleibronze mit je zwei Anlaufringen auf dem Hubzapfen abstützte; weder Hubzapfen noch die Pleuelbohrung waren gehärtet [383]. Der Grund für diese in Kfz-Motoren ungewöhnliche Pleuellager-Ausführung dürfte in Lagerschwierigkeiten gelegen haben. Doch schließlich gab man diese Bauart auf. Auch die Hauptpleuel in den *BMW*-Flugmotoren *132* und *801* hatten „normale" Lager.

Einen besonderen Problemschwerpunkt bildete das Gabelpleuellager von V-Motoren. Das stützt sich mit seiner inneren Lauffläche auf dem Hubzapfen ab, sitzt außen beiderseits fest in den Bohrungen des gegabelten Hauptpleuels; auf seinem Rücken dazwischen greift das Innenpleuel an. Es gibt verschiedene Möglichkeiten für die Gestaltung dieser Lagerung:

- Das Gabelpleuel ist dreiteilig ausgeführt: Stange und zweiteiliges Pleuelauge. In das Pleuelauge wird das Gabelpleuellager eingebaut. Das Innenpleuel stützt sich mit seinem Lager auf dem gehärteten Rücken des Gabelpleuelauges: „Lösung A", Bild 65.

- Der Rücken des Hauptpleuellagers ist mit Lagermetall beschichtet (beidseitig beschichtetes Lager), so daß das Innenpleuel direkt hierauf laufen kann: „Lösung B", Bild 66.

- Das Gabelpleuel umfaßt das Gabelpleuellager, auf dessen Rücken das Innenpleuel mit seinem Lager läuft; der Lagerrücken muß dann allerdings gehärtet sein: Lösung C", Bild 67.

Weil der V-Bauweise immer dann der Vorzug gegeben wird, wenn hohe Leistungsdichte gefordert ist, sind Gabel- und Innenpleuellager in der Regel hoch belastet. Diese Kombination von hoher spezifischer Leistung, komplizierter Konstruktion und problematischer Fertigungstechnik bereitete ungeheure Schwierigkeiten, erkennbar auch daran, daß so viele in Konstruktion und Herstellungsverfahren unterschiedliche Lager entwickelt worden sind. Doch worin besteht denn nun das Problem?

Die dreiteilige Pleuelstange mit jeweils einseitig ausgegossenem Gabel- und Innenpleuellager (Lösung A) ist konstruktiv aufwendig; auch ist das Gabelpleuel durch diese Bauart schwer. Es bestand also der dringende Wunsch nach einer einfacheren Konstruktion. Eine solche bot sich mit dem beidseitig ausgegossenen Gabelpleuellager (Lösung B) an. Ist die Fertigung normaler, d.h. einseitig innen ausgegossener Lager schon nicht einfach, so gilt das in noch viel stärkerem Maße für doppelseitig ausgegossene Lager. Beim Gießen von Bleibronze-Verbundlagern

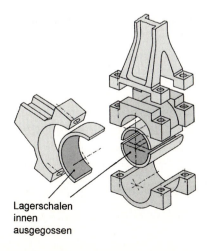

Lagerschalen
innen
ausgegossen

Bild 65
Das dreiteilige Pleuel des Flugzeugmotors *Argus As 10 C* besteht aus dem zweiteiligen Pleuelauge mit der aufgeschraubten Pleuelstange. Das Pleuelauge nimmt innen das Gabelpleuellager auf; auf dem Rücken des Pleuelauges läuft das Innenpleuellager des zweiteiligen Innenpleuels.

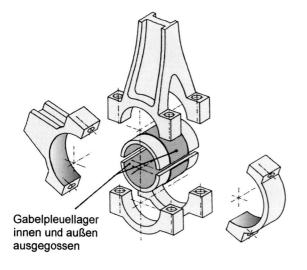

**Gabelpleuellager
innen und außen
ausgegossen**

Bild 66
Der Panzermotor *Maybach HL 230* hatte
ein beidseitig – innen und außen – mit
Bleibronze ausgegossenes Gabelpleuellager. Auf der Bleibronzeschicht auf dem
Schalenrücken lief das Innenpleuel direkt,
d. h. ohne Lagerschalen.

kommt es vor allem auf die Gefügeausbildung und auf die Bindung zwischen Lagermetall und Stahlstützschale an. Beeinflußbar sind diese Eigenschaften über die Schmelzzuführung in die Gußform, über das Gießverfahren (Tauchverfahren, Standgießverfahren mit verschiedenen Möglichkeiten der Vorwärmung der Stahlschale, Schleudergießverfahren mit festem oder flüssigem Einsatz) und durch die Abkühlungsbedingungen. Das Abkühlen, oder besser gesagt: Das Abschrecken, bewirkt die gewünschte gleichmäßige Verteilung des Bleis in der Legierung. Einseitig ausgegossene Lager werden von der Stahlseite her abgekühlt, damit sich beim Erstarren des Lagermetalles Gasblasen und die unvermeidlichen Verunreinigungen an der Außenseite der Bleibronzeschicht ablagern, wo sie im Zuge der spanenden Bearbeitung leicht entfernt werden können. Bei doppelseitig ausgegossenen Lagern ist die Abkühlungsrichtung für eine Seite immer ungünstig, weil sich die Gasblasen in der Bindungszone einer Bleibronzeschicht ansammeln. Deshalb gab es damit immer wieder Schwierigkeiten, die zu Lagerschäden führten. Ein bekanntes Beispiel dafür sind die *Maybach HL 210/230*-Motoren der schweren deutschen *Tiger*-Panzer. Diese Panzer wurden voreilig an die Front geworfen („die Erprobung findet an der Front statt"), so daß es Ausfälle durch solche Lagerschäden gab. Der Vorteil konstruktiver Einfachheit mußte mit technologischen Schwierigkeiten teuer bezahlt werden. Auch die Engländer

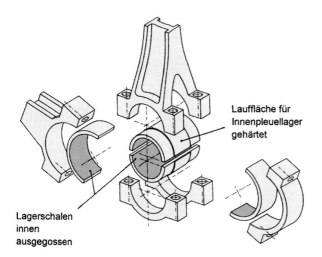

**Lauffläche für
Innenpleuellager
gehärtet**

**Lagerschalen
innen
ausgegossen**

Bild 67
Das Gabelpleuellager der *Maybach MD*-
Motoren ist innen mit Bleibronze ausgegossen, der Rücken der Stahlstützschale ist
gehärtet. Auf dem gehärteten Rücken stützt
sich das Innenpleuel über Lagerschalen mit
Bleibronzeaufschicht (innen ausgegossen)
ab.

hatten offensichtlich mit der Tücke beidseitig ausgegossener Gabelpleuellagerschalen zu kämpfen: Hatten die Motortypen *Napier-Dagger, Rolls-Royce Kestrel* und *Rolls-Royce Merlin II* noch Gabelpleuel-Lagerschalen mit Innen- und Außenaufguß, so ging man bei dem Nachfolgetyp *Rolls-Royce Merlin X* zur dreiteiligen Pleuelstange mit einseitig ausgegossenen Lagern zurück:

„ … Das Gabelpleuel des englischen Zwölfzylindermotors Merlin II ist dreiteilig und besteht aus der Stange und unterer und oberer Halbschale mit innerem und äußerem Bleibronzeaufguß … Bei der Weiterentwicklung dieses Baumusters zum ‚Merlin X' tragen nicht mehr die Halbschalen unmittelbar die Bleibronze, sondern es sind, wahrscheinlich zur Umgehung der Schwierigkeiten des gleichzeitigen Innen-und Außenausgusses, besondere Stützschalen in Gabel und Mittelpleuel eingelegt …" [384].

Auch bei anderen Flugmotoren findet man diese Lagerbauart mit gesondertem Gabel- und Innenpleuellager, jeweils mit Innenausguß, das erste auf dem Hubzapfen, das andere auf dem Rücken des Gabelpleuelauges laufend *(Argus As 10 C; Junkers 210/211/213)*. In diesem Zusammenhang hatte *Junkers* Versuche unternommen, das reguläre Nebenpleuellager durch eine Stahlfolie mit 0,2 mm Bleibronzeschicht zu ersetzen [385].

„ … Von den im vorigen Monatsbericht beschriebenen Pleuel- bzw. Folienschalen in Versuchsausführung zeigte die im Nebenpleuelauge ungespannt eingelegte Stahlfolie mit dünnem Bleibronzeausguß sehr gute Laufeigenschaften. Der Nachteil dieser Ausführung bestand nur in der schlechten Gegenlauffläche (Rücken der Stützschale), die mit Rücksicht auf die Erhaltung des Innenausgusses nicht nitriert werden konnte …" [386].

Bemerkenswert ist der Weg, den die Fa. *Maybach* mit den Gabelpleuellagern ihrer Panzermotoren gegangen ist. Zwar wurde die Fertigungstechnologie des beidseitig ausgegossenen Lagers schließlich beherrscht, doch suchte man nach weniger problematischen Lösungen. Dabei kam man schrittweise auf das am Rücken gehärtete Lager. Zunächst sollte der zweiseitige Ausguß durch ein zweiteiliges Lager, d.h. durch ein aus vier Lagerschalenhäften zusammengebautes Lager ersetzt werden, bei welchem die inneren Lagerschalen innen, die äußeren außen mit Bleibronze ausgegossen waren. Als nächste Stufe plante man, die inneren Schalen auszugießen, die äußeren am Rücken zu härten und auf der gehärteten Lauffläche das Nebenpleuel mit eigenem, ebenfalls mit Bleibronze ausgegossenem Lager laufen zu lassen. Da bei dieser Ausführung das Gabelpleuellager nur noch einseitig ausgegossen werden mußte, entfiel der Grund für die zweiteilige Ausführung des Lagers. Daraufhin wurde das Gabelpleuellager einteilig, d. h. aus zwei Lagerschalenhälften bestehend, gefertigt, innen ausgegossen, außen gehärtet. Das Innenpleuellager ist ebenfalls mit Bleibronze ausgegossen. Diese Lösung – von *Maybach* zusammen mit der *Fürstlich Hohenzollern'sche Hüttenverwaltung Laucherthal* entwickelt – bewährte sich später vorzüglich in den *Maybach*-Motoren der Baureihe *MD* (heute: *MTU Baureihe 538*), in den *Daimler-Benz-Motoren MB 835/839* und *MB 518* (später: *MTU Baureihe 652* und *20 V 672*) [387].

Zusammenfassend kann man die Entwicklung der Gabelpleuellager wie folgt beschreiben: Ausgehend von der konstruktiv aufwendigen Lösung A ging man zu der konstruktiv einfacheren Lösung B über, hatte damit aber solche Probleme, daß man wieder zur Lösung A zurückkehrte, um dann in mehreren Schritten aus Elementen der Lösungen A und B eine neue Lösung C (das am Rücken gehärtete, einseitig ausgegossene Lager) schuf, die bis heute noch Anwendung findet.

Pkw-Motoren hatten noch in den 1950er Jahren Weißmetall-Lager, allerdings wurden wegen der Zinnknappheit schon vor dem Kriege zinnarme Lagermetalle verwendet wie die LgPbSn10 mit 74 % Blei, 15 % Antimon, 10 % Zinn und etwa 1 % Kupfer. Mit der Weiterentwicklung der Motoren, zum Teil noch Vorkriegskonstruktionen – und dann bei Neukonstruktionen mit höhe-

Entwicklung von Gabelpleuellagern (Maybach)

Gabelpleuellager – per se hoch belastet – waren auch in der Fertigung problematische Bauteile, deren Entwicklung von der Gießtechnik her solche Schwierigkeiten bereitete, daß man sich mit großem Aufwand bemühte, von dem beidseitig ausgegossenen Lager wegzukommen. In mehreren Stufen gelang es *Maybach* zusammen mit der *Fürstlich Hohenzollern'schen Hüttenverwaltung Laucherthal,* eine betriebssichere und fertigungstechnisch beherrschbare Lösung zu finden.

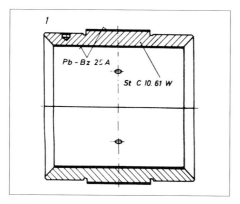

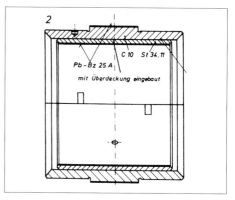

(1) Beidseitig (innen und außen) ausgegossenes Lager (Panzermotoren HL 230 [1942 bis 1945])

(2) Zweiteiliges Verbund-Lager jeweils einseitig ausgegossen: Inneres Lager innen, äußeres Lager außen ausgegossen. (Panzermotoren HL 232 [1944/45] und HL 295 [1948])

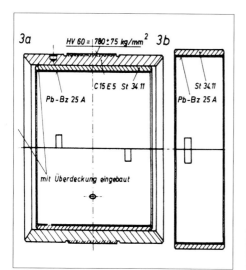

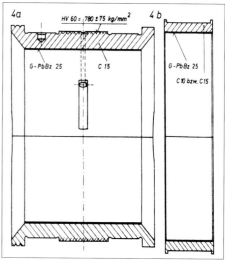

(3) Zweiteiliges Verbund-Lager: Inneres Lager innen, äußeres Lager an der Lauffläche des Nebenpleuellagers gehärtet;

(3a) Nebenpleuellager einseitig ausgegossen (Panzerotor HL 295 [1948])

(4) Einseitig ausgegossenes Lager mit gehärteter Außenlauffläche;

(4a) einseitig ausgegossenes Nebenpleuellager zu (4) (Lokomotivmotoren GTO und MD [1950/51])

rer Leistung und kleineren Abmessungen stieß man mit solchen Weißmetall-Lagern an Grenzen: Immer häufiger gab es Ermüdungsbrüche in Gestalt der sogenannten Plastersteinbildung. Nun mußte man auch in Pkw-Motoren Bleibronze-Lager einbauen, die zwar für hohe Belastungen geeignet sind, sich aber gegenüber hohen Drehzahlen als empfindlich erwiesen. Um das Einlaufverhalten zu verbessern, brachte man einen wenige µm starken Überzug aus reinem Blei oder Zinn auf der Bleibronze auf. Da dieser ziemlich schnell abgearbeitet war, verstärkte man diese Einlaufschicht auf 20 bis 25 µm, wobei jetzt eine ternäre PbSnCu-Laufschicht mit 10 % Zinn ($PbSn10Cu_2$) verwendet wurde. Um das Entstehen hart-spröder Kupfer-Zinn-Mischkristalle in der Bindungszone zu verhindern – diese Erfahrung hatte man mit den Weißmetallagern machen müssen – wurde auf die Bleibronze eine dünne, ca. 1 µm dicke Nickelschicht als „Sperrdamm" aufgebracht.

Lagerschäden durch Überlastung hatte es schon immer gegeben; selbst bei – nach dem Stand der Technik – „richtig" ausgelegten Lagern kam es bei erschwerten Betriebsbedingungen, Überlastung oder auch bei schlecht tragenden Lagern infolge von Verformungen des Lagerstuhls oder Verkantung der Welle zu Schäden: Die Lager liefen im Mischreibungsgebiet, erwärmten sich örtlich stark mit der Folge, daß es Anlaufspuren gab, Anreiber, Verschleiß und schließlich zum Fresser kam. Nachdem man diese Ursachen erkannt und mit der Schmierspaltberechnung auch in der Lage war, kritische Betriebsbedingungen durch entsprechende Auslegung zu vermeiden, schien dieses Problem gelöst. Doch die Motorentwicklung ging weiter. Höhere Leistungen, durch Abgasturboaufladung und Ladeluftkühlung ermöglicht, ließen die Zünddrücke und damit die Lagerbelastung ansteigen. Nun gab es in der ternären Laufschicht feine Risse, für die man „wegen ihrer Ähnlichkeit mit den Muttergängen der Xylophagen in Baumrinden den anschaulichen Begriff ‚Borkenkäfer' gefunden hat" [388]. Ursache war nun nicht mehr der Betrieb im Mischreibungsgebiet, sondern die Wechselbeanspruchung der Laufschicht durch die hohen, rasch sich ändernden Schmierfilmdrücke im Lager. Mit einem ganz anderen Schadensmechanismus wurde man ab den 1960er Jahren vermehrt konfrontiert, nämlich mit Kavitation (Hohlraumbildung[149]): Wenn im Schmierfilm örtlich der Dampfdruck erreicht bzw. unterschritten wird, bilden sich – begünstigt durch „Keime" – Dampfblasen, die dann – in Bereiche höherer Drücke gelangend – implodieren. In Wandnähe tun sie das nicht konzentrisch, sondern es bildet sich ein „Mikrostrahl", der auf die Wand auftreffend erhebliche Druckimpulse auf diese überträgt [389]. Der Werkstoff wird mechanisch örtlich hoch beansprucht, so daß er regelrecht „zermürbt": es kommt zu Ausbrechungen! Kavitation kann an der Öleintrittsbohrung der Lagerschale auftreten, ebenso an der Ölverteilungsnut in der Oberschale („Lanzett-Kavitation") wie am Nutauslauf in der Unterschale als sogenannte Stoß- oder Absteuerkavitation.

Als Folge der Energiekrisen in den 1970er Jahren wurden tatkräftig Anstrengungen unternommen, den Kraftstoffverbrauch der Motoren zu senken; mit Erfolg, innerhalb von zehn Jahren um 15 %! Das forderte natürlich entwicklungstechnisch seinen Preis: Die Spitzendrücke stiegen: Bei Dieselmotoren auf 150 bis 170 bar. Mit dem Grad der Aufladung nehmen aber nicht nur die Zünddrücke zu, auch die pV-Diagramme werden „fülliger", was bedeutet, daß gasdruckbedingt enge Schmierspalte über einen größeren Zeitraum des Arbeitsspieles auftreten. Bemühungen, Reibungsverluste zu verringern führen zu (relativ) kleineren Durchmessern der Lager. Das und der Einsatz sogenannter Leichtlauföle sowie minderwertiger Kraftstoffe mit entsprechender Ölverschmutzung verschärfen die Arbeitsbedingungen für die Triebwerkslager so, daß man an die Grenzen der Belastbarkeit von „klassischen" Dreistofflagern stieß. Die Bemühungen um Verbesserungen setzten bei den Werkstoffen, bei der Lagerkonstruktion und

---

149) Das Phänomen der Hohlraumbildung wurde zuerst in den 1880er Jahren in England an schnelldrehenden Schiffspropellern beobachtet.

Kavitation – ein vielschichtiges Problem in Gleitlagern

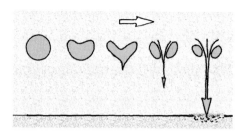

Kavitation: Schema

Strömungskavitation am Öleinlauf

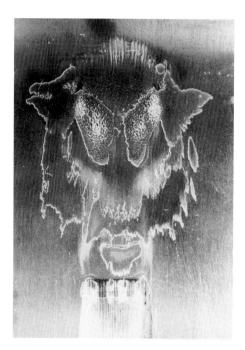

Kavitation (Hohlraumbildung) ist ein hydrodynamisches Phänomen, das auftritt, wenn in einer strömenden Flüssigkeit örtlich der Dampfdruck erreicht und unterschritten wird, wobei das Wachsen der Dampfblasen durch Mikrobläschen („Kerne") ausgelöst wird. Gelangen die Dampfblasen in Bereiche höheren Druckes, dann implodieren sie – in Wandnähe wegen asymmetrischer Druckverhältnisse aber nicht konzentrisch. Vielmehr beult sich die Blasenoberfläche einseitig ein. Von dieser Einbeulung aus schießt ein dünner, nadelartiger Flüssigkeitsstrahl durch die Blase und trifft mit hoher Geschwindigkeit auf die Wandoberfläche, so daß der Werkstoff zerrüttet wird: Es kommt zu Ausbröckelungen.

In Gleitlagern gibt es der Ursache nach verschiedene Arten von Kavitation: Strömungskavitation am Öleinlauf (Lanzett-Kavitation), am Ölnutauslauf, Absteuerkavitation (Stoßkavitation) und Schwingungskavitation. Wenngleich sich Motoren, ja Motoren desselben Typs unter verschiedenen Betriebsbedingungen, bezüglich der Lagerkavitation sehr unterschiedlich verhalten, so treten doch in manchen Lagern nahezu identische Kavitationsmuster auf. Diese sind manchmal von geradezu bildhaft-ästhetischen Reiz wie dieses an einen Wolfskopf erinnernde Muster, das in einem Kurbelwellengrundlager am Nutauslauf (Stoßkavitation) in der Entwicklungsphase der Lagerung auftrat – werksintern als „Kavitationswolf" bezeichnet.

Absteuerkavitation

bei der Fertigungstechnologie an: Die ternäre Laufschicht wurde durch höheren Kupfer- bzw. Zinngehalt an die jeweiligen Bedingungen angepaßt. Da die Energiedissipationsfähigkeit von Bleibronzen bei höherem – die Festigkeit steigernden – Zinngehalt abnimmt, man hierauf aber wegen der vermehrten Reibungswärme angewiesen ist, entwickelte die österreichische Fa. *Miba* einen neuen Legierungstyp, die verschleiß- und warmfeste AlZn4,5 [390]. Konstruktiv eine Verbesserung stellen die *Miba*-Rillenlager dar. Das sind Lager mit in Umfangsrichtung verlaufenden Rillen von geringer Profiltiefe in der Zwischenschicht (AlSn6Cu). Das Rillenprofil ist mit Nickelsperrdamm und Laufschicht (LgSn85CuNi) beschichtet, wobei die 20 µm tiefen Rillen im Lagerwerkstoff der Laufschicht durch die etwa 0,05 mm breiten Stege seitlich Halt geben. Die Stützwirkung der Rillen steigert die Belastbarkeit des Lagers, ohne daß dessen Einbettfähigkeit für Fremdpartikel in Umfangsrichtung beeinträchtigt wird, Bild 68.

Das Prinzip, dem weichen Lagermetall (Laufschicht) durch Profilierung seitlich Halt zu geben, wurde schon in den 1940er Jahren vorgeschlagen, wobei die Profilierung durch Einprägen eines Schachbrettmusters in die Zwischenschicht bewirkt werden sollte [391]; in die Serie sind solche Lager nicht eingeführt worden.

Der nächste Schritt in Richtung höherer Betriebssicherheit, Lebensdauer und geringer Reibleistung sind PVD-Lager (<u>P</u>hysical <u>V</u>apor <u>D</u>eposition), bei denen eine relativ harte Laufschicht mittels Kathodenstrahlzerstäubung feinkristallin auf die Zwischenschicht aufgebracht ist (Sputter-Lager[150]), z. B. eine 16 µm dicke AlSn20-Schicht auf die AlZn4,5-Zwischenschicht oder eine 30 µm starke AlSn20-Schicht direkt auf die Stahlstützschale [392].

Der Kraftstoffverbrauch war seit je ein wichtiges Kriterium in der Motor- und Triebwerksentwicklung. Je besser es gelang, andere Forderungen wie hohe absolute und spezifische Leistung, Zuverlässigkeit und Lebensdauer zu erfüllen, desto mehr rückten der Verbrauch, mittlerweile auch die Schadstoff- und CO_2-Emission in den Vordergrund. Da die Triebwerkslager mit rund einem Viertel an den mechanischen Verlusten des Motors beteiligt sind, suchte man nach Wegen, diese zu verringern. In die Reibungsverluste gehen Drehzahl und der Lagerdurchmesser überproportional, die Lagerbreite unterproportional ein, so daß man die Motordrehzahl absenkte und die Zapfendurchmesser so klein wie möglich wählte. Gleichzeitig wurden sogenannte Leichtlauföle von niedrigerer Viskosität eingeführt, was insgesamt zwar die Reibungsverluste minderte, aber auch zu kleineren Schmierfilmdicken führte [393].

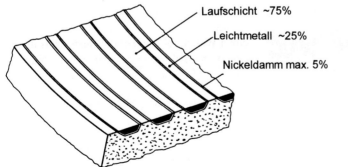

Laufschicht ~75%

Leichtmetall ~25%

Nickeldamm max. 5%

Bild 68
Rillenlager *(Miba)*

---

[150] to sputter (engl.) sprühen. Bei dem Sputtern wird zwischen dem Beschichtungsmaterial (Target) und dem zu beschichtenden Werkstoff (Substrat) eine Glimmentladung aufrechterhalten. Dabei werden durch ein elektrisches Feld Ionen zum Target (Kathode) emittiert, die mit hoher Geschwindigkeit aufprallend Atome und Elektronen aus dem Target herauslösen. Die Elektronen nehmen im Feld Energie auf und helfen, die Glimmentladung in Gang zu halten; die Atome durchqueren das Feld und schlagen sich auf dem Substrat (Anode) nieder.

Konstruktive Gesichtspunkte

Zur Aufnahme radial wirkender Kräfte dienen hohlzylindrische Radiallager; Kräfte in Längsrichtung der Welle werden durch ringscheibenförmige Axiallager aufgenommen. Auf Grund des Aufbaus und der Kinematik werden die Elemente des Kurbeltriebes in Radiallagern geführt; zur axialen Führung der Kurbelwelle dient ein (axiales) Führungs- oder Paßlager. Verglichen mit anderen Motor- oder Maschinenteilen ist der konstruktive Aufbau von Gleitlagern einfach: Dünnwandige kreiszylindrische Lagerschalen bzw. Lagerbuchsen teils mit, teils ohne Ölbohrungen und Ölverteilungsnuten. Führungslager sind auch als Bundlager ausgeführt. Um zu verhindern, daß sich infolge unvermeidlicher Fertigungstoleranzen Ölabstreifkanten bilden, ist der Lagerstoß zurückgenommen („Freiräumung"). Als Montagehilfe zur Lagefixierung der Schalen dienen Haltenasen. Der einfache Lageraufbau, vor allem die Teilung des Lagers in zwei Halbschalen, erleichtern die Montage.

Ungeachtet ihrer geringen Wahrnehmung in der Fachliteratur mußten bei der Konstruktion von Maschinen die Lager ausgelegt, d. h. in ihren Dimensionen bestimmt, gefertigt und montiert werden. Hierzu bedurfte es eindeutiger Handlungsanweisungen, sprich: Formeln und Regeln. Da der Lagerinnendurchmesser von der Stärke des Lagerzapfens vorgegeben war, mußten die Lagerlänge (Breite) und der Außendurchmesser respektive die Schalenwandstärke festgelegt werden. In der vorindustriellen Zeit wurden Lager aus Erfahrung und „nach Gefühl" gebaut.

„ ... Im Allgemeinen ist zu erinnern, als man die Lager nicht zu tief und immer hinzureichend weit machen müsse, damit der Zapfen nicht hohl zu liegen komme und an die beiderseitigen schiefen Flächen angedrückt werde, weil sonst der Druck vergrössert und die Reibung wie bei dem Keile vermehrt würde. Die Berührung des Zapfens mit dem Lager soll daher immer flach seyn ..." [394].

Daran änderte sich auch in der ersten Hälfte des 19. Jahrhunderts nichts. Eine statische Betrachtungsweise reduzierte die Lagerkonstruktion auf das Dimensionieren an Hand von Verhältniszahlen. Bei REDTENBACHER findet man folgenden Dimensionierungsvorschlag:

„ ... Die äusseren Durchmesser der kleineren Schalen sind aber so gewählt, daß für ein Paar derselben das gleiche Lager gewählt werden kann ... .

Länge der Lagerschale	l	$= 0,87 + 1,21 \times d$
Metalldicke der Schale	e	$= 0,28 + 0,74 \times d$
Aeusserer Durchmesser der Schale	d_1	$= 0,69 + 1,17 \times d$

Werden die Schalen nach diesen Formeln ... ausgeführt, so erhält man für die Lager selbst ganz richtige Dimensionen, wenn man dieselben nach guten Vorbildern geometrisch ähnlich ausführt ..." [395].

Auch bediente man sich graphischer Verfahren, des sogenannten Proportionsrisses, mit dem die Abmessungen von Lagern mit dem Strahlensatz festgelegt werden, Bild 69.

Erste, wenn auch sehr vage Ansätze einer belastungsgerechten Dimensionierung läßt folgende Angabe von REULEAUX erkennen:

„ ... Es wird ein grosses Längenverhältnis ($l = 4 \times d$) angewandt, um mit recht kleinem Flächendruck arbeiten zu können ..." [396].

Mit zunehmender Zahl von Maschinenanlagen, Lokomotiven und Dampfschiffen verfestigten sich Erfahrungen; sie schlugen sich in Formeln ähnlichen Aufbaus wie bei REDTENBACHER und REULEAUX nieder, doch ist jetzt ist ein Praxisbezug unverkennbar:

„ ... Die Dicke der Lagerschalen kann, wenn diese aus Bronze bestehen und nicht mit Weissmetall ausgegossen wurden, zu $s_1 = 0,1 \times d$ bis $0,1 \times d + 3$ mm gewählt werden. Sollen die Schalen in Richtung der Schubstangenkraft stärker als senkrecht dazu gemacht werden, so empfiehlt

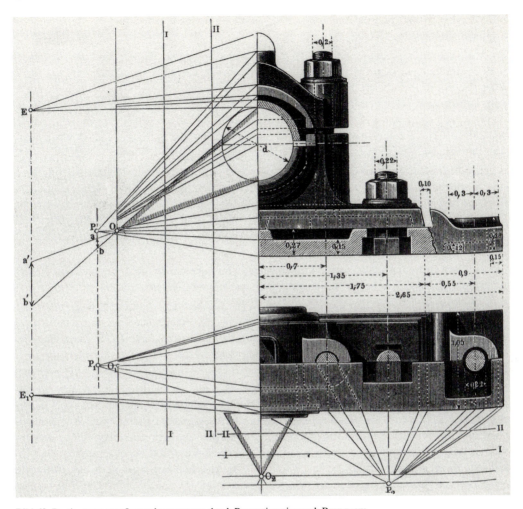

Bild 69 Bestimmung von Lagerabmessungen durch Proportionsriss nach REULEAUX

sich, an der schwachen Stelle den vorstehenden Wert, an der starken dagegen denjenigen $s_2 =$ 0,1 × d +5 bis 0,1 × d + 8 mm für die Schalendicke zu nehmen. Der letztere ist auch zu wählen, wenn die Schalen Weissmetallfutter erhalten. Die Stärke dieses Futters beträgt an der schwächsten Stelle d/40 + 4 mm …" [397].

Nun verlaufen Entwicklungen oft ungleichzeitig, einerseits wird noch mit Verhältniszahlen gearbeitet, andererseits sind grundlegende Zusammenhänge schon klar erkannt. Bezeichnenderweise war es ein Vorkämpfer für schnelllaufende Dampfmaschinen, der Wiener Professor JOHANN RADINGER, der von einem wirklichkeitsnahen Denkansatz ausging, indem er forderte,

„ … die Auflageflächen so groß zu machen, dass sich der Druck und die Reibungsarbeit auf genügend viele Flächeneinheiten verteilt, wodurch der Druck das Oel zwischen Zapfen und Schale nicht mehr auszupressen vermag und die durch die Reibung erwachsende Wärme aufgenommen und abgeführt werden kann …" Und weiter heißt es: „ … Die Zapfenreibungsarbeit setzt sich in Wärme um, und diese muss theils im Querschnitte des Zapfens gegen die übrige Welle zu, und theils von den Oberflächen des Lagers an die Umgebung in jener Menge abgeführt werden als sie erwächst, wenn keine Ansammlung dieser Wärme und kein Heißgehen der Zapfen eintreten soll …" [398].

Es werden konträre Forderungen an die Lagergeometrie gestellt: Sollen die Lager einerseits breit in Hinblick auf niedrige (mittlere) Lagerdrücke sein, so sollen sie andererseits mit Rücksicht auf die Verformungen der Welle möglichst kurz bauen. Insgesamt haben sich die Lager vom Breiten zum Schmalen hin entwickelt, weil breite Lager sehr empfindlich auf die Wellendurchbiegung reagieren. Das wußte man schon aus dem Dampfmaschinenbetrieb, zumal bei der Mitte des 19. Jahrhunderts noch sehr unzulänglichen Qualität der Fertigung und Montage dieser Maschinen:

„… Ein Lager kann sich erwärmen … wenn der gelagerte Zapfen oder Lagerhals konisch ist, oder überhaupt schlecht liegt, so dass das Lager ‚über Eck' arbeitet. Dies erkennt man daran, dass das Oel stets nur auf einer Seite herausgedrückt und das Lager nur auf einer Seite geschmiert wird … Ein solcher Uebelstand, welcher durch Ausdehnung der Cylinder, Setzen der Lagerständer etc. hervorgerufen wurde, kann während der Fahrt nicht behoben werden …" [399].

Mit besserer Fertigung traten solche groben Mängel normalerweise nicht mehr auf, doch mußten hohe Verschleißraten bei der Auslegung der Lager berücksichtigt werden:

„ … Sie *(Anmerk. d. Verf.: Die Lagerlänge)* muss so gross gewählt werden, dass die unter Einwirkung des Lagerdrucks stattfindende Formänderung der Schale auch bei Fortschreiten der Abnutzung einen ganz erheblichen Einfluss auf die Gleichmässigkeit der Verteilung des Druckes über die ganze Länge des Zapfens nicht äussert …" [400].

Charakteristisch für Kolbenmaschinen ist der instationäre Verlauf der Stoff- und Massenkräfte mit der Folge, daß u. a. auch die Lagerkräfte ihre Größe und Richtung während eines Arbeitsspiels ändern. Bei dem damaligen Stand der Lagertechnik mußte man deshalb früher bei liegenden Dampfmaschinen die Kurbelwellengrundlager in waagerechter Richtung nachstellbar machen, um das mit der Betriebszeit größer werdende Spiel auszugleichen. Aus diesem Grund wurden diese Lager drei- oder vierteilig ausgeführt. Meist wurde auf das Nachstellen der unteren, das Gewicht aufnehmende Schale verzichtet. Statt dessen begnügte man sich damit, die seitlichen und obere Schalen durch Keile oder Stellschrauben nachzustellen. Dieser Ausgleich des Lagerverschleißes erfolgte so, daß die Welle wieder ihre ursprüngliche Lage erhielt. Der Lagerdeckel stützte sich nicht über den Deckelstoß auf dem Gehäuseunterteil ab, sondern über die Lagerschalen. Bei zu strammem Anzug der Lagerdeckel-Schrauben bestand die Gefahr, daß dadurch das Lagerspiel zu klein wurde. Als Schutz hiervor galt eine große Wanddicke der Lagerschalen; außerdem wurde das Spiel durch Distanzbleche zwischen den Lagerschalen eingestellt.

Eine solche Konstruktionsbeschreibung läßt insgesamt erkennen, wie heikel der Komplex der Lagerung früher gewesen ist, und welcher Erfahrung und Fingerspitzengefühls der Maschinisten es für einen sicheren Betrieb bedurfte, Bild 70.

„ … Bei Beurteilung der Lager mit mehrteiligen Schalen und Nachstellbarkeit der einzelnen Schalen darf nicht übersehen werden, dass das richtige Nachstellen nicht ganz so leicht ist, als Viele auf den ersten Augenblick anzunehmen geneigt sind, dass vielmehr oft recht geschickte Hände dazu gehören. Ausserdem wachsen im Allgemeinen die Quellen zu Betriebsstörungen u.s.w. mit der Anzahl der Theile, aus denen ein Lager besteht …" [401].

Wegen ihrer harten Werkstoffe reagierten Motorlager empfindlich auf Kantenträger. In diesem Zusammenhang wies E. FALZ auf die Vorteile einer „z+1-Lagerung" hin. Darunter versteht man Motoren, deren Kurbelwelle nach jeder Kröpfung gelagert ist. Bei einer solchen Lagerung biegt sich die Welle natürlich weniger durch als bei Lagerung nach nur jeder zweiten Kröpfung. In den 1920er Jahren erkannte man, daß die Belastbarkeit von Lagern nur begrenzt mit ihrer Breite

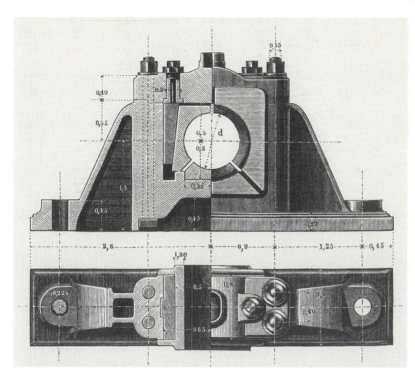

Bild 70
Nachstellbares
dreischaliges Lager

zunimmt. Bei der Klärung des Sachverhaltes hat sich E. FALZ Verdienste erworben, der auf der Grundlage seiner Untersuchungen auf praktische Nachteile breiter Lager hinwies und als Breiten-Durchmesser-Werte (B/D-Werte) um 0,6 empfahl. Mit steigender Leistung wurden die Zapfendurchmesser zur Aufnahme der Biege- und Torsionsbelastungen größer, mithin nahm die Breite relativ zum Durchmesser ab. Dieser Trend wurde durch die höhere Tragfähigkeit der Lagerwerkstoffe – als Ergebnis intensiver Entwicklung – verstärkt. Auch mit Rücksicht auf die Motorlänge war man bestrebt, die Lager möglichst kurz zu bauen. Heute spielt auch die Reibung bei der Dimensionierung der Kurbelwelle eine Rolle: Kürzere Zapfen mindern die Reibungsverluste. Schmale Lager haben wegen der erleichterten Ölabströmung einen größeren Öldurchsatz, was bei Schmiermittelversorgung z. B. mittels Ölfangring und Ähnlichem ein wichtiger Gesichtspunkt war; bei Druckumlaufschmierung spielt das keine Rolle mehr.

Vergleicht man Angaben einschlägiger Fachliteratur aus verschiedenen Zeiträumen, dann sieht man, wie sehr sich die Lagerabmessungen bezüglich des Breitenverhältnisses B/D geändert haben:

Zeitraum	Motorenart	Lager	B/D
1900 bis 1920	Großmotoren	Grundlager	1,8
	(Gas- und Dieselmotoren)	Pleuellager	1,9 bis 1,2
1914	Pkw-Motoren	Grund- u. Pleuellager	1,5
1931			1,0
1936			0,6 bis 0,5
1916 bis 1924	Flugmotoren	Grundlager	1,0 bis 0,6
		Pleuellager	1,2 bis 0,9
1990		Grund- und Pleuellager	0,5 bis 0,2

Triebwerkslagerung – Fortschritte

Vergleicht man die Triebwerke zweier Motoren verschiedenen Konstruktionsalters, so sind die Unterschiede, soweit sie sich auf der Zeichnung darstellen, nicht ohne weiteres zu erkennen. Beispiel: Flugzeugmotor aus dem Jahre 1918 (*Maybach MbVII;* ∅ 165 mm) und Fahrzeug-Dieselmotor (*MAN D 2865,* ∅ 128 mm) von 1993. Bezogen auf den Kolbendurchmesser sind die Durchmesser von Kolbenbolzen sowie von Hub- und Grundlagerzapfen beim *D 2865* deutlich größer; Hub- und Grundlagerzapfen überschneiden sich: Auch das ein Zeichen für die höhere Leistungsdichte des *D 2865* mit

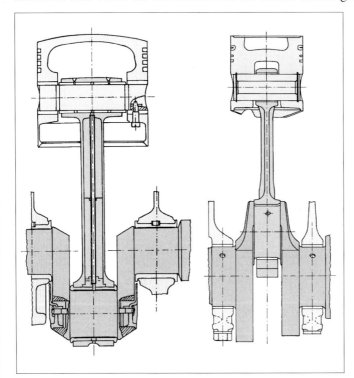

51,5 gegenüber den 36,7 kW/Zylinder des *MB VII.* Das kleine Breiten-Durchmesser-Verhältnis der Lager (besonders auffällig beim Kolbenbolzenlager) ist auf bessere Lagerwerkstoffe, tiefere Kenntnis der Lagertheorie und nicht zuletzt auf bessere Schmiermittel zurückzuführen. Die Wandstärken des Kolbens lassen nicht nur erkennen, daß er beim *Mb VII* aus Grauguß-, beim *D 2865* aus Aluminium gefertigt ist, sondern sie sind auch hier ein Indiz für eine größere Zylinderleistung. Die Kopflastigkeit des *D 2865*-Kolbens ergibt sich aus der gedrängten Bauweise dieses modernen Motors. Das Kolbenhemd hat eine Aussparung für eine Spritzdüse, der Kolben wird also gekühlt. Der Kolbenbolzen des *Mb VII* ist in Buchsen im Kolben gelagert, eine Schraube verhindert ein Anlaufen des Bolzens gegen die Zylinderbuchse, aber auch ein zwangloses Drehen in den Lagerbohrungen. Beim *D 2865* ist der Bolzen schwimmend gelagert und wird durch Seegerringe gesichert, auch entfallen die Buchsen in den Nabenbohrungen. Die Kolbenringzahl beträgt beim *MB VII* vier; der *D 2865* kommt mit drei Ringen aus, der erste ist in einem Ringträger gelagert. Erfolgt die Ölversorgung beim *Mb VII* durch Ölfangbleche, so hat der *D 2865* eine Zentralumlauf-Druckschmierung mit Ölversorgung der Lager durch Bohrungen in der Kurbelwelle. Die Schmierung der Pleuelbuchse beim *MB VII* mußte vom Hubzapfenlager aus durch ein dünnes Rohr im Pleuelschaft und ein – hier nicht sichtbares – System von Nuten in der Pleuelbuchse sichergestellt werden.

Auch die Wanddicke, bezogen auf den Wellendurchmesser (w/D), ist kleiner geworden.

Wanddicke	Maschinenart / Lagerart	Quelle
$0{,}07 \times d_o + 1$ cm	Stehlager	Weisbach's Ing.-Kalender 1874; S. 662-663
$1/9 \times d_o$	Schiffsdampfmaschinen Kurbelwellengrundlager	Busley: Die Schiffsmaschine Bd. 2; 1886; S. 90
$d/40 + 4$mm	Dampfmaschine, Grundlager-Weißmetallausguß	Pohlhausen 1901; S. 317
$d/16 + 5$ mm	Stehlager	Bach, 9. Aufl. Bd. 1 S. 556
$0{,}05$ bis $0{,}07 + d + 5$	Stehlager	Rötscher, 1927
$(1/10$ bis $1/12) + d$	Dieselmotoren, Bleibronzelager	Kremser, 1939; S. 99
2 mm	Pkw-Ottomotoren, Bandlager	Kremser, 1939; S. 104

Aus „Dickwandlagern" wurden „Dünnwandlager", was vor allem durch die Stahl-Verbundlager ermöglicht wurde. Die Stahlstützschalen der Verbundlager vertragen höhere Belastungen als Massivlager aus Lagerwerkstoffen („Einstofflager"), können also dünnwandiger gestaltet werden. Die Schalendicke läßt auch erkennen, wie man sich die Kraftübertragung vorstellte. Die Pleuellager der deutschen Flugzeugmotoren waren vergleichsweise dickwandig, weil damit das Pleuelauge versteift werden sollte. Anders die englischen Flugmotoren mit ausgesprochenen Dünnwandlagern [402], hier sollen die Lager die Lagerkräfte nicht aufnehmen, sondern lediglich auf das Gehäuse („Lagerstuhl") übertragen.

Hersteller	Motortyp	Wanddicke (gesamt)	Bleibronze-Ausguß
Daimler-Benz	DB 603	11,5 mm	0,75 mm
Daimler-Benz	DB 605	9,75	0,75
Junkers	Jumo 213	7	0,75
Allison (USA)	V-1710 F-3R	8,85	–
Napier (GB)	Sabre II	4,8	0,3
Rolls-Royce (GB)	Griffon III	3,25	0,6
Rolls-Royce (GB)	Merlin 61	1,85	0,6

Nutzfahrzeugmotoren hatten noch bis in die 1960er Jahre Dickwandlager, wohingegen man bei Pkw-Triebwerken wegen der höheren Drehzahlen und des Zwanges, die bewegten Massen zu verringern, dünneren Lagern den Vorzug gab.

Das Schmiermittel im Lager hat ja mehrere Aufgaben zu erfüllen: Erstens und vor allem die, Kräfte zu übertragen, dann zu schmieren, d.h die Reibung herabzusetzen und schließlich muß es noch das Lager kühlen. Diese „innere Kühlung" reichte früher nicht aus, so daß die Lager zusätzlich von außen durch Wasser gekühlt wurden, bei Schiffsdampfmaschinen ebenso, wie man es bei großen Gas- und Dieselmaschinen noch bis in die 1920er Jahre als nötig erachtete:

„ … Die früher verwendete Wasserkühlung größerer Lager hat man ganz aufgegeben; sie ist überflüssig, verteuert die Anlage und bildet eine Gefahrenquelle, da bei Undichtwerden eines Rohres Wasser in das Schmieröl gelangt und dieses verseift …" [403].

Die Triebwerkslager der Dampfmaschinen, aber auch der Gasmotoren, Otto- und Dieselmotoren wurden einzeln durch Ölgefäße, Tropföler und andere – zum Teil recht originelle Konstruktionen – mit dem Schmiermittel versorgt. Mit steigenden Drehzahlen genügte das nicht mehr, eine kontinuierlich und selbsttätige Ölversorgung wurde nötig. Allerdings herrschten über die erforderliche Ölmenge unterschiedliche Vorstellungen, so daß eine schier unübersehbare Vielfalt an konstruktiven Lösungen zur Ölversorgung der Lager vorgeschlagen, z. T. auch angewendet wurde. LUDWIG GÜMBEL hatte erkannt, daß man dem Lager lediglich genug Öl anbieten müsse, es nähme sich dann schon, was es brauchte. Er empfahl, das Öl durch ein System von radialen und axialen Bohrungen in der Kurbelwelle den Lagern zuzuführen. In den 1920er Jahren hat man in die untere Pleuellagerschale – ausgehend vom Schaft und dann auslaufend – Rillen („Kammrillen") eingefräst, um den Ölaustritt aus der Bohrung im Hubzapfen zu erleichtern und gleichzeitig den „wärmetechnisch sehr hochbeanspruchten Kurbelzapfen" zu kühlen [404]; ein Beispiel hierfür ist der amerikanische *Liberty*-Motor, der für die Lagerentwicklung eine so bedeutsame Rolle gespielt hat. Auf die Ambivalenz solcher Maßnahmen, weil die Nuten den Druckaufbau im Lager beeinträchtigen, wiesen gleichermaßen E. FALZ wie L. GÜMBEL hin. Bei Lagern mit „umlaufender Druckrichtung" genüge eine Ringnut über die halbe Lagerbreite:

„ … Das Öl verteilt sich von hier aus durch den unbelasteten Teil der Schmierschicht mehr oder weniger sicher über die Länge des Zapfens und wird von diesem in die jeweilige Druckfläche hinein gezogen. Weitere Schmiernuten erübrigen sich …" [405].

Der Verzicht auf Schmiernuten, um den Druckaufbau im belasteten Teil des Lagers nicht zu stören, ist eine Regel, die heute allgemein befolgt wird. Besonders Stahl-Bleibronze-Verbundlager vertrugen „kreuz und quer durch den Laufspiegel" gehende Nuten nicht. Auch die Forderung, daß das Öl an Stellen geringen Schmierfilmdruckes dem Lager zugeführt werden muß, basiert auf Wissen um Vorgänge im Lager, wie es in den 1930er Jahren langsam zum Allgemeingut wurde [406].

Das (relative) Lagerspiel – die Differenz von Lager- und Wellendurchmesser bezogen auf den Zapfendurchmesser[151] – ist eine der zentralen Kenngrößen für die Funktion des Lagers. Um so erstaunlicher ist es, daß man in älterer Literatur – wenn überhaupt – nur vage Angaben hierüber findet. Das war schon bei den Dampfmaschinen so:

„ … Die Lager der Maschine sollen weder zu lose, noch zu dicht angeschraubt sein; beides hat Nachtheile. Bei losen Lagern sind gefährliche Stösse zu erwarten; bei angeschraubten Lagern hingegen wird die Reibung sehr vermehrt, es sind Erhitzungen und die damit verbundenen Uebelstände, das Aufgiessen von kaltem Wasser, häufiges Stoppen und selbst ein Maschinenbruch zu befürchten.." [407].

Da man um die Bedeutung des Spiels noch nicht wußte, führte man die Lager mit extrem kleinem Spiel aus. Das Spiel vergrößerte sich dann natürlich schnell von alleine auf das erforderliche Maß, die Welle „arbeitete sich frei", was natürlich nur möglich war, weil die Weißmetallager das vertrugen. Das verkennend, wurde eine „Theorie der neuen Lager" und eine der „ausgelaufenen Lager" formuliert:

„ … Die Theorie des Zapfenreibung pflegte bisher neue und ausgelaufene Zapfen zu unterscheiden. Die letzteren liegen der Voraussetzung nach nur in wenigen Punkten, etwa in einer Linie, im Lager auf; bei neuen Zapfen dagegen ist nach der Hypothese von Weisbach und Anderen die Berührung zwischen Zapfen und Lager in allen Punkten der reibenden Flächen gleich innig, der normale Druck per Quadrateinheit jener Flächen überall gleich groß … Offenbar setzt die Theorie ausgelaufener Zapfen die Zapfen in einem sehr schlechten Zustande voraus. Die Lage der Zapfen und Wellen ist alsdann stets etwas veränderlich, schädliche Stöße sind nicht zu vermeiden …" [352].

---

[151] In der Regel bezieht man das Spiel auf den Nenndurchmesser der Lagerung. Bei relativen Spielen um 1 ‰ ist es letztlich gleichgültig, ob man den Lager- oder den Zapfendurchmesser als Bezug wählt.

Auch im Motorenbau wurde lediglich von einem „Schiebesitz" zwischen Lager und Welle unter Berücksichtigung der Wärmedehnung ausgegangen. Bezüglich der Lagermontage schreibt die Betriebsanleitung eines Flugmotors aus dem ersten Weltkrieg vor:

„… Kurbelwelle nach dem Einölen sämtlicher Lagerstellen in die Gehäuselager legen. Beim Einschaben der Kurbelwellenlager im Gehäuse ist zu beachten, daß im Gegensatz zu anderen Fabrikaten die Pleuelstangenlager auf dem Hubzapfen der Kurbelwelle leicht laufen müssen …" [408].

Aus solchen Beschreibungen ist zu ersehen, daß eine der wichtigsten Einflußgrößen für die Funktion eines Gleitlagers nicht definiert und eindeutig reproduzierbar dargestellt werden konnte. Ja, die Notwendigkeit, daß ein Lager überhaupt Spiel brauchte, mußte betont werden:

„ … Lager für umlaufende Drehbewegungen, also z. B. Kurbelwellenlager und Kurbelzapfenlager müssen … . stets mit Lagerspiel ausgeführt werden …" [409].

Doch langsam gelangte man zur Erkenntnis, daß dem Lagerspiel funktionale Bedeutung zukommt:

„ … Ebenso wie den Oelnuten, ist auch dem Spiel zwischen Zapfen und Lagerschalen volle Beachtung zu schenken; es hat einen wesentlichen Einfluß auf die Größe der gesamten Lagerreibung und ebenso auf den Gang und die Betriebssicherheit schnell umlaufender Maschinen mit großen Massen …" [410].

Deshalb konnte es nicht mehr im Ermessen der Monteure belassen bleiben, mit welchem Spiel ein Triebwerk zusammengebaut wurde. Die Montageanleitungen für große Gas- und Dieselmotoren enthielten jetzt konkrete Angaben, wobei jedoch das Spiel bei der Montage individuell eingestellt wurde:

„ … Das Lagerspiel, das für die Ausdehnung des Zapfens und den Ölumlauf notwendig ist, soll je nach dem Durchmesser bis zu 0,2 mm betragen. Dieses Spiel wird am besten in der Weise eingestellt, daß man die beiden Lagerhälften mit so viel Beilagen zusammenschraubt, daß das Lager zwar kein Spiel mehr aufweist, sich aber doch noch drehen läßt. Dann wird für das richtige Spiel auf jeder Seite ein entprechend starkes Instrumentenblech beigelegt. Bei den Grundplattenlagern kann das Spiel in gleicher Weise eingestellt werden, nur muß man bei jedem Lager durch Entfernung von Beilagen und Drehen der Kurbelwelle ausprobieren, wann ein Anpressen der oberen Lagerschalen beginnt …" [411].

Das Einstellen des Spieles durch Beilagscheiben in den Teilfugen der Lager beeinflußte natürlich auch die Lagergeometrie, weil dadurch das Spiel nur senkrecht zur Teilungsebene des Lagers vergrößert wurde. Präziser sind die Angaben bei [412], wo für Lager von Schiffsmotoren für die Grundlager ein relatives Spiel von 0,8 bis 1 ‰, für Pleuellager 0,7 bis 0,8 ‰ angegeben werden. Das Endmaß des Lagerinnendurchmessers der Triebwerkslager von Dampfmaschinen – bei Neufertigung wie im Reparaturfall – wurde durch Einschaben hergestellt, letztlich einem Probierverfahren, mit dem man schrittweise die Lauffläche des Lagers der Form des Zapfens anpasste. Interessant ist, wie sich das in der Praxis des Dampfmaschinenbetriebes gegen Ende des 19. Jahrhunderts gestaltete:

„ … Das Auseinandernehmen und Nacharbeiten aller Kurbelwellen- und Pleyelkopflager, welche während des Betriebes der Maschine die Tendenz zeigten, warm zu werden, ist unbedingt geboten. Ehe man das Lager auseinanderschraubt, markirt man sich die Stellung der Bolzenmuttern, nimmt den Deckel ab und legt um die Welle res. Zapfen etwas Bleidraht, setzt dann den Deckel wieder vor und zieht die Muttern bis auf ihre alte Lage wieder an. Wird das Lager jetzt nochmals auseinander genommen, so erkennt man an der Dicke des flach gedrückten Bleidrahtes, wieviel Luft die Lagerschalen besassen. Um ebensoviel sind dann die Passtücke dünner zu feilen, damit die Schalen die Welle resp. den Zapfen wieder umschliessen. Das Aufpassen der Lagerschalen

auf die Zapfen geschieht, indem man die letzteren mit Mennige bestreicht, die Schalen um dieselben dreht, so dass sich an den vorstehenden Theilen der letzteren die Mennige abreibt, und indem man schließlich diese Erhöhungen mit Feilen oder Schabern entfernt …" [413].

Im Motorenbau ging es auch nicht viel anders zu, wie aus der Beschreibung in einem Fachbuch
aus dem Jahre 1921 hervorgeht [413]:

„ … Das schwierigste beim Nacharbeiten eines Lagers ist indes das Auftuschieren und Ausscha-
ben. … Der Schaber muß sehr scharf geschliffen und auf einem Ölstein abgezogen werden,
dann schmiert man den Laufzapfen mit etwas mit Öl vermengter Mennige oder käuflicher Tusche ein, drückt die betreffende Lagerhälfte auf den Lagerzapfen und dreht nun das Lager mehrmals hin und her. Nimmt man das Lager dann von dem Zapfen ab, so wird man beobachten, daß
die rote Tusche sich nur an einzelnen Stellen auf das Lager übertragen hat. Bei einem gutlaufen-
den Lager müßte der Lagerzapfen an allen Punkten gleichmäßig aufliegen, und es würde dann
die Mennige sich überall gleichmäßig auf die Lagerschale übertragen. Natürlich darf man bei
solchem Auftuschieren der Lager die Tusche nicht in einer dicken Lage auftragen … Diejenigen
Stellen, an denen sich die Tusche auf die Lagerschale übertragen hat, schabt man alsdann mit
dem eben beschriebenen Schaber sauber fort und wiederholt nun das Auftuschieren solange, bis
das Lager, wie oben bereits gesagt, gut trägt und die Tusche sich überall von der Welle auf die
Lagerschale überträgt. Ist das Schaben und Auftuschieren beendet, so arbeitet man die Lagerschalen an den Stellen DD *[Anmerk. d. Verf.: am Stoß]* etwas fort, um dem Schmieröl Raum zu
bieten, sich über die ganze Länge des Lagers zu erstrecken …"

Daß ein solcher Arbeitsgang an den Monteur hohe Anforderungen stellte, dessen war man sich
sehr wohl bewußt:

„ … denn das Nachschaben der Lagerschalen gehört zu den schwierigsten Mechanikerarbeiten
… Das Nachschaben mit dem löffelartig gekrümmten Instrument bedarf einer außerordentlich
geschickten Führung desselben und dauert ziemlich lange, da man sorgsam Punkt für Punkt vornehmen muß …" [415].

Ein anderes Problem mit dem Lagerspiel erwuchs daraus, daß sich dieses im Laufe der Betriebszeit der Motoren änderte, sei es durch „regulären" Verschleiß, sei es durch besondere Umstände, hierzu einige „zeitgenössische" Zitate:

„ … Die Kurbelenden dagegen, die mit Weißmetall gefütterte Lagerschalen aus Bronze erhalten, schlagen sich erfahrungsgemäß in verhältnismäßig kurzer Zeit aus und müssen daher mit
Beilagen nachstellbar gemacht werden …" [416].

„ … Die Abnutzung der Lager zeigt sich dadurch an, daß man ein fortwährend metallisches
Klopfen beim Arbeiten des Motors hört und einen Leistungsverlust feststellen kann. Man darf
dann nicht länger zögern, sondern muß das oder die ausgelaufenen Pleuelstangenlager sofort
nachsehen und den Schaden wieder gutmachen. Nur bei ganz vernachlässigten Motoren wird es
notwendig sein, die Pleuelstangenlager durch neue zu ersetzen …" [417].

„ … Beim Heißlaufen der Lager schmilzt das Lagermetall, mit dem die Lager meist ausgefüttert
sind, und läuft aus. In den meisten Fällen wird sich diese Störung genau so wie die mit der Zeit
auftretende Abnutzung durch Klopfen im Kurbelwellengehäuse bemerkbar machen, doch darf
man dieses Klopfen nicht mit dem Klopfen durch zu starke Frühzündung, Selbst- oder Glühzündung usw. verwechseln …" [417].

Die engen (etwa 0,4 ‰) und unbestimmten Spiele, wie sie bis Anfang der 1920er Jahre üblich
waren, konnten mit Weißmetallagern durchaus gefahren werden, „im Zweifelsfall" schaffte sich
die Welle eben schon das nötige Spiel. Bei dem weichen Weißmetall warf das wohl keine Probleme auf, Bleibronzelager hingegen reagieren da sehr viel empfindlicher. Schon wegen ihrer
Tendenz, bei Erwärmung „nach innen zu wachsen", verlangen sie größere Spiele.

„... ... Schlimm steht es indes in denjenigen Fällen, wo das Lagerspiel mit steigender Betriebstemperatur kleiner wird ... Dies führt (wie auch ganz besonders leicht bei auftuschierten Lagern) gar zu häufig zum Festklemmen und Heißlaufen des Zapfens, so daß man sich, um dieser Peinlichkeit zu entraten, meistens nur dadurch helfen kann, daß man das Lagerspiel von vornenherein weiter macht, als es eigentlich erwünscht wäre; etwaiges leichtes Klopfen des Lagers beim Anfahren muß dabei in Kauf genommen werden ...“ [418].

Das Einschaben der Lager war für größere Stückzahlen von Motoren kein geeignetes Fertigungs- und Montage-Verfahren mehr, weshalb man dann dazu überging, die Lager im montierten Zustand auszubohren und dann vollständig fertig bearbeitete Lager einzubauen. Damit bekam man auch überschaubare Verhältnisse bezüglich des Lagerspieles.

„... ... Ford hilft sich dabei insofern, als er in das Graugauß-Block-System auch gleich die Weißmetallager eingießt und die Kurbelwelle nicht durch Einschaben lagert, sondern durch genaue Herstellung der Lagerstellen mittels Ziehdorn. Die Zapfen solcher Kurbelwellen müssen dabei auf 2/100 Millimeter genau geschliffen sein ...“ [419].

Hinzu kam, daß die größere Härte der Bleibronzelager eine genauere Bearbeitung auf Sonderfeinbohrwerken erforderte, weil sich die Bleibronze weniger verformen läßt und schlechtere Einlaufeigenschaften hat. Insgesamt mußte die Konstruktion von Bleibronzelagern sorgfältiger gestaltet und der Ölzufuhr ins Lager größere Aufmerksamkeit geschenkt werden.

„... ... Aus der Überlegung, daß mit dem Feinbohren ein Zustand schon bei der Inbetriebsetzung der Maschine gewährleistet ist, der beim Einschaben erst nach längerer Betriebszeit und nach Einlauf vorhanden ist, geht hervor, daß beim Feinbohren dasjenige Laufspiel einzuhalten ist, das sonst beim eingelaufenen Lager und nicht erst beim frisch eingeschabten eingestellt wird. Das Spiel ist mithin größer als beim eingeschabten Lager. Bleibronzelager verlangen überdies – vermutlich wegen der gegenüber Weißmetallen größeren spezifischen Reibung mit dem Schmieröl – eine relativ größere Ölluft. Sie beträgt bei Fahrzeug- und Flugzeugmotoren etwa 0,15 % *(Anmerk. d. Verf.: also 1,5 ‰)* des Wellendurchmessers. Früher wählte man bei den Weißmetallen rund die Hälfte dieser Werte oder noch weniger ...“ [406]

Der Übergang zu einbaufertigen Lagern führte zu größerer Toleranzbreite des Lagerspiels, weil jetzt zu den Toleranzen von Gehäusebohrung und Welle noch die der Lagerschalen hinzukamen.

"... No one can deny that with a prefinished bearing one more tolerance is, of necessity, introduced, and already there are to many tolerances between journal and the bearing to be added together and to upset the clearance limits that are necessary for the successful running of our high speed engines ..." [420].

Enge und zuverlässig auch in der Großserie eingehaltene Fertigungstoleranzen erlauben heute für Fahrzeugmotoren 0,4 bis 0,8 ‰; größere Motoren (Nfz, Lokomotiv- und Schiffsmotoren) haben 0,8 bis 1,6 (2) ‰ Spiel. Die im Vergleich zu Weißmetallagern größeren Spiele der Bleibronzelager ließen mehr Öl in das Lager gelangen und verbesserten somit die Wärmeabfuhr. Lager mit größeren Spielen sind weniger empfindlich gegen Fremdpartikel im Öl, was angesichts fehlender, bestenfalls unzureichender Ölfilterung nicht zu unterschätzen war. Ölfilter („Ölrektifikatoren“) setzten sich in deutschen Kfz-Motoren erst ab Ende der zwanziger Jahre durch. So heißt es in einem Fachbuch über Schmierung:

„... ... Kaum ist dieser Fortschritt zu verzeichnen, da tauchen neue Apparate und Einrichtungen auf, die ähnliche Bedenken erregen, wie vor Jahren Licht- und Anlaßmaschinen. Es handelt sich um Luftreiniger, Brennstoffilter und Ölrektifizierer ... Manche glauben, es handle sich um Modeschöpfungen und Zubehör wie elektrische Zigarrenanzünder oder elektrisch beleuchtete Trittbretter usw. Eine solche Anschauung ist falsch, und es genügt festzustellen, daß die Luftreiniger und Ölrektifizierer von den allerersten amerikanischen Firmen verwendet und serienmäßig ein-

Lagerspiel und Lagerfestsitz

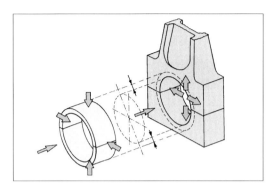

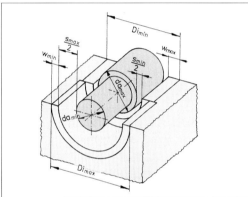

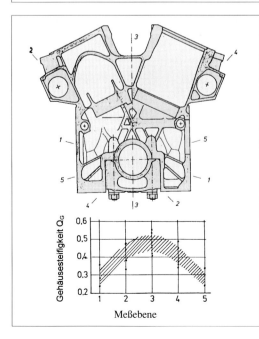

Gehäusesteifigkeit Q_G

Meßebene

Das Lagerspiel ist eine für die Lagerfunktion entscheidende Größe: Tragfähigkeit und Betriebssicherheit hängen davon ab. Die Toleranzen des Lagerspiels ergeben sich aus denen der Gehäusebohrung, Schalenwanddicke und der Welle. Durch geschickte Paarung von Gehäusebohrung, Lagerschalenwanddicke und Welle läßt sich die Lagerspieltoleranz einengen.

Der Festsitz des Lagers ist erforderlich, damit das Lager unter Einwirkung der Betriebskräfte nicht in der Gehäusebohrung zu „wandern" beginnt. Das Lager wird deshalb mit Überdeckung (Übermaß) in die Gehäusebohrung eingebaut, wobei das Lager gestaucht und die Gehäusebohrung aufgeweitet wird. Infolge ungleichmäßiger Steifigkeit der Lagerzwischenwand wird die Gehäusebohrung beim Lagereinbau ungleichmäßig aufgeweitet, was – falls erforderlich – mit der Lagerfeinkontur korrigiert wird.

Die Steifigkeit des Kurbelgehäuses wird durch das rechnerische Durchmesserverhältnis $Q_G = D_i/D_a$ ausgedrückt, wobei das Kurbelgehäuse durch einen Kreisring mit dem Innendurchmesser Di und dem Außendurchmesser Da ersetzt wird. Das Durchmesserverhältnis $Q_G = D_i/D_a$ beträgt für Kurbelgehäuse aus Grauguß oder Sphäroguß etwa 0,5. Je steifer das Gehäuse ist, desto kleiner sind die Q_G-Werte. Aus der gemessenen Aufweitung der Gehäusebohrung durch die Lagerschalen wird die Steifigkeit Q_G berechnet. Dabei zeigt sich, daß V-Motoren in Richtung des Motorsattels deutlich „weicher" sind als in Richtung der Zylinderreihen.

gebaut werden. In Deutschland sind wir noch nicht so weit, aber es ist sicher, daß in wenigen Jahren diese Apparate auch bei uns zum unerläßlichen Zubehör gehören werden ..." [421].

Definierte Lagerspiele sind eine Voraussetzung für die sichere Funktion von Gleitlagern. Früher oblag es dem Monteur oder dem Maschinisten, beim Einbau der Lager den richtigen Einbauzustand herzustellen; von ihrer Erfahrung, ja von ihrem Gefühl für Kräfte und Verformungen, und von ihrem Können hing es ab, ob die Lager richtig eingebaut wurden. Da es bei einer Motorreparatur unter Umständen notwendig wurde, den Zapfen nachzuarbeiten: „Kurbelwelle egalisieren oder falls erforderlich auf die Schleifmaschine nehmen und sämtliche Lagerzapfen überschleifen ..." [422], ggf. auch die Gehäusebohrung auszudrehen, mußten die Lagerschalen zum Ausgleich des abgearbeiteten Materials mit entsprechend stärkerer Schalendicke eingebaut werden, sogenannte Untermaßschalen, weil ihr Innendurchmesser einige Zehntel bis einige Millimeter kleiner als bei Normallagern war. Je nach Durchmesser des nachgearbeiteten Zapfens wurden die Schalen angepaßt. Weißmetall-Lager konnten eingeschabt werden, bei Bleibronzelagern war das nicht mehr möglich; sie wurden ausgedreht bzw. mit einer Reibahle ausgerieben. Diese Arbeitsgänge entfallen bei einbaufertigen Lagern. Weil man nicht toleranzlos fertigen kann, werden die Maße für die Nachbearbeitung von Gehäusebohrung und Zapfen mit ihren Abmaßen – Größt- und Kleinstmaß – vorgegeben. Damit ergibt sich die Toleranz für das Lagerspiel bzw. für den Festsitz, die – als Summe der Toleranzen von Bohrung, Zapfen und Lagerschale – größer ausfällt als beim individuellen Einpassen der Lager.

Das einbaufertige Lager verlangt auch definierte Reparaturstufen: Bohrungs- und Zapfendurchmesser müssen entsprechend auf die Schalendicke abgestimmt sein. Dieses System der Reparaturstufen hilft, die Nutzungsdauer der Triebwerksteile und des Kurbelgehäuses zu verlängern. Dabei hängt es von der Motorart und den Einsatzbedingungen ab, wie viele Reparaturstufen vorgesehen werden. Im allgemeinen werden für größere Motoren, deren Bauteile entsprechend teuer sind, mehr Stufen als für kleinere vorgesehen. Ein Beispiel: Die Lokomotivmotoren *Daimler-Benz* MB 835 und MB 839, die ab den 1960er Jahren als Zwölfzylinder für den leichten und als Sechzehnzylinder für den mittelschweren Streckendienst der deutschen Bundesbahn eingesetzt wurde[152], haben neben der Normalstufe drei Nacharbeitsstufen für die Gehäusebohrung und sechs für den Kurbelwellen-Grundlagerzapfen [423]. Eine so weitgehende Stufung erklärt sich aus der langen Nutzungsdauer dieser Motoren (mittlerweile mehr als dreißig Jahre!) und dem hochentwickelten Werkstättendienst der *Deutschen Bundesbahn* (heute: *Deutsche Bahn AG*)..

Entwicklung manifestiert sich nicht nur in großen Theorien und ausgeklügelten Versuchen; sie besteht auch – nicht minder wichtig – in der Nutzbarmachung von Betriebserfahrungen, im Zusammentragen und Auswerten trockenen Zahlenmaterials, kurzum in dem, was gerne als Erbsenzählen bezeichnet wird. Auch auf diese Weise wurden Voraussetzungen für einen langen und sicheren Betrieb der Motoren geschaffen. Dieser Aspekt der Entwicklung der Lagertechnik hat sich in mehreren Schritten vollzogen, die an den Reparatur-Handbüchern und Angaben in der Fachliteratur aus verschiedenen Zeiten verfolgt werden können. Als Beispiel werden Nkw-Dieselmotoren der Fa. *Daimler-Benz* herangezogen [424]:

---

[152] Es handelt sich um Diesellokomotiven der Baureihen V 100² (heute BR 212) mit dem Motor MB 835 (12 V 652) und V 160 (heute: BR 216) mit dem Motor MB 839 (16 V 652).

Jahr	Fahrzeugtyp	Angaben	Bemerkung
ca. 1935	Lo 2000	Auftouchieren des Pleuelstangenlagers auf den Kurbelzapfen. (Einschaben oder Reiben). Austauschpleuel, die enger geliefert werden, auf der Bank ausbohren und dann auf den Kurbelzapfen auftouchieren.	*Zahlenwerte für das Lagerspiel sind nicht angegeben*
1948	L 3000 A und S	Lagerspiel bei Hartmetallagern senkrecht 0,10 mm, waagerecht 0,14 mm, Längsspiel des Mittellagers 0,2 mm	*Die Lager werden mit engerem Durchmesser angeliefert und durch Ausreiben auf das vorgeschriebene Maß gebracht. Das früher individuelle Nacharbeiten wird jetzt durch Vorgabe von einer „normalen" Stufe und drei Reparatur-Stufen (80,00; 79,50; 79,00 und 78,00 mm) eingeschränkt. Das relative Spiel beträgt 1,25 ‰*
1955	L 3500	Keinesfalls darf die Kurbelwelle nach willkürlich abgenommenen Maßen jeweils nach dem vorliegenden Verschleiß abgeschliffen werden. Eine derartige Maßnahme ist falsch und widerspricht den Vorschriften. Ebenso ist die früher gebräuchliche Methode, Lager mittels Schaber nachzuarbeiten, nicht statthaft. Das Kurbelwellenlagerzapfen-Laufspiel beträgt 0,07 – 0,12 mm. Das Längsspiel der Kurbelwelle im Paßlager muß 0,190 – 0,292 mm betragen.	*Der Kurbelwellenzapfen-Durchmesser ist sechsfach gestuft: Normal und Normal I sowie die farblich gekennzeichneten Reparaturstufen I (rot), Rep. II (weiß); Rep. III (gelb) und Rep. IV (blau). Das relative Spiel beträgt 1 bis 1,7 ‰*
1978	OM 314	Zahlenwerte (tabellarisch) der Durchmesser der Lagerzapfen, der Lagerbohrung in eingebautem Zustand, der Wanddicke für einbaufertige Lagerschalen, Grundbohrungs-Durchmesser für die Kurbelwellenlager im Zylinderkurbelgehäuse, Überdeckung der Kurbelwellenlagerschalenhälften in der Grundbohrung	*Die Stufung entspricht der von 1955, die Durchmesser der Lagerzapfen sind mit unterem und oberen Abmaß angegeben, ebenso die Wanddicken der einbaufertigen Lagerschalen wie die der Lagerbohrung im eingebauten Zustand. Das relative Spiel beträgt 0,6 bis 1,0 ‰.*

Neben dem Lagerspiel ist der Festsitz des Lagers in der Gehäusebohrung („Preßsitz") für die Funktion des Lagers nötig, damit sich das Lager in der Gehäusebohrung nicht verdreht. Anderenfalls werden Ölbohrungen verdeckt, was zum Fresser führt, außerdem kommt es bei Relativbewegungen zwischen Schalenrücken und Gehäusebohrung zu Reib- oder Passungsrost, der zum Ausgangspunkt für Dauerbrüche werden kann. Diesen Festsitz erhält man durch Einbau der Lager in die Gehäusebohrung mit Übermaß; es handelt sich also um einen Preßverband.

Früher, d.h. im 19. Jahrhundert, begnügte man sich vielfach, einseitig belastete Lager nur einseitig zu lagern. Ein Halblager (Lagerschale) – in Lastrichtung angeordnet – genügte, die Last aufzunehmen. Eisenbahn-Achslager wurden so ausgeführt. Lediglich um den Wellenzapfen vor Schmutz und Beschädigung zu schützen, wurde eine zweite Lagerschale vorgesehen, die aber lose eingebaut wurde. Bei wechselnder Lastrichtung sah man zwei Lagerschalen vor, die ebenfalls mit Spalt, also lose, eingebaut wurden. Daß die Lager fest in der Aufnahmebohrung des Lagerstuhls des Kurbelgehäuses und des Pleuels sitzen müssen, damit sie sich in der Gehäusebohrung nicht verdrehen, ist eine Erkenntnis, die sich nur langsam entwickelt hat, wie folgende Zitate aus REULEAUX (1882), BACH (1896) und RÖTSCHER (1927) zeigen:

„ … Die Fuge zwischen Deckel und Lagerkörper wird bei regelmässigem Betriebe mit Holzscheibchen geschlossen, damit der Deckel fest aufgeschraubt werden darf, ohne den Zapfen zu klemmen. Vielfach werden auch namentlich bei stark belasteten und wechselseitig beanspruchten Lagern die Schalenfugen festgeschlossen gearbeitet; die Fugenränder werden dann, wenn Nachstellung nöthig wird, abgefeilt …" [425].

„ … In neuerer Zeit zieht man es vor, die beiden Schalenhälften ohne Spielraum zusammenzupassen, sie auch in einem Arbeitsgang abzudrehen und auszubohren. Das Öl hält sich besser, und der Ersatz der Schalen wird erleichtert, ganz abgesehen davon, daß die gegenseitige Lage der Schalen eine größere Sicherung erfährt …" [426].

„ … Die Schrauben sind von vornherein so stark anzuziehen, daß sich im Betrieb der Deckel nicht vom Lagerteil abhebt, weil damit die Beanspruchung der Schraube wie des Deckels sich erheblich erhöht infolge des Aufhörens elastischer Kräfte zwischen Deckel und Unterlage …" [427].

Sieht man sich Reparaturanweisungen von Motoren im ersten Weltkrieg an (Beispiel: Flugzeugmotor *Benz Type FB/FD/FF*), die ja für das Wartungspersonal im Felde gedacht waren[153], dann findet man nur höchst unzureichende Angaben, wie bei der Triebwerksmontage zu verfahren sei, trotz folgenden Hinweises:

„ … Da es von besonderer Wichtigkeit ist, daß der Zusammenbau in sachgemäßer Weise erfolgt, sahen wir uns veranlaßt, denselben so ausführlich zu beschreiben wie die Demontage. Hierdurch wird es den Monteuren möglich sein, unsere Motoren ohne weiteres richtig zusammenzubauen …"

Zur Montage der Kurbelwellenlager wird in dieser „ausführlichen Beschreibung" vermerkt:

„ … Beim Einschieben der Welle achte man kurz vor dem Einführen der Lager in die zu ihrer Aufnahme vorgesehenen Bohrungen darauf, daß die für die Arretierschrauben 62 in die Lager gebohrten Löcher mit den entsprechenden Bohrungen im Gehäuse in einer Linie liegen. Nach vollständigem Einführen der Welle befestige man die Lager mit den Arretierschrauben 62 …" [428].

In der Betriebsanleitung für den *Maybach Mb IVa*-Luftschiffmotor wird zumindest das Problem angesprochen:

„ … Es ist schwer, für den Grad der Anziehung der Lagerschalen ein richtiges Maß anzugeben, da dies hauptsächlich vom Gefühl abhängt und nur durch Erfahrung erlernt werden kann …" [408].

---

153) Die vorliegende Betriebsanleitung ist mit: *Hans Paff, Nov. 1914, Einjährig-Freiwill. Oberheizer, Flugstation Kiel Holtenau*, signiert; offensichtlich diente sie dem vorgesehenen Zweck.

Auch in Handbüchern für Praktiker, wie dem in vielen Auflagen erschienenen PETER: *Handbuch für Ingenieure, Monteure, Selbstfahrer und Berufsfahrer,* findet man keine diesbezüglichen Angaben. Erst in den 1930er Jahren, als die Bleibronzelager aufkamen, die ja strengere Anforderungen an die Einbaugenauigkeit stellen, begann man konkrete Montageanweisungen zu formulieren. Während es für Flugmotoren schon längst solche Unterlagen gab [429;430], mit genauer Angabe der vorgeschriebenen Werte mit Toleranzen, also Größt- und Kleinstwerte für Spiele und Festsitze, einschließlich von Verschleißgrenzmaßen, bei deren Erreichen Nacharbeit oder Tausch der Teile vorgeschrieben waren[154], war man in den anderen Bereichen der Motortechnik noch weit davon entfernt. Schrittweise wurden die Montageanweisungen ergänzt und erweitert, so daß schließlich – z.B. den Instandsetzungseinheiten – im zweiten Weltkrieg genaue Vorgaben für die Triebwerksüberholung zur Verfügung standen. Als Beispiel diene der *Maybach HL 66*-Motor für Ketten- und Halbkettenfahrzeuge:

„ … Als Kurbelgehäuselager werden Stahllagerschalen mit Lauffläche aus Bleibronze eingebaut. Die Lagerschalen müssen mit Festsitz und Vorspannung eingebaut werden. Vorspannung prüfen. Beide Schrauben fest anziehen, eine Schraube davon wieder lösen und wieder zum Anliegen bringen. Es muß nun der Spalt zwischen Gehäuse und Lagerdeckel 0,05 bis 0,07 mm betragen … Spiel der Kurbelgehäuselager im festgespannten Zustand 0,11 bis 0,12 mm auf der Kurbelwelle, durch Beilegen eines Stahlbändchens prüfen. Das Einlagern nur mittels Sonderreibahle vornehmen. Schaben der Lager ist untersagt … Das Festziehen der Lagerdeckel entweder mit einem Drehmomentschlüssel von 6,2 mkg oder mit einem doppelarmigen Steckschlüssel von ca. 30 cm Grifflänge, vornehmen …" [431].

In den 1950er Jahren findet man nun auch in Lehr- und Nachschlagebüchern für Kraftfahrzeug-Handwerker einen gesonderten Abschnitt *Einpassen neuer Lager:*

„ … Damit die Lagerschalen richtig festsitzen, müssen sie mit Vorspannung in die Grundbohrung eingepaßt werden, d.h. bei zusammengesetztem Lager sollen nur die Trennflächen der Lagerschalen vollkommen anliegen, während der Lagerdeckel noch einen kleinen Spielraum besitzt, so daß er beim Anziehen der Lagerdeckelschrauben das Lager mit einer bestimmten Spannung zusammendrückt. Um die Vorspannung zu prüfen, zieht man zunächst die Lagerdeckelschrauben beider Seiten vollkommen fest. Dann werden die Schrauben auf einer Seite wieder gelöst. Hierbei muß sich ein kleiner Spalt bilden, dessen Größe mit der Fühllehre geprüft wird … Der die Vorspannung bestimmende Spalt ist von der Größe der Lager abhängig …" [432].

Wie sich die Erkenntnis von der Notwendigkeit eines definierten Lagerfestsitzes in Form konkreter Angaben quantifiziert hat, ersieht man aus der Fachliteratur.

Jahr	Angabe	Quelle
1922	„ … Die Schalen sollten aus schon Herstellungsgründen außen zylindrisch[155] gehalten werden und auf ihrer ganzen Länge im Lagerkörper aufliegen"… und „ … sind durch eingesetzte Sicherungsstifte oder aufgeschraubte Platten ein Verdrehen der Schalen zu verhindern …"	[433]
1925	„ … Die Forderung, die obere Hälfte auf der unteren mit Spannung festzuziehen wird besonders wichtig, wenn das Lager mit getrennten Schalen ausgerüstet ist. Als dann sind diese unter Spannung gegeneinander und der Lagerdeckel unter Spannung gegen die Oberlagerschale zu ziehen. Nur so ist der Kraftlinienfluß im zusammengebauten Lager geschlossen …"	[434]

154) Beispielhaft sind in diesem Zusammenhang die Unterlagen der Fa. *BMW,* die für ihre Flugmotoren schon in den 1920er Jahren genaue Angaben über Spiele und Festsitze gemacht hatte.
155) Die Lager waren früher häufig außen rechteckig ausgeführt.

1939 „ … Die Toleranz der Aufnahmebohrung und die Toleranz der Lageraußenab-   [435]
messungen müssen so gewählt werden, daß sich ein strammer Sitz ergibt …“

1978 „ … Solche Lager werden mit Preßsitz eingebaut, der bei allen Betriebszu-   [436]
ständen einen ausreichenden Sitz im Gehäuse gewährleisten muß. Die Auslegung des Preßsitzes, seine elastischen und thermischen Durchmesseränderun-
gen erfolgt nach der Theorie dickwandiger Ringe …“

Mit zunehmendem Leichtbau verformten sich die Lagerstühle stärker, vor allem in Aluminium-
Kurbelgehäusen, weshalb sich die Lagerhersteller Anfang der 1960er Jahre intensiv mit diesen
Fragen befaßten und Richtwerte für den Einbau der Lager erarbeiteten, so daß ein korrekter
Festsitz der Lager sichergestellt werden konnte [437]. Der Berechnung des Preßsitzes von Lagerschalen liegt die Theorie des dickwandigen Rohres zugrunde. Lagerschale und -gehäuse
werden als Preßverbindung angesehen, wobei die Lagerschale durch ein Rohr unter Außendruck
und das Gehäuse durch ein Rohr unter Innendruck stehend ersetzt werden. Der Außen- bzw. Innendruck ist die radiale Spannung der Preßverbindung an der Verbindungsstelle. Die Schwierigkeit liegt nun darin, daß man die Wandstärke des äußeren Kreisrings entsprechend der Steifigkeit und des Steifigkeitsverlaufes des Gehäuses festlegen muß. Die Steifigkeit des Gehäuses
wird im Einbauversuch bestimmt, indem man die elastische Aufweitung des Gehäuses beim
Einbau des Lagers mißt und daraus rückwärts die Steifigkeit errechnet. Der Festsitz wird durch
Einbau der Lagerschalen mit Übermaß (Überdeckung) erreicht, d. h. der Außendurchmesser des
Lagers ist größer als die Gehäusebohrung. Beim Einbau des Lagers wird dieses gestaucht, die
Gehäusebohrung wird aufgeweitet. Die Überdeckung (besagte Duchmesserdifferenz also) muß
einerseits groß genug für einen sicheren Festsitz sein (ausreichend großer Radialdruck zwischen
Lagerschalen und Gehäusebohrung), andererseits dürfen die Schalen durch die Stauchung nicht
überbeansprucht (maximale Tangentialspannung) werden. Der Radialdruck wird durch Stauchen der Lagerschalen erzeugt, wobei das Verhältnis von hierbei auftretender Tangentialspannung zu erwünschtem Radialdruck immer ungünstiger wird, je dünnwandiger die Lagerschalen
sind. Da man den Außendurchmesser wegen der Spreizung der Lagerschalen nicht genau bestimmen kann, mißt man statt dessen den Umfang der Lagerschale. Die Lagerschale wird unter
definierten Bedingungen in die Bohrung eines Meßblockes gelegt, dann wird das aus dem
Meßblock herausragende Stück als „Überstand" gemessen.

Der vom Prinzip her einfache Aufbau der Lager – kreiszylindrische Hohlkörper – läßt wenig
Raum für konstruktive Einfälle. Die Variationsmöglichkeiten sind gering, sie erschöpfen sich
im Verhältnis von Breiten zu Durchmesser (B/D), Innen- zu Außendurchmesser (Wandstärken-
verhältnis), in Führungsbunden, Fixiernasen oder -bohrungen, Ölnuten usw. Doch dieser Eindruck täuscht; die mit dem bloßen Auge nicht oder allenfalls kaum erkennbare Lagerfeinkontur
kann das Lagerverhalten entscheidend beeinflussen. Theoretisch hat das Lager eine kreiszylindrische Lauffläche, praktisch natürlich nie, weil sich der Lagerstuhl – das „Hinterland" des Lagers also – unter den Betriebskräften verformt. Da sich diese unerwünschten Verformungen
nicht vermeiden lassen, berücksichtigt man sie bei der Auslegung des Lagers, indem man dem
Lager bei der Fertigung eine im gewünschten Sinn von der idealen abweichende Form gibt. Bei
dem „Zitronen-Lager"[156] ist der Innendurchmesser in Teilfugenrichtung größer als senkrecht
dazu [438].

„ … Pleuellagerschalen für höhere Drehzahl: es wird das Ziel verfolgt, durch sogenannte „oval
diamantete" Schalen mit vom Scheitel der Schale zur Teilfuge stetig zunehmendem Lagerspiel

---

156) Dieser Ausdruck wurde von E. FALZ geprägt.

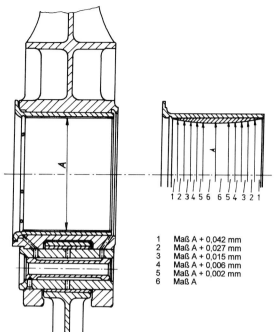

1   Maß A + 0,042 mm
2   Maß A + 0,027 mm
3   Maß A + 0,015 mm
4   Maß A + 0,006 mm
5   Maß A + 0,002 mm
6   Maß A

Bild 71
Hauptpleuellager des Sternmotors BMW 801.
Die Lauffläche des Lagers ist ballig.

ein gleichmäßiges Tragen ohne Druckstellen zu erreichen. Erzielt wird diese Form durch elastisches Vorspannen der Schale beim Feinstbohren …" [439].

Die Verformungen der ebenso leicht gehaltenen wie hoch beanspruchten Haupt- und Gabelpleuelaugen von Flugzeugmotoren wurden durch Bombierung (Balligkeit) des Lagers über seine Länge ausgeglichen. In der Toleranz- und Verschleißliste des BMW 801-Sternmotors ist die Balligkeit abgestuft in zwölf Schritten über die Breite mit 0,040 mm angegeben [430], Bild 71.

Auch der *Daimler-Benz*-Flugzeugmotor *DB 605* hatte ballige Lager; *Junkers* erprobte im *Jumo 213* sogenannte „randelastische" Lager [440].

Heute wird die optimale Lagerform bei der Auslegung eines Lagers im Einbauversuch ermittelt, bei dem das in den Lagerstuhl eingebaute Lager genau vermessen wird. Wegen der in Umfangsrichtung unterschiedlichen Steifigkeit des Gehäuses – Kurbelgehäuse bei Grundlagern, Pleuelauge bei Pleuellagern – nimmt das Lager eine vom theoretischen Kreiszylinder abweichende Form an, die es dann durch die Feinkontur zu kompensieren gilt. Parallel dazu werden Verformungsrechnungen mit der FEM durchgeführt.

Theorie und Experiment

Lager ermöglichen durch ihren konstruktiven Aufbau die relative Bewegung von Maschinenteilen, wobei das Schmiermittel einerseits als Maschinenelement fungiert, andererseits reibungsmindernd die erforderliche Antriebskraft verringert. Wiewohl beide Aufgaben nicht voneinander zu trennen sind, wird doch vor allem die letztere wahrgenommen, weil sie für jedermann spürbar, d.h. direkt erfahrbar ist. Nun ist die Reibung ein vielschichtiger Begriff, der wegen seiner verschiedenen Aspekte: Ruhereibung, Bewegungsreibung, der Reibungsarten: Gleitreibung, Rollreibung, Wälzreibung und der Reibungszustände: Festkörperreibung, Flüssigkeitsreibung, Gasreibung, Mischreibung, gedanklich große Schwierigkeiten bereitet hat (und auch heute noch bereitet).

LEONARDO DA VINCI hat sich als einer der ersten im modernen Sinne mit dem Phänomen der Reibung auseinandergesetzt und diese auch experimentell untersucht. Seine Erkenntnisse über die (Trocken-)reibung, von GUILLEAUME AMONTONS[157] und CHARLES AUGUSTIN COULOMB[158] wiederentdeckt, wonach die Reibkraft nur von der Größe der Normalkraft und dem Reibwert, nicht aber von der Berührungsfläche der Körper und der Gleitgeschwindigkeit abhängig ist, beherrschten die Vorstellung. Daß Reibung Wärme erzeugt, wußte man, schließlich war die Fähigkeit, durch Drehen eines Stabes auf einer Reibfläche Feuer zu erzeugen, ein entscheidender Schritt in der Menschheitsentwicklung gewesen. Andererseits war die Funktion des Schmiermittels als reibungsminderndes Element wohl bekannt, denn man hatte schon im Altertum Lagerungen durch Schmiermittel leichtgängiger gemacht. Die eigentliche Aufgabe des Schmiermittels im Lager – Kraftübertragung – war noch nicht erkannt worden. Zwar hatte schon 1687 ISAAC NEWTON (1643 bis 1727) in seiner *Philosophia naturalis* den sogenannten „Schubspannungsansatz" formuliert, der den Zusammenhang zwischen Scherspannung und dem Geschwindigkeitsgefälle senkrecht zur Strömungsrichtung über die dynamische Zähigkeit herstellt, aber der ganzen Bedeutung dieses Gesetzes war man noch nicht gewahr geworden. Wie die verschiedenen Aspekte der Reibung gedanklich miteinander vermengt waren, Richtiges auch mit Falschem, ersieht man aus Darstellungen der verschiedenen Zeiträume. Der Physiker JOHANN CHRISTIAN POLYKARP ERXLEBEN[159] äußert sich in seiner *Anfangsgründe der Naturlehre* zur Reibung wie folgt:

„ … Vom Reiben. § 138. Ein Körper ist rauh, wenn einige von seinen Theilchen auf der Oberfläche über die anderen hervorragen. Wir haben keinen Körper, der nicht, eigentlich zu reden, rauhe Oberflächen hätte, wenn sie uns auch gleich öfters völlig glatt erscheinen; vermindern können wir zwar diese Rauhigkeit, aber niemals gänzlich vernichten: dieß ist nothwendig, bey Körpern, die Zwischenräume haben. Wenn also ein Paar solcher rauher Körper sich über einander weg bewegen, so fassen die Erhabenheiten des einen in die Vertiefungen des anderen ein und widerstehen der Bewegung mehr oder weniger, nach den verschiedenen Graden der Rauhigkeit und nach der verschiedenen Art der Bewegung selbst; das heißt die Körper reiben sich.

§ 139. Amontons schließt aus den von ihm darüber angestellten Versuchen, das Reiben richte sich nur nach der Stärke des Druckes, nicht aber nach der Grösse der Flächen, die sich aufeinander reiben. Er setzt das Reiben einem Drittheile des Druckes ohngefähr gleich; Parent aus theoretischen Gründen sieben Zwanzigtheilen, Bülffinger einem Viertheile. Es scheint aber wohl, als ob es zugleich mit auf die Grösse der Flächen dabey ankomme, so wie auch unstreitig mit auf die Geschwindigkeit der Bewegung gesehen werden muß. Ueberhaupt werden sich nicht wohl allgemeine Regeln über die Grösse des Reibens geben lassen, da die Rauhigkeit und Glätte verschiedene Körper schwer unter einander zu vergleichen ist …

§ 141. Einige Regeln, das Reiben an den Maschinen so viel wie möglich zu vermindern und die Bewegung der Maschinen dadurch zu erleichtern:

1) Man bringe nur solche Körper an einander, von denen die Erfahrung lehrt, daß sie am wenigsten auf einander reiben.

---

[157] GUILLAUME AMONTONS, 1633 bis 1705, französischer Physiker erfand verschiedene Barometer, Hygrometer und das Luftthermometer; AMONTONS hatte erkannt, daß sich die Luft proportional zur Temperatur ausdehnt. Auf dem Gebiet der Reibung wies er nach, daß die (Trocken-)Reibung unabhängig von der Größe der Berührungsfläche ist.

[158] CHARLES AUGUSTE DE COULOMB, 1736 bis 1806, Offizier des Geniekorps, beschäftigte sich mit mechanischen Fragen, so auch mit der Reibung. Bekannt wurde COULOMB auch durch die von ihm erfundene Torsionswaage. Auch auf dem Gebiet elektro-magnetischer Erscheinungen machte sich C. durch seine Forschungen und Erkenntnisse einen Namen. Durch die Bezeichnung *Coulomb* als Einheit für die Elektrizitätsmenge wird er als Wissenschaftler geehrt.

[159] JOHANN CHRISTIAN POLYKARP ERXLEBEN, 1744 bis 1777, war Professor der Physik in Göttingen.

2) Man suche die Berührungspunkte dieser Körper so viel als möglich zu vermindern.

3) Man lasse die Theile wo möglich nicht sowohl auf einander wegglitschen als vielmehr sich über einander drehen.

4) Das Reiben wird bey vielen Materien durch dazwischen gebrachtes Fett, Oel, Theer, Seife, Wasserbley, und andere glatte Sachen vermindert, jedoch nicht immer. Holz auf Holz, Messing auf Messing verträgt z. Ex. gar kein Fett …" [441].

Die Sicht der maschinenbaulichen Praxis des 18. Jahrhunderts findet man bei JACOB LEUPOLD:

„ … Durch dem Widerstand, lateinisch Frictio genannt, wird verstanden, wenn bey der Bewegung die Machinen sich mit einigen Theilen gegeneinander reiben, und ihre Flächen, Wellen oder Zapffen auf einander schleiffen, rutschen und zwängen müssen, aber wegen ihrer Ungleichheit, da die erhobenen Theilgen in die Vertieffung der anderen fallen, sich gegeneinander stemmen, also mit Erhebung der aufliegenden Last zugleich müssen herausgehoben werden, wozu eine a parte Krafft gehöret, welche sonst zur Bewegung der Last könnte angewendet werden …" [442].

Im Zuge der Industrialisierung kamen immer mehr Maschinen in Betrieb, immer wichtiger wurden die Lagerungen, Gleitgeschwindigkeiten und Belastungen nahmen zu; es gab immer mehr Probleme mit den Lagern, Schäden häuften sich und die Folgen wurden schwerwiegender. Das galt besonders für die Eisenbahn und für Dampfmaschinen, deshalb suchte man das „Heißgehen"[160] von Wellen in ihren Lagern mit allen Mitteln zu vermeiden. Die bei Reibung „entstehende" Wärme wirkt ja nicht nur zerstörerisch, sie muß auch in Form zusätzlicher Antriebsarbeit aufgebracht werden. In diesem Zusammenhang werde ein wenig weiter ausgeholt: Der Arzt ROBERT MAYER[161] (1814 bis 1878) hatte 1842 seine Überlegungen zur Gleichwertigkeit von Wärme und Arbeit („causa aequat effectum") veröffentlicht und das mechanische Wärmeäquivalent mit 425 mkg pro kcal angegeben. Das wurde damals keineswegs einhellig anerkannt; es gab viele Einwände dagegen. Der Elsässer GUSTAVE ADOLPHE HIRN[162] führte Reibungsversuche an einer rotierenden Trommel durch, die über eine Lagerhalbschale durch ein Gewicht über einen Hebelarm belastet wurde, wobei das Lager geschmiert wurde, Bild 72.

Mit diesen Versuchen gelangte Hirn weit über die bisher bekannten Reibungsgesetze hinaus [443], nämlich daß sich bei trockenen und geschmierten Gleitpartnern insofern unterschiedliche Reibungsverhältnisse ergeben, als bei Trockenreibung („unmittelbare Berührung") der Reibwert unabhängig von der Geschwindigkeit und der Berührungsfläche ist, bei geschmierten Flächen hingegen nicht. Bei flüssiger Reibung ist der Reibwert der Quadratwurzel aus der Relativgeschwindigkeit, Berührungsfläche der Gleitpartner und der Belastung proportional. Alles in allem ist der Einfluß der Geschwindigkeit vielschichtig, weil der Reibwert mit fallender Geschwindigkeit bis zu einem bestimmten Wert abnimmt, um dann wieder anzuwachsen. Bei niedriger Geschwindigkeit und großer Last kommt es zur „unmittelbaren Berührung", wobei der Reibwert stark ansteigt. Damit hatte HIRN qualitativ das Reibungsverhalten eines Gleitlagers bei verschiedenen Betriebszuständen beschrieben. Das stieß bei seinen Zeitgenossen z. T. auf erhebliche Vorbehalte, wie sie in einer Besprechung der HIRN'schen Arbeit durch den Augsburger Professor G. DECHER zum Ausdruck kommen:

---

[160] Sprache ist aufschlußreich: Hieß es früher *Heißgehen,* so spricht man heute vom Heißlaufen; die Benennung ist ein Indiz für die höheren Geschwindigkeiten heute.

[161] ROBERT MAYER, 1814 bis 1878, wurde als Schiffsarzt auf einer Reise nach Niederländisch-Indien (heute: Indonesien) durch verschiedene Beobachtungen zu Überlegungen über die Gleichwertigkeit von Arbeit und Wärme angeregt, auf deren Grundlage er das Wärmeäquivalent errechnete.

[162] GUSTAVE ADOLPHE HIRN, 1815 bis 1890, erwarb sich als Autodidakt umfassende physikalisch-technische Kenntnisse. Bekannt wurde HIRN u. a. durch seine tribologischen Untersuchungen, von denen aus er ebenfalls zu dem Wärmeäquivalent gelangte.

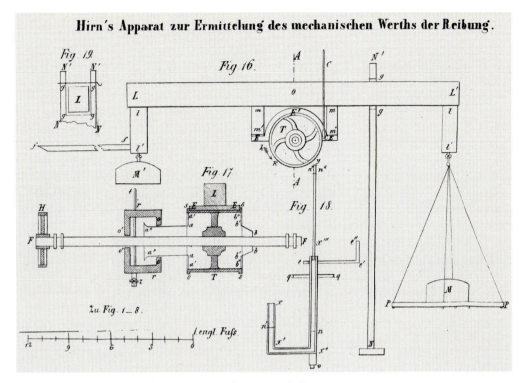

Bild 72 Versuchsapparatur von G. A. HIRN zur Bestimmung von Reibwerten

„ … Daß sich die Reibung vermindert, wenn das Oel durch eine höhere Temperatur einen höheren Grad von Flüssigkeit erhält, ist leicht begreiflich; daß aber unter gleichen Umständen die Reibung bei 60° über fünfmal kleiner seyn soll, als bei 25°, und bei einem Temperatur-Unterschied von 100° C. fast 122mal kleiner oder größer, das geht doch wohl über die Gränzlinie des Zutrauens, welches man in die Versuche des Hrn. HIRN setzen kann … Was endlich die von Hrn. Hirn zuletzt noch hingeworfenen Gesetze betrifft, wonach die Reibung der Quadratwurzel aus dem Druck und der reibenden Fläche proportional seyn soll, so ist das erste, für welches er nicht einen Versuch mitzutheilen für gut fand, zu abgeschmackt, um einer langen Widerlegung zu bedürfen; daß ein Waggon auf einer horizontalen Bahn bei gleicher Schmierung und einer vierfachen Belastung erst einen doppelt so großen Widerstand leiste, glaubt Hr. Hirn selbst nicht …" [444].

Nun wäre es sicher ein billiges Vergnügen, sich über solche Anfeindungen zu mokieren. Man muß sich aber Gedanken machen, wie sich eine neue Erkenntnis durchsetzt. Jede Behauptung, wie immer sie begründet und wodurch auch immer sie gestützt wird, muß auf der Grundlage des bereits Bekannten, des Stands der Technik, verifiziert werden. Dabei versucht man natürlich, das Neue mit den eigenen Vorstellungen in Einklang zu bringen. Nun ist unser Vorstellungsvermögen zum einen begrenzt, zum anderen an dem Bekannten ausgerichtet, so daß es immer wieder zu Fehleinschätzungen kommt. Aber gerade eine kritische Betrachtungsweise, die durchaus nicht nur auf hehren, der reinen Erkenntnis verpflichteten Überlegungen, sondern auch von Mißgunst, Neid, Überheblichkeit beruhen kann[163], ist ein wichtiges Korrektiv, das letztlich – getreu dem DE MANDEVILLE'schen Paradoxon[164] – eine unverzichtbare Aufgabe bei der wissenschaftlichen Erkenntnisgewinnung zu erfüllen hat.

---

[163] Im Schwäbischen heißte zutreffend: Es menschelt!

Wie gesagt, die Vorstellungen waren von der Trockenreibung geprägt; daß sich Flüssigreibung von ihr grundsätzlich unterscheidet, mußte erst noch verstanden werden. Einen großen Schritt auf diesen Weg hat der russische Forscher NIKOLEI PETROFF[165]) getan, der in seinen Betrachtungen zu der Erkenntnis gelangte, daß bei der flüssigen Reibung die Gleitpartner durch den Schmierfilm getrennt werden, so daß nicht mehr die Werkstoffe der Gleitpartner, sondern die stark temperaturabhängige Zähigkeit (Viskosität) des Schmiermittels bestimmend für den Reibvorgang sind, den er aus zwei Komponenten bestehend ansah, der inneren Reibung des Schmiermittels und der Reibung des Schmiermittels mit den benetzten Werkstück-Oberflächen: „Adhäsionskraft der Flüssigkeitsteilchen an den anschließenden Zylinderoberflächen". Charakteristisch für viele Entwicklungen ist das Nebeneinander von überholten und von richtigen Vorstellungen. Zu einer Zeit – vor der Wende zum 20. Jahrhundert – als vielfach noch irrige Ansichten über die Vorgänge in Gleitlagern herrschten, hatte der Protagonist des (Dampfmaschinen-)Schnellbetriebes, der Wiener Prof. JOHANN RADINGER, das Funktionsprinzip des Schmierfilmes im Gleitlager durchaus richtig erkannt:

„ … Im Allgemeinen wird das Oel zwischen zwei sich reibenden Flächen nicht ausgepresst, wenn der Druck geringer als p = 4 Kil. per 1 cm^2 = 4 Atm. verbleibt … Bei schneller gehenden derartigen Zapfen zieht eine gewisse Saugwirkung vom Schmierloch zu den Enden, an welchen ein theilweises Vacuum als Folge der Umdrehungen herrscht … Die Wirkung des Nachschmierens schnellgehender Zapfen erstreckt sich aus diesem Grunde hauptsächlich nur auf die Länge zwischen Schmierloch und Zapfenende und dieses verlangt als Regel das Schmierloch in der halben Länge der Schale. Schnellgehende Zapfen bedürfen dagegen eines dauernden Nachschmierens … Bei solch gering belasteten Zapfen ist das Schalenmaterial gleichgiltig; die Oelhülle, welche die Oberflächen dick umkleidet, verhindert die direkte Berührung. Abnützung tritt hierbei nicht ein und ihr geringer Widerstand gegen die Drehung begründet sich mehr in der Cohäsion des Oeles als einer eigentlichen Reibung … Bei solchen höheren Belastungen haftet das Oel nicht mehr dauernd am Zapfen, sondern wird stetig ausgepresst … Hier ist das Schalenmaterial nicht mehr gleichgiltig, denn die dünnere Oelhülle wird von den molecularen Erhöhungen und Spitzen, welche selbst an den polirten Oberflächen vorkommen, örtlich durchbrochen und schleifen sich beständig ab. Gusseisen mit seiner krystallinischen Structur ist hier nimmer, sondern nur Bronze oder Weißmetall verwendbar. Letzteres läuft leichter ein, und bietet daher bei gleicher Größe mehr thatsächlich tragende Flächeneinheiten als die härtere Bronze. Daher kann der mittlere Auflagedruck bei Weißmetall mindestens gleichhoch und selbst höher gehalten werden als bei Bronze …" [445].

In den USA ging R.H. THURSTON[166]) 1894 von der Überlegung aus, daß die Reibleistung als Wärmefluß aus dem Lager abgeführt werden müsse. Allerdings legte er die COULOMB'sche (Trocken-)Reibung zu Grunde, mithin den „falschen" physikalischen Vorgang. Daraus leitete er ab, daß das für ein Lager – unter den jeweiligen Bedingungen – ertragbare Produkt aus mittlerer Lagerbelastung und Geschwindigkeit konstant sei (p × v ≈ const.).

---

164) BERNARD DE MANDEVILLE, 1670 bis 1733, englischer Dichter und Schriftsteller wurde vor allem durch seine *Fable of the bees, or private vices make public benefits* bekannt. Darin bringt er zum Ausdruck, „daß das Laster für die Blüte eines Staates ebenso notwendig sei wie der Hunger für das Gedeihen der Menschen". Die Diskrepanz zwischen dem Guten (Schlechten), das man erstrebt und dem Schlechten (Guten), das man damit erreicht, wird als *de Mandeville'sches Paradoxon* bezeichnet.

165) NIKOLEI PAWLOWITSCH PETROFF, 1836 – 1920, Ingenieur und führend in der russischen Eisenbahnverwaltung tätig, leistete einen hervorragenden Beitrag zur Entwicklung der Tribologie durch seine Arbeiten über die Reibung in Gleitlagern.

166) ROBERT HENRY THURSTON, 1839 bis 1903, war nach einer Tätigkeit als Marineingenieur Professor der Mechanik erst am *Stevens Institute of Technology* in Hoboken, dann Leiter des *Sibley College* an der *Cornell Universität*. THURSTON war auf dem Gebiet der Dampfmaschinen und -kessel tätig und hat hierüber publiziert. Als Mitglied des Ausschusses zur Untersuchung von Metallen befaßte er sich mit dem Phänomen der Reibung.

" ... and in general practice we make the pressure less as the speed is greater, since the amount of heat developed is directly a measure of the amount of work done in overcoming friction, and is proportional to the speed as well as to pressure." [446].

Diese Betrachtungsweise hat den Vorteil scheinbarer Plausibilität, denn daß Gleitgeschwindigkeit und mittlere Belastung signifikante Kenngrößen für ein Lager sind, ist einleuchtend, ebenso die Vorstellung, daß man Lager mit hoher Gleitgeschwindigkeit nur niedrig belasten, bzw. ein Lager mit niedriger Geschwindigkeit hoch belasten könne. Die p × v-Werte bewährter – weil funktionierender – Lager wurden zusammengestellt und abhängig von der Lagerart als Richtwerte für Neukonstruktionen angegeben. Diese Betrachtungsweise wurde auch von dem Altvater der Lehre von den Maschinenelementen, CARL BACH, in sein in vielen Auflagen erschienenes Standardwerk *Maschinen-Elemente* übernommen, wobei BACH die Allgemeingültigkeit dieser Beziehung durch folgenden Hinweis relativiert:

„ ... Die Erfahrungszahl w *(Anmerk. d. Verf.: der Wert p × v)* ... erscheint ausser von den in Betracht kommenden Materialien abhängig von den Abmessungen, von der Vollkommenheit der Ausführung von Zapfen und Lager, von der Genauigkeit der Lage beider zu einander, von dem Schmiermaterial und der Vollkommenheit der Schmierung, sowie von der Stärke der Wärmeentziehung, welche ihrerseits wieder bedingt wird von den Betriebsverhältnissen u.s.f ...“ [447].

Daß sich diese Kennzahl in der Fachliteratur hat so lange halten können, lag nicht nur am Beharrungsvermögen von Angaben in technischen Handbüchern, sondern auch daran, daß man sich an bewährten Konstruktionen orientierte.

HIRN's Erkenntnisse sind später (1902) von RICHARD STRIBECK[167] quantifiziert worden. Stribeck ermittelte mit einer Reibungsprüfmaschine in einer vergleichenden Untersuchung von Gleit- und Wälzlagern den Verlauf des Reibwertes (Reibungskoeffizient) von Gleitlagern abhängig von der Relativgeschwindigkeit der Gleitpartner (Welle) mit der Öltemperatur und der spezifischen Lagerbelastung („Pressung“) als Parameter, Bild 73.

Die Bedeutung der STRIBECK'schen Messungen wurde von LUDWIG GÜMBEL[168] wie folgt gewürdigt:

„ ... deren Systematik sie über alles erhebt, was auf diesem Gebiete im In- und Auslande geleistet worden ist ...“ [448].

Dabei zeigte sich, daß ausgehend vom großen Wert der Ruhe der Reibwert mit der Geschwindigkeit stark abfällt bis zu einem Minimum, um dann wieder langsam anzusteigen. Diese Kurve, heute als *Stribeck-Kurve* bekannt, beschreibt verschiedene Reibungszustände, nämlich Ruhreibung, Grenzreibung, Mischreibung, den „Ausklinkpunkt“ und Flüssigkeitsreibung. Unter Anwendung der Ähnlichkeitsgesetze lassen sich die STRIBECK'schen Kurven so normieren, daß die Kurvenscharen zu einem charakteristischen Kurvenzug zusammenfallen [449].

„ ... Wir haben also erkannt, daß beim Übergang vom Ruhezustand zur Bewegung die beträchtliche Reibung fester Körper zu überwinden ist. Je größer die Geschwindigkeit ist, um so besser

---

[167] RICHARD STRIBECK, 1861 bis 1950, wurde nach Lehrtätigkeit an verschiedenen Hochschulen 1898 zum Direktor der *Centralstelle für wissenschaftlich-technische Untersuchungen in Neubabelsberg* ernannt. Von 1908 bis 1919 war STRIBECK in einer leitenden Position bei der Fa. *Fried. Krupp* in Essen tätig. STRIBECK hat sich vor allem durch seine grundlegenden Versuche und Erkenntnisse über das Verhalten von Wälz- und Gleitlagern einen Namen gemacht.

[168] LUDWIG KARL FRIEDRICH GÜMBEL, 1874 bis 1923, nach dem Studium des Schiffsmaschinenbau war GÜMBEL erst bei *F. Schichau*, dann bei der *Hapag* tätig, wobei er sich mit Fragen der Drehschwingungen befaßte und ein nach ihm benanntes Rechenverfahren zur Ermittlung der Eigenfrequenzen entwickelte. Nach der Promotion wurde er 1910 zum Professor des Schiffsmaschinenbau an der TH Berlin ernannt. GÜMBEL arbeitete auch auf dem Gebiet der hydrodynamischen Schmierung, auf dem er Bahnbrechendes leistete.

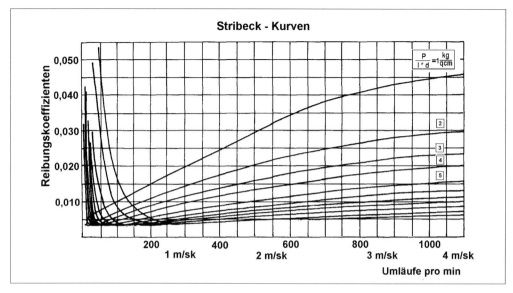

Bild 73 RICHARD STRIBECK hatte die Reibungskoeffizienten als Funktion von Drehzahl und Lagerbelastung experimentell ermittelt. In normierter Darstellung wird dieser Zusammenhang heute als *Stribeck*-Kurve bezeichnet.

ist die Schmierung, also um so geringer der Anteil der festen und um so erheblicher der Anteil der Flüssigkeitsreibung an dem Gesamtwiderstand ..." [450].

Einen anderen Markstein experimenteller Lagerentwicklung hat BEAUCHAMP TOWER[169)] gesetzt. Von der (britischen) *Institution of Mechanical Engineers* damit betraut, das Reibungsverhalten von Gleitpartnern mit hoher Relativgeschwindigkeit zu untersuchen, verwendete er eine Versuchsapparatur, bei der ein drehender Zapfen von oben über eine Lagerhalbschale („Sattellager") belastet wurde. (Das entspricht dem üblichen Lastfall bei Eisenbahn-Achslagern.) Die in einem Traggerüst sitzende Lagerschale wurde durch ein Gewicht belastet. Die Vorrichtung stützte sich über eine Schneide so am Gestell ab, daß sie durch die Reibung im Schmiermittel zwischen Lagerschale und Zapfen verdreht wurde. An einem Hebelarm befand sich ein Schreibstift, der die Mitnahme der Vorrichtung durch die Reibung aufzeichnete. Durch geschickte Wahl der Abmessungen ließ sich der Reibwert direkt aus diesem Ausschlag bestimmen, Bild 74. Um reproduzierbare Verhältnisse zu erhalten, ließ er die Welle im Ölbad laufen. Schon bei den ersten Messungen fiel TOWER der Einfluß der Schmierung auf das Reibverhalten auf:

„ ... The results of these experiments seem to show that the friction of a perfectly lubricated journal follows the laws of liquid friction much more closley than those of solid friction ..."

Als aus versuchstechnischen Gründen im Scheitel des Lagers eine Bohrung eingebracht wurde, beobachtete man, daß hieraus größere Ölmengen austraten. Die Bohrung wurde mit einem Stopfen verschlossen, mit der Folge, daß der Stopfen vom Öldruck hinausgedrückt wurde. Daraufhin wurde ein Manometer montiert, das bis zum Endwert ausschlug. Offensichtlich herrschte in dem Schmierfilm ein sehr viel höherer Druck, als es der rechnerischen (mittleren) Lagerbelastung entsprach. Um die Verhältnisse zu ergründen, wurden über Lagerumfang und -breite mehrere Bohrungen mit Manometern angebracht. Dabei ergab sich der – heute als typisch für ein Gleitlager bekannte – Druckverlauf.

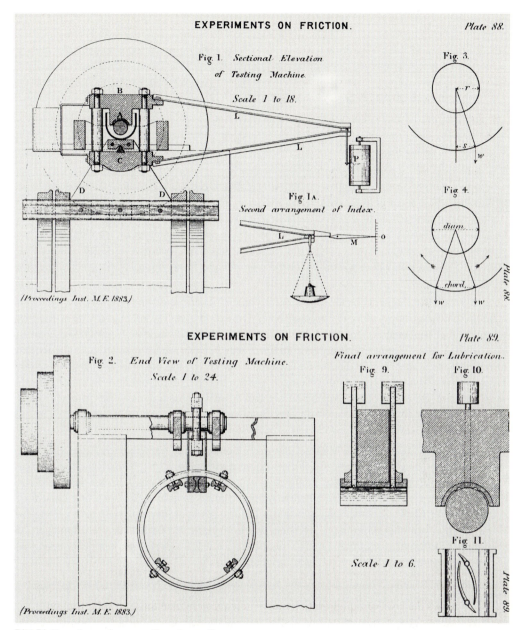

EXPERIMENTS ON FRICTION. *Plate 88.*

Fig. 1. *Sectional Elevation of Testing Machine.*

Scale 1 to 18.

Fig. 3.

Fig. 1A. *Second arrangement of Index.*

Fig 4.

(Proceedings Inst. M.E. 1883.)

EXPERIMENTS ON FRICTION. *Plate 89.*

Fig. 2. *End View of Testing Machine.*

Scale 1 to 24.

Final arrangement for Lubrication.

Fig. 9. Fig. 10.

Fig. 11.

Scale 1 to 6.

(Proceedings Inst. M.E. 1883.)

Bild 74 Versuchsanordnung von Beuachamps Towers

Die TOWER'schen Messungen regten den britischen Wissenschaftler OSBORNE REYNOLDS[170] zur mathematischen Untersuchung dieses Vorganges an. Ausgehend vom NEWTON'schen Schubspannungsansatz, der Kontinuitätsgleichung und den am Volumenelement wirkenden Kräften stellte REYNOLDS die nach ihm benannte Differentialgleichung auf, welche den Druckaufbau im

---

[170] OSBORNE REYNOLDS, 1842 bis 1912, war Professor an der Universität Manchester und arbeitete insbesondere auf dem Gebiet der Strömungstechnik. Eines seiner bekanntesten Werke ist die *Theory of Lubrication*. REYNOLDS zu Ehren wurde eine Ähnlichkeits-Kennzahl als *Reynolds-Zahl* benannt.

Schmierfilm von Gleitlagern unter stationärer Belastung beschreibt; sie liefert den Zusammenhang zwischen Lagergeometrie (Lagerabmessungen und -spiel), Drehzahl, Belastung und der sich hieraus ergebenden Zapfenbewegung. REYNOLDS hatte seine Berechnung für das halbgeschlossene Lager (Zapfen in Lagerhalbschale) durchgeführt. War PETROFF von einer konzentrischen Lage des Zapfens in der Bohrung ausgegangen, so wies REYNOLDS nach, daß sich der Zapfen exzentrisch im Lager bewegen muß, damit sich Druck im Schmierfilm aufbauen kann.

„ … Ein anderer durch die Theorie ans Licht gebrachter und vorher nicht erwarteter Umstand … besteht darin, daß der Punkt kleinster Annäherung des Zapfens an die Schale keineswegs in Richtung der Belastung liegt, und zwar – was der gewöhnlichen Annahme noch mehr zuwiderläuft -"unterhalb" der Richtung der Belastung …" [451].

Allerdings gibt es für die komplizierte REYNOLDS'sche Differentialgleichung keine geschlossene Lösung. Für bestimmte Bedingungen: Allseitig umschlossenes, unendlich breites Lager, ohne Temperatureinfluß auf die Viskosität des Schmiermittels, fand 1904 der Göttinger Physiker ARNOLD SOMMERFELD[171] ein solche. SOMMERFELD zu Ehren wurde die Ähnlichkeits-Kennzahl für das hydrodynamische Lager als SO(mmerfeld)-Zahl benannt. A. G. M. MICHELL[172] wies 1905 darauf hin, daß eine Dickenabnahme der Ölschicht unabdingbar für einen Druckaufbau ist.

„ … Dies ist der Fall eines ebenen Gleitschuhs von endlicher Länge und Breite, etwa des Gleitschuhs eines Kreuzkopfs einer Dampfmaschine. Es zeigt sich, daß wenn eine solche ebene Platte von endlichen Abmessungen über eine feste ebene Fläche, die reichlich mit Öl versehen ist, gleitet, ein Druck in dem Öl hervorgerufen wird, welcher die beiden Flächen auseinanderhält. Die allgemeinen Vorgänge in diesem Falle sind die selben wie bei dem zweidimensionalen Problem, welches schon von Reynolds behandelt wurde. Es ist eine notwendige Bedingung für die Wirkung, daß die äußere Last, welche an der bewegten Platte angebracht ist, an einem Punkt hinter dem Figurenmittelpunkt angreift. Die Platte wird sich dann von selbst so einstellen, daß die Ölschicht am vorderen Ende dicker ist wie am hinteren …" [452].

Hiervon ausgehend entwickelte MICHELL das nach ihm benannte Mehrflächen-Axiallager. LUDWIG GÜMBEL brachte Theorie und Erfahrung insofern in Einklang, als er die Randbedingungen der REYNOLD'schen Differentialgleichung dem wahrscheinlichen Verhalten des Schmierfilmes so anpaßte, bis eine befriedigende Übereinstimmung mit Versuchsergebnissen erreicht wurde. GÜMBEL führte Ähnlichkeitsbeziehungen in die Theorie der hydrodynamischen Schmierung ein; er ging von einem endlich breiten Lager aus und korrigierte SOMMERFELDS Berechnungen bezüglich des Auftretens negativer Drücke. SOMMERFELD war zu dem Ergebnis gekommen, daß sich der belastete Zapfen senkrecht zur Lastrichtung bewegt:

„ … Oder, anders ausgedrückt: der Zapfen weicht (wohlgemerkt, bei allseitig umschließendem Schmiermittel) senkrecht gegen den Zapfendruck aus …" [453].

GÜMBEL konnte nachweisen, daß der Zapfen in Lastrichtung ausweicht. Mit steigender Drehzahl wandert der Zapfen auf einer halbkreisförmigen Kurve in Richtung Lagermittelpunkt („GÜMBEL'scher Kreis"). Bei unendlich großer Drehzahl zentriert er sich in der Lagerbohrung. GÜMBEL's Arbeit war grundlegend, sowohl was die Behandlung der Theorie, als auch deren Überprü-

---

[171] ARNOLD SOMMERFELD, 1868 bis 1951, war Professor erst an der Bergakademie Clausthal, später an der TH Aachen und schließlich an der TH München. SOMMERFELD arbeitete auf den Gebieten der Strömungstechnik, elektromagnetischen Wellen, Atomphysik und Quantentheorie.

[172] Der Australier ANTHON GEORGE MALDON MICHELL, 1870 bis 1959, hatte Bauingenieurwesen (civil engineering) studiert. Durch seine berufliche Tätigkeit wurde sein Interesse an Fragen der Hydraulik geweckt, mit denen er sich intensiv beschäftigte. In diesem Zusammenhang erfand und entwickelte er das nach ihm benannte Kippsegment-Lager. In den zwanziger Jahren entwickelte MICHELL auch einen Schrägscheibenmotor.

fung im Experiment anbelangt. Zunächst berechnete er den Schmierfilmdruck für verschiedene Exzentrizitäten des Zapfens. Das sagt sich einfach; welche Schwierigkeiten damit verbunden waren und wie richtungweisend GÜMBELs Vorgehen war, wird von dem Herausgeber des erst nach GÜMBELs Tod erschienenen Werkes *Reibung und Schmierung im Maschinenbau,* Prof. E. EVERLING, beschrieben. Gerade weil mathematische Vorgehensweisen für den Nicht-Fachmann meistens unverständlich, zumindest aber nur mit Mühe nachvollziehbar sind, ist es des Lobes wert, daß sich ein Fachmann die Mühe gemacht, diese Problematik verständlich zu beschreiben:

„ … Die Schwierigkeit einer Theorie der Flüssigkeitsreibung lag in der Integration der auftretenden Gleichungen begründet, sobald man die besonderen Grenzbedingungen des technischen Problems einführte. Wollte man hier weiterkommen, so mußte auf Endausdrücke in geschlossener Form verzichtet und durch Flächenausmessung integriert werden. Den Grenzbedingungen konnte man nur in der Weise gerecht werden, daß man die Rechnung zunächst ohne Rücksicht auf sie unter Variation der Anfangsbedingung mehrfach durchführte und dann durch Interpolation die Anfangsbedingungen ermittelte, die den Grenzbedingungen gerecht wurden.

Indem man die Ausgangsgleichungen in dimensionslose Form brachte, wurde das Ergebnis der Rechnung von allgemeiner Bedeutung und lieferte Beizahlen, die Lösung der Aufgabe darstellten. Es möge gestattet sein, ganz allgemein auf dieses Lösungsverfahren hinzuweisen, dessen Wert GÜMBEL an einer Reihe anderer Aufgaben erkannt hat: Darstellen der Gleichung in dimensionsloser Form, Lösung unter Annahme eines zunächst geschätzten Wertes des Ergebnisses, Bestimmen der richtigen Lösung durch Interpolation zwischen den geschätzten Werten und den mit ihnen errechneten Größen. Auf diesem Wege können wohl noch manche heute der Rechnung unzugänglichen Probleme erschlossen werden …" [454].

GÜMBEL überprüfte dann seine Rechenergebnisse experimentell: Eine mittels Wellenzapfen in zwei Stehlagern gelagerte Walze war von einem drehbaren Gehäuse umschlossen, wobei sich das Gehäuse so auf den Wellenzapfen abstützte, daß sich die Lage des Gehäuses relativ zur Welle (Exzentrizität) beliebig einstellen ließ. Durch einen groß dimensionierten Ringraum konnte die Öltemperatur weitgehend konstant gehalten werden. Bohrungen im Gehäuse in Axial- und in Umfangsrichtung mit daran angeschlossenen Manometern ermöglichten das Messen des Drucks; außerdem wurden die Temperaturen und die Drehzahl gemessen. Damit konnten nicht nur die Rechenergebnisse bestätigt werden, sondern auch eine Übereinstimmung mit den STRIBECK'schen Messungen festgestellt werden.

Die Lücke zwischen der mathematisch-physikalischen Sichtweise der Vorgänge im Gleitlager und den Erfordernissen der Praxis, nämlich der Notwendigkeit, Gleitlager so auszulegen und zu berechnen, daß sie betriebssicher arbeiten, schloß E. FALZ, indem er ein Verfahren zur systematischen Gleitlagerberechnung schuf, mit den nötigen Vereinfachungen und unter Angabe von Richtwerten, mit dem ein Maschinenbauingenieur auch tatsächlich etwas anfangen konnte. Ein großes Verdienst von E. FALZ bestand auch darin, daß er anschaulich, auch dem Praktiker verständlich, die Vorgänge im Gleitlager expressis verbis erklärte: Den Schmiervorgang als „Aufschwimmen" der Gleitpartner infolge der Keilwirkung des sich in den verengenden Spalt zwischen Zapfen und Bohrung hineingezogenen Schmiermittels („Keilkraftschmierung") und die „Stoßdämpferwirkung" des Schmiermittels beim schwingenden Zapfen. Damit hat er die Tragkraft der Verdrängung als einen Tragmechanismus des instationär belasteten Lagers beschrieben:

„ … Die stoßdämpfende Wirkung des dem Lager zugeführten Schmiermittels besteht in einer Art Puffer- oder Bremswirkung, indem der gegen die bisher nicht belastet gewesene Lagerschale vorgehende Zapfen in seiner Geschwindigkeit durch den Widerstand des aus dem Lager entweichenden Öles gehemmt wird, so daß sich seine Auftreffgeschwindigkeit stark verlangsamt und der Stoß ganz oder teilweise aufgefangen wird …" [455].

Ein Ergebnis der Falz'schen Arbeiten bestand in dem Nachweis, daß das bislang in der Gleitlagertechnik als so wesentlich angesehene Produkt aus mittlerer Belastung und Gleitgeschwindigkeit, der Kennwert p × v, keine Aussagekraft hat, sondern daß es vielmehr darauf ankommt, Lagerabmessungen, Belastung, Drehzahl und Schmiermittelverhalten so in Einklang zu bringen,
daß ein ausreichender Mindestschmierfilm entsteht und Mischreibung („halbflüssige Reibung")
vermieden wird. Das Kriterium für sicheren Betrieb des Lagers ist die minimale Schmierfilmdicke, diese wiederum hängt von der maximalen Lagerbelastung und nicht vom mittleren Druck
ab. Die Lagertemperatur allein sagt nichts über den hydrodynamischen Zustand des Lagers aus.
Wichtig sind auch Falz's Hinweise über die Schmiermittelversorgung des Lagers: Das
Schmiermittel muß in der unbelasteten Zone des Lagers zugeführt werden. Darüber hinaus
machte Falz noch wichtige Angaben über praktische Belange der Lagerauslegung und Konstruktion: Über die Ölversorgung, über die Notwendigkeit, das Schmiermittel zu filtern, über
Oberflächenrauheit und Form- und Lagetoleranzen.

Die Reynolds'sche Differentialgleichung ist der Schlüssel zur Erkenntnis hydrodynamischer
Vorgänge im Gleitlager. Verständlich also, daß ungeachtet der mathematischen Schwierigkeiten
nach Methoden gesucht wurde, sie zumindest für vereinfachte und eingeschränkte Bedingungen
zu lösen. Hierzu hatten Sommerfeld, Gümbel, Vogelpohl u. a. wesentliche Beiträge geleistet,
dennoch blieben die Möglichkeiten von analytischen Lösungen beschränkt. Als Ausweg boten
sich numerische Lösungen an, wie sie von Cameron/Wood und Sassenfeld/Walther erarbeitet worden sind. Das *Institut für praktische Mathematik* unter Professor Walther der *TH Darmstadt* hatte 1948 vom *Department of Scientific and Industrial Research* (London) den Auftrag
erhalten, die Druckverteilung und die Tragkraft des 360°- und 180°-Lagers zu berechnen. Unter
Verwendung neuer Rechenverfahren und erweiterter physikalischer Randbedingungen hatten H.
Sassenfeld und A. Walther, aufbauend auf Arbeiten von Dr. A. Cameron die partielle Differentialgleichung in eine Differenzengleichung umgeformt und die linearen Gleichungssysteme
numerisch gelöst [456]. Allerdings war der damit verbundene Rechenaufwand so groß, daß solche Lösungen in der Praxis der Lagerentwicklung keine Rolle spielen konnten. Das sollte sich
erst mit Aufkommen der EDV ändern. Weil Lager im Kurbeltrieb von Kolbenmaschinen instationär belastet werden, mußte die Reynolds'sche Differentialgleichung noch um ein instationä-
res Glied erweitert werden. Mit dynamisch belasteten Lagern beschäftigten sich A. Fränkel,
H. H. Ott und H. Dinger. Lösungsansätze hierfür in Gestalt von Verfahren der überlagerten
Drücke bzw. der überlagerten Traganteile fanden H. W. Hahn (1957) und Jörn Holland
(1959). Dabei hat sich das Holland'sche Verfahren als besser handhabbar erwiesen. Der
Grundgedanke ist, daß sich die Tragkraft des Lagers aus einem Tragteil infolge Drehung und
einem infolge Verdrängung zusammensetzt. Diese Anteile ergeben – vektoriell addiert – die resultierende Tragkraft.

„ … Die zunächst für den Fall des stationär belasteten Lagers hergeleiteten Gleichungen ließen
sich auch auf den allgemeinen Fall des instationär belasteten Lagers ausdehnen. Dabei gelang
es, die Tragkraft des Lagers für eine radiale Verschiebung des Zapfens abzuschätzen … . Weiterhin wurde ein Verfahren zur Berechnung des Kurbelzapfenwegs aus dem Polardiagramm der
Lagerbelastung ohne Vernachlässigung des Verdrängungsdrucks angegeben …" [457].

Nun konnten mit Hilfe leistungsfähiger Elektronenrechner die Verhältnisse im hydrodynamischen Schmierfilm eines Gleitlagers berechnet werden, wobei diese Berechnungen nicht nur an
Hochschulen und wissenschaftlichen Instituten durchgeführt wurden, sondern auch bei den Mo-
toren- und Gleitlagerherstellern zum „Handwerk" für die Lagerauslegung wurden [458].

Voraussetzung für eine realistische Gleitlagerberechnung war, daß die jeweilige Lagerkraft in
ihrem instationären Verlauf bestimmt ist.

Kräfte am Triebwerk (1)

Der Gas- bzw. Dampfdruck wirkt auf den Kolben und setzt den Kurbeltrieb in Bewegung. Als Folge der Kinematik des Kurbeltriebs bewegen sich dessen Teile ungleichförmig, was Massenkräfte hervorruft. Aus der Gaskraft und diesen Massenkräften resultieren alle anderen Kräfte am Triebwerk. Im einzelnen wirken folgende Kräfte auf die Triebwerksteile:

- Gaskraft F_{Gas}
  oszillierende Massenkraft des Kolbens $F_{Kolben\,osz}$
- oszillierende Massenkraft des Pleuels $F_{Pleuel\,osz}$
- rotierende Massenkraft des Pleuels $F_{Pleuel\,rot}$
  rotierende Massenkraft der Kurbelköpfung $F_{Kurbkr\,rot}$
  rotierende Massenkraft des Gegengewichts $F_{Gegengew.}$

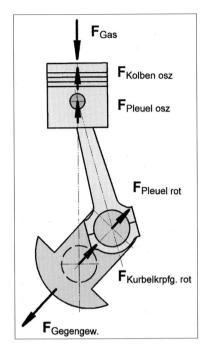

Die Gaskraft und die oszillierenden Massenkräfte des Kolbens und des Pleuels ergeben die Kolbenkraft F_K. Durch die Umlenkung der Kolbenkraft F_K in Pleuelstangenrichtung entsteht die (Pleuel-)Stangenkraft F_{ST} und die Normalkraft F_N. Mit der Normalkraft F_N stützt sich der Kurbeltrieb an der Zylinderwand ab. Unter Wirkung der mehrfachen Richtungsänderung der Normalkraft im Laufe eines Arbeitsspiels wechselt der Kolben von der einen zur anderen Zylinderseite *(Anlagewechsel)*, was bei großem Kolbenspiel zum *Kolbenklappern* führt.

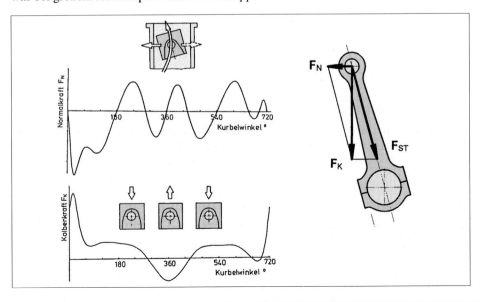

Kräfte am Triebwerk (2)

Die am Hubzpafen angreifende Stangenkraft F_{St} kann man in eine Komponente tangential und in eine radial zum Kurbelkreis aufteilen. Die Tangentialkraft F_T (andere Bezeichnung: Drehkraft) ergibt mit dem Kurbelradius das Drehmoment, die Radialkraft F_R ist eine Blindkraft, sie hat keinen Anteil an der Leistungsentwicklung, sondern belastet lediglich die Kurbelkröpfung auf Biegung.

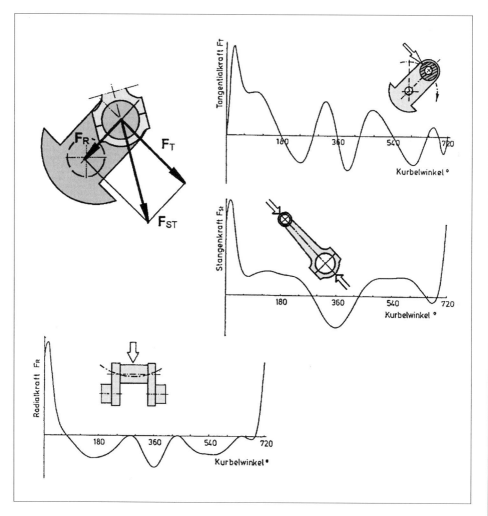

Die Kräfte am Triebwerk sind instationär, d.h. sie ändern sich im Laufe eines Arbeitsspiels der Größe und der Richtung nach. Folgen davon sind:

- Ungleichmäßiger Drehkraftverlauf, dadurch
  - Drehzahlschwankungen und
  - Anregung zu Drehschwingungen, sowie
- Dynamische Beanspruchung der Bauteile.

Kräfte am Triebwerk (3)

Die Pleuellagerkraft F_{PL} ist die Reaktion der am Hubzapfen angreifenden Kraft (Hubzapfenkraft) F_{HZ}, die sich ihrerseits aus der Stangenkraft F_{ST} und der rotierenden Massenkraft des Pleuel $F_{Pleuel\ rot}$ zusammensetzt.

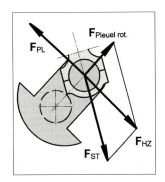

Wie alle am Triebwerk wirksamen Kräfte ändert die Pleuellagerkraft F_{PL} im Laufe eines Arbeitsspiels ihre Größe und Richtung. Solche *gerichtete Größen* (Vektoren) lassen sich in Polardiagrammen darstellen, in denen die Größe – ausgehend vom Mittelpunkt (Pol) – unter ihrem jeweiligen Richtungswinkel aufgetragen wird (Radiusvektor). Verbindet man die „Pfeilspitzen" der Vektoren, erhält man die *Ortskurve* der Pleuellagerkraft, aus deren Verlauf der Fachmann mannigfaltige Informationen entnehmen kann, so z. B. das Überwiegen der Gaskraft bei einem Dieselmotor („Zünddruckspitze") oder das Überwiegen der Massenkraft bei einem Ottomotor („fülliges Diagramm"). Man kann die Polardiagramme auf ein zapfenfestes (d. h. fest mit dem Zapfen verbundenes) oder auf ein schalenfestes (mit der Schale verbundenes) Koordinatensystem beziehen. Es ergeben sich dann für den selben Sachverhalt unterschiedliches Darstellungsformen.

Die Grundlagerkraft F_{GL} ergibt sich aus der Hubzapfenkraft F_{HZ} und der rotierenden Massenkraft der Kurbelkröpfung $F_{Kurbelkröpfg.\ rot}$ sowie – falls ein Gegengewicht vorhanden ist – aus der Gegengewichtskraft $F_{Gegengew.}$ Da sich eine Kröpfung jeweils in zwei Lagern abstützt, setzt sich die Grundlagerkraft aus den jeweiligen Anteilen der benachbarten Kröpfungen zusammen.

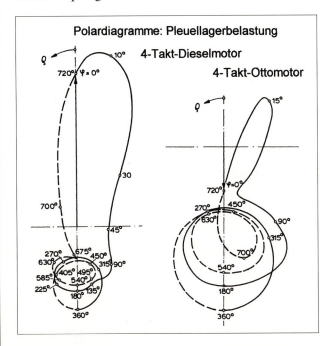

Polardiagramme: Pleuellagerbelastung

4-Takt-Dieselmotor

4-Takt-Ottomotor

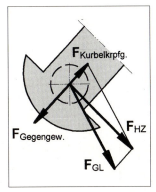

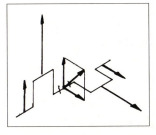

Das hatte in den zwanziger und dreißiger Jahren ein gewisses Umdenken erfordert, weil man sich jetzt nicht mehr mit dem Größtwert und Mittelwert der Kraft als Kriterium begnügen konnte, sondern den Kraftverlauf, d. h. neben der Größe auch die Richtung der Kraft bestimmen mußte. Eine anschauliche Darstellung liefern Polar-Diagramme, in dem die Kräfte ausgehend vom Mittelpunkt mit ihrer jeweiligen Richtung und Größe – gleichsam als Pfeile – aufgetragen werden; die Verbindung der Pfeilspitzen ergibt die Ortskurve der Lagekraft, Bild 75.

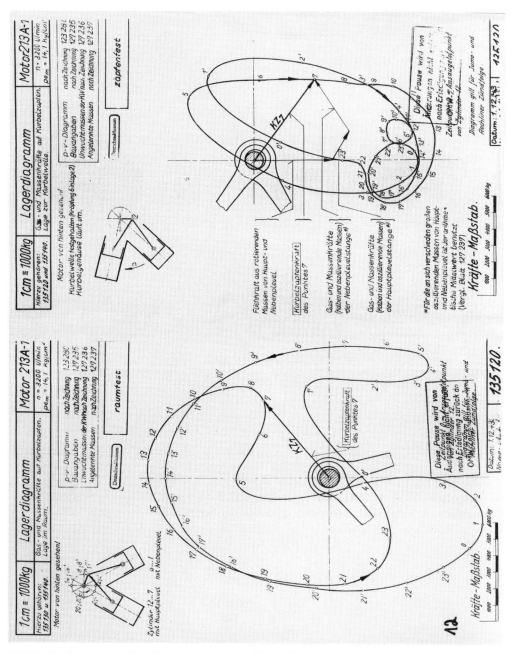

Bild 75 Polardiagramme der Lagerbelastung im raum- und im zapfenfesten Diagramm (Motor *Junkers Jumo 213A-1* [1943])

Diese Polardiagramme können „schalenfest" sein, d. h. das Koordinaten-System ruht fest in der Lagerschale, oder aber sie sind „zapfenfest", dann bewegt es sich mit dem Wellenzapfen.

„ … Für jedes Lager wurde das raum- oder schalenfeste und das zapfenfeste Diagramm entwickelt … Die raumfesten Diagramme zeigen die Kräfte, wie sie einem Beobachter erscheinen würden, der mit der Kurbelwelle fest verbunden wäre. Ihr Wirkungsbereich gibt Aufschluß über die Abnutzungsstellen des Zapfens. Die zapfenfesten Diagramme sind außerdem dadurch wertvoll, daß man die Wirkung von Änderungen am Gegengewicht … durch einfache Verlegung des Nullpunktes erkennen kann …" [459].

Die Darstellung der Lagerkräfte in Polardiagrammen wurde als wertvolles Hilfsmittel für die Auslegung und Beurteilung von Lagern erkannt. Der Rechenaufwand in der „Rechenschieberzeit" war beträchtlich: Für ein Arbeitsspiel von 720 °KW mußte die Rechnung mit einer Schrittweite von z. B. 10° durchgeführt werden, bei einem 6-Zylinder-Reihen- oder 12-Zylinder-V-Motor jeweils für sieben Lager. Der Rechenvorgang, mathematisch ganz einfach, lediglich aus den vier Grundrechenarten bestehend, gestaltete sich aber umständlich, weil mit dem Rechenschieber keine Additionen und Subtraktionen durchgeführt werden können. Ein schönes Beispiel für diesbezüglich gründlich-systematisches Vorgehen liefert der oben als Zitat angeführte *Junkers-Bericht* [459].

Der Schmierspaltverlauf oder die Zapfenverlagerung wird in sogenannten Verlagerungs-Diagrammen – Polardiagrammen – dargestellt, in denen die jeweilige Lage des Zapfenmittelpunktes (gleichbedeutend mit der Lage und Größe des Schmierspaltes) während eines Arbeitsspiels abhängig vom Verlagerungswinkel aufgetragen wird. Parameter einer solchen Berechnung sind die wirksamen Kräfte, die Lagerabmessungen (Durchmesser, Breite, Spiel), wirksame Winkelgeschwindigkeit und die kinematische Zähigkeit des Schmiermittels. Neben Größe und Lage des Schmierspaltes werden auch der Öldurchsatz durch das Lager, Lagertemperatur und Schmierfilmdruck berechnet. Damit läßt sich – aufbauend auf Theorie und Erfahrung – das Betriebsverhalten von Gleitlagern zuverlässig voraussagen[173]. Für die Beurteilung des Lagers ist nicht nur die absolute Größe des engsten Schmierspaltes, sondern auch der Bereich, über den er sich erstreckt, von Bedeutung. Kurzzeitige, örtlich eng begrenzte Belastungen, wie sie zum Zündzeitpunkt von der Gaskraft hervorgerufen werden, sind nicht so gefährlich wie die durch die Massenkraft, da sich letztere über einen größeren Bereich erstrecken. Somit ermöglicht die Schmierfilmrechnung konkrete Aussagen über das Betriebsverhalten von Lagern; vor allem lassen sich schon in der Konstruktionsphase verschiedene Varianten untersuchen und daraus die am besten geeignete finden.

Geht man von unserem heutigen Wissensstand aus und verfolgt in der Retrospektive, dann ist es reizvoll zu beobachten, wie sich einzelne Teile dieses Wissens Stück für Stück aus der Praxis, aus den Erfahrungen (und das ist gleichbedeutend mit Schwierigkeiten, Fehlfunktionen und Schäden) entwickelt haben. Viele der Hinweise und „Regeln", die in der Fachliteratur des 19. Jahrhunderts zu finden sind, lassen sich heute aus der Schmierfilmtheorie, dem Verhalten von Lagern unter dynamischer Belastung u. a. mehr schlüssig erklären. Die Lagerberechnung auf der Grundlage der Schmierfilmtheorie lieferte auch die Erklärung, warum Pleuellager stärker belastet werden können als Kurbelwellen-Grundlager, eine Erfahrung, die bereits im 19. Jahrhundert mit Dampfmaschinenlagern gemacht worden war, wie J. RADINGER festgestellt hatte:

„ … Der Kurbelzapfen der stationären Maschine verträgt einen weitaus höheren Druck als ein Lagerzapfen. Die Ursache ist in seiner originellen Arbeitsweise zu suchen, welche von der aller

---

173) Allerdings ist die Aussagekraft solcher Rechnungen für Lager großer Zweitaktmotoren eingeschränkt, weil bei den Dimensionen solcher Motoren die Verformungen von Welle und Lagerstuhl in der Schmierfilmrechnung nur unzulänglich erfaßt werden können.

anderen Zapfen abweicht. Der Kurbelzapfen wechselt nämlich beim Hin- und Hergange völlig die Schalen, auf welche er drückt. Die Schale saugt bei jedesmaliger Entlastung Oel zwischen sich und dem Zapfen, und wenn dies auch bei der wiederkehrenden Belastung unter einem hier zulässigen Auflagedruck von p ≈ 60 Atm. schnell gegen den Rand gedrückt wird, so ist doch der Hub vollbracht, ehe die Flächen trocken gepresst sind …" [460].

Diese Erklärung ist richtig, gibt aber nur einen Teil des Sachverhalts an. Pleuellager werden hauptsächlich durch den Schmierfilmdruck der Verdrängung belastet, der – symmetrisch zum engsten Spalt – niedrigere Gradienten (Druckanstieg) aufweist als der Schmierspaltdruck im Grundlager, in dem hingegen als Folge rotierender Massenkräfte der Schmierfilmdruck der Drehung dominant ist. Bei dem Druck der Verdrehung ist der Druckanstieg, insbesondere in Drehrichtung, sehr viel größer als im Pleuellager. Diese scharfen Druckänderungen beanspruchen den Lagerwerkstoff dynamisch mit den entsprechenden Folgen. Wie falsch es wäre, wollte man Theorie und Experiment als zwei Gegenpole, als grundsätzlich konträre Elemente der Entwicklung ansehen, wird gerade am Werdegang der Schmierfilmtheorie deutlich. Ludwig Gümbel selbst hat sich hierzu dezidiert geäußert:

„ … Der Umstand, daß man dem Lagerreibungsproblem theoretisch schwer nahe kommen konnte, hat den Versuch seit allen Zeiten eine hervorragende Stellung in diesem Problem zugewiesen …" [448]

Experimente, z. T. sehr umfangreiche, waren Auslöser für die Entwicklung der Schmierfilm-Theorie, wobei Versuche immer wieder als Korrektiv für solche Lösungen der Theorie dienten, deren Ansätze weniger von den Notwendigkeiten der betrieblichen Praxis als vielmehr von den Unzulänglichkeiten mathematischer Methoden und Verfahren bestimmt waren. Im Wechselspiel zur Entwicklung der Gleitlagertheorie verlief also die experimentelle Untersuchung von Reibung, Verschleiß, Ermüdung, Schmiermittelverhalten, Lagertemperaturen und schließlich der Schmierfilmdicken. Bei den vielen Einflußgrößen, die sich in ihrer Wirkung teils gegenseitig unterstützen, teils gegenseitig abschwächen oder gar aufheben, hängt das Ergebnis immer von den Gegebenheiten des Einzelfalles ab. Das erklärt die vielen, zum Teil ganz unterschiedlichen Versuchsergebnisse auf dem Gebiet der Lagerreibung, die sich oft zu widersprechen scheinen, und erst nachdem man übergeordnete Zusammenhänge erkannt hatte, zu einem stimmigen Bild zusammensetzen ließen. Deshalb konnten Theorie und Experiment lange Zeit nur bedingt Hinweise für die konstruktive Praxis liefern.

Voraussetzung für eine gezielte, d. h. über das Versuch-und-Irrtum-Verfahren hinausgehende, Lagerentwicklung, ist die Kenntnis der Vorgänge im Lager und der Abhängigkeiten und Wirkung relevanter Einflußgrößen. Anstöße für eine solche Lagerentwicklung gab es viele. Sie gingen vom Gegenstand dieser Arbeit, dem Kurbeltrieb – erst in Dampfmaschinen, dann weit mehr noch in den Verbrennungsmotoren – aus, aber auch von anderen schnellaufenden Maschinen mit hohen Lagerbelastungen, wie z. B. Turbogeneratoren. Dabei konnten meist nur einzelne Elemente des Komplexes „Lagerverhalten" untersucht werden, die aber, gleich Teilen eines Puzzles – richtig zusammengesetzt – dazu beitrugen, das Bild, wenn auch langsam, zu vervollständigen.

Turbogeneratorsätze, die um 1900 an Stelle von langsamer laufenden Kolbendampfmaschinenantriebe traten, zwangen zu intensiver Untersuchung des Betriebsverhaltens deren Gleitlager. Da solche Maschinenanlagen an sich schon eine intensive Entwicklung erforderten, waren die experimentellen Voraussetzungen hierfür günstig. In einer breit angelegten Versuchsreihe untersuchte O. Lasche *(AEG)* den Einfluß von Parametern auf das Gleitlagerverhalten. In das Raster betrieblicher Erfahrungen eingeordnet, lieferten die Versuchsergebnisse wertvolle Ergebnisse bezüglich der Lagerwerkstoffe, Schmierung, Lagergeometrie (Schmiernuten), Spiel und der Betriebstemperaturen.

„ … Die bei den Versuchen gefundenen Werte sind aber an und für sich so klein, daß trotz des verhältnismäßig großen Unterschiedes im Einfluß der Schalenmaterialien auf den Reibungskoeffizient absolut nicht ausschlaggebend sein kann, ob der Zapfen in einer Schale von Bronze oder von Weißmetall läuft …" [461] und „ … Bei stetig belasteten Lagern mit hohen Geschwindigkeiten (schweren Dynamomaschinen, Schwungradlagern usw.) wird man hingegen schon bei erheblich kleineren Lagerdrücken kaum ohne Preßschmierung auskommen können, insbesondere wenn durch hohe Zapfengeschwindigkeit in der Zeiteinheit große Reibungsarbeit erzeugt wird. Diese Reibungsarbeit in der Form von Wärme muß gegebenenfalls künstlich abgeführt werden, was oft weitaus bequemer durch die das Lager durchspülenden Oelmengen als durch besondere Wasserkühlung geschieht …" [461].

Da die Aussagen der Lagertheorie nicht ohne weiteres mit dem Verhalten von Lagern im Maschinenbetrieb in Einklang zu bringen waren und schon gar nicht konkrete Hinweise für Auslegung und Konstruktion von Lagern lieferten, suchte man immer wieder nach Wegen, experimentell Klarheit zu schaffen, zumindest aber die Ergebnisse der Lagertheorie nachzuvollziehen. Die praktischen Schwierigkeiten bei der experimentellen Untersuchung von Gleitlagern sind vielschichtig. Zum einen sind es die vielen veränderlichen Größen, zum anderen die vielen Einflüsse hierauf. Lassen sich Druck und Temperatur vergleichsweise einfach messen, so gilt das nicht mehr für die Schmierfilmdicke, weil diese so klein ist, daß sich das Grundproblem der Meßtechnik, die Beeinflussung der Meßgröße durch den Meßvorgang, hier ausgeprägt bemerkbar macht, ganz abgesehen davon, daß sich der Schmierfilmdruck sehr schnell ändert, mithin also hierfür geeignete Meß- und Aufzeichnungsverfahren entwickelt werden mußten. Eine andere Schwierigkeit besteht darin, die physikalischen Größen wie Druck, Temperatur etc in maschinentechnisch-praktische Größen umzusetzen wie: Belastbarkeit des Lagers, Betriebssicherheit, Ölhaushalt usw. Das stark temperaturabhängige Verhalten des Schmiermittels, mit den zwar anschaulichen, aber physikalisch nichtssagenden Begriffen *Schlüpfrigkeit, oiliness* u. a. mehr belegt, mußte in das Lagerverhalten eingeordnet werden.

Man kann zwei Zielrichtungen bei der experimentellen Lagerforschung beobachten, eine vorwiegend von Hochschul- und Forschungsinstituten eingeschlagene, in Grundsatzversuchen die hydrodynamische Theorie, wie sie von REYNOLDS, SOMMERFELD, GÜMBEL u. a. entwickelt worden war, zu bestätigen, und eine auf die praktische Untersuchung von Triebwerkslagern auf dem Prüfstand und im Motor gerichtete – Hauptanliegen der Motoren- und Maschinen-Hersteller. Um die Ergebnisse der Lagertheorie praktisch nachzuvollziehen, versuchte man den Schmierfilmverlauf bzw. die Zapfenverlagerung zu messen. Die Versuchs- und Meßtechniken, die hierzu entwickelt wurden, zeugen von dem großen schöpferischen Vorstellungsvermögen der Forscher und Ingenieure. Phantasie, die *Fähigkeit, Gedächtnisinhalte zu neuen Vorstellungen zu verknüpfen, sich etwas in Gedanken auszumalen* (Duden), gemeinhin nicht als eine ingenieurtypische Eigenschaft angesehen, ist dennoch eine der Grundlagen erfolgreichen Arbeitens in der Technik. Auch die Gleitlagerentwicklung und -Forschung zeugen davon. Entsprechend dem Stand der Technik bediente man sich anfangs mechanischer Meßmethoden. Schon in den achtziger Jahren des 19. Jahrhunderts wurde die Schmierfilmdicke mechanisch mittels Fühlhebel gemessen (GOODMAN 1886; KINGSBURY 1897). V. VIEWEG und O. LASCHE stützten die GÜMBEL'-schen Berechnungen mit entsprechenden Messungen. Insbesondere konnte so bestätigt werden, daß der Zapfen unter Belastung in Lastrichtung und nicht quer dazu ausweicht [462]. GÜMBEL selbst maß diese mechanisch, indem er den Abstand der Welle einer mit 3000 min^{-1} drehenden „Turbomaschine" (vermutlich eine Turbine) von der Lagerunterkante mittels eines auf 1/100 mm unterteilten Fühlhebels bestimmte. Auf diese Weise wurde der Nachweis erbracht, daß sich die Welle beim Hochlauf der Maschine auf der vorausberechneten Verlagerungsbahn, dem GÜMBEL'schen Kreis, bewegte.

In England bediente sich T. E. STANTON ebenfalls einer vergleichsweise einfachen Meßmethode. Auf dem fliegenden Ende einer zweifach gelagerten Welle lief das Prüflager, eine Lagerbuchse aus Phosphorbronze, das sich seinerseits in Wälzlagern gegen die Belastungsvorrichtung abstützte. Durch eine Bohrung im Lager wurde der im Schmierfilm herrschende Druck gemessen. Das Prüflager ließ sich in der Wälzlagerung verdrehen, so daß der Druckverlauf über den Umfang bestimmt werden konnte. Ein Lagerspiel von 1 ‰ ermöglichte durch reichlichen Öldurchfluß eine nahezu konstante Öltemperatur. Der Druckverlauf entsprach durchaus dem aus der Theorie errechneten:

"… The present tests are considered to have demonstrated the existence of perfect lubrication of the type assumed by Reynolds under conditions of supply of lubricant, intensity of fluid pressure and distance apart of surfaces which not hitherto had been considered als likely to be associated with this type of lubrication …" [463].

V. VIEWEG von der *Physikalisch-Technische Reichsanstalt* hingegen wendete ein optisches Verfahren an: Auf der Stirnseite der Welle wurde ein Metallplättchen mit einem eingravierten 2 bis 4 µm Rasterliniennetz befestigt. Unter diffusem Licht ergab die Rotationsachse mit dem Rasternetz einen feinen schwarzen Punkt, das übrige Raster erschien weiß. Wenn die Drehachse der Welle nicht mehr durch den Schnittpunkt zweier Rasterlinien, sondern durch ein Feld ging, dann wurde der Punkt zum Kreis, wodurch sich die Verlagerung des Wellenmittelpunktes – durch ein entsprechend angeordnetes Mikroskop betrachtet – verfolgen ließ. Damit konnte man die Exzentrizität bzw. das minimale Lagerspiel (= Schmierfilmdicke) für stationären Belastung messen [464].

Auf Anregung von LUDWIG PRANDTL vom *Kaiser-Wilhelm-Institut für Strömungsforschung* in Göttingen nahm W. FRÖSSEL Messungen des axialen und radialen Druckverlaufes an gelenkig in Kugelpfannen gelagerten Lagersegmenten bei verschiedenen Belastungen vor. Die Lage und Größe des engsten Schmierspaltes wurden über die Lagerverkantung mit Hilfe einer optischen Vorrichtung (Spiegel und Fernrohr) bestimmt. Um sich – im wahren Sinne des Wortes – ein Bild von den Vorgängen im Lager zu machen, wurde das Öl eingefärbt und die Strömung im Schmierspalt durch eine gläserne Lagerschale fotografiert:

„ … Das Bild … zeigt deutlich, daß im vorderen Teil der Lagerschale, also im verengenden Spaltteil, ein ungestörter, gleichmäßiger Ölfilm vorhanden ist, der aber nach Überschreiten des engsten Spaltes im erweiterten Spaltteil sofort zerreißt und in einzelnen, dünnen Ölfäden weiterfließt, zwischen denen sich die ausgeschiedene Luft sammelt und die blanke Welle als weiße, parabelähnliche Flächen durchscheinen läßt. Damit ist die Ursache für das Nichtzustandekommen von Unterdrücken bei allen praktischen Belastungen im erweiterten Spaltteil aufgeklärt. Die Druckverteilung bleibt nach dem Erreichen des Außendruckes bis zum Lagerende gleich, wodurch der letzte Teil der Lagerschale nicht mehr tragfähig ist …" [465].

Mit Entwicklung der elektrischen Meßtechnik wurden in den dreißiger Jahren andere subtile Untersuchungen der Zapfenverlagerung möglich. Die Schmierfilmdicke oder die Zapfenverlagerung zu messen, erwies sich bei Schmierfilmdicken von nur wenigen Mikrometern (µm) als außerordentlich schwierig, Bild 76.

Um so höher sind die z. T. außerordentlich „raffinierten" Versuchsanordnungen und -Durchführungen zu bewerten.

W. NÜCKER wendete an der *TH Darmstadt* ein elektrisches Verfahren zur Messung der Schmierfilmdicke an: Welle und Lager sind durch die Ölschicht elektrisch getrennt; die Kapazität der Ölschicht ist ein Maß für die Schichtdicke. In das Lager ist eine Elektrode eingebaut, die zusammen mit der Ölschicht und der Welle einen Kondensator bildet. Es werden zwei aufeinander abgestimmte Schwingkreise gebildet, von denen der eine durch die Kapazitätsänderung infolge

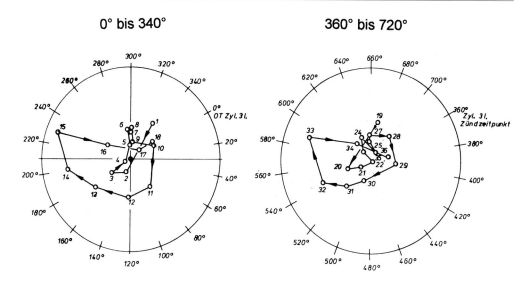

0° bis 340°   360° bis 720°

Gemessene Kurbelwellenbewegung
während einer Umdrehung (Gehäuselager 4)

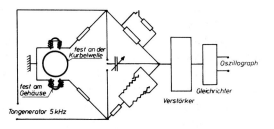

Schaltschema der Versuchsanordnung
für Lagerspielmessungen

Bild 76 Messung der Kurbelwellenzapfen-Verlagerung elektrisch über die Änderung des Luftspalts zwischen einem an der Kurbelwelle befestigten Ring und zwei Spulen am Außenlaufring des Gehäuselagers. (*Maybach* 1938)

Änderung der Schmierschichtdicke verstimmt wird. Daraus ergibt sich das Meßsignal. Bei Beharrung (konstante Drehzahl, konstante Last) stellte sich ein parabolischer Druckverlauf über die Lagerbreite und in Umfangsrichtung ein Druckverlauf entsprechend der Schmierfilmtheorie ein. Die Schichtdicken sind zu 55 bis 190 µm angegeben. Auch der GÜMBEL'sche Kreis konnte beim Hochfahren entsprechend den Versuchsbedingungen nachgewiesen werden [466].

In Flugmotoren arbeiteten Triebwerkslager häufig an der Grenze ihrer Belastbarkeit; jede Leistungssteigerung verschärfte die Arbeitsbedingungen und sorgte dafür, daß Lagerfragen stets ein aktuelles Thema blieben. Da Versuche an Lagern für die Entwicklung unverzichtbar waren, bestand ein Bedarf an möglichst einfach zu handhabenden wiewohl empfindlichen und genauen Meßgeräten. Aus diesem Grund entwickelte die *Deutsche Versuchsanstalt für Luftfahrt* (DVL) in den dreißiger Jahren einen Geber für ein Schmierfilmdicken-Meßgerät, dessen Wirkungsweise auf dem sogenannten Gegendruck-Verfahren beruht. Ein beweglicher Kolben wird von der einen Seite mit dem Schmierfilmdruck, von der anderen Seite mit einem – einstellbaren – Referenzdruck beaufschlagt. Wenn der Schmierfilmdruck überwiegt, wird über einen elektrischen Kontakt eine Glimmlampe zum Leuchten gebracht. Die Leuchtdauer wird in Abszissenrichtung auf einen mit Wellendrehzahl umlaufenden Papierstreifen aufgezeichnet, die Ordinate wird vom Referenzdruck mittels eines Drehspiegels gesteuert. Bei der Konstruktion dieses Gerätes kam es auf kleine Abmessungen und Massen an: Bei einem Durchmesser von 0,1 mm wog der Kolben 0,16 g. Mit diesem Geber führte die *DVL* Messungen des Schmierfilmdrucks in ruhend und wechselnd belasteten Gleitlagern durch, wobei aus den Druckverläufen auch die Wellenverlagerung bestimmt wurde [467].

Der zur Beschreibung des Betriebsverhaltens von Gleitlagern verwendete Ausdruck *Gleiteigenschaften,* wiewohl linguistisch korrekt, ist nichtssagend, weil es keine physikalische Größe *Gleiteigenschaften* gibt; es sind mehrere Eigenschaften, die in ihrer Summe das Verhalten des Lagers bestimmen. Um Lager erfolgreich entwickeln zu können, bedarf es zum einen quantifizierbarer Größen, um den Erfolg oder Mißerfolg einer Maßnahme beurteilen zu können, und zum anderen müssen diese Größen praxisrelevant sein, d. h. auch tatsächlich charakteristisch für das Lagerverhalten sein.

„ … Eine zahlenmässige Festlegung der Fähigkeit eines Lagermetalls, sich im Flugmotor zu bewähren, ist daher nicht möglich. Die Prüfungen am Werkstoff ergeben Anhaltspunkte für die Beurteilung. Die entscheidende Prüfung ist das Verhalten im Motor oder in einer Lagerprüfeinrichtung, die Bedingungen des Motors nachahmt …" [468].

Im Zusammenhang mit ausgedehnten Werkstoffuntersuchungen, welche die *DVL* in den dreißiger Jahren durchführte, wurde der Begriff der Laufeigenschaft wie folgt beschrieben:

„ … Eine ganze Anzahl von Prüfverfahren hat die Ermittlung der Laufeigenschaften zum Ziel, wobei unter Laufeigenschaften keineswegs die Fähigkeit, sich im Betrieb zu bewähren, verstanden werden kann. Diese an Versuchsstücken ausgeführten Prüfungen zergliedern sich in Reibungsmessungen und Verschleissmessungen …" [468].

Ein Problem der Gleitlagerentwicklung bestand darin, daß man durch die vielen Untersuchungen und Versuche immer mehr zwar mehr wußte – gleichsam immer mehr Puzzle-Stücke erhielt, diese aber kein stimmiges Bild ergaben. In einem *DVL*-Bericht kommt das – fast resignierend – wie folgt zum Ausdruck:

„ … Aus der Verwickeltheit der Vorgänge und Beanspruchungen in einem Flugmotorenlager geht hervor, dass ein einzelnes Prüfverfahren, das eine bestimmte Eigenschaft zahlenmässig festlegt, nur geringen Wert im Rahmen der Gesamtbeurteilung hat. Bei den Werkstoffprüfungen kann gesagt werden, dass in allen Fällen gewisse zahlenmässige Mindestanforderungen zu stellen sind, ehe ein Werkstoff überhaupt in Betracht gezogen werden kann. Die verschiedenen Prüfverfahren liefern für die einzelnen Lagermetalle verschiedene Reihenfolgen in der Abstufung nach den Versuchswerten. Dies führt dazu, dass jeder Hersteller in seinen Prospekten Kurven zeigt, in denen sein Material das beste ist. Hier wird am besten der zweifelhafte Wert einer einzelnen Eigenschaft zur Urteilgewinnung über praktische Brauchbarkeit offenbar. Infolge der Empfindlichkeit vieler Legierungen gegen Behandlungsunterschiede können zwischen den an Proben ermittelten und den Betriebswerten abweichende Eigenschaften zu Tage treten. Reibungsmessungen liefern besonders unzuverlässige Ergebnisse, da sie stark von der jeweiligen Schmierung abhängen und schon die Ölsorte grossen Einfluss hat. Verschiedenheit des Öls ergibt grössere Unterschiede in den Reibungszahlen als Verschiedenheit der Lagermetalle bei gleichem Öl. Auch an praktischem Wert tritt die Reibungsprüfung hinter der Verschleissprüfung zurück.

Den üblichen Verschleissverfahren haftet der Mangel an, dass sie nur den Verschleiss durch mechanischen Abrieb bestimmen. Entscheidenden Wert hat erst ein Prüfverfahren, in welchem die Betriebsbedingungen des Motors klar definiert nachgeahmt werden und die Festigkeit der Stoffe gegenüber der typischen Dauerdruckbeanspruchung untersucht wird ...“ [468].

Es wurden verschiedene Gleitlagerprüfstände und -versuchsmaschinen gebaut, deren Wirkungsprinzip darin bestand, daß eine Werkstoffprobe, Teil eines Lagers oder ein ganzes Lager unter definierter Last (statisch; dynamisch) und definierten Schmierbedingungen auf eine drehende Welle gepreßt wurden. Die *DVL* entwickelte einen Prüfstand, der mit sinusförmiger Belastung, hervorgerufen durch eine umlaufende Erreger-Unwucht, arbeitete [469].

Schäden sind stets ein Indiz für konstruktive oder betriebsmäßige Unzulänglichkeiten des Lagers. So konnte man immer wieder an gelaufenen Lagern lokal harte Tragstellen beobachten, Folge geringer Schmierfilmdicken, d. h. Auftreten von Mischreibung durch örtliche Überlastung. Vergegenwärtigt man sich der Tatsache, daß das Integral über den Öldruckverlauf im Lager über die Fläche der Lagerbelastung das Gleichgewicht hält und daß zum Aufrechterhalten hoher Schmierfilmdrücke enge Spalte (Prinzip der Labyrinthdichtung!) erforderlich sind, dann wird der circulus vitiosus gerade der extrem leicht gebauten Pleuellager von Flugmotoren verständlich. Das Laufverhalten der Pleuellager wird auch von der Ausführung der Pleuelstange, genauer: des Pleuelauges, insbesondere des Pleuellager-Deckels beeinflußt: Um trotz hoher Belastung die Bauteile leicht zu halten, gestaltet man die Querschnitte so, daß sie ein maximales Widerstandsmoment haben, d. h. man fügt ihnen Rippen zu, ein eben so einfaches wie wirksames Mittel. Allerdings ergibt sich dadurch eine ungleichmäßige Steifigkeit. Bei den hohen Schmierfilmdrücken im Pleuellager hatte das zur Folge, daß sich der Pleuelstangendeckel im Bereich zwischen den verstärkenden Rippen ausbauchte, und dadurch der Schmierfilm zusammenbrach. Die Lager wurden im Bereich der Stege überlastet, liefen in Mischreibung, der Lagerwerkstoff ermüdete, und es kam zu Fressern. Davon waren insbesondere die an sich schon hoch und ungünstig belasteten Hauptpleuellager von Flugzeug-Sternmotoren betroffen:

„ ... Durch die bei der Sternmotorenbauart übliche Anlenkung sämtlicher Schubstangen und Kolben am Hauptpleuelkopf überträgt der Pleuelstern durch sein beträchtliches Gewicht schon bei mäßigen Drehzahlen große Fliehkräfte über das Hauptpleuellager auf den Hubzapfen der Kurbelwelle. Im normalen Betriebsdrehzahlbereich werden diese Fliehkräfte durch die entgegenwirkenden Gasdrücke nur zeitweilig verringert, jedoch nie überschritten, so daß das Hauptpleuel immer an der Kurbelwellenmitte zugewandten Hälfte des Kurbelzapfens anliegt. Bei der üblichen Bauform hat der Hauptpleuelkopf einen U-förmigen Querschnitt ... .Durch diese Gestaltung entstehen für die Hubzapfenlagerung äußerst ungünstige Bedingungen. Da die Fliehkräfte und Gaskräfte durch die seitlichen hohen Stege des Hauptpleuelkopfes auf den Kurbelzapfen übertragen werden, entstehen in den Kanten hohe Pressungen ...“ [470].

Das galt auch für einen Sternreihenmotor *(JUMO 222),* mit dessen Entwicklung die Fa. *Junkers* Ende der 1930er Jahre begonnen hatte:

„ ... Das besondere, ja das schwierigste Kernproblem war die geteilte Sternpleuelstange mit fünf angelenkten Nebenpleueln, die einmalig im Flugmotorenbau der Welt geblieben ist[174]. Der Führungskolben machte keine Schwierigkeiten. Eine besondere Aufgabe war es, die hohen kinematisch ausgelösten Zug- und Druckkräfte und die Gaskräfte auf die Kolben durch die Lagerschale aufzunehmen. Hier brachte ein Vorschlag meines ersten Mitarbeiters Dr. Lange ... durch parabolisches Hinterdrehen der Lager-Auflagefläche Abhilfe. Die örtlichen Druckspitzen der Pleuelstange wurden elastisch abgefangen und das Abreißen des Ölfilms vom Lagermetallgitter verhindert ... .“ [471].

---

[174] Geteilte Hauptpleuelstangen sind auch von anderen Motorenherstellern eingesetzt worden.

Das Verformungsverhalten infolge unterschiedlicher Steifigkeiten der Pleuelstange machte sich nicht nur bei den Hauptpleuelstangen der Sternmotoren, sondern auch bei den Gabelpleuel der V-Motoren bemerkbar, unter anderen durch die Temperaturverteilung in der Gabelpleuellagerschale. Es war beobachtet worden, daß diese Lager in den Bereichen, in denen sie in die Gabel des Pleuels eingespannt waren, bevorzugt zum Fressen neigten. Als man daraufhin Pleuel und Lager im sogenannten Gleitlager-Prinzip-Prüfstand untersuchte, stellte man beträchtliche Temperaturunterschiede an den fraglichen Stellen fest:

„ … Mit höherer Belastung nimmt der Temperaturunterschied zwischen der Lagermitte und den seitlichen Zonen erheblich zu, d. h. näher an den Lagerenden steigt bei Erhöhung der Lagerbelastung die Temperatur stärker an als in der Mitte … Unabhängig von der Ursache der Temperaturverteilung läßt sich diese in Verbindung mit der Druck- und Schichtdickenverteilung im Schmierfilm durch Änderung des Formverhaltens der Lager unter Belastung beeinflussen. Deshalb sollen Versuche mit verschiedenen formhaltigen Stangen und Einspannungen der Lagerschale durchgeführt werden …" [472].

Die Fa. *Daimler-Benz* hatte die Hublager ihre Flugmotoren *DB 600* und *DB 601*, um Schwierigkeiten mit Gleitlagern zu vermeiden, als dreireihige Rollenlager ausgebildet. Doch diese waren „auch nicht ohne", d. h. Rollenlager hatten nicht minder ihre Probleme (hierauf wird noch eingegangen werden). Deshalb stellte man Anfang des Krieges die Motoren auf Gleitlager um; die Neuentwicklungen *DB 603* und *DB 605* hatten von vornherein gleitgelagerte Hublager – so wie die Motoren der anderen Flugzeugmotoren-Hersteller. Die Umkonstruktion sollte schnell erfolgen, schließlich befand man sich im Krieg, und sie sollte mit möglichst wenig Änderungen am Ölkreislauf durchgeführt werden. Rollenlager benötigen nur wenig Schmiermittel, anders die Gleitlager. So mußte das Schmiersystem neu ausgelegt werden, was an sich nur geringfügige Änderungen erforderte, aber die Erprobung mußte in mehreren Dauerläufen erfolgen, und das machte die Angelegenheit aufwendig. Das Problem bestand ja darin, daß sich solche Änderungen in der Regel nicht sofort auf die Lager auswirkten, sondern erst nach einer mehr oder weniger langen Laufzeit. Betriebserfahrungen mußten in Dauerläufen gewonnen werden, ein aufwendiges und teureres Verfahren:

„ … Wie die seitherigen Versuchsläufe bis jetzt zeigen, wurde durch die entwickelte Schmierung der Ölverlust wesentlich vermindert und bei gleicher Ölzuteilung für die Hubzapfen die Ölumlaufmenge um 13 % gekürzt. Der Motor führte zur weiteren Erprobung der Grund- und Hublager einen weiteren 100 Std.-Dauerlauf aus. Ein weiterer Motor wird in dieser Ausführung für einen Dauerlauf zusammengebaut, um die günstigen Ergebnisse weiter zu erhärten …" [473].

Mit dem militärischen und politischen Zusammenbruch im Mai 1945 war in Deutschland auch das Ende der Flugmotorenentwicklung gekommen. Unabhängig davon hatten die deutschen Düsenjäger das Ende der Ära der Kolbenflugmotoren eingeläutet. Zwar wurden noch bis Mitte der 1950er Jahre Flugzeug-Kolbentriebwerke gebaut, u. a. 28-zylindrige Vierstern-Motoren von *Pratt & Withney* für Passagierflugzeuge, doch dann kam das endgültige Aus. Damit entfiel ein kräftiges Antriebsmoment für die Motorentwicklung, denn Flugzeugmotoren, militärische zudem noch, sind Hochleistungsmotoren, für deren Entwicklung stets reichliche Mittel zur Verfügung gestellt wurden, und die als technisch anspruchsvolle Spitzenprodukte auch die besten Ingenieure angezogen haben. Liest man die Namen unter den Entwicklungs-, Konstruktions- und Versuchsberichten von *BMW, Daimler-Benz* und *Junkers,* dann hat man eine technische Elite vor Augen[175]. Das deutsche Wissen wurde von den Alliierten in großangelegten Aktionen aus-

---

[175] Das gilt natürlich auch für die anderen Luftfahrtnationen, man denke nur an Sir ROY FEDDEN *(Bristol),* ARTHUR ALEXANDER RUBBRA *(Rolls-Royce)* oder FRANK HALFORD *(Napier),* um nur einige der bekanntesten britischen Konstrukteure zu nennen.

gebeutet; in Deutschland stagnierte praktisch jede Entwicklung. Viele Forscher, Ingenieure und Techniker arbeiteten für die Sieger, teils freiwillig – vor allem in den USA und Frankreich -, teils unfreiwillig – in der UdSSR. Andererseits konnte auf diese Art in nicht wenigen Fällen eine gewisse Entwicklungskontinuität bewahrt werden, die, wenn auch mit Verzögerung, der deutschen Technik wieder zu Gute kam.

Ende der 1940er, Anfang der 1950er Jahre konnte in Deutschland wieder die Motoren-Entwicklung aufgenommen werden, erst zaghaft, dann aber immer kräftiger. Entwicklungsschwerpunkte waren die Motoren für Kraft- und Schienenfahrzeuge sowie Schiffsmotoren. Jetzt stellten sich andere Prioritäten: Wirtschaftlichkeit und Lebensdauer standen im Vordergrund. In diesem Zusammenhang ist der Verschleiß als lebensdauerbegrenzender Effekt von Interesse. Bei technisch „sinnvollen" Verschleißvorgängen[176] ist der Abrieb so gering, daß man ihn nicht mit einem Dickenmeßgerät bestimmen kann. Durch (Radio-)aktivierung der Laufschichten von Motorbauteilen, hier der Triebwerkslager, kann man die Verschleißpartikel im Motoröl an Hand ihrer Radioaktivität quantitativ bestimmen. So wurde Anfang der 1960er Jahre im Auftrag der *FVV* an der *TH Karlsruhe* u.a. an einem schnellaufenden Vierzylinder-Viertakt-Dieselmotor der Verschleiß der Kurbelwellen-Grundlager bei verschiedenen Betriebsbedingungen gemessen. Hierzu wurde die untere Lagerschale aktiviert, und zwar die Indium-Deckschicht eines Stahl-Bleibronzelagers. Es wurde nach der sogenannten Durchfluß-Methode gemessen, bei der das Motoröl aus der Kurbelwanne abgesaugt und durch einen separaten Meßbehälter gepumpt wird. Diese Messungen ergaben, daß der Verschleiß stärker von der Drehzahl als von der Last bestimmt wird [474]. Auch wurde in solchen Versuchen die Wirksamkeit von Ölfiltern oder der Nutzen von Einlaufprozeduren für Motoren an Hand des jeweiligen Verschleißes nachgewiesen.

Ein Problem bei der Untersuchung multifaktorieller Vorgänge ist, daß man, um überhaupt zu einer Aussage zu kommen, Einflüsse eliminieren muß. Damit wird zwar die Versuchsdurchführung praktikabel, aber die Verhältnisse entsprechen zu wenig der Wirklichkeit. Das gilt auch für die o.a. Gleitlagerprüfstände. Die instationäre Belastung von Triebwerkslagern setzt sich aus der Gas- und aus den Massenkräften zusammen, deren Anteil an der Lagerkraft sich nicht nur während eines Arbeitsspieles, sondern auch abhängig vom Betriebspunkt im Motorkennfeld ändern[177]. Das wirkt sich ganz erheblich auf das Lagerverhalten aus. Deshalb haben Motorenhersteller Lagerprüfstände entwickelt, mit denen sich – frei programmierbar – beliebige Lastzustände und Belastungskombinationen einstellen lassen. So kann jetzt die Lagerauslegung auch experimentell abgesichert werden, denn es war ein Unding, daß in der frühen Entwicklungsphase eines Motors zwar Kurbelwellen, Pleuel und Kolben in Wechsellastprüfmaschinen („Pulsern") erprobt werden, die betriebsmäßig sehr viel heikleren Gleitlager hingegen nicht, Bild 77!

Neben dem Tragverhalten der Lager ist die Dauerfestigkeit der Lagerwerkstoffe wieder ins Blickfeld gerückt. Die sich im Laufe eines Arbeitspiels ändernden Schmierfilmdrücke beanspruchen das Lagermetall dynamisch. Bei hinreichender Belastung und Lastwechselzahl wird die Dauerfestigkeit des Werkstoffes überschritten. Es treten Ermüdungsrisse auf, Teile des Lagerwerkstoffes brechen aus. Das Lager „versagt" nun. Mit neuen Werkstoffen und Lagerbauarten konnte dieses Problem überwunden werden.

---

[176] Als Gegensatz hierzu kann der Verschleiß beim Fressen dienen, der solche Ausmaße annimmt, die ihn zwar leicht meßbar machen, aber zur Zerstörung des Bauteiles führen, mithin also technisch „nicht sinnvoll" ist.

[177] Die Änderung der Belastung im Laufe eines Arbeitsspiels wird mit *high cycle,* die von Betriebspunkt zu Betriebspunkt im Motorkennfeld mit *low cycle* bezeichnet.

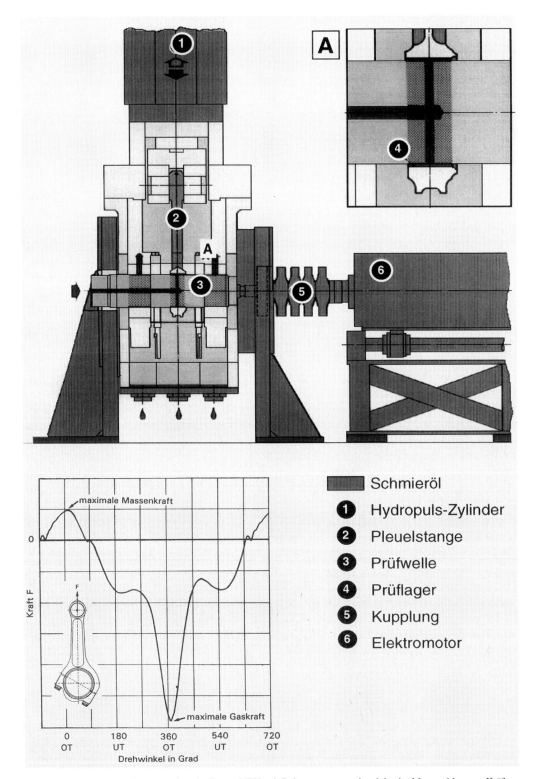

Bild 77 Schema eines Gleitlager-Prüfstands (Bauart *MTU*) mit Belastung entsprechend den im Motor wirksamen Kräften

Wälzlager im Triebwerk

Die Funktion von Wälzlagern beruht auf dem Vorgang des Rollens. Weil das Rollen geringere Reibungsverluste verursacht, sind Wälzlager kinematisch und energetisch vorteilhafter als Gleitlager. Die Kraft von einem Lagerteil zum anderen wird formschlüssig übertragen. Wälzlager bauen axial kurz, nehmen aber radial mehr Raum ein als Gleitlager. Sie können große Kräfte übertragen, doch sind sie empfindlich gegenüber stoßartiger Belastung. Angesichts der Schwierigkeiten mit Gleitlagern nimmt es nicht wunder, daß man sich vom Einsatz von Wälzlagern im Kurbeltrieb Vorteile versprach.

Die Vorteile der Rollreibung, mit geringem Kraftaufwand große Lasten bewegen zu können, waren schon früh bekannt. Aus bildlichen Darstellungen weiß man, daß man sich beim Bau der Pyramiden der Rollen bediente, um große Steinblöcke zu transportieren. Nachdem das Rad „erfunden" worden und in Gebrauch gekommen war, wurde das Prinzip der Bewegungserleichterung durch Rollen auf das Rad übertragen, in dem man das Rad mittels zylindrischer Rollen in Ausnehmungen des Achskörpers lagerte. Ein in vielen diesbezüglichen Publikationen dargestellter „keltischer Prunkwagen" aus der Zeit von ein bis einigen Jahrhunderten v. Chr. dient hierfür als Beleg. Auch in der römischen Technik findet man Wälzlagerungen, so in den Nemi-Schiffen[178], bei denen die Reste einer Drehplatte – auf Kugeln mit Führungszapfen gelagert – gefunden worden waren. Nach dem Untergang des römischen Reiches folgte – in Europa – eine lange Zeit des kulturellen, und damit auch technischen Niedergangs. Mit dem Mittelalter zeichnete sich eine Wende ab, und – langsam erst, aber dann sich verstärkend – begann die Epoche des kulturellen Wiederaufstiegs, in deren Gefolge Naturwissenschaften und Technik zur Blüte gelangten.

Man möchte fast sagen: selbstverständlich, hat das Universalgenie LEONARDO DA VINCI auch Überlegungen über Wälzlager angestellt (il Codice atlantico). In einer Skizze ist ein sogenanntes Antifriktionslager dargestellt, bei dem sich der zu lagernde Wellenzapfen auf drehbaren Rollen abstützt. Solche Lagerungen findet man auch bei AGRICOLA, RAMELLI und LEUPOLD. Im 18. Jahrhundert verwendeten holländische Mühlenbauer große Spurlager, um das Oberteil ihrer Mühlen mit dem Windflügel drehbar zu lagern. Da sich die Last auf viele Wälzkörper verteilte und die Drehzahl sehr gering war, arbeiteten diese Lager zufriedenstellend. Durch Lagerung von Wellen in Rollen, sogenannten Antifriktionsrollen, suchte man Reibungsverluste zu verringern.

Wälzlager, und das sind anfangs ausschließlich Kugellager, sind zwar von ihrer Funktionsweise überzeugend, ihrer Verwendung standen anfangs aber beträchtliche Hindernisse im Weg. Zum einen bereitete die Geometrie der Kugel in der Herstellung Schwierigkeiten. Zwar konnte man Stein- und Marmorkugeln von fast perfekter Kugelgestalt herstellen, in dem man quaderförmige Rohlinge zwischen zwei Mahlsteinen mit konzentrischen Spurrillen zurechtschliff, aber Eisen und Stahl waren schwer zu bearbeitende Werkstoffe. Die Kugeln der ersten Wälzlager wurden auf der Drehbank hergestellt und anschließend in Nacharbeit die Einspannzapfen entfernt. Das an sich bekannte Prinzip der Kugelmühle griff der Schweinfurter FRIEDRICH FISCHER auf und entwickelte eine Kugelfräsmaschine [475]. Ein anderer Schwachpunkt war die bei der prinzipbedingten hohen Beanspruchung der Kugeln ungenügende Festigkeit der Eisenwerkstoffe zu Beginn des 19. Jahrhunderts.

Für die Entwicklung der Wälzlager spielte das Fahrrad ein entscheidende Rolle. Das Fahrrad läßt den Menschen direkt die Anstrengung des Antriebs – im wahren Sinn des Wortes – erfahren, kein Wunder also, daß man sich intensiv bemühte, diese, wie auch immer, zu verringern. Da

---

[178] Ende der dreißiger Jahre wurden aus dem Nemi-See (Italien) zwei Schiffe aus der Zeit CALIGULAS geborgen und anschließend sorgsam restauriert. Diese Schiffe wurden im zweiten Weltkrieg zerstört.

bot sich das Wälzlager als reibungsminderndes Maschinenelement geradezu an. Die Voraussetzungen dafür waren gut, weil die Belastung der Lager im Vergleich zu der in anderen Maschinen gering war, und auch die Geschwindigkeit sich in Grenzen hielt.

„ … Es sind erst wenige Jahre verflossen, seitdem Mechaniker die ‚Roller-‘ oder ‚Kugellager‘ als eine Vorrichtung anerkennen, mit welcher man, was auf keine andere Weise möglich ist, an jeder Art von Mechanismen die Reibung auf das allergeringste Maß herab vermindern könne. Und so verdankt man es den Fahrradfabrikanten, daß sie es nachgewiesen haben, daß für viele Arten von Maschinerie Kugellager nicht bloß ein permanentes und zufriedenstellendes Mittel zum Gebrauche von rotierenden Maschinenteilen, sondern daß sie auch ein äußerst einfaches Mittel zum Adjustieren sind, und an Maschinen zu gleicher Zeit die Wellenreibung solcher Teile von 30 auf 60 % verringern …“ [476].

Wohl als erster verwendete in Paris J. SURIVAY Kugellager in Fahrrädern; allerdings haben sich diese Lager nicht bewährt [477], so daß Wälzlager erst ab den achtziger Jahren des 19. Jahrhunderts durchgängig in Fahrrädern eingebaut wurden. Um 1890 nahm die Fa. *Deutsche Waffen- und Munitionsfabriken* (DWF) die Fertigung von Wälzlager im großen Stil auf. Damals waren die Lager alles andere als ausgereift. Die Kugeln wurden durch eine Bohrung im Außenlaufring in das Lager eingefüllt; die Bohrung wurde durch eine Schraube verschlossen. Das schwächte natürlich den Außenlaufring. Dann sah man seitlich im Außenlaufring eine Einführöffnung vor, ebenfalls mit einer Schraube verschlossen. Zunächst liefen die Kugeln ohne Führung. Mit steigender Drehzahl verursachten diese Kugellager ein störendes Geräusch, zuverlässiger Vorbote nahenden Unheils:

„ … Je höher die Umlaufzahl stieg, und je größer die Kugeln waren, desto stärker wurde auch das Geräusch, welches das Lager verursachte. Die Kugeln machten einen stark knatternden Lärm, den man, sobald es sich bei großen Lagern um einige Tausend Umdrehungen in der Minute handelte, auf weite Entfernungen hören konnte …“ [478].

Die Ursache bestand darin, daß sich die einzelnen Kugeln berührten, wobei die auflaufende Kugel wegen des entgegenweisenden Geschwindigkeitsvektors an der berührten Kugel mit großer Heftigkeit auf den Innenring und dann – zurückfedernd – gegen den Außenring geschleudert wurde. Eine anderer Übelstand war, daß sich bei starker elastischer Verformung der Wellen Innen- und Außenring gegeneinander verschränkten und so zur Zwängung der Kugeln führte. Man erkannte, daß Lager mit ungeführten Wälzkörpern nicht vernünftig laufen, deshalb wurden Führungen, sogenannte Kugelkäfige, in verschiedenen Ausführungen entwickelt. Bohrungen eigens zum Füllen des Lagers waren von Nachteil, weshalb nach anderen Möglichkeiten der Lagermontage gesucht wurde. Eine solche fand man, indem man die Ringe exzentrisch zu einander verschob und dann die Kugeln einführte. Weil man auf diese Art weniger Kugeln einbringen konnte, was zu Lasten der Tragfähigkeit ging, weitete man den Außenring durch Erwärmen bzw. mechanisch-elastisch soweit auf, daß mehr Kugeln eingefüllt werden konnten. Nachdem solche vordergründigen Schwachstellen ausgemerzt waren, ging es darum, die Einbaubedingungen der Lager in den Maschinen zu klären, die Lager-Abmessungen zu stufen und zu vereinheitlichen, und schließlich mußte man sich über die Belastbarkeit der Lager Klarheit verschaffen. Die *DWF* als bedeutendster Hersteller von Wälzlagern in Deutschland, beauftragte den Leiter der *Centralstelle für wissenschaftlich-technische Untersuchungen* in Neu-Babelsberg, Prof. RICHARD STRIBECK, mit dieser Aufgabe. Ausgehend von der HERTZ'schen Arbeit[179] fand STRIBECK, daß die Tragfähigkeit von Kugellagern mit dem Quadrat des Kugeldurchmessers zu-

---

[179] HEINRICH GUSTAV HERTZ (1857 bis 1894), Physiker, schuf Berechnungsgrundlagen für die bei der Berührung von Körpern mit gekrümmter Oberfläche auftretenden Verformungen und Spannungen. Man spricht deshalb von *HERTZ'scher Pressung!*

nimmt, ermittelte die geeignete Rillenlaufbahn und bestimmte das Reibungsverhalten von Wälzlagern:

„… Im Beharrungszustand ist die Reibung fast unabhängig von der Geschwindigkeit … Die wichtigste Eigenschaft der Rollenlager ist die Kleinheit des Anlaufwiderstandes. Die Reibung der Ruhe unterscheidet sich nicht erheblich von der Reibung der Bewegung …" [450].

Zu den Verdiensten STRIBECKS um die Entwicklung der Wälzlager gehört auch die Wahl des „richtigen" Werkstoffs, eines niedrig legierten Chromstahls [479]. Die Wälzlager-Hersteller orientierten sich an dieser Empfehlung, wobei die Fa. *Fichtel & Sachs AG* in Schweinfurt als erste ab 1905 einen Stahl mit 1 % Kohlenstoff und 1,5 % Chrom verwendete, entsprechend $100Cr_6$ [480]. In Schweden nahm ARVID PALMGREN umfangreiche Untersuchungen zur Ermittlung des Zusammenhangs von Lebensdauer und Belastung vor. PALMGREN erkannte, daß der Begriff Lebensdauer wegen der vielen Einflußgrößen nur statistisch verwendet werden kann, im Sinne von Überlebenswahrscheinlichkeit.

„… Man hat sich daher dafür entschlossen, als *nominelle Lebensdauer* zu bezeichnen entweder diejenige Gesamtzahl Umdrehungen oder aber bei einer bestimmten Drehzahl diejenige Anzahl Betriebsstunden, die von 90% der Lager erreicht oder überschritten werden … ." [481].

Weiter formulierte PALMGREN den Zusammenhang zwischen Belastung, Lebensdauer und Lagertyp mit der sogenannten Tragzahl. Für ein gegebenes Lager ist die Lebensdauer um so höher, je niedriger die Belastung, und zwar ist der Zusammenhang reziprok-exponentiell.

Für die unterschiedlichen Anwendungen und den daraus resultierenden Anforderungen war im Laufe der Jahre war eine Vielzahl von Lagerbauformen entstanden: Radiale Lager zur Aufnahme von radialen und/oder axialen Kräften, mit einer oder zwei Reihen von Kugeln, Lager zum Ausgleich von Fluchtfehlern und Verformungen der Welle; Zylinderrollenlager und Nadellager, Kegelrollenlager, Tonnenlager, Axialrillenkugellager, Axial-Zylinderrollenlager, Schwenkkugellager u. a. mehr. Je mehr Wälzlager in Einsatz kamen, desto mehr Erfahrungen gewann man damit; diese flossen in Richtlinien für den Einbau, die Gestaltung der Lagerstellen, die nötigen Fest- und Lossitze, die Sicherung der Lager usw. ein. Wälzlager wurden zu Maschinen-Elementen, die wegen ihrer geringen Reibung, hohen Belastbarkeit und genormten Abmessungen in allen Bereichen der Technik Eingang fanden. Dabei erwies es sich auch als ein Vorteil, daß die Berechnung der Wälzlager – verglichen mit der von Gleitlagern – überschaubar und einfach ist. Vor allem der Kraftfahrzeug –, aber auch der Elekromaschinenbau wurden zu Großabnehmern der Wälzlagerindustrie.

Angesichts dieser Vorteile stellt sich die Frage, warum Wälzlager im Kolben-Triebwerk nur zögerlich und nur in bestimmten Bereichen Eingang fanden. Dafür gibt es mehrere Gründe: Zwar bauen Wälzlager axial kurz und ergeben somit einen kurzen Motor, dafür nehmen sie radial mehr Raum ein. Das ist bei Pleuellagern von Nachteil, weil dadurch das Pleuelauge „aufgebläht", – zum einen „weicher", zum anderen schwerer wird. Man rechnet mit 15 bis 20 % Mehrgewicht einer rollengelagerten Pleuelstange gegenüber einem gleitgelagerten Pleuel.

Auch stellte sich bald heraus, daß sich Wälzlager für stoßartige Belastungen weniger eignen, und schließlich sind Wälzlager teurer, vornehmlich dann, wenn man auf Sonderkonstruktionen angewiesen ist. Ein weiterer Nachteil von Wälzlagern im Kurbeltrieb ist, daß sie bei mehrhübigen Kurbelwellen nicht ohne weiteres zu montieren sind: Entweder ist der Innendurchmesser des Innenlaufrings so groß, daß man das Lager über die Welle schieben kann, dann muß das Lager auf einen zweiteiligen Lagerring auf dem Wellenzapfen sitzen, oder man muß den Laufring oder die Kurbelwelle teilen. So ist man immer nur dann auf Wälzlager ausgewichen, wenn man der Schwierigkeiten mit Gleitlagern nicht Herr wurde, oder wenn spezielle Einbau- und Betriebsbedingungen vorlagen, denen Wälzlager besser als Gleitlager gerecht wurden.

Ein früher Einsatzfall für Wälzlager im Triebwerk sind die Umlaufmotoren, bei denen das Kurbelgehäuse rotiert und die Kurbelwelle feststeht. Das Gemisch gelangte durch die hohle Kurbelwelle in den Kurbelraum und durch selbsttätig öffnende Ventile im Kolbenboden in den Verbrennungsraum. Gleitlager mit der reichlichen Schmierung, derer sie bedürfen, konnten hier nicht verwendet werden, weil sonst Schmieröl vom Gemisch mitgerissen in den Zylinder gelangte und dort nicht nur verbrannte, sondern – schlimmer noch – die Zündkerzen verölte. Auch Zweitaktmotoren mit Kurbelkastenspülung, bei denen das Gemisch im Kurbelraum mit dem Schmiermittel in Kontakt gerät, können nicht herkömmlich mit Gleitlagern laufen, sondern müssen mit Wälzlagern versehen werden.

Neben den Umlaufmotoren wurden vor dem ersten Weltkrieg auch Kfz-Motoren mit rollengelagertem Triebwerk gebaut, allerdings nur die Kurbelwellengrundlager, und zwar bevorzugt bei vierhübigen Wellen mit nur zwei Lagern. Die axial kurzen Wälzlager verkraften stärkere Verformungen infolge größerer Stützweite der Welle als die damals noch breiten Gleitlager.

„ … Wie wir bereits feststellten, werden Kugellager in besonders ausgedehntem Maße bei Kurbelwellen mit vier Kröpfungen und zwei Lagern verwendet. Ein Vorteil ihrer Benutzung bei solchen Wellen ist der, daß sie der Welle noch erhebliche Durchbiegungen gestatten, ohne sie besonderen Beanspruchungen zu unterwerfen …" [482].

Damit die Lager auf die ungeteilte Kurbelwelle montiert werden konnten, mußten zum einen die Kröpfungen abgerundet sein und zum anderen saßen die Lager nicht direkt auf den Grundlagerzapfen, sondern auf zweiteiligen Lagerbuchsen. Dennoch, Wälzlager in den Triebwerken von Kfz-Motoren blieben die Ausnahme. Bedenken gegenüber den Gasdrücken, aber auch eine Empfindlichkeit gegenüber verschmutztem Öl und problematische Montage standen dem entgegen. Bei Pkw-Motoren störte das Geräusch, weil – wie man der Ansicht war – die Lager im Motor mit Öl und nicht mit Fett geschmiert werden konnten, somit die Lager hörbar Geräusch entwickelten. Beispiel für eine wälzgelagerte Kurbelwelle ist der *MAN*-(Lizenz)*Saurer*-Nkw-Ottomotor, mit dem die *MAN 1915* den Nfz-Bau aufgenommen hatte. Die Fa. *Deutz-Oberursel* baute in den 1920er Jahren einen Vierzylinder-Ottomotor für Nutzfahrzeuge und stationäre Anwendungen mit rollengelagertem Triebwerk, wobei die Pleuel auf nadelartigen Rollen liefen[180]. Ein Lösung besonderer Art hatte die *Österreichische Waffenfabriks-Gesellschaft* in Steyr für ihren Sechszylinder-Pkw-Motor gewählt: Drei der vier Grundlagerzapfen waren als Scheiben ausgebildet, die sich über entsprechend große Wälzlager im Kurbelgehäuse abstützten. Das ungeteilte Kurbelgehäuse umschloß tunnelförmig die Lagerbohrungen, was natürlich eine sehr steife Bauart ergibt, Bild 78.

Dieses Prinzip wurde von *Saurer/Arbon* (Schweiz) aufgegriffen und über viele Jahre mit Erfolg bei ihren Nutzfahrzeug- und Schienenfahrzeugmotoren angewendet.

„ … Der Sechszylindermotor hat eine Bohrung von 130 mm und einen Hub von 180 mm, die Regeldrehzahl beträgt 1500 Umdr./min. Kurbelgehäuse und Zylinderblock sind aus einem Stück gegossen. Die Kurbelwelle ist zusammengesetzt, um die Rollenlager dazwischen setzen zu können …" [483].

Die Lagerbelastungen der Fahrzeugmotoren – Anfang der 1920er Jahre ausschließlich Ottomotoren – waren damals mit den gängigen Gleitlagerwerkstoffen und -konstruktionen beherrschbar. Anders gestaltete sich die Situation im Flugmotorenbau, wo man mit den Bleibronze-Weißmetall-Lagern an Grenzen gestoßen war, die letztlich die Entwicklung der Stahl-Bleibronze-Lager auslösten. Um der Lagerschwierigkeiten Herr zu werden, wichen vie-

---

[180] Ein Exemplar dieses Motors wurde 1995 – von zwei Studenten restauriert – auf dem Prüfstand im Motoren-Labor der *Fachhochschule Giessen-Friedberg, Bereich Friedberg* gefahren. Ungeachtet seines Alters lief der Motor problemlos und gab noch seine volle Leistung ab.

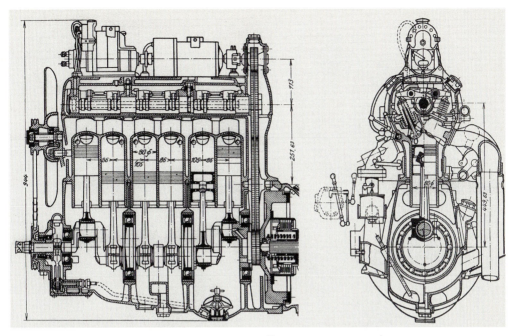

Bild 78 Rollengelagerte Kurbelwelle in Scheibenbauart der Österreichischen Waffenfabrik-Gesellschaft (1918) eines 12/40 PS-Sechszylindermotors.

le Hersteller von Flugzeugmotoren auf Wälzlager aus. Gerade für Ein-Stern-Motoren mit ihren zwei Lagerstellen boten sich Wälzlager schon aus konstruktiven Gründen an, weil sie sich gut von beiden Seiten auf ihren Sitz schieben ließen. Bei rollengelagertem Hauptpleuel mußte die Kurbelwelle geteilt sein, eine bei Sternmotoren vielfach sowieso übliche Bauart, da man aus Festigkeitsgründen die Pleuel oft ungeteilt ausführte. Auch Ein- und Mehrreihenmotoren hatten wälzgelagerte Triebwerke, wobei unterschiedlich verfahren wurde: Manche Motoren hatten die Kurbelwelle im Gehäuse gleitgelagert mit rollengelagertem Haupt- und nadelgelagertem Anlenkpleuel *(BMW VI)*, oder aber die Kurbelwelle im Gehäuse war rollengelagert mit gleitgelagerten Pleuelstangen *(Napier Dagger VIII)*. Beim *Daimler-Benz*-V-12-Motor *DB 600* bzw. *DB 601* war die Kurbelwelle gleitgelagert, das Hauptpleuel mit einem dreireihigen Rollenlager direkt auf dem gehärteten Hubzapfen laufend; pleuelseitig stützen sich die Lager auf eine zweiteilige Zwischenbuchse ab, an deren gehärtetem Rücken das gleitgelagerte Innenpleuel angriff, Bild 79.

In großen Stückzahlen gebaut, bewährten sich diese Triebwerke, doch erhielten die Nachfolgebaumuster *DB 603* und *DB 605* dem Stand der Technik entsprechend die einfachere Gleitlagerung für die Pleuel. Bei Sternmotoren wurde die Kurbelwelle in Rollen gelagert, die Pleuel erhielten Gleitlager.

Bei der Entwicklung des *Junkers*-Zweitakt-Gegenkolben-Dieselmotors als Flugzeugantrieb war bei dem ersten Baumuster, dem fünfzylindrigen *Jumo 204*, die Kurbelwelle mit Rollenlagern im Kurbelgehäuse gelagert, die Pleuel hatten Gleitlager. Zuerst liefen die Rollen auf Innenlaufringen, die ihrerseits auf die ungehärteten Grundlagerzapfen aufgezogen waren. Um die Laufringe auf die Zapfen aufziehen zu können, mußte die Welle entsprechend geformt sein, was sich von der Gestaltfestigkeit her als ungünstig erwies. Deshalb ließ man die Innenlaufring entfallen und die Rollen direkt auf den Zapfen laufen, um den Preis allerdings, daß die Zapfenoberfläche gehärtet

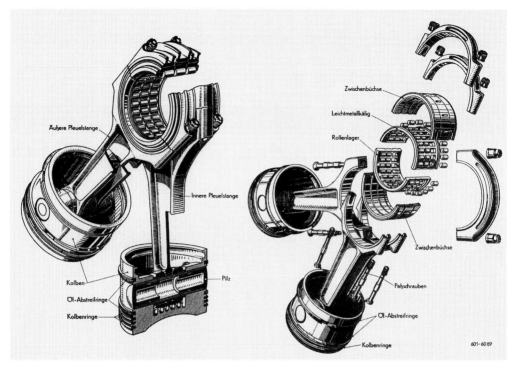

Bild 79 Hauptpleuellager, gleitgelagertes Nebenpleuellager des Daimler-Benz Flugzeugmotors DB 601 A

werden mußte. Die Weiterentwicklung dieses Motors, der sechszylindrige *Jumo 205* hatte Gleitlager als Kurbelwellenlager, nur der Kolbenbolzen lief im kleinen Pleuelauge in einem Nadellager. Bei Zweitaktmotoren ist wegen des fehlenden Anlagewechsels des Kolbens die Schmierung
des Kolbenbolzens problematisch; da ist natürlich das in dieser Hinsicht anspruchslose Nadellager von Vorteil.

Anfang der 1920er Jahre wurden die Gleitlager zu einem leistungsbegrenzenden Bauteil für
Flugmotoren; mehr noch galt das für Luftschiffmotoren, die ja vergleichsweise lange Betriebs-
zeiten unter Vollast laufen müssen. Die Fa. *Maybach* sah deshalb von vorneherein vor, das
Triebwerk ihres neu zu entwickelnden Luftschiffmotors *VL 1/VL 2* in Wälzlagern zu lagern,
Bild 80.

„ … Die aus hochvergütetem, nickellegiertem Sonderstahl hergestellte Kurbelwelle ist in
sieben reichlich bemessenen Rollenlagern im Gehäuse-Oberteil gelagert. Die achsiale Fi-
xierung erfolgt durch ein kräftiges Radiaxlager … An diesen Bügeln sind gleichzeitig die
Oelfänger für die Schmierung der Pleuellager angenietet. Diese Ausführung ergab sich
durch die verwendeten Gehäuse- und Hublager, die als besonders kräftige Rollenlager mit
einteiligen Innenlaufringen ausgebildet sind … Die Größe der Lager und die Formgebung
der Kurbelwelle ist dadurch bedingt, daß die Innenlaufringe beim Zusammenbau des Triebwerks der Reihe nach über die Zapfen und die Arme der Kurbelwelle gestreift werden müssen. Zu Befestigung der Innenlaufringe auf dem Gehäuse und Hublagerzapfen der Kurbelwelle dienen zweiteilige Stützringe, die an ihrem äußeren Durchmesser mit konischen Sitz-
flächen versehen sind. Der Innenring wird durch eine aus zwei Hälften bestehende und
durch einen einteiligen Ring zusammengehaltene Ringmutter auf dem Stützring stramm gezogen …" [484].

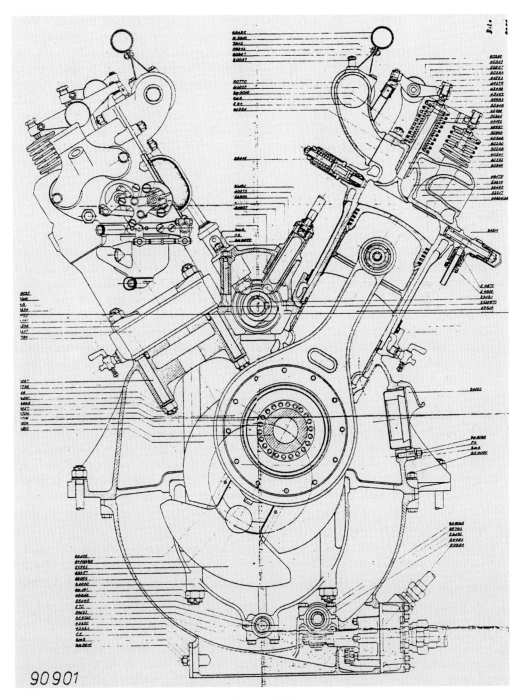

Bild 80 Rollengelagerte Pleuel im Luftschiffmotor *Maybach VL 2*

Der konstruktive Aufwand erklärt sich auch daraus, daß das Luftschiff, für den dieser Motor 1923 entwickelt worden war – als Reparationsleistung den USA zugesprochen – die Fahrt in die USA durchstehen mußte, damals noch ein großes Wagnis[181]! Zur gleichen Zeit entwickelte *Maybach* auch einen schnellaufenden Dieselmotor für die Schienentraktion; die ersten beiden Versuchsmotoren hatten gleitgelagerte Triebwerke, doch schon die vergleichsweise kurzen Versuchsläufe machten deutlich, daß Bleibronze-Weißmetall-Lager der Kombination von Dieselverfahren und Schnellbetrieb nicht gewachsen waren. So wurde die Lagerung auf Rollenlager umgestellt. Damit liefen die Motoren zwar länger, aber es gab erhebliche Probleme damit, die – Schritt um Schritt – ausgeräumt werden mußten. Die Zahl verschiedener Lagerversionen ist ein beredtes Zeugnis. Vor allem die Pleuellager bereiteten Schwierigkeiten:

„ … Es muß hier zunächst einmal festgestellt werden, daß ein Rollenlager im Pleuel unter ganz anderen und ungünstigeren Betriebsverhältnissen arbeitet als an irgend einer anderen Stelle des Motors …" [485].

Die Rollen im Pleuellager sind unterschiedlichen Kräften ausgesetzt, solchen die von der oszillierenden Bewegung und von der Schwenkbewegung des Pleuels sowie solchen, die von der Drehung des Pleuelauges um die Kurbelachse herrühren. Da sich zudem das notgedrungen leicht gehaltene große Pleuelauge verformt, geht dort, wo sich das Pleuelauge aufweitet, der Formschluß zwischen der Rolle und der Laufbahn verloren, die Rolle verliert an Umfangsgeschwindigkeit. Gelangt sie dann in Bereiche, wo die Bohrung enger wird, wird der Formschluß wieder hergestellt und die Rolle abrupt auf die ursprüngliche Geschwindigkeit beschleunigt. Es kommt zu Schleifstellen und Abplattungen an der Rolle, den *Plattfüßen*. Damit beginnt sich das Lager selbst zu zerstören. Die Kenntnis von diesen Vorgängen verifizierte man experimentell durch Verformungsmessungen am Lager, Bild 81.

Nachdem man die Pleuellager soweit verbessert hatte, daß sie – dem Stand der Technik entsprechend – zufriedenstellend liefen, traten bei den Kurbelwellengrundlagern Schäden auf, insbesondere, nachdem man von dem sechszylindrigen Motor eine leistunggesteigerte Zwölfzylinder-Version abgeleitet hatte. Der 12-Zylinder-V-Motor hat eine sechshübige Kurbelwelle, die – in sich ausgeglichen – keine freien Massenwirkungen hat. (Das gilt auch für die Welle des Sechszylinders, deren Grundlager sind aber niedriger belastet). Deshalb waren keine Gegengewichte vorgesehen. Die inneren Momente wurden zwar vom Kurbelgehäuse problemlos aufgenommen, aber die Lager verkrafteten die zusätzliche Belastung dadurch nicht. Die Entwicklung dieser Lager war dornenreich:

„ … Erschwert wurde die Untersuchung dieser Erscheinungen dadurch, daß man keinen eindeutigen Zusammenhang zwischen möglichen Ursachen und den Schäden finden konnte. Man traf verschiedene Maßnahmen, die den Anschein hervorriefen, man habe die Fehlerquelle gefunden. Doch dann traten wieder neue Schäden auf, und die Suche begann von vorne. Nach langer, äußerst mühseliger und kostspieliger Entwicklungsarbeit gelang es, die Lagerung standfest zu machen …" [486].

Ein anderes Beispiel für eine aufwendige Entwicklung sind die Triebwerkslager des 16-zylindrigen Viertakt-Diesel-Luftschiffmotors von *Daimler-Benz,* Typ *LOF 6,* der in navalisierter Version *(MB 502)* zu *dem* Schnellbootmotor der deutschen Kriegsmarine wurde. Auch hier war es

---

[181] Den USA waren in den Verhandlungen zum *Versailler Vertrag* ein Luftschiff als Kriegsbeute zugesprochen worden, das aber nicht ausgeliefert werden konnte, weil die Luftschiff-Mannschaften dieses, wie andere auch, zerstört hatten, um ein Übergabe an die Siegermächte zu verhindern („Scapa Flow der Luftschiffe"). So mußte zu Lasten des Reparationskontos des Reiches ein neues Luftschiff gebaut werden. Dieser Neubau, das sogenannte *Reparations-Luftschiff,* sicherte dem *Luftschiffbau Zeppelin* die Entwicklungskontinuität über die schwierige Zeit nach dem Versailler Vertrag.

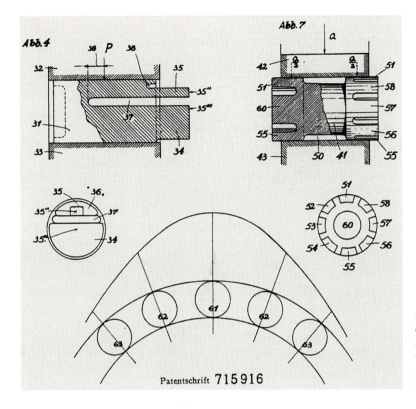

Bild 81
Gerät zur Messung elastischer Verformungen von Rollen in Triebwerks-Rollenlagern (*Maybach,* ca. 1938)

die Kombination von hoher Drehzahl und Diesel-Verfahren, die zu schaffen machte, weshalb man für das Triebwerk (Kurbelwellen-Grundlager, Gabelpleuellager) Rollenlager vorsah, lediglich das Innenpleuel war gleitgelagert.

„ … Den guten Eigenschaften des Rollenlagers stehen natürlich nun auch weniger angenehme gegenüber, so z. B. das ‚Schränken‘ der Rollen und dann vor allem das ‚Schrauben‘ eines Lagers: Man versteht hierunter ein langsames Verschieben des Außenringes gegenüber dem Laufzapfen. Den Vorgang des Schraubens kann man sich so erklären, daß sich der Außenring in den Laufbahnen axial fortschraubt, wie bei einem Gewinde mit sehr feiner Steigung. Die hierbei auftretenden Stirnkräfte sind so hoch, daß die Anlaufbüchsen in kurzer Zeit zerstört werden …“ [487].

Das Pleuel-Rollenlager entsprach in seinem Aufbau dem des Flugzeugmotors *DB 600,* erreichte aber nicht dessen Standzeiten, so daß man die Pleuel der Schnellboot-Dieselmotoren Anfang des Krieges auf Gleitlager umstellte. Die Kurbelwellen-Grundlager hingegen bereiteten keine grundsätzlichen Schwierigkeiten, so daß sie „zeitlebens“, d.h. solange der Motor gebaut wurde (bis Mitte der 1970er Jahre) beibehalten wurden.

In den 1930er Jahren setzte in Deutschland eine Wiederaufrüstung ein, in deren Zuge auch eine moderne Panzerwaffe geschaffen werden sollte. Die Leistung der Sechszylinder-*Maybach*-Ottomotoren der leichten Panzer I und Panzer II reichte für die projektierten Weiterentwicklungen nicht mehr aus, so daß *Maybach* einen 12-Zylinder-V-Motor entwickelte. Dieser sollte ein möglichst geringes Bauvolumen haben, eine wichtige Forderungen für Antriebe gepanzerter Fahrzeuge, weil die Panzerung des Motors die Masse des gesamten Fahrzeugs beeinflußt. Deshalb wurde der neue Motor mit rollengelagerter Scheibenkurbelwelle konzipiert, was einen sehr kurzen Motor ergab *(Typ HL 120),* Bild 82.

Entwicklungsstufen von Triebwerks-Rollenlagern (Maybach)

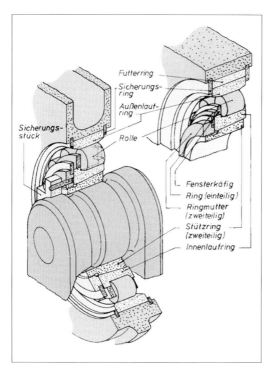

Die Entwicklung der Triebwerkrollen-lagerung der Maybach-Triebwagen-Dieselmotoren gestaltete sich außerordentlich schwierig, wie aus den vielen Ausführungsarten zu ersehen ist.

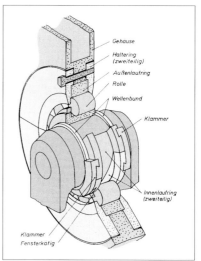

Kurbelwellen-Grundlager G 4a (1929) und GO 56 (1936)

Kurbelwellen-Grundlager GO 6 und G 6 (1938)

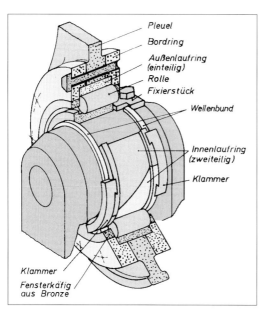

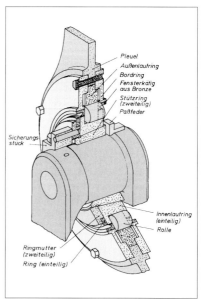

Hauptpleuellager GO 6 und G 6 (1938)

Pleuellager G 4a (1924)

Bild 82
Der rollengelagerte Schei-
benwellen-Motor Motor
Maybach HL 120 TRM
diente u.a. als Antrieb für
den Panzer IV, dem – wie es
in einer amerikanischen
Publikation heißt –
„Arbeitspferd der deutschen
Wehrmacht".

Die Einsparung an Motorbaulänge wird am relativen Zylindersprung (Abstand von Zylindermitte zu Zylindermitte a / Zylinderbohrung d) beim Vergleich mit einem fast gleich großen
gleitgelagerten *Maybach*-Motor, dem zwölfzylindrigen *DSO 8 spez.*, deutlich: Beträgt dieser
Kennwert a/d beim *DSO 8 spez.* 1,56, so konnte der Wert beim *HL 120* auf 1,27 heruntergedrückt werden. Die rollengelagerte Scheibenwelle sollte sich als erfolgreiche Bauart erweisen;
Lagerschwierigkeiten gab es nicht mehr damit, sicher wohl auch deshalb, weil das Rollenlager –
durch den Scheibendurchmesser bedingt – überdimensioniert war. Die Rollen liefen direkt auf
den gehärteten Laufflächen der Scheiben, die axiale Führung erfolgte durch Borde am Außenlaufring. Auch die im Krieg entwickelten 700 PS-Motoren für die schweren *Tiger*- und *Panther*-
Panzer *(HL 210/230)* hatten rollengelagerte Scheibenkurbelwellen, das Kurbelgehäuse war jetzt

als Tunnelgehäuse[182] ausgebildet, war also ungeteilt, so daß man zur Montage die Kurbelwelle mit den Lagern axial „wie in einen Tunnel" in das Gehäuse einschieben mußte.

Die Anfang der 1950er Jahre auf der Grundlage dieser Panzermotoren und der *Maybach*'schen Vorkriegs-Triebwagen-Dieselmotoren entwickelten Lokomotivmotoren wurden ebenfalls mit Scheibenwellen und Rollenlagern gebaut. Die Rollenlagerung wurde schrittweise verbessert mit dem Erfolg, daß die Lager länger „hielten" als die Berechnung voraussagte: Auf Grund nachgewiesener Laufzeiten modifizierte der Lagerhersteller das Berechnungsverfahren [486]. Rollengelagerte Scheibenwellen wurden auch von anderen Motoren-Herstellern verwendet, so von *Tatra*, *VEB Motorenwerk Johannisthal*, *MAN* und auch von russischen Motorenherstellern.

Wälzlager fanden Eingang auch in die Triebwerke von Dampfmaschinen, welche ja in Gestalt von Dampflokomotiven in Deutschland noch bis in die 1970er Jahre im Einsatz waren. Wälzlager hatten sich in großer Stückzahl als Achslager in Eisenbahnwagen bewährt, zumal es hier immer wieder Anstände mit den Gleitlagern gegeben hatte:

„ … Trotz aller Bemühungen sind bei Gleitlagern die Heißläufer und Ausfälle nur schwer in erträglichen Grenzen zu halten. Besonders häufig sind Heißläufer bei den Triebwerkslagern. Das Verhältnis der Heißläufer bei Achslagern zu denen bei Triebwerkslagern wurde im Jahr 1937 in einem Bezirk mit starkem Güterverkehr in fünfmonatiger Beobachtung ermittelt. In dieser Zeit fielen 136 Heißläufer bei Triebwerkslagern und 14 Heißläufer an den Lagern der Treib- und Kuppelachsen an … Die jahrelangen Beobachtungen der Rollenachslager in Wagen hatten bewiesen, daß Wälzlager auch bei Schienenfahrzeugen unbedingt betriebssicher sind. Sofern diese Lager richtig bemessen, vorschriftsmäßig aufgebaut und in geeignetem Wälzlagerfett abgeschmiert werden, treten Heißläufer nicht auf …" [488].

Betriebssicherheit, Verkürzung der Vorbereitungszeiten, Verringerung von Unterhaltungskosten und Verbrauch an Schmiermittel waren gewichtige Argumente für die Wälzlager, so daß die *Deutsche Reichsbahngesellschaft* Achs- und Triebwerkslager verschiedener Lokomotiv-Baureihen auf Wälzlager umstellte bzw. von vorneherein vorsah. An einer Lokomotive der Baureihe 01 wurden 1936 Versuche mit Wälzlagern in Trieb- und Kuppelstangen vorgenommen, mit Pendelrollenlagern für die Treibstange und Zylinderrollenlager für die Hauptkuppelstange. Die Lagerungen bewährten sich, allerdings machten sich die Zeitläufte bemerkbar:

„ … Die durch die Zeitverhältnisse ständig wachsenden Schwierigkeiten in der Wartung der Lokomotiven im Betriebe führten dazu, daß die Spiele sowohl im vorderen Treibstangenlager als auch in den Achslagerführungen unzulässig groß wurden. Gegen Stöße ist aber das Wälzlager empfindlicher als ein Gleitlager. So fiel Ende 1944 aus diesem Grunde ein Wälzlager aus, das damals nicht mehr ersetzt werden konnte. Die Lokomotive wurde daher kurz vor Kriegsende auf Gleitlagerung umgestellt. Der über Jahre laufende Versuch hat in voller Eindeutigkeit die Bewährung von Wälzlagern auch im Triebwerk von Dampflokomotiven ergeben …" [488].

Als besonderer Vorteil wurde der deutlich niedrigere Schmiermittelverbrauch angesehen. Die für eine Laufstrecke von 160.000 km verbrauchte Fettmenge betrug 7 kg, wobei das bei der Revision noch in den Lagern vorhandene Fett für weitere 100.000 km gereicht hätte. Lokomotiven mit gleitgelagertem Triebwerk hatten auf 1000 km 9 kg Schmieröl verbraucht! Besonderes Augenmerk mußte auf die Abdichtung der Triebwerkslager gerichtet werden, weil sich diese schwierig gestaltete: Die Stangenköpfe stellen sich beim Lauf der Lokomotive schräg, was die Dichtungen verkraften müssen, um einerseits den Austritt von Schmiermittel und andererseits das Eindringen von Schmutz und Feuchtigkeit zu verhindern, Bild 83.

---

[182] Beim Tunnelgehäuse sind die Kurbelwellen-Lagerbohrungen allseitig von der Gehäusewand umschlossen, so daß die Lagergasse einem Tunnel gleicht. Diese geschlossene Bauweise ergibt steife Kurbelgehäuse.

Bild 83 Wälzlagerung der Treibstangen einer Dampflokomotive der Südafrikanischen Eisenbahn (SAR)

Da die Treibachse ja die Kurbelwelle der Lokomotive ist, sind in diesem Zusammenhang auch die Achslager von Interesse. Bei den deutschen Lokomotiven waren die Lager durchweg innen angeordnet, also zwischen den Rädern. Das bedeutete, daß zur Lagermontage und -demontage die Räder von den Achsen abgezogen werden mußten. Auch im Ausland wurden Lokomotiv-Triebwerke wälzgelagert, doch die Regel blieb die Gleitlagerung.

9 Schmierung

9.1 Schmiermittel

Die Begriffe „Schmieren" und „Schmierung" werden in der Technik so selbstverständlich gebraucht, daß sie selbst in spezieller Fachliteratur [489; 490] nicht expressis verbis definiert sind. Unter Schmierung wird die Verringerung von Reibung und Verschleiß durch Trennen der Gleitpartner mittels „Flüssigkeiten, Gase, Dämpfe, d. h. fluide Stoffe, plastische Substanzen und feste Körper in Pulverform" verstanden [491]. Das Wort *Schmieren* kommt von dem Althochdeutschen *smirwen* her, wandelte sich im Mittelhochdeutschen zu *smirn* bzw. *smern* und hatte die Bedeutung von einschmieren, salben[183] [492]. Damit wird ein Hinweis auf das Schmiermittel gegeben. Im Triebwerk hat das Schmiermittel neben den Funktionen Kraftübertragung, Schmierung, Abtransport von Verschleißpartikeln und Wärmeübertragung auch die des Dichtens zu erfüllen. Das Zusammenspiel der Teile eines komplexen Systems läßt sich mit der Redensart, daß eine Kette so stark ist wie ihr schwächstes Glied, anschaulich charakterisieren. In der „Kette" Triebwerk hat das „Glied" Schmiermittel neben den tribologischen Funktionen: Kräfte übertragen und Reibung verringern, mit dem Abdichten des Kolbens und der Wärmeübertragung vom Kolben auf die Zylinderwand wesentliche Aufgaben zu erfüllen. Das Arbeiten der Kolbenmaschine hängt davon ab, daß sich im Arbeitsraum (Zylinder) ein Druck aufbaut, der – vom Kolben aufgenommen – mittels des Triebwerks in mechanische Arbeit umgewandelt wird. Damit sich dieser Druck überhaupt halten kann, muß der Kolben durch die Kolbenringe und durch den Schmierfilm gegen die Zylinderwand abgedichtet werden – eine Erkenntnis, die bis in die 1930er Jahre keineswegs Allgemeingut war:

„ … Dem Fernziel einer Trockenschmierung des Kolbens ist man noch nicht näher gekommen …" [493].

Da Schmiermittel für jedweden Dichtungsvorgang unverzichtbar sind, wie die Grundlagenversuche von FELIX WANKEL bewiesen haben, wird dieses „Fernziel" auch weiterhin unerreichbar bleiben. Auf dem Weg über das Schmiermittel wird auch vom Kolben aufgenommene Wärme abgeführt. Weil direkt mit dem Arbeitsmittel beaufschlagt – erst mit Dampf, dann mit Verbrennungsgasen – arbeitet das Schmiermittel beim Kolben unter denkbar schlechten Bedingungen. Es bedurfte einer über hundert Jahre währenden, aufwendigen Forschung und Entwicklung, bis das Leistungsvermögen der heutigen Motorenöle erreicht wurde. Dabei war – und ist immer noch – außerordentlich erschwerend, daß die vom Motoröl geforderten Eigenschaften sich nicht mit mehreren, geschweige denn mit einer physikalischen Größe exakt, d.h. quantitativ, beschreiben lassen.

Im „vormaschinellen Zeitalter", d. h. vor dem 19. Jahrhundert, wurden die schweren Maschinen mit Unschlitt[184] geschmiert, leichte Maschinen auch mit vegetabilischen (pflanzlichen) Ölen. Mit der industriellen Revolution, dem Aufkommen der Dampfmaschinen und in deren Gefolge der Eisenbahnen, stiegen einerseits der Bedarf an Schmiermitteln stark an, andererseits auch die Anforderungen an deren Eigenschaften. Die Achslagerschmierung bei der Eisenbahn wurde zum Experimentierfeld für Schmiermittel, weil sehr viele Achsen unter unterschiedlichen Betriebsbedingungen geschmiert werden mußten, und weil sich Mängel in der Schmierung sehr

---

[183] Das englische *smear* (= Schmiere, Fettfleck) und das schwedische smör (= Butter) sind mit diesem Wortstamm verwandt.

[184] Unschlitt ist Rindertalg. Man erhält es durch Auskochen von Fett aus der Bauchhöhle von Rindern und nachfolgendem Auspressen des Zellgewebes.

nachdrücklich durch Heißlaufen der Achsen bemerkbar machten. Einen Überblick über die Situation auf dem Gebiet der Schmiertechnik, insbesondere über die Probleme damit, ist einem Aufsatz aus DINGLERS *Polytechnischen Journal* von 1853 zu entnehmen:

„… Während sehr bedeutende und schätzbare Verbesserungen in der Construction der Locomotiven und der Eisenbahnen gemacht worden sind, läßt sich dieß nicht von der Kostenersparung bezüglich des Schmiermateriales für die zahlreichen Maschinenteile sagen. Seit der Einführung der Eisenbahnen ist in dieser Hinsicht kaum eine Veränderung in den zu diesem wichtigen Zweck angewendeten Materialien gemacht worden. Oel und Talg wurden ursprünglich gebraucht und dienen im Wesentlichen noch jetzt zur Maschinenschmiere, besonders für die Locomotiven. Den flüssigeren Materialien der Maschinenschmiere, den Oelen, fehlt die nöthige Consistenz, um den Druck zu widerstehen, während die festen Fette bei gewöhnlicher Temperatur nicht flüssig genug sind. Sowohl die thierischen als auch die Pflanzenöle aller Art enthalten ursprünglich Unreinheiten, welche ihre Wirksamkeit wesentlich schwächen; manche von ihnen enthalten erdige Substanzen, welche sehr bald in eine zähe, hindernde und angreifende Materie von solcher Consistenz verwandelt werden, daß sie die metallischen Oberflächen sehr stark abnutzen, besonders wenn die Temperatur in einem solchen Grade erhöht wird, daß die Metalle erweicht werden. Auch enthalten alle Oele mehr oder weniger wässrige Theile, welche eine Oxydation der polierten Oberflächen der bewegenden Maschinentheile veranlassen und sie dadurch ebenfalls angreifen, während die Flüssigkeit durch ihre eigene Wirkung verdorben wird.. Überdies sind die meistens zur Maschinenschmiere angewendeten Oele so flüssig, daß viel davon verlorengeht, indem sie durch die geringste Oeffnung auslaufen …" [494].

Die Achsen der Eisenbahnwagen schmierte man mit „starren Schmieren", reinem Unschlitt oder Gemischen von Unschlitt und Fischtran. In England ging man ab den vierziger Jahren des vorigen Jahrhunderts zur „Palmölschmiere" über, ebenfalls eine „Starrschmiere", einer Mischung aus Unschlitt, Palmöl, Soda und Wasser. Diese Starrschmiere war bei Stillstand der Maschine fest; wenn sie sich bei Betrieb erwärmte, nahm sie eine sahneartige Consistenz an. Als Qualitätskriterium galt die Laufzeit der Maschine bzw. des Wagens, bis die Lagerfüllung aufgebraucht war. Reibungsverluste und Lagerverschleiß wurden nicht berücksichtigt, und das häufige Heißlaufen von Lagern mußte man in Kauf nehmen. Störend machte sich auch der hohe Anfahrwiderstand im Winter bemerkbar. Als Richtwert für den Schmiermittelverbrauch galten etwa $\frac{3}{4}$ Pfund pro Lager auf 2500 bis 3000 Meilen. Ein Vorteil der Starrschmieren war, daß sie bei Stillstand der Maschine oder des Fahrzeugs erstarrten und deshalb auch bei undichten Lagergehäusen nicht ausliefen. Deutsche Bahngesellschaften verwendeten ebenfalls Starrschmiere („Antifrictionsschmiere"). Ab etwa Mitte der 1840er Jahre ging man zu flüssigen Schmiermitteln, vornehmlich Rüböl[185], aber auch zu Ölivenöl, bzw. Baumöl[186] über, vor allem wegen der sich häufenden Heißläufer. Die Qualität der vegetabilischen Öle wurde mit der Zeit durch Raffinieren und Entsäuren verbessert. Die geringere innere Reibung dieser Schmiermittel wurde positiv wahrgenommen; von Nachteil war, daß die Verwendung flüssiger Schmiermittel eine Umkonstruktion der Achslagergehäuse erforderlich machte. Da sich Rüböl zum Verzehr eignet, wurde es – so wie Alkohol vergällt wird – durch bestimmte Zusätze für den menschlichen Verzehr[187] unbrauchbar gemacht:

---

[185] Rüböl wird durch Auspressen aus dem Samen des Raps oder *Rübsens* (daher der Name) gewonnen.

[186] Baumöl ist Ölivenöl von minderer Güte, das durch Warmpressen gewonnen wird.

[187] Daß Schmiermittel zu menschlichem Verzehr mißbraucht werden, ist immer wieder vorgekommen. 1954 wurde in Marokko Altöl aus Flugmotoren einer amerikanischen Luftwaffenbasis von gewissenlosen Händlern – entsprechend aufbereitet – als Speiseöl verkauft. Es gab viele Todesopfer und Erkrankte. 1981 wurde in Spanien vergälltes Industrieöl als Speiseöl verkauft; es gab über 300 Tote und Tausende gesundheitlich schwerst Geschädigter.

„… In neuerer Zeit wird dem Rüböl auf verschiedenen Bahnen, z.B. der Westfälischen und der Hannoveríschen Staatsbahnen, auf 100 Pfd. ¼ Pfd. Rosmarinöl zugesetzt, damit das Rüböl nicht zu häuslichen Zwecken verwendet werden kann …" [495].

Neben Rüböl waren auch Ölivenöl, das besagte Palmöl und Baumwollsamenöl in Gebrauch, wobei Olivenöl bevorzugt für empfindliche Lagerungen verwendet wurde; es galt als das beste Schmiermittel, vor allem weil es weniger zum Verharzen neigte. Allerdings war es teuer, was den „Schwindel mit Schmiermittel" begünstigte. Es ist geradezu verblüffend, mit welcher Regelmäßigkeit und Ausführlichkeit in der Fachliteratur dieser Zeit hiervor gewarnt wird. In der 2. Auflage von *Busley*[188]: *Schiffsmaschinen* von 1886 findet man detaillierte Angaben, welche Schmiermittel auf welche Weise verfälscht wurden:

„ … Das Rüböl kommt vielfach mit Leinöl oder geringeren Mineralölen, das Olivenöl mit Mohnöl und Nussöl verfälscht in den Handel und enthält oft Säuren in so grosser Menge, dass dieselben die Flächen der damit geschmierten Maschinentheile angreifen …" [496] und „ … Die Verfälschungen des Rindertalgs bestehen besonders in Hammeltalg und verdorbenem Schweinefett (Schmalzabfällen) …" [497].

Der Zielkonflikt zwischen niedrigem Schmiermittelverbrauch, geringer Reibung und Betriebsverhalten führte dazu, daß viele Bahngesellschaften sogenannte *dickflüssige Schmieren* verwendeten, deren Qualität – betrachtet man die einzelnen Rezepte – im Gegensatz zu ihrer Vielfalt gestanden haben dürfte. Eine kleine Auswahl aus einer Auflistung aus der (preisgekrönten) Druckschrift *Die Schmiervorrichtungen und Schmiermittel der Eisenbahnwagen* von 1886 des bekannten Eisenbahn-Fachmanns Edmund Heusinger von Waldegg[189] mag eine Vorstellung davon vermitteln:

„ … 1) Patentschmiere von Schröder in Altona; 2) Antifrictions-Schmiere von Apotheker Maske in Breslau; 3) Das Wagenfett der Neisse-Brieger Eisenbahn; 4) Wagenschmiere von Apotheker H. Mehls in Stargard in Pommern; 5) Die Schmiere der Süd-nord-deutschen Verbindungsbahn; 6) Dickflüssige Schmiere für Wagen der königlich bayerischen Eisenbahnen; 8) Die englische Patent-Wagenschmiere; 9) Palmer's Bleiseife; 10) Doulon's Wagenschmiere und 11) Blandin's Schmiere …" usw. [495]

Die Umstellung von Starrschmiere auf „halbflüssige" und flüssige Schmiermittel verlief zögerlich, weil man den Schmiermittelverbrauch – weil direkt meßbar – als entscheidendes Kriterium ansah, den Mehrverbrauch an Kohle zur Überwindung der größeren Reibung hingegen nicht, eine kurzsichtige Betrachtungsweise, wie sie immer wieder – nicht nur in der Technik – zu beobachten ist. Es wurde gefordert, daß eine Achslagerfüllung an Schmiermittel für 2000 bis 3000 Meilen reichen sollte. Überhaupt gab es im Zusammenhang mit dem Schmiermittel manchmal verblüffende Widerstände zu überwinden, die weniger mit der Technik als vielmehr mit den Menschen zu tun hatten[190]):

---

[188] Carl Busley, 1850 bis 1928, trat nach dem Maschinenbaustudium in Berlin 1875 in die *Kaiserliche Werft* als Maschineningenieur ein. 1879 wurde er als Lehrer an die Marineakademie in Kiel berufen. 1896 nahm Busley in der Werft *F. Schichau* in Elbing eine leitende Stellung als Bevollmächtigter ein; er setzte sich tatkräftig für die Gründung der *Schiffsbautechnischen Gesellschaft* (STG) ein und wurde ihr erster Vorsitzender. 1883 verfaßte er mit *Die Schiffsmaschine* ein Standardwerk des Schiffbaus..

[189] Edmund Heusinger von Waldegg, 1817 bis 1886, war nach dem Studium der Mathematik und Mechanik bei verschiedenen Eisenbahngesellschaften tätig; er projektierte und leitete den Bau von mehreren Bahnlinien. Bekannt wurde Heusinger durch Erfindungen in der Eisenbahntechnik, so durch die (in Deutschland) nach ihm benannte Steuerung („*Heusinger-Steuerung*") und als Herausgeber eines mehrbändigen *Handbuch der speciellen Eisenbahntechnik*.

[190] Die Verwendung von Betriebsstoffen für private Zwecke hat auch in neuerer Zeit unerwartete Probleme bereitet: Lokomotivmotoren in einem südostasiatischen Land waren durch Lagerschäden ausgefallen, als deren Ursache sich herausstellte, daß das für den Ölwechsel vorgesehene Frischöl unter der Hand verkauft worden war, mithin über einen längeren Zeitraum kein Ölwechsel vorgenommen wurde.

„ … Ein weiterer Vortheil lag darin, dass es zum Brennen nicht taugte und daher von den Schmierern nicht so leicht gestohlen werden konnte. Diese Arbeiter wollten dem Oele daher auch durchaus nicht wohl und brachten die abentheuerlichsten Gerüchte darüber in Umlauf, dass es ihnen die Kleider zerfresse etc …" [495].

Es wurde viel probiert und viel experimentiert, wobei die Bewertungskriterien bisweilen indirekter Natur waren:

„ … Es haben allerdings hierorts angestellte Versuche durch freies Laufenlassen der Fahrzeuge eine schiefe Ebene hinunter ergeben, dass eine Mehrreibung stattfand, weil Wagen mit Cohäsionsöl Nr. 2 und mit gewöhnlichem Rüböl geschmiert, weiteren Auslauf zeigten, als solche mit der quäst. festen Schmiere versehen, jedoch waren die Versuche im Winter angestellt und überhaupt so empirischer Natur, dass ein sicheres Resultat nicht erwartet werden konnte. Sollte ferner die Behauptung der Mehrreibung gegründet sein, so müsste ein Mehraufwand an Zugkraft resp. Mehrverbrauch an Brennmaterial sich bei den Locomotiven herausgestellt haben, und niemals haben die Locomotivführer, welche wiederholt auf diesen Umstand von mir aufmerksam gemacht wurden, eine Anzeige eingebracht, dass sie, wenn rein mit fester Schmiere versehene Wagen im Zuge waren, einen Mehraufwand an Zugkraft resp. Mehraufwand an Kohlen bewirkten, und bekanntlich greifen diese Leute der zu beziehenden Kohlenprämien halber, jede Gelegenheit zu derartigen Klagen auf …" [495].

Zu den Triebwerkslagern gehört auch die Kolbengruppe, so daß man zwischen „kalten" (Kurbelwellen-, Kreuzkopf- bzw. Pleuellager) und „warmen" Lagern (Kolben und Schieber) unterschied. Letztere brauchen hinreichend temperaturbeständige Schmiermittel, betrugen doch die Dampftemperaturen 200 °C und später bei Überhitzung über 300 °C. Die warmen Triebwerksteile wurden mit Unschlitt und Talg geschmiert, die zwar hohen Temperaturen widerstanden, aber auf Grund ihrer Konsistenz Schwierigkeiten bereiteten:

„ … Das Unschlitt enthält mehr oder weniger häutige Fettzellen oder Bälge, welche man dem Aussehen nach nicht erkennen kann, welche aber doch die Qualität des Talges für Schmierzwecke bedeutend vermindern …" [498].

Ab den fünfziger Jahren des 19. Jahrhunderts begannen Versuche mit „Mineral-Schmieren" (raffinierte Steinkohlenteeröle), doch konnten sich diese Schmiermittel wegen ihrer – im Vergleich zu den bislang verwendeten Schmiermitteln – starken Temperaturabhängigkeit der Viskosität nicht durchsetzen. Schon bei 50 bis 60 °C verdampften wesentliche Bestandteile, was den Verbrauch ebenso in die Höhe trieb wie die Spritz- und Leckverluste. Die Kenntnisse über das Wesen der Schmierung waren gering, die über die von Schmiermitteln zu fordernden Eigenschaften noch geringer. Schmierfähigkeit wurde mit der Verseifbarkeit fetter Öle[191] gleichgesetzt. Da mineralische Öle nicht verseifen, galten sie als wenig geeignet für Schmierzwecke. Es blieb deshalb bei Versuchen, man gab weiterhin Mischungen aus vegetabilischen und animalischen Schmiermitteln den Vorzug. Bezeichnend für die damalige Situation ist folgende Feststellung in einem Fachbuch über Schmiermittel:

„ … Die Schwierigkeiten, ein vollkommen brauchbares und zugleich billiges Schmiermittel für Eisenbahnfahrzeuge zu erhalten, hatten zur Folge, daß sich der Schwindel dieses Gegenstandes bemächtigte und Schmiermittel unter allerhand verlockenden Titeln in den Handel brachte, welchen keine der bisher wahrgenommenen Mängel anhaften sollten …" [499].

Bis etwa 1880 wurden Kraftmaschinen, damals noch gleichbedeutend mit Dampfmaschinen, vorwiegend mit tierischen oder/und pflanzlichen Ölen betrieben [500]:

---

[191] Fette Öle sind Öle, die unter Zugabe von alkalischen Bestandteilen verseifen.

- Tran: Öl aus Fischen und Walen,
- Lardöl (Schmalzöl): flüssiger Teil des Schweineschmalzes, das durch Auspressen des abgekühlten Fettes gewonnen wird,
- Rüböl,
- Palmöl: Öl aus dem Fruchtfleisch der Ölpalme und
- Ölivenöl.

Doch das Angebot an Mineralölen nahm zu. Nun gab es auch Schieferöl – in Schottland aus bitumenhaltigen Schiefer destilliert – und Öle, welche durch fraktionierte Destillation aus Erdöl amerikanischer (Pennsylvania) und asiatischer (Burma) Provenienz gewonnen wurden. Da bei der als Schmiermittel geeigneten dritten Fraktion mit einem Siedebereich von über 300 bis 350 °C bei solchen Temperaturen Crackvorgänge stattfinden, welche die Schmiereigenschaften der Destillate verschlechtern[192] [501], zeigten diese Öle je nach Art der Herstellung ein unterschiedliches Verhalten; sie stießen deshalb durchaus zu Recht auf Vorbehalte:

„ … Der Einführung der Mineralölschmiere standen bedeutende Schwierigkeiten entgegen. Gewohnheit und Mangel an Intelligenz waren das Haupthindernis. Man hielt sie für vollkommen unbrauchbar und leicht entzündlich. Allerdings trug Unsolidität der Produzenten und Verkäufer mit bei …“ [502].

Österreichische Bahngesellschaften hatten ab den sechziger Jahren des neunzehnten Jahrhunderts Mineralöle als Schmiermittel für Achslager der Eisenbahnwagen eingesetzt, deutsche Bahngesellschaften waren etwa zehn Jahre später gefolgt. Verbunden damit waren auch organisatorische Maßnahmen, wie sie ja oft nicht minder wichtig sind als technische, um den Erfolg einer neuen Technik sicherzustellen: Die Lager wurden in regelmäßigen Abständen geschmiert: „Periodische Schmierung“, und zwar unter Aufsicht von entsprechend ausgebildetem Personal:

„ … Das Nachfüllen geschah von Seiten der Schmierer ohne jede Aufsicht und es ging hierbei ein Teil durch Überfließen und Verschütten verloren. Durch die periodische Schmierung sind diese Verluste eingeschränkt worden, denn die Lager wurden durch Schrauben fest verschlossen, so daß ein Verspritzen während der Fahrt unmöglich wurde. Das Nachschmieren geschah in den vorgeschriebenen Zeitperioden unter Aufsicht, womit die sparsame Verwendung des Schmiermaterials gewährleistet und Verluste beim Einfüllen vermieden wurden …“ [499].

Vor allem die Bahngesellschaften, welche für die Schmierung ihrer Fahrzeuge Rüböl verwendeten, zeigten sich bereitwilliger, auf Mineralöl umzustellen, weil die Achslagerungen der Fahrzeuge konstruktiv bereits für flüssige bzw. halb-flüssige Schmierstoffe ausgelegt waren. Auch wurden die Schmiereigenschaften der Mineralöle durch Zumischen von vegetabilischen Ölen verbessert. Bezüglich des Schmiermittels unterschied man teilweise nach Wagenart: Güterwagen wurden mit Mineralölen, Personenzugwagen mit Mischungen aus mineralischen und vegetabilischen Ölen gefahren. Die starke Temperaturabhängigkeit der Viskosität mineralischer Öle machte die Unterscheidung nach Winter- und Sommerölen notwendig, wie sie später auch für Verbrennungsmotoren gehandhabt wurde. Lokomotiv-Triebwerke mußten laufend geschmiert werden, zumal die Lager von Treib- und Kuppelstangen nicht so gekapselt werden konnten wie Achslager. Kolben und Dampfschieber verlangten hitzebeständige Schmiermittel.

Bei den Schiffsmaschinen lagen die Verhältnisse wiederum anders; hier war es die Oberflächenkondensation, die den Übergang zu Mineralölen erzwang. In der Frühzeit der Dampfmaschinen wurde der Dampf nämlich durch Einspritzen von kaltem Wasser in den Kondensator zum Konden-

---

[192] 1867 hatte JOSHUA MERITT herausgefunden, daß die unbefriedigenden Eigenschaften der Destillate: Ungeeignete Viskosität, dunkle Farbe und schlechter Geruch, auf Crackprodukte bei der Destillation zurückzuführen waren. Durch eine gezielte und sorgsam durchgeführte Destillationstechnik gelang es MERITT, Öle von besserer Qualität herzustellen [501].

sieren gebracht. Bei seegehenden Schiffen geschah das mit Seewasser, mit der Folge, daß sich die im Seewasser gelösten Mineralien und Salze als „Kesselstein" auf den Kondensatorwänden niederschlugen. Damit verschlechterte sich der Wärmeübergang nachhaltig, ganz abgesehen von der korrosiven Wirkung des Salzes. Um das zu vermeiden, mußte man mit der Dampftemperatur unter 140 °C bleiben, was den Dampfdruck auf unwirtschaftliche 3 bar (absolut) begrenzte. Diese Einschränkung entfiel mit der Einführung der Oberflächenkondensation durch HUMPHREY 1859, bei der Dampf und Kühlwasserstrom getrennt voneinander geführt werden. Aber jetzt wurden die Kondensatorwände durch Fettsäuren angegriffen, wie sie beim Zersetzen des zur Schmierung dampfberührter Teile benutzten Talgs, „vornehmlich Rindertalgs", entstanden. Mineralöle hatten diesen Nachteil nicht: „Cranes-Oel oder Manhattan-Oel usw. werden … bei Oberflächenkondensationsmaschinen zur Schmierung der Cylinder verwendet. Das helle, klare, dünnflüssige Cranes-Oel erfreut sich von allen Mineralölen im Allgemeinen des grössten Beifalles …" [496].

Als Zylinderöl wurden neben reinen Mineralölen auch „gefettete Öle" gebraucht, eine Mischung aus mineralischen und vegatabilischen Ölen, sogenannte Compound-Öle. Die Schwingzapfen, mit denen die Zylinder oszillierender Dampfmaschinen gelagert waren, verlangten ein höher-viskoses Schmiermittel; hier wurde Talg bevorzugt. Einen Eindruck von den Verhältnissen im Maschinenbetrieb an Bord vermittelt folgender Hinweis aus einem Handbuch für Schmiermittel:

„ … Zum Schmieren der Maschinenteile haben sich reine Mineralöle nicht einführen können, weil sie bei der erforderlichen Leichtflüssigkeit nicht genügend schmierfähig sind. Man verwendet dort Öle mit hohem Fettgehalt. So bringt z. B. die Deutsche Vacuum Oil Company ein sogenanntes Marine Engine Oil auf den Markt, das die Eigenschaft hat, an den Maschinenteilen einen Schaum zu bilden, der sorgfältig von dem Maschinisten beobachtet wird. Wenn der Schaum anfängt zu verschwinden, so ist dies für den Maschinisten ein Zeichen, daß der betreffende Maschinenteil wegen Überhitzung seine Aufmerksamkeit erfordert, was für den Seedienst von besonderem Wert ist …" [503].

Die Erfahrungen im Dampfmaschinenbetrieb schlugen sich zunehmend in Vorschriften über die zu verwendenden Schmierstoffe nieder, wobei ein Nebeneinander von dezidierten und ganz vagen Angaben zu beobachten ist. Die *MAN,* gegen Ende des 19. Jahrhunderts ein bedeutender Hersteller von Dampfmaschinen, gab ihren Kunden und Betreibern ausführliche Richtlinien über die Schmierung und Schmiermittel der Maschinen an die Hand. Diesen *Allgemeinen Vorschriften* ist Folgendes zum Thema Schmiermaterial zu entnehmen:

„ … Von größter Wichtigkeit ist, neben sorgfältigem, gewissenhaften Schmieren der Maschine, die Verwendung von Schmiermaterial geeigneter Qualität.

Zum Schmieren der Dampfzylinder darf nur Mineralöl verwendet werden, selbstverständlich aber nur von entsprechender Qualität; denn besonders Mineral Oele finden sich häufig in schlechter Qualität und mit schädlichen Zusätzen vermischt. Namentlich muß für den Hochdruck-Cylinder, wegen der hohen Dampftemperatur desselben, Oel mit hohem Siedepunkt verwendet werden.

Niemals darf zum Schmieren von Dampfcylindern vegetabilisches (Rüböl) oder animalisches Fett (Talg) verwendet werden, weil solche Fette Sauerstoff enthalten und deßhalb durch den Dampf Fettsäure erzeugt wird, welche das Eisen angreift und in verhältnismäßig kurzer Zeit zerstört.

Mineral-Oele dagegen sind gar keine Fette und enthalten kein Sauerstoff, sondern es sind lediglich Kohlenwasserstoffe, welche niemals Säuren bilden können.

Für die Lager der Kurbelachse, Kurbel, Treibstange und Steuerungswelle und für die Gleitbacken des Kreuzkopfs soll bestes Oliven-Oel mit großem Fettgehalt verwendet werden. Von Mineral-Oelen eignen sich hierfür nur die schwerflüssigen Maschinen-Oele, wie Oleonaphta 0 oder 1 und Valvoline Maschinen-Oel.

Für Regulator und Steuerungsteile ist helles Mineral-Oel, sogenanntes Spindel-Oel am geeignetsten. Die Steuer und Regulatorräder sind von Zeit zu Zeit mit Cylinder-Oel zu schmieren …" [504].

Wiewohl hier eine entsprechende Qualität der Öle gefordert wird, so fehlen doch Angaben, wie diese Qualität definiert ist. In einem Aufsatz über die Zylinderschmierung der Dampfmaschinen und Verbrennungsmotoren aus dem Jahre 1910 wird Qualität über den Preis definiert.

„ … Für Dampftemperaturen bis 250° im Mittel genügt ein Oel zu 50 M(ark) für 100 kg, über 270° bis 300° und wahrscheinlich auch noch für höhere Temperaturen ein solches von rd. 70 M. Die Preise verstehen sich für Jahresabschlüsse von einigen Tausend Kilogrammen …" [505].

Als die Verbrennungsmotoren aufkamen, konnte man auf die Erfahrungen mit der Schmierung von Dampfmaschinen zurückgreifen, doch die Arbeitsbedingungen für das Schmiermittel sind im Verbrennungsmotor ungleich härter, weil es direkt der Wirkung der heißen Verbrennungsgase ausgesetzt ist. Dadurch wird das Öl zweifach belastet, durch die hohen Temperaturen und durch den Kontakt mit den Verbrennungsprodukten. Öl, das an den Kolbenringen vorbei in den Brennraum gelangt, verbrennt. Diese Verbrennungsprodukte und die des Kraftstoffs lagern sich am Kolben und – besonders schlimm – in den Ringnuten ab und beeinträchtigen die Funktion der Kolbenringe. Ablagerungen am Feuersteg verkleinern das Kolbenspiel in diesem Bereich, was den Zylinderverschleiß hoch treibt und zu Anreiber und Fresser führen kann. Die hohen Temperaturen, der Kontakt mit Verbrennungsprodukten, dem Luftsauerstoff aber auch mit dem metallischen Abrieb bewirken chemische Vorgänge; die Öleigenschaften ändern sich, das Öl verschmutzt und altert, Bild 84.

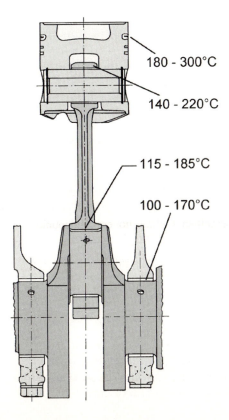

180 - 300°C

140 - 220°C

115 - 185°C

100 - 170°C

Bild 84
Temperaturen im Triebwerk

Zylinderöle für Dampfmaschinen mußten mit ihrem Flammpunkt über der Dampftemperatur von 200 bis 300 °C liegen, damit das Öl nicht verdampfte und sich mit dem Wasserdampf vermischte. In Motoren sind die Verbrennungstemperaturen so hoch (in der damaligen Fachliteratur werden sie – viel zu niedrig – mit 1100 bis 1400 °C angegeben), daß es kein Öl gibt, welches ihnen widerstehen könnte. Weil Schmieröl, wenn es in den Brennraum gelangt, im Kontakt mit den heißen Verbrennungsgasen verbrennt, kommt es darauf an, daß es dann wenigstens rückstandsfrei verbrennt. Ergänzen lassen sich diese Angaben durch eine Bemerkung, welche auch die Wirksamkeit der Kolbenringabdichtung früher Motoren beleuchtet:

„ … Den Flammpunkt wählt man nicht zu hoch, da das über den Kolbenboden gelagerte Öl möglichst restlos verbrannt werden muß …" [506].

Rückstände aus verbranntem Schmieröl zwangen zu häufiger Reinigung der betroffenen Teile:

„ … Das Abnehmen der Kolbenringe wird oft nötig, wenn man die Ringnuten von Ölkohle reinigen will …" und „ … Es empfiehlt sich, nach jeder Fahrt Petroleum in die Zylinder zu spritzen und hierauf den Motor einige Male anzudrehen; dadurch wird auch dem zu raschen Ansetzen harter Ölkohle am besten vorgebeugt …" [507].

Das gleiche Problem war übrigens auch bei Dampfmaschinen aufgetreten. So wird in einem Fachbuch über Lokomotiven aus den 1920er Jahren geklagt:

„ … Das unverarbeitete Öl sammelt sich in den Nuten der schmalen Kolbenringe, verdickt dort und hält die schmalen Kolbenringe fest, wodurch die Federkraft beeinträchtigt wird. Die Kolben müssen dann herausgenommen werden, mittels Petroleum gereinigt und die Ringe gangbar gemacht werden …" [508].

Die höheren Anforderungen, welche die Verbrennungsmotoren im Vergleich zu Dampfmaschinen an das Schmiermittel stellen, erzwangen die Verwendung von Mineralölen. Animalische und vegetabilische Öle hatten zwar bessere Schmiereigenschaften, verloren aber zu stark an Viskosität bei den hohen Zylinder-Temperaturen im Motor. *Crossley Brothers* in Manchester, Lizenznehmer der *Gasmotorenfabrik Deutz,* hatte in Versuchen festgestellt, daß sich Mineralöle mit einem gewissen Zusatz von „fetten" Ölen (tierischen oder pflanzlichen Ölen), sogenannte Compound-Öle, besser für die Gasmotoren eigneten als rein mineralische Öle. Später wurden auch die mit flüssigen Kraftstoffen betriebenen Otto-Motoren („Benzinmotoren") mit solchen Ölen gefahren. Unbehandelte Destillate haben den Nachteil, daß sie bei den Temperaturen im Motor harz- und asphaltartige Rückstände bilden. Durch Raffination (Verfeinern) des Destillates, ungefähr seit der Jahrhundertwende in Gebrauch, wurde hier ein Fortschritt erzielt: Die Destillate wurden mit Schwefelsäure behandelt, welche die zähflüssigen, harzartigen Bestandteile im Destillat bindet, so daß sie ausgeschieden werden können. Die Restsäuren (Sulfosäuren) wurden mit Laugen ausgewaschen. So wurde von Schmierölen für Kfz-Motoren verlangt, daß sie harz- und säurefrei waren und einen hohen Entflammungspunkt hatten. Die für Kfz-Motoren verwendeten Öle entsprachen in der Viskosität in etwa der SAE 30. Dabei wurden für die verschiedenen Jahreszeiten z. B. solche Empfehlungen ausgesprochen [506]:

Eigenschaften	Sommeröl	Winteröl
spez. Gewicht	0,89 bis 0,94	0,87 bis 0,94
Flammpunkt im offenen Tiegel	210°	195°
Viskosität bei 20 °C	44 bis 48 Englergrade	22 bis 40 Englergrade
Kältepunkt	–	−20 °C

Die Viskosität wurde als wichtiges quantitatives Kriterium erkannt, so daß in den damals bedeutenden Industrieländern verschiedene Meßmethoden entwickelt worden sind, in Deutschland durch KARL ENGLER, in England durch REDWOOD, in den USA durch SAYBOLT und in Frankreich durch BARBEY. Diese Meßverfahren beruhen auf der Messung der Ausflußzeit von Ölen bei einer bestimmten Temperatur. ENGLER bezog die Ausflußzeit des Öl auf die von Wasser, während REDWOOD und SAYBOLT die absolute Zeit angaben. In Frankreich wurde die in einer Zeit ausgeflossene Ölmenge als Maß für die Zähigkeit gewertet. Vor dem zweiten Weltkrieg war die ENGLER'sche Maßangabe in Kontinentaleuropa weit verbreitet, da aber, wie Prof. L. UBBELOHDE (TH Berlin) nachwies, die Englergrade nicht die absolute Zähigkeit kennzeichnen, ging man zur Angabe absoluter Werte im physikalischen Maßsystem über. In der Praxis, vor allem in der Seefahrt, wurde die Viskosität noch lange in Redwood- bzw. Saybolt-Sekunden angegeben.

Vor dem ersten Weltkrieg herrschte noch keine einheitliche Vorstellung, welches die „richtige" Viskosität für die Motoren sei. Anfangs wurde eine höhere Viskosität eher negativ beurteilt, dann galten zähe Öle als die besseren:

„ … Handelt es sich um einen Motor, welcher noch automatische, also ungesteuerte Saugventile besitzt, so empfiehlt sich die Verwendung eines dickflüssigen Öles, weil dünnes Öl durch den anfangs in den Zylindern vorhandenen Unterdruck eher an den Kolben vorbei in den Explosionsraum gezogen wird und sich dort unnötigerweise als Ölkohle festsetzt. Auch ist dickeres Öl angezeigt, wenn die Kolbenringe mangelhaft abdichten …" [509].

Der noch ungenügende Wissensstand über die Schmierung und Schmiermittel wird auch bei der Durchsicht von Motor-Betriebsanleitungen erkennbar: Für Sechszylinder-*Benz*-Flugzeugmotoren wird 1914 lediglich vorgeschrieben:

„ … Als … Schmieröl … verwende man … ein gutes bei der mittleren Temperatur der betreffenden Jahreszeit noch mittelflüssiges, säurefreies Automobil-Schmieröl oder entsprechende Spezialöle für Flugmotoren …" [510].

Noch kürzer ist die Empfehlung für die Betreiber von „Daimler-Lastkraftwagen mit Cardanantrieb Typ Dc 1a" von 1924: „Nur bestes Mineralöl verwenden!" [511]. Eine Erklärung für solche lapidaren Hinweise der Motoren-Hersteller bezüglich der doch für die Funktion und Lebensdauer des Motors so wichtigen Schmierung gibt der Schmierungs-Fachmann WALTER OSWALD[193)] in [512]:

„ … Bei dem Tiefstande der Schmiertechnik und -wissenschaft ist trotz der zahllosen und teilweise verzwickten Prüfverfahren eine wirklich zuverlässige Untersuchung über den praktischen Wert eines Schmiermittels kaum durchzuführen. Maßgebend ist und bleibt heute noch der praktische Versuch – z. B. bei Motorenöl durch Dauerbremsung und Bestimmung des mechanischen Wirkungsgrades eines Motors mit verschiedenen Ölen. Es können noch nicht einmal die verschiedenen im Handel befindlichen Ölprüfungsmaschinen empfohlen werden, da sie zu wenig verwendbare Ergebnisse liefern …" [512].

Dieser Wissensstand kann nicht verwundern, schließlich ist Schmierung ein hochkomplexer Vorgang mit vielen, sich auch gegenseitig beeinflussenden Einflußgrößen. Zwischen dem Schmieröl, dem Kraftstoff und dem Triebwerk, namentlich der Kolbengruppe bestehen enge wechselseitige Beziehungen. Schmiermittel und Kraftstoffe haben die Entwicklung des Triebwerks beeinflußt, wie auch die Entwicklung der Motorenöle von insbesondere kolbenseitigen Forderungen geprägt ist. Mehrere Faktoren bestimmen das Verhalten des Öles im Motor: Ölqualität, Motorart, Leistungsdichte der Motoren, Leistungsprofil und Auslastung, Kraftstoffart, Betriebsbedingungen, Außentemperaturen, Ölbelastung (Motorleistung / Ölvolumen), Öltemperatur (Ölkühlung), Filterung u. a. mehr. Mit anderen Worten: Man mußte die Erkenntnisse und die

---

193) WALTER OSWALD, 1886 bis 1958, Sohn eines berühmten Vaters, Prof. WILHELM OSTWALD, war nach einem Chemie-Studium in verschiedenen Bereichen tätig. Oswald war Mitherausgeber der *Automobiltechnischen Zeitschrift* und setzte sich energisch für die Verwendung von Benzol als Motorkraftstoff ein. Außerdem war Ostwald auch an der Planung der Reichsautobahnen beteiligt.

Erfahrungen mit dem Schmiermittel, den Motoren, den Kraftstoffen und den Bedingungen ihres Zusammenarbeitens erst noch gewinnen. Weil es eben kein eindeutiges Kriterium für die Ölqualität gibt, versuchte man, die Öle durch einzelne Eigenschaften zu charakterisieren: Spezifisches Gewicht, Flammpunkt, Brennpunkt, Stockpunkt, Viskosität, Säurezahl, Asphaltgehalt, Wassergehalt, Aschegehalt und Gehalt an festen Stoffen. Es waren vor allem die empfindlichen, weil hoch belasteten Flugmotoren, deren Betreiber auf genauere Angaben über die zu verwendenden Schmieröle angewiesen waren. Auch für Fahrzeugmotoren wurden mittlerweile weitergehende Hinweise gegeben:

„ … Motoröl. Zur Schmierung des Motors darf nur hochwertiges Markenöl verwendet werden. Im Sommer benütze man ein Oel mit einer Viskosität von 12° bis 15° Engler bei 50 °C. Für den Winter kommt etwas dünneres Oel in Frage, mit einer Viskosität von 8° bis 10° Engler bei 50 °C. Dabei muß der Stockpunkt unter −10° C. liegen …“ [513] (*Maybach 12; 1930*) oder „ … Das für den Henschel-Diesel-Motor geeignete gute Schmieröl muß etwa folgende Eigenschaften besitzen:

	im Sommer	im Winter
Viskosität bei 50° n. Engler nicht über	12°	5,5–7°
Viskosität bei 100° n. Engler	2,1°	etwa 1,7°
Flammpunkt mindestens	215°	über 195°

Das Oel muß absolut harz- und säurefrei sein und geringsten Aschegehalt besitzen. Das Winteröl muß erst bei Morgentemperaturen unter −5° verwendet werden …“ [514] (*Henschel; 1935*).

Alles in allem bestand die Tendenz, zäherflüssige Öle zu bevorzugen, weil diesen bessere Schmiereigenschaften, insgesamt ein besseres Laufverhalten zugeschrieben wurden. Nun war eine hohe Viskosität sicher nicht das geeignete Mittel, die unzureichende Dichtwirkung von Kolbenringen auszugleichen, doch hat die höhere Tragfähigkeit solcher Öle geholfen, größere Rauheiten oder andere Unzulänglichkeiten der Fertigung besser zu verkraften. Das geht auch aus einer später getroffenen Feststellung hervor:

„ … Der Übergang zu dünnflüssigen Ölen von allerhöchstens 6,5° Engler bei 50 °C ist auch in Deutschland angesichts der Verfeinerung der mechanischen Herstellung der Motoren längst möglich und sollte energisch vorwärtsgetrieben werden …“ [515].

Die starke Rückstandsbildung wurde in technischen Berichten, Fachaufsätzen und Fachbüchern immer wieder erwähnt. In Flugzeugmotoren wurden allgemein compoundierte Öle („fette Öle“), d. h. Raffinate mit 3 bis 5 % pflanzlichen und/oder tierischen Ölen verwendet, weil deren Viskosität mit der Temperatur weniger stark abnahm als die „reiner“ Raffinate. Compound-Öle wurden noch bis in die 1930er Jahre gefahren, nicht nur in Flugzeug-, sondern auch in Kfz-Motoren, aus einem Grund, der uns heute seltsam anmutet:

„ … Die Reichswehr, Reichspost und ABOAG gestatten einen Gehalt an pflanzlichen und tierischen Ölen und Fetten bis zu 5 % in Übereinstimmung mit den von verschiedenen Luftverkehrsgesellschaften aufgestellten Bedingungen, denen zufolge die Öle für wassergekühlte Flugzeugmotoren guten Automobilmotorenölen entsprechen sollen, da bei Überlandflügen auf Notlandungen infolge Brennstoffmangels das fast überall erhältliche Automobilmotorenöl ohne besondere Umstellung der Ölpumpe den Weiterflug ermöglichen kann …“ [516].

Einen Sonderfall, auch bezüglich der Schmierung, stellen die Umlaufmotoren dar: Bei den Umlaufmotoren gelangte das Gemisch durch die Kurbelwelle in den Kurbelraum und von dort durch selbsttätige Ventile im Kolbenboden in den Brennraum. Dabei kam das Schmieröl mit dem Gemisch in Kontakt, es durfte sich also nicht im Benzin lösen. Weil das Gemisch seinerseits Schmieröl in den Brennraum mitriß, sollte dieses Öl möglichst rückstandsfrei verbrennen. Wegen der zusätzlichen großen Normalkraft der Kolben als Folge der Coriolis-Beschleunigung[194] und wegen des hohen Temperaturniveaus luftgekühlter Motoren brauchten die Umlaufmotoren höherviskose Öle als Standmotoren. Diese Bedingungen erfüllt Rizinusöl[195] am besten: Es löst sich nicht in Benzin, haftet gut an den Gleitpartnern, hat eine eine hohe Viskosität (140 °E bei 20 °C; 17 °E bei 50 °C), ist hitze- und kältebeständig (−10 °C bis −18 °C) und verbrennt nahezu rückstandsfrei[196] [517]. Als im ersten Weltkrieg auf deutscher Seite das Rizinusöl knapp wurde, versuchte man, Rizinusöl nur für das Einfahren der Motoren zu verwenden und die Motoren dann mit Mineralöl mit einer geringen Beimengung an Rizinusöl laufen zu lassen; das Ergebnis war negativ:

„ … das Mineralöl löste sich im Benzin auf und blieb wirkungslos, die Kolben fraßen sich fest …“ [518].

Deshalb wich man auf Voltolöl[197] aus, das durch Eindicken (Polymerisieren) von pflanzlichen und tierischen Ölen unter Zusatz von Mineralöl durch Glimmentladung erzeugt wurde. Voltolöl ist ein zähflüssiges, schmierfähiges Öl, das in seinen Eigenschaften dem Rizinusöl nahekommt. Für Standmotoren (als Gegensatz zu Umlaufmotoren) verwendete man eine Mischung aus Zylinderölen, Raffinaten und 50 bis 60 % Voltolöl (T 50; T 60). Wegen ungenügender Kältebeständigkeit wurde schließlich eine Mischung aus geblasenem Rüböl[198] [519] oder Fischtran, Voltolöl und Raffinat eingesetzt, die aber stark zu Rückstandsbildung neigte. Kolben und Zylinder mußten schon nach 15 Stunden gereinigt werden [520]!

In den 1920er Jahren ging der Trend dahin, vermehrt Raffinate anstatt von Destillaten zu verwenden; so heißt es in der Betriebsvorschrift für einen Dieseltriebwagen:

„ … Bei der Bestellung von Schmieröl sind stets sämtliche angeführte Eigenschaften anzugeben. Bezüglich der Herstellungsart kommen nur Raffinate, keine Destillate in Betracht …“ [521].

Die Vorstellungen davon, welche Eigenschaften Schmieröle haben sollten, waren diffus, so wurde viel mit dem Begriff der „Schmierfähigkeit“ („oiliness“) argumentiert. Man wußte, daß sich Öle, ungeachtet gleicher Viskosität, unterschiedlich verhielten, was auf das Benetzungsvermögen, eben jene oiliness, zurückgeführt wurde [522].

„ … Von noch größerer Bedeutung ist … insbesondere das Schmiervermögen oder die „oiliness“. Es ist bekannt, daß ein eindeutiger Maßstab für das Schmierungsvermögen eines Öles bisher noch nicht gefunden werden konnte …“ [523].

Daß sich Unzulänglichkeiten der Motoröle in den 1920er Jahren kolbenseitig nicht stärker bemerkbar gemacht haben (und somit in der technischen Literatur keinen Niederschlag fanden), dürfte daran gelegen haben, daß einerseits die Probleme mit den frühen Leichtmetall-Kolben die der Schmiermittel überdeckt haben, und andererseits der Übergang zu den Leichtmetall-Kolben die Schmiermittel entlastete:

"… From the point of view of lubrication the turning point in the evolution of the high speed oil engine was the adoption of aluminium instead of cast-iron pistons which became general about 1930 …" [501].

---

[194] GASPARD GUSTAVE DE CORIOLIS, 1772 bis 1843, Professor an der berühmten *École polytechnique und École des ponts et chaussées* entdeckte und beschrieb die nach ihm benannte Beschleunigung, die als Folge einer radialen Bewegung in einem rotierenden System auftritt. Beispiel: Kolbenbewegung im Umlaufmotor.

[195] Rizinusöl wird aus dem Samen der Rizinus-Pflanze gewonnen; diese wächst in südlichen Ländern, d. h. Rizinusöl mußte importiert werden.

[196] Als die *DVL* Anfang der 1940er Jahre Kriterien für die Schmierfähigkeit und das Verschleißverhalten verschiedener Öle in Motorversuchen erarbeitete und diese zu einer Bewertungsskala zusammenfaßte, stellte man fest, daß Rizinusöl in seinen Eigenschaften dem Idealwert nahe kam [517].

[197] Voltolöl ist ein Kunstwort, gebildet aus Volt (als Bezug zur Herstellungsart) und oleum.

[198] Längeres Einblasen von Luft in vegetabilische Öle bei Temperaturen von 100 bis 130 °C macht diese Öle dickflüssiger und zäher, ähnlich dem Rizinusöl. Im Gegensatz zu letzterem sind geblasene Öle benzinlöslich.

Als dann Ende der 1920er Jahre die prinzipiellen Schwierigkeiten mit den Kolben durch die AlSi-Legierungen, die Invarstreifen-Kolben und andere Maßnahmen überwunden waren, rückte das Betriebsverhalten der Motoröle stärker in den Vordergrund. Dabei stand man vor dem Dilemma, daß man die motor- bzw. die kolbenrelevanten Eigenschaften der Öle nicht quantitativ beschreiben konnte. Der Kern dieses Problems wird in einer Aufforderung Ernst Mahles[199)] an die Ölhersteller und deren Erwiderung darauf deutlich:

„ … Oel-Leute … wenn man am Tag einige Tausend Kolben herstellt, dann soll es vorkommen, daß gelegentlich einige zurückkommen … Das wäre an sich nicht schlimm, wenn diese Dinger nicht so unglaublich schmutzig wären, daß man die Ölrückstände in Form einer teerartigen Masse mit einem Löffel herauskratzen muß … da ist sicher etwas nicht in Ordnung, um so mehr als ein – leider ganz kleiner – Teil des Kolbens derartige Rückstände nicht aufweist … mit Schrecken erkennt man, daß ein Öl mit derartiger Rückstandsbildung einen Zersetzungsprozeß durchgemacht haben muß … Nun hat der arme Kunde ganz sicher schon einen „Wegweiser" und „Führer" nicht beachtet, sonst wäre ihm das nicht passiert … Sollte es wirklich keine Möglichkeit einer einfachen Prüfung geben, die ein hochwertiges Öl von besserem Wasser unterscheidet? Analyse, spez. Gewicht, Stockpunkt, Flammpunkt, Viskosität, Säurezahl, Gehalt an Asche, Wasser, Asphalt und sonstige schädliche Bestandteile, sind die Kennziffern eines Oels und lassen sich … nachprüfen. Trotzdem konnten sich die Öle, die sich darin als gleichwertig zeigen, bei verschiedener Provenienz und Verarbeitung in ihrer Schmierfähigkeit im Betrieb verschieden verhalten … Da gilt es also, eine andere zu finden, die eine Qualitätsabstufung eindeutig kennzeichnet …" [524].

In Erwiderung weist ein „Schmierungs-Ingenieur" auf die Problematik der Quantifizierung praxisrelevanter Eigenschaften hin:

„ … wir können, ohne uns schämen zu müssen, sagen, daß gerade der Begriff des Schmierwertes, also die Fähigkeit, unter gegebenen Umständen einen ununterbrochenen Schmierfilm aufrecht zu halten, zahlenmäßig noch nicht erfaßt ist. Es ist heute nur bei großer Erfahrung möglich, aus den bisher üblichen Untersuchungsmethoden der Öle unmittelbar auf ihre Verwendbarkeit einen Schluß zu ziehen …" [525].

In den USA hatte 1911 die *Society of Automotive Engineers (SAE)* erste Motoröl-Spezifikationen betreffend Dichte, Viskosität, Flammpunkt und Koksrückstand formuliert. Ein weiterer Schritt auf dem Wege zu einer einheitlichen und verbindlichen, wenn auch nur auf ein Kriterium beschränkten Nomenklatur der Ölsorten, war 1926 mit der SAE-Viskositäts-Klassifikation getan worden, mit der die Öle in sieben Viskositätsklassen, von SAE 10 bis SAE 70, eingeteilt wurden. Dem liegt die Darstellung der Viskosität verschiedener Ölsorten in Abhängigkeit von der Temperatur zu Grunde, wie sie von G. H. Dean und E. W. Davis *(Standard Oil Co.)* bestimmt wurde. Prüfverfahren für eine praxisgerechtere Bewertung mußten erst noch erstellt werden. Dennoch, trotz aller Fortschritte bei der Schmiermittelforschung und -entwicklung bestand weiterhin eine Unsicherheit über Eigenschaften und Wirksamkeit von Schmiermitteln, erkennbar an vielen Beispielen; so heißt es z. B. im *Bussien* von 1928:

„ … Anstelle der üblichen teuren Raffinate (d. h. mit konzentrierter Schwefelsäure gereinigten Öle) kann man meist mit Vorteil die billigen Destillate von dunkler Färbung verwenden …" und weiter: „ … Die Erneuerung des Motoröles ist bei normalem Betriebe eigentlich nur einmal – nach den ersten 500 km – nötig, um die losgeriebenen Metallteilchen zu entfernen. Sonst hält sich gutes Öl unter Ergänzung des Verbrauches ewig …" [526].

[199)] Ernst Mahle, 1896 bis 1983, nach Studium an der TH Stuttgart bei Prof. Carl Bach trat E. Mahle in den *Versuchsbau Hellmuth Hirth,* der späteren *Elektronmetall GmbH,* Cannstatt EC), ein und leitete die Kolbenproduktion. Zusammen mit seinem Bruder Hermann Mahle übernahm er diese Firma und baute sie zu einem weltweit bedeutenden Kolbenwerk, der heutigen *Mahle GmbH* aus.

In der 13. Auflage desselben Handbuches von 1931 wurde die Situation realistischer, jetzt aber zu pessimistisch gesehen:

„ … Grundsätzlich liegt die Kolbenschmierung noch sehr im argen … die besonderen Verhältnisse des Kolbenlaufes, insbesondere die Wärmeausdehnungsfrage, scheinen es noch nicht möglich gemacht zu haben, die Schmieraufgabe des Kolbens wirklich befriedigend zu lösen. Der Kolben muß deshalb im neuzeitlichen Motor ebenso wie Kraftstoff, Schmieröl oder Zündkerze als Verbrauchsgegenstand, nicht als Maschinenbauteil angesehen werden …" [527].

Die Unsicherheit des Wissens um die Eigenschaften und das Verhalten des Öles kommt auch in den widersprüchlichen Angaben und Vorschriften bezüglich der Ölwechselzeiten zum Ausdruck. Heißt es in einem Fall:

„ … altes Öl alle 1000 km vollständig ablassen …" [509], so wird an anderer Stelle festgestellt:

„ … daß insgesamt vom Motoröl, welches vor dem Kriege *(Anmerk. d. Verf: Gemeint ist hier der erste Weltkrieg)* bekanntlich nicht gewechselt, sondern nur ergänzt wurde …" [528].

Auch die Kombination beider Vorgehensweisen war üblich:

„ … Viele Omnibus-Gesellschaften halten es für rationell, während der Fahrt überhaupt nie Öl nachzufüllen, sondern nach einer gewissen Strecke, ca. 1000 – 1500 km, das ganze Öl abzulassen und zu regenerieren …" [528].

Offensichtlich war man in den 1920er Jahren recht zuversichtlich, was die Dauer der Ölwechselintervalle angeht. In der Bedienungsanleitung aus dem Jahre 1929 für einen Pkw wird empfohlen, nach der Einfahrperiode mit Ölwechseln von 1000 und 2000 km dann

„ … später unbedingt alle 5000 km das ganze Öl abzulassen und zu erneuern. Während der Wintermonate ist es empfehlenswert, den Ölwechsel alle 3000 km vorzunehmen …" [529].

Ähnliche Angaben findet man auch in den technischen Handbüchern jener Zeit [530]. Ein anderer Diskussionspunkt war die „Oberschmierung" oder „Frischschmierung": Durch Zusatz von 0,25 % Öl zum Kraftstoff sollten nach Art der Zweitaktmotoren-Schmierung der erste Kolbenring und die Ventile zusätzlich geschmiert werden. Die Oberschmierung wurde auch als eine Maßnahme gegen die „Ricardo-Korrosion"[200]: Zylinder- und Kolbenring-Verschleiß durch korrosive Verbrennungsprodukte, angesehen. Oberschmierungs-Öle mußten sich gut mit dem Kraftstoff mischen lassen und sollten nur schwer verbrennbar sein.:

„ … Fehlende Oberschmierung ist der Grund der großen Kolbenreibung und vorschnellen Abnutzung des Motors, und es ist daher jedem Motorfahrer unbedingt zu empfehlen, ein gutes Oberschmieröl zu verwenden … Die Verwendung von Oberschmieröl ist denkbar einfach. Es wird in den Brennstoff gegossen, mit dem es sich ohne weiteres vermischt, ohne jemals wieder auszuscheiden oder Bodensatz zu bilden. Mit dem Brennstoff kommt es bei jedem Saughub frisch in den Explosionsraum und setzt sich dort auf den Zylinderflächen, Kolben und Ventilen als feiner Ölfilm ab, verhindert weitere Rußbildung und löst vorhandenen Ruß auf … und die Gefahr des Festfressens der Kolben und Ventile wird behoben …" [531].

Bislang waren paraffinbasische Schmieröle wegen ihres für den Motorbetrieb geeigneten Viskositäts-Temperatur-Verhaltens (VT) bevorzugt worden, aber auch weil sie der Alterung (Oxidation) gut widerstanden. In Dieselmotoren neigten sie aber dazu, harte, kohleartige Rückstände zu bilden, die sich an den Brennraumwänden, auch am Kolben ablagerten und den Zylinder-, Ring- und Kolbenverschleiß in die Höhe trieben. HARRY RICARDO hatte 1925 an der Entwicklung eines schiebergesteuerten Dieselmotors gearbeitet, bei dem sich diese Erscheinung besonders un-

---

[200] HARRY R. RICARDO (später Sir RICARDO), 1885 bis 1974, hatte Anfang der 1920er Jahre als erster auf den Einfluß korrosiver Verbrennungsprodukte auf den Zylinderverschleiß aufmerksam gemacht, daher die Bezeichnung „Ricardo-Korrosion".

angenehm bemerkbar machte. Versuche mit naphtenbasischen Ölen ergaben, daß diese weniger und weichere Rückstände bildeten und somit die Zylinder schonten. Bei paraffinbasischem Öl gingen die Ringe nach 40 bis 50 Stunden fest, naphtenbasische zögerten das Ringstecken auf 120 bis 150 Stunden heraus [532]. Bis Ende der 1920er Jahre setzte sich die Entparaffinierung der Raffinate allgemein durch.

Mittlerweile waren die Anforderungen an die Schmieröle gleich aus mehreren Gründen gestiegen: Dank der Leichtmetall-Kolben konnten die Otto-Motoren mit höheren Verdichtungs-Verhältnissen gefahren werden, id est: höhere Leistungen und höhere Temperaturen. In dieselbe Richtung zielten klopffestere Kraftstoffe. Beim Nkw-Dieselmotor war es die kompressorlose Einspritzung, ebenfalls durch die Leichtmetall-Kolben ermöglicht, der zufolge die spezifische Leistung (effektive Literarbeit) und die Drehzahl anstiegen. Die Motoröle wurden also höher belastet, gleichzeitig wurden strengere Maßstäbe an die Rückstandsbildung gelegt, weil die Leichtmetall-Kolben hierunter stärker litten als früher die Grauguß-Kolben.

Es hatte sich herausgestellt, daß das Raffinieren mit Schwefelsäure seine Nachteile hatte. Die unerwünschten harz- und asphaltbildenden Bestandteile der Destillate konnten doch nicht im gewünschten Maß entfernt werden, auch wurde das Öl durch den Raffinationsprozeß in seiner Schmierfähigkeit beeinträchtigt, Nachteile, welche die Lösungsmittel-Verfahren („Solvent-Raffination") nicht hatten. Mittels selektiv arbeitender Lösungsmittel gelang es besser, die unerwünschten aromatischen Bestandteile zu entfernen. Dabei bedienten sich die einzelnen Mineralöl-Gesellschaften unterschiedlicher Lösungsmittel: Schwefeldioxid (Edeleanu-Verfahren), Phenol oder Furfurol. Das Furfurol-Verfahren setzte sich später in Deutschland weitgehend durch. Nach Verringerung der für Oxidation empfindlichen Bestandteile bildeten die Öle weniger Schlamm und Ablagerungen. Der sogenannte Kaltschlamm – physikalisch handelt es sich hierbei um eine Dispersion – entsteht in der Ölwanne, wenn Kondenswasser mit Fremdkörpern (Staub, Ruß) und gealtertem Öl emulgiert. Der Vorgang wird durch Metallspuren, hauptsächlich Kupfer und Eisen begünstigt, also besonders durch den Abrieb aus den Bleibronzelagern. Kaltschlamm entsteht verstärkt bei niedrigen Temperaturen, in der Warmlaufphase des Motors und bei geringer Belastung („Schwachlastbedingungen").

Die verschiedenen Motorgattungen stellen an das Schmieröl z. T. recht unterschiedliche Anforderungen, denen durch Mischen von Ölen verschiedener Viskosität und Siedecharakteristik Rechnung getragen wurde mit dem Ziel, die Verkokung und den Verdampfungsverlust zu verringern sowie der Kraftstoffverdünnung des Öles, ab Mitte der 1930er Jahre durch den Startervergaser verstärkt auftretend, entgegenzuhalten. Flugmotoren wurden bis zu dieser Zeit mit einem Gemisch aus Mineralöl und Rizinusöl betrieben:

„ … Die Schmierung des Motors hat nur mit bestem, säurefreien Mineralöl zu erfolgen, und als besonders vorteilhaft wird empfohlen, dasselbe mit 30 – 50 % einer Ölsorte zu mischen, die etwas Ricinus enthält. Diese 30 – 50 % sollen ungefähr die Qualität des „Optimal rot" oder des englischen „Castrol R"-Öles haben. Wir haben festgestellt, daß die Laufflächen des Motors bei Verwendung dieser Ölmischung viel schöner sind als bei Verwendung von gewöhnlichem Öl, so daß die Mehrausgabe für das bessere Zusatzöl durch die größere Lebensdauer des Motors sicher weitaus aufgewogen wird …" [533].

Die Arbeitsbedingungen für das Schmieröl in Flugmotoren waren in zweifacher Hinsicht erschwert:

„ … Die für das Schmieröl ungünstigen Bedingungen beim Höhenflug sind hohe Temperatur und niedriger Druck … Ein größerer Teil des Öles kommt in Berührung mit den heißen Kolben- und Zylinderwandungen, wo Temperaturen herrschen, bei denen wegen des entsprechend der Höhe niedrigen Luftdrucks das Öl zeitig zu sieden beginnt … Es muß deshalb ein Öl gewählt werden, das so hoch wie nur möglich siedet … jedoch ist selbstverständlich darauf zu achten, daß bei den hohen thermischen Beanspruchungen die Neigung eines Öles zum Verkleben der Kolbenringe so gering ist, daß keine Betriebsstörungen während des Fluges zu erwarten sind …" [501].

In den 1930er Jahren wurde deutlich, daß durch Maßnahmen bei der Raffination und durch Mischen von Ölen verschiedener Charakteristik (also durch Maßnahmen an den Grundölen) die steigenden Belastungen nicht mehr aufgefangen werden konnten. Durch die Entwicklung von Zusätzen (Additiven), mit denen gezielt einzelne Eigenschaften des Öles beeinflußt werden konnten, wurden Voraussetzungen für weitere Verbesserung der Motoren in der Leistung, im Betriebsverhalten und in den Laufzeiten geschaffen. Diese Entwicklung wurde vor allem in den USA und in Großbritannien, aber auch in Deutschland vorangetrieben.

Die *BASF* brachte 1931 einen Zusatz heraus, mit dem der Stockpunkt der Öle erniedrigt wurde, dann folgten Oxydations- und Korrosionsschutz-Zusätze sowie VI-Verbesserer (Oppanol) [354]. In den USA wurden Detergent- und Dispersant-Zusätze entwickelt. Mit den Detergents sollte das Verlacken des Kolbens und das Ringstecken verhindert werden, mit den Dispersants Rußteilchen und Oxydationsprodukte in der Schwebe gehalten und im Kurbelraum befindliches Wasser, ggf. auch Glykol, im Öl gelöst werden. Dabei machte man die Erfahrung, daß solche Öle, wenn sie nicht auch mit Oxydationsschutzmitteln versehen waren, die (Bleibronze-)Lager korrosiv angriffen[201] [532]. Die Entwicklung der Schmieröle und der Motoren bzw. deren Funktionsgruppen verlief gleichsam schubweise und phasenverschoben: Fortschritte auf der einen Seite beflügelten die Entwicklung an anderer Stelle:

„ … Der Einfluß der Schmierölalterung kann heute durch Verwendung sehr oxydationsbeständiger Öle z. B. solcher, die mit der Lösungsmittelraffination gewonnen wurden, fast ausgeschaltet werden …" [535].

Doch der Vorhalt, den man bei den Motoren durch eine ölseitige Verbesserung gewonnen hatte, wurde bald durch höhere Leistungen oder/und längere Betriebszeiten aufgezehrt. Die Belastbarkeit eines Bauteiles – das Schmieröl werde hier als Maschinen-Element betrachtet – läßt sich leichter bezüglich der Leistung als der Lebensdauer ermitteln. Bei den Motorenölen stellten sich die Fragen: Wie lange können sie gefahren werden, wann müssen sie gewechselt werden, und wie unterscheiden sich diesbezüglich die einzelnen Öle?

Das *Institut für Braunkohlen- und Mineralölforschung* an der TH Berlin untersuchte 1935 mehrere Öle im Feldversuch in Motoren von Schnelltriebwagen der *Deutschen Reichsbahn,* in Omnibus(Diesel)- und stationären Motoren. Die Motoren wurden im Betrieb überwacht; in regelmäßigen Abständen wurden Ölproben entnommen und auf ihre physikalischen und chemischen Werte analysiert. Die Ergebnisse hieraus lieferten Erkenntnisse über die Veränderung der Öle im Laufe der (Betriebs-) Zeit, über die Wirkung der Filterung und über den Zeitpunkt des erforderlichen Ölwechsels [536].

Die zügige Leistungssteigerung der Flugmotoren in den dreißiger Jahren hatte natürlich Folgen für das Schmieröl, schließlich ist das Öl im Motor just jenen Bedingungen ausgesetzt, durch welche chemische Veränderungen ausgelöst werden: Hohe Temperaturen der Kolben, Zylinder und Lager, zunehmend mit der Motorleistung, großflächiger Zutritt von Luftsauerstoff, begünstigt durch dünne Schmierfilme und innige Vermengung mit der Luft (Ölnebel) sowie die Anwesenheit von Katalysatoren in Gestalt von Metallabrieb. Dadurch unterliegt das Öl „thermisch-oxydativen Prozessen", Oxydations-, Kondensations- und Polymerisations-Produkte entstehen. Diese führen zu Rückständen, vorwiegend Asphalt und Ölkohle: „ … unter den genann-

---

[201] Die Fa. *Caterpillar* hatte 1937 ihre Motoren von Weißmetall auf Bleibronzelager umgestellt; dabei war es zu den o. a. Problemen gekommen.

ten Umständen entstehende, kohleartige Gemenge nicht näher definierter, extrem wasserstoffarmer, organischer Verbindungen …" [537] und Ölschlamm (wie oben beschrieben).

Die Verbrennungsprodukte lagerten sich, wenn auch in unterschiedlicher Konsistenz und Stärke, praktisch an allen Bereichen des Kolbens an. Beobachtungen und Untersuchungen hatten gezeigt, daß die Beschaffenheit dieser Ablagerungen von dem Bereich des Kolbens, wo sie zu finden waren, und damit von den Bedingungen und dem Vorgang ihres Entstehens, abhängen. Die Ölkohle auf dem Kolbenboden bestand aus Verbrennungsrückständen vor allem des Schmieröles. Letztlich war das also auch eine Frage der Wirksamkeit der Kolbenringe und auch der für den Ölhaushalt richtigen Auslegung von Kolben und Kolbenringen.

Noch bis weit in die 1930er Jahre enthielten die Motoröle vegetabilische Komponenten, die dazu neigten, beim Verbrennen eine harte Ölkohle zu bilden. In der Ringzone waren es die Oxidations- und Polymerisationsprodukte des Öles, welche Verbrennungsrückstände aus dem Brennraum banden und sich in den Ringnuten ablagerten. An den nicht-tragenden Teilen des Schaftes setzte sich ein relativ weicher Niederschlag ab, welcher aus unzersetztem Öl, gebunden in Zersetzungsprodukten des Öls, bestand. Die Kolbenbodenunterseite ("Innenseite") wies stets dann Ablagerungen auf, wenn auf Grund der Kolbenauslegung und -Konstruktion (z. B. bei Rippen an der Unterseite) die Temperaturen zu hoch wurden. Vegetabilische Öle begannen sich ab 300 °C zu zersetzen und lagerten sich dann an heißen Partien des Kolbens an [538]. Davon waren Ablagerungen in den Ringnuten am gefährlichsten, weil sie die Beweglichkeit der Kolbenringe einschränkten, bis hin zur völligen Unbeweglichkeit, dem gefürchteten *Ringstecken*. Demzufolge wurden die Forschungsarbeiten an den Schmierstoffen und ihrem Verhalten im Motor intensiviert, nicht zuletzt unter dem Druck des Rüstungswettlaufes vor dem zweiten Weltkrieg, denn schließlich begrenzte das Ringstecken die Leistung der Flugmotoren.

In Deutschland war es besonders die *DVL,* die auf dem Gebiet der Schmierstoff-Forschung wesentlich dazu beitrug, die Vorgänge beim Ringstecken und ihre Ursachen zu erhellen. Das *Ringstecken* oder *Festgehen der Ringe* wurde zu einem immer drängenderen Problem, ebenso die häufig zu beobachtende Verlackung der Kolben (Ablagerung und Festbrennen harzartiger Substanzen). Letztere weniger dadurch, daß Teile der Schicht abplatzten und den Ringverschleiß erhöhten, sondern mehr durch den schlechten Wärmeübergang der verlackten Partie, wodurch sich der Kolben örtlich überhitzte. Der Stand der Erkenntnisse Ende der dreißiger Jahre über diese Vorgänge kommt in [539] zum Ausdruck:

„ … Von dem durch die Pleuel der Zylinderlaufbahn zugeführten Schmieröl wird beim Verdichtungs- und Auspuffhub eine gewisse Menge in den Verbrennungsraum gebracht und dort als Film oder Nebel verteilt. Mit der Zündung verbrennt ein Teil dieses Oeles restlos, ein Teil wird durch partielle Oxydation zu Oelkohle verkokt und ein dritter Teil schließlich polymerisiert sich über Sauerstoffprodukte zu Asphalt. Diese festen Verbrennungsprodukte setzen sich, soweit sie nicht durch das Auslaßventil abgehen, auf den Kolbenboden und an den Zylinderwandungen ab. Hier verschmieren sie sich mit dem anoxydierten, flüssigen Restöl und bilden schließlich eine Suspension von Ölkohle und Asphalt im Oel, die gegenläufig zum Frischöl unter dem Einfluß des Arbeitshubes und des Gasdruckes vom Verbrennungsraum zum Kurbelgehäuse fließt … Oelkohle und Asphalt in Verbindung mit Metallabrieb und Bleirückständen aus dem Kraftstoff setzen sich an den Ringnuten ab, verschmieren die Ringnuten, um schließlich dort völlig festzubacken. Das Festgehen der Ringe ist eine weitere Folge, die zu Gaslässigkeit, Wärmestau und Kolbenbrennern führen kann …" [539].

Zur Untersuchung dieser Vorgänge wurden außermotorische Prüfverfahren entwickelt, mit Hilfe derer die Neigung der Öle zum Ringstecken beurteilt werden konnte. Man versuchte, den Alterungsvorgang des Öles durch verschärfte Bedingungen gleichsam im Zeitraffer ablaufen zu lassen [540]. Als nächste stellte sich die Frage nach den motorischen Einflußgrößen auf das Ringstecken. Aus vielen Versuchen kristallisierten sich vor allem zwei Faktoren heraus: Die Ringnut-Temperatur und das Axialspiel der Ringe. Je höher die Temperaturen und je enger die Spiele, desto empfindlicher waren die Kolben gegen das Ringstecken [541]. Das bedeutete, daß dem Phänomen „Ringstecken" weniger durch das Schmiermittel als vielmehr durch Begrenzen der Ringnut-Temperaturen beizukommen war. Anders ausgedrückt: Die Wirkung der weiterentwickelten und verbesserten Schmiermittel wurde durch die hohen Ringnut-Temperaturen als Folge gesteigerter Motorleistung aufgehoben [542]. So nimmt es nicht wunder, daß Flugmotoren schon nach einer Laufzeit von 250 Betriebsstunden überholt werden mußten. Für luftgekühlte Hochleistungsmotoren verkürzte sich die Zeit bis zur Demontage der Zylinder und Reinigung der Ringe und Ringnuten auf 70 bis 100 Betriebsstunden [541]. Andererseits wurde mit der erwähnten Entwicklung von Zusätzen (Additives) das Problem auch vom Öl her angegangen, doch kamen die ölseitigen Maßnahmen in Deutschland erst nach dem Kriege wirksam zum Tragen.

Mittlerweile hatte man bei den Flugmotoren auf den Rizinus-Zusatz verzichtet, weil der bei den gestiegenen Motorleistungen, sprich Kolbentemperaturen, zum Eindicken und zur Bildung „gelatinöser Polymerisationsprodukte" neigte, welche das Ringstecken förderten.

„ … Fette Öle z. B. mit Rizinus versetzte Öle, verändern sich unter Einfluß des Luftsauerstoffs viel rascher als reine Erdölerzeugnisse und bilden an sich zwar harmlose, aber meistens zähe bis harzartige, klebrige oder feste Produkte. Aus diesem Grund werden für die Schmierung von Flugmotoren immer mehr reine Mineralöle vorgezogen …" [543].

Als weiterer, eher kurioser Nachteil wurde der „ … unangenehme Geruch der Verbrennungsgase, der besonders bei Verkehrsflugzeugen eine Belästigung der Fluggäste bildet …" [544] empfunden.

Statt des Rizinusöls verwendete man leicht gefettete Mineralöle. Aber auch diese waren empfindlicher als reine Mineralöle, deshalb schränkte die Luftwaffe den Gebrauch gefetteter Öle weitgehend ein. Gleichfalls gab es bei Kfz-Motoren, nämlich den Zweitakt-Ottomotoren, Anstände damit:

„ … Man ist aber hier einem kleinen Irrtum verfallen, und zwar insofern, als man hochgefettete Öle für diese Zwecke empfahl. Diese Schmierungsmaterialqualitäten, die ja handelsüblich teurer und hochwertiger sind, erwiesen sich für die Mischungsspülung als weniger geeignet. Ein anderer Trugschluß, dem man vielfach begegnen konnte, war, daß der Kraftstoff das Öl angreife und man daher zu dicken Ölen mit hoher Viskosität greifen müsse. Es ergaben sich aber bei diesen Qualitäten genauso wie im normalen Gebrauch auch bei der Mischungsschmierung höhere Rückstandsbildungen, und in Erkenntnis dessen verfiel man wieder in das andere Extrem, in dem man ganz dünne Öle verwendete. Festgestellt muß aber hierbei werden, daß für die Mischungsschmierung weder Sommer- noch Winteröle in Frage kommen, sondern stets eine mitteldickflüssige Qualität, deren Viskosität durch die Englergrade 160 (20 °C), 15 (50 °C) und 2,1 (100 °C) gekennzeichnet werden …" [545].

Zweitaktmotoren waren gegenüber Ablagerungen von Verbrennungsrückständen in zweifacher Weise empfindlich: Wegen des Kolbenbelags, und weil sich die Schlitze in der Zylinderbuchse zusetzten, was die Spülung beeinträchtigte. Auch bei Nkw-Dieselmotoren ging man von gefetteten Ölen ab; in einer Bedienungsanleitung heißt es:

„ … Zur Diesel-Motorschmierung sollen auf keinen Fall „gefettete", sondern *nur reine Mineralöle* verwendet werden, da die Öle, denen tierische oder pflanzliche Öle beigemischt sind, im Dieselmotor zur Bildung gallert-artiger Massen neigen, die Ölpumpe und Ölkanäle verstopfen und so die Schmierung gefährden …" [546].

1938 begann in Deutschland die Entwicklung synthetischer Motoröle (Ester), mit denen im Kriege die Flugmotoren gefahren wurden. Gleichermaßen beständig gegen Kälte wie gegen hohe Temperaturen, erwiesen sie sich den Schmierölen in den alliierten Flugmotoren als ebenbürtig. Insgesamt war die Schmiermittel-Entwicklung in den 1930er Jahren ein gutes Stück vorangekommen, der Weg für die leistungsfähigen legierten Öle war vorgezeichnet, und folgende Voraussage sollte sich erfüllen.

„ … eine Verbesserung der heutigen Schmieröle selbst erscheint durch Hinzufügen von gewissen chemischen Substanzen, die ganz bestimmte Eigenschaften des Öles im gewünschtem Sinn beeinflussen, möglich, und es ist denkbar, daß ebenso wie durch die Schaffung legierter Stähle auch durch legierte Schmieröle neue Entwicklungsmöglichkeiten für den Motorenbau gegeben werden …" [535].

In den USA wurde Ende der 1930er Jahre mit Hochdruck an der Entwicklung von Ölen für hochbelastete Dieselmotoren gearbeitet. Anlaß waren die Ablagerungen von Verbrennungsrückständen[202] [547] im Brennraum schnellaufender Dieselmotoren *(Caterpillar, GMC)* gewesen, die sich wegen der – im Vergleich zu europäischen Verhältnissen – großen Stückzahl, dem breiteren Einsatzspektrum und auch wegen der höheren Leistungen der Motoren störend bemerkbar machten. Neben den hohen Temperaturen bei Voll- und Überlast wirkten sich bei Leerlauf und im unteren Teillastbereich auch die niedrigen Temperaturen, die Kraftstoffqualität und die Güte der Filterung von Luft und Schmierstoff auf die Ablagerungen aus. Die amerikanische Marine unterstützte diese Versuche und erprobte Öle mit Oxydations-Inhibitoren und Detergent-Zusätzen in U-Boot-Dieselmotoren. Nach betrieblicher Bewährung wurden legierte Öle als *All-Purpose-Oil* für Diesel- und (aus logistischen Gründen) auch für Ottomotoren verwendet. Um die Bedeutung der als HD-Öle (heavy duty) bezeichneten legierten Öle zu würdigen, muß man sich der Widrigkeiten vergegenwärtigen, denen das Schmieröl, das ja überhaupt erst den Kolbenlauf ermöglicht, durch die Verbrennung, hauptsächlich im Dieselmotor, ausgesetzt ist: Trotz Luftüberschuss herrscht örtlich Luftmangel, neben Ruß bilden sich Oxydationsprodukte verschiedener Art. Der Schwefel aus dem Kraftstoff oxidiert zu SO_2 bzw SO_3. Ein Teil des Schmieröles im Bereich des obersten Kolbenringes verbrennt, ein anderer Teil oxidiert und bildet an Kolben und Ringen lackartige Ablagerungen. Nun findet – ungeachtet der Bemühungen der Kolbenringe, das zu verhindern – ein Austausch dieser (Teil)- Verbrennungs- und Oxydationsprodukte zwischen Brenn- und Kurbelraum statt. Ruß, Asche aus verbranntem Kraftstoff und Schmieröl, Schwefeloxyde, Staub und Salz (Schiffsmotoren!) aus der Verbrennungsluft gelangen mit dem blow-by[203] in das Schmieröl. Auf dem Weg dahin setzt sich ein Teil davon am Feuersteg und in den Ringnuten ab, der Rest gelangt in das Schmieröl, wo sich daraus mit dem Kondenswasser, eventuell auch Leckwasser samt Glykol aus dem Wasserraum des Motors, Schlamm bildet. Mit dem Schmieröl gelangt auch Schlamm in den Brennraum, wo er verlackt und verbrennt. Die diversen Rückstände lagern sich am Kolben (und auch an anderen Stellen des Brennraumes) ab und beeinträchtigen die Funktion der Ringe, Bild 85.

---

[202] Die Ausdrücke „Verbrennungsrückstände" und „Ablagerungen" sind notgedrungen unscharf, weil sie eine Vielzahl von Substanzen bezeichnen: „… Bei Verwendung von Mineralölen sind Rückstände in den Ringnuten mengenmäßig meistens wie folgt angesetzt: Harzartige Stoffe 1–5 %, asphaltartige Stoffe 1–5 %, Kohle und Ruß 40–80 %, Asche 2–5 %, in besonderen Fällen selbst 10 %, Öl von wenigen Prozent bis zur Höchstzahl von 40–50 % …" [547].

[203] Unter *blow-by* versteht man die Gase, die an den Kolbenringen vorbei in den Kurbelraum gelangen. Es handelt sich dabei immerhin um 2 bis 5 % des Hubvolumens.

Schema: Ablagerungen am Triebwerk

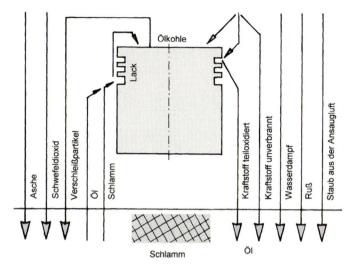

Schlamm   Öl

Bild 85
Schema: Ablagerungen am Triebwerk

Die Additive in den HD-Ölen sollen zum einen die Rückstandsbildung unterbinden, zumindest aber verringern, und zum anderen das Festsetzen der Rückstände im Motor verhindern. Bei diesen Zusätzen (Additiven) handelt es sich um:

- Oxydations-Inhibitoren, welche die Ölalterung (Oxydation) verzögern und damit auch die Bildung von Oxysäuren,
- Detergents, welche die Lackbildung unterbinden und gleichzeitig die sauren Verbrennungsprodukte neutralisieren sollen,
- Dispersants sollen Ruß und sonstige Partikel in der Schwebe halten und verhindern, daß sich Schlamm absetzt,
- Viskositäts-Verbesserer verbessern das Kaltstartverhalten und die Schmierung bei niedrigen Temperaturen; außerdem verringern sie Reibung und Verschleiß,
- Stockpunktverbesserer senken den Stockpunkt und verbessern das Fließverhalten des Öles bei niedrigen Temperaturen und
- Schaumbremsen: verhindern bzw. dämpfen die Schaumbildung im Öl [548].

Während in den USA der Einsatz von HD-Ölen in großem Umfang erfolgreich anlief, mußte man sich in Deutschland bei der Ölentwicklung mit anderen, zeitbedingten Probleme befassen, als nämlich die Kälte des auch für russische Verhältnisse extremen Winters 1941/42 das Öl in den Motoren der Fahrzeuge und Flugzeuge erstarren ließ. Stockpunkt, Viskositätsverlauf und Losbrechwiderstand[204] waren zum Gegenstand forcierter Untersuchungen geworden. Für Nachdruck sorgte die Forderung:

„ … Das Öl darf also bei den Temperaturen, die im Winter auftreten, nicht fest werden. Diese Temperaturen muß man nach letzten Erfahrungen für Landfahrzeuge mit −40 °C annehmen …"[205] [549].

---

[204] Unter dem Losbrechwiderstand (genauer: Losbrechmoment) versteht man das Drehmoment, das beim Starten eines Motors aufgebracht werden muß, um die Ruhereibung der Motorenteile zu überwinden.

[205] Dieser unverfänglichen Formulierung, charakteristisch für den Stil in der *MTZ,* ist nicht zu entnehmen, daß es sich um die Temperaturen im russischen Winter und bei den Fahrzeugen um Wehrmachtsfahrzeuge, vornehmlich Panzer, handelte.

In der Praxis, d. h. an der Front behalf man sich, indem man die Viskosität des kalten Öles durch Zugabe von Otto-Kraftstoff (bei Fahrzeugen 15 % ab −30 °C) auf das zum Starten nötige Maß herabsetzte [550]. Außerdem erhielten die Fahrzeuge eine Sonderausrüstung für Winterbetrieb, bestehend aus Kühlwasserheizgerät, Lötlampe und Kraftstoffanlage [551].

Ein großes Problem blieb nach wie vor, daß sich die vom Motoröl geforderten Eigenschaften nicht eindeutig beschreiben ließen. Die Klagen über diesen Übelstand ziehen sich wie ein roter Faden durch die Fachliteratur:

„ … Betrachtet man … die heute bestehenden Richtlinien für Einkauf und Prüfungen von Schmiermitteln, oder gar die Lieferbedingungen für Motorenöle, wie sie von den verschiedensten Verbraucherkreisen aufgestellt worden sind, muß man zwangsläufig feststellen, daß die angeführten Kennzahlen nichts aussagen über das Verhalten der Öle in der Praxis, ja nicht einmal dem Verbraucher die Sicherheit geben, daß ein solches Öl den störungsfreien Lauf des Motors gewährleistet …" [552].

Es mußten also motorische Prüfverfahren entwickelt werden. Diese lieferten aber keine direkt vergleichbaren Ergebnisse, weil sich die Öle von Motor zu Motor unterschiedlich verhielten, ja im selben Motor bei verschiedenen Betriebsbedingungen unterschiedliche Resultate ergaben. Beurteilungskriterien für das Ölverhalten sind Zustand und Aussehen der Motorteile, z. B. die Ölkohleablagerung in der obersten Ringnut, die Kolbensauberkeit, Motorsauberkeit, Lagerkorrosion, Kaltschlammbildung u.a. mehr. So wurden viele Prüfverfahren, meist motorische Verfahren, für die z. T. eigens Prüfmotoren gebaut wurden, geschaffen. In der Mineralöl-Historie werden die 1950er Jahre deshalb auch als „das Jahrzehnt der Motortests" bezeichnet [553]. In den USA hatten *Caterpillar* und *GMC* die ersten Motortests für Schmieröle entwickelt, Grundlage späterer Normen. In Deutschland ist in diesem Zusammenhang die *DVL* zu nennen. Mit den amerikanischen Militär-Spezifikationen, deren erste 1941 die *US Army 2/104* war, wurden im Krieg Maßstäbe gesetzt [554]. Um den Motorbetreibern die Auswahl zu erleichtern, wurden 1947 die Öle von dem *API (American Petroleum Institute)* in drei Typen eingeteilt (klassifiziert). Seit etwa 1955 wird nicht mehr das Öl selbst, sondern es werden die Einsatzbedingungen für das jeweilige Öl beschrieben (spezifiziert). Die Militärbehörden, allen voran die US-amerikanischen, die großen Motorenhersteller und -Betreiber haben eigene Spezifikationen aufgestellt, von denen den amerikanischen *MIL-L-(Military Lube)* Spezifikationen die größte Bedeutung zukommt[206)] [555]. Mit den Spezifikationen sind die Einsatzbedingungen den Prüfverfahren (Tests) und den Bewertungskriterien zugeordnet. Schwerpunkte dieser Tests sind die Auswirkungen der Öle unter den jeweiligen Prüfbedingungen auf die Kolben, so wurden mit der (mittlerweile veralteten) MIL-L-2104 B u.a. folgende Prüfaufgaben, welche direkt das Triebwerk betreffen, festgelegt: Ringstecken, Kolbensauberkeit (heiß), Ring- und Zylinderverschleiß, Kolbenlackbildung, Kolbensauberkeit (kalt), Ölringverstopfung und Lagerkorrosion.

Nun gibt es, um ein Beispiel zu nennen, keine physikalische Größe „Kolbensauberkeit". Um die Unsicherheiten einer zwangsläufig subjektiven Beurteilung auszuschließen, zumindest aber zu verringern, wurden Auswerte-Schemata erarbeitet dergestalt, daß der Kolben in mehrere Sektoren und Bereiche eingeteilt und sein Aussehen anhand von Vergleichsbildern nach Punkten bewertet wurde. Man erhält so über 50 Einzelbewertungen, die in einem Kolbenbild grafisch dargestellt werden können [556]. Entsprechend den jeweiligen Modalitäten unterscheidet man eine Methode „K" (KRUPPKE), Methode „B" (BAIST) und die DIN 51 361.

Als sich nach dem Kriege im westlichen Teil Deutschlands die Verhältnisse zu normalisierten hatten, gab es zunächst die „Hochleistungsöle", Öle von guter Qualität mit flachem Viskositäts-Temperatur-Verlauf („VT-Verlauf"). Dann kamen die „Premium-Öle" mit Zusätzen gegen Oxi-

---

206) Bis 1980 sind etwa 50 verschiedene Motorenöl-Spezifikationen definiert worden.

dation und Korrosion sowie mit Viskositätsverbesserern auf, und schließlich ab 1950 die HD-Öle, die sich von den Premium-Ölen hauptsächlich durch Detergent- und Dispersant-Zusätze („DD-Zusätze") unterschieden [557;558]. Wegen ihres höheren Preises, rund 30 % gegenüber unlegierten Ölen (wozu auch die Premium-Öle zählten), verwendete man sie anfangs nur in hochbelasteten Nkw-Motoren. Es gab Zweifel, ob der Nutzen ihren höheren Preis rechtfertigte. In Motoren- und Fahrzeugversuchen wurde das Verhalten von HD- mit dem von unlegierten Ölen verglichen, wobei sich an den Verschleißraten von Kolbenringen und Zylindern die Überlegenheit der HD-Öle erwies. Nachdem sich die Nkw-Hersteller in eigenen Versuchen von den Vorteilen der HD-Öle überzeugt hatten, schrieben sie die Verwendung dieser Öl vor oder empfahlen sie zumindest nachdrücklich wie z. B. *Daimler-Benz* auch für die Diesel-Pkw:

„ … Wir empfehlen daher dringend, für den Motor des „170 Da" nur HD-Öle zu verwenden …"
[559].

Die Vorteile der HD-Öle waren in der Tat evident; es bildeten sich weniger Rückstände an den Kolben, der Verschleiß an Kolbenringen und Zylindern war geringer, die Laufzeiten der Motoren bis zur Überholung konnten verlängert werden. Solche positiven Erfahrungen hatten zuvor bereits US-amerikanischen Bahngesellschaften mit den schon Ende der vierziger Jahre in großen Stückzahlen eingesetzten Diesellokomotiven gemacht. Der „Bonus", den diese Öle boten, wurde bei der Entwicklung der nächsten Motoren-Generation genutzt, indem man im Hinblick auf die höheren Leistungen und die vorgesehenen längeren Laufzeiten von vornherein HD-Öle vorschrieb [560].

In der Bundesrepublik stützte man sich zunächst auf die in den 1930er Jahren mit Trieb- und Schnelltriebwagen und mit den Kleinlokomotiven im Rangierdienst gewonnenen Erfahrungen. Der Einsatz neuer, leistungsstärkerer Motoren in den Schnelltriebwagen VT Anfang der fünfziger Jahre zeigte, daß – unter anderem – durch HD-Öle längere Ölwechselzeiten möglich geworden waren. Nun sah man als maßgeblich für den Ölwechsel den Zustand des Öls an, wie er sich in Verschmutzungsgrad, Kraftstoff- und Wassergehalt darstellte. In den Bahnbetriebswerken wurden „Grobölprüfstellen" eingerichtet, in denen das Öl überprüft und daraufhin – je nach Ergebnis – gewechselt oder nur nachgefüllt wurde. Das System starrer Ölwechselzeiten von einst „… Nach einem Monat Betriebszeit wird das Öl erneuert …"[521] hatte sich überholt [561].

Das Öl der Pkw-Motoren wurde Anfang der 1950er Jahre nach 2000 bis 3000 km Fahrstrecke gewechselt. Das entsprach dem Stand der Technik der Vorkriegszeit; so hatte 1938 ein Kolben-Hersteller *(EC)* empfohlen, den Ölwechsel im Sommer alle 3000 km, im Winter alle 2000 km vorzunehmen [562]. Die kürzeren Intervalle im Winter erklären sich aus den ungünstigen Betriebsbedingungen in dieser Jahreszeit: An den kalten Brennraumwänden kondensiert ein Teil des Kraftstoffes und gelangt in das Schmieröl, ebenso fällt vermehrt Kondenswasser an. Doch jetzt wurden die Fahrzeuge mehr gefahren, dadurch verkürzten sich die Zeiten bis zum fälligen Ölwechsel. Deshalb wollte man die Ölwechselzeiten, ausgedrückt in km-Fahrstrecke, der Kosten wegen verlängern, wobei diese für das Öl mittlerweile weniger ins Gewicht fielen als die hohen Löhne des Werkstattpersonals. Außerdem kam es mit der Zahl der Fahrzeuge und der Vollbeschäftigung Anfang der 1960er Jahre zu Engpässen im Werkstättendienst [562]. Die Ölwechselzeiten zu verlängern, setzte Öle voraus, die sommers wie winters gefahren werden konnten, weil sich die Laufzeit mit einer Ölfüllung von der einen in die andere Jahreszeit erstrecken konnte; die Spannweite der Öltemperaturen vergrößerte sich dadurch auf etwa von $-30\,°C$ bis $+150\,°C$, Bild 86.

Damit unter diesen Umständen die Öle einerseits nicht zu zäh, andererseits nicht zu dünnflüssig wurden, mußten sie eine andere VT-Charakteristik bekommen, bei der die Zähigkeit mit fallen-

Bild 86
Sommeröl – Winteröl. Ab-
hängig von der Jahreszeit,
d. h. von den Temperaturen,
wurden Öle unterschiedlicher
Viskosität gefahren.

der Temperatur weniger stark zunahm als es dem Grundöl entsprach: „Mehrbereichsöle"[207]. (Ein solches Mehrbereichsöl war bereits das „Einheitsöl" der Deutschen Wehrmacht gewesen[208].)

Mit neuen Ölen, „longlife-Öle" *(BP)*, konnten die Ölwechsel-Intervalle verdoppelt werden. So wurden 1964 bei *Daimler-Benz*-Pkw für die Otto-Motoren 9000 km, für die Diesel-Motoren 3000 km angegeben[209] [563; 564]. Die Unterschiede in den Ölwechselzeiten für Otto- und Die-

---

[207] Das vom NEWTON'schen Fließverhalten abweichende Verhalten von Mehrbereichsölen bezeichnet man als „struk-
turviskos".

[208] Verschiedenen Unterlagen zufolge hatte sich die Qualität dieser Öle im Kriege entweder sehr verschlechtert oder
die Öle waren für die Bedingungen im russischen Winter nicht geeignet. Zahlreiche Motorausfälle wurden unzureichender Ölqualität angelastet.

[209] Die Fahrstrecke ist nur bedingt als Index für den Ölzustand zu werten, weil die km-Zahl nichts über die Betriebsbedingungen aussagt, denen das Öl ausgesetzt ist. Fahrten im niedrigen Gang ergeben trotz hoher Drehzahl und
selbst bei hoher Last nur wenige Straßenkilometer. Aussagekräftiger wäre die Angabe in „Kolben-Kilometer", d. h.
die von den Kolben zurückgelegte Strecke.

selmotoren sind durch die verschiedenen Betriebsbedingungen bedingt. Ottomotoren arbeiten weitgehend rußfrei, wohingegen die Dieselmotoren wegen der kurzen Zeit für die Gemischbildung trotz Luftüberschuß zum Rußen neigen, insbesondere im gedrückten Betrieb[210]. Bei der Festlegung der Ölwechselintervalle kam es natürlich auch wieder auf entsprechende Kriterien an. Der Stand der Technik diesbezüglich Anfang der sechziger Jahre wird aus folgendem Zitat erkenntlich: „ … Die Ölwechselzeiten müssen so sein, daß alle dem Verschleiß unterworfenen Motorteile bis zu einer Fahrstrecke von 100.000 km keine Funktionsstörungen zeigen …" [565].

Insgesamt ging – und geht – der Trend zu speziell auf die Kategorie jeweiliger Einsätze abgestimmten Wartungs-, d. h. in diesem Fall: Ölwechsel-Konzepten. Durch den Wandel des Pkw zum Gebrauchsfahrzeug für jedermann und durch den Ausbau des Straßennetzes änderte sich die Betriebsart der Motoren im Vergleich zur Zeit vor dem zweiten Weltkrieg erheblich: Die Fahrzeuge wurden häufiger über kurze Strecken und – bedingt durch die Verkehrsdichte – im Stop-and-go-Verkehr gefahren, d. h. längere Zeit bei niedriger Motortemperatur. Das Mehr an Kaltschlamm verlangte ein hohes Neutralisationsvermögen des Öls; dabei war von Nachteil, daß basische Detergents Asche bilden. Als dann die Kühlkreisläufe immer mehr mit Thermostaten geregelt wurden, wodurch die Motoren schneller auf Betriebstemperatur kamen, bedeutete das eine Entlastung für das Öl. Die aschebildenden Detergents wurden durch aschefreie ersetzt mit dem Erfolg, daß es weniger Ablagerungen im Motor gab [566]. Der Verkehr auf den Autobahnen, auf denen (in Deutschland) mit Höchstgeschwindigkeit gefahren werden konnte, ließ die maximalen Öltemperaturen ansteigen; 1954 im Mittel noch unter 100 °C liegend, erreichten sie 1968 Werte um 150 °C. Das verstärkte die Heißschlammbildung. Hinzu kam, daß die Dämpfe und Gase aus dem Kurbelgehäuse („Kurbelgehäuse-Entlüftung") infolge eines geschärften Umweltbewußtseins nicht mehr ins Freie, sondern in den Ansaugtrakt geführt wurden. So wurde das Schmieröl (blow-by) länger der Wirkung säurehaltiger Abgase ausgesetzt. Auch die Ölbelastung (Motorleistung auf die Ölfüllung bezogen) hatte kräftig zugenommen.

Typ Opel	Jahr	Hub-volumen	Leistung		Drehzahl	Ölfüllung	Ölbelastung	
–	–	dm³	kW	PS	min⁻¹	l	kW/l	PS/l
2 l	1935	2,0	24,6	36	3300	5	4,92	7,2
Kapitän	1939	2,5	40,4	55	3600	4	10,1	13,75
Kapitän	1951	2,5	42,6	58	3700	4	10,65	14,5
Kapitän	1960	2,5	66,2	90	4100	4	16,6	22,6
Commodore	1970	2,5	88,2	120	5500	4,5	19,5	26,5
Commodore	1980	2,5	110	150	5800	5,75	19,5	26,5
Omega	1990	2,6	110	150	5600	5,5	20	27,2

Mit Verschleißschutz-Additiven wurde – ab 1953 – der höheren Belastung der Gleitpartner Rechnung getragen. Durch viele Maßnahmen wurden die Öleigenschaften verbessert; durch höhere DD-Zusätze entstanden die HD-S2- und HD-S3-Öle. Die gegen Kaltschlammbildung „widerstandsfähigeren" LD-Öle („Long-Distance-Öle") erlaubten längere Laufzeiten zwischen den Ölwechseln [537].

„ … Im Zusammenwirken mit der Säureneutralisation haben auch bei Dieselmotoren die Detergents eine Verlängerung des Hauptüberholungsintervalls (in erster Linie bedingt durch das Verkleben von Kolbenringen sowie Rückstände an Kolben und Kolbenringen i. a. mit allen Konse-

---

[210] Unter *gedrücktem Betrieb* versteht man den Betrieb des Motors mit vollem Drehmoment aber niedriger Drehzahl.

quenzen) von 30.000 bis 50.000 auf 100.000 bis 300.000 km geführt, in der Tat ein eindrucksvoller und für die Wirtschaftlichkeit grösserer Transportunternehmen ein bedeutungsvoller Fortschritt …" [567].

Den Erfolg ersieht man aus folgender Auflistung der Ölwechselzeiten von Nkw-Dieselmotoren:

Jahr	Hersteller	Typ	Kriterium für Ölwechsel	Bemerkung
1939	Büssing	135/145 PS	gefahrene km 2.500	
1968	KHD	F8L 714 A	verbrauchter Kraftstoff l 2.500	Einsatz bei der Bundeswehr
1989	MAN		gefahrene km: 45.000 60.000	Jahresleistung min. 80.000 km, bei Nebenstrom-Filterung

Auch für die Pkw-Ottomotoren konnten die Ölwechselzeiten verlängert werden. Beispiel: Opel-Motoren von 1962 bis 1986 [568]:

Jahr	Motorart	Kriterium für Ölwechsel gefahrene km	Nebenbedingung spätestens nach:
1960	Otto	3.000 km	
1962	Otto	3.000 km	
	Otto	5.000 km	
1968	Otto	5.000 km	6 Monate
1972	Otto	10.000 km	6 Monate
	Diesel	5.000 km	3 Monate
1976	Otto	6 Monate	10.000 km
	Diesel	6 Monate	5.000 km
1982	Otto	6 Monate	15.000 km
1984	Diesel	6 Monate	7.500 km
	Turbo-Diesel	6 Monate	5.000 km
1986	Otto	12 Monate	15.000 km
	Diesel	12 Monate	7.500 km

Insgesamt geht der Trend zu speziell auf die Kategorie jeweiliger Einsätze abgestimmte Wartungs- und Ölwechsel-Konzepte. Beispiel: Ölwechsel-Intervalle von Nutzfahrzeugmotoren (Stand: 1990) [569].

Leistungsgruppe	I	II	III
Laufzeit im Jahr (km)	bis 10.000	bis 100.000	über 100.000
Ölwechsel (km)	alle 5.000	alle 10.000	alle 15.000

Ab etwa 1960 wurden Schmieröle neben durch die bisherigen Solvent-Verfahren auch durch Wasserstoff-Raffination gewonnen, einem Verfahren, durch das unerwünschte Bestandteile des Destillates mittels Wasserstoff unter hohem Druck in Anwesenheit von Katalysatoren entfernt werden. Mit dem Vordringen des Dieselmotors in bisher von Dampfmaschinen und -Turbinen dominierte Bereiche verschärften sich die Forderungen an die Schmieröle wiederum, weil diese Motoren mit Kraftstoffen minderer Güte, namentlich mit hohem Schwefelgehalt, bis hin zum Extremum, den Bunkerölen (Schweröl), gefahren wurden. Diese haben einen Schwefelgehalt von 3, ja bis zu 5 %! Davon waren hauptsächlich Viertakt-Tauchkolbenmotoren betroffen, bei denen anders als bei

Zweitakt-Kreuzkopfmaschinen der Kurbelraum konstruktiv nicht vom Brennraum getrennt ist. Die damals neuen HD-Öle wurden natürlich auch in der Seefahrt erprobt, wobei die Verschleißraten von Ringen und Zylindern bei Betrieb mit HD-Öl und mit herkömmlichen Ölen untersucht wurden. Trotz gewisser Vorteile der HD-Öle, hauptsächlich bei Viertaktmotoren, ließen sich die Verschleißraten damit nicht im gewünschten Maße senken. Die Schmieröle im Schwerölbetrieb müssen die Verbrennungsprodukte, namentlich die des Schwefels, hinreichend neutralisieren, um Verschleiß und Rückstandsbildung in erträglichen Grenzen zu halten. Im einzelnen wurde das durch Abstimmung der Detergents, Dispersants und neutralisierender Zusätze erreicht. Anfangs hatte man sogenannte Zweiphasen-Öle verwendet, bei denen die alkalischen Additive in einer wässrigen Lösung enthalten waren, welche durch einen Emulgator mit dem Schmieröl verbunden war. Mit diesen alkalischen Zusätzen gelang es, die Wirkung des Schwefels im Kraftstoff weitgehend zu neutralisieren. Die vormals exorbitant hohen Verschleißraten von Ringen und Buchsen ließen sich auf ein Drittel bis ein Viertel der ursprünglichen Werte verringern [570]. Später gelang es, die alkalischen Additive direkt in das Öl einzulegieren, „Einphasen-Öle". Öle mit großer Alkalireserve waren eine der Voraussetzungen für den Schwerölbetrieb überhaupt.

Nachdem man in den 1920er und 1930er Jahren mit Maßnahmen, die Ölqualität über die Eigenschaften der Öle selbst, der sogenannten Grundöle, zu verbessern, an Grenzen gestoßen war, zudem die Bereitstellung qualitativ hochwertiger Grundöle immer schwieriger wurde, bot sich mit den Ölzusätzen (Additiven) ein Ausweg. Die Erfolge der Additivierung der Öle ließen das Grundöl immer mehr als nur Träger der Additiv-Eigenschaften erscheinen. Als dann die Energiekrisen der 1970er Jahre die Entwicklung von „Leichtlaufölen", bestehend aus Grundölen niedriger Viskosität mit reibungsmindernden Zusätzen (friction modifiers) förderte, rückten die Eigenschaften der Grundöle wieder stärker in das Blickfeld, zumal diese maßgeblich durch die Provenienzen und den Raffinitätsgrad beeinflußt werden [571].

Im Zuge der Leistungssteigerung durch die Abgasturboaufladung auch kleiner Motoren ist man dazu übergegangen, bei Neukonstruktionen ein jeweils auf die Motoren optimal abgestimmtes Ölkonzept zu entwickeln. Gerade bei Großserienmotoren sind eine Reihe von Nebenbedingungen wie Abstimmung der Ölwechselzeiten auf die anderer Fahrzeugtypen, Filterwechsel-Intervalle, einzuhaltende Grenzwerte bezüglich der Ölverschmutzung, Ölanalysewerte usw. vorgegeben. Besonderheiten der Kraftstoff- und Ölsituation auf ausländischen Märkten müssen berücksichtigt werden. Das alles zwingt dazu, ein Schmierungskonzept ebenso so zu entwickeln wie das Triebwerk selbst. Insgesamt geht der Trend zu höherer Belastung der Öle durch längere Ölwechselintervalle, kleinere Ölfüllungen und höhere Motorleistungen. Beispiel Ölbelastung und Ölsumpftemperatur:

Motorart	Ölbelastung	Ölsumpftemperatur
–	kW (PS) / l	°C
langsamlaufender Großdieselmotor	0,735 (1) / l	≤ 70
schnellaufender Hochleistungsdieselmotor	7,35 (10) / l	≤ 110
Pkw-Ottomotor	14,7 bis 29,4 /l	
	(20 bis 40) / l	≤ 150

Auf der anderen Seite verschlechtern sich die Kraftstoffqualitäten im Hinblick auf die Öle weiterhin; das gilt besonders für Dieselmotoren. Kriterien für die Beurteilung der Öle sind z. B. bei Turbodieselmotoren die Ablagerungen in der 1. Nut, die Spiegelbildung („bore-polishing") und das Ringstecken [572].

Mittlerweile ist der Aspekt der Entsorgung von Belang geworden. Angesichts des hohen Motorisierungsgrades in Deutschland kommt der Entsorgung des Altöls eine immer größere Bedeutung zu. Detaillierte Verordnungen regeln das Sammeln, Befördern, die Aufbereitung und Entsorgung von Altölen.

9.2 Schmiersysteme

Voraussetzung für eine Schmierung ist, daß das Schmiermittel zu den Gleitpartnern gelangt, an sich eine triviale Forderung, doch der Transport des Schmiermittels zur Lagerstelle und die bedarfsgerechte Dosierung des Schmiermittels – soviel wie nötig, so wenig wie möglich – verlangen zum Teil einen beträchtlichen konstruktiven Aufwand und führten auch unerwünschterweise zu hohem Schmiermittelverbrauch. Grenzfälle sind dabei einerseits die Verlustschmierung ohne Wiederverwendung des eingesetzten Schmierstoffs und andererseits die Schmierung im Kreislauf, bei der – theoretisch zumindest – kein Schmierstoff verloren geht. Zunächst wußte man nicht, wieviel Schmierstoff ein Lager nun wirklich braucht; und selbst wenn man es gewußt hätte, wäre man gar nicht in der Lage gewesen, hinreichend genau zu dosieren, zu fördern und zu verteilen. Deshalb mußte man den Lagerungen mehr Schmiermittel anbieten, als sie benötigten.

Die Eisenbahn war der größte Schmiermittelverbraucher; nicht nur das Triebwerk – die Lokomotive – mußte geschmiert werden, sondern auch die Achslager, mindestens vier je Wagen. Zudem tritt hier die Schwierigkeit auf, daß die Schmierung disloziert sein muß, d.h. es handelt sich nicht um eine kompakte Maschinenanlage mit räumlich eng beieinander liegenden Schmierstellen, sondern die Lager befinden sich – man denke nur an die Achslager – weit voneinander. Auch die Lokomotivlager: Zylinder, Kreuzköpfe, Treib- und Kuppelstangen, Achslager u.a. mehr erfordern ein weitverzweigtes Schmierleitungssystem. Eine Schmierung im Kreislauf war nicht möglich; der Schmierstoff „war verloren". Er mußte daher möglichst sparsam eingesetzt werden. Im Eisenbahnbetrieb ist – im Gegensatz zu Schiffs- und stationären Maschinen – ein Schmieren „von Hand" und eine Kontrolle des Schmierzustands bzw. des Zustands der Lagerungen während des Maschinenbetriebs, während der Fahrt also, normalerweise nicht möglich[211]. Die Schmierung mußte, zumindest zwischen zwei Haltepunkten, selbsttätig, erfolgen. Eine weitere Erschwernis für die Lager und ihre Schmierung ergibt sich durch die Einwirkung von Staub, Schmutz, Regen, Schnee und Eis auf die Lagerungen.

Wegen ihrer großen Zahl boten die Achslager ein weites Experimentierfeld auch für die Schmierung dar, eine unübersehbare Vielfalt von Schmiersystemen zeugt davon: Allein die Zuführungsrichtung des Schmiermittels: Von unten, von oben, die Art der Zufuhr durch Tropföler, Dochte, Kissen, Filze, die konstruktive Ausführung der Schmiermittelbehälter usw. boten viele Variationsmöglichkeiten:

„ … Bei der Zuführung des Schmiermittels von Unten, wobei meistens für den Nothfall auch die Möglichkeit einer Schmierung von Oben vorgesehen ist, sind im Inneren der Achsbüchse, unterhalb des Schenkels oder auch wohl seitlich am Achsschenkel besondere Schmiervorrichtungen vorhanden. Diese Letzteren bestehen meistens aus sogenannten Schmierpolstern, die sich von unten, resp. seitlich an den Achsschenkel legen und denen das Schmiermaterial aus dem Oelraume durch Saugdochte zugeführt wird. Die Herstellung der Schmierpolster geschieht meistens in der Weise, daß man auf der konkaven Seite eines Stückes Holz oder eines Blechkastens Filz, Plüsch oder irgend eine Art von Wollstoff spannt und diesem letzteren dann das Oel durch Saugdochte zuführt …" [573].

Die sogenannte Zufallsschmierung mittels Docht, Filz oder Nadel wurde auch bei den Triebwerkslagern der Lokomotive praktiziert. Der Fördervorgang wurde durch Kapillarwirkung, Ad-

---

[211] In Ausnahmefällen mußte sich der Lokomotivheizer auf der fahrenden Maschine entlanghangeln, um die Triebwerkslager zu schmieren, wie dem Verfasser von seinem Vater berichtet wurde. Dieser hatte sich Ende der 1920er Jahre sein Studium als Lokheizer verdienen müssen. Der schlechte technische Zustand des rollenden Materials in dieser Zeit, als die *Reichsbahn* einen Teil der dem Deutschen Reich durch den *Versailler Vertrag* auferlegten Reparationen verdienen mußte, machte bisweilen solche waghalsigen Aktionen notwendig, um den Fahrbetrieb aufrechtzuerhalten.

häsion, Schwerkraft, Massenkraft, Zentripetalkraft und durch Druck bewirkt, indirekt durch den auf das Schmiermittel wirkenden Dampf, später direkt durch Pressen oder Pumpen des Schmiermittels. Lagerungen der Treib- und Kuppelstangen hatten Saugdocht-Apparate, denen aber der Nachteil anhaftete, daß sie auch bei Stillstand der Maschine Öl förderten.

„ … Es sollte nun Aufgabe des Heizers sein, bei Beendigung der Fahrt die sämmtlichen Saugdochte aus den Röhrchen zu ziehen und dieselben daneben ins Oel der Kapsel, so dass jede Oelzuführung zum Zapfen aufhört, doch kann dies eben nur am Ende der Fahrt geschehen, auf den Zwischenhaltepunkten erfolgt die Oelung jedoch umsonst …“ [574].

Die einfachste Art, Kolben und Schieber zu schmieren, bestand in der Schmiermittelzufuhr aus einfachen Schmiergefässen, allerdings:

„ … Eine selbstthätige Functionierung findet bei diesen einfachsten aller Oelapparate selbstverständlich nicht statt …“ [575].

Erleichtert wurde die Schmierung von Kolben und Schieber der Dampfmaschinen dadurch, daß der Naßdampf – an den Berührungsflächen von Schieber und Schieberkasten sowie Kolbenring und Zylinderwand kondensierend – ein gewisses Eigenschmierungsvermögen hat, das es durch Zugabe des Schmiermittels zu unterstützen galt, doch mußte bei Fahren „ohne Dampf“, im Leerlauf also, der Heizer schmieren, weil sonst der Schieber trocken lief. Das war nicht nur umständlich, sondern bildete auch einen stetigen Schwachpunkt:

„ … Sobald die regelmässige Schmierung vom Personal abhängig gemacht wird, so wird sie, wie dies ja allenthalben der Fall ist, gewöhnlich nur mangelhaft ausgeführt. Dazu kommt, dass das Locomotivpersonal ohnehin mit der Behandlung der Maschine sehr in Anspruch genommen ist, aber selbst in dem Falle, wo die Besorgung eine zuverlässige wäre, wird der Verbrauch kaum geregelt werden können und Materialverschwendung stattfinden …“ [575].

Überhaupt war die Kontrolle der Schmierung das A und O des Eisenbahn-Fahrbetriebs, Bild 87, wie auch in einem Gedicht *Rädersang und Schienenklang* zum Ausdruck kommt [576]:

> „ … Kaum steht der Riese am Zwergsignal ‚Halt‘
> Nach raschem Lauf mit zitternden Flanken,
> Zur Kanne greift jeder und Putzwolle ballt
> Und klettert herab die Sprossen, die blanken,
> Um Lager und Keile, ob heiß, zu befühlen, mit
> linderndem Öl, wo's nötig zu kühlen.
> So tut ein jeder seine Pflicht,
> Die Sinne auf das Triebwerk gelenkt,
> Und kümmert sich um die Umwelt nicht[212],
> Und immer wieder die Kanne sich senkt,
> Und prüfend die Hand am Gestänge tastet
> Ob auch kein Lager zu heiß, zu überlastet.
> Dort knackert und prasselt das Öl und sengt,
> Und bildet Blasen, zerplatzt und zerspringt.
> Denn alles ist Muskel und Sehne und lebt
> Und zittert voll innerer Kraft und bebt …“

---

[212] Diese häretische Aussage muß relativiert werden. Nicht die Umwelt im heute gebräuchlichen Sinn, sondern die nähere Umgebung, das Geschehen im Umkreis um die Lokomotive sind gemeint.

Bild 87 Das unverkleidete Triebwerk einer Lokomotive mußte auch bei Zwischenaufenthalten überprüft und geschmiert werden, wie bei dieser P 8-Lokomotive durch den Vater des Autors.

Daher suchte man nach Möglichkeiten einer selbsttätig wirkenden Schmierung. Unzählige „patentierte Schmierapparate" wurden zu diesem Zweck ersonnen, gebaut und angewendet, Bild 88. Die Dochtschmierung, bei der das Schmiermittel durch Kapillarwirkung gefördert wird – an sich ein uraltes Verfahren –, war der erste Schritt in diese Richtung. Auch setzte man Schmiervasen ohne Docht ein, mit Zutritt des Schmiermittels zu Kolben und Schieber durch enge Bohrungen, wobei die vom Zylinder auf die Schmiervase übergehende Wärme den Talg verflüssigte. Die Verbindungsbohrung von Schmiervase zum Schieberkasten mußte abhängig vom Druck im Zylinder geöffnet werden, damit nicht der Dampfdruck – rückwirkend – das Schmiermittel ausblies. Ein anderes, vielfach angewendetes Prinzip der Schmierung beruhte darauf, daß in ölgefüllte Gefäße Dampf geleitet wurde, der dann kondensierte; das Öl schwamm auf dem Kondensat und gelangte über einen Überlauf zu den Schmierstellen. Solche Schmiervorrichtungen wurden auch als Impermeatoren bezeichnet. Bis in das zwanzigste Jahrhundert ließ man den Dampf direkt das Schmiermittel durch die Leitungen drücken. Eine gewisse Verbreitung hatte *Kessler's Dampfcylinder-Schmierbüchse* erreicht, bei der Kolben und Schieber nur bei abgesperrter Dampfzufuhr geschmiert wurden: Ein Differenzdruckventil regelte den Ölzutritt; das federbelastete Ventil wurde mit dem Dampfdruck beaufschlagt. Solange dieser wirkte, blieb das Ventil geschlossen; bei abgestellter Dampfzufuhr überwog die Federkraft, das Ventil öffnete und Öl gelangte in den Schieberkasten. Schließlich gab es Zentraldampfschmierapparate zur Schmierung von zwei, drei und vier Zylindern und auch des Luftverdichters (Luftpumpe) durch eine Öl-Dampf-Mischung, deren Strömung durch Schaugläser kontrolliert werden konnte. Von Nachteil war, daß sich das Öl mit Kondenswasser mischte und vom Dampf zersetzt wurde.

Die Treibstangenlager waren mit Schmiervasen oder Dochtschmiergefäßen versehen, von denen aus den Lagern das Schmieröl zugeführt wurde.

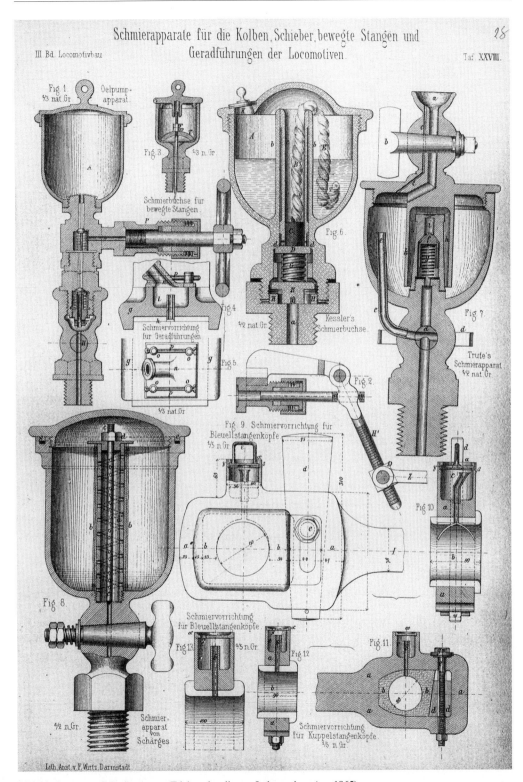

Bild 88 Geräte zur Schmierung von Triebwerksteilen an Lokomotiven (um 1865)

Auch setzte man Schmiergefäße ein, bei denen ein Abstreifkamm aus einem an dem festen Maschinenteil angeordneten Schmiergefäß im Takte der Triebwerksbewegung das Schmiermittel abstreifte. Im zwanzigsten Jahrhundert wurde die Dochtschmierung durch die Nadelschmierung ersetzt: In dem Schmiergefäß auf dem Lager befand sich eine Nadel mit einer Öse. Durch die kreisende Bewegung des Treib- oder Kuppelstangenlagers fing die Öse Öl auf, das an der Nadel herunterkriechend zum Lager gelangte. Die Achslager der Lokomotiven, praktisch die „Kurbelwellenlagerung", wurden wie die Achslager der Waggons mit Öl geschmiert,

„ … welches in einem durch Aussparung im oberen Theile der Achsbüchse angebrachten Behälter enthalten ist und von hier aus der reibenden Fläche durch Heberdochte zugeführt wird. In neuere Zeit ist jedoch vielfach eine Schmierung von unten angewendet, deren Construction derjenigen bei den Wagenachsbüchsen ähnlich ist …" [577].

Die Aufgabe, die Lagerungen ihrem Bedarfe entsprechend selbsttätig („automatisch"), ausreichend, aber nicht übermäßig und zuverlässig mit Öl zu versorgen, ließ sich mit einfachen Geräten oder Vorrichtungen nicht mehr erfüllen. Hierzu bedurfte es aufwendigerer Konstruktionen als bei den Lokomotiven im 19. Jahrhundert gebräuchlich waren. In einem Fachbuch über Dampflokomotiven heißt es 1949:

„ … Die ältere Einrichtung, der sog. Auftriebsöler genügt neuzeitlichen Anforderungen nicht mehr und muß als veraltet bezeichnet werden. Der Auftriebsöler ist ein großer Ölvergeuder, wird aber heute noch vielfach in Amerika und England auch an Heißdampflokomotiven benutzt. Bei uns finden wir ihn nur noch an Naßdampflokomotiven für einfache Betriebsverhältnisse …" [578].

Die Zylinder von Heißdampflokomotiven mußten reichlicher geschmiert werden als Naßdampflokomotiven, weil überhitzter Dampf trocken ist, mithin keine Eigenschmierung hat. So entstanden um die Jahrhundertwende kontinuierlich wirkende Schmiervorrichtungen von zum Teil recht komplizierter Bauart, bei denen das Öl abhängig von der Maschinendrehzahl zu den Schmierstellen gefördert wurde. Die Förderpumpen wurden durch ein Hebelwerk von der Kuppelstange an der letzten Kuppelachse angetrieben. Die Pumpen selbst bestanden aus Zubringer- und Förderpumpen mit Betätigung der Kolben durch exzentrisch gelagerte Schwinghebel von Nockenwellen. Durch Verstellen der Exzenterlagerung konnten Hebelarmverhältnisse der Schwinghebel und damit der Kolbenhub und die Fördermenge eingestellt werden. Befanden sich die Ölbehälter außen an der Maschine, mußten sie beheizbar sein. Bei Anordnung auf dem Führerstand war sichergestellt, daß das Öl eine für die Förderung nötige Temperatur hatte; Schaugläser ermöglichten die Überwachung des Ölflusses [579]. Hochdruck-Zentralschmierungs-Apparate für mehrere Schmierstellen wurden von *Blanke, Bosch, Friedmann, Dicker & Werneburg* u. a. gebaut, Bild 89.

Der Öldruck konnte mit einem Manometer durch Umschalten von Leitung zu Leitung überprüft werden; ggf. konnten die Leitungen aufgefüllt werden, so daß unmittelbar bei Ingangsetzen der Maschine Öl zu den Schmierstellen gefördert wurde. Jede Schmierstelle erhielt ihr Öl von einem eigenen Pumpenkolben; bei verzweigenden Leitungen sorgten Ölverteiler in Kolbenbauart für eine sichere Versorgung der Ölverbraucher. Rückschlagventile („Ölsparer") hielten den Druck im Schmiersystem aufrecht und verhinderten bei wechselnden Druckverhältnissen im System ein Rückströmen des Öls. Aber nicht nur die Förderung zu den Ölverbrauchern wurde verbessert, sondern auch die Verteilung des Öls in den Lagerstellen. Den Kolbenschiebern wurde das Öl, abhängig von der Neigung der Zylinder, in oder vor der Mitte der Laufbahn zugeführt; den Kolben wurde es etwa in der Mitte des Laufwegs über mehrere über den Umfang verteilten Bohrungen im Zylinder zugeführt [579].

Die Schmierung von Schiffsmaschinen und stationären Maschinen war einfacher, weil sie auch während des Laufs geschmiert und der Zustand der Lagerungen ständig überprüft werden konnte.

Schmierpumpe,
Bauart Dicker & Werneburg

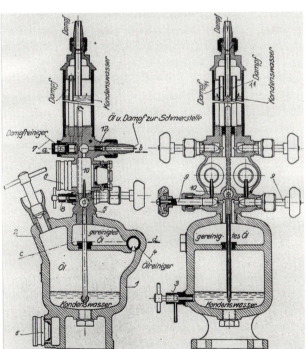

Auf das Treibstangenlager aufge-
schweißtes Nadelschmiergefäß

Sichtöler für Lokomotiv-Triebwerks-
teile, Bauart De Limon Fluhme

Bild 89 Lokomotiv-Schmierung

Der Zwang zu einer selbsttätigen Schmierung war deshalb nicht so stark wie in der Schienentraktion, so daß solche Maschinen noch weit in das 19. Jahrhundert von Hand geschmiert wurden:

„ … Man hat darauf zu sehen, dass für die Schmierung der beweglichen Maschinentheile nicht überflüssig viel Oel gebraucht und nicht nutzlos Schmiermateriale verschwendet werden. Die

Erfahrung wird der beste Lehrmeister sein, die Maschinenschmierung mit grösster Oekonomie des Materiales ausgiebig zu besorgen. Aufmerksamkeit und der Gebrauch kleinerer Gefässe, ein häufiges sparsames Eingiessen und die Anwendung eines Pinsels oder Oellöffels wird zu erhöhter Ersparnis führen. Man muß bei ungeübterem Wartungspersonale weiterhin bedacht sein, jeden Einzelnen zu instruieren, in welcher Zeit es im Allgemeinen erforderlich ist, jeden beweglichen Theil nachzusehen, wann und wie derselbe zu schmieren, die Oelgefässe nachzufüllen seien, wie man die Lagerschalen beweglicher Theile oder Drehzapfen und Gelenke befühlt, ohne selbst zu Schaden zu kommen. Man verliert keine nutzlose Zeit, wenn man sich der Mühe unterzieht, das Bedienungspersonale in allen selbst kleinlichen Handgriffen und wiederholt zu unterweisen. Man bildet dadurch das Bedienungspersonale zu grossem Vortheile des Maschinenbetriebes und noch mehr zu seinem eigenen Vortheile heran ...“ [580].

Wenngleich die Lagerstellen auf diese Art einigermaßen zuverlässig mit Öl versorgt wurden, so konnte das Öl in solchen offenen Schmiervasen doch leicht verschmutzen; auch wurde es unabhängig vom Bedarf und auch bei Stillstand der Maschine vom Docht angesaugt. Ein bemerkenswerter Aspekt bei der Gestaltung solcher Schmiervasen kommt in [496] zum Ausdruck:

„ ... Die Schmiergefäße werden in der Regel aus Bronce gegossen und blank bearbeitet. Diejenigen Fabriken, welche Gewicht auf das gute Aussehen der von ihnen gelieferten Maschinen legen, bemühen sich auch den Schmiergefäßen eine gefällige Form zu geben ...“ [496].

Der „gefälligen Form“ wurde im 19. Jahrhundert große Bedeutung zugemessen: Die tragenden Säulen von Dampfmaschinen, insbesondere von Balanciermaschinen, wurden „dorisch“ oder „ionisch“ gestaltet, andere Maschinen hatten „gotische“ Ständer. In den letzten Jahren des 19. Jahrhunderts waren ästhetische Gesichtspunkte dieser Art in den Hintergrund getreten, es ging um Funktionalität, die sich dann auch in der Form niederschlug.

Wenn sich die Schmierung des Triebwerks bei stationären und bei Schiffsmaschinen einfacher gestaltete als bei Lokomotiven, so muß doch ein anderer, nachteiliger Aspekt berücksichtigt werden: Das Schmieren sich bewegender Maschinenteile barg erhebliche Gefahren für den Maschinisten, konnte er doch bei Unachtsamkeit oder bei ungeeigneter Kleidung leicht von der Maschine erfaßt und verletzt werden, im Extremfall sogar zu Tode kommen. Bei schwerem Seegang war die Gefahr natürlich besonders groß. In [581] wird das feinsinnig so beschrieben:

“... Checks had to be kept that bearings did not overheat due to inadequate oil supply and the watchkeeping engineer would do this by feeling the metal in way of the bearing. Main and top end bearings were relativly simple to deal with even if care had to be taken, but bottom end bearings requires extreme care and judgement if the hand had to remain undamaged. As the bottom end rotated towards the engineer he was requiered to swing his hand so that it contacted the bottom end and remaind in contact long enough to detect overheating. A misjudged swing of the hand could have serious consequences for the engineer's career ...“ [581].

Hinzu kam, daß die Beleuchtung im Maschinenraum vor Einführung der Elektrizität miserabel war. In [582] heißt es:

„ ... Offene Lichter und Handlampen können einzig und allein nur bei der Maschine und zwischen den Kesseln gebraucht werden ...“

Die oszillierenden Triebwerksteile wurden bei größeren Maschinen redundant geschmiert, von einem Zentralschmierkasten aus und mittels Handschmiergefäße:

„ ... Die großen Maschinenteile, wie Pleuelstangen und Kreuzköpfe, erhalten noch ein Handschmiergefäß. Damit das hineingegossene Oel, wenn der Hub wechselt, nach unten und nicht nach oben gegen den Zylinderboden geschleudert werden kann, sind 2 reusenförmige Stoßbleche in das Gefäß einzulöten ... Die Schmiergefäße werden beim Stillstand der Maschine am besten mit einem Deckel verschlossen ... Auf diese Weise verhütet man, daß Schmutz in die Schmierrohre gelangt, wenn im Hafen an den Maschinen gearbeitet wird, oder wenn beim Uebernehmen von Kohlen der überall hin gelangende Kohlenstaub auch den Maschinenraum erreicht …" [583].

Überhaupt wurde die Schmierung kritischer Teile wie des Kreuzkopfs konstruktiv sehr aufwendig gestaltet, wie aus folgender Beschreibung hervorgeht:

„ … Die Kreuzkopfführung ist cylindrisch aufgebohrt. An beiden Enden der unteren Gleitbahnen sind Oelfänger angeordnet, welche ein Ablaufen des Oeles von den Gleitbahnen verhindern und so nahe an den Endstellungen der Gleitbacken des Kreuzkopfes herangerückt sind, dass das Oel gepresst und auf die Gleitbahn geschleudert wird, von wo aus es durch Bohrungen zwischen den reibenden Flächen gelangt. Die obere Gleitfläche der Kreuzkopfführung sowie der Kreuzkopfzapfen erhält frisches Oel durch die auf der Führung sitzenden Tropf-Oeler. Apparate gleicher Construction liefern das Oel zur Schmierung des Kurbellagers, sowie des Kurbel- und Luftpumpenantrieb-Zapfens und sind zu diesem Zweck auf dem Kurbellager, bzw. vor der Kurbel auf dem Kurbelgeländer angeordnet. Es ist Rücksicht darauf genommen, dass sämtliche reibende Flächen während des Betriebs geölt, bzw. die Schmiergefässe nachgefüllt werden können. Das abtropfende und abgeschabte Oel wird in Schalen und Fängen gesammelt …" [584].

Dampfmaschinen wurden erst nach dem zweiten Weltkrieg als Antrieb von kleinen und mittleren Schiffen vom Dieselmotor verdrängt. Bis dahin wurden sie in großer Stückzahl in den verschiedensten Bereichen der See- und Flußschiffahrt eingesetzt. Erstaunlicherweise gingen die Fortschritte in der Entwicklung der Lokomotivschmierung an den Schiffsmaschinen vorbei. Für einen solchen unzureichenden und zögerlichen Technologietransfer, wie er übrigens immer wieder zu beobachten war, gibt es mehrere Gründe: Die Kolbendampfmaschine ist eine einfache, robuste Maschinenart, für deren Betrieb und Wartung an Bord ohnehin genügend Personal zur Verfügung stand: Heizer, Schmierer und Maschinisten. Zuverlässigkeit – und das bedeutete auch Einfachheit – hatte in der Seefahrt einen hohen Stellenwert. Ursachen von Störungen und Schäden mußten leicht erkennbar und mit Bordmitteln behebbar sein, deshalb dürfte wenig Interesse an Sytemen wie denen bei Lokomotiven bestanden haben.

„ … Die Schmierung der Schiffskolbenmaschine erfolgt auch heute noch *(Anmerk. d. Verf.: 1925)* in der hergebrachten Weise, ohne daß sich neuere Methoden, wie z. B. Drucköschmierung, Einkapselung der Maschinen und dgl. eingebürgert hätten. Auch werden im allgemeinen die auf wissenschaftlichen Untersuchungen begründeten Prinzipien rationeller Lagerschmierung noch nicht allgemein beachtet, was angängig ist, da in fast allen großen und stark beanspruchten Lagern der Kolbenmaschinen ein ständiger Wechsel in der Richtung des Lagerdruckes stattfindet, im Gegensatz zu den Wellenlagern z. B. der Turbinen …" [585].

Bei den Verbrennungsmotoren haben sich die Schmiersysteme entsprechend der Größe, der Bauart und des Verwendungszwecks der Motoren unterschiedlich entwickelt. Die ersten Motoren waren stationäre Gasmotoren, bei denen wie bei Dampfmaschinen die Schmierung während des Betriebs direkt, d. h. am Zustand der Lager, überwacht und bei Bedarf Schmiermittel nachgefüllt werden konnte. Das gilt auch für die ersten Fahrzeugmotoren: Tropföler, Ringschmierung und aus Ölbehältern unmittelbar an den Lagern zufließendes Öl besorgten die Schmierung, Bild 90.

Zum Ersatz des verbrauchten Öls wurde Öl mit Handpumpen aus einem Frischölbehälter nachgefüllt. Es handelte sich also um eine reine Verlustschmierung; ein großer Teil des Öls gelangte in den Brennraum und verbrannte. Das trieb nicht nur den Schmiermittelverbrauch in die Höhe, sondern führte auch zu betrieblichen Störungen: Zündkerzen verölten, Ölkohleablagerungen auf dem Kolben begünstigten Glühzündungen und behinderten die Beweglichkeit der Kolbenringe. Außerdem machte sich das verbrannte Öl durch intensiv riechende Qualmwolken unangenehm bemerkbar, was die Öffentlichkeit – anders als bei den rauchenden Schornsteinen der Eisenbahn – nicht hinzunehmen gewillt war:

Bild 90 Schmierung der Kurbelwellenlager durch Schmiergefäße am *MAN* 2-Zylinder-Viertakt-Dieselmotor von 1898

„ … Bei älteren Fahrzeugen verwendeten die Fabrikanten noch vielfach die Handölpumpe, die man heute glücklicherweise kaum noch findet, und man sollte für Fahrzeuge mit einer solchen primitiven Ölung einfach danken[213], denn es ist unmöglich, dem Motor die richtige Ölmenge zuzuführen. Entweder bekommt der Motor zu viel Öl, dann wird Öl in den Verbrennungsraum gelangen und sich an den Wänden und auf dem Kolbenboden als Ölkohle absetzen, und dicke Rauschschwaden werden dem Laufe des Automobils folgen, das Publikum belästigen und höchstwahrscheinlich Strafmandate zeitigen. Oder der Motor bekommt zu wenig Öl, die Folge wird eine frühzeitige Abnutzung sein – da die auftretende Reibung nicht durch genügend Öl gedämpft wird, wenn nicht gar ausgelaufene Lager und festgefressene Kolben eintreten …“ [586].

Nun haben Fahrzeugmotoren den Vorteil, daß sie kompakt sind, mithin konnten alle zu schmierenden Teile in einem Gehäuse zusammengefaßt werden, dessen Verkleidung – sowieso erforderlich, um das Triebwerk vor Schmutz von außen zu bewahren – den Austritt von Spritzöl verhinderte. So kam man sehr schnell zu teil- und dann zu vollautomatischen Schmiersystemen von unterschiedlicher Wirkungsweise. Dadurch wurde der Fahrer entlastet und – Schritt um Schritt – die Schmierung verbessert, das heißt besser dem Bedarf des Motors angepaßt, und es wurde der Verbrauch verringert, auch deshalb, weil für die Schmierung der meisten Triebwerkslager der Ölnebel im Motor ausreicht.

In der Zeit vor dem ersten Weltkrieg bediente man sich des Druckes der Abgase zur Förderung des Öls (übrigens auch des Kraftstoffs): Auspuffgase wurden in den Kraftstoff- und in den Ölbehälter geleitet. Dieser Druck förderte das Öl in die sogenannte Ölrampe am Armaturenbrett des Fahrzeugs, Bild 91.

---

[213] Das *danken* ist ironisch gemeint: Man bedankt sich für etwas, d. h. man lehnt es ab.

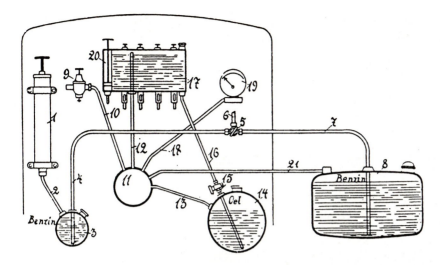

Bild 91 Förderung des Schmieröls (und des Kraftstoffs) durch das Abgas. Der Abgasdruck wirkt über den Druckvertei-
ler 11 durch das Rohr 13 auf den Ölbehälter 14. Von hier aus gelangt es in den Tropföler 17. Wenn der
Tropföler gefüllt ist, wird der Hahn 15 geschlossen und der Hahn 12 geöffnet, so daß der Abgasdruck direkt auf
den Tropföler wirkt und das Öl zu den Schmierstellen drückt.

Die Ölrampe besteht aus einer Anzahl von Durchflußkörpern mit Schaugläsern, deren Ölmenge
durch Stellschrauben reguliert werden kann. Als Richtwert wurden „6 bis 12 Tropfen pro Minute und Zylinder" und für die Motorlager „8 bis 12 Tropfen pro Minute" angegeben [587]. Statt
der Auspuffgase zog man auch den Kühlwasserdruck oder Druckluft zur Förderung des
Schmiermittels heran. Ein Druckventil sorgte für konstanten Druck. Als Nachteil solcher Systeme galt, daß sie nicht bedarfsgerecht arbeiteten. Für den Fall, daß diese Förderung nicht ausreichte oder wegen Zusetzens einer Leitung nicht funktionierte, war eine Handpumpe vorgesehen.

„ … Die Handpumpe … ist als Notbehelf meist angebracht, falls der Tropföler versagt oder um
bei besonders starkem Arbeiten des Motors bergauf eine reichlichere Ölabgabe zu veranlassen.
Dies ist ein Fehler der Ölförderung durch den Druck der Auspuffgase! Die Ölabgabe bleibt stets
gleich, ob der Motor bergauf schwer arbeitet oder in der Stadt ganz langsam läuft. Wohl kann
man die Tropfstellen einstellen, aber es ist unmöglich, sie fortwährend dem wechselnden Gange
des Motors anzupassen …" [586].

Besser an den Bedarf anpassen ließ sich die Ölförderung, wenn man statt des Abgasdrucks
Pumpen benutzte, und zwar mehrere Pumpen, die von einer gemeinsamen Welle angetrieben,
unterschiedliche Mengen getrennt zu den einzelnen Verbrauchern förderten. Vor dem ersten
Weltkrieg erfreute sich der Central-Schmierapparat von WILHELM MAYBACH[214] eines guten
Rufs: Ein Exzenter trieb sechs Pumpenkolben an, wobei ein Schieber abwechselnd dafür sorgte,
daß abwechselnd Öl und Luft angesaugt wurden, so daß dadurch der Ölfluß in den Schaugläsern
deutlich erkennbar war, Bild 92.

---

214) WILHELM MAYBACH, 1846 bis 1929, schuf mit GOTTLIEB DAIMLER den schnellaufenden Motor und – gleichzeitig zu
CARL BENZ – das erste Automobil. MAYBACH war ein begnadeter Konstrukteur, der entscheidende Basiserfindun-
gen für das Kraftfahrzeug gemacht hat, so z. B. den Spritzdüsenvergaser und Bienenwabenkühler. WILHELM MAY-
BACH entwarf den legendären *Mercedes*-Wagen. In Frankreich wurde er als *roi des constructeurs* (König der Konstrukteure) bezeichnet.

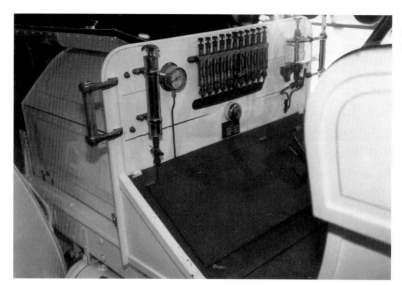

Pumpen für die ein-
zelnen Schmierstellen
am Armaturenbrett

Verteilerleitungen im
Motorraum zu den
einzelnen Schmier-
stellen

Bild 92
Schmiervorrichtung für
Kfz-Motoren: Mercedes-
Simplex-Motor (1902)

Vielfach wurden auch *Bosch*-Öler verwendet, wie sie bei Lokomotiven eingesetzt wurden: Zwei Schrägscheiben verschiedenen Durchmessers sitzen übereinander auf einer rotierenden Welle. Mit ihren Außenkanten greifen diese Schrägscheiben („Schwankscheiben") in Schrägnuten der koaxial-konzentrisch zur Welle angeordneten Pumpenkolben an. Die Drehung der Schrägscheiben wird so in eine oszillierende Bewegung der Kolben umgesetzt. Eine andere Variante war die, daß eine Pumpe in das System fördert, wobei die Ölmengen für die einzelnen Verbraucher durch unterschiedliche Querschnitte der Leitungen gesteuert wurde *(„Zirkulationsschmierung")*.

Die *Tauchschmierung* beruhte darauf, daß die Pleuelstangen in den Ölspiegel eintauchten und mit Schöpfern das Öl durch Bohrungen dem Lager zuführten. Gleichzeitig wurde dadurch soviel Öl im Kurbelraum umhergeschleudert, daß die anderen Schmierstellen ebenfalls ausreichend versorgt wurden; in Auffangbehältern unmittelbar über den Grundlagern sammelte sich Öl, von wo aus es durch Bohrungen in die Lager gelangte. Häufig angewendet wurden Ölfänger an den Kurbelarmen, die den Pleuellagern das Öl zuführten. Weil bei Fahrzeugmotoren die Ölversorgung auch bei stärkeren Schräglagen des Motors funktionieren muß, wurde der Ölraum im Kurbelgehäuseunterteil durch Schotten unterteilt.

Da man die Förderung nicht nur an die Drehzahl, sondern auch an die Belastung des Motors anpassen wollte – man sah den Ölbedarf in erster Linie als eine Funktion der Motorlast und weniger als der Drehzahl an –, wurde die Eintauchtiefe der Schöpfer durch Anheben oder Absenken des Schöpfbeckens veränderbar gestaltet. Das Schöpfbecken war drehbar gelagert abhängig von der Drosselklappenstellung. Gefüllt wurde das Schöpfbecken durch eine Förderpumpe *(Minerva-Knight)* Bild 93, oder durch Absenken in die Ölwanne *(Bugatti)* Bild 94.

Es ist ganz erstaunlich, was für komplizierte Fördermechanismen ersonnen und gebaut worden sind: Schöpfkellen und „Bagger- oder Paternosterwerke": An einer über zwei Rollen laufenden Kette sind Schöpfkellen befestigt, die sich beim Durchziehen der Kette durch den Ölspiegel mit Öl füllen und dieses dann an ein Ölverteilungsrohr abgeben [588]. Die Anwendung solcher Schöpfmechanismen waren nur bei niedrigen Drehzahlen anwendbar.

„ … Hin und wieder begegnet man im Automobilbau noch der Tauchschmierung, welche nur für Touren bis 1800/Min. verwendbar ist und sehr unwirtschaftlich und unsicher arbeitet. Das von den Pleuelansätzen gepeitschte Öl, sogenannte Gischt, hat überhaupt keine Schmierkraft mehr, abgesehen von dem Vernebeln des Öles und Umhersprühen an Stellen, welche gar kein Öl benötigen …" [589].

Die Zylinderwandungen wurden stark mit Spritzöl beaufschlagt, die Kolbenringe vermochten das Öl nicht mehr genügend abzustreifen, insbesondere weil die in den 1920er Jahren eingeführten Leichtmetallkolben größeres Kaltspiel verlangten. Hoher Ölverbrauch dadurch, Öl-

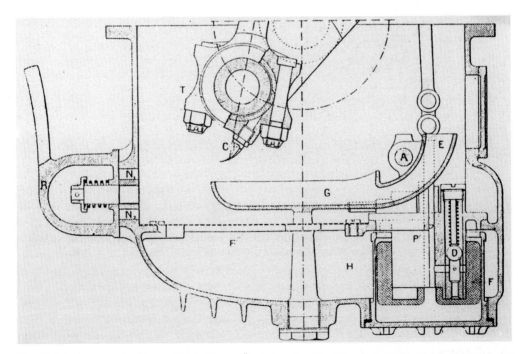

Bild 93 Schmiersystem des *Minerva-Knight*-Motors: Öl aus dem Trog H wird in das Schöpfbecken G gefördert, in das die Schöpfer C der Pleuel eintauchen. Das Schöpfbecken G ist an der Welle A drehbar gelagert, die ihrerseits mit der Drosselklappe des Vergasers verbunden ist. Abhängig von der Drosselklappenstellung wird so die Tauchtiefe der Schöpfer – und damit die Fördermenge – geregelt.

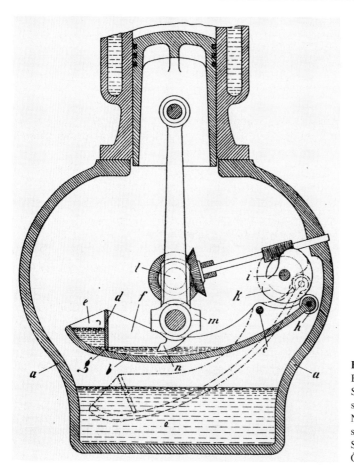

Bild 94
Beim einem *Bugatti*-Motor wird das
Schöpfbecken, in das das Pleuel mit
seinem Greifer eintaucht, von einer
Nockenscheibe so bewegt, daß es
sich seinen Ölvorrat selbst aus dem
Sumpf holt, mithin eine gesonderte
Ölpumpe entfällt.

kohleablagerungen am Kolben und verölte Zündkerzen bereiteten gleichermaßen Schwierigkeiten. Deshalb ging man mit steigender Drehzahl erst zur kombinierten Tauch- und Druckschmierung über, bei der Druckpumpen das Öl in eine Leitung förderten, von der aus es in die Schöpfer an den Pleuelaugen spritzte. Aus der Befürchtung, die Schmiereigenschaften des Öls litten durch den Schmiervorgang, erhielten die Grundlager Frischöl; die Pleuellager wurden durch Fangscheiben mit dem aus den Grundlagern abfließenden Öl versorgt, und die übrigen Schmierstellen „lebten" vom Spritzöl. Bei manchen Motoren sah man als Schutz der Zylinder vor allzuviel Spritzöl Abdeckbleche zwischen ihnen und dem Kurbelraum vor, Bild 95.

Bei der *Druckumlaufschmierung („Kreislaufdruckschmierung")* saugt eine Pumpe das Öl aus Sumpf, der tiefsten Stelle des Kurbelgehäuse-Unterteils bzw. der Ölwanne, und fördert es in die Hauptölleitung – eine Rohrleitung oder als Bohrung ins Kurbelgehäuse eingegossen – von wo aus das Öl zu den einzelnen Lagerstellen gelangt. Auf diese Art ergeben sich gleiche Durchflußwiderstände; die Lager erhalten übereinstimmende Ölmengen. Das abfließende Öl wird im Sumpf gesammelt und wieder dem Kreislauf zugeführt. Dabei ist es notwendig, das Öl zu filtern, um Pumpen und Lager vor Verunreinigungen zu schützen. Das verbrauchte Öl – als Ölverbrauch wurden Anfang der 1920er Jahre für Kfz-Motoren 30 bis 35 g/PSh (41 bis 48 g/kWh) angegeben – mußte aus einem Frischölbehälter ersetzt werden. Die Pleuellager wurden mit dem

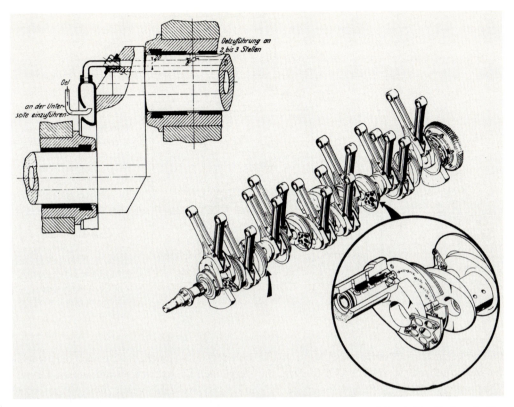

Bild 95 Zur Ölversorgung der Pleuellager von stationären Dampfmaschinen wurde das Öl in ein Fangblech an der Kurbelwange geleitet und von dort durch die Zentripetalkraft in den hohlgebohrten Hubzapfen gefördert. Dieses Prinzip wurde auch bei Verbrennungsmotoren angewendet, bei einzelnen Bauarten sogar noch bis in die 1970er Jahre (z. B. bei dem Schnellbootmotor *20 V 672*).

aus den Grundlagern abfließenden Öl durch Fangringe versorgt, dann zunehmend durch ein System von Bohrungen in der Kurbelwelle: Aus dem Hauptölkanal gelangte das Öl durch Bohrungen in den Kurbelgehäuse-Zwischenwänden durch die Grundlager in den hohlgebohrten Grundlagerzapfen, von dort durch Bohrungen in den Kurbelwangen in den hohlgebohrten Hubzapfen, durch Querbohrungen in die Pleuellager und je nachdem, durch weitere Bohrungen im Pleuellager und Pleuelstange zum Kolbenbolzenlager. So werden heute Triebwerkslager geschmiert, Bild 96.

Wegen ihrer Bedeutung für den Motorbetrieb muß die Schmierung überwacht werden. Früher, als die Lager – jedes für sich – durch getrennte Leitungen versorgt wurden, beobachtete man den Ölfluß direkt durch Schaugläser. Das ist bei einer Zentralschmierung nicht mehr möglich; jetzt erfolgt die Kontrolle indirekt durch Messung des Pumpengegendrucks. Der Ölstand im Kurbelgehäuse wird durch Peilung des Flüssigkeitsspiegels überwacht. Die Ölpumpen wurden in verschiedenen Bauarten ausgeführt, erst als Kolbenpumpen, später gab man der einfacheren Zahnradpumpe den Vorzug. Schon die Mangelsituation in Deutschland im ersten Weltkrieg und unmittelbar danach zwang dazu, das Öl länger zu fahren, was eine gründlichere Filterung notwendig machte: Erst waren es einfache Baumwoll- und Filzfilter; in den 1920er Jahren wurden von der Firma *Elektronmetall Cannstatt (EC)* wirksame Schlauchfilter entwickelt. Es folgten Platten-, Ring- und Drahtspaltfilter und dann Siebscheiben- und Papiersternfilter.

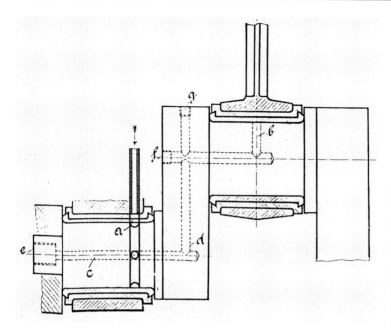

Bild 96
Schon vor dem ersten Weltkrieg hatte der *De Dion*-
Motor die heute allgemein
übliche Ölversorgung: Das
Öl gelangt durch ein Rohr
(oder eine Bohrung in der
Zwischengehäusewand) in
den Grundlagerzapfen und
von dort durch Bohrungen
in den Kurbelwangen in den
hohlgebohrten Hubzapfen,
von wo es durch Quer-
bohrungen dem Pleuellager
zugeführt wird.

Bei Direktantrieb der Pumpen vom Motor mußte sichergestellt werden, daß sie auch bei niedrig-
ster Motordrehzahl ausreichend Öl fördern; mit steigenden Drehzahlen nimmt auch die Dreh-
zahlspanne der Motoren zu, mit der Folge, daß im oberen Drehzahlbereich zuviel Öl gefördert
wird. Abgesehen vom Anstieg der Pumpenantriebsleistung führte das durch zu starkes Verspritzen und Versprühen des Öls zur Überschmierung, was vor allem den Kolbenringen die Arbeit
erschwerte. Man sah deshalb federbelastete Druckregulierventile vor, die bei Überschreiten eines vorgegebenen Drucks das Öl absteuerten. Mit Zunahme der Motorleistung durch die Abgasturboaufladung mußte mehr Öl durchgesetzt werden, um die Wärme aus den Lagern abzu-
führen, auch weil das Schmieröl zur Kühlung der Kolben herangezogen wurde. Da bei kaltem
Motor die Kolben noch nicht gekühlt werden brauchen, werden in den Zufluß zu den Kol-
benkühlöl-Spritzdüsen Druckventile eingebaut, die bei dem hohen Leitungsdruck infolge kalten
Öls schließen. Den gegenteiligen Effekt strebte man bei der Zylinderschmierung, wie sie in den
1950er und 1960er Jahren bei einigen Pkw-Ottomotoren angewendet wurde, an: Die Zylinder
sollten nur bei kalten Motor zusätzlich geschmiert werden: Das Ventil öffnete bei kaltem und
schloß bei warmem Motor.

Neue Pumpenbauarten kamen in Gebrauch: Die Sichelpumpe mit innenverzahntem Außenrotor,
in dem ein exzentrisch gelagertes außenverzahntes Rad von deutlich kleinerem Durchmesser
kämmt. Durch die Durchmesserdifferenz der Rotoren ergibt sich ein sichelförmiger Raum, der
mit einem Füllstück ausgefüllt ist. Durch die Drehung der Rotoren vergrößern (Ansaugen) und
verkleinern sich die Zahnlücken (Fördern). Die *Eaton*-Pumpe besteht aus einem Läufer mit z
Zähnen und einem gleichsinnig drehendem Außenring mit z + 1 Zähnen. Bei Rotation der beiden
Teile wird durch Verkleinern und Vergrößern der Zwischenräume angesaugt und gefördert.

Höhere Lagerbelastungen haben kleinere Schmierspalte zur Folge, was eine entsprechend feine-
re Filterung des Öl notwendig macht. Längere Ölwechselintervalle verlangen ebenfalls eine
wirksame Filterung. Da mit der Filterfeinheit der Durchflußwiderstand zunimmt, wurden die
Funktionen *Schützen* und *Reinigen* auf verschiedene Filterbauarten aufgeteilt. Der Ölkreislauf –
nun der Hauptkreis – wurde durch einen zweiten Kreislauf, den Nebenkreis erweitert: In den

Nebenkreis wird ein *Nebenstromfilter* geschaltet, das – von größerer Feinheit als das Haupt-stromfilter – mit nur einem Teil des Ölvolumenstroms beaufschlagt wird. Das gefilterte Öl fließt aus dem Filter drucklos in die Ölwanne zurück. Als Nebenstromfilter werden Papiersternfilter mit Maschenweiten um 5 μm verwendet, aber auch Freistrahlzentrifugen, bei denen der Öldruck den Rotor nach der Art eines SEGNER'schen Rads[215] antreibt. Infolge der Rotation werden die Schmutzteilchen auszentrifugiert. Im Hauptstrom ist das grobmaschigere Hauptstromfilter zum Schutz der Ölverbraucher angeordnet. Damit bei sehr kaltem Öl das Filter nicht durch den ho-hen Differenzdruck zerstört wird, sieht man Umgehungsventile für die Filter vor.

Je größer die Motoren, je wichtiger ihre Funktion und je schwerwiegender die Folgen von Störungen und Schäden sind, desto mehr Aufwand muß auch mit der Gestaltung der Schmiersy-steme getrieben werden: Getrennte Ölkreisläufe für Schmier- und Kolbenkühlöl mit eigenen Pumpen, um die Schmierölströme richtig aufzuteilen, weniger feine Filterung des Kol-benkühlöls, mehrere Filtereinheiten im Schmierölhauptkreis (Grob- und Feinfilter mit zusätzli-chem Sicherheitsfilter für den Fall, daß das Umgehungsventil für das Hauptfilter bei kaltem Öl anspricht) und Nebenkreis mit Tiefenfilter. Der im zweiten Weltkrieg von der *MAN* entwickelte doppeltwirkende Zweitaktmotor VZ 32/44[216] – für einen Zerstörer vorgesehen – hatte 48 Schmierapparate und 500 Schmierstellen! Die Entwicklung der Schiffsdieselmotoren wurde stark durch den Einsatz in U-Booten bestimmt. U-Bootmotoren müssen kompakt bauen, sie müssen natürlich gekapselt sein und die Schmierung mußte automatisch erfolgen. Diese Grundsätze wurden nach dem ersten Weltkrieg Allgemeingut, so daß Dieselmotoren schon früh eine „moderne" Schmierung bekamen:

„ … Die Schmierung des gesamten Triebwerkes sowie sämtlicher wichtigen Laufstellen erfolgt zwangsläufig durch im Kreislauf umgetriebenes Drucköl, das in einem an der Grundplatte befe-stigten Oeltrog gesammelt, durch eine von der Kurbelwelle angetriebene Zahnrad-Schmieröl-pumpe angesaugt und durch einen unmittelbar an der Pumpe angebrachten Oelfilter wieder zum Motor gedrückt wird, so daß bei möglichster Vereinfachung der Bedienung die größte Betriebs-sicherheit gewährleistet ist. Es ist lediglich notwendig, den Oeldruck zu beobachten und unter-geordneten Schmierstellen von Zeit zu Zeit etwas Oel zu geben. Der Oelersparnis halber ist der Motor durch leicht abnehmbare Verkleidungen öldicht eingeschlossen; das Innere ist jedoch durch augenblicklich zu öffnende Verschlußdeckel jederzeit zugänglich …" [590].

Bei großen Motoren – mittelschnellaufenden Viertakt- und langsamlaufenden Zweitakt-Kreuz-kopfmotoren – werden die Ölpumpen entweder freistehend oder am Motor angeordnet. Da im Schiff der Motorbetrieb unter allen Umständen gewährleistet sein muß, werden mehrere Filter eingesetzt, die bei Überschreiten eines zulässigen Differenzdrucks während des Motorbetriebs umschaltbar sind; heute erfolgt das Umschalten automatisch. Bei Schwerölbetrieb ist ein Sepa-rator (Purifikator)[217] im Nebenkreis geschaltet. Rückschlagventile verhindern, daß der Ölkreis bei Motorstillstand leerläuft. Außerdem sorgen Schmieröl-Vorpumpen dafür, daß beim Start des

---

215) JOHANN ANDREAS VON SEGNER, 1704 bis 1777, Physiker und Mathematiker, erfand eine frühe Ausführung der Re-aktionsturbine, bei der das aus (mindestens) zwei radialen Rohren mit tangentialem Austritt strömende Fluid das Rad (SEGNER'sches Rad) in Drehung versetzt. Jedermann geläufig, findet dieses Prinzip bei Rasensprengern An-wendung. Von SEGNER hat sich auch durch die Einführung des Begriffes der *Haupttägheitsachsen* einen Namen in der Mechanik gemacht.

216) Es handelt sich hierbei um einen 24 zylindrigen Motor von 320 mm Bohrung und 440 mm Hub, der bei 600 min⁻¹ 525 PS pro Zylinder leistete. Ein Exemplar dieses bemerkenswerten Motors befindet sich im *Auto + Technik-Museum* in Sinsheim.

217) Separatoren sind Fliehkraft-Abscheider. Dabei unterscheidet man zwischen Separatoren, die zwei Flüssigkeiten trennen (Öl und Wasser) bei gleichzeitigem Abscheiden von Feststoffen (Schmutz), und *Purifikatoren*, die Festtof-fe von der Flüssigkeit abscheiden (Schmutz/Öl).

Motors die Schmierstellen von den ersten Umdrehungen an ausreichend mit Öl versorgt sind; das Öl muß auf 40 °C vorgewärmt werden, denn große Motoren dürfen nicht kalt gestartet und gefahren werden. Wenn die Ölpumpe(n) nicht direkt vom Motor, sondern fremd angetrieben werden, muß ein in entsprechender Höhe über dem Motor angeordneter Nachlaufbehälter bei Stromausfall („black-out") eine Notschmierung sicherstellen. Wegen des Kondenswasseranfalls in den Tropen muß ein Kondenswasserabscheider vorgesehen werden. Die Zylinder von Kreuz-kopfmotoren werden gesondert geschmiert, bei Schwerölbetrieb aber auch die von Tauchkol-benmotoren. Die Zylinderschmierung ist eine Verlustschmierung; deshalb kommt es auf eine sorgsame Dosierung durch eine Zylinder-Schmierölpumpe an.

Flugmotoren arbeiten unter besonderen Bedingungen und waren deshalb nach entsprechenden Gesichtspunkten gestaltet: Die Schmierung von Flugmotoren mußte selbsttätig erfolgen; ein Nachfüllen von Hand während des Flugs war nicht möglich, auch mußte die Schmierung la-geunabhängig sein; bei allen Flugsituationen, auch bei Extremlagen des Loopings (Überschlag) und des Rückenflugs, verlangen die Lager ihr Öl. Das gilt, wenn auch nicht so ausgeprägt, für geländegängige Fahrzeuge wie Panzer, Militärfahrzeuge aller Art, ebenso für zivile Baufahrzeu-ge, Planierraupen usw. Aber nicht nur die Schmierung, auch die Rückförderung des Öls aus dem Kurbelgehäuse muß bei extremen Lagen gewährleistet sein, soll der Motor nicht „im Öl versau-fen". Das erreicht man mit der Trockensumpf-Schmierung, bei der eine oder zwei Pumpen das Öl aus dem Kurbelgehäuse absaugen und in einen separaten Behälter pumpen, von dem es durch eine Druckpumpe durch Filter und Wärmetauscher zu den Lagerstellen fördern.

„ … Da beim Niedergehen des Flugzeugs in der vorderen Gehäusekammer eine größere Ölmen-ge angesammelt wird, könnte die Möglichkeit eintreten, daß ein Teil dieses Öls in die Verbren-nungsräume der vorderen Zylinder gelangt, was ein bedeutendes Qualmen des Auspuffs zur Folge hat, aber auch die Motorleistung vorübergehend ungünstig beeinflussen kann. Um dem vorzubeugen, saugt eine besondere Pumpe, welche mit der Hauptpumpe kombiniert ist, das Öl stets aus diesen Gehäusekammern ab und fördert es in die im Gehäuseunterteil gebildete Öl-kammer zurück …" [591].

Damit verbot sich eine Tauchschmierung. Die Motoren wurden schon vor und im ersten Welt-krieg mit verschiedenen Systemen der Druckumlauf- und Trockensumpf-Schmierung versehen. Betrachtet man die Flugmotoren der einzelnen Hersteller, dann erkennt man – ungeachtet des übergeordneten Trockensumpf-Prinzips – eine Fülle von Unterschieden in der Gestaltung der Schmierölkreisläufe. Bei den hohen Ölverbräuchen der Motoren vor und im ersten Weltkrieg mußte dem Kreislauf kontinuierlich Frischöl zugeführt werden. Deshalb hatten damals die Motoren einen Frischölbehälter, aus dem durch eine gesonderte Frischölpumpe nachgespeist wurde. Die Aufgaben: Absaugen, Frischölzufuhr, Versorgen des Motors mit Öl wurden durch ein, zwei, drei oder vier Pumpen von unterschiedlicher Bauart und Funktionsweise erfüllt.

Der *Basse & Selve-Motor BuS IV* (1917) hatte eine raffinierte, vierfach wirkende Kolbenpumpe, de-ren Kolben von einem Schneckenrad in Drehung versetzt wurden. In den Kolben war eine Schrägnut eingefräst, in die vom Pumpengehäuse ein Stift eingriff, so daß die Drehung eine oszillierende Bewegung bewirkte. Die beiden innenliegenden Kolbenseiten saugen das Öl von der Vorder- und Hinterseite des Kurbelgehäuse-Unterteils an und drücken es durch den Wärmetauscher, von wo es nun durch die beiden äußeren Kolbenseiten angesaugt zu den Grundlagern gepumpt wird. Durch die hohlgebohrte Kurbelwelle gelangt das Öl zu den Pleuellagern. Der Wärmetauscher ist mit einem Frischölbehälter verbunden, so daß das verbrauchte Öl kontinuierlich ersetzt wird, Bild 97.

Bei den *Benz*-Motoren *FB, FD* und *FF* (1915) versorgte eine Zahnradpumpe die Schmierstellen, und eine Kolbenpumpe sorgte für den Frischölersatz. Diese *Benz*-Motoren hatten hohlgebohrte Kurbelwellen, durch die das Öl von den Grund- zu den Pleuellagern gelangte.

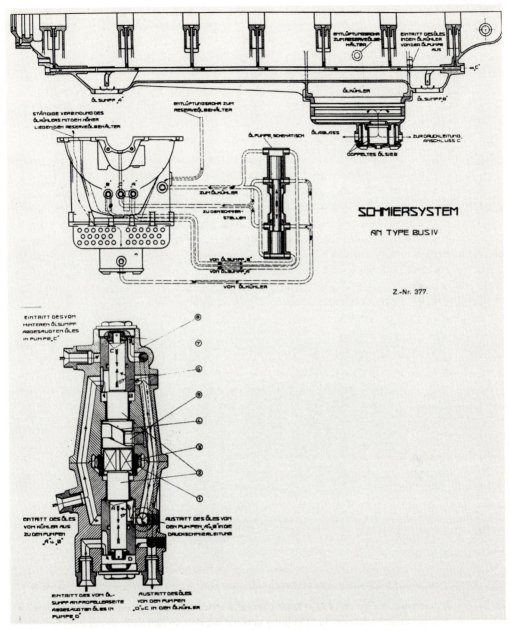

Bild 97 Schmiersystem und Schmierölpumpe des Basse und Selve-Flugzeugmotors BUS IV (1918)

Der in der zweiten Hälfte der 1920er Jahre in vergleichsweise großen Stückzahlen gebaute Flugmotor *BMW VI* (1926) hat eine Druckumlaufschmierung mit Frischölzusatz. Eine Einheit von vier Kolbenpumpen versorgt den Motor mit Öl. Angetrieben werden die Pumpen durch eine Exzenterwelle. Ein Druckventil hält den Öldruck konstant. Die Frischschmierstoffpumpe fördert Frischöl aus dem Ölbehälter in den Motorsumpf, und zwar mehr als der Motor verbraucht. Eine Schmierstoffstandpumpe sorgt dafür, daß der Ölspiegel nicht ansteigt, und pumpt das überschüssige Öl wieder in den Frischölbehälter. Die Umlaufpumpe drückt das Öl durch ein Filter in

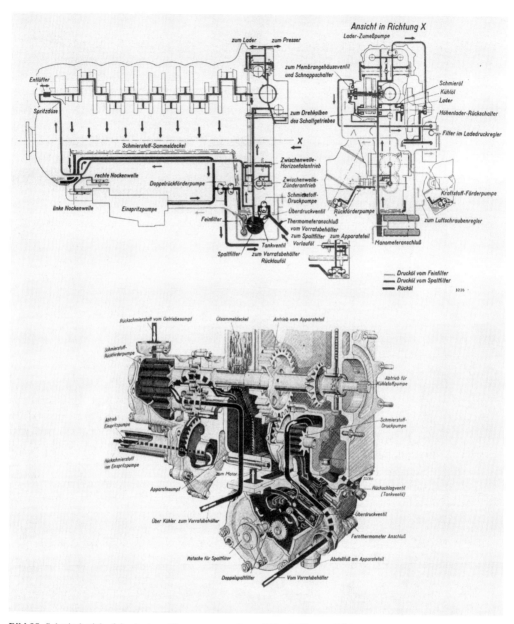

Bild 98 Schmierkreislauf des Junkers-Flugzeugmotors Jumo 211 mit Filter und Ölpumpen.

den Schmierkreislauf des Motors. Auf dem Weg dahin gelangt das Öl durch einen Zylinder mit federbelastetem Kolben, so daß Druckstöße ausgeglichen und ein konstanter Druck aufrechterhalten wird. Eine Absaugpumpe saugt das Öl aus dem Kurbelgehäuse – je nach Fluglage aus dem vorderen oder aus dem hinteren Ende – und fördert es in den Sumpf. Die Absaugpumpe ist mit Rücksicht auf eine Schaumbildung reichlich dimensioniert, so daß das Öl unter allen Umständen aus dem Kurbelgehäuse abgesaugt wird. Der Öldruck im Schmiersystem kann durch ein Druckregelventil eingestellt werden.

Bei Motoren mit Heißkühlung[218] sorgte eine Zahnradpumpe für größeren Ölvolumenstrom, weil mehr Wärme abgeführt werden mußte [592].

Sternmotoren haben zwischen den unteren beiden Zylinder einen Ölsumpf, in dem sich das rücklaufende Öl, auch von den Schwinghebelgehäusen, sammelt. Von hier aus saugt eine Absaugpumpe das Öl ab und fördert es durch Wärmetauscher in den Ölbehälter und weiter durch ein Filter zur Frischölpumpe. Diese drückt das Öl in eine Ölkammer, von der aus es in die hohlgebohrte Kurbelwelle gelangt. Durch radiale Bohrungen im Hubzapfen wird das Hauptpleuellager geschmiert, von wo aus auch die Nebenpleuellager mit Öl versorgt werden. Bei hängenden V-Motoren wird das Öl vom Kurbelgehäusesumpf („Ölsammeldeckel") und aus den Zylinderkopf-Ölwannen von der Rückförderpumpe durch den Wärmetauscher in den Ölbehälter gepumpt. Die Druckförderpumpe drückt das Öl durch ein Filter in den Hauptölkanal des Motors und zu den einzelnen Verbrauchern, Bild 98.

Durch die zum Teil extremen Schräglagen, wie sie gerade für die Betriebsweise von Jagd- und Kampfflugzeugen sowie Sturzkampfbombern charakteristisch waren, wird beim Absaugen des Öls aus dem Kurbelgehäuse auch Luft mitgenommen, die sich innig mit dem Öl vermischt. Die Abscheidung dieser Luft erforderte besondere Maßnahmen, sei es durch entsprechende Gestaltung des Ölsammelbehälters, sei es durch gesonderte Nebenkreisläufe oder durch Ölschleudern. Die gleichzeitig mit der Luftabscheidung durch die Schleudern (Zentrifugen) bewirkte Drucksteigerung konnte für die Förderung des Frischöls genutzt werden [593].

---

[218] Bei der Heißkühlung (auch: Preßkühlung) werden durch Überdruck im Kühlmittel-Kreislauf Kühlmittel-Temperaturen bis zu 115 °C erreicht, bei Kühlung mit Glykol 130° bis 140 °C.

10 Entwicklung der Triebwerksteile

10.1 Kurbelwelle

Mit der gefühlvollen Metapher Die *Kurbelwelle ist die Seele des Motors* wird in einem Fachbuch aus den 1920er Jahren die Bedeutung dieses Triebwerksteils hervorgehoben [594]. Angesichts der Bemühungen des Teufels um die Seele ist es im Sinne einer solchen Betrachtungsweise nur folgerichtig, wenn in der Werbeschrift eines Kurbelwellenherstellers von *Die verteufelte Kurbelwelle* die Rede ist. Offensichtlich werfen Fertigung und Funktion der Kurbelwelle Schwierigkeiten auf, die zu einem so intensiven Befassen mit diesem Bauteil zwingen, daß sich das sogar im Sprachlichen niederschlägt.

Primäre Aufgabe der Kurbelwelle ist, die von den Pleuelstangen eingeleiteten Kräfte in Drehmoment (= Kraft × Hebelarm) umzuwandeln – und umgekehrt, wobei die Kurbelkröpfung die konstruktive Ausführung des Hebelarmes ist. Die Kurbelwelle „sammelt" die Drehmomente der einzelnen Zylinder und „liefert" sie an die anzutreibende Maschine ab, außerdem treibt sie die Hilfsgeräte und -maschinen des Motors an. Weiterhin muß die Kurbelwelle das Triebwerk im Kurbelgehäuse (Motoren) bzw. in den Fundamentlagern (Dampfmaschinen) oder Rahmen (Lokomotiven) abstützen, d. h. die Kräfte auf das Kurbelgehäuse, Fundament oder Rahmen übertragen. Schließlich wird die Welle zur Ölversorgung des Triebwerkes zwecks Schmierung, bei größeren Motoren auch zur Kolbenkühlung, herangezogen, gleichfalls nimmt sie die Gegengewichte für den Massenausgleich auf. Vom Prinzip her stellt die Kurbelwelle ein System in Reihe geschalteter phasenverschobener Exzentrizitäten dar, wobei das Einzelelement, die Kurbelkröpfung, aus dem Hubzapfen, den beiden Kurbelwangen und den sich daran anschließenden Grundlagerzapfen-Hälften besteht. Je nach Ausführung kommen zu den Wangen noch ein oder zwei angegossene, angeschmiedete, angeschweißte oder angeschraubte Ausgleichsmassen („Gegengewichte") hinzu.

Der konstruktive Spielraum für die Gestaltung von Kurbelwellen ist, was ihren grundlegenden Aufbau anbelangt, nur gering: Die Funktion bestimmt die Form! Dabei hat „die Kurbelwelle" verschiedene Entwicklungsstufen der Bauart durchlaufen, wie sie durch die Maschinenart: Dampfmaschine, Dampflokomotive, Verbrennungsmotor: Sternmotor, Reihen- und V-Motor, Flugzeug-, Fahrzeug- oder Schiffsmotor, bestimmt ist. Auch wirkt sich der jeweilige Stand der Technik auf die Kurbelwellenform aus. Eine heutige Kurbelwelle sieht anders aus als eine von vor 70 Jahren; das betrifft die Zahl der Kröpfungen, wie sie sich durch die Zylinderzahl ergibt, das erklärt sich durch den Wandel im Motorenbau, z. B. durch den Übergang zur V-Bauweise, wodurch sich die Zahl der Kröpfungen verringerte, oder durch die Entwicklung jeweils zu kurz- oder langhubigen Motoren mit ihren Auswirkungen auf die Größenverhältnisse der einzelnen Kurbelwellenpartien.

Die komplexe Beanspruchung und die Probleme ihrer rechnerischen Erfassung zwangen zu intensiven experimentellen Untersuchungen, deren Auslöser meistens Schäden waren. Erschwerend für die Entwicklung der Kurbelwellen erwies sich, daß ihr Betriebsverhalten nicht nur durch das Zusammenarbeiten mit anderen Triebwerksteilen, sondern der gesamten Maschinenanlage bestimmt wird. Die Lebensdauer einer Kurbelwelle kann deshalb nicht allein durch Verstärken von Querschnitten sichergestellt werden, vielmehr müssen für das „Überleben" der Welle flankierende Maßnahmen getroffen werden, Stichwort: Verformungsarme Maschinen-Fundamente, Schwingungsdämpfer und u. a. mehr. Die einzelnen Schritte in der Entwicklung von Kurbelwellen, anfangs noch deutlich erkennbar, verlagerten sich immer mehr ins Detail, in die sogenannte *Kleingestaltung,* und sind auf den ersten Blick kaum noch auszumachen.

Vom Wirkungsprinzip her gleich, unterscheiden sich Kurbelwellen von Dampfmaschinen in ihrer konstruktiven Ausführung doch beträchtlich von denen der Verbrennungsmotoren. Bei einzylindrigen Dampfmaschinen wurde der Kurbelzapfen häufig fliegend gelagert („Stirnkurbel"), wobei die Welle meist nicht einteilig gefertigt, sondern aus einzelnen Komponenten zusammengebaut wurde („gebaute Welle"), so auch die Kurbelwelle der WATT'schen Niederdruckmaschine, bei der die Kurbelwange eine viereckige Aufnahme für den Grundlagerzapfen hatte. Der Festsitz wurde durch Verkeilen mit Hartholzplättchen erreicht. Die eckige Aufnahme ermöglichte ein formschlüssiges Übertragen des Drehmoments. Zur Erhöhung der Festigkeit der Kurbeln[219] wurde die Kurbel, id est: die Kurbelwange, mit einem schmiedeeisernen Band bandagiert [595]. Natürlich war man bestrebt, die Kurbelwellen einteilig zu fertigen, aber bei dem Stand der Technik in der ersten Hälfte des 19. Jahrhunderts tat man sich schwer damit:

„ … Schwierigkeit bietet namentlich das genaue Abdrehen der Wellhälse *(Anmerk. d. Verf.: Gemeint sind die Grundlagerzapfen)* und Warzen *(Hubzapfen).* Auch ist das Federn besonders bei den mehrfach gebrochenen *(gekröpften)* Wellen stärker, als an gewöhnlichen Krummzapfen von geringeren Dimensionen. Für größere ist deshalb vorzuziehen, getrennte und besonders gelagerte Wellen mittelst Krummzapfen und Gelenkstücke so zu kuppeln, daß dabei die Kurbelstange noch aufgenommen werden kann …" [596].

Deshalb wurden die Stirnkurbeln und auch die Kurbelkröpfungen lange Zeit aus mehreren Teilen hergestellt:

„ … Der Kurbelzapfen ragt in seiner berechneten Stärke aus dem Kurbelarm hervor und ist mit demselben entweder ein Stück oder besonders darin befestigt. Im letzteren Falle wird er mit dem conischen Stile in die Zapfenhülse eingelassen und in derselben durch eine Schraubenmutter oder Kopfschraube befestigt. Bei der geringen Seitenneigung des eingelassenen Conus (1 : 40) ist eine besondere Sicherung gegen Drehung nicht unbedingt nöthig, dieselbe kann aber dennoch durch einen Längs- oder Querkeil oder quer durchgesteckten Rundstift … bewirkt werden" [597].

Im letzten Viertel des 19. Jahrhunderts ging man dazu über, die Kurbelwellenteile durch einen Pressverband miteinander zu verbinden. An das freie Ende des fliegend gelagerten Zapfens schloß sich – je nach Ausführung der Maschine – noch eine zweite Kurbel von meist kleinerem Hub an („Gegenkurbel"), die zur Betätigung z. B. eines Verteilungsschiebers diente. Kurbelwellen von Zweizylinder-Verbund- und Zwillingsmaschinen hatten vielfach zwei Stirnkurbeln. Bekannteste Ausführung dieser Bauart sind die Treibräder von Dampflokomotiven mit außenliegenden Zylindern, Bild 99.

Liegende Einzylinder-Maschinen mit Gabelrahmen und stehende Maschinen, Lokomotiven mit innenliegenden Zylindern sowie mehrzylindrige Maschinen erhielten gekröpfte Wellen mit einer entsprechenden Zahl von Kröpfungen. Wenngleich in den meisten Fällen die Kurbelarme senkrecht zu den Zapfen standen, so wurden sie bei den Treibachsen von Lokomotiven aus Gründen leichterer Herstellbarkeit und höherer Festigkeit auch schräg angeordnet, zumal man – da der Lagerabstand durch die Rahmenbreite vorgegeben war – nicht mit Platz sparen mußte [598]. Für einzylindrige Maschinen genügten einfache Konstruktionen: Die Kurbelkröpfung wurde geschmiedet, wobei man sich bei niedrig belasteten Maschinen mit Rechteck- und Rundquerschnitten begnügte; im Laufe der Zeit erst gestaltete man die Kröpfungen beanspruchungsgerechter, Bild 100.

Die Kurbelwellen wurden abhängig von ihrer Größe gestaltet: Bis zu einem Wellendurchmesser von 250 mm wurden sie einteilig, bis 400 mm wurden die einzelnen Hübe in einem Teil geschmiedet und dann durch Flansche zusammengeschraubt; bei Wellendurchmessern darüber

---

219) Die Nomenklatur beim Kurbeltrieb von Dampfmaschinen unterscheidet sich von der der Verbrennungsmotoren. *Kurbel* bedeutet Kurbelwange, *Warze* Hubzapfen und *Krummzapfen* Kurbelkröpfung.

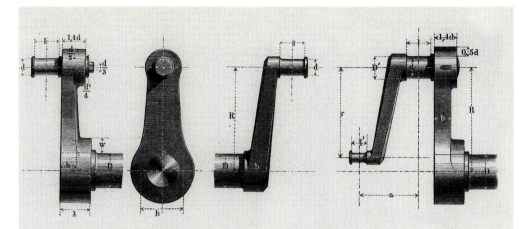

Fliegend gelagerte Wellen   Welle mit Gegenkurbel

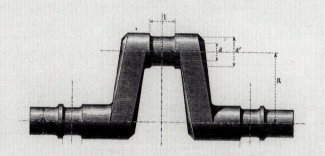

Beidseitig gelagerte Welle („Krummachse")

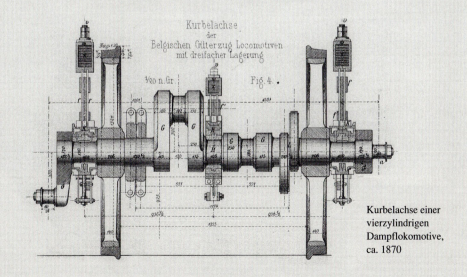

Kurbelachse einer
vierzylindrigen
Dampflokomotive,
ca. 1870

Bild 99 Bauarten von Kurbelwellen stationärer Dampfmaschinen sowie Kurbelwelle einer Dampflokomotive ca. 1870

Rundprofil

Zur Gewichtserleichterung abgeschrägte Wangen

Rechteckquerschnitt, Kröpfung durch Verdrehen
aus der Schmiedehitze erzeugt

Allseitig bearbeitete
Kröpfung

Bild 100 Kurbelkröpfungen früher Verbrennungsmotoren mit verschiedenen Wangenprofilen

wurden auch die einzelnen Kröpfungen gebaut. Da das Schmieden noch nicht mit der nötigen
Sicherheit beherrscht wurde, hat man die Hubzapfen aus „comprimierten Gussstahl" hergestellt,
in dem die Zapfen hohl gegossen und dann mit den Kurbelwangen durch Einschrumpfen verbunden wurden [599].

Große Zylinderdurchmesser verlangten entsprechende Lagerabstände. Dampfmaschinen mit mehrfacher Expansion haben unterschiedliche Zylinderdurchmesser, was verschiedene Lagerabstände bedingt. Insgesamt war man bei Dampfmaschinen bezüglich der Raumverhältnisse nicht solchen strengen Zwängen unterworfen wie später bei Motoren. Da die Grundlager von Stationärmaschinen nicht in das die Zylinder tragende Gestell integriert waren, konnten die Schubstangenlager (Treibstangen-, Hub- oder Kurbellager) nicht – wie bei Verbrennungsmotoren – von den Grundlagern aus mit Öl versorgt werden. Den Hublagern von Stirnkurbeln wurde das Öl teils durch Gegenkurbeln zugeführt, oder aber durch ein axial in eine Bohrung in die Kurbel hineinragendes Röhrchen. Manche Motoren hatten Tropföler direkt auf dem Treibstangenkopf, so daß sie nicht auf Ölzufuhr durch die Kurbelwelle angewiesen waren. Treibstangenlager gekröpfter Wellen erhielten ihr Öl durch einen Schmierring zwischen Grundlager und Kurbelarm. Das Öl, aus dem Grundlager austretend oder aber aus einem gesonderten Behälter zugeführt, wird von der Zentripetalkraft durch den Schmierring zum Kurbelzapfen und durch Bohrungen in diesem zum Kurbellager gefördert. Bei Lokomotiven mußte der Rahmen schon im Hinblick auf die zu übertragenden Zugkräfte kräftig dimensioniert sein, so daß er im allgemeinen steif genug für die Kurbelwellenlagerung (Lagerung der Treibachse) war. Anders gestalteten sich die Verhältnisse bei Schiffsmaschinen: Hier machten sich strukturelle Schwächen der Einzelständerbauweise dieser Maschinen und der „weiche" Schiffskörper unheilvoll bemerkbar und führten immer wieder zu Kurbelwellenbrüchen.

„ … Beschränkt man das Maschinenfundament in der Längsrichtung auf wenige Spanten oder lässt es mit dem hinteren Maschinenraumschott aufhören, wie gewöhnlich geschieht, anstatt es weiter zu führen und allmälig verlaufen zu lassen, so kann das Schiff infolge der ausserordentlichen Beanspruchung bei hohem Seegange an dieser Stelle leicht einen Knick bekommen und hinten versacken. Tritt dieser Umstand ein, so wird die Kurbelwelle stark durchgebogen, und im günstigsten Falle laufen die über der eingeknickten Stelle des Schiffskörpers liegenden hinteren Kurbelwellenlager warm, unter ungünstigsten Verhältnissen bricht aber auch, wie häufig vorgekommen, die Kurbelwelle in der hinteren Kurbel …" [600].

Der Bruch der Kurbelwelle einer Schiffsmaschine, vornehmlich wenn das Schiff nur eine Maschine hat, ist verhängnisvoll, kein Wunder also, daß das Maschinenpersonal alles daran setzte, die Maschine wieder gangfähig zu machen. Das war bei langsamlaufenden Dampfmaschinen eher möglich als bei Verbrennungsmotoren. Die Schilderung der Kurbelwellen-Reparatur auf See mit Bordmitteln einer nur auf sich gestellten Maschinenbesatzung aus den 1880er Jahren vermittelt einen Eindruck von dem Können dieser Männer:

„ … Kurbelwellenbruch auf dem Postdampfer ‚Lessing' der Hamburg-Amerikanischen Packetfahrt-Aktien-Gesellschaft. Auf einer Reise von Newyork nach Hamburg brach im Juli 1883 die Kurbel der zweizylindrigen Compoundmaschine von 2700 HP … im vorderen Arm der hinteren Kurbel. Der abgebrochene obere Theil des Kurbelarmes hatte sich auf der einen Seite etwa 6 mm. von dem unteren entfernt, während auf der anderen Seite beide Theile hart aufeinander lagen. Die Reparatur ließ der leitende Maschinist Junge auf offener See in folgender Weise ausführen: Es wurde der gebrochene Kurbelarm fast horizontal gedreht und dann durch eine auf dem schmiedeeisernen Maschinenfundamente stehende Winde der gebrochene, vorgeeilte Theil soweit zurückgebracht, bis auf beiden Seiten die Entfernungen zwischen den zwei Theilen gleich waren. Hierauf wurden über der zerbrochenen Stelle an drei Seiten 16 mm. starke Platten mittelst 26 mm. starker Schraubenbolzen befestigt. Zur grösseren Sicherheit und um die auf Abscherung beanspruchten Bolzen zu unterstützen, ward über diese Plattenverbindung ein Bügel aus 80 mm. breitem und 20 mm. starkem Flacheisen gelegt, der, in Zapfen mit 1 ½zölligem Gewinde endigend, durch Steg und Mutter geschlossen war. Endlich wurde eine durch eine 40 mm. starke Zugschraube zusammengeholte 20 mm. starke Kette zweimal um den Arm geschlungen. Die Fahrt wurde nach erfolgter Reparatur mit 2 Kesseln, einer Dampfspannung von 3 kg. pro. qcm. Ueberdruck und 25 Umdrehungen in der Minute, wobei die Maschine 316 HP leistete, und dem Schiff eine Geschwindigkeit von 7 Knoten verlieh, fortgesetzt. Das Wetter war nicht ungünstig, nur an einem Tage während 16 Stunden war starker Nordweststurm mit hoher See, bei welchem das Schiff schwer arbeitete. Der Zustand der reparierten Stelle war bei der Ankunft des Schiffes in Hamburg unverändert; die Maschine war manövrirfähig, nur konnte man nicht wagen, dieselbe rückwärts arbeiten zu lassen ..." [601].

Große Gasmaschinen waren in ihrem Aufbau noch stark an Dampfmaschinen orientiert, so daß Kurbelwelle und Lagerung – dem Stand der Technik nach – weitgehend diesen entsprachen. Wenngleich man in Deutschland die Kurbelzapfen solcher Maschinen beidseitig lagerte, so wurden sie auch mit Stirnzapfen ausgeführt, das heißt fliegend gelagert. Diese Bauart wendete man vor allem in den USA noch lange an.

Die Kurbelwellen von Ottomotoren und später auch der Dieselmotoren unterscheiden sich durch eine Reihe von Merkmalen von denen der Dampfmaschinen als auch voneinander durch Bauart, Abmessungen, Kröpfungszahl und -folge. Großen Einfluß auf die Kurbelwellenbauart haben natürlich die Motorgröße und -bauart: Stern-, Reihen- oder V-Motor; Schiffsdiesel oder Pkw-Motor. Verbrennungsmotoren haben – anders als die meisten Dampfmaschinen – geschlossene Kurbelgehäuse von gedrängter Bauart mit Lagerung der Kurbelwelle in den Kurbelgehäuse-Zwischenwänden. Gleiche Zylinderdurchmesser und kleine Zylinderabstände führten zu kurzen Wellen. Um das statische Moment und die Masse zu verringern, sind bei den Kurbelwellen schnellaufender Motoren Hub- und Grundlagerzapfen hohl gebohrt („Erleichterungsbohrungen").

Als man bei Fahrzeug- und Flugzeugmotoren – um die Leistung zu steigern – die Zylinderzahl erhöhte, nahm natürlich die Kröpfungszahl zu. Damit boten sich mehr Möglichkeiten für die Anordnung der einzelnen Kröpfungen in Umfangs- und in Kurbelwellenlängsrichtung. Maßgeblich für die Kröpfungsfolge sind Zündfolge und Massenausgleich. Bei Dampfmaschinen und auch bei Zweitakt-Motoren entspricht die Arbeitsspielfolge der Kröpfungsfolge; bei Viertakt-Motoren findet nur jede zweite Kurbelwellen-Umdrehung ein Arbeitstakt statt, so daß – je nach Kurbelwellenbauart: teil- oder vollsymmetrisch[220] – mit der Kröpfungszahl überproportional viele Kröpfungs- und Zündfolgen darstellbar sind, womit sich natürlich die Frage nach einer „optimalen" Bauweise stellte. Nun sind hierbei mehrere Gesichtspunkte zu berücksichtigen: Motorkonzeption, Triebwerksmechanik und Ladungswechsel. Bei mehrhübigen Maschinen müssen die Kröpfungsabstände nicht mehr mit Rücksicht auf Selbstanlauf der Maschine aus jeder Kurbelwellenstellung festgelegt werden. Motoren können sowieso nicht von alleine anlaufen, brauchen also stets eine Anlaufhilfe, die das Triebwerk auf Zünddrehzahl durchdreht. Langsamlaufende Zweitakter, direkt mit Druckluft angelassen, werden mit mindestens vier Zylindern gebaut, so daß sie aus jeder Kurbelwellenstellung anlaufen können. Die Kröpfungswinkel („Kurbelversetzung") können deshalb bei mehrzylindrigen Motoren unter dem Gesichtspunkt gleichmäßigen Drehkraftverlaufes und optimalen Ausgleiches von Massenwirkungen gewählt werden.

Da mit der Kröpfungszahl die Kurbelwelle „weicher" wird, muß sie mehrfach gelagert werden. Früher wurde die Welle bei niedrig belasteten Motoren, Pkw- und Nfz-Ottomotoren, nur nach jeder zweiten, in manchen Fällen sogar erst nach jeder dritten Kröpfung gelagert. In den 1920er

---

[220] Kurbelwellen können in Umfangsrichtung (peripher) und in Längsrichtung symmetrisch sein. Peripher symmetrische Kurbelwellen mit ungerader Anzahl von Kröpfungen werden als „teilsymmetrisch" bezeichnet. „Vollsymmetrische" Kurbelwellen sind peripher- und längssymmetrisch; sie haben eine gerade Anzahl von Kröpfungen, die zudem noch paarweise gleichgerichtet sind.

Jahren kam z. B. der sechszylindrige Reihenmotor des amerikanischen Oakland-Pkw mit nur drei Kurbelwellengrundlagern aus, ja, es gab sogar Motoren mit insgesamt zwei Lagern für vier Kröpfungen[221].

„ … Die gebräuchlichste Form für Vierzylindermotoren ist die dreimal gelagerte …, während heute die zweimal gelagerte Vierzylinderwelle … selten, die fünfmal gelagerte noch kaum angewendet wird. Man sieht auch, wie stark die zweimal gelagerte Welle gegenüber der dreimal gelagerten gehalten ist, da sonst Schwingungen und unvermeidliche Brüche eintreten …" [602], Bild 101.

Bild 101
Vierhübige Kurbelwelle dreifach (nur nach jeder zweiten Kröpfung) gelagert. Dieses Bild vermittelt einen Eindruck von den Bedingungen, unter denen Motoren bisweilen repariert werden müssen.

Das gestattete zwar kurze Zylinderabstände, doch ließ die große Stützweite die Beanspruchungen so ansteigen, daß es nicht selten zu Kurbelwellenbrüchen kam. Anfang der 1930er Jahre brachte *Buick* einen Achtzylinder-Motor in Reihenbauart heraus mit fünffacher Lagerung der Kurbelwelle, wobei die Lagerdurchmesser von vorne nach hinten, also in Kraftflußrichtung, zunahmen, von 65,1 mm auf 66,7; 68,3; 69,9 und schließlich auf 71,4 mm [603]. Da es für jede technische Lösung pro- und contra-Argumente gibt, kommt es auf die Wichtung der einzelnen Argumente an, und diese kann sich im Laufe der Zeit ändern. Deutlich wird das, wenn man die ambivalente Beurteilung von Kurbelwellen-Lagerungen aus einem Fachbuch der frühen 1920er Jahre liest:

„ … steht die Frage, ob man die Welle an weniger oder mehr Stellen lagern soll. Zweifellos hat die Lagerung der Welle zu beiden Seiten jedes Zylinders den Vorteil, daß die Biegungsmomente im freitragenden Teil kleiner werden, also die Welle schwächer bemessen werden darf, und daß sich außerdem die Beanspruchungen infolge der Lagerdrücke gleichmäßiger auf das Gehäuse verteilen. Dabei braucht die Gesamtlänge der Welle und des Gehäuses nicht größer zu sein, als bei weniger Lagerstellen, weil man die Lauflängen der Lager kürzer bemessen kann. Dennoch kann man diese Bauart aus Rücksicht auf die Kosten der Bearbeitung und des Zusammenbaus nur bei Maschinen verwenden, die besonders leicht sein sollen. In anderen Fällen empfiehlt es sich dagegen, die Notwendigkeit etwas stärker bemessener Kurbelwellen in den Kauf zu nehmen, die auch im allgemeinen, wenn auch nicht immer, starrer sind und infolge ihrer geringeren elastischen Durchbiegungen selbst dazu beitragen, das Gehäuse zu versteifen …" [604].

---

[221] Bei der heute üblichen Lagerung nach jeder Kröpfung spricht man von der z+1 Lagerung (z = Zahl der Kröpfungen).

Die Lagerung nach jeder zweiten Kröpfung wurde in Pkw-Motoren noch bis in die 1950er Jahre praktiziert. Doch schließlich zwangen steigende Leistungen und Drehzahlen, nicht zuletzt auch der erforderliche innere Massenausgleich, zu steiferer Konstruktion, so daß die Lagerung nach jeder Kröpfung unerläßlich wurde, zumal die Gewichtsersparnis durch Entfall von Lagerstellen dadurch wieder aufgezehrt wurde, daß man die Kurbelwelle steifer, d. h. schwerer gestalten mußte. So hatte man bei der Entwicklung des *Porsche 911*-Motors Überlegungen angestellt, die Kurbelwelle dieses Sechszylinder-Boxermotors nur vierfach zu lagern. Weil das aber eine um 40 % schwerere Welle verlangt hätte, beließ man es lediglich bei einem Versuchsmotor [605]. Heute werden die Wellen nach jeder Kröpfung gelagert. Wenn die Kurbelwelle zusätzlich noch Stützlasten der anzutreibenden Arbeitsmaschine, z. B. eines Einschild-Generators, aufzunehmen hat, sieht man noch ein weiteres Lager vor, so daß der Motor dann z + 2 Lager hat, bei Abnahme der Leistung von beiden Kurbelwellenenden sogar z + 3 Lager.

Neben der Zahl der Lagerstellen hat auch die Art der Lagerung, Gleit- oder Wälzlager, Einfluß auf die Bauart der Kurbelwelle. Angesichts der niedrigen Belastbarkeit der Weißmetall-Lager sah man in den ersten Dezennien des 20. Jahrhunderts in der Wälzlagerung eine vorteilhafte Alternative. Nun bauen Wälzlager zwar axial schmal, benötigen aber radial viel Raum. Bei ungeteilten Laufringen mußte die Kurbelwelle so gestaltet sein, daß man zur Montage die kompletten Lager über die Kröpfungen schieben konnte; die Welle mußte also „strömungsgünstig", d. h. mit abgerundeten Übergängen von den Zapfen zu den Wangen ausgebildet sein. Beispiel für eine solche Welle ist die Kurbelwelle der *Maybach*-Triebwagen-Dieselmotoren der 1920er und 1930er Jahre, die wegen ihrer geschwungenen Formen werksintern als „Barockwelle" bezeichnet wurde, Bild 102.

Bild 102 Rollengelagerte Wangenwelle *(Maybach)*. Zur Montage und Demontage des Triebwerks müssen die Rollenlager über die Wange geschoben werden, weshalb die Wange entsprechend abgerundet sein muß. Werksinterne Bezeichnung: „Barockwelle"!

„Gebaute" Kurbelwellen, d. h. aus mehreren Einzelteilen zusammengefügte Wellen wurden immer dann verwendet, wenn sich das Triebwerk anders nicht montieren ließ oder aber, wenn die Wellen so groß waren, daß sie nicht einteilig gefertigt werden konnten. Die Einzelteile solcher gebauten Wellen sind trennbar oder untrennbar miteinander verbunden; trennbar stets dann, wenn die Welle zur Demontage des Triebwerks auseinandergenommen werden muß. Insbesondere die Kurbelwellen von Sternmotoren gestalteten sich konstruktiv aufwendig und betriebsmäßig problematisch, wenn die Hauptpleuelstange, an der die Nebenpleuel angelenkt werden, aus Festigkeitsgründen einteilig ausführt war, so daß man – um das Triebwerk überhaupt montieren zu können – die Kurbelwelle demontieren mußte. Die Verbindung der Kurbelwellenteile erfolgte auf verschiedene Weise, durch:

- Klemmverbindung: Das Hubzapfenende wird in die Bohrung der geschlitzt ausgeführten Wange geschoben und der Schlitz mit einer Schraubenverbindung (ein oder zwei Schrauben) so zusammengezogen, daß sich ein fester Sitz ergibt. Dennoch kam es hin und wieder zu Relativbewegung zwischen Zapfen und Wange, was zu Passungsrost führte: „ … Ein gewisses Arbeiten und damit ‚Bluten‘ besonders an der Innenkante der Sitzfläche ist meist nicht ganz zu vermeiden, wenn man auch das früher oft beobachtete Fressen durch Verwendung besonders ausgesuchter Stähle heute ausgeschaltet hat …" [606]. Vor allem die Firmen *Bristol* (England) und *Wright* (USA) wendeten diese Bauart an.
- Keilwellenprofil: Den offensichtlich nicht ausreichenden Reibschluß von Klemmverbindungen versuchte man zeitweilig durch zusätzlichen Formschluß in Gestalt von – erst zwei – dann einem Keil zu ergänzen, doch diese Keile wollten nicht gleichmäßig tragen. Man ging deshalb zur Keilverzahnung über. Der Hubzapfen griff mit einem Keilwellenprofil in die entsprechend ausgebildete Bohrung im Hubzapfen ein.
- Stirn-Verzahnung: Bei der von ALBERT HIRTH entwickelten *Hirth*-Verzahnung sind die Stirnseiten der beiden Hubzapfenhälften mit einer Präzisionsverzahnung von enger Zahnteilung versehen. Durch einen in den Hubzapfen eingeschraubten Bolzen mit Differentialgewinde werden die beiden Hubzapfenhälften mit der nötigen Anpreßkraft gegeneinander verspannt. Anschließend wird der Hubzapfen fertigbearbeitet. Es verdient Beachtung, daß bereits 1936 zur Teilung von gegossenen Kurbelwellen im Hubzapfen das Zerbrechen (Cracken), quasi als Ersatz für die *Hirth*-Verzahnung vorgeschlagen worden ist [607]. Eine besonders aufwendige Kurbelwelle hatte der *BMW 801*-Sternmotor, eine aus vier Teilen bestehende rollengelagerte Welle, die im mittleren Grundlager durch *Hirth*-Verzahnung verbunden war.
- Konus-Preßverbindung mit konischem Sitz des Zapfens in der Wange *(BMW).* Zur Kompensation der Verformung des Zapfens durch den radialen Druck beim Einpressen dient ein konischer Zapfen, der diese Verformung wieder rückgängig macht [608].

Diese Konstruktionsprinzipien wurden auch miteinander kombiniert, so z. B. eine Stirnverzahnung bzw. *Hirth*-Verzahnung mit Keilwellenprofil oder Konus-Preßverindung.

Auch bei wälzgelagerten Triebwerken kann, je nach Ausführung der Lagerung, eine Teilung der Welle nötig sein. Mit zunehmender Maschinengröße war man gezwungen, die Kurbelwelle in mehrere Teile aufzulösen, um sie überhaupt fertigen zu können. Dabei spielen nicht allein die Fertigungsmöglichkeit als solche eine Rolle, sondern auch die erreichbare Fertigungsgüte. So wurde denn, je nach den Verhältnissen, die Kurbelwelle in zwei- oder mehreren Teilen hergestellt bis hin zur völligen Modulbauweise, bei der Zapfen und Wangen – einzeln gefertigt – miteinander verbunden wurden: „Gebaute" und „halbgebaute" Kurbelwellen. Bei der halbgebauten Welle wurden die Hübe als Ganzes geschmiedet; in den 1950er Jahren ging man aus Kostengründen zu gegossenen Stahlgußhüben über, die sich, von durch Fertigungsfehler verursachten Ausnahmen abgesehen, gut bewährt haben. Die Kurbelwellen langsamlaufender Zweitakt-Diesel-

Gebaute Kurbelwellen in Sternmotoren (1)

Die Kurbelwellen von Sternmotoren müssen je Kröpfung die Kräfte von 7 bis 9 Zylindern aufnehmen und auf den Propeller übertragen. Da Kurbelgehäuse und/oder die Hauptpleuelstange aus Festigkeitsgründen einteilig gefertigt waren, mußte man – um das Triebwerk montieren zu können – die Wellen mehrteilig herstellen („gebaute Wellen"). Um das Drehmoment sicher durch die Verbindungsstellen der Kurbelwellenteile zu übertragen, bedienten sich die Motorenhersteller verschiedener Teilungsgrade und Verbindungsprinzipien: Zweiteilige Kurbelwellen bestehen aus dem vorderen Grundlagerzapfen mit Wange und angeschmiedetem Hubzapfen sowie der hinteren Wange mit Grundlagerzapfen, die dreiteilige Welle aus den beiden Grundlagerzapfen mit Wange sowie dem Hubzapfen. Die Verbindung der Einzelteile erfolgte durch: Einklemmen des Hubzapfens in der Wange (Klemmverbindung); der Hubzapfen wurde durch einen Konus mit Spann-

bolzen mit der Wange so verspannt, daß sich der Konus aufweitete, wodurch sich der Festsitz ergab. und schließlich Verbindung durch Keilwellenprofil und Spannbolzen Einige Hersteller wendeten auch Keilwellenprofile an, um das Drehmoment zusätzlich formschlüssig zu übertragen.

Kurbelwelle des *Bristol Pegasus*-Motors mit Klemmverbindung

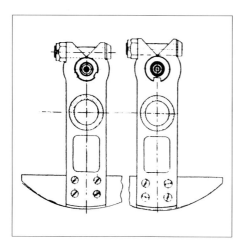

Klemmverbindung der Kurbelwellenteile, zusätzlicher Formschluß durch ein bzw. zwei Keile

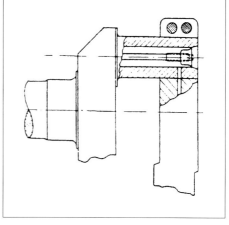

Klemmverbindung der Kurbelwellen von
Bristol-Wright-Motoren

Gebaute Kurbelwellen in Sternmotoren (2)

Bei dreiteiligen Wellen zentrierte man den Hubzapfen gegenüber den Wangen durch eine Radialverzahnung. In Deutschland wurde auch die *Hirth*-Verzahnung, eine beidseitige Radialverzahnung des Hubzapfens mit Verspannung durch Spannbolzen mit Differentialgewinde, angewendet.

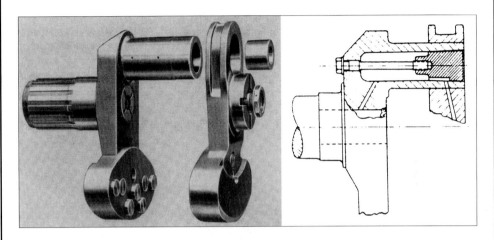

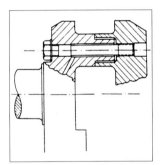

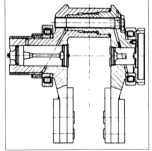

oben:
Kurbelwelle des *BMW* 132 H Konus-Preßverbindung mit konischem Sitz des Zapfens in der Wange

mitte links: *Pratt & Withney*-Kurbelwelle mit Keilwellenprofil und Stirnverzahnung

mitte rechts: Verbindung der Kurbelwellenteile durch Keilwellenprofil und Spannbolzen

Hirth-Verzahnung, Verbindung durch Spannbolzen mit Differentialgewinde

Kurbelwelle des Sternmotors BMW 801

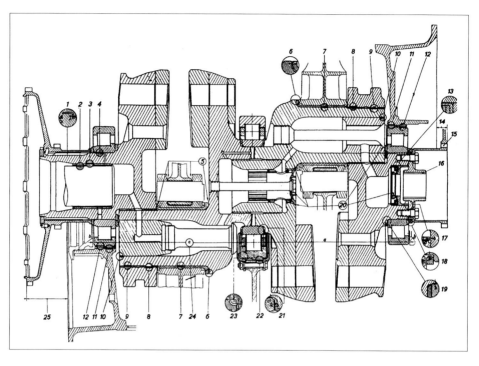

Gebaute Kurbelwellen von Sternmotoren, obwohl nur ein- oder zweihübig, sind konstruktiv außerordentlich aufwendig, wie z. B. diese vierteilige Welle des 14-zylindrigen *BMW* 801. Der Hubzapfen sitzt mit Überdeckung in der Wange, wobei durch ein konisches Paßstück, das mit einer Schraube angezogen wird, die Verformung des Hubzapfen durch die Fügekraft ausgeglichen wird, so daß die durch das Einpressen auftretende Tangentialbeanspruchung im Zapfen verringert wird. Im Grundlagerzapfen sind die Wellenstücke durch eine *Hirth*-Verzahnung verbunden.

motoren lassen sich wegen ihrer Größe und Masse (bis zu 260 t!) natürlich nicht in einem Stück herstellen. Deshalb werden die Kurbelkröpfungen und Grundlagerzapfen getrennt gefertigt und durch Einschrumpfen der Grundlagerzapfen in die Hubstücke zusammengebaut. Das verlangt natürlich entsprechende Abmessungen der Kurbelschenkel, schließlich braucht man genügend „Hinterland" für den eingepreßten Zapfen.

Bei liegenden Großgasmaschinen, doppeltwirkende Tandem-Maschinen, war man bestrebt, den Hub – im Vergleich zu anderen großen Kolbenmaschinen – klein zu halten, weil er fünffach in die Maschinenlänge eingeht. Gebaute Wellen müssen aber aus dem o. a. Grund einen Mindestabstand der in die Kurbelwangen einzufügenden Grund- und Hubzapfen haben, damit der nötige Anpreßdruck überhaupt aufgebracht werden kann. Aus diesem Grund wurden die Zapfen an der Einpreßstelle auf einen kleineren Durchmesser abgedreht, was aber immer wieder zu Kurbelwellenbrüchen führte:

„… Es läßt sich nicht vermeiden, dass sich an diesen Stellen des kleinsten Widerstandsmomentes, wozu noch die Kerbwirkung des Querschnittsüberganges und die Bundwirkung kommen, die Formänderungen anhäufen und besonders wenn eine Verlagerung der Welle durch Lagerabnützung dazu kommt, zum Ausgangspunkt von Anrissen werden, die sich jeder Prüfung mit den praktisch in Betracht kommenden Mitteln entziehen, also, wenn ich den Vergleich gebrauchen darf, wie eine Krankheit in der Maschine sitzen, bis unter Umständen ganz unerwartet die Katastrophe in Form eines schweren Maschinenbruches eintritt. Dem Einwand, dass derartige Schäden nicht häufig vorkommen, sind die Folgen eines derartigen Triebwerksbruches entgegen zu halten nicht nur in bezug auf die Instandsetzungskosten, sondern auch in bezug auf den Ausfall grosser Maschineneinheiten auf längere Zeit …" [609].

Neuerdings werden die Einzelteile großer Kurbelwellen auch durch Schweißen verbunden, wodurch sich die Masse der Kurbelwelle um etwa 30 % verringern läßt [610], Bild 103.

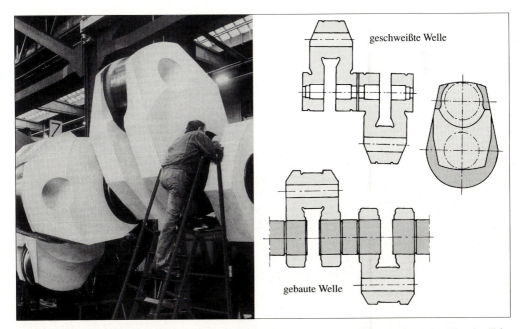

Bild 103 Eine geschweißte Kurbelwelle ist kleiner und leichter als eine gebaute Welle, weil sie kein „Hinterland" für die eingepreßten Grundlagerzapfen braucht. Das Mehr an Material der gebauten gegenüber der geschweißten Welle ist in der Querschnittzeichnung dunkel markiert. Das Foto zeigt eine geschweißte Kurbelwelle für einen großen (∅ 900 mm) Schiffsdieselmotor, Bauart *MAN B&W L MC 90* (1985)

Aber auch die Wellen kleinerer Motoren wurden durch Verschweißen von Einzelteilen hergestellt. Die Motoren der Mitte der 1960er Jahre entwickelten Baureihe MC der Fa. *Maybach
Mercedes-Benz Motorenbau GmbH* (heute: *MTU Friedrichshafen GmbH*) waren mit einer rollengelagerten Scheibenwelle konzipiert worden. Bei Zylinderabmessungen von 230 mm Bohrung und 230 mm Hub hätte das eine sehr schwere Welle ergeben, weshalb man die Welle aus
geschmiedeten Einzelteilen (in den Scheiben hohl ausgebildete Kurbelwellenteile, bestehend
aus Hubzapfen mit beiderseits je einer halben Scheibe) im Abbrandstumpfschweißverfahren zu-
sammenschweißte.

Betrachtet man die Kurbelwelle unter dem Gesichtspunkt der Funktion ihrer einzelnen Partien,
dann erkennt man, daß man die Funktion „Exzentrizität" der Kurbelwange mit der Funktion
„Lagerung im Kurbelgehäuse" des Grundlagerzapfens konstruktiv zusammenfassen kann. Hierzu wird die Wange als Scheibe mit einem Radius ausgeführt, der in etwa der Summe von Kurbelradius und Hubzapfenhalbmesser entspricht. Lagert man zudem die Welle noch in Wälzlagern (Rollenlager), dann kann die Scheibe auf einen Bruchteil der Traglänge eines gleitgelagerten Grundlagerzapfens verkürzt werden.

Die Vorteile einer solchen Scheibenwelle sind:

• Kurzer Lagerabstand, damit auch kürzere Motorlänge,
• biegesteife Kurbelwelle, außerdem kleinere Biegemomente wegen des kurzen Lagerabstan-
  des,
• günstige Spannungsverhältnisse in der – vor allem bei herkömmlichen Wangenwellen – kritischen Hohlkehlenpartie (Übergang von Zapfen zu Wange) und
• geringeres statisches Moment der Kröpfung durch Entfall der Wangen, deshalb kleinere Ausgleichsmassen (Gegengewichte) erforderlich.

Von Nachteil sind

• ungünstige Verhältnisse für die Unterbringung und Befestigung von Gegengewichten und
• große Lagerbohrungen im Gehäuse mindern dessen Steifigkeit. Bei Tunnelgehäusen gestalten sich Ein- und Ausbau der Kurbelwelle umständlich.

Die *Österreichische Waffenfabriks-Gesellschaft* in Steyr baute 1918 zum ersten Mal eine rollengelagerte Scheibenwelle [611, 612]. Anfang der 1920er Jahre rüstete die Fa. *Adolph Saurer*
(Arbon/Schweiz) Nfz-Motoren damit aus, und ab Mitte der dreißiger Jahre baute die Fa. *Maybach Motorenbau GmbH* Panzermotoren mit rollengelagerten Scheibenwellen, zunächst noch
mit geteiltem Kurbelgehäuse (Motortyp *HL 120*), dann mit Tunnelgehäuse *(HL 230)*. Die Kombination von rollengelagerter Scheibenwelle und Tunnelgehäuse bewährte sich so gut, daß *Maybach* sie auch nach dem Kriege bei den neuentwickelten Bahnmotoren (*GTO* und *MD*- und *MC*-
Baureihe) anwendete, wovon sich offensichtlich der *VEB Motorenwerk Johannisthal* bei seinen
Lokomotivmotoren inspirieren ließ, mit dem Unterschied allerdings, daß die Kurbelwelle aus
sechs Kurbelteilen und zwei Endteilen besteht, die miteinander verschraubt werden. Auch die
Fa. *Tatra* (Koprivinice/Tschechei) baute nach dem Kriege luftgekühlte Nfz-Motoren mit rollen-
gelagerter Scheibenwelle, vermutlich auf Grund ihrer Erfahrungen mit der Fertigung von *May-
bach*-Motoren im zweiten Weltkrieg. Ein Mitte der 1960er Jahre von der *MAN* entwickelter 24-
Zylinder-V-Marine-Motor (Bohrung 265 mm, Hub 300 mm mit 7000 PS Dauer- und 9000 PS
Kurzleistung) erhielt ebenfalls eine rollengelagerte Scheibenwelle.

„ … Bemerkenswert bei dieser Konstruktion ist die Lagerung der Kurbelwelle auf den Kurbelwangen in Rollenlagern. Der Vorteil dieser Konstruktion liegt in der kurzen Baulänge … Soviel
uns bekannt ist, hat dieser Motor die größte auf Rollen gelagerte Kurbelwelle überhaupt …"
[613].

Wangenwelle – Scheibenwelle

Die Wirkungsweise einer Kurbelwelle beruht auf der Exzentrizität der Hubzapfen, an denen die Pleuel angreifend das Drehmoment erzeugen. Das Einzelelement der Kurbelwelle, die Kurbelkröpfung, besteht aus dem Hubzapfen, den beiden Kurbelwangen und den sich daran anschließenden Grundlagerzapfenhälften: Wangenwelle. Durch Zusammenfassen

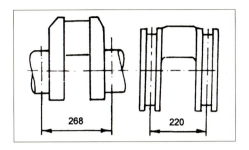

von Grundlagerzapfen und zwei Kurbelwangen zu einer Scheibe, deren Radius dem Kurbelradius und (etwa) dem Hubzapfenradius entspricht, erhält man eine Scheibenwelle. Bei Rollenlagerung ergeben sich schmale Wangen, die ungeachtet ihres vergleichsweise großen Durchmessers nur geringe Reibungsverluste verursachen. Der kürzere Lagerabstand, den die Scheibenwelle ermöglicht, verringert Motorlänge und -masse, auch ist die Welle ist biegesteifer und die Biegemomente sind kleiner.

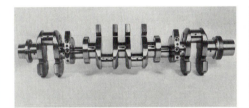

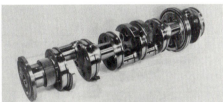

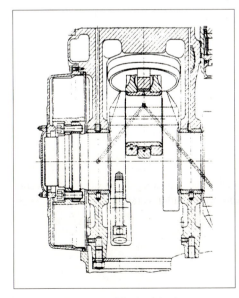

Motor *MTU BR 662* mit gleitgelagerter
Wangenwelle

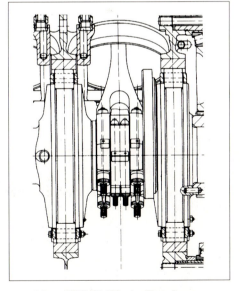

Motor *MTU BR 538* mit rollengelagerter
Scheibenwelle
Zylindersprung: Scheibenwelle / Wangenwelle 0,82 : 1

Die bereits erwähnten russischen Mehrreihen-Sternmotoren Tsch 16/17 für marinetechnische Spezialanwendungen haben rollengelagerte Scheibenwellen [614]. Trotz unbestreitbarer Vorteile blieb die rollengelagerte Scheibenkurbelwelle die Ausnahme.

Die Verbindung zwischen dem Hub- und den Grundlagerzapfen ist durch die Kurbelwangen gegeben. Die Form der Kurbelwangen kann unterschiedlich sein, im einfachsten Fall rechteckig als Quader oder aber als Prisma, Kreis, Oval oder gar Scheibe. Kurbelwellen mit Lagerung nach jeder zweiten Kröpfung haben oft schrägverlaufende Arme. Von scheibenförmigen Kurbelwangen versprach man sich fertigungstechnische und festigkeitsmäßige Vorteile, die sich aber nicht einstellten.

Kurbelwellen von V-Motoren unterscheiden sich von denen der Reihenmotoren lediglich durch die größere Hubzapfenlänge, je nachdem ob die Pleuel der beiden Zylinderreihen nebeneinander oder zentrisch am Hubzapfen angreifen. Bei Reihenmotoren lassen sich ohne weiteres gleiche Zündabstände realisieren, bei V-Motoren hängt das auch von der Zylinderzahl und vom V-Winkel ab. Da sich der Zündabstand als Quotient aus den 720° Kurbelwinkel des (Viertakt)-Arbeitsspieles und der Zylinderzahl ergibt, beträgt der V-Winkel für eine gleichmäßige Zündfolge beim 8-Zylindermotor zu 90°, beim 6-Zylinder 120°. Nun ist der 90°-V-Motor aus mehreren Gründen vorteilhaft: Er fügt sich gut in den Einbauraum von Nutzfahrzeugen ein, und die oszillierenden Massenkräfte 1. Ordnung lassen sich durch umlaufende Gegengewichte ausgleichen. Um nun auch bei einem sechszylindrigen 90°-V-Motor die Zylinder gleichmäßig zünden lassen zu können, wendet man einen „Trick" an: Die Kurbelzapfenhälften, an denen die sich im V gegenüber liegenden Pleuel angreifen, werden um den Differenzwinkel von 120° zu 90°, also 30°, zueinander versetzt, womit sich der gewünschte Zündabstand ergib. Dieses Prinzip hatte sich die Firma *Lancia* schon in den 1920er Jahren patentieren lassen. Neuerdings erfreut sich diese Bauweise großer Beliebtheit: *Audi* und *Opel* bedienen sich dieser Lösung für Pkw-Ottomotoren ebenso wie *Deutz* und *Mercedes-Benz* für ihre V-6-Nkw-Dieselmotoren, Bild 104.

Die Fa. *VEB „Schwermaschinenbau Karl Liebknecht"* (jetzt: *SKL Motoren- und Systemtechnik AG*) hatte in den 1980er Jahren einen V-8-Zylinder-Viertakt-Dieselmotor (Typ 8VDS24/ 24AL) mit einem V-Winkel von 45° entwickelt. Um dennoch gleiche Zündabstände zu realisieren, wurden die Hubzapfen in sich um 90° versetzt gestaltet, wobei wegen der großen Kräfte eine Mittelwange vorgesehen wurde [615].

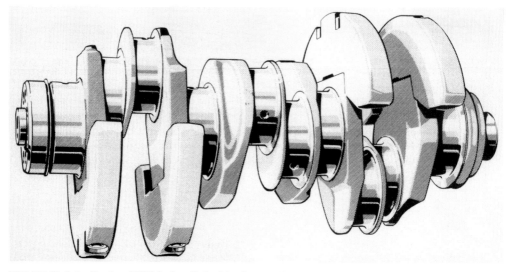

Bild 104 Kurbelwelle eines V-90°-Sechszylinder-Dieselmotors, Bauart *Mercedes-Benz OM 441 LA,* mit gekröpftem Hubzapfen („split-pin"-Welle)

Zum Ausgleich von freien Massenwirkungen erhalten die Kurbelwellen Gegengewichte. Die ersten schnellaufenden Motoren – Ein- und Zweizylindermotoren – brauchten unbedingt Gegengewichte. Vorbild waren offensichtlich die Lokomotivräder, wie F. SASS in der Beschreibung des ersten BENZ' schen Wagenmotors mutmaßt:

„ … Die Kurbelwelle ist aus einem Stück aus Stahl geschmiedet; die Kurbelwangen sind auf der dem Kurbelzapfen entgegengesetzten Seiten zu Gegengewichten … verbreitert … . Vielleicht hatte Karl Benz diesen Ausgleich bei Lokomotivrädern gesehen … [616].

Vier- und sechshübige Kurbelwellen von Fahrzeug- und Luftfahrzeugmotoren erhielten keinen Massenausgleich durch Gegengewichte. Überhaupt waren die Vorbehalte gegen Gegengewichte groß: Teuer, schwer und betriebsmäßig problematisch! Das Anschmieden der Gewichte an die Kurbelwelle verkomplizierte das Gesenk, Anschrauben oder Anschweißen der Gewichte bedeuteten zusätzliche Bearbeitungsgänge, außerdem konnte die Verschraubung einen zusätzlichen Unsicherheitsfaktor darstellen. Als dann steigende Drehzahlen die Motoren unruhig laufen ließen, wurde ein Massenausgleich unumgänglich. Bei großen Stationärmaschinen mußte man Gegengewichte zum Teil noch nachträglich anbringen, durch hohle Gegengewichte mit Bleifüllung, die mittels eines Bügels um die Kurbelwangen an der Kröpfung befestigt wurden.

Neben konstruktiven Unterschieden der Kurbelwellen gibt es auch weniger augenfällige Merkmale, wie sie sich in den Abmessungen der einzelnen Partien einer Kurbelwelle manifestieren. Markante Indizien für die Belastung einer Kurbelwelle sind die Abmessungen von Hubzapfen, Wangen und Grundlagerzapfen, bezogen auf die Zylinderbohrung. Ein Vergleich der Kurbelwellen von Motoren gleicher oder annähernd gleicher Bohrung aus verschiedenen Zeiten zeigt deutliche Unterschiede:

- Das Verhältnis von Länge zu Durchmesser von Hub- und Grundlagerzapfen hat abgenommen, weil mit zunehmender Tragfähigkeit der Lagerwerkstoffe die Zapfenlänge verkürzt werden konnte und
- mit steigender Leistungsdichte der Motoren die Zapfendurchmesser vergrößert wurden.
- Die Motoren sind insgesamt kurzhubiger geworden, so daß der Kurbelradius – bezogen auf die Zylinderbohrung – kleiner geworden ist; Hub- und Grundlagerzapfen sind näher aneinandergerückt, so daß sie sich bei heutigen Fahrzeugmotoren überschneiden.

Der große Kurbelradius von Kurbelwellen früher Motoren zeigt, daß die Motoren damals „langhubiger" gewesen waren, was sich übrigens auch in den Benennungen niederschlägt: Hieß es früher *Kurbelschenkel,* dann *Kurbelarm,* so spricht man heute von *Kurbelwangen.*

Im Zuge der Leistungssteigerung erhöhte man die Drehzahl; um aber mit der mittleren Kolbengeschwindigkeit in sicher beherrschbaren Bereichen zu bleiben, verringerte man den Hub, so daß man zu quadratischen, schließlich sogar zu überquadratischen Motoren[222] gelangte. Auch Dieselmotoren – Motoren für Nutzfahrzeuge, Lokomotiven und selbst für Schiffe – unterlagen diesem Trend, wenngleich nicht so ausgeprägt wie die Ottomotoren. Die in den 1960er Jahren von der *MAN* entwickelte Baureihe von Mittelschnelläufern, V40/54, hatte mit 400 mm Bohrung und 540 mm Hub ein Hub-Bohrungsverhältnis von 1,35; die V52/52-Motoren Anfang der 1970er Jahre hatten den Wert $s/d = 1{,}057$. Als dann durch die Energiekrisen der 1970er Jahre die Kraftstoffpreise in die Höhe schossen, wurde niedriger Verbrauch zum vorrangigen Entwicklungsziel. Besonders bei großen Schiffsmotoren, bei denen der Kraftstoff den größten Teil der Betriebskosten ausmacht, kommt es auf jedes Gramm pro Kilowattstunde an. Niedrige Verbräuche lassen sich besser mit größeren Hubverhältnissen erreichen, weshalb die in den

---

222) Die Bezeichnungen *lang-* bzw. *kurzhubig* erklären sich aus dem Verhältnis von Hub zu Bohrung. Quadratische Motoren haben gleiche Werte für Hub und Bohrung; bei *überquadratischen* ist die Bohrung größer als der Hub.

Kurbelwellenabmessungen

Der Vergleich der Kurbelwellen von Motoren gleicher Größe, aber unterschiedlichen Verwendungszwecks zeigt, daß sich die charakteristischen Abmessungen im Laufe der Zeit erheblich geändert haben. Hier sind die Kurbelwellen eines Otto-Flugmotors aus dem Jahre 1915, Bauart Maybach KP, und eines Hochleistungsdieselmotors von 1977, Bauart MTU BR 956-02, gegenübergestellt.

Motor	Maybach KP	MTU BR 956-02
Jahr	1915	1977
Motorart	Viertakt-Otto	Viertakt-Diesel
Verwendung	Flugzeug/Luftschiff	Bahn, Schiff
Bohrung	200 mm	230 mm
Hub	240 mm	230 mm
Hub/Bohrung	1,2	1
Zylinderleistung	29 kW	220 kW
Werkstoff	„Spezial-Stahl"	34CrNiMo6
Hubzapfen	90 mm	158 mm
Grundlagerzapfen	90 mm	200 mm
Wangendicke	30,5 mm	60,6 mm
Wangenbreite	130 mm	270 mm

Die gestiegene Leistungsdichte wird deutlich an den größeren Zapfendurchmessern erkennbar, die Überschneidung von Hub- und Grundlagerzapfen ist auf das kleinere Hub-Bohrungsverhältnis (s/d), aber auch auf die relativ stärkeren Zapfen zurückzuführen.

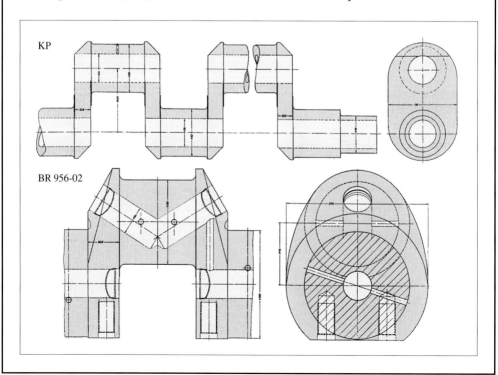

KP

BR 956-02

1980er Jahren neu konzipierten Motoren der *MAN*, die Baureihen 40/54, 48/60 und 58/64 Hubverhältnisse von 1,35, 1,25 und 1,1 haben. Der Trend zu längerem Hub verstärkte sich weiter in den 1990er Jahren, worauf bei der Einführung einer neuen Baureihe von *MaK*-Motoren ausdrücklich hingewiesen wurde:

„ … Der Motor M 25 basiert konzeptionell auf den bewährten Konstruktionsmerkmalen der MaK-Langhubgeneration mit den Baureihen M 20 und M 32. Dieses äußert sich vor allem in dem außergewöhnlich hohen Hub-Bohrungsverhältnis von knapp 1,57 mit allen Vorteilen in der Verbrennung und Gemischbildung …"

Nun hängt der Kraftstoffverbrauch nicht nur vom Motor, sondern auch vom Leistungsbedarf der anzutreibenden Maschine, in diesem Fall des Schiffs, ab. Wenn der Motor, wie es bei großen Zweitakt-Kreuzkopfmaschinen der Fall ist, die Schiffsschraube direkt antreibt, muß die Motordrehzahl der Propellerdrehzahl entsprechen. Diese ist mit Rücksicht auf gute Wirkungsgrade – abhängig vom Propellerdurchmesser – auf bis zu 60 Umdrehungen in der Minute abgesenkt worden. Um einerseits diese Drehzahl einzuhalten, andererseits keine Leistung zu verschenken[223], werden solche langsam drehenden Motoren mit extrem langem Hub ausgeführt („superlong-stroke-engine"). Als Beispiele hierfür können die Motoren *Sulzer RTA 84T* mit 840 mm Bohrung und 3150 mm Hub (s/d = 3,75) und *MAN B&W S90MC-T* mit 900 mm Bohrung und 3188 mm Hub (s/d = 3,54) dienen. Auch läßt sich die Forderung nach niedriger Schadstoffemissionen besser mit längerhubigen Motoren erfüllen, bei Otto- wie bei Dieselmotoren. Somit kehrte sich der Trend vom kurz- zum langhubigen Motor gründlich um.

„ … Verschiedene Untersuchungen haben gezeigt, daß langhubige Motoren aufgrund des kompakten Brennraums mit kleinem Oberflächen-Volumenverhältnis Vorteile gegenüber solchen mit kurzem Hub und großer Bohrung aufweisen. Dabei sind vor allem der bessere Innenwirkungsgrad, die niedrigen HC-Emissionen und die gute Abmagerungsfähigkeit beziehungsweise geringe Notwendigkeit zur Warmlaufanreicherung zu nennen …" [617].

Das wirkt sich natürlich auch auf die Kurbelwellen-Konstruktion aus, schließlich wird der Hub konstruktiv durch die Kurbelwange dargestellt. Ein Vergleich von Kurbelwellen verschiedenen Konstruktionsalters zeigt das augenfällig.

Die Erleichterungsbohrungen in Grund- und Hubzapfen werden zur Ölversorgung der Pleuellager (Hublager) herangezogen. Die Art der Ölzufuhr hängt von Größe und Bauart der Kurbelwelle ab. Bei großer Überschneidung von Hub- und Grundlagerzapfen ist der nötige Freigang für die Bohrstange beim Einbringen der Entlastungsbohrung nicht mehr gegeben, weshalb sie vergleichsweise aufwendig von zwei Seiten oder schräg ausgebohrt werden müssen. Die Ölversorgung der Kurbelwelle erfolgt von den Grundlagern aus: Das Öl gelangt durch ein System von Bohrungen zur und in der Kurbelwelle zu den Pleuellagern. Bei rollengelagerten Wellen läßt sich das Öl nicht durch die Grundlager in die Welle führen. Man bedient sich hier eines Schleifringes am freien Kurbelwellenende. Weil moderne Motoren außerordentlich empfindlich gegen Störungen in der Ölversorgung ihrer Lager sind, muß deshalb ein großer Aufwand getrieben werden, sowohl konstruktiv bei der Ölzufuhr, als auch bei der Ölpflege (Filterung) und bei der Überwachung des Öldruckes. Bei kleinen Motoren begnügt man sich meist mit Anzeige des Öldruckes und optischer, manchmal auch akustischer Warnung bei Ölmangel, bei größeren Motoren wird der Öldruck auf den Regler gegeben, so daß bei Abfall des Öldrucks unter einen Grenzwert der Motor selbsttätig abstellt.

---

[223] Entscheidendes Kriterium ist die mittlere Kolbengeschwindigkeit als Produkt aus Hub und Drehzahl. Um die nach dem Stand der Technik sicher beherrschbare auszunutzen, muß man bei Drehzahlreduktion den Hub verlängern.

Ein zwar kaum ins Auge fallender, nicht desto trotz eminent wichtiger Entwicklungsschwerpunkt ist die bereits erwähnte *Kleingestaltung* der Kurbelwelle, insbesondere die Gestaltung der Übergangsradien von den Zapfen zu den Wangen (Hohlkehlen). Umfangreiche Versuche haben immer wieder gezeigt, in welchem Maße die Biege- und Torsionsspannungen in den Hohlkehlen vom Ausrundungsradius abhängen. Wie wichtig die Form von Querschnittsübergängen ist, hatten schon die WÖHLER'schen Versuche gezeigt:

„ … Die Vergleichung beider Tabellen zeigt, daß das scharf angesetzte Eisen durchschnittlich eine um $\frac{1}{4}$ geringere Widerstandsfähigkeit hatte, als das der ersten Tabelle, bei welchem die differierenden Querschnitte durch Hohlkehlen vermittelt waren …" [618].

Je größer diese Radien sind, desto günstiger werden die Spannungsverhältnisse. Da man andererseits unter dem Zwang steht, mit jedem Millimeter Kurbelwellenlänge zu geizen, die Lager in Hinblick auf ihr Tragvermögen aber eine ausreichende Länge brauchen, gerät man in einen Zwiespalt. Dieser wird vielfach dadurch aufgelöst, daß man die Kurbelwange mit dem Hohlkehlenradius hinterschneidet. Die Austritte von Ölbohrungen in Grundlager- und Hubzapfen dürfen einerseits nicht in Bereichen hoher Schmierfilmdrücke („Druckberg"), andererseits nicht Bereichen hoher Spannungen in den Zapfen liegen. Auch die Ölbohrungen müssen sorgfältigst abgerundet werden, weil gerade sie häufig Ausgangspunkt für Torsionsdauerbrüche sind.

Bei der Entwicklung der Kurbelwellen gab es zwei markante Richtungen mit eigenen Schwerpunkten und Besonderheiten, aber mit der Gemeinsamkeit, daß sie außerordentliche Schwierigkeiten bereiteten. Es handelt sich hierbei um die Wellen von Flugzeugmotoren und von großen Schiffsmaschinen.

Flugzeugmotoren sind Hochleistungsmotoren, sie müssen ein Maximum an Leistung bei möglichst geringer Masse bringen, wenn auch bei sehr begrenzter Laufzeit pro Einsatz. Kurbelwellenbrüche – wie übrigens alle Ausfälle von Triebwerksteilen – wirken sich bei Flugmotoren am gefährlichsten aus. Selbst wenn man berücksichtigt, daß früher bei Motorschaden noch eine Notlandung gemacht werden konnte, so bedeutete das doch stets eine erhebliche Gefahr für Besatzung und Passagiere, und häufig wurde das Flugzeug dabei mehr oder weniger schwer beschädigt.

Anders, aber in gewisser Hinsicht doch ähnlich verhielt es sich mit den Schiffsmotoren. Deren spezifische Leistungen liegen deutlich unter denen der Flugzeugmotoren, dafür werden ungleich längere Laufzeiten je Einsatz (Schiffsreise) verlangt. Der Ausfall der Kurbelwelle bei Einmotorenanlagen führt zwar nicht zwangsweise zum Verlust des Schiffs, aber Strandung, Kollision oder gar Kentern bei Manövrierunfähigkeit können durchaus die Folgen sein. Bei der Kurbelwelle eines Großmotors muß nicht mit jedem Gramm gegeizt werden, es kann deshalb bei der Konstruktion in der Festlegung der Abmessungen vorgehalten werden. Daß große Kurbelwellen trotz solcher Sicherheitszuschläge immer wieder brachen, deutet auf prinzipielle Schwierigkeiten hin. Bei der Auslegung von Bauteilen ganz allgemein geht es ja darum, die angreifenden Kräfte und Momente („Belastungen") mit den Abmessungen, der Form und dem Werkstoff so in Einklang zu bringen, daß das Bauteil hält. Doch selbst wenn das gelungen ist, kommen noch die Unwägbarkeiten von motorischen und außermotorischen Einflüssen hinzu.

Kurbelwellen werden komplex beansprucht. Es hat deshalb gedauert, bis man den Beanspruchungs-Mechanismus durchschaute. Die Wirkung der Randbedingungen kann so gravierend sein, daß sie die Einflußmöglichkeiten, die dem Konstrukteur durch die Dimensionierung der einzelnen Partien der Kurbelwelle gegeben sind, übersteigt. Bei Drehschwingungen oder wenn sich das Schiff im Wellengang verformt und die Welle über das Maschinenfundament „mitnimmt", helfen in der Regel auch keine größeren Zapfendurchmesser und Wangenbreiten.

Entwicklung der Kurbelwellen-Formzahlen

Maybach-/MTU-Motoren 1915 bis 1975

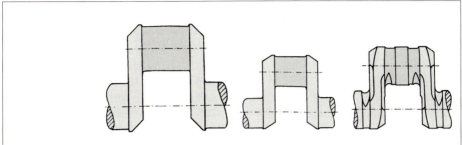

Motor	KP	Mb IVa	GO 5 h
Jahr	1915	1917	1931
Hubzapfen α_B/α_T	11,27 / 1,71	8,55 / 1,68	7,63 / 2,54
Grundlagerzpf. α_B/α_T	10,38 / 1,71	7,78 / 1,68	7,30 / 2,54

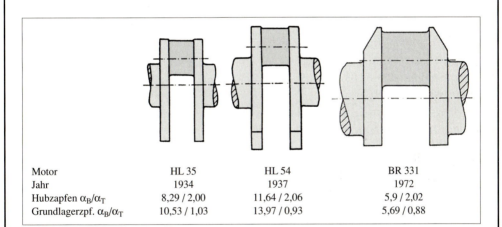

Motor	HL 35	HL 54	BR 331
Jahr	1934	1937	1972
Hubzapfen α_B/α_T	8,29 / 2,00	11,64 / 2,06	5,9 / 2,02
Grundlagerzpf. α_B/α_T	10,53 / 1,03	13,97 / 0,93	5,69 / 0,88

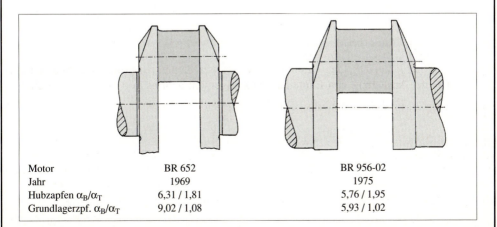

Motor	BR 652	BR 956-02
Jahr	1969	1975
Hubzapfen α_B/α_T	6,31 / 1,81	5,76 / 1,95
Grundlagerzpf. α_B/α_T	9,02 / 1,08	5,93 / 1,02

In den 1920er Jahren häuften sich Kurbelwellenbrüche praktisch in allen Bereichen der Motortechnik, bei Motoren von Kfz und Flugzeugen wie auch bei großen langsamlaufenden Schiffs- und Stationärmotoren. Verursacht wurden sie meistens durch Drehschwingungen. Nach Einführung von Drehschwingungsdämpfern ging die Schadenszahl deutlich zurück; Neukonstruktionen wurden nur noch mit Drehschwingungsdämpfern konzipiert. Aber auch bereits im Betrieb befindliche Motoren mußten nachträglich mit Dämpfern versehen werden, um der latenten Gefahr von Torsionsbrüchen zu begegnen. Trotzdem blieben Drehschwingungen stets ein Damoklesschwert[224], denn bei Störung oder Ausfall des Dämpfers war das Ende der Welle vorgezeichnet, wie aus vielen Schadensberichten hervorgeht. Nun waren unter der Einwirkung von Drehschwingungen nicht alle Wellen gebrochen, sondern nur die, bei denen besonders ungünstige Verhältnisse – welche auch immer – vorgelegen hatten. Es war also zu erwarten, daß sich bei Steigerung der Leistung diese Schwachstellen erneut durch Brüche bemerkbar machen würden, besonders bei Flugmotoren mit ihrer per se hohen Belastung. Somit bestand ein dringendes Interesse, die Betriebssicherheit des Triebwerks zu erhöhen. Hierbei spielte die *Deutsche Versuchsanstalt für Luftfahrt* (DVL) als eine überbetriebliche Institution eine wichtige Rolle, weil bei ihr als Schaltstelle des Know-how die Erfahrungen aller deutschen Flugmotoren-Hersteller zusammenflossen, ausgewertet und zur Grundlage umfassender Forschungsvorhaben wurden. Die Untersuchungen der *DVL* konnten sich also auf umfangreiches Schadmaterial stützen, womit überhaupt erst statistische Auswertungen möglich und sinnvoll wurden.

„ … Da im Flugbetrieb mannigfaltige Zufälligkeiten zu Überbeanspruchungen der Wellen führen können, war es vor allem notwendig, ein möglichst umfassendes Bild über die gesamten Brüche zu erhalten. Es wurde deshalb veranlaßt, daß ein möglichst großer Teil der gebrochenen Wellen zur Untersuchung eingeliefert werden sollte … Bei allen Wellen wurde die Lage der Bruchstelle festgestellt und die Bruchfläche besonders auf das Vorhandensein von Werkstoffehlern untersucht …" [619].

Solche statistischen Auswertungen sind bei den vielen Einflüssen auf Betriebsverhalten und Lebensdauer von hochbeanspruchten Triebwerksteilen ein unverzichtbares Mittel in der Motorentwicklung; ihre Bedeutung kann gar nicht hoch genug eingeschätzt werden. In diesem Zusammenhang wurde in den zwanziger Jahren der Begriff der Großzahlforschung geprägt. Solchermaßen fielen – gleichsam als Nebenprodukt der Untersuchung von Drehschwingungsbrüchen – wesentliche Erkenntnisse über den Einfluß von Werkstoffeigenschaften wie Faserverlauf und Faserstruktur, nicht-metallischen Einschlüssen (Schlacken), Werkstoffehlern, Art und Ausführung der Vergütung usw. auf die Dauerfestigkeit der Kurbelwellen ab.

„ … Die Frage der Kurbelwellenbrüche kann nicht als Werkstofffrage angesehen werden. Die sicheren Mittel zur Vermeidung der Brüche liegen auf anderem Gebiet. Soweit es sich um vorhandene Motorenmuster handelt, kommt die Anwendung von Schwingungsdämpfern und unter Umständen die Änderung der Zündfolge in Frage; bei Neukonstruktionen in erster Linie eine schwingungstechnisch günstigere und stärkere Dimensionierung der Welle. Dabei ist darauf zu achten, daß nicht durch ungünstige Formgebung der Welle zu hohe örtliche Spannungsüberhöhungen entstehen, die die Dauerfestigkeit herabsetzen …" [619].

In der Folge führte die *DVL* umgangreiche Arbeiten durch mit dem Ziel, der „Feststellung der günstigsten Kurbelwellenformen durch Berechnung, Spannungs-Untersuchungen und Schwingungsversuche" [620]. Wegen der starken Umlenkung des Kraftflusses in der Kröpfung sind die

---

224) DAMOKLES, Günstling des Tyrannen DIONYSIOS, rühmte sich seines Glückes, worauf ihm DIONYSIOS seinen Palast mit allen Schätzen zur Verfügung stellte. Als DAMOKLES, überglücklich darüber, eher zufällig nach oben schauend ein Schwert, lediglich an einem Pferdehaar hängend über seinem Haupt erblickte, wurde ihm die Hinfälligkeit allen Glücks bewußt. Das *Schwert des Damokles* gilt als Sinnbild für auch im Glück ständig drohende Gefahr.

Spannungsverhältnisse in Kurbelwellen kompliziert und entziehen sich einer elementaren Berechnung. Man mußte sie deshalb experimentell bestimmen, was mit dem Instrumentarium der mechanischen Dehnungsmessung der 1930er Jahren prinzipiell möglich war, insofern aber auf Schwierigkeiten stieß, als man nicht genau genug wußte, wo die Spannungsspitzen auftreten. Das hätte den meßtechnischen Aufwand in die Höhe getrieben, wenn man nicht mit dem Reißlackverfahren und der Spannungsoptik die Möglichkeit bekommen hätte, sich einen qualitativen Überblick über die Spannungsverteilung am Bauteil zu verschaffen [621]. Mit Hilfe von ebenen Trolon-Modellen[225] von Kurbelwellenkröpfungen wurden in Tastversuchen – ausgehend von einfachen Formen bis hin zu den Kröpfungsformen von Schadwellen – wichtige Hinweise für die Konstruktion gewonnen [622]. Auch ganz konkrete Fragen ließen sich mit der Spannungsoptik klären, so z. B. ob eine Entlastungskerbe in der Kurbelwange der *BMW 801*-Welle tatsächlich den erwarteten Erfolg brächte:

„ … Man gewinnt bei der Betrachtung der modellmäßigen Darstellung der Spannungen als den Höhen eines Gebirges unbedingt den Eindruck, dass durch die Entlastungskerbe zwar ein merklicher Spannungsabbau und eine etwas gleichmässigere Spannungsverteilung stattgefunden hat, dass jedoch die Konzentration der Spannungen im Uebergang noch recht beträchtlich ist und wegen der verhältnismässig niedrigen Beanspruchung des dem Uebergang benachbarten Werkstoffes durch ähnliche Massnahmen um vieles verringert werden kann …" [623].

Kurbelwellenbrüche hatten also die Entwicklung ungemein beflügelt: Mit Schwingungsdämpfern ließen sich die Drehschwingungsauschläge auf ein unkritisches Maß verringern, Erkenntnisse über den Einfluß von Kurbelwellenform und -Bearbeitung, Werkstoffart, -güte und -behandlung führten zu hoch beanspruchbaren Kurbelwellen von hinreichender Dauerfestigkeit, eine der Voraussetzungen für die raschen Fortschritte in der Leistungsentwicklung von Flugmotoren in den 1930er Jahren.

Im Krieg erwiesen sich eben diese Fortschritte, eine ausgeklügelte Form und extrem hohe Anforderungen an Werkstoff- und Fertigungsgüte als Erschwernis für die Steigerung der Produktion von Flugzeugmotoren. Nun wurden verstärkte Anstrengungen zur Entfeinerung gemacht, so z.B. die Vereinfachung der Kröpfungsform der *Junkers-Jumo-213*-Welle: Die bauchförmige Auskesselung der Hubzapfen wurde durch eine durchgehende zylindrische Bohrung ersetzt, und die Abschrägung der Kurbelwangen an den Innenseiten der Kröpfungen entfiel [624]. Die kriegsbedingte Beeinträchtigung der Produktion durch Bombenangriffe und durch den sich immer stärker auswirkenden Mangel an Material und ausgebildetem Personal wirkte sich auf die Qualität von Werkstoff und Fertigung aus. Bei der angespannten Situation damals konnte man Kurbelwellen, die nicht ganz einwandfrei waren, nicht ohne weiteres verausschussen. Andererseits mußte deren Betriebssicherheit gewährleistet sein; so ergaben sich zusätzliche Aufgaben für die Entwicklung: Immer wieder mußte der Einfluß von Werkstoff- und Fertigungsfehlern auf die Dauerfestigkeit der Kurbelwellen überprüft werden, denn jede Vereinfachung zur Rationalisierung der Fertigung barg Risiken für die Haltbarkeit der Kurbelwellen. Jedesmal wurden also umfangreiche und aufwendige Untersuchungen notwendig, bevor eine konstruktive oder fertigungstechnische Änderung in die Serie einfließen konnte. Eine weitere Erschwernis bestand in dem Mangel an Legierungsbestandteilen („Sparstoffen"), vor allem des Nickels, unter dem die deutsche Industrie in beiden Kriegen litt. In den Archiven der Motoren-Hersteller findet man viele Versuchsberichte, die solche zeitbedingten Schwierigkeiten zum Gegenstand haben; hier einige Beispiele:

„ … Der Einfluß von Schlacken auf die Biege- bzw. Torsionsbiegedauerhaltbarkeit nitrierter Wellen wurde untersucht und dabei eine höchstens 15 %ige Senkung der Dauerfestigkeit gefunden … Nacharbeit ist deshalb nur vor dem Nitrieren zulässig; darum verstärkte Schlackenprüfung kurz vor dem Nitrieren …" [625].

---

[225] Trolon ist ein Kunstharz auf Phenol-Formaldehyd-Basis.

Die zunehmenden Bombenangriffe beeinträchtigten auch die Entwicklung immer stärker, wie man an – eher beiläufigen – Bemerkungen in Versuchsberichten erkennen kann:

„ … Die Ermittlung des Spannungsverlaufes beider Wellen erfolgte nach dem Lackverfahren … (Die hierüber gemachten Aufnahmen gingen jedoch leider infolge Feindeinwirkung verloren.) …" [626].

Um den Bedarf an Motoren für Flugzeuge, Panzer, und Marinefahrzeuge zu decken, mußten weitere Unterlieferanten herangezogen werden, die sich mit der für hochbelastete Kurbelwellen erforderlichen Fertigungstechnik schwertaten. Die aussichtslose Situation Anfang 1945 zwang die Motoren-Hersteller zu weitgehenden Kompromissen; so heißt es in einem Versuchsbericht über Kurbelwellen für Panzermotoren:

„ … Von den bei den Eisenwerken Krieglach hergestellten HL 230 Kurbelwellen-Rohlingen anstatt aus Elektrogüte aus SM-Güte sind 317 Wellen ohne Diffusionsglühung fertigbearbeitet und abgeliefert worden. Diese Wellen sollen auf ihre Verwendbarkeit geprüft werden … Die Dauerfestigkeit der Wellen liegt aber so, dass gegen die Verwendung dieser Wellen keine besonderen Bedenken bestehen. Voraussetzung dafür ist, dass diese Wellen genauestens nach den Kontrollrichtlinien V 1323/21/III geprüft werden …" [627].

Der abschließende Hinweis, „beim Einbau der Wellen ist ausserdem darauf zu achten, dass Wellennummer und Motornummer festgehalten wird, um bei evtl. späteren Ausfällen daraus Rückschlüsse ziehen zu können" wirkt angesichts der Situation in Deutschland im Januar 1945 und einer Lebensdauer der Panzer zu dieser Zeit von nur wenigen Tagen geradezu rührend.

Schiffsmotoren wurden in den 1920er Jahren ebenfalls von Drehschwingungsbrüchen heimgesucht; auch hier schufen Schwingungsdämpfer weitgehend Abhilfe. Dennoch gab es weiterhin Kurbelwellenbrüche, nun durch Zufälligkeiten wie Schlackeneinschlüsse, Seewasser im Schmieröl und der daraus resultierenden Korrosion. Ungenügende Steifigkeit des Kurbelgehäuses führte zu Fluchtabweichungen der Grundlagerbohrungen, und schließlich wirkte sich die Schiffsstruktur bzw. die Fundamentierung bei Stationärmaschinen über das Kurbelgehäuse auf den Kurbelwellenlauf aus, Probleme also, die schon zahlreichen Kurbelwellen in Schiffs-Dampfmaschinen den Garaus gemacht hatten Ein Bericht über den Kurbelwellenbruch am einzylindrigen DM 70-Versuchsmotor der *MAN* aus dem Jahre 1920 mag das verdeutlichen:

„ … Zur Feststellung der Ursache wurde eine Kontrolle der Lagerung der Welle vorgenommen … Das Lineal wurde vom rechten Dynamolager aus mit Hilfe der Wasserwage ausgerichtet und die Lage der Kurbelwellenlagerschalen vermessen. Dabei ergab sich, dass das Kurbelwellenlager auf Schwungradseite 2,65 mm und das Lager auf Steuerwellenseite 1,75 mm tiefer lagen, als die Dynamolager … Auch der Ständer der Maschine zeigte eine Neigung von 1¾" gegen das Schwungrad. Es zeigt sich also, dass eine nicht gleichmässige Senkung des ganzen Fundamentes von Maschine und Dynamo stattgefunden hat, sondern durch die tief einschneidende Schwungradgrube wird das Fundament in zwei Blöcke zerlegt, die sich beide unabhängig voneinander und ungleichmässig gegen die Schwungradgrube hin gesetzt haben. Dadurch hat die Welle in der Mitte hohl gelegen … Kurz vor dem Bruch der Kurbelwelle wurde bei den Versuchen eine Verschlechterung des mechan. Wirkungsgrades der Maschine festgestellt, die durch starkes Schräglaufen des Kolbens bedingt war …" [628].

Mehrzylindrige Motoren sind also sehr empfindlich gegen Abweichungen der Lagergasse aus der Flucht, zumal die Steifigkeit von Kurbelgehäusen mit ihrer Größe abnimmt. Ist dann auch noch die Schiffsstruktur „weich", und ist der Motor an einer Stelle angeordnet, an der die Schiffsverformung einen großen Gradienten (Änderung) hat, dann ist die Kurbelwelle in höchstem Maße gefährdet. Damit hatte es bei den deutschen Schiffsneubauten nach dem zweiten Weltkrieg erhebliche Probleme gegeben.

„ … Die in dieser Hinsicht aus den bitteren Erfahrungen der 50er Jahre beim Wiederaufbau unserer Handelsflotte gewonnenen Erkenntnisse und die daraus gezogenen Folgerungen schließen heutzutage die Möglichkeit weicher Fundamente von Hauptantriebsanlagen praktisch aus …" [629].

Schwierigkeiten bei der Entwicklung von Kurbelwellen großer Motoren entstehen schon allein durch die Größe der Wellen: Die Werkstoffeigenschaften sind ungünstiger, weil das Gefüge inhomogener ist und sich das Material weniger gleichmäßig durchschmieden läßt; die Fertigungstoleranzen sind größer und die Verformungen ebenfalls. Insgesamt ist die Herstellung teuer, auch die experimentelle Untersuchung gestaltet sich schwieriger, die Stückzahlen sind kleiner und die Einbausituationen vielfältiger, denn schließlich ist jedes Schiff anders. Das alles zwang zu einer sehr konservativen Vorgehensweise in der Entwicklung von Abmessungen und Form. So wurde anläßlich der Untersuchung der Kurbelwelle einer Motortype festgestellt, daß die Wangenform aus fertigungstechnischen Gründen nicht optimal gestaltet war, und daß bei Anwendung von Gestaltungsprinzipien der Kurbelwellen für Flugmotoren eine höhere Dauerfestigkeit zu erwarten wäre. In dem entsprechenden Versuchsbericht wurde in diesem Zusammenhang ausdrücklich Bezug auf Untersuchungen der *DVL* genommen, denen zufolge durch Änderungen der Wangenform beträchtliche Verbesserungen erzielt werden konnten [630].

Die Ermittlung der Kurbelwellenbeanspruchung auf rechnerischem Wege war vor dem zweiten Weltkrieg mit der zu fordernden Genauigkeit sowieso nicht möglich, aber auch experimentell gestaltete sie sich schwierig, weil sie von vielen Randbedingungen beeinflußt wird; allein das Lagerspiel oder die bereits erwähnte Kurbelgehäuse-Steifigkeit konnten – je nach Versuchskonfiguration – zu ganz anderen Ergebnissen führen.

Was die Schiffsstruktur und -steifigkeit sowie die Einsatzbedingungen anbelangt, sind U-Bootmotoren ähnlichen Bedingungen ausgesetzt wie Motoren für die Handelsmarine. Andererseits wurden sie in größerer Stückzahl gebaut und mußten zudem vergleichsweise hohe Leistungen über längere Zeiträume erbringen, was eine aufwendige und in die Tiefe gehende Entwicklung verlangte. Dafür standen aber auch größere Mittel zur Verfügung als für zivile Projekte. So wurden für die *MAN*-U-Bootmotoren MV 40/46 umfangreiche Kurbelwellenversuche durchgeführt. Zur Klärung grundsätzlicher Fragen wurden die Belastungsarten *Biegung* und *Torsion* getrennt behandelt. Schon in den Vorversuchen zeigte sich, daß auch bei reiner Torsion eine nicht unerhebliche Biegung der Welle auftrat, die zwar rechnerisch das Lagerspiel überstieg, aber durch die Lagerung aufgefangen wurde, was natürlich entsprechende Stützkräfte des Kurbelgehäuses für die Welle bedeutete. Die Spannungsüberhöhung in den Hohlkehlen von Grund- und Hubzapfen erreichte den 1,72- bzw. 1,87fachen Wert der Nennspannung; das sind Zahlen, wie sie auch für heutige Wellen gelten [631].

Auslegung und Berechnung

In der Anfangszeit der Dampfmaschinen konnte man sich bei der Auslegung und Dimensionierung von Kurbelwellen nur auf eigene Erfahrungen stützen, denn andere Hilfsmittel standen nicht zur Verfügung. Der einschlägigen Fachliteratur waren allenfalls vage Hinweise zu entnehmen:

„ … Die an den Wellenenden unterstützten Zapfen müssen dem darauf wirkenden Drucke durch ihre respective Festigkeit, die innerhalb der Wellenenden aufgelagerten Zapfen oder Hälse aber der Torsion oder dem Bruche oder auch beiden gleichzeitig durch hinreichende Stärke widerstehen. Größeren, füglich nicht zu berechnenden Anstrengungen ist ein Zapfen ausgesetzt, wenn, wie schon bei den Wellen angeführt, die Bewegung des letzteren einerseits gehemmt, die andererseits damit verbundenen Massen aber vermöge ihre Trägheitsmomente sich fortzubewegen streben. Eine solche Anstrengung, der ein Wellhals hinlänglichen Torsionswiderstand bieten soll, wird um so größer, je geringer der Weg ist, bei welchem die Welle durch das momentane Hindernis in Ruhe versetzt wird … " [596].

In der zweiten Hälfte des 19. Jahrhunderts begann sich die Situation zu ändern. Mit der Zahl der Maschinen, mit den unterschiedlichen Bauarten und mit den vielfältigen Einsatzbedingungen wurden praktische Erfahrungen gewonnen, die sich in Vorschriften, Regeln und Rechenanweisungen niederschlugen. Zu einer Zeit, da noch eine statische Betrachtungsweise vorherrschte, hatte JOHANN RADINGER scharfsichtig erkannt, worauf es bei hoch belasteten und schnell laufenden Triebwerksteilen ankommt; seine Forderungen an Konstruktion und Fertigung sind deshalb noch heute gültig:

„ ... Alle Bewegungstheile müssen bei voll-ausreichender Festigkeit doch so leicht als nur immer im Gewichte sein; jeder ersparte Millimeter als Hebelarm oder als Masse ist von positivem Werth, der nicht verschwendet werden darf. Hochkantige oder hohle Querschnitte sind massiven vorzuziehen und insbesondere werden die letzteren durch Verwendung von der ganzen Länge nach ausgebohrten Kolben- und Schubstangen, Zapfen und Wellen zu geringster Masse, leichter Kühlung ... hoffentlich häufiger verwendet werden als bisher. Dabei müssen alle Querschnittsübergänge mit langgezogenen Parabeln vermittelt werden, denn jeder kurze oder gar scharfe Übergang ist ein beginnender Bruch ... sind ebenso unerlässliche Bedingungen für den weiteren Anstieg der Geschwindigkeit, als die höchste erreichbare Vollkommenheit der Werkstättenausführung, für deren Genauigkeit der Hunderstel Millimeter kein unbedeutend kleines Maß mehr bleiben darf ... Für den Bestand schnellgehender Maschinen sind aber noch eine Reihe von Rücksichten zu beachten, welche bei langsamen Gang nicht von so hervorragender Wichtigkeit sind als hier, wo die Drücke und Reibungsarbeiten in Folge der Massenbeschleunigung und der Geschwindigkeit höher werden, und das Auge des Wärters nicht sofort jedes Warnzeichen beachten kann, als es sonst der Fall ist ...“ [632].

RADINGER sah auch ein Dilemma, in dem sich die Konstrukteure gegen Ende des 19. Jahrhunderts immer öfter befanden: Mit Rücksicht auf die Verkantung der Kurbelwelle waren kurze Lager vorteilhaft, wegen der geringen Tragfähigkeit der damaligen Lagerwerkstoffe, vornehmlich Weißmetall, brauchte man aber eine ausreichende Lagerfläche, d.h. bei gegebenem Durchmesser mußte der Zapfen lang genug sein:

„ ... Damit die Zapfen auch bei hoher Geschwindigkeit nicht heiß laufen, müssen sie genügend groß angelegt und mit der größten Sorgfalt ausgeführt sein. Insbesondere sind es die Kurbel- und Lagerzapfen, welche leicht warm gehen, indem sie in der Regel so kurz als möglich gemacht werden, um den Hebelarm, an welchem das Bett im horizontalen Sinne gebogen werden will, klein zu halten ... Diese Vortheile würden aber durch ein Heißlaufen der Zapfen völlig ausgewogen werden, dem vorzubeugen die Bedingung erscheint: die Auflageflächen so groß zu machen, dass sich der Druck und die Reibungsarbeit auf genügend viele Flächeneinheiten vertheilt, wodurch der Druck das Oel zwischen Zapfen und Schale nicht mehr auszupressen vermag und die durch Reibung erwachsende Wärme aufgenommen und abgeführt werden kann ...“ [632].

Die Erfahrungen verdichteten sich. Daß es bei der Auslegung von Kurbelwellen nicht nur auf die Festigkeit ankam, sondern auch die Verformung der Kurbelwelle und das Verhalten der Lager berücksichtigt werden mußten, wurde zum Allgemeingut. Wie sich dieses Wissen entwickelt hat, läßt sich aus verschiedenen Auflagen der *Maschinen-Elemente* von CARL BACH ersehen. Expressis verbis heißt es hierzu in der 10. Auflage von 1908:

„ ... a) Den Anforderungen der Festigkeit und Elastizität muß Genüge geleistet werden ... b) Die Pressung zwischen Zapfen und Lager darf diejenige Grenze nicht überschreiten, über welche hinaus das Schmiermaterial zwischen Zapfen und Lager dauernd nicht mehr erhalten werden kann ... c) Derjenige Teil der Reibungsarbeit, welcher in Wärme umgesetzt wird, darf jenen Betrag nicht überschreiten, dessen gleichwertige Wärmemenge noch abgeleitet werden kann, ohne daß eine unzulässige Temperaturerhöhung des Lagers und Zapfens eintritt ...“ [633].

Die Ingenieurmechanik, namentlich die Festigkeitslehre und die graphische Statik, wurden weiterentwickelt. In den Technischen Hochschulen – hervorgegangen aus den polytechnischen Schulen – und in den Ingenieurschulen erhielten die angehenden Ingenieuren das Rüstzeug, mit dem sie die anstehenden Aufgaben in Angriff nehmen konnten. Sichtbaren Ausdruck findet die bessere Ausbildung der Ingenieure u. a. in den verschiedenen Fach- und Handbüchern. Darin findet man Angaben über Lastannahmen und rechnerische Berücksichtigung der einzelnen Belastungsanteile (Torsion und Biegung) mit Bezug auf Angaben von RANKINE, REULEAUX oder BACH. Zum Teil ist der Rechnungsgang auf den Gebrauch von überschlägigen Formeln („Faustformeln") reduziert. Nicht viel anderes waren letztlich die Vorschriften der Klassifikationsgesellschaften. Man findet aber auch dezidierte Angaben, denen zufolge das Dreh- und das Biegemoment aus Tangential- und Radialkraft nach der BACH'schen Formel zu einer resultierenden Größe zusammengefaßt werden, und die Verformung der Welle bei verschiedenen Kurbelstellungen auf grafischem Wege bestimmt wurde [634].

Die Dampfmaschine konfrontierte die Techniker zunehmend mit der dynamischen Beanspruchung, die sich nur schwer der Vorstellung erschließen wollte. Bislang stand die Beanspruchung von Maschinen-Bauteilen, z.B. der von Wasserkünsten des Bergbaus, im Einklang mit der Vorstellung: Höhere Lasten verlangten größere Querschnitte oder/und festere Werkstoffe. Die im Vergleich zu den bisherigen Maschinen hohe Arbeitsgeschwindigkeit der Dampfmaschine, insbesondere ihrer markantesten Vertreterin, der Dampflokomotive, brachte mit der Dynamik einen neuen Effekt ins Spiel. Langsam nur, durch Schäden, aber auch durch schwere Unfälle wurde man gewahr, daß sich Werkstoffe und Bauteile unter Einfluß wechselnder Belastungen anders – und zwar empfindlicher – verhalten, als man es gewohnt war. Es wurde beobachtet, daß die Werkstoffe („Materialien") Eigenschaften zeigten, die man bis jetzt nur der belebten Natur zuzuschreiben gewohnt war: Die Werkstoffe „ermüdeten", die Dauer der dynamischen Belastung beeinflußte das Tragvermögen von Bauteilen. Brüche von Triebwerksteilen, Eisenbahnachsen, Schienen, ja selbst von Brückenträgern machten diesen Effekt überaus deutlich. Es war AUGUST WÖHLER, der als erster Dauerversuche an Maschinenteilen vornahm und in umfangreichen, sich über vierzehn Jahre erstreckenden Arbeiten erkannte, daß

„ … Constructionstheile, welche positiv und negativ in Anspruch genommen werden, z.B. Kolbenstangen, Balanciers u. derg. müssen im Verhältnis etwa 9 : 5 stärker sein als solche, deren Inanspruchnahme nur in einem Sinne erfolgt, z. B. Träger, Brücken, Dachconstructionen etc …" [635].

Die Quintessenz der WÖHLER'schen Erkenntnisse formulierte später CARL BACH wie folgt:

„ … Es ist an sich schon eine seit langem bekannte Thatsache, dass bei wechselnder Inanspruchnahme die zur Aufhebung der Festigkeit eines Stabes nöthige Kraft kleiner sein kann, als diejenige, welche die Zerstörung durch einmaliges ruhiges Wirken herbeiführen soll; so wird beispielsweise ein Stab dem Abbrechen leichter zugeführt, wenn man ihn hin- und herbiegt, als wenn er nur in der einen Richtung Belastung erfährt …" [636].

CARL BACH teilte die Belastungsarten in *ruhend, einseitig* (schwellend) *oder nach beiden Seiten wechselnd* (wechselnd) ein, eine Charakterisierung, wie sie heute in jedem Fachbuch zu finden ist[226].

---

226) Diese Grunderkenntnis hatte schon A. WÖHLER formuliert; in dem bereits zitierten Bericht aus dem Jahre 1866 heißt es: „ … Der Bruch des Materials kann in zwei Weisen erreicht werden, entweder plötzlich durch eine, die absolute Festigkeit überschreitende Belastung, oder innerhalb dieser Bruchgrenze allmälig durch wiederholte Biegungen (Schwingungen). Letztere können stattfinden: 1) vom ungespannten Zustande aus nach beiden Seiten, so daß sie negative und positive Spannungen erzeugen, 2) vom ungespannten Zustande aus nach einer Seite, so daß die größte Spannung zugleich die Spannungs-Differenz ist, 3) von einer constanten Spannung ausgehend, so daß sie dieselbe im gleichen Sinne steigern …" [635].

Um wieder auf die Kurbelwelle zurückzukommen: Von der Werkstoffseite und den Möglichkeiten, fundamentale Werkstoffeigenschaften zu überprüfen, waren diesbezüglich gute Voraussetzungen geschaffen. Auch hatte man mit den Dampfmaschinen hinreichend Erfahrungen gewonnen, so daß die Kurbelwelle nicht mehr als kritisches Bauteil angesehen werden mußte. Doch das änderte sich, als man kurz vor der Jahrhundertwende durch Wellenbrüche bei Schiffsmaschinen mit dem Phänomen der Drehschwingungen konfrontiert wurde. Auch warfen die Kurbelwellen in Verbrennungsmotoren neue Probleme auf, denn die Gasdrücke von Motoren lagen mit ca. 25 bar bei Otto- und 35 bis 40 bar bei Dieselmotoren deutlich höher als die Dampfdrücke von maximal 15 bar und, was noch schwerer wog, auch die Druckgradienten (Druckanstiege) waren größer, zudem die Drehzahlen ein Mehrfaches der von Dampfmaschinen betrugen. Andererseits: Die Lagerabstände in den Motoren waren kürzer und mehrere bis viele Zylinder ermöglichten einen weitgehenden inneren Massenausgleich. Mit der Weiterentwicklung der Lagerung und Lagerwerkstoffe konnte die Lagerlänge (oder: Lagerbreite) verkürzt werden, von $L/d \approx 1,5$ erst auf $1,0$ und dann auf $0,66$ bis $0,5$.

Die Kurbelwellen wurden auf der Grundlage bereits existierender Wellen ausgelegt, wobei die höhere Leistung, welche die neue Kurbelwelle erbringen sollte, durch entsprechende Zuschläge bei den Abmessungen berücksichtigt wurde. Bei Fahrzeugmotoren konnten die Kurbelwellen leicht experimentell überprüft und in Motoren erprobt werden. Bei größeren und großen Motoren ist das so nicht mehr machbar, deshalb kam hier der Berechnung größere Bedeutung zu. Die Rechenverfahren sind im Laufe der Zeit mit vielen Varianten und Abstufungen in Richtung größerer Wirklichkeitstreue verbessert worden. Hierzu ist vielleicht eine allgemeine Bemerkung erforderlich.

Die Mathematik ist ein unverzichtbares Hilfsmittel zur quantitativen Beschreibung der technisch-physikalischen Realität: Dinge, Zustände und Vorgänge werden damit beschrieben. Das Problem besteht nun darin, daß die Mathematik oft ein zu grobes Instrument ist, um eine komplizierte Materie zu beschreiben. Deshalb muß die Sache selbst so vereinfacht werden, daß man sie sinnvoll mit dem mathematischen Instrumentarium behandeln kann. Doch allzuleicht gerät man in den Zwiespalt, daß bei starker Vereinfachung das Problem zwar mathematisch lösbar ist, aber nicht mehr hinreichend der Wirklichkeit entspricht. Geht man von wirklichkeitsgetreueren Rechenmodellen aus, stößt man auf unüberwindbare mathematische Schwierigkeiten. Und noch eine Zwangslage, auf die im Zusammenhang auch mit anderen Bereichen der Entwicklung des Kurbeltriebs eingegangen wird, ist zu erwähnen: Ingenieure müssen unter Zeit- und Kostendruck konkrete Aufgaben lösen, auch sind ihre mathematischen Kenntnisse und Fähigkeiten sehr unterschiedlich; sie können deshalb nicht die mathematischen Register ziehen wie „reine" Mathematiker.

„ … Es liegt auf der Hand, daß man zu einer genügenden Übereinstimmung mit den wirklich auftretenden Beanspruchungen bei einer vielfach gekröpften Kurbelwelle nur dann gelangen kann, wenn man den Einfluß der verschiedenen Kröpfungen und Auflager sowie ferner den Einfluß der Spannungserhöhung bei den verhältnismäßig schroffen Querschnittsänderungen, z.B. beim Übergang vom Schenkel in den Zapfen, berücksichtigt. Allerdings drängt sich sofort die Befürchtung auf, daß durch die Berücksichtigung aller dieser Einflüsse die Rechnung hoffnungslos verwickelt wird und daher nie und nimmer für den Gebrauch des Durchschnittsingenieurs eines Konstruktionsbüros in Betracht kommen kann …" [637]. Andererseits sind Mathematiker nicht mit der Realität und den Zwängen des praktischen Maschinenbaus vertraut; es tut sich hier also eine Verständnislücke auf. Um die Schwierigkeiten der Berechnung von Bauteilen wie der Kurbelwelle zu verstehen, muß man sich vor Augen führen, was sich in einer Kurbelwelle abspielt: Die Kurbelwelle wird auf Biegung und Torsion beansprucht, es liegt also ein zweiachsiger Spannungszustand vor.

- Die Belastung selbst hängt zusätzlich zu den motorinternen (Gas- und Massenkräfte) auch von motorexternen Einflüssen ab, auf die der Konstrukteur bei der Auslegung der Kurbelwelle keinen Einfluß hat (Schwingungsverhalten des Triebwerkstrangs mit allen anzutreibenden Massen).
- Die Kurbelwelle wird dynamisch belastet, und zwar phasenungleich auf Biegung und Torsion.
- Die komplizierte Form der Kurbelwelle führt zu hohen örtlichen Spannungsspitzen, welche die Nennspannungen um ein Mehrfaches übersteigen.

Eine andere Schwierigkeit besteht darin, zu erkennen welche Beanspruchungen unter welchen Bedingungen ein Werkstoff überhaupt erträgt.

„ … Die Festigkeits-Berechnung der Maschinenteile wird auch heute noch nach Formeln durchgeführt, die von sehr vereinfachenden Voraussetzungen ausgehen. Die in den Konstruktionsteilen tatsächlich auftretenden Höchstbeanspruchungen betragen in der Regel ein Vielfaches der Werte, die sich aus der in üblicher Weise durchgeführten Berechnung ergeben. Der Grund hierfür ist weniger darin zu erblicken, daß man die Größe der von den Maschinenteilen zu übertragenden Kraftwirkungen nicht genau kennt … Dagegen herrscht noch vielfach Unklarheit über die Spannungserhöhungen, die durch Eigentümlichkeiten der Körperformen bedingt sind. Insbesondere treten an Hohlkehlen, Bohrungen, Keilnuten, Gewinden und anderen Unstetigkeiten des Querschnitts beträchtliche Spannungsspitzen auf. Diese lassen sich bei den meisten Maschinenteilen auf rechnerischem Wege auch nicht annähernd genau erfassen. Aber gerade diese Spannungsspitzen, die nicht selten das Drei- bis Vierfache – in einzelnen Fällen wurden sogar Spannungserhöhungen bis zum siebenfachen Wert gemessen – des an Hand einfacher Berechnungsformeln ermittelten Spannungswertes ausmachen, sind für die Bruchgefahr bei Wechselbeanspruchung maßgebend … Scheinbar geringfügige Änderungen in der Körperform können aber so wesentliche Änderungen in der Spannungsverteilung zur Folge haben, daß die gesamten Erfahrungsgrundlagen unbrauchbar werden …" [638].

Der Einfluß und die Bedeutung dieser Faktoren mußten erkannt, richtig abgeschätzt und in handhabbare Rechenverfahren umgesetzt werden. So erklärt sich, daß so viele Methoden der Kurbelwellenberechnung angewendet wurden, die sich in der Lastannahme (welche Kräfte und Momente greifen an welcher Stelle an), in der Einschätzung der Wirkung dieser Kräfte und Momente und der Ursachen für das Versagen des Werkstoffes unterscheiden. Bei allen Unterschieden der Rechenmethoden ist ihnen gemeinsam, daß ihre Ergebnisse stets in Bezug zu bereits existierenden Kurbelwellen gebracht wurden. Mit anderen Worten: Man rechnete bewährte Konstruktionen mit dem jeweiligen Verfahren durch und nahm das Ergebnis als Richtwert für neue Kurbelwellen. Manche Formeln hatten ihre Berechtigung nur dadurch, daß die Ergebnisse nicht gerade im Widerspruch zur Wirklichkeit standen.

Zunächst ging man von einer statischen Belastung durch Torsion und Biegung infolge der Tangential- und Radialkraft aus. Biege- und Drehmoment wurden nach BACH zu einem „ideellen" Moment zusammengesetzt unter Berücksichtigung der sogenannten „Anstrengung", einem Quotient aus „zulässiger Zuganstrengung" und „zulässiger Drehungsanstrengung" [639]. Wenn ein Bauteil verschiedenen Beanspruchungen ausgesetzt ist, stellt sich die Frage, wie diese zu berücksichtigen sind. Müssen sie addiert werden oder ist die eine gegenüber der anderen teilweise oder ganz zu vernachlässigen? Zähe Werkstoffe, aus denen Kurbelwellen gefertigt werden, versagen durch Fließbruch bei Überschreiten einen kritischen Schubspannung; diese – nach der Schubspannungshypothese bestimmt – liegt der BACH'schen Formel zu Grunde. Mehrhübige Kurbelwellen – mehrfach gelagert – sind statisch unbestimmt; die Ermittlung der Auflagerkräfte, wiewohl ohne weiteres durchführbar, gestaltet sich doch aufwendig. Prof. MAX ENSSLIN berechnete die Beanspruchung („Anstrengung"), Formänderung und Lagerreaktionen von verschiedenen Kurbelwellenkonfigurationen und Lastannahmen. In den 1902 veröffentlichten Ergebnissen kommt er zu folgenden Schlüssen:

„ … 1. dass für die Dimensionierung der gekröpften Wellen nicht allein Festigkeitrücksichten, sondern in hervorragendem Mass die Rücksicht auf die Grösse der Formänderung massgebend ist,

2. dass die Grösse der Anstrengung ein unzuverlässiger Massstab für die Beurteilung oder den Entwurf einer gekröpften Welle ist und

3. dass diese beiden Gesichtspunkte um so schärfer hervortreten, je grösser die Längenabmessungen der Kröpfung (Länge der Arme und des Kurbelzapfens, Lagerentfernung) sind …" [640].

Für die Praxis war die ENSSLIN'sche Vorgehensweise zu aufwendig. Bei dreifach gelagerten Wellen bediente man sich des MOHR'schen Verfahrens, einer grafischen Methode, um die Biegelinie zu bestimmen. Bei mehrfach gelagerten Wellen ist das recht mühsam, so daß man sich überlegte, ob die damit erreichbare Genauigkeit eigentlich vonnöten sei. Schließlich beruht die ganze Kurbelwellen-Rechnung auf so vielen Annahmen und Vereinfachungen, daß es wenig Sinn hat, in einem Teilbereich die Genauigkeit so weit zu treiben. Schließlich begnügte man sich, die Kurbelkröpfung – zweifach gelagert – als statisch bestimmt anzusehen, zumal wenn man berücksichtigt, daß die Kurbelwelle ja nicht starr, sondern im Ölfilm der Lager nachgiebig gelagert ist, Bild 105.

„ … Es wird somit ein Wellenstück zwischen zwei benachbarten Grundlagern auf Biegung berechnet, ohne auf etwaige, von den anderen Zylindern herrührenden Biegungs- oder Torsionsmomente sowie Reaktionen der übrigen Lager Rücksicht zu nehmen …" [641].

Die einfache Vorstellung von der Belastung wurde schrittweise durch genauere Lastannahmen erweitert. Man erkannte, daß nicht die Maximalwerte der Kräfte, also der Zünddruck und die Massenkraft im OT, sondern die Kraftschwankungen während eines Arbeitsspieles für die Beanspruchung maßgeblich sind. Dem Nutzdrehmoment, das sich durch Aufsummieren der Drehkräfte der einzelnen Zylinder ergibt („statische Belastung"), überlagern sich die Momente der Drehkraftschwankungen während eines Arbeitsspiels als sogenanntes *Blindmoment I* („quasistatische Belastung"); schließlich kommt noch die Belastung durch die Kurbelwellenverformung infolge von Drehschwingungen, das *Blindmoment II,* hinzu („dynamische Belastung"). Diese drei Belastungen setzen sich zu einem regelrechten Belastungsgebirge zusammen, wobei die dynamische Beanspruchung die anderen bei weitem übersteigen kann. Viele Kurbelwellenbrüche sind hierauf zurückzuführen.

Für die weitere Berechnung wurde die Belastung in einen statischen Anteil (Mittelspannung) und in einen dynamischen (Wechselspannung) aufgeteilt. Aber nicht nur der zeitliche Verlauf der Belastung, auch die Belastungen selber wurden wieder zum Gegenstand eingehender Betrachtungen, weil man erkannte, daß die Verhältnisse verwickelter sind, als sie auf den ersten Blick erscheinen: Neben dem Biegemoment durch die Radialkraft wird die Kröpfung zum einen durch das von der Tangentialkraft hervorgerufene Drehmoment, zum anderen durch das von der benachbarten Kröpfungen übernommene und hindurchgeleitete Drehmoment belastet. Die Torsion der Kröpfung bewirkt eine zusätzliche Biegung [642]. Daß Kurbelwellen zu schwach dimensioniert waren, zeigte sich an Brüchen, aber auch an Lagerschäden als Folge von starker Verformung der Kurbelwellen. Auch ungünstige Formgebung im Detail, in besagter *Kleingestaltung,* wurden häufig als Schadensursache ausgemacht.

„ … geht der Bruch genau vom Umfange des der Schwungradseite zugekehrten Wellenbundes aus, der sich ganz scharfkantig an die hintere (übertragende) Armfläche ansetzt. Hierin liegt ein arger Ausführungsfehler, der zweifellos auch die Zerstörung eingeleitet, wenn nicht überhaupt

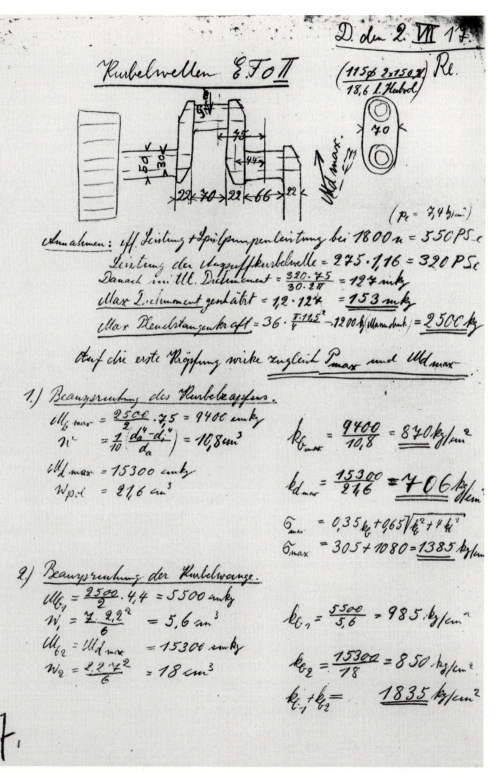

Bild 105 Kurbelwellenberechnung 1917. Beispiel. *Junkers E.FOII*-Bootsmotor

verschuldet hat. Denn die fundamentale Konstruktionsregel, die Querschnitts- und Formenübergänge von allen belasteten Maschinenteilen mit reichlicher Abrundung vorzunehmen, hat für Kurbelwellen eine außerordentliche Bedeutung. Wie zahlreiche Kurbelwellenbrüche aus alter und neuer Zeit immer wieder beweisen, sind die Übergangsstellen zwischen den Kurbelarmen und Wellenzapfen fast stets am meisten gefährdet, weil diese nicht nur die regelrechten Kolbenkräfte – für die sie gewöhnlich allein berechnet sind – zu übertragen haben, sondern auch durch willkürliche Massenpendelungen bzw. Schwingungsausschläge große zusätzliche Schubanstrengungen erleiden können. Hierdurch lassen auch scheinbar reichliche Abmessungen im Stich, wenn durch krasse Querschnittswechsel an den Übergängen der innere Spannungszustand des Materials noch künstlich bedeutend verschlechtert wird … ." [643].

Eine Berechnung stützt sich im allgemeinen auf die ungünstigen Belastungsfälle; die Praxis sollte die Ingenieure lehren, daß auch betriebliche Unregelmäßigkeiten berücksichtigt werden müssen:

„ … In Wirklichkeit können die Beanspruchungen beim Anlassen, durch Vorzündungen oder Hängenbleiben der Brennstoffnadel bedeutend größer werden. Beim Anlassen wird durch die größere Füllung eine wesentliche Erhöhung des Drehmomentes bewirkt und außerdem kann die Einspritzung schon bei kleinerer Drehzahl beginnen, wodurch die mildernde Wirkung der Beschleunigung wegfällt usw. …" [644].

Anfang der 1930er Jahre wurde der Begriff *Gestaltfestigkeit* geprägt, mit dem die Einflüsse der Bauteilform auf das Festigkeitsverhalten charakterisiert werden. Gerade die Triebwerksteile von Verbrennungsmotoren, Kurbelwelle, Pleuel und Kolben haben hierbei eine wesentliche Rolle gespielt: Zum einen mit steigender Motorleistung immer höheren Belastungen ausgesetzt, zum anderen von solcher Form (Gestalt), daß die klassischen Instrumente der Spannungsermittlung versagen mußten, führten Schäden an diesen Bauteilen zum Motorausfall, bisweilen mit dramatischen Folgen. Somit ergab sich ein hoher Entwicklungsdruck, der noch durch die Bedeutung des Verbrennungsmotors für die Wehrtechnik verschärft wurde.

Da in vielen Bauteilen offensichtlich höhere Spannungen auftreten, als sich aus den Belastungen und Bauteilquerschnitten hätten einstellen dürfen, suchte man sie experimentell zu erfassen. Hierzu wurde in den 1920er und 1930er Jahren ein weitgefaßtes Instrumentarium geschaffen: Das *Maybach*-Dehnungslinienverfahren und das Verfahren der Spannungsoptik, mit denen man Spannungszustände auch in komplizierten Bauteilen sichtbar machen und somit qualitativ erfassen konnte, dann eine Vielzahl an mechanischen Feindehnungsmeßgeräten zur quantitativen Bestimmung von Dehnungen im Tausendstel-Millimeter Bereich und schließlich kurz vor dem zweiten Weltkrieg das Dehnmeßstreifen-Verfahren von Ruge und Simmons. Fortschritte in der elektrischen Meßtechnik ermöglichten die Übertragung von Meßwerten auch von schnell bewegten Maschinenteilen, so daß man jetzt die im Motorbetrieb tatsächlich auftretenden Beanspruchungen ermitteln konnte.

Wegen der komplizierten Form der Kurbelwelle ist eine rein theoretische Vorausberechnung ihrer Beanspruchung durch die Betriebskräfte nicht möglich. Die Rechnung muß sich daher sowohl bezüglich der auftretenden Spannungen als auch der Beanspruchbarkeit des Werkstoffs auf Werte stützen, die experimentell bestimmt bzw. abgesichert werden. Zu diesem Zweck werden für die im Motorbetrieb auftretenden Beanspruchungsarten statische Belastungsversuche durchgeführt, bei denen die kritischen Stellen der Kurbelwelle ermittelt werden.

An diesen Stellen werden die Dehnungen gemessen und hieraus die Spannungen errechnet. Außerdem müssen die Werkstoffkennwerte für die dauerfest ertragbare Vergleichsspannung bestimmt werden. In solchen Versuchen werden statische Vergleichslasten auf die Kurbelwellenkröpfung aufgebracht, wobei verschiedene Lastfälle getrennt voneinander untersucht werden,

Belastungen und Verformungen von Kurbelwellen

Wegen der komplizierten Form der Kurbelwelle kann man sich nicht allein auf die Rechnung verlassen, sondern muß sich sowohl bezüglich der auftretenden Spannungen als auch der Beanspruchbarkeit des Werkstoffes auf experimentell ermittelte Werte stützen. Zu diesem Zweck werden für die im Motorbetrieb auftretenden Beanspruchungsarten statische Belastungsversuche durchgeführt. Bei den Belastungsversuchen werden signifikante Lastfälle jeweils getrennt voneinander untersucht:

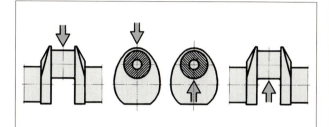 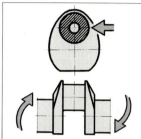

- Biegebelastung der Kröpfung in Hubarmrichtung bei Hubzapfenstellung im OT
- Biegebelastung in Hubarmrichtung bei Hubzapfenstellung im UT
- Biegebelastung senkrecht zur Hubarmrichtung
- Verdrehbelastung

Diese Belastungsversuche geben Aufschluß, wo die höchsten Beanspruchungen auftreten. Dabei ist natürlich von besonderem Interesse ist, ob und wo die maximalen Biege- und Torsionsspannungen räumlich zusammenfallen. Das ist oft der Fall – die kritische Stelle ist meist die untere Hälfte der Hubzapfenhohlkehle. Durch Reißlack-Untersuchungen (Dehnungslinien-Verfahren) werden die gefährdeten Stellen der Welle ermittelt. Dort werden dann die Dehnmeßstreifen-Rosetten geklebt und die Dehnungen quantitativ bestimmt. Aus den Dehnungen lassen sich die Spannungen errechnen.

Dehnungslinien an der Kurbelkröpfung eines Dieselmotors bei Torsionsbelastung beispielsweise: Biegebelastung der Kröpfung durch eine Kraft, entsprechend der Zündkraft, verringert um die Massenkraft; Biegebelastung in Hubarmrichtung bei Hubzapfenstellung in OT, UT und senkrecht zur Hubarmrichtung; Verdrehbelastung durch Torsionsmomente.

Diese Untersuchungen geben Aufschluß, wo die höchsten Beanspruchungen bei den einzelnen Lastfällen auftreten, wobei natürlich von besonderem Interesse ist, ob und wie die maximalen Biege- und Torsionsspannungen räumlich zusammenfallen. Reißlackuntersuchungen zeigten, daß die kritische Stelle die untere Hälfte der Hubzapfenhohlkehle ist. Dort werden dann die Dehnmeßstreifen-Rosetten appliziert und die Dehnungen gemessen. Aus den Dehnungen lassen sich die Spannungen errechnen. Die Hauptspannungen müssen zu einer eindimensionalen Spannung, der Vergleichsspannung, zusammengefaßt werden, um sie mit den im einachsigen Spannungszustand ermittelten Werkstoffkennwerten vergleichen zu können.

Es gibt eine ganze Reihe von Hypothesen für verschiedene Beanspruchungsarten, von denen die *Gestaltänderungsenergie-Hypothese (GEH)* die Verhältnisse für zähe Werkstoffe, bei denen ein Versagen nach plastischer Verformung eintritt, am besten beschreibt. Die *GEH* besagt, daß jeder Werkstoff nur ein bestimmtes Maß an elastischer Energie zur Gestaltänderung aufnehmen kann. Für den zweiachsigen Spannungszustand, wie er an der Oberfläche der Kurbelwelle vorliegt, werden die Biege- und Torsions(vergleichs)spannungen und aus diesen dann die resultierende Vergleichsspannung nach der *GEH* bestimmt. Versuche mit kombinierter Biege- und Torsionsspannung haben die *GEH* empirisch bestätigt.

Die Werkstoffkennwerte, mit denen die Kurbelwellenspannungen verglichen werden, wurden durch eine Reihe von Versuchen bestimmt und hieraus für die einzelnen Belastungsarten Dauerfestigkeitsschaubilder erstellt, auf welche die auftretenden Beanspruchungen, seien sie errechnet oder gemessen, bezogen werden.

Die Dauerhaltbarkeit von Kurbelwellen wird bestimmt durch

- Werkstoff und Herstellung (Schmiedeverfahren, Wärmebehandlung, Oberfläche, Oberflächenbehandlung),
- Einflußgrößen der Beanspruchung und der Umgebung (Gestalt, Größe, Beanspruchungsart, Spannungszustand, Temperatur, Korrosion) und
- Einflußgrößen des Motorbetriebs (Einsatzart und Anwendungsgebiet des Motors, Pflege und Wartung).

Nun war es zweifelsohne ein großer Fortschritt, daß man die Beanspruchungen an dynamisch belasteten Bauteilen messen konnte:

„ … Man kann die Gestaltfestigkeit nicht anders zuverlässig bestimmen, als daß man eine Kurbelwelle der gleichen Ausführung unter betriebsähnlichen Beanspruchungen zu Bruch bringt und feststellt, unter welcher Last der Bruch eintrat. Dies ist ein recht zeitraubendes und kostspieliges Verfahren, und man wäre dankbar, wenn es gelänge, es durch ein anderes, bequemeres zu ersetzen. Vor allem läßt sich die Gestaltfestigkeit nicht zuverlässig vorausberechnen …“ [642].

Besser noch wäre es, wenn man diese Beanspruchungen berechnen, mithin schon in der Konstruktionsphase den Sicherheitsnachweis erbringen könnte. Daß in den Hohlkehlen der Kurbelwellen Spannungsspitzen auftreten, welche die errechneten Nennspannungen um ein Mehrfaches übersteigen können, machte natürlich jede Berechnung hinfällig. So wurden in den 1960er und 1970er Jahren große Anstrengungen unternommen, aus experimentell bestimmten Werten für formbedingte Spannungsspitzen allgemein gültige Beziehungen abzuleiten. In Deutschland waren es u. a. G. STAHL, O. R. LANG und die *FVV,* in Rußland A. S. LJEKIN und in Japan J. ARAI, die nachwiesen, daß die Formfaktoren (Quotient aus maximaler und Nennspannung) von dimensionslosen geometrischen Kenngrößen der Kurbelkröpfung abhängen und sich durch verschiedene mathematische Ausdrücke angeben lassen [645].

Eine wichtige Rolle bei der Dimensionierung von Kurbelwellen spielen die Klassifikationsgesellschaften, deren Bauvorschriften für die Antriebsanlagen von Schiffen verbindlich sind. Nun haben die einzelnen Klassifikationsgesellschaften recht unterschiedliche Vorschriften für die Dimensionierung von Kurbelwellen, die technisch nicht deckungsgleich sind. Andererseits sind die Motoren-Hersteller verständlicherweise daran interessiert, daß ihre Kurbelwellen allen diesen Vorschriften genügen, was zwangsläufig zu einer Überdimensionierung führt. Um diesen Übelstand abzuhelfen, wurde Anfang der 1970er Jahre eine Arbeitsgruppe „Klassifikationsgesellschaften" der *CIMAC* [227] gebildet, die einen Vorschlag für eine gemeinsame Berechnungsmethode erarbeiten sollte. Angestrebt wurde ein übersichtliches und praktikables Rechenverfahren, das gut mit Versuchsergebnissen korrespondieren sollte. Die Ist-Spannungen sollten auf herkömmliche Art über die Nennspannungen und Formzahlen bestimmt werden, also nicht mit der *Finite Element Methode* (FEM). Bei der Belastung der Kröpfung durch Biegung und Torsion standen die *Eine-Kröpfung*-Methode, also das statisch bestimmte System, und die Durchlaufträger-Methode (statisch unbestimmtes System) zur Diskussion. Untersuchungen ergaben, daß die Betrachtung der Kröpfung als statisch bestimmt etwas zu hohe Werte ergibt, die Durchlaufträger-Methode genauer ist. Es wurde beschlossen, beide Methoden alternativ zuzulassen. Die Torsionsbeanspruchung wird aus dem Nutzdrehmoment, der Drehmomentschwankung und den Schwingungsmomenten errechnet. Da die Formzahlen von den Kurbelwellenabmessungen abhängen, diese sich wiederum mit dem Entwicklungsstand der Motoren ändern, war es angezeigt, Rechenverfahren für Formzahlen auf der Grundlage neuerer Kurbelwellen zu entwickeln; das geschah durch ein breit angelegtes Forschungsvorhaben der *FVV* Ende der 1960er/Anfang der 1970er Jahre. Insgesamt wurden rund 800 Meßvarianten untersucht. Die Spannungen wurden an Stahlmodellen gemessen. Dieser Aufwand hatte sich gelohnt, denn die Abweichungen der solchermaßen ermittelten Beziehungen zu den Messungen betrugen etwas weniger als ≈ 10 %, in Anbetracht der komplizierten Materie ein gutes Ergebnis! Zusätzliche Biegebeanspruchungen durch Fertigungs- und Montagefehler, durch Rückwirkungen vom Fundament und vom Schiffskörper können durch ein additives Glied berücksichtigt werden. Zur Beschreibung des Werkstoffverhaltens wurde die *GEH* herangezogen. Auch die Auslegung der Preßpassung gebauter Kurbelwellen wurde überarbeitet. Damit war eine einheitliche Auslegungsmethode für große Kurbelwellen mit der geforderten Übersichtlichkeit und Handhabbarkeit nach dem Stand der Technik geschaffen worden, die gegenüber den bisherigen Verfahren u.a. den Vorzug hat, daß sie keine verdeckten Sicherheiten aufweist [646], Bild 106.

Werkstoffe und Herstellung

Werkstoffe für Kurbelwellen müssen zur Aufnahme von Wechselkräften eine hohe Dauerwechselfestigkeit aufweisen, gleichzeitig müssen sie zäh sein, um Verformungen zu verkraften und schließlich wird eine große Härte an den Laufflächen verlangt, um den Verschleiß an den Lagerstellen gering zu halten. Diese zum Teil konträren Eigenschaften werden durch den Werkstoff und seine Zusammensetzung sowie durch verschiedene Wärmebehandlungsvorgänge erreicht. Der Stand von heute wurde natürlich auch hier in vielen Entwicklungsschritten erreicht.

Gebräuchliche Werkstoffe für Kurbelwellen von Dampfmaschinen waren Fluß- und Schweißeisen. Unter Schweissen verstand man in diesem Zusammenhang einen Bearbeitungsvorgang zur Kompensation von Unregelmäßigkeiten des Gefüges und der Schlackeneinschlüsse, indem mehrere Lagen von Rohstahlstäben zu Paketen zusammengelegt, auf die sogenannte Schweisshitze erhitzt und dann gehämmert und gewalzt wurden. Bei dieser Schweisstemperatur glich sich der Kohlenstoffgehalt der einzelnen Lagen aus, die Schlackeneinschlüsse wurden ausge-

---

[227] CIMAC ist die Abkürzung von *Conseil International des Machines à Combustion.*

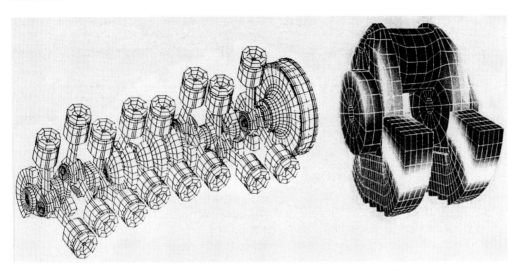

Bild 106 Berechnung einer Kurbelwelle mit Hilfe eines dreidimensionalen Finite-Element-Verfahrens

trieben und die Einzellagen zu einem Ganzen verschweißt. Dennoch konnten die Eigenschaften des Schweisseisens sehr unterschiedlich sein, was sich verhängnisvoll auswirkte, wie aus folgender Notiz aus dem Jahre 1891 hervorgeht:

„ … Bei seiner letzten Reise nach Bombay erlitt der englische Dampfer ‚Crocodile‘ einen Wellenbruch … Nach dem Bericht des *Engineering* … ist der Bruch auf mangelhaftes Schweissen der Welle zurückzuführen, deren ursprüngliche Teile nicht zu einem gleichartigem Ganzen zusammengeschmiedet, sondern an mehreren Stellen getrennt waren … Die Welle besteht aus 3 Teilen, von denen der mittlere, also der zum Hochdruckcylinder gehörige, den Bruch erlitt … Als besonderes Glück muss es betrachtet werden, dass die gebrochenen Teile so lange zusammenhielten, bis die Maschine zum Stillstand gekommen war[228] …“ [647].

Für Lokomotiv-Treibachsen verwendete man Kohlenstoffstahl mit 0,25 bis 0,35 % C-Gehalt, später legierten Stahl. Für langsamlaufende Großgasmaschinen genügte noch „guter Flußstahl“ und Tiegelstahl, für Fahrzeug- und Flugzeugmotoren hingegen brauchte man vergütete Legierungsstähle, Nickel- und Chromnickelstähle. Im Zuge der Bestrebungen in Deutschland, sogenannte Sparstoffe zugunsten „heimischer“ Werkstoffe zu ersetzen, ging man in den 1930er Jahren auf Chrom-Mangan-Stähle über, für Fahrzeugmotoren-Kurbelwellen verwendete man auch unlegierte Vergütungsstähle. Bei den hochbelasteten Flugzeugmotoren-Wellen konnte man auf Nickel nicht verzichten, neben *nickelreichen* Werkstoffen, Chrom-Nickel-Wolfram-Stählen mit 3,5 bis 4,5 % Nickel verwendete man auch nickelarme Werkstoffe, Chrom-Nickel-Molybdän-Stähle mit 1,8 bis 2,3 % Nickel. Die Kurbelwellen werden geschmiedet, kleinere Wellen – bis etwa 3000 kg Rohmasse und 4500 mm Länge – im Gesenk, große Wellen im Hub-für-Hub-Verfahren oder freiformgeschmiedet, Bild 107.

In den 1930er Jahren führte *Ford* mit der gegossenen Kurbelwelle für seinen damals neuen V-8-Motor eine Neuerung auf dem Gebiet der Kurbelwellen-Herstellung ein. Das Gießen bietet größeren Freiraum bei der Formgebung von Kurbelwellen, so daß man solche Wellen kraftflußgerechter gestalten kann. Sowohl bei der Rohteilfertigung als in der Fertigbearbeitung lassen

---

[228] Das Glück bestand darin, daß der Formschluß der Wellenteile trotz des Bruches erhalten blieb, somit die Maschine nicht schlagartig entlastet wurde, was ein Durchgehen mit Selbstzerstörung der Maschine zur Folge gehabt hätte, wie kurz zuvor bei dem Dampfer *City of Paris* der *Inman-Linie*.

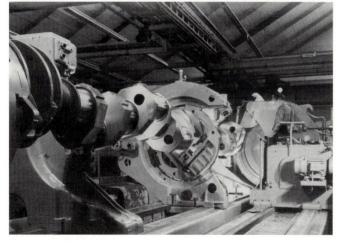

Bild 107
Bearbeitungsstufen einer Großkurbel-
welle:

oben: Schmieden des Rohlings im
Hub-für-Hub-Verfahren
unten: Schleifen der Kurbelwelle

sich Kosten sparen. Als Werkstoff diente ein sogenannter Halbstahl (Arma-steel) mit 1,4 bis
1,6 % Kohlenstoff und geringen Zusätzen von Chrom, Mangan und Kupfer. In Deutschland hatte das Gießen von Kurbelwellen zunächst keinen Anklang gefunden. Das lag sicher auch daran,
daß die wegen der Hubraumsteuer hubraumschwachen Pkw-Motoren spezifisch hoch belastet
waren, und deshalb weniger für gegossene Kurbelwellen von geringerer Festigkeit geeignet waren. Zu Beginn der 1950er Jahre änderte sich das, als mit dem Sphäroguß eine merkliche Verbesserung bei den Gußwerkstoffen erreicht worden war. Bei diesem Gußeisen ist der als Graphit
vorliegende Kohlenstoff kugelförmig ausgebildet – im Gegensatz zu den Graphitlamellen des
herkömmlichen Gusses. Etwa 40 bis 60 μm im Durchmesser, bewirkt der kugelförmige Graphit
eine sehr viel geringere innere Kerbwirkung als der lamellare, zudem lassen sich die Festigkeitswerte durch Legierungszusätze und Wärmebehandlung noch steigern. Zunächst wurden die
Wellen, um Masse zu sparen, hohl gegossen, was eine entsprechende Formgebung verlangte,
Bild 108.

später ging man dazu über, die Wellen massiv abzugießen. Dabei sind neuerdings nicht – wie
man vermuten sollte – die Festigkeit, sondern die Steifigkeit mit damit verknüpfte Sekundär-
Eigenschaften entscheidend:

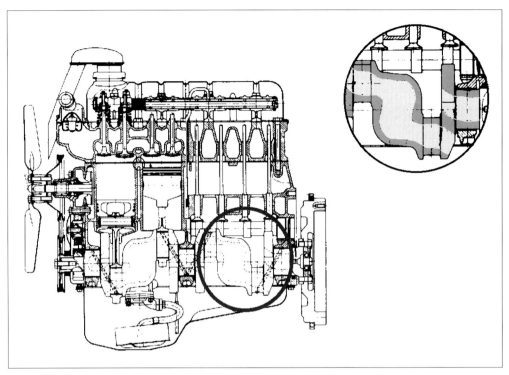

Bild 108 Die gestalterischen Möglichkeiten, die das Gießen von Kurbelwellen bietet, werden bei dieser – nur nach jeder zweiten Kröpfung gelagerten – Welle des *Ford 17 M* von 1961 deutlich. Durch große Querschnitte wird die erforderliche Steifigkeit kraftflußgünstig gewährleistet.

„ … Die Kurbelwelle des neuen Motors ist von der Welle der in Produktion befindlichen Motorenvariante mit 2,0 l Hubraum abgeleitet. Sie wird aus GGG 70 gefertigt … Während der Entwicklung wurden auch Kurbelwellen mit hohlgegossenen Kurbelwellenzapfen näher untersucht … .wurde jedoch festgestellt, daß hohlgegossene Kurbelwellenzapfen zu einem Steifigkeitsverlust der Kurbelwelle führen. Infolgedessen nimmt die Durchbiegung der Kurbelwelle und damit die Körperschallanregung des Kurbelgehäuses zu. Dieses führt zu schlechterem Geräuschverhalten für Motoren mit solchen Wellen. Wegen der hohen Anforderungen bezüglich Geräuschqualität kommt deshalb eine Kurbelwelle mit massiven Zapfen zum Einsatz …" [648].

Die Vorteile gegossener Kurbelwellen sorgten dafür, daß sich diese Herstellungsart rasch durchsetzte. Ende der 1970er Jahre hatte rund ein Drittel aller Pkw-Motoren in Deutschland Guß-Kurbelwellen, mittlerweile sind es noch mehr. Gußwellen sind wirtschaftlicher zu fertigen als geschmiedete. Ein Vergleich einer Welle geschmiedet und gegossen ergab folgende Werte: Masse des Schmiederohlings 20,2 kg und Zerspanungsmasse 3,8 kg gegenüber 17,1 kg des Gußrohlings und 1,9 kg Zerspanungsmasse. Hochentwickelte Gußverfahren wie das Croning-Masken-Verfahren ermöglichen gegenüber den klassischen Sandgußverfahren eine höhere Maßgenauigkeit und bessere Oberflächengüte. Dadurch daß enge Toleranzen schon beim Gießen eingehalten werden, kann auf einige Bearbeitungsvorgänge verzichtet werden [649]. Aber auch größere Kurbelwellen als für Pkw wurden gegossen: In den 1960er Jahren unternahm die *MAN* umfangreiche Versuche mit GGG-Wellen für den Lokomotiv- und Schiffsmotor V 16/18. Es waren schließlich die außerordentlich rigiden Vorschriften der Klassifikationsgesellschaften, die eine Verwendung von gegossenen Kurbelwellen in Schiffsmotoren nicht sinnvoll erscheinen ließ. Im

Gegensatz dazu hat der sowjetische Lokomotivmotor 5 D 49, der u.a. die Lokomotive D 130[229] der *Deutschen Reichsbahn* in der DDR antrieb, eine gegossene Kurbelwelle aus perlitischem Spezialgrauguß; die Lagerlaufflächen sind durch Nitrierung vergütet [650].

Hoch beanspruchte Wellen werden nach wie vor geschmiedet, kleinere Wellen im Gesenk, größere im Einzelhub-Preßverfahren (Hub-für-Hub-Schmiedeverfahren), bei dem glatten oder profilierten Rundstäben („Spindeln mit eingedrehten Einstichen") durch Stauchen in axialer und Biegen in Längsrichtung die gewünschte Kröpfungsform aufgezwungen wird. Außerdem ist man frei in der Gestaltung der Kurbelwellenlänge und der Kröpfungsform- und folge. Von Vorteil ist, daß der Faserverlauf der Kröpfungsform entspricht, denn faserflußgeschmiedete Wellen sind höher belastbar als aus Freiformschmiedestücken hergestellte. Für Kurbelwellen kommen heute als Werkstoffe in Frage

- Sphäroguß für gegossene Pkw-Wellen (GGG 60 und GGG 70),
- mikrolegierte Stähle (z. B. C 38 BY), die aus der Schmiedehitze kontrolliert abgekühlt werden, und legierte Vergütungsstähle (z. B. 42CrMo4) sowie Nitrierstähle (z. B. 31CrMoV9) für Pkw- und Nkw-Wellen
- unlegierte und legierte Vergütungsstähle (z. B. Ck45; 42CrMo4, 34CrNiMo6, 50 CrMo4) und Nitrierstähle (z. B. CrMoV9) für Großmotoren.

Die wichtigsten Wärmebehandlungsverfahren für Kurbelwellen sind Normalglühen und Vergüten.

Die hochbelastbaren Bleibronzelager, wie sie ab den 1930er Jahren auch in Deutschland aufkamen, waren härter als Weißmetallager und verursachten deshalb größeren Verschleiß. Das zwang dazu, die Laufflächen für solche Lager zu härten. Da das Einsatzhärten für eine größere Serienfertigung zu aufwendig und teuer war, begnügte man sich damit, örtlich die Lauffläche der Kurbelwellenzapfen zu härten, indem man diese mit einer Gasflamme auf etwa 800 °C brachte und dann rasch abkühlte, bevor die Wärme in tiefere Schichten dringen konnte: *Doppel-Duro-Verfahren* (Flammhärtverfahren). In der zweiten Hälfte der 1930er Jahre wurde von der *Ohio Crankshaft Comp.* in den USA die Induktionshärtung bei Kurbelwellen erprobt („Tocco-Verfahren") [651], bei der ein hochfrequenter Strom die Zapfenoberfläche erwärmt. Infolge des Skin-Effekts[230] beschränkt sich die Erwärmung auf die Zapfenoberfläche. Die Einhärttiefe kann über die Frequenz gesteuert werden. Heute wird die Induktionshärtung allgemein angewendet. In besonderen Fällen wendet man die Einsatzhärtung an, bei der die Härte durch Aufkohlen der Randschicht gesteigert wird, und die Nitrierhärtung, bei der Stickstoff in die Zapfenlauffläche eindiffundiert. Man unterscheidet hierbei das Kurz- und Langzeit-Gasnitrieren. Die Härtungsvorgänge bewirken eine Volumenzunahme des Gefüges, wodurch sich Druckspannungen aufbauen. Dieses Effektes bedient man sich, um die Festigkeit von hochbeanspruchten Kurbelwellen-Hohlkehlen zu steigern, in dem man die Kurbelwellenzapfen nicht nur über die Lauffläche, sondern auch die Hohlkehlen härtet („Radienhärtung"). Die Zugspannungen bei Belastung der Kurbelwelle überlagern sich diesen Druckeigenspannungen, so daß insgesamt höhere Zugspannungen ertragen werden, und die Dauerfestigkeit der Kurbelwelle verbessert wird.

„ … Zur Erhöhung der Dauerfestigkeit wird die aus vergütetem Stahl (42CrMoS4) geschmiedete Kurbelwelle zusätzlich an den Haupt- und Hubzapfenlagern und in den Übergangsradien induktiv gehärtet …" [652].

---

229) Wegen des markanten Geräusches ihrer dieselelektrischen Antriebsanlage wird diese Lokomotive russischer Provenienz im Volksmund *Taiga-Trommel* genannt.

230) Der Skin-Effekt (skin = (engl.) Haut)) beruht darauf, daß hochfrequente Wechselströme nicht über den ganzen Leiterquerschnitt gleichmäßig verteilt fließen und diesen erwärmen, sondern nur in einer dünnen Oberflächenschicht, gleichsam in der *Haut*.

Die Festigkeit läßt sich auch mechanisch durch Rollen der Übergangsradien („Festwalzen") er-reichen. Da die Laufflächen der Kurbelwellen großer Motoren nicht gehärtet werden, um sie ggf. mit Bordmitteln nacharbeiten zu können, andererseits aber die Festigkeit in den Hohlkehlen erhöht werden soll, wendet man das *Schlagverfestigen* an. Hierbei werden die Druckeigenspan-nungen in den Hohlkehlen durch hydraulisch betätigte „werkstückspezifische Schlagwerkzeu-ge" aufgebracht, entweder über den ganzen Umfang oder nur über einen bestimmten Bereich [653], Bild 109.

Kurbelwellen von Kfz-Motoren wurden anfänglich aus Stahlguß hergestellt, aber schon vor dem ersten Weltkrieg war man auf Siemens-Martin- und Chromnickel-Stähle übergegangen. Vielfach wurden die Wellen aus dem Vollen bearbeitet. Der Stand der Technik etwa zu Beginn des ersten Weltkriegs wird wie folgt beschrieben:

„ … Für die Herrichtung des rohen Materials bis zum Eintritt in die Maschinenfabrikation gibt es zwei Methoden. Nach der einen wird ein prismatischer Stahlbarren mit an den Enden abge-schmiedeten Zapfen hergestellt, aus dem die Kurbelwelle herausgesägt wird; nach der anderen Methode dagegen wird die Kurbelwelle mit den Kurbeln im Rohen fertig vorgeschmiedet … muß darauf hingewiesen werden, daß viele und namentlich kleinere Fabriken zum Drehen der Kurbelwellen gewöhnliche Drehbänke benutzen, die jedoch für diesen Fall nur von den allerbe-sten und unbedingt zuverlässigen Arbeitern bedient werden müssen. Es ist auch in der Tat das Abdrehen einer Kurbelwelle für einen mehrzylindrigen Motor eine der schwierigsten Arbeiten, die an den Dreher herantreten …" [654].

Und noch 1927 wurde in einem Fachbuch über die Fertigung von Motoren beklagt:

„ … Bei den älteren Bearbeitungsverfahren kann von einer sparsamen Wirtschaft mit dem Werkstoff keine Rede sein. Die Kurbelwellen besitzen vielfach nach der Bearbeitung nur noch 40 und weniger vH des Rohlingsgewichtes …" [655].

Bild 109
Schlagverfestigter Radius des
Grundlagerzapfens
(Patent *Maschinenfabrik
Alfing Kessler GmbH*)

Fertigungsvorschriften für Kurbelwellen 1918 bis 1972

	1918	1931	1943	1972
Motortyp	Mb IV a	GO 5h	HL 230	BR 331 / 396
Motorart	Otto-Motor	Diesel-Motor	Otto-Motor	Diesel-Motor mit Aufladung
Anwendung	Flugzeug	Triebwagen	Panzer	Bahn, Boot, Aggregat und Schwer-Nfz
Werkstoff und Fertigungsvorschriften	St 30	St 30	wie Marke DMV von DEW oder Marke CM 25 von Krupp	34 Cr Ni Mo 6 V 100 bis 115

1918 – Werkstoff und Fertigungsvorschriften:
St 30. sämtliche Hub- und Lagerzapfen saubergeschliffen. Hub- und Lagerzapfentoleranz: IT 8 bis 9. Bei den voraus zu bohrenden 3 Gewindelöchern in der Kurbelwelle ist die Lage gegenüber dem Kurbelarm „k" genau zu beachten.

1931 – Werkstoff und Fertigungsvorschriften:
St 30. sämtliche Eindrehungen auf Hochglanz polieren. Grund und Hubzapfen: Unrundheit unter 0,02. Toleranzen: Hubzapfen „eH" (Edelhaftsitz) entspricht IT 6. Grundzapfen „G" (Gleitsitz) entspricht IT 6 (d.h. Feinschlichtbearbeitung riefenlos, Riefen mit dem bloßen Auge nicht sichtbar). Die Wangen der Kurbelwelle müssen so beschaffen sein, daß der Kontroll-Innenlaufring übergestreift werden kann.

1943 – Werkstoff und Fertigungsvorschriften:
wie Marke DMV von DEW oder Marke CM 25 von Krupp. Zugfestigkeit: 80 -85 kg/mm^2. Streckgrenze: 55%. Dehnung σ_s: 7%. Einschnürung über 16%. Lagerstellen gehärtet nach Doppelduro-Verfahren der Fa. Deutsche Edelstahlwerke. Härtetiefe mind. 2 mm auf HRC 56±2 Lagerflächen geschliffen und poliert. Alle Lagerflächen ballig (R 2000). Ölbohrungen gut ausgerundet und poliert. Hubzapfen - Toleranz IT 6 $\nabla\nabla\nabla$. Grundlager (Wangen)- Toleranz IT 5 $\nabla\nabla\nabla$.

1972 – Werkstoff und Fertigungsvorschriften:
34 Cr Ni Mo 6 V 100 bis 115. Induktionsgehärtet, Härtebild nach Zeichnung Lager- und Hubzapfen. HRC 55±3, HV 610±50. Härte der Lagerstellen von Ölbohrungen in die Hohlbohrungen sind bestmöglich gerundet. Rauhtiefe an Lager- und Hubzapfen $R_t=1\mu m$. Zul. Unparallelität zwischen Hubzapfen und Kurbelwellenachse 0,01 mm auf 85 mm Länge. Für alle Grundzapfen: zul. Konizität 0,01 und Hubzapfen: zul. Unrundheit 0,01. Rundlaufabweichung der Grundzapfen 0,03 der Konen 0,02. Hub- und Lagerzapfentoleranz IT 6. Größte zul. Schiefstellung der Gewindeachsen zur Senkrechten auf der Auflagefläche 0,2 mm auf 100 mm Länge. Jedes Gewinde nach dem Härten geprüft. Nach dem Härten darf die Welle zum Richten nur noch in den Grundlagerzapfen 2 und 6 abgestützt werden. Ausführung und Lieferung nach DBL 8805.

Mit der Steigerung der spezifischen Leistung wurden höhere Anforderungen an die Fertigung gestellt. Man kann daher direkt aus den Zeichnungsvorschriften für ein bestimmtes Bauteil, z.B. die Kurbelwelle, den Entwicklungsfortschritt ablesen.

In den USA waren schon vor dem ersten Weltkrieg Kurbelwellen-Drehbänke mit besonderer Klemmvorrichtung und exzentrischer Stellvorrichtung entwickelt worden. Die Kurbelwangen wurden mittels Schablonen auf Spezialdrehbänken bearbeitet. Ihre Endform erhielten die Zapfen und Hohlkehlen durch Schleifen, allerdings muß der Vorbearbeitungszustand der Endform entsprechen, weil die Form durch Schleifen nicht mehr nennenswert korrigiert werden kann. Probleme bereitete das Ausweichen der Welle unter dem Druck des Bearbeitungswerkzeugs, weshalb besondere Stützvorrichtungen vorgesehen werden mußten. Heute werden die Zapfen nicht mehr gedreht, sondern im Dreh-Fräsverfahren bearbeitet. An die mechanische Bearbeitung der Kurbelwelle werden nicht nur im Hinblick auf die Funktion der Welle so hohe Ansprüche gestellt, sondern auch aus Gründen der Festigkeit. Die Fertigungstoleranzen liegen im Bereich von IT 6 bis IT 5, außerdem müssen die Maß- und Formtoleranzen bezüglich der Abweichung der Zapfen vom theoretischen Zylinder (Konizität, Unrundheit) eingeengt werden, ebenso dezidiert werden Schlag und Taumel, Unparallelität der Hubzapfen zur Kurbelwellenachse und die Exzentrizität der Grundlagerzapfen zueinander mäßlich begrenzt. Das erfordert ein umfangreiches System von Meß- und Kontrollarbeiten. Mit der Steigerung der spezifischen Leistung nahmen die Anforderungen an die Kurbelwellenfertigung zu. Man kann deshalb direkt aus den Zeichnungsvorschiften, genauer gesagt: Aus dem Umfang der Vorschriften, den Entwicklungsfortschritt ablesen. Als Beispiel wurden entsprechende Angaben auf Kurbelwellen-Zeichnungen der Fa. *Maybach* (heute: *MTU Friedrichshafen GmbH*) im Zeitraum von 1918 bis 1972 zusammengestellt. Die Angaben für die Welle aus dem Jahre 1972 vermehren sich noch erheblich durch den Umfang der in der Tabelle angeführten Werksnorm DBL 8805.

Abschließend werden, um die Spannweite von Kurbelwellenkonstruktionen aufzuzeigen, die Welle eines langsamlaufenden Zweitakt-Schiffsdieselmotors und die eines schnellaufenden Hochleistungsdieselmotors gegenübergestellt, Bild 110 und Bild 111.

Bild 110
Einbau der Kurbel-
welle eine großen
Schiffsdieselmotors
(∅ 1050 mm), Bauart
MAN KSZ 105/180
(1970)

Bild 111 Die zehnhübige Kurbelwelle des zwanzigzylindrigen Schnellboot-Motors *MTU 20 V 672* (ex: *Mercedes-Benz MB 518*) gilt wegen ihrer ausgewogenen Proportionen als eine der „schönsten" Kurbelwellen.

10.2 Pleuelstange

Die Bezeichnung *Pleuel* bzw. *Pleuelstange* hat tief reichende Wurzeln. Als *verbleuen* heute noch geläufig im Sinne von *schlagen, verprügeln* geht das Wort auf das mittelhochdeutsche *bliuwen* zurück. *Bliuwel* war die Mörserkeule, und *Bleuel* wurde im Sinne von Stampfer verwendet. Man erkennt, daß der Bewegungsverlauf des Bauteiles bestimmend für seine Benennung geworden ist. In der technischen Literatur findet man verschiedene Varianten dieser Bezeichnung: *Bläuel, Pleyel, Bleuel, Pleuel, Pleuelstange, Schubstange, Treibstange, Kurbelstange, Krummzapfenstange* und *Flügelstange*. Der letzte Ausdruck kommt von geflügelt (gerippt) und bezieht sich auf die Form des Pleuelschaft-Querschnitts.

Aufgabe der Pleuelstange – oder kurz: des Pleuels – ist die Kraftübertragung zwischen Kolben und Kurbelwelle. Hierzu ist die Pleuelstange einerseits an den Kolbenbolzen angelenkt, andererseits an den Hubzapfen der Kurbelwelle. Sie stellt also eine Verbindung zweier Anlenkpunkte durch einen biegesteifen Zug-Druck-Stab dar, ist mithin ein vergleichsweise einfaches Bauteil, dessen konstruktive Varianten sich aus dem jeweiligen Stand der Technik, der Maschinenart und -Ausführung erklären. Die Bandbreite der Kolbenmaschinen reicht ja von stationären Dampf- und Schiffsmaschinen über die Dampflokomotiven, die in Deutschland noch bis in die siebziger Jahre des 20. Jahrhunderts im Betrieb waren, bis zu den Verbrennungsmotoren, angefangen von kleinen Arbeitsmaschinenantrieben, Fahrzeugmotoren, Lokomotivmotoren, früher auch noch Flugzeugmotoren, bis hin zu großen Mittelschnell- und Langsamläufern. Da kann es nicht Wunder nehmen, daß – ungeachtet der eng umrissenen Aufgaben dieses Maschinenteils – im Laufe der Zeit unzählige konstruktive Varianten entstanden sind.

Die Anlenkpunkte der Pleuelstangen werden als *Pleuelaugen* (kleines und großes), *Pleuelkopf* oder das große Pleuelauge auch als *Pleuelfuß* bezeichnet. Die Pleuelaugen können geteilt (beide oder nur das große Pleuelauge) oder ungeteilt sein. Die Verbindung der beiden Hälften geteilter Pleuelaugen kann durch Keile, Schrauben oder Scherbolzen erfolgen. Die Trennfuge der Pleuelaugen, der Pleuelstoß oder die Teilfuge, sind glatt, verzahnt, mit Nut und Riegel versehen oder neuerdings von irregulärer Beschaffenheit (Bruchpleuel). Die Gestalt des großen Pleuelauges hängt auch von der Zylinderkonfiguration der Maschine ab, ob Reihen-, V-, W-, X- oder Stern-Anordnung. Der Schaft kann einen kreisförmigen, rechteckigen oder ein Doppel-T-Profil haben. Als Werkstoff kamen früher Holz, Gußeisen, Schmiedeeisen, Gußstahl, Aluminium und sogar Elektron[231] in Frage, heute nur noch Sphäroguß und Stahl. Man sieht, der Möglichkeiten gibt es viele. Was aber die Entwicklungsgeschichte eines solchen – vergleichsweise einfachen[232] –

---

[231] Elektron ist eine Sammelbezeichnung für verschiedene Magnesium-Legierungen.

[232] Daß Pleuel – vergleichsweise – wenig Probleme bereiteten, kann man auch aus Marginalien ersehen, so z. B. findet man in den Jahrgängen 1939 bis 1965 der *Motortechnischen Zeitschrift* (MTZ) im Stichwortverzeichnis unter *Kurbeltrieb* keinen Aufsatz über Pleuel.

Bauteils interessant macht, sind die Gründe, Zwänge und Optionen, welche die Entwicklung beeinflußt und bestimmt haben.

Bei den frühen Dampfmaschinen wurde die Bewegung des dampfbeaufschlagten Kolbens auf den Arbeitskolben (Pumpenpenkolben) über Ketten und Balancier übertragen; eine Pleuelstange gab es nicht. Erst die Dampfmaschinen mit Kurbeltrieb hatten Pleuelstangen, bei der WATT'-schen Maschine noch aus Holz gefertigt. Weil die Festigkeit von Holz für selbst die niedrigen Stangenkräfte von damals nicht mehr ausreichte, wurden die Pleuel aus Eisen gegossen. Größere Ansprüche wegen der hohen Drehzahlen wurden an Konstruktion und Werkstoff von Pleuelstangen für Lokomotiv-Triebwerke gestellt. Dabei mußte ein Kompromiß zwischen der nötigen Stärke und möglichst geringer Masse gefunden wurden, weil man mit dem prinzipiellen Problem massenkraftbelasteter Teile konfrontiert wurde, daß deren Beanspruchung nicht einfach durch Verstärken der Querschnitte aufgefangen werden kann, denn eben diese Verstärkung läßt die Belastung weiter ansteigen:

„ … Die allgemeinen Principien der Construction (absoluten Leichtigkeit, Vermeidung aller schroffen Uebergänge in der Querschnittsänderung, richtige Bemessung der Querschnittsform) wurden bereits Eingangs hervorgehoben … In Betreff der Leichtigkeit, eine Hauptbedingung dieser Maschinentheile, hat man, wie auch bei den Achsen, mehrfach die fehlerhafte Praxis gehandhabt durch das Princip der Massenanwendung an sich die wünschenswerthe Verstärkung herbeizuführen, wodurch indessen nichts gewonnen wurde, als eine vermehrte Häufigkeit der Stangenkatastrophen. Das entgegengesetzte Extrem der Anwendung überaus schwacher Stangen hat Borsig für gewisse Serien seiner Locomotiven durchgeführt … dass eine zu grosse Schwäche der Stange in Folge ihrer Beanspruchung auf rückwirkende Festigkeit *(Anmerk. d. Verf.: Gemeint ist damit Beanspruchung auf Druck)* die immer seitliche Durchbiegungen anstrebt, Inconvenienzen herbeiführen müsse und wohl auch thatsächlich herbeigeführt hat …" [656].

Auch die „richtige" Länge der Pleuelstangen mußte noch gefunden werden, wobei über das „richtig" durchaus verschiedene Auffassungen vertreten wurden. Sah man bei stationären Maschinen Pleuelverhältnisse[233] um 0,2 als ausreichend an, so erachtete man für Lokomotivtriebwerke Werte zwischen 0,2 und 0,1 als nötig, um die Gleitbahndrücke (Seitenkraft) niedrig zu halten:

„ … Die endliche Länge der Bleuelstange bedingt bekanntlich die Gleitkopfpressungen, d.h. den Druck der Kreuzköpfe gegen die Lineale … Erfahrungsgemäß leiden jedoch Locomotiven mit kurzen Bleuelstangen an häufigen Betriebsunterbrechungen und erweisen, trotz aller Schmiervorrichtungen beständig warmgehende Lineale, erhitzte Gleitköpfe und eben solche Kurbelzapfen, die obendrein noch Gegenstand häufiger Brüche werden …" [656].

Der Schaft war rund, rechteckig oder hatte ein Kreuzprofil, meist nahm die Querschnittsdicke entsprechend der Momentenlinie eines Biegeträgers zu den Pleuelenden hin ab. Die Pleuelaugen waren geschlossen oder gabelförmig ausgebildet. Geschlossene und offene Pleuelaugen wurden im 19. Jahrhundert in vielen Varianten ausgeführt, deren aus heutiger Sicht interessantestes Merkmal die Verwendung von Keilen als Mittel der Verbindung (offene Köpfe) und zum Nachstellen der Lager (geschlossene Köpfe) ist, Bild 112.

Im vorigen Jahrhundert herrschten gegenüber der Schraubenverbindung erhebliche Vorbehalte, weil Konstruktion und Fertigungsgüte der Schrauben noch sehr zu wünschen ließen. Schraubengewinde und -abmessungen waren damals noch nicht genormt (den Begriff der Norm im heuti-

---

233) Das Pleuelverhältnis λ= r/l ist der Quotient aus dem Kurbelradius und der Pleuellänge (Abstand zwischen den Mittelpunkten der Pleuelaugen). Je kleiner dieser Quotient, desto länger ist die Stange (bezogen auf den Kurbelradius). Bei modernen Kraftfahrzeugmotoren beträgt das Pleuelverhältnis etwa $\frac{1}{4}$ bis $\frac{1}{3}$.

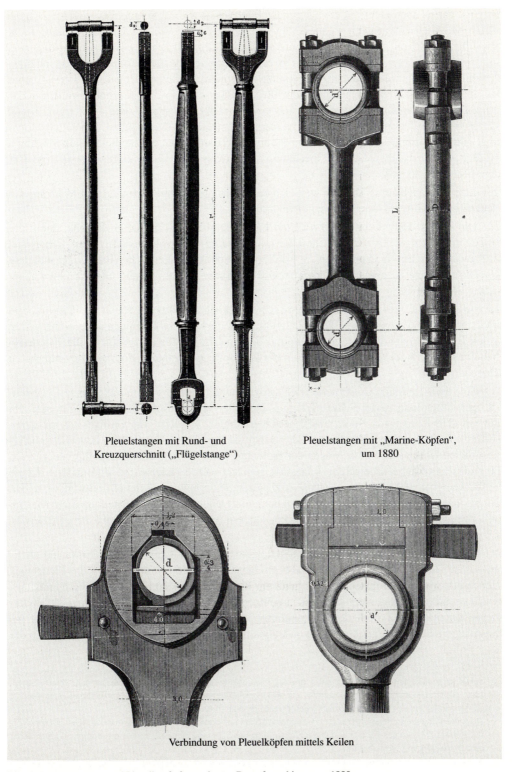

Pleuelstangen mit Rund- und
Kreuzquerschnitt („Flügelstange")

Pleuelstangen mit „Marine-Köpfen",
um 1880

Verbindung von Pleuelköpfen mittels Keilen

Bild 112 Pleuelstangen und Pleuelköpfe für stationäre Dampfmaschinen, um 1880.

gen Sinn gab es noch nicht[234], die eigentliche Funktionsweise der Schraubenverbindung als ein System von Federn war noch nicht erkannt und die Festigkeit von Schraube und Mutter nicht gewährleistet. Schraube und Mutter, heute allgegenwärtig und schon jedem Kind von seinem Spielzeug her vertraut, haben erst in der zweiten Hälfte des 19. Jahrhunderts als Verbindungselemente (Befestigungsschrauben) Bedeutung gewonnen. So bediente man sich vorerst lieber des alten und bewährten Verbindungselementes, des Keils[235]. Die Lagerschalen wurden in das geschlossene Pleuelauge eingeschoben und mit einem Keil verspannt oder durch einen Bügel oder eine Kappe fixiert – ebenfalls durch einen oder mehrere Keile gehalten. Ein damals unbedingt nötiger Vorteil dieser Lösung war, daß man die Lager bei Verschleiß nachstellen konnte. Als Beispiel sei die Pleuelstange einer kombinierten Gas- und Dampfmaschine von 4265 kW angeführt[236], Bild 113.

Das hatte aber auch seine Tücken, weil sich damit die Pleuellänge (Abstand von Mitte kleines Pleuelauge zu Mitte großes Pleuelauge) veränderte.

„ … Die strenge Einhaltung der constanten Länge ist aber von grosser Bedeutung, damit der Kolben den richtigen Lauf einhält und die Lagerschalen nicht schlagen. Letzterer Uebelstand wird zwar durch Einlage von Futter (in Form von Blechstreifen) zwischen dem Lager und dem Körper der Stange ausgeglichen, indessen wird der Sache damit nur sehr unvollkommen abgeholfen …“ [656].

Bei Pleuelstangen von Lokomotiv-Triebwerken ergaben sich aus der Bauart der Lokomotive unterschiedliche Verhältnisse. Wenn die Zylinder innerhalb des Rahmens angeordnet waren – eine Bauweise, der vor allem in England der Vorzug gegeben wurde – mußte das große Pleuelauge geteilt sein, um die Pleuel auf die gekröpfte Kurbelachse überhaupt montieren zu können.

„ … Eine zweckmässige Construction der Kurbelstangen für Maschinen mit inneren Cylindern hat bekanntlich mancherlei Schwierigkeiten, indem … beide Köpfe nicht … geschlossen sein und mit dem Körper aus einem Stück bestehen können, sondern zum Oeffnen aus mehreren Theilen zusammengesetzt werden müssen. Dabei hat das die Kurbelachse umfassende Ende einen grossen Umfang und muss wegen der grösseren Reibung viel solider ausgeführt sein … Da die Kurbelhälse der Kurbelachsen sehr stark gemacht werden müssen, so sind massige Köpfe für die Stangen gar nicht zu vermeiden … aber gerade deshalb erscheint es nothwendig, in den Dimensionen die Grenze aufzusuchen, die noch hinreichende Solidität bietet, um nicht Massen zu verwenden, die der Solidität nicht nützen, sondern wohl gar nachtheilig auf dieselbe einwirken …“ [656].

Bei außen liegenden Zylindern griffen die Hubzapfen als sogenannte Stirnzapfen (auch: „Kurbelwarzen“) am Kurbeltrieb an, waren also nur einseitig gelagert, mithin konnte das Pleuelauge seitlich auf den Zapfen geschoben werden, was ein festigkeits- und betriebsmäßig günstigeres geschlossenes Pleuelauge gestattet. Das maschinenbauliche Prinzip der Optimierung des Widerstandsmomentes eines Bauteiles bei möglichst kleiner Querschnittsfläche (id est: Masse des Bauteils) wurde bei den Treibstangen von Lokomotiven zum ersten Mal von dem damals bei der

---

[234] In *Meyers Conversations-Lexikon,* 2. Aufl., 1866, findet man folgende Erklärung der Benennung „… *Norm:* (lat. *norma*) eigentlich das Richtmaß … daher normal, was regelrichtig einem gegebenen Muster oder einer gefaßten Idee von Vollkommenheit entsprechend ist. Die Buchdrucker nennen N. den abgekürzten Buchtitel eines Werkes, der stets unten auf der ersten Seite eines jeden Bogens gesetzt wird …“

[235] Auch die Schraube stellt geometrisch nichts anderes als ein um einen Kreiszylinder gewickelten Keil dar; ihre Wirkung entspricht dem des Keils, nur daß die Keilwirkung der Schraube nicht durch eine geradlinige, sondern durch eine Drehbewegung bewirkt wird.

[236] Neun dieser Maschinen erzeugten den Strom in der *Highland Park*-Fabrik (Detroit) von *Ford,* in welcher der Pkw *Modell T* gefertigt wurde.

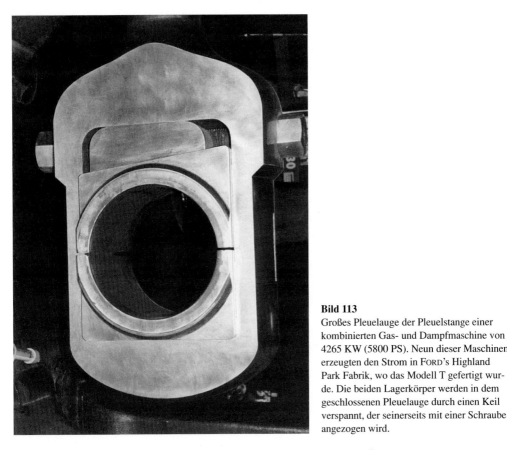

Bild 113
Großes Pleuelauge der Pleuelstange einer kombinierten Gas- und Dampfmaschine von 4265 KW (5800 PS). Neun dieser Maschinen erzeugten den Strom in FORD's Highland Park Fabrik, wo das Modell T gefertigt wurde. Die beiden Lagerkörper werden in dem geschlossenen Pleuelauge durch einen Keil verspannt, der seinerseits mit einer Schraube angezogen wird.

Münchener Lokomotiv-Fabrik *Krauss* tätigen CARL LINDE[237]) in Gestalt des Doppel-T-Profils eingeführt.

„ … So führte ich zur Verminderung der Biegungsmomente und Massendrücke bei Trieb- und Kuppelstangen den doppel-T-förmigen Querschnitt an Stelle des bis dahin üblichen rechteckigen ein. So naheliegend dieser Fortschritt war und so sicher andere demnächst dasselbe getan hätten, so denke ich immer noch beim Anblicke einer Lokomotive mit Vergnügen daran, daß ich im Jahre 1866 der erste gewesen bin …" [657].

Die Betriebsverhältnisse für die Triebwerke von Lokomotiven waren ungleich ungünstiger als bei Stationär- oder Schiffsdampfmaschinen, weil sie stoßartig, häufig wechselnd belastet und Staub, Wasser und Schnee ausgesetzt waren. Einen Eindruck davon vermittelt die bereits an anderer Stelle angeführte Schilderung *Eine Winternacht auf der Lokomotive* des Ingenieurs und Schriftstellers MAX MARIA VON WEBER:

„ … Die Teile der Lokomotive tropfen, aus dem Schornstein, von den Sicherheitsventilen, der Pfeife, den Pumpen spritzt Wasser fein zerteilt ab, das hier an der Maschine herabrieselt und an ihren außenliegenden Organen gefriert oder vom Sturm weggeblasen wird, dort aber Pelz und

---

[237]) CARL VON LINDE, 1842 bis 1934, arbeitete nach Besuch des Züricher Polytechnikums erst bei *Borsig,* dann bei *Krauss* an der Konstruktion von Lokomotiven; mit 26 Jahren wurde er außerordentlicher Professor am Polytechnikum München, wo er sich intensiv mit Fragen der Kälteerzeugung beschäftigte. VON LINDE entwickelte sehr erfolgreich Kältemaschinen und wendete den *Joule-Thomson*-Effekt für die Luftverflüssigung an.

Mütze der Männer übersprüht, die schweigend auf dem Trittbrett[238] stehen. Nach und nach behängt sich die Maschine mit schweren Eiszapfen, dicke Eisbuckel wachsen selbst an ihren schnellstgedrehten, am raschesten schwingenden Organen, alle Zwischenräume füllen sich mit hartgefrorenem Schnee, und der Blick in die Teile der Maschine wird immer schwieriger …" [658].

Gerade im rauhen Eisenbahnbetrieb wurden wertvolle Betriebserfahrungen gewonnen, die in viele Details des Kurbeltriebs eingeflossen sind. Alles in allem erwies sich jedoch die Pleuelstange (Treibstange) als das am wenigsten problematische Bauteil des Kurbeltriebes; das gilt natürlich auch für die Kolbenstange bei Kreuzkopfmaschinen. Dennoch, Werkstoff- und/oder Fertigungsfehler konnten schwerwiegende Folgen nach sich ziehen, wie das Eisenbahnunglück am 30.7.1918 bei Landsberg/Warthe beweist: Kurz bevor sich auf der zweigleisigen Strecke ein D-Zug und ein Güterzug begegneten

„… war die linke Kolbenstange der Güterzuglok im Kreuzkopf gebrochen. Durch den Dampfdruck nach vorn getrieben, durchschlug der Kolben mit der Kolbenstange den Zylinderdeckel und flog nach vorn heraus. Er klemmte sich zwischen der weiterfahrenden Lok und der Nachbarschiene des Gegengleises fest und beschädigte dieses so schwer, daß der gerade in diesem Moment entgegenkommende D-Zug zur Entgleisung kam. Die zuerst herausspringende Lok wurde gegen den letzten Güterwagen geschleudert. Die folgenden D-Zug Wagen schoben sich zum Teil ineinander und fingen schließlich Feuer. Dabei wurden 42 Personen getötet und 25 verletzt, darunter 21 schwer …" [659].

Mit dem Aufkommen der Verbrennungsmotoren änderte sich zunächst nichts grundlegend an der Pleuelkonstruktion. Als dann der Motor mobil wurde und mobil machte, mußte erstens und vor allem das Motorgewicht gesenkt, d.h kleinere Abmessungen und höhere Drehzahlen erreicht werden. Damit wurde die Pleuelstange relativ zum Kurbelradius kürzer und das Pleuelverhältnis größer. Zur Gewichtsersparnis wurden in den Pleuelschaft Löcher gebohrt [660]; weil der Verlust an Festigkeit die Einsparung an Masse bei weitem aufwog, ist man hiervon bald wieder abgekommen. Ein ähnliche, wiewohl andere Lösung wendet *Opel* heute bei seinem 3-Zylinder-Pkw-Motor an:

„ … Zur Reduzierung der oszillierenden Massen ist die Pleuelstange aus Sphäroguß GGG-70 gewichtsoptimiert ausgeführt. Der Schaft ist oberhalb des großen Auges geteilt und läuft am kleinen Auge wieder zusammen …" [661].

Auch die Pleuelaugen (Pleuelköpfe) wurden „abgespeckt". Das kleine Pleuelauge wurde geschlossen ausgeführt, das große mußte, um das Triebwerk montieren zu können, geteilt werden. Der Pleuellagerdeckel konnte jetzt natürlich nicht mehr durch Keile befestigt werden, sondern durch die weniger Raum einnehmenden und leichteren Schrauben. Solche Pleuelköpfe gab es bereits in Schiffsmaschinen, deshalb wurden sie als *Marineköpfe*[239] bezeichnet. Da es um die Jahrhundertwende noch am Wissen über Funktion und Eigenheiten von Schraubenverbindungen mangelte, waren Schrauben durchaus heikle Bauteile. Anzugsvoschriften gab es noch nicht, es blieb also dem „Gefühl" des Monteurs überlassen, wie fest er die Pleuelschrauben anzog. Gesichert wurden die Muttern durch Splinte oder Kontermuttern. Weil die Lager schon nach kurzen Betriebszeiten merklichen Verschleiß hatten – „Die Abnutzung der Lager zeigt sich dadurch an, daß man ein fortlaufendes klopfendes Geräusch hört" [662] – mußten sie durch entsprechendes Anziehen der Pleuelschrauben nachgestellt werden.

---

[238] Mit *Trittbrett* ist die offene Plattform gemeint, auf der Lokführer und Heizer standen. Ein überdachtes Führerhaus gab es anfangs noch nicht.

[239] Früher verstand man unter einem *Marinekopf* ein geteiltes Pleuelauge, bei dem der Pleueldeckel mittels Schrauben befestigt wurde. Heute bezeichnet man damit eine Bauart, bei der das Oberteil des großen Pleuelauges und der Pleueldeckel als komplette Einheit mit der Pleuelstange verschraubt werden.

Pleuel – Entwicklung im Detail

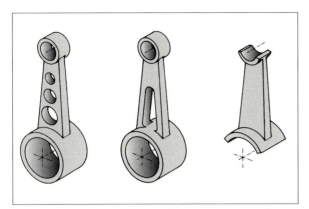

Die Pleuelmasse zu verringern ist ein vordringliches Ziel. In den 1920er Jahren versuchte man das, in dem man den Pleuelschaft durch Bohrungen erleichterte, was sich aber nicht bewährte! Heute wird – rechnerisch und experimentell abgesichert – der Pleuelschaft oberhalb des großen Pleuelauges ausgenommen *(Opel)*. Da bei Zweitaktmotoren kein Wechsel der Belastungsrichtung stattfindet, kann man an den Pleuelaugen „sparen", wie bei den sogenannten *Slipper*-Kolben von *GMC* und *Napier*.

Das Doppel-T-Profil als werkstoffsparende Bauweise ist heute die Standardausführung. Bezüglich der Kraftübertragung sind Profile mit dem „hohen" Steg in der Kurbelkreisebene von Vorteil, aus fertigungstechnischen Gründen hat man auch das sogenannte H-Profil mit hohem Steg in Kurbelwellenrichtung angewendet.

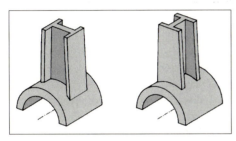

Wenngleich das Doppel-T-Profil heute die Standard-Form des Pleuelschafts ist, so wurden auch Kreis-, Kreiszylinder und Rechteckprofile verwendet.

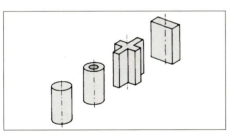

Die gleichbleibende Richtung der Pleuelbelastung bei Zweitaktmotoren führt gerade im Kolbenbolzenlager zu Schwierigkeiten, weil sich der Kolbenbolzen nicht vom Lager abhebt, und sich der Schmierfilm nicht neu aufbauen kann. Dem begegnet man mit einem aufwendigen System von Schmiernuten in der Pleuelbuchse (Lager im kleinen Pleuelauge) oder aber – wie von *Napier* und später auch von *Fiat* bei Großmotoren praktiziert – mit exzentrisch stufenförmig abgesetzter Kolbenbolzenlagerung, bei der kinematisch zwangsweise für einen Anlagewechsel von Lager und Zapfen gesorgt wird.

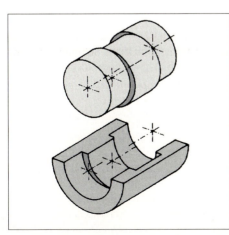

Kräftige Impulse für die Entwicklung – auch – der Pleuelstangen kamen von den Flugzeugmotoren, wobei man sich an Fahrzeugantrieben orientierte, den Kraftfahrzeugen, aber auch noch an den Lokomotiven. So heißt es in der Beschreibung der Pleuel des französischen *Antoinette*-Motor von 1908:

„ … Der Kopf der Pleuelstange … ist ähnlich der bei Dampflokomotiven üblicher Anordnung ausgebildet, wobei die Bronze-Klötze a und b durch zwei Bolzen c gehalten werden. Die beiden Pleuelköpfe je zwei zusammengehöriger Zylinder arbeiten auf eine Kurbel, wodurch der Flächendruck ziemlich hoch wird …“ [663].

Um die nötige absolute und spezifische Leistung zu bekommen, wurden die Motoren vielzylindrig gebaut, wobei bei V-, Fächer- und Sternmotoren mehrere Pleuel an einem Hubzapfen angelenkt werden mußten. Die Pleuelstangen der einzelnen Zylinder über je ein eigenes Pleuellager nebeneinander am Hubzapfen angreifen zu lassen, ist allenfalls bei V-Motoren möglich; bei Sternmotoren verbietet sich diese Lösung von selbst: Der Hubzapfen würde zu lang oder/und die tragende Breite der Pleuellager zu klein werden. Das heißt aber nicht, daß man es nicht versucht hätte. Bei dem *Esselbé*-Umlaufmotor (1910) waren die Pleuellager der sieben Zylinder so schmal gehalten, daß sie nebeneinander am Hubzapfen angelenkt werden konnten:

„ … Die Pleuelstangen sind sehr flach und greifen nebeneinander an einer gemeinsamen Buchse an. Hierdurch wird erreicht, daß die Stangenachsen stets durch die Kurbelachse gehen. Da die Relativbewegungen jeder Pleuelstange gegen die Buchse nur gering sind, ist eine große Flächenpressung zwischen beiden Teilen zulässig. Sie ist wegen des großen Durchmessers der Stangen nicht sehr erheblich …“ [664].

Aus diesem Zitat erkennt man, wie unzulänglich damals noch die Vorstellungen über die Funktion eines Lagers waren. Die Betriebsergebnisse dürften rasch für eine Korrektur dieser Ansicht gesorgt haben. Die Gebrüder SÉGUIN wählten für ihren Gnôme-Umlaufmotor eine andere Lösung, in dem sie ein Pleuel direkt am Hubzapfen angreifen ließen („Hauptpleuel") und an dieses Pleuel die der anderen Zylinder anlenkten („Nebenpleuel"). Diese Bauweise wurde zu der für Sternmotoren üblichen Pleuel-Konfiguration. Da die Neben- oder Anlenkpleuel nicht zentrisch am Hubzapfen angreifen („exzentrische Lagerung"), vollführen ihre Anlenkpunkte am Hauptpleuel keine Kreisbewegung, sondern ovale Bahnkurven. Somit ergeben sich unterschiedliche Bewegungsverhältnisse für das Haupt- und für die Anlenkpleuel: Die Kolben der Nebenpleuel haben unterschiedliche Hübe, und sie erreichen ihre Totlagen (OT, UT) nicht etwa, wenn sich die Nebenpleuelachse mit der Zylinderachse deckt, sondern wenn die Achse des Nebenpleuels auf den Momentanpol der Hauptpleuelstange gerichtet ist [665]. Die exzentrische Lagerung verschlechtert nicht nur den Massenausgleich, sie bereitet auch betriebsmäßig insofern Schwierigkeiten, als die unterschiedlichen Hübe – und damit die Totlagen – der einzelnen Kolben bei der Zündpunkteinstellung berücksichtigt werden müssen. Diese Abweichungen können bis zu 8 °KW betragen[240]. Außerdem werden die Kräfte aller Zylinder in das Hauptpleuel geleitet, dessen Kolben durch die Stützreaktionen hoch belastet wird.

Wegen dieser Nachteile der Hauptpleuel/Nebenpleuel-Konfiguration wurde nach Mittel und Wegen gesucht, die exzentrische Lagerung der Pleuel zu vermeiden.

• Vor dem ersten Weltkrieg entwickelte der Konstrukteur PIERRE CLERGET für die *Le Rhône*-Umlaufmotoren eine zentrische Lagerung: Über Wälzlager stützten sich zwei Nutenscheiben auf dem Hubzapfen ab; in den Nuten dieser Scheiben wurden die Pleuel mit kreissegmentförmigen Gleitschuhen geführt. Solche Segmentpleuel sind auch bei Zweitaktmotoren angewendet worden *(Napier Nomad, GMC)*, heute (Stand: 1997) sind sie bei einem noch in Entwicklung befindlichen Zweitakt-Diesel-Flugmotor, Bauart *Zoche*, vorgesehen [666].

---

[240] Denkbar wäre, alle Pleuel als Nebenpleuel an einem Lagerring anzulenken; das führte aber zu einem Verkeilen der Pleuel, außerdem änderte das nichts an den für die einzelnen Pleuel ungleichen Bewegungsverhältnissen.

Pleuelanlenkung in Sternmotoren

Ein konstruktives Problem der frühen Sternmotoren war die Anlenkung mehrerer Pleuelstangen an einem Hubzapfen. Der Versuch, die Pleuelstangen nebeneinander am Hubzapfen angreifen zu lassen *(Esselbé)*, wurde bald aufgegeben. *Le Rhône* führte die einzelnen Pleuel mittels Gleitschuhen in Kurvennuten. *Gnôme* fand schließlich mit dem
Hauptpleuel, an das die Pleuel der anderen Zylinder als „Nebenpleuel" angelenkt sind,
die Lösung, die sich in Sternmotoren allgemein durchsetzte.

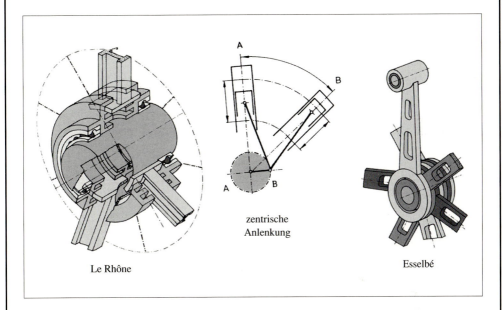

zentrische
Anlenkung

Le Rhône

Esselbé

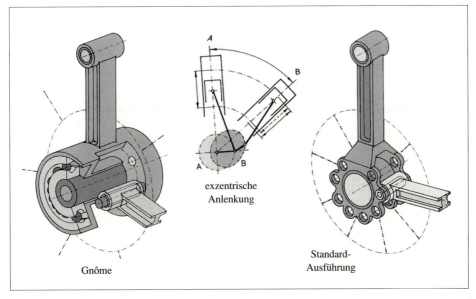

exzentrische
Anlenkung

Gnôme

Standard-
Ausführung

- Bei den *Salmson*-Motoren (System *Canton-Unné*) waren die Pleuel nicht an einem Haupt-pleuel angelenkt, sondern an einer Zwischenscheibe auf dem Hubzapfen. Diese Zwischen-scheibe hatte eine Verzahnung, über welche sie ihrerseits durch ein Zwischenrad gegensinnig zur Kurbelwelle gedreht wurde. Es handelt sich hierbei um ein Planetengetriebe. Auf dem Grundlagerzapfen stützt sich das feststehende, weil mit dem Kurbelgehäuse verbunden, Son-nenrad ab. Das Sonnenrad kämmt mit einem in der Kurbelwange gelagerten Zwischenrad, das seinerseits in ein auf dem Hubzapfen drehbar gelagertes Zahnrad eingreift. Mit diesem Zahnrad fest verbunden ist die Zwischenscheibe, an der die einzelnen Pleuel angreifen. Dreht sich die Kurbelwelle, dann wird das Zwischenrad von der Kurbelwange mitgenommen; es wälzt sich auf dem feststehenden Sonnenrad ab und dreht sich in die selbe Richtung wie die Kurbelwelle. Das vom Zwischenrad angetriebene Zahnrad kehrt den Drehsinn wieder um und dreht entgegen der Kurbelwellenrichtung. Bei einem Gesamt-Übersetzungverhältnis von 1 entspricht die Rückdrehung des Rades auf dem Hubzapfen exakt der Drehung der Kurbel-welle: Das Zahnrad – und die mit ihm verbundene Zwischenscheibe – haben ihre Lage also nicht verändert. Die an der Zwischenscheibe angelenkten Pleuel führen gleiche Bewegungen aus, ihre Kolben haben den gleichen Hub.

Dasselbe Prinzip wurde nach dem zweiten Weltkrieg in den USA „neu" erfunden – und pa-tentiert! Die Fa. *Nordberg* baute große elfzylindrige Sternmotoren für Gas-, Diesel- und für Dualbetrieb. Aus den selben Gründen wie *Salmson* schon 1913 wollte man gleiche Bewe-gungsverhältnisse für alle Pleuel, außerdem sollte die ungünstige Belastung eines Haupt-pleuels vermieden werden. *Nordberg* wählte also dieselbe Lösung wie *Salmson,* lagerte aber das Zwischenrad nicht seitlich in der Kurbelwange in halber Höhe zwischen Grundlager- und Hubzapfen, sondern unterhalb des Grundlagerzapfens, was bezüglich des Massenaus-gleiches günstiger ist. Die Gesamtübersetzung betrug $64 : 28 \times 42 : 96 = 1$. In einer Veröf-fentlichung heißt es:

"… A newly designed patented method is used in the Nordberg radial engine whereby the ma-ster crankpin bearing is prevented from rotating by use of a planetary gear train which connects the master-bearing gear to the stationary crankcase cover … This type of motion of the master bearing has great advantages. Since the center of the master bearing is moving along a circular path, every point on the bearing is moving along circles of equal diameters. Therefore the knuckle pins which correspondent to crankpins in the connecting-rod-crank mechanism descri-be identical circles, thus making the moving parts of every cylinder kinematically identical. Consequently, interchangeable parts can be used in all cylinders and the timing of the engine is greatly simplified and indentically for all cylinders …" [667].

Bei allen kinematischen Vorteilen der zentrischen Anlenkung war der konstruktive und ferti-gungstechnische Aufwand zu groß, als daß sie sich hätte durchsetzen können. Die Standardaus-führung bei Sternmotoren blieb die exzentrische Lagerung in Gestalt von Haupt- und Neben-pleuel. Während Sternmotoren – von wenigen Ausnahmen wie dem o. a. *Nordberg*-Motor – nur als Flugzeugmotoren und, allenfalls in modifizierter Ausführung, als Panzer- und Marinemoto-ren eingesetzt worden sind, ist die V-förmige Anordnung der Zylinder in den meisten Bereichen der Motortechnik zu einer Standard-Bauweise geworden.

An der Anordnung der Pleuel in V-Motoren sieht man, wie sich bestimmte technische Lösungen aus dem jeweiligen Stand der Technik erklären. Der V-Motor ist im Prinzip die Verdoppelung eines Reihenmotors, ohne daß sich Bauvolumen und Masse des Motors verzweifachen. Die V-Bauweise wurde schon bei Dampfmaschinen angewendet; insbesondere bei oszillierenden Ma-schinen. Bei Fahrzeug- und Flugzeugmotoren ließ der Zwang zur Leistungsdichte die V-Bau-weise als günstige Lösung erscheinen, allerdings mußte für die Anlenkung der Pleuelstangen der beiden sich im V gegenüberliegenden Zylinder am Hubzapfen eine funktions- und betriebs-

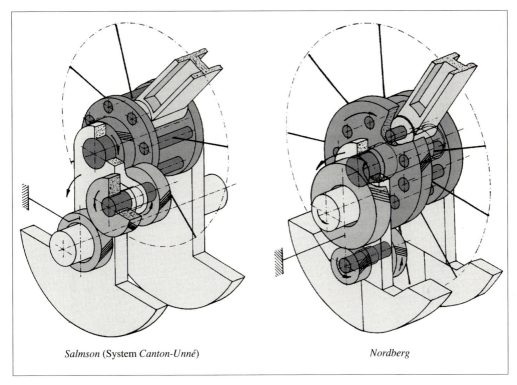

Salmson (System *Canton-Unné*)   *Nordberg*

Bild 114 Kinematisch exakt - aber konstruktiv aufwendig! Pleuelanlenkung bei Sternmotoren mittels eines Planetengetriebes, so daß die Nebenpleuel gleiche Hübe machen. Vor dem ersten Weltkrieg in Frankreich (Salmson) angewendet, nach dem zweiten Weltkrieg in den USA neu erfunden (Nordberg)!

sichere Lösung gefunden werden, eine leichte Übung, wie heute scheinen mag. Aber Triebwerkslager sind diffizile Bauteile, die sich oft genug als leistungs- und lebensdauerbegrenzend
erwiesen haben (hierauf wurde im Kapitel Lager ausführlich eingegangen).

In den ersten beiden Jahrzehnten des 20. Jahrhunderts war man froh, die Lager für Reihenmotoren soweit entwickelt zu haben, daß sie 20 bis 60 Stunden bis zur Überholung durchstanden,
und man war heilfroh, wenn man bei dieser Lagerung bleiben konnte. Es hätte also nahegele-
gen, die Pleuel nebeneinander am Hubzapfen angreifen zu lassen, in sogenannter Pleuel-neben-
Pleuel-Anordnung, wie heute allgemein üblich. Das bedingt aber, daß sich die Zylinder im V
nicht genau gegenüberliegen, sondern um eine Pleuelbreite, den Pleuelversatz – zueinander versetzt sind, und das wiederum verlangt die Kröpfung der Kurbelgehäuse-Zwischenwände um den
Betrag des Pleuelversatzes. Damit gestaltet sich nicht nur die Konstruktion des Kurbelgehäuses
aufwendiger; gekröpfte Kurbelgehäuse-Zwischenwände sind auch ungünstig für den Kraftfluß
von den Zylinderkopfschrauben zu den Kurbelwellen-Lagerdeckelschrauben, weil sie die Spannungen im Bauteil ansteigen lassen. Zu einer Zeit, als man nicht in der Lage war, die Spannungsverteilung in komplizierten Bauteilen experimentell, geschweige denn rechnerisch zu bestimmen, warf das schwerwiegende Probleme auf. Deshalb gab man solchen Pleuelbauarten den
Vorzug, bei denen die Zwischenwände gerade gestaltet werden können. Das sind Gabel- und Innenpleuel sowie Haupt- und Anlenkpleuel.

Doch nun bereiteten die Lager Schwierigkeiten, ganz abgesehen von dem logistischen Nachteil
unterschiedlicher Pleuel und Pleuellager im Motor.

Pleuelkonfigurationen in V-Motoren (1)

In V-Motoren arbeiten zwei sich im V gegenüberliegende Zylinder gemeinsam auf eine Kurbelkröpfung. Mehrere Möglichkeiten bieten sich, die Pleuel am Hubzapfen angreifen zu lassen:

- In axialer und radialer Richtung zentrisch: Gabel-/Innenpleuel
- In axialer Richtung zentrisch, radial exzentrisch: Haupt-/Anlenkpleuel (Nebenpleuel)
- In radialer Richtung zentrisch, axial exzentrisch: Pleuel-neben-Pleuel

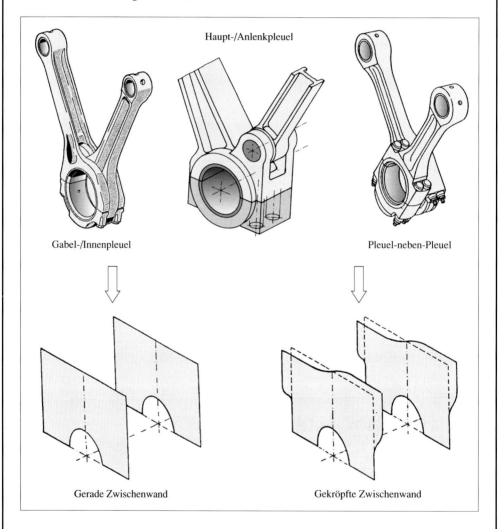

Haupt-/Anlenkpleuel

Gabel-/Innenpleuel

Pleuel-neben-Pleuel

Gerade Zwischenwand

Gekröpfte Zwischenwand

Bezüglich des Triebwerks ist die Pleuel-neben-Pleuel-Ausführung am vorteilhaftesten: Sie ermöglicht nicht nur gleiche, sondern auch konstruktiv einfache Pleuel und gleiche Lager. Wegen des Pleuelversatzes als Folge axial exzentrischen Pleuelangriffs am Hubzapfen müssen die Kurbelgehäuse-Zwischenwände aber gekröpft ausgeführt werden, wodurch der Kraftfluß im Kurbelgehäuse ungünstig beeinflußt wird.

Pleuelkonfigurationen in V-Motoren (2)

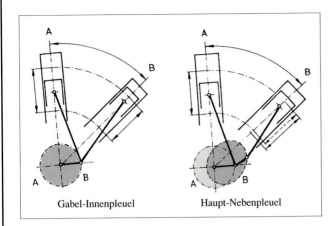

Gabel-Innenpleuel   Haupt-Nebenpleuel

Deshalb wurde solchen Lösungen der Vorzug gegeben, die gerade Zwischenwände ermöglichen; man ließ die Pleuel also axial zentrisch am Hubzapfen angreifen. Allerdings waren damit die Probleme lediglich vom Kurbelgehäuse auf das Triebwerk verlagert!

Bei Sternmotoren sind die Pleuel an ein Hauptpleuel angelenkt (Nebenpleuel); dieses Prinzip wurde auch bei V-Motoren angewendet. Da die Anlenkpunkte der Nebenpleuel nicht um die Hubzapfenachse kreisen, sondern sich exzentrisch auf einer ovalen Bahnkurve bewegen, haben die Kolben der Nebenpleuel einen (geringfügig) anderen Hub (und damit auch verschiedene Zündzeitpunkte) als der Hauptpleuel-Kolben. Das Hauptpleuel muß die Kräfte aller bzw. beider Zylinder auf den Hubzapfen übertragen, ist deshalb mechanisch sehr hoch beansprucht. Logistisch von Nachteil sind die unterschiedlichen Pleuel und Pleuellager für die beiden Motorreihen. Letzteres gilt auch für

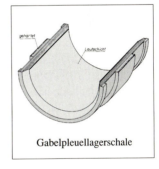

Gabelpleuellagerschale

Gabel- und Innenpleuel. Das Gabelpleuellager ist ein fertigungstechnisch außerordentlich kritisches Bauteil. Daß man dennoch dieser Bauart solange den Vorzug gegeben hat, lag an der kompakten Triebwerksanordnung, die sie ermöglichte. Heute beherrscht man das Kurbelgehäuse festigkeitsmäßig, wie auch die Lager höher belastbar sind, so daß durchweg die einfache Pleuel-neben-Pleuel- Bauart angewendet wird.

Kompakte Gabel-/Innenpleuel-Anordnung im *Daimler-Benz DB 601* Flugzeugmotor

Im ersten Weltkrieg hatten die meisten Flugzeug-V-Motoren Hauptpleuel und Anlenkpleuel. Schon aus der Beschreibung solcher Konstruktionen, hier eines 300 PS V-12-Flugmotors von *Benz* aus dem Jahre 1918, kann man erahnen, welche Schwierigkeiten sie bereitet haben:

„ … Mit dem Kurbelzapfen ist der eine der zugehörigen Kolben durch eine Hauptpleuelstange, der andere durch eine an jener angreifende Nebenpleuelstange verbunden. Die bauliche Durchbildung der Hauptpleuelstange …, die durch die Kolbenkräfte der Nebenpleuelstange besonders ungünstig beansprucht wird, ist hier insofern beachtenswert, als es gelungen ist, die Teilfuge des Pleuelstangenkopfes soweit wie möglich aus dem Bereich der unmittelbaren Beanspruchung durch die Kolbenkräfte zu rücken und die Verbindungsschrauben des Kopfes durch genau eingepaßte Verschneidungen gegen Beanspruchung auf Abscheren zu entlasten. Allerdings läßt sich dabei nicht umgehen, daß auf der anderen Seite die Verbindung durch Stiftschrauben ausgeführt werden muß, während durchsteckbare Schrauben vorzuziehen wären. Der Bolzen für die Nebenpleuelstange, die hier in der Drehrichtung der Hauptstange stets nacheilen muß, wird von zwei geschlitzten und mit Klemmschrauben versehenen Augen gehalten, die zur Verminderung des Gewichtes an mehreren Stellen ausgebohrt sind … Die Schäfte der Pleuelstange sind rund und von dem Kolbenende aus gebohrt, so daß ein insbesondere gegen Biegung sehr widerstandsfähiger Rohrquerschnitt geschaffen wird, in dessen Innerem die zu den Kolbenbolzen führende Oelleitung bequem untergebracht werden kann …" [668].

Zwischen den einzelnen Bauteilen einer Funktionsgruppe besteht ein enges Beziehungsgeflecht; sie beeinflussen sich gegenseitig, was dazu führen kann, daß man sich Schwierigkeiten, die man durch bestimmte Maßnahmen bei einem Bauteil vermeidet, beim anderen Bauteil einhandelt. Das große Auge der Hauptpleuelstange von Sternmotoren ist ja durch die daran angelenkten Nebenpleuelstangen hoch beansprucht. Deshalb war man dazu übergegangen, die Strukturfestigkeit des Pleuels dadurch zu verstärken, daß man das große Pleuelauge ungeteilt ausführte. Dafür mußte – um das Pleuel überhaupt montieren zu können – die Kurbelwelle geteilt werden, sei es durch Klemmverbindungen *(Wright-Cyclone),* durch Innenverzahnung des Hubzapfens und Zugbolzen *(Pratt & Whitney)* oder durch ein Differentialgewinde *(Hirth-Verzahnung).*

„ … Es war dennoch ein bedeutungsvoller Schritt, als die Sternmotoren-Konstrukteure die geschlossene Pleuelstange einführten und die Kurbelwelle teilten. Es hat sich aber im Laufe weiterer Leistungs- und Drehzahlsteigerung gezeigt, daß sie damit nur das kleinere von zwei Übeln gewählt haben, denn weder die Klemmverbindung am hinteren Kurbelschenkel, noch die Keilwellenverbindung vermochten (zumal Schwingungen auftraten) vor Schäden zu schützen. Mit dem Übergang zum Doppelsternmotor sind die meisten Firmen wieder zur geteilten Hauptpleuelstange und zur ungeteilten Kurbelwelle zurückgekehrt – ein schwerer und sorgenvoller Entschluß! …" [669].

Hauptpleuel von Stern-, Fächer- und X-Motoren waren also ein ständiges „Sorgenkind", weil sie – die Kräfte mehrerer Nebenpleuelstangen auf den Hubzapfen übertragend – besonders ungünstigen Verhältnissen ausgesetzt waren. Wenn dann das Pleuelauge noch aus Montagegründen geteilt sein mußte, ergaben sich schwierige Verhältnisse für die Schraubenverbindung. So ist eine Reihe von interessanten Konstruktionen entstanden, aus denen man ersehen kann, welche konstruktive Vielfalt möglich ist, und auf welche „raffinierte" Lösungen[241] die Konstrukteure gekommen sind.

Zum einen ging es darum, Pleuel und Pleueldeckel fest miteinander zu verbinden, zum anderen sollten Verformungen, wie sie im Motorbetrieb auftreten, konstruktiv kompensiert werden. Bei einem *Hispano-Suiza*-7-Zylinder-Sternmotor erfolgte die Befestigung durch je zwei Scherstifte,

---

[241] Im Angloamerikanischen wird das als *sophisticated* bezeichnet.

und beim *Armstrong-Siddeley-Tiger* ist das Auge des Hauptpleuels so geteilt, daß die Schraubenbohrungen nicht parallel, sondern um einen Winkel geneigt zur Pleuelachse verlaufen: Am Pleuel sind zwei, am Pleueldeckel vier Nebenpleuel angelenkt. In den 1930er Jahren wurde bei Neukonstruktionen von Flugzeug-V-Motoren die Haupt-/Anlenkpleuel-Bauweise zu Gunsten der Gabel-/Innenpleuel aufgegeben, vor allem wegen des ungünstigen Schwingungsverhaltens, der unterschiedlichen Kinematik der beiden Zylinderreihen und der unübersichtlich Kraftverhältnisse [670].

Da alle Bauarten ihre Vor- und Nachteile haben, kommt es auf deren Wichtung an, und die änderte sich im Laufe der Zeit. Als die *MAN* in den 1960er Jahren eine neue Baureihe großer Viertakt-Dieselmotoren vor allem für Fährschiffe und Schiffe mit beschränktem Einbauraum entwickelte, die Baureihe VV 40/54, wurden diese Motoren in V-Bauweise mit 10, 12, 14, 16 und 18 Zylindern konzipiert, ebenso wie die nächstgrößere Baureihe VV 52/55. Die Motoren beider Baureihen hatten Hauptpleuel mit angelenktem Nebenpleuel. Der Pleuelkopf (oder: das große Pleuelauge) ist als Marinekopf ausgeführt, d. h. die Hauptpleuelstange ist mit vier Dehnschrauben mit dem Pleuelkopf („Kurbellagerkörper") verschraubt. Zur Aufnahme der Nebenpleuelstange ist der Pleuelkopf mit zwei Augen mit Lagerbüchsen und einem Schwingzapfen versehen. Die Nebenpleuelstange ist mit zwei Dehnschrauben mit diesem Schwingzapfen verschraubt, Bild 115.

Bild 115
Anlenkung des Nebenpleuels an die
Hauptpleuelstange,
Bauart *MAN VV 40/54* (1970)

Pleuel in Sternmotoren – Entwicklung im Detail

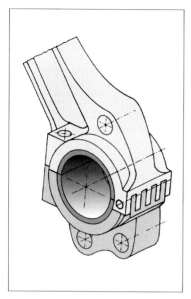

Hauptpleuel des X-Motors *Rolls-Royce Vulture*. Die Pleuel und Pleuellagerdeckel sind durch Schrauben und Gelenkbolzen verbunden

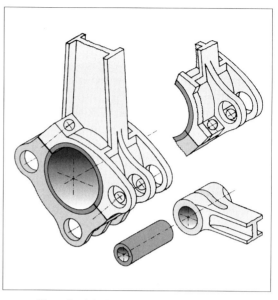

Hauptpleuel des X-Motors *Rolls-Royce Vulture*. Neue Ausführung: Nur mit Verschraubung

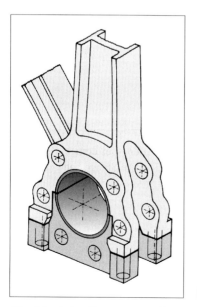

Hauptpleuel eines Sternmotors von *Pratt & Withney*

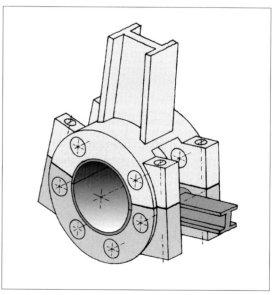

Hauptpleuel des *Armstrong-Siddeley Tiger*

Als Begründung für diese bei solchen großen Motoren ungewöhnliche Bauart findet man in [671]:

„ … Demnach übernimmt der Motor 52/55 wesentliche Konstruktionsprinzipien des 40/54. Beim V-Motor wirken je zwei Kolben wieder auf ein gemeinsames Treibstangenpaar (Hauptpleuel mit angelenkter Nebentreibstange). Dieses Prinzip hat gegenüber zwei getrennten Treibstangen den Vorteil, daß der Motor kürzer und leichter wird. Dazu kommt, daß die Verbrennungskräfte zweier Kolben in einer Ebene wirken und damit die kompakte Kurbelwelle weniger auf Biegung beansprucht wird …" [671].

Auch der vom *Maschinenbau Halberstadt* gefertigte Motor VD 48/42 AL hatte Haupt- und Anlenkpleuel, ebenso der russische 16-V- Lokomotivmotor 5 D 49 in der Lokomotiv-Baureihe 130 der ehemaligen *Deutschen Reichsbahn* [672].

Wiewohl sich diese Bauart bewährt hat, ist sie doch konstruktiv aufwendig, so daß bei Neukonstruktionen der einfacheren Pleuel-neben-Pleuel-Bauweise der Vorzug gegeben wird, zumal gekröpfte Kurbelgehäuse-Zwischenwände heute nicht mehr als problematisch angesehen werden. In der Beschreibung der *MAN*-Baureihe V 40/45 Ende der 1970er Jahre wird die Art der Anordnung der Pleuel auf dem Hubzapfen überhaupt nicht erwähnt; es heißt lediglich:

„ … Bei dem Pleuel wurde das Entwicklungsziel nicht so sehr auf extreme Kürze des Motors oder auf besonders kleine Massen gelegt, sondern vielmehr auf robuste Konstruktion und leichte Wartung. Die Pleuelstange hat deswegen zwei horizontale Trennebenen, deren obere bei allgemeiner Wartung des Motors normalerweise als einzige gelöst wird, so daß der Lagerkörper der Pleuelstange unangetastet auf der Kurbelwelle verbleibt …" [672].

In der Beschreibung der Baureihe V 48/60 aus dem Jahre 1994 wird zum Pleuel nur lakonisch vermerkt:

„ … Optimierte Marinekopfausführung mit Trennfuge im oberen Schaftbereich. Kein Öffnen des Pleuellagers beim Kolbenziehen erforderlich. Geringe Ausbauhöhe …" [674].

Wenngleich der Kraftfluß von der Neben- zur Hauptpleuelstange problematisch ist, und Gabel- und Innenpleuelstangen durch ihre Kraftübertragung vorteilhafter sind, bereiteten hier die Lagerschalen Probleme, über die bereits berichtet wurde. Gabel- und Innenpleuel, bei denen sich die eine Pleuelstange – die andere gabelförmig umfassend – auf dem Hubzapfen abstützt, hatten schon einige Zweizylinder-V-Dampfmaschinen gehabt, so daß sich die Übernahme dieses Bauprinzips auf den Motorenbau anbot. V-Motoren wurden für Kraftfahrzeuge mit 8-, 12- und sogar 16-Zylindern gebaut, die letzteren insbesondere von der amerikanischen Firma Cadillac in Gabel-/Innenpleuel-Bauweise.

Pleuelstangen – wie übrigens alle Triebwerksteile – wurden, da grenzdimensioniert, in Flugzeugmotoren an sich schon höher beansprucht als in anderen Motorarten. Bei dem V-12-Flugmotor *Rolls-Royce Kestrel* war die Hauptpleuelstange dreiteilig ausgeführt: Die Stange hatte einen bogenförmigen Fuß, auf den sich die obere – als Lagerschale ausgebildete – Pleuelaugenhälfte abstützte, auf Letztere dann die untere Hälfte, verbunden durch vier Durchgangsschrauben. Die beiden Lagerkörper waren auf der Innen- und auf der Außenseite, auf der das Innenpleuel lief, mit einer Bleibronzeschicht versehen. Um ein Aufspreizen des Pleuelstangenfußes unter dem Zünddruck entgegen zu wirken, wurde später die Teilfuge zwischen Pleuelstangenfuß und oberer Pleuelaugenhälfte nicht mehr rechtwinklig zur Stangenachse, sondern schräg zu ihr gestaltet. Diese Lösung bewährte sich, weshalb sie dann auch bei der Nachfolge-Type *Rolls-Royce Merlin II* angewendet wurde [675]. Die leistungsgesteigerte Version *Merlin X* hingegen hatte ein „normales" Hauptpleuel, bestehend aus Pleuelstange und Pleueldeckel. Haupt- und Nebenpleuel hatten eingelegte dünnwandige (1 mm) Pleuellager, die mit 0,5 mm einer Bleibronzeschicht ausgegossen waren. Die Außenlauffläche des Hauptpleuellagers, auf dem das Nebenpleuellager lief, war nicht gehärtet.

Pleuel in V-Motoren – Entwicklung im Detail

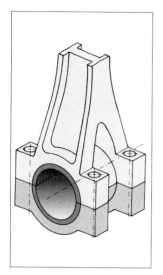

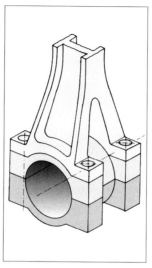

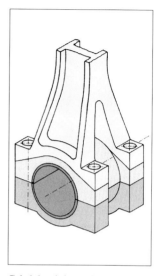

Standard-Ausführung eines Gabelpleuels

Gabelpleuel der *Rolls-Royce Kestrel* und *Merlin II:* Dreiteiliges Pleuel, bestehend aus Stange sowie oberer und unterer Hälfte des Pleuelauges. Letztere bilden gleichzeitig die Lager; sie sind innen und außen mit Bleibronze ausgegossen

Gabelpleuel des *Rolls-Royce Merlin X:* Dreiteiliges Pleuel, jedoch mit schräger Trennfläche zwischen Pleuelauge und Pleuelstange. Gesonderte dünnwandige Pleuellager für Gabel- und für Innenpleuel, jeweils nur auf der Innenfläche mit Bleibronze ausgegossen.

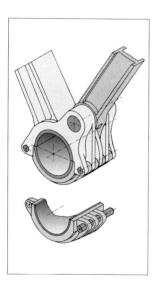

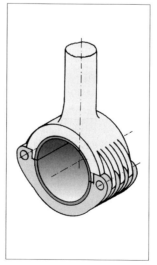

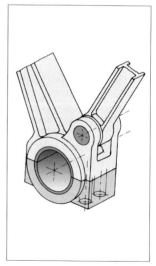

Hauptpleuel eines *Hispano-Suiza*-Motors: Verbindung des Lagerdeckels mit dem Pleuel durch Gelenkbolzen.

Innenpleuel eines *Hispano-Suiza*-Motors: Verbindung des Lagerdeckels mit dem Pleuel durch Gelenkbolzen.

Hauptpleuel: Standard-Ausführung

Wie schon im Kapitel über die Kurbelwellen geschildert, verlangten die Triebwerksteile in Flugmotoren eine außerordentlich intensive Entwicklung, die zu konstruktiv und werkstofflich ausgeklügelten Bauteilen führte. Als im Krieg die Produktion hochgefahren wurde, wurde eben das zu einem Hemmnis, so daß sich der Entwicklung mit der Entfeinerung und Vereinfachung der Bauteile zusätzliche Aufgaben stellten. Zur Verbindung der Nebenpleuel mit dem Hauptpleuel gibt es zwei Möglichkeiten, entweder ist der Hauptpleuelkopf gegabelt oder die Nebenpleuel sind es. Die erste war die übliche Bauart; da diese aber fertigungstechnisch aufwendiger ist, wurden bei den *BMW*-Sternmotoren Versuche unternommen, das Hauptpleuel mit Mittelsteg und die Nebenpleuel gegabelt auszuführen, doch eingeführt wurde diese Bauweise nicht, weil das eine Verkürzung der Nebenpleuel erfordert hätte, die man beim *BMW 801* als riskant ansah [676]. Neben Fertigungserleichterungen ging es natürlich auch um die Verbesserung der Funktion und Verringerung der Masse, weil die Drehzahl des Motors angehoben werden sollte.

Beide Weltkriege hatten ja , wenngleich unglaublich teuer erkauft, Entwicklungsschübe vielfältiger Art ausgelöst und einen intensiven, wiewohl unfreiwilligen internationalen Erfahrungsaustausch bewirkt. Es ist ein Paradoxon, daß einerseits eine extreme Geheimhaltung in der Entwicklung von Kriegsmaterial praktiziert wurde, andererseits dem Gegner die neuesten Entwicklungen in Gestalt von notgelandeten Flugzeugen, erbeuteten Panzern usw. gleichsam „frei Haus" geliefert wurden. Selbstverständlich nahm jede Seite die Gelegenheit wahr, sich über den Entwicklungsstand der anderen zu informieren, deren Konstruktionen mit den eigenen zu vergleichen und daraus Folgerungen für ihre Arbeiten zu ziehen. Ein schönes Beispiel dafür ist der Bericht R 120 der *Daimler-Benz AG* aus dem Jahr 1944 über die im Auftrag des *Reichsluftfahrtministeriums* (RLM) durchgeführte Untersuchung, betreffend: „Die Belastungsverhältnisse der Pleuelstangen einiger ausländischer Zwölfzylinder-Reihenmotoren im Vergleich zu denjenigen inländischer Baumuster". Darin wurden die Pleuel der Motoren *Rolls-Royce Merlin 10* und *Merlin 61*, *Griffon III* und *Napier-Sabre II* (England), *Allison V-1710 F-3R* (USA) und *AM 35 A* (Sowjetunion) untersucht und mit denen von *Daimler-Benz-* und *Junkers*-Motoren verglichen.

Neben vielen interessanten technischen Details erfährt man aber auch etwas über grundlegende Unterschiede der technischen Philosophie der einzelnen Länder, die übrigens, wie bei Vergleich entsprechender Berichte aus beiden Weltkriegen, von erstaunlicher Konstanz sind, und, was die Aussagen zusätzlich verifiziert, übereinstimmend von den damaligen Gegnern getroffen wurden. Im Vergleich zu denen der Westalliierten galten deutsche Konstruktionen als kräftig dimensioniert, was zu Lasten einer maximalen Ausnutzung von Bauteil und Werkstoff ging. Heißt es in einem Bericht des englischen *Ministry of Munitions: Technical Department – Aircraft Production* von 1918 über den *Maybach* Flugmotor *Mb IVa*:

"… Every part, nevertheless, shows the usual German characteristics of strength an reliability, combined with standardization of parts and ease manufacturing, in preference of saving weight …" [677].

so wird gut ein viertel Jahrhundert später in dem o. a. *Daimler-Benz*-Bericht festgestellt:

„ … Die Kurbelwellen der deutschen Baumuster sind erheblich steifer gehalten als die der ausländischen. Dasselbe gilt auch für die Pleuelstangen, wenn man von denen des AM 35 A absieht …" [678].

Die Anfälligkeit der Gleitlager und ihre begrenzte Lebensdauer führte dazu, daß man in den 1920er Jahren bei Hochleistungsmotoren, Flugzeug- und schnellaufenden Dieselmotoren auch Wälzlager als Triebwerkslager einsetzte. Möglich geworden war das durch die Entwicklung der Wälzlager seit der Jahrhundertwende. Wälzlager bauen zwar axial kürzer, brauchen aber radial wesentlich mehr Einbauraum als Gleitlager, und das ergibt entsprechend große Pleuelaugen. Bei den Pleuel von Flugzeugmotoren verwendete man deshalb mehrreihige Nadellager, um das

Pleuel für Mehrreihen-Flugzeugmotoren (1)

Die Pleuelstangen der 12-V-Flugzeugmotoren im zweiten Weltkrieg waren hoch belastet: Zünddrücke bis 90 bar, mittlere Kolbengeschwindigkeiten zwischen 13 m/s (AM 35 A) und 17,6 m/s (Jumo 213) im Verein mit einem bis zum Äußersten getriebenen Leichtbau belasteten die Pleuelstangen bis an die Grenze des Möglichen. So nimmt es nicht wunder, daß sich die Konstruktionen der deutschen und alliierten Motorenhersteller weitgehend glichen. Lediglich der sowjetische AM 35 A hatte – abweichend von der Gabel-/Innenpleuelbauweise der anderen Baumuster – Hauptpleuel mit angelenktem Nebenpleuel. Am weitesten war der Leichtbau bei den Rolls-Royce-Motoren getrieben, Ergebnis einer jahrzehntelang konsequent betriebenen aufwendigen Entwicklung.

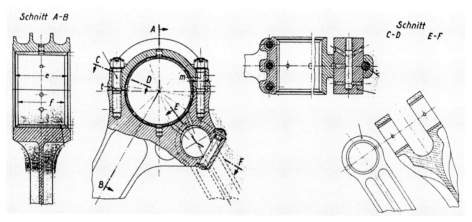

Sowjetischer Motor *AM 35 A* mit Haupt- und angelenktem Nebenpleuel
P = 993 kW bei 2050 min⁻¹

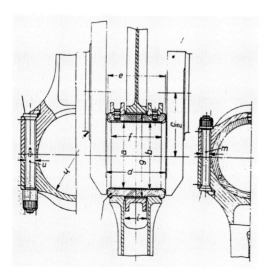

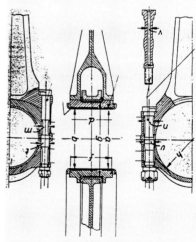

Daimler-Benz DB 605 D
P = 1085 kW bei 2800 min⁻¹

Rolls-Royce Merlin 61
P = 985 kW bei 3000 min⁻¹

Pleuel für Mehrreihen-Flugzeugmotoren (2)

Der sowjetische AM 35 A und der amerikanische Allison V-1710 F-3 R sind stehende 12-Zylinder-V-Motoren, ebenso die englischen Rolls-Royce Merlin 10, Merlin 16 und Griffon III; die deutschen Motoren DB 605 A, DB 603 A und Jumo 213 sind hängende 12-Zylinder-V-Motoren, und der englische Napier Sabre II ist ein 24-Zylinder-H-Motor.

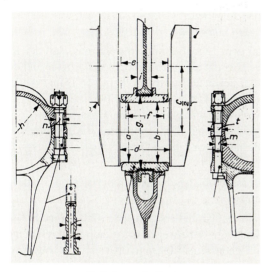

Rolls-Royce Griffon III
P = 1305 kW bei 2750 min⁻¹

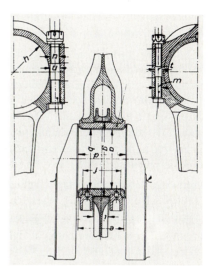

Allison V-1710 F-3R
P = 857 kW bei 3000 min⁻¹

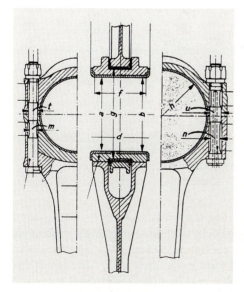

Rolls-Royce Merlin 10
P = 956 kW bei 3000 min⁻¹

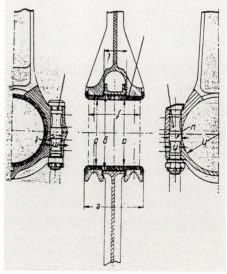

Napier Sabre II
P = 1640 kW bei 3700 min⁻¹

Pleuelauge nicht zu groß werden zu lassen. Dennoch mußte mit einer Massenzunahme von 15 bis 20 % gerechnet werden. Bei Verwendung von Zylinderrollenlagern dürfte dieser Wert noch überschritten worden sein. Insgesamt wurden die Pleuelaugen dadurch „weicher", das heißt, sie verformten sich stärker, was wiederum das Laufverhalten der Lager beeinträchtigte, aber auch die Pleuelstangen selbst gefährdete.

Um die Triebwerksmassen klein zu halten, waren die Pleuelstangen von Flugzeugmotoren relativ kurz, die Pleuelverhältnisse lagen zwischen 0,25 und 0,285, Kraftfahrzeugmotoren hatten längere Pleuel mit λ-Werten von 0,2 bis 0,24. Der Schaftquerschnitt war kreiszylindrisch, rechteckig oder doppel-T-förmig ausgebildet. (Siehe auch Seite 393). Die Ansichten, welches die optimale Schaftform sei, waren unterschiedlich und kontrovers:

„ … Vergleicht man den Ringquerschnitt mit dem I-Querschnitt, so sieht man, daß der Ringquerschnitt unbedingt im Vorteil ist, sowie es sich um kleinstes Gewicht bei größter Sicherheit handelt; denn man kann die Knickungs- und Drucksicherheit durch Wahl von D und d einfach und schnell konstruieren und rechnen und durch einfache Dreh- und Bohrarbeiten den Schaft schneller und billiger herstellen als die langwierige und empfindliche Fräsarbeit des I-Querschnittes. Wir kommen noch darauf zu sprechen, daß manche sogar moderne Konstrukteure behaupten, der I-Querschnitt sei leichter und deshalb dem runden Querschnitt vorzuziehen. Dem ist durchaus nicht so …" [679].

Betriebserfahrungen und tiefere Einblicke in das Verhalten dynamisch belasteter Teile bewirkten schließlich eine Änderung der Betrachtungsweise:

„ … Der zunächst am zweckmäßigsten und am einfachsten erscheinende rohrförmige Schaft ist zwar sowohl in Schwingrichtung als auch senkrecht dazu wegen des gleich großen Trägheitsmomentes beanspruchungsgünstig, hat aber wegen seiner sonstigen Nachteile wenig Anwendung gefunden. Der Ringquerschnitt ergibt besonders ungünstige Übergangsformen zu den Bolzenaugen, die die Fertigung erschweren. Die gesamte Pleuelstange muß in axialer Richtung hohlgebohrt werden. Dadurch liegen die Lagerbuchsen gerade an einer hochbelasteten Stelle hohl. Außerdem ergibt die Durchbohrung ungünstige Ecken, die als Kerbstellen den Spannungsverlauf erheblich stören …" [680].

Das Doppel-T-Profil erwies sich also als das günstigere. Meistens ist das Profil des Pleuelschafts so angeordnet, daß der hohe Steg in Pleuelschwenkrichtung liegt; damit wird eine gute Überleitung der Schaftkräfte in das große Pleuelauge ermöglicht. Verdreht man dieses Profil um 90° und verlängert die Endstege, erhält man ein H-Profil, das fertigungstechnische Vorteile bietet.

„ … Die DB-Stange hat einen H-Querschnitt mit aufgesetzten Versteifungsrippen und in Kurbelwellenachse liegendem Mittelsteg. Bei allen übrigen Baumustern steht der Mittelsteg des Doppel-T-Querschnitts im rechten Winkel zur Kurbelwellenachse. Fabrikationsmäßig ist diese Ausführung gegenüber der von DB weitaus schwieriger, da der Übergang zum großen Kopf nur durch eine Spaltung des Mittelsteges auf eine Mindestbreite der inneren Stange gebracht werden kann. Die Gabelung des Mittelsteges erfordert Kopierfräsen, da ein kontinuierliches Durchfräsen nicht mehr möglich ist …" [678].

Im Zuge von Maßnahmen zur Gewichtserleichterung wurden im *Daimler-Benz*-Flugzeugmotor DB 605 Gabelpleuel mit H-Profil erprobt, bei denen der Mittelsteg vollständig entfernt und die Stangen im Bolzenauge getrennt wurden, so daß das Gabelpleuel aus zwei Teilen bestand. Wiewohl die Versuche positiv verliefen [681], wurde diese Bauart nicht in die Serie eingeführt. Für Hauptpleuel ist der H-Schaft auch festigkeitsmäßig vorteilhaft, bei Gabelpleuel hat man damit auch schlechte Erfahrungen gemacht. Das gilt vor allem für die Gabelköpfe von Pleuelstagen großer Zweitakt-Dieselmotoren, namentlich doppeltwirkender Maschinen, bei denen der Gabelkopf nicht „unten" am Hubzapfen, sondern „oben" am Kreuzkopf angreift:

„ … Die gefährlichsten Spannungserhöhungen in der Treibstange, die mit der derzeitigen Ausbildung des Gabelkopfes eng zusammenhängen, liegen am Übergang des Schaftes in den Gabelkopf … .Besonders unangenehm sind sie dadurch, daß sie bei Zug- und Druckbeanspruchung an
den gleichen Stellen und etwa in gleicher Höhe, nur mit umgekehrten Vorzeichen, auftreten, so
daß der Spannungsauschlag dort wesentlich höhere Werte annimmt als im übrigen Verlauf des
Schaftes …“ [682].

In engen Triebwerksräumen erhalten bisweilen die Pleuel einen Schaft mit elliptischem oder
rechteckigem Querschnitt, um die Ventilations- und Planschverluste klein zu halten. Bei einem
schnellaufendem Hochleistungs-Dieselmotor wird der Pleuelschaft rechteckig ausgeführt, weil
man den hierfür zur Verfügung stehenden Triebwerksraum optimal ausnutzen will, d. h. die hohe
Leistungsdichte dieses Motors macht es erforderlich, jeden Quadratmillimeter Querschnittsfläche auszunutzen; von Vorteil ist dabei auch die einfachere Bearbeitung.

Weil hoch belastet und leicht gestaltet, hat man mit den Pleuel in Flugzeug- und Luftschiffmotoren, aber auch in schnellaufenden Dieselmotoren umfangreiche Erfahrungen mit dem Problemkreis der Gestaltfestigkeit gemacht, was nichts anderes als eine euphemistische Umschreibung
von zahlreichen Pleuelschäden ist. Erfahrungsgemäß und im Einklang mit der klassischen Festigkeitslehre ergab sich die Beanspruchung der Bauteile aus dem Zusammenwirken von auftretenden Kräften bzw. Momenten und dem Bauteilquerschnitt. Durch geschickte Dimensionierung, so daß sich bei kleinen Querschnitten große Widerstandsmomente ergeben, wie z. B. beim
Doppel-T-Querschnitt, lassen sich Konstruktionen wiewohl leicht, so doch hoch belastbar gestalten. Doch mit steigender Drehzahl nahm auch die Lastwechselzahl zu, die Bauteile wurden
Wechselbelastungen mit zunehmender Frequenz unterworfen. Das zog erhebliche Weiterungen
nach sich, weil die Werkstoffe auf dynamische Belastung sehr viel empfindlicher reagieren und
nur noch einen Bruchteil der statisch ertragenen Last verkraften. Erfahrungen dieser Art waren
schon im zweiten Drittel des 19. Jahrhunderts gemacht worden, als man mit Bauteilschäden
konfrontiert wurde, für die es zunächst keine plausible Erklärung gab, waren diese Bauteile
doch nach bewährten Regeln der Festigkeitslehre ausgelegt worden. Es waren gleich mehrere
Einflüsse, die sich verhängnisvoll auswirkten:

• Die Dynamik der Belastung, welche die Lebensdauer von derart belasteten Bauteilen verkürzt. Grundlegende Erkenntnisse hierüber hatte AUGUST WÖHLER gefunden; der an der *TH
  Stuttgart* tätige CARL VON BACH definierte diese Belastungsarten nach drei Kategorien in *ruhend, schwellend* und *wechselnd.*

• Bei komplizierten Bauteilen nehmen die Spannungen an kritischen Stellen ein Mehrfaches
  des Wertes an, der sich aus wirksamer Kraft bzw. Moment und Widerstandsmoment an der
  betreffenden Stelle ergibt. Man spricht in diesem Zusammenhang von formbedingten Spannungsspitzen.

• Weiterhin erkannte man, daß kleine Querschnittsstörungen, sogenannte Kerben, das Bauteil
  mehr schwächen als rechnerisch durch die Querschnittsminderung erklärbar. Daraus entwickelte sich – in den zwanziger und dreißiger Jahren maßgeblich von H. NEUBER vorangetrieben – die *Kerbspannungslehre.*

Diese Festigkeitsprobleme machten sich gerade bei Triebwerksteilen bemerkbar, so daß eine
Reihe Triebwerksschäden geradezu Lehrbuch-Charakter bekam.

Als die *Maybach-Motorenbau GmbH* Anfang der zwanziger Jahre einen neuen Motor für das
Reparationsluftschiff Z.R. III (LZ 124) entwickelte, kam es zu Brüchen von Pleuelstangen –
ausgerechnet am stärksten Querschnitt unmittelbar am Übergang vom Schaft zum großen Pleuelauge. Nachdem man mit einer eigens dafür entwickelten Vorrichtung die Verformungen gemessen und aus diesen die Beanspruchungen berechnet hatte, erkannte man, daß man durch

Schwächung des Querschnittes an der gefährdeten Stelle das Pleuel entlasten konnte, eine Erkenntnis, zu der damals auch Hersteller von Zweitakt-Dieselmotoren *(MAN)* gelangten:

„ … Es ist dies also die am höchsten beanspruchte Stelle. Durch die schwächere Ausführung des Querschnittes senkrecht dazu ist die Höchstspannung fast nicht beeinflußt worden. Sie ist vielmehr etwas niedriger …" [683].

Das grundsätzliche Problem bestand nun darin, die Stellen höchster Beanspruchung schon vor dem Bruch des Bauteils herauszufinden. Das gelang mit dem von dem Leiter der *Versuchsanstalt* der Fa. *Maybach,* OTTO DIETRICH, entwickelten Dehnungslinien-Verfahren[242]. In den 1930er Jahren kamen die Spannungsoptik sowie schließlich die Dehnmeßstreifen-Technik hinzu und gaben den Ingenieuren ein Instrumentarium in die Hand, mit dem im Vorgriff Schwachstellen erkannt und eliminiert werden konnten. Weil Kerben ein Bauteil nachhaltig schwächen, war man natürlich bemüht, konstruktiv bedingte und bei der Fertigung verursachte Kerben durch vielerlei Maßnahmen zu vermeiden. Doch besonders gefährliche Kerben, weil so scharf, sind die Gewindegänge von Verschraubungen, die im Pleuel im Übergang vom Schaft zum großen Pleuelauge reichen. Damit bekommt man in einem an sich schon hoch beanspruchten Bereich noch zusätzliche Kerbspannungen. Deshalb ging man von Stiftschrauben ab und verwendete Durchgangsschrauben, was allerdings eine sehr sorgfältige Gestaltung der Schraubenauflagefläche und ihres Überganges zum Schaft verlangte.

„ … Ebenso wenig eignen sich Sacklochgewinde im Pleuelkopf zur Aufnahme der Pleuelschrauben, da auch bei sorgfältiger Herstellung infolge Konizität der Gewindebohrung Brüche im Pleuelschraubengewinde nicht verhindert werden können. Nach mehr als 2000 Betriebsstunden zeigten sich noch keine Mängel an Pleueln, bei denen die Stiftschrauben durch Durchgangsschrauben ersetzt wurden, die zwar am Kopfende eine unangenehme Kerbstelle bewirken, aber fertigungsmäßig wesentlich einfacher sind als das in die Stangenköpfe eingeschnittene, in den Herstellungstoleranzen unzuverlässige Gewinde …" [684].

Da Schraubenverbindungen immer wieder Schwierigkeiten bereiteten, wurde nach anderen Lösungen gesucht, den Pleuellagerdeckel mit dem großen Pleuelauge zu verbinden. Nun hatte man die Anlenkpleuel (Nebenpleuel) mit Anlenkbolzen in den zwei Augen des Hauptpleuels verbunden. So lag es nahe, eine solche Lösung auch für die Verbindung von Pleuellagerdeckel und Pleuelauge heranzuziehen. Zu dieser Lösung griff man – wie schon erwähnt – bei den Innenpleuelstangen der französischen 12-Zylinder-V-Motoren *Hispano-Suiza* und dem Diesel-Flugzeugmotor des französischen Konstrukteurs L. COATALEN. Auch der russischen Panzer-Dieselmotor W 2, konstruktiv stark am *Coatalen*-Flugzeugmotor orientiert, hatte eine solche Pleuelverbindung. Bei dem X-Motor *Rolls-Royce Vulture* wurde der Pleueldeckel, an den zwei Nebenpleuel angelenkt waren, auf der einen Seite durch zwei Schrauben, auf der anderen Seite durch einen Scherbolzen in Hubzapfenrichtung mit dem Hauptpleuel verbunden Die beiden Teile des Pleuelauges des X-Motors *Rolls-Royce Vulture* wurden auf der einen Seite durch Scherbolzen, auf der anderen durch Schrauben verbunden; dieses Prinzip war bereits vor dem ersten Weltkrieg bei einigen amerikanischen Pkw-Motoren angewendet worden (Siehe auch: S. 402 und 404).

Doch diese Konstruktion befriedigte trotz einiger Änderungen nicht, weshalb dann der Scherbolzen durch zwei – allerdings sehr kurze – Pleuelschrauben ersetzt wurde.

---

[242] Das *Dehnungslinien-Verfahren* beruht darauf, daß das zu untersuchende Bauteil mit einem speziellen Lack überzogen wird, der einerseits fest genug haftet, um elastische Verformungen des Bauteils mitzumachen, der aber hinreichend spröde ist, bei Verformungen noch weit unter der Elastizitätsgrenze des Bauteilwerkstoffs senkrecht zur größten Zugspannung einzureißen. Diese als Dehnungslinien bezeichneten Risse treten an den höchstbeanspruchten Stellen zuerst auf; bei Steigerung der Belastung reißt der Lack auch an niedriger beanspruchten Stellen ein. Man erhält auf diese Art ein anschauliches Bild von der qualitativen Spannungsverteilung im Bauteil.

"… Due to the difficulty of providing normal bolting methods on a big end of this type, a design had been evolved in which the normal form of bolting was used on one side of the big end cap, whereas on the other side a hinged joint was provided between cap and rod … The advantage of this type of composite construction was that it was still possible to provide a nip on the bearing shell for the big end by means of the two bolts provided. On the Exe engine with this form of construction it was found that the use of the hinged joint on one side of the big end meant that no transmission of any bending moment could take place at the joint. This affectet the mechanical rigidity of the big end, allowing fretting to take place between rod and bearing shell leading eventually to fatigue failures … On the Exe engine it was eventually found that it was possible to get in a more normal bolted construction on the master rod side provided that the bolts were kept shorter than normal for bolts on this sort of application … With the realization that the big end construction was likely to be the 'achilles heel' of the connecting rod assembly … it was decided to built what was known as a star unit …" [685].

Eine andere, nicht minder ungewohnte Konstruktion ist der sogenannte Riegelkopf, wie er im Großmaschinenbau verwendet wurde: Das große Pleuelauge in Richtung des Hubzapfens gabelförmig ausgebildet (im Gegensatz zum Gabelpleuel, das quer zum Hubzapfen gegabelt ist). In den gabelförmigen Ausschnitt wird das zweiteilige Lagergehäuse wie ein Riegel eingeschoben und mittels zweier Schrauben mit dem Pleuelgabel verschraubt [686].

Pleuelschrauben

Eine besondere Rolle in Konstruktion und Funktion von Pleuelstangen spielen die Pleuelschrauben, und das aus mehreren Gründen: Die Pleuelschrauben haben die Aufgabe, den Pleueldeckel mit dem Pleuel betriebssicher zu verbinden, daß heißt den Formschluß zwischen diesen beiden Teilen bei allen Belastungen sicherzustellen; sie müssen also auch bei maximaler Massenkrafteinwirkung (Drehzahl) ein Klaffen des Pleuelstoßes verhindern. Das setzt voraus, daß sie mit der nötigen Vorspannkraft angezogen werden. Mit steigenden Drehzahlen nehmen die Massenkräfte überproportional zu, so daß die Vorspannkraft entsprechend hoch gewählt werden muß. Nun muß man bei der Auslegung der Pleuel mit jedem Gramm geizen: Das Pleuelauge ist möglichst leicht zu halten, also auch die Schrauben. Um dennoch die nötige Vorspannung aufzubringen, müssen die Schrauben stärker ausgenutzt, sprich: belastet, werden, gleichzeitig verformt sich das Pleuelauge stärker unter der hohen Vorspannkraft. Die Bedeutung dieses Komplexes begann man in den 1920er und 1930er Jahren zu erkennen. Angesichts dessen, daß die Schraube ein altes Maschinenelement ist, hat man ihre eigentliche Funktionsweise erst spät begriffen, was nicht selten zu Fehlkonstruktionen mit entsprechenden Folgen geführt hatte.

Die Schraube ist scheinbar ein einfaches Maschinenelement: Jeder kennt sie, jeder hat sich ihrer schon bedient, und jeder glaubt zu wissen, wie sie funktioniert. Doch in Wirklichkeit ist ihre Funktionsweise keineswegs offensichtlich. Verbindet man zwei Teile mit Durchgangsschraube und Mutter, dann werden diese Teile beim Anziehen der Schrauben gestaucht und die Schraube gelängt. Unter den auf sie wirkenden Kräften verformen sich Schraube und Flansch elastisch; sie verhalten sich wie ein System von parallel und/oder in Reihe geschalteter Federn, das sich mit seinen Verformungen gegenseitig beeinflußt. Dabei spielen die Kraftverhältnisse eine entscheidende Rolle, nicht nur bezüglich der Größe der Kräfte, sondern auch im Hinblick darauf, an welcher Stelle der Verbindung die Kräfte angreifen. Schraubenverbindungen haben den prinzipiellen Nachteil, daß sie dort, wo die Kräfte auf den Gegenpart übertragen werden sollen, denkbar ungünstig gestaltet sind. Das Gewinde stellt nämlich eine Anhäufung von Kerben dar, die hohe Spannungsspitzen hervorrufen. Außerdem wird die Schraubenkraft nicht gleichmäßig auf die Gewindegänge der Mutter übertragen, sondern der erste tragende Gewindegang muß bis zu 30 % der Gesamtkraft übertragen. Schließlich neigen Schraubenverbindungen dazu, sich unter Vibrationen und Erschütterungen zu lösen; sie müssen hiergegen besonders gesichert werden, keineswegs eine leichte Aufgabe, wie sich herausstellen sollte.

Betrachten wir die Verhältnisse am Pleuel: Beim Anziehen der Pleuelschraube wird diese vorgespannt, wobei allerdings ein Teil des Anzugsdrehmoments von der Reibung im Gewinde und des Schraubenkopfs auf seiner Auflage aufgezehrt wird; der Rest des Drehmoments erzeugt die Vorspannkraft. Unter Einfluß dieser Vorspannkraft längt sich die Schraube und die Pleuelteile werden elastisch gestaucht. Wenn dann die Schraube zusätzlich durch die Betriebskraft, in diesem Fall die Massenkraft, belastet wird, dann addieren sich nicht einfach Vorspann- und Betriebskraft, sondern die Schraube wird nur durch einen Teil der Betriebskraft zusätzlich belastet. Diese Erkenntnis hatte schon CARL BACH in [687] zum Ausdruck gebracht:

„ … Bei der Bestimmung der Stärke d des Fundamentankers ist der Umstand von Einfluß, daß durch kräftiges Anziehen der Mutter von vornehrein eine bedeutende Beanspruchung, etwa σ_1, hervorgeufen wird. Hiermit ist eine Dehnung des Ankers und eine Zusammendrückung des Fundamentes verknüpft. Tritt nun beim Betrieb der Maschine von dieser eine Zugkraft entsprechend der Anstrengung σ_2, in den Anker über, so muß sich derselbe weiter dehnen. Infolge dieser Dehnung vermindert sich die Zusammendrückung zwischen Maschinen und Fundament, sodaß die Gesamtanstrengung kleiner als $\sigma_1 + \sigma_2$ ausfällt …“ [687]

Zur Veranschaulichung stellte BACH diese Zusammenhänge graphisch dar, indem er die Vorspannungskraft über der Längung des Zugankers und über der Stauchung des Fundamentes auftrug. FELIX RÖTSCHER[243] faßte diese beiden Diagramme zum Verspannungsdreieck zusammen [688]: Beiderseits der Vorspannungskraft sind die elastische Längung der Schraube und die Stauchung des Flansches (die zu verbindenden Teile werden summarisch als „Flansch“ bezeichnet) angetragen. Der Steigungswinkel zwischen Kraft und Verformung ist die Federkonstante der Schraube bzw. des Flansches. Die Federkonstante (oder Federsteifigkeit) der Schraube läßt sich einfach aus den Querschnitten, Längen und dem Elastizitäts-Modul berechnen, nicht aber die des Flansches, weil man nicht weiß, welches Volumen des Flansches sich unter Einwirkung der Schraubenkraft verformt. F. RÖTSCHER hat dieses Volumen als Kegel mit einem Öffnungswinkel von 90° bestimmt: *Rötscher-Kegel*. Als Folgerung aus diesen Zusammenhängen ergab sich, daß die Schraube „weich“ (kleine Federkonstante) und der Flansch „hart“ (große Federkonstante) gestaltet werden müssen, um die Zusatzbeanspruchung aus der Betriebskraft für die Schraube klein zuhalten. So ist schrittweise die Vorstellung über den Wirkungsmechanismus von Schraubenverbindungen entstanden. Aber es dauerte noch lange, bis diese Erkenntnisse Allgemeingut wurden. Man kann das beim Durchsehen von ingenieurtechnischen Hand- und Fachbüchern erkennen. Eine schlüssige Darstellung dieser Zusammenhänge wurde in den 1960er Jahren mit einer systematischen Schraubenberechung von GERHARD JUNKER und DIETRICH BLUME gegeben [689], die zur Grundlage einer VDI-Richtlinie für die Schraubenberechnung geworden ist [690].

Daß die Schraubendimensionierung nicht den Erfordernissen dynamisch belasteter Triebwerksteile entsprach, zeigte sich schon bei Flugmotoren im ersten Weltkrieg. Die hohen Wechselbeanspruchungen der Pleuelschrauben führten immer wieder zu Schraubenbrüchen, die schwere Triebwerksschäden nach sich zogen. Das Schraubengewinde stellt ja eine Anhäufung von Kerben dar, wie sie ungünstiger nicht gedacht werden kann. Somit ist das Gewinde die Schwach-

---

243) Prof. Dr.-Ing. FELIX RÖTSCHER, 1874 bis 1944, war von 1906 bis 1938 Professor für Maschinenlemente und Werkstoffkunde an der TH Aachen. Er gründete dort das Institut für Werkstoffkunde. Bekannt wurde RÖTSCHER durch sein Werk über Maschinenelemente, insbesondere durch seine Arbeiten auf dem Gebiet der Schraubenberechnung („Rötscher-Kegel“). RÖTSCHER kam 1944 bei einem Bombenangriff in Aachen um.

stelle der Schraube, eindrucksvoll dadurch bestätigt, daß die meisten Schrauben im Bereich der ersten tragenden Gewindegänge brachen. Es hatte also keinen Sinn, den Schaft stärker zu dimensionieren als den Gewindegrund. Das war – zumindest vom Prinzip her – schon Ende des 19. Jahrhunderts bekannt und dementsprechend wurde gehandelt:

„ … Die Schraubenbolzen der Marineköpfe … sind immer auf einer grösseren Strecke bis auf den Kerndurchmesser des Gewindes abzudrehen oder bis an das letztere so stark auszubohren, dass ihr Querschnitt ebenso gross wie der Kernquerschnitt des Gewindes wird. Sie erhalten dadurch eine grössere Sicherheit gegen Stösse und Beanspruchungen, wie sie ihnen oft durch zu starkes Anspannen der Muttern und Wärmeausdehnungen der Lagerschalen hervorgerufen werden, indem nun die Elasticität der Bolzen infolge der weit grösseren Länge des kleinsten Querschnittes eine wesentlich höhere wird, als wenn dieser letztere nur auf der geringen Länge des Gewindes vorhanden ist …" [691].

Auch bei den Treibstangen von großen Gas- und Dieselmotoren beherzigte man das:

„ … Zwischen den Auflagestellen wird der Bolzen auf den Kerndurchmesser des Bolzengewindes abgesetzt, doch müssen die Absätze sorgfältig unter Vermeidung aller scharfen Eindrehungen hergestellt werden, damit keine Kerbwirkung entstehen kann …" [692].

Erstaunlicherweise wurde diese Erkenntnis nicht auf Fahrzeug- und Flugzeugmotoren übertragen; in diesem Bereich der Motortechnik setzte sich die Dehnschraube erst ab Mitte der 1930er Jahre durch. Auch in zeitgenössischen Fach- und Lehrbüchern über Schrauben findet man keine diesbezüglichen Hinweise, ein Beispiel, mit welcher Verzögerung bisweilen praktische Erfahrungen in die Theorie einfließen bzw. theoretisch begründet werden. In den 1930er Jahren geriet die Schraube verstärkt in das Augenmerk der Forschung. Insbesondere L. MADUSCHKA, H. JEHLE; H. WIEGAND, W. STÄDEL, G. JUNKER und A. THUM befaßten sich mit Fragen der Dauerfestigkeit und Gestaltung von Schraubenverbindungen. Die Forschungsarbeiten über die Gründe für das Versagen von dynamisch belasteten Schrauben zeigten, daß die Schrauben insofern falsch ausgelegt waren, als der Schaft im Verhältnis zu den hoch beanspruchten Gewindegängen überdimensioniert war. Um annähernd gleiche Beanspruchungen zu erzielen, muß der Schaft einen deutlich kleineren Durchmesser haben als der Gewindegrund [693], eine Bestätigung alter Erfahrungen:

„ … Entscheidend für diesen Fortschritt war auch die gleichzeitige Einführung von sogenannten Dehnschrauben mit einem gegenüber dem Gewindekernquerschnitt um etwa 30 % verringertem Schaftquerschnitt, mit großen Ausrundungen, polierten Oberflächen und sorgfältig gefrästem oder geschliffenem Gewinde …" [684].

Diese Erkenntnis scheint damals – Mitte der 1930er Jahre – auch Fachleuten nicht ohne weiteres einsichtig gewesen sein, wie aus einer Werbeanzeige der Fa. *Carl Schenck* für dynamische Werkstoffprüfmaschinen in der *Automobiltechnischen Zeitschrift* (ATZ) aus dem Jahre 1935 hervorgeht. Darin heißt es:

„ … Ein Grundsatz der Technik kehrt sich ins Gegenteil! Die Gepflogenheit des Technikers, seinen Konstruktionen allein durch Überdimensionieren größere Sicherheit zu geben, gilt heute als überholt. Es hat sich nämlich gezeigt, daß die Dauerhaltbarkeit durchaus nicht mit der Verstärkung der Querschnitte wächst. Im Gegenteil, in vielen Fällen erbringen Schwächungen und kerbmildernde Formen eine überraschende Steigerung der Dauerhaltbarkeit. Die … schwach dimensionierte (Schraube) besitzt eine dreimal so hohe Dauerfestigkeit als ihr viel stärkeres Gegenstück … Diese Tatsache erklärt sich durch die größere elastische Dehnlänge, die der Konstrukteur durch Schwächung des Schraubenkopfes erreicht hat …"

Solche taillierte Schrauben werden als *Dehnschrauben* bezeichnet.

Als Pleuelschrauben wurden sie zuerst 1938 im Motor des *Opel-Olympia* verwendet, daraufhin in weiteren Motoren, vor allem in Flugzeugmotoren. Einen anderen Weg, Pleuelschrauben ela-

Schraubenverbindungen

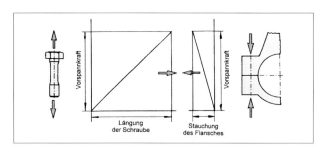

Unter der Wirkung von Kräften verformen sich die Schraube und die von ihr zu verbindenden Teile („Flansch") elastisch, die Schraube wird gelängt, der Flansch gestaucht. Trägt man die Kraft über dieser Längung (Weg) auf, dann erhält man die Schrauben- bzw. Flansch-Kennlinien, die – aneinander gezeichnet – das sogenannte Verspannungsdreieck der Schraubenverbindung ergeben. Die Schraubenverbindung wird zu einen durch die Vorspannkraft (F), mit der sie bei der Montage angezogen wird, belastet und zum anderen durch die eigentliche Betriebskraft (F_A).

Nun werden bei einer Schraubenverbindung eine flache Schrauben- und eine steile Flansch-Kennlinie angestrebt, weil dann von der Betriebskraft (F_A) nur ein kleiner Anteil auf die Schraube entfällt (F_{SA}), ein großer hingegen auf den Flansch (F_{PA}) Bei gleichen Abmessungen kann somit die Schraube höher belastet oder aber bei gleicher Belastung

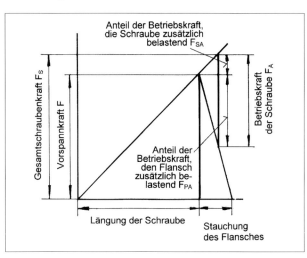

schwächer dimensioniert werden – ein nicht zu unterschätzender Vorteil gerade bei hochbeanspruchten Pleuelschrauben! Nun mindert das Gewinde durch seine Kerbwirkung stark die Belastbarkeit der Schraube. Dadurch daß man den Schaftdurchmesser kleiner als den Kerndurchmesser des Gewindes wählt, wird die Schraube „elastischer" und kann durch „Federung" stoßartige Kräfte besser aufnehmen.

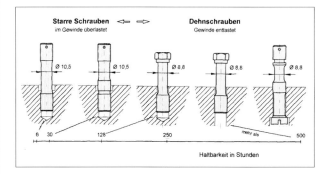

Oben:
Kennlinien von Schraube und Flansch

Mitte:
Verspannungsdreieck einer Schraubenverbindung

Unten:
Beanspruchungsgerechte Auslegung von Schrauben

stisch zu gestalten, hatte *Rolls-Royce* bei der Innenpleuelstange der *Merlin*-Motoren beschritten, indem diese Schrauben bei einem Taillendurchmesser von 10, 7 mm vom Kopf bis zum Beginn des Gewindes mit einem Durchmesser von 6 mm hohlgebohrt wurden [678]. Die Pleuelschraube ist ein außerordentlich hoch beanspruchtes Bauteil, so daß mit ihrer Entwicklung großer Aufwand getrieben worden ist, sowohl was die Gestaltung, als auch ihre Werkstoffe und die Fertigungsverfahren anbelangt. Um jedes Gramm Masse zu sparen, verwendet man bei manchen Hochleistungsmotoren je Pleuelseite statt einer Schraube zwei Schrauben kleineren Durchmessers. Damit erhält man ein schmaleres Pleuel. Außerdem kann man die Schrauben auch dadurch „abspecken", daß man sie torsionsgeschützt anzieht. Beim Anzug mittels Schraubenschlüssel werden die Schrauben durch die Reibung im Gewinde und an der Kopfauflage auf Verdrehung beansprucht. Um den zur Aufnahme Torsion nötigen Vorhalt an Schraubenquerschnitt zu vermeiden, hält man mit einem zweiten Schlüssel an einer Kerbverzahnung am Gewindeende dagegen, so daß die Torsionsbeanspruchung gar nicht erst auftritt.

Es nützt die beste Dehnschraube nicht, wenn sie sich im Motorbetrieb lockert d.h. ihre Vorspannung verliert, oder sich gar losdreht. Das Lockern und Losdrehen von Schraubenverbindungen ist eines jener Probleme, deren Schwierigkeit der Laie nur schwer einzusehen vermag. Doch beweist die unüberschaubare Vielfalt von Schraubensicherungen, daß es hier offensichtlich keine Patentlösungen gibt. Zum Lockern kommt es, wenn die Vorspannkraft durch Setzen der Gewindegänge abfällt, zum Losdrehen, wenn durch Schwingungen und Erschütterungen Querkräfte auftreten, welche die Reibung im Gewinde kurzzeitig aufheben, so daß die Selbsthemmung verlorengeht. Da liegt es nahe, die Schraube formschlüssig zu sichern, durch Sicherungsbleche (z. B. nach DIN 93), durch Kronenmuttern mit Splint oder durch Legeschlüssel, „quasiformschlüssig" durch Fächerscheiben (z. B. nach DIN 6798) oder kraftschlüssig mittels auf die Gewindeflanke wirkende Kräfte durch eine Kontermutter, durch Sicherungsmuttern mit Nylonring oder durch Verkleben. Bei Pleuelschrauben ist eine zusätzliche Sicherung an sich nicht erforderlich, weil diese Schrauben in der Regel so hoch vorgespannt werden, daß eventuelle Setzungen kompensiert und Querbewegungen durch die Torsionsfederung der relativ langen und drehelastischen Schraube aufgefangen werden [694]. In der Praxis hat man aber noch lange an verschiedenen Ausführungen von Schraubensicherungen festgehalten.

Das Pleuel muß bei schnellaufenden Motoren mit Rücksicht auf die Massenwirkungen möglichst leicht gestaltet sein, andererseits muß es formsteif genug sein, um sich unter Wirkung der Betriebskräfte nicht unzulässig zu verformen. Dabei sind nicht immer die Spannungen im Pleuelauge das Kriterium, sondern die Formtreue der Pleuelbohrung im Hinblick auf die Zusammenarbeit von Pleuellager und Hubzapfen. Hierauf können nämlich die Pleuelschrauben erheblichen Einfluß haben, weil bei ihrem Anzug die Vorspannkraft die Pleuelbohrung verformt. Bei der Fertigung der Pleuelstange wird diese vorgebohrt, getrennt, durch die Pleuelschrauben verschraubt und dann feingebohrt. Nun kommt es darauf an, daß bei der Montage des Pleuels im Motor der gleiche Spannungszustand wie bei seiner Fertigung herrscht. Werden die Pleuelschrauben stärker angezogen, dann verformt sich die Pleuelbohrung queroval, werden sie schwächer angezogen, hingegen hochoval. In beiden Fällen stimmt die Lagergeometrie nicht mehr, und es kann zu Lagerfressern kommen.

Gerade bei den grenzdimensionierten Pleuelstangen von Flugzeugmotoren konnte die Ovalverformung des großen Auges zum Problem werden:

„ ... Außerdem wurden 3 Nebenpleuel spannungs- und verformungsmäßig untersucht, von denen eines am großen Auge zwecks Minderung der Ovalverformung verstärkt war, die beiden anderen im Schaft bzw. an den Schraubenkanonen herstellungstechnisch einfachere Formen aufwiesen ..." [695].

Verformungen des großen Pleuelauges bei Anzug der Pleuelschrauben

Das große Pleuelauge ist ein elastisches Gebilde, daß sich unter den Betriebs- und Montagekräften stark verformt, wobei es darauf ankommt, daß es sich möglichst gleichmäßig verformt, daß keine extremen Spannungsspitzen auftreten, und daß das Zusammenarbeiten des Pleuels mit dem Hubzapfen nicht beeinträchtigt wird.

Die Pleuelbohrung wird bei angezogenen Pleuelschrauben feingedreht. Bei dem jetzt herrschenden Spannungszustand ist die Pleuelbohrung rund. Werden die Schrauben bei der Motormontage weniger stark als bei der Fertigung angezogen, verformt sich die Pleuelbohrung hochoval, bei stärkerem Anzug hingegen queroval! Das genaue Einhalten des Spannungszustands hängt maßgeblich von der Art des Schraubenanzugs ab. Bei Anzug auf Drehmoment sind die Unterschiede der Schraubenkraft wegen unvermeidlicher Reibwertstreuungen und Setzerscheinungen im Gewinde sehr groß, damit auch die Schwankungsbreite der Unrundheit. Hieraus erklärt sich auch, warum Pleuellager bevorzugt nach vorangegangener Motordemontage fressen. Infolge von Glättungs- und Setzungserscheinungen wird ein größerer Anteil des Anzugdrehmoments in Vorspannkraft umgesetzt, die Bohrung verformt sich queroval, das Lagerspiel verringert sich. Besser gestalten sich die Verhältnisse bei Anzug auf Drehwinkel und am besten bei Anzug der Schrauben auf Längung.

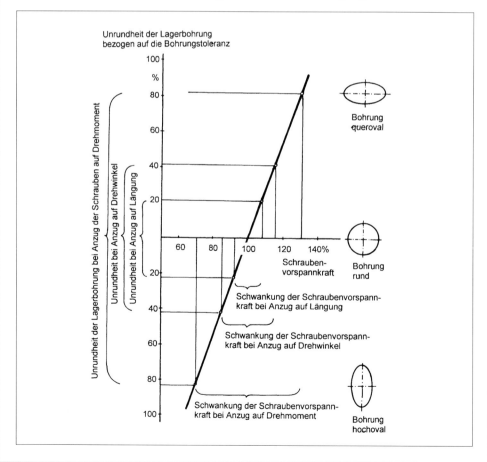

Nun besteht eine – lange unterschätzte – Schwierigkeit darin, die Schrauben auf die gleiche Vorspannkraft anzuziehen, weil man hierzu die Vorspannkraft messen muß. Als zuverlässiges Maß hierfür kann die Schraubenlängung beim Anziehen gewertet werden. Beim Anzug der Schrauben auf Drehmoment sind wegen der Reibwertstreuung und Setzerscheinungen im Gewinde und am Schraubenkopf die Unterschiede der Vorspannkräfte zu groß. Das erklärt, warum es früher bevorzugt nach Motorüberholungen zu Lagerfressern gekommen ist: Beim erneuten Anziehen der Schrauben war wegen der beschriebenen Effekte der Reibwert kleiner als bei Erstmontage; ein größerer Anteil des Anzugsmomentes wurde in Vorspannkraft umgesetzt, die Pleuelbohrung verformte sich queroval: Das Pleuellager hatte in seiner Hauptbelastungsrichtung zu wenig Spiel! Solche Unwägbarkeiten wurden noch durch Verwendung unterschiedlicher Schmiermittel im Motor vergrößert, wenn z.B. für die Montage der Schrauben reibungsvermindernde Schmiermittel wie Molybdändisulfid („Molykote") vorgeschrieben wurden, weil nicht sichergestellt werden konnte, daß im Motoreinsatz, Jahre nach Auslieferung des Motors, nach mehrfachem Besitzerwechsel der Maschinenanlage (Schiff) und unzulänglich instruiertem Personal die Montagevorschriften so penibel eingehalten werden, wie es von der Sache her erforderlich ist. Deshalb werden heute Pleuelschrauben auf Drehwinkel angezogen, d. h. man zieht sie erst mit einem (geringen) Moment an, damit sich Kopf und Gewinde richtig anlegen, dann wird die Schraube um einen bestimmten Winkel („Drehwinkel") angezogen. Genauer noch kann man die gewünschte Vorspannkraft einhalten, wenn man die Längung der Schraube beim Anziehen mißt, weil die Längung der Vorspannung direkt proportional ist.

Die hohe Vorspannkraft bei den Pleuel großer Motoren verlangt entsprechend große Anzugs- bzw. Lösemomente, die bei größeren Motoren aufzubringen dem Wartungspersonal erhebliche Mühe bereitet. Zur Arbeitserleichterung werden seit den 1960er Jahren die Schrauben deshalb nicht mehr mit dem Schraubenschlüssel angezogen, sondern hydraulisch oder durch elektrisches Beheizen gelängt, so daß man die Muttern von Hand anlegen bzw. lösen kann.

Die Triebwerksteile von Zweitakt-Dieselmotoren sind wegen des Fehlens von Leerhüben (Ansaugen, Ausschieben) nicht nur zeitlich hoch belastet, sondern insofern auch ungünstig, als die wirksamen Kräfte während des Arbeitsspiels ihre Richtung nicht wechseln. Beim Abwärtshub wirkt die Zündkraft von oben, beim Verdichtungshub die Gaskraft ebenfalls von oben. Das hat insbesondere für das kleine Pleuellager (Kolbenbolzenlager) fatale Folgen: Der Kolbenbolzen verlagert sich nicht, weshalb kein frisches, d. h. kaltes Schmieröl in den Schmierspalt gelangen kann; der Schmierfilm kann zusammenbrechen. Um dennoch frisches Öl in den engsten Schmierspalt zu bringen, bedarf es besonderer Maßnahmen, z.B. eines ausgeklügelten Schmiernutensystems in der Pleuelbuchse. Eine andere Möglichkeit, eine Verlagerung des Kolbenbolzens zu erreichen, besteht darin, die Lagerbohrung in Längsrichtung dreiteilig auszuführen, wobei die beiden äußeren (in Kurbelachsrichtung) geringfügig zur einen Seite hin, die mittlere zur anderen Seite hin exzentrisch gebohrt sind. Durch die Schwenkbewegung des Pleuels kommt der Kolbenbolzen abwechselnd in der mittleren und in den beiden äußeren Bohrungen zum Tragen, wodurch immer wieder Schmiermittel in den Spalt zwischen Lager und Kolbenbolzen gelangt. Diese Lösung wurde Mitte der 1950er Jahre bei dem *Napier-Nomad* Verbundmotor (Compound-Zweitakt-Dieselflugzeugmotor mit Gasturbine und Verdichter) erfolgreich angewendet [696]. Gut zwanzig Jahre später griff *Grandi Motori Trieste (GMT)* hierauf zurück und gestaltete den Kreuzkopf von großen Zweitaktmotoren auf diese Art exzentrisch [697]. Die Pleuel des auch sonst in jeder Hinsicht bemerkenswerten *Napier-Nomad*-Motors sind als Gleitschuh-Pleuel („Slipper-Pleuel") ausgebildet. Statt geschlossener bzw. geteilter Pleuelaugen stützen sich diese Pleuel nur über einen kreisbogenförmigen Gleitschuh auf Kolbenbolzen bzw. Hubzapfen ab, eine Bauart, die auch *GMC* bei Zweitakt-Dieselmotoren angewendet hatte [698]. Bei Zweitakt-Dieselmotoren wird bisweilen das Pleuel direkt mit dem Kolbenbolzen verschraubt (Siehe auch: Seite 393).

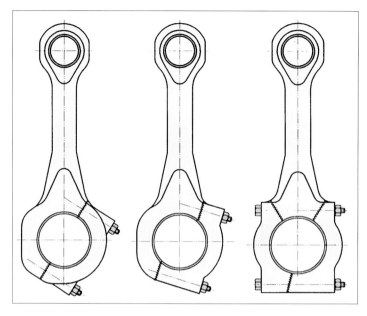

Bild 116
Variationen des schräggeteilten
Pleuelauges:
● Die Trennflächen des großen
  Pleuelauges liegen in einer
  Ebene
● Die Trennflächen des großen
  Pleuelauges sind versetzt zu-
  einander (Wärtsilä).
● Das Pleuelauge ist dreifach
  geteilt *(Stork-Werkspoor)*.

Steigende Gasdrücke bedingen kräftigere Kurbelwellen; mit dem Hubzapfendurchmesser nehmen auch die Abmessungen des großen Pleuelauges zu. Das hat zur Folge, daß man die Pleuelstange zum Kolbenziehen nicht mehr durch die Zylinderbuchse ausbauen kann, eine unerträgli-
che Erschwernis bei Wartung und Reparatur von Motoren. Um das zu vermeiden, werden die
Pleuelaugen schräg geteilt.

Bei den großen Pleuelstangen von mittelschnellaufenden Schiffsdieselmotoren wird der Pleuelkopf in einigen Fällen sogar dreimal geteilt *(Stork-Werkspoor)*.

Bild 117
Kräftig dimensioniert: Rundprofil für den Schaft, dreifach geteiltes
großes Pleuelauge *(Stork-Werspoor)*

Durch den schrägen Pleuelstoß ergeben sich ungünstige Verhältnisse für die Schraubenverbindung, weil die von den Schrauben aufzufangende Stangenkraft nun zusätzlich eine Querkomponente erhält. Diese Querkomponente kann nicht formschlüssig, sondern sie muß kraftschlüssig über die Reibkraft des Pleuelstoßes übertragen werden. Für die Pleuelschraube bedeutet das, daß sie – bei einem Reibwert von etwa 0,1 – zusätzlich den zehnfachen Betrag dieser Querkomponente aufzubringen hat. Als Abhilfe wird deshalb in vielen Fällen der Pleuelstoß verzahnt oder gestrählt, wobei die (kleinere) Querkomponente hierdurch ebenfalls berücksichtigt werden muß. Bei geteilten Pleuelaugen muß sichergestellt sein, daß der Pleueldeckel paßgenau mit dem Pleuelstangenfuß verbunden wird. Das kann durch Paßschrauben, Nut und Nase, Paßstifte oder durch Strählung bzw. Verzahnung erreicht werden. Eine technisch elegante wie fertigungsmäßig vorteilhafte Lösung dieser Aufgabe stellt das *Bruch-Pleuel* dar. Das einteilig geschmiedete Pleuel wird an der Stelle des vorgesehenen Stoßes zerbrochen, „gecrackt".

Die Bruchfläche sorgt für paßgenauen Sitz des Pleuelstoßes und übernimmt auch die Funktion der Strählung oder Verzahnung, Bild 118.

„… Die Stahlpleuelstange ist einteilig geschmiedet und am großen Pleuelauge schräg geteilt. Die Trennung erfolgt durch „Cracken". Dieses Verfahren wurde zusammen mit dem Rohteillieferanten und den Maschinenherstellern erstmalig für Pleuelstangen aus Schmiedestahl serienreif entwickelt und auch beim Motor OM 904 LA eingesetzt. Im Vergleich zu den herkömmlichen, aufwendigen Trennverfahren (zum Beispiel Sägen mit anschließender Verzahnung der Trennfuge) wird beim Cracken eine hohe Formstabilität am großen Pleuelauge erreicht …" [699].

Dieses Prinzip wurde – wie im Zusammenhang mit den Kurbelwellen erwähnt – schon in den 1930er Jahren vorgeschlagen:

„ … Im folgenden soll ein Vorschlag gemacht werden, der die angegebenen Nachteile einer rollengelagerten Welle erheblich vermindert. Es handelt sich hierbei um eine geteilte Gußkurbelwelle mit angegossenen Gegengewichten. Die Teilung der Welle erfolgt durch Brechen bzw. Sprengen in den Zapfen- und Lagerstellen. Die Teile werden durch Schrauben … wieder zusammengespannt. Die Bruchstellen lassen sich so zusammensetzen, daß die ursprüngliche Form der

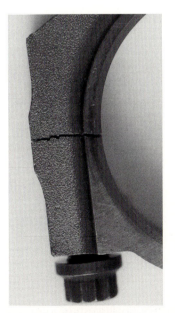

Bild 118 Bruchpleuel: Pleuelstoß und Trennfläche

Welle genau erhalten bleibt, und ergeben außerdem beim Zusammenschrauben einen idealen Reibungsschluß sowie eine verdrehungssichere Verbindung. Der Bruch wird eingeleitet durch eingegossene oder eingeschliffene Rillen am Umfang der Welle, und die Sprengung erfolgt am besten durch eine Keilvorrichtung …" [607].

„Alles schon dagewesen", dieser Ausspruch des Rabbi BEN AKIBA[244] findet wieder einmal mehr eine Bestätigung.

Um den Kolben zu ziehen, muß normalerweise das große Pleuelauge – somit das Pleuellager – geöffnet werden, ein Nachteil, weil aus bereits erwähntem Grund Pleuellager bevorzugt nach einer Motordemontage ausgefallen sind. Kolbenziehen ohne Demontage der Pleuellager ist möglich, wenn das Pleuelauge als sogenannter Marinekopf ausgebildet ist, bei dem die beiden Hälften des Pleuelauges – durch die Pleuelschrauben miteinander verschraubt – als Einheit mit der Pleuelstange mittels zusätzlicher Schrauben verbunden werden. Dieses Prinzip wurde dahin weiterentwickelt, so daß heute die Trennfuge des Pleuels unmittelbar unterhalb des kleinen Pleuelauges liegt. Bei Kolbendemontage muß nur noch der kurze, mit dem Kolben verbundene Teil der Pleuelstange gezogen werden. Außerdem verringert sich dadurch die Ausbauhöhe des Kolbens, Bild 119.

Auch das kleine Pleuelauge mußte an die gestiegenen Gasdrücke moderner Dieselmotoren angepaßt werden, in dem es trapezförmig oder stufenförmig abgesetzt ausgebildet wird. Der in Stangenrichtung wirkende hohe Gasdruck wird über eine große (projizierte) Fläche des kleinen Pleuelauges aufgefangen, während die durch eben diesen Gasdruck hoch beanspruchte Partie der Nabenaugen im Kolben sich ihrerseits mit einer großen Fläche auf dem Kolbenbolzen abstützen können. In den 1960er und 1970er Jahren bei großen und mittelgroßen Motoren angewendet, sind die sogenannten Trapezpleuel heute auch bei kleinen Motoren, d.h. Fahrzeugmotoren, Stand der Technik, Bild 120.

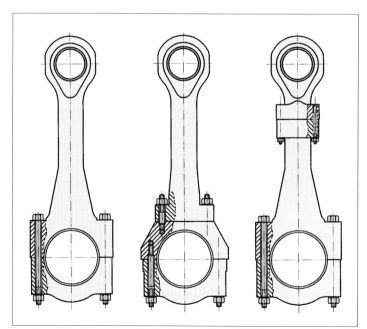

Bild 119
Entwicklungsschritte bei Pleuel für mittelschnellaufende Dieselmotoren:
- Montageebene ist die Mitte des großen Pleuelauges.
- Mit dem Übergang zum „Marinekopf" hatte das Pleuel zwei Teilebenen, so daß zum Kolbenziehen die Lagerung nicht demontiert werden mußte.
- Im nächsten Schritt wurde die obere Teilebene unmittelbar unter dem kleinen Pleuelauge angeordnet, wodurch sich die auszubauende Masse und die erforderliche Ausbauhöhe beim Kolbenziehen verringerten.

---

[244] Der heute weithin vergessene Schriftsteller KARL GUTZKOW (1811 bis 1878) läßt in dem Roman *Uriel Acosta* einen Rabbi BEN AKIBA diesen vielzitierten Ausspruch tun.

Bild 120
Stufenpleuel (abgesetztes kleines Pleuelauge) mit
Teilung unterhalb des kleinen Pleuelauges *(MAN)*.
Der Mann im Hintergrund verdeutlicht die Größe dieses
Bauteils.

Pleuel gelten heute als „unproblematische" Bauteile; Pleuelschäden sind in den meisten Fällen
Folgen von Unregelmäßigkeiten, Störungen oder Schäden anderer Bereiche des Motors, Bild 121.

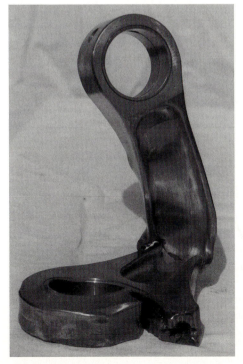

Bild 121
Pleuelschäden sind in den meisten Fällen Folgeschäden, so
wie bei dieser Innenpleuelstange eines Lokomotiv-Diesel-
motors: Der Ladeluftkühler hatte ein Leck, so daß während
des Stillstands des Motors ein Zylinder mit offenen Ein-
laßventilen voll Wasser lief. Beim Starten des 16-zylindrigen
Motors gab es dann einen Wasserschlag, bei dem sich das
Pleuel stark verformte.

Abmessungen

Augenfälliger als bloß auf der Zeichnung wahrnehmbaren Maßnahmen sind natürlich solche, welche die Hauptabmessungen des Kurbeltriebes betreffen. Bei den Fahrzeugmotoren wurde von Anfang an auf den Kreuzkopf verzichtet, weshalb der Kolben die Seitenführung des Triebwerks übernehmen mußte. Die Größe der Seitenkraft (Normalkraft, Gleitbahnkraft) hängt auch vom Pleuelschwenkwinkel, letztlich also vom Pleuelverhältnis λ ab. Um die Bauhöhe des Motors zu verringern, wurde – in vielen kleinen Schritten – das Pleuelverhältnis λ von etwa $\frac{1}{6}$ auf $\frac{1}{3}$ (bei Pkw-Motoren) vergrößert, das Pleuel also relativ verkürzt. Das gibt zwar niedrige Motoren, läßt aber Normalkraft und Reibungsverluste zunehmen. Nun hatte man sich seit je darum bemüht, den Verbrauch der Motoren zu senken, aber erst richtig in den Vordergrund rückte diese Forderung durch die Energiekrisen in den 1970er Jahren. Außerdem hatte sich mittlerweile ein Umweltbewußtsein entwickelt, daß den Kraftstoffverbrauch auch im Zusammenhang mit der Schadstoffemission beurteilte. Kurzum, es wurden verstärkte Anstrengungen unternommen, die einzelnen Verluste des Motors zu verringern, gemäß dem spanischen Sprichwort: Viel Wenig machen ein Viel[245]. Ein solcher kleiner Schritt bestand in der vorsichtigen Umkehr zu längeren Pleuelstangen mit kleinerer Normalkraft und dadurch geringeren Reibungsverlusten. In der Beschreibung eines modernen *Ford*-Motors heißt es:

„ … Bei einer Länge der Pleuelstange von 130,5 mm ergibt sich hinsichtlich der Kolbenreibung und der Erregerkräfte ein günstiges Schubstangenverhältnis von 0,28 …" [700].

Wurden die Pleuel im Laufe der Zeit (relativ) kürzer, so wurden die Pleuelaugen im Umfang größer, in der Breite (oder Länge) kürzer. Steigende absolute und spezifische Leistungen ließen die Durchmesser von Hubzapfen und Kolbenbolzen zunehmen, was entsprechende Abmessungen der Pleuelaugen verlangte. Andererseits konnte auf Grund höherer Tragfähigkeit der Lager die Lagerlänge und damit die Breite der Pleuelaugen verkürzt werden. Steigende Gasdrücke und Drehzahlen schlugen sich auch im Schaftquerschnitt nieder, so daß die heutigen Pleuelstangen steifer sind als früher.

Werkstoffe und Fertigung

Die Pleuelstangen der ersten Dampfmaschinen waren aus Holz gefertigt, später wurden sie aus Eisen gegossen und geschmiedet. Bei den schnelldrehenden Fahrzeugmotoren war es verlockend, die Pleuelstangen aus Leichtmetall herzustellen, so wurde in den 1920er Jahren für die Pleuel verschiedener Kfz-Motorentypen Aluminium- und Magnesium-Legierungen (Elektron) verwendet:

„ … Die Leichtmetallpleuel aus Elektron oder Duralumin wird heute fast in allen modernen Motoren, für Schnellastwagen, Touren-, Sport-, Rennwagen und Motorräder verwendet. Sie ist im Gesamtgewicht ca. 30 bis 40 % leichter als die Stahlpleuel und in ihrer Bedeutung für die heutigen hochtourigen Hochleistungsmaschinen bereits erschöpfend erprobt und gewürdigt. Ob Elektron oder Duralumin verwendet wird, bleibt sich in bezug auf das Gewicht der Pleuel gleich … Während die Stahlpleuel meist im Gesenk geschlagen werden, werden die Leichtmetallpleuel gepreßt und veredelt bzw. vergütet …" [701].

Doch die Leichtmetallpleuel konnten sich auf die Dauer nicht behaupten, weshalb man auch bei Kfz-Motoren zu Stahlpleuel zurückging. Die Pleuel werden im Gesenk geschmiedet, wobei als Werkstoff Vergütungsstähle oder Einsatzstähle in Frage kommen. Aus Gründen des Gewichts, bei hochbeanspruchten Pleuelstangen auch aus Gründen der Festigkeit wurden bzw. werden die

---

[245] *Muchos pocos hacen un mucho*

Pleuel allseitig bearbeitet. Einem Fachbuch aus den 1920er Jahren ist folgende, den Stand der Technik von damals charakterisierende Bemerkung zu entnehmen:

„ … Aus diesem Grunde bevorzugt man auch vielfach eine allseitige Bearbeitung der Pleuelstangen, die sich aus Pleuelstangenkopf, Pleuelstangenschaft und Pleuelstangenfuß zusammensetzen. Bei billigen Motoren nimmt man es mit der Bearbeitung des Kopfes und des Fußes nicht so genau … Gerade weil die Pleuelstange eine unverhältnismäßig große Bearbeitung erfordert, weil andererseits die Stücke ziemlich ungleichförmig sind, zudem Spezialmaschinen kaum vorhanden waren, so sah man sich veranlaßt, diese Arbeiten von Hand ausführen zu lassen. In langen Reihen standen die Schlosser an Schraubstöcken hintereinander und schruppten und feilten an den Rohlingen herum, und man war mit dieser Art der Produktion vollauf zufrieden …" [702].

Heute haben viele Pkw-Motoren gegossene Pleuel aus GTS 70; auch werden Sinterpleuel verwendet, wenn es auf hohe Form- und Gewichtsgenauigkeit ankommt und eine allseitig spanende Bearbeitung vermieden werden soll:

„ … Die Pleuel werden nach einem bei Ford seit 1991 … in Serie angewendeten Sinterverfahren mit anschließender Bruchtrennung des großen Pleuelauges gefertigt … Die Formgebung erfolgt durch Sintern des Pulvermetalls und Heißpressen, das einer weiteren Festigkeitssteigerung dient. Dieser Prozeß gewährleistet extrem geringe Gewichtsabweichungen. Des weiteren ergibt sich im Vergleich zur herkömmlichen Materialanwendung und Gußtechnik ein um etwa 8 % niedrigeres Gewicht des Pleuels …" [703] und „ … Mit herkömmlichen Schmiedepleueln, verbunden mit dem Zwang zum sparsamen Tarieren, konnte dies vor allem unter dem Gesichtspunkt wirtschaftlicher Fertigung nicht garantiert werden. Aus diesem Grund fiel die Entscheidung zugunsten des Schmiede-Sinter-Pleuels. Neben der verfahrensbedingten Volumenkonstanz konnte auch aufgrund der hervorragenden Werkstoffeigenschaften eine 18%ige Gewichtssenkung im Vergleich zu einem Stahlpleuel erreicht werden …" [704].

Der prinzipielle Aufbau von Pleuel scheint so festgefügt, die Konstruktion so ausgereizt, daß man sich kaum andere als die bisher üblichen vorstellen kann, und dennoch sind einige originelle Lösungen in der Entwicklung. In diesem Zusammenhang sind Versuche von *Volkswagen* mit Pleuel aus Faserverbund-Werkstoffen zu sehen.

Berechnung der Pleuelstangen

Die Pleuelstangen ließen sich mit den Methoden der klassischen Mechanik berechnen, zumal man hierfür Struktur und Belastung weitgehend vereinfachte. Der Schaft wurde auf Zug, Druck sowie auf Knickung in Kurbelwellenrichtung und quer dazu unter Beachtung der unterschiedlichen Einspannbedingungen berechnet. Auch die Biegung des Schaftes infolge des „Schwungeffektes" der Pleuelstange wurde berücksichtigt. Nach und nach versuchte man die Beanspruchungsverhältnisse genauer darzustellen. Vor allem die Pleuelaugen, anfangs überhaupt nicht berücksichtigt, wurden nun erfaßt, indem man Pleuelauge und Pleueldeckel als Träger auf zwei Stützen mit mittig angreifender Kraft auf Biegung berechnete, wobei man von einer „dynamischen Beanspruchung nach dem III. Wöhlerschen Fall" ausging. Die Auflageflächen für die Schraubenköpfe bzw. Muttern wurden auf Flächenpressung überprüft. Doch zeigen die hohen Sicherheitsbeiwerte, wie sie in den 1920er Jahren für nötig gehalten wurden, wie gering das Vertrauen in Berechnungen war:

„ … Man rechnet bei Elektron mit 15- bis 10-facher Sicherheit und kann, falls der Deckel für sich gepreßt wird und in seinen unbeschadeten Längsfasern senkrecht zur Kraft steht, bis auf achtfache Sicherheit heruntergehen …" [705].

Eine Redensart in der Technik besagt, daß *Sicherheitsfaktoren* in Wirklichkeit *Faktoren der Unsicherheit* seien. In der Tat, man muß Sicherheitsbeiwerte um so höher wählen, je weniger man der Rechnung trauen kann. Beiwerte in der o.a. Größe von 10 bis 15 führen jede Berechnung ad absurdum. Ende der 1930er Jahre wurde mit den statischen und dynamischen Anteilen der Beanspruchung Bezug auf die Festigkeitswerte des Werkstoffs im *Smith*-Diagramm[246)] genommen. Das kleine Pleuelauge wurden als statisch unbestimmter Ring angesehen, belastet durch den Flächendruck vom Bolzen her, wobei die Spannung der Innen- und der Außenfaser ermittelt wurde. Das große Pleuelauge bzw. der Pleueldeckel wurden nach wie vor durch einen Biegeträger mit einem Kräftepaar bzw. mit mittiger Last ersetzt. Der Wert der Rechnung wird durch den Hinweis auf unbedingt erforderliche Kontrollmessungen relativiert [706]. Während in [706] nichts Näheres über die Berechnung der Pleuelschrauben gesagt wird, findet man in [707] detaillierte Angaben, wie hierbei zu verfahren sei. Die Berechnung der Pleuelaugen ist verfeinert: Es werden die Schnittkräfte und -Momente am geschlossenen Ring bestimmt, wobei die Kraftannahme schon eher der Wirklichkeit entspricht. Die Kraftüberleitung vom Pleuelauge in die Stange wird durch zwei um einen bestimmten Winkel zueinander geneigte Kräfte dargestellt. Für den auf den Deckel wirkenden Druck nimmt man einen sinusförmigen Verlauf an. Auch die für das elastische Stauchen der Lagerschalen nötige Kraft wird berücksichtigt. Alles in allem werden auf diese Weise die Verhältnisse realistisch dargestellt. Heute werden die Pleuelstangen auch mit der Methode der finiten Elemente (FEM) berechnet.

10.3 Kreuzkopf

Die doppeltwirkende Dampfmaschine verlangte eine Abdichtung des Zylinders gegen die Treibstange. Dem stand entgegen, daß die Treibstange (andere Bezeichnungen: Pleuelstange, Pleuel, Schubstange) auf Grund der Bewegungsverhältnisse des Kurbeltriebes eine Schwenkbewegung vollführt. Es mußte also dafür gesorgt werden, daß sich die Treibstange „gerade", d. h. rein oszillierend bewegt, damit man ihren Durchtritt durch den Zylinderboden gegen Dampfverluste dichten kann. JAMES WATT löste diese Aufgabe mittels eines Lenkergetriebes, dem WATT'schen Parallelogramm. Später wurden auch noch andere Geradführungen entwickelt, von denen dem EVANS'schen Lenker die größte Bedeutung zukam. Wiewohl intellektuell bestechend, hatten diese Lösungen im praktischen Betrieb den Nachteil, daß sie für höhere Drehzahlen wenig geeignet waren. Eine kinematisch exakte und mechanisch einfachere Geradführung erreicht man mit dem Kreuzkopf (alte Bezeichnung: Querhaupt), einem Verbindungsglied von oszillierender Kolbenstange und schwingender Pleuelstange, das in Gleitbahnen geführt, die Normalkraft des Kurbeltriebes aufnimmt und an den/die Ständer bzw. an das Gestell überträgt. Weil er von der Geradführung des Triebwerks entlastet ist, kann der Kolben extrem kurz als Scheibenkolben ausgebildet werden. Kreuzkopf-Konstruktionen entstanden bereits in der ersten Dekade des 19. Jahrhunderts schrittweise aus dem Querhaupt mit Rollenführung, indem das Querhaupt zum Kreuzkopfbolzen verkürzt und die Rollen durch Gleitbahnen ersetzt wurden [708]. Es gab aber auch freigehende Querhäupter, d. h. eine gelenkige Verbindung zwischen Kolben- und Pleuelstange ohne gesonderte Führung am Gehäuse/Ständer. Im Grunde handelt es sich hierbei um eine modifizierte Tauchkolbenausführung, bei der die Pleuelstange nicht direkt im Kolben, sondern an dessen Verlängerung, der Kolbenstange angelenkt war. Eine Sonderform stellt auch die Konstruktion dar, bei denen die Verbindung von Pleuel- und Kolbenstange mittels eines am Ständer/Gehäuse angelenkten Schwinghebels geführt wird. Da der Anlenkpunkt von Kolben-

---

246) Das *Smith-Diagramm* eines Werkstoffs erhält man, indem man über der Abszisse den statischen Anteil (Mittelspannung) als 45°-Gerade und zugehörig zu den jeweiligen Mittelspannungswerten die aus dem Wöhler-Schaubild gewonnenen dynamischen Anteile (Spannungsausschlag) ober- und unterhalb der 45°-Geraden aufträgt.

und Pleuelstange mit dem Lenker einen Kreisbogen beschreibt, ist das keine exakte Geradführung. Solche Lösungen wurden bei Kurbeltrieben von Wasserkünsten und sogar bei Dieselmotoren (*MWM*, Anfang der 1920er Jahre) angewendet. Der kinematische „Normalfall" im
Dampfmaschinenbau war die Kreuzkopfmaschine. Kreuzköpfe werden in Gleitschienen geführt, Bild 122. Ohne Kreuzkopf wurden oszillierende Maschinen gebaut; auch gab es kreuzkopflose Betriebsmaschinen in Tauchkolbenbauart, die aber als wenig vorteilhaft angesehen
wurden.

Die Führung des Kreuzkopfes kann unterschiedlich gestaltet sein: Ein- zwei- und viergleisig auf
ebenen Gleitbahnen oder aber in einer kreiszylindrischen Gleitbahn. Bei ein- und zweigleisiger
sowie zylindrischer Führung liegen diese im Schwenkbereich des Kurbeltriebs und erschweren
somit die beidseitige Zugänglichkeit zum Triebwerk. Die Bahnen bei viergleisiger Führung sind
außerhalb des Schwenkbereichs des Kurbeltriebs angeordnet, sie ermöglichen eine direkte
Überleitung der Normalkraft auf die Ständer bzw. das Kurbelgehäuse, auch sind sie bei Richtungswechsel der Normalkraft bzw. bei Rückwärtsfahrt in beiden Richtungen belastbar; sie
müssen allerdings genau parallel eingestellt werden. Die einseitige Führung benötigt sogenannte Rückwärtsgleitschienen, an die sich bei Druckwechsel die beiden schmalen Innengleitflächen
des Kreuzschuhs anlegen können.

An den Kreuzkopf wurden noch verschiedene Mechanismen angelenkt: Bei Dampfmaschinen
die Betätigung der Schiebersteuerung, bei Dieselmotoren die Zuführung des Kühlmittels – Wasser oder Öl – zum Kolben. Die Gleitbahnen müssen steif genug ausgebildet sein, weil bei deren

Bild 122
Kreuzkopfführung einer Dampfmaschine (1858)

Kreuzkopfführungen

Für die konstruktive Gestaltung der Geradführung von Kurbeltrieben gibt es viele Möglichkeiten, von denen auch weitgehend Gebrauch gemacht worden ist, abhängig von dem
jeweiligen Verwendungszweck der Maschine/Motors. Variationen gibt es bei allen Details,
nämlich welches Teil an welchem angelenkt, wie die Anlenkung gestaltet und wie die
Führung ausgebildet ist: kreiszylindrisch oder eben, ein- oder mehrgleisig usw.

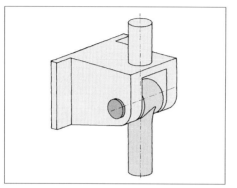 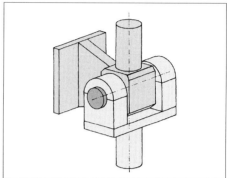

Oben links: Die Kolbenstange wird eingleisig geführt, die Pleuelstange ist an das gabelförmige Ende
der Führung angelenkt.

Oben rechts: Die Kolbenstange wird eingleisig geführt, der Gabelkopf der Pleuelstange greift üger den
Schwenkbolzen an der Kolbenstange an.

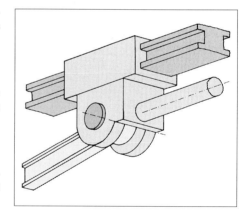

Mitte: Eingleisige Kreuzkopfführung eines Dampflo-
komotiv-Triebwerks, wie sie besonders im deutschen
Lokomotivbau häufig angewendet wurde.

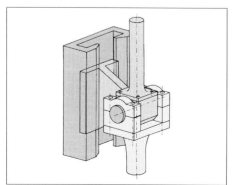 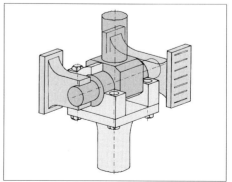

Geradführungen bei Dieselmotoren: links: eingleisig *(MAN)*, rechts: viergleisig: *B & W, Sulzer*

Zylindrische Geradführungen

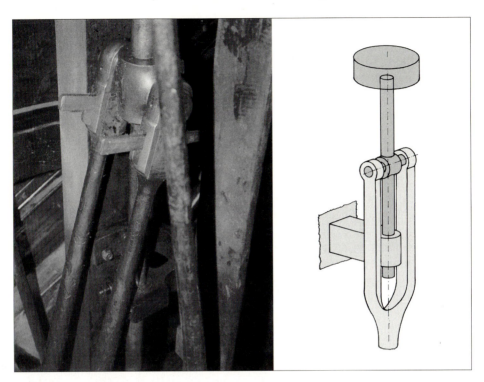

Die Kinematik dieser Geradführung ist konstruktiv aufgeteilt; die Führung der Kolben-stange erfolgt durch eine Bohrung, die Schwenkbewegung der Pleuelstange wird durch Gabel und Bolzen ermöglicht. Anwendung dieser Geradführung in der Dampfmaschine eines von I.K. BRUNEL konzipierten Schleppboots. Diese Maschine wurde 1843 von BUSH & BEDDOE gebaut und befindet sich heute im *Industrial-Museum* in Bristol (England).

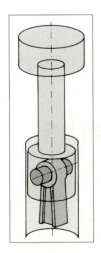 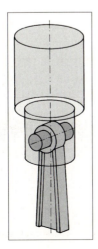 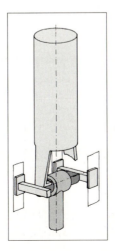 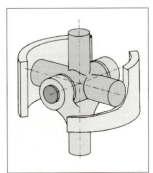

von links nach rechts:
Bolnes, Ricardo-Kreuzkopf-Kolben, *Sulzer SD*, stationäre Dampfmaschine

Nachgeben der Kolben einseitig anläuft und die Stopfbuchsendichtung der Kolbenstange leidet. Heute werden nur noch große Zweitakt-Dieselmotoren als Kreuzkopfmaschinen gebaut; die Masse eines solchen Kreuzkopfs beträgt ca. 1200 kg, es handelt sich also um Bauteile von beachtlicher Größe und entsprechendem Gewicht!

Die Geradführung des Kurbeltriebs ist in mehreren Schritten entwickelt worden. Lokomotiv-Triebwerke hatten schon früh Kreuzkopfführungen, wobei der Kreuzkopf zunächst fast ausschließlich viergleisig (in vier „Linealen") geführt wurde:

„ … In früheren Jahren wurden auch bei äusseren Cylindern stets vier Lineale angeordnet, wie dies noch heute bei inneren Cylindern in der Regel der Fall ist, und es muss hervorgehoben werden, dass sich das vierfache Gleitschienensystem als solches ganz vortrefflich bewährt hat, indem es eine sehr sichere innere Führung der Kolbenstange bedingt und daher nur in sehr geringem Grade oder gar nicht ein „Ecken" des Kolbens resp. der Stange in der Büchse veranlasst. Wenn die vierfache Führung für äussere Cylinder dennoch heute verschwunden ist, so darf daher der Grund hierzu keineswegs in etwaigen Betriebsnachtheilen gesucht werden, die sie mit sich führte, sondern nur in der Schwierigkeit ihrer Montierung und Nachregulierung, so wie überhaupt in der ihr naturgemäss innewohnenden Complication, während die Tendenz des neueren Maschinenbaues vorwiegend auf die grösstmögliche Einfachheit der Construction thatsächlich gerichtet erscheint. In Betreff des Kostenpunktes ist jedoch durch die Einführung der hohen Kreuzköpfe und damit auf nur zwei Lineale reducirten Geradführung durchaus Nichts gewonnen worden, weil bei letzteren weit grössere Massen in Betracht kommen, die erschmiedet, bearbeitet und ajustiert werden müssen …" [709].

Ein Grund für die viergleisige Kreuzkopfführung bei den inneren Zylindern, d.h. der innerhalb des Lokomotivrahmens liegenden Zylindern, war der, daß sie nur eine geringe Bauhöhe erfordert und sich somit gut über den Kuppelachsen anordnen ließ. Bei zweigleisiger Führung liegt

Bild 123 Kreuzkopf mit zweigleisiger Führung einer amerikanischen Dampflokomotive der 1880er Jahre

der Schwerpunkt des Kreuzkopfes in der Kolbenstangenachse, so daß keine zusätzlichen Kipp-momente auftreten; auch lassen sich die Gleitbahnen bei Verschleiß einfach nachstellen.

Die im obigen Zitat erwähnte „Tendenz des neueren Maschinenbaues vorwiegend auf grösst-mögliche Einfachheit" setzte sich fort und führte schließlich zur eingleisigen Führung:

„ … Trotz der vielen betrieblichen Vorzüge des zweischienigen Kreuzkopfs hat man ihn doch meistens verlassen, und zwar dem Konstrukteur zuliebe, weil man das halbe Gewicht der Gleit-bahnen spart und auch der Gleitbahnträger viel einfacher und leichter wird. Der Gewinn ist aber nicht immer groß, denn wenn man den Gleitbahnträger nach vorn rückt, was bei allen Lokomo-tiven mit vorderem Drehgestell ohne weiteres geht, so wird das Biegemoment der Gleitbahnen klein. Sie können einfache prismatische Gestalt bekommen und werden leicht …" [710].

Auch bei Stationärmaschinen gab es vier-, zwei- und eingleisige Kreuzkopfführungen, aber auch „freigehende Querhäupter" (Kreuzkopf ohne Führung). Letztere wurden aber nur in Sonderfällen angewendet. Die zweigleisigen Kreuzkopfführungen waren oft als Rundführungen ausgebildet, wobei die runden Führungsstücke („Schleifer") nachstellbar waren, um den Gleitbahnverschleiß auszugleichen. Solche Nachstellmöglichkeiten wurden aber als nicht unproblematisch angesehen:

„ … Sonst bevorzugt die Praxis jetzt allgemein, auch bei Rundführungen, die nicht nachstellba-ren Kreuzkopfkonstruktionen. Der Grund hierfür liegt in dem Wunsche, eine Nachstellung der Schleifer nicht durch den Wärter vornehmen zu lassen, der in dieser Beziehung leicht des Guten zu viel thun und durch übertriebenes Nachstellen unnöthig grosse Reibung und Arbeitsverluste in den Schlittenbahnen hervorrufen kann … .Werden solche Kreuzköpfe dann noch durch Scha-ben und ganz stramm in ihre Führung eingepasst, so laufen sie Jahre lang, ehe ein merkbarer Verschleiss an den Schleifern eintritt, und dieser kann durch Einschalten dünner Bleche auch wieder behoben werden …" [711].

Bild 124 Kreuzkopfführung des Triebwerks der Dampflokomotive BR 50 der *Deutschen Bundesbahn*

Bei Hammermaschinen, bei denen sich der Zylinder hauptsächlich auf den einseitigen Ständer abstützte, konnte der Kreuzkopf nur noch einseitig geführt werden. Das bot sich natürlich auch bei liegenden Dampf- und Gasmaschinen an. Aber auch bei stehenden Maschinen, insbesondere später dann bei Dieselmotoren sprach für die einseitige Kreuzkopfführung der Vorteil einfacherer Fertigung und Montage sowie guter Zugänglichkeit zum Triebwerk, zumindest von einer Seite her.

Der Kreuzkopf war bei doppeltwirkenden Dampfmaschinen unverzichtbar. Aber auch bei den anfangs einfachwirkenden Dieselmotoren wollte (und konnte) man auf dieses Maschinenelement nicht verzichten, galt es doch den Kolben, immer ein empfindliches Bauteil, von der Geradführung des Triebwerkes, also von der Normalkraft zu entlasten. Doppeltwirkende Motoren kamen ohnehin nicht ohne Kreuzkopf aus, und später war es der Schwerölbetrieb, der eine konstruktive Trennung von Verbrennungs- und Kurbelraum bei Zweitaktmotoren erforderte. Ottomotoren, vorwiegend als Antrieb für Fahrzeuge und Flugzeuge dienend, werden nur als Tauchkolbenmotoren gebaut, um Raum und Masse zu sparen. Doch auch hier gilt: Keine Regel ohne Ausnahme: Der von HARRY RICARDO entwickelte 150-PS-Ottomotor der englischen Panzer („Tanks“) im ersten Weltkrieg hatte sogenannte Kreuzkopfkolben, bei denen Kolben und Kreuzkopf konstruktiv miteinander verbunden waren (siehe auch Seite 427).

„ … Die Kolben der Kreuzkopfbauart bewährten sich insofern durchaus, als dabei die üblichen Störungen großer Aluminiumkolben vermieden wurden, kein Rauch des Auspuff auftrat und ein sehr hoher mechanischer Wirkungsgrad erreicht wurde …“ [712].

Bei Dieselmotoren haben sich vor allem zwei Kreuzkopfausführungen durchgesetzt, nämlich mit eingleisiger und mit viergleisiger Gleitschuhführung:

- Bei der aus dem Dampfmaschinenbau übernommenen Anordnung von A-Ständern in der Kurbelkreisebene konnte der Kreuzkopf einseitig an einer Ständerhälfte geführt werden. Da sich bei Rückwärtslauf der Maschine die Richtung der Normalkraft umkehrt, muß durch Rückwärtsgleitschienen ein Abheben des Kreuzkopfes von der Führung verhindert werden. Als man dann die Ständer zwischen den Zylindern in den Ebenen der Kurbelwellengrundlager aufstellte, wurden die Gleitbahnen zwischen den Ständern angeordnet und mit diesen verschraubt. Solchermaßen konnte die eingleisige Führung auch bei modernen Motoren beibehalten werden *(MAN)*.
- Eine andere Möglichkeit, den Kreuzkopf zu führen, besteht darin, daß man je zwei Führungen an den Ständern beiderseits des Triebwerkes anbringt. Eine solche Vierfachführung („viergleisig“) bietet Zugang zum Triebwerk von beiden Seiten. Allerdings setzt die viergleisige Führung genaue Fertigung und Montage voraus, um die Laufspiele zwischen Kreuzkopf und Führung einzuhalten *(B & W, Sulzer)*.
- Eine Sonderausführung stellen zylindrische Kreuzkopfführungen dar, wie sie früher bei Dampfmaschinen, aber auch bei Dieselmotoren angewendet wurden. Die holländische Firma *Bolnes* hatte Ende der fünfziger Jahre bei ihren Zweitaktmotoren die Ladepumpe zwischen Kolben-und Pleuelstange angeordnet und als Kreuzkopfkopfführung ausgebildet. Im Dampfmaschinenbau hatte man die zylindrische Führung gleichsam „aufgeschnitten“ und solchermaßen zweigleisig ausgeführt.

Die Gleitschuhe werden mit Weißmetall beschichtet; geschmiert werden sie mit Drucköl. Früher wurden Kreuzkopfführungen z. T. mit Wasser gekühlt, heute beherrscht man den Wärmeanfall mit Kühlung durch das Schmiermittel. Die Kreuzköpfe arbeiten insofern unter ungünstigen Bedingungen, als beim Zweitakter infolge einseitig wirkender Last der Bolzen im Pleuel nicht die Anlage wechselt. Es muß also Drucköl in die Kreuzkopf-Pleuellagerung geführt werden. Außerdem macht das Pleuel nur eine Schwenkbewegung, so daß sich kein definierter hy-

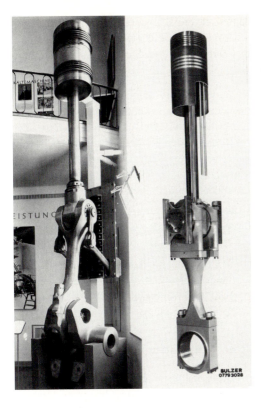

Bild 125
Kreuzkopf-Triebwerke großer Zweitakt-Dieselmotoren

links:
Eingleisige Kreuzkopfführung des doppeltwirkenden
Motors *MAN MZ 65/95* (1938)
rechts:
Viergleisige Kreuzkopfführung *Sulzer RTA*-Motoren
(1979)

drodnamischer Schmierfilm in der Lagerung aufbauen kann. Der konstruktive Aufbau der Funktionsgruppe Kreuzkopf ist folgender:

- Ein Vierkantschmiedestück mit zwei angeschmiedeten Zapfen ist einerseits mit dem Gleitschuh, andererseits mit der Kolbenstange verschraubt. Die Treibstange (Pleuelstange) ist, den Vierkant gabelförmig umfassend, an den Kreuzkopfzapfen angelenkt. (Kreuzkopf mit einseitiger Führung, Bauart *MAN*).

Bild 126
„Eingleisiger" Kreuzkopf
des *MAN*-Motors *KSZ
90/160 BL*. Die Größenordnung der Triebwerksteile von Schiffsmotoren
wird bei diesem Exponat
auf der SMM 1984 mit
Menschen als „Maßstab"
erst richtig deutlich.

- Auf den symmetrisch abgesetzten Kreuzkopfzapfen ist die Kolbenstange verschraubt. Die Treibstange ist gabelförmig am Kreuzkopfzapfen angelenkt. Beiderseits stützt sich der Zapfen in den doppel-T-förmigen Gleitschuhen ab (Vierfache Führung, Bauart *Burmeister & Wain, Sulzer*).

Natürlich gab es noch mehr Kreuzkopfausführungen, so z. B. Treibstangen, die gabelförmig den einfach ausgeführten Kolbenstangenkopf umfaßten oder den Kreuzkopfzapfen in zwei Augen aufnahmen, was ein einfacheres Schubstangenauge ermöglichte. Bei dem *Sulzer*-Motor, Typ SD, von 1943 ist der Kolben so lang gestaltet, daß er direkt an den Kreuzkopf angeflanscht werden konnte. Im Vergleich zu anderen Triebwerksteilen bereiteten Kreuzköpfe und ihre Führungen im Motorbetrieb vergleichsweise wenig Schwierigkeiten; allenfalls wurde beobachtet, daß sich die Kolbenstangen in die Auflagefläche des Kreuzkopfes einarbeiteten:

„ … Das Nacharbeiten der Aufsitzflächen für Kolbenstange (und Mutter) war ursprünglich häufiger notwendig als das Nachdrehen abgenutzter Zapfen, selbst bei den ungünstigen Belastungsverhältnissen, wie sie beim einfachwirkenden Zweitakt vorliegen. Bei diesen mußte man ungünstigenfalls etwa alle vier Jahre die Zapfen nachdrehen …“ [713].

Diese relativ geringe Störanfälligkeit hängt auch sicher auch daran, daß nur große Motoren Kreuzköpfe hatten, und solche Motoren in der Regel von sachkundigem Personal betrieben wurden.

10.4 Kolben

Kolben ist ein altes Wort, das sich zurück bis ins Althochdeutsche, also in die Zeit des frühen Mittelalters, verfolgen läßt. Das Althochdeutsche *kolbo* und seine Entsprechung im Altnordischen *kylfa* (Keule) und *kólfr* (Pflanzenknolle) kennzeichnen einen schlanken Gegenstand mit einer Verdickung an einem Ende [714]. Im Laufe der Zeit wurde dieser Begriff auch auf andere Gegenstände der gleichen Grundform übertragen, bis er schließlich in der frühen Technik, vornehmlich in den Wasserkünsten, d. h. im Pumpenbau Eingang fand.. Der *Duden* gibt hierzu folgende Auskunft:

„ … Das Wort bezeichnete in althochdeutscher und mittelhochdeutscher Zeit die Keule, wie sie speziell den Hirten und umherziehenden Narren als Waffe diente. Dann ging das Wort auf keulenförmige Pflanzen oder Pflanzenteile über, beachte z. B. die Zusammensetzung Maiskolben oder Schilfkolben. Weiterhin wurde es auf keulenähnliche Gegenstände, Maschinenteile und Geräte übertragen, beachte z. B. die Zusammensetzungen Gewehrkolben, Zylinderkolben, Schiffskolben, Destillierkolben …“ [715].

Die Kolben von Wasserpumpen, wie bei Ramelli beschrieben, bestanden aus einer Reihe von Lederscheiben, die zwischen zwei Kupferscheiben eingespannt waren, Bild 127.

Die Lederscheiben sorgten gleichzeitig für die Dichtung zwischen Kolben und Pumpenzylinder.

„ … welche zwey Pompleder/ so jhnen zuunterst angehäffet/ … /in den Druckwercken … auff- und niederziehen. Diese Pompleder werden von Leder gemacht/ und deren viel auffeinander schichtweis geleget/ von Zweyen küpffernen Blechen unden und oben zusammen gehalten …“ [716].

Der Kolben ist dasjenige Triebwerksteil, das direkt am Ablauf des thermodynamischen Prozesses – in der Dampfmaschine wie im Verbrennungsmotor – beteiligt ist. Er bildet hierbei die veränderliche Grenze des Arbeitsraumes. Unter der Wirkung des Dampfes bzw. des bei der Verbrennung des Kraftstoff-Luft-Gemisches entstehenden Gasdruckes vergrößert der Kolben auf seinem Weg vom oberen (OT) zum unteren Totpunkt (UT) den Arbeitsraum und überträgt die Dampf- bzw. Gaskraft („Stoffkraft") über die Pleuelstange auf die Kurbelwelle.

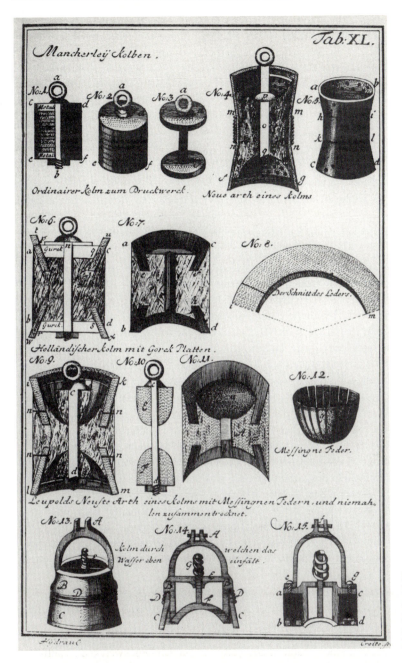

Bild 127
In JACOB LEUPOLD's *Schauplatz der Wasser-Künste* von 1724 findet man diese Zusamenstellung *Mancherley Kolben*.

In Dampfmaschinen mußten die Kolben höheren Temperaturen als in Pumpen widerstehen, so daß man sie aus Eisen herstellte. Das Hauptproblem war damals die genaue Fertigung von Kolben und Zylinder, daraus erwuchsen zusätzliche Schwierigkeiten für die Abdichtung. Der Grundaufbau der Kolben der ersten Feuermaschinen entsprach dem oben beschriebenen der Pumpenkolben: Zwischen zwei Deckplatten – nun aus Eisen –, deren Abstand durch Holzbalken gegeben war, wurde die Packung (Dichtung) eingeklemmt. Bei MATSCHOSS kann man hierzu nachlesen:

„ ... Gegen den gußeisernen Kolbenkörper ... ist eine Ulmen- oder Buchenplatte unter Zwischenlage von geteertem Flanell geschraubt ... Als Packung diente mit Pferdemist gemischtes altes aufgedrehtes Tauwerk, das als breiartige Masse in die Vertiefung rund um den Kolben hineingedrückt und durch acht eiserne Gewichte gehalten wurde. Eine Wasserschicht über dem Kolben unterstützte sehr wesentlich das Dichthalten und erhielt die Packung geschmeidig ...“ [717].

Die Dichtwirkung solcher Packungen ließ nach, so daß sie in Abständen erneuert werden mußten; auch mußten die Packungen nachgestellt werden, damit sie in sich dicht blieben und gegen den Zylinder dichteten. Als Dampfdruck und Kolbengeschwindigkeit zunahmen, reichten Hanfdichtungen nicht mehr aus; Dichtungen aus Metallringen wurden unumgänglich, es kamen auch gemischte Packungen aus Metallringen und Hanfstreifen in Gebrauch. Später versuchte man es mit Nichteisenmetallen als Dichtringen. Im Laufe der Zeit wurden also unzählige Dichtungen erprobt.

Der erste Dampfmaschinen-Kolben nur aus Metall wurde 1797 von EDMUND CARTWRIGHT verwendet:

“... The piston is to be made entirely of metal, without any hemp packing ... but by a number of loose segments of brass or gun metal, which are accurately fitted in to the groove round the edge of the piston, in place of hemp, and are forced outwards by springs, which are so disposed, as to keep the segments in close contact with the interior surfaces of the cylinder, and prevent the escape of steam ... .the base of the piston, which ist fastened to the lower end of the piston rod, is made rather less then the bore of cylinder; and its surface beeing made quite flat and smooth, two circular rings of gun metal are applied upon it, one over the other ...” [718].

In der Folge setzten sich Metallkolben schnell durch. Die Kolben von Dampfmaschinen sind scheibenförmig ausgebildet, ihr Durchmesser beträgt ein Mehrfaches ihrer Länge, was nur möglich war, weil sie nicht die Geradführung des Kurbeltriebs übernehmen mußten. Die Kolbenstange wurde in die Kolbendeckscheibe ein- bzw. angeschraubt. In manchen Fällen wurden Kolbenstange und Kolbendeckel in einem Stück ausgeführt. Zur Montage und Demontage der Packungen waren die Kolben zwei- oder mehrteilig ausgebildet. Um die Packungen nachzuziehen, mußten die Kolben einstellbar ausgeführt werden, was natürlich eine Erschwerung für den Maschinenbetrieb bedeutete. Somit beeinflußte die Packung ganz entscheidend die Ausführung des Kolbens. Eine für die Entwicklung der Kolbenmaschinen entscheidende Basisinnovation gelang JOHN RAMSBOTTOM[247] 1854 mit dem einteiligen, selbstspannenden Kolbenring, denn dieser gestattete nicht nur ein sicheres Abdichten gegen hohe Arbeitsdrücke, sondern ermöglichte es auch, den Kolben einteilig auszuführen. In die Kolbenscheibe waren Nuten eingedreht, in welche die Kolbenringe eingelegt wurden, Bild 128.

Die Kolbenringe, obwohl einteilig, konnten ohne weiteres in diese Nuten montiert werden, weil sie geschlitzt und elastisch genug waren, um über den Kolben gestreift zu werden. Als Vorteile dieses Kolbens wurden in einer zeitgenössischen Publikation genannt:

„... 1) Eine große Gewichtsverminderung; denn ein gußeiserner Kolben dieses Systems von 0,381 m (16 Zoll) Durchmesser wiegt nur 39,90 Kilogr. (84 Pfund), während der leichteste nach der bisherigen Construction 53, 96 Kilogr. (113 Pfund) wiegt ...

2) Einfache Construction und wohlfeile Herstellung, indem der Kolben abgesehen von seinen drei Liderungsringen, nur aus einem Stück besteht und, nachdem er gegossen worden ist, keine andere Arbeit erfordert, als das Abdrehen des cylindrischen Theils und das Eindrehen der

---

[247] JOHN RAMSBOTTOM, 1814 bis 1897, war ein hervorragender Ingenieur, der viele Erfindungen in der Eisenbahntechnik machte. Er gehörte zu den Gründern der britischen *Institution of Mechanical Engineers*. Seine bedeutendste Leistung ist die Erfindung und Entwicklung des einteiligen selbstspannenden Kolbenrings.

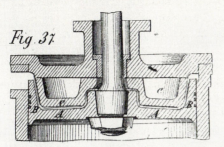

Bild 128
Mit dem einteiligen, selbstspannenden Kolbenring von 1854 von JOHN RAMS-BOTTOM konnte der Kolben ebenfalls einteilig gestaltet werden, was gegenüber früheren Konstruktionen einen großen Fortschritt darstellt.

drei Falzen *(Anmerk. d. Verf.: Mit Falzen sind die Ringnuten gemeint),* sowie das Ausbohren des Lochs in der Mittes, welches die Kolbenstange aufnimmt …

3) Die Unmöglichkeit in Unordnung zu gerathen, da der Kolben weder Schrauben noch Muttern und ebenso wenig Splinte noch Stifte hat, welche ausfallen und Unfälle veranlassen können …

4) Eine Verminderung der Reibung, welche sowohl durch die Gewichtsverminderung des Kolbens, als auch durch die Verkleinerung der elastischen, gegen den Cylinder drückenden Oberfläche veranlaßt wird …" [719].

Die Überlegenheit dieser Bauart von Kolben und Kolbenringen gegenüber den bisherigen Ausführungen war so evident, daß sie sich bei den Lokomotiv-Triebwerken rasch durchsetzte, wohingegen bei Stationär- und Schiffsmaschinen mehrteilige Kolben mit mehrteiligen Ringen bzw. Packungen noch lange beibehalten wurden, Bild 129.

Bei den beträchtlichen Abmessungen und Massen der Kolben, mußte die Kolbenstange bei liegenden Maschinen zweifach geführt werden: Die Kolbenstange geht durch den Kolben hindurch und wird beidseitig in den Zyklinderdeckeln geführt. Bekanntes Beispiel hierfür sind die Dampflokomotiven, bei denen an der Frontseite der Zylinder die Kolbenstangenführungen markant herausragen. Man muß sich in Erinnerung rufen, daß die Durchmesser von Lokomotivkolben immerhin 300 bis 500 mm und der Hub 500 bis 660 mm betragen haben, die von Stationärmaschinen noch größer waren, somit eine solche Doppelführung notwendig machten, um einseitigen Verschleiß der Zylinder durch das Eigengewicht der Kolben zu vermeiden. Im Lokomotivbau wurden ab den sechziger Jahren des 19. Jahrhunderts die Kolben aus Stahl geschmiedet: „ … Das Gusseisen als Kolbenkörper scheint heute, wenigsten bei allen besseren Constructionen, verbannt, obwohl einige Bahnen noch dafür sehr schwärmen …" [720]. Bei Kolben von ortsfesten Maschinen, aber auch von Schiffsmaschinen gab man noch lange dem Gußeisen den Vorzug, zum einen weil die Masse („Gewicht") der Maschine nicht eine solche Rolle spielte, zum anderen weil das Gießen in der konstruktiven Gestaltung, insbesondere bei der Versteifung der Kolbenstruktur durch Rippen bessere Gestaltungsmöglichkeiten bietet. Im Laufe der Zeit wirkte die Gewichtsersparnis durch Stahlkolben, immerhin 30 bis 40 %, doch als Anreiz, so daß ab Mitte der 1860er Jahre der Stahlkolben – ausgehend vom englischen Schiffsmaschinenbau – immer mehr an Boden gewann.

Bei der Durchsicht von Fachliteratur aus dem 19. Jahrhundert über Dampfmaschinen findet man kaum Angaben darüber, daß Kolben besondere Schwierigkeiten gemacht hätten. CARL BUSLEY, der sich in [721] ausführlich mit Havarien und Reparaturen der Schiffsmaschinen befaßt, vermerkt hierzu nur:

„ … Beschädigungen der Cylinder, Kolben und Schieber treten im Allgemeinen nicht so häufig ein wie Wellenbrüche … Zerbricht durch irgend eine Ursache ein Cylinder, ein Kolben oder ein

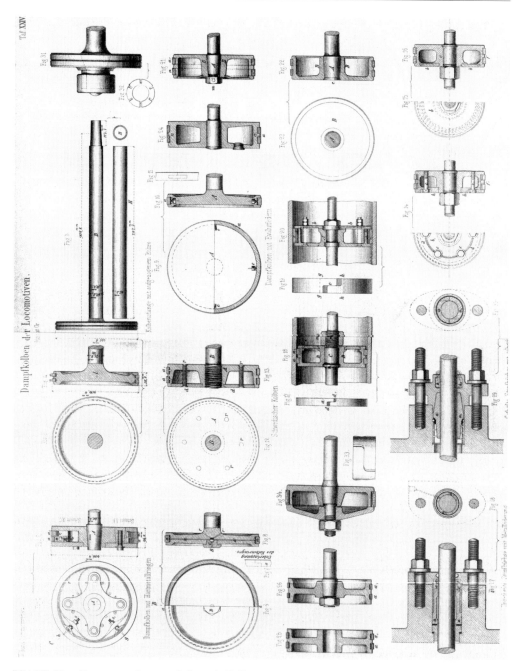

Bild 129 Diese Zusammenstellung von Lokomotiv-Kolben aus Heusinger's *Handbuch der Speciellen Eisenbahn-Technik* zeigte, daß um 1870 der Ramsbottom'sche Kolben zur Standard-Bauart in Lokomotiven geworden war.

Schieber in einer Zwillings- oder Drillingsmaschine, so schließt man den betreffenden Cylinder mit Hülfe seiner Absperrvorrichtungen von den Kesseln und Condensatoren ab, kuppelt seine Pleyelstange und Schieberstange von den anderen Uebertragungs- und Steuerungsmechanismen aus, stellt Kolben und Schieber auf irgend eine Weise fest und fährt mit einem Cylinder resp. zwei Cylindern weiter …"

In Verbrennungsmotoren stellte sich die Situation für die Kolben ungleich ungünstiger dar, weil sie statt Dampf von allenfalls 350 °C Verbrennungsgasen von wesentlich höheren Temperaturen und deren aggresiven Verbrennungsprodukten ausgesetzt sind. Damit Kolben bei – wenngleich nur kurzzeitig auftretenden – Spitzentemperaturen über 2000 °C und Abgastemperaturen von immerhin 300 °C bis 900 °C überhaupt arbeiten können, muß die einfallende Wärme im nötigen Maße abgeführt werden. Hierbei spielen die Kolbenringe eine ebenso wichtige Rolle wie dabei, den Brennraum vom Kurbelraum so zu trennen, daß die Verbrennungsgase nicht in den Kurbelraum und das Schmieröl nicht in den Brennraum gelangen. Vorbedingung für die Funktion der Kolbenringe ist ein hinreichend niedriges Temperaturniveau im Kolben. Somit kommt der Wärmeabfuhr aus dem Kolben eine vorrangige Bedeutung zu. Primär wirken auf den Kolben die Gaskraft und die als Folge der Kinematik des Hubkolbentriebwerkes auftretenden oszillierenden Massenkräfte. Gas- und Massenkräfte addieren sich zur Kolbenkraft. Die höheren Arbeitsspielfrequenzen von Verbrennungsmotoren, sprich: Drehzahlen, und die höheren Gasdrücke verschärfen auch von der mechanischen Seite her die Arbeitsbedingungen.

Schnell- und mittelschnellaufende Motoren werden, um Bauhöhe und Gewicht zu sparen, als Tauchkolbenmotoren ausgeführt: Kolbenstange und Kreuzkopf entfallen, die Pleuelstange ist über den Kolbenbolzen direkt am Kolben angelenkt. Der Kolben muß nun die Geradführung des Triebwerkes übernehmen, man spricht deshalb von der „Kreuzkopf-Funktion" des Kolbens. Die Normalkraft drückt den Kolben auf die Zylinderlaufbahn, wobei sie im Laufe eines Arbeitsspieles mehrfach ihre Richtung ändert. Eine weitere Erschwernis für die Funktion des Kolbens liegt in seiner ungleichförmigen Bewegung. Kolben, Ringe und Zylinder bilden zusammen mit dem Schmiermittel ein tribologisches System, dessen Funktion davon abhängt, daß sich zwischen den Gleitpartnern ein hydrodynamischer Schmierfilm aufbauen kann. In den Totlagen, wenn sich die Kolbengeschwindigkeit auf Null reduzert, vor allem im Zünd-OT unter Einwirkung der heißen Verbrennungsgase, wird der Schmierfilm stark beeinträchtigt, wenn nicht sogar unterbrochen.

Neben diesen „primären" hat der Kolben noch weitere, „sekundäre" Aufgaben zu erfüllen, die nicht selten seine Funktion erheblich stören: Zur Unterstützung der Gemischbildung bzw. Spülung ist die brennraumseitige Kolbenoberfläche entsprechend gestaltet. Je nach Arbeitsprozeß und Verbrennungsverfahren, nach konstruktiven Gegebenheiten wie der Anordnung der Einspritzdüsen und der Ventile, sind Aussparungen im Kolben in verschiedener Form ausgebildet; sie vergrößern die wärmeaufnehmende Fläche des Kolbens. Der größere Wärmeeinfall dadurch, noch verstärkt durch den Luftdrall bestimmter Verbrennungsverfahren, belastet den Kolben so stark, daß sich der Werkstoff an exponierten Stellen wie dem Muldenrand plastisch verformt. Beim Zweitakt-Motor öffnet und schließt der Kolben die Ein- und Auslaßschlitze. Dadurch wird der Schmierfilm unterbrochen, und schlimmer noch, Kolben und Zylinder werden thermisch hoch und außerdem unsymmetrisch beansprucht. Auch beim Viertakter unterstützt der Kolben den Ladungswechsel: Er schiebt die Verbrennungsgase aus und schafft beim Rückhub den Unterdruck für das Ansaugen der Frischladung.

Im Gasmaschinenbau konnte man sich auf den Entwicklungsstand der Dampfmaschinenkolben im letzten Drittel des 19. Jahrhunderts stützen. Einteilige Grauguß- und Stahlkolben mit eingestochenen Nuten für einteilige selbstspannende Kolbenringe hatten sich in Dampfmaschinen bewährt, sie stellten den diesbezüglichen Stand der Technik zu Beginn des 20. Jahrhunderts dar. Für die Geradführung des Triebwerks mußte der Kolben eine ausreichende Länge – größer/ gleich seinem Durchmesser – haben: „Trunkkolben"! Den im Vergleich zu den Dampfmaschinen höheren Drücken in Verbrennungsmotoren wurde mit wirksamerer Abdichtung des Verbrennungsraumes durch mehr Kolbenringe Rechnung getragen.

„ ... Die Kolben der einfachwirkenden Viertaktmaschinen gestaltet man ganz einfach; sie sind aus einem Stück gegossen und haben hinten eine größere Anzahl, wenigstens vier selbstspannende gusseiserne Ringe ... Da die Kolben den Kreuzkopfdruck ertragen müssen, so sind sie lang und nur ganz wenig schwächer gedreht als die Zylinderbohrung ... Unangenehm bei Tauchkolben ist und bleibt der Zapfen, an dem die Kolbenstange angreift. Seiner Schmierung muß große Sorgfalt gewidmet werden ..." [722].

Die Kolben großer Gasmaschinen, vornehmlich doppeltwirkender, mußten unbedingt gekühlt werden. Das geschah mit Wasser, das durch konzentrische Bohrungen in der Kolbenstange dem Kolben zu- bzw. daraus abgeführt wurde. Die Wasserkühlung stellte natürlich eine konstruktive wie betriebsmäßige Erschwernis dar und löste mannigfaltiger Betriebsstörungen und Maschinenschäden aus.

Fahrzeugmotoren drehten deutlich schneller, was dazu zwang, die Kolbenmasse zu verringern, um die Massenkräfte beherrschen zu können. Noch strenger war der Zwang zu leichteren Flugmotoren-Kolben, deren Wandstärke man durch Übergang zu Stahlkolben verringern konnte. Stahlkolben hatten ein schlechteres Laufverhalten; sie mußten deshalb sorgfältig, damals gleichbedeutend mit reichlich, geschmiert werden. Weil sich eine solche Schmierung nicht richtig steuern ließ, gelangte übermäßig Öl in den Brennraum, wo es verbrannte und sich als Ölkohle absetzte. Außerdem verölten die Zündkerzen, Ursache mancher Motorstörung!

Was lag dann näher, als auf Werkstoffe geringerer Dichte als die der Eisenwerkstoffe überzugehen. Die für Motorkolben wichtigsten Eigenschaften, nämlich geringe Dichte und gute Wärmeleitfähigkeit, haben Leichtmetall-Legierungen auf Aluminium- und Magnesium-Basis, woraus sich deren Überlegenheit über Stahl- und Gußeisenwerkstoffe erklärt. Andererseits haben Leichtmetalle auch Nachteile, nämlich den im Vergleich zu Gußeisen nahezu doppelt so große Wärmeausdehnungs-Koeffizienten, die niedrige Warmfestigkeit und bei Magnesium-Legierungen zusätzlich noch die ausgeprägte Verschleißempfindlichkeit. Diese Nachteile suchte man auf zweierlei Art auszugleichen, durch Weiterentwicklung der Werkstoffe selbst und durch geeignete, auf die speziellen Bedürfnisse der Motorenart und Motorgröße ausgelegte Kolbenkonstruktionen. Es bedurfte einer langen Entwicklung und großer Erfahrung, bis man verstand, Werkstoffeigenschaften, Kolbenbauart und Konstruktion so aufeinander abzustimmen, daß die Kolben unter den speziellen Bedingungen der jeweiligen Motoren nicht nur funktionierten, sondern auch – gemäß dem Stand der Technik – ausreichende Laufzeiten erreichten.

Überlegungen, Kolben aus Werkstoffen von geringerer Dichte als der des Eisens herzustellen, sind schon früh angestellt worden. Nach [723] wurden ab 1907 erste Versuche mit Leichtmetall-Kolben unternommen, in Deutschland wie auch in anderen Ländern. 1908/1909 sollen Motoren belgischer und französischer Rennwagen mit Aluminium-Kolben ausgerüstet gewesen sein. 1910/1911 erhielt der 3,6-l-Motor des *Hispano-Suiza*-Pkw „Alphonse XII" serienmäßig Aluminium-Kolben [724].

Der Pionier des Leichtmetall-Kolbens in Deutschland ist DR. MAX VON SELVE. Als VON SELVE sich mit seinem Flugmotor an dem ersten *Kaiserpreis-Wettbewerb* von 1912 beteiligen wollte, mußte er den Motor aber auf Verlangen des Preisgerichtes auf Gußeisen-Kolben umrüsten, weil zuvor in einem Versuchsmotor Aluminium-Kolben nach wenigen Stunden Laufzeit Risse im Kolbenboden gezeigt hatten [725], woraus gefolgert wurde, daß Aluminium-Kolben wegen ihrer „Schmelztemperatur von unter 600 °C" den „Gastemperaturen von über 1000 °C" im Motor nicht standhalten könnten [726]. Dessen ungeachtet wurde weiter mit Leichtmetall-Kolben experimentiert. 1914 gelang es drei *Mercedes*-Rennwagen mit Aluminium-Kolben im „Grand Prix von Frankreich" die ersten Plätze zu erringen [727]. Es verdient Beachtung, daß in den USA bereits 1915 Aluminium-Kolben serienmäßig in Fahrzeugmotoren eingebaut wurden; der *Twin-Six*

(12-Zylinder-)*Packard* war der erste amerikanische Pkw-Motor mit Aluminium-Kolben [728]. Im ersten Weltkrieg zeigte sich, daß die Grauguß-Kolben weiteren nennenswerten Leistungssteigerungen der Flugmotoren Grenzen setzten.

„ … Während über den 120 PS-Mercedes- und 110 PS-Benz-Motor nur vereinzelt Kolbenschäden berichtet wurden – in Zeebrügge liefen im Februar *(Anmerkung des Verf.: 1915)* mehrere 120 PS-Motoren bereits 63 Stunden ohne Störung –, traten beim 160 PS-Mercedes bald Kolbenrisse auf. Wenn auch bereits um diese Zeit bei einigen Fliegerabteilungen ungeeignete Schmieröle verwendet wurden, so war doch die Kolbenkonstruktion als Hauptursache für diese Schäden anzusprechen: Der aus einem stählernen Kolbenboden und einem gußeisernen Laufzylinder hergestellte Kolben riß unter der erhöhten Wärmebelastung an der geschweißten Trennstelle …“ [729].

Als dann 1916 *Rolls-Royce*-Flugmotoren mit Aluminium-Kolben in deutsche Hände fielen, gaben die Militärbehörden ihren Widerstand gegen Leichtmetall-Kolben nicht nur auf, sondern drängten die Flugmotoren-Hersteller, Aluminium-Kolben zu verwenden. Ab 1917 wurden sukzessive mehrere Flugmotorentypen auf Aluminium-Kolben umgestellt, Bild 130.

Dabei stellte man fest, daß die Kolbenringe nicht mehr so schnell festgingen, daß die Kolben weniger empfindlich auf Unregelmäßigkeiten oder Störungen im Motor reagierten, und daß die Zylinder einen niedrigeren Verschleiß zeigten. Weil sich die Ladung an den Kolben weniger stark aufheizte, war die Füllung der Zylinder besser; auch waren die Motoren jetzt merklich weniger klopfempfindlich.

Leichtmetallkolben bewährten sich also in Flugmotoren; ob sie das auch in Fahrzeugmotoren taten, stand noch aus. Um diesen Nachweis zu erbringen, veranstaltete die *Abteilung für Luft- und Kraftfahrzeuge des Reichsverkehrsministeriums* 1921 einen Wettbewerb für Aluminium-Kolben[248], der unter der Leitung von Prof. GABRIEL BECKER an der *Versuchsanstalt für Kraftfahrzeuge der Technischen Hochschule Berlin* durchgeführt wurde. Mit diesem Kolben-Wettbewerb wurde die Eignung von Leichtmetall-Kolben für Kfz-Motoren nachgewiesen, er trug wesentlich dazu bei, Vorbehalte der Kfz-Hersteller gegen Leichtmetall-Kolben auszuräumen, Bild 131.

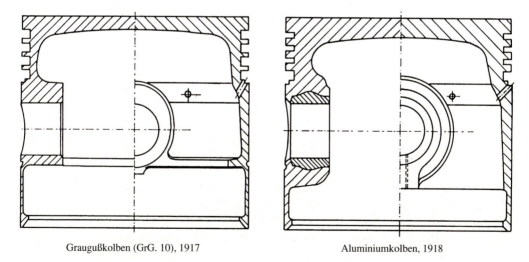

Graugußkolben (GrG. 10), 1917   Aluminiumkolben, 1918

Bild 130 Die ersten Aluminiumkolben waren konstruktiv noch stark an den Graugußkolben ausgerichtet: Beispiel: Flugmotorenkolben ⌀ 165 mm *Maybach Mb IVa.*

---

[248] In der Literatur wird zwar stets vom Wettbewerb für Aluminium-Kolben gesprochen, es waren aber auch Kolben aus anderen Leichtmetall-Legierungen eingereicht worden.

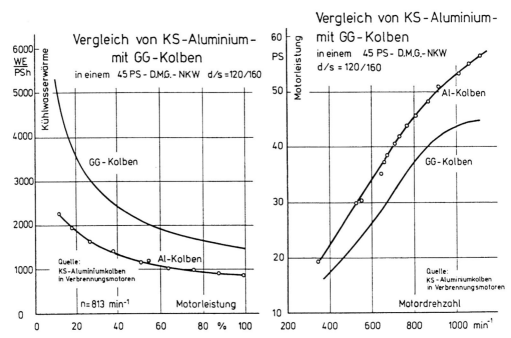

Bild 131 In zahlreichen Versuchen wurden in den 1920er Jahren die Vorteile von Aluminiumkolben bezüglich Leistung und Verbrauch gegenüber Graugußkolben überzeugend nachgewiesen.

Mit Leichtmetallkolben gab es anfangs viele Probleme, deren Ursachen vielschichtig waren. Sie lagen im Werkstoff und in Teilbereichen der Kolbenkonstruktion: Bolzenbohrung, Kolbenschaft und Kolbenringzone. Die Fertigungsqualität war ungenügend. Die frühen Jahre der Leichtmetallkolben-Fertigung in Deutschland schildert ERNST MAHLE so:

„ … Man richtete sich ein, man brauchte einige genaue Drehmaschinen, man brauchte einige Schleifmaschinen … Beim Bearbeiten wurden die Toleranzen noch nicht genau eingehalten. Man wußte noch gar nicht, wie genau man die einzelnen Teile zu fabrizieren hatte, die Kolbenringnuten auf Hundertstel Millimeter oder möglichst noch etwas genauer, was mit Bohrmaschinen und nachträglichem Ausreiben mit Reibahlen kaum zu machen war …" [730].

Insbesondere die Kolbenbolzen-Lagerung bereitete Schwierigkeiten:

„ … Zu wirklichen Erfolg führte erst die Erkenntnis, daß das Ziel nur durch einen außergewöhnlich hohen Genauigkeitsgrad von Bearbeitung und Passung der Bolzen im Kolben erreicht werden konnte, um die verfügbare Auflagefläche auch tatsächlich zum Anliegen zu bringen …" [731].

Ein weiterer Grund für Kolbenschwierigkeiten lag in den Unzulänglichkeiten von Zylindern, Kurbelgehäusen, mitunter in der gesamten Motorkonzeption:

„ … kein Konstrukteur wollte zugeben, daß seine Zylinderkonstruktion mangelhaft war, die Lage der Ventile und Zündkerze ungünstig gewählt und die Kühlung noch viel zu wünschen übrig liess. Kein Betriebsingenieur gab zu, daß die Bearbeitung der Zylinderlaufspiegel zu rauh war, daß die Zylinder bei der Bearbeitung verspannt wurden oder gar bei der Montage verzogen wurden und die Schmierung verbesserungsbedürftig war und dergl …" [732].

Mancher Schaden dürfte auch daher gerührt haben, daß der Leichtmetall-Kolben die in ihn gesetzten Erwartungen auch tatsächlich erfüllte, nämlich eine höhere Motorleistung zu ermöglichen. Die einzige Gelegenheit für den Kolben-Hersteller, Kolben selber motorisch zu erproben, bestand darin, die Kolben in den Motor eines Kfz einzubauen und das Fahrzeug auf der Straße zu fahren. Obwohl dann die Bedingungen des Versuches weitgehend denen des wirklichen Kfz-Betriebes entsprachen, waren sie – trotz aller Bemühungen – nicht eindeutig reproduzierbar. Auch war das Versuchsergebnis eher qualitativer denn quantitativer Art:

„ … ist das Ergebnis eines Fahrversuches dargestellt, der 1925 vom Verfasser unternommen wurde. Bei einem normalen 5/20 PS-Motor wurden die Grauguß-Kolben durch Elektron-Kolben ersetzt. Mit beiden Kolbentypen wurden mit demselben Motor, dem selben Fahrer, zur selben Tageszeit, unter gleichen Witterungsverhältnissen und gleichen Straßenverhältnissen, mit dem selben Reifendruck und Brennstoff, der selben Vergasereinstellung die selbe Strecke gefahren …“ [733].

Da die Motoren in ihrer Konzeption, die häufig noch aus der Zeit vor dem Ersten Weltkrieg stammten, auf die niedrigen Leistungen mit den Grauguß-Kolben ausgelegt waren, wurden sie nun schlicht überlastet, mit entsprechenden Rückwirkungen auf den Kolbenlauf: Die Gehäuse verformten sich stärker, Kühlung und Schmierung reichten nun nicht mehr aus usw. usf. Im Grunde ein Paradoxon, weil wirksame Abhilfe erst mit auf die Leichtmetall-Kolben hin ausgelegten Neukonstruktionen geschaffen werden konnte, was aber voraussetzte, daß sich die Leichtmetall-Kolben in den alten „Grauguß-Kolben“-Motoren bewährten!

Abweichend von den meisten anderen Gleitsystemen muß der Kolben eine Form erhalten, die – im Kaltzustand – verschiedene Spiele am Umfang und in der Länge ergibt. Das Kolbenspiel setzt sich aus zwei Teilen zusammen, der Durchmesser-Differenz von Zylinder und dem als Kreiszylinder gedachten Kolben und der Abweichung der wirklichen Kolbenform von diesem Kreiszylinder. Letztere ist die Kolbenfeinkontur, die nach dem Arbeitsgang, mittels dessen sie früher hergestellt wurde, auch als „Schleifbild“ bezeichnet wird. Bei der Auslegung des Schleifbildes müssen berücksichtigt werden: Die Temperaturverteilung im Kolben in axialer und in Umfangsrichtung, das ungleichmäßige Ausdehnungsverhalten des Kolbens infolge seiner Massenverteilung, das Verformungsverhalten von Zylinderbuchse und Kurbelgehäuse, die unterschiedlichen Temperaturen bei Vollast, Teillast und Leerlauf. Diese wiederum hängen ab von der Kolbenbauart, der konstruktiven Ausführung und dem Werkstoff wie von motorseitigen Größen, als da sind: Arbeitsverfahren (2/4-Takt), Arbeitsprozeß (Otto/Diesel), Gemischbildung und Verbrennung, Motorbetriebsart (auf der Propeller-, Vollast- oder Generatorkurve), Kühlung (Wasser/Luft), Motorkonstruktion (Kurbelgehäuse, Zylinder, Zylinderkopf). Ein für alle Bedingungen und Zustände „richtiges“ Spiel gibt es – genau genommen – gar nicht; vielmehr kommt es darauf an, die Feinkontur so zu gestalten, daß der Kolben seine Aufgaben unter den jeweiligen Umständen möglichst gut erfüllen kann. Um die Schwierigkeiten mit der Festlegung des Kolbenspieles zu verstehen, muß man sich vergegenwärtigen, unter welchen Bedingungen der Kolben in Verbrennungsmotoren läuft: Der Zylinder wird vom Gasdruck regelrecht aufgeblasen; in der Pleuelschwenkebene (Motorquerrichtung) meist stärker als in Kurbelachsrichtung (Motorlängsrichtung), wobei er oben und unten durch den Kurbelgehäuse-Einpaß eingeschnürt wird. Der Kolben seinerseits beult sich unter dem Gasdruck oben ein und seitlich aus. Diesen mit dem Arbeitszyklus periodischen Verformungen überlagern sich quasistationäre Wärmedehnungen, ungleich in ihrer Größe für Kolben und Zylinder, zudem noch bei Lastwechsel phasenverschoben. So nimmt es nicht wunder, daß das Kolbenspiel Anlaß zu vielen Betriebsstörungen gegeben hat.

Nun muß noch einmal zurückgegriffen werden: Bei der mathematischen Behandlung der Kolbenbewegung und der daraus resultierenden Massenwirkungen war man im 19. Jahrhundert zunächst von der vereinfachenden Annahme einer unendlich langen Pleuelstange ausgegangen. Da sich in diesem hypothetischen Fall die Pleuelstange nur oszillierend bewegt und keine Schwenkbewegung ausführt, tritt auch keine Normalkraft infolge einer Pleuelschrägstellung

Kolbenspiel: Schema

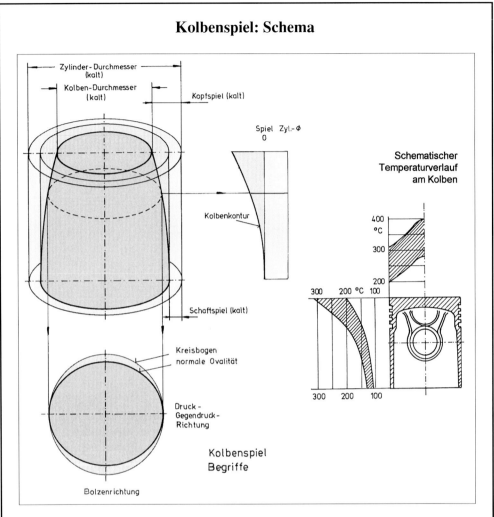

Zylinder-Durchmesser (kalt)

Kolben-Durchmesser (kalt)

Kopfspiel (kalt)

Spiel Zyl.-φ
0

Kolbenkontur

Schematischer Temperaturverlauf am Kolben

400 °C

300

200

300   200 °C   100

Schaftspiel (kalt)

Kreisbogen normale Ovalität

300   200   100

Druck- Gegendruck- Richtung

Kolbenspiel Begriffe

Bolzenrichtung

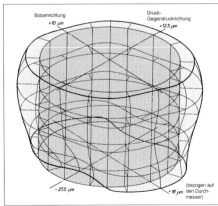

Bolzenrichtung
+10 μm

Druck-Gegendruckrichtung
+12,5 μm

-27,5 μm

+18 μm

(bezogen auf den Durchmesser)

Verformung des Unterteils eines gebauten Kolbens unter Gaskraftbelastung

Das Kolbenspiel setzt sich im Kaltzustand aus der Differenz des Zylinders und dem als Kreiszylinder gedachten Kolben (dem eigentlichen Spiel) zusammen, sowie aus der Abweichung des Kolbens von eben dieser Kreiszylinderform. Die wirkliche Kolbenform *(Kolbenfeinkontur; Schleifbild)* weicht in axialer Richtung (Konizität, Balligkeit) und in Umfangsrichtung (Ovalität) von der idealen Kreiszylinderform ab. Damit werden die thermische Verformung des Kolbens entsprechend dem Temperaturverlauf und die mechanische Verformung des Kolbens durch Gas- und Massenkräfte kompensiert.

auf. Die endliche Länge des Pleuels bedingt aber beides, Schrägstellung und Normalkraft. Die Normalkraft („Gleitbahnkraft", „Kolbenseitenkraft") ist – weil eine Blindkraft[249] unerwünscht, zumal sie während eines Arbeitsspieles mehrfach ihre Richtung ändert, mit üblen Folgen, als da sind:

- Kolbenklappern: Kolben – insbesondere Leichtmetallkolben – brauchen, wie oben beschrieben, ein gewisses Laufspiel. Bei Vorzeichenwechsel (d. h. Richtungsumkehr) der Nomalkraft legt sich der Kolben von der einen an die andere Seite der Laufbahn, das um so heftiger, je größer das Spiel und die Normalkraft sind. Es kommt zum „Kolbenklappern".
- Kavitation der Zylinderbuchsen auf der Kühlwasserseite: Durch den heftigen Aufprall des Kolbens beim Anlagewechsel auf die Zylinderwand wird diese zu Schwingungen angeregt. Der dadurch ausgelösten hochfrequenten Bewegung der Zylinderwand kann das Kühlwasser nicht mehr folgen; örtlich sinkt der Flüssigkeitsdruck unter den Dampfdruck und es bilden sich Dampfblasen. Wenn diese dann implodieren, wird der Zylinderwerkstoff angegriffen und sogar zerstört.
- Reibungsverluste
- Einseitiger Verschleiß der Zylinderlaufbahnen

Ausgehend von der Überlegung, daß die Ursache dieses Übels letztlich in der Schrägstellung des Pleuels zu sehen ist, hat man nach Wegen gesucht, diese im gewünschten Sinn zu beeinflussen. Ein solcher besteht in der *Schränkung* der Kurbelwelle, mit der die Lage der Kurbelwelle im Kurbelgehäuse gegenüber der Zylinderachse verschoben wird („Versetzte Zylinder"). Damit lassen sich die Anlagewechsel-Zeitpunkte des Kolbens beeinflussen. Bei zur Gegendruckseite (d. h. in Drehrichtung der Kurbelkröpfung beim Arbeitstakt) geschränktem Kurbeltrieb findet der Anlagewechsel des Kolbens früher statt, bei Schränkung in Druckrichtung hingegen später, verbunden mit einem etwas niedrigeren Maximalwert der Normalkraft [734]. Das Schränken wurde übrigens schon im Dampfmaschinenbau angewendet, um einseitigen Verschleiß der Zylinderlaufbahn zu verringern.

„ … Der Hauptgrund der Ausführung geschränkter Kurbeltriebe ist die gleichmäßige Verteilung der Kolben-Seitendrücke auf die Zylinderbahn. Zylinder ohne Schränkung laufen sich nach ca. 60.000 km einseitig oder oval aus. Während des Arbeitshubes ist nämlich der Druck des Kolbens auf die der Drehrichtung entgegenliegende Zylinderwand ca. fünfmal so groß als jener Druck, mit welchem der Kolben während der Kompressions- bzw. Auspuffperiode an der Drehrichtungsseite angepreßt wird. Die Abnutzung der Arbeitsseite ist demnach ca. fünfmal größer als die der Kompressions- bzw. Ausschubseite. Man hat deshalb schon lange vor dem Automobilbau die Zylinder von Dampfmaschinen und Explosionsmotoren, wenn dieselben keine besonderen Kreuzkopfführungen hatten, desaxial bzw. geschränkt angeordnet …" [735].

und

„ … Das Kriterium für den Wert des Versetzens der Zylinder ist das Verhältnis, in welchem die Versetzung den mittleren Seitendruck auf die Zylinderwand während des Kompressionshubes verringert … .wenn man also die Zylinder um einen Betrag versetzt, der $2/15$ des Hubes entspricht, so ergibt sich daraus eine Verringerung des Seitendruckes auf die Zylinderwand von 20,5 %. Versetzt man den Zylinder um $1/5$ des Hubes, so verringert sich der Seitendruck auf die Zylinderwand um etwa 30 % …" [736].

Neben dem Schränken kann man den Kurbeltrieb auch dadurch Desaxieren, daß man die Kolbenbolzenachse aus der Zylinderachse verschiebt, d. h. das Pleuel wird nicht genau in Kolben-

---

[249] Unter Blindkräften versteht man solche Kräfte, die keinen Anteil an der Leistungsentwicklung haben, sondern lediglich die Bauteile belasten.

und damit in Zylindermitte, sondern um einen Betrag von einigen Millimetern in Druck- oder Gegendruckrichtung verschoben angelenkt. Desaxieren in Druckrichtung bewirkt einen früheren Anlagewechsel des Kolbens, wobei sich der Kolben infolge seiner Kippbewegung zuerst mit dem „weichen" Unterteil („Kolbenhemd") an den Zylinder anlegt, was zusätzlich den Aufprall mildert. Insgesamt bewirkt das eine geringere Geräuschentwicklung, man spricht deshalb von „Geräusch-Desaxierung". Bei Fahrzeug-Dieselmotoren geht das Kolbenklappern im Spektrum der Verbrennungsgeräusche unter, zumal bei Motoren mit Direkteinspritzung. Hier wendet man das „thermische Desaxieren" an, ein Desaxieren zur Gegendruckseite. Dadurch bleibt der Kolben (innerhalb des Kolbenspieles) mehr in der Zylindermitte, was sich günstig auf die Dichtwirkung der Kolbenringe auswirkt und somit den Ansatz von Ölkohle am Feuersteg erschwert bzw. verhindert [737].

Mit Rücksicht auf die große Wärmedehnung der Leichtmetalle mußte das Kolbenspiel deutlich größer als bei Graugußkolben gewählt werden. Das führte dazu, daß der Kolben unter der Normalkraft die Anlage wechselnd – vor allem bei kaltem Motor – heftig auf die Zylinderwand gegenüber aufschlug, was sich akustisch als *Kolbenklappern* unangenehm bemerkbar machte.

„ … Ein großer Teil der Wagenbesitzer steht auch heute noch dem Leichtmetallkolben ablehnend gegenüber, da sie sich durch das Schlagwort 'Spiel' allzusehr betören lassen. Es ist sicherlich nicht angenehm, einen Wagen zu fahren, dessen Kolben klappern …" [738].

In den 1920er Jahren machte sich das Kolbenklappern verstärkt bemerkbar, weil immer mehr Fahrzeuge geschlossen gebaut wurden („Innenlenker"), so daß die Fahrgeräusche weniger, die Motorgeräusche dafür um so stärker wahrgenommen wurden. Durch konstruktive Maßnahmen versuchte man des Kolbenklapperns Herr zu werden; es entstand eine Reihe von neuen Kolbenbauarten:

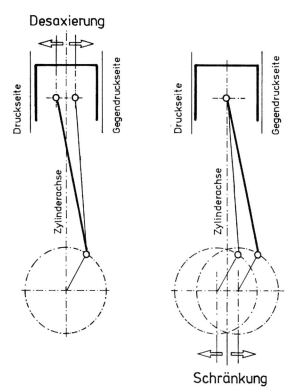

Bild 132
Durch Desaxieren und durch Schränken kann man den Bewegungsablauf des Kurbeltriebs und damit die Kräfteverhältnisse beeinflussen.

- Kombinierte Kolben, nach heutiger Diktion gebaute Kolben, bestehend aus einem Aluminium-Oberteil zur guten Wärmeabfuhr und einem Graugußunterteil zur guten Führung des Kolbens im Zylinder. Es wurde also das Prinzip der Aufgabenteilung angewendet, mit dem man die jeweiligen Funktionen des Kolbens durch hierfür besonders geeignete Werkstoffe wahrnehmen ließ.

- Längs- und quergeschlitzte Kolben („Schlitzmantel-Kolben"): Querschlitze zwischen der Ringpartie und den tragenden Teilen des Schaftes sollten den Wärmefluß unterbrechen, die Schafttemperatur – und damit das erforderliche Kolbenspiel – niedrig halten. Längsschlitze im Schaft auf der Gegendruckseite sollten den Schaft so elastisch machen, daß man den Kolben mit kleinerem Spiel fahren konnte. Bei Wärmeausdehnung konnte der Schaft elastisch einfedern. Längs- und Querschlitze wurden auch kombiniert angewendet, Bild 133.

Insgesamt gab es eine kaum zu übersehende Fülle an Kolbenkonstruktionen, die sich als Abhilfe gegen das Kolbenklappern verstehen. Da nicht jeder Fahrer die Geräusche seines Fahrzeugs richtig zu deuten verstand, sahen sich die Kolben-Hersteller genötigt, entsprechende Hinweise zu geben:

„ … Nicht jedes Klappergeräusch ist Kolbenklappern. Es gibt noch eine ganze Reihe anderer Teile im Motor, welche Geräusche verursachen können, z. B. Stössel mit ausgeschlagener Führung, ausgeschlagene Rollen, lockere Gestängeteile, Kupplungsteile sowie Brennstoffklopfen. Es ist deshalb zu empfehlen, jedem einzelnen Geräusch frühzeitig nachzugehen und es abstellen zu lassen, denn ausgeschlagene Teile vergrößern die Abnützung und auftretende Geräusche ganz bedeutend. Besonders häufig wird Brennstoffklopfen mit Kolbenklappern verwechselt …" [739].

Aber alles in allem, hatten kombinierte Kolben und Schlitzmantel-Kolben ihre Nachteile und erwiesen sich für die steigenden Motorleistungen als immer weniger geeignet. Ein entscheidender Durchbruch gelang dem Amerikaner ADOLPH L. NELSON mit seinem *Nelson-Bohnalite*-Kolben[250]: Das Prinzip dieses Kolbens besteht darin, daß die tragenden Schaftteile konstruktiv von der Ringpartie getrennt sind. Die tragenden Schaftteile sind mit den Bolzenaugen durch einge-

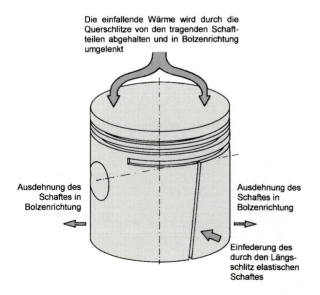

Die einfallende Wärme wird durch die Querschlitze von den tragenden Schaftteilen abgehalten und in Bolzenrichtung umgelenkt

Ausdehnung des Schaftes in Bolzenrichtung

Ausdehnung des Schaftes in Bolzenrichtung

Einfederung des durch den Längsschlitz elastischen Schaftes

Bild 133
Schlitzmantelkolben (Schema)

---

[250] Das Wort *Bohnalite* erklärt sich aus dem Namen der amerikanischen Fa. *Bohn Aluminium & Brass Corp.*

gossene Invarstreifen verbunden. *Invar* (Abkürzung von *invariabilis* = unveränderlich) ist eine stark nickelhaltige Legierung mit extrem niedrigen Ausdehnungskoeffizienten. Auf diese Art wurde die radiale Ausdehnung des Kolbens in Druck-Gegendruck-Richtung in eine periphere (in Umfangsrichtung) umgewandelt, so daß der Kolben dort, wo er tragen soll, in Druck-Gegendruck-Richtung, mit deutlich weniger Spiel auskommt, dafür aber in Bolzenrichtung (wo es nicht stört) mehr braucht. Der Invarstreifen-Kolben aus der AlCu10-Legierung *(Bohnalite)* hatte sich in den USA ab Mitte der 1920er Jahre auf breiter Front durchgesetzt. Der damals als vorbildlich geltende ruhige Lauf amerikanischer Pkw war unter anderem auf diese Kolben zurückzuführen. In Deutschland hatte ERNST MAHLE von der Fa. *Elektronmetall GmbH Cannstatt* (EC) auf diese Kolben eine Lizenz genommen und damit die Grundlage für Aufstieg und Erfolg der aus *EC* hervorgegangenen *Mahle GmbH* geschaffen, Bild 134.

Die vielen Schäden in der Anfangszeit der Leichtmetall-Kolben haben deren Entwicklung außerordentlich gefördert. Ohne die durch diese Probleme entstandenen Zwänge hätte man nicht so energisch untersucht, gemessen und geforscht und damit Grundlagen und Instrumentarium für spätere, erfolgreiche Entwicklungen geschaffen. Wie hoch – ganz allgemein – die einzelnen Fortschritte im Motorenbau Anfang der 1930er Jahre eingeschätzt wurden, geht aus [?] hervor:

„ … Die technische Entwicklung des Viertakt-Explosionsmotors, den man im Kraftfahrzeugbau noch vorwiegend benutzt, kann als abgeschlossen gelten. Die Einzelprobleme sind durchforscht …“ [?].

Auf solche optimistischen Feststellungen stößt man zu verschiedenen Zeiten und in verschiedenen Bereichen der Technik[251]. Sie erklären sich aus dem üblichen Verlauf von Entwicklungen: Der Stand des zu entwickelnden Merkmals ist zu Beginn einer Entwicklung naturgemäß niedrig, so daß die ersten Entwicklungsschritte und ihre Erfolge groß sind und auch so wahrgenommen werden. Je ausgefeilter eine Technik ist, desto höher muß der Aufwand getrieben werden, um überhaupt noch erkennbare Fortschritte zu erzielen. So gab es ungeachtet des bereits Erreichten Anfang der 1930er Jahre noch viel zu tun. Nüchtern schildert E. MAHLE die Situation:

Bild 134
Invarstreifen-Kolben
mit schmalen Invar-
streifen für einen
6-Zylinder-Nkw-Otto-
motor, ⌀ 105 mm,
(1931)

---

[251] Solchen Trugschlüssen ist man früher des öfteren erlegen. So findet man im Vorwort zu REDTENBACHER's *Die Gesetze des Lokomotiv-Baues* von 1855 (!) die Bemerkung: „Die Praxis des Lokomotivbaues hat nicht nur in England und Frankreich, sondern sie hat auch in Deutschland eine Stufe erreicht, die der Vollendung nahe kommt …“

„ ... Weit krasser als im Personenwagenbau ist die Lage im Lastkraftwagenverkehr und beim Betrieb von Omnibuslinien. Rechnet man hier mit einer Lebensdauer von 70 bis 100.000 km bis zum Ausschleifen, so muß bei der starken Wagenausnützung, der diese Fahrzeuge meist unterworfen sind, mindestens jedes Jahr Zylinderausschleifen und Kolbenerneuerung stattfinden. Da nach 4maligem Ausschleifen (von 0,5 : 0,5 mm) der Zylinderblock in der Wandung zu dünn wird, muß dann entweder ein kostspieliger, neuer Block gekauft werden, oder der Zylinder muß neu ausgebüchst werden ..." [740].

Anfang der 1920er Jahre gab es hauptsächlich zwei Legierungsgruppen für Leichtmetallkolben: Die in Deutschland bevorzugten AlZnCu-Legierungen („Deutsche Legierung") und AlCu-Legierungen mit 7 bis 9 % Cu, wie sie in den USA eingesetzt wurden („Amerikanische Legierung"). In England entwickelte W. ROSENHAIN vom *National Physical Laboratory* 1917, ausgehend von der amerikanischen Legierung, die erste aushärtbare Gußlegierung (Y-Alloy). Die Y-Legierung wurde in den zwanziger Jahren zu den bekannten *Rolls-Royce*-Legierungen weiterentwickelt, die sich vor allem wegen ihrer guten Warmfestigkeit als Werkstoffe für Flugmotoren-Kolben bewährten. In Deutschland wurde in den 1920er Jahren die hochkupferhaltige AlCu15, die sogenannte Rot-Legierung, verwendet. Da sie sehr hart und spröde ist, wurde ihr Cu-Gehalt auf 8 bis 10 % verringert. Bekanntester Vertreter dieser Richtung war die *Bohnalite*-Legierung der amerikanischen Firma *Bohn Aluminium & Brass Corp.* Die AlCu10 ist vergütbar und deshalb auch für höhere Beanspruchungen verwendbar.

Auf dem Kolbenwettbewerb 1921 waren Kolben aus Magnesium-Legierungen mit dem 1. und dem 4. Preis ausgezeichnet worden. Für Magnesium-Legierungen sprachen deren geringe Dichte (1,7 g/cm^3) und die gute Wärmeleitfähigkeit. In den 1920er Jahren wurden Kolben aus solchen Legierungen *(Elektron)* von der *Elektronmetall GmbH, Cannstatt* (EC), der Vorgängerfirma der heutigen *Mahle GmbH,* gefertigt. Diese Kolben erwiesen sich aber als nicht standfest genug; vor allem war ihr Verschleiß zu groß. Als Abhilfe nahm *EC* Lizenz auf die *Nelson-Bohnalite*-Kolben, die aus der AlCu10-Legierung gegossen waren. Neben den AlCu-Legierungen gewannen in den zwanziger Jahren auch AlSi-Legierungen im Kolbenbau an Bedeutung. 1922 entstand die hochsiliziumhaltige Alusil mit 20 % Silizium. Diese bereitete aber eben wegen des hohen Silizium-Anteils bei der Bearbeitung Schwierigkeiten, die erst mit Aufkommen der Widia-Schneidmetalle gemeistert werden konnten. 1924 entwickelte der Metallurge Dr. STERNER-RAINER bei der Fa. *Karl Schmidt* eine AlSi-Legierung im eutektischen Bereich, die *KS 245.* Ende der zwanziger Jahre brachte die *Aluminium Company of America (Alcoa)* eine eutektische Silizium-Legierung auf den Markt, die wegen ihrer im Vergleich zu den AlCu-Legierungen niedrigeren Wärmeausdehnung die Bezeichnung *Lo-Ex* (low extension) erhielt. Durch Verringerung der Schwermetallzusätze in der KS 245 kam *KS* zu der heute „klassischen" Legierung AlSi12CuNiMg. *EC* stellte damals die Kolben für einen in Lizenz gefertigten amerikanischen Flugzeugmotor her und wandelte die *Lo-Ex* ebenfalls in Richtung geringerer Schwermetallzusätze ab, so daß beide Hersteller – wenn auch auf verschiedenen Wegen – praktisch zum gleichen Legierungstyp gelangten. Der dritte „große" Kolben-Hersteller, die *Aluminium-Spritzgußwerk GmbH,* abgekürzt: *Nüral,* hatte durch seine Konzernmutter, die *Alcoa,* Zugang zur *Lo-Ex*-Legierung. Die eutektische AlSi12CuNiMg hat sich bis heute als unübertrefflicher Kolbenwerkstoff behaupten können. Da sich Gefügeart und -ausbildung gravierend auf die Festigkeitseigenschaften auswirken, sind zusätzliche Maßnahmen nötig, um das gewünschte fein-disperse Gefüge zu erhalten. 1920 gelang es A. PACZ, durch Zugabe von Natrium zur Schmelze, die AlSi-Legierungen zu veredeln, d. h. ein fein-disperses Gefüge zu erzeugen und damit die mechanischen Eigenschaften zu verbessern. Der nächste Schritt bestand in der Wärmebehandlung, „Härten" oder

„Vergüten" genannt. Darunter versteht man ein Lösungsglühen bei etwa 500 °C, Abschrecken und Warmaushärten[252] („Anlassen"), d. h. Erwärmen über mehrere Stunden auf etwa 200 °C.

Übereutektische AlSi-Legierungen sind härter, verschleißfester und haben eine geringere Wärmedehnung, so daß ausgehend von der eutektischen AlSi12 in der zweiten Hälfte der 1930er Jahre eine übereutektische Variante, die AlSi18, entwickelt wurde, die sich als besonders geeignet für die Kolben von Zweitakt-Motoren erwies. Anfang der 1950er Jahre wurde für Zweitaktmotoren von Kleinwagen und Motorrädern eine hoch-übereutektische Legierung, die AlSi25 geschaffen. Eine Voraussetzung für den erfolgreichen Einsatz übereutektischer AlSi-Legierungen in Kolben von Verbrennungsmotoren war die 1932 von Dr. STERNER-RAINER (Fa. *Karl Schmidt*) eingeführte Kornfeinung: Durch Zugabe von etwa 1 % Phoshorpentachlorid (PCl_5) zur Schmelze bildet sich ein feines Gefüge, das Zugfestigkeit und Dehnung von übereutektischen AlSi-Legierungen verbessert und die Bearbeitbarkeit erleichtert.

Seine Grundform kann der Kolben durch Gießen oder Pressen erhalten. Beide Verfahren haben Vor- und Nachteile und werden deshalb je nach den Anforderungen und besonderen Bedingungen für den Einsatz der Kolben angewendet. Die ersten Leichtmetallkolben wurden gegossen, aber schon im ersten Weltkrieg wurden Kolben aus hierfür besonders geeigneten AlZn-Legierungen durch Pressen hergestellt. Nach Umstellung auf kupferhaltige Aluminium-Legierungen wurden die Kolben wieder gegossen. Nachdem das Pressen eutektischer AlSi-Legierungen beherrscht wurde, gab man bei hochbeanspruchten Kolben diesem Verfahren wegen der höheren statischen und dynamischen Festigkeitswerte den Vorzug. Mit steigender Temperatur nimmt dieser Vorteil ab; bei Temperaturen darüber hinaus kehren sich die Verhältnisse sogar um, so daß sich die Vorteile gepreßter Kolben im Motor relativieren[253].

Bei der Entwicklung von Kolben gibt es gegenüber der anderer Triebwerksteile eine zusätzliche Erschwernis durch die Wärme. Die thermische Belastung überlagert sich der an sich schon hohen mechanischen und mindert außerdem die Festigkeitswerte der Kolbenwerkstoffe, die deutlich unter denen von Stahl liegen. Ein großer Teil der über das Kühlmittel des Motors abzuführenden Wärme wird über den Kolben und die Kolbenringe übertragen. Die Verformungen des Kolbens durch die Gas- und Massenkräfte und zusätzlich durch die Wärme müssen so mit denen des Zylinders in Einklang gebracht werden, daß sich Reibung und Verschleiß in Grenzen halten. Das setzt eine Kenntnis der Temperaturverteilung im Kolben voraus, die sich nur experimentell gewinnen ließ. Hierzu mußten geeignete Versuchs- und Meßverfahren entwickelt werden.

Temperaturen lassen sich – vom Prinzip her – einfach mit Thermoelementen messen; die Schwierigkeiten liegen aber in der praktischen Durchführung. Zum einen genügt es nicht, nur an einer Stelle zu messen, denn das Temperaturfeld im Kolben ist ungleichmäßig und instationär, zum anderen müssen die Meßwerte von dem sich auf- und abbewegenden Kolben auf das Meßgerät außerhalb des Motors übertragen werden. Bei langsamlaufenden Motoren waren solche Messungen schon in der Zeit des ersten Weltkriegs möglich, nicht so bei den schnellaufenden Motoren Kfz- und Flugzeugmotoren. Man behalf sich deshalb mit Schmelzstiften aus reinen oder eutektischen Metallen, die definierte, aber unterschiedliche Schmelztemperaturen im interessierenden Bereich haben. Kolben von U-Bootmotoren wurden bereits im ersten Weltkrieg auf diese Weise untersucht. Mitte der 1920er Jahre befaßte sich besonders Dr. ERICH KOCH

---

[252] Der Vorgang der Aushärtung war 1906 von A. WILM entdeckt und 1910 zur Entwicklung der hochfesten Aluminium-Knetlegierung „Duralmin" ausgenutzt worden.

[253] In den Bereichen niedrigerer Temperaturen, so im Bereich der Bolzenaugen, ist die höhere Festigkeit gepreßter Kolben sehr wohl von Vorteil.

bei der Fa. *Elektronmetall* mit Schmelzstiftmessungen. Ein anderes Verfahren der Temperaturmessung besteht in der Bestimmung der Resthärte des Kolbenwerkstoffs. Man macht sich zunutze, daß bei der Warmaushärtung der Aluminium-Legierungen die Härte sowohl von der Anlaßtemperatur als auch von der Zeitdauer der Wärme-Einwirkung abhängt. Ihren Endwert nimmt die Härte nach etwa drei Stunden an. Werden nun die Kolben bei einem bestimmten Lastzustand des Motors konstant drei Stunden gefahren, so geben die Härtewerte Auskunft über die Temperaturen, denen der Kolben an diesen Stellen ausgesetzt war. Von Vorteil ist, daß bei diesem Verfahren keine Eingriffe in den Motor nötig sind, und daß die Temperaturen eines gelaufenen Kolbens noch nachträglich festgestellt werden können, Bild 135.

Natürlich sind direkte Temperaturmessungen mit Thermoelementen aussagekräftiger, weshalb man eifrig an entsprechenden Meßwert-Übertragungsvorrichtungen auch für schnellaufende Motoren arbeitete, zumal die Schmelzkegelmethode sehr aufwendig ist: Für eine Messung mußten bis zu 70 Schmelzkegel appliziert werden, da man, um die Temperatur an einer Stelle „einzukreisen", 3 bis 4 Kegel („Stifte") brauchte. In den USA nahmen F. JEHLE und F. JARDINE Thermoelement-Messungen an einen mit 800 min^{-1} laufenden *Liberty*-Flugzeugmotor vor. In den 1930er Jahren waren es besonders schnellaufende Zweitakt-Dieselmotoren, welche die Entwicklung von Verfahren der schnellen Meßwertübertragung förderten, in Deutschland die *Junkers*-Flugzeugmotoren, in den USA *GM*-Motoren für Nutzfahrzeuge und für die Schienentraktion. *Junkers* arbeitete mit Kupfer-Konstantan-Elementen und beweglichen, an der Kolbenstange entlanggeführten Meßleitungen. Die *DVL* bediente sich eines speziellen Gelenkmechanismus, um die Meßleitungen aus dem Motor zu führen. *GM* entwickelte ein quasi-berührungsloses Meßwert-System, bei dem das Meßsignal vom Kolben im UT durch Kontakt auf ein federndes Gegenstück an der Zylinderbuchse übertragen wurde. Die *DVL* übernahm das amerikanische Meßprinzip, dessen Eigenart darin bestand, daß – aus meßtechnischen Gründen – die Thermospannung der Meßelemente durch eine Gegenspannung kompensiert wurde („Kompensations-Methode"), wobei die jeweils erforderliche Gegenspannung als Maß für die Temperatur diente. Damit war es möglich geworden, während des Motorbetriebs das Temperaturverhalten der Kolben abhängig von allen interessierenden motorischen Parametern wie Zündzeitpunkt, Motorlast- und Drehzahl, Luftzahl etc. zu bestimmen. Bei der Entwicklung schnellaufender

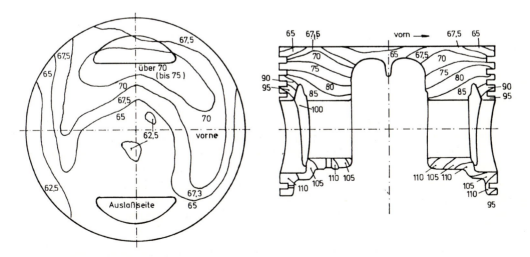

Bild 135 Mit dem Resthärte-Verfahren konnte man nachträglich – nach dem Kolbenlauf im Motor – die Temperaturen im Kolben bestimmen wie bei diesem Kolben eines *BMW 132 N*-Flugzeugmotor (1939). Die Zahlenwerte geben die restliche Brinellhärte an.

Dieselmotoren für die Schienentraktion nach dem zweiten Weltkrieg wendete *Daimler-Benz* ein eigenes Meßwertübertragungs-System an. Ende der 1950er Jahre entwickelte Prof. Essers und andere auf Anregung von *KS* am *Institut für Kraftfahrzeugwesen und Kolbenmaschinen an der TH Aachen* ein Verfahren, bei dem die Temperaturen mit NTC-Widerständen[254] gemessen und die Meßwerte berührungslos übertragen wurden. Damit konnte jetzt auch im Fahrzeugbetrieb gemessen werden. So wurden in einem Lokomotivmotor die Kolben- und Zylindertemperaturen unter rasch wechselnden Betriebsbedingungen – z. B. Abwärtsschaltung aus Vollast auf Stopp und wieder auf Vollast in 30, 60 und 120 s – im Fahrbetrieb auf der Strecke München – Kempten – Lindau gemessen. Das Messen von Kolbentemperaturen im laufenden Motor war jetzt zu einem selbstverständlichen Instrument in der Triebwerks- und Motoren-Entwicklung geworden [741].

Flugzeugmotoren müssen möglichst kompakt und leicht sein, wovon die Kolben in zweierlei Hinsicht betroffen sind: Durch die Motorabmessungen (Bohrung/Hub) und durch die Kolbenabmessungen. Wegen der hohen (mittleren) Kolbengeschwindigkeit wird am Kolben mehr noch als an anderen Bauteilen um jedes Gramm Masse gekämpft. Flugmotoren-Kolben waren deshalb (relativ) kürzer als Kolben für andere Motoren. Durch Aussparungen beiderseits der Nabenbohrungen („Taschen") oder durch Ausschnitte im Schaft im Bereich der Nabenbohrungen wurde die Kolbenmasse verringert; die Kolben wurden systematisch „abgespeckt", bis sie nur noch aus den für die Funktion unverzichtbaren Teilen: Boden mit Ringpartie, Bolzenaugen und Druck-Gegendruck-seitigen Schaftlappen bestanden. In einem konkreten Fall gelang es mit dieser Bauweise die Kolbenmasse von 2350 auf 1750 g, d. h. um 25 %, zu senken. Natürlich konnten die freistehenden Schaftlappen keine größeren Kräfte mehr aufnehmen, so daß man sie durch je eine oder zwei Rippen über die Bolzenaugen abstützte. Bei einigen Kolben [742] wurden die Schaftlappen zusätzlich einer mittleren Rippe an den Kolbenboden angebunden. Diese als Gleitschuh-Kolben bezeichnete Bauart wurde besonders in England favorisiert; so hatte der *Bristol-Jupiter*-Motor, der auch von *Siemens* in Lizenz gefertigt wurde, Gleitschuh-Kolben. Aber auch in Motoren deutscher Konstruktion wurden Gleitschuh-Kolben eingebaut, z. B. in den *BMW IV* und *BMW VI*. Es zeigte sich aber, daß das Optimieren eines Bauteiles einseitig auf ein Merkmal hin, hier: Masse, zu Lasten anderer Eigenschaften: hier: Formsteifigkeit, Wärmeübertragung und Ölhaushalt, ging. So einleuchtend die Konzeption des Gleitschuh-Kolbens ist, als so wenig entwicklungsfähig sollte sie sich erweisen, und zwar aus mehreren Gründen. Die Kolbenbelastung, thermisch wie mechanisch, nahm laufend zu, weil die Zylindervolumina größer wurden, durch die (mechanische) Aufladung höhere effektive Literarbeiten möglich wurden, und bei Motoren mit Untersetzungsgetrieben keine Rücksicht mehr auf die Propellerdrehzahl genommen werden mußte, mithin auch die Drehzahl, d.h. die mittlere Kolbengeschwindigkeit, angehoben werden konnte.

Durch das Verkürzen der Kolben auf Länge/Durchmesser-Werte von 0,75 bis 0,7 nahm auch die Kompressionshöhe ab; dem mußte durch axial niedrige Kolbenringe (3 bis 4 mm) Rechnung getragen werden, weil sonst bei der damals üblichen Ringbestückung von drei Verdichtungs- und einem Ölabstreifring die Ringstege zu schwach geworden wären [743]. Besonders in luftgekühlten Motoren, deren Temperaturniveau über dem wassergekühlter lag, bereiteten die Ringe bei – Zylindertemperaturen von 200 bis 250 °C – große Schwierigkeiten. Abgesehen vom Ringstecken, das immer wieder zu einem Problem in der Entwicklung der Flugmotorenkolben wurde, verloren die Ringe bei den hohen Temperaturen an Vorspannung; auch änderte sich dann die Verteilung der radialen Anpreßkraft über den Umfang. Wollte man den Ölhaushalt in den

---

[254] NTC- Widerstände (NTC = Negative Temperature Coefficient) sind elektrische Widerstände, die bei steigender Temperatur abnehmende Werte aufweisen.

Leichtgewicht-Kolben – gestern und heute

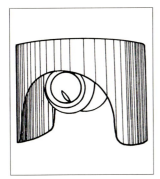  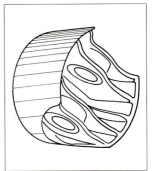

Aus dem Bemühen, die Masse von Flugmotorenkolben auf das Äußerste zu verkleinern, entstand in den 1920er Jahren der Gleitschuh-Kolben, bei dem der Schaft in Bolzenrichtung bis zur Ringpartie ausgenommen ist. Die Bolzenaugen sind freihängend am Boden angeordnet. Damit ist der Kolben auf die für seine Funktion wesentlichen Teile reduziert, allerdings zu Lasten der Struktursteifigkeit. Deshalb wurden später die Bolzenaugen durch je eine Rippe in Druck-Gegendruck-Richtung, dann in einem zweiten Schritt durch je zwei Rippen an den Schaft angebunden. Steigende Leistungen der Flugmotoren in den 1930er Jahren führten wieder zum Topfkolben. In den 1980er Jahren wurden erneut Versuche unternommen, die Kolbenstruktur auf die für die Kolbenfunktion unverzichtbaren Partien zu verringern, um die Masse eines Sphäroguß-Kolbens für den Nkw IFA 60 möglichst klein zu halten. Konstruktiv ähnliche Entwicklungen sind Kolben mit seitlichen Ausnehmungen im Bolzenbereich (X-förmige Kolben) und der *Tetraduct*-Kolben, dessen Schaft auf vier Führungsstücke reduziert ist. Problematisch ist bei solchen Kolben nicht nur die Struktursteifigkeit, sondern auch der Ölhaushalt gestaltet sich schwierig. Inwieweit diese prinzipiellen Nachteile entwicklungstechnisch beherrscht werden, bleibt abzuwarten.

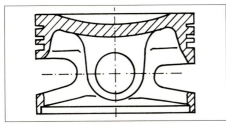
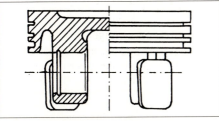

MWH 2161-Kolben für IFA 60-Nkw

Griff bekommen, mußte man wegen der größeren Kolbenspiele luftgekühlter Motoren auf einen zweiten Ölabstreifring (am unteren Schaftende) zurückgreifen [744]. Es galt, die Kolbenstruktur zu verstärken und die Kolbengeometrie dahingehend zu verändern, daß dieser zweite Ölabstreifring untergebracht werden konnte: Sukzessive wurden die Kolben von der extremen Gleitschuhbauart zurück zum Topfkolben umgestaltet. Aus Gründen der Gestaltfestigkeit und des Ölhaushaltes kam man also letztlich wieder auf die „klassische" Topfform zurück.

Die extrem kurzen Kolben der Flugmotoren waren in mehr als einer Hinsicht problematisch. Unter den Betriebskräften verformten sie sich stark, was am Tragbild[255]) gelaufener Kolben deutlich zu erkennen war.

Zwar konnte diese Deformation im stationären Versuch gemessen und die Kolbenfeinkontur demgemäß ausgelegt werden, aber damit hatte man noch nicht die Verhältnisse im Motor erfaßt. Das Laufverhalten der Kolben wird ebenso durch die Verformungen von Zylinder bzw. Kurbelgehäuse beeinflußt, so daß das Problem nicht so sehr in der absoluten Größe des erforderlichen Spieles als vielmehr darin lag, daß die Kolben in axialer und in Umfangsrichtung unterschiedliche Spiele verlangten, wobei der Übergang von dem einem zum anderen Spiel stufenlos verlaufen sollte. Schwierigkeiten mit den Kolben eines *BMW*-Flugmotors[256]), bei dem am „Freßdreieck" oberhalb der Nabenbohrung harte Tragstellen auftraten, lösten Versuche aus, mit einem Meisternocken beliebige Formen (rund, oval) mit stufenlosem Übergang von der einen zur anderen Kontur zu erzeugen [745]. Mit Formdrehmaschinen eigener Konstruktion gelang es *EC*, ab 1935 formgedrehte Kolben für Flugmotoren serienmäßig zu fertigen. Natürlich beschäftigten sich auch die anderen Kolbenhersteller mit dieser Aufgabe[257]), so daß in der zweiten Hälfte der 1930er Jahre das Formdrehen von Flugmotoren-Kolben allgemein angewendet wurde.

Als Folge der hohen Leistungsdichte, wie sie von Flugzeugmotoren verlangt wurde, war es nicht zu vermeiden, daß diese Motoren zeitweise im Klopfgebiet[258]) gefahren wurden. Der intensive Wärmeübergang bei klopfender Verbrennung ließ die Bauteiltemperaturen ansteigen. Nach kurzer Zeit begannen dann die Ringe festzugehen: Das Öl in den Nuten verkokte und schränkte deren Beweglichkeit soweit ein, bis sie festsaßen. Die nächste Stufe war dann das Fressen der Ringe und des Kolbens.

Als im Kriege die Leistung der Flugmotoren um fast jeden Preis erhöht wurde, verschlechterten sich die Arbeitsbedingungen für die Kolben weiterhin; thermisch wie mechanisch, was nicht voneinander zu trennen ist, schon wegen der Temperaturabhängigkeit der mechanischen Eigenschaften der Kolbenwerkstoffe. Es gab Funktionsstörungen und Kolbenschäden. Aus Fressern entwickelten sich – je nach den Umständen – gravierende Schäden, und umgekehrt machten sich Kolbenschäden häufig durch Fresser bemerkbar. Kolbenfresser konnten also verschiedene Ursachen haben, solche die vom Motorbetrieb und dessen Begleitumständen herrührten und solche, die motorseitig konstruktiv bedingt waren. Für letztere bietet der luftgekühlte BMW 801-Doppelsternmotor ein Beispiel: Bei diesem Motor traten Kolbenfresser bevorzugt in dem hinte-

---

255) Dort wo der Kolben am Zylinder anliegt, also „trägt", entstehen Laufspuren und blanke Stellen: „Tragbild"!

256) Vermutlich handelte es sich um den luftgekühlten Sternmotor BMW 132.

257) CARL STEINER (KS) wurde 1939 ein Patent (DRP 755 235) auf das Formdrehen von Kolben erteilt, was aber eine Reihe von Einsprüchen auslöste.

258) Das „Klopfen" oder die „klopfende Verbrennung" tritt auf, wenn sich infolge kritischer Bedingungen, die in einer Vielzahl von Faktoren bestehen wie Verdichtungsverhältnis, Ladelufttemperatur, Zündzeitpunkt, Form des Verbrennungsraumes, Anordnung der Kerzen, Lastzustand, Kühlung, Kraftstoffart etc., nach Einleitung der Verbrennung durch die Zündkerze Zündkeime im noch unverbrannten Gemischrest bilden, von denen aus sich die Flammenfront mit etwa dem Zehnfachen der normalen Flammgeschwindigkeit ausbreitet. Das führt zu hohen Zünddrücken und Druckschwankungen, gravierender noch: zu hohen Druckgradienten. Damit verbunden ist ein intensiver Wärmeübergang vom Gas zu den Brennraumwänden. Der Motor wird mechanisch und thermisch überlastet.

Verschleiß im Kurbeltrieb (1)

Verschleiß ist ein vielschichtiges Phänomen; ungeachtet unterschiedlicher Ursachen können seine Folgen fatal sein: Funktionsstörungen und Schäden bis hin zum Ausfall der Maschine. Verschleiß zeigt sich in „fortschreitendem Materialverlust aus der Oberfläche eines festen Körpers, hervorgerufen durch mechanische Ursachen, d.h. Kontakt und Relativbewegung eines festen, flüssigen oder gasförmigen Gegenkörpers." Erkennbar wird Verschleiß „im Auftreten von losgelösten Teilchen (Verschleißpartikel) sowie Form und Stoffänderungen der tribologisch beanspruchten Oberflächenschicht". Die Beanspruchungsparameter sind Kraft, Geschwindigkeit, Temperatur und Beanspruchungsdauer (DIN 50 320). Verschleiß ist Ursache und Wirkung von Fehlfunktionen und Schäden. Als Folge ihrer Belastungen und Geschwindigkeiten sind die Kurbeltriebteile verschiedenen Formen von Verschleiß unterworfen. Verschleiß kann auch eine positive Wirkung haben, wenn sich beim Einlauf die Oberflächen von Gleitpartnern – Kolben, Kolbenringe, Lager, Wellenzapfen – einander anpassen und die Rauheitsspitzen sich abarbeiten und glätten. Erste, leichte Verschleißerscheinungen geben dem Fachmann Hinweise auf das Betriebsverhalten der Bauteile. Entscheidend ist in solchen Fällen der Verschleißfortschritt. Andererseits kann Verschleiß schon von Anfang an den Keim des Schadens in sich tragen. Verschleiß hat also viele Gesichter und zeigt sich am Kurbeltrieb in unterschiedlichen Formen und Stufen vom leichten Druckbild („Spiegel") bis hin zu Extremformen des Fressens und zu massiver Ausbrechungen.

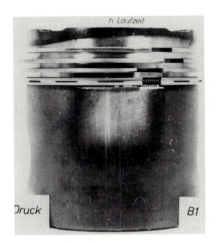

Dieselkolben mit geändertem Schleifbild nach einem Probelauf. Die helle, hart tragende Fläche ist umrandet von einer dunklen Zone geringerer Verformung und Tragens.

Die Linien und Flächen gleicher Helligkeit („Äquidensiten") dieses Kolbens kennzeichnen die einzelnen Bereiche unterschiedlichen Verschleißes. Das Tragbild stellt sich sehr viel differenzierter als in dem oberen Bild dar.

Unter dem *Tragbild* von Kolben versteht man die Anlaufspuren des Kolbens durch das mehr oder weniger ungleichförmige Anlegen des Kolbens an die Zylinderlaufbuchse unter Einfluß von Belastung und Verformungen. Erkennbar ist das Tragbild an den fein-differenzierten Grautönen von tragenden und nichttragenden Stellen. Für das menschlichen Auge sonst nicht unterscheidbare Helligkeitsunterschiede können durch getrennte Darstellung von Linien und Flächen gleicher Grauwerte sichtbar gemacht werden – ähnlich den Höhenlinien einer Landkarte. Somit kann man aussagekräftige Bilder der Verschleißzonen erhalten.

Verschleiß im Kurbeltrieb (2)

Gleitlager sind in vielfältiger Form von Verschleiß betroffen. Wie bei Kolben zeichnet sich bei Triebwerkslagern in der belasteten Zone ein Tragbild ab, das mit der Laufzeit der Lager immer deutlicher erkennbar wird. Flucht- und Formfehler sind ebenfalls im Tragbild ersichtlich. Unter normalen Bedingungen ist ein solcher Verschleiß nicht betriebsgefährdend. Wenn aber die Lager längere Zeit im Mischreibungsgebiet laufen, als Folge von Überlastung, Schmiermittelmangel, unzureichender oder ungleichmäßiger Steifigkeit des Lagerstuhls usw., kann der Verschleiß so stark zunehmen, daß das Lager frißt.

Pleuellager (obere Hälften) eines Dieselmotors nach über 3000 Betriebsstunden.

Grundlager (untere Hälften) eines Dieselmotors mit unterschiedlichen Verschleißstufen vom leichten Tragbild bis zum Fresser.

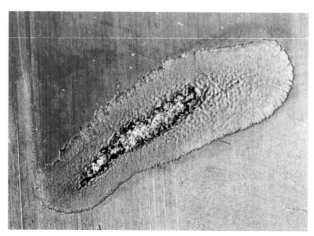

Kavitation und Erosion bewirken einen Materialabtrag, der nicht gleichmäßig über eine Fläche verteilt, sondern örtlich konzentriert auftritt, mit z. T. tiefreichenden Ausbröckelungen, wie dieses Bild zeigt. Die ausgebrochenen Teilchen – vom Ölstrom mitgerissen – führen ihrerseits zu riefenartigen Verschleißspuren im Lager.

Verschleiß im Kurbeltrieb (3)

Brandspuren an Kolbenringen treten bei Zusammenbrechen des Ölfilms zwischen Kolbenring und Zylinderlauffläche auf, insbesondere im Bereich des oberen Totpunktes. Es handelt sich hierbei um einen „partiellen Freßvorgang". Erkennbar sind „brandige Ringe" an hellen und dunklen Streifen in axialer Richtung. Brandige Ringe lassen den Verschleiß bis zum Fressen des Ringes ansteigen. Da können die Ringe nicht mehr ihre Funktion erfüllen; es ist nur eine Frage der Zeit, bis auch der Kolben frißt.

Brandige Ringe des Kolbens eines Dieselmotors. Ausgehend vom ersten Ring überträgt sich dieser Effekt auch auf die anderen Ringe.

Kolbenfresser als Extremfall von Verschleiß können sich sehr schnell entwickeln: Das Zusammenbrechen des Schmierfilms zwischen den Gleitpartnern führt örtlich zu Überhitzung und zu Verschweißungen, die dann wieder aufgerissen werden. Dieser Vorgang ist selbstverstärkend. Bei vielzylindrigen Motoren haben die normal arbeitenden Kolben keine Mühe, die Reibarbeit des fressenden Kolbens aufzubringen, so daß sich der Fresser bis zur Zerstörung des Kolbens und – oft genug – mit gravierenden Folgeschäden bis hin zum Totalschaden des Motors entwickeln kann.

Dieser ungekühlte Kolben des Motors einer Diesellokomotive hat sich am Feuersteg „aufgehängt", wie die starken Verschleißfurchen erkennen lassen. Die Kolbenringe sind von dem teigigen Kolbenmaterial überschmiert und regelrecht festgeschweißt worden.

ren Hauptpleuel-Zylinder, und zwar auf der Gegendruckseite auf. Das lag daran, daß die Gegendruckseite durch die Kräfte der an der Hauptpleuelstange angelenkten Nebenpleuel stärker belastet wurde als die Druckseite durch die Normalkraft des Hauptpleuel-Kolbens.

„ … Die übliche außermittige Anlenkung der Nebenpleuel verursacht abweichende Kolbenbewegungen und überträgt noch zusätzliche Drehmomente auf den Hauptpleuelkopf. Die Hauptpleuelstange wird so auf Biegung beansprucht, und die Momente müssen durch entsprechende Gleitbahndrücke des Kolbens im Hauptzylinder abgestützt werden …" [746].

Hinzu kam, daß die Zylinder des hinteren Sterns schlechter gekühlt wurden als die des vorderen [747; 748]. Als Gegenmaßnahme wurde die Gleitfläche des Kolbens vergrößert (dadurch geringere Flächenpressung) und der Kolbenschaft in Umfangsrichtung durch Stützrippen versteift. Durch feinfühliges Anpassen der Kolbenkontur an die Zylinderbuchse gelang es, immer wieder in der Serie auftretende Kolbenfresser abzustellen [749]. Andererseits wurde das Verhalten des Kolbens der Hauptpleuelstange als Index für die Betriebssicherheit des Triebwerkes gewertet. Als bei den Versuchen an einem *BMW 323* mit Überladung[259] und Wasser/Methanol-Einspritzung mit serienmäßigen Kolben eine um 35 % höhere effektive Literarbeit eine halbe Stunde lang gefahren werden konnte, ohne daß an den Bauteilen Schäden auftraten, hieß es: „ … Eine ungünstigere Belastung der Gleitbahn eines Kolbens als die des Hauptkolbens eines 9-zylindrigen Sternmotors kommt aber bei den bekannten Baumustern nicht vor …" [747]. Wegen der hohen Temperaturen des ungekühlten Kolbens rückte das Ringstecken wieder in den Vordergrund:

„ … Für das Problem der festen Kolbenringe und Kolbenfresser ist noch keine befriedigende Lösung in Sichtweite, denn der Kolben ist noch immer das Bauelement, welches je nach Höhe der Belastung nach verhältnismäßig kurzer Betriebszeit eine Teilüberholung erfordert …" [750].

Motoren- und Kolben-Hersteller, Hochschulinstitute und die *DVL* befaßten sich intensiv damit. So ist in der *Neuaufstellung der Aufgaben und Ziele der DB-Forschungsarbeitsgemeinschaften*[260] als eines der vordringlichsten Ziele die „Beherrschung der Kolbenspitzentemperatur und des Kolbenringsteckens" genannt [751]. Die Quintessenz vieler Untersuchungen war, daß das Ringstecken primär durch die hohen Temperaturen in den Ringnuten verursacht wurde. Je enger das axiale Ringspiel – in Hinblick auf niedrigen Nutverschleiß angestrebt – war, desto mehr neigten die Ringe zum Festgehen. Großen Einfluß auf den ganzen Vorgang hatte natürlich auch die Beschaffenheit der Kraft- und der Schmierstoffe [752].

In Anbetracht dessen, daß im Kriege nicht der Verschleiß, sondern die Feindeinwirkung die Lebensdauer der Motoren begrenzte, erhöhte man das axiale Ringspiel, ebenfalls wurde das Stoßspiel vergrößert. Die Ringe durch eine größere Feuersteghöhe zu entlasten – empfohlen wurden mindesten 15 mm –, stand im Widerspruch zu der Forderung nach niedriger Kompressionshöhe der Kolben. Der Trend ging deshalb dahin, den Ölabstreifring oberhalb der Nabenbohrung durch einen Verdichtungsring zu ersetzen und die Gesamtzahl der Ringe um einen zu verringern. In einigen Fällen wurden die Ölabstreifringe beibehalten, dafür die Verdichtungsringe um einen verringert. Betriebliche Unregelmäßigkeiten wie Klopfen oder Glühzündungen trieben die Kolbentemperaturen weiter in die Höhe. Unter einer Glühzündung versteht man die Zündung des Gemisches durch heiße Brennraumstellen (z. B. Glühen von Ventilzunder). Dadurch

[259] Mit „Überladung" wurde das Aufladen bezeichnet. (Die serienmäßigen deutschen Otto-Flugmotoren wurden mechanisch aufgeladen, im Gegensatz zu verschiedenen alliierten Motoren, die mit Abgasturboaufladung arbeiteten.)

[260] Zur Verbesserung und Intensivierung der Zusammenarbeit von Industrie, Hochschulen und Forschungsinstituten waren 1941 unter Führung des Reichsluftfahrtministeriums „Forschungsarbeitsgemein-schaften" gebildet worden. Diese sollten Forschungsprojekte mit dem Ziel einer schnellen Umsetzung der Forschungsergebnisse in die Großserie bearbeiten [751].

wird der Wärmefluß in den Kolben außerordentlich erhöht. Glühzündungen stellten für die Flugmotoren ein ernstes Problem dar: „ ... Es besteht kaum Zweifel, daß der Zusammenbruch vieler Flugmotoren auf Versagen der Kolben infolge von Glühzündung zurückzuführen war.." [753].

Am Einzylinder-Aggregat des *DB 605* wurden auf der Auslaßseite des Kolbenbodens 335 °C bei einer Zylinder-Leistung von 81 kW (110 PS) bei 2600 min^{-1} gemessen, auf der Einlaßseite 250 °C. Bei simulierter Glühzündung stiegen die Temperaturen in Bodenmitte auf 440 °C, am Bodenrand (auslaßseitig) auf 350 °C bzw. 285 °C (einlaßseitig):

„ ... Der Boden ist bei Glühzündungen irgendwelcher Teile im Brennraum außerordentlich gefährdet. Nach 20 min Vollast bei Kerzenglühzündung zeigte der Kolben starke Tragspuren (infolge der hohen Randtemperaturen!) am oberen Rand der Ringpartie ..." [754].

Aber nicht nur Störungen im Motorbetrieb, auch alle Maßnahmen zur Leistungssteigerung wie das „Überladen" (mechanisches Aufladen) und später Versuche mit der Abgasturboaufladung ließen die Kolbentemperaturen so ansteigen, daß man sich durch Messungen vergewissern mußte, ob sie noch innerhalb der zulässigen Werte lagen, wollte man nicht massive Schäden hinnehmen. Die Messungen wurden meist in Zusammenarbeit von Kolben- und Motor-Hersteller, aber auch durch die *DVL* durchgeführt, Bild 136. Natürlich wurden auch Beutemotoren untersucht. Es existiert noch ein Bericht über vergleichende Temperaturmessungen an einem *Rolls Royce Merlin* und einem *Daimler-Benz DB 605:*

„ ... Mit besonderem Interesse müssen auch die Kolbentemperaturen in der Ringpartie verfolgt werden ... nach unseren Erfahrungen bei Mahle sollte die Ringtemperatur am obersten Kolbenring 280° nicht übersteigen, um mit Sicherheit das Ringstecken zu vermeiden. Die Daimler-Benz-Motoren DB 605 und auch DB 603 kranken hauptsächlich an diesem Übel. Die Temperaturen liegen hier bei ca. 300−320°. Die Merlin-Messungen zeigen nun, daß z. B. bei Höhenbedingungen die Mehrzahl der Kolben eine Temperatur am obersten Kolbenring aufweisen, die 280° nicht überschreitet. Einige Kolben liegen in der Temperatur auch bedeutend höher. Im Gesamten dürften daher im Merlin-Motor auch Schwierigkeiten mit Ringstecken auftreten ..." [755].

Der Dieselmotor kam erst ab Mitte der 1920er Jahre auf die Straße. Bis dahin mußte der Kraftstoff mit Druckluft in den Brennraum eingeblasen werden; das erforderte einen schweren, teuren und auch störanfälligen Einblaseluft-Verdichter („Kompressor"), der zudem rund zehn Prozent der Motorleistung verbrauchte. Die *MAN* und *Junkers* hatten nach dem ersten Weltkrieg direkteinspritzende „kompressorlose" Dieselmotoren entwickelt, *Benz* bzw. *Mercedes-Benz* einen Vorkammer-Motor, die Fa. *Robert Bosch* brachte in der zweiten Hälfte der 1920er Jahre die mechanisch-hydraulische Einspritzung zur Serienreife und leistete damit einen wichtigen Beitrag dazu, daß Dieselmotoren nun auch für Nutzfahrzeuge gebaut werden konnten. Und jetzt kommt der Kolben ins Spiel: Eine Voraussetzung für den Nutzfahrzeug-Diesel war der Aluminium-Kolben, denn im Diesel heizen sich die Kolben stärker auf als in Ottomotoren, und das, obgleich die Prozeßtemperaturen beim Diesel niedriger sind. Dieser scheinbare Widerspruch erklärt sich dadurch, daß infolge der höheren Drücke und turbulenteren Gasströmung der dieselmotorischen Verbrennung der Wärmeübergang zum Kolben ungleich intensiver ist. Diesen vermehrten Wärmeeinfall verkrafteten ungekühlte Graugußkolben nicht mehr, Aluminium-Kolben hingegen sehr wohl. Bei der *kompressorlosen* Einspritzung treten höhere Spitzendrücke und Druckgradienten (Druckanstieg in der Zeit) auf, deren Auswirkungen auf die Kolben nicht auf sich warten ließen. Erst nachdem die Kolben praktisch in allen Partien verstärkt worden waren, hielten sie den Beanspruchungen soweit stand, daß die Motoren überhaupt den Bremslauf „überlebten". Die Probleme schienen gelöst zu sein. Doch nach einiger Laufzeit begannen die

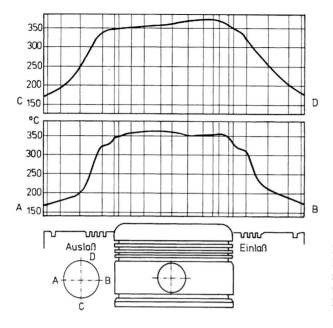

Bild 136
Die Kolben in Flugzeugmotoren im zweiten Weltkrieg wurden extrem belastet, wie die Temperaturmessungen an einem DB 603-Motor zeigen.

Motoren auszufallen: Unter den hohen Gasdrücken arbeiteten sich die Kolbenringe, vornehmlich der erste und der zweite, in die weichen Nutflanken ein:

„ ... wurden jetzt nach 10.000 oder 20.000 km Schäden gemeldet, schlechte Leistung, großer Ölverbrauch, Durchblasen der Motoren und wenn man die Zylinder abhob, dann sah man, daß meist der erste Kolbenring schon ganz abgenützt war. In vielen Fällen ist er durch Abnützung der Ringnuten abgebrochen und das war das neue Schlamassel, die Kolbenringnuten waren zu weich, die Kolbenringe schlugen sich aus, sie nützten sich ab – die Kolbenringe ebenso wie auch die Ringnuten, und dann brachen die Nuten ab und die Fernfahrer wurden aufs neue enttäuscht ...“ [756].

Durch diesen scheinbar nebensächlichen Effekt war der Einsatz des Dieselmotors in Nutzfahrzeugen ernsthaft in Frage gestellt. Eine bis heute angewendete Lösung dieses Problems fand ERNST MAHLE, indem er die Kolbeneigenschaften „örtlich“ verbesserte durch Bewehren der Nut mit einem eingegossenen Ringträger von annähernd gleichem Wärmedehnungskoeffizienten wie das Kolbengrundmaterial. 1932 wurde der Ringträger-Kolben von *EC* in die Serie eingeführt. Damit waren diese Schwierigkeiten behoben!

Das Verfahren des Eingießen des Ringträgers wurde nach dem Kriege durch ein besonderes Angußverfahren, das *AlFin*-Verfahren[261], dahingehend verbessert, daß der Ringträger vor dem Eingießen in flüssiges Rein-Aluminium getaucht wird. Die sich hierbei bildende intermetallische Verbindungsschicht[262], FeAl₃, gewährleistet gleichermaßen eine gute Bindung und einen guten Wärmeübergang vom Aluminium zum Eisen [757].

---

[261] Das AlFin-Verfahren (Al = Aluminium, fin (engl) = Rippe) wurde 1941 von der *Fairchild Engine and Aeroplane Corp.* für den Verbundguß von Leichtmetall-Rippenzylindern mit Stahllaufbüchsen für luftgekühlte Flugzeugmotoren entwickelt (US Patent 2 396 730; DBP 860 303) [235]. Die *Metallgesellschaft AG* erwarb eine Lizenz für dieses Verfahren für Deutschland und vergab ihrerseits Lizenzen an andere Firmen, so auch an die *Mahle Komm.-Ges.*

[262] Hierunter versteht man Verbindungen von Metallen untereinander oder mit Nichtmetallen, deren Gittertyp nicht mehr dem der beiden Komponenten entspricht, sondern von eigener Art ist.

Mit der Einführung des Dieselmotors in die Nutzfahrzeuge, erst in schwere Nkw, dann zunehmend auch in leichtere Fahrzeuge bis hin zum Pkw, wurden die Motoren selbst immer besser an die Erfordernisse des Straßen-Fahrbetriebs angepaßt. Hand in Hand gingen damit Verbesserungen am Kolben: An der Konstruktion, an den Werkstoffen und in der Bearbeitung, Bild 137.

Der Erfolg dieser Maßnahmen zeigte sich in längeren Laufzeiten von Kolben und Motoren, wenngleich man natürlich nicht heutige Maßstäbe anlegen darf, Bild 138.

Einen anderen Schwerpunkt der Kolbenentwicklung bildeten Hochleistungs-Dieselmotoren, Motoren die an der Grenze des nach dem Stande der Technik Möglichen arbeiten. Extreme thermische und mechanische Beanspruchungen müssen unter der Prämisse hoher Zuverlässigkeit und langer Laufzeiten von den Kolben ertragen werden. Als exemplarisch hierfür können der 16-Zylinder-V-Luftschiffmotor *(MB 602),* und davon abgeleitet, die 20-, 16- und 12-Zylinder-Schnellbootmotoren von *Daimler-Benz (MB 518, 512 und 500)* sowie die Triebwagen-Dieselmotoren der Fa. *Maybach* in den 1920er und 1930er Jahren gelten. Luftschiffdieselmotoren wurden hoch beansprucht, weil sie eine hohe spezifische Leistung über sehr viel längere Zeiten abgeben mußten als Flugzeugmotoren: Je nach Fahrtziel wurden 50 bis 100 Stunden mit Vollast gefahren, kein Wunder also, daß es mit den Kolben in diesen Motoren erhebliche Anstände gab, die Schritt um Schritt beseitigt werden mußten. Wie aus den einschlägigen Berichten immer wieder hervorgeht, war das Ringstecken ein zentrales Problem des Luftschiffmotors:

„ … Schon während der ersten grossen Fahrt des ‚Hindenburg' nach Rio … stellten wir fest, dass sich bei allen Motoren, mit Ausnahme des vorderen Steuerbordmotors, der Schmierölverbrauch von normal 2 Ltr./Std. auf allmählich bis 3 Ltr./Std. und mehr steigerte. Man sah dies auch an der hellblauen Auspuffahne und an der Gehäuseentlüftung. Deshalb wurden nach der Landung in Rio an den zwei Motoren mit dem höchsten Schmierölverbrauch sämtliche Zylinder abgenommen. Dabei mussten wir feststellen, dass die Kolbenringe in ihren Nuten durch Ölkohlebildung verklebt und teilweise sogar schon festgebrannt waren. Also wurden auch die Kolben ausgebaut und die Nuten und Kolbenringe gesäubert …" [758].

Dennoch haben sich diese Motoren in navalisierter Ausführung als Schnellbootantriebe unter den erschwerten Bedingungen im Kriege als zuverlässig erwiesen, was zu einem nicht geringen Teil auf die vorzügliche Pflege und Wartung durch ein gut ausgebildetes Maschinenpersonal zurückzuführen ist. Die Fahrstände in den Schnellbooten befanden sich unmittelbar an den Mo-

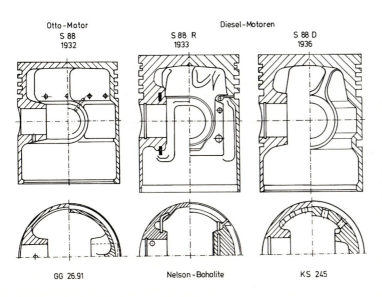

Otto-Motor | Diesel-Motoren
S 88 | S 88 R | S 88 D
1932 | 1933 | 1936

GG 26.91 | Nelson-Bohalite | KS 245

Bild 137
Die Entwicklung der Kolben für Nkw-Motoren in den 1930er Jahren läßt sich am Beispiel von *Magirus* verfolgen: Der *S 88*-Ottomotor hatte noch Graugußkolben. Mit Einführung des Diesels (Typ *S 88 R;* 1933) stellte man auf Leichtmetallkolben um – in diesem Fall Kolben der Bauart *Nelson-Bohnalite.* Später ging man wegen der steigenden Belastung auf Vollschaftkolben über (Typ *S 88 D;* 1936).

Bild 138
Laufzeiten von Dieselkolben wie in dieser KS-Anzeige von 1930 mit 200.000 km angegeben, dürften damals eher die Ausnahme gewesen sein.

toren; jeder Motor wurde von „seinem" Maschinenmaat („Fahrmaat") bedient. Es wird berichtet, daß die Motoren immer mit Blick auf die Kurbelgehäuse-Entlüftung gefahren wurden, so daß festgehende Ringe und beginnende Kolbenfresser frühzeitig erkannt und abgefangen werden konnten. Ein anderer, in seiner Bedeutung für die häufig im Grenzbereich arbeitenden Motoren nicht zu unterschätzender Faktor war, daß die Temperaturen der Betriebsmittel (Kühlwasser und Schmieröl) sorgfältig geregelt und überwacht wurden.

Neben den Luftschiff- und Marinemotoren sind die Triebwagendiesel der 1930er Jahre Hochleistungsmotoren, bei denen Leistungsprofil, Betriebsbedingungen und die Unzulänglichkeiten des für diese Motorenart erst noch zu entwickelnden Zubehörs die Kolben in jeder Hinsicht forderten. Die vordringliche Aufgabe bei der Entwicklung der ersten Triebwagen bestand darin, die für solche schweren Fahrzeuge[263] erforderliche Antriebsleistung mit dem Dieselverfahren darzustellen. Durch das ungünstige Verhältnis von Fahrzeugmasse zu Antriebsleistung wurden die Motoren stark belastet; zudem waren sie häufigen Lastwechseln unterworfen. Weitere Erschwernisse ergaben sich aus den Rückwirkungen der Maschinenanlage, d. h. von der Kraftübertragung, der Rückkühlanlage, der Luftzufuhr zum Motor usw.[264] Motor und Maschinen-Anlage mußten Schritt für Schritt verbessert werden, bis zufriedenstellende Ergebnisse erreicht wurden [759]. Im Gegensatz zum Luftschiff- und Marine-Betrieb wurden die Motoren in den Triebwagen nicht unter Aufsicht eines Motorenwartes gefahren, so daß sich mancher Schaden voll entwickelte, der sonst hätte abgefangen werden können.

Bei hochbelasteten Kolben in Flugzeug-Ottomotoren traten in den 1930er Jahren Dauerbrüche auf: Risse gingen von der Innenseite der Nabenbohrung aus und verliefen durch die Nabe und die Bolzenabstützung gegen den Boden. Zunächst unerklärlich, kam man durch experimentelle Untersuchungen darauf, daß die Ovalverformung des – im Hinblick auf diesen Effekt – zu schwach ausgelegten Kolbenbolzen diese Schäden auslösten. Unter den Betriebskräften biegt sich der Kolbenbolzen nicht nur um seine Querachse durch, sondern auch um seine Längsachse, d.h. er verformt sich oval. Diese Verformung wird den Bolzenaugen im Kolben aufgezwungen, so daß das Bolzenauge und die Bolzenabstützung regelrecht aufgespalten wurden; man sprach deshalb von „Spaltbrüchen". Nachdem die Ursache erkannt worden war, ließ sich durch Verstärkung des Kolbenbolzens Abhilfe schaffen. Weil bei den ersten Nkw-Dieselmotoren Kolben und Kolbenbolzen noch stark in Anlehnung an die der Ottomotoren ausgelegt worden waren, suchte man den Grund für diese Schäden im Kolben selbst:

„ … Die Ursache dieser Risse wurde anfänglich in der Anordnung einer Bohrung für die Schmieroelzuführung, welche in der Hauptebene des Kolbens zwischen den beiden Schrägrippen, also in dem am stärksten gefährdeten Querschnitt irrtümlicherweise eingebohrt wurde, vermutet. Nachdem aber dieses Ölloch bei späteren Ausführungen nicht mehr gebohrt wurde, trat dieser Übelstand zwar viel seltener, aber doch immer an der selben Stelle auf …" [760].

Hier sind zwei tückische Effekte angesprochen, wie sie immer wieder in der Bauteil-Entwicklung auftreten, nämlich daß die eigentliche Schadensursache von einer wiewohl plausiblen, so doch vordergründigen Ursache, die den Schaden zwar auslöst bzw. ihn beschleunigt, überdeckt wird, und daß die Komplexität des Vorganges seine Reproduzierbarkeit im Experiment oder auf dem Prüfstand erschwert. Es ist erstaunlich, daß Vorgänge wie die Spaltbrüche, deren Hergang und Ursache man bei den Flugmotoren schon geklärt hatte, in anderen Bereichen des Motorenbaus aufs neue untersucht werden mußten. Die Gründe dafür waren weniger die Geheimhaltung, der die Flugmotoren als militärische Spitzenprodukte unterlagen, sondern vielmehr die fehlende Kommunikation zwischen den einzelnen Bereichen des Motorenbaus[265]. Spaltbrüche gab es auch bei den Kolben von Triebwagen-Dieselmotoren:

---

[263] Der von der *Eisenbahn-Verkehrsmittel AG* und der *Maybach Motorenbau GmbH* entwickelte und 1924 auf der Eisenbahnausstellung in Seddin vorgestellte vierachsige Dieseltriebwagen hatte eine Masse von 40.000 kg, seine Antriebsleistung betrug 110 kW (150 PS).

[264] Die mit Erfahrungen mit diesen Motoren wurden später auch bei Motoren anderer Hersteller berücksichtigt.

[265] Aktuelle technische Probleme der Flugmotoren und die Möglichkeiten zu ihrer Lösung wurden in einschlägigen, jedermann zugänglichen Fachzeitschriften ausführlich erörtert. Andererseits findet man bei der Durchsicht der Fachbibliotheken bzw. der Archive der Motoren-Hersteller meist nur solche Zeitschriften, welche sich mit der eigenen Motorengattung befassen.

„ … Die Motoren laufen in Triebwagen der Reichsbahn. Nach 20 bis 50.000 km wurden an insgesamt 21 Kolben von 4 Motoren Anrisse in den Kolbenbolzenaugen festgestellt. Typische Dauerbrüche. Der Ausgangspunkt ist die Innenkante des Auges, die Erstreckung durchwegs fast vollkommen eben nach oben durch die mittlere Stützrippe bis in die Ringzone hinein … Am Ausgangsbruch des Dauerbruchs vereinigen sich die maximalen Beanspruchungen, die von der Bolzendurchbiegung und der Bolzenabplattung herrühren. Der Werkstoff der Kolben ist gesund. Er zeigt in den angerissenen Gebieten keine Gusslunker …“ [761].

An das Resümee dieses Versuchsberichtes, daß der Kolbenbolzen verstärkt werden müsse, schließt eine zwar bezüglich der Spaltbrüche richtige Feststellung an:

„ … Eine elastische Ausbildung des Bolzenauges etwa durch Weglassen der Mittelrippe verringert die Beanspruchungen nicht mit Sicherheit, sie werden nur unter Umständen an eine andere Stelle verlegt …“ [761].

Was man aber noch nicht wußte, war, daß eben diese steife Bolzenabstützung den Keim zum nächsten Schaden barg. Mit Rücksicht auf die hohen Gasdrücke der Dieselmotoren hatte man deren Kolben verstärkt, vornehmlich am Boden und im Bereich der Bolzenaugen und die massiven Bolzenaugen durch je eine, zwei oder gar drei Rippen gegen den Boden abgestützt. Jetzt traten gerade hier Brüche auf. Begünstigend wirkten sich enge Spiele und ungünstige, weil scharfkantige Gestaltung der Bolzenaugen an ihrer Innenseite aus. Daß sich eine zusätzliche „Sicherheit“ auch in das Gegenteil verkehren kann, ist in der Technik (und nicht nur dort) ein bekannter Effekt[266]. So war es auch bei dem o. a. Triebwagen-Dieselmotor gewesen. Um ihn an die mittels Abgasturboaufladung gesteigerte Leistung anzupassen, hatte man die Bolzenaugen mit einer senkrechten und beiderseits davon mit einer leicht geneigten Rippe gegen den Kolbenboden abgestützt. Doch gerade diese Verstärkung sollte sich als verhängnisvoll erweisen. Weil das Bolzenauge im Bereich der mittleren Rippe die Verformung des Kolbenbolzens nicht mitmachen konnte, wurde es überlastet. Örtlich traten hohe Druckspannungen auf, die das Auge und die mittlere Rippe aufsprengten. Es handelte sich hierbei um einen Dauerbruch, der seinen Ausgang vom Scheitel der Bohrung auf der Innenseite des Bolzenauges nahm. Je nach den individuellen Umständen (Höhe der Belastung, zeitliche Auslastung des Motors) breitete sich der Riß mehr oder weniger schnell aus, bis der Rest des noch tragenden Querschnittes durch einen Gewaltbruch versagte. Durch Untersuchung des Kolbens mit Hilfe des Dehnlinien-Verfahrens stieß man schnell auf den Grund für den Schaden, so daß in diesem Fall leicht Abhilfe geschaffen werden konnte, indem man einfach die mittlere Rippe wegließ. Die Belastung wurde jetzt „weicher“ aufgenommen, und der Kolben hielt, Bild 139.

Wenngleich sich der Leichtmetall-Kolben in den 1920er Jahren in Pkw-Motoren weitgehend durchgesetzt hatte, so gab es doch eine Reihe von Herstellern, vor allem in den USA, die dem dünnwandigen Grauguß-Kolben aus Gründen der Laufruhe den Vorzug gaben. In Deutschland verwendete *Opel* noch bis Anfang der dreißiger Jahren Grauguß-Kolben.

Der Invarstreifen-Kolben hatte ungeachtet seiner Vorzüge einige Nachteile: Seine Struktur erwies sich für die steigenden Motorleistungen als zu schwach und Invarstahl war teuer. So entwickelte ADOLPH NELSON diesen Kolben zum Stahlstreifen-Kolben weiter; die um die Bolzenbohrung eingegossenen Stahlstreifen wirkten mit dem Kolbenmaterial als Bimetall, das sich bei Erwärmung wegen der unterschiedlichen Wärmedehnungs-Koeffizienten krümmt, somit die

---

266) Als Beleg hierfür zwei Beispiele: Überdimensionierte Luftfilter verbessern keineswegs die Filterwirkung bei Motoren, sondern verschlechtern sie unter Umständen, weil der Filterwirkungsgrad von der Filterbelastung (Strömungsgeschwindigkeit durch das Filter) abhängt. Sicherheitszuschläge bei der Berechnung von Durchflußwiderständen von Rohrleitungssystemen können dazu führen, daß die Pumpe, darauf hin ausgelegt, ihren Arbeitspunkt nicht erreicht und den geforderten Volumenstrom und Druck nicht liefert.

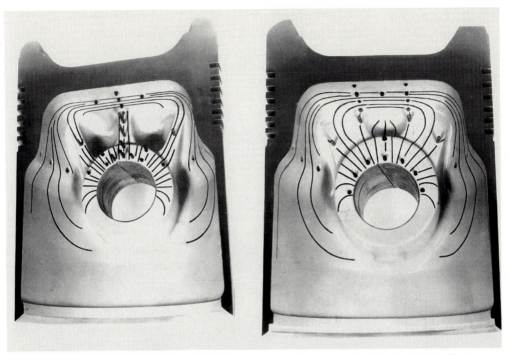

Spannungszustand in einem Dieselkolben mit 3 Stützrippen zwischen Bolzenauge und Kolbenboden

Spannungszustand in einem Dieselkolben
mit verbesserter Abstützung

Bild 139 Die Nabenbrüche an den Kolben in *Maybach*-Triebwagen-Dieselmotoren haben Lehrbuch-Charakter, weil sie zeigen, wie eine – scheinbare – Verstärkung in Wirklichkeit die Struktur schwächt. Mit dem Dehnungslinien-Verfahren konnten die Spannungsverhältnisse anschaulich dargestellt werden.

Dehnung in Druck-Gegendruck-Richtung in Bolzenrichtung umlenken. Da der Kolben, weil hier nicht tragend, ein größeres Spiel hat, kann sich der Kolben ohne weiteres in Bolzenrichtung ausdehnen. Das Prinzip der Bimetall-Regelung der Wärmedehnung war zuvor schon von dem Österreicher A. DEBELACK angewendet worden.

Mahle nahm auf den NELSON'schen Kolben (*Autothermic*-Kolben) Lizenz; 1935 wurde dieser Kolben in den 1,3 l *Opel*-Motor eingebaut, dann folgten weitere Motor-Typen.

Der zweite Weltkrieg unterbrach die Entwicklung von Motoren für zivile Verwendung. Nach dem Kriege wurde die Entwicklung – in Deutschland mit situationsbedingter Verzögerung – wieder aufgenommen. Mitte der 1950er Jahre wurde der *Autothermik*-Kolben[267] zum schlitz-losen *Autothermatik*-Kolben weiterentwickelt, Bild 140.

Als Wettbewerb zu den Stahlstreifenkolben entstanden der Ringstreifenkolben *(Karl Schmidt)* und der Hülsenringkolben *(Nüral)*. Beim Ringstreifenkolben lenkt das im oberen Schaftbereich eingegossene radial biegeweiche Ringband aus Stahl die Kolbendehnung von der Druck-Ge-gendruck-Richtung in die Bolzenrichtung um, Bild 141.

---

[267] Früher war man bestrebt Fremdwörter durch entsprechende Schreibweise „einzudeutschen" (hier Ersatz des *c* durch ein *k*). Heute ist das Gegenteil zu beobachten, man bemüht sich, möglichst viele englische/amerikanische Ausdrücke zu verwenden; ein Beispiel: performance-Schaubild.

Regelkolben: Wirkungsprinzipien

Steuerung des Wärmeflusses

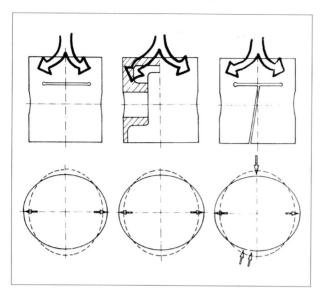

Links: Unterbrechung des Wärmeflusses zu den tragenden Schaftteilen durch Querschlitze auf der Druck-Gegendruckseite: Umlenkung des Wärmeflusses in Bolzenrichtung.

Mitte: Erleichterung des Wärmeflusses in die Bolzenrichtung durch größere Wärmefließquerschitte

Rechts: Unterbrechung des Wärmeflusses zu den tragenden Schaftteilen durch Querschlitze. Außerdem nachgiebige Gestaltung der Gegendruckseite durch einen Längsschlitz. Wenn sich der Schaft bei Erwärmung an die Zylinderbuchse anlegt, kann er einfedern und sich elastisch verformen.

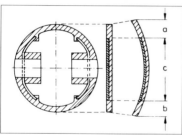

Bimetall-Effekt
Wenn zwei fest miteinander verbundene Metallschichten von unterschiedlichen Wärmeausdehungs-Koeffizienten erwärmt werden, dehnt sich die eine Schicht stärker aus als die andere. Die dadurch entstehende Spannung führt zur Krümmung der Schicht um die Komponente mit dem kleineren Koeffizienten. Der Kolben vergrößert seinen Durchmesser in Bolzenrichtung, wohingegen er in Druck-Gegendruck-Richtung (relativ) kleiner wird.

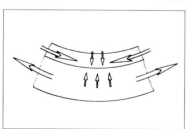

Schrumpf-Effekt
Beim Abkühlen von Verbundguß schrumpft das Leichtmetall auf die in die Kokille eingelegten Segmentstreifen oder den Hülsenring. Dadurch wird es in seiner Kontraktion behindert. Es entstehen Schrumpfspannungen, die den Kolben oval in Druck-Gegendruckrichtun verformen. Bei Erwärmung müssen erst diese Schrumpfspannungen abgebaut werden, wodurch sich der Kolben in Bolzenrichtung verformt; erst dann kann er sich weiter ausdehnen.

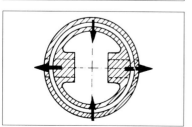

Zugband-Effekt
Zieht man einen Kreisring auseinander, dann verringert sich sein Durchmesser in der Richtung senkrecht zur Zugrichtung. Durch Eingiessen eines Stahlrings wird eben dieser Effekt in Leichtmetallkolben bewirkt.

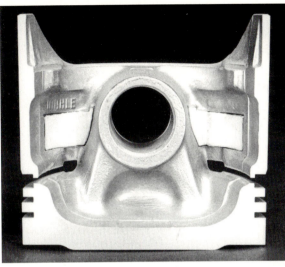 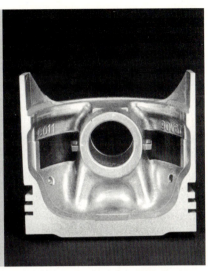

Autothermik-Kolben ⌀ 90 mm   Autothermatik-Kolben ⌀ 90 mm

Bild 140 Bei diesen Kolben mit Stahlstreifen-Regelgliedern wird die Wärmedehnung vorwiegend über den Bimetall-Effekt geregelt. Bei den Autothermik-Kolben wird der Wärmefluß vom Boden zu den tragenden Schaftteilen durch Querschlitze unterbrochen. Mit steigenden Motorleistungen in den 1950er Jahren führte man die Kolben aus Gründen der Festigkeit ohne Querschlitze aus: Autothermatik-Kolben!

Ende der fünfziger Jahre brachte *Nüral* den Hülsenring-Kolben *(Perimatic-Kolben)* heraus, dessen Regelwirkung auf „der temperaturabhängigen Vorspannung des Schaftaußenmantels" beruht. Ein dünnwandiges, geschlossenes Stahlblech-Regelglied in der Form einer Hülse ist in den Kolbenschaft eingegossen, Bild 142.

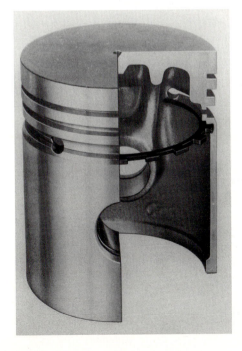

Bild 141
Ringstreifen-Kolben

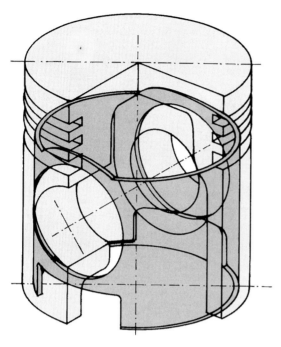

Bild 142
Hülsenringkolben

Beim Erkalten zieht sich der Kolbenwerkstoff stärker zusammen als die Regelhülse, was zur Folge hat, daß der äußere Aluminium-Mantel auf die Hülse aufschrumpft und diese auf Druck vorspannt, der innere Aluminium-Mantel sich ebenfalls stärker zusammenzieht als die Hülse, wodurch ein „Schwindspalt" zwischen Hülse und Aluminium-Mantel entsteht. Bei Erwärmung des Kolben im Motorbetrieb müssen sich erst die Zugspannungen im äußeren Mantel abbauen, bevor dieser sich ausdehnen kann. Auf der Innenseite der Hülse dehnt sich der innere Mantel aus, bis der Schwindspalt geschlossen ist. Die auf den Kolben wirkenden Seitenkräfte werden zunächst vom äußeren Mantel und der Regelhülse, und erst nach dem Schließen des Schwindspaltes auch von dem inneren Mantel aufgenommen. Der Hülsenringkolben wurde später zum Segmentstreifen-Kolben weiterentwickelt: Statt einer geschlossenen Hülse werden zwei Segmentstreifen so in den Kolben eingegossen, daß sie in den Bolzenaugen verankert sind, ohne sie zu umschließen. Die verschiedenen Regelprinzipien werden miteinander kombiniert, so daß es heute eine Vielzahl von Regelkolben gibt, die auf jeden Einsatzfall speziell abgestimmt werden können.

Dieselmotoren für Schiffe und stationären Betrieb hatten von Anbeginn an einteilige Gußeisenkolben und gebaute Kolben mit Stahlober- und Graugußunterteil, die aber von einer gewissen Größe an gekühlt werden mußten, bei schnellaufenden Motoren (300 bis 500 min^{-1}) ab $\approx \varnothing$ 350 mm und bei langsamlaufenden Maschinen (100 bis 150 min-1) ab $\approx \varnothing$ 500 mm. Mit steigender Leistung mußten auch kleinere Kolben gekühlt werden. Als in den 1920er Jahren große Zweitaktmotoren auch doppeltwirkend gebaut wurden, kam der Kolbenkühlung existenzielle Bedeutung zu. Als Kühlmittel dienten Öl oder Wasser, das über Gelenkrohre, Schieberohre („Posaunen") oder durch die hohle Kolbenstange dem Kolben zu geführt wurde. Die Führung des Kühlmittels im Kolben mußte sorgfältig gestaltet werden, damit die kritischen Stellen tatsächlich gekühlt wurden. Da man zum Teil auch Seewasser für die Kolbenkühlung verwendete, mußte für eine ausreichende Strömungsgeschwindigkeit gesorgt werden, damit es nicht zu Ablagerungen an heißen Stellen kam. Ein ständiges Problem waren Leckagen; deshalb mußten die Kühlkreisläufe so ausgelegt sein, daß Leckwasser nicht in den Kurbelraum gelangen konnte. Bei Ölkühlung bestand die Gefahr, daß es zu „Verkrustungen" kam, d. h. daß sich an den heißen Stellen Ölkohle bildete, die den Wärmeübergang verschlechternd zu vermehrter Ölkohle führte. Die Kolbenkühlung war konstruktiv aufwendig, bereitete im Motorbetrieb Schwierigkeiten und verursachte bei Fehlfunktion manchen Motorschaden. Das waren gewichtige Argumente für den Leichtmetallkolben in Schiffsmotoren:

„ … Der Fortfall einer besonderen Öl- und Wasserkühlung bedeutet nicht nur eine willkommene Vereinfachung im Fahrbetrieb, sondern auch eine Verminderung der hin- und hergehenden Massen, sowie eine beträchtliche Verbilligung, so daß dadurch der Mehrpreis eines AlSi-Kolbens ausgeglichen wird …" [762].

Versuche, Leichtmetallkolben in größeren Motoren einzusetzen, waren in England schon im ersten Weltkrieg gemacht worden; in Deutschland begann man damit erst Mitte der 1920er Jahre, als die *MAN* für marinetechnische Spezialanwendungen extrem leichte Viertakt-Dieselmotoren entwickelte. Die guten Erfahrungen damit führten dazu, daß in den 1930er Jahren U-Bootmotoren (Typ *MV 40/46*) von zweiteiligen Stahl-Grauguß-Kolben auf Aluminium-Kolben umgerüstet wurden. Mit 133 kg war die Masse des Kolbens aus der eutektischen AlSi-Legierung KS 1275 merklich niedriger als die der Grauguß/Stahl-Ausführung mit 210 kg. Die Erprobung im Motor bewies, daß der Leichtmetall-Kolben auch unter Vollast ohne Kühlung auskam. Als dann der Motor auf Aufladung umgestellt wurde, führte man erneut Versuche durch, um zu klären, ob und wie die Kolben diese Leistungssteigerung verkrafteten:

„ … Der Lauf der Kolben war bei allen Belastungen einwandfrei; die Kolben zeigten nach Schluß der Versuche ein hervorragendes Aussehen. Bei hohen Belastungen hatten sie auch an den Mantelteilen unterhalb der Oberkante, besonders in Laufrichtung etwas getragen. Größe und Verlauf des Brennstoffverbrauches über der Belastung waren etwa die gleichen wie bei M6V 40/46 mit ölgekühlten Stahlkolbenböden …" [763].

Messungen zur Wärmebilanz ergaben, daß beim Aluminium-Kolben mehr Wärme in das Kühlwasser, bei den Grauguß/Stahl-Kolben mehr in das Kühlöl abgeführt wurde. Trotz der höheren Leistung des aufgeladenen Motors blieb die an das Kühlmittel abgegebene Wärmemenge in etwa gleich. In der Sechsylinder-Version leistete der aufgeladene Motor 1029 kW (1400 PS) bei 480 min^{-1}. Der spezifische Kraftstoffverbrauch betrug im Bestpunkt 212 g/kWh (156 g/PSh); das entspricht einem effektiven Wirkungsgrad von 40,5 %! Der gute Wirkungsgrad führte zu niedrigeren Abgas- und Kolbentemperaturen. Trotz der höheren Leistung des aufgeladenen Motors lagen die Temperaturen unter denen des Saugmotors. Unter der Maßgabe gleichbleibender Temperatur konnte mit dem aufgeladenen Motor bis zu 30 % mehr Leistung gefahren werden. Auch die *Krupp*-U-Bootmotoren (Typ *F 46*) erhielten Aluminium-Kolben, Bild 143.

Auf Grund dieser Erfahrungen begann man in Deutschland nach dem zweiten Weltkrieg größere Motoren ($\approx \varnothing$ 570 mm) auf Aluminium-Kolben umzustellen. Zweitaktmotoren erhielten nach wie vor Graugußkolben, zum einen wegen der hohen thermischen Belastung, zum anderen weil die Motoren zunehmend mit Schwerölbetrieb betrieben wurden. Ein Argument für die Leichtmetallkolben war der Entfall der Kolbenkühlung, doch bald wurde erkannt, daß man dadurch Leistung verschenkte bzw. das Leistungspotential der Motoren nicht voll ausnutzte. Mit steigender Aufladung mußte immer mehr Wärme aus den Kolben abgeführt werden, so daß man zur Kühlung der Kolben überging. (In diesem Zusammenhang ist es erstaunlich, daß man nicht auch die hochbelasteten Flugmotorenkolben gekühlt hatte).

1940 hatte die *Alcoa* den Vorschlag gemacht, in Leichtmetallkolben von Viertakt-Dieselmotoren Kühlschlangen einzugießen. Amerikanische Lokomotivmotoren-Hersteller, griffen dieses Prinzip als erste auf. In Deutschland war es die Firma *Karl Schmidt*, die zu Beginn des zweiten Weltkrieges für einen *MWM*-Motor Kühlschlangen-Kolben herstellte, Bild 144.

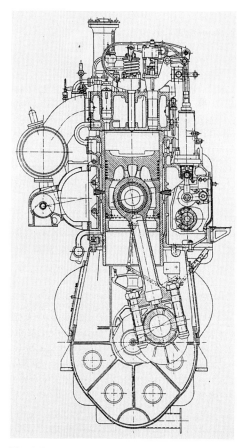

Bild 143 Leichtmetall-Kolben konnten in U-Bootmotoren ihre Eignung für Schiffsdieselmotoren nachweisen. Dieser *Krupp F 46*-Dieselmotor war ein Standard-Antrieb der in großer Stückzahl gebauten U-Boote des Typs VII C. Der F 46 war – wie sein *MAN* Pendant *MV 40/46* – mit ungekühlten Aluminium-Vollschaft-Kolben ∅ 400 mm ausgerüstet.

Nach dem Kriege rüstete die Fa. *Maybach* die Motoren ihrer *MD*-Baureihe, schnellaufende Dieselmotoren für Traktionszwecke, mit gebauten Kolben (Stahlober- und Grauguß-Unterteil) aus, die durch Posaunen mit Kühlöl versorgt wurden.

Durch die Abgasturboaufladung wurden die Kolben spezifisch immer höher belastet, so daß sich die Grenze, jenseits derer man sie kühlen mußte, zu kleineren Kolbendurchmessern verschob. Nun setzt die Kühlung mittels Rohrschlangen eine bestimmte Kolbengröße voraus, weil der Windungs- und der Rohrdurchmesser nicht beliebig verkleinert werden können. Einen Ausweg boten Kolben mit einem ringförmigen Kühlraum („Kühlkanal-Kolben"), der nur teilweise mit Kühlöl gefüllt, durch die Shaker-Wirkung des hin- und hergehenden Kolbens für guten Wärmeübergang sorgte, Bild 145.

Allerdings warf der Kühlkanal-Kolben zwei Probleme auf: Die Herstellung des Kühlkanals und die Beeinträchtigung der Gestaltfestigkeit des Kolbens durch den Kühlkanal. Zunächst legte man einen Kupferkern in den Kolben ein, der nach dem Gießen ausgelöst wurde, dann ging man zu Salzkernen über. Schließlich gelang es mit dem Elektronenstrahl-Schweißverfahren (ESG), mit einem entsprechend geformten Kolbenoberteil und eingegossenem Ringträger und dem ge-

Bild 144
Die ersten gekühlten Kolben hatten eingegossene
Kühlschlangen

preßten Unterteil die Vorteile beider Fertigungsverfahren zu vereinen: Freizügigkeit in der Formgebung und die Möglichkeit des Eingießens von Ringträgern und Muldenrandbewehrungen beim Gießen des Kolbenoberteils mit der höheren Festigkeit des Pressens des Unterteils, Bild 146.

Durch Aufladung und Ladeluftkühlung wurde in den 1960er Jahren die Leistung von mittelschnellaufenden Viertaktmotoren so weit angehoben, daß sie in die Domäne großer Zweitaktmotoren eindringen konnten, was allerdings Schweröltauglichkeit voraussetzte. Im Schweröl-

Bild 145
Eine intensivere Kühlung läßt sich beim Kühlkanal-Kolben,
hier in Ringträgerausführung für luftgekühlte Motoren, Bauart
KHD, erreichen.

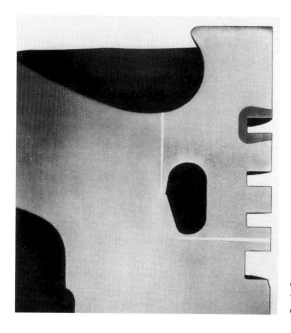

Bild 146
Mit dem Elektronenstrahlschweißen kann man ein
Kolbenoberteil und eingegossenem Ringträger mit
einem gepreßten („geschmiedetem") Unterteil
verbinden. Deutlich erkennbar sind auf diesem Bild
die dünnen Schweißnähte des ESG-Kolbens.

betrieb werden die Kolben mechanisch durch den hohen Aschegehalt, chemisch durch den
Schwefelgehalt dieser Kraftstoffe angegriffen. Andererseits konnte die Kühlwirkung von Kühl-
schlangenkolben nicht in dem nötigen Maße intensiviert werden, Kühlkanal-Kolben kamen aus
Gründen der Festigkeit nicht in Frage, zudem waren die Zünddrücke kräftig angestiegen – auf
100 bis 120 bar – und die Druckgradienten nicht minder. Die Kolben mußten auch thermisch
und festigkeitsmäßig verbessert werden. Das erreichte man mit gebauten Kolben, bestehend aus
dem Aluminium-Unterteil und einem aufgeschraubten Stahl-Oberteil. Letzteres ist so geformt,
daß es mit dem Unterteil einen Kühlkanal bildet. Das Unterteil bleibt dadurch relativ „kalt",
kann deshalb mit engem Spiel gefahren werden, so daß der Kolben gut geführt wird. Die Festigkeit von Stahl- und Gußböden erlaubt dünne Wandstärken, wodurch die Temperaturgradienten
klein bleiben, zumal dank großer Kühlräume die Wärme gut abgeführt werden kann. Im Verein
mit dem geringen Wärmeausdehnungs-Koeffizienten von Eisenwerkstoffen ermöglicht das
enge Feuerstegspiele: Ein Vorteil für die Kolbenringe!

Eine Alternative zu gebauten Kolben ist der sogenannte *Monobloc*-Kolben, ein einteilig aus
Sphäroguß gegossener Kolben, Bild 147. Bei Zünddrücken über 170 bar, wie seit den 1990er
Jahren üblich, werden die Kolbenunterteile gebauter Kolben auch aus Sphäroguß hergestellt.

Aus Festigkeitsgründen haben die Kolbenböden keinen Kühlkanal mehr, sondern sie werden
bohrungsgekühlt. Der Ein- und Ausbau der Kolben („Kolbenziehen") von großen Vier- und
Zweitaktmotoren zwecks Kolbenringkontrolle gehört zwar zu den Routinearbeiten des Schiffs-
maschinenbetriebs, bedeutet aber schon wegen der großen Masse von Kolben und Kolbenstange
(*MAN KSZ 70/120:* 1960 kg) auch bei „normalen" Bedingungen Schwerarbeit, Bild 148. Oft
genug sind aber die Bedingungen auf See nicht „normal", wie aus folgender Beschreibung hervorgeht:

„ … Das erste schlechte Wetter bekamen wir schon hinter Elbe 1 und das wurde auch nicht besser
bis Sonntag früh. Dann mußte ich das erste Mal stoppen und ein Brennstoffventil wechseln, und
eine halbe Stunde später kam das nächste. Anschließend bekamen wir bei Zylinder 3 einen Ringka-
nalbrand, der so intensiv war, so daß uns die Büchse gerissen ist. Wir sind dann erst einmal langsam

Gebaute Kolben

Gebaute, d. h. mehrteilige Kolben (meist Stahlober- mit Graugußunterteil) waren im Großmotorenbau seit je üblich; diese Kolben mußten natürlich gekühlt werden, anders wären sie gar nicht gelaufen. Mit der Einführung von Aluminium-Legierungen als Kolbenwerkstoffe konnte man die Kolben auch größerer Motoren einteilig und ohne Kühlung ausführen. Mit steigender spezifischer Leistung (Leistung/Hubvolumen) werden Kolben thermisch wie mechanisch immer höher belastet, so daß man die Kolben auch kleinerer Motoren mit einem Stahloberteil armieren und schließlich noch kühlen mußte.

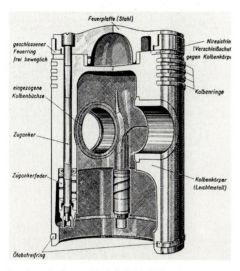

In den Junkers Zweitakt-Diesel-Flugzeugmotoren *Jumo 205* bzw. *Jumo 207* (∅ 105 mm) mußten die Leichtmetallkolben durch eine „Feuerplatte" aus Stahl geschützt werden. Eine gesonderte Kühlung hatte dieser Kolben jedoch noch nicht.

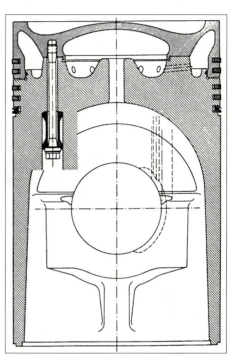

Gebauter Kolben eines großen mittelschnellaufenden Schiffsdieselmotors, ca. ∅ 600 mm. Verschraubung des Oberteils von unten her.

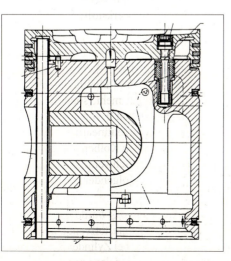

Die Kolben (∅ 185 mm) für die *Maybach-MD*-Motoren – Anfang der 1950er Jahre entwickelt – hatten erst ein Unterteil aus Grauguß, später aus Aluminium, auf das das Stahloberteil aufgeschraubt wurde. Aussparungen zwischen Ober- und Unterteil bilden Kühlölkanäle. Die Zufuhr des Kühlöls erfolgt durch Schieberohre („Posaunen").

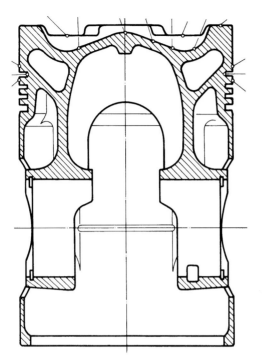

Bild 147 Einteilig gegossene Sphäroguß-Kolben: *Monobloc*-Kolben

weiter gefahren bis der Junge *(Anmerk. d. Verf.: Gemeint ist der Motor („Hauptmaschine"))* von selber stehen blieb, und das alles mitten im Kanal. Die Arbeit begann dann um 10 Uhr, wir nahmen den Deckel ab, bekamen glücklicherweise den Kolben heraus und versuchten dann bis Mitternacht erfolglos, die Büchse zu ziehen. Wir hatten sie glücklich einen halben Meter heraus, aber dann wollte der 5 t Luftzug nicht mehr und unsere Lukaspresse schaffte die Büchse auch nicht mehr, denn wir konnten nur einen Stempel benutzen, denn zu den anderen beiden Pressen hatte man uns in Hamburg die Kupplungsstücke geklaut, und so war die Büchse mit Bordmitteln nicht heraus zu bekommen. Im Laufe des Tages war der Wind auf 8 gekommen und wir trieben mit 3 Meilen die Stunde auf die französische Küste zu, und um Mitternacht sagte der Alte, in 8 Stunden muß etwas passieren, entweder der Junge läuft wieder, wir sitzen auf Grund oder er holt Schlepphilfe. Wir zauberten die Büchse wieder in den Block hinein, setzten den Zylinderdeckel dicht und humpelten mit 7 Beinen *(Anmerk. d. Verf.: gemeint sind die Zylinder)* ab morgens 6 Uhr nach Falmouth (England), um dort Werfthilfe in Anspruch zu nehmen. Die Büchse in den Block hineinzaubern war der richtige Ausdruck, denn die Werft hat nachher von morgens 9.30 Uhr bis 16 Uhr gebraucht, um das Ding herauszubekommen, und die sind doch ganz anders ausgerüstet als wir …" [764].

In den 1950er Jahren war der Kolben wiederum zum leistungsbegrenzenden Kriterium für die Weiterentwicklung von Nutzfahrzeug-Dieselmotoren geworden. Die meisten Motoren arbeiteten mit indirekter Einspritzung (IDE), weil sich damit bei dem Stand der Technik von damals die Gemischbildung einfacher gestaltete als mit direkter Einspritzung (DE). Als dann nach dem zweiten Weltkrieg die Motoren weiterentwickelt und in der Leistung gesteigert wurden, stieß man mit der indirekten Einspritzung kolbenseitig an Grenzen. An den Auftreffstellen der Brennstrahlen wurden die Kolben bis an die Grenze des Ertragbaren beansprucht, so daß es schon bei geringen betrieblichen Unregelmäßigkeiten oder bei Überlastung zu Schäden kam:

Bild 148
Das „Kolbenziehen" bei großen V-Motoren ist gar nicht so einfach, weil große Massen schräg nach oben aus dem Motor ausgebaut werden müssen; insbesondere auf See bei schlechten Wetter ist das eine heikle und nicht ungefährliche Arbeit. Die Motorenhersteller haben deshalb spezielle Vorrichtungen entwickelt, damit solche Arbeiten effizient und sicher durchgeführt werden können.

„ … Bis Ende März 1951 sind bei etwa 20 Motoren Bodenrisse verschiedener Stärke nach Laufzeiten von 40.000 bis 50.000 km festgestellt worden. Dabei hat es sich stets um stark beanspruchte Motoren gehandelt … sind im Bereich des Spritzbildes Temperaturen von 350 bis 360 °C mit sehr scharfem Temperaturgefälle zur benachbarten Zone gemessen worden. Dadurch werden verhältnismäßig hohe Wärmespannungen im Kolben erzeugt, die jedoch – wie die Betriebserfahrung zeigt – normalerweise ertragen werden können … Sollte bei Überlastung oder bei Störung der Bereich von 400 °C oder darüber vorkommen, so ist das Material schon in dem für das Weichpressen geeigneten plastischen Zustand nicht mehr in der Lage, nennenswerte mechanische Beanspruchungen aufzunehmen …" [765].

Solche Kolbenschwierigkeiten konnten letztlich nur mit dem Übergang zur direkten Einspritzung (DE) überwunden werden. Da mittlerweile auch Nutzfahrzeug- und Pkw-Motoren aufgeladen werden, wurde die Kühlung auch deren Kolben unumgänglich. Zunächst genügte es, die Kolbenunterseiten durch Spritzdüsen anzuspritzen; mit steigender spezifischer Arbeit reichte diese „milde" Kühlungsart nicht mehr aus, so daß man zu Kühlkanalkolben übergehen mußte.

Eine wiewohl aufwendige, technisch aber bestechende Lösung stellen die Pendelschaft-Kolben dar, wie sie in einigen Nutzfahrzeugmotoren *(Scania, Cummins, DDC)* verwendet werden. Bei dieser Bauart sind die Kolbenfunktionen *Kraftübertragung* und *Seitenführung* konstruktiv voneinander getrennt, so daß sie sich nicht gegenseitig beeinflussen können. (Dieses Konstruktionsprinzip war schon in den zwanziger Jahren für Pkw-Kolben angewendet worden.) Der Kolbenboden mit der Ringpartie und den Bolzenaugen aus Sphäroguß und bildet den einen, der Leichtmetallschaft den anderen Kolbenteil, die frei beweglich (pendelnd) über den Kolbenbolzen verbunden sind, Bild 149.

Wegen der großen Gaskräfte werden die Bolzenaugen trapezförmig bzw. stufenförmig ausgebildet, dementsprechend natürlich auch das kleine Pleuelauge. An der Oberseite, mit der die Gaskraft übertragen wird, stützen sich die Bolzenaugen über eine größere Länge auf dem Kolbenbolzen ab als auf der unteren Seite.

Bild 149
Bei den Pendelschaft-Kolben ist das Stahloberteil mit dem Aluminium-Unterteil über den Kolbenbolzen gelenkig verbunden ist. Die Kräfte vom Kolbenboden werden also direkt über den Bolzen an das Pleuel weitergeleitet, der Schaft bleibt frei davon - eine gelungene Verwirklichung des Konstruktionsprinzips der Aufgabenteilung.

Um einerseits die Leistungen, andererseits die Wirkungsgrade zu steigern, verstärkten sich gerade bei Ottomotoren aus letzterem Grund die Bemühungen, Kolbenabmessungen und Kolbenmasse zu reduzieren. Mit solchen „Leichtkolben" ließen sich die Reibungsverluste verringern; die konstruktiven Ausführungen hierzu, sei es in serienreifer Ausführung, sei es in Tast- und Extremversuchen, haben große Ähnlichkeit mit den Kolben der Flugmotoren in den 1920er und 1930er Jahren.

Die „Kreuzkopffunktion" des Tauchkolbens, nämlich die der Geradführung des Triebwerks, hat zur Folge, daß eine Querkomponente, die Kolbenseitenkraft (oder: Normalkraft) auftritt, welche bewirkt, daß sich der Kolben mehrfach im Laufe eines Arbeitsspielsvon der einen an die andere Seite des Zylinders anlegt. Diese Kolbensekundärbewegung[268] wirkt sich weit stärker auf das Kolbenverhalten aus, als man zunächst vermuten sollte. Sie beeinflußt die Geräuschemission, Kavitation der Zylinderbuchsen, Verformung des Kolbenschafts, Zylinderverschleiß, Ölhaushalt und die Durchblasemenge. Wenngleich Teilbereiche dieses Problemkreises wie das Kolbenklappern in den 1920er Jahren durch Regelkolben zufriedenstellend gelöst worden waren, so wollte man sich doch damit nicht begnügen. Für weitergehende Maßnahmen war aber die Kenntnis der Bewegungsverläufe von Kolben unter Einfluß der Normalkraft nötig. In den fünfziger Jahren gelang es A. MEIER, die Kolbenquerbewegung durch Experiment und Rechnung zu erhellen. Nachfolgend wurden von den Kolben- und Motoren-Herstellern sowie Hochschulinstituten zahlreiche Arbeiten auf dem Gebiet der Kolbenquerbewegung durchgeführt, wobei man sich unterschiedlicher Meßsysteme bediente. Letztlich ließen die steigende Verkehrsdichte und ein geschärftes Bewußtsein für die Umwelt die Kolbengeräusche in den 1970er und 1980er Jahren wieder zu einem Entwicklungsschwerpunkt werden.

Bei der Entwicklung von Kolben kann man auf motorische Versuche nicht verzichten, weil der Kolbenlauf von dem Zusammenwirken der eigentlichen Gleitpartner, also Kolben, Kolbenringe, Schmiermittel und Zylinderbuchse, und auch vom Kurbelgehäuse und dessen Verhalten im Motorbetrieb bestimmt wird. Man muß sich vergegenwärtigen, daß die Kolbenfeinkontur in Größen von Hundertstel Millimetern abgestuft ist, das Kurbelgehäuse sich unter mechanischer Belastung und bei Erwärmung um gleiche oder größere Beträge verformt. Hinzu kommt noch, daß die Steifigkeit des Kurbelgehäuses in den einzelnen Bereichen unterschiedlich ist, so ist die Partie der Eckzylinder im allgemeinen steifer als die der mittleren Zylinder. Aus diesen Gründen sind „Läufe zur Auslegung und Abstimmung bestimmter Bauteile" unverzichtbar, dazu gehören die Überprüfung und – meistens erforderlich: Korrektur, der Kol-

---

[268] Die Primärbewegung ist die vom oberen zum unteren Totpunkt und umgekehrt.

benfeinkontur („Schleifbild"), aber auch Messungen des Ölverbrauchs, des Gasdurchlasses an den Kolbenringen („blow-by") und des Geräuschs. Das Schleifbild ist sichtbarer Ausdruck der Kenntnis der Kolbenverformung ebenso wie der fertigungstechnischen Möglichkeiten, diese Verformungen vorwegzunehmen. Man kann das erkennen, wenn man die Schleifbilder von Motoren, die über eine lange Zeit gebaut worden sind, vergleicht, so z. B. die Triebwagen-Dieselmotoren der Fa. *Maybach*, mit deren Entwicklung nach dem ersten Weltkrieg begonnen worden war, und die – entsprechend weiterentwickelt – bis Anfang der 1970er Jahre gefertigt worden sind.

Als in den 1920er Jahren – eben wegen des für Kolben nötigen hohen Entwicklungsaufwands – die Kolbenhersteller von „reinen" Herstellern zu „Entwicklern" wurden – oder vom Markt verschwanden, hatten weder die *Elektronmetall GmbH (Mahle)* noch *Karl Schmidt GmbH (Kolbenschmidt)* Motorenprüfstände. Zunächst noch auf Benutzung der Prüfstände der Fahrzeughersteller angewiesen, erkannte man bald, daß eigene Prüfstände unumgänglich waren. Der *Kolbenschmidt*-Ingenieur Carl Steiner schildert die Situation wie folgt:

„ … In einer leerstehenden Garage wurde jetzt erst ein eigener, elektrischer Motorenprüfstand aufgebaut. Die Motorprüfstände unserer Kunden, meist einfache Wasserbremsen, waren damals noch zum Einlaufen der eigenen Serienmotoren fast regelmäßig überlastet und standen uns jeweils nur für kurze Vergleichsmessungen mit unseren Aluminium-Kolben zur Verfügung …" [766].

Neben Vollmotoren-Prüfständen wurden auch Einzelzylinder-Aggregate und Fahrzeuge in der Kolbenentwicklung eingesetzt. Später wurden Kältekammern eingerichtet, um das Kolben-Verhalten bei niedrigen Temperaturen zu überprüfen, und schallisolierte Räume für Geräuschmessungen. Da Prüfstandsläufe teuer sind, versucht man sie zeitlich durch sogenannte Crash-Versuche zu raffen, mit denen durch extrem scharfe Bedingungen Kolbenschäden provoziert werden. Die Kolbenerprobung in größeren und Großmotoren wird in Zusammenarbeit mit den Motorherstellern auf deren Prüfständen durchgeführt. Gleichzeitig zeichnet sich ein neuer Trend ab, nämlich, motorische Versuche durch die Berechnung, wenn auch nicht überflüssig zu machen, so doch zu verringern. Laufend verbesserte Rechenverfahren im Verein mit leistungsstarken Rechnern gestatten eine Voroptimierung der Kolben, wodurch nicht nur die Zahl der Auswahlversuche kleiner, sondern auch die Zuverlässigkeit der Aussage verbessert werden.

Der Kolben überträgt die Kolbenkraft über den Kolbenbolzen auf die Pleuelstange. Die meisten Kolbenbolzen sind als kreiszylindrische Hohlzylinder ausgeführt, lediglich bei Zweitaktmotoren werden Bolzen mit einseitig am Ende oder in der Mitte geschlossener Bohrung verwendet, um einen Kurzschluß der Spülströme zu verhindern. Wiewohl also von einfacher Form und aus Stahl, einem Werkstoff weit höher belastbar als die Leichtmetall-Legierungen der Kolben, sollte man annehmen, daß Kolbenbolzen keine Schwierigkeiten bereitet hätten. Dem ist aber nicht so. Es gab Funktionsstörungen von Kolbenbolzen und Nabenbohrung, Kolbenschäden, ausgelöst durch die Verformung des Kolbenbolzens und Schäden an den Bolzen selbst. Die Ursachen hierfür lagen in den Abmessungen der Bolzen, im Werkstoff und seiner Behandlung sowie in der Bearbeitungsgüte von Nabenbohrungen und Bolzen. Bis Ende der 1920er Jahre wurden die Bolzen aus unlegierten Kohlenstoffstählen gefertigt. Für höhere Belastungen in Nfz-Diesel- und in Flugzeugmotoren verwendete man legierte Stähle, die im Einsatz gehärtet wurden. Als es dabei zu Härterissen kam, ging man auf nitrierte Stähle über. Das Nitrieren bieten den Vorteil, daß die Bolzen aus Vergütungsstahl fertig bearbeitet werden können, bevor sie nitriert werden. Das Härten erfolgt durch die Aufnahme von Stickstoff (und nicht durch Abschrecken), weshalb die nitrierten Teile langsam abgekühlt werden können und Härteverzüge und -Risse vermieden werden. Mitte der 1930er Jahre gab es bei Flugmotoren Bolzenbrüche, welche die Fa. *BMW* veranlaßten, sich eingehend mit den Spannungsverhältnissen an Kolbenbolzen zu befassen. Beim

Schleifbilder von Dieselkolben für die Schienentraktion: 1922 bis 1965

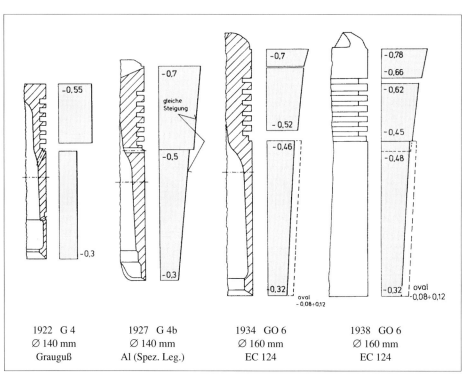

1922 G 4	1927 G 4b	1934 GO 6	1938 GO 6
Ø 140 mm	Ø 140 mm	Ø 160 mm	Ø 160 mm
Grauguß	Al (Spez. Leg.)	EC 124	EC 124

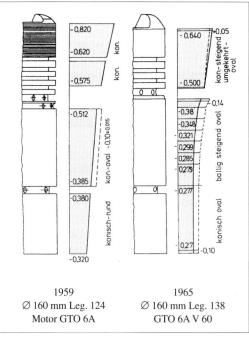

1959	1965
Ø 160 mm Leg. 124	Ø 160 mm Leg. 138
Motor GTO 6A	GTO 6A V 60

Die Kontur (Schleifbild) der Graugußkolben G 4 war abgestuft zylindrisch rund. Mit der Umstellung auf die hochkupferhaltige Aluminium-Legierung KS-Rot (Spez. Leg.) wurde das Spiel vergrößert und die Kolbenkontur konisch ausgebildet. Bei dem aufgeladenen GO 6 ging man auf die eutektische Aluminium-Silizium-Legierung AlSi12 (EC 124) über; das erlaubte trotz höherer Zylinderleistung engere Spiele, dafür wurde die Kolbenkontur in Längs-(Konizität) und in Umfangsrichtung (Ovalität) besser an den Temperaturverlauf angepaßt, das gilt auch für den Nachfolgemotor GTO 6A von 1959. Um die Wärmedehnung zu verringern, wurde der Kolben 1965 auf die übereutektische AlSi 18 (Leg. 138) umgestellt.

Einsetzen kommt es in der Randzone des Bolzens durch Kohlenstoff-Aufnahme und durch Gefügeumwandlung beim Abschrecken zu einer Volumenzunahme, was in der Härteschicht Druck-Eigenspannungen entstehen läßt. Im Kern hingegen herrschen Zugspannungen, deren Maximum an der Innenbohrung liegt. Verformt sich jetzt der Bolzen unter der Kolbenkraft oval, dann überlagern sich in Kraftangriffsrichtung die Zugspannungen infolge der Betriebskraft mit den Eigenspannungen; das um so stärker, je dicker die Einsatzschicht relativ zur Bolzenwandstärke ist. Das führte dann zu besagten Bolzenbrüchen. In Versuchen konnte nachgewiesen werden, daß eine allseitige Einsatzhärtung (außen und innen) wegen der Druckeigenspannungen der inneren Härteschicht die Dauerfestigkeit des Bolzens nachhaltig verbessert.

Im Hinblick die Spaltbrüche, wie sie bei hochbelasteten Dieselkolben in den 1960er und 1970er Jahren wieder auftraten, versuchte man den Kolbenbolzen dehnungselastisch an den Kolben anzupassen, indem man ihn „auf Form" schleift, d. h. ihn an den kritischen Stellen der Auflage (im Bereich der Stirnflächen der Bolzenaugen) auf einige Hunderstel Millimeter zurücknimmt.

Der Kolbenbolzen in der Nabenbohrung des Kolbens muß dran gehindert werden, daß er axial wandert und an die Zylinderlaufbahn anläuft. Dem zu begegnen entstand eine Vielzahl von zum Teil recht komplizierten Sicherungen: Verschraubung des Bolzens mit Pleuel und Kolben, Distanzstücke zwischen Bolzen und Zylinderbuchse, Aufspreizen des Bolzens in den Bolzenaugen und im Pleuel sowie Lagefixierung des Bolzens in den Nabenbohrungen durch Sprengringe verschiedener Ausführungen. In Graugußkolben wurde der Bolzen durch eine Schraube gesichert, welche – von unten in das Bolzenauge eingeschraubt – mit ihrem freien Ende in eine Bohrung des Bolzens eingriff. Diese Sicherung bewährte sich bei Leichtmetallkolben nicht mehr:

„ … Die schlechteste Sicherung ist zweifellos die Zapfenschrauben-Sicherung, die absolut unzuverlässig ist. Sie nimmt dem Bolzen die freie drehende Bewegung im Kolben. Setzt sich einmal der Bolzen im Pleuel fest, so reißt die Schraube ab und der Bolzen ist entsichert …" [767].

So suchte man nach Lösungen, die dem Bolzen seine Beweglichkeit ließ, aber ein Anlaufen gegen die Zylinderlaufbahn ausschloß. Es entstanden Distanzstücke unterschiedlicher Fomen: Scheiben, Pilze, Rohrstücke aus Messing, Bronze oder Leichtmetallen usw., die aber auf Grund ihrer Abmessungen dem Bolzen Platz wegnahmen und dadurch die wirksame Bolzenlänge verkürzten. Die Funktion dieser Distanzstücke beruhte eben auf dem Kontakt mit der Zylinderlaufbahn. Diese Nachteile hatten die Sprengringe, wie sie ab Mitte der 1920er Jahre aufkamen, nicht mehr. Sprengringe, d. h. geschlitzte Ringe, sitzen beiderseits des Bolzens in der Nabenbohrung und geben dem Bolzen solchermaßen Halt. Um die Montage zu vereinfachen, wurden die Sprengringe an beiden Enden umgebogen, Bild 150.

Eine entscheidende Verbesserung stellt der 1926 von dem Ingenieur HUGO HEIERMANN bei der Firma *Seeger & Co.* entwickelte Flachdraht-Sprengring dar, dessen kennzeichnende Merkmale darin bestehen, daß der Ringquerschnitt ausgehend von der Ringmitte zu den Ringenden stetig verkleinert, und daß sich an den Ringenden ein vorspringendes Auge mit einer Bohrung zur Einführung einer Spreizzange befindet. Dieses – als *Seeger-Ring*[269] bekannt gewordene – Element erwies sich als ideale Bolzensicherung und wird darüber hinaus heute als ein Standard-Sicherungselement in allen Bereichen des Maschinenbaus verwendet [768].

---

[269] Den Namen des Erfinders sucht man vergebens in dem *Seeger*-Handbuch [768]. Sic transit gloria mundi!

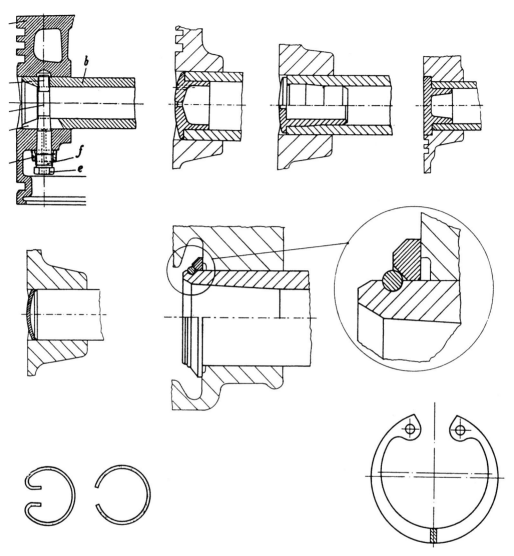

Bild 150 Die vielen Ausführungen von Kolbenbolzensicherungen zeigen, daß das Sichern des Kolbenbolzens gegen
axiales Wandern keineswegs so einfach war, wie es heute scheinen mag.

10.5 Kolbenringe

Geht man vom Kolben aus weiter in das Detail und betrachtet, quasi in einer Ausschnittver-
größerung, den Kolbenring, dann wird man gewahr, daß dieses Kolbenzubehör seine eigene
vielschichtige Historie hat. Kolbenringe sind für die Funktion des Kolbens unerläßlich, sie haben die Aufgabe den Brennraum gegen den Kurbelraum und den Kurbelraum gegen den Brennraum abzudichten, einen großen Teil der in den Kolben einfallenden Wärme auf die Zylinderbuchse zu übertragen und den Ölhaushalt des Kolbens zu steuern. Dabei muß der Kolbenring
unter so ungünstigen Bedingungen arbeiten, daß, würde man heute ein entsprechendes Lastenheft für ein neu zu entwickelndes Maschinenteil aufstellen, wahrscheinlich stärkste Bedenken

aufkämen, ob eine solche Entwicklung überhaupt Aussicht auf Erfolg habe: Der Kolbenring muß seine Aufgaben unter Einwirkung hoher Drücke und Temperaturen, bei wechselnder Gleitgeschwindigkeit bis hin zum Stillstand und bei schlechter Ölversorgung erfüllen. Anschaulicher als es diese bloße Aufzählung vermag, schildert ein leitender Entwicklungs-Ingenieur der Fa. *Sulzer/Winterthur*, G. AUE, die Situation, indem er die Umstände, unter denen ein Kolbenring arbeiten muß, mit denen eines Gleitlagers vergleicht:

„ … Bei den Kolbenringen reibt jedoch heißes Gußeisen auf heißem Gußeisen mit der Geschwindigkeit eines Radfahrers (6 m/s)[270]. Die Ringe und Zylinder sind durch Hitze, Druck und Abnützung verformt. Ihre Schmierung besteht aus Rückständen der unvollständigen Verbrennung von Treibstoff, ergänzt durch einige Tropfen von unzureichend verteiltem Schmieröl, und selbst diese Schmierung ist ständig gefährdet durch die zerstörende Wirkung durchblasender Gase, vergleichbar der eines Schweißbrenners …" [769].

Die Wirkungsweise der Kolbenringe ist die einer Labyrinth-Dichtung, bei der durch abwechselnde Verengungen und Erweiterungen das Druckgefälle von Ring zu Ring abgebaut wird. Voraussetzung für das Funktionieren der Kolbenringe ist, daß sie sich gut an die abzudichtenden Flächen – die Zylinderwand zum einen und die Nutflanke im Kolben zum anderen – anlegen („Formfüllungsvermögen"), und daß sie ein gutes Lauf- und Notlaufverhalten zeigen. Hieraus erwächst wieder ein Zielkonflikt, weil diese Forderungen z. T. konträre Eigenschaften und Maßnahmen erfordern. Damit der Kolbenring überhaupt dichten kann, muß zwischen Ring und Laufbahn ein Ölfilm vorhanden sein. Diesen in ausreichender, aber nicht zu großer Stärke zu gewährleisten, stellt eine der vielen Schwierigkeiten mit dem Kolbenring dar. Auf das Betriebsverhalten der Ringe haben viele Faktoren Einfluß. Ringseitig davon die wichtigsten sind Bauart, Abmessungen und Geometrie, Werkstoff und Gefüge sowie die Herstellungsart.

Die Bauart der Kolbenringe richtet sich vor allem nach den Aufgaben: Abdichten gegen den Gasdruck: „Verdichtungsringe" oder Abdichten gegen das Öl aus dem Kurbelraum: „Ölabstreifringe". Weil sich diese beiden Funktionen nicht gänzlich voneinander trennen lassen, sind im Laufe der Zeit – unter dem Einfluß des jeweiligen Standes der Technik – viele Ringkonstruktionen entstanden, deren Abmessungen (bezogen auf den Nenndurchmesser) und deren Geometrie sich gleichfalls gewandelt haben. Kolbenringe können auf zweierlei Weise hergestellt werden: Durch Gießen von kreiszylindrischen Büchsen, aus denen die einzelnen Ringe abgestochen werden oder im Einzelguß. Die für ihre Dichtfunktion nötige Vorspannung erhalten (bzw. erhielten) die Ringe durch Hämmern oder Walzen der Innenfläche des fertig bearbeiteten Ringes, durch thermisches Spannen oder durch Formdrehen[271].

Wie bei den Kolben stiegen die Anforderungen an die Ringe in dem Maße, wie sie diese zu erfüllen imstande waren. Häufig genug war der Kolbenring das leistungsbegrenzende Bauteil, so daß er notgedrungen zum Gegenstand ausgedehnter experimenteller und theoretischer Untersuchungen wurde. Wegen der vielen Einflüsse auf sein Verhalten und wegen seiner oft sehr empfindlichen Reaktion auf diese Einflüsse sind aufwendige Motorversuche unumgänglich gewesen: Wege, Geschwindigkeiten und Kräfte, Drücke und Temperaturen, ja Schmierfilmdicken und Verschleißraten wurden im laufenden Motor gemessen, um das Verhalten der Kolbenringe zu erkennen und zu beurteilen.

---

[270] Dieser Wert für die mittlere Kolbengeschwindigkeit gilt für langsamlaufenden große Zweitakt-Dieselmotoren Anfang der 1970er Jahre.

[271] Der Werdegang der formgedrehten (im „Unrundverfahren" hergestellten) Ringe ist auch insofern interessant, weil er erkennen läßt, wie die theoretische Durchdringung eines Problems an praktikable Lösungen und fertigungstechnische Realisierung gebunden ist, wenn sie zum Erfolg führen soll.

Das Abdichten des Arbeitsraumes ist eine Voraussetzung für Funktion, Leistung und Wirkungs-grad von Kolbenmaschinen. Schon bei den Dampfmaschinen kam es auf eine zuverlässig wir-kende Dichtung an. Der bereits mehrfach zitierte JOHN FAREY beschreibt eine solche Dichtung:

"… The packing round the edge of the piston, consists of a very soft hempen rope; the yarns being very slightly twisted in themselves, and those yarns being loosely twisted together form a strand, and three and four of such strands plaited together form a thick flat rope, called a gas-ket; this is coiled round in the space between the upright edge of the piston, and the inside of the cylinder, which space being of considerable width and depth, requires several coils of gas-ket to fill it. The interstices between the folds, and plaits of the hemp, should be filled with tal-low-grease; and it is better if the whole of the gasket is previously soaked in melted tallow. The coils of gasket being rammed down very tight into the groove, are kept down, by heavy weights of cast-iron, which are segments of a circle, and when they are all put in their places, they form a ring, which fills all the groove round the edge of the piston, and entirely covers the hemp …" [770].

Man erkennt hieraus unschwer, daß das Dichten bewegter Teile schon bei geringen Druckdif-ferenzen eine schwierige Angelegenheit war. Die Kolben der frühen Dampfmaschinen wur-den mit ungesponnenem Hanf, Werg oder Tau(werk) – durch Deckscheiben und Schrauben nach Art der Stopfbuchsen verspannt wurde – abgedichtet. Durch Einfetten mit Schmiere, Talg etc. sollte die Dichtwirkung verbessert und der Verschleiß verringert werden. CART-WRIGHT (1797) [771], später auch MURDOCK und AIKEN (1813) [772] führten den aus mehre-ren Segmenten bestehenden Messingring ein, der durch Keile und/oder Federn gegen den Zy-linder gepreßt wurde. Mit dem Aufschwung im Dampfmaschinenbau entstand eine kaum zu überschauende Vielfalt von Kolbenring-Konstruktionen, denen gemeinsam ist, daß sie ihre Vorspannung durch Verkeilen mittels Metallfedern oder durch elastisches Füllmaterial erhiel-ten. In einem Standardwerk über Schiffsdampfmaschinen ist der Stand der Technik um 1860 wie folgt beschrieben:

„ … Früher war es gebräuchlich, ihn *(Anmerk. des Verf.: den Kolben)* durch eine Hanfver-packung, welche in eine Rinne … an seinen Anfang gelegt wurde, dampfdicht zu erhalten. Ge-genwärtig wendet man eine sogenannte metallische Packung an. Dieses sind Metallringe (Schleifringe), welche durch Federn oder durch eine Hanfpackung nach aussen gegen die Cylin-derwand gepresst werden. Die Ringe sind nämlich nicht geschlossen, sondern an einer Stelle aufgeschlitzt, wodurch sie elastisch und federnd werden. Auf die vertical stehenden Ringe passt dann ein flacher, horizontaler Ring … Dieser Ring ist mit dem Kolben verbolzt und hält die Me-tallverpackung an Ort und Stelle …" [773].

Und noch in BACH's *Maschinen-Elemente*, 4. Auflage von 1895, werden Kolbendichtungen („Liderung") aus Hanf, Leder, Holz und mehrteilige Metall-Dichtungen mit Nachstellvorrich-tung beschrieben. Der Kolbenring im heutigen Sinn, nämlich der einteilige selbstspannende Metallring, der sich auf Grund seiner Elastizität an die Zylinderwand anlegt („Selbstspanner"), wurde – wie bereits erwähnt – in der Mitte der 1850er Jahre zum ersten Mal von JOHN RAMS-BOTTOM verwendet[272]. Da mit dieser Ringbauart eine der Voraussetzungen für die leistungsstar-ke Kolbenmaschine – Dampfmaschinen wie Verbrennungsmotoren – überhaupt geschaffen wur-de, soll ein wenig auf deren Historie eingegangen werden. 1854 berichtete JOHN RAMSBOTTOM in *Proceedings of Institution of Mechanical Engineers* über einen verbesserten Kolben für Dampfmaschinen (siehe Bild 128), welcher mit Kolbenringen einer neuen Bauart, den besagten

---

[272] In [Manegold, H.: Goetze 100 Jahre Unternehmensgeschichte. Düsseldorf: Econ 1987] wird auf eine noch frühere Erwähnung des einteiligen selbstspannenden Kolbenringes durch GRIER im *Mechanical Pocket Dictionary* von 1838 hingewiesen.

einteiligen, selbstspannenden Ringen bestückt war. Eine Beschreibung des RAMSBOTTOM'schen Kolbens (und der Ringe) findet man in der deutschen Fachliteratur bereits 1855 in DINGLERS *Polytechnischem Journal:*

„ … Diese Liderungsringe können aus Messing, Stahl oder Eisen bestehen, werden durch ein Zieheisen gezogen und haben solche Dimension, daß sie die Falzen *(Anmerkung des Verf.: gemeint sind die Nuten)* ausfüllen; man gibt ihnen dann die erforderliche Krümmung über eine kreisförmige Schablone, deren Durchmesser etwa um ein Zehntel größer als derjenige des Zylinders ist, und bringt sie so aus, daß sie in den Öffnungen nicht hervorstehen. Diese ringförmigen Liderungen werden gegen die inneren Wände des Cylinders durch ihre eigene Elastizität gedrückt, welche hinreichend ist, um jeden Dampfverlust zu vermeiden …" [774].

In den 1860er und 1870er Jahren hatte sich der Gußeisenring wegen seiner Festigkeit und Elastizität allgemein durchgesetzt, Bild 151.

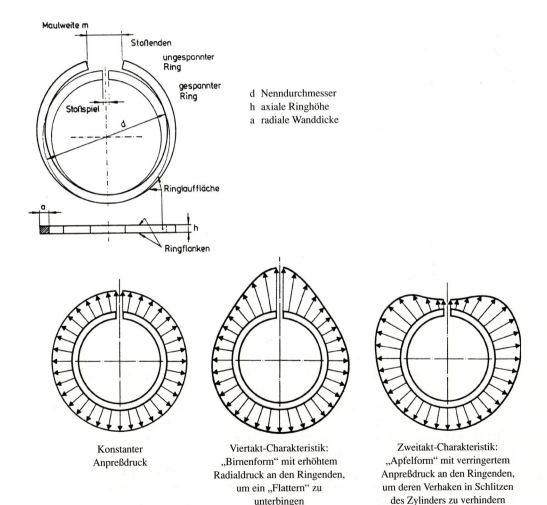

d Nenndurchmesser
h axiale Ringhöhe
a radiale Wanddicke

Konstanter
Anpreßdruck

Viertakt-Charakteristik:
„Birnenform" mit erhöhtem
Radialdruck an den Ringenden,
um ein „Flattern" zu
unterbinden

Zweitakt-Charakteristik:
„Apfelform" mit verringertem
Anpreßdruck an den Ringenden,
um deren Verhaken in Schlitzen
des Zylinders zu verhindern

Bild 151 Die Wirkung des einteiligen, selbstspannenden Kolbenrings beruht darauf, daß er sich – ungespannt größer als die Zylinderbohrung – im eingebauten Zustand an die Zylinderwand anlegt. Über die mechanische oder thermische Vorbehandlung sowie durch die geometrische Form des Ringes kann die Anpreßdruckverteilung vorgegeben werden.

Um so erstaunlicher ist, daß in einem der grundlegenden Werke des Maschinenbaus der einteilige, selbstspannende Kolbenring überhaupt nicht erwähnt wird; in dem Standard-Werk *Der Konstrukteur* schreibt FRANZ REULEAUX hierzu:

„ ... Unter den Scheibenkolben sind am wichtigsten diejenigen der Dampfmaschinen. Sie werden nur bei niederem Dampfdruck noch mit Hanfliderung versehen; bei höheren Spannungen verwendet man aber durchgehends Metalliderung, bei welcher Metallringe durch Federn gegen die Cylinderwand angelegt und darauf durch den Dampf fest angepreßt werden; in manchen Fällen zeigt sich übrigens die gemischte Liderung sehr zweckmäßig, eine Liderung, bei welcher die Metallringe durch eine hinterlegte Hanfpackung statt durch Federn angepreßt werden ...“ [775].

Vielleicht ist das ein Zeichen für die Vorreiterrolle das Fahrzeugbaus gegenüber dem allgemeinen Maschinenbau (im 19. Jahrhundert die Dampflokomotiven, im 20. Jahrhundert Kraftfahrzeuge und Flugzeuge).

Große Ringe wurden einzeln abgegossen, doch gab man damals dem Buchsenguß, bei dem die Ringe aus gegossenen Hohlzylindern abgestochen wurden, den Vorzug. Die Wirkung des selbstspannenden Ringes beruht darauf, daß der Ring ungespannt größer ist als die Zylinderbohrung. Beim Einbau des Kolbens in den Zylinder wird der Kolbenring radial zusammengedrückt, er weicht tangential aus, wobei sich die Ringenden bis auf das Stoßspiel nähern. Die elastische Stauchung in tangentialer Richtung bewirkt den radialen Anpreßdruck, unter welchem sich der Ring an die Zylinderwand anlegt. Dabei stellt sich die Aufgabe, Abmessungen und Form des Ringes so zu festzulegen, daß er im Zylinder den gewünschten Spannungszustand annimmt, oder anders ausgedrückt: Welche Form muß der Ring im ungespannten Zustand haben, damit er – gespannt – einen gleichmäßigen Anpreßdruck entlang des Umfanges („Radialkraftverteilung") aufweist? Mathematisch besteht das Problem darin, die Biegelinie eines ursprünglich kreisförmigen Balkens mit konstanter Streckenlast unter der Maßgabe zu bestimmen, daß die Bogenlänge der neutralen Faser erhalten bleibt [776]. JOHN RAMSBOTTOM war seinerzeit diese Aufgabe experimentell angegangen, indem er einen Kolbenring über den Umfang konstant belastete (durch 24 in regelmäßigen Abständen angreifende gleiche Gewichte) und die dadurch hervorgerufene Verformung maß. Im Umkehrschluß folgerte er, daß ein Ring von der Form des verformten Ringes – auf Zylinderdurchmesser zusammengedrückt – den gewünschten gleichmässigen Anpreßdruck aufwiese [777].

Die Kolbenringe erhielten ihre Spannkraft auf folgende Weise:

• Der Ring wurde im Durchmesser um ein bestimmtes Maß größer gefertigt und nach dem Gießen bzw. dem Abstechen allseitig bearbeitet und dann aufgeschnitten. Anschließend spannte man den Ring in eine Vorrichtung ein, so daß sich die Ringenden bis auf das Stoßspiel schlossen und drehte die Innenfläche – und nach dem Umspannen – die Außenfläche auf das Maß des Zylinderdurchmessers ab. Die Ringe hatten eine konzentrische Form, d. h. konstante radiale Wandstärke. Abgesehen daß dieses Verfahren aufwendig war, erhielt man damit nicht den gewünschten Anpreßdruck entlang des Umfanges.

• Durch Hämmern der Innenfläche des auf den Nenndurchmesser fertig bearbeiteten Ringes wurde er auf Spannung gebracht. Die gewünschte Spannungsverteilung wurde durch Vergrößern der Abstände der Schlagkerben zu den Ringenden hin (annähernd) erreicht[273][778]:

---

[273] Schon bald, nachdem selbstspannende Ringe eingesetzt worden waren, hatte sich gezeigt, daß sie während des Betriebes an Vorspannung verloren, welche aber durch Hämmern auf der Innenfläche wieder aufgebracht werden konnte: "... it was found that if rings had lost their spring were hammered on the inside they were made fit for further use, and thus originated the modern hammered piston ring ..." [778].

„ … In einzelnen Werkstätten … umgeht man das letzte äusserliche Nachdrehen, indem man die genaue Rundung auf folgende Weise durch Hämmern herstellt. Es werden nämlich die Ringe … in einen starken schmiedeeisernen Ring gezwängt, dessen Durchmesser gleich demjenigen des Cylinders ist. Hier wird nun der Ring solange gehämmert, bis er überall dicht anliegt und man, wenn das Ganze gegen Licht gehalten wird, keinen Lichtstrahl zwischen den beiden Ringflächen durchschimmern sieht. Zu diesem Hämmern gehört jedoch eine bedeutende Fertigkeit, da die Spannung der Ringe dieselbe bleiben muß …" [779]

- Durch exzentrischen Sitz des Kernes im Tiegel erhielt man Rohlinge von unterschiedlicher Wandstärke. Die hieraus abgestochenen Ringe wurden aufgeschnitten, im Umfang um den Betrag der Maulweite verkürzt und anschließend auf den Zylinder-Durchmesser überdreht.

Wohlgemerkt, auf diese Art wurden die Kolbenringe bereits im vorigen Jahrhundert gefertigt. Die theoretischen Grundlagen für die Auslegung der Kolbenringe in Hinblick auf die gewünschte Anpreßdruckverteilung wurden ebenfalls früh erarbeitet. CARL BACH gibt ein auf FRANZ GRASHOF zurückgehendes Verfahren zur Berechnung der radialen Wandstärke für konstanten Anpreßdruck an, das allerdings auf vereinfachenden Annahmen beruht [780]. 1901 veröffentlichte K. REINHARD eine weiterführende Lösung dieses Problems [781], die aber wegen des damit verbundenen Rechenaufwandes und fehlender Möglichkeiten, solche Ringformen herzustellen, keine praktische Bedeutung erlangte. Exakte Lösungen fanden in den 1940er Jahren in Schweden A. MELDAHL (1943) [782] und in Deutschland unabhängig von ihm H. ARNOLD und F. FLORIN (1949) [783]. Doch erst Anfang der 1950er Jahre gelang es, mit dem doppeltformgedrehten Ring, d. h. einem Ring, der gleichzeitig am Innen- und am Außendurchmesser nach errechnetem Kurvenverlauf bearbeitet wird, die gewünschte Radialdruckverteilung zu erhalten [784]. Weitere Fortschritte in der Theorie und in der Fertigung auf diesem Gebiet wurden durch die EDV und durch die NC- und CNC-Maschinen[274] erreicht. Zu Beginn der Leichtmetallkolben-Entwicklung war man hiervon jedoch noch weit entfernt. Auslegungskriterien für die Ringe waren die BACH'schen Formeln [785], die einen Zusammenhang zwischen Anpreßdruck, Wandstärke, Durchmesser und zulässiger Beanspruchung des Ringes liefern.

Bis etwa Anfang der 1920er Jahre waren im Motorenbau exzentrisch gedrehte Ringe, d. h. Ringe mit veränderlichem Querschnitt, und gehämmerte Ringe (konstanten Querschnittes) gebräuchlich. Die Ringe wurden ursprünglich von Hand gehämmert; 1897 führte der Schwede DAVY ROBERTSON das maschinelle Hämmern ein. Daraufhin entwickelten auch andere Firmen Verfahren zum maschinellen Hämmern, so in England die *Standard Piston Ring Company, Wellworthy,* in Belgien *Junker und Färber* oder *The Hammered Piston Ring Comp. of America* in den USA [786; 787]. Neben durch Hämmern wurden die Ringe auch durch Walzen auf der Innenseite auf Vorspannung gebracht [788]. Da ein gleichmäßiger Anpreßdruck angestrebt wurde, der aber mit exzentrischen Ringen nicht erreichbar war, weil dazu die nötige (radiale) Wanddicke an den Stoßenden zu Null werden müßte, bevorzugte man in Europa den gehämmerten Ring. In den USA dachte man über den konstanten Anpreßdruck pragmatischer:

„ … Wenn auch ein absolut gleichförmiger Druck auf diese Weise nicht erreicht werden kann, so kann doch wenigstens eine annähernde Gleichförmigkeit erzielt werden, und das ist schon etwas wert …" [789].

Die Entwicklung der Kolbenringe ist mit den Vorstellungen verknüpft, die man sich von ihrer Wirkungsweise machte. Diese haben sich im Laufe der Zeit – mit dem Erfolg, mehr noch mit dem Mißerfolg der jeweils getroffenen Maßnahmen – gewandelt. Was die Entwicklung der Funktionsgruppe Kolbenringe und Kolben erschwerte, war, daß die einzelnen Aufgaben des

---

[274] NC = numerical controlled; CNC = computer numerical controlled (numerisch- und rechnergesteuerte Werkzeugmaschinen)

Kolbenringes, nämlich gegen den Gasdruck zu dichten, Kolbenwärme auf die Zylinderwand zu übertragen und den Ölzutritt zum Brennraum zu unterbinden, Ringformen verlangten, die z.T. einander ausschlossen. Ein anderes Hemmnis bestand darin, daß man die Zusammenhänge zwischen Kolbenring, Kolben, Zylinder, Schmiermittel und Betriebsverhalten des Motors in ihrer Komplexität noch nicht übersah. So wurden positive Ergebnisse mit einer Ringbauart im speziellen Fall verallgemeinert, was in anderen Fällen zu Mißerfolgen führte.

Der Stammvater der Kolbenring-Bauarten ist der Rechteckring. Schon die Dampfmaschinen hatten „zylindrische Kolbenringe", wie die Rechteckringe in damaliger Diktion hießen. Auch die Großmotoren – Gas- und Dieselmotoren in Kreuzkopfbauweise – waren mit solchen Ringen bestückt:

„ … Die Kolbenringe müssen an ihren Stirnflächen genau eben und rechtwinklig zur Achse geschliffen werden und im gespannten Zustand zylindrisch an der Lauffläche liegen …" [790].

Damit sollte eine gute Dichtwirkung erzielt werden; gleichzeitig war diese Ringgeometrie gut zur Wärmeübertragung geeignet. Die Kolben der Kfz- und Flugmotoren hatten gleichfalls Rechteckringe; doch es zeigte sich bald, daß sie mit einer solchen Ringbestückung nicht auskamen. Die Zylinder von Tauchkolbenmotoren wurden durch die Planschwirkung[275] des Triebwerkes stark mit Öl beaufschlagt; das um so mehr, je gedrungener der Motor war und je schneller er drehte. Das hatte seinen Grund auch in den für diese relativ hohen Kolbengeschwindigkeiten zu engen Querschnitten der Ansaugkanäle:

„ … vom Kurbelgehäuse her beträchtliche Schmierölmengen an die Kolbenlaufbahn geschleudert werden, die infolge des Ansaugunterdruckes in den Ringspielraum zwischen Kolben und Kolbenlaufbahn emporklettern und sich unter der Einwirkung heißer Verbrennungsgase zersetzen. Diesem Übelstande begegnet das Werk Augsburg in neuester Zeit nach langwierigen Versuchen dadurch, daß der Kolben an seinem unteren Rand einen Abstreifkolbenring erhält. Der dem Kolbenspiel entsprechende Raum zwischen diesem Ring und den oberen Kolbenringen wird durch geeignet in der Kolbenwand angebrachte Bohrungen mit dem Kurbelkastenraume dauernd verbunden …" [791].

Die großen Kaltspiele der Aluminium-Kolben im Verein mit den unzureichend an die tatsächlichen Verformungen des Kolbens und des Zylinders angepaßten Schleifbilder verlangten weitergehende Maßnahmen: In die Rechteckringe wurden Ölrillen gedreht oder der Rechteckring wurde ausgehend von einem 0,5 mm hohen zylindrischen Teil mit 6° Neigung konisch abgedreht[276]. Der diesem und ähnlichen Ringtypen zu Grunde liegende Gedanke war, wie später von E. FALZ formuliert wurde, der einer „hydraulischen Widerhaken-Wirkung": Beim Aufwärtshub des Kolbens schwimmt der Ring durch seine Konizität auf dem Ölfilm auf, beim Abwärtshub streift er ihn mit der scharfen Kante ab [792]. Eine bessere Abdichtung des Brennraumes gegen Schmieröl war nicht nur wegen des Ölverbrauches, sondern auch wegen des Verölens der Zündkerzen und der damit verbundenen Funktionsstörungen vonnöten; das um so mehr als die Zündkerzen mit dem für höhere Verdichtungsverhältnisse erforderlichen großen Wärmewiderstand sehr empfindlich gegenüber Öl waren. Deshalb lag der Schwerpunkt der Kolbenring-Entwicklung am Ende des ersten Weltkrieges und Anfang der 1920er Jahre auf den Ölabstreifringen. Zwei Faktoren galten als maßgeblich für die Funktion von Ölabstreifringen : Eine scharfe Abstreifkante und das Vorhandensein eines Ölspeichervolumens. Folgerichtig entstand so der Nasenring, erst mit rechtwinkliger Eindrehung, dann, um bei gleicher Ringhöhe eine größere Tragfläche zu erhalten, mit spitzwinkliger Eindrehung. Später wurde der Nasenring oben angefast, „ … so dass das Oel besser nach unten findet …" [793].

---

[275] Hierunter ist nicht etwa zu verstehen, daß die Triebwerksteile in den Ölsumpf eintauchen, sondern daß das von den Ölverbrauchern (Lager, Kolbenkühlung etc.) rücklaufende Öl von den Triebwerksteilen erfaßt und im Kurbelraum verteilt wird.

[276] *Maybach Mb IVa*-Flugmotor mit Aluminium-Kolben (1918)

Aus Festigkeitsgründen erhielten manche Ölringe, vornehmlich solche für Flugmotoren-Kolben, Bohrungen statt Schlitze. Nut und Schlitze bzw. Bohrungen schwächten den Querschnitt der Ölschlitzringe, minderten somit deren Anpreßkraft. Diese auszugleichen wurde die axiale Ringhöhe vergrößert. Von dem Druckausgleich zwischen dem Schaftbereich unterhalb des Ölschlitzringes und dem Kolbeninnenraum in der für den Ölverbrauch kritischen Phase des Saughubes (Unterdruck im Brennraum!) versprach man sich eine positive Wirkung. Die nächste Entwicklungsstufe des Ölschlitzringes war eine Vorläuferform des heutigen Gleichfasenringes, dessen Stege aber enger beieinander lagen. Zwei Aufgaben sollten die Fasen an den Stegen erfüllen: Beim Abwärtshub dem Öl den Weg nach unten erleichtern und beim Aufwärtshub „ … eine Schmierung der oberhalb des Abstreifringes befindlichen Zylinderwand in gewünschter Weise herbeiführen …“ [793].

Stärkere Motorleistungen, bessere Fahrwerke und der Ausbau des Straßennetzes, in den 1930er Jahren dann der Autobahnen, ließen höhere Fahrgeschwindigkeiten, d. h. Motordrehzahlen, zu. Damit verschärften sich die Bedingungen für die Kolbenringe. Um die Vorspannung der Ölabstreifringe, der schon wegen der unterbrochenen Querschnitte vergleichsweise enge Grenzen gesetzt sind, zu erhöhen, griff man auf Stützfedern zurück, deren Vorteil man nun nicht nur in der Steigerung der Anpreßkraft sondern auch im besseren Formfüllungsvermögen erkannte.

Über den Mechanismus der Kolbenringdichtung, sowohl gegenüber dem Gas- als auch dem Öldurchtritt, herrschten z. T. noch unklare Vorstellungen; auch wurde versucht, dem Kolbenring Aufgaben zuzuweisen, die dieser gar nicht erfüllen konnte. Das alles führte u. a. zu ungeeigneten, weil unwirksamen oder unzureichend wirkenden Kolbenringbauformen. Wiewohl im Kolbenmaschinenbau Labyrinth-Dichtungen in Gestalt der Kolbenringe von Anfang an verwendet wurden, waren es Strömungstechniker, die mit Überlegungen theoretischer Natur gedankliche Klarheit in die Wirkungsweise dieses Dichtungselementes brachten [794]. Schließlich ging man auch im Motorenbau dieses Problem von der Theorie her an. M. EWEIS unternahm 1935 in seiner Dissertation den Versuch, den Druckverlauf hinter den einzelnen Ringen zu berechnen [795]. F. SALZMANN wies, ebenfalls im Rahmen einer Dissertation, durch Temperaturmessungen an einem größeren (∅ 280 mm) Viertakt-Dieselmotor nach, daß der überwiegende Anteil der Kolbenwärme nicht direkt vom Kolben, sondern über die Kolbenringe, vor allem aber über den ersten Ring, auf die Zylinderwand übertragen wird:

„ … Der Ring, der nur 15 % der betrachteten Fläche belegt, leitet im Mittel etwa zwei Drittel der gesamten Wärme ab …“ [796].

FELIX WANKEL arbeitete seit 1929 experimentell auf dem Gebiet der Dichtungen und untersuchte u. a. die Voraussetzungen und Modalitäten des Dichtungsvorganges. Dabei kam er zu der Erkenntnis:

„ … Eine Abdichtung ohne Flüssigkeitsfilm ist nicht möglich, selbst wenn der Dichtspalt so eng bemessen ist, daß Freßgefahr für die Gleitflächen besteht …“ [797].

Es sollte aber noch dauern, bis das Allgemeingut wurde. Die Grundvorstellung vom Dichtungsvorgang war, wie CARL ENGLISCH in [798] formulierte, die:

„ … Seiner … Aufgabe … kann der Kolbenring nur dann voll gerecht werden, wenn er an seinem Umfang wenigstens eine geschlossene Linienberührung mit der Zylinderlauffläche aufweist und gleichzeitig eine seiner Flanken an der entsprechenden Nutenfläche im Kolben gasdicht anliegt …“ [798].

Weil der Rechteckring der Forderung nach Linienberührung schon vom Prinzip her nur unvollkommen genügen konnte, entstanden neue, „spezialisiertere“ Ringbauarten, deren Wirkung geometrisch über die Linienberührung am ganzen Umfang und mechanisch über höheren Anpreßdruck gesteigert werden sollte:

- Minutenring: Zur Beschleunigung des Einlaufvorganges wurden jetzt Kompressionsringe mit leicht konischer Lauffläche (15') eingesetzt. Durch eine definierte Linienberührung der tragenden Unterkante und erhöhte Anpreßkraft sollten das Dichtungsvermögen verbessert, insbesondere der Ölverbrauch neuer, noch nicht eingelaufener Motoren verringert werden.
- Fasenring: Zur Erhöhung der Anpreßkraft verkleinerte man die tragende Fläche des Ringes auf etwa ein Drittel durch eine Fase von 15°[277]).
- Rillenring: Rechteckring mit eingedrehter Rille: Ölreservoir und höhere Anpreßkraft.
- Winkelringe (querschnittsgestörte Ringe), die sich unter dem Gasdruck verwinden und dadurch mit der unteren Kante tragen.
- Trapez- und Doppeltrapez-Ring: Die Wirksamkeit dieser Ende der 1920er Jahre von *Napier* entwickelten Ringe beruht darauf, daß sich mit der radialen Bewegung auch axial der Abstand zu den Nutflanken verringert, wodurch das Ansetzen von Ölkohle in der Ringnut verhindert bzw. vorhandene Ölkohle abgearbeitet wird.
- U-Profil-Ringe mit auf der Lauffläche eingedrehten Rillen. Die Schenkel des U sollten das hinter den Ring gelangende Gas durch mehrfaches Umlenken stark drosseln und so die nachfolgenden Ringe entlasten. Durch die Rillen in der Lauffläche wurde die Anpreßkraft des Ringes vergrößert und gleichzeitig ein Ölreservoir geschaffen [799].
- Bimetall-Ringe mit eingewalzten Einlagen (ein oder zwei) aus Bronze, Graphit oder Zink. Weil sich die Einlagen lockerten, gab man diese Bauart bald wieder auf.
- Spiralringe: eine Ringkonstruktion, die schon um die Jahrhundertwende von dem Schweden ERIKSSON angewendet wurde [800]. Dieser Ring bestand aus mehreren spiralförmigen Windungen und wurde in eine passend ausgearbeitete Nut im Kolben quasi eingeschraubt. Wegen Schwierigkeiten mit der Bearbeitung der Oberflächen dieser Ringe, aber auch weil sich kein deutlicher Vorteil gegenüber konventionellen Ringen zeigte, war dieser Bauart kein Erfolg beschieden.
- Stahlbandringe, bestehend aus mehreren, etwa 0,5 mm starken tellerfederartigen Stahlscheiben, die so in die Nut eingesetzt wurden, daß sie mit den Stirnflächen gegen den Zylinder und mit den aufgewölbten Seitenflächen gegen die Nutflanken abdichteten. Diese Ringe wurden in den USA in Reparaturmotoren verwendet. Ihr Vorteil lag in der etwas besseren Ölabdichtung in gelaufenen Zylindern [801]. Nachteilig waren der höhere Verschleiß der Zylinderbuchse und die schlechtere Wärmeabfuhr.
- SS-Ringe: Ringe aus zwei aufeinander liegenden Windungen, deren Ringenden jeweils so auslaufen, daß der Ring ein Rechteckprofil aufweist.
- Stützfederringe: um die Anlage des Kolbenringes an die Zylinderwand zu verbessern, baute man ab Mitte der 1920er Jahre Stützfedern aus gewelltem Stahlblech zwischen Ring und Ringnute ein. Diese erteilte dem Ring eine höhere Spannkraft. Bei Verdichtungsringen wurde die Dichtwirkung gegen die Verbrennungsgase verbessert und der Neigung zum Flattern der Ringenden entgegengewirkt. Auch wollte man damit das Kolbenklappern unterbinden [802]. Auch bei Ölringen wurde solcherweise die Abstreifwirkung verbessert.

Darüber hinaus gab es viele Sonderausführungen, von denen sich die meisten aber nicht lange halten konnten. Die Erfahrungen im Motorbetrieb, sicher auch die Notwendigkeit einer rationellen Fertigung von Großserienteilen, wie es Kolbenringe sind, ließ die meisten der oben beschriebenen Sonderausführungen verschwinden. Die vielfältigen Ringkonstruktionen wurden im Laufe der Zeit auf einige Grundtypen reduziert, von denen allerdings wiederum diverse Abarten abgeleitet wurden.

---

[277] Inwiefern sich solcherweise tatsächlich die Anpreßkraft erhöhen läßt, hängt von den jeweiligen Gegebenheiten ab, weil nämlich durch die Fase der Ring gleichzeitig druckentlastet wird.

Kolbenringe 1938

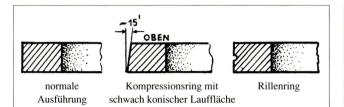

| normale Ausführung | Kompressionsring mit schwach konischer Lauffläche | Rillenring |

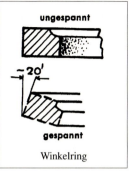

Winkelring

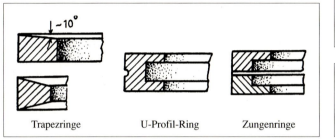

| Trapezringe | U-Profil-Ring | Zungenringe |

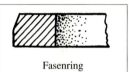

Fasenring

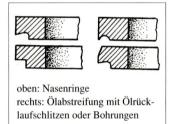

oben: Nasenringe
rechts: Ölabstreifung mit Ölrück-
laufschlitzen oder Bohrungen

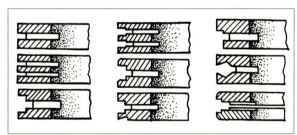

Kolbenringe 1985

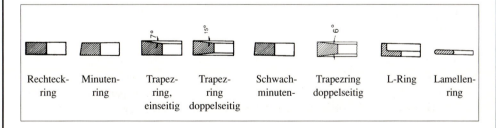

| Rechteck-ring | Minuten-ring | Trapez-ring, einseitig | Trapez-ring doppelseitig | Schwach-minuten-ring | Trapezring doppelseitig | L-Ring | Lamellen-ring |

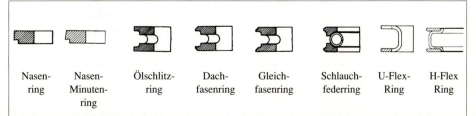

| Nasen-ring | Nasen-Minuten-ring | Ölschlitz-ring | Dach-fasenring | Gleich-fasenring | Schlauch-federring | U-Flex-Ring | H-Flex Ring |

- Verdichtungsringe: Rechteckring, Minutenring, Rechteckring mit Innenfase, ein- und doppeltseitige Trapezringe
- Verdichtungsringe mit zusätzlicher Ölabstreifwirkung: Nasenringe mit unterschiedlichen Nasenformen, Fasenringe mit und ohne Nase
- Ölabstreifringe: Ölschlitzringe mit schmalen und mit breiten Stegen, Dachfasen- und Gleichfasenringe. Durch verschiedene Federarten (Expanderfeder, Schlauchfeder) wurde das Formfüllungsvermögen der Ringe verbessert. Neu hinzugekommen waren Ölabstreifringe in Gestalt mehrteiliger Ringe und des U-Flex-Ringes (einteilige Stahlband-Expander-Feder) [803].

Höhere Be- und Auslastung der Motoren, schärfere Forderungen bezüglich des Ölverbrauches führten dazu, daß in den 1960er und 1970er Jahren weitere Ringbauarten – z. T. neu, z. T. wieder – in Gebrauch kamen:

- Verdichtungringe mit Sonderquerschnitten
  - Doppelminuten-Ring: Ein Ring in doppelt-konischer Ausführung, bei dem der schwächere Konus (1 bis 3°) für den raschen Einlauf des Ringes sorgen, und der stärkere Konus (5 bis 10°) das gleichmäßige Dichten des Ringes über lange Betriebszeiten sicherstellen soll.
  - *Querschnittsgestörte* Ringe: Durch die Form des Querschnittes verformt sich der Ring ungleichmäßig, er verwindet sich („twistet") und legt sich mit der unteren Kante an den Zylinder an [804].
  - Federgespannte Ölabstreifringe: Die Federspannung sorgt für gleichmäßigen Anpreßdruck, gutes Formfüllvermögen und gestattet geringere Wandstärken: U-Flex-, T-Flex-, Wellflex- und H-Flex-Stahlringe [805].

Bei dem großen Bedarf an Kolbenringen wurde eine Normung bezüglich Bauformen und Abmessungen, später auch einzuhaltender Eigenschaften, unumgänglich. Die ersten Kolbenring-Normen wurden in Deutschland bereits 1925 mit der Kr M 101 und Kr M 102 eingeführt. 1937 entstand die DIN Kr 3101, 1941 die DIN 73102 bis 73105. Anfang der der 1960er Jahre wurden mit der DIN 24909 bis 24948 die „Kolbenringe für den Maschinenbau" genormt, aus denen Anfang der 1980er Jahre die DIN 34109 bis 34148 wurden, während die „Kolbenringe für den Kraftfahrzeugbau" 1973 mit den DIN 70907 bis 70948 erfaßt wurden [800].

Wie an die Werkstoffe für Kolben, so werden auch für die für Kolbenringe widersprüchliche Anforderungen gestellt:

- gutes Lauf- und Notlaufverhalten,
- hoher Verschleißwiderstand,
- große mechanische Festigkeit,
- gutes elastisches Verhalten,
- hohe Warmfestigkeit,
- gutes Wärmeleitvermögen und
- gute Bearbeitbarkeit.

Entscheidend, ja Voraussetzung überhaupt für die Funktion der Ringe, sind gute Laufeigenschaften. Deshalb hat sich lamellares Gußeisen, das schon seit dem 19. Jahrhundert für Kolbenringe in Dampfmaschinen verwendet wurde, trotz höherer Anforderungen und mancher in Hinblick auf diese Forderungen nachteiligen Eigenschaften auch im Motorenbau behaupten können. Grauguß wurde zum Standard-Werkstoff [278] für Kolbenringe. Die Eigenschaften der Kolbenring-Werkstoffe werden von mehreren Faktoren bestimmt, deren wichtigsten die chemische

---

[278] Das schlägt sich auch in den Bezeichnungen in der Norm nieder: DIN 70909, S.2, spricht vom „Standard-Werkstoff (STD)", ebenso die DIN 34109, S. 4: „Standard-Werkstoff, Grauguß unvergütet".

Zusammensetzung, das Gußverfahren und die Gefügeausbildung sind. Um den mit der allgemeinen Weiterentwicklung der Motoren steigenden Anforderungen gerecht zu werden, wurde intensiv daran gearbeitet, die von diesen Faktoren abhängigen Eigenschaften zu verbessern.

Dem Laien mag es verwunderlich erscheinen, daß für ein Bauteil wie den Kolbenring, dessen Arbeitsweise ein großes Maß an Elastizität voraussetzt, ausgerechnet Grauguß, ein vergleichsweise spröder Werkstoff, verwendet wird. Zweifelsohne sind Stahlringe in dieser Hinsicht geeigneter, aber der Grauguß zeichnet sich dadurch aus, daß sich unter Einfluß hohen Silizium-Gehaltes (2 bis 3 %) und bei langsamer Abkühlung der Kohlenstoff als Graphit (und nicht als Fe_3C) in Lamellen ausscheidet. Dieses Netzwerk relativ weichen Graphits ist für die guten Laufeigenschaften der Grauguß-Ringe, besonders des unter schlechten Schmierungsverhältnissen arbeitenden obersten Ringes, verantwortlich.

Mit steigenden Motorleistungen mußte man auch etwas tun, um die Werkstoffeigenschaften der Kolbenringe zu verbessern. Ein Schritt auf dem Weg dazu wurde mit dem Übergang vom Topfguß zum Einzelguß getan. Einzeln gegossene Ringe weisen ein dichteres, homogeneres Gefüge auf und erreichen höhere Biegefestigkeitswerte[279] und E-Moduli. Auch wirtschaftlich bot der Einzelguß gegenüber dem Büchsenguß („Topfguß") Vorteile: Kleinere Bearbeitungszugaben am Außen- und am Innendurchmesser und Entfall des Zerspanungsverlustes beim Abstechen der Ringe. Die nächsten Schritte bestanden darin, die Werkstoff-Eigenschaften sowohl durch die Legierungszusammensetzung als auch über die Gefügeausbildung zu verbessern. Besondere Schwierigkeiten bereiteten den Kolbenringen die Stahl-Zylinderbuchsen der Flugmotoren. Die dünnwandigen Stahlbuchsen verformten sich stärker als Grauguß-Buchsen, was hohe Anforderungen an das Formfüllungsvermögen der Ringe stellte. Schwerer wog, daß Stahl ein nur wenig geeigneter Gleitpartner für die Grauguß-Ringe ist. Normale Grauguß-Ringe tendieren hier zur „Bartbildung, erhöhtem Verschleiß und Freßneigung". Das machte sich Anfang der 1930er Jahre um so stärker bemerkbar, als die Leistung der Flugmotoren – nicht zuletzt durch die Fortschritte mit den Leichtmetall-Kolben – kräftig gesteigert wurde. Insbesondere die Fa. *Goetze* arbeitete damals intensiv an der Weiterentwicklung der Flugmotoren-Kolbenringe. Im Verlauf umfangreicher Arbeiten lieferte der elfte Versuch der Reihe F gute Ergebnisse, so daß *Goetze* mit diesem, als F 11 bezeichneten Material einen Ringwerkstoff für die speziellen Belange des Flugmotors anbieten konnte. Die neuen F 11-Ringe wurden auf breiter Basis erprobt, von Flugmotoren-Herstellern, Forschungs-Instituten wie auch von der *Lufthansa (DLH)* als größten zivilen Flugzeugbetreiber in Deutschland [806].

Als um 1936/37 im Ausland nitriergehärtete Laufbuchsen im Flugmotorenbau aufkamen, die insofern zusätzliche Anforderungen an die Ringe stellten, als sie schlecht Öl aufnehmen und halten konnten, mußte ein Werkstoff gefunden werden, der diesen Mangel kompensierte. So entstand der Werkstoff F 15, und hieraus dann der Werkstoff IKA, ein Sonderwerkstoff mit Vergütungsgefüge, netzförmigem Phosphideutektikum und fein lamellarem, gleichmäßig verteilten Graphit [807].

Etwa zur gleichen Zeit (1937) hatte die Fa. *Junkers* große Schwierigkeiten mit dem Feuerring in ihren Zweitakt-Flugzeugdieselmotoren. Mit den bisher verwendeten Ringen wurden Laufzeiten von bestenfalls 100 bis 120 Stunden erreicht, was zu dementsprechend häufigen Motorüberholungen zwang. *Junkers* wendete sich in dieser Angelegenheit an *Goetze,* woraufhin beide Firmen gemeinsam die Entwicklung eines „Edel-Grauguß-Werkstoffes" für die Feuerringe in Angriff nahmen. Verlangt wurden neben hoher Festigkeit und guten Laufeigenschaften auch ein großer Wärmeausdehnungs-Koeffizient, weil die Funktion dieses nicht-selbstspannenden Kol-

---

[279] Die Biegefestigkeit des Ringwerkstoffes ist vor allem bei der Montage der Ringe gefordert, weil hierbei der Ring soweit gespreizt werden muß, daß er über den Kolben geführt werden kann.

benringes entscheidend von seinem Wärmedehnungsvermögen abhing. Der Feuerring ist nämlich ein geschlossener Kolbenring, bei dem die elastische Federung des geschlitzten Rings durch eine thermische Federung ersetzt ist: Dieser Ring dehnt sich bei Erwärmung aus, wodurch das radiale Ringspiel und der Schmierfilm zwischen Zylinder und Ring abnehmen. Hierdurch intensiviert sich der Wärmeübergang vom Ring durch den Schmierfilm zum Zylinder so sehr, daß die Ringtemperatur wieder ab- und das radiale Ringspiel zunehmen. Es kommt nun darauf an, daß sich im Kolbenring ein Gleichgewicht zwischen Wärmezu- und abfuhr einstellt, und zwar so, daß der Schmierfilm nicht unterbrochen und metallische Berührung von Ring und Zylinder vermieden werden. Zusätzlich mußte der Feuerring seinen Verschleiß durch „Wachsen", d. h. durch Volumenzunahme (ansonsten bei Kolben äußerst unerwünscht!) ausgleichen können. Mit einem Sondergußeisen (Materialspezifikation K 9): Vergütungsgefüge mit kugelförmig ausgebildetem Graphit, konnten diese extremen Forderungen erfüllt werden.

Die Maßnahmen zur Minderung des Ring- und Buchsenverschleißes, also verschleißfestere Ring- und härtere Buchsenwerkstoffe, wirkten sich ungeachtet des an sich guten Laufverhaltens dieser Gleitpartner, nachteilig auf den Einlauf und das Kaltstartverhalten der Ringe aus. Beim Einlauf von Kolbenring und Zylinder müssen sich die Rauheitsspitzen der Gleitpartner abarbeiten. Das geschieht in Stufen, im Grobeinlauf mit erhöhtem Verschleiß und daran anschließend im Feineinlauf mit degressiver Verschleißrate. Angestrebt wird ein rascher Grobeinlauf, um den Verschleiß insgesamt niedrig zu halten und um der Gefahr entgegenzuwirken, daß bei betrieblichen Unregelmäßigkeiten der Verschleiß progressiv zunimmt und zum Fresser führt. Zudem hatten die von ERICH KOCH bei *EC (Mahle)* vorgenommenen Reibungsversuche ergeben, daß Ringe, die lange zum Einlaufen brauchten, geringere Anpreßdrücke erreichten und somit schlechter dichteten (daher auch die Verwendung von Minutenringen!). In diesem Zusammenhang wird 1939 in [808] folgende Angabe gemacht:

„ … Möglichst schon in 15–30 Minuten, spätestens nach einer Stunde Laufzeit, sollte ein neuer Motor soweit eingelaufen sein, daß der Käufer wenigstens nicht mehr wegen der Kolbenringe 1000 bis 3000 km unwahrscheinlich langsam fahren muß. Die Ringe sollten also in dieser kurzen Zeit bereits ringsum dichten …"

Das ließ sich durch Beschichten der Ringe mit besonderen (Ein-)Laufschichten erreichen. Mit solchen Schutz- und Laufschichten wollte man die Reibung vermindern durch:

- galvanisch aufgebrachte (Lager-)Werkstoffe mit guten Gleiteigenschaften und niedrigen Schmelztemperaturen: Verzinnen, Verkupfern, Kadmieren.
- Gleitschutzschichten aus speziellen Harzen („Kula-Schicht")
  - in einem Bindemittel suspendierten Graphit: „ … Der kollodiale Graphit wird als Schutz gegen die Gefahren beim Einlaufvorgang und zur Verkürzung des Einlaufs, als verschleißminderndes Mittel und beim Auftreten von Grenzverhältnissen in der Schmierung (z. B. halbtrockener Reibung) empfohlen …" („Zafit-Schicht") [809].
  - Schaffung eines Ölreservoires durch poröse Oberflächen
    - Anätzen der Oberfläche *(Mahle)*
    - Phosphatieren: Die Ringe werden einige Minuten in eine heiße Phosphat-Lösung getaucht. Es bildet sich eine weiche, poröse Schicht, an der das Öl gut haftet und die sich leicht abträgt.
  - „Einlaufschmirgel": Eine dünne, harte Schicht, deren (sehr kleine) Verschleißpartikel als Poliermittel zwischen Ring und Büchse wirken, beschleunigen den Einlaufvorgang.
    - „Mola-Schicht": In einem Bindemittel gebundene polierende Partikel,
    - „Karafit-Schicht": Phophatschicht mit aufgetragenem Grafit,
    - Ferroxieren (Fa. *Perfect Circle,* USA): Die Ringoberfläche wird etwa 0,01 bis 0,05 mm tief einoxidiert (Fe_3O_4).

Ein für die weitere Kolbenring-Entwicklung wichtiger Impuls ging im zweiten Weltkrieg von dem Kriegsschauplatz in Nordafrika aus, genauer gesagt: Von den Verschleißraten der vor Staub und Sand nur unzureichend geschützten Motoren. Flugzeugmotoren hatten im allgemeinen keine Luftfilter; mußten später aber damit ausgerüstet werden. Die Filter der Panzer- und Kfz-Motoren waren für Einsätze in der Wüste nicht ausgelegt. Ihr Abscheidevermögen reichte nicht aus, die Motoren wirksam zu schützen. Von diesen Problemen waren deutsche und alliierte Motoren gleichermaßen betroffen. Doch waren es die Amerikaner, die mit laufflächenverchromten Ringen („laufflächenbewehrte Ringe") ein wirksames Mittel gegen Ring- und Zylinderverschleiß fanden. Die galvanisch auf die Lauffläche aufgebrachte Chromschicht von einigen Hundertstel bis Zehntel Millimeter Dicke ist außerordentlich verschleißfest. Die Abriebpartikel der Chromschicht sind sehr klein, und sie sind rund; sie wirken als Poliermittel. Weil der Schmelzpunkt des Chroms über dem der Zylinder- und Kolbenring-Werkstoffe liegt, ist die Freßneigung der Chromschicht gering. Außerdem ist Chrom beständig gegen Korrosion. Verchromte Ringe für die erste und ggf. zweite Nut setzten sich schnell durch und wurden ab Mitte 1943 von den amerikanischen Flugzeug- und Panzermotoren-Herstellern sukzessive eingeführt [810]. Durch Verchromen des obersten Ringes wurde nicht nur dessen Laufzeit, sondern auch die der nachfolgenden Ringe um den Faktor 3 verlängert, die Laufzeit der Büchse um den Faktor 2, was nicht zuletzt darauf zurückzuführen ist, daß Öl gut an der Chromschicht haftet [811]. Nach dem Kriege wurden in den USA Stahlkolbenringe mit verchromter Lauffläche verwendet. Das Beschichten der Lauffläche von Stahlringen ist eine Notwendigkeit, damit diese Ringe in Stahlbuchsen laufen können [812]. (Stahlringe in Lamellen-Ausführung, d. h. in Form eines Satzes tellerförmiger Federn, waren allerdings unverchromt (in Grauguß-Buchsen) eingesetzt worden [813].)

Laufflächenbewehrte Ringe hatte es schon vor dem Kriege in Gestalt der Bi-Metall-Ringe gegeben, bei denen in eine oder zwei Nuten Bronze eingewalzt war. Die geringfügig über die Lauffläche herausragende Einlage sollte den Einlauf beschleunigen. Nach dem Kriege füllte man die Nuten auch mit einer Mischung aus Eisenoxyd (Fe_3O_4) und einem Bindemittel, doch wurden Ringe dieser Art im Vergleich zu den Chromringen nur wenig angewendet. Die Resistenz der Chromschicht gegen Verschleiß, Brandspurbildung[280] (siehe Seite 455) und Korrosion führten dazu, daß Chromringe schon wenige Jahre nach dem Kriege auch in Deutschland serienmäßig eingebaut wurden, so in die luftgekühlten *Deutz*-Motoren und in alle Motoren des *Daimler-Benz*-Fertigungsprogrammes:

Ein weiterer Vorteil verchromter Ringe besteht darin, daß man für den Ring selber Werkstoffe von höherer mechanischer Festigkeit, aber schlechteren Laufeigenschaften, wie Sphäroguß oder Stahl, verwenden kann; auch sollte sich der Chromring als eine der Voraussetzungen für den Schwerölbetrieb der Motoren erweisen. Heute werden für den Schwerölbetrieb nicht nur die Laufflächen, sondern auch die Flanken der Ringe verchromt. Steigende spezifische Motorleistungen verlangten noch widerstandsfähigere Laufflächen-Bewehrungen. Solche haben

- Molybdän-Ringe. Die Molybdän-Schicht wird im Flammspritzverfahren aufgetragen. Nachteilig ist die geringe Eigenfestigkeit der Molybdän-Schicht, weshalb man die Schichtdicke auf 0,3 bis 0,5 mm begrenzt. Für die von mittelschnellaufenden Schiffsmotoren verlangten Laufzeiten reicht diese Abtragsdicke nicht aus.

- Bei extremen Beanspruchungen kommen Ringe mit Plasma-Spritzschichten zum Einsatz. Plasma-Spritzschichten werden mit Hilfe der hohen Energiedichte eines Gleichstrom-Lichtbogens aufgebracht. Die Temperaturen liegen dabei im Bereich von 10.000 °C. Auf diese Weise lassen sich auch schwer schmelzbare Materialien aufbringen. Man unterscheidet hierbei:

---

[280] Unter Brandspurbildung versteht man einen „partiellen Freßvorgang"

- Metall-Mischschichten:
- Molybdän + Chrom + Nickel-Chrom (Goetze MP96A); Molybdän + Chrom + Nickel-Silicium-Bor-Bindemasse (ATE RC-2)
- nichtmetallische keramische Laufschichten: Aluminium + Titanoxid-Mischschichten (Goetze: KP123, ATE: RC-4)
- Metall-keramische Mischschichten, z. B. Metall-Keramik-Mischschicht Molybdän + Molybdän-Karbid + Nickel-Chrom (Goetze MKP 81A) [814; 815].

Vor dem zweiten Weltkrieg stand als Kolbenringwerkstoff, sieht man von Ausnahmen ab, nur der lamellare Grauguß zur Verfügung. Dem gegenüber hat sich heute die Palette beträchtlich erweitert: Neben dem Grauguß (unlegiert und legiert, unvergütet und vergütet) gibt es vergüteten Sphäroguß und Stahl. Ein Vergleich der Festigkeitswerte läßt den Fortschritt erkennen. Diese Festigkeitswerte sind vor allem in Hinblick auf die maximalen Gasdrücke und die Druckgradienten angesprochen.

Eine der Schwierigkeiten der Kolbenring-Entwicklung bestand darin, daß man die Funktion der Ringe nicht direkt quantifizieren konnte, sondern nur mittelbar an der Motorleistung, am Ölverbrauch und – nach Demontage – an ihrem Aussehen beurteilen konnte, an Größen und Erscheinungen, auf die viele Faktoren Einfluß haben. So wurde in einem Fachbuch aus dem Jahre 1911 festgestellt:

„ … Kolbenringe mit schwarzen Stellen auf einer Seite sind ein Zeichen, daß Kolben und Ringe den Zylinder nicht dicht genug abschließen oder daß letzterer beginnt oval zu werden …" [816].

In der Zeit vor dem ersten Weltkrieg ging es vor allem darum, daß die Motoren überhaupt liefen. Ringbrüche, damals öfters vorkommend, wie man einschlägiger Literatur entnehmen kann, hatten ihre Ursachen vor allem in der Auslegung (z. B. Spiele) und in aus heutiger Sicht ungenügender Fertigungsqualität von Kolben und Kolbenringen (was u. a. größere Ringspiele nötig machte), wie in manchen Fällen auch in der geringen Festigkeit der frühen Ringwerkstoffe. In der Anfangszeit stellten die Motorenbauer die Kolbenringe z. T. selbst her, so daß die Ringe von sehr unterschiedlicher Qualität waren:

„ … Zerbrochene Kolbenringe müssen natürlich ehestens ausgewechselt werden. Man erkennt diesen Effekt am klopfenden Geräusch, das aus dem Innern des Zylinders zu kommen scheint. Ursachen: Ringe schlechter Qualität, zu straffes Einpassen oder nachlässige Ölung des Motors …" [816].

Da man anfangs weniger um den Ölverbrauch als um eine ausreichende Schmierung der Zylinder besorgt war, wurden noch keine speziell zum Ölabstreifen ausgebildeten Ringe verwendet. So heißt es in der Beschreibung eines Luftschiffmotors von 1912:

„ … Die gusseisernen Kolben sind mit drei gusseisernen, selbstspannenden Liderungsringen versehen, welche schräg durchschnitten sind … das in der Kolbenstange befindliche Öl fließt am Kolben herab und dient zur Schmierung der Zylinder …" [817].

Wie bereits erwähnt, reagieren die Zündkerzen empfindlich auf Öl im Brennraum[281]; außerdem wurden die Kolbenringe durch das verkokende Öl in den Nuten in ihrer Beweglichkeit eingeschränkt:

„ … Es kommt vor, daß die Kolbenringe durch das Öl, das am Kolben vorbei in den Verbrennungsraum wandert, in den Nuten verdickt oder verbrennt. Durch die feste Borke, die sich dadurch bildet, werden die Ringe in ihrer Bewegungsfreiheit gehemmt. Sie federn nicht mehr, sie

---

[281] In den Brennraum gelangt(e) das Öl nicht nur an den Ringen vorbei, sondern auch durch die Ventilführungen. Bei Ottomotoren fördert der Unterdruck im Brennraum, wie er bei teilweise oder ganz geschlossener Drosselklappe entsteht, den Ölzutritt in den Brennraum.

klemmen oder bleiben in den Nuten fest. Die Folge davon ist, daß der Motor wohl noch läuft, aber bedeutend weniger Leistung entwickelt (Kompressionsverlust) als anfangs, wo noch alles sauber war. Es empfiehlt sich, vor jedermaliger Inbetriebsetzung einige Tropfen Petroleum in die Zylinder zu geben, damit sich die Ringe lösen können; ein anderes Mittel besitzt man nicht, um die Ringe von außen ohne Herausnahme beeinflussen zu können …" [818].

Aber selbst wenn der Motor schonend eingefahren worden war, bot das bei dem damaligen Stand der Technik nicht hinreichend Gewähr für problemlosen Motorlauf. Ein farbiges Bild dessen, was Motorradbetreiber noch in der zweiten Hälfte der 1930er Jahre als – zumindest nicht unnormal – hinnahmen, wird in dem von Lesern populärer Autozeitschriften geschätzten Jargon in [819] gezeichnet:

„… Wie wäre es mit neuen Ringen? Davor fürchtet man sich zu Unrecht, im Gegenteil, alle 5000 km neue Ringe sind ungefähr die größte Liebestat, die man sich erweisen kann. So einen Topf runternehmen, insbesondere bei einem Zweitakter, ist wahrhaftig keine Kunst, das geht noch mit Bordwerkzeug. Also runter damit. Kolben lassen wir drauf, dann vermurksen wir nichts! Bloß einen Ring nehmen wir ab, im Notfall darf er sogar brechen, er wird ja nur als Muster gebraucht. Den Topf nehmen wir unter den Arm und wandern zu einem Kolbenringvertreter – so etwas gibt's ja im Telephonbuch … Den Topf müssen wir mitnehmen, um Ringe von der richtigen Weite zu kriegen, und den Ringtrümmer, um Ringe von der richtigen Höhe zu kriegen. Bißchen drauf achten: Wenn ein Ring in den Zylinder geschoben ist, drückt man ihn mit einem Bleistift und dem Daumennagel vom Zylinderrand aus schön horizontal. Dann sollte der Spalt 0,2 bis 0,3 mm sein. Engere Spalte werden ausgefeilt. Die alten Ringe werden vom Kolben entfernt, mit Ringbruchstücken kratzt man besonders bei Zweitaktern, die Ringnuten sauber, ohne allerdings dabei eine Handvoll Aluminiumspäne zu produzieren. Man steckt die neuen Ringe verkehrt in die Nuten und rollt sie ringsum um den Kolben – das muß schon leicht und klemmfrei gehen. Etwas zu hohe Ringe werden auf einem Blatt Schmirgelpapier auf der Tischplatte abgeschliffen … Ringaufziehen ist dann leicht … Die Ringe werden gut mit Oel betropft … und dann kann der Topf wieder rauf … Das sei viel Arbeit? Na ja, aber wenn ein Motor gut starten soll, muß er anständige Ringe haben, das geht nun mal nicht anders …" [819].

Der Kolbenring bewegt sich in der Nut in radialer, in axialer und in Umfangsrichtung, außerdem verwindet er sich. Das hat zur Folge, daß Ringe und Nuten verschleißen, der erste Ring noch stärker als die relativ weiche Ringnut im Kolben. Der Ring läuft ballig ein; sogar bei verchromten Ringen wurden Balligkeiten um 20 µm gemessen [820]. Anläßlich von Ringschwierigkeiten bei einer Motortype hatte man für einen Versuch ein Los Kolbenringe besonders auf genaue Rechtwinkligkeit der Lauffläche ausgesucht. Überraschenderweise zeigten diese Ringe dann ein noch schlechteres Laufverhalten. Im Gegenversuch wurden daraufhin ballige Ringe gefahren, nun mit gutem Ergebnis. Aus dieser Erfahrung heraus nahm man den Verschleiß vorweg und schliff die Ringe ballig. Die Balligkeit beträgt für Ringe von Kfz-Motoren, abhängig von der Ringhöhe 0,003 bis 0,005 mm bis 0,012 bis 0,016 mm[282]. Die positive Wirkung der Balligkeit beruht auf mehreren Effekten:

- Das an der Buchse haftende Schmiermittel wird in den sich verengenden Spalt zwischen der balligen Lauffläche des Ringes und der Büchse hineingezogen; im Schmiermittel baut sich eine hydrodynamische Tragkraft auf („Wasserski-Effekt").
- Der Ring trägt nicht mehr über die Kante und durchbricht deshalb nicht mehr ohne weiteres den Schmierfilm.
- Infolge der Linienberührung dichtet der Ring besser.

---

[282] DIN 70 909

Je nach Ausführung sind die Ringe

- symmetrisch ballig oder
- einseitig ballig, d.h. die Lauffläche ist ausgehend vom unteren Drittel des Ringes nach oben hin mit etwa 25' bis 30' konisch geschliffen.

Eine andere, zusätzliche Maßnahme, Laufverhalten und Beständigkeit gegen Brandspuren bei Chromringen zu verbessern, besteht darin, die Oberflächenstruktur der Lauffläche – in Anlehnung an das Plateau-Honen[283] der Zylinderbuchsen – so zu gestalten, daß tragende Plateauflächen mit dazwischen liegenden Einschnitten entstehen. Diese Einschnitte sind etwa 0,01 mm tief und fungieren als Ölreservoir für kritische Betriebszustände. Mit einer solchen „Sonderläppung" der Ringlaufflächen läßt sich der Einsatzbereich von verchromten Ringen erweitern [821].

Die Dichtwirkung der Ringe beruht nicht nur auf ihrer Vorspannkraft, sondern auch auf dem Gasdruck, wobei sich die resultierende Gaskraft aus den auf die Ringoberflächen (Lauffläche, Flanken, Innenfläche) wirkenden Drücken ergibt. Da das Druckprofil an der Ringlauffläche, je nach Lage des Ringes, seiner Laufflächenform und seiner Berührung mit dem Zylinder, nach unten hin abnimmt, unterstützt die resultierende Gaskraft (in der Regel) die Vorspannkraft. Mit dem Gasdruck im Zylinder und dem Druckgradienten nimmt somit die auf den Ring wirkende (Gas-)Anpreßkraft zu: Mit Reibung und Verschleiß wird deshalb die Gefahr der Brandspurbildung größer.

Aus diesem Grund hat man nach Wegen gesucht, die Ringe von der Gasanpreßkraft zu entlasten. Durch eine geeignete Form der Ringlauffläche baut sich hier genügend Druck auf, welche die von der Ringinnenfläche wirkende Gaskraft mehr oder weniger kompensiert; der Ring wird nicht mehr so stark an die Büchse gepreßt, er wird „entlastet". Die Druckentlastung von Kolbenringen wurde bereits im Dampfmaschinenbau angewendet. Dabei hatte man zwei Wege eingeschlagen:

- Verhinderung des Gaszutrittes zur Ringinnenseite durch Aufspreizen zweier Ringe in der Nut durch Federn oder durch konische Winkelringe,
- Ausgleichsbohrungen von der Innen- zur Lauffläche mit und ohne Entlastungsnuten auf der Lauffläche,
- L-förmige Ringe, die mit der ganzen Ringhöhe an der Zylinderlauffläche anliegen, aber nur an der (schmalen) Unterseite des Schenkels nutseitig mit dem Gasdruck beaufschlagt werden.

Bei heutigen Ringen geht man subtiler vor, nämlich durch leichte Zurücknahme eines Teiles der Ringhöhe (nach Art der Minutenringe). In diesem Zusammenhang unterscheidet man:

- Teildruckentlastete Ringe: Der „Giebel" der dachförmigen Lauffläche liegt im Abstand von einem Drittel der Ringhöhe oberhalb der Unterkante. Der Neigungswinkel der „Dachhälften" beträgt 3°[284].
- Volldruckentlastete Ringe: die Lauffläche ist mit 3° konisch geschliffen.

Mit solchen Laufprofilen läßt sich der Ring feinfühlig an die jeweiligen Bedingungen anpassen, Bild 152.

---

[283] Mit dem *Plateau-Honen* wird eine Tragfläche erzeugt, die durch tiefe Riefen („Schluchten") unterteilt wird, wobei die „Plateaus" selbst nicht spiegelglatt sind, sondern von einem Netzwerk feiner Riefen durchzogen werden.

[284] Einseitig ballige Ringe sind gleichfalls als teildruckentlastet anzusehen.

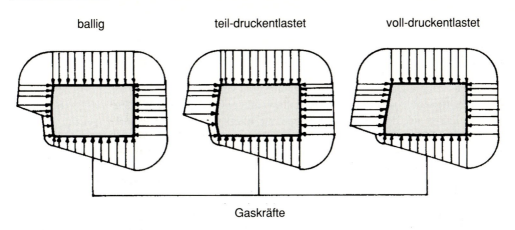

Gaskräfte

Bild 152 Druckverhältnisse an Kolbenringen

Reibung im Kurbeltrieb

Die Reibung im Kurbeltrieb ist im Energiehaushalt des Motors ein nicht zu unterschätzender Posten. Der mechanische Wirkungsgrad von Verbrennungsmotoren liegt bei Vollast im Bereich von 0,7 bis 0,9, bei Teillast sinkt er noch weiter auf Werte um 0,5 ab! Geht man davon aus, daß die Kolbengruppe mit 40 bis 60 %, die Triebwerkslager mit 15 bis 35 % an den mechanischen Verlusten des Motors beteiligt sind, dann wird deutlich, welche volkswirtschaftliche Bedeutung der Reibung im Kurbeltrieb zukommt.

Die für die Triebwerksteile relevanten Reibungszustände stellen sich in der Stribeck-Kurve dar als:

- Festkörperreibung mit unmittelbarem metallischen Kontakt der Gleitpartner,
- Grenzreibung, wenn die Gleitpartner mit Spuren des Schmiermittels bedeckt sind,
- Flüssigkeitsreibung mit vollständiger Trennung der Gleitpartner voneinander durch einen Schmierfilm und
- Mischreibung als das Nebeneinander von Festkörper- und Flüssigkeitsreibung, wenn der Schmierfilm zwischen den Gleitpartnern teilweise unterbrochen ist.

In den Triebwerkslagerungen (Kolbengruppe; Grund- und Pleuellager) kann es beim Anlauf oder bei Überlastung – aus vielerlei Gründen – zu Mischreibung kommen. Diese führt zu → *Verschleiß im Kurbeltrieb*. Technisch sinnvoll ist deshalb für Triebwerkslagerungen nur die Flüssigkeitsreibung.

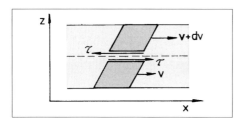 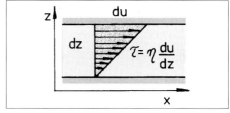

Diese entsteht dadurch, daß Flüssigkeiten einer Formänderung Widerstand entgegensetzen. Die einzelnen Flüssigkeitsteilchen reiben aneinander, in ihren Berührungsflächen entstehen tangentiale Spannungen (Schubspannungen), deren Größe von dem Geschwindigkeitsgefälle senkrecht zur Strömungsrichtung (Formänderungsgeschwindigkeit) und einer Materialeigenschaft der Flüssigkeit, der kinematischen Viskosität (Zähigkeit), abhängt. Die Schubspannungen verrichten in Gleitrichtung Reibungsarbeit (Dissipationsarbeit); diese in Wärme umgewandelte Bewegungsenergie ist „verloren". Im Kurbeltrieb wirkt sich die Reibung in mehrfacher Weise nachteilig aus:

- Sie kostet wertvolle mechanische Energie,
- sie heizt das Schmiermittel auf, was die Tragfähigkeit des Schmierfilms mindert,
- Reibungswärme muß abgeführt werden; das bereitet zusätzlichen konstruktiven und betriebsmäßigen Aufwand und
- im ungünstigsten Fall, bei Mischreibung, führt sie zu Verschleiß der Gleitpartner – bis hin zum Fresser!

Aus diesen Gründen ist die Reibung im Triebwerk trotz großer versuchstechnischer Schwierigkeiten gründlich untersucht worden. Es wurden sowohl direkt die Reibkräfte gemessen als auch die Auswirkungen der Reibung in Gestalt der Temperaturen in den

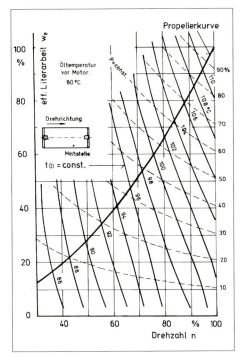

Temperatur-Kennfeld eines Grundlagers eines
schnellaufenden Hochleistungsdieselmotors

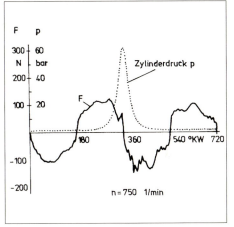

Reibkraftverlauf F von Kolben und Kolbenringen
und Zylinderdruck p über dem Kurbelwinkel eines
Dieselmotors (d = 92 mm; s = 105 mm)

Lagern. Mit Hilfe der Schmierfilmtheorie kann man die Reibleistung der Lager, abhängig von den interessierenden Einflußgrößen, berechnen. Messungen wie Rechnungen ergeben übereinstimmend, daß die Reibung vorwiegend von der Drehzahl respektive der mittleren Kolbengeschwindigkeit bestimmt wird, die spezifische Arbeit („effektiver Mitteldruck"; Drehmoment) wirkt sich weit geringer auf sie aus.

Es gibt eine ganze Reihe von Ansatzpunkten, die Reibungsverluste im Kurbeltrieb zu verringern: Bei Lagern sind es kleinere Abmessungen, vor allem kleinere Durchmesser; bei Kolben sind es kleinere Schaftflächen, vornehmlich kürzere Schaftlängen; auch die Grafitierung des Schaftes wirkt sich positiv aus. Großen Einfluß hat die Ringbestückung in Art, Zahl, Abmessungen, Vorspannung und Beschichtung der Ringe. Längere Pleuelstangen, d.h größere Pleuelverhältnisse (= r/l, verkleinern die den Kolben belastende Normalkraft. Schmiermittelseitig hat man mit Grundölen niedrigerer Viskosität und durch reibungsmindernde Zusätze sogenannte Leichtlauföle geschaffen.

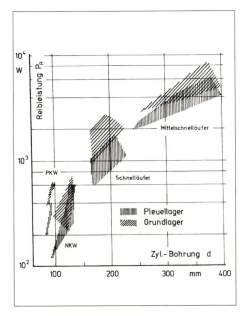

Reibleistung von Triebwerkslagern

11 Der Kurbeltrieb heute

Nachdem in dieser Arbeit über zweihundert Jahre Entwicklung, Erprobung und betriebliche Bewährung des Kurbeltriebs berichtet wurde, stellt sich die Frage nach dem Stand von heute, und wie es mit dieser Funktionsgruppe weitergehen wird. Zu einer Standortbestimmung muß man nach sowohl zurück als auch nach vorne blicken.

Die Anfänge des Kurbeltriebs verlieren sich im Morgennebel der Technikgeschichte. Wer als erster dieses Prinzip der Umwandlung einer hin- und hergehenden Bewegung in eine Drehbewegung mittels eines Kurbeltriebs angewendet hat, ist nicht bekannt. Obwohl es den Kurbeltrieb schon lange in verschiedenen Maschinen gegeben hatte, war die Übertragung dieses Wirkungsprinzips auf die Dampfmaschine keineswegs selbstverständlich gewesen. Große gedankliche Schwierigkeiten mußten überwunden werden, bis der Kurbeltrieb in der Dampfmaschine Fuß fassen konnte. Doch dann trug er wesentlich zu ihrem Erfolg bei, weil mit der Hubbewegung des Kolbens der Prozeßablauf gesteuert und eben diese Hubbewegung mit gutem mechanischen Wirkungsgrad in eine Drehbewegung umgewandelt werden konnte. Zudem ist der Kurbeltrieb eine einfache, robuste Funktionsgruppe, geometrisch wie kinematisch! Angesichts der fertigungstechnischen Möglichkeiten Anfang des 19. Jahrhunderts wäre eine anspruchsvollere Technik gar nicht zu verwirklichen gewesen, auch hätte sie ungünstige Bedingungen wie z.B. im Bahnbetrieb, bei dem das Triebwerk Wind und Wetter, Staub und Schmutz ausgesetzt ist, nicht verkraftet.

Durch die Anwendung in der Dampfmaschine wurde der Kurbeltrieb – weil mit ihr kontinuierlich weiterentwickelt – Nutznießer ihres Erfolgs. Dieser Entwicklungsstand war die Grundlage dafür, daß sich der Kurbeltrieb im Verbrennungsmotor durchsetzte, ungeachtet anfänglicher Vorbehalte gegen ihn auch in dieser Maschinengattung. Die Überlegenheit des Verbrennungsmotors über die Dampfmaschine an Leistungsdichte, Schnelläufigkeit und durch seine Standortunabhängigkeit sollte sich – weil hieraus unzählige Probleme erwuchsen – für die Entwicklung des Kurbeltriebs als wahre Pandora-Büchse[285] erweisen. Daß der Kurbeltrieb dennoch zu einer der erfolgreichsten Funktionsgruppen im Maschinenbau überhaupt wurde, hat mehrere Gründe, die – scheinbar paradox – auch in seinem prinzipiellen Nachteil, dem ungleichförmigen Bewegungsablauf, begründet sind. Dieser Bewegungsablauf und als Folge davon die Massenwirkungen und der diskontinuierliche Massendurchsatz beschränken die Leistung der Kolbenmaschine. Andererseits ermöglicht eben die diskontinuierliche Arbeitsweise hohe Gastemperaturen, weit oberhalb des Schmelzpunktes der Brennraum-begrenzenden Bauteile – eine Voraussetzung für gute Wirkungsgrade von thermischen Maschinen! Der kompakte Brennraum durch die Kreiszylinderform des Kolbens ist vorteilhaft für den Verbrennungsablauf, auch können die einteiligen selbstspannenden Kolbenringe gut gegen hohe Prozeßdrücke abdichten – ein wichtiges Kriterium für hohe Arbeitsausbeute! Kinematik und Geometrie des Kurbeltriebs eignen sich für thermodynamische Prozesse, die sich – zumindestens bis heute – als Optimum bezüglich Arbeitsausbeute, Wirkungsgrad und technischer Realisierbarkeit erwiesen haben [110].

Der Kurbeltrieb hat ein erstaunliches Entwicklungspotential gezeigt, das aus verschiedenen Gründen auch voll ausgeschöpft werden konnte: Zum einen wurde er in sehr großer Stückzahl gebaut und eingesetzt, das bildete eine solide, breite Erfahrungsgrundlage. Zum anderen wurde eine umfangreiche und aufwendige Entwicklung getrieben, die in eine auf Anwendung und

---

285) PANDORA („die Allbegabte") ist eine weibliche Gestalt der griechischen Mythologie. PANDORA hatte von Göttervater ZEUS eine Büchse erhalten, die alle Übel (aber auch die Hoffnung) enthielt. Aus der geöffneten *Pandora-Büchse* entflohen diese Übel und verbreiteten sich unter den Menschen; nur die Hoffnung blieb in der Büchse.

Grundlagen bezogene Forschung mündete. Die Schwerpunkte von Entwicklung und Forschung wechselten, wie sie sich auch wiederholten, wenn es darum ging, einst behobene Schwachstellen, die nun als Folge gesteigerter Anforderungen erneut auftraten, wieder zu beseitigen. So kamen die Schwierigkeiten und Probleme, die der Kurbeltrieb stets aufs Neue aufwarf, seiner Entwicklung zugute, weil sie Lösungen verlangten, die über die jeweils aktuelle Störung oder Schaden hinausgingen. Das intensive Befassen mit solchen Problemen vertiefte den Erkenntnis- und Wissensstand und bildete die Grundlage für ein erfolgreiches Procedere für die Zukunft. Dabei beruht die Entwicklung des Kurbeltriebs natürlich auf den Fortschritten in der gesamten Technik, wie auch er zu diesen Fortschritten beigetragen hat. Der Kurbeltrieb in der Kolbenmaschine kann deshalb zu Recht als „Lehrmeister des Maschinenbaus" bezeichnet werden.

Grundlage des Erfolgs des Kurbeltriebs ist letztlich sein Funktionsprinzip. Versuche, seine tatsächlichen und seine vermeintlichen Nachteile durch andere Mechanismen zu vermeiden oder zu beheben, haben bis heute keinen Erfolg gehabt. Selbst Veränderungen am Bewegungsablauf des herkömmlichen Kurbeltriebs konnten die in sie gesetzten Erwartungen nicht erfüllen [822]. Da also das Wirkungsprinzip unverändert blieb, konzentrierte sich die Entwicklung auf die Arbeit am Detail, die, in großer Breite und Tiefe durchgeführt und das über einen langen Zeitraum, erstaunliche Erfolge zeitigte. Unzählige Detailvarianten wurden einer Auslese unterzogen, die an Rigidität der in der belebten Natur nicht nachstand. Untaugliche Ausführungen schieden schon in Versuch und Erprobung aus; andere, besser an die Erfordernisse des Betriebs angepaßt, „überlebten" und wiesen der Weiterentwicklung den Weg.

Auf dem Funktionsprinzip des Kurbeltriebs beruhend, hat sich der Verbrennungsmotor („Verbrennungsmotor in Hubkolbenbauweise") ein weites Einsatzfeld erobert; die Nachteile des Kurbeltriebs markieren aber auch Trennungslinien: Seine Kinematik begrenzt Abmessungen und Drehzahl von Motoren, damit deren Massendurchsatz und Leistungsentwicklung. Wo absolute Leistungen und Leistungsdichte über dieses Maß hinaus verlangt werden, dominiert die Strömungsmaschine. Im Grenzbereich zwischen Strömungs- und Kolbenmaschine gibt es natürlich Überlappungen, wobei sich diese Grenzen im Laufe der Zeit verschoben haben.

Der hohe Entwicklungsstand des Kurbeltriebs manifestiert sich in Leistung, Leistungsdichte und Wirtschaftlichkeit der Motoren.

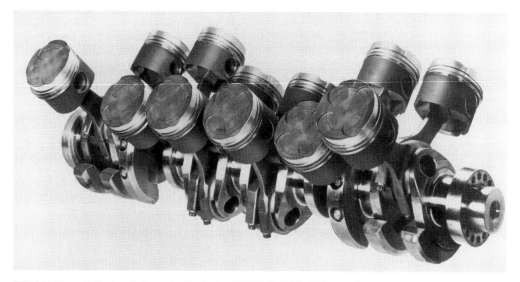

Bild 153 Kompakt-Triebwerk eines schnellaufenden 12-Zylinder-V-Hochleistungs-Dieselmotors, Bauart *MTU 12 V 883*

Wirtschaftlichkeit ist hierbei als Sammelbegriff für gute Wirkungsgrade in großen Bereichen des Motorkennfeldes, lange Nutzungsdauer des Schmiermittels, hohe Zuverlässigkeit und lange Lebensdauer zu verstehen. Der Entwicklungsstand des Kurbeltriebs beruht letztlich auf den oft zitierten *Stand der Technik,* wie er sich in der Auslegungssicherheit von Bauteilen, in auf die jeweiligen Anforderungen angepaßte, hochbelastbaren Werkstoffen und in ausgeklügelten Fertigungsverfahren konkretisiert.

Im Laufe der Zeit hat sich auch das Procedere bei der Entwicklung geändert. Die Notwendigkeit, Einblicke in das Verhalten der Bauteile und ihres Zusammenarbeitens mit anderen Bauteilen, Funktionsgruppen, der Maschine und der gesamten Antriebsanlage zu gewinnen, führte zur Entwicklung von Meßgeräten, Versuchsverfahren und Rechenmethoden, die ihrerseits die Grundlagen für die Entwicklung festigten. Die Entwicklung vertiefte sich, sie ging aber auch in die Breite. Sie verlagerte sich immer mehr von einem „hinterher" zu einem „im voraus", und sie verteilte sich auf mehr Schultern, weil sie gemeinsam von Motorherstellern und von auf einzelne Bauteile spezialisierten Herstellern durchgeführt wird.

Die elektronische Datenverarbeitung spielt heute eine entscheidende Rolle in Rechnung, Konstruktion und Experiment. Kolben, Kolbenringe, Pleuel, Kurbelwelle und Lager werden nicht nur in Hinblick auf ihre mechanischen, thermischen und tribologischen Eigenschaften berechnet, ausgelegt und optimiert, auch ihr Zusammenarbeiten und Betriebsverhalten erschließen sich zunehmend der Berechnung. Die experimentellen Verfahren und die dafür entwickelten Meßgeräte zur Absicherung der Eigenschaften von Bauteilen und ihres Verhaltens in der Maschine – auch im Verbund mit der gesamten Maschinenanlage – sind erprobt und haben sich so bewährt, daß daraus Maschine-Diagnose-Systeme entwickelt worden sind, mit denen heute große Motorenanlagen – mit Tendenz auch zu kleineren – überwacht werden. Betriebsdaten der Maschinenanlage, z. B. im Schiff, werden laufend gemessen, erfaßt, ausgewertet und mit Referenzwerten verglichen. Darauf fußend können Trendanalysen erstellt werden. Die Kommunikation mit dem Hersteller via Satellitenfunk ermöglicht bei Bedarf rasche Gegenmaßnahmen. Im Zusammenhang mit dem Kurbeltrieb sind insbesondere das kontinuierliche Messen von Kolbenringverschleiß (Sipwa) oder Überwachungssysteme für Drehschwingungen (GMS) zu nennen [823; 824; 825; 826; 827].

Fortschritt ist immer in Relation mit dem Vorangegangenen zu sehen: Kleinere Abmessungen bei gleicher oder höherer Leistung, andere Maßverhältnisse, höhere mechanische, thermische und tribologische Flächen-, Volumen- und Massenbelastung! Doch weil sich der grundsätzliche Aufbau der Kurbeltriebteile nur wenig geändert hat, ist der Entwicklungsfortschritt dem Laien schon gar nicht, dem Fachmann nicht ohne weiteres ersichtlich. Einem Gleitlager sieht man seine Tragfähigkeit nicht an! Nur indirekt, im Bezug zu Anwendungen des Kurbeltriebs, mit denen auch der Laie vertraut ist, in erster Linie also Kraftfahrzeugen, lassen sich technische Veränderungen leichter wahrnehmen.

Die Geschichte des Kurbeltriebs ist die Geschichte des Erfolges der Kolbenmaschine, doch gerade dieser Erfolg, insbesondere als Antrieb von Kraftfahrzeugen – die weltweite Verbreitung in Hunderten von Millionen Exemplaren also – wirft für diese Maschinengattung und den sie bestimmenden Kurbeltrieb schwere Probleme auf. Als Funktionsgruppe einer Maschinengattung, zu deren Erfolg er soviel beigetragen hat, ist der Kurbeltrieb eng an ihr „Schicksal" gebunden.

Der Verbrauch von Ressourcen und die zunehmende Umweltbelastung durch die Kraftfahrzeugmotoren sind zu einem die Entwicklung beherrschenden Problem geworden. Trotz großer Anstrengungen, Verbrauch und Schadstoffemission der Motoren verringern, von denen der Kurbeltrieb in mannigfaltiger Weise betroffen ist, wurde bis jetzt jede diesbezügliche Verbesserung durch die weltweite Zunahme an Motoren zunichte gemacht. Der Vergleich mit dem Wettlauf von Hase und Igel drängt sich auf. Große Erfolge tragen auch den Keim des Niedergangs in sich. Die belebte Natur bietet genug Beispiele, daß sich erfolgreiche species (Arten) die eigenen Lebensgrundlagen vernichtet haben. Der Verbrauch von Kraftstoffen auf Erdölbasis nimmt mit der Verbreitung des Kolbenmotors ständig zu, so daß eine Verknappung zu erwarten ist – mittelfristig, langfristig oder von heute auf morgen z. B. als Folge politischer Instabilitäten; die Energiekrisen der 1970er Jahre waren eine Warnung! Letztlich sind Verbrauch und Schadstoffemission vor allem ein Problem der großen Zahl, d.h. der Kraftfahrzeugantriebe. Es bedarf also neuer Konzepte, um aus dieser Sackgasse herauszufinden.

Geht man von den bisherigen thermodynamischen Prozessen der Energieumwandlung in Wärmekraftmaschinen aus, dann müssen die fossilen Kraftstoffe durch Kraftstoffe ersetzt werden, die regenerierbar sind oder in genügender Menge geschaffen werden können, und deren Verbrennung die Umwelt nicht oder nicht in solchem Maße belastet. Entsprechende Modifikationen am Verbrennungsmotor vorausgesetzt, würde das ein Beibehalten des Kurbeltriebs erlauben. Wenn daran auch intensiv gearbeitet wird, so sind Erfolge kurzfristig (noch) nicht zu erwarten. Andere Energieumwandlungsprozesse mit dem „Endprodukt" elektrischer Strom hingegen bedeuten das Aus für die Kolbenmaschine mit ihren Kurbeltrieb im Kraftfahrzeug. Ein Ersatz des Kolbenmotors größerer Leistung durch alternative Antriebe im Bereich allgemeiner Anwendung in Bahn, Schiff und für die Stromerzeugung ist zur Zeit nicht absehbar.

Facit: Trotz prinzipieller Nachteile hat sich der Kurbeltrieb zweihundert Jahre lang als überaus erfolgreiche Funktionsgruppe erwiesen. Es bleibt daher abzuwarten, ob durch Fortschritte in anderen Bereichen der Technik dereinst neue, ganz andere Wirkungsprinzipien gefunden werden, welche den Kurbeltrieb als Motortriebwerk überflüssig machen.

Literaturverzeichnis

[1] MATSCHOß, C.: Die Entwicklung der Dampfmaschine, Band 2. Berlin: Springer 1908; S. 625 – 627

[2] MATSCHOß, C.: Die Entwicklung der Dampfmaschine. Berlin: Springer 1908

[3] MOMMERTZ, H.: Bohren, Drehen und Fräsen. Reinbek: Rowohlt Taschenbuch Verlag GmbH 1981 (rororo Sachbuch 7704)

[4] FAREY, J.: A Treatise on the Steam Engine. London: Longman, Rees, Orme, Brown, and Green 1827; S. 293 – 294

[5] KARMASCH, K.: Handbuch der Technologie, 3. Aufl. Hannover: Helwing'sche Hof-Buchhandlung; Erster Band, S. 293

[6] GERSTNER, F. A. RITTER VON: Handbuch der Mechanik. Erster Band, 2. Aufl. Mechanik der festen Körper. Prag: Johann Spurny, Buchdrucker und Schriftgiesser 1833; S. 241

[7] SZABÓ, I.: Geschichte der mechanischen Prinzipien, 3. Aufl. Basel: Birkhäuser 1987

[8] FAREY, J.: A Treatise on tne Steam Engine. London: Longman, Rees, Orme, Brown, and Green 1827; S. 531 – 532

[9] REDTENBACHER, F.: Resultate für den Maschinenbau, 2. Aufl. Mannheim: Friedr. Bassermann 1852; S. VIII

[10] zitiert nach: Zur Geschichte der ersten deutschen Dampfmaschine, 2. Aufl. Eisleben: Hrsg. VEB Mansfeld Kombinat Wilhelm Pieck 1987; S. 50 – 51

[11] FISCHER, F.: Polytechnisches Journal (Hrsg. Dingler). Archiv für Geschichte des Buchwesens, Band XV. Frankfurt: Buchhändler-Vereinigung GmbH 1975

[12] REDTENBACHER, F., zitiert nach Diesel, E.: Phänomen der Technik. Berlin VDI-Verlag 1939; S. 109

[13] NN: Clavis machinarum. Automobil-Industrie 2/71

[14] REDTENBACHER, F.: Resultate für den Maschinenbau, 2. Aufl. Mannheim: F. Bassermann. Vorrede zur ersten Auflage

[15] ERXLEBEN, J. C. P.: Anfangsgründe der Naturlehre, Zweyte sehr verbesserte und vermehrte Auflage. Frankfurt und Leipzig 1777; S. 6 – 7

[16] REDTENBACHER, F.: Resultate für den Maschinenbau, 2. Aufl. Mannheim: Friedrich Bassermann 1852; Vorrede zur ersten Auflage V

[17] MARKS, W.D.: The Relative Proportions of the Steam-Engine. Philadelphia: J.B. Lippincolt Co 1887; Vorwort

[18] METTIG, H.: Die Konstruktion schnellaufender Verbrennungsmotoren. Berlin: de Gruyter 1973; S. 70 – 73

[19] URLAUB, A.: Verbrennungsmotoren, 2. Aufl. Berlib: Springer 1994; S. 455 – 456

[20] REULEAUX, F.: Der Konstrukteur, 4. Aufl. Braunschweig: Friedr. Vieweg 1882; S. 1 – 2

[21] ROSEGGER, P.: Waldheimat 2. Band: Der Guckinsleben, darin: Der Gang zum Eisenhammer. München: nymphenburger 1989

[22] MATSCHOSS, C.: Ein Jahrhundert deutscher Maschinenbau, . Aufl. Berlin: Springer 1922; S. 89 – 90

[23] SCHULZ, E.H.: 100 Jahre Werkstoffprüfung. ZVDI 91 (1949) 7

[24] GERSTNER, F. A. RITTER VON: Handbuch der Mechanik. Erster Band, 2. Aufl. Mechanik der festen Körper. Prag: Johann Spurny, Buchdrucker und Schriftgiesser 1833; S. 253

[25] GERSTNER, F. A. RITTER VON: Handbuch der Mechanik. Erster Band, 2. Aufl. Mechanik der festen Körper. Prag: Johann Spurny, Buchdrucker und Schriftgiesser 1833; S. 282- 285

[26] EYTH, M.: Hinter Pflug und Schraubstock. Stuttgart/Berlin: Deutsche Verlagsanstalt 1919; S. 472

[27] BERNOULLI's Vademecum des Mechanikers, 12. Aufl. Stuttgart: J.G. Cotta 1865; S. 187

[28] RUSKE, W.: 100 Jahre Materialprüfung in Berlin. Berlin: Bundesanstalt für Materialprüfung 1971; S. 9 – 58

[29] *Denkschrift* über die Einführung einer staatlichen Classification von Eisen und Stahl. ZVDI 21 (1877) 11

[30] RIEDLER, A.: Druckschrift: Die Stellung des Herrn Reuleaux zu den technischen Wissenschaften. Okt. 1899

[31] RIEDLER, A.: Das Maschinenzeichnen. Berlin: Springer 1913; S. 5

[32] WENTZCKE, P.: Franz Grashof. Berlin: VDI-Verlag 1926; S. 61

[33] WENTZCKE, P.: Franz Grashof. Berlin: VDI-Verlag 1926; S. 23

[34] BACH, C.: Mein Lebensweg und meine Tätigkeit. Berlin: Springer 1926; S. 29 – 30

[35] WEBER VON, M.M.: Aus dem Reich der Technik, Band 2. Berlin: VDI-Verlag 1928; S. 21

[36] *Polytechnisches Institut* – Hessische Gewerbe-Akademie Friedberg: Programm und Lehrpläne, 2. Aufl.; ca. 1908; S. 6

[37] GOETHE, J.W.: Wilhelm Meisters Lehr- und Wanderjahre. 3. Buch; 13. Kapitel in Goethes sämtliche Werke; 18. Band. Leipzig: Max Hesse's Verlag

[38] ROSEGGER, P.: : Waldheimat 2. Band: Der Guckinsleben, darin: Als ich das erstemal auf dem Dampfwagen saß. München: nymphenburger 1989.

[39] KIPLING, R.: McAndrews Hymn, in: Collins Albatross Book of longer Poems. London/Glasgow: Williams Collins, Sons and Company, Ltd. 1963

[40] KUTZBACH, K.: Der Leichtmotor als Lehrmeister des Maschinenbaus. VDI-Sonderheft 71 Berlin (1933)

[41] THUM, A.; Bautz, W.: Die Gestaltfestigkeit. Stahl und Eisen 55 (1935) 39

[42] FINK, K.: Der Dehnmeßstreifen. ZVDI 92 (1950) 4

[43] *Fünfzig Jahre* Deutscher Normausschuß. Berln/Köln Hrsg. DNA 1967; S. 14 – 15

[44] *Reichsverkehrsminister* (Hrsg.): Hundert Jahre deutsche Eisenbahn, 2. Aufl. Leipzig: Verkehrswissenschaftliche Lehrmittelges. m.b.H 1938; S. 285

[45] WELZ, H.: Die TÜV Rheinland Geschichte. Köln: Verlag TÜV Rheinland 1991; S. 21

[46] NN: 125 Jahre im Dienste der Sicherheit. Sonderdruck HANSA Heft 2 (1992)

[47] PIEPER, H.: Über die Entstehung der Büssing-Lastkraftwagen und -Omnibuss bis etwa 1914. ATZ 63 (1961) 11

[48] KAMM, W.; LEUNIG, G.: Auswirkungen der Kriegserfahrungen auf die Weiterentwicklung des Kraftwagenmotors. MTZ 5 (1943) 1

[49] *Ministry of Munitions*/Technical Department/Aircraft Production: Report on the 300 H.P. Maybach Aero Engine, May 1918

[50] AUGUSTIN: Dieselmotor der sowjetischen Kampfwagen. MTZ 5 (1943) 4/5 und 6/7

[51] NN: Modern Industry, 1946, June 15; S. 150. (Zitiert nach Cornils, B.; Technikgeschichte 64 (1997) 3; S. 207

[52] *Office of Military Government* for Germany (U.S.) Fiat Final Report No. 666 (28 December 1945): The Sleeve Bearing Industry in Germany, by Carl E. Swartz; Fred H. Ragan Joint Intelligence Objectives Agency. Field Information Agency, Technical

[53] PULS, A.W.: Die Maybach-Dieselmotoren der Bauart MD. MTZ 12 (1951) 4

[54] *Opel* „Super 6". Nachdruck einer Broschüre von 1936/37

[55] *BMW* Z3 Roadster. Signet 6 11 03 30 10 2 1996 VM

[56] When we speak of yachts … MTU-Druckschrift Signet VTS 06 010 (52 1 E) ZPW 9/84

[57] Der Mahle Motorenversuch. Mahle-Druckschrift, ohne Signet

[58] *MTZ/ATZ* Sonderausgabe Engineering Partners 95/96, Editorial

[59] BECKER, G.: Vervollkommnung der Kraftfahrzeugmotoren durch Leichtmetallkolben. München/Berlin: Oldenbourg 1922; S. 4

[60] RIEDLER, A.: Fortschritt und erfahrene Technik. ZVDI 66 (1922) 14; S. 343/344

[61] BECKER, G.: Motorschlepper für Industrie und Landwirtschaft. ZVDI 70 (1926) 37/38

[62] BERSON, A.; GRAMBERG, A.; KESSNER, A.; MADER, O.; NÄGEL, A.: Junkers. Festschrift Hugo Junkers zum 70. Geburtstag (aus einem mitstenografierten Vortrag von Hugo Junkers 'Kritische Betrachtungen zur Konstruktion des Großölmotors'). Berlin: VDI-Verlag

[63] *Schreiben* von Karl Maybach aus Vernon/Frankreich an Jean Raebel in Friedrichshafen vom 18. 7. 1948

[64] *Meyers* Enzyklopädisches Lexikon, Bd. 7. Mannheim: Bibliogr. Institut 1973

[65] EHRLENSPIEL, K.: Integrierte Produktentwicklung. München: Carl Hanser 1995; S. 200

[66] MAHLE, E.: Was ich an Euch vermisse. Motor-Kritik (1930) 13

[67] LANG, R.: Einiges über Triebwagen-Entwicklung. Werkzeitschrift der Zeppelin-Betriebe 1940 Nr. 5

[68] GROTH, K.: Konstruktive Probleme und Erfordernisse bei der Entwicklung schnellaufender Hochleistungsdieselmotoren. Konstruktion 17 (1965) 11

[69] ZIMA, S.: Technische Versuche im Maschinenbau. Reihe Know-how der FH Giessen-Friedberg 1995

[70] *Duden:* Deutsches Universalwörterbuch, 2. Aufl. Mannheim: Dudenverlag 1989

[71] RIEDLER, A.: Schnellbetrieb. Berlin 1900

[72] FERGUSON, E. S.: Das innere Auge des Ingenieurs. Basel: Birkhäuser 1993

[73] WITTENBAUER, F.: Graphische Dynamik. Berlin: Springer 1923; Vorwort

[74] *Neues Konservations-Lexikon,* ein Wörterbuch des allgemeinen Wissens, 2. Aufl.. Hildburghausen: Bibliograph. Institut 1862

[75] PETROSKI, H.: To Engineer is Human. New York: Vintage Books 1992; S. 190

[76] FAREY, J.: A Treatise on the Steam Engine. London: Longman, Rees, Orme, Brown, and Green 1827; S. 531

[77] *Dennert & Pape* (Hrsg.): 100 Jahre Dennert & Pape Aristo-Werke. Hamburg 1962

[78] GÖÖCK, R.: Die großen Erfindungen: Radio – Fernsehen – Computer. Künzelsau: Sigloch-Edition 1989

[79] FERGUSON, E. S.: Das innere Auge des Ingenieurs. Basel: Birkhäuser 1993; S. 179

[80] PAHL, G.; Beitz, W.: Konstruktionslehre, 3. Aufl. Berlin: Springer 1993; S. 58

[81] LEUPOLD, J.: Schauplatz der Wasser-Künste, Erster Theil: Von der Kurbel Leipzig: Joh. Friedr. Gleditschens sel. Sohn 1724

[82] AGRICOLA, G.: De Re Metallica Libri XII Zwölf Bücher vom Berg- und Hüttenwesen (1556). 5. Aufl.; Faksimiledruck der dritten Auflage. Düsseldorf: VDI-Verlag 1978; S. 155 – 156

[83] MOMMERTZ, K H.: Bohren, Drehen und Fräsen. Reinbeck: Deutsche Museum und Rowohlt 1981; S. 42/43

[84] zitiert nach: RIPPON, P. M.: Evolution of Engineering in the Royal Navy, Vol. I 1827 – 1939. Tunbridge Wells: Spellmont Ltd. 1988; S. 17 – 19

[85] GALLOWAY, E.: History & Progress of The Steam Engine. London: Thomas Kelly 1832; S. 44 – 46

[86] FAREY, J.: A Treatise on the Steam Engine. London: Longman, Rees, Orme, Brown, and Green 1827; S. 409 – 411

[87] MATSCHOSS, C.: Die Entwicklung der Dampfmaschine, Bd. 1. Berlin: Springer 1908; S. 307

[88] KNIGHT, E.H.: The Practical Dictionary of Mechanics. Vol. I. London: Cassell, Petter & Galpin, ca. 1890; S. 644/645

[89] LAW, R.J.: The Steam Engine, 6.Aufl. London: HSMO Publications Centre, 1990.

[90] BERNOULLI, Christoph: Handbuch der Dampfmaschinenlehre. 4. Aufl. Stuttgart: Cotta'scher Verlag 1854; S. 234

[91] GALLOWAY, E.: History & Progress of The Steam Engine. London: Thomas Kelly 1832; S. 67

[92] FAREY, J.: A Treatise on the Steam Engine. London: Longman, Rees, Orme, Brown, and Green 1827; S. 420

[93] COURANT, R.; Robbins, H.: Was ist Mathematik. Berlin: Springer 1962; S. 123

[94] MATSCHOSS, C.: Die Entwicklung der Dampfmaschine, Bd. 1. Berlin: Springer 1908; S. 382

[95] GALLOWAY, E.: History and Progress of the Steam Engine. London: Thomas Kelly 1832; S. 128 – 129

[96] MAIN, T.J.; BROWN, T.: Die Schiffsdampfmaschine. Wien: Verlag von Carl Geroldís Sohn 1868; S. 107 – 108

[97] NN: American Paddle Wheel Steamers with Beam Engine. Engineer Oct. 7. 1898

[98] HAACK, R.; BUSLEY, C.: Die technische Entwicklung des Norddeutschen Lloyds und der Hapag. Reprint Düsseldorf VDI-Verlag 1986; Textband; S. 78 – 104

[99] MUELLER, O. H.: Gänzliche Zerstörung einer Schiffsmaschine von 10.000 Pfkr. ZVDI 34 (1890) 17, 18 und 47

[100] MATSCHOSS, C.: Die Entwicklung der Dampfmaschine, Bd. 1. Berlin: Springer 1908; S.709 – 710

[101] BUSLEY, C.: Die Schiffsmaschine, Erster Band. Kiel: Lipsius & Tischer 1883; S. 330 – 339

[102] MAIN, T.J.; BROWN, T.: Die Schiffsdampfmaschine. Wien: Verlag von Carl Geroldís Sohn 1868; S. 221

[103] CORLETT, E.: The Iron Ship, 4th Impression. Bradford-on-Avon: Moonraker Press 1983

[104] GRIFFITHS, D.: Power of the Great Liners. Sprakford: Patrick Stephens Ltd. 1990; S. 27

[105] BERNOULLI, CHRISTOPH: Handbuch der Dampfmaschinenlehre. 4. Aufl. Stuttgart: Cotta'scher Verlag 1854; S. 305-309

[106] BAUER, G.: Der Schiffsmaschinenbau, 1. Band. München/Berlin: R. Oldenbourg 1923; S. 205-230

[107] SASS, F.: Geschichte des deutschen Verbrennungsmotorenbaues. Berlin: Springer 1962; S. 29

[108] GÜLDNER, H.: Entwerfen und Berechnen der Verbrennungsmotoren. 1. Aufl.. Berlin: Springer 1903; S. 197/198

[109] TOLLE, M.: Die Regelung der Kraftmaschinen, 3. Aufl. Berlin: Springer 1921; S. 376/377

[110] ZIMA, S.: Wege, Irrwege und Umwege der Nfz-Motoren-Entwicklung. In: 100 Jahre LKW Hrsg. Niemann, H.; Hermann, A. Stuttgart: Franz Steiner Verlag 1997

[111] FARCOT: Vergleichung der Dampfmaschinen mit einem und mit zwei Cylindern; von Hr. Farcot, Maschinenbauer zu St. Ouen. Polytechn. Journal Hrsg. Dingler, 35 Jrg. 5. Heft 1854

[112] LEHMBECK, T.: Das Buch vom Auto, 2. Aufl. Berlin: R.C. Schmidt 1910; S. 16/17

[113] VOHRER, E.: Neuzeitliche Flugmotoren / Bauformen und Kennwerte. ATZ 43 (1940) 7; S. 157 – 170

[114] NN: Deutsche Schiffs-Dieselmotoren. Berlin: Deutsche Verlagswerke Strauss, Vetter & Co 1935

[115] LÖFFLER, S.; RIEDLER, A.: Oelmaschinen. Berlin: Springer, 1916

[116] LÖFFLER, S.; RIEDLER, A.: Oelmaschinen. Berlin: Springer: 1916; S. 399

[117] KAMM, W.: Rückblick auf interessante Motorenentwicklung. MTZ 24 (1963) 4

[118] Referat des Vorsitzers des Vorstandes Herrn Prof. Dr.-Ing. G. Madelung anlässlich der Mitgliederversammlung 1958. Arbeits- und Forschungsgemeinshaft Graf Zeppelin e.V.

[119] DECHAMPS, H.; KUTZBACH, K.: Prüfung, Wertung und Weiterentwicklung von Flugmotoren. Berlin: R. C. Schmidt 1921; S. 198

[120] PISCHINGER, F.; ESCH, J.: Einfluß der Zylinderzahl auf die Reibungsverluste von Personenwagenmotoren. MTZ 42 (1981) 12

[121] WILLENBOCKEL, O.; STIERLE, F.; QUARG, J.: Der neue Ecotec-Compact-Dreizylindermotor von Opel. MTZ 58 (1997) 6

[122] GALLOWAY, E.: History and Progress of the Steam Engine. London: Thomas Kelly 1832; S. 249 – 250

[123] KAISER, H.; SEIFF, I.: Ästhetische Technik: Die neuen Achtzylinder. BMW-Magazin (Jrg. ?)

[124] SCHMIDT, G.; NIGGEMEYER, H.: Sechszylinder in Reihen- oder V-Bauart – die optimale Motorisierung? MTZ 56 (1995) 5

[125] ZIMA, S.: Wechselseitige Einflüsse zwischen Kurbelgehäuse und Triebwerkslagerung. MTZ 46 (1985) 11

[126] SCHEITERLEIN, A.: Der Aufbau der raschlaufenden Verbrennungskraftmaschine. Wien: Springer 1964; S. 246

[127] NN: Der Lancia-Dilambda-Achtzylinder. ATZ 34 (1931) 30; S. 683-684

[128] KRÜGER, H.: Sechszylindermotoren mit kleinem V-Winkel. MTZ 51 (1990) 10

[129] *Mittlg.* M-Versuch 089/63; Maybach-Motorenbau

[130] WOLFRAM, P.: Der neue 18/100 PS NAG-V8. 34 ATZ (1931) 5/5

[131] PICKERT, H.: Die Maybach Mercedes-Benz Dieselmotoren-Baureihe MC. Firmenschrift Signet 169 M 6443

[132] GROTH, K.; SYASSEN, O.: Konstruktion und Entwicklung einer neuen Baureihe von schnellaufenden Hochleistungs-Dieselmotoren. MTZ 29 (1968) 5

[133] *Deutz/MWM* Firmenschrift „816" Signet 0031 0127D

[134] Papenbroock, G.: Englische Vielstoff-Zweitaktmotoren für die Wehrmacht. MTZ 25 (1964) 6

[135] GÜLDNER, H.: Entwerfen und Berechnen der Verbrennungsmotoren. 13. Aufl., Berlin: Springer 1922

[136] Allgemeine Realencyclopädie oder Conversationslxicon für das katholische Deutschland. Vierter Band. Regensburg: Verlag von Georg Joseph Manz 1847

[137] ERXLEBEN, JOHANN CHRISTIAN POLYKARP: Anfangsgründe der Naturlehre, Zweyte sehr verbesserte und vermehrte Auflage. Frankfurt und Leipzig 1777; S. 55 – 57

[138] EYTH, M.: Im Strom der Zeit, daraus: Das zersprungene Schwungrad. Düsseldorf: VDI-Verlag 1985 (Reprint der Ausgabe von 1904/1905); S. 516

[139] SIRK, V. H.: Der Betrieb von Schiffs-Dampfkesseln und Maschinen. Wien: Carl Gerold's Sohn 1875; S. 172 – 173

[140] JANKOWSKI, G. u.a.: Zur Geschichte der ersten deutschen Feuermaschine. 2. Aufl. VEB Mansfeld Kombinat Wilhelm Pieck 1987; S. 60

[141] EYTH, M.: Der Schneider von Ulm; zitiert nach: Kiaulehn , W.: Die eisernen Engel. Berlin/Darmstadt: Deutsche Buchgemeinschaft 1953; S. 261

[142] BERNOULLI's Vademecum des Mechanikers, 12. Aufl. Stuttgart: J. G. Cotta 1865; S. 244/245

[143] RAMELLI, A. DE: Schatzkammer Mechanischer Künste. Nachdruck der Ausgabe von 1620. Hannover: C.V. Vincentz 1976; S. 159

[144] HEUSINGER, E. H. VON (Hrsg.): Handbuch der Speciellen Eisenbahn-Technik. 3. Band: Der Locomotivbau; Leipzig: Wilh. Engelmann 1875; S. 194

[145] RADINGER, J.: Über Dampfmaschinen mit hoher Kolbengeschwindigkeit. 3. Aufl. Wien: C. Gerold's Sohn 1892, S. 353 – 355

[146] Henschel-Lokomotiv-Taschenbuch. Kassel: Hrsg. Henschel-Werke GmbH 1960; S. 283

[147] MCCONNEL, J. E.: On the Balancing of Wheels. Proceedings of the Institution of Mechanical Engineers 1848

[148] NN: George Heaton's Ingenieur in Birmingham, Gegengewichte an Locomotiven. Polytechn. Centralblatt (1850) S. 599

[149] WALKER, H. T.: The earliest balanced Locomotives. Railroad Age Gazette, July 23 1903; S. 141 – 143, July 30 1903; S. 187 – 190

[150] NN: Beschreibung der Schnellzug-Locomotive „Duplex". ZVDI (1863) Spalte 290 – 302; dazu Tafel V

[151] JAHN, J.: Die Dampflokomotive. Berlin: Springer 1924; S. 62 – 63

[152] YARROW, A.F.: Balancing Marine Engines and the Vibrations of Vessels. Engineering, April 8, 1892

[153] JAHN, J.: Die Dampflokomotive. Berlin: Springer 1924; S. 74 – 75

[154] TELLKAMPF: Von den Gegengewichten an den Triebrädern der Locomotiven. Nach einer Abhandlung des Ingenieur Couche in den Annales des Mines 1853, Tome III. Org. Fortschr. Eisenbahnwes. 9 (1854) S. 39/46

[155] NOLLAU, H.: Ueber das Anbringen von Gegengewichten an den Triebrädern der Lokomotiven. Eisenbahnzeitung (1848) S. 323/324

[156] NN: Eisenbahn-Betriebsmittel: Lokomotiven. Eisenbahn-Zeitung 7 (1849) S. 173 – 175

[157] HEUN, K.: Die kinetischen Probleme der wissenschaftlichen Technik. Jahresbericht der Deutschen Mathematiker-Vereinigung. 9 (1901); S. 53 bis 66

[158] HIEPE, M.: Die spezifischen Schnittreaktionen des Schubkurbelgetriebes behandelt nach dem Verfahren von Lagrange. Diss. Uni. Jena 1915

[159] PONCELET, J.-V.: Cours de Mécanique Appliquée aux Machines. Paris: Gauthier-Villars 1874

[160] HORT, W.: Technische Schwingungslehre, 2. Aufl. Berlin: Springer 1922; S. 235

[161] NN: The Allen-Engine. Engineering (1868) Jan. 31.; Feb. 14.; Feb. 28.; March 6

[162] PORTER, C. T.: Die Allen-Dampfmaschine. Der Civilingenieur 17 (1871) S. 61 – 70 und 147 – 155

[163] PORTER, C. T.: Lebenserinnerungen eines Ingenieurs. Berlin: Springer 1912; S. 155 – 156

[164] MAYR, O.: Von Charles Talbot Porter zu Johann Friedrich Radinger: Die Anfänge der schnellaufenden Dampfmaschine und der Maschinendynamik. Technikgeschichte 40 (1972) 1

[165] RADINGER, J.: Über Dampfmaschinen mit hoher Kolbengeschwindigkeit. 3. Aufl. Wien: C. Gerold's Sohn 1892; S. 81 – 90

[166] SOMMERFELD, A.: Die naturwissenschaftlichen Ergebnisse und die Ziele der modernen technischen Mechanik. Physikal Zeitschr. 4 (1903) 26 b

[167] BUSLEY, C.: Die Schiffsmaschinen, 2. Band. Kiel: Lipsius & Tischler 1886; S. 81

[168] LEUPOLD, J.: Von der Kurbel oder krummen Zapfen. Theatrum machinarum / Schauplatz des Grundes Mechanischer Wissenschaften; Joh. Friedr. Gleditschens seel. Sohn. Reprint Edition Libri rari. Th. Schäfer Hannover 1982

[169] PAHL, G.; BEITZ, W.: Konstruktionslehre, 3. Aufl. Berlin: Springer; S. 293

[170] FRÄNZEL, C.: Das Taylorsche Verfahren zur Ausbalanzirung der Schiffsmaschinen. ZVDI 42 (1898) 33

[171] MEWES, R.: Zur Wehr gegen das Kaiserl. Patentamt. Selbstverlag 1903; S. 32/33 und LÜDERS, J.: Das deutsche Patentgesetz und das deutsche Reichspatent Nr. 80974

[172] LÜDERS, J.: Die Verteidigung des Patentes No. 80974 durch Professor A. Riedler und Genossen. Aachen: C. Mayer's Verlag 1899

[173] RIEDLER, A.: Das deutsche Patentgesetz und die wissenschaftlichen Hülfsmittel des Ingenieurs. ZVDI 42 (1898) 48

[174] TOLLE, M.: Die Kraftmaschinen. 3. Aufl.. Berlin Springer 1921; S. 370 – 374

[175] MEINEKE, F.; RÖHRS, F.: Die Dampflokomotive. Berlin: Springer 1949

[176] SCHLICK, O.: Our Present Knowledge of the Vibration Phenomena of Steamers. Trans. Inst. Nav. Arch. 53 (1911) S. 121 – 134

[177] KUTZBACH, K.: Der Leichtmotor als Lehrmeister des Maschinenbaus. Sonderheft VDI Hauptversammlung 1933

[178] LORENZ, H.: Dynamik des Kurbeltriebes. 1909

[179] POLSTER, H.: Untersuchung der Druckwechsel und Stöße im Kurbeltrieb von Kolbenmaschinen. Berlin: VDI/Springer 1915; S. 3

[189] STRIBECK: Die bei den Dampfmaschinen auftretenden Stöße an Kurbel- und Kreuzkopfzapfen. ZVDI 37 (1893) 1

[181] RADINGER, J.: Über Dampfmaschinen mit hoher Kolbengeschwindigkeit. 3. Aufl. Wien: C. Gerold's Sohn 1892; S. 318

[182] POLSTER, H.: Untersuchung der Druckwechsel und Stöße im Kurbelgetriebe von Kolbenmaschinen. Berlin: Springer/Selbstverlag VDI 1915; S. 73

[183] SIMPSON, C.R.H.: Locomotives and their Working, Vol. II London: Virtue & Co Ltd. 1952; S. 291 – 293

[184] NN: Das Eisenbahnunglück bei Mönchenstein. Schweizerische Bauzeitung 20. Juni 1891

[185] ECKERT, M.: Sommerfeld und der Wackeltisch. Kultur & Technik 4/1996

[186] RADINGER, J.: Über Dampfmaschinen mit hoher Kolbengeschwindigkeit. 3. Aufl. Wien: C. Gerold's Sohn 1892; S. 355

[187] KÖLSCH, O.: Gleichgang und Massenkräfte bei Fahr- und Flugzeugmaschinen. Berlin: Springer 1911

[188] WITTENBAUER, F.: Bestimmung des Massendruckes der Dampfmaschinenteile. ZVDI 1896.

[189] HEUN, K.: Kinetische Probleme er wissenschaftlichen Technik. Jahresber. d. deutsch. Math.-Vereins 9 (1900) 2

[190] LORENZ, H.: Dynamik des Kurbelgetriebes. 1900

[191] TOLLE, M.: Die Regelung der Kraftmaschinen, 2. Aufl. Berlin: Springer 1909

[192] ZIMA, S.: Tradition und Zukunft der Ingenieurausbildung. In: Technischer Fortschritt und wirtschaftliche Entwicklung. Hrsg.: VDI BV Frankfurt-Darmstadt. Frankfurt: Societäts-Verlag 1995

[193] KÖHLER, O.: Der Gasmotor im Vergleich mit der Dampfmaschine. ZVDI 37 (1893) 4

[194] WITTENBAUER, F.: Die graphische Ermittlung des Schwungradgewichtes, ein Beitrag zur graphischen Dynamik. ZVDI 49 (1905) 12; S. 471 – 477

[195] SCHRÖN, H.: Die Zündfolge. München: R. Oldenbourg 1938

[196] SCHRÖN, H.: Die Bedeutung der Zündfolge für die Motorgestaltung. ATZ 42 (1939) 9

[197] SCHRÖN, H.: Die Dynamik der Verbrennungskraftmaschine. Wien: Springer 1942

[198] BESTEKORN, R.: Massenausgleich bei Kurbelgetrieben, insbesondere durch Gegengewichte. ZVDI 64 (1920) 2; S. 42/45

[199] FULLAGAR, H.F.: Vortrag Inst. of. Mech. Engrs. am 8.7.1914. In: Der Oelmotor 3 (1914-15) Nr. 11; S: 428-434

[200] GRANZER, R.: Schnellaufende Verbrennungsmotoren. Berlin: R.C. Schmidt 1922; S. 334

[201] MARQUARD, E.: Ueber den Ausgleich von Beschleunigungskräften zweiter Ordnung durch Drehmassen. Der Motorwagen 29 (1926) 14

[202] RIEDL, C.: Konstruktion und Berechnung moderner Automobil- und Kraftradmotoren. Berlin: R.C. Schmidt 1925; S. 2

[203] PETER, M.: Der moderne Kraftwagen, 9. Aufl. Berlin: R.C. Schmidt 1929; S. 55-56

[204] SCHRÖN, H.: Die Dynamik der Verbrennungskraftmaschinen. Wien: Springer 1942; S. 52 – 54

[205] GERB: Die Fernübertragung von Bodenerschütterungen bei Maschinen mit hin- und hergehenden Massen. ZVDI 64 (1920) Nr. 38

[206] GEIGER, J.: Störende Fernwirkungen von ortsfesten Kraftmaschinen, insbesondere Verbrennungsmaschinen. ZVDI 67 (1923) 30

[207] HEUSER, G.; Hügen, S.; Brohmer, A.; Warren, G.A.; Menne, R.J.: Der neue Ford 2,3-l-Motor mit Ausgleichswellen. MTZ 58 (1997) 1

[208] HEUSER, G.; Gerlach, S.; Graham, D.; Meurer, J.; Metz, H.: Der 4,0-l-SOHC-Motor für den Ford Explorer. MTZ 58 (1997) 5

[209] EALY, L.A.: A History of Early Engines. Automotive Industries, May 1985

[210] EBERHARD, A.; LANG, O.: Der Fünfzylinder-Reihenmotor und seine triebwerksmechanischen Eigenschaften. MTZ 36 (1975) 4

[211] FROST, F.; KOSCHIG, A.; NEUMANN, B.; ULLMANN, K.: Zur Auslegung der Kurbelwelle des SKL-Dieselmotors 8VDS24/24AL

[212] LANG, R.; Denkschrift über die Entwicklung des raschlaufenden 410 PS Maybach-Dieselmotors Type: GO 5; Datum: 12.2.1936

[213] OMW-Ko(nstruktionss)bü(ro): Betrachtungen über den günstigsten Massenausgleich an der 6-fach gekröpften, symmetrischen Kurbelwelle (Betrachtungs-Beispiel Jumo 213). Bericht A/159, Akte 140/2390 vom 2. 9. 1942

[214] GEISLINGER, L.: Drehschwingungen in Antriebsanlagen von Schiffen. MTZ 36 (1975) 2

[215] KRUG, H.: Erfahrungen mit Schiffsdieselmotoren. Berlin: Springer 1954; S. 172 – 173

[216] GEIGER, J.: Mechanische Schwingungen und ihre Messung. Berlin: Springer 1927; Vorwort

[217] HALL, J. F.: Marine Engine Cranks and Shafts. Engineering April 23, 1886

[218] FRAHM, H.: Neue Untersuchungen über die dynamischen Vorgänge in den Wellenleitungen von Schiffsmaschinen mit besonderer Berücksichtigung der Resonanzschwingungen. ZVDI 46 (1902) 22 und 24

[219] RADINGER, J.: Über Dampfmaschinen mit hoher Kolbengeschwindigkeit. 3. Aufl. Wien: C. Gerold's Sohn 1892; Anhang VIII

[220] BAUER, G.: Untersuchungen über die periodischen Schwankungen in der Umdrehungsgeschwindigkeit der Wellen von Schiffsmaschinen. Jahrbuch der Schiffsbautechnischen Gesellschaft (1900) 1. Bd.

[221] FÖTTINGER, H.: Effektive Maschinenleistung und effektives Drehmoment, und deren experimentelle Bestimmung. Jahrb. STG 1902 (?)

[222] BAUER, G.: Der Schiffsmaschinenbau, 1. Bd. München/Berlin: R. Oldenbourg 1923; Anhang V, 2. Abschnitt S. 95

[223] MAGG, J.: Drillungsschwingungen in Kurbelwellen. ZVDI 62 (1918) 43

[224] WILSON, W.K.: Practical Solution of Torsional Vibrations Problems, Vol. I. London: Chapman & Hall 1956; Introduction S. XVI – XVII

[225] JANSON, E.N.; Richardson, J.O.: Investigation of shafting failures and engine vibration on vessels of the Louisiana class. Journal of the American Society of Naval Engineers. Vol. XXIX, Febr. 1917, No. 1

[226] ROTH: Schwingung der Kurbelwellen. ZVDI (1904)

[227] HOLZER, H.: Torsionsschwingungen von Wellen mit beliebig vielen Massen. Schiffbau VIII (1907), Heft 22 – 24

[228] TOLLE, M.: Untersuchung der an den Motorenanlagen der Luftschiffe auftretenden Schwingungs-Erscheinungen. Gutachten (Archiv der MTU-Friedrichshafen GmbH)

[229] GÜMBEL, L.: Verdrehungsschwingungen eines Stabes mit fester Drehachse und beliebiger zur Drehachse symmetrischer Massenverteilung unter dem Einfluss beliebiger harmonischer Kräfte. ZVDI 56 (1912) 26 und 27

[230] GEIGER, J.: Ueber Verdrehungsschwingunen von Wellen insbesondere von mehrkurbeligen Schiffsmaschinenwellen. Diss. Königl. Preuß. Technische Hochschule zu Berlin 1914

[231] GEIGER, J.: Der Torsiograph, ein neues Instrument zur Untersuchung von Wellen. ZVDI 60 (1916) 40 und 42

[232] Auszug aus einem Bericht des Herrn Ingenieur Glücker der Motorenbau G.m.b.H. vom 22. Juni 1915 aus Nordholz an die Fa. Motorenbau G.m.b.H. in Friedrichshafen, Beilage zu: Schreiben Nr. Bxe 7227/15 von Karl Maybach an den Staatssekretär d. Reichs-Marine-Amts vom 1. 7. 1915 (Archiv: MTU Friedrichshafen GmbH)

[233] RÖSSLER, E.: Schreiben vom 16.1.1997 an den Autor

[234] TOLLE, M.: Die Regelung der Kraftmaschinen, 3. Aufl. Berlin: Springer 1921; S. 200 – 257

[235] HOLZER, H.: Die Berechnung der Drehschwingungen und ihre Anwendung im Maschinenbau. Berlin: Springer 1921

[236] RIEKERT, P.; MAIER, K.: Grundlagen der Drehschwingungsrechnung. Ringbuch der Luftfahrttechnik. 18. 6. 1938. Nr. 173

[237] GEIGER, J.: Auswertung der am 1. und 2. Oktober 1915 aufgenommenen Torsiogramme und der Berechnung der Wellenleitung für „L.Z." auf Verdrehungsschwingungen. (Archiv der MTU-Friedrichshafen GmbH)

[238] LEWIS, F.M.: Torsional Vibration in the Diesel Engine. Transactions of the Society of Naval Architects and Mechanical Engineers. New York 1925, S. 109 – 145; darin: Diskussionsbeitrag Robert Haig

[239] PLÜNZKE, J.: Drehschwingungen des Automobilmotors. Der Motorwagen XXIX (1926) 6

[240] RIEDL, C.: Konstruktion und Berechnung moderner Automobil- und Kraftradmotoren, 2. Aufl. Berlin: R.C. Schmidt 1930; S. 358 – 359

[241] KRUG, H.: Erfahrungen mit Schiffsdieselmotoren. Berlin: Springer 1954; S. 177 – 178

[242] DREWES, H.: Neues Grafisches Verfahren auf statischer Grundlage zur Untersuchung beliebiger Wellen-Massensysteme auf freie Drehschwingungen. ZVDI 62 (1918) 35

[243] GEIGER, J.: Zur Berechnung der Verdrehungsschwingungen von Wellenleitungen. ZVDI 65 (1921) 48

[244] LÜRENBAUM, K.; KNOBLAUCH, H.: Ermittlung der Dreh-Federung von Kurbelwellen durch Versuch und Berechnung. DVL-Bericht vom 20.5.1935

[245] FEDERN, K.; BROEDE, J.: Experimentelle Analyse der Drehschwingungsdämpfung von Kolbenmaschinen. MTZ 43 (1982) 11

[246] LÜRENBAUM, K.: Praktische Drehschwingungs-Untersuchung von Luftfahrzeug-Triebwerken. ZFM 23 (1932) 4

[247] SEELMANN: Reduktion der Kurbelkröpfung. ZVDI 69 (1925) 18

[248] CARTER, B.C.: An Empirical Formula For Crankshaft Stiffness in Torsion. Engineering, July 13, 1928.

[249] HOLZER, H.: Die Berechnung der Drehschwingungen. Berlin: Springer 1921

[250] LEHR, E.; WEIGAND, A.: Vergleichende Zusamenstellung der Verfahren zur Berechnung der Dreheigenschwin-gungszahlen von Wellenanlagen. Forschungsbericht FB 676 Hrsg.: Zentrale für wissenschaftl. Berichtwesen der Luftfahrtforschung (1936)

[251] KLOTTER, K.: Analyse der verschiedenen Verfahren zur Berechnung der Torsionseigenschwingungen von Ma-schinenwellen. Ingenieur-Archiv 17. Band (1949) Heft 1 und 2

[252] RICHTER, I.; MONDON, G.: Durchführung von Drehschwingungsrechnungen unter Benützung neuzeitlicher Re-chenmaschinen. MTZ 20 (1959) 7

[253] DREWES, H.: Neues Graphisches Verfahren auf statischer Grundlage zur Untersuchung beliebiger Massensyste-me auf freie Drehschwingungen. ZVDI 62 (1918) 35

[254] NN: Ventilloser 12-Zylinder-Voisin-Wagen. Der Motorwagen 32 (1929) 30; S. 680

[255] NN: Ueber die Grundlagen der Anordnung von Zylinder und Kurbelwelle bei Kraftfahrzeugmotoren. Der Motor-wagen XXX (1927) 5; S. 105

[256] KINGSFORD, P.W.: F.W. Lanchester. London: Edward Arnold (Publ.) Ltd. 1960; S. 74

[257] Brit. Patent Nr. 21.139 vom 12. Sept. 1910

[258] E.V.A.-Maybach Diesel-Triebwagen. Beschreibung und Bedienungsvorschriften; ohne Signet, ca. 1928

[259] BUSSIEN, R. (Hrsg.): Automobiltechnisches Handbuch, 13. Aufl. Berlin: M. Krayn 1931; S. 699 – 700

[260] GÜMBEL. L.: Verdrehungsschwingungen und ihre Dämpfung. ZVDI 66 (1922) 11 und 12

[261] STRUNZ, L.: Die Drehschwingungen in Kolbenmaschinen. Berlin: R.C. Schmidt 1938; S. 125 – 129

[262] MAN Werk Augsburg. Versuchsbericht Nr. 735 Erfahrungen über Kurbelwellenbrüche durch Torsion bei ver-schiedenen Anlagen

[263] BIBER, W.: Schwingungsdämpfung an Dieselmotorenanlagen. Der Verbrennungsmotor, Beilage zu Brennstoff und Wärmewirtshaft (1939) Heft 10, 11 und 12

[264] BRANDES: Der schnellaufende Dieselmotor und der Hochdruckheißdampf als Antrieb von Kriegsschiffen. Jahr-buch STG 1940.

[265] NN: Die Schwingungsdämpfung in Flugmotoren. Junkers Nachrichten Nr. 3 1930

[266] ITTNER, S.: Dieselmotoren für die Luftfahrt. Oberhaching: Aviatic-Verlag 1996; S. 153

[267] HAUG, K.: Die Drehschwingungen in Kolbenmaschinen. Berlin: Springer 1952; S. 163 – 172

[268] NÄGEL, A.: Dieselmaschinen in Amerika. Dieselmaschinen II. Berlin: VDI-Verlag 1926

[269] SASS, F.: Dieselmaschinen, 2.Band: Die Maschinen und ihr Betrieb, 2. Aufl. Berlin: Springer 1957; S. 133

[270] BENZ, W.: Der Gummidrehschwingungsdämpfer. MTZ 5 (1943) 8/9

[271] MIZUO ISHIZUKA. Ölgummidämpfer. MTZ 25 (1964) 3

[272] DENKMEIER, H.; GROß, K.: Beschreibung des amerikanischen Allison-Flugmotors V 1710-C15. MTZ 6 (1944) 5/6

[273] GASTERSTÄDT: Die Entwicklung der Junkers-Diesel-Flugmotoren. ATZ 33 (1930) 1

[274] Junkers Flugzeug- und Motorenwerke AG. Jumo 207C-1 Entwurf zu einem Motorenhandbuch. Stand September 1943. Signet 43 10 170e / M 0658

[275] WILSON, K.W.: Practical Solution of Torsional Vibration Problems, Vol. II; London: Chapman & Hall Ltd. 1948; S. 390 – 391

[276] ZIMA, S.: Die Entwicklung schnellaufender Hochleistungsmotoren in Friedrichshafen. Technikgeschichte in Ein-zeldarstellungen Band 44/87 Düsseldorf: VDI-Verlag 1987; S. 7

[277] WILSON, K.W.: Practical Solution of Torsional Vibration Problems. London: Chapman & Hall Ltd. 1948; Vol. II S. 390/391

[278] MAN Versuchsbericht VB 355: Versuche an der Bibby-Kupplung mit MAN-Moor F6V45/42, 1200 PS bei 450 Umdr/min. 2.6.1928

[279] THOMA, H.: Untersuchungen an der Maschinenanlage des „Graf Zeppelin". ZVDI 73 (1929) 39

[280] Forschungsbericht FB 941. Deutsche Versuchsanstalt für Luftfahrt E.V. Institut für Triebwerksmechanik. Lam-brich: Fliehkraft-Resonanzpendel als Drehschwingungsentstörer

[281] TAYLOR, E.S.: Crankshaft Torsional Vibration in Radial Aircraft Engines. Journ. Soc. Automot. Engrs. Bd. 38 (1936) S. 81

[282] KRAEMER, O.: Schwingungstilgung durch das Taylor-Pendel. ZVDI 82 (1938) 45

[283] Junkers Flugzeug und Motorenwerke AG. Bericht A/110 vom 7. 1. 1942: Grenzen für das Triebwerk 213 bei weiterer Leistungssteigerung

[284] SASS, F.: Dieselmaschinen, 2. Band: Die Maschinen und ihr Betrieb, 2. Aufl. Berlin: Springer 1957; S. 142 – 145

[285] SASS, F.: Beiträge zur Berechnung kritischer Torsions-Drehzahlen. ZVDI 65 (1921) 3

[286] LÜRENBAUM, K.: Praktische Drehschwingungs-Untersuchung von Luffahrzeug-Triebwerken. ZFM 23 (1932) 4

[287] TIMOSHENKO, S.: Schwingungsprobleme der Technik. Berlin: Springer 1932; S. 362 – 369

[288] RIEKERT, P.; STAIGER; SCHUMACHER: Bericht über Verdrehschwingungsmessungen an der Vortriebsanlage des LZ 130 Graf Zeppelin mit Beschreibung der Meßeinrichtung. FKFS-Bericht vom 7. 12. 1938

[289] TREUE, W.; ZIMA, S.: Hochleistungsmotoren. Düsseldorf: VDI-Verlag 1992

[290] ZIMA, S.: Die Entwicklung schnellaufender Hochleistungsmotoren in Friedrichshafen. Technikgeschichte in Einzeldarstellungen Band 44/87 Düsseldorf: VDI-Verlag 1987; S. 367

[291] Maybach-Motorenbau G.m.b.H. Versuchsbericht V 1368/7d vom 4.8.1944 HL 210/230 Kurbelwelle. Prüfung der Gestaltfestigkeit

[292] MAN Werk Augsburg. Versuchsbericht VB 706 vom 20. 1. 1940: Versuchsbericht über Dauerversuche zur Ermittlung der Drehschwingungsfestigkeit von Kurbelwellen der MV 40/46

[293] MÜLLER, F.: Untersuchungen über Schwungmasse und Reibungsmoment eines Drehschwingungsdämpfers. ATZ 42 (1939) 14

[294] RICARDO, H.: Der schnellaufende Verbrennungsmotor. 3. Aufl. Berlin: Springer 1954; S. 212

[295] NN: Holset-Dämpfer MTZ 16 (1955) 12

[296] HAFNER, K.E.; NIEPAGE, P.: Zur Auslegung von dämpfungsgekoppelten Drehschwingungsdämpfern für Kolbenmotoren. MTZ 23 (1962) 12

[297] GRAMMEL, R.: Über die Torsion von Kurbelwellen. Ing.-Archiv Bd. 4 (1933) S. 287 – 288

[298] KLOTTER, K.: Die Verdrehsteifigkeit der Kurbelwellen. ZVDI 85 (1941) 25

[299] PIELSTICK, G.: Schwingungsdämpfende Hülsenfedern. Mitt. Forsch. Anst. GHH-Konzern. April 1936

[300] NN: Die schwingungsdämpfende Hülsenfeder – ein ideales Maschinenelement. MAN Dieselmotoren-Nachrichten. Juli 1937

[301] Maybach-Motorenbau G.m.b.H. Forschungsstelle: Versuchsbericht Nr. 4662 B vom 7. 12. 1940. Lagen der Verdrehdauerbrüche an VL- und GO-Motor-Kurbelwellen

[302] GEISLINGER, L.: Die Berechnung von Drehschwingungsdämpfern. MTZ 3 (1941) 10

[303] ROTHMANN, G.: Vorausberechnung der Eigenschwingungszahlen von Kurbelwellen. MTZ 12 (1951) 1

[304] FLEISCHMANN, E.: Drehschwingungen in Schiffs-Hauptantriebsanlagen. MTZ 32 (1971) 6

[305] HASSELGRUBER, H.: Die Berechnung von erzwungenen gedämpften Schwingungsketten mit Hilfe von Übertragungsmatrizen. Forsch. Ing.-Wes. Band 26 (1960) 3

[306] GEISLINGER, L.: Drehschwingungen in Antriebsanlagen von Schiffen. MTZ 36 (1975) 2

[307] KLIER, H.: Einfluß der periodischen Schwankung des Massenträgheitsmomentes auf die Torsionsschwingungen des Vierzylinder-Motors. MTZ 39 (1978) 7/8

[308] FEDERN, K.: Auslegung von Viskose-Drehschwingungsdämpfern für Hubkolbenmotoren. MTZ 43 (1982) 11

[309] Dr.-Ing. Geislinger & Co Schwingungstechnik GmbH. Geislinger Monitoring System. Firmenschrift ohne Signet.

[310] LUEGER, Otto: Lexikon der gesamten Technik. Stuttgart/Leipzig: Deutsche Verlagsanstalt 1896

[311] MEYER'S Konversations-Lexikon, 2. Aufl. Elfter Band. Hildburghausen: Bibliograph. Institut 1865

[312] BERNOULLI'S Vademecum des Mechanikers. Stuttgart: Cotta 1865

[313] BAUSCHINGER, J.: Die Schule der Mechanik. München: R. Oldenbourg 1866

[314] ANGLE, G. D.: Engine Dynamics and Crankshaft Design. New York: Simmons-Boardman Publishing Company 1925

[315] RIEDLER, A.: Wirklichkeitsblinde in Wissenschaft und Technik. Berlin: Springer 1919; S. 23 – 24

[316] VOGELPOHL, G.: fhnlichkeitsbeziehungen der Gleitlagerreibung und untere Reibungsgrenze. ZVDI 91 (1949) 16

[317] DIN 50 281 Reibung in Lagern. Ausgabe Oktober 1977

[318] VOLLMER, J. (Hrsg.): Getriebetechnik. 5. Aufl. Berlin VEB Verlag Technik1987; 24

[319] BARTZ, W.J. u.a.: Gleitlager als moderne Maschinenelemente. Ehningen: expert-verlag 1993; S. 15

[320] Duden: Etymologie Mannheim. Bibliograph. Institut 1963

[321] DIN 50 320 Verschleiß – Begriffe. Ausgabe Dezember 1979

[322] MICHELS, A.: Die Schmierung von Öllagern. ZVDI 67 (1923) 49

[323] AGRICOLA, G.: Zwölf Bücher vom Berg- und Hüttenwesen, hier: Sechstes Buch, 5. Aufl. Düsseldorf: VDI-Verlag 1978; S. 161

[324] LEUPOLD, Jacob: Theatrum Machinarum Generale /Schau-Platz] des Grundes Mechanischer Wissenschaften; Joh. Friedr. Gleditschens seel. Sohn. Reprint Edition Libri rari. Th. Schäfer Hannover 1982

[325] WEBER, M.M. von: Aus dem Reich der Technik, Bd. 1; Berlin: VDI-Verlag 1926; S. 78 – 79

[326] SNOW, C.P.: Die zwei Kulturen. Stuttgart: Ernst Klett Verlag 1967

[327] MAIN, T.J. & Brown, T.; Marchetti, C.: Die Schiffsdampfmaschine. Wien: Carl Gerold's Sohn 1868

[328] SIRK, V.H.: Der Betrieb von Schiffs-Dampfkesseln und Maschinen. Wien: Carl Gerold's Sohn 1875; S. 200 – 205

[329] NN: Hochdruck-Dampfmaschine von sechzehn Pferdestärken, mit einer mit dem Regulator in Verbindung stehenden Expansionssteuerung. Dinglers Polytechn. Journ. 129 (1853) S. 324

[330] SIRK, V.H.: Der Betrieb von Schiffs-Dampfkesseln und Maschinen. Wien: Carl Gerold's Sohn 1875; S. 171

[331] MAIN, T.J. & BROWN, T.; MARCHETTI, C.: Die Schiffsdampfmaschine. Wien: Carl Gerold's Sohn 1868; S. 309

[332] SIRK, V.H.: Der Betrieb von Schiffs-Dampfkesseln und Maschinen. Wien: Carl Gerold's Sohn 1875; S. 168

[333] Telegraphische Depesche No. 1626 PD. Von der königlich bayerischen Telegraphenstation in Augsburg 12. Nov. 1857

[334] PARZER-MÜHLBACHER, A.: Das moderne Automobil, 2. Aufl. Wien/Leipzig: A. Hartleben 1911; S. 17

[335] POPPER, S.: Motorenkunde für Flugtechniker. Wien: Verlag des K.K. österreichischen Flugtechnischen Vereins, 1915; S. 53 – 55

[336] FÖPPL, O.; STROMBECK, H.; EBERMANN, L.: Schnellaufende Dieselmaschinen, 3. Auf. Berlin: Springer 1925; S. 121

[337] MAN, Werk Augsburg Bericht vom 2. 5. 1919: Versuche mit Lagermetallen

[338] MAN, Werk Augsburg: Schreiben an die Kaiserliche Inspektion des Unterseebootswesens vom 8. 10. 1918

[339] DIN 31 661 (Ausgabe Dezember 1983) Gleitlager Begriffe, Merkmale und Ursachen von Veränderungen und Schäden

[340] Braunschweiger Hüttenwerke GmbH: Beurteilungskriterien für Haupt- und Pleuellagerkombination Stahl/Blei-bronze/Nickeldamm/PbSnCu-Laufschicht in mittelschnellaufenden 4-Takt-Tauchkolbenmotoren. Signet TKB 1104/5.84 D

[341] Miba Gleitlager-Handbuch: Lagerfunktion und Schadensbeurteilung, Ausgabe 1985

[342] Braunschweiger Hüttenwerk GmbH (BHW): Beurteilungskriterien. Signet TKB 03.91.2 D-4

[434] ARMBRUSTER, M.: Erwiderung auf ëBleibronze im Automobil- und Flugmotorenbauí. Deutsche Motor-Zeitschrift (1933) 8

[344] Daimler-Benz AG Protokoll der Sitzung vom 27.8.1929 über die Rohölmotoren OM 26 und OM 5

[345] MAN, Werk Augsburg Versuchsbericht Nr. 461 Betriebserfahrungen mit verschiedenen Treibstangenlagern am Motor LW1V15/16

[346] Junkers Flugzeug- und Motorenwerke AG, MSD Montage- und Prüfstandsbetriebe. Tätigkeitsbericht für Dezember 1943; 3.1.1944

[347] BMW Flugmotorenbau Gesellschaft M.B.H. Schreiben EZA 1a Scha/Ste. vom 21. 4. 1943 an die die Firma Focke-Wulf Flugzeugbau GmbH, Betreff: Motorausfälle infolge Hauptpleuellagerschadens

[348] JACKSON, P.: The British High Powered Marine Diesel Engine. Jahrbuch STG Bd. 60 (1961)

[349] BOURCEAU, G.; WOJCIK, Z.: Die Beanspruchung von Kurbelwellen in Dieselmotoren. Jahrb. STG Bd. 60 (1961)

[350] MEINEKE, F.; RÖHRS, FR.: Die Dampflokomotive. Berlin: Springer 1949; S. 392

[351] NN: Ueber die Bronzen und andere Legirungen; von Hrn. Lafond, Werkmeister in der Gießerei zu Aubin im Aveyron-Departement. Dingler's Polytechn. Journal 1855, Bd. 1; S. 269

[352] REYE, Th.: Zur Theorie der Zapfenreibung. Civilingenieur 1860; S. 236 – 254

[353] PAULI, F.A. VON: Ueber den Widerstand der Zapfenreibung. Kunst- u. Gewerbeblatt für das Königreich Bayern. Bd. XXVII S. 454 ff

[354] BRIX, A.F.W.: Ueber die Reibung. Berlin: Gebauer'sche Buchhandlung 1850; S. 220 ff.

[355] KIRCHWEGER: Versuche über Zapfenreibung an Eisenbahnwagen. Org. Eisenbahnwes. 1864; S. 12 ff

[356] HEUSINGER, E. VON WALDEGG. Handbuch der speciellen Eisenbahntechnik, 3. Band.: Der Locomotivbau. Leipzig: Wilh. Engelmann 1875; S. 692

[357] HEUSINGER, E. VON WALDEGG. Handbuch der speciellen Eisenbahn-Technik, 3. Band.: Der Locomotivbau. Leipzig: Wilh. Engelmann 1875; S. 139 ff.

[358] BABBIT, I.: Mode of Making Boxes for Axles and Gudgeons. US Patent Nr. 1252; 17. 7.1839

[359] MATSCHOß, C.: Die Entwicklung der Dampfmaschine. Bd. 2 Berlin: Springer 1908; S. 672

[360] CORSE, W.M.: Bearing Metals and Bearings. New York: Chemical Catalog Company 1930; S. 15/17

[361] Abnahmebedingungen für Maybach-Motoren (vermutlich 1911). Archiv der MTU-Friedrichshafen GmbH

[362] ZIMA, S.: Die Entwicklung schnellaufender Hochleistungsmotoren in Friedrichshafen. Düsseldorf: VDI-Verlag 1987

[363] Schreiben der Inspektion der Fliegertruppen/Flugzeugmeisterei Abtlg. B.B. Nr. 462086 vom 28. 8. 1917 an sämtliche Motorenfirmen und deren Bauaufsichten.

[364] MANN, H.: Beiträge zur Gleitlagerfrage in schnellaufenden Verbrennungsmaschinen. ATZ 39 (1936) 11

[365] SASS, F.: Kompressorlose Dieselmaschinen. Berlin: Springer 1929; S. 251/252

[366] BRUCKMANN, B.: Erfahrungen beim Betrieb von Luftfahrzeugmotoren. Zeitschr. f. Flugtechnik und Motorluftschiffahrt 23 (1932) 14

[367] MANN, H.; Heyer, H.: Über die Gleitlagerfrage im Flugmotorenbau unter Berücksichtigung der werkstofflichen Entwicklung. Luftfahrtforschung (1935); S. 168-175

[368] SONNENBURG, P.; SCHONEBERGER, W.A.: Allison – Power of Excellence 1915 – 1990. Malibu, Ca. Coastal Publ. 1990; S. 29/33

[369] KLAUER, R.: Aufbau und Verwendung von Verbundlagerschalen aus Kupferwerkstoffen. Konstruktion 20 (1968) 11

[370] MANN, H.: Beiträge zur Gleitlagerfrage in schnellaufenden Verbrennungsmaschinen. ATZ 39 (1936) 11

[371] FIEBELKORN, H.: Der Einheitsdieselmotor in praktischer Beleuchtung. ATZ 41 (1938) 1

[372] CLAUS, W.: Zur Frage der Bleibronzen. Metallwirtschaft 16 81937) S. 109 – 114

[373] NALLINGER, F.: Einfluß moderner Flugmotoren-Konstruktionen in Reihenbauart auf die Lagerausbildung. Luftwissen 3 (1936) 10; S. 299/310

[374] SIRK, V.H.: Der Betrieb von Schiffs-Dampfkesseln und Maschinen. Wien: Carl Gerold's Sohn 1875; S. 172

[375] RADINGER, J.: Dampfmaschine mit hoher Kolbengeschwindigkeit. 3. Aufl. Wien: Carl Gerold's Sohn. 1892; S. 282

[376] Daimler-Benz AG, Werk 60 Versuch Versuchsbericht 10 18 100 15 ff. vom 29.8.1939 Erprobung von Bleibroncelagern für die Grundlager für DB 601A und DB 601E von verschiedenen Herstellerfirmen

[377] BERGMANN, H.; MACK, E.: Die Konstruktionsmerkmale des neuen Nutzfahrzeug-Dieselmotors OM 904 LA von Mercedes-Benz. MTZ 57 (1996) 2

[378] KÜHNEL, R.: Werkstoffe für Gleitlager. 2. Aufl. Berlin: Springer; S. 204/205

[379] BMW-Flugmotorenbau G.m.b.H. Entwicklungswerk III M – Bericht Nr. 575 vom 16. 2. 1943 Grenzbelastungsversuche mit galvanisch versilberten Lagern

[380] MANN, H.: Verbundgießverfahren für Bleibronzelager. Gießerei 40 (1953) 11; S. 277/290

[381] BUSKE, A.: Abhängigkeit der Lagerbelastbarkeit von der Lagerbauform. Jahrbuch 1942 der deutschen Luftfahrtforschung. II 19/27

[382] SIEMENS & HALSKE A.-G. Handbuch für die Wartung und Instandhaltung der Siemens-Jupiter VI (Lizenz Gnóme & Rhóne) Flugmotoren. Signet 550.9.29

[383] TH(IEMANN) A.E.: Zum Problem des Fahrzeugdieselmotors. ATZ 37 (1934) 6 S. 426-427

[384] VOHRER, E.: Erfahrungen bei der Entwicklung von Flugmotoreneinzelteilen. MTZ 4 (1942) 4

[385] Junkers Flugzeug- und Motorenwerke AG OMW Prüfstandsbüro Monatsberichte Juli 1942

[386] Junkers Flugzeug- und Motorenwerke AG OMW Prüfstandsbüro Monatsberichte August 1942

[387] ZIMA, S.: Entwicklung schnellaufender Hochleistungsdieselmotoren. Düsseldorf: VDI-Verlag 1987; S. 674

[388] LANG, O.R.: Gleitlager-Ermüdung unter dynamischer Last. VDI-Bericht 248 (1975)

[389] GREIN, H.: Kavitation – eine Übersicht. Sulzer Forschungsheft 1974

[390] EDERER, U.: Neue Gleitlagerbauarten für gesteigerte Anforderungen. Miba Gleitlager-Symposium Bad Ischl 1982

[391] NN: Verbundlagerschalen. MTZ 5 (1943) 8/9; S. 274

[392] KOROSCHETZ, F.; GÄRTNER, W.: Neue Werkstoffe und Verfahren zur Herstellung von Gleitlagern. Miba Technische Informationen. Signet T10490

[393] SCHOPF, E.: Reibungsverluste in Pleuellagern und Kurbelwellenhauptlagern in Verbrenungsmotoren. Glyco-Metall-Werke, firmeninterne Veröffentlichung

[394] GERSTNER, F.A. Ritter von: Handbuch der Mechanik. Dritter Band. Beschreibung und Berechnung grösserer Maschinenanlagen. Wien: J. P. Sollinger 1834; S. 13

[395] REDTENBACHER, F.: Resultate für den Maschinenbau, 2. Aufl. Mannheim: F. Bassermann 1852; S. 54 – 55

[396] REULEAUX, F.: Der Konstrukteur, 4. Auf. Braunschweig: Vieweg 1882-1889; S. 268

[397] POHLHAUSEN, A.: Transmissions-Dampfmaschinen, 2. Aufl. Bd. 1 (Text). Mittweida: Verlag der Polytechn. Buchhandlung 1901; S. 317

[398] RADINGER, J.: Dampfmaschine mit hoher Kolbengeschwindigkeit. 3. Aufl. Wien: Carl Gerold's Sohn. 1892; S. 274 – 282

[399] SIRK, V.H.: Der Betrieb von Schiffs-Dampfkesseln und Maschinen. Wien: Carl Gerold's Sohn 1875; S. 170

[400] BACH, C: Die Maschinen-Elemente, Bd. 1; 9. Aufl. Stuttgart: Arnold Bergsträsser 1903; S. 556

[401] BACH, C: Die Maschinen-Elemente, Bd. 1; 9. Aufl. Stuttgart: Arnold Bergsträsser 1903; S. 572

[402] Daimler-Benz AG Konstruktionsbericht R 120 vom 26. 10. 1944 Die Belastungsverhältnisse der Pleuelstangen einiger ausländischer Zwölfzylinder-Reihenmotoren im Vergleich zu denjenigen inländischer Baumuster.

[403] SASS, F.: Kompressorlose Dieselmaschinen. Berlin: Springer 1929; S. 248

[404] RIEDL, C.: Konstruktion und Berechnung moderner Automobil- und Kraftradmotoren, 2. Aufl. Berlin: R.C. Schmidt 1937; S. 519 – 523

[405] GÜMBEL, L.; EVERLING, E.: Reibung und Schmierung im Maschinenbau. Berlin. M. Krayn 1925; S. 206/207

[406] NN: Bleibronzen als Lagerwerkstoffe. Hrsg. Deutsches Kupfer-Institut e.V. 1938

[407] MAIN, T.J. & BROWN, T.; MARCHETTI, C.: Die Schiffsdampfmaschine. Wien: Carl Gerold's Sohn 1868; S. 308

[408] Beschreibung, Betriebs- und Montagevorschrift zu den Maybach-Flugmotoren, Type Mb IVa 260 PS überkomprimiert

[409] FALZ, E.: Kurbelwellen- und Ölverschleiß im Verbrennungsmotorenbetriebe. Der Motorwagen 32 (1929) 10

[410] LASCHE, O.: Die Reibungsverhältnisse in Lagern mit hoher Umfangsgeschwindigkeit. ZVDI 46 (1902) 50/51/52

[411] SCHWARZBÖCK, J.: Rationeller Dieselmaschinenbetrieb. Berlin: Springer 1927; S. 116 – 117

[412] LAMB, J.: The Running and Maintenance of the Marine Diesel Engine. London: Griffin Co. 1949; S. 629 f

[413] BUSLEY, C.: Die Schiffsmaschine. Bd. 2 Kiel: Lipsius & Tischer 1886; 459 – 460

[414] PETER, M.: Das moderne Automobil. 6. Aufl. Berlin: R.C. Schmidt 1921; S. 46-47

[415] POPPER, S.: Motorenkunde für Flugtechniker. Wien: Verlag des K.K. österreichischen Flugtechnischen Vereins, 1915

[416] HELLER, A.: Motorwagenbau. Berlin: Springer 1912; S. 195

[417] PETER, M.: Der Kraftwagen. 14. Aufl. Berlin: R.C. Schmidt 1942; S. 76 – 77

[418] FALZ, E.: Das Gleitlager im Kraftfahrzeugbau. ATZ 35 (1932) 18; S. 433

[419] RIEDL, C.: Konstruktion und Berechnung moderner Automobil- und Kraftradmotoren. Berlin: R.C. Schmidt 1925; S. 86

[420] DAYTON, R.W. (Hrsg.): Sleeve Bearing Materials. American Society for Metals. Hierin: Tait, W.H.: The British Practise

[421] KATZ, H.: Die Luft-, Brennstoff- und Ölreiniger im Kraftwagen. Berlin: R.C. Schmidt 1925

[422] Daimler-Benz A.-G. Gaggenau; ca. 1935 Reparatur Handbuch Typ Lo 2000 mit Dieselmotor.

[423] Dieselmotor V 652 Toleranzen und Verschleißwerte Nr. 70 019 Ausgabe 02.82. MTU-Friedrichshafen GmbH;

[424] Daimler-Benz A.-G. Gaggenau: Reparatur Handbuch Typ Lo 2000 mit Dieselmotor; Mercedes-Benz: Reparatur-Handbuch Fahrzeugtyp L3000 A und S mit Dieselmotor 80 PS (Typ OM 65/4),
Ausgabe 1948; Mercedes-Benz Werkstatt-Handbuch für die Typen L 3500 u.a., Ausgabe 1955;
Werkstatt-Handbuch Motoren Nutzfahrzeuge Band 2 (Beispiel: Motortyp OM 314). Signet KD 60 200 2131 00;
Ausgabe 1978

[425] REULEAUX, F.: Der Konstrukteur, 4. Auflage. Braunschweig: F. Vieweg 1882; S. 265

[426] BACH, C.: Die Maschinen-Elemente, 1. Band, 5. Aufl. Leipzig: A. Kröner 1896; S.428

[427] RÖTSCHER, F.: Die Maschinenelemente, Band 2. Berlin:Springer: 1929; S. 367

[428] Sechszylinder-Benz-Flugmotoren. Beschreibung der Wirkungsweise und Betriebsanleitung. Signet 2645

[429] Beschreibung und Betriebsanleitung für den Flüssigkeitsgekühlten Flugmotor BMW 6; Baureihen 8 und 9. Nachdruck 1940

[430] BMW Flugmotorenbau Gesellschaft M.B.H. München Passungsliste für die BMW Flugmotoren 801A, 801C, 801D, 801G, 801L Baureihen 1 u. 2

[431] Maybach 6 Zylinder-Vergasermotor, Bauart HL 66 P, Pla und Z. Beschreibung und Behandlungsvorschrift. Signet 225. 5. 42 20

[432] TRZEBIATKOWSKY, H.: Die Kraftfahrzeuge und ihre Instandhaltung, 6. Aufl. Giessen: Fachbuchverlag Dr. Pfanneberg 1952; S. 629

[433] GÜLDNER, H.: Verbrennungskraftmaschinen. 3. Aufl. Berlin: Springer 1922; S. 116

[434] GÜMBEL/EVERLING: Reibung und Schmierung im Maschinenbau. Berlin: M. Krayn 1925; S. 203

[435] KREMSER, H.: Das Triebwerk schnellaufender Verbrennungskraftmaschinen. Wien: Springer 1939; S. 101

[436] LANG, O.R.; Steinhilper, W.: Gleitlager. Berlin: Springer 1978;S. 247

[437] ROEMER, E.: Die Berechnung des Preßsitzes von Gleitlagern. MTZ 22 (1961) 2 u. 4

[438] FALZ, E.: Lagermetall und Gleitlagerkunde. Metallwirtschaft 22 (1943) Nr. 24-26

[439] Junkers Flugzeug- und Motorenwerke AG OMW-Prüfstandsbüro Monatsbericht Juni 1942 Jumo 222

[440] Junkers Flugzeug- und Motorenwerke AG OMW-Konstruktionsbüro Baumuster-Mitteilung Zünder-Motoren Jumo 213 E Baureihe 1 Nr. 69

[441] ERXLEBEN, J. C. P.: Anfangsgründe der Naturlehre, Zweyte sehr verbesserte und vermehrte Auflage. Frankfurt/Leipzig: 1777; S. 107- 110

[442] LEUPOLD, S. 98

[443] NN: Ueber die hauptsächlichsten Erscheinungen der mittelbaren Reibung; von Hrn. G. Ad. Hirn. Dinglers Polytechn. Journ. (1855) 136. Band

[444] NN: Ueber die Versuche des Hrn. Hirn, die mittelbare Reibung betreffend, und über das mechanische Aequivalent der Wärme. Dinglers Polytechn. Journ. (1855) 136. Band

[445] RADINGER.J.: Dampfmaschine mit hoher Kolbengeschwindigkeit. 3. Aufl. Wien: Carl Gerold's Sohn. 1892; S. 275

[446] THURSTON, R.H.: A Treatise on Friction and Lost Work in Machinery and Millwork, 5. Ed. New York: John Wiley & Sons 1894; S. 240

[447] BACH, C.: Die Maschinen-Elemente Bd. 1; 9. Aufl. Stuttgart: Arnold Bergsträsser 1903; S. 475

[448] GÜMBEL, L.: Das Problem der Lagerreibung. Monatsblätter des Berliner Bezirksvereines deutscher Ingenieure. Nr. 6 Juni 1914

[449] SOMMERFELD, A.: Zur Theorie der Schmiermittelreibung. Zeitschr. für techn. Physik (1921) 3

[450] STRIBECK, R.: Die wesentlichen Eigenschaften der Gleit- und Rollenlager. ZVDI 46 (1902) Nr. 36, 38 und 39

[451] REYNOLDS, O.: Über die Theorie der Schmierung und ihre Anwendung auf Herrn Beauchamp Towers Versuche. Ostwald's Klassiker Nr. 218. Leipzig: Akadem. Verlagsges. 1927; S. 44

[452] MICHELL, A.G.M.: Die Schmierung ebener Flächen. Ostwald's Klassiker Nr. 218. Leipzig: Akadem. Verlagsges. 1927; S. 202 – 203

[453] SOMMERFELD, A.: Zur Theorie der Schmiermittelreibung. Ostwald's Klassiker Nr. 218. Leipzig: Akadem. Verlagsges. 1927; S.193

[454] GÜMBEL, L; EVERLING, E.: Reibung und Schmierung im Maschinenbau. Berlin: Springer 1925

[455] FALZ, E.: Grundzüge der Schmiertechnik. Berlin: Springer 1926; S. 18

[456] SASSENFELD, H.; WALTHER, A.: Gleitlagerberechnungen. VDI-Forschungsheft 441 Düsseldorf: VDI-Verlag 1954

[457] HOLLAND, J.: VDI-Forschungsheft 475. Düsseldorf: VDI-Verlag 1959

[458] EBERHARD, A.; Lang, O.: Zur Berechnung der Gleitlager im Verbrennungsmotor mittels elektronischer Digitalrechner. MTZ 22 (1961) 7

[459] Junkers Flugzeug- und Motorenwerke AG Bericht Nr. A/196, Akte 2779 Lagerdiagramme des Jumo 213/A-1 vom 10.3.1944

[460] RADINGER, J.: Ueber Dampfmaschinen mit hoher Kolbengeschwindigkeit. 3. Aufl. Wien: C. Gerold's Sohn 1892; S. 277

[461] LASCHE, O.: Die Reibungsverhältnisse in Lagern mit hoher Umfangsgeschwindigkeit. ZVDI 46 (1902) 50/51/52

[462] NN: Die Bahn des Wellenmittels in der Lagerschale. ZVDI 65 (1921) 50; S. 1295/1296

[463] STANTON, T. E.: Some Recent Researches on Lubrication. The Engineer, Dec. 8, 1922

[464] VIEWEG, V.: Bestimmung der Dicke der Ölschicht bei Lagern. Archiv f. Elektrotechnik VIII (1920) S. 364/369

[465] FRÖSSEL, W.: Nachprüfung der hydrodynamischen Schmierungstheorie durch Versuche. Forschg. Ing.-Wes. 9 (1938) 6

[466] NÜCKER, W.: Über den Schmiervorgang im Gleitlager. Forschungsheft 352. Berlin: VDI-Verlag GmbH 1932

[467] BUSKE, A.; ROLLI, W.: Messung des Ölfilmdruckes in ruhend- und wechselnd belasteten Gleitlagern. Jahrbuch 1937 der Deutschen Luftfahrt-Forschung, Teil II; S. 67 – 78

[468] DVL Bericht Kf 213/1,1 vom 20. 12. 1934 Über die Gleitlagerfrage im Flugmotorenbau unter Berücksichtigung der werkstofftechnischen Entwicklung

[469] DVL Bericht Df 309/2 X/34,Nr. 2326 vom 11. 4. 1935 Untersuchungen an Gleitlagern. Teilbericht 1. Prüfstand mit sinusförmiger Belastung für Lagermessgeräte

[470] BUSKE, A.: Der Einfluß der Lagergestaltung auf die Belastbarkeit und Betriebssicherheit. Stahl u. Eisen 71 (1951) 26

[471] BRANDNER, F.: Jumo 222 Stärkstes Kolbentriebwerk der Kriegsjahre 1939-45. aerokurier 10/1970

[472] Daimler-Benz Bericht des Meßhauses Versuch Nr. 18 105 264 vom 16.2.44

[473] Daimler-Benz Versuchsbericht 10 18 101 665/889/919 vom 17. 10. 1941 Weiterentwicklung der Schmierung für Grund- und Hublager des Motors DB 605

[474] KOLLMANN, K.; KASPAR-SICKERMANN, W.; STEGEMANN, D.: Verschleißmessungen mittels radioaktiver Isotope an Kolbenringen und Gleitlagern von Verbrennungsmotoren. MTZ 24 (1963) 2

[475] FAG Kugelfischer Georg Schäfer KGaA (Hrsg.): Wälzlager auf den Wegen des technischens Fortschritts. Schweinfurt 1984

[476] DAUL, A.: Illustrierte Geschichte der Erfindung des Fahrrades und der Entwicklung des Motorfahrradwesens. Dresden: R. Creutz 1906. (Reprint). Reprint-Verlag Leipzig; S. 13

[477] HORWITZ, H. T.: Entwicklungsgeschichte der Traglager. Diss. TH Berlin 1914

[478] BRÜHL, P.: Die Geschichte des modernen Kugellagers. ZVDI 53 (1909) 45 und 46

[479] JÜRGENSMEYER, W.: Die Wälzlager. Berlin: Springer 1937; S. 52

[480] HENGERER, F.: Die Geschichte des Wälzlagerstahls SKF 3. Kugellager-Zeitschrit 231 81)

[481] PALMGREN, A.: Grundlagen der Wälzlagertechnik, 3. Aufl. Stuttgart: Franckh'sche Verlagshandlung 1964; S. 78 – 82

[482] HELDT, P.M.: Der Verbrennungsmotor, 3. Aufl. Berlin: R.C. Schmidt 1916; S. 205

[483] BOLLI, B.: Die neueste Entwicklung der Saurer-Fahrzeug-Dieselmotoren. ATZ 37 (1934) 16; S. 437 – 439

[484] Maybach VL 2 Zwölfzylinder Luftschiff- und Bootsmotor 550 PS Bedienung u. Wartungsvorschrift. Signet 32.11 31.3

[485] DAUBEN, J.: Rollenlager in Pleuelstangen. Der Motorwagen. 27 (1924) 10; S. 541 – 546

[486] ZIMA, S.: Entwicklung schnelllaufender Hochleistungsmotoren in Friedrichshafen. Technikgeschichte in Einzeldarstellungen Bad 44/1987. Düsseldorf: VDI-Verlag 1987; S. 232 – 276

[487] NALLINGER, F.: Einfluß moderner Flugmotoren-Konstruktionen in Reihenbauart auf die Lagerausbildung. Luftwissen Bd. 3 (1936) N. 10 S. 299 – 310

[488] ILLMANN, A.; Obst, H. K.: Wälzlager in Eisenbahnwagen und Dampflokomotiven. Berlin: Wilhelm Ernst 1957; S. 78 – 90

[489] KADMER, E. H.: Schmierstoffe und Maschinenschmierung, 2. Aufl. Berlin: Bornträger 1941

[490] FULLER, . D.: Theorie und Praxis der Schmierung. Stuttgart: Berliner Union 1960

[491] LANG, O. R.; STEINHILPER, W.: Gleitlager. Konstruktionsbücher Bd. 13 Berlin: Springer 1978; S. 24

[492] PFEIFER, W. (Hrsg.): Etymologisches Wörterbuch des Deutschen, 2. Aufl. Berlin: Akademie-Verlag 1993

[493] BUSSIEN, R.: Automobiltechnisches Handbuch, 15. Auf. Berlin: Techn. Verlag H. Cram 1941; S. 232

[494]   NN: Neue Maschinenschmiere; von Hrn. John Lea in London. Dinglers Polytechn. Journ. 34 (1853) 129. Band

[495]   HEUSINGER VON WALDEGG, E.: Die Schmiervorrichtungen und Schmiermittel der Eisenbahnwagen. Wiesbaden: C. W. Kreidelís Verlag 1864; S. 8

[496]   BUSLEY, C.: Die Schiffsmaschine. Kiel: Lipsius & Tischer: 1886; Bd. 2, S. 259 – 262

[497]   BUSLEY, C.: Die Schiffsmaschine. Kiel: Lipsius & Tischer: 1886; Bd. 2, S. 556 bis 560

[498]   SIRK, V. H.: Der Betrieb von Schiffs-Dampfkesseln und Maschinen. Wien: Carl Gerold's Sohn 1875; S. 210

[499]   GROSSMANN, J.: Die Schmiermittel. Wiesbaden. C.W. Kreidel's Verlag 1909; S. 1- 33

[500]   ASCHER, R.: Die Schmiermittel. Berlin: Springer 1922

[501]   NN: An Outline of the History of the Oil Engine and its Lubrication. London: Shell 1961

[502]   ENGLER, C.; HOFER, H. VON: Das Erdöl, Bd. IV. Leipzig: Hirzel 1916; S. 152/153

[503]   RUPPRECHT, H.: Schmiermittel. Hannover: Dr. Max Jänecke 1908; S. 111

[504]   Vereinigte Maschinenfabrik Augsburg und Maschinenbaugesellschaft Nürnberg A.G., Werk Augsburg: Allgemeine Vorschriften zu: Wartung von Dampfmaschinen, liegende Tandem-Dampfmaschinen, ohne Signet, ca. 1900

[505]   *ZVDI* 54 (1910) 4; S 147

[506]   PRAETORIUS, K. R. H.: Die Schmierung leichter Verbrennungsmotoren. Berlin: M. Krayn 1920; S. 24/28

[507]   PRAETORIUS, K. R. H.: Die Schmierung leichter Verbrennungsmotoren. Berlin: M. Krayn 1920; S. 13

[508]   IGEL, M.: Handbuch des Lokomotivbaues. Berlin: M. Krayn 1923; S. 403

[509]   PARZER-MÜHLBACHER, A.: Das moderne Automobil, 2. Aufl. Wien/Leipzig: Hartleben's Verlag 1911; S. 50/52

[510]   Sechszylinder-Benz-Flugmotor FB FD FF Beschreibung der Wirkungsweise und Betriebsanleitung. Signet 2645

[511]   Anleitung zum Betrieb von Daimler-Lastkraftwagen mit Cardanantrieb Type DC 1a und 2a. Signet 169.1024

[512]   BUSSIEN, R. (Hrsg.) : Automobiltechnisches Handbuch, 11. Aufl. Berlin: M. Krayn 1921; S. 87

[513]   Maybach 12 Beschreibung und Behandlungsvorschrift. Signet 301. VI. 30. 1000

[514]   Bedienungs-Anweisung für Henschel Diesel-Motoren. Ohne Signet

[515]   OSTWALD, Wa.: Schmierung im Wandel. ATZ 41 (1938) 14

[516]   SWOBODA, J.: Technologie der technischen Öle und Fette. Stuttgart: F.E.Enke Verl. 1931; S. 144/145

[517]   JANTZEN, E.: Aus den Anfängen der Kraft- und Schmierstoffe in der Luftfahrt. DVLR-Nachr. (1982) 37

[518]   GILLES, J. A.: Flugmotoren 1910 – 1918. Frankfurt/M.: Mittler 1971; S. 70

[519]   SWOBODA, J.: Technologie der technischen Öle und Fette. Stuttgart: F.E. Enke Verlag 1931; S.62/63

[520]   GILLES, J. A.: Flugmotoren 1910 – 1918. Frankfurt/M.: Mittler 1971; S. 129

[521]   Beschreibung und Betriebsvorschriften für den dieselmechanischen Triebwagen Type T1 G4b T2 G4b. Hrsg. Maybach-Motorenbau GmbH Signet XII.50.7 St&F.

[522]   JACOBSON: Die Bedeutung des Benetzungsvermögens (Oilineß) von Schmierölen für die Lagerschmierung. Auto-Technik (1926) 15

[523]   BÖNSCH, H.-W.: Der Einfluss von Kraftstoff- und Schmiermittel-Eigenschaften auf den Zylinder- und Kolbenverschleiss. Lilienthal-Ges. Ausschuss f. Werkstofffragen. Bericht A 39/4 (1937)

[524]   MAHLE, E.: Was ich an Euch vermisse. Motor-Kritik (1930) 13

[525]   NN: Zur Feststellung der Ölqualität. Motor-Kritik (1931) 4

[526]   BUSSIEN, R. (Hrsg.): Automobiltechnisches Handbuch, 12. Aufl. Berlin: M. Krayn 1928; S. 586

[527]   BUSSIEN, R. (Hrsg.) : Automobiltechnisches Handbuch, 15. Aufl. Berlin: M. Krayn 1931; S. 256

[528]   MAHLE, E.: Verbesserung der Lebensdauer von Zylinder, Kolben, Kolbenringen. EC-Druckschrift Feb. 1932. Signet EC 90

[529]   Behandlungsvorschrift für Röhr 8 Zylinder. Röhr-Auto AG, Oberramstadt. Signet 3000/8.29

[530]   PETER, M.: Das moderne Automobil, 6. Aufl. Berlin: M. Krayn 1921; S.292 – 303

[531]   NN: Etwas über Oberschmierung. Motor u. Sport VI. Jrg. H. 31

[532]   NN: An outline of the history of the oil engine and ist lubrication. London: Shell 1961

[533]   Beschreibung und Betriebsanleitung für den Bayern-Flugmotor Type BMW VI. Ohne Signet

[534]   WILKE, W.: Motortechnik und chemische Industrie. MTZ 26 (1965) 4

[535]   RICHTER, W.: Die Schmierung von Diesel- und Ottomotoren unter Berücksichtigung verschiedener Brennstoffe. Brennstoff und Wärmewirtschaft 20 (1938) 4

[536]   HEINZE, R.; WIDDECKE, E.: Die betriebliche Alterung von Dieselmotorenschmieröl. Brennstoff und Wärmewirtschaft 20 (1938) 7

[537]   BARTZ (Hrsg.) u.a.: Handbuch der Betriebsstoffe für Kraftfahrzeuge. Teil 2: Schmierstoffe. Grafenau 1/Württ. expert Verlag 1983

[538]   NN: Nachforschung über Schmieröle aus der SIA von April 1939. S. 217. Firmeninterne Aktennotiz vom 11. 9. 1939. Goetze-Archiv

[539]   LIST, H.; SCHALLER, R.: Das chemische Verhalten des Schmieröles im Motor im Zusammenhang mit dem Problem des Ringsteckens. Deut. Luftfahrtforschg. Unters. u. Mittlg. Nr. 6938 vom 20.8.1944

[540] RICHTER, M.: Die laboratoriumsmäßige Prüfung von Schmierölen auf ihre Neigung zum Kolbenringverkleben. Jahrb. 1937 deutsch. Luftfahrtforschung II; S. 252-257

[541] GLASER, W.: Der Einfluß der Betriebsbedingungen auf das Kolbenringstecken bei Betriebsstoffdauerprüfung. Luftfahrtforschg. Bd. 16 Lfg. 18; S. 438 – 446

[542] DBAG-FAG-Bericht Nr. 52 vom 1. 9. 1944 Neuaufstellung der Aufgaben und Ziele der DB-Forschungsarbeitsgemeinschaften

[543] FÜSSENHÄUSER, A.: Neue Erkenntnisse auf dem Gebiet der Gleitlager für Flugmotoren. Luftwissen 1 (1934) 6

[544] Shell Führer für den Flieger. Ausgabe 1936. Hrsg. Rhenania-Ossag Hamburg

[545] Neuerungen im Zweitaktmotoren- un Kleinwagenbau. Auto-Union AG / Werk DKW Abt. Kundendienst 1936

[546] Der Büssing-NAG-Dieselmotor. Beschreibung und Behandlungsvorschrift für den 6-Zyl.-Dieselmotor Typ FD 6 oder GD 6. Signet 20015 BN -1000 -Dr.Br.-Bs Vieweg VI 37

[547] THIESSEN, E.: Beiträge zur Frage der Zylinderschmierung von Brennkraftmaschinen. Brennstoff und Wärmewirtschaft 20 (1938) 7

[548] Unterlagen der Fa. Veedol

[549] PENZIG, F.: Das Verhalten von Schmierölen bei Kälte. MTZ 5 (1943) 1

[550] Lastkraftwagen 3 t Opel Gerätbeschreibung und Bedienungsanweisung D 669/19 vom 1.7.44

[551] Lastkraftwagen 4½ t Mercedes-Benz Typ L 4500A/S Sonderausrüstung für Winterbetrieb. D 667/203 vom 22. 8. 42

[552] MÜLLER, K. O.: Über die Schmierung von Ottomotoren in Kraftfahrzeugen. Oel und Kohle 14 (1938) 18

[553] Shell-Veröffentlichung MTM1 9/1980

[554] SCHWARZ, C. F.: Neuester Entwicklungsstand der MIL-Spezifikationen für Motorenöle in den USA. ATZ 73 (1971) 11

[555] Aral AG (Hrsg.): Ölfibel, 7. Aufl. 1975

[556] KRUPPKE, E.: Zur Bewertung von Motorenöl (Bewertung von Prüfkolben) Erdöl u. Kohle 12 (1959) 6

[557] BÖCKER, A.: Hochleistungsmotorenöle, Premium-Öle, HD-Öle, Super-HD-Öle. Mitteilungen des Technischen Dienstes Nr. 26 im Mineralöl Zentralverband e. V. 21. 4. 1950

[558] NN: Entwicklung der Motorenöle. Firmeninterne Zusammenstellung. ca. 1961. Ohne Kennzeichnung (MTU-Friedrichshafen GmbH).

[559] Mercedes-Benz Typ 170 Da. Betriebsanleitung Ausgabe B. Signet XII.50.7/28

[560] FIEDLER, A.: Das Schmieröl im Eisenbahnwesen. MTZ 17 (1956) 6

[561] NEUBAUER, G.: Ölprüfverfahren für Motorschienenfahrzeuge in den Betriebswerken der Deutschen Bundesbahn. MTZ 17 (1956) 6

[562] EC-Drucksache. Signet EC 658

[563] KRUPPKE, E.: Prinzipielles zu Ölwechselintervallen von Motoröl. Mineralöl-Technik 9 (1964) 12

[564] BRUNE, D.: Belastende und entlastende Faktoren für den Gebrauchswert von Dieselmotoren-Ölen. Mineralöl-Technik 9 (1964) 10/11

[565] KRUPPKE, E.: Aktuelle Probleme des Mineralöls. ATZ 65 (1963) 6

[566] KARA, W. H.: Die Geschichte der Schmierung. Automobil-Industrie 14 (1969) 12

[567] BÖCKER, A.: Hochleistungsmotorenöle, Premium-Öle, HD-Öle, Super-HD-Öle. Mitteilungen des Technischen Dienstes Nr. 26 im Mineralöl Zentralverband e.V. 21. 4. 1950

[568] BLÖCHER, F.: Die Verlängerung der Ölwechselintervalle bei Kfz-Motoren. Diplomarbeit FH Friedberg 1990

[569] Mercedes-Benz Lastkraftwagen: Service Signet: 820.800.98.387.01 A mbd 1.90

[570] EICHMANN, H.; KROSS, K.: Schmieröle für Tauchkolben-Schiffsdieselmotoren bei Betrieb mit Schweröl. MTZ 32 (1971) 6

[571] LACHE, W.; REGLITZKY, A.; WEBSTER, B.A.: Grundölprovenienz und Praxisverhalten von Schmierstoffen. Vortrag Techn. Arbeitstagung Stuttgart-Hohenheim 5.4.1984

[572] BOSSE, J.: Motorölfragen zu Dieselmotoren mit Abgasturboaufladung. Vortrag Techn. Arbeitstagung Stuttgart-Hohenheim 11. 3. 1983

[573] MEYER, G.: Grundzüge des Eisenbahn-Maschinenbaues, Zweiter Theil: Die Eisenbahnwagen. Berlin: Ernst & Kohn 1884; S. 43

[574] HEUSINGER VON WALDEGG, E.: Handbuch für specielle Eisenbahn-Technik, 3. Band: Der Locomotivbau. Leipzig: Wilhelm Engelmann 1875; S. 582

[575] HEUSINGER VON WALDEGG, E.: Handbuch für specielle Eisenbahn-Technik, 3. Band: Der Locomotivbau. Leipzig: Wilhelm Engelmann 1875; S. 550-551

[576] STRAUB, W.: Rädersang und Schienenklang. Berlin: Rainer Hobbing 1928

[577] HEUSINGER VON WALDEGG, E.: Handbuch für specielle Eisenbahn-Technik, 3. Band: Der Locomotivbau. Leipzig: Wilhelm Engelmann 1875; S. 725

[578] MEINEKE, F.; RÖHRS, F.: Die Dampflokomotive. Springer: Berlin 1949; S. 364 – 365

[579] IGEL, M.: Handbuch des Lokomotivbaues. Berlin: M. Krayn 1923

[580] SIRK, V. H.: Der Betrieb von Schiffs-Dampfkesseln und Maschinen. Wien: Carl Gerold's Sohn 1875; S. 165 – 166

[581] GARDINER, R. (Hrsg.): The Advent of Steam. London: Conway Maritime Press 1993; S. 119

[582] SIRK, V.H.: Der Betrieb von Schiffs-Dampfkesseln und Maschinen. Wien: Carl Gerold's Sohn 1875; S. 222

[583] STREBEL, C.: Schmiervorrichtungen für Schiffsmaschinen. ZVDI 50 (1906) 42

[584] KRUMPER, J.: Einhundert Dampfverbrauchsversuche. Sonderdruck aus ZVDI (1905)

[585] BAUER, G.: Der Schiffsmaschinenbau, Bd. 1; München/Berlin: R. Oldenbourg 1923; S 476

[586] PETER, M.: Das moderne Automobil, 6. Auf. Berlin: R. C. Schmidt 1921; S. 291-293

[587] LEHMBECK, T.: Das Buch vom Auto, 2. Aufl. Berlin: R. C. Schmidt 1910; S. 142

[588] PARZER-MÜHLBACHER, A.: Das moderne Automobil, 2. Aufl. Leipzig: H. Hartleben's Verlag 1911; S. 47

[589] RIEDL, C.: Konstruktion und Berechnung moderner Automobil- und Kraftradmotoren. Berlin: R. C. Schmidt 1925; S. 373

[590] MAN Kompressorlose Dieselmotoren für Ortsfeste Anlagen. Signet D 36 950 III. VI. 25

[591] Daimler-Motoren-Gesellschaft. 160 PS Mercedes-Daimler-Sechszylinder-Flugmotor Nr. 15714. Signet 1.8.15. 3000. T.-B.St.

[592] Beschreibung und Betriebsanleitung für den flüssigkeitsgekühlten Flugmotor BMW 6, Baureihen 8 und 9. Nachdruck 1940

[593] Junkers Bericht des OMW-Konstruktionsbüro Nr. VE 35 vom 15. 3. 1942 Übersicht über Schmierstoffkreisläufe

[594] RIEDL, C.: Konstruktion und Berechnung moderner Automobil- und Kraftradmotoren. Berlin: R. C. Schmidt 1925; S. 147

[595] MATSCHOSS, C.: Die Entwicklung der Dampfmaschinen, Band 2. Berlin: Springer 1908; S. 667 – 688

[596] KOHL, F.: Elemente von Maschinen, Erste Abtheilung. Leipzig: B.G. Teubner 1845; S. 44 – 47

[597] KELLER, K.: Berechnung und Construktion der Triebwerke. 2. Aufl. München: F. Bassermann 1881; S. 372

[598] IGEL, M.: Handbuch des Dampflokomotivbaues. Belin: M. Krayn 1923; S. 266/268

[599] BUSLEY, C.: Die Schiffsmaschine, 2. Band. Kiel: Lipsius & Tischer 1886; S. 79 – 81

[600] BUSLEY, C.: Die Schiffsmaschine, 2. Band. Kiel: Lipsius & Tischer 1886; S. 332 – 333

[601] BUSLEY, C.: Die Schiffsmaschine, 2. Band. Kiel: Lipsius & Tischer 1886; S. 522 – 523

[602] PETER, M.: Der Kraftwagen. 12. Aufl. Berlin: R.C. Schmidt 1938; S. 75

[603] NN: Der Buick 1931. ATZ 33 (1930) 35; S. 845 – 847

[604] HELLER, A.: Motorwagenbau Bd. 1 Motoren und Zubehör. 2. Aufl. Berlin: Jul. Springer: 1925; S. 264

[605] DORSCH, H.; ESCH, H.-J.; HENSLER, P.: 30 Jahre Porsche 911-Serienmotor. MTZ 54 (1993) 10

[606] MICKEL, E.; SOMMER, P.; WIEGAND, H.: Berechnung und Gestaltung der Triebwerke schnellaufender Kolbenkraftmaschinen. Berlin: Springer 1942; S. 101-102

[607] HÖVEL, J.: Gusskurbelwellen mit Wälzlagern. ATZ 39 (1936) 18; S. 469

[608] LÖHNER, K.: Kolbentriebwerke für Flugzeuge. MTZ 14 (1953) 12

[609] HAGENMÜLLER, MEYERCORDT: Entwicklung der Bauweise von Kurbeln der Grossgasmaschinen und Ergebnisse von Spannungsmessungen an einer Kurbel neuartiger Bauweise. M.A.N.-Forschungsabteilung, 8. Sitzung der Gruppe Verbrennungsmaschinen am 23. 2. 1940 in Augsburg. MAN-Archiv

[610] METZ, N.H.: Geschweißte Kurbelwellen für große Zweitakt-Schiffsdieselmotoren. MAN forschen-planen-bauen, H. 16 (1985)

[611] MAAS, H.: Die gleitgelagerte Scheibenwelle. Konstruktion 29 (1977) 5

[612] HELLER, A.: Motorwagenbau, 2. Aufl. Springer: Berlin 1925; S. 254 (Bild)

[613] ZINNER, K.: Aus dem Entwicklungsprogramm der M.A.N.-Viertaktmotoren. MAN Dieselmotoren-Nachrichten, Heft 44 6/1965

[614] Nationale Volksarmee der DDR: Beschreibung A 205/1/216 Motor M 503 A; Lit.-Nr. 9/76

[615] FROST, F.; KOSCHIG, A.; NEUMANN, B.; Ullmann, K.: Zur Auslegung der Kurbelwelle des SKL-Dieselmotors 8VDS24/24AL. MTZ 51 (1990) 9

[616] SASS, F.: Geschichte des deutschen Verbrennungsmotorenbaues. Berlin: Springer 1962; S. 118

[617] ERDMANN, H.-D.; FALTERMEIER, G.; RÖDER, G-I.; WILL, H.: Der neue Vierzylindermotor von Audi mit Fünfventiltechnik. MTZ 56 (1995) 1

[618] WÖHLER: Resultate der in der Central-Werkstatt der Niederschlesisch-Märkischen Eisenbahn zu Frankfurt a.d.O. angestellten Versuche über die relative Festigkeit von Eisen, Stahl und Kupfer. Zeitschrift für Bauwesen Jrg. XVI. Berlin Ernst & Korn 1866

[619] MATTHAES, K.: Kurbelwellenbrüche und Werkstofffragen. Luftfahrtforschung 8 (1930) 4

[620] ZWB Zentrale für technisch-wissenschaftliches Berichtswesen über Luftfahrtforschung der DVL: Forschungsbericht FB 278/1 vom 14. 3. 1935

[621] Deutsche Luftfahrtforschung (DVL, Institut für Triebwerkmechanik) Untersuchungen und Mitteilungen Nr. 535 Über das Reißlackverfahren und seine praktische Verwertung

[622]   DVL Institut für Triebwerkmechanik Nr. 321/4 (Teilbericht II) Spannungsoptische Versuche an Modellen von Kurbelwellenkröpfungen 5.11.1938

[623]   OPPEL, G.: Forschungsbericht 3: Spannungsmesungen nach dem Erstarrungsverfahren an einer biegebeanspruchten Kurbelwellenkröpfung eines BMW-Doppelsternmotors. Vergleich von Kröpfungen ohne und mit Entlastungskerben. BMW Vorentwicklung, Abt.Triebwerksmechanik: 14. 2. 1939

[624]   OMW-Kobü Sonderaufgaben. Bericht A/225, Akte 2395 vom 18.9.1944 Projekt Kurbelwelle A-1

[625]   Junkers Flugzeug- und Motorenwerke AG, Motorenbau OMW-WEFO-Technische Mechanik Monatsbericht Okt.-Nov.-Dez.1943 vom 31.12.1943

[626]   Daimler-Benz Versuchsbericht Nr. 10 18 105 421 vom 30. 10. 44 Betr.: Zusammenfassender Bericht über Versuche mit Kurbelwellen DB 605 verschiedener Ausführung.

[627]   Versuchsabteilung der Maybach-Motorenbau G.m.b.H. Vers.-Ber. V 1492/7d vom 16.1.1945 HL 230 Kurbelwellen aus SM-Stahl, nicht diffusionsgeglüht. Bestimmung der Dauerfestigkeit.

[628]   MAN, Werk Ausgburg, 11. 8. 1920: Bericht über einen Kurbelwellenbruch am Versuchsmotor DM 70

[629]   PRINZING, O.: Kurbelwellenbrüche. STG Bd. 59 (1965)

[630]   MAN, Werk Augsburg Bericht Nr. 807 vom 27.5. 1941 Formgebung der Kurbelwellen

[631]   MAN, Werk Augsburg: Forschungsanstalt für Mechanik und Gestaltung. Bericht 846/38/990 051 vom 5. 12. 1941 Spannungsverteilung in Kurbelwellen

[632]   RADINGER, J.: Ueber Dampfmaschinen mit hoher Kolbengeschwindigkeit, 3. Aufl. Wien: C. Gerold's Sohn 1892; S. 271/274

[633]   BACH, C.: Die Maschinen-Elemente, 10. Aufl. Leipzig: Alfred Kröner 1908; S. 521

[634]   FREYTAG, F.: Die ortsfesten Dampfmaschinen. Bernoullis Dampfmaschinenlehre, 9. Auflage. Leipzig: A. Kröner 1911

[635]   WÖHLER, A.: Über die Festigkeitsversuche mit Eisen und Stahl. Z. Bauwes. 20 (1870) Sp. 73- 106; zitiert nach: Ruske, W.: August Wöhler (1819 – 1914) Materialprüf. 11 (1969) 6

[636]   BACH, C.: Die Maschinen-Elemente, 2. Aufl. Stuttgart: J.G. Cotta 1891/92; S. 51

[637]   GEIGER, J.: Zur Berechnung von Kurbelwellen. ATZ 40 (1937) 4

[638]   DIETRICH, O.; LEHR, E.: Das Dehnungslinienverfahren. ZVDI 76 (1932) S. 973 – 982

[639]   BACH, C.: Die Maschinen-Elemente, 10. Aufl. Band 1. Leipzig: Alfred Kröner 1908; S. 35 – 36

[640]   ENSSLIN, M.: Mehrmals gelagerte Kurbelwellen mit einfacher und doppelter Kröpfung. Stuttgart: A. Bergsträsser 1902; S. 151

[641]   FÖPPL, O.; STROMBECK, H.; EBERMANN, L.: Schnellaufende Dieselmaschinen, 3. Aufl. Berlin: Springer 1925; S. 177

[642]   MICKEL, E.; SOMMER, P.; WIEGAND, H.: Berechnung und Gestaltung der Triebwerke schnellaufender Kolbenkraftmaschinen. Berlin: Springer 1941; S. 75 – 79

[643]   GÜLDNER, H.: Das Entwerfen und Berechnen der Verbrennungskraftmaschinen. 3. Aufl. Berlin: Springer 1922; S. 207

[644]   KÖRNER, C.: Der Bau des Dieselmotor, 2. Aufl. Berlin: Springer 1927; S. 152

[645]   HASSELGRUBER, H.; KNOCH, W.: Zur Berechnung der Formzahlen von Kurbelwellen. MTZ 21 (1960) 8

[646]   DONATH, G.: Vorschlag einer Auslegungsvorschrift für Kurbelwellen, Teil 1 und 2. MTZ 45 (1984) 9 und 11

[647]   NN: Wellenbruch des englischen Dampfers „Crocodile". ZVDI 35 (1891) 11

[648]   HEUSER, G.; HÜGEN, S.; BROHMER, A.; WARREN, G.A.; NEBBE, R.J.: Der neue Ford 2,3-l-Motor mit Ausgleichswellen. MTZ 58 (1997) 1

[649]   KRAUSE, R.: Gegossene Kurbelwellen – Konstruktive und werkstoffliche Möglichkeiten für den Einsatz in modernen Personenwagenmotoren. MTZ 38 (1977) 1

[650]   REINHARD, L.; KOHLER, K.; MASSUTE, W.; MÜLLER, H.: Strecken-Diesellokomotiven, 3. Aufl. Berlin: Transpress 1976; S. 307

[651]   NN: Gehärtete Kurbelwellen. ATZ 40 (1937) 14

[652]   BACH, M.; BAUDER, R.; MIKULIC,L.; PÖLZL, H.-W.; STÄHLE, H.: Der neue V6-TDI-Motor von Audi mit Vierventiltechnik, Teil 1: Konstruktion. MTZ 58 (1997) 7/8

[653]   SCHUHBAUER, H.-G.; BÄUERLE, H; MÜLLER-STOCK, H.W.: Schwingfestigkeitssteigerung schwerer Maschinenbauteile durch Schlagverfestigen. VDI-Berichte Nr. 852 (1991)

[654]   VALENTIN, E.: Fabrikation von Motoren und Automobilen. Berlin: R.C. Schmidt 1915; S. 27 – 46

[655]   HANFLAND, C.: Die wirtschaftliche Fertigung von Motoren und Kraftwagen. Berlin: R.C. Schmidt 1927; S.479

[656]   HEUSINGER VON WALDEGG, E.: Handbuch der speciellen Eisenbahn-Technik, 3. Band: Der Locomotivbau. Leipzig: Wilh. Engelmann 1875; S. 681 – 687

[657]   LINDE, C.: Aus meinem Leben und von meiner Arbeit. München: R. Oldenbourg 1917; S. 25

[658]   WEBER, M.M. von: Aus dem Reich der Technik, Bd. 1. Berlin: VDI-Verlag 1926; S. 85

[659]   PÜSCHEL, B.: Historische Eisenbahn-Katastrophen. Freiburg: Eisenbahn-Kurier-verlag 1977; S. 115

[660]   GÜLDNER, H.: Das Entwerfen und Berechnen von Verbrennungskraftmaschinen und Kraftgas-Anlagen, 3. Aufl. Berlin: Springer 1922; S. 177

[661] WILLENBOCKEL, O.; STIERLE, F.; QUARG, J.: Der neue Ecotec-Compact-Dreizylindermotor von Opel. MTZ 58 (1997) 6

[662] PETER, M.: Das moderne Automobil, 6. Aufl. Berlin: R.C. Schmidt 1921; S. 45

[663] VALENTIN, E.; HUTH, F.: Ueber die Konstruktion von Flugmotoren. Der Motorwagen XI (1908) S. 277

[664] HUTH, F.: Motoren für Flugzeuge und Luftschiffe. Berlin: R.C. Schmidt 1920; S. 201

[665] SCHLAEFKE, K.: Bewegungsverhältnisse von Kurbelgetrieben mit Nebenpleuelstangen. ZVDI 78 (1934) 27

[666] ZOCHE, M.: Dieselmotoren für die Allgemeine Luftfahrt. Z. Flugwiss. Weltraumforsch. 16 (1992) 152 – 158

[667] BOHN, D.I.; GRIESHABER, E.: Design Features of the Nordberg Radial Engine. ASME Preprint No. 50-OGP-1, April 7 (1950)

[668] HELLER, A.: Der 300 PS-Flugmotor von Benz & Cie. A.G., Mannheim. ZVDI 64 (1920) 2

[669] GOSSLAU, F.: Flugmotoren – Stand und künftige Entwicklung. ZVDI 82 (1938) 12

[670] DENKMEIER, H.: Die Ausbildung der Pleuelstangen bei Flugmotoren in Reihenbauart. Ringbuch der Luftfahrttechnik.

[671] LUTHER, K.: Erster Viertakt-Schwerölmotor für 1000 PS Zylinderleistung. MTZ 29 (1968) 11

[672] REINHARDT, L.; KÖHLER, K.; MASSUTE, W.; MÜLLER, H.: Strecken-Diesellokomotiven, 3. Aufl. Berlin: Transpress; S. 307

[673] MAN-Motorkurzbeschreibung L 40/45. SignetD 2365212/I st 9794

[674] MAN-Druckschrift Viertakt Dieselmotor V 48/60 Signet D 2366178/I st 6943

[675] RUBBRA, A. A.: Rolls-Royce Piston Aero Engines. Historical Series No. 18. Hrsg. Rolls-Royce Heritage Trust. Derby 1980; S. 60 – 63

[676] BMW Flugmotorenbau G.m.b.H. Entwicklungswerk München: Technical report Chronological Report on non-finalized Developments considered by BMW, Part I. General projects (ohne Datum, vermutlich 1945/46)

[677] Ministry of Munitions: Technical Department – Aircraft Production: Report on the 300 H.P. Maybach Aero Engine, May 1918

[678] Daimler-Benz AG Konstruktionsbericht R 120 vom 26. 10. 1944 Die Belastungsverhältnisse der Pleuelstangen einiger ausländischer Zwölfzylinder-Reihenmotoren im Vergleich zu denjenigen inländischer Baumuster.

[679] RIEDL, C.: Konstruktion und Berechnung moderner Automobil- und Kraftradmotoren. Berlin: R.C. Schmidt 1925; S. 124

[680] MICKEL, E.; SOMMER, P.; WIEGAND, H.: Berechnung und Gestaltung der Triebwerke schnellaufender Kolbenkraftmaschinen. Berlin: Springer 1942; S. 48

[681] Daimler-Benz A.G. Werk 60 Versuchsbericht 10 18 101 749 vom 30.12.1942 Erprobung der erleichterten Kolbenstangen DB 605 nach Zeichnung SKVO 463 und 496

[682] MAN, Werk Augsburg Versuchsbericht: Ermittlung der Spannungsverteilung in einer Modelltreibstange für die doppeltwirkende Zweitaktmaschine MZ 65/95

[683] MAN, Werk Augsburg, Versuchsbericht VB 446 vom 30. 11. 1932 Spannungsmessungen an Treibstange LZ 19/30

[684] VOHRER, E.: Erfahrungen bei der Entwicklung von Flugmotoreneinzelteilen. MTZ 4 (1942) 4

[685] RUBBRA, A.A.: Rolls-Royce Piston Aero Engines. Rolls-Royce Heritage Trust. Historical Series No. 16. Derby/England 1990; S. 136 – 140

[686] BUSCH, E.; Horak, J.: Schubkurbelgetriebe. Leipzig: VEB Fachbuchverlag 1970; S. 59 – 60

[687] BACH, C.: Die Maschinen-Elemente, 10. Aufl. Band 1. Leipzig: Alfred Kröner 1908; S. 162 – 163

[688] RÖTSCHER, F.: Die Maschinenelemente, 1. Band. Berlin: Springer 1927; S. 234 – 235

[689] JUNKER, G.; BLUME D.: Neue Wege einer systematischen Schraubenberechnung. Draht-Welt 50 (1964) Nr. 8, 10 ud 12

[690] VDI 2230: Systematische Berechnung hochbeanspruchter Schraubenverbindungen. Berlin und Köln: Beuth-Verlag 1986

[691] POHLHAUSEN, A.: Transmissions-Dampfmaschinen, Band 1 (Text). Mittweida: Verlag der Polytechn. Buchhandlung 1901; S. 319

[692] SASS, F.: Kompressorlose Dieselmaschinen. Berlin: Springer 1929; S. 278

[693] THUM, A.; DEBUS, F.: Die Vorzüge der Dehnschraube. ZVDI 79 (1935) 30; S. 917 – 919

[694] JUNKER, G.; Strelow, D.: Untersuchungen über die Mechanik des selbsttätigen Lösens und zweckmäßige Sicherung von Schraubenverbindungen I, II und III. Sonderdruck aus Draht-Welt (1966) Heft 2, 3 und 5

[695] Junkers Flugzeug- und Motorenwerke AG, Motorenbau OMW-WEFO-Technische Mechanik Monatsbericht Januar – März 1944

[696] SAMMONS, H.; CHATTERTON, E.: Napier Nomad aircraft diesel engine. SAE Transactions, vol. 63, 1955, S. 107 – 131

[697] BAHR, A.: CIMAC1977. MTZ 38 (1977) 11

[698] SAMMONS, H.; CHATTERTON, E.: Napier Nomad Aircraft Diesel Engine. SAE Summer Meeting, June 10, 1954

[699] SCHITTLER, M.; HEINRICH, R.; KERSCHBAUM, W.: Mercedes-Benz Baureihe 500 – eine neue V-Motorengeneration
       für schwere Nutzfahrzeuge. MTZ 57 (1996) 9

[700] BRANDSTETTER, W.; MENNE, R.J.; MUNDY, D.; THUSCH, A.: Der Ford 2,9 l-V6-Motor mit 24 Ventilen. MTZ 52
       (1991) 4

[701] RIEDL, C.: Konstruktion und Berechnung moderner Automobil- und Kraftradmotoren. Berlin: R.C. Schmidt
       1925; S. 109

[702] HANFLAND, C.: Die wirtschaftliche Fertigung von Motoren und Kraftwagen. Berlin: R.C. Schmidt 1927; S. 459

[703] MENNE, J.R.; COVENTRY, B.D.; REHS, M.; KLAUKE, J.: Der neue DOHC-24-Ventil-V6-Motor mit 2,5 l Hubraum
       für den Ford Mondeo – Teil 1. MTZ 55 (1994) 7/8

[704] BROX, W.; FISCHER, A.; HOFMANN, R.; RECH, H.; SCHLOTT, H.; ZIERMANN, P.: Die neuen BMW V8-Motoren, teil
       1. MTZ 53 (1992) 5

[705] RIEDL, C.: Konstruktion und Berechnung moderner Automobil- und Kraftradmotoren. Berlin: R.C. Schmidt
       1925; S. 136

[706] MICKEL, E.; SOMMER, P.; WIEGAND, H.: Berechnung und Gestaltung der Triebwerke schnellaufender Kolben-
       kraftmaschinen. Berlin: Springer 1942; S. 41 – 44

[707] LANG, O.R.: Triebwerke schnellaufender Verbrennungsmotoren. Berlin: Springer 1966

[708] MATSCHOSS, C.: Die Entwicklung der Dampfmaschine. Berlin: Springer 1908; 1 Band; S. 386 – 391

[709] HEUSINGER, E.: VON: Handbuch für specielle Eisenbahn-Technik, 3. Band: Der Locomotivbau. Leipzig: Wilh.
       Engelmann 1875; S. 544

[710] MEINEKE, F.; RÖHRS, F.: Die Dampflokomotive. Berlin: Springer 1949; S. 380

[711] POHLHAUSEN, A.: Transmissions-Dampfmaschinen, Band 1. Mittweida: Verlag der Polytechn. Buchhandlung
       1901; S. 315

[712] RICARDO, H.R.: Schnellaufende Verbrennungsmotoren, 2. Aufl. Berlin: Springer 1932; S. 397 -398

[713] KRUG, H.: Erfahrungen mit Schiffsdieselmotoren. Berlin: Springer 1954; S.74

[714] KLUGE, F.: Etymologisches Wörterbuch der deutschen Sprache, 22. Aufl. Berlin: W. de Gruyter 1989

[715] Der Große Duden, Bd. 7 Etymologie. Mannheim: Bibliogr. Inst. 1963

[716] RAMELLI, de A.: Schatzkammer Mechanischer Künste. Henning Broßen 1620; S. 19/20. Reprint: Hannover: C.R.
       Vincentz 1976

[717] MATSCHOSS, C.: Die Entwicklung der Dampfmaschine, 2. Band. Berlin: Jul. Springer 1908; S. 639-640

[718] FAREY, J.: A Treatise on the Steam Engine. London: Longman, Rees, Orme, Brown, and Green 1827; S. 666 – 669

[719] NN: Verbesserungen an den Kolben der Dampfmaschinen und Locomotiven, von Hrn. Ramsbottom zu Manche-
       ster. Polytechisches Journal, Jahrgang 1855, 135. Band. Hrsg. J. G. Dingler und E.M. Dingler. Stuttgart/Augs-
       burg: J.G. Cotta'sche Buchhandlung 1855; S. 166/170

[720] HEUSINGER VON WALDEGG, E.: Handbuch der specielen Eisenbahn-Technik. 3. Band: Der Locomotivbau, Leip-
       zig: Verlag Wilh. Engelmann 1875; S. 527

[721] BUSLEY, C.: Die Schiffsmaschine, 2. Band. Kiel: Lipsius & Tischer 1886; S. 521 – 533

[722] SCHÖTTLER, R.: Die Gasmaschine. 5. Aufl. Berlin: Jul. Springer 1909; S. 124

[723] KRÜGER, R.: Leichtmetallkolben. Berlin: R.C. Schmidt 1937; S. 3

[724] RAUCK, H.: Niederschrift. Deutsches Museum

[725] BULLINGER: Die Standmotoren 1914 – 1916; Niederschrift; S. 9 (im Archiv der MTU-Friedrichshafen GmbH)

[726] NN: Aus den Anfängen des Leichtmetall-Kolbens. Mahle-Nachr. 25/1975

[727] SCHILDBERGER, F.: Chronik Mercedes-Benz-Fahrzeuge und Motoren, 5. Aufl. Stuttgart: Hersg. Daimler-Benz AG
       1972/73; S. 108

[728] Automotive Industries (1985) 5; S. 173

[729] GILLES, J.A.: Flugmotoren 1910 – 1918. Frankfurt/M.: Mittler 1971; S. 61

[730] MAHLE, E.: Wie entstand die Mahle Kolbenfabrik. Mahle Nachr. 6/1968

[731] MAHLE, E.: Neue Wege im Kolbenbau. Deutsche Motor Zeitung (DMZ) Sonderdruck 1933

[732] STEINER, C.: Entstehung und Weiterentwicklung der Firma Karl Schmidt GmbH in Neckarsulm (Archiv der Fa.
       KolbenschmidtAG)

[733] MAHLE, E.: Kolben für Kraftfahrzeugmotoren: Grauguß, Aluminium, Elektron. Verlag DMZ (1927)

[734] TSCHÖKE, H.: Berechnung der Kolbenbewegung in schnellaufenden Hubkolbenmotoren unter besonderer Berück-
       sichtigung der Kurbelschränkung und der Kolbenschaft-Geometrie. Teil I und II. Automobil-Industrie (1978) 1/4

[735] RIEDL, C.: Konstruktion und Berechnung moderner Automobil- und Kraftradmotoren. Berlin: R. C. Schmidt
       1925; S. 172-173

[736] HELDT, P.M.: Der Verbrennungsmotor, 3. Aufl. Berlin: R.C. Schmidt 1916; S. 173

[737] Mahle Kolbenkunde. 2 Funktion des Kolbens. Ausgabe 1984

[738] Der Auto- und Motorradmarkt. 27. 5. 1929

[739] NN: Kolbengeräusch. Sammelblatt 19/20 der Elektronmetall. Signet E.F.P. 316. V. 27

[740] MAHLE, E.: Verbesserung der Lebensdauer von Zylinder, Kolben, Kolbenringen. Verkehrstechnik Heft 25 vom 5. 10. 1932

[741] ZIMA, S.: Die Entwicklung der Leichtmetallkolben in Deutschland. (unveröffentlicht)

[742] Technische Angaben über EC-Kolben (1930). Signet EC 24 9.30 J&B

[743] NN: Die Kolben in Flugmotoren. Der Reparartur-Kolben. 6 (1938) 8

[744] SOMMER, P.: Kolben für Flugmotoren. Mahle-Druckschrift. Signet 3078 B.2. V 39 Gm.

[745] Bemerkungen von E. Mahle. EM-Nr. 7 EM/AX 24.7.1967; S. 6

[746] KAMPS, R.: Lager- und Schmiertechnik. Düsseldorf: VFI-Verlag 1957; S. 319

[747] BMW III-M-Bericht Nr. 458 vom 12.5.1941. Spitzenleistungen beim Otto-Motor durch Zusatz-Einspritzung

[748] BMW-Schreiben EF vom 17.12.1940 Verbesserungen an Kolben zur Vermeidung des Fressens

[749] BMW-Bericht V 801 E/T.243-010 vom 18.4.1943. Kolben mit verbesserter und versteifter Lauffläche

[750] VOHRER, E.: Erfahrungen bei der Entwicklung von Flugmotoreneinzelteilen. MTZ 4 (1942) 4

[751] DBAG-FAG-Bericht Nr. 52 vom 1.9.1944. Neuaufstellung der Aufgaben und Ziele der DB-Forschungsarbeitge-meinschaften

[752] GLASER, W.: Der Einfluß der Betriebsbedingungen auf das Kolbenringstecken bei Betriebsstoffdauerprüfung. Luftfahrtforschung Bd. 16 Lfg. 18; S. 438 – 446

[753] RICARDO, H.: Der schnellaufende Verbrennungsmotor, 3. Aufl Berlin: Springer 1954; S. 39

[754] DBAG-Vers.-Ber. 18 105 163 vom 11.8.1942 Messung der Kolbenoberflächntemperaturen im stehenden Einzylinder A 6005 mittels Schmelzstiften

[755] Mahle-Schreiben KTV Dr.Sg/J vom 4.4.1944

[756] MAHLE, E.: Ringträger-Kolben. Mahle-Nachr. 8/1969

[757] GÜRTLER, E.: Verbundguß zwischen Gußeisen oder Stahl und Aluminium. Giesserei 39 (1952) 9

[758] BENTELE, E.: Ein Zeppelin-Maschinist erzählt. Schriften zur Geschichte d. Zeppelin-Luftschiffahrt Nr. 6 Hrsg.: L. Tittel. Deutsch. Bodensee-Museum Friedrichshafen

[759] ZIMA, S.: Aus der Entwicklung des schnellaufenden Dieselmotors für die Schienentraktion. Teil 1 und 2 MTZ 49 (1988) 4 und 7/8

[760] KS-Bericht (1935) Einfluß des Werkstoffes und des Kolbenbolzens auf die Festigkeit desKolbenkörpers

[761] EC-Bericht MPV 402 vom 15.4.1937 Kolbenanrisse im Maybach Dieselmotor GO 6

[762] Druckschrift: KS-Großkolben. Ohne Signet

[763] MAN Versuchsbericht VB 561 vom 7.4.1937. Aufladeversuche mit ungekühlten Leichtmetallkolben

[764] Schreiben des 2. Ing. W. Herbert (M/S Brunsholm) vom 8.3.1970 an den Verfasser

[765] Mahle Versuchsbericht MPV 2810 vom 26. 6. 1951. Kolbenbodenanrisse im DB Motor OM 312 (90 mm

[766] STEINER, C.: Die Entstehung und Weiterentwicklung der Firma Karl Schmidt GmbH in Neckarsulm. KS-Archiv.

[767] HEIERMANN, H.: Die Sicherungen von Kolbenbolzen. Der Motorwagen 30 (1927) 29

[768] Seeger-Handbuch. Königstein/Taunus: Seeger-Orbis GmbH 1986

[769] AUE, G.: Mechanismus einer Kolbenringdichtung. Sulzer Techn. Rundschau (1974) 1

[770] FAREY, J.: A Treatise on the Steam Engine. London: Longman, Rees, Orme, Brown, and Green 1827; S. 153

[771] DOWSON, D.: History of Tribology. London: Longman 1979; S. 397

[772] KNIGHT, E.H.: The Practical Dictionary of Mechanic, Vol. I, II, III. London: Cassel, Petter & Galpin, ca. 1890; Vol. II S. 1715

[773] MAIN, T.J.; BROWN, T.: Die Schiffsdampfmaschine. Wien: Carl Gerold's Sohn 1868; S. 116

[774] NN: Verbesserung an den Kolben der Dampfmaschinen und Lokomotiven, von Hrn. Ramsbottom zu Manchester. Dinglers Polytechn. Journ. (1855) 3. Heft XXXVII; S. 166

[775] REULEAUX, F.: Der Konstrukteur, 4. Aufl. Braunschweig: Vieweg 1882 – 1889; S. 1024

[776] MÜLLER, R.: Mathematische Methoden und Probleme rund um den Kolben. Sonderdruck Fa. Ate, ohne Signet

[777] RAMSBOTTOM, J.: On the Construction of Packing Rings for Pistons. Proc. Inst. Mech. Engrs. (1854); S. 206 – 208

[778] LAMB, J.: The Running and Maintenance of the Marine Diesel Engine, 5. Aufl. London: Griffin 1949; S. 369

[779] HEUSINGER VON WALDEGG, E.: Handbuch der speciellen Eisenbahn-Technik, 3. Band: Der Locomotivbau. Leipzig: Wilh. Engelmann 1875; S. 369

[780] BACH, C.: Die Maschinen-Elemente, 4. Aufl. Stuttgart: Cotta 1889; S. 451

[781] REINHARD, K.: Selbstspannende Kolbenringe. ZVDI 45 (1901) 7

[782] MELDAHL, A.: En självspännende Kolvrings exakta Form. Teknisk Tidskrit. Automobil och motortechnik 73 (1943) S.AM 99 (Angabe nach: Englisch, C.: Kolbenringe. Wien: Springer 1958, hier: Bd. 1 S. 57)

[783] ARNOLD, H.; FLORIN, F.: Zur Berechnung selbstspannender Kolbenringe von konstanter Stärke. Konstruktion 1 (1949) 9/10

[784] ARNOLD, H.: Der doppeltformgedrehte Hochleistungskolbenring. MTZ 16 (1955) 4

[785] GÜLDNER, H.: Das Entwerfen und Berechnen der Verbrennungskraftmaschinen und Kraftgas-Anlagen, 3. Aufl. Berlin: Springer 1921; S. 157

[786] ECKERMANN, E.: Nathan S. Stern. Technikgesch. in Einzeldarstllg. Bd. 42/1985. Düsseldorf: VDI Verlag; S. 66/67

[787] WELLWORTHY: The First Fifty Years 1969

[788] GRAF, O.: Das Wesen und die Ausbildung der Kolbenring mit Rücksicht auf wirtschaftlche Fertigung und Dichtigkeit gegen Druck. Gestaltung 1 (1922) 6

[789] HELDT, P.; ISENDAHL, W.: Der Verbrennungsmotor, 3. Aufl. Berlin: R.C. Schmidt 1916; S. 118-176

[790] SASS, F.: Dieselmotoren, 2. Aufl. Berlin: Springer 1948; Bd. 1 S. 289

[791] NÄGEL, A.: Die neuere Entwicklung der ortsfesten Oelmaschine. ZVDI 55 (1911) 32

[792] FALZ, E.: Der Abstreifring. Goetze-Druckschrift. Der Kolbenring Nr. 4

[793] Deutsche Vacuum Oel AG Hamburg: Techn. Memorandum Nr. 12 vom 21.8.1930

[794] STODOLA, A.: Die Dampfturbinen, 4. Aufl. Berlin: Springer 1910; S. 317/329

[795] EWEIS: Reibungs- Undichtigkeitsverluste an Kolbenringen. VDI-Forschungsheft 371

[796] SALZMANN, F.: Wärmefluß durch Kolben und Kolbenringe im Dieselmotor. Forschg. Ing. Wse. Bd. 4 (1933) S. 193-198

[797] BENSINGER, W.D.: Rotationskolbenmotoren. Springer: Berlin 1973; S. 3 – 44

[798] ENGLISCH, C.: Abdichtungsverhältnisse von Kolbenringen in Verbrennungskraftmaschinen. ATZ 41 (1938) 22

[799] EC-Druckschrift EFP 316.II.28

[800] NN: Zusammenstellung über Kolbenringe. Mahle Kolben-Museum

[801] MUNDORFF, H.: Abdichtung von Kolben durch Stahlbandringe. ATZ 46 (1943) 4

[802] GRAF, O.: Wie wirkt die Stützfeder zwischen Kolben und Kolbenring. DMZ (1930) 3

[803] Nüral Kolbenhandbuch, Ausgabe 1957. Hrsg. Aluminiumwerke Nürnberg GmbH; insbesondere S. 125

[804] Goetze Firmenschrift: Kolbenringe für Großmotoren- und Maschinenbau. Signet 89 260 0/05/86

[805] Mahle-Druckschrift: Arten und Wirkungsweise von Kolbenringen. Signet 68 35 a III 82

[806] KAMM, W.; RIEKERT, P.: Betriebsverhalten und Verschleiss verschiedener Kolben-, Ring- und Zylinderwerkstoffe am Hirth-Einzylindermotor. Forsch.-Ber. FB 420 vom 25. 7. 1935 des FKFS

[807] Goetze-Niederschrift vom 22. 4. 1944, Abtlg. Forschung und Entwicklung. 350/Du: Entwicklung und Forschung in den Goetzewerken seit 1929

[808] MUNDORFF, H.: Technisches über Kolbenringe. Mahle Sonderdruck. Signet 850 A4. VIII 39

[809] Goetze-Druckschrift: Das Gleitmittel „Original-Goetze-Zafit, ohne Signet

[810] Mahle-Versuchs-Bericht MPV 2740 vom 2.11.1950. Verchromte Kolbenringe im amerikanischen Motorenbau

[811] NITZSCHE, E.; PORTMANN, E.W.: Weshalb verwendet man verchromte Kolbenringe. MTZ 11 (1950) 2

[812] PORTMANN, E.W.: Derzeitiger Stand der amerikanischen Kolbenringe. MTZ 14 (1953) 10

[813] BERG, H.H.: Kolbenringe aus Stahl. MTZ 15 (1954) 1

[814] Goetze Firmenschrift: Kolbenringe für den Großmotoren- und Maschinenbau. Signet 89 260 0/05/86

[815] ATE-Handbuch, 4. Aufl. 1977

[816] PARZER-MÜHLBACHER, A.: Das moderne Automobil, 2. Aufl. Wien/Leipzig: Hartlebens Verlag 1911; S. 16

[817] Beschreibung des 165-PS-Luftschiffmotors. Sommer 1912. Hrsg. Luftfahrzeugmotorenbau GmbH, Bissingen

[818] PETER, M.: Das moderne Automobil, 6. Aufl. Berlin: M. Krayn 1921; S. 49

[819] HERTWECK, C.: Geheimnisse des kalten Starts – ein bißchen Antreten im Winter. Motor und Sport XIV (1937) 9

[820] STUMP, E.: Entwicklungsmerkmale des Nutzfahrzeugbaues. ZVDI 96 (1954) 26

[821] NN: Zum Entwicklungsstand der Kolbenringe und Dichtungen für Verbrennungsmotoren. MTZ 39 (1978) 11

[822] BURGHARDT, H.-M.: Kurbeltrieb und Wirkungsgrad – eine Potentialstudie. 6. Aachener Kolloquium Fahrzeug- und Motorentechnik '97

[823] NEATE, R.J.; BARROW, S.: SIPWA – A Shipowner's Point of View. New Sulzer Diesel, Dec. 1990

[824] Computer Controlled Surveillance Engine Diagnoseis System. Druckschrift MAN B&W. Signet D2366189 ar 9941

[825] MaK Dicare. MaK-Druckschrift OD 2.15

[826] SVIMBERSKY, K.: Mapex-PR Monitoring and maintenance performance enhancement with expert knowledge – piston-running reliability indicator. New Sulzer Diesel, Sept. 1992

Bildnachweis

Bildnachweis Einschübe

Sachwortverzeichnis

Namensverzeichnis

Firmenverzeichnis

Ein Auto darf nicht die Welt kosten.

▶ Alles, was wir heute mit unserer Erde anstellen, müssen wir in Zukunft selbst verantworten, selbst in Ordnung bringen oder selbst ausbaden. Als Erfinder des Autos stehen wir natürlich auch ganz besonders in der Pflicht. Und wir wissen, daß wir diese Pflicht noch lange nicht erfüllt haben. Auch wenn wir bereits heute nachwachsende Rohstoffe einsetzen, wo wir nur können. Wie zum Beispiel Kokos, Sisal und Baumwolle bei der Herstellung von Hutablagen und Sitzen. Sicher, für die Natur kann man niemals genug tun. Aber wir arbeiten daran – Tag für Tag. Schließlich geht es ja auch um die Zukunft des Automobils.

Mercedes-Benz

Forschung, Entwicklung und Technologietransfer bilden in Verbindung mit praxisnaher Lehre und Weiterbildung die Leistungsfelder der Fachhochschule Gießen–Friedberg in 12 Fachbereichen:

in Gießen

- Bauingenieurwesen
- Elektrotechnik I
- Energie- und Wärmetechnik
- Maschinenbau und Feinwerktechnik
- Mathematik, Naturwissenschaften und Informatik
- Krankenhaus- und Medizintechnik, Umwelt- und Biotechnologie
- Wirtschaft

in Friedberg

- Elektrotechnik II
- Maschinenbau, Gießereitechnik, Werkstofftechnologie
- Mathematik, Naturwissenschaften und Datenverarbeitung
- Wirtschaftsingenieurwesen und Produktionstechnik

- Sozial- und Kulturwissenschaften (beide Standorte)

Haben Sie Fragen zu Studiengängen?

Dann wenden Sie sich bitte an

Zentrale Studienberatung

**Landgrafenstraße 8,
35390 Gießen
Telefon 06 41 / 3 09 – 13 32**

Interessieren Sie sich für Forschungsprojekte, Kooperationsmöglichkeiten und Weiterbildungsangebote?

Dann wenden Sie sich bitte an

Referat für Wissens- und Technologietransfer
Transferzentrum Mittelhessen

**Ostanlage 25
35390 Gießen
Telefon 06 41 / 3 09 – 13 40**

Rudolf Diesel (signature) Zwischen
1893 und 1897 arbeiteten
Ingenieure der 1840 gegründeten
Maschinenfabrik Augsburg, der
heutigen MAN, mit Rudolf Diesel
daran, seine geniale Erfindung zur
Einsatzreife zu entwickeln.
Der Dieselmotor ist seit
über einem Jahrhundert die
nach wie vor wirtschaftlichste
Wärmekraftmaschine.
Und die MAN-Konzerngesell-
schaften MAN Nutzfahrzeuge und
MAN B&W Diesel tragen auch
weiter maßgeblich dazu bei,
die heute weltumspannende
Dieseltechnik zu noch mehr
Wirtschaftlichkeit, Zuverlässig-
keit und Schonung der
Umwelt fortzuentwickeln.

MAN Aktiengesellschaft, Ungererstr. 69, 80805 München